Spuren der Avantgarde: Theatrum anatomicum

Theatrum Scientiarum

Herausgegeben von
Helmar Schramm, Ludger Schwarte, Jan Lazardzig

Band 5

De Gruyter

Spuren der Avantgarde: Theatrum anatomicum

Frühe Neuzeit und Moderne im Kulturvergleich

Herausgegeben von
Helmar Schramm, Ludger Schwarte, Jan Lazardzig

Redaktion
Michael Lorber, Daniela Hahn

De Gruyter

ISBN 978-3-11-022371-2
e-ISBN 978-3-11-022372-9

Library of Congress Cataloging-in-Publication Data

Spuren der Avantgarde : theatrum anatomicum : frühe Neuzeit und Moderne im Kulturvergleich / edited by Helmar Schramm, Ludger Schwarte, Jan Ladzardzig.
p. cm. – (Theatrum scientiarum ; Bd. 5)
Includes bibliographical references and indexes.
ISBN 978-3-11-022371-2 (alk. paper)
1. Arts medicine – Europe – History. 2. Anatomy, Artistic – History. 3. Human anatomy – Europe. 4. Human dissection – Europe. 5. Avant-garde (Aesthetics) – Europe. I. Schramm, Helmar. II. Schwarte, Ludger. III. Lazardzig, Jan.
R702.5.S68 2011
612–dc22

2011013032

Bibliografische Information der Deutschen Nationalbibliothek

Die Deutsche Nationalbibliothek verzeichnet diese Publikation in der Deutschen Nationalbibliografie; detaillierte bibliografische Daten sind im Internet über http://dnb.d-nb.de abrufbar.

Einbandabbildung: Jean Cousin. *Livre de pourtraiture*. Paris, 1595
Druck: Hubert & Co. GmbH & Co. KG, Göttingen
∞ Gedruckt auf säurefreiem Papier

Printed in Germany

www.degruyter.com

Vorwort der Herausgeber

Der vorliegende Band ist der fünfte der auf insgesamt neun Bände angelegten Reihe *Theatrum Scientiarum*, die auf neuartige Weise entscheidende Schnittstellen von Kunst und Wissenschaft in den Blick nehmen soll. Die Fragestellungen, denen sich die Reihe *Theatrum Scientiarum* widmet, erwachsen aus den kulturellen Umbrüchen unserer Zeit. Sie sind von der Überzeugung getragen, dass sich ein Verständnis des Zusammenwirkens heutiger medialer Konfigurationen wissenschaftlicher Programme und künstlerischer Praxis erst vor dem Hintergrund historischer Langzeitprozesse erschließt.

Hatten sich unsere Forschungen in den ersten drei Bänden zunächst auf die systematische Sondierung von Schauplätzen, Instrumenten und Versuchsanordnungen experimentellen Wissens im 17. Jahrhundert konzentriert, so geht es uns nun darum, Interferenzen von Kunst und Wissenschaft im Lichte aufschlussreicher Relationen zwischen barocker Experimentalkultur und den Avantgardebewegungen des 20. Jahrhunderts zu erhellen. Weit reichende Vernetzungen performativer Wissenskulturen im historischen Raum sind meist durch kulturprägende Blickschranken aus der Geistes-Gegenwart von Wissenschaft, Kunst, Politik und Alltagsleben verdrängt worden. Wenn sich unsere Erforschung von Experimentalkünsten des 17. Jahrhunderts nunmehr an *Spuren der Avantgarde* orientieren soll, gehen wir von der These aus, dass sich Avantgardebewegungen des 20. Jahrhunderts – ungeachtet ihres Scheiterns – als groß angelegte Experimentalanordnung deuten lassen, programmatisch gerichtet auf die radikale Infragestellung solcher kulturprägender Blickschranken. So gesehen erscheint experimentelle Kunst hier neben der Wissenschaft als originäre Form performativen Wissens und als Produktionsweise virulenter Fragestellungen, die sich in letzter Konsequenz gerade auf frühe Anzeichen der Moderne bzw. auf das Entstehen der modernen Wissenschaft und Kunst richten. Im Lichte eines solchen Vorgehens differenziert sich das Untersuchungsfeld eines *Theatrum scientiarum* des 17. Jahrhunderts zum Spektrum von *Theatrum machinarum*, *Theatrum anatomicum*, *Theatrum alchemicum*, *Theatrum oeconomicum*, *Theatrum politicum* und schließlich *Theatrum philosophicum*, mittels dessen das gesamte Projekt dann seinen Abschluss finden soll.

Dieser fünfte Band vereint die Ergebnisse einer internationalen Konferenz, die im November 2006 vom Forschungsprojekt „Theatrum Scientiarum“ des Sonderforschungsbereiches „Kulturen des Performativen“ an der Freien Universität Berlin in Kooperation mit dem Medizinhistorischen Museum der Charité ausgerichtet wurde. Dies wäre nicht möglich gewesen ohne die großzügige Förderung durch die Freie Universität Berlin, die Deutsche Forschungsgemeinschaft sowie die Gerda Henkel Stiftung. Dem Medizinhistorischen Museum, namentlich Herrn Prof. Dr. Thomas Schnalke, sowie der KulturBrauerei Berlin (Maschinenhaus) ist für die freundliche Gastgeberschaft während der Konferenz zu danken. Die anregende Atmosphäre der historischen Räumlichkeiten trugen ganz wesentlich zum Gelingen der Konferenz bei. Die Herausgeber danken ferner dem Walter de Gruyter Verlag, insbesondere Herrn Prof. Dr. Heiko Hartmann, für die erneut vertrauensvolle und reibungslose Zusammenarbeit sowie das entgegengebrachte Interesse. Die positive Resonanz, die die bislang erschienenen Bände „Kunstkammer, Laboratorium, Bühne – Schauplätze des Wissens im 17. Jahrhundert“ (2003), „Instrumente in Kunst und Wissenschaft – Zur Architektonik kultureller Grenzen im 17. Jahrhundert“ (2006), „Spektakuläre Experimente – Praktiken der Evidenzproduktion im 17. Jahrhundert“ (2006) und „Spuren der Avantgarde: Theatrum machinarum. Frühe Neuzeit und Moderne im Kulturvergleich“ (2008) gefunden haben – englischsprachige Ausgaben der ersten beiden Bände sind unter dem Titel „Collection, Laboratory, Theater“ (2005) und „Instruments in Art and Science“ (2008) erschienen –, lässt uns hoffen, dass auch dieser Band dazu beitragen wird, die Diskussion des komplexen Verhältnisses von Kunst und Wissenschaft zu bereichern.

Ein so arbeitsreiches Unternehmen wie diese Buchreihe wäre nicht zu realisieren ohne ein Netzwerk von verlässlichen Mitarbeitern. Hervorzuheben sind an dieser Stelle die Übersetzer (sie sind am Ende der entsprechenden Beiträge genannt) sowie Anna Laqua und Eva Marburg, die das Register erstellt haben. Martin Müller, Hole Rößler, Gerke Schlickmann und Frauke Surmann ist für die umsichtige Lektoratsarbeit zu danken. Einen ganz besonderen Dank schulden die Herausgeber Daniela Hahn und Michael Lorber für ihre gewohnt gewissenhafte und überaus fachkundige redaktionelle Betreuung des Bandes. Michael Lorber übernahm zudem die grafische Gestaltung.

Die Herausgeber

Inhaltsverzeichnis

HELMAR SCHRAMM

Einleitung: „Cutting machines“. Zur Anatomie von Melancholie und Avantgarde

Cutting machines, Strategien der Fragmentierung und des systematischen Schnitts markieren auf prägnante Weise das Erscheinungsbild künstlerischer, wissenschaftlicher und politischer Projekte der Avantgarde. Deutbar als Resonanz eskalierender physischer und symbolischer Gewalt des zwanzigsten Jahrhunderts, zeigen sich bei genauerer Betrachtung überraschende Symptome jener Matrix der kreativen Zerstörung, die sich der Ordnung experimentellen Wissens seit Beginn der Frühen Neuzeit eingeschrieben hat. Methoden des Zerlegens, Instrumente des Schnitts, bewaffnete Augen und scharfe Begriffe prägen seither die Produktion von Wissen, aber auch Praktiken in Künsten, im Rechtswesen, in Politik und Kultur. Vor diesem Hintergrund erscheint das *Theatrum anatomicum* seit seiner Entstehung aus dem Geiste tabubrechender *curiositas* im Gefüge einer alles durchwaltenden theatralen Kultur geradezu als institutionalisiertes Symbol.

Hatte Lautréamont mit dem zufälligen Zusammentreffen eines Spazierstocks und einer Nähmaschine auf einem Operationstisch 1869 ein Urbild dadaistischer Kreativität geschaffen, so überschneiden sich im *Theatrum anatomicum* seit Anbeginn auf ähnlich surreale Weise heterogene Perspektiven der Medizin, Naturbeobachtung, Kunst und Philosophie. Als eindringliches Paradigma hinterlässt es Spuren eines Vordringens in rätselhafte Bereiche des *Clair Obscur*. Robert Burtons *Anatomy of Melancholy* von 1621 kann als ein früher Beleg dafür gelesen werden, dass sich Versuche der radikalen Öffnung und Durchleuchtung eines unberechenbaren Helldunkels mit einem Gestus der Selbstvergewisserung verbanden, in dem pathologische Leidenschaft und angenehmes Grauen zur unbändigen Hoffnung verschmolzen. Im Lichte konkreter Formen der Zerlegung und Inventarisierung des menschlichen Körpers, unter dem Eindruck raffinierter Verwandlungen vormals lebendiger Wesen zur übersichtlichen Humantopographie erhob sich der Begriff des *Theatrum anatomicum* als funktionale Leitsignatur in den labyrinthischen Ordnungen des Wissens, verdichtete sich gar zur Metapher für jegliche drakonische Bändigung und Beherrschung des Unberechenbaren.

Der vorliegende Band versteht sich als Teil unserer Reihe *Theatrum scientiarum*, die sich der Performanz von Wissen im kulturhistorischen Wandel widmet und auf Interferenzen von Kunst und Wissenschaft fokussiert ist. Als produktiv hat es sich dabei erwiesen, ästhetische, technische und politische Experimente der Avantgardebewegungen als programmatischen Gegenpol historischer Langzeitprozesse zu begreifen, als Akkumulator radikaler Fragestellungen, die sich mit heuristischem Gewinn auf Kulturen des Wissen und der Künste in der Frühen Neuzeit beziehen lassen. Gerade aus der damit zwangsläufig verbundenen Vermittlung unterschiedlicher Forschungsperspektiven können im Dialog anregende Impulse erwachsen.

Ging es zunächst um Schauplätze des Wissens – wie etwa Kunstkammer, Laboratorium, Bühne – in der Frühen Neuzeit, so richtete sich das Interesse anschließend auf Instrumente in Kunst und Wissenschaft sowie auf spektakuläre Experimente. Die Diskussion solcher Themenfelder mündete schließlich in die Sondierung eines weiteren epistemologisch bedeutsamen Feldes, wobei sich der Kulturvergleich von Früher Neuzeit und Moderne auf Ideen, Bilder, Modelle, Mechaniken, Gewaltmomente und Phantasmen eines facettenreichen *Theatrum machinarum* konzentrierte, um nunmehr den Spuren des europäischen *Theatrum anatomicum* nachzugehen. Im Zentrum stehen dabei methodische Prinzipien, experimentelle Praktiken und instrumentelle Zurüstungen, aber auch Dimensionen der Kontrolle, Beherrschung und Auseinandersetzung.

Anatomie hat zur Voraussetzung, dass sich der Blick verengt und konzentriert, dass er durchdringt und sich von alltäglicher Wahrnehmung ablöst. Während sie sich von der Sache leiten lassen will, die vor Augen liegt, bringt nur diese zugleich gesteigerte und geteilte Aufmerksamkeit die Zeichen und Gewissheiten hervor, auf denen die anatomische Methode aufbaut. Die Kultivierung einer derartigen Aufmerksamkeit ist daher sowohl produktiv als auch pathologisch – denn die Ausbildung eines genauen Blicks im *Theatrum anatomicum* geht einher mit einer sich verstetigenden Unempfindlichkeit gegenüber Bildern des Schmerzes, der Gewalt und des Todes. Die Versammlung, Vorführung und Ausbildung von Aufmerksamkeit, die das anatomische Theater kennzeichnet, wird im skandalösen Aufschneiden des Auges, wie es Buñuels *Andalusischer Hund* vorführt, auch verstehbar als Verinnerlichung, als Rückwendung der anatomischen Instrumente und Methoden auf das Subjekt.

Die anatomische Korrelation von Struktur und Funktion bleibt nicht beim Überschreiten des Leichen-Tabus oder beim Zerlegen eines lebendigen Körpers stehen. Der gewaltsame erste Schnitt einer Dissektion ist Vorläufer jeder Analyse, die einen Körper in seine Grundbestandteile zerlegt, ordnet und dabei auch auflöst und zum Verschwinden bringt. Das Inventarisieren der Grundbestandteile ist der rhetorischen Operation der *inventio* analog, bringt es doch mit seinem Auflisten der vorliegenden körperlichen Gemeinplätze die Möglichkeit und die Notwendigkeit einer Beherrschung der Körper durch Wissen hervor. Zerlegen und Inventarisieren sind Bestandteile vielfältiger Kulturtechniken geworden, sie umfassen Vorgänge, Personen und Sachen, messen sie an einer Ordnung und liefern damit ein unverzichtbares Instrumentarium moderner Herrschaftsformen. Gerade deshalb kommt es letztlich auch darauf an, Widerständigkeiten gegen die Operationalisierung und Normalisierung, die aus dem anatomischen Verfahren erwachsen, aufzudecken und zu würdigen. So richtet sich der Blick auf körperliche Überreste, die bei der Produktion von Wissen keine Verwertung finden, und auf das Spiel mit der Erotik des willenlosen Körpers, das die Anatomischen Theater – zumal in den Kunst-Akademien – kultivieren. Darüber hinaus etablieren sich seit der Frühen Neuzeit Konzepte, die sich ganz explizit gegen das anatomische Paradigma wenden. Diese Gegenbewegungen verbinden sich nicht nur mit vitalistischen oder chemischen Ansätzen, sondern oft auch mit problematischen Utopien organischer Ganzheit, die schließlich auch in der Avantgardebewegung zu unterschiedlichen Visionen vom Kollektivkörper führen.

Die bereits erwähnte *Anatomy of Melancholy* Burtons ist in diesem Sinne durchdrungen von gleichermaßen krassen wie aufschlussreichen Widersprüchen, repräsentiert sie doch auf geradezu enzyklopädische Weise jene alte, in der Antike verwurzelte Medizin, deren Fundamente im 17. Jahrhundert angesichts völlig neuartiger Künste des Zweifels ihre radikale Infragestellung, ihr ‚Aschermittwochsmahl' erleben. Anhand vielfältiger Spuren des *Theatrum anatomicum* lässt sich differenziert herauslesen, wie sich im 17. Jahrhundert ein neues Modell der Konstellation von Körper und Geist herausbildet, das durch Techniken des systematischen Schnitts charakterisiert ist, dessen folgenreiche Etablierung bis in die Gegenwart nachwirkt und dessen kulturprägende Kraft immer wieder symptomatisch verbunden war mit Dimensionen melancholischer Weltsicht. Radikale Experimente der Avantgarden – insbesondere der programmatische Einsatz von Strategien und Techniken der Fragmentierung, Elementarisierung, Zerlegung – lassen sich vor diesem Hintergrund gleichsam als Ansatz einer alternativen *Anatomy of Melancholy* deuten, die auf seltsame Weise mit Burtons Werk korrespondiert und zugleich auch schon indirekt vom Ende avantgardistischer Utopien kündet.

* * *

Die ungeheure Komplexität, regionale Differenziertheit und Widersprüchlichkeit, welche sich hinter fest etablierten Vorstellungen und Begriffen des *Theatrum anatomicum* verbergen, veranschaulicht *Thomas Schnalke* anhand konkreter Entwicklungen in Berlin, die mit dem 1713 gegründeten *Theatrum anatomicum* einsetzen und sich über das 1899 eingerichtete „Pathologische Museum" und das *Theatrum patho-anatomicum*, den Hörsaal Rudolf Virchows, bis zum heutigen Medizinhistorischen Museum der Charité nachvollziehen lassen. Gerade in dieser lokalen Fallstudie wird gezeigt, dass spezielle anatomische Praktiken auch mit Bedürfnissen des Sammelns und der demonstrativen Ausstellung korrespondierten und wie der anatomische Blick im Schnittpunkt von Sektionssaal und Sammlung epistemologische Bedeutung erlangte. Demgemäß beleuchtet der Autor „die medialen Präsentationen der menschlichen Anatomie, die im 18. Jahrhundert auch aus dem Theaterrund heraustraten, um in gesonderten Räumen in gewisser Weise Parallelexistenzen zu führen. Mit Blick auf die Berliner Verhältnisse wird dabei eine facettenreiche Kultur des Sezierens, Dokumentierens und Präsentierens sichtbar, in welcher der forschende Blick der Anatomen im Laufe des Jahrhunderts einem wachsenden Interesse an pathologischen Veränderungen folgte." (S. 2f.) Durch prägnante Details wird auch nachvollziehbar, wie sich diese lokale Entwicklung im Kontext europäischer Bewegungen entfaltete, und zwar nicht selten im Zeichen spürbarer Widersprüche zwischen selbstbewusster Wissensproduktion und der Melancholie eines allgegenwärtigen *Memento mori*.

In großem Stil wird die kulturhistorische Vielschichtigkeit des europäischen *Theatrum anatomicum* anschließend durch *Hartmut Böhme* in seinem Beitrag „Der Körper als Bühne. Zur Protogeschichte der Anatomie" veranschaulicht und diskutiert. Anhand sehr aussagekräftiger Materialien richtet sich seine Aufmerksamkeit bei der Lektüre von Bildern und der Betrachtung von Texten auf eine Vorgeschichte der Eroberung des Körperinneren. In deren Verlauf eröffneten sowohl die enorme Bedeutung des über ganz Europa verbreiteten Reliquienkults wie auch die Herausbildung einer neuen Einstellung zur Nacktheit und die Durchdringung anthropologischer Selbstreflexion mit neuen Formen ästhetischer Praxis auf den Gebieten von Skulptur und Malerei überhaupt erst die Möglichkeiten eines grundsätzlich neuen Verständnisses von Anatomie. So gesehen wäre die Geschichte der Anatomie völlig missverstanden, „wenn man in ihr nur die Geschichte der medizinischen Leichensektionen sehen würde“ (S. 29).

Die These einer notwendigen ästhetischen Zurüstung des *Theatrum anatomicum* wird auch durch *Rafael Mandressi* bestärkt, wenn er „Zergliederungstechniken und Darstellungstaktiken“ des frühneuzeitlichen *Theatrum anatomicum* in ihrer wechselseitigen funktionalen Ausformung zu einem „Programm der Versinnlichung“ (S. 54) herausarbeitet. Besonders aufschlussreich ist dabei die Problematisierung der Transformation einer sinnlichen Praxis des Öffnens, Zerlegens und Beobachtens in sachbezogene Veröffentlichungen und der darin waltenden Rhetorik von Text, Bild und Fragment-Struktur erfasst. Substantielle Anhaltspunkte, wie etwa Jean Fernels Definition des ‚Teiles‘ als Schlüsselbegriff anatomischen Vorgehens im Jahre 1542, werden elegant und inspirierend verbunden mit sehr weitreichenden Schlussfolgerungen.

Das Ineinanderspielen funktionaler und ästhetischer Gesichtspunkte lässt sich im Grunde erst dann wirklich nachvollziehen, wenn man die Einbindung anatomischer Theater in universitäre Strategien konkurrierender Studienmethoden differenziert untersucht. *Cynthia Klestinec* liefert diesbezüglich eine Analyse, in deren Rahmen die Arbeits- und Lehrmethoden von Fabrizio und Vesalius einander kontrastieren, wodurch sich deren Stärken, Schwächen und Phantasmen umso prägnanter offenbaren. Sehr gut nachvollziehbar wird hierbei auch die je unterschiedliche Auswirkung privater und öffentlicher Räume des Sezierens begründet, – so standen etwa bei Demonstrationen vor großem Publikum „vor allem sprachliche Fähigkeit und rhetorische Brillanz im Mittelpunkt, so dass dem Hören eine größere Bedeutung zukam als dem Sehen“ (S. 79). Mit Blick auf übergreifende historische Langzeitprozesse zeigt sich, „in welcher Weise das Sehen auch andere Sinne – wie etwa das Taktile – mit einbezog, während es sich als das Markenzeichen der neuen Wissenschaft etablierte“ (ebd.).

Die allmähliche historische Ausprägung des anatomischen Blicks bzw. die originelle Hinterfragung dessen, was wir gemeinhin als solchen begreifen, leistet *Hole Rößler*, indem er seine Studie auf die Rolle des Lichts im Rahmen der räumlichen, instrumentellen, ästhetischen und epistemologischen Gegebenheiten des *Theatrum anatomicum* konzentriert, um auf diese Weise eine „Annäherung an das Sehen als dynamisches Verhältnis von Empirie und Schaulust“ (S. 99) zu unternehmen und damit einer tiefverwurzelten Paradoxie auf die Spur zu kommen, wurde doch vielerorts ganz „explizit eine Schaulust angesprochen, von der sich die Anatomie fachintern methodisch und sozial klar distanzieren musste“ (S. 114). Sehr pointiert wird der Argumentationsgang am

Ende abgerundet durch einen inspirierenden Ausblick auf die *Exposition Internationale du Surréalisme* in der Pariser Galerie Wildenstein 1938, die nun gleichsam als „Echoraum frühneuzeitlicher Schaulust" (S. 124) erscheint.

Die dabei anklingenden gesellschaftlichen, sozialen, kulturellen und politischen Implikationen werden bei *Andrea Carlino* herauspräpariert und verdichtet, wenn er „Leichenzergliederung als soziales Drama im Europa der Frühen Neuzeit" untersucht und sich dabei ausdrücklich auf Victor Turner bezieht, um dessen ethnologische Forschungen nunmehr auf anatomische Zergliederungen im Europa des 16. und 17. Jahrhunderts anzuwenden und stichhaltig zu belegen, inwiefern die Auswahl, Öffnung, Zerlegung und Zurschaustellung von Leichen „lediglich als Höhepunkt eines längeren und differenzierter gestalteten öffentlichen Rituals" (S. 133) begreifbar sind. Unter dem Einfluss von Alessandro Benedettis *Historia corporis humani sive Anatomice* (1502) sind folgenreiche Kriterien für die Auswahl und Zerlegung von Leichnamen festgeschrieben worden. Diese Grundfigur eines wahren „Theater[s] der Grausamkeit und der Erlösung" (S. 144) wurde – jeweils modifiziert durch die lokalen Gegebenheiten – im 16. und 17. Jahrhundert über ganz Europa entfaltet.

Der hierbei besonders deutlich artikulierte Bezug auf ‚Theater' sollte keineswegs als bloße metaphorische Anspielung verstanden werden, – immer wieder lassen sich überraschende Bezüge auf den Kontext je gegebener theatraler Kulturen beobachten und benennen. So zeigt etwa *Michael Stolberg* in seiner Studie zu jenem Skelett einer Frau, das Felix Platter 1573 der Universität Basel zueignete, dass der Erfolg einer ‚Entdeckung' spezifisch weiblicher Merkmale allein im Zuge einer Dramatisierung und theatralen Präsentation des präparierten und in Szene gesetzten Materials garantiert werden konnte, – „gestützt auf seine mittlerweile sehr beachtliche Autorität als Anatom, konnte Platter seinen weitgehend fiktiven Befunden faktische Evidenz verleihen" (S. 161). Es ist ein wahrer Glücksfall, dass wir heute gleichermaßen auf das überlieferte Skelett, auf Platters Text wie auch auf seine Illustrationen zurückgreifen können, um die rhetorischen, ästhetischen und theatralen Wirkungsstrategien seines *Theatrum anatomicum* zu studieren.

Aus der Perspektive einer *poétique du savoir* sind in den letzten zwei Jahrzehnten immer wieder innovative Einblicke und Ausblicke im Bereich der europäischen Wissensgeschichte erbracht worden, – in diesem Sinne konzentriert sich *Simone De Angelis* auf Aspekte einer Geschichte des Wissens, die sich unter dem Eindruck medizinischer Texte des 16. Jahrhunderts verbunden mit Drucktechniken der Renaissance, „als

Geschichte von Schreibweisen und Darstellungsformen begreift" (S. 169). Bezugnehmend auf Carlo Ginzburg und Rüdiger Campe unterstreicht er das helle Bewusstsein von Medizinern des 16. Jahrhunderts „für die mediale und darstellerische Seite des Wissens" (S. 168). In diesem Zusammenhang erweist sich etwa der klassische rhetorische Begriff der *demonstratio* unter neuen Vorzeichen als normierende Vorgabe der Bildproduktion und Visualisierung anatomischen Wissens. Im vorliegenden Beitrag werden Belege auf Basis einer genauen Lektüre von Texten wie Johannes Dryanders *Anatomia capitis humani* (1537), Costanzo Varolios Traktat *De Nervis Opticis* (1573) und Giulio Casseris *Anatomische Tafeln* (veröffentlicht 1627) herangezogen und diskutiert.

Gerade angesichts der raffinierten Visualisierungsstrategien im Text und anhand einbezogener Bildsequenzen wird nachvollziehbar, wie Medizin im Laufe des 17. Jahrhunderts mehr und mehr als eine Art Leitdisziplin fungierte, die allein schon ob ihrer Verortung im Grenzbereich von Leben und Tod über fachspezifische Fragen hinaus auch grundlegende moralische Probleme aufwarf. Warum gerade diese Konstellation aus heutiger Sicht besondere Aufmerksamkeit verdient, zeigt *Hanno Ehrlicher* in seinem Aufsatz, der Walter Benjamins Allegorie-Konzept auf Baltasar Graciáns „moralische Anatomie" im *Criticón* bezieht, um so einer kulturhistorischen Komparatistik von Früher Neuzeit und Moderne bestens gerecht zu werden. Im Laufe der Argumentation wird dabei auch erkennbar, dass die Wirkungsmacht einer ‚Leitdisziplin' sich gleichermaßen synchron wie diachron entfaltete.

Das Fortwirken einer leidenschaftlichen Begeisterung für das Sezieren im Laufe des 18. Jahrhunderts und darüber hinaus belegt *Miran Božovič* in seiner Studie. Ausgehend von Diderots Encyclopédie-Artikeln „Anatomie" und „Cadavre" (gemeinsam mit d'Alembert) wird ein Bogen gespannt, in dem sich die hohe Wertschätzung der französischen Aufklärung für die Anatomie als „eine der führenden Wissenschaften der Zukunft" (S. 227) zeigt, was seinen prägnantesten Ausdruck fand in Louis-Sébastien Merciers *L'An 2440* (1771). Eine wahrhaft spektakuläre Pointierung erlangt diese Beleuchtung des Sektionswahns der französischen Aufklärung jedoch durch den vergleichenden Bezug auf ähnliche Überzeugungen, mit denen der britische Utilitarist Bentham ein halbes Jahrhundert nach Diderot hervortrat. In seinem Werk *Auto-Icon; or, Farther Uses of the Dead to the Living* verband er programmatische Ideen des Sezierens, Präparierens und Konservierens der Toten zu ‚lebensnahen' Modellen ihrer selbst mit einer hochkomplexen Zeichentheorie und darauf basierenden praktischen Verwendungsmöglichkeiten, die schließlich gar im Entwurf einer völlig neuen Art von Theater gipfelten, „in dem die Auto-Ikonen selbst als Schauspieler zu agieren hätten" (S. 236). Gerade im paradoxen Verhältnis des Materialisten Diderot und des Utilitaristen Bentham zueinander tritt die heuristische Kraft einer kulturhistorischen Komparatistik zutage, in deren Licht wesentliche Seiten des *Theatrum anatomicum* auf eindringliche Weise hervortreten.

Auch *Ludger Schwarte* lässt in seinem Aufsatz über „Staatsräson und Hirnanatomie" das Studium medizinhistorischer Quellen in einen denkwürdigen Kulturvergleich münden, wobei es ihm vor allem darum geht, politische und machtstrategische Dimensionen aufzudecken, die sich mit der historischen Entwicklung des anatomischen Blickes, der chirurgischen Techniken und Zerlegungskonzepte verbanden. Er bezieht sich dabei ausdrücklich auf Michel Foucaults Konzept der Gouvernementalität, verfolgt hier jedoch auf originelle Weise eine eigenständige Spur, die von philosophischen und medizinischen Quellen des frühneuzeitlichen *Theatrum anatomicum* hin zu fortwirkenden Techniken der Inventarisierung, Verwaltung und Bürokratie führt. Besonders aussagekräftig für die ganze Argumentation sind jene Entdeckungen zur Anatomie des menschlichen Gehirns, die von Thomas Willis bereits 1667 explizit auf die Situierung gesunder Gemeinwesen, auf soziale Konflikte und Revolutionen bezogen wurden. In letzter Konsequenz deuten sich da ebenso zweifelhafte wie erfolgreiche Denkmuster an, die bis in programmatische Phantasmen wie auch radikale Reinigungs- und Machttechniken politischer Avantgarden der frühen Sowjetunion weiter verfolgt werden können. Dieser Befund verdient gerade aus heutiger Sicht besondere Aufmerksamkeit mit Blick auf die melancholisch gebrochene Geschichte avantgardistischer Utopien.

Die im Laufe der Jahrhunderte vielfach modifizierte, aber stets anhaltende Wirkungskraft des *Theatrum anatomicum* im Schnittpunkt von Wissen und Macht hing nicht zuletzt auch mit der sinnlichen Präsenz von Präparaten, Modellen, Instrumenten und räumlichen Zurichtungen zusammen, wobei Fragmentierung und Schnitt geradezu symbolische Bedeutung erlangten und zum ambivalenten Spiel der Phantasie einluden. So gesehen wirkt es methodisch konsequent, wenn *Anna Wieczorkiewicz* ihre Betrachtung der Wachsmodelle, die sich noch heute im 1775 gegründeten Museum für Zoologie und Naturgeschichte *La Specola* in Florenz befinden, mit Überlegungen zu Hans-Georg Gadamers Begriff des Spiels einleitet. „Aus dieser Perspektive betrachtet wird die Wachsmodell-Ausstellung zu einem vielschichtigen kulturellen, historischen und anthropologischen Diskurs, der nicht nur alte Methoden der Erzeugung, Vermittlung und Kontrolle des Wissens über den menschlichen Körper angeht, sondern weiter gefasst auch die Arten, große Bereiche der

Realität zu sehen und zu konzeptionalisieren." (S. 267) Die Analysen zum gleichermaßen aufschlussreichen wie geheimnisvollen Erscheinungsbild von *La Specola* werden mit Überlegungen zu den faszinierenden „Sprachen des anatomischen Wissens" (S. 277) verbunden, in denen sich spezifische Formen von Rationalität mit Spuren des Unheimlichen und Phantastischen überlagern.

Die historisch verbürgte Nähe des *Theatrum anatomicum* zu tiefsitzenden Traditionen der Melancholie wird von *Anna Bergmann* eindringlich vor Augen geführt, indem sie problematische Seiten der Transplantationsmedizin markiert, um ihre untersuchungsleitenden Thesen zu entwerfen, die sich auf ethische Implikationen des anatomischen Erkenntnisstils richtet, in dessen Grundlagen mehr oder weniger stark verdrängte Spuren von Totenkult, Hinrichtungsritual und Bestattungsgebräuchen fortleben. Dies führte dazu, dass – spätestens seit Durchsetzung des Konzepts der cartesianischen Körpermaschine – auf den Spuren einer Vorgeschichte der heute üblichen transplantationsmedizinischen Zerlegung hirntoter Patienten magische Vorstellungen mit einem neuen „Modell des Lebendigen" (S. 295) korrespondierten, dessen paradoxe Voraussetzung in der Zerlegung des toten Körpers besteht. So gesehen bildet heutige Transplantationsmedizin den Höhepunkt einer „vom Tode gezeichneten anatomisch-mechanistischen Anthropologie" (S. 296).

Das Prinzip der anatomischen Zerlegung verband sich von Anfang an mit einer Ästhetik des Fragments, deren kulturprägende Kraft seit der Renaissance zahllose Metamorphosen durchlief und deren epistemologische Dynamik sich nach Auffassung der Kunsthistorikerin *Bette Talvacchia* besonders eindrucksvoll in jenen Spuren zeigt, „die die Praxis der anatomischen Fragmentierung aus der Zeit der Renaissance in der Avantgarde-Kunst des 20. Jahrhunderts in verdeckter oder offener Form hinterlassen hat" (S. 329). Ausgehend von Werken Fra Angelicos, Leonardo da Vincis, Michelangelo Buonarrotis und Raffaels wird belegt, auf welche Weise das Studium antiker Fragmente in Verbindung mit einem Interesse an Fragen der Anatomie dazu führte, dass die vom Körper abgetrennten Teile irgendwann eine „eigenständige Eloquenz" (S. 321) erlangten. Gerade darin aber liegt ein Schlüssel für das Verständnis jenes Stroms der Inspiration, welcher bis in ästhetische Konzepte und Praktiken der Moderne nachwirkt, was mit Blick auf exemplarische Arbeiten von Robert Mapplethorpe, Louise Bourgeois, Man Ray und Busby Berkeley angedeutet wird.

Das Prinzip der anatomischen Fragmentierung eröffnet stets auch Möglichkeiten, Bezüge auf bislang undurchschaubare Ganzheiten ins Spiel zu bringen bzw. auf Grundlage elementarer Teile völlig Neues zu schaffen und zu denken, das alle bisherigen Erfahrungen übersteigt und in ein Reich des Wunderbaren hinüberweist. *Zakiya Hanafi* eröffnet ihre Überlegungen zu anatomischen Hybriden, die sich auf den ganz konkreten Fall eines weiblichen Monstrums bei Bronzino konzentrieren, programmatisch mit einer Passage aus André Bretons *Manifeste du Surréalisme* (1924) über das Wunderbare als zufällige Annäherung des einander Fremden. Auf diese Weise wird eine sehr erhellende Perspektive auf groteske und hybride Schöpfungen des offiziellen Portraitmalers des Medici-Hofes Agnolo Bronzino ermöglicht, die zugleich vielfältige Bezüge zu den rhetorischen, poetischen, malerischen und anatomischen Hybriden der Surrealisten aufblitzen lässt. Die ästhetische Energie des präzise erfassten, markierten, herauspräparierten oder visuell fixierten Einzelteils oder Details ist in der Renaissance im Schnittpunkt zweier Künste mehr und mehr erkannt worden: Zeichenstift und Seziermesser trugen gemeinsam dazu bei, eine Ästhetik des Fragments, einen anatomischen Blick und ein damit verbundenes scharfes Instrumentarium systematischer Selbstreflexion zu schaffen. Diese Konstellation wiederum trug im Zusammenspiel mit anderen Faktoren dazu bei, dass sich im Lauf des 17. Jahrhunderts geometrisch-philosophische Denkgebäude und mechanische Weltbilder voll entfalten konnten.

Interessanterweise lässt sich das kulturhistorische Wechselspiel von Atelier und Sezierraum im Lauf der Jahrhunderte immer wieder beobachten, und zwar besonders im Zeichen gravierender epistemologischer Umbrüche und Neuorientierungen. *Claus Volkenandt* hat seinen Aufsatz „Malen als Operation. Chirurgisches und mathematisches Kalkül bei Theo van Doesburg“ einem exemplarischen Fall gewidmet, dessen Pointe darin liegt, dass im aseptischen modernen *Theatrum anatomicum* das erstrebenswerte Modell eines Ateliers gesehen wird, welches einer neuen experimentellen Kunst und einer Verwissenschaftlichung des künstlerischen Schaffens die nötigen räumlichen und instrumentellen Voraussetzungen liefern sollte. Die Bedeutung eines derartigen Ansatzes für avantgardistische Strömungen der Abstraktion, der Elementarisierung und der labortechnischen Umwertung aller Werte steht außer Frage, kann in letzter Konsequenz aber erst wirklich erfasst werden durch eine angemessene Rückprojektion auf historische Langzeitprozesse, die hier durch einen kontrastierenden Bezug auf eine „vormethodische Wissenschaftsauffassung, wie sie die *Anatomie des Dr. Tulp* zeigt“ (S. 364), geleistet wird. Offenbar gibt es viele gute Gründe, etablierte Auffassungen zur Avantgardebewegung des späten 19. und 20. Jahrhunderts im Gegenlicht der Frühen Neuzeit zu durchschauen und so auf wirklich neue Weise zu begreifen.

Auf den ersten Blick wirken gewisse Parallelen zwischen Pablo Picassos Serie phantastischer Gestalten, die 1933 unter dem Titel *Une Anatomie. Dessins de PICASSO* publiziert wurden, und der 1624 durch Giovanni Battista Braccelli erstellten Bilderserie *Bizarrie di Varie Figure* in ihren grotesken mechanisch-geometrischen Anatomien höchst verblüffend. So liegt es nahe, dass Kunsthistoriker in unterschiedlich akzentuierten Vergleichen versucht haben, die beiden Entstehungszeiten dieser grotesken Bildschöpfungen als große Perioden der ästhetischen Innovation und des kreativen Experimentierens ineinander zu spiegeln, um so zu neuen Einsichten vorzudringen. *Nicola Suthor* gelingt dies auf faszinierende Weise und mancher ihrer Befunde verdient es, künftig noch weiter vertieft und diskutiert zu werden, – so etwa die Skizzierung jener kreativen Elementardramatik, welche aus radikalisierten Verfahren der Zerlegung, des Schnitts und der Fragmentierung erwuchs, und zwar nicht selten um den Preis einer radikalisierten Destruktion außerbildlicher Realität bis auf den letzten Grund toter Abstraktion. Gerade diese einschneidende Konsequenz des künstlerisch-anatomischen Experimentierens lässt erneut ahnen, inwiefern zwischen Traditionen des *Theatrum anatomicum*, der Avantgarde und einer bereits von Burton diagnostizierten *Anatomy of Melancholy* unterschwellige Korrelationen wirken. „Diesen Konnex zwischen dem Leblosen und dem Tragischen in der Kunst Picassos zieht auch André Breton, wenn er Picasso als ‚Schöpfer von tragischen Spielzeugen für Erwachsene' bezeichnet" (S. 405).

Noch krasser treten uns melancholische Brechungen avantgardistischer Utopien in *Georg Wittes* Aufsatz „Montage als Mortifikation. Zur Figur des Präparierens in der russischen Avantgarde" vor Augen, wo auf beeindruckende Weise gezeigt wird, wie politische und künstlerische Avantgarden der frühen Sowjetunion einander bedingen und welche Allmachtsphantasien sich mit der Anthropologie eines „neuen Menschen" verbinden. Im genauen Blick auf künstlerische, filmische, literarische und theatrale Verfahren der Montage treten nicht allein phantasmatische Züge dieser Neuschöpfung sowie die Technologien ihrer Produktion hervor, – gleichzeitig fühlen wir uns stets auch erinnert an tiefgreifende historische Widersprüche des europäischen *Theatrum anatomicum*. Vor dem Hintergrund arbeitswissenschaftlicher Thesen Aleksej Gastevs zu Beginn der zwanziger Jahre wird die Aufmerksamkeit anschließend auf Dziga Vertovs „Kino-Auge" gelenkt, um schließlich in einen Vergleich zweier Erzählungen zu münden – Michail Bulgakovs *Hundeherz* (1925) und Jurij Tynjanovs *Wachsperson* (1932) – die beide auf ihre Art eine „Zurichtung des Körpers zum Artefakt" (S. 413) thematisieren. In beiden Fällen erscheint das utopische Potenzial der Avantgarden melancholisch gebrochen in einer anthropotechnischen Vision. Im Jahr 1932 spiegelt Tynjanovs Text als Antizipation künftiger Entwicklungen „das bedrohliche Szenario einer totalitaristischen Radikalisierung der Präparationsgeschichte zurück ins Schreckbild des chirurgischen Imperators" (S. 420).

Das Symbol einer schneidenden Schere ziert 1931 das von Raoul Hausmann gestaltete Plakat zur Sammelausstellung *Fotomontage* in Berlin. Hausmann hatte seit Beginn der zwanziger Jahre gemeinsam mit Hannah Höch und anderen das Verfahren der Fotomontage entwickelt, dessen Nähe zu Traditionen des *Theatrum anatomicum* sofort einleuchtet. *Peter Bexte* arbeitet vor diesem Hintergrund mit geradezu chirurgischer Präzision einen überaus relevanten Dreh- und Angelpunkt heraus, welcher in der langen Geschichte spannender Korrelationen von Skalpell und Zeichenstift etwas grundlegend Neues markiert. In seiner Studie „Mit den Augen hören/mit den Ohren sehen. Raoul Hausmanns optophonetische Schnittmengen" wird gezeigt, wie die Spielregeln des anatomischen Blicks, welche seit Anbeginn neben Gesten der Zerlegung auch Impulse zur potentiellen Neuordnung des fragmentierten Materials implizierten, nun umschlugen ins avantgardistische Konzept einer synästhetischen Neuordnung, welche sich nicht mehr allein auf das Schnitt-Material, sondern direkt auf die menschlichen Sinne selbst bezog. Erste Grundlagen für Hausmanns wahrhaft verrückte, verrückende Idee hatte Emil Du Bois-Reymond bereits 1872 in seinem berühmten Vortrag „Über die Grenzen des Naturerkennens" geliefert, worin er die These äußerte, dass sich verschiedene Nerven qualitativ nicht unterschieden, woraus ihre prinzipielle Vertauschbarkeit folge. Diese Vision einer Überschreitung aller bislang denkbaren Erfahrungen ließ Hausmann seit dem Entwurf seiner „Optophonetik" im Jahre 1922, worin eine „maschinelle Ineinssetzung von Visuellem und Akustischem propagiert wurde" (S. 427), keine Ruhe, wovon zahllose Experimente, Patentanträge und spielerisch übermütige Theorieansätze zeugen, die durchaus auch begreifbar sind als Versuch einer radikalen anatomischen Fragmentierung des tradierten, institutionell am Leben gehaltenen und verwalteten Kunstbegriffs. Im radikalen Gegenkonzept der ‚Anti-Kunst' gipfelte eine selbstreflexive Haltung, die sich genau besehen bis in die Anfangszeiten des *Theatrum anatomicum* rückprojizieren lässt. Die Wichtigkeit dieser Selbstreflexivität wird am Ende noch einmal pointiert resümiert mit Blick auf Hausmanns Aktivität im Kontext des Neo-Dadaismus der Nachkriegszeit: „Nun liegen keine physiologischen Traktate über Rückenmarkshunde mehr auf seinem Tisch und auch keine Baupläne für optophonetische Maschinen, sondern die eigenen Blätter aus der dadaistischen Jugendzeit. Es wird erneut geschnitten, was schon einmal geschnitten worden war. Das Schneiden wird selbstreflexiv." (S. 440)

Mit der soweit skizzierten optisch-akustischen Konstellation korrespondiert in gewisser Weise auch der Beitrag von *Allen S. Weiss* „Über Transzendenz in der Musik. Eine kurze Geschichte des Glissando". Ausgehend von Henry Cowells Komposition *The Banshee* aus dem Jahre 1925 wird das Experimentieren mit Glissandi zurückverfolgt bis zu den akustischen Experimenten von Helmholtz Mitte des 19. Jahrhunderts. Besonders relevant erscheinen im Argumentationsgang Verweise auf solche akustischen Glissando-Effekte, die lange vor ihrem Eingang in die Musik bereits im Spannungsverhältnis von Natur und moderner Umwelt entdeckt worden sind, wie etwa durch Henry David Thoreau (1852). Auch bei Baudelaire lassen sich Spuren einer „audiophonische[n] Mimesis" entdecken, „die womöglich der erste Vorgriff auf eine synästhetische Poetik und synthetisierende Musik war" (S. 498). Die sehr erhellende Kontraposition der kurzen Geschichte des Glissando zur langen Geschichte des *Theatrum anatomicum* deutet sich an, wenn es heißt: „Busoni [stellte] [1907] die zentrale Rolle heraus, die gleitenden Klängen in der Natur zukommt, sowie die Tatsache, dass diese gerade durch das europäische Musiksystem effektiv unterdrückt wurden." (ebd.) Indirekt wird mit dieser Überlegung auf eine Affinität des europäischen Musiksystems zu jenen Seiten des *Theatrum anatomicum* angespielt, die dadurch charakterisiert scheinen, anstelle gleitender Übergänge scharfe Schnitte zu setzen.

Der bereits mehrfach erwähnte melancholische Echoraum des *Theatrum anatomicum* wird auch in *Philipp Sarasins* Beitrag unterschwellig ins Spiel gebracht. Ausgehend von der These, dass die „Biologie als ‚Lebenswissenschaft' […] seit dem frühen 19. Jahrhundert eine Wissenschaft vom Tod [ist]" (S. 443), werden mit Wilhelm Bölsches *Vom Bazillus zum Affenmenschen* (1900), H.G. Wells' *Krieg der Welten* (1898) und Steven Spielbergs Verfilmung des Wells-Romans (2005) drei exemplarische Fälle herangezogen, um auf diese Weise eine Re-Lektüre der Foucault'schen Konzepte von Bio-Politik und Gouvernementalität auf die komplexen Vorstellungen eines historisch sich wandelnden *Theatrum anatomicum* zu beziehen. Von Interesse ist vor dem Hintergrund solcher Überlegungen gerade auch der Ansatz einer kulturhistorischen Komparatistik, in deren Rahmen es u.a. auch darum ginge, Foucaults nach wie vor einflussreiche Thesen gezielt mit dem selbstreflexiven Potenzial avantgardistischen Experimentierens zu konfrontieren.

Nicolas Pethes geht in seinem Beitrag davon aus, dass die ambivalente Wechselbeziehung „zwischen medizinischer Anatomie und künstlerischer Avantgarde zu Beginn des 20. Jahrhunderts auf einem Medienwechsel beruht“ (S. 460), stellte doch die Erfindung des Kinematografen den Wissenschaften in der Tradition des Sezierens und Zerlegens nunmehr mit filmischen Techniken von Schnitt und Montage ein ganz neues Instrumentarium der empirischen Beobachtung zur Verfügung. So erscheint es lohnenswert, den neuen „Kinostil der Avantgarden“ im Sinne einer Infragestellung und Neubewertung des von Foucault ins Spiel gebrachten klinischen Blicks auf experimentalgeschichtliche Vorläufer zu richten. Die dabei zutage tretende Tatsache, „dass das anatomische Theater seit dem 18. Jahrhundert mehrfach aus den Wissenschaften vom Menschen verabschiedet wurde, allerdings nur, um anschließend durch immer neue Hintertüren wieder in das Feld der Repräsentation des Wissens einzutreten“ (S. 462), führt als Doppelbewegung von Verabschiedung und Wiederkehr zu einer epistemologischen Bewegung, die sich in drei Etappen gliedern lässt. Auf die Ablösung der Anatomie durch Vivisektion folgte die Ablösung der Physiologie durch Psychologie, um schließlich in die Ablösung des Theaters durch das Kino zu münden. Belegt wird diese Bestandsaufnahme durch einschlägiges Quellenmaterial, welches sich von Albrecht von Hallers Experimenten an lebenden Organismen (Mitte des 18. Jahrhunderts) über Wilhelm Wundts experimentelle Psychologie (seit Mitte des 19. Jahrhunderts) bis hin zu Vsevolod Pudovkins Vergleich der Mechanik des Gehirns mit Funktionsweisen der Kamera (1925) und Hugo Münsterbergs expliziter Abgrenzung des Kinos vom Theater erstreckt. Das eigentliche Zentrum der Argumentation wird jedoch durch Stanley Kubricks Film *A Clockwork Orange* (1971) gebildet, der als Klassiker neo-avantgardistischen Kinos gilt und in dem sich eine spannende Wiederkehr des anatomischen Theaters im psychologischen Menschenversuch beobachten lässt.

Hätte Marina Abramović im November 2005 nicht im Guggenheim Museum New York ihre *Seven Easy Pieces* präsentiert, so hätte man diese Performance für unseren Zusammenhang buchstäblich erfinden müssen. Denn wie im Brennglas versammeln sich darin alle bislang so nachdrücklich betonten Impulse avantgardistischer Selbstreflexion, wie auch überhaupt der fundamentale Zusammenhang zwischen Traditionen des *Theatrum anatomicum* und der avantgardistischen Experimentalkunst, deren Intentionen mehr oder weniger direkt darauf gerichtet sind, fest etablierte kulturelle Gegebenheiten, Begriffe und Wertsysteme gleichsam in elementare Funktionsgrößen und funktionale Elemente zu zerlegen. *Erika Fischer-Lichte* führt uns jene denkwürdige Aufführungssituation vor Augen, die allein schon aufgrund der architektonischen Raumgestalt des Guggenheim an typische Formen des *Theatrum anato-*

micum erinnert. In ihrer Deutung geht sie insbesondere auf die provokante Spannung zwischen ästhetischen und ethischen Werten ein, von denen sowohl die durch Abramović reinszenierten bzw. physisch erinnerten berühmten Aktionen und Performances der ausgehenden sechziger und frühen siebziger Jahre geprägt sind – wie auch die ganze widersprüchliche Geschichte der Avantgarde und des *Theatrum anatomicum*. Gerade in diesem Spannungsfeld zwischen Ethik und Ästhetik aber wird die Bedeutung jener *Anatomy of Melancholy* mit besonderer Intensität spürbar, welche spätestens seit Robert Burtons berühmter Zeitdiagnose im Jahre 1621 das *Theatrum anatomicum* durch all seine Modifikationen hindurch begleitet hat.

Philippe Sers vollzieht in seinem programmatischen Beitrag einen souveränen Gang, eine engagierte, stilsichere Bewegung durch exemplarische Werke von Cézanne, Kandinsky, Mondrian und Malewitsch. Fast beiläufig fördert er auf diesem Wege mit unverkrampfter Leichtigkeit, in der sich mathematische Präzision und treffsichere Intuition gleichsam zur tänzerischen Geste verbinden, zahlreiche schöne, verstörende und bedenkenswerte Beobachtungen zutage, die immer deutlicher das „Problem der Komposition“ als einen wichtigen Schlüssel zur Moderne aufscheinen lassen. Aus dem avantgardistischen Interesse an Prozessen der elementaren Fragmentierung und des (Er-)Findens eigenständiger Ordnungen der Elemente, welche nicht einfach die naturgegebene Ordnung der Dinge illustrieren, erwächst die neue Qualität der Komposition als Chance, Risiko und Herausforderung experimenteller Entscheidungen, in deren Folge die Kunst bzw. Anti-Kunst zum dynamischen Träger einer neuen Sichtbarkeit wird, in deren Techniken und Taktiken der Sichtbarmachung stets auch die selbstreflexive Geste avantgardistischen Experimentierens mitschwingt.

* * *

Genau besehen laufen die Beiträge des hier vorliegenden Bandes wie auch die bislang bereits erschienenen vier Bände und die beiden demnächst anstehenden Publikationen *Spuren der Avantgarde: Theatrum alchemicum* und *Spuren der Avantgarde: Theatrum oeconomicum* darauf hinaus, das Bild der Avantgarden, den gängigen Avantgarde-Begriff und eine ganze Reihe weitverbreiteter Theorien zur kulturellen Bedeutung, zu Sprachen, Wahrnehmungsweisen und Bewegungsformen der Avantgarde durch ihre Rückführung auf ein gleichermaßen systematisches wie auch chaotisches Netzwerk historischer Spuren zu resümieren und zu revidieren, denn trotz oder gerade wegen ihres Scheiterns – worin übrigens paradoxerweise die erwähnte *Anatomy of Melancholy* ihren eigentlichen Echoraum findet – haben uns die Experimentalanordnungen der Avantgarde heute und künftig viel zu sagen, denn eine wahre Geistes-Gegenwart gegenüber den Krisen und Katastrophen unserer Tage und mehr noch gegenüber deren medialer Verwertung im Zeichen des Wahnsinns und der Euphorie lässt ahnen, dass es gerade die auf uns wartenden dramatischen Momente des Scheiterns sind und sein werden, auf die sich künftiges Erkenntnisinteresse viel stärker als bislang ganz explizit beziehen muss.

THOMAS SCHNALKE

Bühne, Sammlung und Museum. Zur Funktion des Berliner anatomischen Theaters im 18. Jahrhundert

Ein *Theatrum patho-anatomicum*, auf dem Gelände der Berliner Charité gelegen, bildete am 12. Oktober 1901 den Schauplatz einer denkwürdigen Veranstaltung. An diesem Ort empfing an jenem Tag der weit über die Grenzen der preußischen Metropole hinaus gerühmte und geachtete Pathologe, Anthropologe, Ethnologe, Ur- und Frühgeschichtler, Hygieniker, Sozialmediziner und Politiker Rudolf Virchow eine reiche Schar von Kollegen aus dem In- und Ausland zu seinem 80. Geburtstag. Er nutzte die Gelegenheit, der Fachwelt nicht nur seine unerbittlichen Glaubenssätze zur Zellularpathologie, mit der er knapp 50 Jahre zuvor groß geworden war, nochmals vorzutragen, sondern auch sein großes *lifetime project* vorzustellen, das inzwischen einen gewissen Abschluss erfahren hatte. Die Rede war vom Versammlungsgebäude und dem, was es in sich barg. Es handelte sich dabei um das von Virchow so benannte „Pathologische Museum", das, nur zwei Jahre zuvor, 1899, an gleicher Stelle eröffnet, weit mehr geworden war, als eine bloße Anhäufung hintereinander geschalteter Schauräume.[1] Das Herzstück des Hauses bildete der Hörsaal mit seinen elf weit geschwungenen nach oben ansteigenden Sitzreihen, in welchen etwa 230 Hörer Platz nehmen konnten. In diesem Theater las Virchow die systematische Pathologie. Unsichtbar, aber keineswegs unverzichtbar, ja absolut elementar für das Gebäudekonzept war die pathologische Sammlung, die hinter der Wand im Rücken des Dozenten auf fünf Etagen einstand. Über 23 000 makroskopische Feucht- und Trockenpräparate dokumentierten dort den Anspruch, den gesamten menschlichen Körper in all seinen morphologisch definier- und abgrenzbaren Deformationen abzubilden. Ein Teil der Präparate war öf-

---

1 Vgl. Rudolf Virchow. *Die Eröffnung des Pathologischen Museums der König-l[ichen] Friedrich-Wilhelms-Universität zu Berlin* [...]. Berlin, 1899; ders. *Das neue Pathologische Museum der Universität zu Berlin*. Berlin, 1901.

fentlich zugänglich, ein zweiter sollte in der Lehr- und Studiensammlung im Eigenstudium genutzt werden. Aus letzterem Bestand ließen sich zudem Anschauungsstücke gezielt ausheben und auf der Ablage vor der ersten Sitzreihe des Auditoriums für die Demonstration im Unterricht aufreihen.[2]

Die Virchow'sche Integration von Theater und Sammlung markiert einen distinkten Punkt in der Geschichte dieser beiden auch von der Medizin genutzten und für ihre speziellen Bedürfnisse ausgestalteten Räume um 1900. In meinem Beitrag nehme ich diese Situation zum Ausgang, um vor allem in das medizinische Berlin des 18. Jahrhunderts zurück zu blenden und dort nach der Gefasstheit, nach Konzept und Funktion des anatomischen Theaters zu fragen.[3] Mich interessiert insbesondere, wie der Körper des Menschen in dieser Einrichtung aufbereitet, dargeboten und aufgehoben wurde. Dabei geht es zum einen um die sich wandelnde Raumstruktur des anatomischen Theaters, wofür ich in einem schlaglichtartigen Parcours wichtige Manifestationen in vorangegangenen Jahrhunderten aufrufen werde. Zum anderen verfolge ich mit Blick auf das anatomische Theater die medialen Präsentationen der menschlichen Anatomie, die im 18. Jahrhundert auch aus dem Theaterrund heraustraten, um in gesonderten Räumen in gewisser Weise Parallelexistenzen zu führen.[4] Mit Blick auf die Berliner Verhältnisse wird dabei eine facettenreiche Kultur des Sezierens, Dokumentierens und Prä-

2 Zu Konzeption und Geschichte des „Pathologischen Museums" Rudolf Virchows vgl. Peter Krietsch u. Manfred Dietel. *Pathologisch-Anatomisches Cabinet. Vom Virchow-Museum zum Berliner Medizinhistorischen Museum in der Charité*. Berlin u. Wien, 1996; Angela Matyssek. *Rudolf Virchow. Das Pathologische Museum. Geschichte einer wissenschaftlichen Sammlung*. Darmstadt, 2002.

3 Zur Geschichte des anatomischen Theaters allgemein siehe Gottfried Richter. *Das anatomische Theater*. Berlin, 1936; Gerhard Wolf-Heidegger u. Anna Maria Cetto. *Die anatomische Sektion in bildlicher Darstellung*. Basel u. New York, 1967, S. 64-71, S. 343-363 u. S. 553-568; Camillo Semenzato (Hg.). *The Anatomy Theatre. History and Restoration*. Padua, 1995; Anna Bergmann. *Der entseelte Patient. Die moderne Medizin und der Tod*. Berlin, 2004, S. 175-198. Zur Geschichte und Bedeutung des anatomischen Theaters in Berlin siehe Walter Artelt. „Die anatomisch-pathologischen Sammlungen Berlins im 18. Jahrhundert". *Klinische Wochenschrift* 15 (1936), S. 96-99; Manfred Stürzbecher. „Beitrag zur Geschichte der Berliner Anatomie". *Berliner Medizin* 9 (1958), S. 236-239; ders. „Aus der Frühgeschichte der Berliner Anatomie". *Deutsches Medizinisches Journal* 14 (1963), S. 803-819; Wolf-Heidegger u. Cetto (s. o.), S. 359-360 u. 566; Rolf Winau. *Medizin in Berlin*. Berlin, 1987, S. 59-63.

4 Vgl. Thomas Schnalke. „Der expandierte Mensch. Zur Konstitution von Körperbildern in anatomischen Sammlungen des 18. Jahrhunderts". *Medizin, Geschichte und Geschlecht. Körperhistorische Rekonstruktion von Identitäten und Differenzen*. Hg. v. Frank Stahnisch u. Florian Steger. Stuttgart, 2005, S. 63-82.

sentierens sichtbar, in welcher der forschende Blick der Anatomen im Laufe des Jahrhunderts einem wachsenden Interesse an pathologischen Veränderungen folgte. Die netzwerkartige Verbindung von *Theatrum (patho-)anatomicum* und privaten anatomischen Sammlungen und Museen erwies sich hierfür geradezu als konstitutives Element.[5]

Für die historische Exkursion liefert Rudolf Virchow selbst ein Stichwort: Zur Eröffnung seines Museums am 27. Juni 1899 hielt er eine bemerkenswerte Rede, worin er sich und sein Tun in der lokalen Fachgeschichte verortete.[6] Für die Zeit, als Berlin noch über keine Universität und damit auch keine Medizinische Fakultät verfügte, also im gesamten 18. Jahrhundert, beschwor er eine „ruhmreiche Geschichte der alten Berliner Privatärzte und Privatchirurgen, die nicht unwesentlich dazu beigetragen haben, die Wissenschaften zu fördern". Wichtig war es ihm, darauf hinzuweisen, dass „die Gründung von Sammlungen, also der ersten Berliner Museen, wesentlich von [diesen] Privatärzten ausgegangen ist". Als die beiden zentralen privatärztlichen Sammlerfiguren identifizierte er „zwei Männer namens Walter, Vater und Sohn".[7]

Tatsächlich sind Johann Gottlieb und Friedrich August Walter für die Entwicklung der medizinischen Sammlungskultur in Berlin und damit auch für die im Folgenden angestellten Betrachtungen von eminenter Bedeutung. Die beiden Walter trugen bis zu Beginn des 19. Jahrhunderts in ihrem privaten *Museum anatomicum* nicht nur über 3 000 anatomische und pathologische Präparate zusammen, die sie 1803 für die astronomische Summe von 100 000 Talern an den königlich-preußischen Staat verkauften, sondern sie nutzten beide auch das Berliner anatomische Theater als ihre Hauptwirkungsstätte.

Das Berliner *Theatrum anatomicum* wurde 1713 auf königliche *Ordre* durch Friedrich Wilhelm I., den Soldatenkönig, gegründet und 1717 der im Jahre 1700 ins Leben gerufenen Akademie der Wissenschaften zu Berlin unterstellt. Aufgerichtet im ehemaligen Marstall dümpelte es nach fulminantem Start zunächst reichlich orientierungslos vor sich hin. Bis 1730 hatte sich die Einrichtung jedoch deutlich gefestigt. Auf einem in dieser Zeit entstandenen Kupferstich (Abb. 1) ist ein Theatersegment

5 Vgl. Thomas Schnalke. „Von erdigen Konkrementen und kranken Knochen. Systematisierende Bestrebungen für die Pathologie im Walterschen Anatomischen Museum zu Berlin". *Anatomie und Anatomische Sammlungen im 18. Jahrhundert anlässlich der 250. Wiederkehr des Geburtstages von Philipp Friedrich Theodor Meckel (1755-1803)*. Hg. v. Rüdiger Schultka u. Josef N. Neumann. Münster, 2007, S. 295-316.

6 Vgl. Virchow, *Das neue pathologische Museum* (Anm. 1).

7 Ebd., S. 12f.

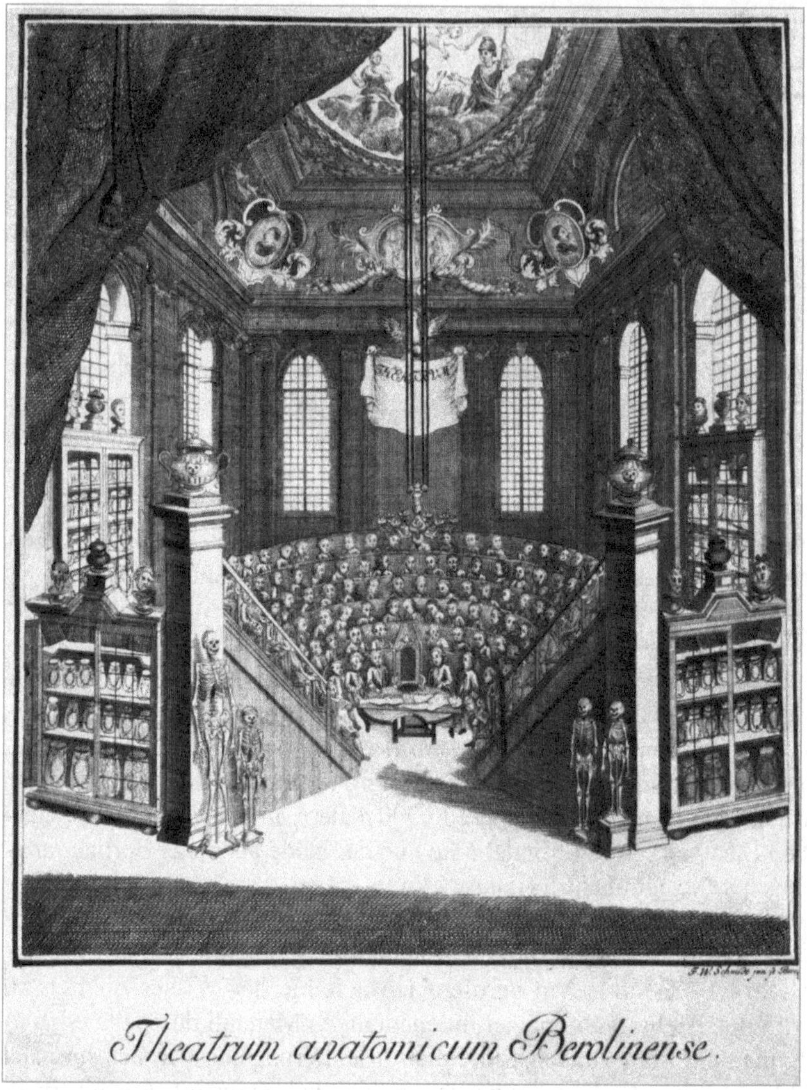

Abb. 1: Das anatomische Theater zu Berlin. Kupferstich, um 1730.

mit sechs aufsteigend angeordneten Hörerrängen – eingepasst in einen rechtwinkligen Raum – zu erkennen. In der Mitte liegt, auf einem Sektionstisch ausgebreitet, ein Leichnam, offenbar in Vorbereitung darauf, dass der Anatom seine ersten Schnitte setzt. Das Theater ist voll. Alle warten gebannt.[8]

[8] Zur Interpretation des Kupferstichs des Berliner anatomischen Theaters vgl. Wolf-Heidegger u. Cetto (Anm. 3), S. 359f. u. 566.

Blenden wir zurück: Das anatomische Theater wurde im ausgehenden 15. Jahrhundert in Oberitalien konzipiert. Alessandro Benedetti, Professor der Medizin zu Padua, listete seinerzeit in einem anatomischen Lehrbuch alle wünschenswerten baulichen Elemente dieser Einrichtung auf. Das Vorbild des römischen Kolosseums oder des Amphitheaters von Verona zitierend, forderte er an einem großen luftigen Ort kreisförmig angelegte, mit Sitzen ausgestattete Hörerränge. Im Zentrum sollte der Leichentisch stehen, an dem der Zergliederer ungehindert agieren kann. Der Abstand zwischen den freizulegenden Dingen und den Augen der Betrachter war auf ein Minimum reduziert. Durch eine aufsteigende Folge der Ränge, ließ sich der Situs des eröffneten Leichnams optimal von einer relativ großen Gruppe aus allen Richtungen einsehen.[9]

Die Ideen Benedettis fielen zuerst in Padua auf fruchtbaren Boden. Allerdings blieb dort das anatomische Theater über 100 Jahre hinweg eine reversible Konstruktion. Das bekannteste ‚Provisorium' wurde auf dem berühmten Frontispiz des 1543 erschienenen anatomischen Lehrbuchs von Andreas Vesal, Professor der Chirurgie zu Padua, ins Bild gesetzt (Abb. 2).[10] Draußen im Hof vor einer antikisierten Prachtkulisse hat man rasch einen Bretterverschlag zurechtgezimmert. Im Halbrund versammelt, steht eine große Menschenmenge ins dramatische Hochformat gezwängt, über drei Ränge hinweg ganz dicht am Gegenstand der Betrachtung. Mitten in diesem Menschenauflauf, im ersten Moment kaum wahrnehmbar, dennoch ruhig und selbstbewusst aus dem Bild heraus den Blick des Betrachters suchend, posiert Vesal vor dem Leichnam. Er hat sein Sektionsbesteck zur Seite gelegt, um mit erhobenem

---

9 Zur Anlage des anatomischen Theaters in Padua sowie zur Bedeutung dieses Ortes für die Geschichte der neuzeitlichen Anatomie vgl. Semenzato (Anm. 3); Wolf-Heidegger u. Cetto (Anm. 3), S. 64-71, 344 u. 355; Renate Wittern. „Die Anfänge der Anatomie im Abendland". *Natur im Bild. Anatomie und Botanik in der Sammlung des Nürnberger Arztes Christoph Jacob Trew*. Hg. v. Thomas Schnalke. Erlangen, 1995, S. 21-51; Vidhya Persaud. *A History of Anatomy. The Post-Vesalian Era*. Springfield, Ill., 1997; Karin Stukenbrock. *„Der zerstückte Cörper". Zur Sozialgeschichte der anatomischen Sektion in der frühen Neuzeit*. Stuttgart, 2001; Jürgen Helm u. Karin Stukenbrock (Hg.). *Anatomie. Sektionen einer medizinischen Wissenschaft im 18. Jahrhundert*. Stuttgart, 2003.

10 Vgl. Andreas Vesalius. *De humani corporis fabrica libri septem*. Basel, 1543. Zur Entstehungs- und Wirkungsgeschichte des Vesal'schen Ansatzes in der anatomischen Forschung vgl. in einer kleinen Auswahl die Literatur in Anm. 9. Für eine Analyse bildlicher Darstellungen des anatomischen Theaters sowie anderer anatomie-relevanter Bildmotive vgl. nach wie vor grundlegend Robert Herrlinger. *Geschichte der medizinischen Abbildung*. München, 1967, S. 109-133; Wolf-Heidegger u. Cetto (Anm. 3) sowie Kenneth B. Roberts u. John D. W. Tomlinson. *The Fabric of the Body. European Traditions of Anatomical Illustration*. Oxford, 1992.

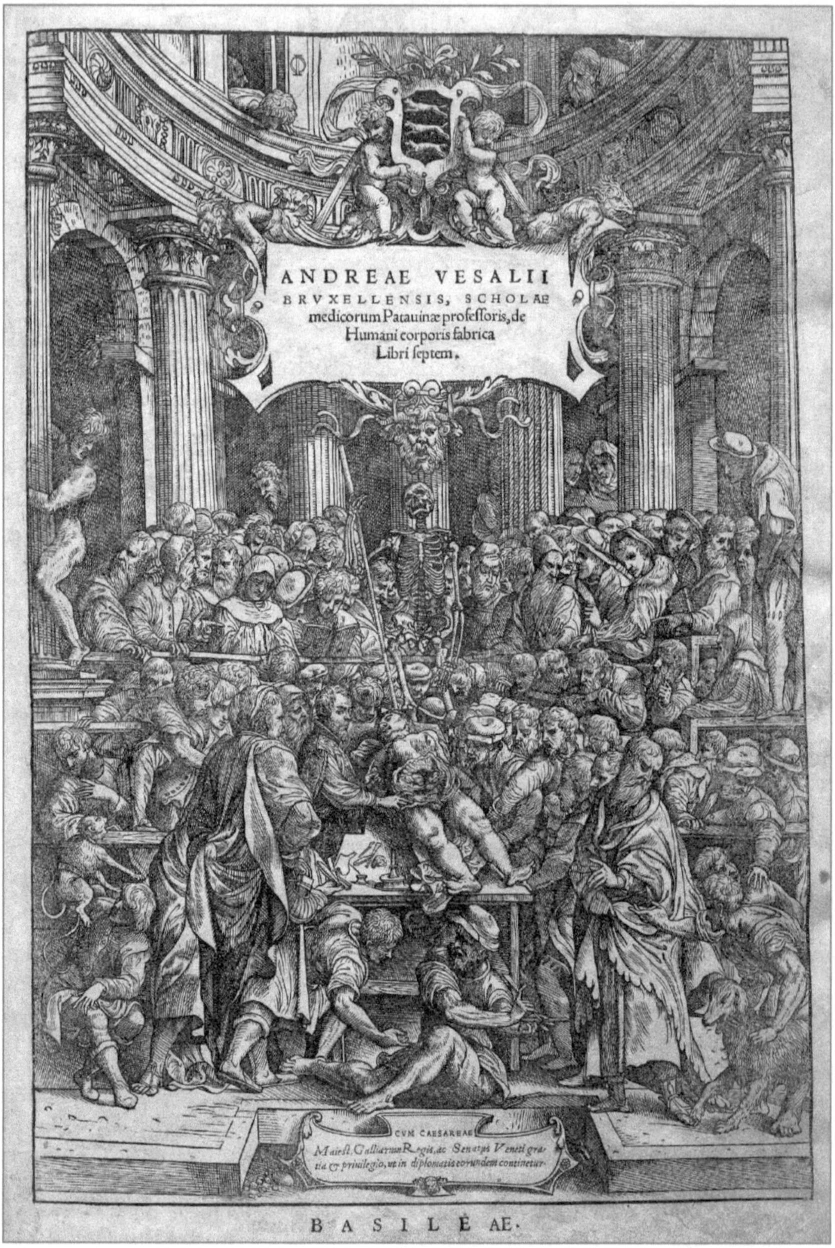

Abb. 2: Andreas Vesal auf dem anatomischen Theater. Frontispiz (Holzschnitt) aus Andreas Vesal. *De humani corporis fabrica libri septem*. Basel, 1543.

Finger zu dozieren und mit einer Sonde in der anderen Hand eine Struktur im Unterbauch zu demonstrieren.

Der Birnenholzschnitt bietet Programmatik pur. Bewusst hat der *anatomista* das Buch in die Ränge verschoben und ist selbst als Akteur an den Gegenstand seines Interesses getreten. In der Anatomie, so die Botschaft, soll es künftig nicht mehr darum gehen, leichenfern die Autorität der überkommenen Texte nachzubeten und durch einen Helfershelfer die festgeschriebene Struktur am eröffneten Körper bestätigen zu lassen. Vielmehr nimmt sich der anatomische Gelehrte im Geiste der Renaissance erneut das Recht, eigenhändig Autopsie zu treiben, um mit all seinen Sinnen den menschlichen Körper einer umfassenden Revision zu unterziehen.

Vesals Hörer sind unterschiedlichen Alters und wohl auch nicht nur Medizinstudenten. Fast hat man den Eindruck, obwohl sich der Autor hierzu in seinem Vorwort nicht explizit äußert, dass bereits in diesem Bildprogramm bewusst der enge akademische Adressatenkreis gesprengt ist und schon durch Vesal eine „Anatomie für alle" propagiert wird.[11]

Mit ins Bild gerückt ist der Gegenstand des sinnlichen Zugriffs, der Leichnam, und dies sogar in mehrfacher Weise. Der weibliche Leichnam auf dem Tisch vor Vesal ist wirklich tot, die einstig Lebende gerade erst verstorben (oder durch den Henker zu Tode gebracht). Eine *ad hoc*-Anatomie wird hier geboten. Der Anatom seziert und studiert den Einzelfall, der ihm prinzipiell neue Erkenntnisse verspricht, an welchen seine Hörer sogleich partizipieren können. Gleichzeitig lässt sich am frischen Leichnam lebensnah, sprich: ohne eingetretene Form- und Farbveränderungen, das allgemein als verbindlich erkannte Wissen prüfen und demonstrieren. Wissenschaftliche Neugierde und Lernbegierde werden hier gleichermaßen befriedigt.

Über dem Sektionstisch sitzt in den Rängen aber auch schon das erste dingliche ‚Dokument' eines Sektionsbefundes.[12] Das Skelett funktioniert

---

11 Zur öffentlichen Darbietung anatomischer Sachverhalte auf dem anatomischen Theater in der Frühen Neuzeit vgl. Wolf-Heidegger u. Cetto (Anm. 3); Thomas Schnalke. „Anatomie für alle! Trew und sein Projekt eines anatomischen Tafelwerks". *Natur im Bild* (Anm. 9), S. 53-72; ders. (Anm. 4); Bergmann (Anm. 3).

12 Neben Text, Illustration und Nachbildung markiert das Präparat schon früh ein Kernmedium anatomischer Befunddokumentation. Zur Geschichte der anatomischen Präparierkunst vgl. Adolf Faller. *Die Entwicklung der makroskopisch-anatomischen Präparierkunst von Galen bis zur Neuzeit*. Basel, 1948; Milan Ráček. *Mumia viva. Kulturgeschichte der Human- und Animalpräparation*. Graz, 1990; Rüdiger Schultka u. Luminita Göbbel. „Präparationstechniken und Präparate im 18. und frühen 19. Jahrhundert, dargestellt an Beispielen aus den anatomischen Sammlungen zu Halle (Saale)". *Anatomie* (Anm. 9), S. 49-81.

in zweifacher Weise. Zum einen erlaubt es als ausgewiesenes Sammlungsgut des anatomischen Theaters die systematische Erläuterung von knöchernen Strukturen, Gelenken, Ursprung- und Ansatzstellen bestimmter Bänder, Muskeln und Sehnen im menschlichen Körper. Zum anderen windet sich hier die Kreatur *post festum* und beklagt ihr ewig gleiches unvermeidliches Los, das stattgehabte Ende der leiblichen Existenz. Anatomisches Lehrstück also und *Memento mori* in einem.[13]

Das bewegte Bild gerät tatsächlich in Bewegung und erhält damit eine erste greifbare performative Ausformung, wenn wir die Kollegmitschrift eines Medizinstudenten namens Balthasar Heseler zur Hand nehmen, die dieser 1540, also drei Jahre vor der Drucklegung des Vesal'schen Opus, verfasste.[14] Heseler gehörte zu einer Gruppe deutschsprachiger Studenten, die in Bologna Anatomie hörten und Vesal aus dem nahe gelegenen Padua als Sekanten angefragt hatten. Vesal kam den Bitten gerne nach und nahm sich für die Veranstaltung 14 Tage Zeit. Im steten Wechsel mit den Vorlesungen eines älteren Galen-Dogmatikers, Matthäus Curtius, führte er insgesamt 26 Demonstrationen „an drei menschlichen Leichen und sechs Hunden“ durch.[15]

Die Vesal'schen Sektionen fanden in der Bologneser Kirche San Francesco statt. Der jeweilige Leichnam lag auf einem Tisch im Zentrum. Ringsum waren stufenförmig Sitzränge angeordnet, auf welchen 150 Medizinstudenten plus die Anhänger des Curtius und die der Autopsie-Skeptiker selbst den Veranstaltungen folgten.

---

13 Die Verbindung von didaktischer Aussage und moralischem Appell ist ein Charakteristikum des Auftritts der Anatomie in der gesamten Frühen Neuzeit. Eine eindrückliche Umsetzung fand diese Verknüpfung in einem anatomischen Museum, das der Amsterdamer Anatom und Geburtshelfer Frederick Ruysch ab 1671 der interessierten Öffentlichkeit zugänglich machte. Vgl. hierzu Heinz E. Müller-Dietz. „Anatomische Präparate in der Petersburger ‚Kunstkammer'“. *Zentralblatt für allgemeine Pathologie und pathologische Anatomie* 135 (1989), S. 757-767; Roberts u. Tomlinson (Anm. 10), S. 290-299; Antonie M. Luyendijk-Elshout. „‚An der Klaue erkennt man den Löwen'. Aus den Sammlungen des Frederick Ruysch (1683-1731)“. *Macrocosmos in Microcosmo. Die Welt in der Stube. Zur Geschichte des Sammelns 1450 bis* 1800. Hg. v. Andreas Grote. Opladen, 1994, S. 643-660; Julie V. Hansen. „Resurrecting Death. Anatomical Art in the Cabinet of Dr. Fredrik Ruysch“. *The Art Bulletin* 78 (1996), S. 663-679; Roland Helms. *Anatomische Lehrmittel im 18. Jahrhundert. Das Musaeum anatomicum Ryschianum.* Mag.-Arb., Berlin, o. J.

14 Vgl. Ruben Eriksson. *Andreas Vesalius' First Public Anatomy at Bologna 1540. An Eyewitness Report.* Uppsala u. Stockholm, 1959; Nikolaus Mani. „Vesals erste Anatomie in Bologna 1540. Ruben Erikssons Veröffentlichung eines Augenzeugenberichts“. *Gesnerus* 17 (1959), S. 42-52.

15 Mani (Anm. 14), S. 44.

Vesal führte vor den Augen seiner Hörer tatsächlich komplette Sektionen durch. Das heißt, er arbeitete sich im Beisein aller von der intakten Haut bis in die letzten Tiefen des Körpers vor, um alle makroskopisch auffindbaren Strukturen zu erklären, auf Organe hinzuweisen, die bei bestimmten Krankheiten in Mitleidenschaft gezogen werden können, und um Körperzugänge aufzuzeigen, die der Chirurg unter genauerer Kenntnis der Anatomie wählen sollte.

Vesal war bemüht, seine Studenten am sinnlichen Erschließen und Erfahren der Wissensinhalte teilhaben zu lassen. Aus den Rängen konnten die Hörer einigermaßen gut sehen. In kleinen Gruppen bat er sie zeitweise aber auch näher an den Tisch, um selbst Hand anzulegen. So forderte er seine Studenten etwa auf, einem vivisezierten Hund ans Herz zu fassen und gleichzeitig den peripheren Pulsschlag zu tasten, um festzustellen, ob die Erweiterung des Herzens und der Arterien gleichzeitig eintrete. Manche Studenten zuckten hier offenbar zurück und fragten aus der Ferne: „Wie verhält es sich damit?" Vesal verweigerte die Erläuterung und antwortete nur: „Das sage ich nicht." Und er ermuntert die Studenten: „Fühlt mit eigenen Händen und vertraut diesen!"[16]

Nicht alles konnte Vesal optimal am frischen Leichnam zeigen. Mit dem Kohlestift entwarf er am Seziertisch Skizzen und demonstrierte mit seinen selbstgefertigten anatomischen Illustrationen die betreffenden Strukturen. An einem montierten Skelett ging er weiter ins Detail.

Kehren wir zurück nach Padua. Die Wirkungsstätte Vesals erhielt Ende des 16. Jahrhunderts eines der frühesten fest eingebauten Anatomietheater, das sich überdies gewissermaßen als Urtyp des *Theatrum anatomicum* bis heute erhalten hat.[17] Auf Veranlassung von Fabricius ab Aquapendente, hochangesehener und einflussreicher Anatomieprofessor vor Ort, wurde es im Universitätshauptgebäude aufgerichtet. Ein schematischer Kupferstich aus dem Jahre 1664 zeigt eine beinahe menschenleere Aufsicht von schräg oben.[18] Lediglich im Zentrum liegt ein Leichnam auf einem Sektionstisch hingestreckt. Im fast komplett geschlossenen Oval steigen sechs Hörerränge auf. Unter der ersten Reihe findet sich umlaufend eine Galerie mit mehr Platz und einer größeren Raumtiefe. Dieser Bereich ist besonderen Persönlichkeiten vorbehalten.

Das spartanische Bildprogramm betont vor allem die enge Gefasstheit, die Schmalheit der Ränge, die Steilheit des Raumes. Die Hörer ste-

16 „[...] tangatis vos ipsi vestris manibus, et his credite." Ebd., S. 51.

17 Vgl. Semenzato (Anm. 3); Wolf-Heidegger u. Cetto (Anm. 3), S. 64-71, 344 u. 355.

18 Vgl. Jacobus Philippus Tomasini. *Gymnasium Patavinum, libris V comprehensum.* Udine, 1654, S. 74.

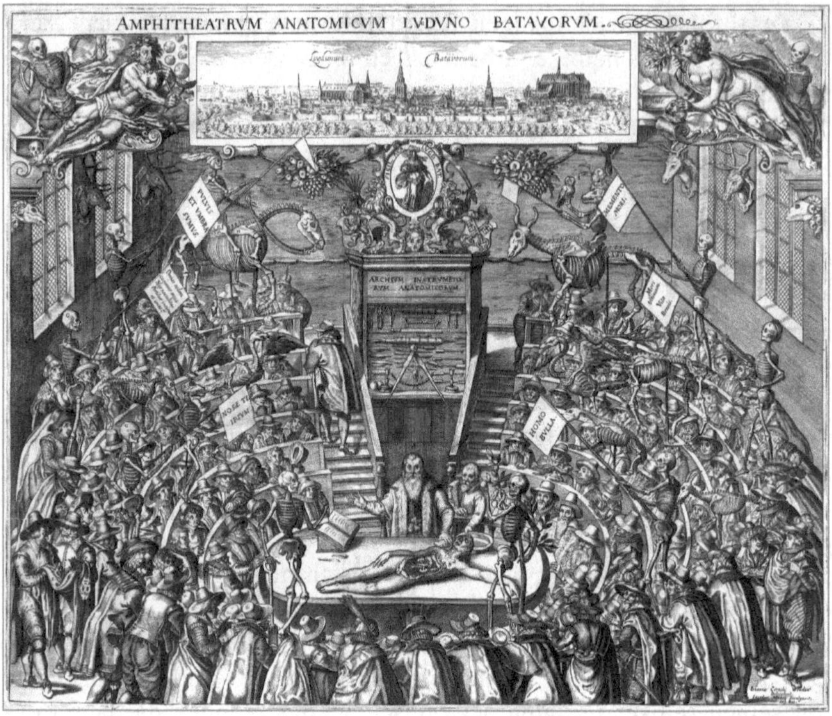

Abb. 3: Das anatomische Theater in Leiden. Kupferstich, 1609.

hen hier. Ihre Augen werden dadurch noch näher an den Gegenstand der Betrachtung herangezogen. Der Anatom am Tisch hat dennoch alle, bereits von Benedetti geforderte Bewegungsfreiheit.[19]

Bei Fabricius in Padua studierte um 1600 der Niederländer Pieter Paaw. In seine Heimat zurückgekehrt, realisierte Paaw nach Paduaner Vorbild an seiner künftigen Wirkungsstätte Leiden ein anatomisches Theater, das nun seinerseits zum Vorbild entsprechender Einrichtungen in zahlreichen Universitäten und größeren Städten nördlich der Alpen wurde. Ein Kupferstich aus dem Jahre 1609 (Abb. 3) zeigt sechs aufsteigende Sitzreihen in einem fast geschlossenen Ellipsoid, die lediglich von Treppenaufgängen und einer Schauwand mit einem repräsentativen Instrumentenkasten unterbrochen sind.[20] Die Ränge sind, wie auf Vesals Frontispiz, dicht gefüllt. Allerdings spiegelt sich in der Abfolge der Hörerreihen eine soziale Rangfolge wider. Gleich unten, dicht am Leichnam, haben die Professoren der Medizinischen Fakultät, aber auch hoch-

19 Vgl. Wolf-Heidegger u. Cetto (Anm. 3), S. 64-71, 344 u. 355; Semenzato (Anm. 3).

20 Vgl. Wolf-Heidegger u. Cetto (Anm. 3), S. 344-348 u. 556-557.

stehende Persönlichkeiten aus dem Leidener Bürgertum Platz genommen. Der zweite Rang ist den Medizinstudenten vorbehalten. Auf die übrigen Sitzreihen verteilen sich all jene Interessierte, die bei der bevorstehenden *Anatomia publica* zugegen sein wollen.

Im Zentrum des Theaters steht der Anatomieprofessor, vielleicht Paaw selbst, flankiert von einem Helfer, und präsentiert die Anatomie an einem Leichnam mit eröffneter Bauchhöhle. Die Messer scheinen beiseite geschoben. Das Schneiden steht hier sichtlich nicht im Vordergrund, sondern das Zeigen. Nicht die *Sectio* also, sondern die *Demonstratio*.

Die Ränge des Leidener Anatomietheaters sind nicht nur von lebenden Personen, sondern auch von zahlreichen ‚belebten' Skeletten bevölkert. Sicherlich lässt sich an diesen Präparaten ganz nüchtern der Knochenbau von Mensch und Tier erläutern, doch die vordergründige Botschaft ist eine andere. Sie zielt auf die Inszenierung des im Zeitalter des Barock omnipräsenten Vanitasgedankens. „Homo bulla", „Mors ultimum – Vita brevis" und „Memento mori" – so lauten die plakativen Botschaften der fahnenbewehrten Todesboten.

Die Anlage des anatomischen Theaters wandelte sich im Lauf des 17. Jahrhunderts grundlegend. Bereits auf einem Kupferstich des Altdorfer Anatomietheaters aus dem Jahr 1650 ist ein Raum zu erkennen, in dem sich die Hörerränge extrem – auf einen Winkel von etwa 120 Grad – zurückgezogen haben.[21] Skelette sind in den Sitzreihen nicht mehr zu erkennen. Neben der Eingangstüre wacht lediglich ein lanzenbewehrter Knochenmann über das gebotene Verhalten an diesem Ort. Wichtig ist nun, dass alle Medien, die das anatomische Theater kennt – Illustration, Präparat und Nachbildung – ein freigegebenes Areal hinter dem Sektionstisch eingenommen haben.

Wesentlich deutlicher tritt das neue Arrangement auf einem Stich des Altdorfer Anatomietheaters aus dem Jahre 1720 (Abb. 4) in Erscheinung.[22] Bei hellem Tageslicht sind hinter dem Sektionstisch, nach hinten spitz zulaufend, ganzfigurige Anatomietafeln, menschliche Skelette sowie ein Ganzkörperhautpräparat zu erkennen. Auf der Ablage über den Illustrationen sind überwiegend Tierskelette aufgestellt. Keine Fahnen verkünden hier über den Köpfen der Hörer moralisierende Botschaften. Die abgebildeten und präparierten Anatomien sind nüchtern-

---

21 Vgl. Georg Andreas Will. *Geschichte und Beschreibung der Nürnbergischen Universität Altdorf*. Altdorf, 1795, S. 187-189; Wolf-Heidegger u. Cetto (Anm. 3), S. 350-352 u. 560f.

22 Vgl. Johann Georg Puschner. *Amoenitates Altdorfinae oder Eigentliche nach dem Leben gezeichnete Prospecten der Löblichen Nürnbergischen Universitaet Altdorf* […]. Nürnberg, o. J. [um 1720]; Schnalke (Anm. 9), S. 175.

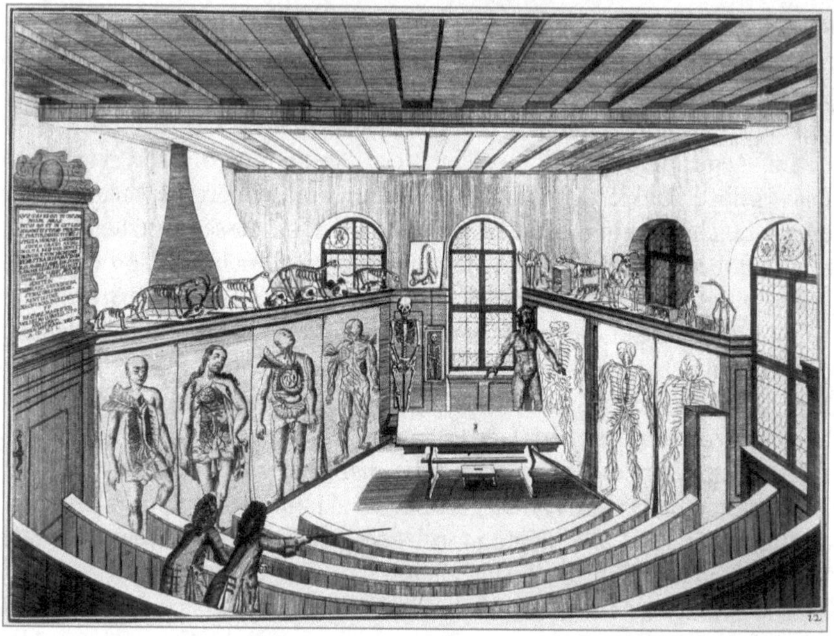

Abb. 4: Das anatomische Theater in Altdorf. Kupferstich, um 1720.

didaktisch zugerüstet. Der Raum, so offen und weit er hier erscheinen mag, ist ganz auf die exklusive Darbietung des schieren Körperbaus hin verdichtet. Im Zentrum liegt bei einer Veranstaltung einmal mehr der frische Leichnam als ‚individueller Einzelfall'. Er lässt sich in all seinen endlichen Teilen zergliedern und auf das Umfassende des Körperganzen hin erläutern. Umspielend fällt ein systematischer Blick auf normierte Präsentationen anatomischer Detailstrukturen, wiedergegeben und festgehalten in Abbildungen und Präparaten einer integrierten Sammlung.

In der Zusammenziehung von den beiden eng aufeinander abgestimmten Bereichen Bühne und Sammlung wurde das anatomische Theater im 18. Jahrhundert zu einem Ort, an dem es gelang, den in einen Mittelwert gebrachten menschlichen Körper in endlicher Ausdehnung in einem Raum zu repräsentieren. Individualisierung und Normierung griffen hier in einer Gegenüberstellung von Ganzheit und Detail ineinander.[23]

Kehren wir zurück nach Berlin in die Anfänge des dortigen Anatomietheaters und betrachten den eingangs zitierten Kupferstich (Abb. 1) genauer.[24] Wie in Leiden finden wir sechs übereinander stehende Hörerränge, die auf den ersten Blick nur in einem Segment erkennbar sind.

23 Vgl. Schnalke (Anm. 4).

24 Zum Berliner anatomischen Theater vgl. die Literatur in Anm. 3.

Unter Ausblendung der perspektivischen Verkürzung dürfen wir sie jedoch als beinahe im kompletten Rund ausgebaut denken. Lediglich der Eingang bleibt frei. Die soziale Hierarchie ist auch hier gewahrt. Im Zentrum der ersten Sitzreihe für die Honoratiorenschaft prangt sogar ein Ehrensessel, leer in dieser Ansicht, vermutlich für den König reserviert. Mitten im Oval der Ränge steht der Leichentisch mit Einbuchtungen vorne und hinten, so dass ein möglicherweise etwas beleibterer Anatom auch noch bequem an seinen Gegenstand herantreten kann, um sein Tagwerk zu verrichten.

Der erste Anatom, der 1713 das Berliner anatomische Theater in den Dienst nahm, war der pietistische Pastorensohn Maximilian Spener, Hofarzt und Mitglied der medizinisch-physikalischen Klasse der Akademie der Wissenschaften zu Berlin.[25] In einem Flugblatt kündigte Spener für den 29. November 1713 „allen Liebhabern der Anatomie" die erste *publice* abzuhaltende Veranstaltung auf dem Anatomietheater an.[26] Er wandte sich an künftige Ärzte und Chirurgen, aber auch an jene Menschen, die „mehr als das gemeine Volk verstehen und wissen wollen". Diesen interessierten Laien wollte er zu einer besseren Erkenntnis des eigenen Körpers verhelfen, damit sie zur „Erhaltung und Bewahrung des eigenen Leibes" stärkere Vorsorge treffen könnten. Mehrmals im Jahr möchte er hierzu „öffentliche Demonstrationes [...] in deutscher Sprache" abhalten.

Spener sprach also von öffentlichen Demonstrationen, nicht von öffentlichen Sektionen, und er führte aus, wie er sich den Ablauf vorgenommen hatte: Mit Beginn der Veranstaltung sollte es auf dem anatomischen Theater unter Verwendung des Leichnams eines schwindsüchtigen Kammerlakaien über vier Wochen hinweg 12 Demonstrationen geben. Diese würden jeweils an drei Tagen – „Montags, Mittwochs und Sonnabends" – von fünf bis sechs Uhr abends zur Erläuterung einer vorgegebenen Körperregion stattfinden.

In diesen einstündigen öffentlichen Veranstaltungen wurde nur demonstriert. Einer kleinen Randnotiz in der Ankündigung entnehmen wir, dass zu jeder *Demonstratio* eine wesentlich längere nicht öffentliche Vorbereitungszeit anberaumt war: „Die Praeparatio", so Spener, „geschicht

25 Zu Christian Maximilian Spener vgl. Barbara Segelken. „Sammlungsgeschichte zwischen Leibniz und Humboldt. Die königlichen Sammlungen im Kontext der akademischen Institutionen." *Theater der Natur und Kunst. Wunderkammern des Wissens*. 2 Bde. [Essays, Katalog]. Hg. v. Horst Bredekamp u. a. Berlin, 2000, Essayband, S. 44-51; Stürzbecher, 1958 (Anm. 3); ders., 1963 (Anm. 3).

26 Stürzbecher, 1963 (Anm. 3), S. 803. Die im Folgenden angeführten Zitate entstammen dieser Ankündigung (S. 803-804).

alle Tage von 9 Uhr bis 11 Uhr Vormittag und von 2 bis 4 Uhr nachmittags." Sektion mit Präparation und Demonstration waren somit zu Beginn auf dem Berliner anatomischen Theater sowohl hinsichtlich des Zugangs, als auch bezüglich der Performanz zwei deutlich voneinander geschiedene Veranstaltungen.[27]

Blicken wir nochmals genauer auf den Kupferstich des Berliner anatomischen Theaters und fragen nach den dinglichen Dokumenten des menschlichen Körpers, die in Altdorf noch integral als Teile der medialen Präsentation in einem räumlich-dialektischen Arrangement von Ganzheit und Detail im eng gezogenen Rund um den Leichentisch herum versammelt waren. Auf der Berliner Ansicht wird deutlich, dass die Präparate den Innenraum des Theaters verlassen haben und in angrenzenden Vitrinenschränken zusammengefasst worden sind. Überdies scheint hier nicht mehr die Gegenüberstellung von Ganzheit und Detail das Raum- und Gliederungsprinzip zu sein, sondern eine Systematik in Reihen und Serien.

Der ‚Auszug' aus dem *Theatrum anatomicum* verweist auf einen Parallelort, an dem im 18. Jahrhundert zentrale Facetten der Kultur des Anatomierens, nämlich das Sammeln, Systematisieren, Präsentieren und Repräsentieren forciert weiterentwickelt wurden: die Privatsammlung.[28] Idealtypisch festgehalten ist das Konzept der gelehrten Privatsammlung in einem Kupferstich aus dem Jahre 1727 (Abb. 5). Dabei handelt es sich um ein programmatisches Frontispiz aus einer der einflussreichsten museologischen Schriften des 17. Jahrhunderts, der *Museographia* von Caspar Friedrich Neickel.[29] Wir sehen den gelehrten Privatsammler an

---

27 Bislang werden in einschlägigen Arbeiten zur ‚öffentlichen Anatomie' in der Frühen Neuzeit anatomische Sektion und Demonstration synonym gesetzt. Ich plädiere hier für eine genauere Differenzierung.

28 Die gelehrte Privatsammlung des 18. Jahrhunderts leitet sich insbesondere aus den adeligen, kirchlichen und bürgerlichen Kunst- und Wunderkammern des 16. und 17. Jahrhunderts ab. Vgl. hierzu die einschlägigen Beiträge in Oliver R. Impey u. Arthur MacGregor (Hg.). *The Origins of Museums. The Cabinets of Curiosities in Sixteenth and Seventeenth-century Europe*. Oxford, 1985; Andreas Grote (Hg.). *Macrocosmos in Microcosmo. Die Welt in der Stube. Zur Geschichte des Sammelns 1450 bis 1800*. Opladen, 1994; Horst Bredekamp u. a. (Hg.). *Theater der Natur und Kunst. Wunderkammern des Wissens*. 2 Bde. [Essays, Katalog]. Berlin, 2000 sowie nach wie vor grundlegend Horst Bredekamp. *Antikensehnsucht und Maschinenglauben. Die Geschichte der Kunstkammer und die Zukunft der Kunstgeschichte*. Berlin, 1993; Paula Findlen. *Possessing Nature. Museums, Collecting, and Scientific Culture in Early Modern Italy*. Berkeley, 1994.

29 Caspar Friedrich Neickel. *Museographia* [...]. Leipzig u. Breslau, 1727. Zur Programmatik von Neickels Frontispiz vgl. zuletzt Anke te Heesen. „Geordnete Leidenschaft. Das Naturalienkabinett und sein Behältnis im 18. Jahrhundert". *Die Samm-*

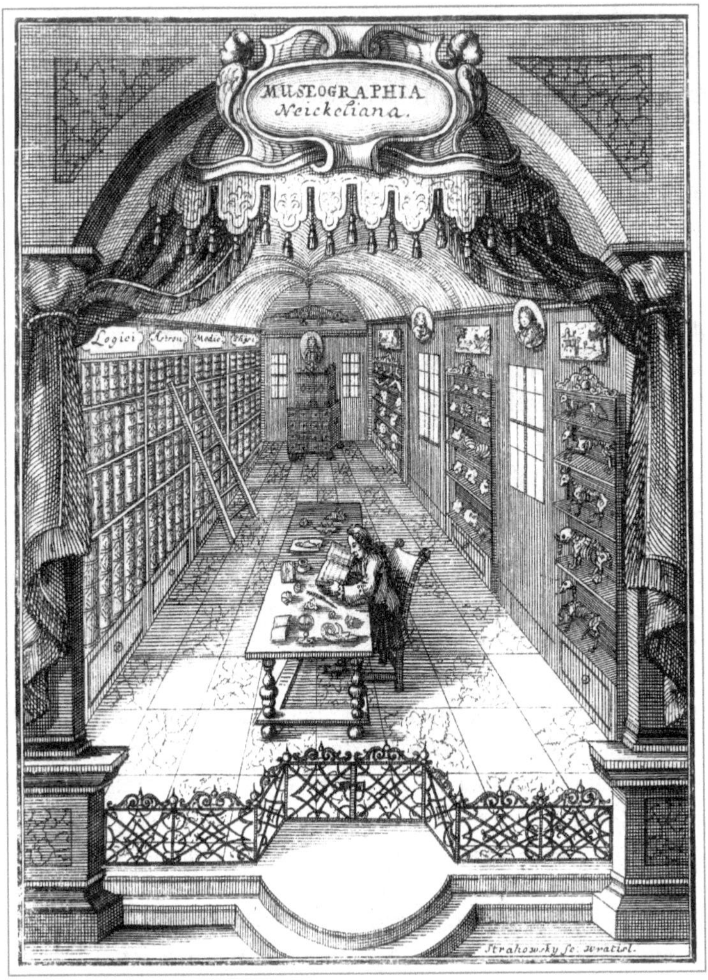

Abb. 5: Der Gelehrte in seiner Privatsammlung. Frontispiz (Kupferstich) aus Caspar F. Neickel. *Museographia* […]. Leipzig u. Breslau, 1727.

einem lang gezogenen Tisch in seine Studien vertieft. Um sich hat er die Objekte seiner Untersuchung – Bücher, Globen, Muscheln und andere Dinge – aus seinen Regalen zusammengezogen. Die Ablagen versammeln, in Bibliothek und Naturalienkabinett aufgeteilt, die klassisch-akademischen Felder, respektive die Reiche der Natur in einem wunderbar geordneten Sammlungsraum. Die Medizin erkennen wir im zweiten Buchregal von hinten eingestellt. Auf der anderen Seite stehen prä-

lungen der Universität Erlangen-Nürnberg. Hg. v. Udo Andraschke u. Marion Maria Ruisinger. Nürnberg, 2007, S. 24-31.

parierte menschliche Körperteile – Füße, Arme, Köpfe – sortiert und in Reihe gebracht auf dem hinteren Repositorium ein.[30]

In seiner eigenen Sammlung hatte der Gelehrte sein privates Reich an Büchern und Dingen zusammengezogen, mit und in dem er durchaus produktiv arbeitete, in welchem er studierte, observierte, korrespondierte und letztlich auch publizierte. Um sich eine derartig gelehrte Privatsammlung aufzubauen, war der Sammler in der *Res publica litteraria* seiner Zeit intensiv vernetzt. Seine Ankäufe und Tauschgeschäfte organisierte er überregional vor allem über das Kommunikationsmedium Brief. Lokal speisten sich seine Bestände aus den verfügbaren Einrichtungen vor Ort. Das war für den Bereich der Anatomie, zumal in Berlin, das anatomische Theater.[31]

Um die Bedeutung des privaten medizinischen Sammlungswesens für Berlin zu ermessen, ist es hilfreich, sich die lokalen Grundstrukturen der wissenschaftlich-didaktischen Medizin im 18. Jahrhundert zu vergegenwärtigen. Ohne Medizinische Fakultät hatten hier die medizinische Forschung und Lehre ihren Anker insbesondere in der Akademie der Wissenschaften und dem so genannten *Collegium medico-chirurgicum*. Hinzu kamen vier weitere Einrichtungen, an welchen spezifische Studien möglich waren und einschlägige Veranstaltungen abgehalten werden konnten: der botanische Garten, die Hofapotheke, die 1710 als Pesthaus gegründete Charité und vor allen Dingen das anatomische Theater.[32]

Integrativ unter all diesen Institutionen wirkte das 1724 eingerichtete *Collegium medico-chirurgicum*. Dabei handelte es sich um einen Zusammenschluss von Professoren, die an den übrigen genannten Einrichtungen, daneben aber auch bei sich zu Hause – privatim – forschten sowie Therapie, Botanik, theoretische und praktische Chemie, Mathematik, Chirurgie und nicht zuletzt auch die Anatomie unterrichteten.[33]

30 Zur Bedeutung des Repositoriums in der Geschichte des Sammelns vgl. te Heesen (Anm. 29).

31 Bezüglich Organisation, Auf- und Ausbau einer einschlägigen gelehrten Privatsammlung im 18. Jahrhundert sind die Anstrengungen des Nürnberger Arztes und Naturkundlers Christoph Jacob Trew exemplarisch. Vgl. dazu Thomas Schnalke (Hg.). *Natur im Bild. Anatomie und Botanik in der Sammlung des Nürnberger Arztes Christoph Jacob Trew*. Erlangen, 1995; ders. *Medizin im Brief. Der städtische Arzt des 18. Jahrhunderts im Spiegel seiner Korrespondenz*. Stuttgart, 1997.

32 Zur Situation der Medizin in Berlin im 18. Jahrhundert vgl. nach wie vor grundlegend Winau (Anm. 3), die einschlägigen Beiträge in Georg Harig (Hg.). *Chirurgische Ausbildung im 18. Jahrhundert*. Husum, 1990 sowie Johanna Bleker u. Volker Hess (Hg.). *Die Charité. Geschichte(n) eines Krankenhauses*. Berlin, 2010.

33 Vgl. Winau (Anm. 3), S. 63-67; Hans-Uwe Lammel. „Die Stellung der Pensionärschirurgen an der Berliner Charité". *Chirurgische Ausbildung* (Anm. 32), S. 59-68.

Das medizinische Ausbildungswesen war in Berlin zunächst sehr praktisch auf die Schulung von Militärchirurgen für das wachsende preußische Heer ausgerichtet. Hierzu wurde das anatomische Theater ab 1719 über sukzessiv fortgeschriebene Reglements mit einer vergleichsweise großen Zahl an Leichnamen ausgestattet, die zu Beginn vor allem vom Schafott und bis zum Ende des Jahrhunderts vorzugsweise aus der Charité und verschiedenen Einrichtungen des Berliner Armenwesens stammten. Auf dieser reichen ‚Materialbasis' setzte mit Gründung des *Collegium medico-chirurgicum* 1724 die Blütezeit des Berliner *Theatrum anatomicum* an, das ob seiner exzellenten Sektionsbedingungen im 18. Jahrhundert zahlreiche Studenten und Absolventen der Medizin aus deutschen Landen anzog.

Der Reichtum an ‚Sektionsgut' und der wachsende Lehrbetrieb lieferten für die Professoren des Berliner anatomischen Theaters deutliche Anreize für eine gesteigerte Sammlungsaktivität. Für das Theater selbst legten die Protagonisten eine Unterrichtskollektion von Illustrationen und Präparaten an.[34] Gleichzeitig nutzten sie das Theater aber auch als Quelle für den Aufbau eigener anatomischer Privatsammlungen,[35] die für sie mindestens in dreierlei Hinsicht von Bedeutung waren: als Anschauungsmittel für die Durchführung einträglicher Privatkollegs, als Gegenstand der stolzen Repräsentation ihres gelehrten Status' und als materiale Basis ihres eigenen wissenschaftlichen Arbeitens und der daraus abgeleiteten Einbindung in die *scientific community*.

Als anatomische Sammler profilierten sich am Berliner anatomischen Theater in der zweiten Hälfte des 18. Jahrhunderts vor allem Johann Gottlieb und Friedrich August Walter.[36] Beide, Vater und Sohn, Mitglie-

---

34 Während der erste Anatom auf dem Berliner anatomischen Theater, Christian Maximilian Spener, vor seiner Bestallung bereits ein Naturalienkabinett in den Räumen der Berliner Akademie der Wissenschaft aufgebaut hatte (vgl. Segelken (Anm. 23), S. 47), dürfte er mit seinem Dienstantritt auf dem Berliner anatomischen Theater im November 1713 nun vorrangig Präparate für diese Einrichtung angefertigt haben. Vgl. Wolf-Heidegger u. Cetto (Anm. 3), S. 359-360 u. 566.

35 Als anatomische Privatsammler sind in Berlin im 18. Jahrhundert neben Spener insbesondere Samuel Schaarschmidt, Johann Nathanael Lieberkühn, Johann Friedrich Meckel der Ältere sowie Johann Gottlieb und Friedrich August Walter bedeutsam. Vgl. zu diesen Persönlichkeiten im Überblick die Berlin-spezifische Literatur in Anm. 3.

36 Zur Biografie Johann Gottlieb Walters vgl. Johann Friedrich Goldbeck. *Litterarische Nachrichten von Preußen*. Berlin, 1781, Bd. 1, Stichwort: „Walter, Johann Gottlieb"; Valentin H. Schmidt u. Daniel G. Mehring. *Neuestes gelehrtes Berlin*. Berlin, 1795, Bd. 2, Stichwort: „Walter, der Vater, Johann Gottlieb"; Georg C. Hamberger u. Johann G. Meusel. *Das gelehrte Teutschland oder Lexikon der jetzt lebenden teutschen Schriftsteller*. Lemgo, 1800, Bd. 8, Stichwort: „Walter, Johann

der im *Collegium medico-chirurgicum* sowie in der Berliner Akademie der Wissenschaften, fungierten auf dem Theater zwischen 1760 und 1810 – über weite Strecken auch gemeinsam – als „Professor[en] der Naturlehre und [der] Anatomie".[37]

Für beide Walter war der Aufbau einer anatomischen Privatsammlung, sie sprachen auch von ihrem *Museum anatomicum*, das große Lebensprojekt. Friedrich August, der sich nach eigenem Bekunden weidlich in Deutschland, Frankreich und England umgetan hatte, nannte diese Sammlung 1796 „ohne Prahlerei und ohne erröthen zu dürfen, [...] die größeste und schönste [...], welche Menschen je zu Stande gebracht haben". Sie enthalte zu jener Zeit „viel Tausend Stükke" und biete dem Betrachter „Ausarbeitungen [...], die Bewunderung erregen, und Ausprüzzungen, die man als das Plus non ultra wird anerkennen müssen".[38]

Leider wissen wir zur physischen Präsenz des Walter'schen Anatomiemuseums bislang so gut wie nichts. 1756 begründet, stand die Sammlung 30 Jahre später, 1786, im repräsentativen Anwesen der Walter, dem so genannten Hessischen Haus in zentraler Berliner Lage Unter den Linden ein. Weder Grundrisse noch Innenansichten oder etwa Reisebeschreibungen haben sich bislang gefunden, die genauere Auskunft über die Einrichtung der Sammlung geben könnten. Auch haben sich die Sammler selbst nicht explizit zum Konzept ihres anatomischen Museums geäußert.

Als Glücksfall erweist sich in dieser Situation ein groß angelegtes Katalogprojekt, in dem die beiden Anatomen ihre Sammlung „den Gelehrten und Liebhabern der Naturgeschichte" nahe bringen wollten. Im Jahr 1796 erschien, verfasst von Friedrich August Walter in enger Abstimmung mit seinem Vater, ein erster Katalogband in deutscher Sprache.[39] Interessanterweise stellen die Autoren darin keine anatomischen, sondern ausgewählte pathologische Objekte vor, die ihnen, so dürfen wir

---

Gottlieb"; ebd., Lemgo, 1827, Bd. 21, Stichwort: Walter, Joh. Gottli.; Julius Pagel. „Walter, Johann Gottlieb". *Allgemeine deutsche Biographie*. Hg. durch d. Historische Commission bei der königlichen Akademie der Wissenschaften. 56 Bde. Berlin, 1875-1912, Bd. 41, S. 26. Zur Biografie Friedrich August Walters vgl. Schmidt u. Mehring (ebd.), Bd. 2, Stichwort: „Walter, der Sohn, Friedrich August"; Hamberger u. Meusel (ebd.), Bd. 8, Stichwort: „Walter, Friedrich August" u. Bd. 21, Stichwort: „Walter, Fried. Aug."; Julius Eduard Hitzig (Hg.). *Gelehrtes Berlin im Jahre 1825*. Berlin, 1826.

37 Friedrich August Walter. *Anatomisches Museum*. Berlin, 1796. Die im Folgenden angeführten Zitate entstammen dem Titelblatt und den anschließend abgedruckten „Vorerinnerungen" zum 1. Teil des Katalogs.

38 Ebd.

39 Vgl. ebd.

vermuten, zu jener Zeit fachlich besonders am Herzen lagen. Der Band gliedert sich in zwei Teile. Im ersten werden „steinartige Concremente", das heißt Nieren-, Blasen- und Gallensteine und sonstige „erdige" Verhärtungen des menschlichen Körpers, abgehandelt, im zweiten ausschließlich „kranke Knochen". Diese Präparate möchten die beiden Walter genau bestimmen und vor allem in ein System bringen, das in einem Raumarrangement erprobt und entwickelt worden ist und nun auch als schlüssiges Ordnungsprinzip der Pathologie in der Fachwelt Bestand hat.[40]

Wir erfahren aus dem Katalog zunächst, und das überrascht nicht, dass für Vater und Sohn Walter das Berliner anatomische Theater die primäre ‚Quelle' für ihre Sammlung war. 8 000 Leichname seien dort von ihnen zwischen 1756 und 1796 seziert worden.[41] Viele Präparate hätten sich dabei anfertigen lassen. Allerdings erhielten die beiden Kollektoren derartige Objekte und zugehörige Texte in größerer Zahl auch von Kollegen und Schülern zugeschickt. Ihre Präparate stammten somit letztlich aus einem beachtlich weit gefassten, von Ulm bis Greifswald gezogenen Praxiskontext. Im Sammlungskatalog werden diese Dinge nun im Sinne einer Sammelkasuistik[42] gebündelt und mit dem Anspruch, wieder in die Praxis zurückzuwirken, in zusammengehörige Präparategruppen sortiert, dokumentiert und ausgewertet.

Was aber konstituiert die abgegrenzten Walter'schen Präparategruppen? Die beiden Anatomen bemühen sich an diesem Punkt um eine schlüssige Systematik und erproben diese an einem klar abgrenzbaren Objektbestand – den Konkrementen. Bei diesen „Verhärtungen" handelte es sich um Krankheitsprodukte des menschlichen Körpers, die rela-

40 Vgl. Schnalke (Anm. 5).

41 Vgl. Walter (Anm. 37), T. 1, S. 5.

42 Als fachliterarisches Genre genossen Einzel- und Sammelkasuistiken in der wissenschaftlichen Medizin des 18. Jahrhunderts große Wertschätzung. Vgl. hierzu Johanna Geyer-Kordesch. „Medizinische Fallbeschreibungen und ihre Bedeutung in der Wissensreform des 17. und 18. Jahrhunderts". *Medizin, Gesellschaft und Geschichte* 9 (1990), S. 7-19; dies. „Whose Enlightenment? Medicine, Witchcraft, Melancholia and Pathology". *Medicine in the Enlightenment.* Hg. v. Roy Porter. Amsterdam u. Atlanta, 1995, S. 113-127; Ingo W. Müller. *Iatromechanische Theorie und ärztliche Praxis im Vergleich zur galenistischen Medizin.* Stuttgart, 1991; Andrea Rusnock. „The Weight of Evidence and the Burden of Authority. Case Histories, Medical Statistics and Smallpox Inoculation". *Medicine in the Enlightenment.* Hg. v. Roy Porter. Amsterdam u. Atlanta, 1995, S. 289-315. Führende Fachgelehrte beteiligten sich mit teils mehrbändigen Werken an der Ausarbeitung dieser Textgattung. Vgl. Friedrich Hoffmann. *Medicina consultatoria* […]. 1.-12. Theil. Halle, 1721-1739; Georg Ernst Stahl. *Collegium casuale magnum* […]. Leipzig, 1733; Lorenz Heister. *Medicinische Chirurgische und Anatomische Wahrnehmungen.* Rostock, 1753.

tiv problemlos in eine naturkundliche Ordnung gebracht werden konnten. Die Welt der Steine bildete im 18. Jahrhundert bekanntlich ein klassisches Reich der Natur, für das – orientiert am Vorbild der Linné'schen Klassifikation der Botanik[43] – eigene Ordnungssysteme erdacht und diskutiert wurden, aus welchen sich nun auch unschwer Anregungen für eine eigene ‚Körpermineralogie' ableiten ließen.[44]

Mit Blick auf die Gallensteine des Menschen konstatiert Friedrich August Walter, dass diese „sehr verschieden und mannigfaltig, in Absicht ihrer Figur, Farbe, Gestalt und [...] Ansehen überhaupt, erscheinen".[45] Sein Vater habe jedoch „dem ohngeachtet, ein gewisses Gesetz beobachtet, nach welchem man Gallensteine, dem [...] Ansehen nach, in gewisse Classen bringen kann".[46] Friedrich August Walter übernimmt ausdrücklich das Ordnungsprinzip des Vaters und teilt die Gallensteine nach ihrem innerlichen Aspekt in drei Classen: „1. Gestreifte (Striati) 2. Blättrichte (Lamellati) 3. Mit einer Rinde Überzogene (Corticati)".[47]

Der jüngere Walter verspricht nun ausdrücklich, sich bei der Bestimmung und Einordnung der Präparate der vom Vater vorgegebenen Einteilungen zu befleißigen, welche stets „nach der Natur gemacht sind". Ein näherer Blick auf den ersten Katalogeintrag – es geht hier um zwei Nierensteine „aus einem Manne von 40 Jahren"[48] – belegt, dass die unmittelbare Bestimmung des Objekts sehr wohl über etliche an der Natur abgegriffenen Kategorien erfolgt: Form, Größe, Farbe, Oberflächenbeschaffenheit und Gewicht. Über die einzelnen Einträge gesetzt, findet sich allerdings eine hierarchische Kaskade kategorisierender Überschriften, die mit bloßen morphologischen Erscheinungen des Objekts nicht mehr viel zu tun haben. Wir lesen hier beispielsweise:

---

43 Vgl. Carl von Linné. *Genera plantarum* […]. Leiden, 1737.

44 Vgl. in diesem Zusammenhang Dietrich L. G. Karsten. *Mineralogische Tabellen mit Rücksicht auf die neuesten Entdekkungen* […] Berlin, 1808; Ferdinand Damaschun, Gottfried Böhme u. Hannelore Landsberg. „Naturkundliche Museen der Berliner Universität – Museum für Naturkunde. 190 Jahre Sammeln und Forschen". *Theater der Natur und Kunst* (Anm. 25), Essayband, S. 86-106; Ferdinand Damaschun. „Die Bedeutung der Dimension". Ebd., Katalogband, S. 281-292.

45 Walter (Anm. 37), T. 1, S. 92.

46 Ebd. Johann Gottlieb Walter publizierte seine Systematik 1775 zusammen mit anderen anatomischen Beobachtungen zunächst in lateinischer Sprache (Johann Gottlieb Walter. *Observationes anatomicae* […]. Berlin, 1775) und ließ sie 1782 in einer Übersetzung durch Johann Gottlob Daniel Michaelis in Deutsch erscheinen. Vgl. Johann Gottlieb Walter. *Anatomische Beobachtungen* […]. Berlin u. Stralsund, 1782, S. 45-61.

47 Walter (Anm. 37), T. 1, S. 93.

48 Ebd., T. 1, S. 7f.

Erdige Concremente usw. aus Menschen
Weibliches Geschlecht
Erdige Concremente usw., welche durch den Schnitt, oder sonst auf eine andere Art weggenommen
Getrocknet
Die Kranken sind genesen[49]

Überblicken wir alle Katalogeinträge zu den Steinen, so lässt sich der komplette Hierarchiebaum des hier aufscheinenden systematischen Thesaurus in folgender Untergliederung rekonstruieren:

1. Anatomischer Ort der Steinablagerung
2. Species, die vom Krankheitsgeschehen betroffen ist: Mensch – Tier
3. Geschlecht: Mann – Frau
4. Art der Behandlung: von selbst abgegangen, operiert, seziert
5. Krankheitsverlauf: geheilt – verstorben
6. Art des Präparats: feucht – trocken

Die im Katalog zu Tage tretende Systematisierung, die, so meine Vermutung, im Arrangement der Objekte in den Vitrinen und Regalen des Walter'schen Anatomiemuseums erprobt worden sein dürfte, verfolgte offenkundig das Ziel, den aus der Praxis stammenden Einzelfall in seinem Produkt, dem Präparat, zunächst mit Hilfe einer Reihe gleichrangiger, das natürliche Erscheinungsbild dokumentierender Sachkategorien näher zu bestimmen, um ihn sodann über eine hierarchische Kaskade ‚klinischer' Rubriken in die Praxis zurück zu verorten. Dies gelingt den beiden Anatomen durchaus schlüssig für ihre Sammlung von Konkrementen. Doch schon bei der Gruppierung der „Kranken Knochen" müssen sie erkennen, dass sich die meisten unter der Haut des Körpers in den verschiedenen Geweben der Organe auffindbaren Krankheitszeichen nur sehr schwer in ein System bringen und mit einem stets individuell ausgeprägten Krankheitsverlauf korrelieren lassen. Ihr Knochen-Thesaurus erweist sich denn auch als wesentlich weniger differenziert und trennscharf. Gegliedert wird hier lediglich nach Species, Krankheitsverlauf, therapeutischer Maßnahme und Heilungsergebnis.[50]

Den systematischen Bestrebungen der beiden Walter war kein nachhaltiger Erfolg beschieden. Zudem folgte ihrem Katalogteilband von 1796 lediglich ein knapper, lateinisch abgefasster Gesamtkatalog im Jahre 1805.[51] Dennoch bleibt festzuhalten, dass die beiden Berliner Anatomen in der zweiten Hälfte des 18. Jahrhunderts neben dem anatomi-

---

49 Ebd., T. 1, S. 153.
50 Vgl. ebd., T. 2.
51 Vgl. Johann Gottlieb Walter. *Museum Anatomicum* […]. Berlin, 1805.

schen Theater, sehr wohl freilich auch zu weiten Teilen gespeist durch das Theater, mit ihrer florierenden Privatsammlung ein frühes Experimentierfeld für die Erprobung einer neuen Systematik des menschlichen Körpers, nun bezogen auf seine krankhaften Veränderungen, geschaffen hatten. Zwar gab sich dabei zu einem sehr frühen Zeitpunkt die prinzipielle Unmöglichkeit der Normierung des stets untrennbar in das Individuum eingeschriebenen Krankhaften zu erkennen, weshalb das Arrangement der Präparatesammlung in den Walter'schen Vitrinen und Regalen beim Übergang von der reinen Anatomie zur Pathologie regelrecht ‚explodiert' sein und sich jedes wohlgemeinte Raumarrangement von vornherein ins Unendliche verflüchtigt haben dürfte. Allerdings besaß das Walter'sche Anatomiemuseum um 1800 dennoch und gerade wegen des quasi experimentellen Ringens um die Integration der pathologisch veränderten Präparate in den Kosmos des Körperlichen einen hohen fachlichen und materiellen Wert.

Mit seinem kostenträchtigen Ankauf durch die Preußische Krone 1803 wanderten die Bestände – zumindest jene, die tatsächlich aus dem Berliner *Theatrum anatomicum* stammten – wieder in staatliche Hand zurück.[52] Diese stattete damit 1810 die Medizinische Fakultät der neu gegründeten Universität aus. Zunächst stand die Sammlung zentral im Universitätshauptgebäude ein, um schließlich sehr viel später, in den 1870er Jahren, auf einzelne Institute aufgeteilt und dort mit den jeweiligen anatomischen, patho-anatomischen und zootomischen Theatern wieder vereinigt zu werden.[53]

Schluss

Verfolgt man die Entwicklung des *Theatrum anatomicum* sowie des Umgangs mit dreidimensionalen Körperdokumenten, den Präparaten, in dieser Einrichtung, wird deutlich, wie sich die ‚barock-belebte' Anatomie aus den Theaterrängen allmählich zurückzog, und sich die Ränge teilweise selbst auf ein Segment beschieden, um Platz zu schaffen für eine nüchternere Präsentation der Anatomie in einer räumlich-endlichen Gegenüberstellung von Körperganzem und Körperdetail.[54] Obgleich das

---

52 Zum Ankauf des Walter'schen Anatomiemuseums durch die Preußische Krone vgl. die Aktenbestände des Archivs der Berlin-Brandenburgischen Akademie der Wissenschaften: BBAdW I, Abt. XV, Nr. 33, 34, 35 u. 36.

53 Vgl. entsprechende Beiträge in Bredekamp u. a., *Theater der Natur und Kunst* (Anm. 28).

54 Eine grandiose Ausformung fand die in endlicher Folge inszenierte Anatomie mit ihrer Gegenüberstellung von Ganzheit und Detail gegen Ende des 18. Jahrhun-

anatomische Theater auch das gesamte 18. Jahrhundert hindurch ein Ort des Sammelns, Dokumentierens und systematischen Präsentierens des menschlichen Körpers blieb, ließ sich für Berlin ein temporärer ‚Auszug' der Präparate in anatomische Privatsammlungen respektive in anatomische Privatmuseen konstatieren, die sich – parallel zum Theater und auch im engen Austausch mit dem Theater – zu einer wichtigen Lehr- und Repräsentations-, aber auch zu einer eminenten Forschungsstätte entwickelten. Gerade in der zweiten Hälfte des 18. Jahrhunderts formierte sich im Walter'schen Anatomiemuseum ein starkes fachliches Interesse an der krankhaft veränderten Körperstruktur, das sich nicht nur in Einzelstudien niederschlug, sondern auch einen ersten Versuch speiste, die Pathologie zu verräumlichen und in ein System zu bringen.

Hierbei zeigte sich die prinzipielle Schwierigkeit, die stets individuelle Ausprägung eines körperlichen Leidens in eine Norm zu bringen und diese letztlich auch in einem schlüssigen Raumarrangement von Präparaten augenfällig werden zu lassen.

Der Parallelität von anatomischem Theater und anatomischer Privatsammlung setzte die preußische Krone zu Beginn des 19. Jahrhunderts ein Ende. Während sie in anderen Fällen einschlägige private Sammlungen schloss oder gar verbot, kaufte sie das Walter'sche Anatomiemuseum auf und gab es 1810 der neugegründeten Universität als akademische Morgengabe mit auf den Weg. Letztlich adelte sie damit das reale Körperdokument und trug nicht unerheblich dazu bei, dass Präparate vom menschlichen Körper in universitären Sammlungen bis heute in Verwendung sind. Zudem stellte sie die Präparatesammlung unter ein lang gezogenes akademisches Dach, unter welchem Sammlung und anatomisches Theater letztlich wieder zueinander finden sollten.

---

derts in der anatomischen Wachsmodellsammlung des Florentiner Naturkundemuseums ‚La Specola'. Vgl. Engelbert Wichelhausen. *Ideen über die beste Anwendung der Wachsbildnerei, nebst Nachrichten von den anatomischen Wachspräparaten in Florenz* […]. Frankfurt a. M., 1798; Maria Luisa Azzaroli Puccetti. „La Spècola. The Zoological Museum of the University of Florence". *Curator* 15 (1972), S. 93-112; Benedetto Lanza u. a. (Hg.). *Le Cere Anatomiche della Specola*. Florenz, 1979 sowie die Beiträge in Monika Dühring u. a. (Hg.). *Encyclopaedia Anatomica. Vollständige Sammlung anatomischer Wachse (Museo La Specola)*. Köln, 1999 u. in Gabriele Dürbeck, Jutta Schickore u. Gerhard Wiesenfeldt (Hg.). *Wahrnehmung der Natur – Natur der Wahrnehmung. Studien zur Geschichte visueller Kultur um 1800*. Dresden, 2001.

LITERATURVERZEICHNIS

Artelt, Walter. „Die anatomisch-pathologischen Sammlungen Berlins im 18. Jahrhundert". *Klinische Wochenschrift* 15 (1936), S. 96-99.

Azzaroli Puccetti, Maria Luisa. „La Spècola. The Zoological Museum of the University of Florence". *Curator* 15 (1972), S. 93-112.

Bergmann, Anna. *Der entseelte Patient. Die moderne Medizin und der Tod.* Berlin, 2004.

Bleker, Johanna u. Volker Hess (Hg.). *Die Charité. Geschichte(n) eines Krankenhauses.* Berlin, 2010.

Bredekamp, Horst u. a. (Hg.). *Theater der Natur und Kunst. Wunderkammern des Wissens.* 2 Bde. [Essays, Katalog]. Berlin, 2000.

Bredekamp, Horst. *Antikensehnsucht und Maschinenglauben. Die Geschichte der Kunstkammer und die Zukunft der Kunstgeschichte.* Berlin, 1993.

Damaschun, Ferdinand. „Die Bedeutung der Dimension". *Theater der Natur und Kunst. Wunderkammern des Wissens.* 2 Bde. [Essays, Katalog]. Hg. v. Horst Bredekamp u. a. Berlin, 2000, Katalogband, S. 281-292.

Damaschun, Ferdinand, Gottfried Böhme u. Hannelore Landsberg. „Naturkundliche Museen der Berliner Universität – Museum für Naturkunde. 190 Jahre Sammeln und Forschen". *Theater der Natur und Kunst. Wunderkammern des Wissens.* 2 Bde. [Essays, Katalog]. Hg. v. Horst Bredekamp u. a. Berlin, 2000, Essayband, S. 86-106.

Dühring, Monika u. a. (Hg.). *Encyclopaedia Anatomica. Vollständige Sammlung anatomischer Wachse (Museo La Specola).* Köln, 1999.

Dürbeck, Gabriele, Jutta Schickore u. Gerhard Wiesenfeldt (Hg.). *Wahrnehmung der Natur – Natur der Wahrnehmung. Studien zur Geschichte visueller Kultur um 1800.* Dresden, 2001.

Eriksson, Ruben (Hg.). *Andreas Vesalius' First Public Anatomy at Bologna 1540. An Eyewitness Report.* Uppsala u. Stockholm, 1959.

Faller, Adolf. *Die Entwicklung der makroskopisch-anatomischen Präparierkunst von Galen bis zur Neuzeit.* Basel, 1948.

Findlen, Paula. *Possessing Nature. Museums, Collecting, and Scientific Culture in Early Modern Italy.* Berkeley, 1994.

Geyer-Kordesch, Johanna. „Medizinische Fallbeschreibungen und ihre Bedeutung in der Wissensreform des 17. und 18. Jahrhunderts". *Medizin, Gesellschaft und Geschichte* 9 (1990), S. 7-19.

Geyer-Kordesch, Johanna. „Whose Enlightenment? Medicine, Witchcraft, Melancholia and Pathology". *Medicine in the Enlightenment.* Hg. v. Roy Porter. Amsterdam u. Atlanta, 1995, S. 113-127.

Goldbeck, Johann Friedrich. *Litterarische Nachrichten von Preußen.* 2 Bde. Berlin, 1781-1783.

Grote, Andreas (Hg.). *Macrocosmos in Microcosmo. Die Welt in der Stube. Zur Geschichte des Sammelns 1450 bis 1800.* Opladen, 1994.

Hamberger, Georg C. u. Johann G. Meusel. *Das gelehrte Teutschland oder Lexikon der jetzt lebenden teutschen Schriftsteller.* 23 Bde. Lemgo, 1796-1834.

Hansen, Julie V. „Resurrecting Death. Anatomical Art in the Cabinet of Dr. Fredrik Ruysch". *The Art Bulletin* 78 (1996), S. 663-679.

Harig, Georg (Hg.). *Chirurgische Ausbildung im 18. Jahrhundert.* Husum, 1990.

Heister, Lorenz. *Medicinische Chirurgische und Anatomische Wahrnehmungen.* Rostock, 1753.

Helm, Jürgen u. Karin Stukenbrock (Hg.). *Anatomie. Sektionen einer medizinischen Wissenschaft im 18. Jahrhundert*. Stuttgart, 2003.

Helms, Roland. *Anatomische Lehrmittel im 18. Jahrhundert. Das Musaeum anatomicum Ryschianum*. Mag. Arb., Berlin, o. J.

Herrlinger, Robert. *Geschichte der medizinischen Abbildung*. München, 1967.

Hitzig, Julius Eduard (Hg.). *Gelehrtes Berlin im Jahre 1825*. Berlin, 1826.

Hoffmann, Friedrich. *Medicina consultatoria* […]. 1.-12. Theil. Halle, 1721-1739.

Impey, Oliver R. u. Arthur MacGregor (Hg.). *The Origins of Museums. The Cabinets of Curiosities in Sixteenth and Seventeenth-century Europe*. Oxford, 1985.

Karsten, Dietrich L. G. *Mineralogische Tabellen mit Rücksicht auf die neuesten Entdekkungen* […]. Berlin, 1808.

Krietsch, Peter u. Manfred Dietel. *Pathologisch-Anatomisches Cabinet. Vom Virchow-Museum zum Berliner Medizinhistorischen Museum in der Charité*. Berlin u. Wien, 1996.

Lammel, Hans-Uwe. „Die Stellung der Pensionärschirurgen an der Berliner Charité". *Chirurgische Ausbildung im 18. Jahrhundert*. Hg. v. Georg Harig. Husum, 1990, S. 59-68.

Lanza, Benedetto u. a. (Hg.). *Le Cere Anatomiche della Specola*. Florenz, 1979.

Linné, Carl von. *Genera plantarum* […]. Leiden, 1737.

Luyendijk-Elshout, Antonie M. „‚An der Klaue erkennt man den Löwen'. Aus den Sammlungen des Frederick Ruysch (1683-1731)". *Macrocosmos in Microcosmo. Die Welt in der Stube. Zur Geschichte des Sammelns 1450 bis 1800*. Hg. v. Andreas Grote. Opladen, 1994, S. 643-660.

Mani, Nikolaus. „Vesals erste Anatomie in Bologna 1540. Ruben Erikssons Veröffentlichung eines Augenzeugenberichts". *Gesnerus* 17 (1959), S. 42-52.

Matyssek, Angela. *Rudolf Virchow. Das Pathologische Museum. Geschichte einer wissenschaftlichen Sammlung*. Darmstadt, 2002.

Müller, Ingo W. *Iatromechanische Theorie und ärztliche Praxis im Vergleich zur galenistischen Medizin*. Stuttgart, 1991.

Müller-Dietz, Heinz E. „Anatomische Präparate in der Petersburger ‚Kunstkammer'". *Zentralblatt für allgemeine Pathologie und pathologische Anatomie* 135 (1989), S. 757-767.

Neickel, Caspar Friedrich. *Museographia* […]. Leipzig u. Breslau, 1727.

Pagel, Julius. „Walter, Johann Gottlieb". *Allgemeine deutsche Biographie*. Hg. durch d. Historische Commission bei der königlichen Akademie der Wissenschaften. 56 Bde. Berlin, 1875-1912, Bd. 41, S. 26.

Persaud, Vidhya. *A History of Anatomy. The Post-Vesalian Era*. Springfield, Ill., 1997.

Puschner, Johann Georg. *Amoenitates Altdorfinae oder Eigentliche nach dem Leben gezeichnete Prospecten der Löblichen Nürnbergischen Universitaet Altdorf* […]. Nürnberg, o. J. [um 1720].

Ráček, Milan. *Mumia viva. Kulturgeschichte der Human- und Animalpräparation*. Graz, 1990.

Richter, Gottfried. *Das anatomische Theater*. Berlin, 1936.

Roberts, Kenneth B. u. John D. W. Tomlinson. *The Fabric of the Body. European Traditions of Anatomical Illustration*. Oxford, 1992.

Rusnock, Andrea. „The Weight of Evidence and the Burden of Authority. Case Histories, Medical Statistics and Smallpox Inoculation". *Medicine in the Enlightenment*. Hg. v. Roy Porter. Amsterdam u. Atlanta, 1995, S. 289-315.

Schmidt, Valentin H. u. Daniel G. Mehring. *Neuestes gelehrtes Berlin*. 2 Bde. Berlin, 1795.

Schnalke, Thomas (Hg.). *Natur im Bild. Anatomie und Botanik in der Sammlung des Nürnberger Arztes Christoph Jacob Trew*. Erlangen, 1995.

Schnalke, Thomas. „Anatomie für alle! Trew und sein Projekt eines anatomischen Tafelwerks". *Natur im Bild. Anatomie und Botanik in der Sammlung des Nürnberger Arztes Christoph Jacob Trew*. Hg. v. dems. Erlangen, 1995, S. 53-72.

Schnalke, Thomas. *Medizin im Brief. Der städtische Arzt des 18. Jahrhunderts im Spiegel seiner Korrespondenz*. Stuttgart, 1997.

Schnalke, Thomas. „Der expandierte Mensch. Zur Konstitution von Körperbildern in anatomischen Sammlungen des 18. Jahrhunderts". *Medizin, Geschichte und Geschlecht. Körperhistorische Rekonstruktion von Identitäten und Differenzen*. Hg. v. Frank Stahnisch u. Florian Steger. Stuttgart, 2005, S. 63-82.

Schnalke, Thomas. „Von erdigen Konkrementen und kranken Knochen. Systematisierende Bestrebungen für die Pathologie im Walterschen Anatomischen Museum zu Berlin". *Anatomie und Anatomische Sammlungen im 18. Jahrhundert anlässlich der 250. Wiederkehr des Geburtstages von Philipp Friedrich Theodor Meckel (1755-1803)*. Hg. v. Rüdiger Schultka u. Josef N. Neumann. Münster, 2007, S. 295-316.

Schultka, Rüdiger u. Luminita Göbbel. „Präparationstechniken und Präparate im 18. und frühen 19. Jahrhundert, dargestellt an Beispielen aus den anatomischen Sammlungen zu Halle (Saale)". *Anatomie. Sektionen einer medizinischen Wissenschaft im 18. Jahrhundert*. Hg. v. Jürgen Helm u. Karin Stukenbrock. Stuttgart, 2003, S. 49-81.

Segelken, Barbara. „Sammlungsgeschichte zwischen Leibniz und Humboldt. Die königlichen Sammlungen im Kontext der akademischen Institutionen." *Theater der Natur und Kunst. Wunderkammern des Wissens*. 2 Bde. [Essays, Katalog]. Hg. v. Horst Bredekamp u. a. Berlin, 2000, Essayband, S. 44-51.

Semenzato, Camillo (Hg.). *The Anatomy Theatre. History and Restoration*. Padua, 1995.

Stahl, Georg Ernst. *Collegium casuale magnum* […]. Leipzig, 1733.

Stürzbecher, Manfred. „Beitrag zur Geschichte der Berliner Anatomie". *Berliner Medizin* 9 (1958), S. 236-239.

Stürzbecher, Manfred. „Aus der Frühgeschichte der Berliner Anatomie". *Deutsches Medizinisches Journal* 14 (1963), S. 803-819.

Stukenbrock, Karin. *„Der zerstückte Cörper". Zur Sozialgeschichte der anatomischen Sektion in der frühen Neuzeit*. Stuttgart, 2001.

te Heesen, Anke. „Geordnete Leidenschaft. Das Naturalienkabinett und sein Behältnis im 18. Jahrhundert". *Die Sammlungen der Universität Erlangen-Nürnberg*. Hg. v. Udo Andraschke u. Marion Maria Ruisinger. Nürnberg, 2007, S. 24-31.

Tomasini, Jacobus Philippus. *Gymnasium Patavinum, libris V comprehensum*. Udine, 1654.

Vesalius, Andreas. *De humani corporis fabrica libri septem*. Basel, 1543.

Virchow, Rudolf. *Die Eröffnung des Pathologischen Museums der Königl[ichen] Friedrich-Wilhelms-Universität zu Berlin* […]. Berlin, 1899.

Virchow, Rudolf. *Das neue Pathologische Museum der Universität zu Berlin*. Berlin 1901.

Walter, Friedrich August. *Anatomisches Museum*. Berlin, 1796.

Walter, Johann Gottlieb. *Observationes anatomicae* […]. Berlin, 1775.

Walter, Johann Gottlieb. *Anatomische Beobachtungen* […]. Berlin u. Stralsund, 1782.

Walter, Johann Gottlieb. *Museum Anatomicum* […]. Berlin, 1805.

Wichelhausen, Engelbert. *Ideen über die beste Anwendung der Wachsbildnerei, nebst Nachrichten von den anatomischen Wachspräparaten in Florenz* […]. Frankfurt a. M., 1798.

Will, Georg Andreas. *Geschichte und Beschreibung der Nürnbergischen Universität Altdorf.* Altdorf, 1795.

Winau, Rolf. *Medizin in Berlin.* Berlin, 1987.

Wittern, Renate. „Die Anfänge der Anatomie im Abendland". *Natur im Bild. Anatomie und Botanik in der Sammlung des Nürnberger Arztes Christoph Jacob Trew.* Hg. v. Thomas Schnalke. Erlangen, 1995, S. 21-51.

Wolf-Heidegger, Gerhard u. Anna Maria Cetto. *Die anatomische Sektion in bildlicher Darstellung.* Basel u. New York, 1967.

Hartmut Böhme

Der Körper als Bühne. Zur Protogeschichte der Anatomie*

Die Invasion des Körpers findet gegenwärtig von zwei Seiten her statt, von innen und von außen. Miniaturisierte Computer siedeln sich auf der Körperoberfläche an oder wandern in sein Inneres. Die Genetik rekonstruiert den Körper von den Molekülen her (*Human Genom Project*) und wird ihn in Zukunft neu modellieren. Die Prothetik- und Cyborg-Techniken lösen die Trennung von Organischem und Anorganischem auf. Die zweite Seite: Was dem Körper an eigenleiblichem Spüren und Gefühlen zugehörte, findet zunehmend ‚draußen' statt, nämlich in den Gefühlsfabriken der Medien und Events. Der Körper empfindet nicht sich selbst, sondern wird über Relais angekoppelt an ‚objektive' Gefühle und Körpersensationen, die in Maschinen entworfen und in virtuelle oder wenigstens artifizielle Erlebnisparks implementiert werden. Der Körper, auf dessen anthropologisches Gefüge man seit Jahrtausenden vertraute, wird abgetrieben.

Diese Strategien sind bekannt. Sie sind nicht vom Himmel gefallen, sondern haben eine Vorgeschichte. Der Aufsatz wird deswegen nicht den ‚Sensationen' neuester Körpertechnologien nachgehen, sondern der Vorgeschichte der Eroberung des Körperinneren.

Der römische Architekt und Bauingenieur Vitruv überliefert das Motiv des so genannten sokratischen Fensters: „Sokrates wünschte sich innigst eine Brust aus Kristall, damit man von außen das Herz sehen könnte." Dieses Motiv hat im 16. und 17. Jahrhundert Konjunktur, in der Epoche der Simulatio und Dissimulatio, der Täuschung und Verstellung, Verbergung und Maskerade, in jedem Fall der Theatralisierung.[1]

---

* Eine geringfügig abweichende Fassung dieses Beitrags erschien bereits in Helmar Schramm u. a. (Hg.). *Bühnen des Wissens. Interferenzen zwischen Wissenschaft und Kunst*. Berlin, 2003

1 Vgl. hierzu die ausgezeichnete Arbeit von Marc Schweska. *Simulatio und Dissimulatio. Problematisierung von Macht und Moral von der Renaissance bis zur Auf-*

Auf einem Triumphbogen, der in Brüssel zum Empfang von Erzherzog Ernst von Österreich 1594 errichtet wurde, finden wir eine männliche Skulptur mit einem gläsernen Fenster vor dem Herzen, zu seinen Füßen drei Masken, in der Hand eine Taube – all dies sind Embleme des Menschen ohne Falsch, der zwischen innen und außen keine Dissonanz, keine Abschirmung und Maskierung, nicht einmal ein Übersetzungsproblem kennt.

Der innere Mensch wird jetzt erfunden – mit ihm die Heimlichkeit, die Täuschung, das Geheimnis und die Verhüllung – und folglich die Strategien, den inneren Menschen zu enträtseln und zu decodieren. In dieses Umfeld gehört auch die Anatomie.

Am Ende des 18. Jahrhunderts – in den *Biographien der Wahnsinnigen* von Johann Christian Spieß (1796) – finden wir eine Geschichte: „Der gläserne Ökonom“. Geschildert wird ein verrückt gewordener Kameralist, der glaubt, ein Fenster in der Brust zu haben, durch das man alle seine Gedanken und Gefühle sehen könne: die Paranoia der vollendeten Geheimnislosigkeit, die idée fixe der totalen Einsichtigkeit und damit auch der Ausstülpung des Inneren; eine Angst, die der *basso continuo* der Paranoia ist.

Im Folgenden geht es um kulturelle Vorbereitungen, durch die in Europa das Phantasma der vollendeten Durchdringung des Inneren inauguriert wurde: Und das ist die Anatomie, die weit unterschätzt würde, wenn man in ihr nur die Geschichte der medizinischen Leichensektionen sehen würde. Die Anatomie selbst, indem sie die Grenzen von innen und außen sowie das Verhältnis zum Toten epochal verschob, konnte auf den Plan treten wiederum nur nach einer Reihe von ‚Präparationen‘, welche den Skandal der Anatomie nicht nur verschwinden ließen, sondern diese geradezu zum Königsweg des Wissens machten.

Der eindringende Blick und die Vorgeschichte der Anatomie

In Basel kann man heute als Teil des Amerbach-Kabinetts in den Öffentlichen Kunstsammlungen ein außergewöhnliches Gemälde von Hans Holbein d. J. sehen: den Leichnam Christi im Grabe (1521) (Abb. 1). Es weist das Extremformat von 200 cm (Breite) x 30,5 cm (Höhe) auf. Der Blick fällt ins Innere des seitlich geöffneten Sarges auf den toten Körper Christi. Im Sammlungsinventar des Basilius Amerbach ist ver-

klärung. Mag.-Arbeit Berlin, 2000. Hier findet sich auch die Behandlung des Motivs vom „gläsernen Fenster“.

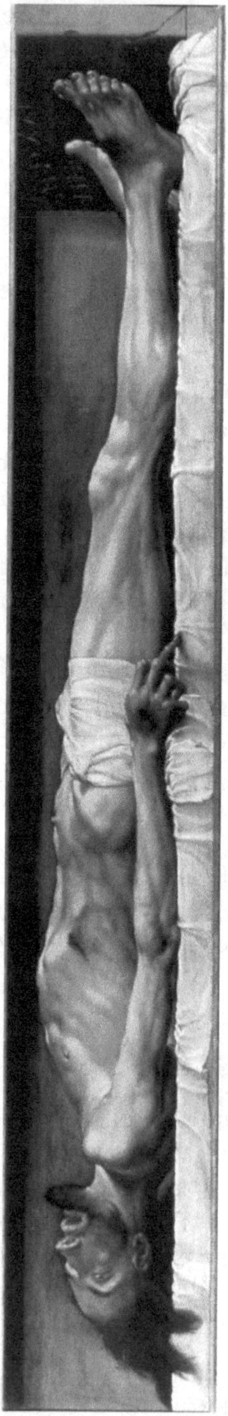

Abb. 1: Hans Holbein d. J. *Der Leichnam Christi im Grabe* (1521).

merkt: „cum titulo Iesus Nazarenus rex J(udaerum)".[2] Holbein präsentiert den toten Christus als ausgemergeltes menschliches Fleisch: der erniedrigte Gott. Der Körper weist die Spuren seines Leidens und seiner Folterung auf. Das Gemälde auf einem Lindenholz-Brett ist vermutlich keine Predella,[3] also nicht eingefügt in eine Bildfolge, die meistens im erhöhten *Christus triumphans* endet. Wahrscheinlich war es mit der Osterliturgie verbunden. In zahlreichen Kirchen gab es ein Heiliges Grab meist mit einer vollplastischen Leiche Christi, bei der am Karfreitag Hostie und Kelch bestattet wurden. Dann wurde die plastische Leiche entfernt und das leere Grab als Zeichen der Auferstehung gezeigt. Vielleicht war das Bild der Deckel zu einem solchen liturgischen Grab (in einer Heilig-Grab-Nische), das nur von Karfreitag bis Ostern geöffnet gezeigt wurde. Dann wäre das Bild ein Sarg-Deckel und zeigte stellvertretend den Corpus Christi. Der demonstrative Charakter wird durch weitere Elemente unterstrichen: Das Bahrtuch fällt in sauberer Anordnung über den Rand des Sarges; die struppigen Haare, die rechte Hand und der rechte Fuß ragen ebenfalls über den Sarg-Rand hinaus. Es kann sich mithin nicht um den Augenblick der ersten Sargöffnung handeln. Dies wird vollends klar durch die Inschrift im Sarginneren über dem linken Fuß, wo Holbein sich mit der Sigle „HH" und dem Jahr der Entstehung „MDXXI" inskribiert hat. All dies sind Hinweise darauf, dass hier ein künstliches, szenisches Arrangement vorliegt, bei dem eine liturgische Bühne mitzudenken ist, wo das, was wir hier in seiner Einmaligkeit sehen – Jesus am tiefsten Punkt seiner profanen Leiblichkeit –, in Wahrheit ein Element ritueller Wiederholungen ist. Der Leichnam ist ein Demonstrationsobjekt, das rituell in Szene gesetzt wird.

Immer wieder also dringt unser Blick in die Enge des Sargs und umstreicht den toten Körper Christi, haftet an den klaffenden Wunden, dem ausgezehrten Gesicht, dem gebrochenen Blick, dem niemand die Lider schloss, verharrt am geöffneten Mund mit seiner Zahnreihe, am Bauchnabel, der über den Horizont der Bauchlinie hinausragt, streicht über das Leichentuch mit seiner Erhöhung über dem Geschlecht, berührt die angeleuchtete Haut um die asketisch dürren Glieder. Wer nur hat die dunkle, todesklamme Hand so arrangiert, dass der ans Sargbrett geklemmte Mittelfinger die Hand so hält, dass wir die heilige Wunde, durch die der Kreuznagel ragte, immer und immer wieder sehen kön-

---

2 Paul H. Boerlin (Hg.). *Das Amerbach-Kabinett*. Basel, 1991, Bd. 1: Die Gemälde, S. 19. Vgl. auch Christian Müller (Hg.). *Das Amerbach-Kabinett*. Basel, 1991, Bd. 2: Zeichnungen alter Meister.

3 Zum Folgenden vgl. Boerlin (Anm. 2), S. 19f.

nen, nein, müssen? Es ist wahrlich eine ungeheure Szene, bei der der tote Christus als Schauobjekt fungiert auf der Bühne eines (heiligen) Wissens, das immer wieder rituell befestigt wird. Und dieses Wissen wird über Blickoperationen des Eindringens erzeugt. Der Blick wird eigentümlich haptisch. Das Einmalige dieses Gemäldes nimmt indes an zwei bedeutsamen kulturellen Gesten teil: Zum einen verweist das „tua res agitur", das der eindringende Blick erfährt, auf die in Christus demonstrierte Sterblichkeit und die elementare Erlösungsbedürftigkeit unserer selbst. Dies gehört ins Zentrum der christlichen Heilsdramaturgie und gehört, wie sich zeigen wird, auch zur Praxis des Reliquienkultes. Und zum anderen zeigt sich hier etwas Neues: ein schonungsloser, realistischer, ja experimenteller Blick auf die Leiche, die ihre Ansicht nur freigibt, indem wir zu Mitspielern eines ‚Eindringens' und einer ‚Freilegung' werden, die den Körper aus dem Geheimnis des Todes ins Licht der Betrachtung rückt. Gibt es einen Zusammenhang von Reliquienkult und Anatomie, die in ihrem Anfang ebenfalls durchweg als Ritus, ja als Heilshandeln in Szene gesetzt wird?

Unmittelbar gemahnen die Grabtücher, das Holz des Sarges an Reliquien; die Wunden erinnern synekdochetisch an die überall als Heiltümer verehrten Kreuznägel, an das Kreuzholz selbst, an die Lanze, die Marterwerkzeuge. Und die mit besonderer Sorgfalt herausgearbeiteten Körperpartien von Gesicht, Hand und Füßen erinnern daran, dass Kopf-, Hand- und Fuß-Reliquien von besonderem Wert waren. Der geöffnete Mund mit seinen Zähnen mahnt an die vielen Geschichten, in denen fromme Kirchenmänner heiligen Leichnamen die Zähne herausbrachen; und die über den Rand fallenden Haare sind mit Dutzenden von Überlieferungen assoziiert, bei denen Haarreliquien durch Abschneiden gesichert wurden.

Mit einem Mal sind wir in einer anderen Szene, die ein moderner, zumal protestantischer Blick leicht übersieht. Der ins Sarginnere eindringende, gleichsam leichenschänderische Blick, die Motive der Körperöffnungen, die Tücher, die Zurschaustellung der Leiche in einem öffentlichen Ritual – es sind die gleichsam minimalistischen Anzeichen einer ebenso befremdlichen wie konventionalisierten Praxis im Gesamtraum des Christentums von Syrien bis Nordirland, einer Praxis, die zur meist übersehenen Vorgeschichte der Anatomie gehört. Es ist der Reliquienkult, bei welchem der Leichnam bzw. ein diesen stellvertretendes Fragment im Mittelpunkt steht. Christus-Kult und Heiligenverehrung stehen dabei in Fusion.

Zumeist handelt es sich darum, dass ein durch Gewalt zu Tode Gekommener zum Heiligen wird. Natürlich ist das Christus-Typologie, womit das Befremdliche nur verschoben wird. Denn auch für Jesus gilt, dass er erst als hingerichteter Verbrecher heilig und Gott wird. Erinnern wir uns, dass die Anatomie-Leichen zumeist Hingerichtete waren, wenn sie nicht durch Grabschändung geraubt wurden. Wenn man hinzufügt, dass der Mord an Jesus ein Selbstopfer Gottes ist, so bleibt dennoch befremdend, wie es zu einer religiösen Universalie werden konnte, dass das Göttliche ein Effekt des Opfers ist, wodurch alle anderen von ihrer Schuld erlöst und zum Heil geführt werden. Vom spätantiken Christentum an jedenfalls wird dogmatisch, dass zum Heiligen und zum Heil nur taugt, wer Märtyrer und Blutzeuge ist.[4] Im toten Opfer-Körper kreiert sich das heilige Wissen. Auch bei den Leichen der Anatomie sind Opfer und Verbrechen eng verbunden – und erst dadurch erringt der Anatom die Würde, aus der Sektion der erniedrigten Leiche, die im Zwischenreich zwischen gewaltsamem Tod und Verwesung zum Objekt einer dem Heil dienenden Erkenntnisprozedur wird, ein wahrlich ungeheures Wissen zu erlangen, das direkt an das göttliche Schöpfungsgeheimnis rührt.

Von der Spätantike datiert ein breiter Strom seltsamer Praktiken.[5] Die Gräber der Heiligen werden zu zentralen Kultstätten, wo fromme Liturgien zusammen mit üppigen Festmahlen abgehalten werden. Man kratzt Partikel von der Steinplatte ab. Man öffnet Gräber und eignet sich Körperteile an. Die Leiche wird oft zerlegt und über das gesamte Gebiet des Christentums verschickt, so dass überall Batterien der Heilkraft des toten Körpers verteilt sind. Oder Menschen strömen zu den Gräbern, aus näherer und fernster Umgebung: Wegenetze heiliger Wallfahrten entstehen über ganz Europa hin, die erste Kartografie, die nicht militärisch oder ökonomisch strukturiert ist, sondern von den Stütz-

4 Sicherlich können auch Lebende zu Heiligen erklärt werden, doch das Paradigma der ältesten christlichen Verheiligung ist sicherlich der Blutzeuge.

5 Im folgenden Abriss über Heiligen- und Reliquienkult beziehe ich mich auf folgende Literatur: Stephan Beissel. *Die Verehrung der Heiligen und ihrer Reliquien in Deutschland im Mittelalter*. Darmstadt, 1991; Arnold Angenendt. *Heilige und Reliquien. Die Geschichte ihres Kultes vom frühen Christentum bis zur Gegenwart*. München, 1994; Christoph Diedrichs. *Vom Glauben zum Sehen. Die Sichtbarkeit der Reliquie im Reliquiar. Ein Beitrag zur Geschichte des Sehens*. Diss. phil., Berlin, 2000; Peter Dinzelbacher u. Dieter R. Bauer (Hg.). *Heiligenverehrung in Geschichte und Gegenwart*. Ostfildern, 1990; Peter Brown. *Die Heiligenverehrung*. Leipzig, 1991; Geneviève Bresc-Bautier. „Reliquiare. Das Fragment des heiligen Körpers". *Das Fragment. Der Körper in Stücken* [Ausst. kat.]. Frankfurt a. M., 1990, S. 47-50. Vgl. ferner Anton Legner. *Reliquien in Kunst und Kult*. Darmstadt, 1995; Gerardus van der Leeuw. *Vom Heiligen in der Kunst*. Gütersloh, 1957; Dietrich von Engelhardt. „Verwesung und Transzendenz oder von der Provokation des stinkenden Leichnams des heiligen Sossima (Dostojewski)". *Körper ohne Leben*. Hg. v. Norbert Stefenelli. Wien, Köln u. Weimar, 1998, S. 721-723.

punkten des Heiligen in allen seinen Formen: Holzstückchen vom Kreuz Christi, Zähne, Füße, Haare, Arme, Zehennägel, Schädel, Schädelfragmente, Finger, Kleidungsstücke, ja, winzige Fetzchen, Dinge, mit denen der Heilige in Berührung war, selbst Marterwerkzeuge. Sie alle sind Relais im Kraftfeld des Heiligen. Zwischen Spätantike und Mittelalter verwandelt sich Europa Christiana zu einem verzweigten Netzwerk von geheiligten Körperfragmenten. Keine Kirche darf geweiht werden, deren Altar nicht eine Reliquie enthält. Das heißt: Das liturgische Leben hängt in seinem Zentrum an Reliquien. Nicht nur Altäre, ganze Kirchen werden um Reliquien herum gebaut.

Zunehmend werden Reliquien in aufwendige Reliquiare eingehüllt. Sie müssen nicht ihrer kostbaren Rahmung, sondern der eingeschlossenen Heiltümer wegen vor Raub geschützt werden. Hochrangige Theologen konzeptualisieren ein neues Verbrechen: die „andächtige Beraubung", womit nichts anderes gemeint ist als Grabräuberei, Reliquien-Diebstahl, Leichenschändung. Angesehene Gelehrte brechen Heiligen Zähne aus dem Mund und tragen sie als Amulett um den Hals. Gräber werden heimlich oder rituell geöffnet, Körperteile entwendet, abgeschnitten, abgeschabt, ja abgebissen, berührt und geküsst, beleckt und gestreichelt, wo immer dies möglich ist: kaum eine bedeutende Leiche, die nicht völlig vernutzt und anatomisiert wäre, längst bevor es Anatomie gibt. Wer heilig lebt und dies weiß, vermacht schon zu Lebzeiten eigene Körperteile an Freunde fern und nah. Heiligen-Gräber werden so eingerichtet, dass man durch sie hindurchkriechen kann, um in taktile Berührung wenigstens mit dem Sarkophag zu gelangen, der von dem wundertätigen Fluidum des Toten imprägniert ist. Überhaupt das Haptische: Nichts ist wirkmächtiger als die kontagiöse Influenz, das Überströmen des Heils vom Toten auf den Lebenden in unmittelbarem Kontakt. Welch ein Toten-Eros! Wer immer kann, verschafft sich Körperfragmente eines Heiligen und trägt sie, wohlverwahrt in einer Schmuckschatulle, am Körper. In die Schlacht führt man Reliquien mit. Angesichts des Berührungshungers der Gläubigen werden in die verschlossenen Reliquiare nachträglich Fenster eingebaut, um das Totengebein, die Knochenhand, den Kleidungsfetzen, den Fuß des Heiligen wenigstens sehen zu können. Das Auge als bloßes Substitut des Tastsinns!

Keine Rede davon, dass diese Praktiken bloße Atavismen einer nur halbchristlichen Volksfrömmigkeit sind. Fürsten, Könige, Äbte, Priester, Päpste, Gelehrte, strenge Theologen beteiligen sich an der Jagd nach dem Unterpfand des Heils, dem Fragment eines Märtyrers. Kriegs- und Kreuzzüge werden nicht nur nebenbei zu Raubzügen nach wertvollen Reliquien. Aus der *translatio imperii* wird eine gigantische *translatio reliquorum*. Von Ost-Syrien über Jerusalem und Rom bis Nordirland ein ungeheures Netz von Totenteilen. Skelettteile sind die Zentren des christlichen Kults, und sie sind zugleich Medien der Globalisierung des Christentums.

Europa war trunken von Leichen-Kulten – und von Magie. Und zwar nicht an irgendwelchen Rändern und bei halbheidnischen Ketzern, sondern im Herzen des Christentums. Wo immer ein Leichen-Stückchen eines Heiligen aufbewahrt wurde, dort war er „realpräsent", er lebte dort in voller Integrität. Das ist weit mehr als die pars-pro-toto-Figur, die aus der Rhetorik bekannt war. Denn das Fragment repräsentiert nicht den abwesenden Heiligen, es *bedeutet* ihn nicht, sondern es *ist* der Tote, der wirklich und wahrhaft hier im Grab oder im Reliquiar wohnt und vor allem wirkt. Die frommen Gebräuche dienen der Abzapfung magischer Energie. Sie soll auf die Lebenden gelenkt werden – und dort nicht etwa frommen Lebenswandel unterstützen, sondern bei weltlichen Problemen helfen: stechende Schmerzen im Unterleib, Herzrasen, Unwetter, Missernte, geschäftliches Unglück, Missgeburt, Tod des Viehs, Willkür des Nachbarn, Unfruchtbarkeit – der ganze Fächer der Alltagsmiseren. Zuvörderst ist der Heiligenkult eine Wundermedizin auf magisch-fetischistischer Grundlage.[6] Gewiss waren die Heiligen auch dazu da, bei Gott oder Christus ein gutes Wort einzulegen. Tatsächlich war Gott viel zu weit fort, zu erhaben, um den täglichen Verkehr über die kleinen Sorgen mit ihm direkt abzuwickeln. Es war heilsökonomisch ratsam, für die Daseinsvorsorge eine Zwischenschicht autonomer Kräfte zu installieren, eben die toten Heiligen, die zudem für die wichtigeren Fälle des geistlichen Heils, für die Jenseitsvorsorge, eine Fürbitte-Funktion übernehmen konnten.[7]

Keineswegs ist damit zu rechnen, dass den heilkräftigen Leichenteilen nur fromme Wünsche anvertraut wurden. Reliquien sind auch gut für Schadenzauber. Reliquien im Kriegseinsatz oder Reliquienamulette verweisen darauf, dass man mit Hilfe der Toten sowohl böse Wirkungen auslösen als auch diese apotropäisch abwehren konnte. Selbstverständ-

---

6 Vgl. zum Zusammenhang von pars-pro-toto-Figuren, Synekdoché und Fetischismus Hartmut Böhme. „Der Wettstreit der Medien im Andenken der Toten". *Der zweite Blick. Bildgeschichte und Bildreflexion*. Hg. v. Hans Belting u. Dietmar Kamper. München, 2000, S. 23-43 sowie ders. *Fetischismus und Kultur. Eine andere Theorie der Moderne*. Reinbek b. Hamburg, 2006.

7 Vgl. Peter Jezler. „Jenseitsmodelle und Jenseitsvorsorge. Eine Einführung". *Himmel, Hölle, Fegefeuer. Das Jenseits im Mittelalter* [Ausst.kat.]. München, 1995, S. 13-26 u. Hartmut Böhme. „Himmel und Hölle als Gefühlsräume". *Emotionalität. Zur Geschichte der Gefühle*. Hg. v. Claudia Benthien, Anne Fleig u. Ingrid Kasten. Köln, 2000, S. 60-81.

lich sind die Leichenteile im Einsatz bei der Bekämpfung von Dämonen und Monstern aller Art, von Teufeln und Hexen, welche den Menschen nachstellen. Dass den Reliquien ‚virtutes' beigelegt wurden, ist nur der fromme Ausdruck dafür, dass sie magisch und fetischistisch funktionierten – also nicht anders als die Kräfte der Dämonen und der heidnischen Magier.

Ferner entwickelte sich hinsichtlich von Reliquien im Mittelalter zunehmend eine Sammler-Leidenschaft, die von allen Schichten der Bevölkerung geteilt, doch am exzessivsten von den Eliten betrieben wurde. Museen entstehen nicht erst aus den Kunst- und Wunderkammern, sondern letzteren gehen die Heiltumsschätze und Reliquiensammlungen voraus. Diese Sammlungen dienten nicht nur dem primären Einsatz an den Fronten der Medizin, des Abwehrzaubers und der Jenseitsvorsorge, sondern bereits der Repräsentation, d. h. der Schaustellung und der performativen Inszenierung. Hier liegen die Ursprünge von Ausstellungsästhetik und der Auratisierung von – real gesehen – Nebensachen und Dingelchen, die durch ihre zeremonielle Exposition zum Mittelpunkt einer Ausstrahlung gemacht wurden. Reliquien-Zeremonien dienen nicht nur der Kraftverteilung, sondern auch der neuerlichen Aufladung der Wirkungspotentiale von Heiltümern. Der Mäzen Luthers, Friedrich der Weise, brachte es auf 18 970 Stücke in seiner Reliquiensammlung, ein gewaltiges Kraftwerk, das dem Besucher 1 902 202 Jahre Fegefeuer erlassen konnte. Schließlich wollen wir nicht vergessen, dass Aby Warburg, als er das Innere mittelalterlicher und frühneuzeitlicher Kirchen rekonstruierte, von einem „fetischistischen Wachsbildzauber" sprach,[8] den er nicht ohne Abscheu studierte: Hunderte von wächsernen Ganzkörperplastiken von Lebenden und Toten und Tausende von Pappmaché-Votiven füllten die Kirchen und verwandelten die Häuser des Gotteswortes und der frommen Andachtsbilder in heidnische Stätten eines fetischistischen Ahnenkults, der aus Kirchen idolatrische Totenfestungen machte.[9]

Aus heutiger Sicht ist das Europa von der Spätantike bis zur Renaissance unter dem Aspekt der Heiligen-Praxis ein fremder Kontinent. Das Christentum breitet sich als ein Totenkult aus, der europaweit zu fetischistischen und idolatrischen Magie-Praktiken führt. Das Heilige ist das Medium einer magischen Daseins- und Jenseitsvorsorge, die wie alle Magie rigoros utilitaristisch und manipulativ verfährt, auf zwei Ebenen: zur Schadensabwehr und zur Vorteils- und Glücksgewinnung. Die Welt

---

8 Aby M. Warburg. „Bildniskunst und florentinisches Bürgertum". *Ausgewählte Schriften und Würdigungen.* Hg. v. Dieter Wuttke. Baden-Baden, 1992, S. 73.

9 Vgl. ebd, S. 77ff u. S. 89ff.

ist in unvorstellbarer Weise von okkulten Kräften und Mächten durchzogen, ein wogendes Meer, das das Lebensschiffchen fortgesetzt bedroht. Die Heiligen sind dabei gute, sprich: gottgefällige Zaubermittel, deren Heilkraft auf der Opferlogik beruht. Der gewaltsame Tod der Heiligen ist dem Bösen, das den Nachlebenden nachstellt, immer schon zuvorgekommen. Die Nachlebenden zehren von den Toten. Das macht einerseits die Überlebensschuld der Lebenden aus, andererseits resultiert daraus ein Versicherungspakt, der zwischen Toten und Lebenden geschlossen ist. Die Lebenden stellen sich in den Schutz derer, die sich für sie geopfert haben, um sie im Tausch dafür zu verehren. Die magische Präsenz des Heiligen in noch so kleinen Fragmenten – also der fetischistische Zauber – erlaubt die Durchdringung des gesamten irdischen Raums mit vernetzten Stützpunkten des Heils. Die Zerstückelung gehört geradezu zur Basis des Heils- und Wiederherstellungs-Mechanismus – in der christlichen Reliquienpraxis nicht anders als im ägyptischen Mythos von Osiris.[10] Oder eben in der Anatomie: „Hic locus est ubi mors gaudet succurrere vitae“, wie es über einem Gebäudeeingang des Charité-Krankenhauses in Berlin heißt. Der Tod des anderen ist die Ermöglichung des eigenen Lebens. Mit dieser fremdartigen und stets verschuldenden Tatsache versucht die Heiligenverehrung umzugehen – ebenso wie die Medizin, welche die Toten benötigt, um durch sie hindurch ihre Datenräume zu erzeugen. Im Unbewussten, heißt es bei Freud, hält sich jeder für unsterblich. Man sollte dies ergänzen: Das Unbewusste nimmt den Tod des anderen billigend in Kauf, wenn er als Opfer dient; das Ich muss die darin liegende Schuld abzahlen durch endlose Verehrung dessen, der statt unser geopfert wurde. Von diesen Figurationen bleibt die frühe Anatomie bestimmt – doch nicht nur diese; der Hirntote, der heute als Ersatzteillager für Organtransplantationen dient, wird als das (durchaus zu heiligende) Opfer verstanden, aus dessen Tod das Heil der erlösungsbedürftigen Kranken geschöpft wird.[11]

---

10 Vgl. hierzu Alfred Hermann. „Zergliedern und Zusammenfügen. Religionsgeschichtliches zur Mumifizierung“. *Numen. International Review for the History of Religions* 3 (1956), S. 81-96; Eberhard Otto. *Das Ägyptische Mundöffnungsritual* (= Ägyptologische Abhandlungen, Bd. 3). Wiesbaden, 1960. Zur modernen Nachgeschichte des Zergliederungs-Mythos vgl. Anna Bergmann. „Töten, Opfern, Zergliedern und Reinigen in der Konstitutionsgeschichte des modernen Körpermodells“. *Metis* 6.11 (1997), S. 45-64 u. dies. „Chimärenzeugungen. Prinzipien des Zerstückelns und Neuzusammensetzens in der Transplantationsmedizin“. *Optimierung und Zerstörung. Intertheoretische Analysen zum menschlich Lebendigen.* Hg. v. Maria Wolf. Innsbruck, 2000, S. 135-157.

11 Vgl. Ulrike Baureithel u. Anna Bergmann. *Herzloser Tod. Das Dilemma der Organspende.* Stuttgart, 1999.

Naturstudium, Verismus, Nacktheit

Ein Weiteres musste hinzukommen, damit im 16. und 17. Jahrhundert die Anatomie auf die Bühne des experimentellen Wissens treten konnte. Ihr kultureller Hintergrund ist auch die veränderte Einstellung zur Natur, zum Körper und zur Nacktheit. Der Blick auf die Dinge der Natur und die Körper der Menschen organisierte sich neu, so dass ästhetische Präsentation, rituelle Inszenierung und rationale Erkenntnis konvenierten. Hierzu wählen wir die Zeichnung Dürers: „Selbstbildnis als nackter Torso" zum Ausgang (Abb. 2). In der europäischen Malerei wird die naturale Darstellung des nackten Körpers erst in der Renaissance möglich.[12] Doch auch im Vergleich mit italienischen Bildern ist das Selbstporträt Dürers sensationell. Die Entstehungszeit könnte um 1505 sein, vielleicht aber auch viel später. Die Maße des Blattes sind 29,1 cm x 15,3 cm, auf einer Kreidevorzeichnung mit Feder und Pinsel ausgeführt auf grün grundiertem Papier.

Es ist eine Inkunabel der Entblößung (ähnlich wie bei Holbein). Hier entsteht ein neuer Blick auf den Menschen, wobei die Erscheinung nicht mehr an der antikisierenden Körperästhetik orientiert ist. Denn es geht nicht um ideale Schönheit, sondern veristische Treue, also um Erkenntnis des Körpers. Zwar fällt kein anatomischer, aber doch ein analytischer Blick auf das durch Alterung, durch Wulste und Faltungen in seiner Sterblichkeit gezeichnete Fleisch. Arme und Beine sind amputiert: Damit ist dieser Körper gänzlich um sein Handeln und seine Selbstbeweglichkeit gebracht und umso radikaler dem Anblick ausgesetzt. Trotz des privaten Charakters der Zeichnung bemerkt man Stilisierungen: die Plastifizierung des Körpers durch Licht und Schatten, die Konzentration des Zeichenstifts vor allem auf Geschlecht und Gesicht – sie sind wahrlich die Signaturen des Individuums und seiner Geschichte. Niemals zuvor wurde eine solche Bewusstheit von Körperlichkeit *gezeichnet*. Man erkennt dies auch an der Reflexivität des Blickes: Es ist (von Dürer her gesehen) ein Spiegelblick, der keineswegs ein Integrum, eine Leib-Ganzheit präsentiert; und es ist (vom Betrachter her) ein konfrontativer Blick, der den Zuschauer auf sich selbst zurücklenkt. Nichts hat dies mit dem Selbstbildnis von 1500 zu tun, auf dem Dürer das eigene Gesicht im Schema der Christus-Ikone malt. Die Zeichnung präsentiert auch nicht

---

12 Auf frühere Beispiele aufmerksam macht auch Berthold Hinz. „Knidia oder Des Aktes erster Akt". *Der Nackte Mensch*. Hg. v. Detlef Hoffmann. Marburg, 1989, S. 51-79. Ein Klassiker der Kunstgeschichte des Nackten ist Kenneth Clark. *The Nude. A Study of Ideal Art*. London, 1956.

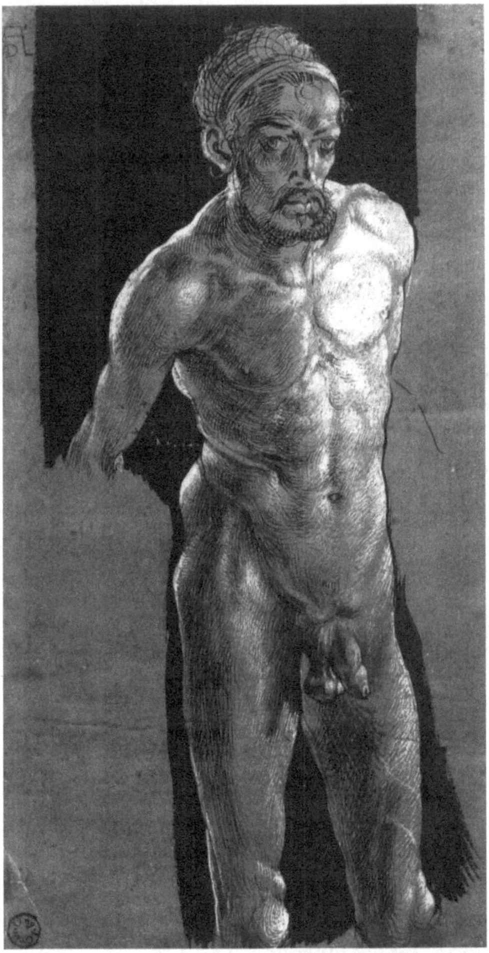

Abb. 2: Albrecht Dürer. Selbstbildnis als nackter Torso (ca. 1500-1505).

den Dürer, der die Ästhetik des schönen Körpers durch Zerlegung in geometrische Maße und Proportionen (durch Anthropometrie) zu enträtseln sucht.

Dieses Blatt ist ein einzigartiges Dokument der anthropologischen Selbstreflexion und der neuzeitlichen Entdeckung des Körpers. Es ist seinem Range nach vergleichbar den anatomischen Studienblättern Leonardos, mit denen es den kühnen, wahrhaft experimentellen Blick teilt.[13] Wie die Studien Leonardos ist auch dieses Blatt privat; es ist niemals

13 Vgl. Martin Kemp. *Leonardo da Vinci. The Marvellous Works of Nature and Man.* London, 1981.

für die Öffentlichkeit bestimmt gewesen. Das Private ist der Schutz einer Selbstenthüllung, die um 1500 weiter nicht zu treiben war. Die Selbstentblößung ist jedoch mehr als privat, insofern sie ein Moment des epochalen Bewusstwerdens der Subjektivität und des natürlichen Körpers darstellt. Sie ist auch deswegen nicht privat – und das unterscheidet sie von Leonardos Anatomie-Studien –, weil das Blatt szenisch organisiert ist. Der dargestellte Körper, Objekt eines Blickes, blickt selbst den Betrachter an, ist mithin Subjekt des Blickes. Dieser Doppelstatus, Subjekt und Objekt des Blicks zugleich zu sein, entspricht der Form der Selbstreflexion und zugleich der Analyse (der Zergliederung). Die rücksichtslose Nacktheit demonstriert, dass Selbstreflexion nur radikal sein kann – oder gar nicht. Insofern stellt dieses Blatt nicht nur einen Epochensprung in der ästhetischen Selbstaneignung des Körpers dar, sondern es setzt zugleich die unhintergehbare Norm aller, auch der philosophischen Reflexivität. Diese hat wahrhaftig auf den Grund, nämlich den Körper zu gehen: Selbstreflexion ist ein Vorgang der Enthüllung. Die vibrierende Unruhe des Betrachter-Blickes zeigt das Prozessuale dieses Vorgangs: Es geht nicht um den Gewinn eines (statischen) Bildes, das als Selbstbild anzueignen fortan Identität sicherte. Die infinite Unruhe, die der polaren Spannung von Gesicht und Geschlecht geschuldet ist, zeigt vielmehr, dass Selbstreflexion ein Prozess des Ansichtigwerdens seiner selbst in allen Widersprüchen und Hinfälligkeiten ist. Unabschließbar: Wir ‚sehen' dies daran, dass das Betrachterauge dieses Bild zu keinem ‚Sinn' abzuschließen vermag. Im Letzten stößt das Subjekt im Prozess seiner Selbstbegegnung auf das Rätsel seines bloßen, entblößten ‚Dass' und ‚Da', seiner Gegebenheit in diesem Augen-Blick und dieser alles zeichnenden Endlichkeit. Das ist die Entdeckung der Kontingenz. Auch sie gehört zu den Voraussetzungen der Anatomie.

Seit den antiken Künstlermythen gibt es das Motiv, wonach die Kunst den *veristischen Illusionseffekt* so weit zu treiben versteht, dass eine Unterscheidung zur Natur unmöglich wird. Täuschende Naturhaftigkeit ist in der Renaissance ein Ideal, das mit dem Gewinn an Naturwahrheit zusammenhängt. Kunst demonstriert ihr Vermögen gerade dort, wo sie mit Natur zusammenzufallen scheint. Bildtheoretisch stehen die veristischen Werke im Kontext von Bilderkult und Bildmagie bzw. in Konkurrenz zu den platonisierenden, nach Ideen autonom konstruierten Kunstwerken, welche aus angeschauter Natur die geeignetsten Elemente zur Darstellung idealer Figurationen auswählen und kombinieren: Hierfür stand die von Plinius überlieferte (Nat. hist. XXXV, 64), in Kunst-Traktaten oft zitierte Zeuxis-Legende Pate. Die Kunst hat die Natur zu übertreffen – ein Ziel, das mit dem technischen Auftrag einer *perfectio naturae* übereinkommt. Gilt diese Doktrin, dann ist Naturtreue gerade kein Ausweis der Kunst. Kunstschönes folgt anderen ästhetischen Regeln als Naturschönes. Die Hochschätzung dieser Auffassung im Zeichen des schöpferischen Genies lässt den Verismus als Abklatsch des Gegebenen erscheinen, während ‚wahre' Kunst Themen und Gegenstände gemäß der Freiheit von Phantasie, Ideen und Stil komponiert. Hier liegen die Wurzeln aller idealistischen Ästhetiken aus dem Geiste konstruktiver Souveränität. Schon 1390/1400 hat Cennino Cennini in seinem *Trattato della pittura* die Kunst auf die Erfindung und Darstellung von „nie gesehenen Dingen" festgelegt. Obwohl Cennini auch ein Experte für Gusstechniken ist – einer prähistorischen Wurzel der Kunst, aber auch einer prominenten Technik anatomischer Präparate –,[14] kündigt sich bei ihm die Freisetzung der Phantasie, des Nicht-Realistischen, des Idealen an. Der Kampf zwischen dieser Position und realistischen oder veristischen Doktrinen wird gerade auch auf dem Feld der Natur ausgetragen, sei es in der Darstellung menschlicher Körper und Porträts oder von Lebewesen, Dingen und Landschaften.

Die Plastiken z. B. von Wenzel Jamnitzer, die zwischen Phantastik und Natur changieren, erfassen blitzlichthaft die natürliche Haltung von Tieren in niemals zuvor gesehenen Bewegungsfiguren. Darin spiegelt sich die Ambivalenz von Kontrolle und Unkontrollierbarkeit der Natur. Die Inszenierung hyperrealistischer Fauna und Flora folgt indes nicht der Imitatio, sondern zeigt in ihrer wuchernden Form Groteskes und Ornamentales, worin weniger die Natur, als die Kunst selbst sich darstellt. Hier berühren sich die Gegensätze. Denn auch die platonisierende Kunst, welche den Gegenstand nach Proportions- und Harmonieverhältnissen entwickelt und damit letztlich an Mathematik bindet, stellt eine Kontrolle der Natur dar, die an ihre Grenze stößt, wenn das derart konstruierte Schöne sein „Geheimnis" nicht preisgibt.

Von den veristischen *rustiques figulines* des Bernard Palissy stammt die Bezeichnung des *style rustique*.[15] Der Calvinist Palissy lehnt die Nobilitierung des Künstlers als *homo secundus deus* ebenso ab wie die Annahme der ‚Künstlerin Natur': Formspiele der Natur, *ludi naturae*, sind für ihn Zufälle. Schöpfertum ist allein dem *souverain géometrien et premier édificateur*, Gott also, vorbehalten. Die Keramik-Werke von Palissy sind indes ‚Wunderkammern' des wimmelnden Lebens von Frö-

14 Vgl. Georges Didi-Huberman. *Ähnlichkeit und Berührung. Archäologie, Anachronismus und die Modernität des Abdrucks*. Köln, 1999.

15 Vgl. Ernst Kris. „Der Stil ‚rustique'. Die Verwendung des Naturabgusses bei Wenzel Jamnitzer und Bernard Palissy". *Jahrbuch der Kunsthistorischen Sammlungen in Wien* 1 (1926), S. 137-208.

schen, Fischen, Eidechsen, Muscheln, Schlangen, Hummern, Krebsen und entsprechender Unterwasserfauna. Kunst baut Illusionsfallen – und was hier Manier(ismus) scheint, ist eine Konsequenz der naturmimetischen Malereien, Zeichnungen und Skulpturen seit dem Ende des 15. Jahrhunderts. ‚Naturalistische' Ästhetik dient dabei nicht der Naturapotheose, sondern erweist sich als Moment einer Inszenierung der Kunst selbst. Auch dies stellt eine Parallele zu den Naturalienkabinetten dar, welche ebenso ein Thesaurus des klassifikatorischen Wissens sind wie raffinierte Inszenierungen einer Bühne, auf denen Natur nach den Regeln der Kunst ihren Auftritt, ihre ‚Versammlung' und ‚Kommunikation' findet. Die unheimliche, bis heute anhaltende Faszination von Automaten, seien dies Tiere oder Menschen, enthält ebenfalls diese Ästhetik des Theatralen. Gerade in der Beherrschung und Kontrolle naturhafter Körper und Bewegungen finden die *secreta naturae* als Spielformen menschlicher Erfindungsgabe ihre inszenatorische Bannkraft.[16] Die Irritation, dass hierbei Natur und Kunst ununterscheidbar werden, ist ästhetisches Programm, in den Wunderkammern wie im Verismus. Das zeigt auch das veränderte Verhältnis zu den Monstra und Mirabilia, die nicht mehr im Sinne mittelalterlicher Bestiarien erscheinen, sondern das Ungeheuerliche in der höchsten Naturtreue selbst demonstrieren. So bezeichnet Palissy seine Lebewesen als *monstrosité*. Bei Palissy bewundern sich im ‚natürlich' glitschigen Glanz der Keramik die gemachten und zur *nature morte* erstarrten Tiere selbst und werden dabei zu Ausstellungen eines Kunst-Arrangements.[17]

Daran zeigt sich auch die für Renaissance und Manierismus typische Veränderung in der Annäherung an gefährliche Lebewesen der Natur. Die Tiere, die Wenzel Jamnitzer oder Palissy bevorzugt abbilden, sind alle durch Bibel, Mythos oder Volksüberlieferung unreine Tiere: sündig, angstbesetzt, giftig, ansteckend – also Tabutiere. Gerade sie werden als Kunstwerke ‚auf den Tisch' opulenter Mahlzeiten gebracht und befinden sich in unmittelbarer Nähe greifender Hände, essender Münder, delektierender Augen. Das ist ein Spiel mit dem Tabu an der Grenze von Ordnung und Chaos, Kontrolle und Angst, eine Art ritueller Annäherung an ehemalige Gefahrenzonen des Monströsen. Das Groteske, das seiner Form nach durch die grenzverletzende Mixtur von Kunst, Natur und Ornament, von Organischem und Anorganischem, Mechanischem

---

16 Vgl. Horst Bredekamp. *Antikensehnsucht und Maschinenglauben. Die Geschichte der Kunstkammer und die Zukunft der Kunstgeschichte*. Berlin, 1993.

17 Vgl. hierzu und zum Folgenden die sehr schöne Dissertation von Andrea Klier. *Fixierte Natur. Herrschaft und Begehren in Effigies und Naturabguß des 16. Jahrhunderts*. Diss. phil., Berlin, 1997.

und Natürlichem gekennzeichnet ist, findet hier ihre ästhetische Nobilitierung. Das Groteske erfüllt die ästhetische Ambivalenzstruktur, die bei der Annäherung an Tabus und Natur entsteht. Tiere, Monstren, verschlungene Pflanzen, exotische Objekte, fabulöse Körper, disproportionierte Mixturen werden durch Kunst gezügelt und gezähmt. Von dieser Ästhetik profitiert die Anatomie, wenn es um die sinnliche Annäherung an Leichen und die unheimliche, zwischen Faszination und Schrecken pendelnde Anordnung des fremdartigen Körperinneren geht.

Das *Porträt* erfüllte nicht nur den Rahmen charakterlich-physiognomischer Typologie und der gender-spezifischen Polarität von weiblicher *gratia* und männlicher *gravitas*, sondern zeigte auch das Geheimnishafte von Gesicht und Ausdruck einerseits wie deren soziales Gepräge andererseits. Das Antlitz sollte die Natur und die gelebte Zeit ebenso zeigen wie die Verortung des Porträtierten in der symbolischen Ordnung der Kultur – und dies im malerischen Gestus einer kunstvollen Natürlichkeit.[18] Diese Verflechtung von Natur und Geschichte im Gesicht ist vielleicht nirgends dichter als im Totenportrait,[19] das den Zusammenfall definitiver Naturalisierung und der zur Wahrheit stillgestellten Biografie im Augenblick des Todes festzuhalten versucht – eine Gattung, die von der römischen *effigies*-Praxis bis zu den Totenmasken und -fotografien reicht. Auch hier wird wahrnehmungsästhetisch die Möglichkeit vorbereitet, die erfordert ist, wenn es in der Anatomie dem Anblick der Toten standzuhalten gilt.

Der Todeszauber der Bilder und Skulpturen entspricht ihrem Lebensfest,[20] das sie im Zeichen einer reanimierten Antike entfalten – in einer neuen Ästhetik des *Nackten*. Hier koinzidieren Fleisch und Ideal, Eros und Ethos, Natur und Kunst als *discors concordia*. In der Alchemie ist *discors concordia* die Formel der großen Transmutation und im Manierismus die Formel für Kunst überhaupt, die das Entgegengesetzte zur Einheit fügt, ohne deren Paradoxie zu löschen. Das bestimmt auch die Ästhetik des nackten Körpers, der im Schein der Natur ihren Gegenpol, also Sittlichkeit, aufzurufen vermag – wie etwa bei Tizian. Das Graziöse,

18 Vgl. Gottfried Boehm. *Bildnis und Individuum. Über den Ursprung der Porträtmalerei in der italienischen Renaissance*. München, 1985.

19 Vgl. dazu immer noch weiterführend Julius von Schlosser. *Tote Blicke. Geschichte der Porträtbildnerei in Wachs. Ein Versuch*. Hg. v. Thomas Medicus. Berlin, 1993 u. ferner Wolfgang Brückner. *Bildnis und Brauch. Studien zur Bildfunktion der Effigies*. Berlin, 1966.

20 Vgl. Hans Belting. „Aus dem Schatten des Todes. Bild und Körper in den Anfängen". *Der Tod in den Weltkulturen und Weltreligionen*. Hg. v. Constantin von Barloewen. Düsseldorf u. Köln, 1996, S. 92-136 u. Iris Därmann. *Tod und Bild. Eine phänomenologische Mediengeschichte*. München, 1995.

die Anmut, der Liebreiz, die lässige Kraft (*sprezzatura*), die entspannte Würde, die schamlose Scham, die attraktive Selbstgenügsamkeit, der schöne Ernst, die in sich ruhende Gewalt, die hingebungsvolle Unberührtheit, der zurückhaltende Zauber erzeugen neue Posen und Positionen des Körpers. Er geht als erste, nackte Natur ästhetische Figurationen mit der äußersten Kultivierung ein. Naturästhetik beginnt in der Darstellung des menschlichen Körpers. Sie zeigt nicht ursprüngliche Natur, sondern in Natur inkorporierte Kunst. Von hier aus erklärt sich das Interesse der Künstler an Anatomie, welche die Morphologie des Körpers gewissermaßen ‚von innen' her zu begreifen suchten. Anatomische Kompetenz ist ästhetische Kompetenz.

So geht die Körper-Ästhetik eine enge Fusion mit der Wissenschaft der Anatomie ein. Die Unheimlichkeit und Hybridität, den menschlichen Körper zu öffnen, um an ihm das Geheimnis der Schöpfung zu studieren und in Wissen zu überführen, verbinden sich schon bei Leonardo mit Fragen der Ästhetik, besonders der Skulptur, deren Oberflächengestaltung der Widerschein der darunter gelagerten physiologischen Verhältnisse zu sein hatte – das reicht bis zu Goethes Ideen einer „plastischen Anatomie". Umgekehrt zeigt die Geschichte der anatomischen Abbildungen und plastischen Präparate, dass sie bis ins 19. Jahrhundert durch die Körperästhetik und Haltungen von Skulpturen der Kunstgeschichte geprägt bleiben. Auch hier überschneiden sich Natur und Kunst auf zwei der wichtigsten Felder der Modernisierung, der Anatomie und der Plastik, in denen sich zudem Laboratorium, Atelier und Theater, Analyse und Inszenierung, Experiment und Darstellung treffen.[21]

Auch bei einer weiteren, für die Naturästhetik wichtigen Bildgattung, nämlich dem *Stillleben*, lässt sich die präsente Doppelstruktur von Todessignatur und Lebensfülle beobachten. Nicht diese ist neu, sondern das Genre: Von überall her – aus neuen Kolonialländern, städtischen Märkten, Wiesen und Wäldern, Wunderschränken und -kammern für Silber, Porzellan und Glas – wandern die Dinge auf die Leinwände, exotische und alltägliche, schnell vergängliche und beständige, Trophäen der Jagd

21 Vgl. Devon L. Hodges. *Renaissance Fictions of Anatomy*. Amherst, 1985; Michel Lemire. *Artistes et mortels*. Paris, 1990; K.B. Roberts u. J.D.W. Tomlinson. *The Fabric of the Body. European Traditions of Anatomical Illustrations*. Oxford, 1992; Benedetto Lanza u. a. (Hg.). *Le Cere Anatomiche della Specola*. Florenz, 1979; Deanna Petherbridge u. Ludmilla Jordanova. *The Quick and the Dead. Artists and Anatomy*. Berkeley, Los Angeles u. London, 1997; Jonathan Sawday. *The Body Emblazoned. Dissection and the Human Body in Renaissance Culture*. London u. New York, 1995; Giovanna Ferrari. „Public Anatomy Lessons and the Carnival: The Anatomy Theatre of Bologna". *Past and Present* 36.117 (1987), S. 50-106.

oder der Küche, der Bibliothek und des Schreibschranks, des Labors und der Werkstatt. Niemals zuvor prangten die Objekte der Natur (*terrigenus*) und der Kunstfertigkeit (*factitius*) derart üppig im Bildraum. Sie bezeugen die Präzision der Objekterfassung als Schwester wissenschaftlicher Beobachtung und die Präsenz der Sinnlichkeit als Schwester des Luxus und der Freude. Aufs Ganze gesehen repräsentieren die Stillleben die drei Naturreiche ebenso wie die Gattungen der artifiziellen Dinge, die heimatliche wie die ferne Welt, die Materialität der Stoffe wie das Immaterielle des Lichtes, das jenen erst zu ihrem üppigen Scheinen verhilft, die Opulenz eines unersättlichen Appetits nach Schönheit und Besitz wie das Bewusstsein gnadenloser Vergängnis. Denn immer wieder, wenn nicht überall, wird das Leuchten der Dinge von den Zeichen der Mortifikation durchkreuzt. Im *trompe-l'œil* der totalen Verführung des Auges lauert der radikale Entzug des Objekts der Begierde. Doch sind die Embleme des Todes, die unter dieses Fest der Gegenstände gemischt sind, in derselben künstlerischen Perfektion präsentiert wie das Lebendige selbst. Dies zeigt, dass die Kunst noch im Eingedenken der ubiquitären Naturkraft des Todes diesen unter die Gesetze des Schönen zwingt. Der Schimmer des Schinkens wird zum Zeichen seines erlesenen Geschmacks und seiner Verweslichkeit in einem. Kunst taucht beide, Leben wie Tod, in ihr Licht und affirmiert damit, in der ästhetischen Gleichbehandlung des Todes und des Lebens, nichts anderes als sich selbst. So setzt sich noch in der niedrigsten aller Bildgattungen der Triumph der Kunst über die Zeit der Natur durch.[22] Derart ästhetisch aufgerüstet vermag man das Abenteuer der Anatomie zu bestehen.

Das Schauspiel der Anatomie

Damit sind die Grundlagen der neuzeitlichen Anatomie gegeben, die ihre paradigmatische Formulierung in *De humani corporis fabrica* des Arztes Andreas Vesalius 1543 fand. Das Frontispiz stellt eine Inkunabel des Theatrum Anatomicum dar (vgl. die Abbildung auf S. 6 in diesem Band). Die Leichensektion ist zum öffentlichen Spektakel geworden. Das belegt den europäischen Siegeszug der Offenlegung des Inneren, das den Bli-

---

22 Vgl. hierzu Gerhard Langmeyer u. Hans-Albert Peters (Hg.). *Stilleben in Europa* [Ausst.kat.]. Münster, 1979; Harald Marx. *Stilleben als Augentäuschung. Trompe-l'œil*. Leipzig, 1985; Barbara John. *Stilleben in Italien. Die Anfänge der Bildgattung im 14. und 15. Jahrhundert*. Frankfurt a. M. u. a., 1991; Claus Grimm. *Stilleben. Die niederländischen und deutschen Meister*. Stuttgart, 1993; Eberhard König u. Christiane Schön (Hg.). *Stilleben*. Berlin, 1996.

cken des Publikums präsentiert wird. Dafür musste das Sakrileg der Leichenöffnung, die eine verpönte und halb kriminalisierte Handlung war, ebenso überwunden wie Riten der Sektion coram publico installiert werden. Es entsteht eine charakteristische Mischung aus Sensationsästhetik und heiliger Handlung in einem. Sie hält bis heute an, wie an der Ausstellung „Körperwelten", die ein Millionenpublikum anzog und zu einem Symptom der Erlebnisgesellschaft wurde, abzulesen ist. Die Gefühle, die sich um Tod, Leichen, Hinfälligkeit, Opfer und Heilung ranken, gehen aufs Theater. Das Eintritt zahlende Publikum formiert sich im Amphitheater zur ‚Gemeinde'. Über der Leiche kreuzen sich die Blicke der Zuschauer, und Prozesse der Selbstvergewisserung als Individuum und Kollektiv laufen ab.[23] Dies ist anatomische Katharsis, die die Traditionen des Theaters wie der Liturgie zugleich beerbt. Daneben entsteht eine neue Form der *curiositas*, die zum Habitus der Wissensgesellschaft wird. Neugier ist nicht länger Sünde, sondern geadelt als welt- und wissenserschließende Geste.[24] Die Anatomie siedelt im Grenzraum zwischen Unheimlichkeit, hybridem Sakrileg, Mirabilia und new sciences.[25] Das bleibt bis heute so. Es gibt keine Grenzen mehr. Wo *curiositas* zur Tugend wird, dort herrscht grenzenlose Wissensausdehnung, der totale Austausch von innen und außen. Das Innere erscheint hier auf dem Frontispiz in doppelter Sicht: das physiologische Körperinnere *und* sein Geheimnis, nämlich die Sterblichkeit. Indem der Tote zur Szene des Wissens wird, wird er zum Medium von Herstellung und Beherrschung.

Das epochale Selbstbewusstsein drückt sich auch in dem Porträt des Vesalius aus, das ihn mit einem präparierten Arm und auseinandergelegter Hand zeigt (Abb. 3). Die Hand ist das Organ des Handelns und des Schöpferischen, des technischen Ingeniums.[26] Sie ist hier Objekt und Subjekt zugleich, indem die Hände des Anatomen die sezierte Hand demonstrieren. Auf dem Tisch erblickt man Schreibwerkzeug: Die Hand des Vesal ist auch das Organ der Schrift und damit Zeichen der Gelehrsamkeit. Der Blick des Anatomen ist selbstbewusst auf uns gerichtet und löst damit jenen Reflexionsprozess aus, um den es auf der Bühne der

23 Vgl. Gottfried Richter. *Das Anatomische Theater*. Liechtenstein, 1977.

24 Vgl. Hans Blumenberg. *Der Prozeß der theoretischen Neugierde*. Frankfurt a. M., 1973 u. Lorraine J. Daston. „Neugierde als Empfindung und Epistemologie in der frühmodernen Wissenschaft". *Macrocosmos in Microcosmo. Die Welt in der Stube. Zur Geschichte des Sammelns 1450-1800*. Hg. v. Andreas Grote. Opladen, 1994, S. 35-59.

25 Vgl. Lorraine J. Daston. *Wunder, Beweise und Tatsachen. Zur Geschichte der Rationalität*. Frankfurt a. M., 2001.

26 Vgl. André Leroi-Gourhan. *Hand und Wort. Die Evolution von Technik, Sprache und Kunst*. Frankfurt a. M., 1980.

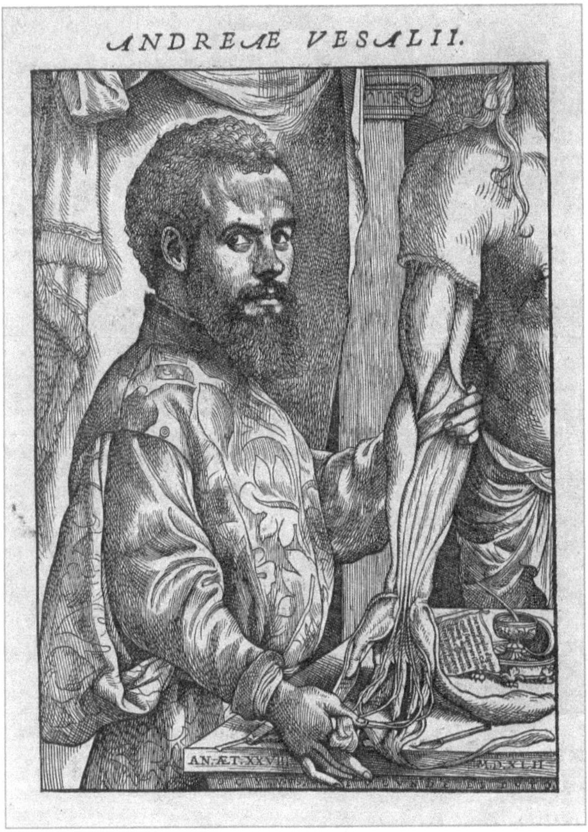

Abb. 3: Porträt von Andreas Vesalius mit präpariertem Arm aus *De humani corporis fabrica* (1543).

Anatomie immer auch ging: Gnothi sauton, erkenne dich selbst! Die philosophische Geste wandert in das empirisch-analytische Wissen ein, oder umgekehrt: Das anatomische Wissen greift ins philosophische Feld über, indem es primordiale Szenen der Selbstreflexion inauguriert. Der Anatom figuriert dabei als Regisseur der Szene wie zugleich als Inbegriff des höchsten Ingeniums und des vollendeten, gottähnlichen Menschseins: homo secundus deus.

In der nur wenige Jahrzehnte späteren Darstellung einer Kunstakademie (1578) durch Cornelis Cort (nach Johannes Stradanus) zeigt sich diese Karriere der Anatomie eindrucksvoll (Abb. 4). Inmitten der Künste und ihrer technischen Praktiken wird die Anatomie plaziert. Sie ist zum obligatorischen Bestandteil der künstlerisch-akademischen Ausbildung geworden. Die Kunstakademie ist zu einem szenischen Laboratorium geworden, zu einer weiteren Bühne des Wissens. Neben dem Arzt ist

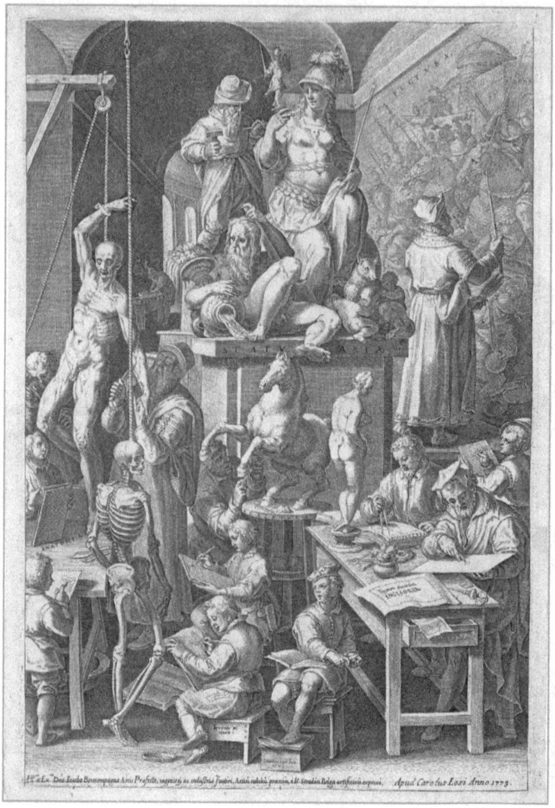

Abb. 4: Cornelis Cort (nach Johannes Stradanus). *Akademie* (1578).

der Künstler der andere Körperexperte. Darin spiegelt sich der Aufstieg der Anatomie von der Schmuddelecke zur Akademie und zur Schwester der hohen Künste, wie sich umgekehrt eine deutliche Verwissenschaftlichung der Künste selbst zeigt.

Rembrandt van Rijn fasst in seiner „Anatomievorlesung von Dr. Nicolaas Tulp“ (1632; Den Haag Mauritiushuis) alle sakralen wie profanen Elemente der neuen Anatomie zusammen, auch wenn es sich nicht um ein Theatrum handelt (Abb. 5).[27] Alle Personen sind namentlich bekannt

27 Vgl. William S. Heckscher. *Rembrandt's Anatomy of Dr. Nicholaas Tulp. An Iconological Study*. New York, 1958; Klaus Mollenhauer. „Der Körper im Augenschein. Rembrandts Anatomie-Bilder und einige Folgeprobleme“. *Der Schein des Schönen*. Hg. v. Dietmar Kamper u. Christoph Wulf. Göttingen, 1989, S. 177-203; Michael Parmentier. „Die Anatomie des Dr. Tulp“. *Bild und Bildung. Ikonologische Interpretation vormoderner Dokumente von Erziehung und Bildung* (= Wolfenbütteler Forschungen, Bd. 49). Hg. v. Christian Rittelmeyer u. Erhard Wiersing. Wiesbaden, 1991, S. 237-265.

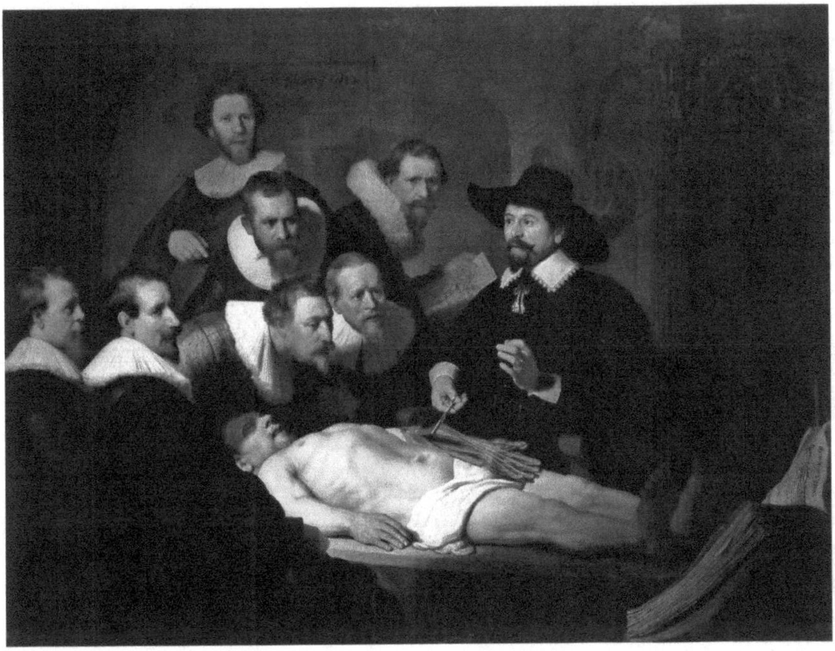

Abb. 5: Rembrandt van Rijn. *Die Anatomievorlesung des Dr. Nicolaas Tulp* (1632).

(selbst der Tote; der Mann neben Dr. Tulp hält, wie in einer rituellen Zeugenschaft, auf einem Zettel die Namen der Anwesenden fest): Es sind Personen, die sich als individualisierte Subjekte erzeugen über dem geöffneten Inneren der Leiche. Es handelt sich um ein so genanntes Gruppenportrait, einen *trionfo*. Neugier und Erschütterung kennzeichnen die Teilnahme der Zuschauer, Erhabenheit dagegen den ins Unendliche gerichteten Blick Dr. Tulps: Dies sind die Affekte der neuen Wissenschaft. Im anatomischen Arzt, der als einziger mit Hut und Spitzenkragen ausgezeichnet ist, drückt sich das gestiegene, öffentlich zur Geltung gebrachte und anerkannte Selbstbewusstsein der Profession aus. Wieder wird der Arm freigelegt (und nicht der Bauch, der regelhaft zuerst geöffnet wird). Über die Hände eröffnet Rembrandt ein intrikates Spiel: Es sind nur die Hände des Arztes, der Leiche und des oberen Arztes (van Loenen) zu sehen, der uns anblickt und auf die Performance der Sektion hinweist. So werden wir als fiktives Publikum der Szene ins Bild gezogen: Van Loenens Zeige-Hand wiederholt die Ecce-homo-Geste bzw. die topische Geste, mit der Johannes d. T. auf Christus verweist. Dies kann zweierlei bedeuten: Der Tote – das wirst Du sein; oder: Der Tote ist das zu Jesus analoge Opfer, der für unser Leben gestorben ist. Wir wohnen mithin einer religiösen Szene bei. Der Wissenschaftler wird

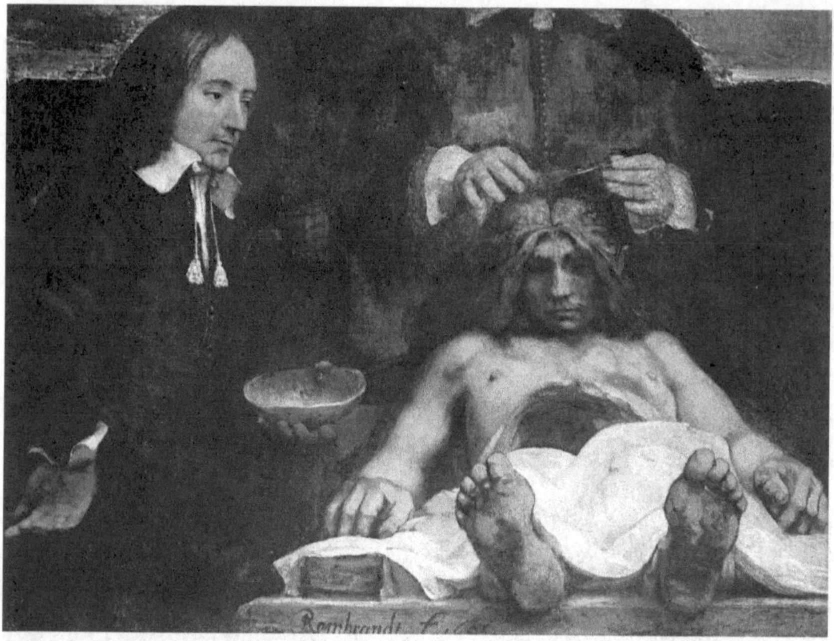

Abb. 6: Rembrandt van Rijn. *Die Anatomievorlesung des Dr. Jan Deymann* (1656, Fragment).

zum Lichtbringer, was durch die Szenenbeleuchtung aufs deutlichste unterstrichen wird: Hier geschieht Göttliches. Fiat Lux. Der Arzt ist der neue Priester. Zu Füßen der Leiche liegt ein Buch. Ist es das Werk von Vesalius oder von Galenus, aus dem demonstriert wird? In jedem Fall ist die Schrift nicht mehr einziger Quell der Wahrheit. Wir wohnen einer Szene bei, bei welcher das Lesen nur noch relational zur empirischen Praxis einen Sinn macht. Letztere aber hat deutlich die Führung übernommen. Die anatomische Praxis beherrscht eine Bühne, auf der die Schrift nur noch eine Nebenrolle spielt. Das Performative gewinnt gegenüber der Enklave traditioneller Schriftautorität den Vorrang. Empirie erzeugt dokumentierende Schrift, nicht aber Schrift bildet das Präskript oder den transzendentalen Rahmen praktischer Erkundung. Indem die Anatomie auf die Bühne tritt, verschiebt sich die Formation des Wissens.

Das geschieht nicht ohne Anleihen bei den bewährten Choreografien der Religion, wie ebenfalls auf einem Gemälde von Rembrandt, nämlich der „Anatomie-Vorlesung des Dr. Jan Deyman“ (1656) (Abb. 6) zu sehen ist. Es ist teilzerstört durch Brand. Indes sind die Elemente einer sakralen Szene zu erkennen: Der Assistent hält die bereits entfernte Hirnschale wie einen Eucharistie-Kelch, während Dr. Deyman sich soeben anschickt, das Zentralorgan, das Hirn, zu entnehmen. Die Leiche wird in der manieristischen perspektivischen Verkürzung gezeigt, wie des Öfteren auch der Leichnam Christi, etwa bei Andrea Mantegna (ca. 1580), demonstriert wird. Dadurch wird der Seziertisch zum Altar, die Leiche zum pseudosakralen Opfer für unser Heil; die Sektion selbst wird zum heiligen Zeremoniell in einem quasiliturgischen Raum. In Erinnerung an den Zusammenhang von Altar und Reliquienkörper wohnen wir hier einer Stiftung bei: Das Präparat erhält den Rang einer Reliquie, die dem geopferten Körper entnommen wird. Es ist kein Wunder, dass noch bis ins 19. Jahrhundert Präparate und Moulagen wie Reliquien in kostbaren Umhüllungen arrangiert werden und so die Spur wahren, die vom Heiligen ins Profane, dieses nobilitierend, hineinreicht. Anatomie ist Arbeit an der Schöpfung. Präparate sind Trophäen eines Wissens, das in den selbstbewussten Stand einer Kunst wie Technik integrierenden Kreativität getreten ist – und sich als solche auch inszeniert, bis heute.

LITERATURVERZEICHNIS

Angenendt, Arnold. *Heilige und Reliquien. Die Geschichte ihres Kultes vom frühen Christentum bis zur Gegenwart*. München, 1994.

Baureithel, Ulrike u. Anna Bergmann. *Herzloser Tod. Das Dilemma der Organspende*. Stuttgart, 1999.

Beissel, Stephan. *Die Verehrung der Heiligen und ihrer Reliquien in Deutschland im Mittelalter*. Darmstadt, 1991.

Belting, Hans. „Aus dem Schatten des Todes. Bild und Körper in den Anfängen". *Der Tod in den Weltkulturen und Weltreligionen*. Hg. v. Constantin von Barloewen. Düsseldorf u. Köln, 1996, S. 92-136.

Bergmann, Anna. „Töten, Opfern, Zergliedern und Reinigen in der Konstitutionsgeschichte des modernen Körpermodells". *Metis* 6.11 (1997), S. 45-64.

Bergmann, Anna. „Chimärenzeugungen. Prinzipien des Zerstückelns und Neuzusammensetzens in der Transplantationsmedizin". *Optimierung und Zerstörung. Intertheoretische Analysen zum menschlich Lebendigen*. Hg. v. Maria Wolf. Innsbruck, 2000, S. 135-157.

Blumenberg, Hans. *Der Prozeß der theoretischen Neugierde*. Frankfurt a. M., 1973.

Boerlin, Paul H. (Hg.). *Das Amerbach-Kabinett*. Basel, 1991, Bd. 1: Die Gemälde.

Boehm, Gottfried. *Bildnis und Individuum. Über den Ursprung der Porträtmalerei in der italienischen Renaissance*. München, 1985.

Böhme, Hartmut. „Der Wettstreit der Medien im Andenken der Toten". *Der zweite Blick. Bildgeschichte und Bildreflexion*. Hg. v. Hans Belting u. Dietmar Kamper. München, 2000, S. 23-43.

Böhme, Hartmut. „Himmel und Hölle als Gefühlsräume". *Emotionalität. Zur Geschichte der Gefühle*. Hg. v. Claudia Benthien, Anne Fleig u. Ingrid Kasten. Köln, 2000, S. 60-81.

Böhme, Hartmut. *Fetischismus und Kultur. Eine andere Theorie der Moderne*. Reinbek b. Hamburg, 2006

Bredekamp, Horst. *Antikensehnsucht und Maschinenglauben. Die Geschichte der Kunstkammer und die Zukunft der Kunstgeschichte*. Berlin, 1993.
Bresc-Bautier, Geneviève. „Reliquiare. Das Fragment des heiligen Körpers". *Das Fragment. Der Körper in Stücken* [Ausst.kat.]. Frankfurt a. M., 1990, S. 47-50.
Brown, Peter. *Die Heiligenverehrung*. Leipzig, 1991.
Brückner, Wolfgang. *Bildnis und Brauch. Studien zur Bildfunktion der Effigies*. Berlin, 1966.
Clark, Kenneth. *The Nude. A Study of Ideal Art*. London, 1956.
Därmann, Iris. *Tod und Bild. Eine phänomenologische Mediengeschichte*. München, 1995.
Daston, Lorraine J. „Neugierde als Empfindung und Epistemologie in der frühmodernen Wissenschaft". *Macrocosmos in Microcosmo. Die Welt in der Stube. Zur Geschichte des Sammelns 1450-1800*. Hg. v. Andreas Grote. Opladen, 1994, S. 35-59.
Daston, Lorraine J. *Wunder, Beweise und Tatsachen. Zur Geschichte der Rationalität*. Frankfurt a. M., 2001.
Didi-Huberman, Georges. *Ähnlichkeit und Berührung. Archäologie, Anachronismus und die Modernität des Abdrucks*. Köln, 1999.
Diedrichs, Christoph. *Vom Glauben zum Sehen. Die Sichtbarkeit der Reliquie im Reliquiar. Ein Beitrag zur Geschichte des Sehens*. Diss. phil., Berlin, 2000.
Dinzelbacher, Peter u. Dieter R. Bauer (Hg.). *Heiligenverehrung in Geschichte und Gegenwart*. Ostfildern, 1990.
Engelhardt, Dietrich von. „Verwesung und Transzendenz oder von der Provokation des stinkenden Leichnams des heiligen Sossima (Dostojewski)". *Körper ohne Leben*. Hg. v. Norbert Stefenelli. Wien, Köln u. Weimar, 1998, S. 721-723.
Ferrari, Giovanna. „Public Anatomy Lessons and the Carnival: The Anatomy Theatre of Bologna". *Past and Present* 36.117 (1987), S. 50-106.
Grimm, Claus. *Stilleben. Die niederländischen und deutschen Meister*. Stuttgart, 1993.
Heckscher, William S. *Rembrandt's Anatomy of Dr. Nicholaas Tulp. An Iconological Study*. New York, 1958.
Hermann, Alfred. „Zergliedern und Zusammenfügen. Religionsgeschichtliches zur Mumifizierung". *Numen. International Review for the History of Religions* 3 (1956), S. 81-96.
Hinz, Berthold. „Knidia oder Des Aktes erster Akt". *Der Nackte Mensch*. Hg. v. Detlef Hoffmann. Marburg, 1989, S. 51-79.
Hodges, Devon L. *Renaissance Fictions of Anatomy*. Amherst, 1985.
Jezler, Peter. „Jenseitsmodelle und Jenseitsvorsorge. Eine Einführung". *Himmel, Hölle, Fegefeuer. Das Jenseits im Mittelalter* [Ausst.kat.]. München, 1995, S. 13-26.
John, Barbara. *Stilleben in Italien. Die Anfänge der Bildgattung im 14. und 15. Jahrhundert*. Frankfurt a. M. u. a., 1991.
Kemp, Martin. *Leonardo da Vinci. The Marvellous Works of Nature and Man*. London, 1981.
Klier, Andrea. *Fixierte Natur. Herrschaft und Begehren in Effigies und Naturabguß des 16. Jahrhunderts*. Diss. phil., Berlin, 1997.
König, Eberhard u. Christiane Schön (Hg.). *Stilleben*. Berlin, 1996.
Kris, Ernst. „Der Stil ‚rustique'. Die Verwendung des Naturabgusses bei Wenzel Jamnitzer und Bernard Palissy". *Jahrbuch der Kunsthistorischen Sammlungen in Wien* 1 (1926), S. 137-208.
Langmeyer, Gerhard u. Hans-Albert Peters (Hg.). *Stilleben in Europa* [Ausst.kat.]. Münster, 1979.
Lanza, Benedetto u. a. (Hg.). *Le Cere Anatomiche della Specola*. Florenz, 1979.

Legner, Anton. *Reliquien in Kunst und Kult*. Darmstadt, 1995.
Lemire, Michel. *Artistes et mortels*. Paris, 1990.
Leroi-Gourhan, André. *Hand und Wort. Die Evolution von Technik, Sprache und Kunst*. Frankfurt a. M., 1980.
Marx, Harald. *Stilleben als Augentäuschung. Trompe-l'œil*. Leipzig, 1985.
Mollenhauer, Klaus. „Der Körper im Augenschein. Rembrandts Anatomie-Bilder und einige Folgeprobleme". *Der Schein des Schönen*. Hg. v. Dietmar Kamper u. Christoph Wulf. Göttingen, 1989, S. 177-203.
Müller, Christian (Hg.). *Das Amerbach-Kabinett*. Basel, 1991, Bd. 2: Zeichnungen alter Meister.
Otto, Eberhard. *Das Ägyptische Mundöffnungsritual* (= Ägyptologische Abhandlungen, Bd. 3). Wiesbaden, 1960.
Parmentier, Michael. „Die Anatomie des Dr. Tulp". *Bild und Bildung. Ikonologische Interpretation vormoderner Dokumente von Erziehung und Bildung* (= Wolfenbütteler Forschungen, Bd. 49). Hg. v. Christian Rittelmeyer u. Erhard Wiersing. Wiesbaden, 1991, S. 237-265.
Petherbridge, Deanna u. Ludmilla Jordanova. *The Quick and the Dead. Artists and Anatomy*. Berkeley, Los Angeles u. London, 1997.
Richter, Gottfried. *Das Anatomische Theater*. Liechtenstein, 1977.
Roberts, K.B. u. J.D.W. Tomlinson. *The Fabric of the Body. European Traditions of Anatomical Illustrations*. Oxford, 1992.
Sawday, Jonathan. *The Body Emblazoned. Dissection and the Human Body in Renaissance Culture*. London u. New York, 1995.
Schlosser, Julius von. *Tote Blicke. Geschichte der Porträtbildnerei in Wachs. Ein Versuch*. Hg. v. Thomas Medicus. Berlin, 1993.
Schweska, Mark. *Simulatio und Dissimulatio. Problematisierung von Macht und Moral von der Renaissance bis zur Aufklärung*. Mag.-Arbeit, Berlin, 2000.
van der Leeuw, Gerardus. *Vom Heiligen in der Kunst*. Gütersloh, 1957.
Warburg, Aby M. „Bildniskunst und florentinisches Bürgertum". *Ausgewählte Schriften und Würdigungen*. Hg. v. Dieter Wuttke. Baden-Baden, 1992, S. 65-102.

RAFAEL MANDRESSI

Zergliederungstechniken und Darstellungstaktiken. Instrumente, Verfahren und Denkformen im Theatrum anatomicum der Frühen Neuzeit

Seit Ende des Mittelalters und insbesondere ab der Renaissance gründet sich die anatomische Forschung auf eine Gesamtheit von Handlungen und exakt spezifizierten Gegenständen: Instrumente, Räume, Handlungsabläufe und Arbeitsschritte, Aufgabenverteilung und Zeiteinteilung. Dieses Dispositiv besitzt den Stellenwert einer erkenntnistheoretischen Ordnung und ist zugleich deren Fundament und Erscheinungsform. In den folgenden Ausführungen sollen einige Aspekte dieser Betrachtungsweise analysiert werden.

Ein ‚Programm der Versinnlichung'

In seinem Aufsatz über die *Anothomia* von Mondino de' Liuzzi (1521) bemerkt Jacopo Berengario da Carpi hinsichtlich der Anatomie: „Diese Disziplin glaubt sich nicht nur durch mündliche Übertragung oder in schriftlichen Zeugnissen bewahren zu können, unverzichtbar sind hier Sehsinn und Tastsinn."[1] Das Lernen mittels der Sinne, der visuellen und der taktilen Wahrnehmung, das ist es, was Anatomen seit Ende des 15. Jahrhunderts als methodologisches Leitmotiv der Wissenschaft, die sie erneuern wollen, ausgerufen haben. Während in dieser Zeit das Sezieren des menschlichen Leichnams an den europäischen Universitäten bereits eine verbreitete Praktik darstellt, betonen die Anatomen mit wachsender Dringlichkeit die Sonderrolle der sinnlichen Wahrnehmung als

1 „Et non credat aliquis per solam vivam vocem aut per scripturam posse habere hanc disciplinam: quia hic requiritur visus & tactus." Jacopo Berengario da Carpi. *Commentaria, cum amplissimis Additionibus super Anatomia Mundini, una cum textu ejusdem in pristinum et verum nitorem redacto*. Bologna, 1521, fol. 6v.

Wissenszugang. Im Gegensatz dazu steht das Bücherwissen, welches sich einer Überprüfung durch die Sinne unterziehen müsse. Der grundlegende Anspruch war der der Autopsie: Der Anatom solle nicht nur mit seinen eigenen Händen sezieren, sondern außerdem mit seinen eigenen Augen sehen und sich nicht mehr mit den Schriften wissenschaftlicher Autoritäten begnügen. Die Wahrheit solle nicht mehr in Texten, vielmehr in den menschlichen Körpern selbst gesucht werden.

Die Anwendung eines ‚Programms der Versinnlichung' zum Erwerb und zur Überprüfung von Erkenntnissen über den menschlichen Körper ist ein Hauptmerkmal dieser neuen Anatomie. Es läutet einen mehr als dreihundert Jahre währenden Entwicklungsprozess ein. Die Übernahme einer Vorgehensweise, die der Beobachtung eine entscheidende Rolle zuschreibt, wurde bereits in der mittelalterlichen Anatomie entwickelt – die Durchführung einer Sektion diente hier allerdings allein dazu, das geschriebene Wort zu bestätigen. Sie nahm erst seit der Renaissance Züge eines wirklichen Programms an. Im Vorwort von Andreas Vesalius' *De humani corporis fabrica* (1543) wird das Aufkommen einer neuen Wissenschaft angekündigt, die auf manueller Virtuosität und der Schärfe des Blickes basiert. Es ist zweifellos eines der wichtigsten Manifeste dieses Programms und verkündet die entscheidenden Neuerungen. So führten der Wille, den Anforderungen der Autopsie gerecht zu werden, sowie die Notwendigkeit, zu einer Lösung zu gelangen, zu Fragen und Antworten, die eines der ergiebigsten und interessantesten Kapitel in der Entstehungsgeschichte anatomischen Wissens hervorbrachte.

Öffentliche Sektionen und anatomische Theater

Die zentrale Rolle, die man der sinnlichen Wahrnehmung im Erkenntnisprozess zuschrieb, trat bei den öffentlichen Sektionen am deutlichsten zutage. Es ist in diesem Zusammenhang wichtig, an den Unterschied zu den nicht-öffentlichen Sektionen bezogen auf Forschungskontext, Lehre und Darbietung zu erinnern. Die nicht-öffenlichen Sektionen, die am stärksten verbreitet waren, wurden mitunter auch außerhalb des durch universitäre Verordnungen regulierten institutionellen Rahmens durchgeführt. Sie beinhalteten sowohl Lehre als auch Forschung, wobei mit Forschung der Erkenntnisgewinn gemeint ist. Im Gegensatz dazu ging es bei den „Öffentlichen Sektionen" [*anatomías públicas*] in keiner Weise um eine Erforschung des Leichnams, sondern darum, ein bereits vorhandenes Wissen auszustellen und bereits durchgeführte Erkundungen erneut sichtbar werden zu lassen.

Zunächst ist es wichtig, sich die Veränderungen im Ablauf der öffentlichen Sektionen vor Augen zu führen. Bis ins 16. Jahrhundert leitete der Professor ihre Durchführung, er verlas die überlieferten Schriften und kommentierte diese, unterstützt durch einen *demonstrator* oder *ostensor*. Dieser Assistent hatte die Aufgabe zu zeigen, was der Professor erklärte, während die Präparierung der menschlichen Leiche einem *prosector* anvertraut war, bei dem es sich zumeist um einen Chirurgen oder Barbier handelte. Die anatomische Ikonografie bietet eine Vielzahl von Abbildungen solcher Anatomievorlesungen. Die Sektionsszene, die die erste italienischsprachige Edition der *Anothomia* von Mondino de' Liuzzi illustriert (erschienen im *Fasciculo di medicina*, einer Kompilation medizinischer Texte, die 1494 von den Brüdern Giovanni und Gregorio de' Gregorii in Venedig veröffentlicht wurde), zeigt die beschriebene Anordnung (vgl. die Abbildung auf S. 197 in diesem Band). Auf dem Frontispiz einer anderen Edition von Mondinos *Anothomia*, die um 1493 in Leipzig veröffentlicht wurde, sind nur zwei Personen abgebildet: Der Professor auf seinem Lehrstuhl hält ein Buch in seiner rechten Hand und ein Operateur versenkt seine Hände in einen geöffneten Leichnam. Eine ähnliche Illustration, die eine größere Anzahl an Personen zeigt, ziert eine französische Version der gleichen Abhandlung (Straßburg, 1532). Das Frontispiz einer venezianischen Ausgabe der *Isagogae breves* (1535) von Berengario da Carpi zeigt ebenfalls eine anatomische Vorlesung mit den drei Protagonisten: dem Buch des *magister*, dem Zeigestock des *demonstrator* und dem Seziermesser des *prosector*.

In der ersten Hälfte des 16. Jahrhunderts kommt es zu einer Veränderung in der Durchführung der Sektionen. Was bisher in die Tätigkeiten des Sezierens, Zeigens und Erläuterns unterteilt war, wird jetzt von einer einzigen Person ausgeführt. Genau das zeigt das Frontispiz von Vesalius' *De humani corporis fabrica* (vgl. die Abbildung auf S. 6 in diesem Band): Auf dieser Abbildung erscheint Vesalius, wie er mit seinen Händen den Unterleib einer Frau öffnet, umringt von einer bunt gewürfelten, dicht gedrängt stehenden Menge. Die Abbildung ist eine grafische Entsprechung der im Vorwort formulierten Konzepte, es ist die visuelle Bestätigung des beruflichen Selbstverständnisses des Empirikers Vesalius. *Demonstrator* und *prosector* sind verdrängt; der Anatom ist gemeinsam mit dem menschlichen Leichnam Hauptdarsteller der Szene. Das Wort haben nicht mehr die antiken Autoritäten, sondern es hat der Professor, der seine Assistenten aufzufordern scheint, die Genauigkeit und Richtigkeit seiner Aussagen mit eigenen Augen zu überprüfen. Darüber hinaus spricht die Abbildung auch von der Unzulänglichkeit geschwätziger Anatomen, die Eingriffe in den Körper ablehnen. Das

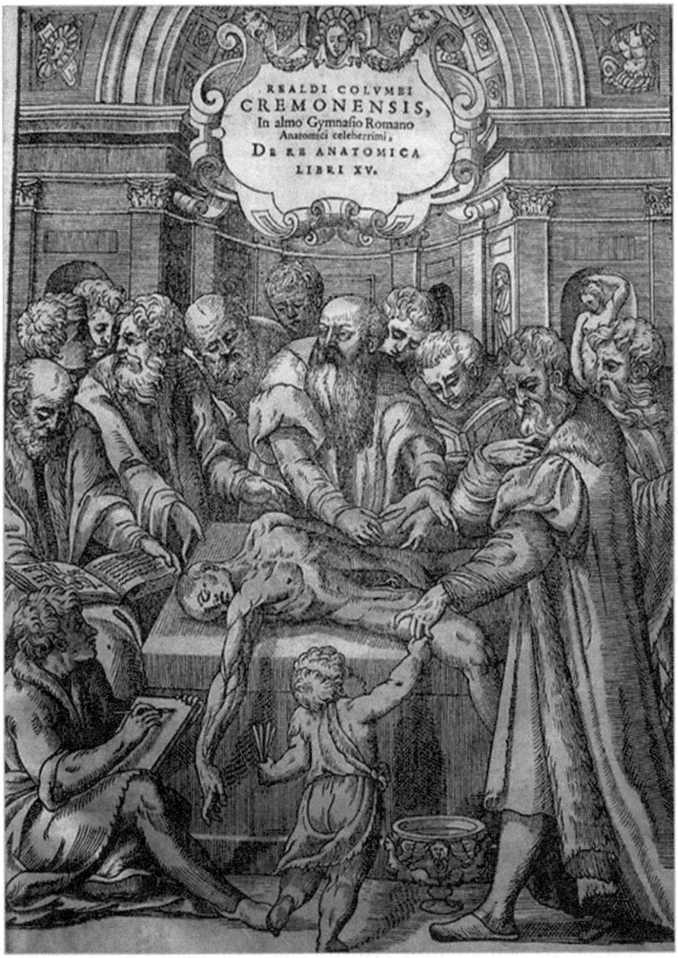

Abb. 1: Frontispiz aus Realdo Colombo. *De re anatomica* (Venedig, 1559).

Frontispiz von *De re anatomica* von Realdo Colombo (1559) schildert mit noch größerer Intensität eine Szene nach gleichem Muster (Abb. 1): Weniger hieratisch und feierlich als bei Vesalius zeigt sie Colombo, der sich den Zuschauern zuwendet, die um ihn herumstehen. Das Hemd bis über die Ellenbogen gekrempelt, ist er bereit, seine Hände in den Leib des vor ihm liegenden Leichnams zu führen.

In seiner *Historia corporis humani sive anatomice* (1502) fordert Alessandro Benedetti die Leser auf, sich nicht mit den schriftlichen Zeugnissen zu begnügen, sondern auch Naturstudien zu betreiben. Darüberhinaus beschreibt er eine neue räumliche Ordnung, die die Wahrnehmung verbessern soll und die zugleich ein beredtes Zeichen der Nobilitierung des Visuellen ist: das Theatrum anatomicum. Im ersten Kapitel seiner *Anatomice* beschreibt Benedetti das Theatrum anatomicum als temporäres Amphitheater. Es sollte im Inneren eines weitläufigen und belüftbaren Raumes errichtet werden, mit kreisförmig angeordneten Sitzen. Der Raum sollte groß genug sein, um die Zuschauer zu fassen und zugleich zu verhindern, dass die Menge die Anatomen bei der Arbeit stören könnte. Die Plätze müssten dem Rang der Anwesenden entsprechend (*pro dignitate*) zugeteilt werden. Es sollte einen „Präfekten" geben mit dem Auftrag, den Verlauf der Sektion zu kontrollieren und zu koordinieren; ferner einige Aufseher, die den Einlass von unerwünschten Personen verhinderten, sowie zwei Vertrauenspersonen, die mit dem eingenommenen Geld alles Notwendige besorgen sollten. Der Leichnam sollte auf einer erhöhten Bank in der Mitte des Theaters an einem beleuchteten und für den Anatomen geeigneten Platz aufgebahrt werden.[2]

Im Anschluss an Benedetti wurde die Beschreibung der anatomischen Theater in den Abhandlungen üblich. Diese Beschreibung entsprach teils der tatsächlichen Struktur der Bauten, teils handelte es sich um Anweisungen. Dies ist der Fall in Charles Estiennes *De dissectione partium corporis humani* (1545): Hier wird ein Freilufttheater beschrieben, über das ein gewachster Stoff gespannt werden sollte. Zum einen, „um den Zuschauern Schatten zu spenden und um sie vor Sonne und Regen zu schützen", zum anderen, um die Stimme des Redners zu unterstützen, der die „verschiedenen zu sezierenden Körperteile" beschreibt, denn so höre man besser „und es verliert sich nicht so leicht in der Luft". Estienne zufolge sollte die Konstruktion aus Holz sein und die Form eines Halbkreises haben, auf zwei oder drei unterschiedlichen Höhen angeordnet, mit jeweils einer Galerie und Bänken von einer Höhe nicht unter anderthalb Fuß. Die Zuschauer sollten nach einer hierarchischen Ordnung platziert werden, die sich am Abstand zum Leichnam bemisst. Die Zuschauer auf den unteren Sitzreihen „werden viel besser sehen können als diejenigen oben". Der Leichnam sollte auf einen drehbaren Tisch gelegt werden, „der von einem einzelnen Holzfuß gehalten wird", und zwar im Raum „frontal zu den Zuschauern, wo die Alten ihre Aufführungen zu geben pflegten". Die gesamte Anordnung richtet sich nach der Funktion der Schau, d. h. dem exakten Zeigen. Folglich sollte es in der Mitte des Theaters zusammen mit dem Seziertisch eine Konstruktion aus Holz geben, die es ermöglichte, den Leichnam anzuheben, um „die genaue Lage und Position jedes einzelnen Körperteils darzubieten". Einige Körperteile wie das Herz oder die Gebärmutter wurden, einmal se-

2 Alessandro Benedetti. *Anatomice sive historia corporis humani*. Paris, 1514, fol. 7r.

ziert, zur größtmöglichen Anschaulichkeit durch die Sitzreihen des Theaters gereicht.[3]

In Frankreich war es die medizinische Fakultät von Montpellier, die als erste ihr Theater erhielt. Felix Platter, der dort in den Jahren um 1550 studierte, schreibt, dass im Januar 1556 „ein schönes Amphitheater der Anatomie fertig gestellt“ wurde.[4] Es handelte sich auch in diesem Fall um ein ephemeres anatomisches Theater, wie es das laut Platter bereits 1552 in Montpellier gab. Für ein feststehendes anatomisches Theater musste man sich noch bis zum Bau des Theatrum anatomicum 1584 in Padua gedulden. Zwei Jahre später eröffnete die Universität von Zaragoza ihr „Haus der Anatomie“, das in direkter Nähe zum Krankenhausfriedhof *Nuestra Señora de Gracia* errichtet wurde. 1593 wurde auf Veranlassung des Anatomen Pieter Paaw ein drittes feststehendes Theatrum anatomicum in Leiden in den Niederlanden gebaut.

Die Anatomievorlesung als Demonstration

In der ersten Hälfte des 16. Jahrhunderts wird die Anatomievorlesung von zwei Grundcharakteristiken bestimmt: der neuen Rolle des Lehrenden und der räumlichen Ordnung der Amphitheater. Beide sind verbunden durch die erkenntnistheoretischen Forderungen, welche aus dem ‚Programm der Versinnlichung‘ hervorgehen. Im Sinne dieses Programms folgt die räumliche Anordnung den pädagogischen Zielen, darunter ein besseres Verständnis der alten Schriften und deren anatomischer Überprüfung. Man müsse damit aufhören, so die Forderung Vesalius’, die Barbiere von jeglicher Praxis auszuschließen, und stattdessen die von Galen empfohlene Vorgehensweise übernehmen, das heißt, beim Sezieren den Sinnen mehr Vertrauen zu schenken als den papierenen Autoritäten. Auch wenn diese Empfehlung dazu führt, dass Vesalius, vor dem Hintergrund einer genauen Kenntnis der Schriften Galens, dessen Fehler aufzudecken im Stande ist. Indem an der Idee der Autopsie als Hauptquelle wissenschaftlicher Autorität festgehalten wird, werden die Aussagen der antiken Anatomie korrigiert und somit wird diese in ihre Schranken verwiesen.

---

3 Vgl. Charles Estienne. *La dissection des parties du corps humain*. Paris, 1546, S. 373f.

4 Vgl. Felix u. Thomas Platter. *À Montpellier 1552-1559, 1595-1599. Notes de voyage de deux étudiants bâlois*. Paris, 1995 [Nachdruck d. Ausgabe Montpellier, 1892], S. 126.

Die Anatomievorlesungen, die eigentlich Lehrzwecken dienten, haben dabei den Rahmen der reinen Pädagogik bei weitem überschritten. Sie richteten sich an eine weitaus größere Zuhörerschaft als nur die der Studenten. Aus öffentlicher Sicht waren die Sektionen Zurschaustellungen, die sich an all diejenigen richteten, „denen es gefällt, sich die schönen Werke der Natur anzuschauen“[5] – Ärzte, Chirurgen, Adel und Klerus, Professoren sowie höhergestellte Bürger. Mit Bezug auf den Vorführungscharakter der Sektionen lässt sich auch von einer Inszenierung von Wissen sprechen. Zugleich ist der den Blicken eines großen und heterogenen Publikums ausgesetzte geöffnete Leichnam, ebenso wie die eigens auf eine optimierte visuelle Wahrnehmung ausgerichtete Architektur, Ausdruck einer Inszenierung des ‚Programms der Versinnlichung‘. Dieses von den Anatomen ausgerufene Programm, welches den Ursprung des Wissens von den Schriften zum Körper hin verlegt, konkretisiert sich in der Sektion; ihre Gesten und Handlungen verkörpern diese neue Ordnung.

Das Amphitheater von Padua ist ein gutes Beispiel für die Ausformung der anatomischen Theater, die utilitaristischen wie auch demonstrativen Beweggründen folgt. Der Bau des Theaters von Padua ist mit dem Namen Girolamo Fabrizio d'Acquapendente verbunden, der dort von 1565 bis 1613 Chirurgie lehrte. Unter seiner Ägide wurde das Amphitheater erbaut, welches allerdings so schnell baufällig wurde, dass es 1594 bereits neu errichtet werden musste. Die elliptische Form spiegelt die Anatomie des Auges wider, welche zwischen 1581 und 1584 Fabrizios Forschungsgegenstand war und welche somit dem Bau des ersten feststehenden Theaters und dessen Wiederaufbau vorausging. Eine Koinzidenz von Zeit und Form: In der Architektur des Theaters findet sich die Komposition von Kreisen und Ellipsen wieder, wie sie in den Illustrationen der Anatomie des Auges in *De visione, voce, auditu* (1600) abgebildet sind. Fabrizio hat aus seinem Theater eine übermächtige Metapher des Blicks gemacht. In Padua sezierte man innerhalb eines Auges, einer Wahrnehmungsmaschine, einem Observatorium des Körpers – dieses erlaubte, ein großes Publikum in eine visuelle Erfahrung einzuweihen, die zum Eckpfeiler des anatomischen Wissens wurde. Das in den Büchern empfohlene sinnliche Begreifen konkretisiert sich und wird in einem Raum unmittelbar erfahrbar. Es dient dieser neuen Wissenschaft nicht nur zur Vorführung, sondern auch zur Evidentialisierung ihrer selbst. In beiden Fällen ist das Vorführen dem Beweisen gleichwertig – Wissen und Wissensmethoden werden gezeigt: der Körper und

5 Estienne (Anm. 3), S. 374.

die Wissenschaft, die ihn enthüllt. Das anatomische Dispositiv entfaltet sich, seine neuen Medien werden sichtbar, seine Kraft, seine Errungenschaften und seine Ziele.

In der Historiografie hat die Akzentuierung des Zeremoniellen häufig Beachtung gefunden: Die öffentlichen Sektionen waren feierliche Akte. Weniger beachtet wurde die Tatsache, dass sie auch Akte der Überprüfung darstellten, in denen das Zeigen ein Beweisen war. Dieser dritte Aspekt des Zeigens als Beweisverfahren, ist ohne Zweifel wesentlich. Seit dem ‚Programm der Versinnlichung', das im gleichen Maße Forschung, Lehre und Vorführung beherrscht, ist offenkundig, dass die Überprüfung auf den gleichen Grundlagen basiert. Prüfstein dieses Programms der Versinnlichung ist die Autopsie, die zugleich unabdingbar notwendige Bedingung der Beweisführung ist.

Sich auf diese Feststellung zu beschränken, hieße, an der Oberfläche des Problems zu bleiben. Wenn man die Frage nach dem Beweis innerhalb der Anatomie untersuchen möchte, reicht es nicht aus, ihre Verfahrensweisen allein aus den normativen Aussagen des ‚Programms der Versinnlichung' abzuleiten, so, als ob dessen Bedingungen im Moment der Anwendung immer bereits erfüllt gewesen wären. Durch die Gegenüberstellung der Aussagen der Anatomen und der sichtbaren und greifbaren Realität des Leichnams, der das Zentrum des Amphitheaters beherrscht und somit selbst Medium der Überprüfung *par excellence* ist, wird es ermöglicht, die unumstößliche Wahrheit ans Licht zu bringen. Ein wesentlicher Aspekt des anatomischen Wissens findet sich nicht in den öffentlichen Sektionen und ist deshalb auch nicht in den Amphitheatern zu finden: Es handelt sich um die Veröffentlichungen, die Abhandlungen und Schriften. In ihnen verlangt die Umsetzung des ‚Programms der Versinnlichung' alternative Lösungen, die sich nicht in ihren Aussagen widerspiegeln. Der Leichnam ist nicht mehr das Beweismittel. Strategien, die es ermöglichen, die Validierung in die Texte einzuschreiben, werden unerlässlich. Auf diesen Punkt werde ich im Folgenden noch einmal zurückkommen. Bleiben wir für den Moment bei den Aspekten, die mit den materiellen Bedingungen der Sektion verbunden sind, mit den Objekten und den Operationen, die sie implizieren.

Praktiken und Instrumente

Die anatomische Vorführung beginnt mit der Präparierung ihres Grundmaterials, dem Leichnam, der rasiert und gewaschen sein muss, bevor er auf den Seziertisch kommt. Sind diese Aufgaben erfüllt, kann mit den

Eingriffen begonnen werden, um die Struktur und Eigenheiten der verschiedenen Körperteile offen zu legen. Einmal mehr handelt es sich um eine enge Zusammenarbeit von Hand und Auge.

Im Winter 1540 führte Andreas Vesalius eine Reihe von fünfzehn Sektionen durch, die dank der Notizen eines assistierenden Studenten, Baldasar Heseler, überliefert sind. Die Notizen von Heseler geben, neben anderen Dingen, genaue Hinweise auf spezifische Verfahrensweisen. Die erste Handlung, die Vesalius bei dieser Gelegenheit vollzog, war, die „äußere Haut" (*corium*) des Leichnams mit einer Kerze zu verbrennen, um zu zeigen, wie sich im Unterschied zur „inneren Haut" (*cutis*) auf dieser kleine Blasen bildeten. Im darauf folgenden Akt entfernte der Anatom mit einem Messer das anhaftende Unterhautfettgewebe (*panniculo carnoso*), an dessen Membran die schwarzen Enden der Venen sowie die Öffnungen der Nervenbahnen zu sehen waren.[6] Tage später, während einer Sektion, die der Anatomie des Gehirns gewidmet war, beschäftigte sich Vesalius vor allem damit, die Kopfhaut zu entfernen, unter welcher die Membranen der Knochenhaut und die innere Schädelhaut sichtbar wurden. Danach entfernte Vesalius die obere Schädelhälfte und zeigte sie den Studenten, nachdem er sie zuvor zerteilt und von der Hirnsubstanz getrennt hatte. Während dieser Operation wurde die *Dura mater* (äußerste Hirnhaut) entdeckt. Der Anatom durchbohrte sie, führte eine Kanüle ein und blies sie auf. Danach extrahierte er sie ebenso wie die *Pia mater* (innerste Hirnhaut), und beendete die Sektion mit dem Offenlegen der Strukturen der Hirnmasse, wobei er sich manchmal nur seiner Finger bediente.[7] In einer späteren Sektion fasste der Anatom mit seiner linken Hand den Darm und wickelte ihn auf, bis er zum Mastdarm gelangte, um diesen dann mit der rechten Hand zu fassen und das Ganze zu extrahieren.[8]

Man musste sich buchstäblich die Hände schmutzig machen, um das tote Fleisch mit manueller Geschicklichkeit zu zerlegen und so die Wahrnehmung zu unterstützen. Dem gleichen Ziel diente das Aufblasen, beispielsweise der Eingeweide, Gefäße und der Membranen, wie es Vesalius bei der Zurschaustellung der Hirnhaut tat. Jean Riolan d. J. definiert und begründet die „pneumatische Anatomie" in seinem Werk *Encheiridium anatomicum* (1648) folgendermaßen: Es handele sich um eine „ge-

6 Baldasar Heseler. *Andreas Vesalius' First Public Anatomy at Bologna, 1540. An Eyewitness Report by Baldasar Heseler Medicinae Scolaris, together with his Notes on Matthaeus Curtius' Lectures on Anatomia Mundini*. Hg. v. Ruben Eriksson. Uppsala u. a., 1959, S. 86.

7 Ebd., S. 218ff.

8 Ebd., S. 222.

schickte Operation, die durch das Aufblasen von kleinen Gefäßen und das Hineinpumpen von Luft in die der Schere und dem Skalpell unzugänglichen Regionen" ausgeführt würde. Diese „anatomische Administration" sei für die „Suche nach den Gefäßen und Verbindungen, welche die verschiedenen Körperteile miteinander verknüpfen", notwendig. Auf diese Weise, so hebt Riolan hervor, könne man durch das Aufblasen der Pfortader, „wenn die Luft über die Mitte der Leber in die Hohlvene eintritt", herausfinden, ob „die beiden Venen innerhalb der Leber miteinander verbunden" seien.[9]

Diese Experimente mussten mit größter Vorsicht durchgeführt werden, genau wie alle anderen Eingriffe am Leichnam, da sie unerwünschte Risiken bargen. Die abgestorbene Materie war eine tödliche Gefahr für den sezierenden Anatom, wenn dieser sich beispielsweise mit dem Skalpell die Hand verletzte. Sauberkeit und Hygiene waren zwingend, wenn auch schwer aufrechtzuerhalten. Obwohl der Leichnam gewaschen, rasiert und gesäubert war, hörte er nicht auf, immer wieder neue Dämpfe auszustoßen. Flüssigkeiten und Exkremente sammelten sich immer wieder in Gefäßen und Eingeweiden. Es wurden Schwämme aufgelegt, die austretenden Flüssigkeiten in Eimern aufgefangen, außerdem wurden Körbe bereitgehalten, um die bereits untersuchten, aufgeschnittenen und herausgenommenen Teile, insbesondere die des Unterbauchs, zu entsorgen. Charles Estienne riet zudem, dass den übel riechenden Flüssigkeiten mittels Essig oder Weihrauch entgegenwirkt werden solle, „um zu verhindern, dass die verderblichen Dämpfe den Assistenten in Mitleidenschaft ziehen".[10] Die Duftstoffe dienten dazu, die Übelkeit zu mildern, waren aber auch Teil der Vorsichtsmaßnahmen, die vor schlimmeren Krankheiten schützen sollten: Ein mit einer duftenden Flüssigkeit getränktes Taschentuch sollte das Inhalieren von Miasmen verhindern. „Mit Alkohol sollte nicht gegeizt werden", so rät Joseph Lieutaud; „es empfiehlt sich sogar mit diesem ab und an die aufgedeckten Körperteile zu benetzen, einmal ganz abgesehen von den Düften und all den anderen kleinen Vorsichtsmaßnahmen, die vor schweren Krankheiten schützen können."[11]

All diese Objekte – Schwämme, Eimer, Körbe und Düfte – gehören zum Arsenal des Sezierenden, dessen wichtigstes Instrument das Sezier-

---

9 Jean Riolan (d. J.). *Manuel anatomique et pathologique, ou Abrégé de toute l'anatomie, et des usages que l'on en peut tirer pour la connoissance, et pour la guérison des maladies* [...]. Paris, 1661, S. 765f.

10 Estienne (Anm. 3), S. 372.

11 Joseph Lieutaud. *Anatomie historique et pratique*. 2 Bde. Paris, 1776-1777, Bd. 2, S. 2.

messer ist. Der Anatom solle im Umgang mit diesem größtes Geschick zeigen, so Estienne, „er muss leichthändig zwischen Schneide und Rücken wechseln können, gerade so wie es ihm gefällt". Der Messerrücken diene beispielsweise dazu, „die Haut vom Körper zu trennen", und der Griff, um „die Muskeln und Häute zu trennen". Man brauche auch mit Stroh gefüllte Kissen, große wie kleine, „um den Körper zu stützen und auf verschiedene Weisen anzuheben". Außerdem benötige man Nadel und Faden – „gerade und gebogene, dicke und dünne" – zum Ab- und Verbinden der Gefäße. Man verwende einen Schlägel und ein großes Messer, „um die Knorpel vom Rumpf zu trennen", eine kleine Säge, Haken, um die aneinander klebenden Membrane zu lösen, und einen Bohrer.[12] Die pneumatische Anatomie erfordere ebenfalls geeignete Instrumente: „Verschiedenartige Kanülen und Röhren, große mit breiten Öffnungen, kleine, manche gerade, andere schräg, kurz oder lang, aus Silber, Horn oder Federkiel."[13] Estienne erwähnt des Weiteren „Blasebalge um die Lungenflügel aufzublasen". Die Liste der Sezierinstrumente, die Jean Fernel in *De Naturali parte medicinæ* (1542) anführt, ist knapper als Estiennes, weicht aber ansonsten kaum ab: Messer, Skalpelle, Haken, Sonden, Sägen, Bohrer, Schlägel, Nadel, Faden, Eimer und Schwämme.[14] André Du Laurens legt sein Augenmerk in seinem Werk *Historia anatomica* (1600) vor allem auf die Schneidewerkzeuge: „Messer jeden Typs, große, kleine, mittlere, runde und lange, aus Zinn, Silber oder Blei; ein Messer aus Holz und eines aus Elfenbein."[15]

Abläufe und Körper

Hinsichtlich der Vorgehensweise beim Sezieren musste die adäquate Technik gewählt und die Frage der Reihenfolge geklärt werden. Zudem mussten Lage und Position sowie die Auswahlkriterien für den Leichnam bestimmt werden. Die vier großen Abschnitte einer Sektion korrespondierten mit der Unterteilung des Körpers in vier Bereiche: den Extremitäten und den drei wichtigsten Hohlräumen (Schädelhöhle, Brusthöhle und Bauchhöhle, genannt ‚oberer Leib', ‚mittlerer' und ‚unterer'), denen

12 Estienne (Anm. 3), S. 372f.

13 Riolan (Anm. 9), S.771.

14 Jean Fernel. *Les VII Livres de la physiologie* [...]. Übs. v. Charles de Saint-Germain. Paris, 1655, S. 204.

15 André Du Laurens. *L'Histoire anatomique en laquelle toutes les parties du corps humain sont amplement déclarées: enrichie de controverses et observations nouvelles* [...]. Übs. v. F. Sizé. Paris, 1610, S. 52.

jeweils die Attribute ‚spirituell', ‚natürlich' und ‚tierisch' zugeteilt waren. Die Sektion der vier Bereiche des Leichnams wurde, so wie von Mondino de' Liuzzi 1316 etabliert, je einer Vorlesung zugeordnet. Begonnen werden musste mit dem Unterleib, mit dem Ziel, so schnell wie möglich seinen Inhalt zu extrahieren, da es sich um den Teil handelte, der am schnellsten faulte. Darauf folgte der mittlere Leib und im nächsten Schritt der obere. Waren einmal alle Teile untersucht, die die unterschiedlichen Hohlräume einschließen, wendete man sich den Extremitäten zu. Zuerst wurde dafür vorsichtig die Haut entfernt, um darauf die Venen, dann die Muskeln und Sehnen zu betrachten und anschließend herauszunehmen, um schließlich zu den Knochen zu gelangen.[16] In den Berichten zur Positionierung der Leiche bevorzugten einige der Anatomen, „diese senkrecht zu halten oder an einen Balken zu hängen [...] und mit Stoffbändern anzubinden, allerdings mit verdecktem Gesicht und verdeckter Scham", um zu verhindern, dass der Blick der Zuschauer abgelenkt wurde. Nach Charles Estienne handelt es sich dabei um keine gute Praxis, da es „unmöglich ist, einen aufrechten Körper ebenso gut aufzuschneiden wie einen liegenden". Besser sei es, ihn auf einem Tisch derart zu positionieren, dass Kopf und vorderer Brustkorb „erhöht und somit deutlicher sichtbar sind". Dafür sei es notwendig, den Leichnam an einem Tisch festzubinden, der auf beiden Seiten, von oben und unten, durchbohrt sein müsse, um „da durch die Stoffbänder zu ziehen, die jeweils Arme und Beine festbinden und zurückhalten".[17]

Einer der wichtigsten Punkte war auf jeden Fall die Auswahl der Körper. Von dieser hing die Qualität der Beobachtungen ab. Prinzipiell sei es ratsam, so Jacques Dubois, einen Körper auszuwählen, der „gut fleischig, von mittlerer Größe und jung ist, in der Annahme, dass ein solcher sehr gesund ist und deshalb seine Einzelteile besser zu erkennen sind – sowohl Substanz, Ausmaß, Anzahl, Form und Lage als auch Verbindungen [der Einzelteile]". Zweifelsohne sei es unerlässlich, sich an allen Körpertypen zu üben, „der dünne Körper zeigt leichter und deutlicher seine Venen, Arterien und Nerven; ein dicker sein Fett, seine Schichten und Membranen. In einem großen Körper sind die Teile aufgrund ihrer unangemessenen Größe häufig angegriffen, genauso wie in einem kleinen Körper aufgrund ihrer Kleinheit". Was nicht heißen soll, dass vielleicht ein großer oder kleiner Körper nicht auch akzeptabel wä-

16 Mondino de' Liuzzi. „Anothomia" [Nachdruck d. Ausgabe Pavia, 1478]. *Anatomies de Mondino dei Luzzi et de Guido de Vigevano*. Hg. v. Ernest Wickersheimer. Ginebra, 1977, S. 48f.

17 Estienne (Anm. 3), S. 374f.

re, vorausgesetzt, „die Körperteile sind gut bemessen und proportioniert und die Operation wird sauber ausgeführt". Im Fall von Kindern ist die Sektion einfacher, da „ihre Körperteile weicher sind; und es finden sich in einem Körper dieses Alters andere Dinge als in solchen anderen Alters".[18] André Du Laurens meint seinerseits, dass, „um die Einzelteile des menschlichen Körpers genau kennen zu lernen, sich besonders die Körper von Alten und dünnen Personen eignen, da sie weniger fleischig sind und weniger Fettmasse haben".[19] Wenn man vor einem „fetten und fülligen" Körper stehe, reiche es, so Fernel, „sanft mit der Fingerspitze das Fett zu entfernen", welches bestimmte Teile umschließt.[20]

Die Todesursachen sind aufgrund ihrer Auswirkungen auf den Zustand des Leichnams ebenso wichtig. 1540 sah Vesalius sich gezwungen, den Studenten den Kehlkopf eines Ochsen zu präsentieren, da der des gehenkten menschlichen Anschauungsobjekts vom Knoten einer Schlinge zerstört worden war. Deshalb wurden „Ertränkte vor Erwürgten, Geköpften oder an Krankheit und Wunden Gestorbenen" ausgewählt, so Sylvius. Bei denjenigen, die einen Erstickungstod gestorben sind, sind alle Körperteile erhalten, während „die Strangulierten einen stark beschädigten Hals haben und den Kopf und Brustkorb so voller Blut, dass es schwer ist, die Beschaffenheit dieser Teile zu studieren". Bezogen auf die Geköpften, heißt es: „Die ursprüngliche Form vieler Körperteile ist verloren gegangen und durch den hohen Blutverlust sind Venen und Arterien beschädigt, und so sehen sie folglich nicht gut aus." Ähnlich ist es „bei denen, die durch Krankheit sterben, [sie tun dies] häufig aufgrund einer schweren Verletzung; mehrere Körperteile sind gegenüber ihrem natürlichen Zustand so verfault oder verändert, dass du sie aufgrund ihres Gestanks weder angucken kannst noch willst".[21]

Darstellungstaktiken

Die Räume, die Handlungen, die Zeitabläufe, die Instrumente und die Körper stellten nicht allein die Gesamtheit der Bedingungen, unter der sich die professionelle Anatomie seit dem Beginn der Sektionspraxis in Europa entwickelte. Es handelt sich mit anderen Worten nicht nur um den Rahmen oder die materielle Grundlage, welche diese Disziplin sich

---

18 Jacques Dubois (Jacobus Sylvius). *Introduction sur l'anatomique partie de la phisiologie d'Hippocras & Galien*. Paris, 1555, fol. 137vf.

19 Du Laurens (Anm. 14), S. 35.

20 Fernel (Anm. 14), S. 208f.

21 Dubois (Anm. 18), fol. 139r.

selbst gab, um ihr Erkenntnisziel zu erreichen. Vielmehr waren die Denkstruktur und die Modalitäten der Erkenntnisgewinnung fest mit den Gegenständen, Abläufen und Operationsweisen verknüpft. Sämtliche Komponenten des anatomischen Dispositivs sind untrennbar mit einander verbunden und befruchten sich gegenseitig. Herausgestellt wurden bereits die Wechselwirkungen zwischen dem ‚Programm der Versinnlichung' und einigen Aspekten des Ablaufs der öffentlichen Sektionen als Zurschaustellung. Diese sind dreierlei Art: (1) das Wissen auszustellen, d. h. anhand der enthüllten und erläuterten Körper zu zeigen; (2) die Erkenntniswege – das ‚Programm der Versinnlichung' im Vollzug – auszustellen und (3) dieses Wissen zu validieren, d. h. ebenfalls nach den Prinzipien des ‚Programms der Versinnlichung' den Beweis für die Richtigkeit zu erbringen. Diese drei Funktionen werden also gleichzeitig erfüllt und im weitesten Sinne des Wortes spielen die Techniken bei allen dreien die Rolle demonstrativer Taktiken.

Tatsächlich war es so, dass seit der ‚Pneumatischen Anatomie' von der Wahl der Leiche über die Zusammenstellung der Instrumente bis zur Positionierung des Leichnams im anatomischen Theater jede Handlung am Leichnam und jede Geste darauf zielte, die Beschaffenheit, die Ausprägungen der Körperteile, die Gewebe, Farben und Lagen, zu zeigen, ans Licht zu holen, zu öffnen, zu entfalten und sichtbar zu machen. Das ist beispielsweise auch Ausgangspunkt für die Einführung einer „Neuen Osteologie" gewesen, welche „die Knochen des Leichnams, so wie sie natürlicherweise miteinander verbunden sind, zeigt" und die sich an die traditionelle, einfache Osteologie angliedert, „die anhand der trockenen und präparierten, bereits ausgekochten Knochen, gelehrt wurde". Diese „Neue Osteologie" legitimiert sich Riolan d. J. zufolge, weil „die äußere Form und die Eigenschaften der Knochen sich deutlicher im Leichnam zeigen als an den präparierten Knochen, um so mehr, als dass bei diesen vieles durch das Auskochen verloren ging".[22] Beim Trocknen, so bestätigt Jacques-Bénigne Winslow, wandelt sich ihre Farbe, außerdem können sich Volumen und Form verändern, Veränderungen, die vor allem die Knorpel betreffen.[23]

Auf diese Weise korrespondieren die Reihenfolge, der Vorgang des Schneidens und die Extraktion der Körperteile mit einer Logik der Fragmentierung und Zerstückelung, die auf einem analytischen Prinzip basiert, demzufolge das Verstehen eines Objektes auf seiner Zerlegung be-

22 Riolan (Anm. 9), S. 613ff.

23 Jacques-Bénigne Winslow. *Exposition anatomique de la structure du corps humain.* Paris, 1732, S. 114f.

ruht. Dieses Prinzip, das aus einer epistemologischen Ordnung und einer sie vollziehenden Praxis herrührt, zeigt sich gleichzeitig im Diskurs: Die anatomischen Texte, durch die Wissen formuliert und verbreitet wird, spiegeln dabei die Handlungsabläufe des Sezierens wider. Dies zeigt sich bereits in der eingangs erwähnten Abhandlung von Mondino de' Liuzzi, deren Ziel praktischer Natur ist und deren Aufbau sich entlang der vier großen Abschnitte des Körpers unterteilt: den drei „Leibern" und den Extremitäten. In dem Werk *Anothomia* richtet sich die Reihenfolge der Beschreibung nach dem Ablauf der Sektion: Wegen des schnellen Faulens der Eingeweide beginnt man mit dem Verdauungstrakt, anschließend arbeitet man sich vom Äußeren zum Inneren vor, indem man durch die Zerstückelung des Leichnams Schicht um Schicht in den Körper eindringt. Die Zeit der Handlung schließt die der Darbietung und folglich auch die des Lesens mit ein.

Die Hinweise Mondinos für die Beschreibung der Körperteile wurden weitgehend von der nachfolgenden anatomischen Literatur übernommen. Benedetti hat sich diese ebenso angeeignet wie Alessandro Achillini in seinem Werk *Annotationes anatomicæ* (1520), Niccolò Massa in seinem Werk *Liber introductorius anatomiæ* (1536) und, in der zweiten Hälfte des 16. Jahrhunderts, unter anderem Ambroise Paré in seinem Werk *Anatomie universelle du corps humain* (1561) sowie Gaspard Bauhin in *Anatomica corporis virilis et muliebris historia* (1597). Sie alle beschreiben einen Körper, der nach und nach, in dem Maße, in dem die Darbietung voranschreitet, ausgehöhlt und abgetragen wird. Die Abfolge der Kapitel spiegelt die sukzessive Reduzierung des Körpers unter dem Skalpell wider: An jeder Stelle der Schrift entspricht die Menge des noch verbleibenden Textes der des Leichnams auf dem Seziertisch. Aus der Nähe zwischen Erzählung und Praxis ergibt sich eine Lösung für ein im Kontext des ‚Programms der Versinnlichung' auftretendes Validierungsproblem, nämlich den Fall, dass die ideale Bedingung – die tatsächliche Präsenz des menschlichen Leichnams vor den Augen – nicht gegeben ist. Die anatomische Literatur stellt die geschriebene Spur einer vollzogenen Sektion dar. Der Leser wird dazu eingeladen, dem Verlauf der Operationen Schritt für Schritt zu folgen: Analog zum Fortschreiten der Sektion werden die offen gelegten Strukturen und Teile sowie die Durchführung der technischen Handgriffe beschrieben. Die Anforderungen an das Sehen werden durch ein plausibles Narrativ ersetzt, das die Szenerie der Sektion wiederherstellt und diese erzählt, als würde sie sich im Moment des Lesens ereignen.

Der gleiche Effekt wird sowohl durch die Beschreibung des anatomischen Theaters als auch durch den Verweis auf Augenzeugen, welche *per definitionem* in den Amphitheatern anwesend waren, sowie die minutiösen Beschreibungen des Instrumentariums, seiner Funktionen und Gebrauchsweisen hervorgebracht. Die materiellen Bedingungen schreiben sich in den Text ein, um auf virtuelle Weise den Vorführcharakter des anatomischen Ereignisses in all seinen Dimensionen zu erhalten. Die Erzählung wird hierdurch zu einer anderen Taktik der Vorführung, die sich der Gesamtheit des anatomischen Dispositivs hinzufügt. Diese Praxis bleibt erhalten, auch wenn sich seit Mitte des 16. Jahrhunderts zu der ‚Sektionsordnung' eine deskriptive ‚Kompositionsordnung' hinzugesellt und so die Exklusivität hinsichtlich der Textstruktur verloren geht. Diese ‚Kompositionsordnung', die sich an der Dichte der Körperteile orientiert, ist gegenläufig zu derjenigen, die von Außen nach Innen vorgeht. Sie muss also mit den Knochen beginnen, vorbei an Knorpeln, Muskeln, Venen, Arterien etc., um schließlich zur Haut zu gelangen.

Fragmente

Im Übrigen ist die ‚Kompositionsordnung' auch Tribut an das analytische Prinzip, auf welches zuvor verwiesen wurde. In gewisser Hinsicht findet sie ihren Höhepunkt in der Transformation des Schnittes in eine Strategie des Denkens. Jean Fernel kommt 1542, ausgehend von einer Definition des „Teils", dem Schlüsselbegriff des anatomischen Vorhabens, zu einigen theoretischen Überlegungen. Der „Teil", sagt Fernel, „ist ein Körper, der seinem Ganzen anhaftet, der ein gemeinsames Leben mit diesem genießt, und Teil von Aktion und Gebrauch desselben ist".[24] Nach dieser knappen Definition geht Fernel dazu über, den Körper stückweise zu zerteilen, bis er zu den „homogenen" Teilen gelangt, die sich aus einer einzigen Substanz zusammensetzen, die nach seinen Worten die „kleinsten, die sich den Augen offenbaren", sind. Durch die immer feinere Fragmentierung der Körpermaterie endet er schließlich bei Teilen, deren Unterteilung nicht mehr Differenz, sondern Identität produziert. Von diesem Blickwinkel aus betrachtet, rekurriert die anatomische Zerteilung auf eine Methode, „welche die hervorragendsten Philosophen *analysin* genannt haben, sprich Auflösung", mittels dieser man vom Ganzen zu den Einzelteilen übergeht „oder vom Zusammengesetzten zum Einfachen, von der Wirkung zur Ursache oder von den nachgelagerten zu den vorhergehenden Dingen".[25] Auflösung heißt demzufolge

---

24 Fernel (Anm. 14), S. 234.
25 Ebd., S. 26f.

Analyse, die in der Anatomie mit der Sektion gleichzusetzen ist: Der Schnitt, die „Zergliederung“ [*descomposición artificial*] eines Körpers, dient dazu, alle Teile zu erkennen, aus denen er besteht. Das Zerteilen [*división*] hingegen, als eine konkret am menschlichen Leichnam ausgeführte Geste, ist zugleich eine Fortschreibung der Denkstruktur; das Skalpell fungiert als Instrument des Geistes. Der „Teil“ resultiert aus der Zerteilung des Körpers, welcher sowohl durch die Schneide des Dissektors wie auch durch das Denken des Anatomen aufgeschnitten wird.

Im 17. Jahrhundert verlor die Definition von Fernel – die homogenen Teile seien die kleinsten Teile, „die sich den Augen offenbaren” – mit der Erfindung eines neuen Instruments, dem Mikroskop, ihre Gültigkeit. Die optische Verbesserung machte es möglich, das zu sehen, was für das bloße Auge bislang unsichtbar war. Für homogen Gehaltenes stellte sich nun als heterogen heraus. In den kleinsten Teilen wurden noch kleinere entdeckt. Die Grenzen des Unteilbaren verschoben sich und es eröffneten sich (im Sinne einer Auflösung) neue Horizonte. So sind Sektion und Komposition der Teile zwei Seiten des gleichen Vorhabens. Beide unterstützen das Vordringen der Anatomen über den Weg einer vielstufigen und fortgesetzten Zergliederung auf der Suche nach dem kleinsten, irreduziblen Element des Zusammengesetzten. Das Mikroskop macht nun dessen Faserstruktur sichtbar. Seit den 1650er Jahren findet der Begriff der Faser Einzug in die Schriften von Francis Glisson, Marcello Malpighi, Lorenzo Bellini und Niels Stensen. Anfang des 18. Jahrhunderts veranlasst dies Giorgio Baglivi dazu, eine systematische Theorie der Faser aufzustellen, die sich erstmals in seiner Abhandlung *De fibra motrice et morbosa* (1700) findet.

Kartografie und Körper

Zwei Aspekte, die die anatomische Disziplin in der Allianz des Seziermessers und des ‚Programms der Versinnlichung‘ auszeichnen, nämlich die Fragmentierung und der Vorrang des Visuellen, überlagern sich seit dem 16. Jahrhundert mit einer emblematischen Produktion, welche der neuen Wissenschaft über den Körper Raum gibt: der Abbildung. Das Bild in der Anatomie zeigt, wie auch die zuvor genannten Elemente, die Wechselwirkung des materiellen Gegenstands und seines epistemologischen Parameters. Es überrascht nicht, dass in einer Zeit der Entdeckungs- und Forschungsreisen in neue Welten, die man entdeckt und beherrscht, eine Anpassung des anatomischen Verfahrens nicht nur an das Auffinden und Bezeichnen unbekannter Gebiete stattgefunden hat, sondern ebenso an die grafische Darstellung, das kartografische Verfahren. Territoriale Aufteilungen finden eine anatomische Entsprechung dort, wo der Körper zergliedert, kartiert, durch die Projektion der räumlichen Struktur in der Fläche sichtbar angeordnet wird und die inneren und äußeren Grenzen umrissen und einer ebenso minutiösen wie erschöpfenden Nomenklatur unterworfen werden.

Diese anatomischen Illustrationen geben ausschließlich das Abbild der festen Bestandteile des menschlichen Körpers wieder. Im Gegensatz dazu war bis dato in den anatomischen Texten den Flüssigkeiten (vor dem Hintergrund der Humoralpathologie) die zentrale Ordnungsfunktion für den Körper zuerkannt worden. Diese Verschiebung vollzieht sich zu Gunsten der festen Bestandteile. Bei Fernel heißt es dazu: „wir sagen nicht […], dass die Säfte, die sich im gesamten Körper verteilen, Körperteile sind.“[26] 1611 hebt Kaspar Bartholin dies noch einmal deutlicher hervor: „nichts kann sich Teil nennen, als das, [...] was fest ist“.[27] Diese Lehrmeinung wird von Riolan d. J. aufgegriffen: „Der Anatom, der nichts außer den toten Körper untersucht, lässt die Säfte und Geister beiseite und betrachtet ausschließlich die festen Bestandteile.“[28] Bei diesen Autoren sind die Säfte aus dem anatomischen Wissenskosmos ausgeschlossen. Diesem Ausschluss der Körpersäfte fügt Riolan noch eine interessante Präzisierung hinzu: Gegenstand der anatomischen Untersuchung ist ein toter Körper, d. h. die Säfte können gar nicht in ihrer spezifischen Erscheinungsweise, ihrer Dynamik, den Vermischungen und Ausflüssen, betrachtet werden; zumal die Flüssigkeiten, die der Kadaver hergibt, obendrein schwer bzw. gar nicht zu bewahren sind. Wissenschaftlich betrachtet sind die Flüssigkeiten stumm und darüber hinaus störend. Sie verschmutzen die festen Bestandteile und trüben deren Betrachtung. Wie bereits erwähnt, gehören zu den für die Sektion nötigen Instrumenten Schwämme. Diese werden verwendet, „um den ganzen Körper zu trocknen“ und so die innen liegenden Organe besser sehen zu können.[29]

Am deutlichsten wird diese Konzentration auf die festen Bestandteile – oder, von der anderen Seite betrachtet, auf die Trocknung des Körpers – in Nebenprodukten der Sektion, den anatomischen Präparaten. Zu deren Gewinnung wurden seit Mitte des 17. Jahrhunderts durch die Perfektionierung von Techniken der Dehydrierung von Geweben, der Entleerung von Gefäßen und der intravaskulären Injektion von Flüs-

---

26 Fernel (Anm. 14), S. 234.
27 Kaspar Bartholin. *Institutions anatomiques*. Paris, 1647, S. 2.
28 Riolan (Anm. 9), S. 76.
29 Fernel (Anm. 14), S. 209.

sigkeiten (zumeist Wachs), welche der Verfestigung des menschlichen Leichnams dienten, regelrechte Technologien des Trocknens entwickelt. Die auf diese Weise gewonnenen Ergebnisse sind zurückzuführen auf die von Frederik Ruysch in Zusammenarbeit mit Regnier de Graaf und Jan Swammerdam entwickelten Methoden und waren außerordentlich. So lautete zumindest die Einschätzung von Bernard de Fontenelle: „Die Injektionen in die Körperteile erfolgten derart, dass die letzten Verästelungen der Gefäße, dünner als Spinnfäden, sichtbar wurden", alles Injizierte „konservierte die Konsistenz" und schützte die Leichen vor dem Verderben.[30]

Diese Methode erlaubte es, Volumen und Beschaffenheit der Hohlräume des Organismus zu erhalten und sie durch Einfärbung visuell zu differenzieren. Für die Gallengefäße, die Gallenblase, die Harnröhre und die Bronchien wurde die Farbe Gelb verwendet, Weiß für Thorax und Pankreas sowie für Nasengänge und Speicheldrüsen. Die Arbeiten konnten durch ‚Korrosion' unterstützt werden, indem das die Gefäße umschließende Fleisch- und Fettgewebe an- und abgelöst wurde, um so die feine, netzartige und verästelte Struktur dieser anatomischen Stücke offen zu legen. Aus der Einführung dieser Techniken resultieren erstaunliche Ergebnisse, wie die Präparate von Jean-Honoré Fragonard für das anatomische Kabinett der Veterinärsschule von Alfort, welche er zwischen 1765 und 1771 geleitet hatte.

Epilog: Das Skalpell und das Denken

Von den Anfängen der Moderne hat sich die Anatomie, basierend auf der Praxis der Sektion, schnell zu einer Wissenschaft vom Körper entwickelt, die diesen in eine theoretische Entität verwandelt und ihm eine Gesamtheit spezifischer Eigenschaften verliehen hat: seiner Natur nach fest, verständlich in Begriffen der Zergliederung und Zusammensetzung, überführbar in eine räumlich-visuelle Lesbarkeit und in Berichtsschritte sequenzierbar. Diese Konzeption des Körperlichen ist das Ergebnis sowohl von epistemologischen Optionen – unter ihnen das Postulat eines unmittelbar sinnlichen Zugriffs als notwendige Bedingung von Erkenntnis – wie auch von methodologischen Optionen, d. h. der Akzeptanz und Behandlung des menschlichen Leichnams als Quelle der Erkennt-

[30] Bernard le Bouyer de Fontenelle. „Éloge de M. Ruysch". *Histoire de l'Académie Royale des Sciences. Année MDCCXXXI. Avec les Mémoires de Mathématique & de Physique, pour la même Année, Tirés des Registres de cette Académie*. Paris, 1764, S. 102f.

nis. Die vielfältigen Innovationen, welche durch die Anatomie in die Wissensproduktion eingebracht wurden, besitzen eine materielle Basis und eine operative Dimension von weit reichender Bedeutung: Die ausgeklügelten technischen Lösungen, welche in der Durchführung der anatomischen Arbeit Anwendung fanden, haben nachhaltig zur Errichtung einer Denkordnung beigetragen. Dieses Denken, das zunächst dem Aufbau eines Wissens über den Körper diente, hat seine Reichweite zunehmend ausgedehnt, bis hin zur Herausbildung von Strategien der Enthüllung und Deutung von Wirklichkeit. Die Metapher der Anatomie steht dabei in Verbindung mit der Suche nach Wahrheit unterhalb der unmittelbar sichtbaren dinglichen Oberfläche, mit der Erforschung eines Inneren, dessen Grund ans Licht gebracht werden muss, mit der Zergliederung als Vorgehensweise und der Zurschaustellung als Beweis. Die Metapher der Anatomie bezeichnet hier nicht nur eine spezifische Erkenntnismethode, sondern auch eine Erkenntnisordnung, welche Wesentliches erst ins Bewusstsein treten bzw. sogar die Gesamtheit der Aspekte eines Erkenntnisgegenstands überhaupt erst offenbar werden lässt. Seinem Wesen nach handelt es sich bei dem Skalpell um ein Instrument, welches vom Fleisch weggeführt wird – hin auf andere Pfade der Erkenntnis.

Übersetzung: Juliane Gaebler,
Jan Lazardzig,
Paulina Papenfuss

LITERATURVERZEICHNIS

Bartholin, Kaspar. *Institutions anatomiques*. Paris, 1647.

Benedetti, Alessandro. *Anatomice sive historia corporis humani*. Paris, 1514.

Berengario da Carpi, Jacopo. *Commentaria, cum amplissimis Additionibus super Anatomia Mundini, una cum textu ejusdem in pristinum et verum nitorem redacto*. Bologna, 1521.

Du Laurens, André. *L'Histoire anatomique en laquelle toutes les parties du corps humain sont amplement declarees: enrichie de controverses et observations nouvelles* [...]. Übs. v. F. Sizé. Paris, 1610.

Dubois, Jacques (Jacobus Sylvius). *Introduction sur l'anatomique partie de la phisiologie d'Hippocras & Galien*. Paris, 1555.

Estienne, Charles. *La dissection des parties du corps humain*. Paris, 1546.

Fernel, Jean. *Les VII Livres de la physiologie* [...]. Übs. v. Charles de Saint-Germain. Paris, 1655.

Fontenelle, Bernard le Bouyer de. „Éloge de M. Ruysch". *Histoire de l'Académie Roy-*

ale des Sciences. Année MDCCXXXI. Avec les Mémoires de Mathématique & de Physique, pour la même Année, Tirés des Registres de cette Académie. Paris, 1764.

Heseler, Baldasar. *Andreas Vesalius' First Public Anatomy at Bologna, 1540. An Eyewitness Report by Baldasar Heseler Medicinae Scolaris, together with his Notes on Matthaeus Curtius' Lectures on Anatomia Mundini*. Hg. v. Ruben Eriksson. Uppsala u. a., 1959.

Lieutaud, Joseph. *Anatomie historique et pratique*. 2 Bde. Paris, 1776-1777.

Liuzzi, Mondino de'. „Anothomia" [Nachdruck d. Ausgabe Pavia, 1478]. *Anatomies de Mondino dei Luzzi et de Guido de Vigevano*. Hg. v. Ernest Wickersheimer. Ginebra, 1977.

Platter, Felix u. Thomas. *À Montpellier 1552-1559, 1595-1599. Notes de voyage de deux étudiants bâlois*. Paris, 1995 [Nachdruck d. Ausgabe Montpellier, 1892].

Riolan, Jean (d. J.). *Manuel anatomique et pathologique, ou Abrégé de toute l'anatomie, et des usages que l'on en peut tirer pour la connoissance, et pour la guérison des maladies* [...]. Paris, 1661.

Winslow, Jacques-Bénigne. *Exposition anatomique de la structure du corps humain*. Paris, 1732.

Cynthia Klestinec

Theater der Anatomie. Visuelle, taktile und konzeptuelle Lernmethoden

Das anatomische Theater der Universität in Padua, das zwischen 1594 und 1595 gebaut wurde, hatte dem Sehen ursprünglich kein Vorrecht eingeräumt.[1] Trotz der wörtlichen Bedeutung von *theatrum* als einem Ort des Sehens war die Beobachtung von anatomischen Strukturen und den Vorgängen des Sezierens für das konzeptuelle Verständnis der naturphilosophischen Dimensionen der Anatomie nur von zweitrangiger Bedeutung.[2] Das heißt, dass die Medizinstudenten im anatomischen Theater dazu angeleitet waren, die Bedeutung einzelner anatomischer Strukturen in erster Linie in ihrer Beziehung zur Naturphilosophie und zu den

1 Zu diesem Theater vgl. Vittorio Dal Piaz. „L'orto botanico e il teatro anatomico di Padova, indagini e contributi". *Quaderni per la storia dell'Università di Padova* 31 (1998), S. 63-73; Maurizio Rippa Bonati. „Le tradizioni relative al teatro anatomico dell'Universita di Padova con particolare riguardo al progetto attribuito a fra' Paolo Sarpi". *Acta Medicae Historiae Patavina* 35/36 (1988-90), S. 145-168 sowie Giovanni Cagnoni. *I Teatri anatomici dell'Università di Padova.* Dipl.-Arb. Università IUAV di Venezia, 1988. Zu vergleichenden Studien der anatomischen Theater in Bologna und Padua vgl. Giovanna Ferrari. „Public Anatomy Lessons and the Carnival. The Anatomy Theatre of Bologna". *Past and Present* 117 (1987), S. 50-106 u. Cynthia Klestinec. „A History of Anatomy Theaters in Sixteenth-Century Padua". *Journal of the History of Medicine and Allied Sciences* 59.3 (2004), S. 375-412.

2 Für eine allgemeine Einführung in die Medizin der Renaissance und die Rolle der Anatomie vgl. Nancy Siraisi. *Medieval and Early Renaissance Medicine. An Introduction to Knowledge and Practice*. Chicago, 1999. Zur Naturphilosophie vgl. Charles Schmitt. *The Aristotelian Tradition and Renaissance Universities*. London, 1984, S. 35-56 u. S. 104-123; Jerome Bylebyl. „Medicine, Philosophy, and Humanism in Renaissance Italy". *Science and the Arts in the Renaissance*. Hg. v. John W. Shirley u. F. David Hoeniger. Washington, D.C., 1985, S. 27-49 sowie Nancy Siraisi. *Medicine and the Italian Universities, 1250-1600*. Leiden u. Boston, 2001. Zu Padua im Besonderen vgl. Jerome Bylebyl. „The School of Padua. Humanistic Medicine in the Sixteenth Century". *Health, Medicine and Mortality in the Sixteenth Century*. Hg. v. Charles Webster. Cambridge, Mass., 1979, S. 335-370.

Vorgängen der aristotelischen ‚organischen' Seele zu erfassen.[3] Zudem waren sie darin geschult zuzuhören, oder besser, schweigend zuzuhören.

Die anatomische – als eine indirekt an die Entwicklung der Perspektive gebundene – Tradition, ist stets als eine visuelle Tradition konzipiert worden. Die von Künstlern, Chirurgen, Physikern und Professoren geschriebene Geschichte der Anatomie gründete sich auf die erforschende Wahrnehmung von Strukturen, auf Untersuchungs- und Beobachtungsgewohnheiten und auf die magnetische Anziehungskraft eines geöffneten Leichnams.[4] So ging zum Beispiel Jonathan Sawday einer „culture of dissection" in den frühneuzeitlichen anatomischen und literarischen Werken nach und stellte die These auf, dass die Arbeiten und Illustrationen des Anatomen Andreas Vesalius Mitte des 16. Jahrhunderts, ausgehend vom sezierten Körper, die Idee einer an Visualität orientierten wissenschaftlichen Beweiskraft deutlich machte und beförderte. Laut Sawday sorgten Vesalius' Publikation und die öffentlichen Sektionen im anatomischen Theater in London (1636 von Inigo Jones entworfen) für die weit verbreitete kulturelle Beschäftigung mit einem der letzten Rätsel: dem Blick in das Innere des Körpers.[5] Richard Sugg folgt dieser historischen

---

3 Vgl. Katharine Park. „The Organic Soul". *Cambridge History of Renaissance Philosophy*. Cambridge u. New York, 1988, S. 464-484.

4 Zur anatomischen Illustration vgl. Ludwig Choulant. *History and Bibliography of Anatomic Illustration. In its Relation to Anatomic Science and the Graphic Arts*. Hg. u. übs. v. Mortimer Frank. New York, 1945; Martin Kemp. „The Mark of Truth. Looking and Learning in Some Anatomical Illustrations from the Renaissance and Eighteenth Century". *Medicine and the Five Senses*. Hg. v. William F. Bynum u. Roy Porter. Cambridge, Mass., 1993, S. 85-121; Martin Kemp. „Temples of the Body and Temples of the Cosmos. Vision and Visualization in the Vesalian and Copernican Revolutions" u. Bert S. Hall. „The Didactic and the Elegant. Some Thoughts on Scientific and Technological Illustrations in the Middle Ages and Renaissance". *Picturing Knowledge. Historical and Philosophical Problems Concerning the Use of Art in Science*. Hg. v. Brian S. Baigrie. Toronto, 1996, S. 40-85 u. S. 3-39.

5 Vgl. Jonathan Sawday. *The Body Emblazoned. Dissection and the Human Body in Renaissance Culture*. New York, 1994, Einleitung u. S. 54-84. Zu Vesalius vgl. Charles O'Malley. *Andreas Vesalius of Brussels (1514-1564)*. Berkeley, 1965 u. Trevedi Vidha Nandan Persaud. *The History of Anatomy. The Post-Vesalian Years*. Springfield, Ill., 1997. Interdisziplinäre Studien zur Anatomie der Renaissance sind Sawdays Publikation gefolgt. Vgl. zum Beispiel Michael Neill. *Issues of Death. Mortality and Identity in English Renaissance Tragedy*. Oxford, 1997 u. Richard Sugg. *Murder After Death. Literature and Anatomy in Early Modern England*. Ithaca, NY, 2007. Zu den Praktiken und intellektuellen Traditionen der Anatomie in der Renaissance vgl. Andrea Carlino. *Books of the Body. Anatomical Ritual and Renaissance Learning*. Übs. v. John Tedeschi u. Anne C. Tedeschi. Chicago, 1999, insbes. S. 8-68; Andrew Cunningham. *The Anatomical Renaissance. The Resurrection of the Anatomical Projects of the Ancients*. Brookfield, 1997; Roger K. French.

Forderung und dem Sawday'schen Projekt, deren Veränderungen in der Literatur der Zeit nachzuzeichnen, und erklärt die Begeisterung für Anatomie als „the uneasy thrill of strangeness still provoked by the sight of the human interior“. Obwohl einige Werke wie Helkiah Crookes *Microcosmographia* „both reflected and stimulated an immediately visual relationship to the anatomized body“,[6] besteht für Sugg die Faszination der Anatomie für die Renaissance in „a more potent novelty“, die durch die Betonung des sezierten Körpers und nicht die ihn nur beschreibenden Bücher hervorgebracht wurde. Rafael Mandressi hat in einer historisch tiefer gehenden Analyse die schriftlichen Traditionen der Anatomie zu ihren Praktiken in Beziehung gesetzt und kommt zu dem Ergebnis, dass die Betonung der Visualität im Rahmen der frühneuzeitlichen Anatomie einerseits als ein Gegenentwurf zu Bücherwissen, andererseits als eine Eigentümlichkeit charakterisiert werden kann, die mit der Einführung des anatomischen Theaters – des Ortes, wo man sieht – verbunden war.[7] Mandressi stellt auch die taktile Erfahrung als eine notwendige Komponente der neuen Methode anatomischer Forschung heraus. Die Methode hieß *anatomia sensibilis* (Anatomie der potenziell fühlbaren Körperteile) und *anatomia sensata* (Anatomie der tatsächlich gefühlten Körperteile) und wurde nebst anderen von dem Chirurgen Berengario da Carpi (ca. 1460-1530) und dem Physiker und Anatom Niccoló Massa (gest. 1569) vorangetrieben. Aber seine Beschreibung dieses frühen Bruchs in der Struktur europäischen Wissens beruht fundamental auf der Erfahrung des Sehens.[8]

Das Studium der Anatomie ist ein visuelles Unterfangen. In der Frühen Neuzeit ging dies unter anderem einher mit den semiologischen Entwicklungen in der Therapeutik, in der die Diagnose vom Sehen und Identifizieren von Symptomen und Zeichen abhing, sowie mit den in den Körpern weiblicher Visionäre gefundenen Merkmalen der Heiligkeit und spielte auch in den imperialistischen Fantasien der frühen Kartografie eine wesentliche Rolle.[9] Es wäre daher absurd, die Tatsache der visuellen

---

Dissection and Vivisection in the European Renaissance. Aldershot, 1999; Raphael Mandressi. *Le regard de l'anatomiste. Dissections et invention du corps en Occident*. Paris, 2003 u. Katharine Park. *Secrets of Women. Gender, Generation, and the Origins of Dissection*. New York, 2006.

6 Sugg (Anm. 5), S. 4.

7 Mandressi (Anm. 5), S. 83-92.

8 Vgl. auch French (Anm. 5), S. 132-137.

9 Zu Anatomie und Therapeutik vgl. Bylebyl, „The School of Padua“ (Anm. 2). Zu den heiligen Ursprüngen der Sektion vgl. Park (Anm. 5), S. 39-76. Zum Zusammenhang von Kartografie und Anatomie vgl. Sawday (Anm. 5), S. 16-38 u. Valerie Traub. „Mapping the Global Body“. *Early Modern Visual Culture. Representation,*

Komponente in der Geschichte der Anatomie in Frage zu stellen und trotzdem spiegeln nur wenige Praktiken in dem zwischen 1500-1650 aufkommenden Feld der Anatomie diese Betonung des Visuellen wider. Zwar verlangte zum Beispiel die Prüfung zur Erlangung eines medizinischen Abschlusses anatomisches Wissen, doch wurden die Studenten hierfür zu ihrem Textverständnis von Schlüsselpassagen befragt, was heißt, dass ihre Erkenntnisse nicht auf klinischer Erfahrung basierten.[10] Hinzu kommt, dass die jährlich im Januar und Februar öffentlich stattfindenden Anatomievorführungen vor einem großen Publikum von Studenten, Professoren sowie universitären und zivilen Verwaltungsbeamten gehalten wurden. Als das anatomische Theater 1595 eröffnet wurde, waren auch Fischhändler, Schuhmacher und Korbflechter bei der Demonstration anwesend.[11] Große Zuschauermengen und überfüllte Theater hätten sowohl die Sichtmöglichkeiten der Zuschauer als auch die direkte Umgebung des sezierten Leichnams beeinträchtigt und gefährdet, doch die Zuschauer waren eher damit beschäftigt, das übrige Publikum und den Anatom zu beobachten, seinen Kommentaren über Leichen, Menschen und Tieren zu lauschen, als verwesende sterbliche Überreste einem prüfenden Blick zu unterziehen.[12] Nicht öffentliche Sektionen fanden das ganze Jahr über statt und hielten damit den notwendigen visuellen Fokus für das anatomische Studium und die Forschung für die praktische Arbeit von Anatomen und Studenten aufrecht. Diese wurden jedoch nicht im anatomischen Theater gehalten. Im Theater, wo die anatomische Untersuchung als ein Zeichen institutioneller Innovation zelebriert wurde, in dem Anatomen sich einen Ruf erwarben und die Konturen die-

Race, and Empire in Renaissance England. Hg. v. Peter Erickson u. Clark Hulse. Philadelphia, 2000, S. 44-97.

10 Vgl. Bylebyl, „The School of Padua“ (Anm. 2), S. 337-339.

11 Vgl. *Acta nationis germanicae artistarum.* Hg. v. Antonio Favaro. Venedig, 1911-1912 [Tipografia emiliana], Eintrag aus dem Jahr 1595 (im Folgenden zitiert als *Acta*, Jahreszahl): „Confluxerat eo tota quasi civitas, et extremae etiam farinae homines tanquam ad forum cupedinis: subsellia occuparunt hebraei, sedentarii magistri, sartores, calceolarii, solearii, carnarii, salsamentarii et his inferiores baiuti et corbuli illi, adeo ut in dubium relinqueres plus ne collegii scholares anatomici sectioni ac dexteritati attenderent, an haintia huiusmodo homuncionum ora aspicerent.“

12 Die Vorstellung, dass die Beziehung zwischen Theater und visueller Aufmerksamkeit erst hergestellt werden muss, steht in einem interessanten Zusammenhang zu Theatern, in denen die Zuschauer italienischen Dramatikern zuhörten, die griechische und lateinische Textquellen in landessprachliche, episodische Geschichten übersetzten und somit ganz unmittelbar Sprache viel mehr betonten als die theatrale Bühnenwirkung. Vgl. hierzu Richard Andrews. *Scripts and Scenarios. The Performance of Comedy in Renaissance Italy.* Cambridge, Mass., 1993. Zu den Regeln, Statuten und der Betonung des Bücherwissens vgl. Carlino (Anm. 5), S. 69-119.

ser aufkommenden Disziplin Gestalt annahmen, wurde das Visuelle von der Rhetorik übertrumpft.

Im anatomischen Theater standen vor allem sprachliche Fähigkeit und rhetorische Brillanz im Mittelpunkt, so dass dem Hören eine größere Bedeutung zukam als dem Sehen. Dies liegt in einer Vielzahl von intellektuellen, pädagogischen, institutionellen und kulturellen Einflüssen begründet. Im Folgenden werde ich meinen Blick auf zwei Varianten dieser alternativen Geschichte der Anatomie richten: die rhetorische und die pädagogische. Die Rhetorik der Anatomie im späten 16. Jahrhundert vernachlässigte zuweilen die visuelle Wahrnehmung, um das konzeptuelle Verständnis und den notwendigen Zusammenhang von Naturphilosophie und Anatomie zu betonen. Diese zwar mehr als flüchtigen Referenzen deuten jedoch auf die Notwendigkeit hin, sie als alternative oder oppositionelle Entwürfe zu der Rhetorik eines Andreas Vesalius (1514-1564) und anderen, deren Aufmerksamkeit vor allem der Entdeckung anatomischer Strukturen galt, erneut zu prüfen. Die Untersuchung studentischer Aufzeichnungen zu anatomischen Vorgehensweisen zeigt, dass als Konsequenz pädagogischer Entscheidungen der Lehrenden das Verhältnis von Hören und Sehen als ein Gegensätzliches charakterisiert wurde. Aus diesen Dokumenten (anatomische Texte des späten 16. Jahrhunderts und Berichte der Medizinstudenten) erwächst gleichsam eine auditive Tradition der Anatomie, die schlussendlich nur ganz zufällig mit der produktiven Kraft der neuen Visualität kollidiert, die mit (privaten, oftmals klinischen) Erfahrungen der frühneuzeitlichen Anatomie verbunden war. Unter diesen beiden Aspekten – der rhetorischen und der pädagogischen – ist die Vorstellung, dass das Aufkommen frühneuzeitlicher Anatomie mit einer ausschließlich visuellen Schwerpunktsetzung einherging, nur in äußerst relativem Sinn zutreffend.

Um zu verstehen, wie das Sehen in der Tradition der Anatomie eine zunehmend dominante Rolle einnahm, muss man das Zusammenspiel der verschiedenen Sinne zurückverfolgen, die Konkurrenzsituation zwischen den verschiedenen Lernmethoden analysieren und untersuchen, in welcher Weise das Sehen auch andere Sinne – wie etwa das Taktile – mit einbezog, während es sich als das Markenzeichen der neuen Wissenschaft etablierte. Die bei weitem nicht zwangsläufige Bedeutung von Beobachtung und visueller Präzision in der Anatomie und ihrer Tradition in Padua entwickelte sich aus dem Widerspruch der öffentlichen Anatomievorführungen und den privaten Sektionen. Wie man es an der Rivalität zwischen Girolamo Fabrizio (Hieronymus Fabricius ab Aquapendente, 1533-1619) und seinem früheren Schüler Giulio Casseri (Iulius Casserius, 1552-1616) exemplarisch nachvollziehen kann, nahmen die

Studenten diesen Widerspruch wahr, indem sie in den öffentlichen Vorführungen von Fabrizio etwas über Anatomie hörten und dann in Casseris privaten Vorführungen die anatomisch zerlegten Körperteile sahen.[13] Im späten 16. Jahrhundert ist es in erster Linie die Stimme des Studenten, die die Bedeutung von Sichtbarkeit und visueller Präzision in anatomischen Vorführungen artikuliert, denn die Studenten rühmten Casseri oft für die Kürze seiner Ausführungen und seine Fähigkeit, dem Betrachter die Dinge eher dem Auge als dem Ohr zugänglich zu machen. Tatsächlich erinnern uns die Aufzeichnungen der Medizinstudenten an die Tatsache, dass sich die jeweiligen Beobachtungspraktiken oft in unvorhergesehener Weise in das Zentrum von frühen *scientific communities* schoben: durch alternative Pädagogik, studentische Mitarbeit und die Informalitäten oder Intimitäten, von denen akademische Beziehungen geprägt waren.

Girolamo Fabrizio und die Rhetorik der Zurschaustellung

Das anatomische Theater formalisierte eine Tradition öffentlicher Vorführungen, die den philosophischen Inhalten mehr Bedeutung einräumte als dem eigentlichen Vorgang der Sektion.[14] Im anatomischen Theater war Fabrizio nicht darauf aus, neue Strukturen zu entdecken, sondern die Bedeutung normativer und bereits bekannter Strukturen zu erweitern, und so stand für ihn hier die Naturphilosophie im Vordergrund.[15] Diese Herangehensweise wird von seinen Schriften flankiert, die für das Studium der Anatomie eine ganz andere Reihe von rhetorischen Schwerpunkten widerspiegeln. Im Gegensatz zu früheren Anatomen war die Struktur seiner Texte nicht darauf gerichtet, die Entdeckung anatomischer Neuheiten zu beschreiben oder den Sektionsprozess zu analysieren. Seine Texte beschreiben Körper – von Kadavern, Tieren, aus Praxis und Texten –, die einer Offenlegung durch Anatomen, Chirurgen oder Studenten nicht bedurften, da sie sich scheinbar ganz von selbst zur

---

13 Vgl. Giuseppe Sterzi. „Guilio Casserio, anatomico e chirurgo (c. 1552-1616)“. *Nuovo archivio veneto* 18/19 (1909-1910), S. 207-278 u. S. 25-111.

14 Vgl. Klestinec (Anm. 1), S. 385-388.

15 Vgl. Andrew Cunningham. „Fabricius and the ‚Aristotle Project‘ in Anatomical Teaching and Research at Padua“. *The Medical Renaissance of the Sixteenth Century*. Cambridge, Mass., 1985, S. 195-222; Cunningham (Anm. 5), S. 167-190 sowie Maurizio Rippa Bonati u. José Pardo-Tomás (Hg.). *Il teatro dei corpi. Le pitture colorate d'anatomia di girolamo fabrici d'acquapendente* [Ausst.kat.]. Mailand, 2005.

Schau stellten. Fabrizios Rhetorik wies darauf hin, dass die wirkliche Arbeit der Anatomie in dem konzeptuellen Rahmen stattfand, der es erlaubte, anatomische Einzelheiten in ihrer Beziehung zu den Vorgängen der ‚organischen' Seele zu begreifen. Bevor ich mich dem Theater selbst zuwende, das auch als ein Übungsplatz für seine rhetorischen Neigungen diente, werde ich zunächst eine Einführung in Fabrizios philosophische Lehre und seine Art der Rhetorik geben, die er vertrat und verteidigte.

Als Fabrizio 1565 drei Jahre nach dem Tod von Gabriele Falloppio (1523-1562) auf den Lehrstuhl für Chirurgie und Anatomie berufen wurde, entwickelte er ein Forschungsprogramm, das die Beziehung zwischen Anatomie und Naturphilosophie untersuchen sollte.[16] Wie Andrew Cunningham aufgezeigt hat, ging Fabrizios Lehre von einem humanistischen Konzept aus. Nach dem Vorbild von Aristoteles' Natur- und Tierlehre erweiterte Fabrizio das Studium der Anatomie als eine Untersuchung der menschlichen, strukturellen Anatomie durch eine Bestandsaufnahme einer Reihe von Tieren, anhand derer er vorhandene Strukturen, ihre Variationen oder ihr Fehlen nachwies.[17] Ausgehend von ihren grundlegenden Unterschieden beschrieb er das Vorkommen einzelner Teile sowie die Häufigkeit, mit der sie in einer Tierreihe auftraten, und nannte diese Reihe das *Ganze Tier*.[18] Seine Methode fokussierte auf die Struktur, Tätigkeit und Funktion sowie auf Nutzen oder Nützlichkeit, wobei die Nützlichkeit des Körperteils davon abhing, in welchem Maße sein Zweck oder seine Funktion mit den Vorgängen der ‚organischen' Seele in Übereinstimmung stand. Die ‚organische' Seele war das Prinzip, das für die vitalen Abläufe von Verdauung, Atmung und Fortpflanzung sowie der Sinne verantwortlich war.[19] Ganz an der Lehre von Aristoteles orientiert, richtete Fabrizio seine Forschungsthemen auf diese vitalen Abläufe aus und erstellte wissenschaftliche Monografien über Sprache (Geistseele), Fortbewegung (bewegliche Seele), Sehen und Hören (sensitive Seele) sowie Verdauung, Atmung und Fortpflanzung (vegetative Seele). In diesen Arbeiten ging er der Kategorie des Nutzens nach und stellte damit erneut die naturphilosophischen Dimensionen der Anatomie sowie die Idee, dass das Erforschen der Anatomie letztlich Erforschungen der Seele seien, in den Mittelpunkt.[20]

---

16 Vgl. *Raccolta Minato*. Bd. 20, cart. 52. Archivio antico, Universität Padua [AAUP].

17 Vgl. Cunningham (Anm. 5), S. 172-180.

18 Vgl. ebd., S. 175.

19 Vgl. Park (Anm. 3), S. 464-484.

20 Im Oktober 1595 versprach Fabrizio, eine vollständige Demonstration zu geben, in der eine „Erläuterung der Teile, Tätigkeiten und Zwecke" erfolgen sollte, wobei die Tätigkeiten und Zwecke direkt an seinem Interesse der aristotelischen Natur-

Das Studium der Anatomie hatte neben medizinischen und chirurgischen Aspekten eine naturphilosophische Komponente stets mit vorausgesetzt. Fabrizios Lehre unterstrich jedoch die anatomische Forschung als ein naturphilosophisches Unterfangen und bediente sich dabei derselben Methoden, Texte und Ansätze wie die Naturphilosophen. Anlässlich der erneuten Beförderung Fabrizios im November 1597 auf einen noch bedeutenderen Lehrstuhl für Anatomie und Chirurgie wurde dabei auch durch die Mitglieder der Akademie attestiert, dass die Anatomie der Chirurgie aufgrund ihrer philosophischen Grundlage überlegen sei.[21] In seiner Studie zur Fortbewegung charakterisiert Fabrizio den Unterschied folgendermaßen:

> Der Leser wird sich fragen, warum ich die Muskeln nicht beschreibe, wie Vesalius es in all seinen Schriften tat und Galen in [...] *Über Anatomische Prozeduren* [...]. [S]ie möchten die Dinge vor den Augen [der Zuschauer] ausbreiten [...]. Ich lehre den Zweck der Muskeln, ihre Tätigkeiten und ihren Nutzen [...]. Denn wenn man nur anhand einfacher Sektion forscht und in dieser Weise die verschiedenen Sequenzen mit Erstens, Zweitens und Drittens aufzählt, führt dies zu mehr Verwirrung, als wenn man den Zweck und Nutzen des Muskels notiert.[22]

Fabrizio kritisiert in diesem Absatz vorangegangene Anatomen für ihren zu eng gestellten Fokus auf anatomische Struktur und ihre Beobach-

lehre anknüpften. Gleichzeitig erklärte er, dass seine Demonstration eher präzise als umfassend sein würde – ein Verweis auf den thematischen Fokus, der sich auf bestimmte Organe und ihre Strukturen in Bezug auf ein spezielles Thema richtete. Vgl. *Acta* (Anm. 11), 1595-1596: „Incepere tunc ad Ixbris diem tertium lectiones maximo scholarium applausu et concursu, in Doctoribus nil nisi summa reperiebatur diligentia, praesertim Exc. Aquapendente, qui a sectione statim exordium sumens, huic ac partium actionum et utilitatum explicationi *exactissime* tota hyeme operam se daturum non semel pollicebatur."

21 Vgl. *Acta* (Anm. 11), 13. Oktober 1597: „Ut Fabricium celeberrimum ut Anatomicum scilicet superiorem, uti Chirurgum vero inferiorem Philosophiae antesignanis fecerit."

22 Girolamo Fabrizio. *De motu locali.* Padua, 1618, S. 82: „Miraberis forsitan lector, quod musculos non describam, ut Vesalius in toto suo opere, et Galen. in libro de adm.anat.fecit, qui ordinem, seu commodam dissectionem respicientes eos descripsere, quoniam ii tantummodo eorum dissectionem pro ut unus alteri succedit, et contiguus est associatur; nobis saltem ob oculos ponere, et monstrare voluerunt. At nos, qui scopum habemus docere per ea, quae insunt musculis, eorum actiones et usus, merito alio ordine in cedendum duximus, qui procul dubio nos ducit ad notitiam casuum musculorum et articulorum. Nam si quis simplicem dissectionem inquirat, et primum secundum tertium et sequentes hoc modo numeret, potius confusionem, quam notitiam utilitatem musculorum consequetur. At quando nos eorum, quae insunt musculis, causas inquirimus, tunc usum inquirimus, et musculorum numerum exactius memoriae mandamus."

tungsobsession und betrachtet die Sektionen von Vesalius als vereinfachend und verwirrend. Fabrizio legte zunächst einfache Beschreibungen des Materials dar und ging dann zu komplexen Thesen über dessen naturphilosophische Bedeutung über. Während es seine Intention war, die naturphilosophischen Dimensionen der Anatomie zu erweitern, war sein Beweggrund zu dieser Herangehensweise jedoch – wie oben erwähnt – pädagogischen Ursprungs. Da das visuelle und taktile Verständnis bei einer Vielzahl von anatomischen Strukturen eher Verwirrung als Klarheit auslöste, führte Fabrizio seine Studenten zu der Kategorie des Nutzens. „Wenn wir nach der Ursache und dem Nutzen forschen", behauptete Fabrizio, dann „prägt sich die exakte Anzahl der Muskeln dem Gedächtnis ein".[23]

Im Gegensatz zu Fabrizio tendierten seine Vorgänger und Zeitgenossen dazu, die Entdeckungen von anatomischen Strukturen hervorzuheben. Vesalius zum Beispiel feierte optimistisch in seiner *De humani corporis fabrica* (1543) die Anzahl der Strukturen im menschlichen Körper: Es handelte sich hierbei um keine geringe Ziffer, wie es noch antike Forscher wie Galen annahmen, sondern sie ging in die Tausende.[24] In der Tat implizierte Vesalius damit, dass die enorme Anzahl der neu entdeckten Strukturen als ein Beweis dafür gelten musste, dass die Anatomen des 16. Jahrhunderts die Autoritäten der Antike hinter sich gelassen hatten. Indessen ging es jedoch nicht immer um gewöhnliche oder normative Strukturen, sondern es verhielt sich vielmehr so, dass viele Entdeckungen als absolute Neuheiten präsentiert, als seltene, untypische und außergewöhnliche Strukturen dargestellt werden konnten. Fallopio entschied sich zum Beispiel aus diesem Grund, seine *Beobachtungen* zu publizieren, da andere Texte „voller Neuheiten" waren, die Studenten und Experten „in Staunen versetzten", und ihre Autoren behaupteten, sie hätten „Dinge gefunden, die von anderen noch nie gesehen wurden".[25] Obwohl er Entdeckung und Sehen miteinander in Verbindung brachte, war er nichtsdestotrotz skeptisch. Fabrizio teilte diesen Skeptizismus. Als Raritäten erfüllten diese Entdeckungen für gewöhn-

23 Ebd.

24 Vgl. Andreas Vesalius. *De humani corporis fabrica.* Basel, 1543, Widmung, S. LVI.

25 Gabriele Falloppio. *Observationes anatomicae.* Hg. v. Gabriella Righi Riva u. Pericle Di Pietro. Modena, 1964 [Nachdruck d. Ausgabe, 1561], S. 20: „Ad Lectorem. 5: Sed quoniam quam plurimi reperiuntur, qui aut scribendo, aut publice, privatim que profitendo, multa invenisse, quae ab aliis minime visa sint in hac arte sibi arrogant, seseque; alienis plumis ornantes, uti Aesopeus graculus, ea quae ab aliis, aut a me ipso, vel potius a meis discipulis audientes male didicerunt, pro suis edunt, et venditant; et aliquando ita sibi arrogant, ut eadem distorta et corrupta exponant."

lich nicht das erste Kriterium des aristotelischen Wissensbegriffs, nach dem ein Wissensanspruch auf allgemeiner Erfahrung und allgemeinen Phänomenen basierte, eben auf der Hand mit fünf und nicht auf der gelegentlichen Existenz einer Hand mit sechs Fingern.[26] Obwohl solcherlei Wundersames für Reiseberichte, Naturgeschichte und Kuriositätenkabinette an rasant zunehmender Bedeutung gewinnen sollte, wurde es aus Fabrizios anatomischen Untersuchungen verbannt.[27] Seine Arbeit war der normativen Anatomie verschrieben: „Selbst wenn einige außergewöhnliche Tiere eine Ausnahme bedeuten", so schrieb er, „setzen sie die Wahrheit meiner Behauptungen nicht außer Kraft".[28]

Als Resultate visueller Präzision signalisierten frühere Entdeckungen weiterhin eine Unvollständigkeit der Untersuchungen vorangegangener Anatomen, die Strukturen isolierten und beschrieben, jedoch keine ausführliche Erklärung ihrer naturphilosophischen Ursachen geben konnten. In diesem Sinne argumentierte auch Fabrizio, als er 1574 seine Entdeckung der *ostioli* oder Venenklappen nicht als visuelle, sondern konzeptuelle Provokation erklärte.[29] Frühere Anatomen hatten diese Membranklappen übersehen:

> Entweder vernachlässigten sie, die Funktion der Klappen zu untersuchen – eine Fragestellung, wie man denken würde, von oberster Priorität –, oder sie übersahen sie in ihrer tatsächlichen Demonstration der Venen. Denn dem Blick des Betrachters ausgesetzt, stellen sich die Klappen der offen gelegten, aber unverletzten Venen *in gewisser Weise selbst zur Schau.*[30]

---

26 Vgl. Lorraine Daston. „Baconian Facts, Academic Civility, and the Prehistory of Objectivity". *Rethinking Objectivity.* Hg. v. Allan Megill. Durham, NC, 1994, S. 37-63.

27 Vgl. Paula Findlen. *Possessing Nature. Museums, Collecting, and Scientific Culture in Early Modern Italy.* Berkeley u. Los Angeles, 1994 sowie Lorraine Daston u. Katharine Park. *Wonders and the Order of Nature, 1150-1750.* New York, 1998.

28 Girolamo Fabrizio. „De formatione ovi et pulli" [1621]. *The Embryological Treatises of Hieronymus Fabricius of Aquapendente.* Hg. u. übs. v. Howard Adelmann. Ithaca, NY, 1942, S. 142.

29 Vgl. Girolamo Fabrizio. *De venarum ostiolis 1603 of Hieronymus Fabricius of Aquapendente (1533?-1619).* Hg. v. K.J. Franklin. Illinois, 1933, S. 70: „Cogitanti mihi iam dudum, cui potissimum, tanquam benevolo et fautori, hunc meum de Venarum Ostiolis tractatum dicarem, nullus succurrit, cui magis eum convenire existimarum, quam Inclyte Nationi Germanicae; ut quae inter ceteras hoc meum de iisdem Ostiolis inventum prima mecum observarit, mecum in sectione corporum iucunde contemplata sit, mecum admirata, vos is estis, qui preter ceteros Anatomen expetistis."

30 Ebd., S. 72 [Hervorhebung d. Verf.]: „Contra vero quispiam priores in re hac insimulaverit, quod usum ostiolorum, qui apprime videtur necesarius indagare neglexerint, quodue ipsa in venarum ostensione non animadverterint. Nam nudis venis, iisq; integris ante oculos oblates ostiola *se se quodammodo in conspectum exhibent.*"

Frühere Anatomen hatten es unterlassen, die naturphilosophische Bedeutung oder den Zweck der Venenklappen zu untersuchen. Indem er diese Nachlässigkeit herausstellte, erklärte Fabrizio die visuelle Sensibilität der Zuschauer gegenüber den Vorzügen seiner philosophischen Herangehensweise und ihrer Fähigkeit, die Gründe der Anatomie zu erhellen, erneut für sekundär.

Während Anatomen einerseits weiterhin auf den mit strukturellen Entdeckungen verbundenen Gepflogenheiten, den Techniken zur Isolierung von Strukturen und auf die Bedeutung, die Strukturen sowohl selbst als auch von anderen untersuchen zu lassen, betonten, brachten sie andererseits auch einen gewissen Grad an Unsicherheit bezüglich dieser Gewohnheiten, Techniken und Beobachtungen zum Ausdruck. Die Situation nach Vesalius kann in der Tat als eine von solchen Ängsten und Unsicherheiten markierte Ära definiert werden. Falloppios Frustration zum Beispiel, als er sich den Rückenmuskeln zuwandte, kann hierfür als Beleg dienen: Diese Muskeln sind so „vielfältig, kompliziert und ungeordnet, dass wir uns nicht wundern müssen, dass unter Anatomen [über sie] keine Einigkeit herrscht", sie gleichen einem „verwirrenden Chaos", das ein „Labyrinth vieler Bahnen" beinhaltet und mit einer „unendlichen Vielzahl" an Sehnen sowie proximalen und distalen Ansatzpunkten ausgestattet ist.[31] Durch die Konfrontation mit der Undurchdringlichkeit des Körpers sind Falloppios Darstellungen deutlich von Ängsten geprägt. Somit war seine Auseinandersetzung oder Konfrontation mit dem Körper durch einen Kampf gekennzeichnet: dem Verlangen seinerseits, die Muskeln und ihre Organisation zu erkennen und zu verstehen – ein Verlangen jedoch, dem sich der Leichnam fast aktiv widersetzte.

Fabrizio betont hingegen in seinen Ausführungen die Transparenz des anatomischen Untersuchungsobjektes und seine Bereitschaft, sich zur Schau zur stellen, so dass dieses zu einem Komplizen des Anatomen wurde. Als er die Venenklappen isolierte, schrieb er, dass frühere Anatomen die membranartigen Türen kaum hätten übersehen können, da

31 Falloppio (Anm. 25), S. 98f.: „Dorsi totius musculi ita varii et complicati sunt, ut non sit mirum si anatomici scriptores inter se concordes non erunt. Nam ut quid sentiam ingenue profitear indigesta moles, atque confusum chaos musculorum mihi videtur, in quo praeceptorem desidero, qui distincte ante oculos hos mihi dissecet, ipsiusque partes ad certum numerum ac ordinem diducat. Minime enim in his musculis explicandis, quod in paucissimis aliis accidit, mihi satisfacio, eoque minus cum videam, quod si ego voluerim meliorem instituere divisionem ob rei difficilem naturam, alius fortasse anatomicus eam assequi non poterit ob infinitam fibrarum et originum, et insertionum, quae in hoc chao continentur, multitudinem. Est enim veluti plurimarum viarum labyrinthus, in quo tamen coram te quid observarim libere dicam."

sie sich „in gewisser Weise von selbst zur Schau“ stellten. Barg der Körper für Falloppio eine scheinbar unendliche Anzahl von Strukturen mit labyrinthischen Anordnungen, die die einzelnen Teile des Ganzen absichtlich zu verbergen suchten, so stellte der Körper für Fabrizio ein transparenteres Medium dar. Dies macht noch einmal deutlich, dass Fabrizio die Vorgänge der Beobachtung, des Schneidens und Sezierens als weniger bedeutend einschätzte. Man musste den Körper nicht unbedingt genau befragen oder öffnen, da er sich bereit zeigte, sich selbst zur Schau zu stellen.

Das Anatomische Theater

Fabrizio betonte die aristotelischen Ursprünge des naturphilosophischen Bezugssystems und hob dessen Fähigkeit hervor, das Verständnis der Anatomie in Bezug auf die Vorgänge der ‚organischen‘ Seele zu erweitern. Es sollte jedoch mehrere Jahrzehnte dauern, bis sich Fabrizios Forschungsprogramm und seine Rhetorik entwickelten. 35 Jahre nach seiner Berufung begann er 1600 seine Abhandlungen zu veröffentlichen. Seine (oben bereits zitierten) Schriften behaupten eine inhaltliche Vollständigkeit, die über Jahrzehnte der Krankheit, Lehrplanreformen, konkurrierende Kollegen und sich beklagende Studenten hinwegtäuschen. Zudem war das anatomische Theater für die Gestaltung und den Inhalt seines Programms von formgebender Bedeutung, da es die Zuschauer ermunterte zuzuhören und das konzeptuelle Wesen anatomischen Wissens zu begreifen. Das Theater half dabei, dieses Charakteristikum seiner Pädagogik auszubauen – zur Frustration seiner Medizinstudenten.[32] Die pädagogischen Fragen, mit denen sich Fabrizio und andere Anatomen konfrontiert sahen, sollten hier in Erwägung gezogen werden. Sollten sie den Studenten beibringen, anatomische Strukturen zu sehen und zu entschlüsseln, sollten sie ihnen beibringen, wie man seziert und die Strukturen mit vollkommener Präzision offen legt, sollten sie ihnen beibringen, ihre Aufmerksamkeit auf sprachliche Formulierungen zu richten, vielleicht solche, die in den schriftlichen Traditionen der Anatomie stan-

32 Fabrizios pädagogische Lehrmethoden beeinflussten auch sein Verständnis von „Theater“ als Sammlungsmetapher. Indem er sein gesamtes Publikationsprojekt *Totius animalis fabricae theatrum* benannte, wollte er das aristotelische Interesse für das *Ganze Tier* hervorheben und seinem eigenen Wunsch Ausdruck verleihen, im Feld der Anatomie zu sammeln, zu klassifizieren und es philosophisch zu verstehen – ein Unterfangen, das er in gewisser Hinsicht auch im anatomischen Theater ausführte.

den, oder sollten sie die Studenten lehren, die formalen, konzeptuellen Kategorien zu erkennen, die die Bedeutung dieser Strukturen bestimmten, so dass sie in der Lage waren, diese Strukturen zu klassifizieren und sie sich zu merken? Der lehrende Anatom hatte viele Entscheidungen zu treffen, bevor er den Raum betrat und seinen Unterricht begann.

Wie in vielen akademischen Beziehungen bewegte sich Fabrizios Beziehung mit seinen Studenten zwischen offener Feindschaft und stiller Befürwortung. Die Medizinstudenten hatten viele Gründe, sich über Fabrizio zu beschweren: Er weigerte sich oft, die jährliche Sektion abzuhalten, sagte dann wieder zu, sagte später wieder ab; und wenn er sie hielt, war sie unorganisiert und unbrauchbar.[33] 1590 beschrieb zum Beispiel ein Student Fabrizios Unterricht folgendermaßen:

> [Fabrizios] Darstellung und Beschreibung der Schädelknochen hatte bereits zwei Monate in Anspruch genommen. Als er zu den Muskeln überging, hat er drei von ihnen vollständig erklärt, wobei er je einem Muskel eine Stunde widmete. Es gibt so viele Muskeln, dass, wenn er in dieser Art fortfährt, zwei Jahre nicht ausreichen werden. Wann will er dann die inneren Organe abhandeln? Zudem behandelt er alles in einer verwirrenden und unordentlichen Weise: einmal diskutierte er den abgetrennten Arm, um dann nach vielen Tagen zum Fuß überzugehen. Ich begreife nicht, wie irgendjemand auf diese Weise den Aufbau und die Verbindung des Ganzen begreifen soll.[34]

Seit Fabrizios Berufung hatten die Studenten wiederholt den Mangel an logischem Zusammenhang in seinen Demonstrationen beklagt. Um 1590 bildete diese Beschwerde einen Kontrast gegenüber dem Erfolg privater Demonstrationen und Übungen, insbesondere derer, die von Casseri und Paolo Galeotto, einem weniger bedeutenden Anatom, angeboten wurden. Während sie Fabrizios Demonstration folgten, wurden sie gefragt: „Warum wünscht ihr eine private [Anatomiesitzung], ist denn die öffentliche [nicht] ansprechend?“ Sie antworteten, dass Fabrizio eine „sehr präzise [öffentliche Anatomiesitzung]“ gegeben hätte, jedoch wurde sie wie „eine Art Predigt“ abgehalten. Die Studenten verlangten nach einer „kurzen

33 Vgl. Giuseppe Favaro. „L'insegnamento anatomico di Girolamo Fabrici d'Acquapendente“. *Monografie storiche sullo studio di padova, contributo del R. Instituto veneto di scienze, lettere ed arti alla celebrazione del VII centenario della università*. Venedig, 1922, S. 107-136.

34 *Acta*, 1590: „Iam ossium capitis enarrationi et descriptioni duos impendit menses: ad musculos devolutus tres absolvit singulis musculis singulas horas tribuens. Tot autem enumerantur musculi, ut hac via incedens biennium non sufficiat. Quando igitur de visceribus? Accedit quod confuse et tumultuarie omnia pertractantur: iam branchium detruncatum attulit, post multos dies pedem allaturus, quando aliquis ex horum inspectione seriem et connexum totius discere posset, non video.“ Zit. n. Cunningham (Anm. 15), S. 199, Anm. 7.

und einprägsamen“ Demonstration, die „die Dinge dem Auge darlegte“, in der Art, wie „wir sie privat durchführen“.[35]

Die Bemerkungen der Studenten machen deutlich, dass öffentliche Anatomiesitzungen und private Sektionen unterschiedliche Formen von Engagement erforderten und die damit verbundenen Lernmethoden auf die Probe stellten. In der Öffentlichkeit hörten die Studenten den Präsentationen oder langen Predigten zu, während sie im Privaten zu Beobachtern von kurzen und einprägsamen Darstellungen wurden. Im selben Jahr räumte ein Student in einem Brief an die *Riformatori* – das Verbindungsglied zwischen der Universität und der Republik Venedig – ein, dass der Alternativunterricht oder die privaten Sitzungen „viel nützlicher“ seien als die öffentlichen Demonstrationen.[36] Um 1590 standen sich öffentliche Demonstrationen und private Sektionen gegenüber, und auch die philosophischen Schwerpunkte in Fabrizios „Predigten“ über die Anatomie standen mit der Augenzeugenschaft und den praktischen Fragestellungen der privat abgehaltenen Untersuchungen in Kontrast. Die Studenten erfassten den Unterschied der Lernmethoden oder auch der angemessenen Unterrichtsteilnahme während der anatomischen Prozeduren sehr schnell: Sehen und Berühren bildeten einen dazugehörigen und bedeutenden Teil der privaten Sektionen, während das Hören und Verstehen den öffentlichen Demonstrationen zugeordnet wurde.

Diese Aspekte bildeten also die Voraussetzungen für das anatomische Theater und für das theatrale (sprachlich-auditive) Potenzial von Fabrizios Lehrprogramm. Das Theater, das ab 1595 genutzt wurde, befand sich an einer Ecke des Hauptgebäudes der Universität, dem Palazzo del Bò, und war eine elegante, elliptische Arena aus Holz, die von Treppen umgeben war.[37] Das Theater war Schauplatz der jährlichen Anatomievorführung, einem zeremoniellen, akademischen Ereignis. Wie Andrea Carlino erklärt hat, war für diese öffentlichen Demonstrationen ein „complex system of regulations, strategies and controls“ vorgesehen, das zwar nicht immer respektiert wurde, jedoch eine gewisse Legitimität sicherte, die notwendig war, um das Studium der Anatomie aufrecht zu erhalten und diejenigen Professoren zu fördern, die sich dafür verbürgt

35 *Acta* (Anm. 11), 1590: „Quid, inquit, privatam desideratis, nunquid placuit publica? Exactissimam, respondemus, nobis dedit Aquapendens; verum ut illa quae fusius et licentiori sermonis genere tradidit Anatomicus, nobis iam quasi in synopsi *ob oculos proposita* memoriae mandemus, de privata agimus.“

36 Der Brief ist abgedruckt in Sterzi (Anm. 13), S. 74f.

37 Vgl. Maurizio Rippa Bonati. „L'anatomia ‚teatrale‘ nelle descrizioni e nell'iconografia“. *Il teatro anatomico. Storia e restauri.* Hg. v. Camillo Semenzato. Padua, 1994, S. 74-76.

hatten.[38] Neben Fabrizios intellektuellem Überbau seines naturphilosophischen Ansatzes und seinen von ihm entwickelten pädagogischen Methoden avancierte das Zuhören zu einem zentralen Charakteristikum des anatomischen Theaters.

Entsprechend den Universitätsstatuten, nach denen sich die jährlichen Demonstrationen richteten, wurde das Publikum hierarchisch platziert.[39] Beamte, Verwalter und andere Professoren besetzten im Theater die ersten beiden Reihen, die Studenten nahmen die verbleibenden Plätze ein. Es muss für die Studenten, die hinter den ersten beiden Reihen saßen, schwierig gewesen sein, die filigranen und teilweise schon verfaulten Strukturen mit Aspekten von Bewegung, Sinn, Verdauung, Atmung und Fortpflanzung in Verbindung zu bringen. Wie die frühesten Aufzeichnungen jedoch zeigen, war dem Theater auch noch eine separate Kammer angeschlossen, wo die Körperteile präpariert wurden.[40] Cesare Malfatti beschrieb 1606 das Theater als eine wunderschöne Konstruktion aus Walnussholz, die zwei Räume beherbergte: einen für die Anatomen und ihre Demonstrationen sowie einen für die Leichen und deren Sektion.[41] Jacopo Tomasini führte diese Beschreibung 1654 noch weiter aus. In der inneren Kammer des Theaters wurden „die Leichen und die sezierten Leichenteile bearbeitet", wobei dieser Raum auch der Aufbewahrung von „Skeletten, Instrumenten und anderen Dingen, die von einem Anatom wahrscheinlich genutzt werden würden", diente. In der Arena wurden die Leichname „öffentlich, in der Anwesenheit von Studenten unterschiedlichster Nation, vorgeführt" sowie vor offiziellen Vertretern der Universität und des Staates.[42] Die Unterteilung in die beiden Räume

38 Carlino (Anm. 5), S. 115f.

39 *Statuta almae universitatis d. artistarum et medicorum patavini gymnasii*. Padua, 1545, S. 36.

40 Vgl. F. Abriano. *Annali di padova*. MS. BP 149. Library of the Civic Museum, Padua. 135v. Laut Chronik existierte das Theater seit 1594. Zu den zwei Kammern des Theaters vgl. Cesare Malfatti. *Descrizione particolare della città di padova et del territorio padoano*. MS. Library of the Civic Museum, Padua [1606?], S. 54 sowie Jacopo Tomasini. *Gymnasium patavinum*. Utini, 1654, Kap. XXXI: „De anatomia et anatomicus", S. 78-80.

41 Vgl. Malfatti (Anm. 40), S. 54.

42 Tomasini (Anm. 40), S. 78: „Adversa altera conclave aperit, in quo praesentibus variarum nationum studiosis, quae publicae demonstranda sunt, apertis cadaveribus exscindi ac praeparari consueverunt. Huius fores et parietas Anatomicorum insignia exornant, grata Universitate, tum ingenio docentium, tum laboribus naturae arcana scrutantium, honorem hunc exhibente. Ex eo in spatium aliud porta ducit, in cuius secretiore angulo cadavera, eorumque partes dissectae asservantur. In eodem arrae sunt et conditoria, vestimentis, sceletis, instrumentisque Anatomicorum custodiendis aptata."

lässt darauf schließen, dass die Vorführung weniger den Vorgang des Sezierens zeigen sollte, sondern eher der Zurschaustellung eines bereits sezierten Leichnams diente. Da die Sektion schon in der inneren Kammer abgeschlossen wurde, konnte in der Arena des Theaters die Vorführung und die mündliche Darstellung in den Vordergrund treten.

Durch die architektonische Unterteilung änderten sich die Möglichkeiten und Bedingungen, unter denen sich die Studenten einbringen konnten. In der Regel wurden zwei bis drei Studenten zur offiziellen Position des *massari* oder Assistenten gewählt, die den Vortrag organisierten, die Untersuchungsobjekte besorgten, Instrumente bereitstellten und die Beerdigungszeremonie arrangierten.[43] Wie Giuseppe Sterzi erläutert hat, wurden für Fabrizios öffentliche Vorführungen die Körperteile schon zuvor von den Studenten selbst in der inneren Kammer des Theaters seziert.[44] Als 1599 diese Gewohnheit zu einem regulären Bestandteil des Ablaufes wurde, wurden die studentischen Assistenten in *anatomistae* umbenannt, was darauf hindeutet, dass der Vorgang der Sektion der eigentlichen Demonstration nicht nur getrennt vorausging, sondern sich auch zum großen Teil nicht mehr in Fabrizios Verantwortlichkeit befand.[45] In äußerstem Gegensatz zu Vesalius, der polemisch darauf beharrte, dass der Anatom den Gegenstand mit eigener Hand sezieren müsse, ließ Fabrizio die Körperteile von seinen Studenten präparieren.

Im selben Maße wie die Studenten in die Vorbereitungen aktiver einbezogen wurden, verschoben sich auch die Wahrnehmungsbedingungen der Zuschauer. Weniger der Anblick des Leichnams, sondern das Hören der Darstellung dominierte die Erfahrung der Zuschauer im anatomischen Theater: Dies spannte sich von Fabrizios Ausführungen bis zu den Musikern, die auch in das Theater kamen. Die Aufzeichnungen ausländischer Studenten, die 1597 und 1600 im anatomischen Theater den Auftritt von Lautenspielern notierten, verweisen auf die aufkommende Affinität zwischen dem Theater als einem theatralen Raum und der anatomischen Demonstration als einer theatralen Performance.[46] Am 12. Dezember 1597 wurden Lautenspieler von Studenten in das Theater geführt,

43 Vgl. *Statuta* (Anm. 39), S. 36.

44 Vgl. Sterzi (Anm. 13), S. 213 u. S. 232-235.

45 Vgl. ebd., S. 235f.

46 Vgl. Tomasini (Anm. 40), S. 78: „Solemnis enim celebratur concursus et pomposa praeparatio omnium. Coronantur Lauro Gymnasii limina cum stemmatibus illustrissimorum Rectorum Civitatis, Rectoris Universitatis; et Anatomici, musica interdum Doctoris orationi praemissa." Zu den historischen Festumzügen im Rahmen venezianischer Gesellschaftsrituale und die Entwicklung ihrer politischen Kraft vgl. Edward Muir. *Civic Ritual in Renaissance Venice*. Princeton, 1981, S. 223-230.

und „sie spielten mehrere Tage lang, um die Zuschauer der Anatomie zu erheitern und sie von ihren traurigen Gesichtern zu befreien“.[47] Wie auch bei anderen akademischen Veranstaltungen verlieh die Musik diesem jährlichen Ereignis eine zusätzliche Atmosphäre der Einzigartigkeit. Die Musik trug auch (zusammen mit den architektonischen Gegebenheiten des Theaters) zur Präsentation des anatomischen Gegenstandes bei und untermalte die Darstellungen und Kommentare des Anatomen – Umstände, die eher auditiv als visuell orientiert waren.[48] Obwohl die Studenten daran interessiert waren, Fabrizio zuzusehen, definierten sie sich eher als Zuhörer.

Der Gegensatz zwischen öffentlichen anatomischen Demonstrationen und privatem Unterricht führte zu einer parallelen Unterscheidung zwi-

---

47 *Acta* (Anm. 11), 1597: „A.d. 12 Xbris ad exhilarandos anatomiae spectatores recreandosque ex tristi aspectu animos, ex vetusta consuetudine (quae tamen superioribus aliquot annis proximis interrupta) fidicines ab Anatomistis conducti et in Theatrum reducti fuere, procurante hanc rem sedulo D. Placotomo; aderantque musici isti etiam sequentibus diebus quamplurimis, sumtus certe qui illis irrogantur minime poenitendi, si quidem dum ipsis attendunt et auscultant spectatores, ab omni tumultu et calcitratione supersedere solent, cuius tranquillitatis gratia Theatrum anatomicum aliquot annos diutius inconcussum durare poterit.“ Vgl. auch ebd., 8. Januar 1600: „Ingruentibus iam magnis frigoribus, coeloque iam nives, pruinas, glacies que demittente, Excellentissimus Aquapends absoluta prius absolutissima in publico auditorio tam humanorum quam ceterorum animalium, ut et volucrium seu pennatorium ossium ostensione, postea quam tria extarent corpora seu subiecta, duo virilia, muliebre unum, ad sectionem solemni pompa cum fidicinibus ab Anatomisticis conductis accessit, eamque aliquot dierum spacio, frequenti sempre auditorum corona admodum evidenter administravit, et tandem post luculentam oculi dissectionem sectioni finem imposuit.“

48 Jacopo Tomasini erläutert, dass die Studenten sowohl an musikalischen Übungen als auch an Tanzstunden, militärischen Übungen und Sport teilnahmen. Vgl. Tomasini (Anm. 40), Kap. XXXVII: „De aliis exercitiis gymnasticis“, S. 133. Zu Francesco Portenari, einem Musiklehrer und der Universität assoziierten Musiker, vgl. Bruno Brunelli. „Francesco Portenari e le Cantate delgi Accademici padovani“. *Atti del Reale Istituto Veneto di Scienze, Lettere ed Arti* 79.2 (1919-20), S. 595-607 u. ders. „Due accademie padovane del cinquecento“. *Atti e Memorie della R. Accademia di scienza, lettere ed arti in Padova* 36.I (1920), S. 43-57. Öffentliche Feste zu Ehren Bacchus' in der Karnevalszeit waren dafür bekannt, von Musik begleitet zu sein, ebenso wie Aufführungen von Komödien und Tragödien. Am Hof von Ferrara zum Beispiel bildete das Theaterstück nur einen Teil der theatralen Aufführung. Ihm ging oft eine Prozession kostümierter Personen voraus. Zwischen den Akten und am Ende der Aufführungen wurden von Musik begleitete pantomimische oder tänzerische Einlagen geboten. In einem mittlerweile berühmten Brief von 1502 gibt Isabella d'Este zu, dass die musikalischen Einlagen während einer Aufführung am Hofe sie für das Stück entschädigt hätten, das sie unerträglich und langweilig fand. Vgl. Phyllis Hartnoll (Hg.). *The Oxford Companion to the Theater*. Oxford, 1951, S. 485.

schen philosophischer Ausbildung und visuellem Scharfsinn. Obwohl dies von den Räumlichkeiten abhängig war – öffentliche Demonstrationen fanden im anatomischen Theater statt und die privaten Sektionen in unterschiedlichen, kleineren Räumen in Padua – war dieser Gegensatz vor allem den unterschiedlichen Lehrern und der Konkurrenz zwischen Fabrizio und Casseri geschuldet. Zwischen 1595 und 1596 gab Casseri privaten Anatomieunterricht, in dem unter anderem ein Nabelschnurgefäß seziert, eine Erklärung der fötalen Entwicklung gegeben und chirurgische Eingriffe erläutert wurden. Die Studenten werteten die Stunde als „perfekt" und „vollkommen", „äußerst präzise" und waren „voll des Lobes".[49] Als Casseri 1604 Farbrizios Nachfolger wurde, notierte ein Student, dass seine Demonstration „für die Studenten von größtem Nutzen war": „Er las den Studenten vor und führte uns die Anatomie vor Augen [...]. [J]eder konnte alle Teile genau sehen [...] [und] die Art der Vorgehensweise." Hierfür erntete er von seinem Publikum „jeden Morgen die größte Aufmerksamkeit".[50] Die Studenten waren daran gewöhnt, Fabrizio zuzuhören, doch an Casseri schätzten sie die Akzentuierung des visuellen Aspektes; die Möglichkeit, die Strukturen genau betrachten zu können, und die Aufmerksamkeit, die er aufwandte, um die Einzelheiten der Anatomie dem Auge und nicht dem Ohr darzubieten.[51]

49 *Acta* (Anm. 1), 1595-96: „Itaque Excellentissimus Iulius Placentinus [Iulius Casserius da Piacenza] ad hoc munus rogatus, etsi initio praxi et privatis aliis se excusavit, postmodo tamen foetu ipsi a nobis oblato, in nostratium gratiam rem aggreditur, atque sectionem cum circa vasa umbilicia, tum etiam quo ad foetus generationem attinet felicissimo successu auspicatur. Quo absoluto, unanimi omnium adsensu, duo ipsi cadavera, virile ac femineum procuratum fuit, in quibus non solum quoque perfectam et absolutam anatomen administravit, sed etiam varias operationes chirurgicas summa laude et studio accuratissime demonstrabat."

50 Der Bericht wurde von Giuseppe Sterzi transkribiert: „Hora essendo da questi inteso quanta utilità habbia apportato l'havere letta ed ocularmente mostrata questa Anatomia, così per la sua diligenza et cura usata, come per la comodità che dava ad ogn'uno in farli vedere particularmente tutte quelle parti che in così breve spatio di giorni si potessero mostrare, e vedere, non curandosi di tralasciare le proprie cure, che di qualche notabile utile li erano, per dare questa sodisfattione, e per comunicare parte della sua profonda dottrina, a quelli che con grandissima attenzione ogni mattina procuravano ascoltarlo." Sterzi (Anm. 13), S. 86-87 [23. April 1604].

51 Die Rektoren schrieben 1608 an die *Riformatori*, dass Fabrizio zu seiner Pflicht, in der Winterpause der Durchführung der öffentlichen Demonstration nachzukommen, zusätzliche Hilfe zum „Schneiden" benötigte, was die Unterschiede erneut betonte. Vgl. Sterzi (Anm. 13), S. 89-90.

Fazit

Die Reaktionen und Gewohnheiten der Medizinstudenten spiegeln unterschiedliche Aspekte des spezialisierten Feldes der anatomischen Forschung im späten 16. Jahrhundert wider. Sie offenbaren nicht nur den Einfluss der Studenten, der konkurrierenden Kollegen und die Lehrplanerfordernisse, die mit der Entwicklung von Fabrizios Methode einhergingen, sondern sie beleuchten auch die Formen und das Ausmaß der Teilnahme an anatomischen Veranstaltungen, sowohl an den privaten als auch an den öffentlichen. Indem man nachvollzieht, in welcher Weise die Studenten in ihrer Ausbildung partizipiert haben, wird es möglich, die rituellen Aspekte der öffentlichen anatomischen Vorführung mit ihren pädagogischen und intellektuellen Zielen in Beziehung zu setzen. Im Zusammenhang mit veröffentlichten anatomischen Schriften und den Archiven der Universität deuten die Aufzeichnungen der Medizinstudenten darüber hinaus auf die Notwendigkeit hin, die Beziehung zwischen verschiedenen Lernmethoden – den visuellen, taktilen, auditiven und konzeptuellen – erneut zu überdenken, insbesondere als diese miteinander konkurrierten und eine Methode einen Vorrang beanspruchte.[52] Mein Ziel war es zu zeigen, dass die öffentliche anatomische Demonstration – da sie sich nicht auf den Vorgang der Sektion bezog – philosophisch ausgerichtet war, dass das anatomische Theater der Demonstration eine größere theatrale Anziehungskraft verlieh und dass Inhalt und Kontext das Hören gegenüber dem Sehen betonten.

Die Geschichte endet jedoch nicht damit, dass die von Fabrizio initiierten pädagogischen Herangehensweisen oder die philosophische Tradition der öffentlichen Anatomien einfach durch Casseris Aufmerksamkeit für Beobachtung, Sektion und Chirurgie ersetzt wurden. Vielmehr waren die Studenten durch Fabrizios Lehrmethoden darin geschult, gute Zuhörer oder, anders ausgedrückt, stumme Zuschauer zu sein. Die Studenten behielten diese Angewohnheit in Casseris visuell ausgerichteten Demonstrationen bei – eine Angewohnheit, die, wie ein Student notierte, Casseri eben jene gespannte „Aufmerksamkeit“ seines allmorgendlichen

52 Das Thema der Pädagogik und der Zusammenhang zwischen Anatomie und Geisteswissenschaften ist von mir ausführlich besprochen worden in Cynthia Klestinec. „Civility, Comportment, and the Anatomy Theater. Girolamo Fabrici and His Medical Students in Renaissance Padua“. *Renaissance Quarterly* 60 (2007), S. 434-463. Zur Pädagogik als zentraler analytischer Kategorie, die die Analyse von materiellen Praktiken mit den der Geistesgeschichte verbindet, vgl. David Kaiser (Hg.). *Pedagogy and the Practice of Science. Historical and Contemporary Perspectives.* Cambridge, Mass., 2005.

Publikums eintrug. Geschulte Zuhörer entwickelten sich zu stummen Zuschauern und wurden schließlich zu sensibleren Beobachtern. Johann Vesling (Ioannus Veslingus 1598-1649) beschrieb in seinem *Syntagma anatomicum* (1647) das anatomische Theater in Padua als einen Ort, wo man die Gegenstände der Anatomie eher „betrachtete" als „debattierte".[53] Veslings Bemerkung deutet also auf den anhaltenden Erfolg von Fabrizios Methode hin, die die Studenten dazu anhielt, zuzuhören und die Wahrheiten der Anatomie zu verinnerlichen. Seine Beschreibung weist aber auch auf die bereits vergangene, frühere Tradition der öffentlichen anatomischen Sitzungen hin, die stark von Unterbrechungen und Diskussionen gekennzeichnet waren. Jetzt wurde das anatomische Theater zu einem Ort, an dem mithilfe der etablierten Tradition des Zuhörens eine visuelle Scharfsichtigkeit entstehen konnte. Schweigend und gebannt fingen die Studenten an zu sehen.

Übersetzung: Eva Marburg

LITERATURVERZEICHNIS

Abriano, F. *Annali di padova.* MS. BP 149. Library of the Civic Museum, Padua.

Acta nationis germanicae artistarum. Hg. v. Antonio Favaro. Venedig, 1911-1912 [Tipografia emiliana].

Andrews, Richard. *Scripts and Scenarios. The Performance of Comedy in Renaissance Italy.* Cambridge, Mass., 1993.

Brunelli, Bruno. „Francesco Portenari e le Cantate delgi Accademici padovani". *Atti del Reale Istituto Veneto di Scienze, Lettere ed Arti* 79.2 (1919-20), S. 595-607.

Brunelli, Bruno. „Due accademie padovane del cinquecento". *Atti e Memorie della R. Accademia di scienza, lettere ed arti in Padova* 36.I (1920), S. 43-57.

Bylebyl, Jerome. „Medicine, Philosophy, and Humanism in Renaissance Italy". *Science and the Arts in the Renaissance.* Hg. v. John W. Shirley u. F. David Hoeniger. Washington, D.C., 1985, S. 27-49.

Bylebyl, Jerome. „The School of Padua. Humanistic Medicine in the Sixteenth Century". *Health, Medicine and Mortality in the Sixteenth Century.* Hg. v. Charles Webster. Cambridge, Mass., 1979, S. 335-370.

Cagnoni, Giovanni. *I Teatri anatomici dell'Università di Padova.* Dipl.-Arb. Università IUAV di Venezia, 1988.

Carlino, Andrea. *Books of the Body. Anatomical Ritual and Renaissance Learning.* Übs. v. John Tedeschi u. Anne C. Tedeschi. Chicago, 1999.

Choulant, Ludwig. *History and Bibliography of Anatomic Illustration. In its relation to Anatomic Science and the Graphic Arts.* Hg. u. übs. v. Mortimer Frank. New York, 1945.

---

53 Vgl. Johann Vesling. *Syntagma anatomicum.* Padua, 1647.

Cunningham, Andrew. „Fabricius and the ‚Aristotle Project' in Anatomical Teaching and Research at Padua". *The Medical Renaissance of the Sixteenth Century*. Cambridge, Mass., 1985, S. 195-222.
Cunningham, Andrew. *The Anatomical Renaissance. The Resurrection of the Anatomical Projects of the Ancients*. Brookfield, 1997.
Dal Piaz, Vittorio. „L'orto botanico e il teatro anatomico di Padova, indagini e contributi". *Quaderni per la storia dell'Università di Padova* 31 (1998), S. 63-73.
Daston, Lorraine. „Baconian Facts, Academic Civility, and the Prehistory of Objectivity". *Rethinking Objectivity*. Hg. v. Allan Megill. Durham, NC, 1994, S. 37-63.
Daston, Lorraine u. Katharine Park. *Wonders and the Order of Nature, 1150-1750*. New York, 1998.
Fabrizio, Girolamo. *De venarum ostiolis 1603 of Hieronymus Fabricius of Aquapendente (1533?-1619)*. Hg. v. K.J. Franklin. Illinois, 1933.
Fabrizio, Girolamo. *De motu locali*. Padua, 1618.
Fabrizio, Girolamo. „De formatione ovi et pulli" [1621]. *The Embryological Treatises of Hieronymus Fabricius of Aquapendente*. Hg. u. übs. v. Howard Adelmann. Ithaca, NY, 1942.
Falloppio, Gabriele. *Observationes anatomicae*. Hg. v. Gabriella Righi Riva u. Pericle Di Pietro. Modena, 1964 [Nachdruck d. Ausgabe v. 1561].
Favaro, Giuseppe. „L'insegnamento anatomico di Girolamo Fabrici d'Acquapendente". *Monografie storiche sullo studio di padova, contributo del R. Instituto veneto di scienze, lettere ed arti alla celebrazione del VII centenario della università*. Venedig, 1922, S. 107-136.
Ferrari, Giovanna. „Public Anatomy Lessons and the Carnival. The Anatomy Theatre of Bologna". *Past and Present* 117 (1987), S. 50-106.
Findlen, Paula. *Possessing Nature. Museums, Collecting, and Scientific Culture in Early Modern Italy*. Berkeley u. Los Angeles, 1994.
French, Roger K. *Dissection and Vivisection in the European Renaissance*. Aldershot, 1999.
Hall, Bert S. „The Didactic and the Elegant. Some Thoughts on Scientific and Technological Illustrations in the Middle Ages and Renaissance". *Picturing Knowledge. Historical and Philosophical Problems Concerning the Use of Art in Science*. Hg. v. Brian S. Baigrie. Toronto, 1996, S. 3-39.
Hartnoll, Phyllis (Hg.). *The Oxford Companion to the Theater*. Oxford, 1951.
Kaiser, David (Hg.). *Pedagogy and the Practice of Science. Historical and Contemporary Perspectives*. Cambridge, Mass., 2005.
Kemp, Martin. „The Mark of Truth. Looking and Learning in Some Anatomical Illustrations from the Renaissance and Eighteenth Century". *Medicine and the Five Senses*. Hg. v. William F. Bynum u. Roy Porter. Cambridge, Mass., 1993, S. 85-121.
Kemp, Martin. „Temples of the Body and Temples of the Cosmos. Vision and Visualization in the Vesalian and Copernican Revolutions". *Picturing Knowledge. Historical and Philosophical Problems Concerning the Use of Art in Science*. Hg. v. Brian S. Baigrie. Toronto, 1996, S. 40-85.
Klestinec, Cynthia. „A History of Anatomy Theaters in Sixteenth-Century Padua". *Journal of the History of Medicine and Allied Sciences* 59.3 (2004), S. 375-412.
Klestinec, Cynthia. „Civility, Comportment, and the Anatomy Theater. Girolamo Fabrici and His Medical Students in Renaissance Padua". *Renaissance Quarterly* 60 (2007), S. 434-463.
Malfatti, Cesare. *Descrizione particolare della città di padova et del territorio padoano*. MS. Library of the Civic Museum, Padua [1606?].

Mandressi, Rafael. *Le regard de l'anatomiste. Dissections et invention du corps en Occident.* Paris, 2003.
Muir, Edward. *Civic Ritual in Renaissance Venice*. Princeton, 1981.
Neill, Michael. *Issues of Death. Mortality and Identity in English Renaissance Tragedy.* Oxford, 1997.
O'Malley, Charles. *Andreas Vesalius of Brussels (1514-1564)*. Berkeley, 1965.
Park, Katharine. „The Organic Soul". *Cambridge History of Renaissance Philosophy.* Cambridge u. New York, 1988, S. 464-484.
Park, Katharine. *Secrets of Women. Gender, Generation, and the Origins of Dissection.* New York, 2006.
Persaud, Trevedi Vidha Nandan. *The History of Anatomy. The Post-Vesalian Years.* Springfield, Ill., 1997.
Raccolta Minato. Bd. 20, cart. 52. Archivio antico, Universität Padua [AAUP].
Rippa Bonati, Maurizio. „Le tradizioni relative al teatro anatomico dell'Universita di Padova con particolare riguardo al progetto attribuito a fra' Paolo Sarpi". *Acta Medicae Historiae Patavina* 35/36 (1988-90), S. 145-168.
Rippa Bonati, Maurizio. „L'anatomia ‚teatrale' nelle descrizioni e nell'iconografia". *Il teatro anatomico. Storia e restauri.* Hg. v. Camillo Semenzato. Padua, 1994, S. 74-76.
Rippa Bonati, Maurizio u. José Pardo-Tomás (Hg.). *Il teatro dei corpi. Le pitture colorate d'anatomia di girolamo fabrici d'acquapendente* [Ausst.kat.]. Mailand, 2005.
Sawday, Jonathan. *The Body Emblazoned. Dissection and the Human Body in Renaissance Culture*. New York, 1994.
Schmitt, Charles. *The Aristotelian Tradition and Renaissance Universities*. London, 1984.
Siraisi, Nancy. *Medieval and Early Renaissance Medicine. An Introduction to Knowledge and Practice*. Chicago, 1999.
Siraisi, Nancy. *Medicine and the Italian Universities, 1250-1600.* Leiden u. Boston, 2001.
Statuta almae universitatis d. artistarum et medicorum patavini gymnasii. Padua, 1545.
Sterzi, Giuseppe. „Guilio Casserio, anatomico e chirurgo (c. 1552-1616)". *Nuovo archivio veneto* 18/19 (1909-1910), S. 207-278 u. S. 25-111.
Sugg, Richard. *Murder After Death. Literature and Anatomy in Early Modern England.* Ithaca, NY, 2007.
Tomasini, Jacopo. *Gymnasium patavinum*. Utini, 1654.
Traub, Valerie. „Mapping the Global Body". *Early Modern Visual Culture. Representation, Race, and Empire in Renaissane England.* Hg. v. Peter Erickson u. Clark Hulse. Philadelphia, 2000, S. 44-97.
Vesalius, Andreas. *De humani corporis fabrica*. Basel, 1543.
Vesling, Johann. *Syntagma anatomicum*. Padua, 1647.

HOLE RÖẞLER

Der anatomische Blick und das Licht im *theatrum*. Über Empirie und Schaulust*

Als dann/ im fall das Licht dir zeiget seine Spur/
So halt' es hoch und werth; und lobe die Natur

Johann Daniel Major
See-Farth nach der Neuen Welt/ ohne Schiff und Segel (1670)

Die Historizität des Sehens und der spezifischen Praktiken, mit denen sich eine Kultur ihre Sichtbarkeiten schuf, zeigt sich besonders deutlich in Momenten der Irritation und der Fremdheit. Wo das Sehen nach heutigen Maßstäben beeinträchtigt, gestört und verunmöglicht war und wo verschiedene Sehweisen aufeinander trafen, kann eine historisch-systematische Analyse ansetzen. In dieser Perspektive lässt sich etwa fragen, warum in dem berühmtesten aller Anatomiebilder, in Rembrandts „Anatomie des Dr. Tulp" (1632) (vgl. die Abbildung auf S. 49 in diesem Band) keine der acht dargestellten Figuren den durch seine Beleuchtung so überdeutlich hervorgehobenen Leichnam ansieht. Der demonstrierende Nicolaas Tulp und die sieben anderen Mitglieder der Amsterdamer Chirurgengilde wenden ihre Köpfe in ganz unterschiedliche Richtungen, ohne dass das Zentrum der Handlung – die von der Haut befreite linke Hand des Toten – in ihren Blick geriete. Es ist nicht das innehaltende Aufschauen in Richtung des Betrachters, wie man es von vergleichbaren Gruppenporträts vor und nach Rembrandt kennt.[1] Vielmehr findet sich

* Ich danke Tina Asmussen, Lucas Burkart, Vera Koppenleitner und Gerald Reuther für ihre kritische Lektüre des Manuskripts.

1 Eine Auswahl derartiger Gruppenbilder findet sich in Gerhard Wolf-Heidegger u. Anna Maria Cetto. *Die anatomische Sektion in bildlicher Darstellung*. Basel u. New York, 1967, S. 520-523, 526-529, 534f. sowie 537ff.

in den betont unterschiedlichen Blickrichtungen der Figuren das methodische Selbstverständnis der Anatomie repräsentiert: Das „Auge der Medizin", wie Tulp selbst die Anatomie umschreibt,[2] ist nicht von seinem Gegenstand gefangen genommen, keine ‚Faszination' bannt seinen Blick, der im toten Körper stets das Leben sehen will. Dass der neugierige Blick auf den Leichnam, gegen den sich die Haltung der Figuren so vehement wendet, vom Bild selbst beim Betrachter provoziert wird, gehört nicht nur zu den Raffinessen des Kunstwerkes, sondern zeigt überdies, dass Empirie und Schaulust einander näher sind, als es die Rhetorik der Wissenschaften und ihrer Historiografie häufig vermuten lassen.

Einer häufig kolportierten Erzählung der Wissenschaftsgeschichte zufolge fungierte die frühneuzeitliche Anatomie als Schrittmacher der Durchsetzung einer methodisch-systematischen Empirie gegen ein überkommenes, lediglich durch die mythische Kraft der Autorität legitimiertes und verifiziertes Wissen. Vor allem die seit dem späten 15. und besonders im 17. Jahrhundert in vielen Städten Europas entstehenden anatomischen Theater scheinen ein deutliches Zeugnis abzulegen von der Verbreitung und allgemeinen Wertschätzung des direkten Augenscheins als Ideal der Naturforschung. Tatsächlich könnte angesichts der Bauform des *theatrum anatomicum* und seiner Öffnung für ein nicht-akademisches Publikum leicht der Eindruck entstehen, dass hier in einem geradezu demokratischen Gestus größeren Teilen der Bevölkerung die Möglichkeit zum selbstständigen Wissenserwerb geboten wurde. Was aber, wenn die konkreten Umstände eine ganz andere Art des Sehens hervorgerufen und vorausgesetzt hätten, als es der heutigen Vorstellung von einem Ort der Empirie entspricht? Ist es denkbar, dass verschiedene Ordnungen des Sehens in den Wissenskulturen des 17. Jahrhunderts koexistierten und dass deren Akteure bewusst verschiedene Arten des Sehens bedienen konnten?[3]

Fast erscheint der Begriff des *theatrum anatomicum* als ein Oxymoron, vereint er doch zwei nachgerade dichotome Modalitäten der Wahrnehmung: Während das *theatrum*, als dessen Paradigma die frühneuzeitliche Kunst- und Wunderkammer gelten kann, für eine heterogene, komplexe Fülle der Dinge und ein dem Prinzip der *varietas* gehorchendes Spiel der Bezüge und Bedeutungen steht, duldet die Anatomie als universelles Prinzip des Zerlegens, Differenzierens und Bestimmens we-

2 Vgl. Nicolaus Petrus Tulpius. *Observationum medicarum*. Amsterdam, 1652, S. 2, zit. n. Jan C.C. Rupp. „Matters of Life and Death. The Social and Cultural Conditions of the Rise of Anatomical Theatres. With Special Reference to Seventeenth Century Holland". *History of Science* 28 (1990), S. 276.

3 Zur Unterscheidung vormoderner Blickregime vgl. Martin Jay. „Die skopischen Ordnungen der Moderne". *Leviathan* 2 (1992), S. 178-195.

der Mehrdeutigkeit noch Undeutlichkeit.[4] Wo der anatomische Blick die Dinge emotionslos detailliert/analysiert, bis sie ihre Lebendigkeit verlieren, versetzt das *theatrum* die toten Dinge in Bewegung, bis sie ebenso unstet sind wie der Blick, der sich an ihnen zerstreut. Zielt die Anatomie als gewaltsamste Form der Empirie auf eine unbezweifelbare Objektivität ihrer Befunde, ist der Schaulust im *theatrum* nichts abträglicher als Klarheit, nichts unbefriedigender als Evidenz. Mit *theatrum anatomicum* ist mithin nicht allein eine bestimmte Architektur bezeichnet, sondern zugleich auch eine Konfiguration von Sehweisen.

Eine Annäherung an das Sehen als dynamisches Verhältnis von Empirie und Schaulust soll im Folgenden unter besonderer Berücksichtigung des Lichts vorgenommen werden. Als gleichermaßen optischer wie performativer Faktor des Sehens ist das Licht immer auch Spur des Blicks, für den es eingerichtet ist. Licht und Blick verhalten sich reziprok und formieren die Sichtbarkeiten einer Kultur.[5] Die direkten und indirekten Beschreibungen des Lichts/der Beleuchtung eines Ortes geben Auskunft über das jeweilige Verhältnis von Anatomie und *theatrum* und damit über die Art des Wissens, das an diesem Ort produziert wurde. Dies wird zunächst am Beispiel der Höhle als einem markanten Ort vormoderner Schaulust ausgeführt, der mit dem anatomischen Blick konfrontiert wird (I). Vor diesem Hintergrund wird anschließend die Funktion des Lichts in anatomischen Theatern betrachtet und seine Rolle für die Selbstdarstellung und Institutionalisierung der Anatomie untersucht (II). In einem dritten Teil wird schließlich ein Moment der Wiederkehr der barocken Schaulust und deren spezifische Beleuchtung in der Avantgarde der Moderne exemplarisch dargestellt (III).

I.

Die vom deutschen Polygrafen Eberhard Werner Happel zusammengestellten *Relationes curiosae*, die gegen Ende des 17. Jahrhunderts ein neugieriges Publikum wöchentlich mit Beschreibungen von merkwürdigen Gegenständen, unerhörten Begebenheiten und exotischen Ländern ver-

---

4 „Uberhaupt kann man also unter dem Worte *Anatomie* alle und jede Zergliederung, Zerlegung oder Untersuchung eines Dings verstehen". Johann Heinrich Zedler (Hg.). *Grosses vollständiges Universal-Lexicon* […]. Halle u. Leipzig, 1732, Bd. 2, Sp. 82. Zum Prinzip des „Anatomischen" in der Frühen Neuzeit vgl. Devon L. Hodges. *Renaissance Fictions of Anatomy*. Amherst, 1985.

5 Zum Verhältnis von Licht und kulturellen Sichtbarkeiten vgl. Gilles Deleuze. *Foucault*. Übs. v. Hermann Kocyba. Frankfurt a. M., 1992, S. 82-86 u. passim.

sorgten, sind durchzogen vom Motiv der Höhle. Sie wird präsentiert als geheimnisvoller Schauplatz von märchenhaft-rätselhaften Begegnungen und Vorgängen, von religiösen Ritualen wie auch von dämonischen Blendwerken. Höhlen dienen als Ruhestätte unverweslicher Körper, als Sitz antiker Orakel und als Behausung blutrünstiger Räuber – aber auch als Arrest sündenbeladener Seelen in ängstlicher Erwartung des Jüngsten Tages. In anderen sind wundersame akustische Phänomene wie das Hämmern einer Schmiede oder meteorologische Anomalien zu erleben, wenn sich im Sommer Schnee in ihnen bildet und im Winter heißer Dampf aufsteigt. Wird ein Stein in bestimmte Höhlen geworfen, so erhebt sich umgehend ein „hefftiges Donnern/ Hageln/ Blitzen und Regnen". Giftige Ausdünstungen bedrohen mancherorts arglose Wanderer, während anderswo unterirdische Quellen Linderung und Heilung versprechen. Gespenster, Wiedergänger und freilich der Teufel selbst hausen in den Höhlen wie vormals auch Drachen, Einhörner und Riesen, deren Knochen allenthalben gefunden werden.[6]

Die in zahllosen Varianten zum Teil seit Jahrhunderten zirkulierenden Narrative und Topoi des Wunderbaren[7] stehen in Happels Kompilationen neben neueren Beschreibungen aus Reiseberichten und Landesbeschreibungen oder vermengen sich mit diesen. Und so wie sich im zweiten Teil von Miguel de Cervantes' *Don Quixote* (1615) die Titelfigur als wagemutiger „Forscher" (*escudriñador*) am Seil in eine Höhle hinablässt, um dort ein märchenhaftes unterirdisches Reich zu entdecken, mischen sich auch in die zeitgenössischen Schilderungen von Höhlenbesuchen immer wieder fantastische Elemente.[8] So findet sich etwa in der *Topographia Braunschweig und Lüneburg* (1654) von Martin Zeiller und Matthäus

---

6 Vgl. Eberhard Werner Happel. *Gröste Denkwürdigkeiten der Welt Oder so genannte Relationes Curiosae*. 5 Bde. Hamburg, 1683-1691, Bd. 1, S. 20-22, 94f. u. 206-222; Bd. 2, S. 587; Bd. 3, S. 782-787; Bd. 4, S. 525-529 u. 558-562. Weitere populäre Höhlengeschichten, die Happel teilweise übernimmt, finden sich in Heinrich Kornmann. *Mons Veneris, Fraw Veneris Berg* [...]. Frankfurt a. M., 1614, S. 400-420; Athanasius Kircher. *Musurgia universalis* [...]. 2 Bde. Rom, 1650, Bd. 2, S. 234, 236 u. 291-194 sowie ders. *Mundus subterraneus* [...]. 2 Bde. Amsterdam, 1678, Bd. 1, S. 120-131 sowie Bd. 2, S. 116f. u. 119-122.

7 Vgl. dazu die entsprechenden Einträge in Stith Thompson. *Motif-Index of Folk Literature. A Classification of Narrative Elements in Folktales, Ballads, Myths, Fables, Mediaeval Romances, Exempla, Fabliaux, Jest-Books and Local Legends*. 6 Bde. Kopenhagen, 1955-1958 sowie Rolf Wilhelm Brednich (Hg.). *Enzyklopädie des Märchens. Handwörterbuch zur historischen und vergleichenden Erzählforschung*. 12 Bde. Berlin, 1977ff.

8 Miguel de Cervantes Saavedra. *Der sinnreiche Junker Don Quijote von der Mancha*. Übs. v. Ludwig Braunfels. München, 1979, II, xxii, S. 713. Zu unterirdischen Gärten und Palästen vgl. auch Happel (Anm. 6), Bd. 1, S. 215ff.

Merian d. Ä. nach der Beschreibung der Baumannshöhle einschließlich genauer Angaben zur geografischen Lage ihrer einzelnen Höhlen und deren Sehenswürdigkeiten sowie Anmerkungen zur Besichtigungspraxis die Bemerkung, dass verschiedene Besucher „starcke/ eiserne/ verschlossene Kisten/ unglaublicher grösse/ darin angetroffen/ welche von gräulichen Hunden verwahret würden“.[9] In der Doppelrolle als Ort phantasmatischer ‚Realitätsferne‘[10] und als betrachtungswürdiges Naturobjekt erweist sich die Höhle geradezu als Sinnbild eines verbreiteten Wahrnehmungsstils im frühneuzeitlichen Europa.

Dessen zugrundeliegenden emotionalen Komplex hatte schon Leonardo da Vinci in einer um 1486 entstandenen Schilderung festgehalten:

> Und da ich von unbändigem Verlangen dorthin gezogen wurde, immer begierig, die große Fülle der verschiedenen und seltsamen Formen zu sehen, welche die kunstreiche Natur geschaffen hat, so gelangte ich, nachdem ich eine Weile zwischen den Klippen umhergewandert war, zum Eingang einer großen Höhle; da ich nichts Derartiges kannte, blieb ich in großem Staunen vor ihr stehen, krümmte dann den Rücken zu einem Bogen, stützte die linke Hand auf das Knie und hielt die rechte gegen das Licht über die niedergeschlagenen und geschlossenen Augenlider; dann beugte ich mich mehrmals vor, bald dahin, bald dorthin, um zu sehen, ob ich im Innern irgend etwas erkennen könnte; aber die große Dunkelheit, die herrschte, hinderte mich daran. Und nachdem ich eine Weile so verharrt war, regten sich plötzlich zwei Dinge in mir: Angst und Begierde: Angst vor der düsteren und drohenden Höhle, und die Begierde, zu sehen, ob da drin irgendeine wunderbare Sache sich befinde.[11]

---

9 Martin Zeiller u. Matthäus Merian. *Topographia und Eigentliche Beschreibung Der Vornembsten Stäte, Schlösser auch anderer Plätze und Örter in denen Hertzogthümern Braunschweig und Lüneburg* […]. Franckfurt, 1654, S. 32. Der Wechsel von deskriptiven zu narrativen Passagen erklärt sich aus der Zusammenstellung unterschiedlicher Texte. Vgl. Stephan Kempe u. Fritz Reinboth. „Die beiden Merian-Texte von 1650 und 1654 zur Baumannshöhle und die dazugehörigen Abbildungen“. *Die Höhle. Zeitschrift für Karst- und Höhlenkunde* 2 (2001), S. 36f.

10 Zur ‚Realitätsferne‘ der Höhle vgl. Hans Blumenberg. *Höhlenausgänge*. Frankfurt a. M., 1996, bes. S. 29-38.

11 „E tirato dalla mia bramose voglia, vago die vedere la gran copie delle varie e strane forme fatte dalla artifiziosa natura, raggiratomi alquanto infra gli ombrosi scogli, pervenni all’entrata d’una gran caverna; dinanzi alla quale, restato alquanto stupefatto e ignorate di tal cosa, piegato le mie reni in arco, e ferma la stanca mano sopra il ginocchio, e colla destra mi feci tenebre alle abbassate e chiuse ciglia; e spesso piegandomi in qua e in là per vedere se dentro vi discernessi alcuna cosa; e questo vietatomi per la grande oscurità che là entro era. E stato alquanto, subito salse in me due cose: paura e desiderio: paura per la minacciante e scura spilonca, desiderio per vedere se là entro fusse alcuna miracolosa cosa.“ Leonardo da Vinci. *Codex Arundel*, fol. 155r. Zit. n. Joseph Gantner. *Leonardos Visionen von der Sintflut und vom Untergang der Welt. Geschichte einer künstlerischen Idee*. Bern, 1958, S. 231f.

Als Orte des Unheimlichen wie des Wunderbaren, an dem sich Angst und Begierde auf kontrollierte und daher unterhaltsame Weise einstellen konnten, stellten Höhlen im 17. Jahrhundert zunehmend attraktive Reiseziele für Adelige und Gelehrte dar.[12] Zu den bekanntesten im deutschsprachigen Raum zählte die bereits genannte Baumannshöhle bei Rübeland im Harz. Diese war zwischen 1450 und 1500 entdeckt worden und hatte sich seit dem späten 16. Jahrhundert zu einer der berühmtesten Sehenswürdigkeiten des Herzogtums Braunschweig-Lüneburg entwickelt, was sich u. a. an einem regen Besucherverkehr und schließlich an der Einsetzung eines offiziellen Höhlenführers durch Herzog Rudolf August im Jahr 1668 ausdrückte.[13]

Zugang und Besichtigung der Höhle, darin gehen alle Berichte bis weit ins 18. Jahrhundert konform, waren alles andere als unbeschwerlich, kam man doch an einigen Stellen nur kriechend voran, musste einen schmalen Felsgrat, das so genannte ‚Roß', rittlings hinauf rutschen und sich an Seilen in finstere Abgründe hinablassen. Doch weder die körperlichen Zumutungen noch die Allgegenwart von Staub, Schmutz und Gespenstern konnten die Anziehungskraft der Baumannshöhle mindern. Der „Curiosität und Schau-Lust" halber, so heißt es in der *Hercynia Curiosa* von 1703, würden die Besucher „keine Arbeit noch Gefahr scheuen".[14]

In der Tat hatte die „schauwürdige Höle" Außergewöhnliches zu bieten, so dass sie den Zeitgenossen auch als eine „Curiosität-Kammer der Natur" erschien.[15] In ihr fanden sich zum einen zahlreiche, teilweise im Kalkstein eingeschlossene Tierknochen, die lange als Überreste von Einhörnern galten, zum anderen eine stetig zunehmende Anzahl von Tropfsteinen in Form natürlicher oder künstlicher Gegenstände, die als Produkte der spielenden Natur angesehen wurden.[16] Waren die fossilen

12 Für eine Charakterisierung der Besuchergruppen sowie die Schilderung eines idealtypischen Höhlenrundgangs vgl. Georg Henning Behrens. *Hercynia curiosa i.e. Curiöser Hartz-Wald* […]. 3. Aufl. Nürnberg u. Altdorf, 1720, S. 1f. u. passim.

13 Vgl. Karl Bürger. „Die Baumannshöhle. Geschichte eines Harzer Naturdenkmals". *Zeitschrift des Harz-Vereins für Geschichte und Altertumskunde* 63 (1930), S. 162-165 sowie Stephan Kempe u. a. „Die Baumannshöhle bei Rübeland/Harz im Spiegel der wissenschaftlichen Literatur vom 16. bis zum 18. Jahrhundert. Lateinische Quellentexte". *Braunschweiger Naturkundliche Schriften* 1 (2004), S. 172.

14 Behrens (Anm. 12), S. 14.

15 Ebd., S. 2.

16 Zur Vorstellung einer ‚spielenden Natur' vgl. Lorraine Daston u. Katharine Park. *Wunder und die Ordnung der Natur 1150-1750*. Übs. v. Sebastian Wohlfeil u. Christa Krüger. Frankfurt a. M., 2002, S. 301-354 sowie Marie-Theres Federhofer (Hg.). *Naturspiele. Beiträge zu einem naturhistorischen Konzept der Frühen Neuzeit* (= Cardanus. Jahrbuch für Wissenschaftsgeschichte, Bd. 6). Heidelberg, 2006.

Knochen noch bis zur Mitte des 17. Jahrhunderts vorwiegend als Arzneimittel (*unicornum fossile*) verkauft worden, verblieben sie mit schwindendem Glauben an die Existenz des Einhorns zunehmend als zoologische Schaustücke in der Höhle, so dass der Physikotheologe Friedrich Christian Lesser in seiner *Lithotheologie* (1735) die Höhle zum anatomischem Sammlungsraum erklären konnte:

> So zeiget der Schöpffer uns in der Erde ein herrliches *Anatomie-Cabinet*, in welchem man viele *curieuse* und nützliche Sachen eben so wohl sehen kan, als in denen *Anatomie-Cabinetten* grosser Städte, oder *Privat*-Personen [...].[17]

Vor allem waren aber die Sinterfiguren die eigentlichen Sehenswürdigkeiten der Baumannshöhle. Deren Schauwert hebt ein anderer Autor in ekphrastischen Superlativen hervor, wenn er davon berichtet, dass die Besucher

> aus Verwunderung der wunderbaren Allmacht Gottes/ auch selbigen schönen Ort nicht gnugsam betrachten kunten/ indem es durch die Natur und unauffhörliches Tropffen/ also artig mit allerhand Bildern/ und erhobener/ durchbrochener Arbeit/ von Menschen und Thieren/ ec. *formir*et war/ daß zu zweiffeln/ ob ein künstlicher Bildschnitzer es zierlicher machen können [...].[18]

In ähnlicher Weise spricht auch der italienische Diplomat Cornelio Magni, der im Dezember 1673 die Tropfsteinhöhle auf der Kykladeninsel Antiparos erkundete, von einem „gran teatro“, in dem von der Natur geschaffene Steine zu sehen seien, deren Qualität „die Kunst beschämen muss“ (*facevano vergogna all'arte*).[19] Magni vergleicht die Sinterfiguren sogar mit Bildwerken auf Friesen und Säulen, fügt jedoch hinzu, dass sie aus verschiedenen Blickwinkeln unterschiedliche Figuren und Gegenstände zeigen würden.[20]

Entscheidenden Anteil an der Wahrnehmung des Höhleninneren hatten die jeweiligen Lichtverhältnisse, d. h. die Art der künstlichen Beleuchtung. Obwohl – wie im Fall der Baumannshöhle – die Besichtigungen in der Regel von Bergmännern organisiert und geleitet wurden und die Besucher am Eingang auch Bergmannskleidung erhielten, verwendete man nicht die sonst übliche Öllampe, sondern Fackeln und Kerzen (Abb. 1).[21]

---

17 Friedrich Christian Lesser. *Lithotheologie, Das ist: Natürliche Historie und geistliche Betrachtung der Steine* [...]. Hamburg, 1735, S. 510.

18 Christoph von Hellwig. *Anmuthige Berg-Historien/ Worinnen Die Eigenschafften und Nutz der Metallen, Mineralien, Erden/ Edel- und andern Steinen beschrieben/ nebst curiösen Relationen* [...]. Leipzig, 1702, S. 97. Die Vorlage dieses Textes ist ein Bericht aus dem Jahr 1656. Vgl. Stephan Kempe u. a. (Anm. 13), S. 190f.

19 Kircher. *Mundus subterraneus* (Anm. 6), Bd. 1, S. 125.

20 Vgl. ebd., S. 127 u. 124.

21 Vgl. Kempe u. Reinboth (Anm. 9), S. 39f. Die Fackel kam im Bergbau offenbar

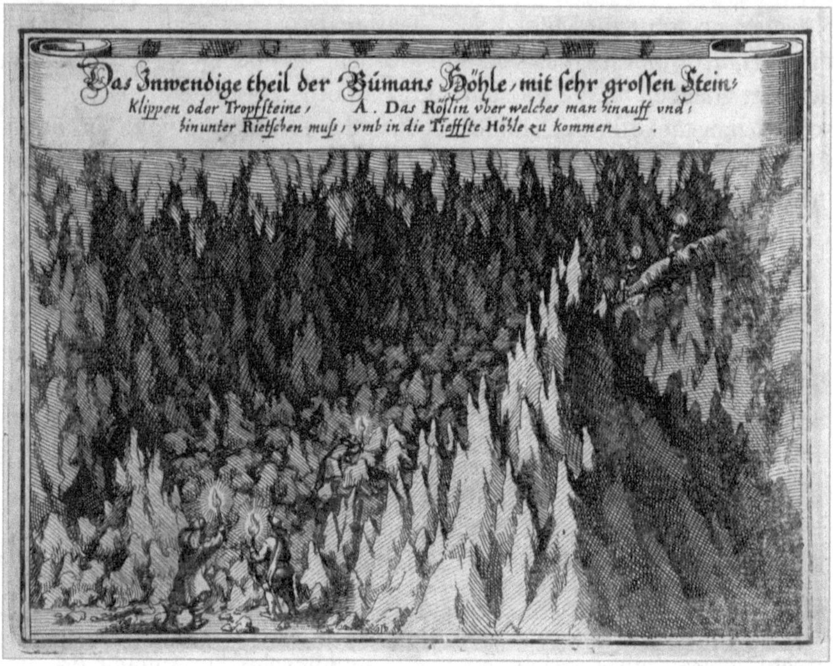

Abb. 1: Martin Zeiller u. Matthäus Merian. *Besuch der Baumannshöhle bei Fackelschein* (1654).

Während das schwächere Grubenlicht dem Steiger nur einen kleinen Ausschnitt des Felsens erhellte und seinen Blick somit vorwiegend auf den unmittelbaren Ort seiner Arbeit fokussierte, kam das hellere Licht der Fackeln den andersgearteten visuellen Bedürfnissen eines überwiegend erlebnisorientierten Publikums entgegen. Dafür wurde sogar deren wesentlich geringere Brenndauer in Kauf genommen, so dass stets mehrere in die Höhle mitgenommen werden mussten.[22] In diesem Licht aber erwarteten die Besucher außergewöhnliche Effekte:

> Ueberhaupt giebt es eine vergnügliche Augenweide, wenn die dunckle Nacht der Höhle mit dem Licht einiger Fackeln erleuchtet wird. Denn da siehet es nicht

so gut wie nie zum Einsatz. Vgl. Karsten Porezag. *Des Bergmanns offenes Geleucht. Unschlichtlampen, Öllampen, Kerzenlampen.* 2. erw. Aufl. Essen, 1982. In Bezug auf die Leuchtkraft der Öllampe wird in Georg Agricolas maßgeblichen Werk zum Bergbau nur deren „mattes Licht" erwähnt. Georg Agricola. *Zwölf Bücher vom Berg- und Hüttenwesen.* Übs. v. Carl Schiffner. München, 1994, Buch V, S. 91.

22 So heißt es bspw. in der *Topographia Braunschweig und Lüneburg*, dass die Besucher „sich mit einer menge Fackeln/ oder Liechter/ sampt einem oder anderm Fewerzeuge" versehen hätten. Zeiller u. Merian (Anm. 9), S. 32.

> anders, als ob man das gestirnete Firmament sähe, sintemal der Tropfstein wie Sterne alsdann gläntzet.[23]

Vor allem aber erzeugte das Fackellicht auf der Oberfläche der Tropfsteine einen kontrastreichen Schattenwurf und ließ somit ihre Formen deutlich hervortreten, weswegen Magni auch den Vergleich mit Reliefs zieht.

Hinsichtlich der Beleuchtung und dem daraus entspringenden ästhetischen Genuss antizipierte eine solche Betrachtung der natürlichen Lapidarien die Besichtigungen von Skulpturensammlungen bei Fackelschein, wie sie ab der zweiten Hälfte des 18. Jahrhunderts in Mode kamen.[24] Daneben konnten sich im diffusen Helldunkel aber auch jene Figuren einstellen, die aufgrund der kursierenden Erzählungen geradezu erwartbar waren und die Schaulust mit einem gewissen Nervenkitzel garnierten. So notierte ein Besucher der Baumannshöhle aus dem Jahre 1656, dass sich ihm an einer Stelle die „Gestalt eines *spectri*", d. h. eines Gespenstes, gezeigt habe und es an einen andern Ort schien, „als wenn jemand herausguckte".[25] Das offenbar häufige Verlöschen der Fackeln wurde demgemäß seit den frühesten Berichten immer wieder auf das Einwirken von Erdgeistern zurückgeführt, bevor es im frühen 18. Jahrhundert mit Hinweis auf die zeitgenössische Experimentalphysik seine pneumatische Erklärung fand.[26]

Zu den Besuchern, die mit der Fackel in der Hand die Baumannshöhle besichtigten, gehörte Ende des 17. Jahrhunderts auch der braunschweig-lüneburgische Justizrat Gottfried Wilhelm Leibniz, der seine Beobachtungen und Überlegungen in der lange Manuskript gebliebenen erdgeschichtlichen Abhandlung *Protogaea* festhielt. Anders als bei den meisten seiner Vorgänger diente sein Besuch jedoch weniger dem ästhetischen Vergnügen, sondern, wie der Untertitel des Traktats verkündet,

---

23 Friedrich Christian Lesser. *Anmerckungen von der Baumanns-Höhle* […]. 4. erw. Aufl. Nordhausen, 1745, S. 17f.

24 Die *loci classici* für den nächtlichen Galeriebesuch bei Fackelschein sind Johann Heinrich Meyer. „Vortheile der Fackelbeleuchtung". Johann Wolfgang von Goethe. „Zweiter Römischer Aufenthalt". *Autobiographische Schriften* III (= Hamburger Ausgabe, Bd. 11). München, 1998, S. 439-441 sowie Bonaventura [Ernst August Friedrich Klingemann]. *Nachtwachen*. Hg. v. Wolfgang Paulsen. Stuttgart, 1990, S. 106-111 (Dreizehnte Nachtwache).

25 Zit. n. Kempe u. a. (Anm. 13), S. 186. Diese Beschreibungen sind annähernd wörtlich übernommen in Hellwig (Anm. 18), S. 94f. Vgl. auch Bürger (Anm. 13), S. 102.

26 Vgl. Kempe u. a. (Anm. 13), S. 198 sowie Zeiller u. Merian (Anm. 9), S. 32. Zur physikalischen Untersuchung des Fackellichts in der Höhle vgl. Behrens (Anm. 12), S. 6ff. sowie Lesser (Anm. 23), S. 11 u. S. 61-69 (Untersuchungen zum Licht ab der zweiten Auflage 1735).

der Suche nach den „Spuren“ der „ältesten Geschichte“ der Erde in den „Monumenten der Natur“.[27] Dieser Verpflichtung auf das Paradigma der Spur entspricht Leibniz’ Blick auf die Tropfsteine und die tierischen Relikte, die für ihn nichts anderes als Indizien zur Rekonstruktion der Vergangenheit darstellen.[28] Er folgt darin der geologischen Theorie des dänischen Gelehrten Niels Stensen, der 1669 in seiner kurzen Schrift *De solido intra solidum* entgegen der weit verbreiteten Meinung erklärt hatte, dass die phyto- und zoomorphen Steine, besonders häufig in Form von Fischen und Muscheln, keine aus der Erde gewachsenen Gebilde seien, sondern die Überreste einstmaliger Lebewesen bzw. deren harter Bestandteile. Für Stensen, dessen anatomischen Studien ihn zu diesem Schluss gebracht hatten, war damit klar, dass die Gesteinsschichten, in denen die Fossilien vorkamen, nichts anderes als Sedimentablagerungen eines lange verschwundenen Meeres waren.[29] Wie Stensen interessierte sich auch Leibniz für die versteinerten Knochen nur insofern, als diese eine ‚Spur‘ erdgeschichtlicher Prozesse abgaben: Die „Gebeine von Seeungeheuern und anderer Tiere einer unbekannten Welt“, die u. a. in der Baumannhöhle gefunden wurden, sind für Leibniz Belege einer vorzeitlichen Überflutung.[30] Daher spielte es für ihn auch keine Rolle, von welchem Tier oder Seeungeheuer jenes von Stein halb eingeschlossene Knochenstück stammte, über dessen Fund er sich erklärtermaßen freute, einfach weil „kein Betrachter auf Grund des Gefüges, der Oberfläche, der Farbe und endlich des Geschmacks zweifeln kann, *daß* es von einem Tier stammt“ (Abb. 2, Mitte unten).[31]

Im Kontext der frühneuzeitlichen Wahrnehmungskultur sind aber vor allem Leibniz’ Ausführungen zu den Ursachen der Figurenbildung im Tropfstein von Bedeutung. Er setzt sich in seinem Urteil deutlich von den Elogen mancher Autoren ab, die den Werken der Natur höchste mimetische Qualität und bisweilen sogar eine *superatio* menschlicher Kunstfertigkeit zuschrieben. Tatsächlich untergräbt Leibniz die zugrunde liegende

---

27 Gottfried Wilhelm Leibniz. *Protogaea sive de prima facie telluris et antiquissimae historiae vestigiis in ipsis naturae monumentis dissertatio*. Göttingen, 1749. Leibniz verwendet den Begriff der Spur (*vestigium*) auffällig häufig. Vgl. ders. *Protogaea* (= Werke, Bd. 1). Übs. v. Wolf von Engelhardt. Stuttgart, 1949, S. 20/21f., 82/83, 140/141f. u. passim.

28 Zum Paradigma der Spur vgl. den klassischen Aufsatz von Carlo Ginzburg. „Spurensicherung“. *Spurensicherungen. Über verborgene Geschichte, Kunst und soziales Gedächtnis*. Übs. v. Karl Friedrich Hauber. München, 1988, S. 78-125.

29 Vgl. Niels Stensen. *De solido intra solidum naturaliter contento dissertationis prodromus*. Florenz, 1669, bes. S. 52-67.

30 Leibniz (Anm. 27), S. 123. Vgl. ebd. S. 25 u. S. 123-127.

31 Ebd., S. 137 [Herv. d. Verf.].

Gegenüberstellung von natürlicher und künstlicher Schöpfung, indem er als Ursache für die Gestalt der Sinterfiguren keine tellurische *vis plastica*, sondern wiederum nur die allzumenschliche *vis phantastica* ausmacht: Figuren wie der „Moses“, „eine in Stein gebildete Auferstehung Christi“, ein „Taufstein“, „etwas, was einem Ofen ähnlich ist“, „eine Orgel“ oder der „Wald“, die in der Baumannshöhle gezeigt wurden, sind, wie Leibniz mehrfach betont, keine Spiele der Natur, sondern Spiele „der menschlichen Einbildungskraft, die in den Wolken Schlachten sieht und in den Schlägen der Glocken und Trommeln beliebige Rhythmen vernimmt“.[32]

Auch schon vor Leibniz hatten einige Autoren in Bezug auf die Figuren in der Baumannshöhle angemerkt, dass diese „mehrenteils *in imaginatione* bestehen“.[33] Doch Leibniz bestimmt überdies den Ursprung und die Verfasstheit der Einbildungskraft zum einen als intrinsisch, wenn er sie als Folge kultureller Wahrnehmungsroutinen, gleichsam als *déformation professionelle* derjenigen entlarvt, die diese Figuren entdecken. Demnach würden so häufig Steine mit christlichen Motiven – biblische Gestalten, Heilige, berühmte Kleriker – oder aus dem Bereich des Bergbaus gefunden, weil „Christen und Bergleuten […] das leicht in den Sinn [kommt], was sie täglich verehren oder sehen“.[34] Zum anderen verweist Leibniz auf einen extrinsischen Faktor für die schöpferische Imagination: Manche Figuren nämlich würde man nur erkennen, „wenn man darauf hingewiesen wird“ – was im Verlauf der Höhlenführungen mit Sicherheit häufig der Fall war.[35]

---

32 Ebd., S. 135 u. 73. Vgl. ebd., S. 97. Für eine Aufstellung der verschiedenen Sinterfiguren vgl. Kempe u. a. (Anm. 13), S. 193. Zur Wahrnehmung von Bildern in Steinen und anderen Naturobjekten vgl. Horst Waldemar Janson. „The ‚Image Made by Chance‘ in Renaissance Thought“. *16 Studies*. Hg. v. Patricia Egan. New York, 1974, S. 54-69; Jurgis Baltrušaitis. *Imaginäre Realitäten. Fiktion und Illusion als produktive Kraft*. Übs. v. Henning Ritter. Köln, 1984, S. 55-88; Giacomo Berra. „Immagini casuali, figure nascoste e natura antropomorfa nell'immaginario artistico rinascimentale“. *Mitteilungen des Kunsthistorischen Instituts in Florenz* 2.3 (1999), S. 358-419 sowie Paula Findlen. „Jokes of Nature and Jokes of Knowledge. The Playfulness of Scientific Discourse in Early Modern Europe“. *Renaissance Quarterly* 2 (1990), S. 292-331.

33 Zeiller u. Merian (Anm. 9), S. 176. Vgl. auch Lesser (Anm. 23), S. 9; Julius Bernhard von Rohr. *Merckwürdigkeiten des Vor- oder Unter-Hartzes* […]. Frankfurt u. Leipzig, 1736, S. 119 sowie Zacharias Conrad von Uffenbach. *Merckwürdige Reisen durch Niedersachsen Holland und Engelland. Erster Theil*. Ulm u. Memmingen, 1753, S. 537f. (Uffenbach zitiert hier einen Brief aus dem Jahr 1699).

34 Leibniz (Anm. 27), S. 97.

35 Ebd., S. 73. Für die Annahme häufiger ‚gestaltbildender‘ Hinweise auf Sinterfiguren während der Höhlenführungen spricht die Kontinuität der Bezeichnungen in den Reiseberichten.

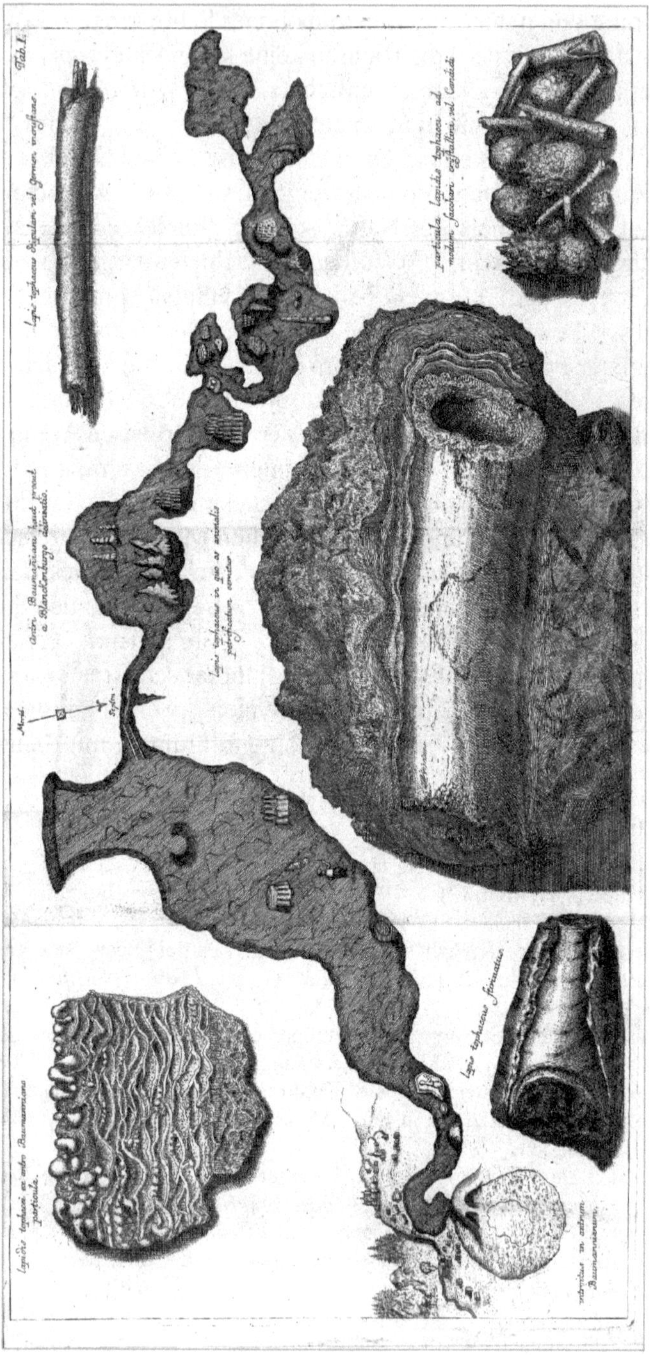

Abb. 2: Gottfried Wilhelm Leibniz. *Karte der Baumannshöhle und Fundstücke* (1749).

Mit seiner Aufdeckung der Einbildungskraft als Störfaktor der Wahrnehmung verknüpft Leibniz die Kritik an einem Sehen, das sich dem Spiel der Einbildungskraft und der Phänomene geradezu lustvoll hingibt. Er beruft sich dabei auf den sizilianischen Maler Agostino Scilla, der in seinem proto-geologischen Traktat *La vana speculazione disingannata dal senso* (1670) Beobachtung (*l'osservazione*) und Anatomie (*l'anatomia*) als einzig gültige Werkzeuge der Naturforschung bestimmt und die behauptete Präzision und Ähnlichkeit der vermeintlichen Naturspiele als bloße rhetorische Übertreibung darstellt, die vor seinem künstlerisch geschulten Blick keinen Bestand habe.[36] In diesem Sinne urteilt auch Leibniz über Schriftsteller wie Athanasius Kircher und Johann Joachim Becher, diese hätten ihre „Märchen" über „wunderbare Spiele der Natur und eine bildende Kraft herrlich mit Worten ausgeschmückt".[37] Auch wenn die Autoren in den Steinen tatsächlich bestimmte Gestalten sähen, so handelt es sich für Leibniz dabei doch nur um „halbangeschaute Dinge" (*semivisa*), denen er eine sorgfältige Beobachtung (*observatio/ observare*) gegenüberstellt.[38] Dieser würden sich „die wahren Urbilder der Steine" enthüllen, d. h. die einstmaligen Lebewesen und damit Zeugen der Vergangenheit.[39] Ganz ähnlich führte Johann Wolfgang von Goethe, der ein knappes Jahrhundert nach Leibniz im November 1792 die Baumannshöhle besuchte, gegen „alle die Wunderbilder, die sich eine düster wirkende Einbildungskraft so gern aus formlosen Gestalten erschaffen mag", den „ruhigen Blick" ins Feld, durch den „das eigne Wahre desto reiner zurück" bleibe.[40] Für Leibniz vollzieht sich eine solche Transformation der Sichtbarkeit, vom Naturobjekt zur Spur der Geschichte, zudem mit einem Orts- und damit Lichtwechsel: Um ihn genauer zu untersuchen, lässt sich Leibniz ein Stück eines Tropfsteins „aus der Höhle ans Tageslicht tragen" (*de caverna in lucem proferri*).[41] Der seit Platon erkenntnisverheißende Aufstieg aus der Höhle trägt im Zusammenhang mit Leibniz' Suche nach den Spuren der Erdgeschichte Züge einer anatomischen Zerlegung: Aus einem größeren Ganzen wird ein Teil herausgenommen und zum Objekt eines reflektierten Erkenntnisinteresses gemacht. Dabei zielt die Untersuchung des separierten Einzel-

36 Vgl. Agostino Scilla. *La vana speculazione disingannata dal senso*. Neapel, 1670, S. 4, 13 u. 49f.
37 Leibniz (Anm. 27), S. 95.
38 Vgl. ebd., S. 91, 93 u. 95.
39 Vgl. ebd., S. 91.
40 Johann Wolfgang von Goethe. „Campagne in Frankreich". *Autobiographische Schriften II* (= Hamburger Ausgabe, Bd. 10). München, 1998, S. 327.
41 Leibniz (Anm. 27), S. 59.

gegenstandes immer auch auf die Erkenntnis des Gesamtzusammenhangs, etwa wenn Leibniz – wiederum ausgehend von seinen Fundstücken – die Entstehung von Höhlen und die Sedimentbildung erklärt. Leibniz' Nähe zum Denkstil der Anatomie zeigt sich darüber hinaus, wenn er vom „Skelett" (*sceleton*) der Erde spricht oder strukturelle Ähnlichkeit in der Verteilung von Metalladern im Boden und der Fasern im Gewebe von Tieren und Pflanzen erkennt.[42]

Das anatomische Verhältnis vom Ganzen und seinen Teilen findet seine Darstellung in der ersten Abbildungstafel der *Protogaea* (Abb. 2). Anders als in den *Acta Eruditorum* von 1702, in denen der Plan erstmals erscheint, geht es nicht um eine Kartierung von Sehenswürdigkeiten, sondern um eine Visualisierung der Herkunft der verschiedenen Kalksinter-Formationen, von denen der Plan umringt wird.[43] In der Auflösung der Höhle als „Curiosität-Kammer" und „Anatomie-Cabinet" in einzelne Gegenstände und deren Anordnung in der Fläche der Grafik manifestiert sich ein Wechsel der Erkenntnisweise, der in Anlehnung an Michel Foucault als Übergang vom *theatrum* zum *tableau* gefasst werden kann.[44] Im Kern besteht dieser Wechsel in einer radikalen Änderung auf der Ebene der Objektrelationen. Während sich die Schaustücke im *theatrum* der Höhle durch eine Vielfalt der Bezüge und Assoziationen auszeichnen, die neben dem Raumerlebnis ganz wesentlich den Unterhaltungswert der Höhlenbesichtigung ausmacht, reduziert das *tableau* die Bedeutung der Knochen und Steine auf eindeutige Spuren der Erdgeschichte. In Leibniz' ostentativer Unempfindlichkeit für den Erlebniswert der Höhle und seiner Distanzierung zur Imagination als Störkraft der Wahrnehmung äußert sich ein Distinktionsbedürfnis, das als charakteristisch für die „Indizienwissenschaften" gelten kann.[45] Gerade weil Disziplinen wie die

42 Vgl. ebd., S. 21, 39 u. 41. Zur Vorstellung und Metapher der Erde als Organismus vgl. die vorzügliche Studie von David R. Oldroyd. *Die Biographie der Erde. Zur Wissenschaftsgeschichte der Geologie*. Übs. v. Michael Bischoff. Frankfurt a. M., 2007, S. 19-65.

43 In seiner ersten Fassung ist der Gesamtplan umgeben von vergrößerten Darstellungen einzelner Höhlenräume mit den darin befindlichen Tropfsteinen. Vgl. Hermann von der Hardt. „Descriptio speluncae ad sylvam Hercyniam in agro Brunsvicensi sita, vulgo Baumanniae dicta". *Acta eruditorum* Juli (1702), S. 305-308 (Abb. nach S. 306).

44 Wenn Foucault das Naturalienkabinett ebenfalls als „tableau" auffasst, so hat er freilich die nach naturhistorischen Klassifikationen geordneten Sammlungen des 18. Jahrhunderts im Auge und nicht die auf Schauwert ausgerichteten Kunst- und Wunderkammern des 16. und 17. Jahrhunderts. Vgl. Michel Foucault. *Die Ordnung der Dinge. Eine Archäologie der Humanwissenschaften*. Übs. v. Ulrich Köppen. Frankfurt a. M., 1999, S. 172.

45 Vgl. Ginzburg (Anm. 28), S. 106f. u. passim.

(Proto-)Geologie, die Medizin und die historiografischen Wissenschaften ihre Gegenstände nur aufgrund von Spuren – Formationen, Symptomen, Monumenten – erfassen können, deren Sichtbarkeit auf subjektiven Faktoren wie Wahrnehmung, Erfahrung, Kenntnissen und Annahmen beruht, muss ihr Wahrheitsanspruch durch einen expliziten Ausschluss von Emotion und Imagination sichergestellt werden. Die Abgrenzung vom *theatrum* und der Schaulust fungierte dabei auf methodischer und noch mehr auf rhetorischer wie auch ikonografischer Ebene – im demonstrativen Vorbeiblicken – als relevanter Gestus der emotionalen und epistemologischen Integrität der Wissenschaftler, der die Objektivität der Ergebnisse versprach.

II.

Der Aufstieg aus dem *theatrum* der Höhle gehört zu den essenziellen Urszenen menschlicher Selbstreflexion, entlang deren Variationen mit bestrickender Notwendigkeit eine Geschichte der abendländischen Rationalität erzählt werden konnte.[46] Eine in Hinblick auf das Selbstverständnis der empirischen Wissenschaften im 17. Jahrhundert aufschlussreiche Aktualisierung des Motivs findet sich in Jan Saenredams Kupferstich mit dem Titel „Antrum Platonicum" (Abb. 3). Das 1604 nach der Vorlage eines (heute verlorenen) Gemäldes des Cornelis van Haarlem gestochene Blatt überrascht bei näherer Betrachtung durch eine Reihe von Freiheiten gegenüber der literarischen Vorlage.[47] So sind die Zuschauer des Schattenspiels im rechten unteren Bildviertel nicht durch Fesseln fixiert, vielmehr werden sie offenbar allein durch die Faszination der Bilder an ihrem Platz gehalten. Die Figurinen, die in der Erzählung des Sokrates entlang einer Mauer vorbeigetragen werden, sind hier auf der Mauer abgestellt.[48] Die Bewegung ihrer Schatten wird in Saenredams Stich – so deutet es die aus der Feuerpfanne schlagende Flamme an – durch das starke Flackern der Lichts erzeugt. Diese Lichtquelle sowie die darunter platzierten Figuren, deren Gewänder sie als Gelehrte (unterschiedlicher Kultur und Religion) ausweisen, stellen die wohl originellste

46 Vgl. Blumenberg (Anm. 10).

47 Vgl. Platon. *Politeia* VIII, 514a-517a.

48 Als ikonologische Vorbilder sind hier die Darstellungen der Akademie des Baccio Bandinelli von Agostino Veneziano (1531) und Enea Vico (1561) zu nennen. Vgl. Hein-Theodor Schulze Altcappenberg u. Michael Thimann (Hg.). *Disegno. Der Zeichner im Bild der Frühen Neuzeit* [Ausst.kat.]. Berlin, 2007, Kat.Nr. 24 u. 25, S. 106-113.

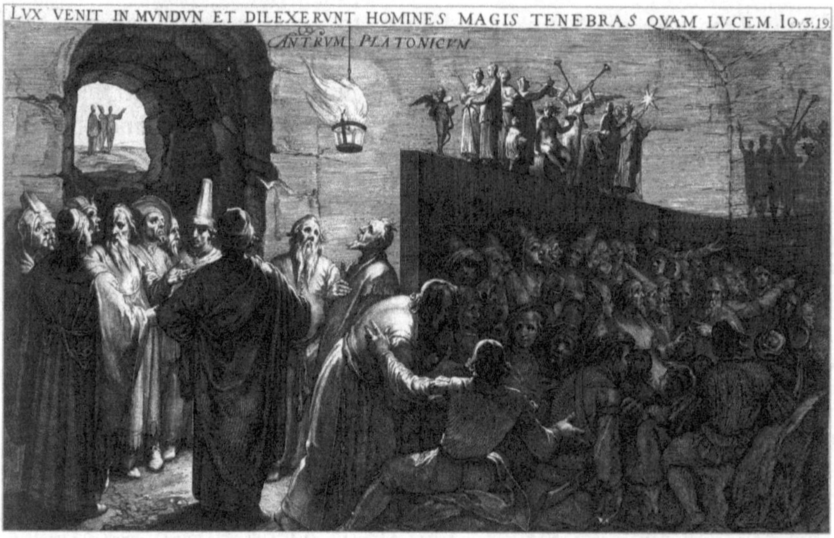

Abb. 3: Jan Saenredam nach Cornelis van Haarlem. *Platonische Höhle* (1604).

und bedeutsamste Abweichung von Platons Text dar. Mit ihnen wird eine Reflexionsinstanz eingeführt, die im Höhlengleichnis zwar angelegt war, jedoch als Übergangsstadium in Richtung der Ideenschau keinesfalls eine so prominente Position beanspruchen konnte, wie sie das Bild nahe legt. Es ist auffällig, dass die nach Platon höchste Stufe der Erkenntnis im Außerhalb der Höhle vergleichsweise in den Hintergrund gerückt ist, während jener Gruppe, die die konkreten Bedingungen der Phänomene betrachtet und verhandelt, erheblich mehr Raum gegeben ist.[49] Hier ist nichts weniger abgebildet als das Wesen neuzeitlicher Empirie: Die Suche nach der Wahrheit als einer metaphysischen Größe wird unterschieden und zunehmend abgekoppelt von der Erforschung der Wirklichkeit durch eine Naturphilosophie, die in der Höhle des Seienden verbleibt und sowohl die Ursachen der Phänomene wie die Bedingungen der eigenen Wahrnehmung untersucht.

Die kompositorische Gegenüberstellung zwischen dem Publikum des Schattenspiels und den Gelehrten ist überdies programmatisch als Absetzung von der bloßen Schaulust zu verstehen. Die Mauer in der Bildmitte ist nicht nur Teil der platonischen Illusionsapparatur, sondern sie stellt die Behauptung vor Augen, dass ein Bruch durch den Raum der

---

49 Vgl. dazu auch die zeitgenössische Beschreibung von Cornelisz' Gemälde in Karel van Mander. *Das Lehrgedicht*. Übs. v. R. Hoecker. Den Haag, 1916, VII, 46, S. 189.

sinnlichen Wahrnehmung geht, der zwei Weisen des Sehens trennt. Nicht mehr die Dichotomie von sichtbarer Welt und unsichtbarer metaphysischer Seinswirklichkeit bestimmt dieses Welt-Bild, sondern die Dualität von sichtbaren Phänomenen und sichtbar zu machenden Ursachen. Entsprechend unterscheidet sich der dargestellte Wahrnehmungsmodus der Gelehrten von dem der Zuschauer des Schattenspiels durch eine ‚Statik' seiner Gegenstände: Nicht auf die bewegten Schatten ist ihr Blick gerichtet, sondern auf die unbewegten Figurinen und auf das zwar lodernde aber in seinem elementaren Sosein unveränderliche Feuer. Sie sehen/erkennen ‚hinter' den Phänomenen deren innerweltlichen Ursachen – und genau aus diesem Grund gehen auch in Rembrandts „Anatomie des Dr. Tulp" die Blicke der Mediziner am Leichnam vorbei. Die im Kreis angeordneten, durch würdevolle Affektarmut gekennzeichneten Gelehrten werden zudem durch die Gegenüberstellung der geradezu chaotischen Menge des bewegten Publikums als homogene soziale Gruppe inszeniert. Deren Distinktion wird unterstützt durch eine Verteilung von Licht und Dunkelheit, die den Raum des Begehrens vom Raum des Wissens scheidet. Die moraltheologische Intention der unterschiedlichen Helligkeitsbereiche wird in den beiden Rahmentexten entsprechend der traditionellen Lichtsymbolik formuliert. Das Motto aus dem Johannesevangelium in der Kopfzeile des Blattes sowie die Verse unterhalb des Bildes stilisieren das Streben nach Erkenntnis zum gottgefälligen Handeln und verurteilen entsprechend das Verharren in der gottfernen Dunkelheit (der Schaulust): „Das Licht kam in die Welt aber die Menschen liebten die Finsternis mehr als das Licht" (Joh 3,19). Wer aber das Licht verschmäht und sich an den Schatten erfreut, dessen Mangel an Vernunft ist freilich immens (*tanta est rationis egestas*). Umso bemerkenswerter ist es, dass der Widmungsempfänger des Blattes, Pieter Paaw, Professor für Anatomie und Botanik an der Universität zu Leiden und späterer Lehrer des Nicolaas Tulp, 1597 ebenda ein anatomisches Theater hatte einrichten lassen, das schon bald neugierige Besucher aus ganz Europa anzog (vgl. die Abbildung auf S. 10 in diesem Band).

Tatsächlich setzt die Teilung des Raumes in Saenredams Stich ein Strukturmerkmal der empirischen Wissenschaften und insbesondere der Anatomie als Disziplin zwischen dem späten 16. und der Mitte des 17. Jahrhunderts ins Bild. In diesen Jahrzehnten entstanden von Italien ausgehend in Europa zahlreiche anatomische Theater, in denen nicht zuletzt der Schauwert des pikanten Untersuchungsgegenstandes zur Popularisierung und damit zur Etablierung des Faches genutzt wurde.[50] In Leiden

50 Vgl. Alfred Gisel. „Amphitheater, Theatrum anatomicum, Auditorium, Domus ana-

wie auch an vielen anderen Orten war die Leichenöffnung vor Publikum eingebettet in ein moraldidaktisches Gesamtprogramm – von der feierlichen Eröffnung und begleitenden Gottesdiensten über das ikonografische Konzept der Raumgestaltung bis zum Vortrag des Anatomen –, das den gesellschaftlichen Nutzen der Anatomie als Quelle von Andacht und Erbauung unterstrich und somit zu ihrer Legitimation beitragen sollte.[51] Auch wenn in der Regel wohl eine große Zahl Medizinstudenten den Sektionen im *theatrum anatomicum* beiwohnten, so dienten diese anders als die – bisweilen trotz Verbot – *privatim* abgehaltenen Lektionen in erster Linie nicht der Vermittlung anatomischen Wissens, sondern waren ein soziales Ereignis.[52] Vielleicht muss man sogar annehmen, dass der Zweck der Anatomietheater ursprünglich gar nicht so sehr darin bestand, wie häufig zu lesen ist, die Sicht der zahlreichen interessierten Zuschauer auf den Leichnam zu optimieren, sondern vielmehr darin, überhaupt erst ein solches Publikum herzustellen. Anders gesagt: Im *theatrum anatomicum* wurde vielerorts explizit eine Schaulust angesprochen, von der sich die Anatomie fachintern methodisch und sozial klar distanzieren musste.

Die zugrundeliegende räumliche wie epistemologische Trennung von *theatrum* einerseits und dem Bereich der Forschung andererseits – der die Mauer in Saenredams Bild entspricht – wird auch in wissenschaftstheoretischen und -organisatorischen Schriften dieser Zeit reflektiert. Johann Daniel Major etwa, seit 1665 Professor für Medizin an der Uni-

---

tomica". *Körper ohne Leben. Begegnung und Umgang mit Toten.* Hg. v. Norbert Stefenelli. Wien, Köln u. Weimar, 1998, S. 643-648 sowie Wilhelm Tasche. *Die Anatomischen Theater und Institute der deutschsprachigen Unterrichtsstätten (1500-1914).* Köln, 1989.

51 Vgl. Theodoor H. Lunsingh Scheurleer. „Un amphithéâtre d'anatomie moralisée". *Leiden University in Seventeenth Century.* Hg. v. dems. Leiden, 1975, S. 216-277 sowie Rupp (Anm. 2), S. 263-287. Eine ganz ähnliche, religiös argumentierende Legitimationsstrategie findet sich in der anatomischen Literatur. Vgl. dazu Ernst Uhsemann. *Die Rechtfertigung der Anatomie im 17. Jahrhundert (unter besonderer Berücksichtigung der Praefationes zeitgenössischer anatomischer Lehrbücher).* Kiel, 1969.

52 Vgl. William S. Heckscher. *Rembrandt's ‚Anatomy of Dr. Nicolaas Tulp'. An Iconological Study.* New York, 1958, S. 27-34; Giovanna Ferrari. „Public Anatomy Lessons and the Carnival. The Anatomy Theatre of Bologna". *Past and Present* 117 (1987), S. 50-106; Karin Stuckenbrock. *„Der zerstückte Cörper". Zur Sozialgeschichte der anatomischen Sektion in der frühen Neuzeit (1650-1800).* Stuttgart, 2001. Daher lässt sich auch die von Gottfried Richter in seinem verdienstvollen Buch getroffene Unterscheidung eines „praktisch-wissenschaftlichen" und eines „repräsentativen" Typs von anatomischen Theatern in dieser kategorialen Eindeutigkeit nicht halten. Vgl. Gottfried Richter. *Das Anatomische Theater.* Nendeln, 1977 [Nachdruck d. Ausgabe Berlin, 1936].

versität Kiel, unterscheidet für die empirisch-experimentellen Disziplinen grundsätzlich das „Laboratorium“ als dem auf die speziellen Bedürfnisse der jeweiligen Disziplin ausgerichteten Ort der Forschung vom „Acroaterium“ (Hörsaal) bzw. „Theatrum“, das nicht nur bequem, schön und geräumig, sondern auch für gelehrte wie ‚kuriose‘ Vorführungen geeignet sein soll.[53] Die Diskrepanz zwischen Forschung und Lehre, die sich auch in differenten Raumgestaltungen manifestiert, hatte Stensen ein Jahr zuvor als eine Folge unterschiedlicher Erwartungen an das jeweils zu Sehende ausgemacht: Während die Anatomen bei bestimmten Untersuchungen jedes einzelne Körperteil betrachteten, würden sie in den Schausektionen alles entfernen, was das zu zeigende Organ verdeckt.[54] Da sie entsprechend bestimmter Absichten und bestehender Lehrmeinungen demonstrierten, wäre es bloßer Zufall, wenn sie dabei etwas Neues entdeckten.[55]

In den durch die Routinen der Lehre noch verfestigten Ansichten der Anatomen sah Stensen eines der großen Probleme für den wissenschaftlichen Fortschritt. Am Beispiel des Gehirns äußerte er die Vermutung, dass die Anatomie aufgrund einer vorgeprägten Einbildungskraft ihren Gegenstand womöglich noch gar nicht richtig erfasst habe. Dessen Substanz sei so weich und formbar, dass die Hände vieler Anatomen gleichsam unbewusst genau die Formen herstellten, die sie sich aufgrund ihrer Erwartung vorstellten.[56] Wie Leibniz’ Christen in den Tropfsteinen bevorzugt Bilder ihrer Heiligen erkannten, konnte in der grauen und der weißen Substanz anatomisches Wissen unabhängig von seiner Richtigkeit Gestalt annehmen (wobei sich freilich auch in den geöffneten Körperhöhlen die christliche Imagologie entfalten konnte – etwa wenn im sezierten Herzen gottgefälliger Personen ein Kreuz gefunden wird).[57] Stensen begegnet dieser Gefahr mit dem kartesischen Gestus einer *tabula*

---

53 „Acroaterium ac Theatrum commodum, nitens, amplum, in omnem occasionem Curiosae ac Eruditae Demonstrationis.“ Johann Daniel Major. *Collegium Medico-Curiosum Hebdomadatim intra aedes privatas habendum intimat aequis Aestimatoribus studii experimentalis*. Kiel, o. J. [1670], o. P. (17. September). Zur Trennung zwischen den Räumen der Forschung und denen der Vorführung vgl. auch Steven Shapin. „The House of Experiment in Seventeenth-Century England“. *ISIS* 79 (1988), S. 399-404.

54 Vgl. Niels Stensen. *Discours de Monsieur Stenon, sur l’anatomie du cerveaux* […]. Paris, 1669, S. 37.

55 Vgl. ebd.

56 „[L]a molesse de sa substance luy est tellement obeissante, que sans y songer, les mains forment les parties, selon que l’esprit se l’est imaginé auparavant“. Ebd., S. 41.

57 Vgl. Piero Camporesi. *The Incorruptible Flesh. Bodily Mutation and Mortification in Religion and Folklore*. Cambridge u. a., 1988, S. 4f. u. passim.

rasa, wenn er von sich behauptet, nichts von seinem Untersuchungsgegenstand zu wissen, und dieses Eingeständnis der Unwissenheit als Grundlage einer unvoreingenommenen Empirie auch von seinen Fachkollegen einfordert.[58]

Während daraus für die anatomische Forschung eine präzise und detaillierte Beobachtung folgt, hält Stensen ein solches Vorgehen für die Schausektionen hingegen nicht für angebracht, weil die Zuschauer dann nicht sehen würden, was der Anatom ihnen eigentlich habe zeigen wollen.[59] Über den primären Schaucharakter der öffentlichen Zergliederungen lässt Stensen keinen Zweifel: Wie er 1673 anlässlich der Wiedereröffnung des Kopenhagener *theatrum anatomicum* feststellt, ist der Anatom „ein Zeigestab in der Hand Gottes, der auf die Besonderheiten des Körpers hinweist wie in einem erlesenen Museum".[60] Wie jedoch in fürstlichen Sammlungen oder auch in Höhlen die Gegenstände häufig erst durch die Rede von Kämmerer und Besucherführer Gestalt und Bedeutung erhielten, so war sich auch Stensen darüber im Klaren, dass im *theatrum* des geöffneten Körpers Sichtbarkeit keineswegs voraussetzungslos gegeben war, und fügt hinzu, dass die Betrachtung mit den „Augen des Geistes" durch die „Augen des Körpers" zu erfolgen habe.[61]

Dass die „Augen des Körpers" in einigen Anatomietheatern bisweilen der Unterstützung durch den Geist dringend bedurften, mochte aber auch auf den äußeren Umständen des Sehens beruhen. Michael Lysers auflagenstarkes anatomisches Vademecum *Culter anatomicus* (1653) berichtet, mancherorts sei es „zur Gewohnheit geworden, die Körper an finsteren Orten zu zerschneiden, und anstelle der Strahlen der Sonne den Kerzenschein zu bevorzugen", was der Autor „für den größten Vorteil" halte.[62] Lyser nennt den Grund für seine Auffassung nicht, doch wurde diese offenbar von anderen Anatomen geteilt. So hatte der bereits erwähnte Johann Daniel Major Anfang des Jahres 1666 im theologischen

58 Vgl. Stensen (Anm. 54), S. 1f.

59 Vgl. ebd., S. 37.

60 „Radius seu virga in manu Dei Anatomicus est, rariora corporis velut Musaei alicuius conquistissimus indicans […]." Niels Stensen. „Prooemium demonstrationum anatomicarum in theatro Hafniensi Anni 1673". *Steno. Life, Science, Philosophy.* Hg. v. Kardel Troels. Kopenhagen, 1994, S. 112f.

61 Vgl. ebd., S. 120.

62 „Quibusdam in locis consuetudo invaluit, in loco caliginoso corpora consecare ac candelam accensam prae radiis solaribus adamare, quod maxime commodum censeo." Michael Lyser. *Culter Anatomicus*. Kopenhagen, 1665, S. 12. Da Lyser zuvor die Herstellung und Nutzung eines zu Demonstrationszwecken drehbaren Seziertisches schildert, kann man annehmen, dass sich auch seine Ausführungen zur Beleuchtung auf Schausektionen beziehen.

Hörsaal der Universität Kiel eine Schausektion durchgeführt, für die nicht nur hölzerne Ränge errichtet, sondern auch alle Fenster verschlossen wurden, so dass bei Kunstlicht demonstriert werden musste. Zwei große Wachsfackeln, so notiert Major, seien an beiden Enden des Sektionstisches angebracht gewesen, während zusätzliche Kerzen in der Hand gehalten worden seien – „nach der in Padua üblichen Art".[63] Major bezieht sich damit auf das 1594 eingerichtete *theatrum anatomicum* der Universität von Padua, wo er selbst 1650 promoviert wurde. Dieses war zwar nicht, wie öfter behauptet wird, das erste permanente Anatomietheater, besaß jedoch aufgrund der überragenden Bedeutung Paduas als führende Universität für das Studium der Medizin in Europa in der ersten Hälfte des 17. Jahrhunderts eine enorme Bekanntheit und übte einen erheblichen Einfluss auf die Form späterer Theaterbauten aus.[64] Der knapp 10 Meter hohe, hölzerne Einbau mit sechs amphitheatral gestaffelten Rängen verstellte die Fenster und schnitt den Raum damit vollständig vom Tageslicht ab. Die Demonstrationen am zentralen Sektionstisch mussten daher beim Schein von „großen und kleinen Fackeln sowie Bienenwachskerzen" stattfinden, während die Zuschauer im Dunkeln standen.[65]

Die neuere Forschung hat zeigen können, dass die Errichtung des Theaters in unmittelbarem Zusammenhang mit massiven Änderungen in der inhaltlichen und formalen Gestaltung der anatomischen Lehre stand.[66] Girolamo Fabrizio ab Acquapendente, seit 1565 Professor für Anatomie in Padua, hatte bei der Universitätsleitung und der venezianischen Obrigkeit Genehmigung und Finanzierung für den Bau erwirkt, nachdem sein Unterricht zwischen 1580 und 1593 aufgrund von Protesten und Boykott durch die Studentenschaft ganze Semester ausgefallen war. Der Grund für die Unzufriedenheit mit Fabrizios Lehre beruhte in einer von ihm offenbar recht kompromisslos realisierten ‚Renaissance'

---

63 „Ansae ferreae insuper duae, utrinque una, affixae erant medio angustioris partis dictae Mensae, quibus fax cerea grandis una ac altera, crassitie carpi in Manu, more Patavii usitato, infixae radiabant." Johann Daniel Major. *Historia Anatomes Kiloniensis Primae* […]. Kiel, 1666, S. 4, §5.

64 Vgl. Gisel (Anm. 50).

65 „obscuritatem vero quam altitudo fabricae parit, faces maiores, minorisque et cera incensae candelae, sumptu publico sumbinistratae, facile vincunt." Jacopo Filippo Tomasini. *Gymnasium Patavinum* […]. Udine, 1654, I, 31, S. 78. Vgl. Richter (Anm. 52), S. 40.

66 Vgl. Cynthia Klestinec. „A History of Anatomy Theaters in Sixteenth-Century Padua". *Journal of the History of Medicine and Allied Sciences* 59.3 (2004), S. 375-412; dies. „Civility, Comportment, and the Anatomy Theater. Girolamo Fabrici and His Medical Students in Renaissance Padua". *Renaissance Quarterly* 60 (2007), S. 434-463 sowie den Beitrag von Klestinec in diesem Band.

der aristotelischen Anatomie in christlicher Ausprägung. Anders als seine Vorgänger lehrte Fabrizio nicht die von Andreas Vesalius etablierte neogalenische strukturelle Anatomie mit der Möglichkeit für die Studenten direkt am Leichnam praktisches Wissen zu erwerben. Stattdessen demonstrierte er jeweils nur einzelne, zuvor präparierte Organe, an denen er gut aristotelisch allgemeine Prinzipien darstellte, die wiederum als Ausdruck göttlicher Weisheit dienten.

Obwohl Fabrizio an seiner kaum an den praktischen Bedürfnissen der Medizinstudenten orientierten Lehre bis zum Ende seiner Amtszeit 1613 festhielt, verebbte die Kritik schon bald nach der Errichtung des *theatrum anatomicum*. Wie Cynthia Klestinec überzeugend dargelegt hat, lag dies vor allem an der neuen Zusammensetzung des Publikums und insbesondere der Anwesenheit politischer und institutioneller Autoritäten. Die Studenten waren buchstäblich eingeschlossen von den Repräsentanten der Obrigkeit in den unteren Rängen und Angehörigen anderer gesellschaftlicher Gruppen in den oberen beiden Rängen. Fabrizio schuf mit dem Theater ein Szenario der sozialen Kontrolle, indem er für ein Laienpublikum einen attraktiven Ort der Schaulust errichtete – wozu neben der anatomischen Demonstration selbst auch der feierliche Einzug der Honoratioren zu Beginn der mehrtägigen Veranstaltung zählte sowie der Einsatz von Musik.[67]

Die Verwendung von Fackeln und Kerzen wird vielleicht nicht wenig zu einer feierlichen Atmosphäre beigetragen haben, das Sehen hingegen wird durch die Lichtverhältnisse und eine Entfernung vom Leichnam von bis zu acht Metern nicht unerheblich erschwert worden sein. Dass dies ein Nachteil sein könnte, haben aber erst spätere Jahrhunderte empfunden.[68] Für die Wahrnehmung des Theaters im 17. Jahrhundert aus Sicht des Laienpublikums galt vielmehr, was der Italienreisende John Evelyn in seinem Tagebuch festgehalten hat:

> It is above that the Scholes for the Lectures of several Sciences are; but none of them comparable, or so much frequented as the Theatre for Anatomies, which is excellently contriv'd both for the dissector & spectators […].[69]

---

67 Vgl. Klestinec, „History of Anatomy Theaters" (Anm. 66), S. 404-410 sowie dies., „Civility" (Anm. 66), S. 448f.

68 Vgl. bspw. Johann Wolfgang von Goethe. „Italienische Reise". *Autobiographische Schriften III* (= Hamburger Ausgabe, Bd. 11). München, 1998, S. 60 (27. September 1786) sowie Heinrich Friedrich Isenflamm u. Johann Christian Rosenmüller (Hg.). *Beiträge für die Zergliederungskunst*. Leipzig, 1803, Bd. 2, S. 464.

69 John Evelyn. *Diary*. Hg. v. E.S. de Beer. Oxford, 1955, Bd. 2, S. 464. Die Bemerkung ist dem Juli 1645 zugeordnet, verdankt sich womöglich aber auch einer späteren Überarbeitung der Tagebücher, denn Evelyn übernimmt hier fast wörtlich

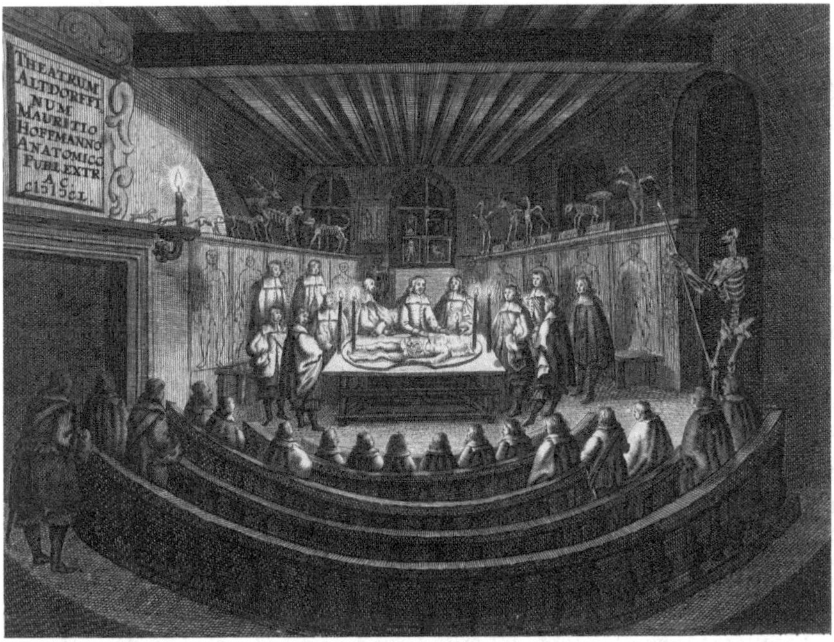

Abb. 4: Schausektion im *theatrum anatomicum* der Universität Altdorf (1650/1660).

Für die Sichtbarkeiten, die sich in ihm einstellen sollten, war die Lichtsituation offenbar zuträglich. Das Helldunkel des Theaters bewahrte die Evidenz der Rede davor, durch eine allzu große Deutlichkeit der Dinge verdunkelt zu werden.

Vor diesem Hintergrund erweckt der um 1650 entstandene Kupferstich vom *theatrum anatomicum* der Universität Altdorf (Abb. 4) keinen „geheimnisvollen, rätselhaften Eindruck" mehr und scheint auch gar nicht mehr „unwahrscheinlich".[70] Wie Major hatte auch Moritz Hoffmann, Professor für Medizin und Initiator des Altdorfer Theaters, in Padua studiert und von dort nicht nur die Anregung für eine solche Konstruktion, sondern offenbar auch für die Beleuchtungsweise derselben mitgebracht: Wie in der Schilderung der Kieler Sektion wird im Bild der Leichnam durch große Kerzen auf dem Sektionstisch und kleinere in Händen der Assistenten beleuchtet.[71] Den in der Dunkelheit sitzenden

---

die Beschreibung aus der populären Reisebeschreibung von Franciscus Schott. *Itinerarii Italiae rerumque Romanorum libri tres*. Antwerpen, 1625, S. 59.

70 Vgl. Annemarie Lipp u. Georg Gruber. *Die Kerze als Symbol des Arzttums* (= Nova Acta Leopoldina, Nr. 140) Leipzig, 1959, S. 40.

71 Die Dunkelheit findet sich in allen Darstellungen einer Sektion in diesem Theater. Vgl. Wolf-Heidegger u. Cetto (Anm. 1), S. 496 u. S. 560f. Wo das Altdorfer *thea-*

Zuschauern steht eine vom Kerzenlicht beschienene Gruppe gegenüber, bei der es sich mit großer Wahrscheinlichkeit um Hoffmann und seine Studenten handelt. Neben dieser Kontrastierung zweier Personengruppen durch Körperhaltung, Objektnähe und Helligkeit rufen auch die Tierskelette auf den Wandschränken Saenredams Höhle in Erinnerung. Empirie und Schaulust sind hier an einem Ort versammelt, die Felder von Anatomie und von *theatrum*, deren Pole vom Anatom im Zentrum und dem in äußerster Entgegensetzung befindlichen Betrachter des Bildes verkörpert werden, überlagern sich. Dass die beiden Sehweisen mitunter aber nicht eindeutig zu trennen sind, zeigt sich an den acht lebensgroßen Tafeln beiderseits des Sektionstisches. Diese „*accurat*- und nach dem Leben gemahlte Tafeln/ die mehristen Eingeweide/ Adern/ Nerven und andere Theile des menschlichen Cörpers deutlich vorstellend“,[72] wandten sich direkt an die Zuschauer in den Rängen und konnten je nach Art der Demonstration als ‚Sehhilfen‘ die perzeptive Distanz zum Leichnam überbrücken.[73] Ob gemalt wie in Altdorf oder als lebensgroße Trockenpräparate auf Holztafeln wie in vielen anderen Anatomietheatern in Europa dienten die – im Übrigen kaum zufällig in Padua erfundenen[74] – Tafeln als visuelles Pendant zum Vortrag und machten in den Höhlen des geöffneten Körpers die Strukturen sichtbar, die gesehen werden sollten. Gerade aufgrund der schwierigen Sicht konnten die Tafeln ein Problem lösen, das bereits Vesal erkannt hatte und das darin bestand, das Allgemeine im Besonderen, im Leichnam *eines* Menschen, *den* Menschen zu sehen.[75]

---

trum anatomicum ohne Sektion gezeigt wird, ist es hingegen in helles Licht getaucht (vgl. die Abbildung auf S. 12 in diesem Band). Eine weitere Darstellung einer Sektion bei Kerzenlicht in einem anatomischen Theater findet sich auf dem Frontispiz zu Ferdinand Carolus Weinhart. *Medicus officiosus, praxi rationali methodico-aphoristica, cum selectis remediorum formulis, instructus*. Nürnberg, 1715. Auch Weinhart hatte in den siebziger Jahren des 17. Jahrhunderts in Padua studiert.

72 Johann Jacob Baier. *Wahrhaffte und Gründliche Beschreibung Der Nürnbergischen Universität-Stadt Altdorff* […]. Altdorf, 1714, S. 97.

73 Eine ähnliche Rolle spielten auch die illustrierten Anatomiebücher des 17. Jahrhunderts. Vgl. Vivian Nutton. „Representation and Memory in Renaissance Anatomical Illustration“. *Imagini per conoscere. Dal Rinascimento alla Rivoluzione scientifica*. Hg. v. Fabrizio Meroi u. Claudia Pogliano. Florenz, 2001, S. 78, Anm. 77.

74 Vgl. L.M. Payne. „Tabulae Harveianae. A 17th-Century Teaching Aid“. *British Medical Journal* 2 (1966), S. 38f. Der Anatom Major bezeichnet sie als „paduanische“ Tafeln und empfiehlt sie als didaktisches Instrument. Vgl. Johann Daniel Major. *See-Farth nach der Neuen Welt/ ohne Schiff und Segel*. Hamburg, 1683, S. 66, §39.

75 Mit Verweis auf den legendären „Kanon“ des Polyklet fordert Vesalius für die öffentlichen Sektionen einen möglichst idealen bzw. ‚normalen‘ Körper. Vgl.

Eine derartig über Wort und Bild vermittelte Empirie bei der das epistemische Objekt im besten Sinne *decorum* der Rede war, d. h. der Evidenz des Vortrags diente, entspricht freilich kaum der verbreiteten Vorstellung von der frühneuzeitlichen Anatomie als wissenschaftlicher Avantgarde im Durchsetzungsprozess des Autopsieprinzips. Man darf vielleicht annehmen, dass die Schautafeln den Versuch darstellten, ein Mindestmaß an Wissensvermittlung sicherzustellen, während die Gesamtinszenierung eher auf eine Ästhetisierung und Emotionalisierung des Gegenstandes ausgerichtet war. Mit dem *theatrum anatomicum* wurde in einigen Städten ein Ort geschaffen, an dem eine mit physikotheologischer Rhetorik gerechtfertigte Schaulust mobilisiert wurde, was sowohl das Ansehen des Faches stärkte als auch erheblich zur Reputation und Attraktivität der jeweiligen Akademie oder Universität beitrug. Als im 18. Jahrhundert die Etablierungs- und Institutionalisierungsphase der Anatomie weitgehend abgeschlossen war, sah man sich bezeichnenderweise mancherorts dazu gezwungen, neue Lehrräume zu errichten, einfach weil die Licht- und Sichtverhältnisse in den bestehenden Theatern den gewandelten Anforderungen eines Anschauungsunterrichts in keiner Weise genügten.[76]

III. Epilog: Avantgarde

Die Besucher, die am Abend des 17. Januar 1938 zur Eröffnung der „Exposition Internationale du Surréalisme" in die Pariser Galerie Wildenstein gekommen waren, durften sich sicher sein, dass sie Außergewöhnliches zu sehen bekommen würden. Die Einladungskarte versprach in wohl schon gewohnt obskurer Weise eine Reihe von unvorstellbaren Attraktionen, darunter das „Erscheinen von Objekt-Wesen" (*Apparations d'êtres-object*) sowie einen „Himmel voller Fledermäuse" (*Ciel de roussettes*).[77] Vor allem aber versammelte die Galerie in drei Räumen mehr als 200 Werke von 30 Künstlern und präsentierte sich damit als großangelegte Bestandsaufnahme des internationalen Surrealismus. Die Ausstellungsgestaltung jedoch unterlief zumindest am Eröffnungsabend die-

---

Andreas Vesalius. *De humani corporis fabrica libri septem*. Basel, 1543, Buch V, xix, S. 548.

76 Vgl. bspw. Annelie Huppertz. *Die Vertreter der Anatomie und des anatomischen Unterrichts in Gießen von 1702-1748*. Gießen, 1982, S. 30.

77 Vgl. Annabelle Görgen. *Exposition Internationale du Surréalisme Paris 1938. Bluff und Täuschung – Die Ausstellung als Werk. Einflüsse aus dem 19. Jahrhundert unter dem Aspekt der Kohärenz*. München, 2008, S. 48f.

ses Konzept, indem sie die Erwartungen des Kunstpublikums bereits auf der visuellen Ebene konterkarierte. Marcel Duchamp hatte die Glasdecke des Hauptraums mit – angeblich 1200 – Kohlesäcken verhängt und somit verhindert, dass der Raum durch das künstliche Deckenlicht beleuchtet werden konnte. Ursprünglich war die einzige Lichtquelle in diesem Raum eine elektrische Lampe in einem Kohlenbecken, so dass die düstere und unruhige Oberfläche der Decke an Felsen erinnern konnte. Entsprechend wurde der Raum von Duchamp selbst wie auch von den meisten zeitgenössischen Besuchern als „Höhle“ oder „Grotte“ bezeichnet.[78] An dieser Auffassung änderte auch nichts, dass der Boden mit einer dicken Schicht Laub bedeckt war und sich in den Ecken des Raumes Gebüsche befanden. In der Dunkelheit der „Höhle“ drohten die ausgestellten Werke allerdings weitgehend zu verschwinden.[79] Wie sich Duchamp später erinnerte, habe Man Ray, der im Ausstellungskatalog als „Maître des lumières“ rangierte, die Idee gehabt, den Besuchern Taschenlampen zu geben, um zu probieren, ob sie damit etwas würden sehen können.[80]

Der Ausstellungsbesuch als Höhlenbesichtigung und Experiment mit dem Sehvermögen. Dieses Bild verdichtet sich, wenn man sich vorstellt, dass das Publikum im Schein von Taschenlampen (frz. „torches électriques“, wörtlich: elektrische Fackeln) etwa die Dekalkomanie-Bilder von Óscar Domínguez, Marcel Jean, Georges Hugnet, André Breton u. a. betrachtete. Das Herstellungsverfahren solcher Bilder hatte schon Leibniz im Zusammenhang mit den Figuren im Stein und der Kraft der Imagination beschrieben.[81] Ein Besucher resümierte angesichts der Gesamtinszenierung entsprechend: „Man weiß nicht mehr, wo das Imaginäre beginnt.“[82] Der dunkle Raum verweigerte sich einer technischen Helligkeit, die, wie Ernst Bloch drei Jahre zuvor bemerkt hatte, weit mehr für die Vertreibung der Geistererscheinungen aus der Lebenswelt verantwortlich war, als die Aufklärung.[83] Vielmehr hatten Duchamp und Man Ray

---

78 Vgl. ebd., S. 38f. sowie Pierre Cabanne. *Entretiens avec Marcel Duchamp*. Paris, 1967, S. 152.

79 Vgl. Cabanne (Anm. 78), S. 140f.

80 Vgl. ebd., S. 153 sowie Görgen (Anm. 77), S. 32 u. 140f.

81 „Wenn du eine hölzerne Tafel mit einer öligen Flüssigkeit bestreichst, so wirst du im unregelmäßigen Auseinanderlaufen die Nachbildung der Gestalt verschiedener Dinge sehen, und wenn zwei glatte Tafeln plötzlich von einander gerissen werden, so zeichnet eine dazwischengebrachte Flüssigkeit so etwas wie Blumen ab.“ Leibniz (Anm. 27), S. 97/99.

82 Görgen (Anm. 77), S. 291, Nr. 49.

83 Vgl. Ernst Bloch. „Technik und Geistererscheinungen (1935)“. *Verfremdungen I.* Frankfurt a. M., 1963, S. 178.

einen geradezu vormodernen Ort geschaffen, an dem die Aufhebung der vermeintlich objektiven Wirklichkeit durch die Realität/en des Subjekts und seiner Sehweise/n zumindest intendiert war. Die Lichtkegel der Taschenlampen folgten dem bewussten (und vielleicht auch dem unbewussten) Willen der Besucher und stellten so – gleichsam in der Konvergenz von Lichtstrahl und ‚Sehstrahl' – die Individualität des Sehens vor Augen.

Es sei die Absicht der Künstler gewesen, so Man Ray, „die saubere, klinische Atmosphäre der meisten modernen Ausstellungen zu zerstören".[84] Dem klinischen ‚white cube' als Inbegriff des routinierten Blicks der Kennerschaft wie auch des anatomischen Blicks des Kunstmarktes und deren Logik der Verdinglichung blieben die Werke im Halbdunkel entzogen. Als ein Kritiker mit deutlich vernehmbarer Abneigung vermerkte, dass man sich „kein rechtes Bild" von den Gemälden habe machen können, erfasste er ganz ungewollt den Kern der Präsentation.[85] Die durch die Lichtverhältnisse provozierte Art der Betrachtung erinnert an die Vielansichtigkeit der Sinterfiguren, insofern eine eindeutige und verbindliche Ansicht verwehrt blieb. Paul Éluard hatte diese Dynamisierung des Sehens 1936 als wesentliche Geisteshaltung des Surrealismus zu beschreiben versucht, als er der Evidenz der Dinge, ihrer vermeintlichen Klarheit und Eindeutigkeit eine „poetische Evidenz" (*l'évidence poétique*) entgegenstellte. Diese beruhe auf dem Bewusstsein,

> daß die Beziehungen zwischen den Dingen, kaum daß sie aufgestellt sind, in den Hintergrund treten, um andere, genauso flüchtige, wirken zu lassen. […] Sehen heißt verstehen, urteilen, umformen, vergessen oder sich vergessen, sein oder verschwinden.[86]

Der Möglichkeit einer nüchternen Erfassung und Analyse der Werke hinsichtlich einer eindeutigen Bestimmung ihrer Bedeutung oder ihres künstlerischen Wertes wurde mit vielfältigen Versuchen zur Emotionalisierung des Erfahrungsraumes begegnet. Dazu zählte auch die Zurschaustellung fragmentierter Körper: Die Ausstellung versammelte auffällig viele Werke, die künstliche menschliche Körperteile mit anderen Gegenständen kombinierten, wie etwa Bretons berühmter „Cadavre exquis" oder Kurt Seligmanns „L'Ultrameuble". Die Assoziationen einiger Besucher fielen entsprechend aus: „Arme, Füße, abgetrennten Finger, zerrissene Muskeln, die Toten, diese makabren Visionen eines Leichen-

---

84 Man Ray. *Selbstporträt. Eine illustrierte Autobiografie*. München, 1983, S. 274, zit. n. Görgen (Anm. 77), S. 23.

85 Vgl. Görgen (Anm. 77), S. 287, Nr. 16.

86 Paul Éluard. „Die poetische Evidenz". *Als die Surrealisten noch recht hatten. Texte und Dokumente*. Hg. v. Günter Metken. Stuttgart, 1976, S. 255.

schauhauses".[87] Neben dem „Fragmentieren, Zerstückeln und Zerstören" als bekanntem surrealistischem Verfahren war die Ausstellung, wie Uwe Schneede hervorhebt, aber auch geprägt von einer „Lust an der Sexualisierung".[88] Diese äußerte sich zunächst in den 16 Schaufensterpuppen, die den langen Gang zum Hauptraum flankierten und von verschiedenen Künstlern gestaltet worden waren. Einige von ihnen hatten dabei bewusst den Schambereich betont – André Masson etwa hatte einen Spiegel mit Federbusch davor angebracht – um die nur bedingt reizvolle Puppe in ein erotisches Objekt zu verwandeln.[89] Wo die Anatomie im Leichnam des Individuums den Idealkörper suchte und damit Vorstellungen vom ‚normalen' Körper und die Bewertungen der Abweichung entscheidend geprägt hatte, wurde hier ein geradezu entgegengesetztes Verfahren präsentiert: Auf Grundlage standardisierter Körper wurden Variationen ihrer Gestaltung und Ausdrucksmöglichkeiten vorgeführt, womit nicht die Norm, sondern die Abweichung von ihr und die Möglichkeit des Unbestimmten als eigentliches Ziel bestimmt wurde.

Darüber hinaus bewegte sich auch Hélène Vanels halbnackt agierte Performance „L'Hystérie. L'Acte manqué" im Grenzbereich zwischen erotischer Faszination und der furchteinflößenden Unberechenbarkeit des Krankhaften.[90] Nicht zuletzt auch die Ungewissheit über den Inhalt von Duchamps Säcken, aus denen angeblich sogar Kohlenstaub herabrieselte, vermochte bei nicht wenigen Besuchern offenbar ein Gefühl der Unsicherheit oder gar Bedrohung auszulösen.[91]

Die Zusammenführung von Momenten der Angst und der Begierde ebenso wie der Verunklärung des Sehens lässt die „Exposition Internationale du Surréalisme" als Echoraum frühneuzeitlicher Schaulust erscheinen. Sie präsentierte sich als *theatrum*, in dem die heterogenen Werke durch ihre Disposition und das betont subjektive Betrachtungserlebnis des einzelnen Besuchers ihre spezifische, ephemere Bedeutung erhielten.[92] Damit weist die Ausstellungsgestaltung nicht nur voraus auf das Postdramatische Theater in der zweiten Hälfte des 20. Jahrhunderts, dessen zentrale Prinzipien von Parataxis, Simultaneität und Überfülle den Zuschauer auffordern, eine eigene Auswahl aus dem Angebot bedeu-

87 Görgen (Anm. 77), S. 292, Nr. 53.

88 Uwe M. Schneede. *Die Kunst des Surrealismus. Malerei, Skulptur, Dichtung, Fotografie, Film*. München, 2006, S. 209.

89 Vgl. ebd. S. 206ff.

90 Vgl. Görgen (Anm. 77), S. 86f.

91 Vgl. ebd., S. 129-133.

92 Vgl. ebd., S. 49f., 57 u. 81.

tungsstiftender Elemente zu treffen.[93] Viel grundsätzlicher bricht sich hier eine essentielle Erkenntnis der Moderne Raum, dass sich die Empirie von Begehren und Interesse, von Emotion und Imagination als den wesentlichen Eigenschaften der Schaulust nicht mehr freihalten lässt.[94] Umgekehrt erweist sich die betont aktive Form der Schaulust als Subjektivierung des anatomischen Blicks, der nurmehr dem Begehren folgend die Dinge unablässig zerteilt und zu immer neuen transitorischen Kombinationen verfügt. Die ‚barocke' Lichtregie der Ausstellung kündete von der weit über den Bereich der Künste hinausreichenden Erkenntnis, dass bereits durch die Art der Betrachtung die Dinge ihre Evidenz im Helldunkel der Möglichkeiten verloren.

LITERATURVERZEICHNIS

Agricola, Georg. *Zwölf Bücher vom Berg- und Hüttenwesen*. Übs. v. Carl Schiffner. München, 1994.

Baier, Johann Jacob. *Wahrhaffte und Gründliche Beschreibung Der Nürnbergischen Universität-Stadt Altdorff* [...]. Altdorf, 1714.

Baltrušaitis, Jurgis. *Imaginäre Realitäten. Fiktion und Illusion als produktive Kraft*. Übs. v. Henning Ritter. Köln, 1984.

Behrens, Georg Henning. *Hercynia curiosa i.e. Curiöser Hartz-Wald* [...]. 3. Aufl. Nürnberg u. Altdorf, 1720.

Berra, Giacomo. „Immagini casuali, figure nascoste e natura antropomorfa nell'immaginario artistico rinascimentale". *Mitteilungen des Kunsthistorischen Instituts in Florenz* 2.3 (1999), S. 358-419.

Bloch, Ernst. „Technik und Geistererscheinungen (1935)". *Verfremdungen I*. Frankfurt a. M., 1963, S. 177-185.

Blumenberg, Hans. *Höhlenausgänge*. Frankfurt a. M., 1996.

Bonaventura [Ernst August Friedrich Klingemann]. *Nachtwachen*. Hg. v. Wolfgang Paulsen. Stuttgart, 1990.

Brednich, Rolf Wilhelm (Hg.). *Enzyklopädie des Märchens. Handwörterbuch zur historischen und vergleichenden Erzählforschung*. 12 Bde. Berlin, 1977ff.

Bürger, Karl. „Die Baumannshöhle. Geschichte eines Harzer Naturdenkmals". *Zeitschrift des Harz-Vereins für Geschichte und Altertumskunde* 63 (1930), S. 82-106, S. 161-183 u. 64 (1931), S. 150-175.

Cabanne, Pierre. *Entretiens avec Marcel Duchamp*. Paris, 1967.

---

93 Vgl. Hans-Thies Lehmann. *Postdramatisches Theater*. Frankfurt a. M., 2005, S. 146-155. Für Lehmann gehört die „Exposition Internationale du Surréalisme" aufgrund ihrer Betonung der „Eigenkreativität" der Betrachter zur Vorgeschichte des Postdramatischen Theaters. Vgl. ebd., S. 110ff.

94 Vgl. dazu grundlegend Georges Devereux. *Angst und Methode in den Verhaltenswissenschaften* [1967]. Übs. v. Caroline Neubaur u. Karin Kersten. Frankfurt a. M., 1984.

Camporesi, Piero. *The Incorruptible Flesh. Bodily Mutation and Mortification in Religion and Folklore*. Cambridge u. a., 1988.

Cervantes Saavedra, Miguel de. *Der sinnreiche Junker Don Quijote von der Mancha*. Übs. v. Ludwig Braunfels. München, 1979.

Daston, Lorraine u. Katharine Park. *Wunder und die Ordnung der Natur 1150-1750*. Übs. v. Sebastian Wohlfeil u. Christa Krüger. Frankfurt a. M., 2002.

Deleuze, Gilles. *Foucault*. Übs. v. Hermann Kocyba. Frankfurt a. M., 1992.

Devereux, Georges. *Angst und Methode in den Verhaltenswissenschaften* [1967]. Übs. v. Caroline Neubaur u. Karin Kersten. Frankfurt a. M., 1984.

Éluard, Paul. „Die poetische Evidenz". *Als die Surrealisten noch recht hatten. Texte und Dokumente*. Hg. v. Günter Metken. Stuttgart, 1976, S. 253-259.

Evelyn, John. *Diary*. Hg. v. E.S. de Beer. 6 Bde. Oxford, 1955.

Federhofer, Marie-Theres (Hg.). *Naturspiele. Beiträge zu einem naturhistorischen Konzept der Frühen Neuzeit* (= Cardanus. Jahrbuch für Wissenschaftsgeschichte, Bd. 6). Heidelberg, 2006.

Ferrari, Giovanna. „Public Anatomy Lessons and the Carnival. The Anatomy Theatre of Bologna". *Past and Present* 117 (1987), S. 50-106.

Findlen, Paula. „Jokes of Nature and Jokes of Knowledge. The Playfulness of Scientific Discourse in Early Modern Europe". *Renaissance Quarterly* 2 (1990), S. 292-331.

Foucault, Michel. *Die Ordnung der Dinge. Eine Archäologie der Humanwissenschaften*. Übs. v. Ulrich Köppen. Frankfurt a. M., 1999.

Gantner, Joseph. *Leonardos Visionen von der Sintflut und vom Untergang der Welt. Geschichte einer künstlerischen Idee*. Bern, 1958.

Ginzburg, Carlo. „Spurensicherung". *Spurensicherungen. Über verborgene Geschichte, Kunst und soziales Gedächtnis*. Übs. v. Karl Friedrich Hauber. München, 1988, S. 78-125.

Gisel, Alfred. „Amphitheater, Theatrum anatomicum, Auditorium, Domus anatomica". *Körper ohne Leben. Begegnung und Umgang mit Toten*. Hg. v. Norbert Stefenelli. Wien, Köln u. Weimar, 1998, S. 643-648.

Görgen, Annabelle. *Exposition Internationale du Surréalisme Paris 1938. Bluff und Täuschung – Die Ausstellung als Werk. Einflüsse aus dem 19. Jahrhundert unter dem Aspekt der Kohärenz*. München, 2008.

Goethe, Johann Wolfgang von. „Campagne in Frankreich". *Autobiographische Schriften II* (= Hamburger Ausgabe, Bd. 10). München, 1998, S. 189-363.

Goethe, Johann Wolfgang von. „Italienische Reise". *Autobiographische Schriften III* (= Hamburger Ausgabe, Bd. 11). München, 1998.

Happel, Eberhard Werner. *Gröste Denkwürdigkeiten der Welt Oder so genannte Relationes Curiosae*. 5 Bde. Hamburg, 1683-1691.

Hardt, Hermann von der. „Descriptio speluncae ad sylvam Hercyniam in agro Brunsvicensi sita, vulgo Baumanniae dicta". *Acta eruditorum* Juli (1702), S. 305-308.

Heckscher, William S. *Rembrandt's ‚Anatomy of Dr. Nicolaas Tulp'. An Iconological Study*. New York, 1958.

Hellwig, Christoph von. *Anmuthige Berg-Historien/ Worinnen Die Eigenschafften und Nutz der Metallen, Mineralen, Erden/ Edel- und andern Steinen beschrieben* […]. Leipzig, 1702.

Hodges, Devon L. *Renaissance Fictions of Anatomy*. Amherst, 1985.

Huppertz, Annelie. *Die Vertreter der Anatomie und des anatomischen Unterrichts in Gießen von 1702-1748*. Gießen, 1982.

Isenflamm, Heinrich Friedrich u. Johann Christian Rosenmüller (Hg.). *Beiträge für die Zergliederungskunst*. 2 Bde. Leipzig, 1800 u. 1803.

Janson, Horst Waldemar. „The ‚Image Made by Chance‘ in Renaissance Thought“. *16 Studies*. Hg. v. Patricia Egan. New York, 1974, S. 54-69.

Jay, Martin. „Die skopischen Ordnungen der Moderne“. *Leviathan* 2 (1992), S. 178-195.

Kempe, Stephan u. Fritz Reinboth. „Die beiden Merian-Texte von 1650 und 1654 zur Baumannshöhle und die dazugehörigen Abbildungen“. *Die Höhle. Zeitschrift für Karst- und Höhlenkunde* 2 (2001), S. 33-45.

Kempe, Stephan u. a. „Die Baumannshöhle bei Rübeland/Harz im Spiegel der wissenschaftlichen Literatur vom 16. bis zum 18. Jahrhundert. Lateinische Quellentexte“. *Braunschweiger Naturkundliche Schriften* 1 (2004), S. 171-215.

Kircher, Athanasius. *Musurgia universalis* […]. 2 Bde. Rom, 1650.

Kircher, Athanasius. *Mundus subterraneus* […]. 2 Bde. Amsterdam, 1678.

Klestinec, Cynthia. „A History of Anatomy Theaters in Sixteenth-Century Padua“. *Journal of the History of Medicine and Allied Sciences* 59.3 (2004), S. 375-412.

Klestinec, Cynthia. „Civility, Comportment, and the Anatomy Theater. Girolamo Fabrici and His Medical Students in Renaissance Padua“. *Renaissance Quarterly* 60 (2007), S. 434-463.

Kornmann, Heinrich. *Mons Veneris, Fraw Veneris Berg* […]. Frankfurt a. M., 1614.

Lehmann, Hans-Thies. *Postdramatisches Theater*. Frankfurt a. M., 2005.

Leibniz, Gottfried Wilhelm. *Protogaea sive de prima facie telluris et antiquissimae historiae vestigiis in ipsis naturae monumentis dissertatio*. Göttingen, 1749.

Leibniz, Gottfried Wilhelm. *Protogaea* (= Werke, Bd. 1). Übs. v. Wolf von Engelhardt. Stuttgart, 1949.

Lesser, Friedrich Christian. *Lithotheologie, Das ist: Natürliche Historie und geistliche Betrachtung der Steine* […]. Hamburg, 1735.

Lesser, Friedrich Christian. *Anmerckungen von der Baumanns-Höhle* […]. 4. erw. Aufl. Nordhausen, 1745.

Lipp, Annemarie u. Georg Gruber. *Die Kerze als Symbol des Arzttums* (= Nova Acta Leopoldina, Nr. 140) Leipzig, 1959.

Lyser, Michael. *Culter Anatomicus*. Kopenhagen, 1665.

Major, Johann Daniel. *Historia Anatomes Kiloniensis Primae* […]. Kiel, 1666.

Major, Johann Daniel. *Collegium Medico-Curiosum Hebdomadatim intra aedes privatas habendum intimat aequis Aestimatoribus studii experimentalis*. Kiel, o. J. [1670].

Major, Johann Daniel. *See-Farth nach der Neuen Welt/ ohne Schiff und Segel*. Hamburg, 1683.

Meyer, Johann Heinrich. „Vortheile der Fackelbeleuchtung“. Johann Wolfgang von Goethe. „Zweiter Römischer Aufenthalt“. *Autobiographische Schriften* III (= Hamburger Ausgabe, Bd. 11). München, 1998, S. 439-441.

Nutton, Vivian. „Representation and Memory in Renaissance Anatomical Illustration“. *Imagini per conoscere. Dal Rinascimento alla Rivoluzione scientifica*. Hg. v. Fabrizio Meroi u. Claudia Pogliano. Florenz, 2001, S. 61-80.

Oldroyd, David R. *Die Biographie der Erde. Zur Wissenschaftsgeschichte der Geologie*. Übs. v. Michael Bischoff. Frankfurt a. M., 2007.

Payne, L.M. „Tabulae Harvenianae. A 17th-century Teaching Aid“. *British Medical Journal* 2 (1966), S. 38-39.

Platon. *Politeia* (= Werke in acht Bänden, Bd. 4). Hg. v. Gunther Eigler. Übs. v. Friedrich Schleiermacher. Darmstadt, 1973.

Porezag, Karsten. *Des Bergmanns offenes Geleucht. Unschlichtlampen, Öllampen, Kerzenlampen*. 2. erw. Aufl. Essen, 1982.

Richter, Gottfried. *Das Anatomische Theater*. Nendeln, 1977 [Nachdruck d. Ausgabe Berlin, 1936].

Rohr, Julius Bernhard von. *Merckwürdigkeiten des Vor- oder Unter-Hartzes* […]. Frankfurt u. Leipzig, 1736.

Rupp, Jan C.C. „Matters of Life and Death. The Social and Cultural Conditions of the Rise of Anatomical Theatres. With Special Reference to Seventeenth Century Holland". *History of Science* 28 (1990), S. 263-287.

Scilla, Agostino. *La vana speculazione disingannata dal senso*. Neapel, 1670.

Scheurleer, Theodoor H. Lunsingh. „Un amphithéâtre d'anatomie moralisée". *Leiden University in Seventeenth Century*. Hg. v. dems. Leiden, 1975, S. 216-277.

Schneede, Uwe M. *Die Kunst des Surrealismus. Malerei, Skulptur, Dichtung, Fotografie, Film*. München, 2006.

Schott, Franciscus. *Itinerarii Italiae rerumque Romanorum libri tres*. Antwerpen, 1625.

Schulze Altcappenberg, Hein-Theodor u. Michael Thimann (Hg.). *Disegno. Der Zeichner im Bild der Frühen Neuzeit* [Ausst.kat.]. Berlin, 2007.

Shapin, Steven. „The House of Experiment in Seventeenth-Century England". *ISIS* 79 (1988), S. 373-404.

Stensen, Niels. *De solido intra solidum naturaliter contento dissertationis prodromus*. Florenz, 1669.

Stensen, Niels. *Discours de Monsieur Stenon, sur l'anatomie du cerveaux* […]. Paris, 1669.

Stensen, Niels. „Prooemium demonstrationum anatomicarum in theatro Hafniensi Anni 1673". *Steno. Life, Science, Philosophy*. Hg. v. Kardel Troels. Kopenhagen, 1994, S. 112-127.

Stuckenbrock, Karin. *„Der zerstückte Cörper". Zur Sozialgeschichte der anatomischen Sektion in der frühen Neuzeit (1650-1800)*. Stuttgart, 2001.

Tasche, Wilhelm. *Die Anatomischen Theater und Institute der deutschsprachigen Unterrichtsstätten (1500-1914)*. Köln, 1989.

Tomasini, Jacopo Filippo. *Gymnasium Patavinum* […]. Udine, 1654.

Thompson, Stith. *Motif-Index of Folk Literature. A Classification of Narrative Elements in Folktales, Ballads, Myths, Fables, Mediaeval Romances, Exempla, Fabliaux, Jest-Books and Local Legends*. 6 Bde. Kopenhagen, 1955-1958.

Uffenbach, Zacharias Conrad von. *Merckwürdige Reisen durch Niedersachsen Holland und Engelland. Erster Theil*. Ulm u. Memmingen, 1753.

Uhsemann, Ernst. *Die Rechtfertigung der Anatomie im 17. Jahrhundert (unter besonderer Berücksichtigung der Praefationes zeitgenössischer anatomischer Lehrbücher)*. Kiel, 1969.

van Mander, Karel. *Das Lehrgedicht*. Übs. v. R. Hoecker. Den Haag, 1916.

Vesalius, Andreas. *De humani corporis fabrica libri septem*. Basel, 1543.

Weinhart, Ferdinand Carolus. *Medicus officiosus, praxi rationali methodico-aphoristica, cum selectis remediorum formulis, instructus*. Nürnberg, 1715.

Wolf-Heidegger, Gerhard u. Anna Maria Cetto. *Die anatomische Sektion in bildlicher Darstellung*. Basel u. New York, 1967.

Zedler, Johann Heinrich. *Grosses vollständiges Universal-Lexicon* […]. 64+4 Bde. Halle u. Leipzig, 1732-1754.

Zeiller, Martin u. Matthäus Merian. *Topographia und Eigentliche Beschreibung Der Vornembsten Städte, Schlösser auch anderer Plätze und Örter in denen Hertzogthümern Braunschweig und Lüneburg* […]. Franckfurt, 1654.

ANDREA CARLINO

Leichenzergliederung als soziales Drama im Europa der Frühen Neuzeit

Vor einigen Jahrzehnten führte der Anthropologe Victor Turner den Begriff des sozialen Dramas in die anthropologische und kulturwissenschaftliche Forschung ein.[1] Dieser Begriff impliziert, wie Bedeutung und Wirkung traumatischer Ereignisse, Brüche und Krisen innerhalb einer Gesellschaft durch organisierte Rituale und andere theatrale Situationen ausgehandelt werden. Ich möchte hier die Idee des sozialen Dramas auf das Ritual der anatomischen Zergliederung im Europa des 16. und 17. Jahrhunderts übertragen, um damit eine Interpretation sowohl der Theatralität der anatomischen Vorlesungen vorzuschlagen als auch der kulturellen und sozialen Bedeutung, die den verschiedenen Phasen (oder Szenen), die zum Arrangement dieses öffentlichen Rituals gehörten, zugeschrieben wurden. Diese Zugangsweise hat zur Folge, dass anatomische Zergliederungen im engen Zusammenhang mit anderen Praktiken der körperlichen Bestrafung gesehen werden müssen, bei denen Fragmentierung und Theatralität unweigerlich miteinander verknüpft sind.

Das Schicksal eines einzelnen emblematischen Falls mag sich als nützlich erweisen, um nachvollziehbar zu machen, auf welche Weise die verschiedenen Phasen und Szenen ineinandergreifen. Rodolfo di Bernabeo ist ein Name, der kaum jemandem etwas sagen wird. Er ist nur einer von vielen, die vor ungefähr 400 Jahren gelebt haben, ein Mann, den die Geschichte vergessen hat und der nun durch einen zufälligen Archivfund aus seiner Vergessenheit befreit wird. Seine Geschichte soll dazu dienen, eine monolithische, dabei jedoch simplifizierende historiografische Sicht auf die Anatomie der Renaissance zu revidieren.

---

1 Vgl. dazu insbesondere das zweite und dritte Kapitel aus Victor Turner. *From Ritual to Theatre. The Human Seriousness of Play*. New York, 1982. Die Theorie des sozialen Dramas entwickelte Victor Turner bereits zuvor in Victor Turner. *Schism and Continuity in an African Society. A Study of Ndembu Village Life*. Manchester, 1957.

Ich möchte Bernabeos Geschichte erzählen und dabei zu zeigen versuchen, inwiefern das theatrale Schema, das der Vorführung der anatomischen Zergliederung im Rom des 16. Jahrhunderts zugrunde liegt, eine Reflektion auf Ideen ermöglicht, die jenseits des angestammten Gebiets der ‚Naturwissenschaft' angesiedelt sind – wie etwa ‚Grausamkeit' und ‚Vergebung'; und dass diese dementsprechend die Vorführung der Anatomie und Sektion gliedern, festlegen und ihr einen Sinn zuweisen, der weit über den Wert hinausreicht, der durch Praktiken verliehen wird, bei denen es ausschließlich auf intellektuelle und wissenschaftliche Bewertungen ankommt. Meine These wird vielmehr sein, dass die öffentlichen anatomischen Vorlesungen zu einem großen Teil unverständlich bleiben müssen, wenn man sie nicht auf allgemeinere Weise im Rahmen des moralischen und emotionalen Umfelds untersucht, deren leises Echo in den Riten und anatomischen Theatern widerhallt, in denen diese Vorlesungen stattfanden.

Bernabeos Leichnam ist nur einer von vielen, die in Rom bei öffentlichen Anatomievorlesungen seziert wurden. Die bei diesen Gelegenheiten verwendeten Körper waren in mehrfacher Hinsicht eigentümlich, weil sie in besondere soziale und moralische Kategorien fielen. In diesen Kategorien spiegelte sich dieselbe Logik wider, die durch das komplexe akademische und soziale Ritual festgelegt wurde, das die Praxis der Zergliederung im Rom des 16. Jahrhunderts bestimmte. Das Zerschneiden eines Leichnams war – und das mag heute noch gelten – kein unschuldiger Vorgang: Es bedeutete die Begegnung mit Tod und mit Blut, mit Zerstückelung und dem Verlust körperlicher Integrität sowie dem Aufschub des Begräbnisses. Allesamt Handlungen, die aus anthropologischer, moralischer und religiöser Sicht zwiespältige Konnotationen haben.

In einem 1502 in Venedig veröffentlichten Text legt Alessandro Benedetti einige der Kriterien dar, nach denen die zu zergliedernden Leichname ausgewählt wurden: Die Opfer waren unedler Geburt (*ignobiles*), unbekannt (*ignoti*) und stammten aus weit entfernten Gegenden.[2] Ähnliche Kriterien finden sich auch explizit in Regelungen aus dem 16. Jahrhundert für die öffentlichen anatomischen Theater in italienischen Städten, wo diese Schauspiele aufgeführt wurden. In Padua war es bei-

2 Vgl. Alessandro Benedetti. *Historia corporis humani sive Anatomice*. Hg. u. übs. v. Giovanna Ferrari. Florenz, 1998, S. 84: „Ad resectionem igitur ignobiles, ignoti, ex longinquis regionibus, sine vicinitatis iniuria propinquorumque nota, iure duntaxat peti possunt. Suspendioque strangulati deliguntur, mediocris aetatis, non gracilis, non obesi corporis, staturae maioris, ut uberior materia evidentiorque sit spectantibus."

spielsweise nach der im 16. Jahrhundert geltenden Universitätssatzung erlaubt, pro Jahr zwei Leichen zu sezieren. Der Leichnam musste von einer zum Tode verurteilten Person stammen und durfte überdies nicht aus der Gegend um Padua oder Venedig kommen. Nach einem Dekret, mit welchem Cosimo I. die Lehre der Anatomie etablierte, wurde in Pisa festgelegt, dass weder Leichname von Bürgern aus Pisa oder Florenz verwendet werden durften noch solche von Doktoren oder Angehörigen der Universität. Die in Bologna zwischen 1442 und 1561 geltende Satzung schrieb vor, dass die sezierten Leichname der Verurteilten aus Gegenden zu stammen hätten, die wenigstens 50 Kilometer von der Stadt entfernt lagen. Die Satzung von 1561 gestattete dann zwar, dass auch Leichname von Verurteilten seziert werden durften, die aus den Vorstädten Bolognas stammten, aber die Regelungen schrieben vor, dass es keine ehrbaren Bürger sein durften („cives honesti non sint"), wobei mit ‚ehrbar' natürlich ‚von edler Geburt' gemeint war.[3]

Und wie war es in Rom? In der Satzung der medizinischen Fakultät von 1531 wie auch in den nachfolgend eingeführten Reformen bis in die zweite Hälfte des 17. Jahrhunderts finden sich keinerlei Hinweise auf Beschränkungen für die Auswahl der Leichen. Die einzige Klausel oder Bedingung lautete, dass es sich um den Leichnam einer zum Tode verurteilten Person zu handeln habe und dass die zu sezierende Leiche vom *Senatore* oder *Gubernatore* (also den zwei Repräsentanten der Gerichtsbarkeit Roms) auszuwählen und bereitzustellen sei.[4] Alles Weitere erfolgte nach gängiger Praxis: Die Kriterien, die in den geltenden Satzungen an italienischen Universitäten klar einzeln aufgeführt wurden, scheinen in Rom keine Rolle gespielt zu haben, und sie waren dort in

---

3 *Statuta almae universitatis dd. philosophorum et medicorum cognomento artistarum patavini gymnasii.* Padua, 1607, Kap. XXVIII. Vgl. auch Angelo Fabroni. *Historiae Academiae Pisanae.* 3 Bde. Pisa, 1791-1795, Bd. 2, S. 73f.: „Anatomia fieri non possit de corpore alicuius Civis Florentini, vel Pisani, aut alicuius Doctoris vel Scholaris." Vgl. außerdem *Statuti dell'Università e dei Collegi dello Studio Bolognese.* Hg. v. Carlo Malagola. Bologna, 1988 [Nachdruck d. Ausgabe Bologna, 1888], S. 318, Sp. 19; *Reformatio Statutorum Almi Gymnasi i Bononiensis Philosophorum at Medicorum (1561).* Alfonso Corradi. „Dello studio e dell'insegnamento dell'anatomia in Italia nel medioevo e in parte nel Cinquecento". *Rendiconti del Regio Istituto Lombardo* II.XV (1873), S. 632-649 (Anhang (C)). Ähnliche Anordnungen waren für Genua, Perugia, Modena und Mantua vorgesehen. Zu den insbesondere im 16. Jahrhundert in Italien und Rom angewandten Kriterien für die Auswahl von bei Sektionen verwendeten Leichen vgl. Andrea Carlino. *Books of the Body. Anatomical Ritual and Renaissance Learning.* Übs. v. John Tedeschi u. Anne C. Tedeschi. Chicago u. London, 1999, S. 92-98.

4 Vgl. *Bulla de Protomedici et Collegii Medicorum Urbis iurisdictione et facultatibus* (1531). Rom, 1627, Kap. 18.

der Tat nicht in Kraft. Eine Untersuchung der *Libri del Provveditore dell'Arciconfraternita di San Giovanni Decollato* (der Bruderschaft, die sich um Verbrecher kümmerte, die zu einer öffentlichen Hinrichtung verurteilt waren) und der römischen Strafgerichte ermöglichte eine Rekonstruktion individueller Profile der Personen, die im Rom des 16. Jahrhunderts zum Tode verurteilt und bei öffentlichen Anatomievorlesungen seziert wurden. Dabei wurde deutlich, dass auf Personen, die für diese Vorlesungen ausgewählt wurden – abgesehen von sehr wenigen Ausnahmen – genau jene Kriterien zutrafen, die mehr oder weniger in ganz Italien allgemein angewandt wurden und die im oben angeführten Zitat von Alessandro Benedetti aufgeführt sind.[5]

Mit Ausnahme eines einzigen Falls stammten in Rom alle sezierten Leichen von Personen, die zum Tod durch den Strang verurteilt worden waren. Dies entspricht einer doppelten, sowohl materiellen wie sozialen Logik: Einerseits wurde bei dieser Art der Hinrichtung die Integrität des Körpers bewahrt – was für anatomische Vorlesungen von zentraler Bedeutung ist – andererseits war die Hinrichtung durch den Strang, wie in den damaligen Rechtstexten erläutert wird, nur für Verbrecher der untersten sozialen Schichten vorgesehen, während Enthauptungen höher gestellten Personen vorbehalten waren. Hinrichtungen durch den Strang wurden gerade aufgrund der langwierigen öffentlichen Zurschaustellung der Leiche als höchst unehrenhaft angesehen („magis ignominiosa").[6] Zudem handelte es sich bei den Leichen aller zum Tode verurteilten Personen, die an der Universität Rom (‚Studium Urbis') seziert wurden, um Ausländer, die aus fernen Gegenden stammten und den unteren sozialen Schichten angehörten, oder doch zumindest nicht um Römer mit

---

5 Die archivalischen Dokumente zur Erzbruderschaft von San Giovanni Decollato befinden sich zum großen Teil im Besitz des *Archivio di Stato di Roma*. Die Reihe der „Libri del Provveditore" ist jedoch unvollständig und die Register zu den Jahren 1522-1557 fehlen. Vgl. dazu Luigi Firpo. „Esecuzioni capitali in Roma (1567-1671)". *Eresia e Riforma nell'Italia del Cinquecento*. Florenz, 1974, S. 307-342. Die Akten und Register zum *Tribunale del Governatore* und *Tribunale del Senatore* befinden sich ebenfalls im Staatsarchiv Rom.

6 Vgl. Prospero Farinacci. *Praxis et theoricae criminalis, pars prima. Inquisitionis, accusationis, delictorum, poenarum, carcerum*. Venedig, 1595, questio 18: „Certum est quod poena furcarum est maior poena quam poena capitis, quia magis ignominiosa." Abgesehen davon, dass der Jurist Prospero Farinacci der Autor dieser in den 1590er Jahren enorm verbreiteten strafrechtlichen Enzyklopädie des 16. Jahrhunderts war, gab er in seiner Funktion als *Luogotenente del Monsignore della Camera* den Leichnam eines zum Tode Verurteilten zur Sektion frei. Vgl. dazu Archivio di Stato di Roma. *Arciconfraternita di San Givanni Decollato*. Bd. 7.15, fol. 184r-v.

Familie und Freunden.[7] Derlei Vorsichtsmaßnahmen zählten zu den Kunstgriffen, die zivile, juristische und akademische Obrigkeit anwandten, um sicherzustellen, dass die gesamte Zeremonie der Anatomievorlesung nach den präzisen Regeln des Anstands und der öffentlichen Ruhe abgehalten werden konnte.[8] Die in Rom geltenden Regelungen beschworen unter anderem die Gefahr herauf, dass es zu Aufruhr und Tumult unter Familienangehörigen oder Freunden des Toten kommen konnte, die sich dagegen auflehnten, dass mit dem Leichnam der ihnen nahe stehenden Person ‚ungebührlich' umgegangen wurde: All dies gewährt einen Einblick in die Bedeutsamkeit von Schande und Sakrileg, die aufgrund sozialer Konventionen mit der Öffnung, Zerschneidung und Zurschaustellung von Leichen im öffentlichen Raum des anatomischen Theaters verbunden waren.

Wir sollten die bei anatomischen Vorlesungen durchgeführten Sektionen lediglich als Höhepunkt eines längeren und differenzierter gestalteten öffentlichen Rituals betrachten, das wir in seiner Gesamtheit ins Auge fassen müssen. Die verschiedenen Phasen, durch die das Ritual und seine öffentliche Orchestrierung bestimmt werden – angefangen von der gerichtlichen Verurteilung bis hin zur konkreten Hinrichtung, öffentlichen Sektion und schließlich zur Bestattung der Leiche – geben uns alle Komponenten an die Hand, die zum Verständnis der moralischen Zwecke des anatomischen Spektakels und seiner emotionalen Wirkungen erforderlich sind. Mit einer ähnlichen Herangehensweise können wir zugleich ein Verständnis für die reale und symbolische Rolle gewinnen, die von der politischen, religiösen, gerichtlichen und akademischen Obrigkeit und jenen institutionellen Organen in Rom und in ähnlicher Weise andernorts in Europa eingenommen wurde, die dieses Ritual kontrollierten, gestalteten und modifizierten.

Bei genauerem Hinsehen erweist sich der entscheidende Moment dieses Rituals, die öffentliche Sektion, tatsächlich als ein Vorgang, der für eine Öffentlichkeit bestimmt war, die weit über den Kreis der Mediziner und Gelehrten hinausging. Zudem wurden diese Spektakel in Räumen abgehalten, die man als anatomische Theater bezeichnete, und nicht hinter den verschlossenen Türen kleiner Seminarräume der Universität. Die anatomische Vorlesung war ein Ereignis, bei dem nicht nur Mediziner, Chirurgen, Bader, die geistige und politische Elite sowie

7 Für Verweise auf Archivdokumente und einzelne Profile der in Rom sezierten Leichen vgl. Carlino (Anm. 3), insbes. Kap. 2 u. Anhang.

8 Vgl. dazu Cynthia Klestinec. „Civility, Comportment, and the Anatomy Theater. Girolamo Fabrici and His Medical Students in Renaissance Padua". *Renaissance Quarterly* 60 (2007), S. 434-463.

alle Studenten der medizinischen und philosophischen Fakultät zur Teilnahme eingeladen waren, sondern auch all jene, die sich auf die eine oder andere Weise Zugang verschaffen konnten – wie zum Beispiel Philosophen, Priester, Künstler, Männer von Stand oder einfach Wissbegierige (vgl. das Frontispiz zu Andreas Vesalius' *De humani corporis fabrica* von 1543 auf S. 6 in diesem Band). Es erscheint offenkundig, dass diese Vorlesungen ein spektakuläres Ereignis waren und einen öffentlichen, theatralen Charakter besaßen, insbesondere wenn man sich vor Augen hält, dass sie mit *grida*, *avvisi* und *bandi* angekündigt wurden, dass man eine Eintrittskarte erwerben musste und dass der Vorgang der Sektion, wie beispielsweise in Padua und Leiden, durch Flötenspiel begleitet wurde.[9]

In Anbetracht der Tatsache, dass anatomische Vorlesungen öffentliche Ereignisse waren und zugleich mit einer Reihe von Prozeduren einhergingen, die den Bereich des Sakrilegs berührten, oder doch zumindest so wahrgenommen werden konnten, erscheinen die zuvor erwähnten Vorsichtsmaßnahmen bei den Auswahlkriterien für zu sezierende Leichen nunmehr in einem weniger bizarren Licht. Entscheidend wirkt insbesondere die Auswahl aufgrund der Kategorien des ‚Unbekannten' oder ‚nicht namentlich Genannten' (*ignoti*), weil die Sezierten dadurch als Personen gekennzeichnet wurden, die außerhalb oder an den Rändern der sozialen Gemeinschaft standen. Gleichfalls wurde darauf geachtet, dass die Wahl auf gemeine oder unehrenhafte Leute fiel (*ignobiles*), um die soziale Hierarchie aufrechtzuerhalten. Diese Kategorisierung ermöglichte die Konstruktion eines legitimen Raums, innerhalb dessen das anatomische Ritual mit dem gebotenen Anstand vollzogen werden konnte, ein Ritual, das ansonsten als Übertretung oder sogar tatsächlich als Sakrileg angesehen würde oder innerhalb der Gesellschaft zumindest so angesehen werden konnte.

Der sezierte, geöffnete Körper, der in Stücke gerissene, zergliederte, fragmentierte, geschmähte Körper, ist demzufolge ein unehrenhafter Körper. Mithin ein Köper, der aus der Gemeinschaft ausgeschlossen ist. Diese Charakterisierung wurde durch komplexe bürokratische Prozeduren sichergestellt, bei denen in Rom zu unterschiedlichen Zeitpunkten des Rituals Repräsentanten verschiedener Institutionen beteiligt waren: der Protomedicus, das Ärztekollegium und die Universität, der Vikar von Rom (als politische Instanz), die Erzbruderschaft San Giovanni Decollato

9 Cynthia Klestinec. „A History of Anatomy Theaters in Sixteenth-Century Padua". *Journal of the History of Medicine and Allied Sciences* 59.3 (2004), S. 375-412 u. William Brockbank. „Old anatomical theatres and what took place therein". *Medical History* XII (1968), S. 371-384.

(als Repräsentant der religiösen Obrigkeit durch päpstliche Bevollmächtigung) und der Gouverneur oder Senator (als rechtliche Instanz). Die beiden Letztgenannten spielen eine besonders wichtige Rolle, weil die Geschichte der Anatomie insgesamt – von Herophilos (ca. 330-260 v. Chr.) bis Vesalius (1514-1564) und sogar bis zum *Visible Human Project* – eine kontinuierliche Verknüpfung zwischen Sektion und Verurteilung aufweist, und infolgedessen auch zwischen Sektion/Sünde und Sektion/Überschreitung.[10] Die Tatsache, dass dem Gouverneur oder Senator, also der Gerichtsbarkeit, die Verantwortung für die Wahl des verurteilten Mannes zufiel, der dem ‚Studium Urbis' zur Sektion übergeben werden sollte, zeigt zweierlei: Auf der einen Seite ist es sowohl ein Garant für die Legitimität wie auch dafür, dass tatsächlich nur solche Personen für anatomische Vorlesungen ausgewählt wurden, die durch offizielle Verfahren sozialer Beurteilung und Rechtsprechung ordnungsgemäß aus der Gemeinschaft ausgeschlossen waren. Auf der anderen Seite zeigt es, dass die Verwendung, für die der Körper des Sünders letztlich bestimmt war, von der allein zuständigen Instanz implizit gutgeheißen wurde. Anders ausgedrückt: Es bedeutet, dass der Gang des Verurteilten zum Seziertisch der Anatomen im Rahmen einer Verurteilung zum Tode gesehen wird, das heißt als ein Teil der Hinrichtung insgesamt.

Die Legitimität dieser Beschreibung tritt klar zutage, wenn man sich vor Augen führt, dass den sezierten Leichen das gleiche Schicksal zuteil wurde wie zum Tode verurteilten Personen, deren festgesetzte Bestrafung über ihren Tod hinausreichte. Ich denke hier insbesondere an die Praxis des Vierteilens. Nach der Hinrichtung wurden die vier Stücke, in die der Köper vom Scharfrichter zerteilt worden war, über mehrere Tage zur Schau gestellt und dann durch den *Maestri della giustizia* vor die Tore der Stadt geschafft. Diese Behandlung war Verbrechern vorbehalten, die keine Reue zeigten oder besonders grausame Verbrechen

10 Das *Visible Human Project* ist eine Datenbank der US-amerikanischen *National Library of Medicine* in Bethesda, in der Bilder von zwei menschlichen Leichen gespeichert sind, die in Schnitte von einem bzw. 0,33 Millimetern zerlegt wurden. Jeder Schnitt wurde fotografiert und anschließend digitalisiert. Die Bilder sind im Internet verfügbar und werden zu Forschungs- und Ausbildungszwecken in der Medizin und Bioinformation verwendet. Vgl. Quellenstandtort online: http://www.nlm.nih.gov/research/visible/visible_human.html (20.03.2009). Der männliche Körper des „Visible Human Project" stammt von Paul Jennigan, der zum Tod verurteilt und am 5. August 1993 in Texas hingerichtet wurde. Vgl. dazu Lisa Cartwright. „A Cultural Anatomy of the Visible Human Project". *The Visible Woman. Imaging Technologies, Gender, and Science*. Hg. v. Lisa Cartwright, Paula Treichler u. Constance Penley. New York u. London, 1998, S. 21-43; Catherine Waldby. *The Visible Human Project. Informatic Bodies and Post-human Medicine*. London u. New York, 2000.

begangen hatten, aber auch Juden, Ungläubigen und Häretikern, deren Leichen nicht verbrannt wurden. Eine Vierteilung war offenkundig eine weitaus schlimmere Strafe als Erhängen oder Enthauptung und sie stand somit mit der Bestrafung größerer Verbrechen in Verbindung, die etwa einen Täter erwarteten, der mehrere Verbrechen an verschiedenen Orten begangen hatte. Die Bestrafung solcher Verbrechen wurde in derselben Weise öffentlich zur Schau gestellt, wie man es von Vierteilungen kannte, wie etwa die Öffnung des Körpers, das Ausdärmen und eine verschobene oder sogar verweigerte Bestattung.

Die gleich geartete Behandlung gevierteilter Leichen beruhte auf ähnlichen Charakteristika: wie die sezierten Leichen, so wurden auch die gevierteilten Leichen geschändet, indem sie einer Reihe von Prozeduren unterworfen wurden, die ihre Integrität zerstörten, und in beiden Fällen wurden die Körper im öffentlichen Raum ausgiebig zur Schau gestellt und für einen sehr viel längeren Zeitraum als üblich nicht bestattet.

Diese Parallelen treten ganz deutlich zutage bei einem Fall, über den unter dem Datum des 14. Januar 1587 im *Libro del Provveditore* der Erzbruderschaft San Giovanni Decollato minutiös berichtet wird. Es geht um den Fall von Rodolfo di Bernabeo. Rodolfo wird zusammen mit drei Weggefährten gehängt. Diese drei Verbrecher wurden auch gevierteilt. Im Unterschied dazu, so schrieb der *Provveditore*, wurde „Rodolfo di Bernabeo nicht gevierteilt, *sondern* auf Befehl des Monsignore, des Gouverneurs von Rom, den Gelehrten von der Sapienzia für eine anatomische Vorlesung überlassen“ [Herv. d. Verf.].[11] In den Worten des Schreibers, der dieses Dokument verfasst hat, erscheint die Sektion als eine dem Verurteilten zusätzlich auferlegte Strafe, die über die Grenzen des Todes hinausgeht. Eine Bestrafung die, wenn man sie in dieses Licht rückt, voller Bedeutung zu stecken scheint: wie die Vierteilung, so zeugt die Sektion nicht nur vom üblen Charakter des Subjekts und der sozialen Ausschließung der gemarterten Leiche, sondern hier wird die Vierteilung darüber hinaus durch die Sektion ersetzt.[12]

---

11 *San Giovanni Decollato* (Anm. 6), Bd. 7.14, fol. 54r: „Rodolfo di Bernabeo non fu squartato ma di hordine di Mons. Governatore di Roma fu dato per far notomia alli scolari della Sapienza.“ Über einen ähnlichen Fall berichtet Jacopino de’ Lancellotti am 7. März 1494 in seiner Chronik Modenas: „Fu apichato uno el quale aveva asasinato zente e morte e robate e era ordinato de squartarlo non li fu el m.o [maestro] che lo squartasse, poi fu dato a li medeci li quali lo portorno in contrada de san Zohano vecchio in caxxa de queli dal Banbaxo [medico] e li fu smembrato e fato notomia.“ Jacopino de’ Lancellotti. *Cronaca modenese*. Parma, 1862-1884, Eintrag zum 7. März 1494.

12 Es ist notwendig darauf hinzuweisen, dass dies nicht bedeutet, dass der zur Sektion ausgewählte Körper von einer Person stammen muss, die für ein Verbrechen

Die Todesstrafe beruht bekanntlich auf einer doppelten Logik: nämlich der individuellen Bestrafung einerseits und der Prävention durch ein mahnendes Beispiel andererseits: dieser da wird zum Tode durch den Strang verurteilt, weil dies Verbrechen bestraft werden muss, *und* weil es zugleich als mahnendes Beispiel dient. Todesurteile haben demzufolge sowohl eine klar erkennbare individuelle Dimension als auch eine soziale und kollektive. Die Vollstreckung des Todesurteils ist in der Tat ein öffentliches Ereignis, ein öffentliches Ritual der Grausamkeit. Es ist ein Mittel, um den sozialen Zusammenhalt durch die Repräsentation eines kollektiven Dramas zu erneuern: ein Drama, dass notwendigerweise in theatraler Form dargeboten wird, mit Schauspielern, die bestimmte, sozial festgelegte, dramatische Rollen einnehmen und vor einem Publikum spielen, das mit Rücksicht auf die soziale Hierarchie auf die Plätze verteilt ist. Ein Drama, bei dem alle Teilnehmenden moralisch und emotional eingeschlossen sind.[13]

Die Todesstrafe ist ein Drama, bei dem Tod, Blut und Gewalt sowie die kollektive Teilhabe im Zentrum stehen. In Michel de Montaignes *Journal de voyage en Italie* gibt es einen Abschnitt über eine Hinrichtung, der Montaigne am 11. Januar 1581 in Rom beigewohnt hat. Montaigne beschrieb mit großer Detailschärfe, was er dabei beobachtete:

> Als er [Montaigne] am Morgen des elften Januar die Wohung zu Pferd verließ, [...] kam er gerade hinzu, wie man Catena aus dem Kerker zur Richtstätte führte. Dieser berüchtigte Räuber und Bandenführer, von dem man sich ungeheuerliche Mordtaten erzählte, hatte ganz Italien in Furcht und Schrecken gehalten. [...] Der Herr de Montaigne machte halt, um sich das Schauspiel anzusehn: Man geht hierbei noch über den französischen Brauch hinaus und läßt vor dem Verbrecher ein schwarz verhangnes großes Kruzifix hertragen, dem zu Fuß zahlreiche mit Tuch verkleidete und maskierte Männer folgen. Es soll sich um Edelleute und andre angesehene Römer handeln, die sich dem Dienst weihen, die Verbrecher zur Hinrichtung wie die Verstorbnen zum Grab zu geleiten; zu diesem Zweck bilden sie eigens eine Bruderschaft [die Erzbruderschaft San Giovanni Decollato; Anm. d. Verf.]. Zwei der so verkleideten und maskierten Männer – vielleicht auch Mönche – befinden sich beim Verbrecher auf dem Karren und

---

verurteilt wurde, das als besonders schrecklich angesehen wurde (wie etwa im Fall von Personen, die gevierteilt wurden). Die Auswahl richtete sich vielmehr nach Verordnungen, wie wir sie weiter oben zum Beispiel bei Alessandro Benedetti oder in den Satzungen der Universität im Umriss kennen gelernt haben. Zusammen mit diesen Kriterien wurden zudem auch solche berücksichtigt, die für die ‚anatomische Qualität' des Körpers relevant waren. Wenn mehr als ein Körper von zum Tode verurteilten und zur Sektion freigegebenen Personen diesen Kriterien entsprach, dann wurde in der Regel diejenige in Betracht gezogen, bei der das ‚größere Verbrechen' vorlag.

13 Vgl. Turner (Anm. 1).

> predigen auf ihn ein; der eine hält ihm ein Bild mit der Darstellung des Heilands vors Gesicht und lässt es ihn ohne Unterlaß küssen; daher kann man das Gesicht des Verbrechers von der Straße aus nicht sehen. Noch am Galgen, der aus einem Balken zwischen zwei Pfosten bestand, hielt man dem Catena dies Bild so lange vors Gesicht, bis er von der Leiter gestoßen wurde. Er verschied wie Leute sonst im Bett: ohne zu gestikulieren, ohne ein Wort. Er war dunkelhäutig und dreißig Jahre alt, so etwa. Gevierteilt wurde er erst, nachdem er tot am Galgen hing. Hierzulande pflegt man die Verbrecher nämlich kaum *vor* dem Tod zu quälen – brutal behandelt man nur den Leichnam. Der Herr de Montaigne sah so durch dieses Schauspiel bestätigt, was er schon an anderer Stelle über das Ausmaß des Entsetzens gesagt hat, von dem das Volk über die an *toten* Körpern begangnen Grausamkeiten gepackt wird: Obwohl es während sie den *lebenden* erhängten, regungslos verharrte, schrie es mit jammervoller Stimme bei jedem Streich auf, den man der Leiche versetzte, um sie zu zerhacken. Sofort nach dem Tod des Verbrechers pflegen sich mehrere Jesuiten oder auch andre auf irgendeine Erhöhung zu stellen und der eine hier, der andre da schreiend auf das Volk einzupredigen, damit es sich das miterlebte Beispiel ja recht zu Gemüt führe.[14]

In Montaignes Beschreibung wird der doppelte Zweck, der diesem öffentlichen Ereignis zugrunde liegt, deutlich erkennbar: die spektakuläre Vorführung der Grausamkeit durch eine Hinrichtung, die für die öffentliche Wahrnehmung bestimmt ist, und zugleich ein Ritus der Vergebung und Wiedereingliederung, der sich zuerst und allein an die Selbstwahrnehmung des Verurteilten richtet. Um diesen Sachverhalt besser zu verstehen, müssen wir zu Rodolfo di Bernabeo zurückkehren. In der Nacht vor der Hinrichtung Rodolfos und seiner drei Weggefährten erhielt Rodolfo den im Prozedere vorgeschriebenen Besuch von zwei ‚Tröstern' (*confortatori*), zwei Angehörigen der Erzbruderschaft von San Giovanni Decollato, die, wie aus ihrer Benennung bereits hervorgeht, mit der Aufgabe betraut waren, die Verurteilten zu trösten und sie zur Buße und Reue für ihre Sünden zu bewegen. Genau diese beiden ‚Tröster' waren es auch, die – wie bei Montaigne beschrieben – die Verurteilten auf ihrem Weg zum Galgen begleiteten. In der neben der *Conforteria* gelegenen Kapelle wurde Rodolfo vom Kaplan zur Beichte, Messe und zur letzten Kommunion empfangen.

---

14 Michel de Montaigne. *Tagebuch der Reise nach Italien über die Schweiz und Deutschland von 1580 bis 1581.* Übs., hg. u. Essay v. Hans Stilett. Frankfurt a. M., 2002, S. 152-153. Wie an dieser Stelle erwähnt, hatte sich Montaigne bereits in seinem Essay „Über die Grausamkeit" zur Beispielhaftigkeit und zur kollektiven Dimension der Todesstrafe geäußert: „Mein Rat wäre, alle drakonischen Strafen, durch die man das Volk zur Ordnung anhalten will, erst an den Leichen der Verbrecher zu vollstrecken […]." Michel de Montaigne. „Über die Grausamkeit". *Essais*. Übs. v. Hans Stilett. Frankfurt a. M., 1998, S. 215.

Die *confortatori* nutzten alle ihnen zu Gebote stehenden Mittel, um den Verurteilten dazu zu bewegen, die Sünden, die er begangen hatte, zu bereuen. Durch das Bekenntnis seiner Schuld und somit Reue konnte der Verurteilte wieder hoffen, im Himmel Vergebung zu erlangen und also nach seinem Tod vor das Angesicht Gottes treten zu dürfen: entweder sofort oder nachdem er eine gewisse Zeit im Fegefeuer verbracht hatte. Tatsächlich konnten Verbrecher sogar für die offenkundigsten Sünden, die um der Gerechtigkeit willen mit dem Tod bestraft wurden, Vergebung erlangen, sobald sie tief bereuten und ihnen dadurch der Zugang zum Himmel gewährt wurde: In seinem 1572 erschienenen Handbuch über die Wege der Trostspendung schrieb Zenobio Medici, dass „solcherlei Strafen und Folterungen von den zum Tode Verurteilten mit einer solchen Inbrunst angenommen werden konnten, dass Galgen und Axt zum heiligen Martyrium wurden, durch das sie direkt zum Himmel segelten“.[15] Ganz ähnlich äußerte sich Bartolomeo d’Angelo in seinem *Ricordo del ben morire* von 1589, als er sich einer zum Tode verurteilten Person zuwendet. Bartolomeo schrieb:

> Du beweist, dass der gnädige Gott dich liebt, weil du auf deine Verurteilung hin sterben wirst. Was ist Gerechtigkeit, wenn sie nicht gerechtfertigt ist, was die Verurteilung zum Tode, wenn du nicht mit deinem Leben für die Schuld bezahlen musst, die deine Seele der Welt und dem Teufel für die Sünden schuldet, die du begangen hast, so dass sie [die Seele; Anm. d. Verf.] frei bleibt und zu ihrem Schöpfergott zurückkehrt?[16]

Aus den Schriften dieser Autoren geht klar hervor, dass die Todesstrafe Bestandteil einer ausgeklügelten Theologie der Vergebung ist: dazu gehört auch – neben einer Generalabsolution – dass den Verbrechern die

---

15 Zenobio Medici. *Trattato utilissimo di conforto de condannati a morte per via di giustizia* [...]. Ancona, 1572 [Nachdruck d. Ausgabe Rom, 1565], fol. 10r: „Et tanto ferventemente potrebb’essere accettata tal pena et supplizio d’uno sentenziato alla morte, che le forche et ceppo li sarebbono un santo martirio et subito senza purgatorio ne volarebbe al cielo.“ Vgl. hierzu außerdem Vincenzo Paglia. *La morte confortata. Riti della paura e mentalità religiosa a Roma nell’età moderna*. Rom, 1982.

16 Bartolomeo d’Angelo. *Ricordo del ben morire, doue s'insegna a ben viuere, & ben morire, et il modo d'aiutare a ben morire gl'infermi & di consolare, e confortare gli condennati a morte*. Brescia, 1589, S. 369: „Ti si dimostra che Dio benedetto ti ama poiché giustiziato ti fa morire. Che cosa è giustiziato, se non giustificato; che cosa è morire giustificato se non pagare con il prezzo della vita quel debito che deve l’anima al mondo e al demonio per i peccati commessi, acciocché ella rimanga libera e se ne torni al suo creatore Iddio?“ Ähnlich argumentiert ein paar Jahre später auch Roberto Bellarmino in *De arte bene moriendi* (1620). Vgl. Roberto Bellarmino. *Le sette parole di Cristo in croce. L’arte di ben morire*. Hg. u. übs. v. Celestino Testore. Turin, 1946, S. 418.

im Fegefeuer zu erleidenden Strafen für begangene Sünden erlassen werden, oder zumindest ein merklicher Teil davon. Zenobio Medici geht noch weiter und gibt ganz offen zu verstehen, dass Hinrichtungen als „ein heiliges Martyrium“ (*un santo martirio*) aufgefasst werden können. All dies trifft insoweit zu, als die reuige und bußfertige Seele eines verurteilten Mannes unweigerlich in den Himmel kommen muss, oder schlimmstenfalls ins Fegefeuer. Die Hölle stand nur denjenigen bevor, die hingerichtet wurden, ohne ihre Sünden zu bereuen, oder den Ungläubigen und Häretikern. Wir haben es hier also mit einem Standpunkt zu tun, der die Beziehung zwischen irdischer und göttlicher Gerechtigkeit, zwischen dem bestraften Körper und der geläuterten Seele enthüllt. Die irdische Verurteilung richtet sich vor allem gegen den bestraften Körper. Ein solches Urteil fungiert gleichsam als ein Prozess der Sühne und Reinigung von den begangenen Sünden, ein Prozess, der für die Seele des Verurteilten vorteilhaft ist und der zudem mit der Erlösung und Reinigung vor den Augen des himmlischen Gerichts einhergeht. Rodolfo büßt für seine Sünden also mit der Schändung seines Körpers durch die Todesstrafe, aber im Austausch dafür wird ihm zugleich die Rettung und Erlösung seiner Seele in Aussicht gestellt.

Nachdem Rodolfo und seine Weggefährten ihre Schuld bekannt und ihre Reue für die begangenen Sünden zum Ausdruck gebracht haben, gelten sie als bereit für die Hinrichtung. In den frühen Morgenstunden trifft der Scharfrichter ein und legt ihnen zur Vorbereitung auf das Hängen den Strick um den Hals. Die Bruderschaft singt Litaneien und einer der beiden *confortatori* hält eine kleine Tafel mit einer Abbildung der Passion Christi oder des Martyriums eines Heiligen direkt vor das Gesicht des verurteilten Mannes: Dies ist erneut eine Verheißung auf Erlösung durch die Aufopferung des Körpers (Abb. 1 u. 2).[17]

So verlassen die Gefangenen den Kerker. Unterwegs schließen sich ihnen weitere Angehörige der Bruderschaft an. Es bildet sich eine Prozession, angeführt vom Messner und den Angehörigen der Bruderschaft, die das Kreuz und die Fackeln tragen. Es folgen die Verurteilten und die beiden *confortatori*, die inzwischen in einer von zwei Pferden gezogenen Kutsche sitzen, und im Anschluss daran die ‚Amtspersonen‘ (*birri*). Hinter ihnen und von allen Seiten versammelte sich üblicherweise eine

---

17 Näheres zur kleinen Tafel der Erzbruderschaft von San Giovanni Decollato bei David Freedberg. *The Power of Images. Studies in the History and Theory of Response*. Chicago u. London, 1989, S. 5-9. Vgl. auch Samuel Y. Edgerton. „A Little-Known ‚Purpose of Art‘ in the Italian Renaissance“. *Art History* 2 (1979), S. 45-61 u. Jean S. Weisz (Hg.). *Pittura e Misericordia. The Oratory of San Giovanni Decollato in Rome*. Ann Arbor, 1984.

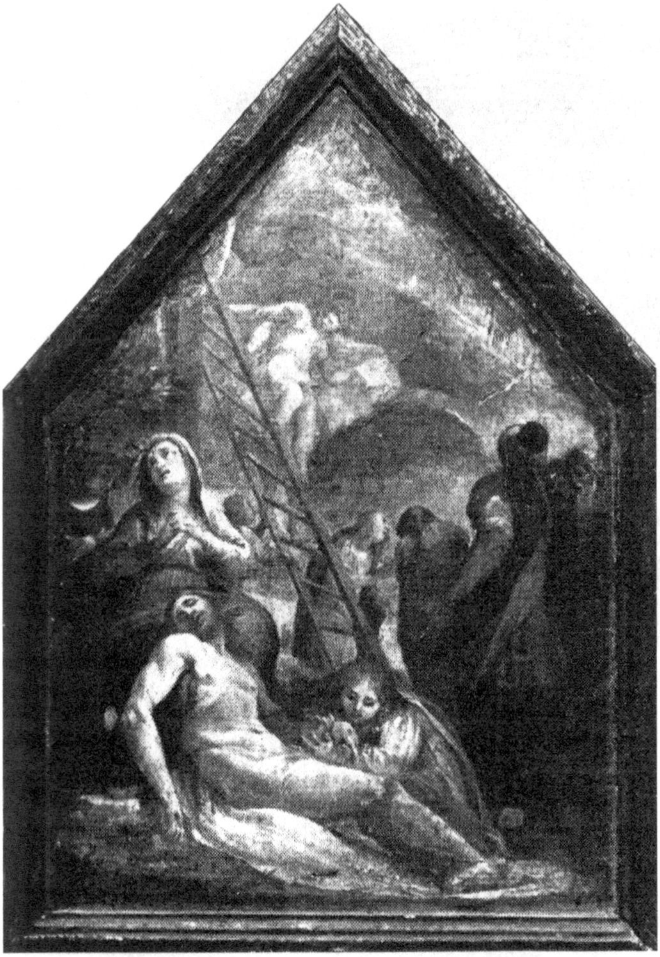

Abb. 1: Anonym. *Beklagung Jesu Christi*. Öl auf Holz (17. Jahrhundert), Erzbruderschaft San Giovanni Decollato, Rom.

Menge neugieriger Zuschauer. Jetzt erreicht die Prozession die Richtstätte: den Platz vor der Brücke von Sant'Angelo. Die Mönche der Bruderschaft singen fortwährend Litaneien und die *confortatori* halten dem Verurteilten das Heiligenbild unablässig direkt vor Augen. Nachdem die Brücke erreicht ist, wird den Verurteilten die Absolution erteilt. Sie sprechen ihre letzten Gebete in der bei der Brücke liegenden Kapelle, die ebenfalls zur Erzbruderschaft von San Giovanni Decollato gehört. Schließlich wendet sich der Verurteilte seiner Richtstätte zu und nähert sich dem Galgen von der Rückseite, nur der Scharfrichter, ein *confortatore* und die Tafel mit dem Heiligenbild begleiten ihn auf das Podest.

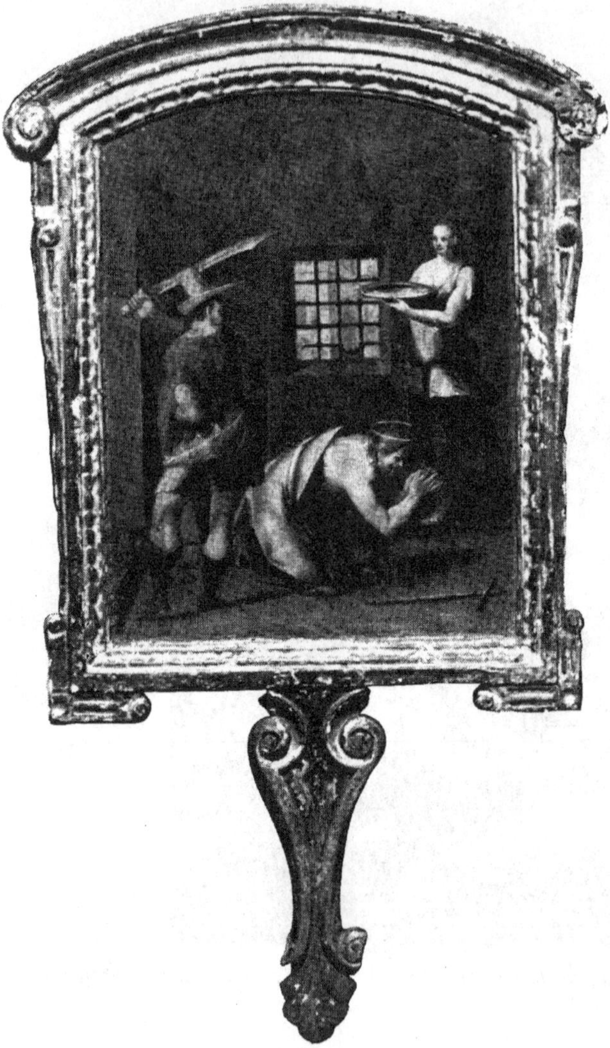

Abb. 2: Anonym. *Die Enthauptung von Johannes dem Täufer*. Öl auf Holz (17. Jahrhundert), Erzbruderschaft San Giovanni Decollato, Rom.

Nachdem Rodolfo die Stufen hinaufgestiegen ist und sich in die Leere vor dem Galgen gestürzt hat, führt das Zusammenwirken der *tirapiedi* und des Scharfrichters, der seine Schultern festhält, beinahe sofort zum Tod. Zu diesem Zeitpunkt verlassen die Zuschauer und die an der Zeremonie beteiligten Schauspieler den Ort der Hinrichtung; der Gehängte bleibt zur öffentlichen Bekanntmachung und als Exempel bis in den späten Abend am Galgen hängen.

Der Befehl, Rodolfos Körper im Namen des Gouverneurs den Gelehrten der Sapienza zu übergeben, wurde vermutlich im Laufe der auf die Hinrichtung folgenden Nacht ausgegeben, während dreißig Mönche der Bruderschaft – die so genannten *Trenta della sera* – sich in der Kirche von S. Orsola versammelten, um sich auf die Bergung des Leichnams vorzubereiten. Nachdem sie die Anweisung gelesen hatten, die ihnen durch einen Boten oder durch Bevollmächtigte der Anatomie (*ministri dell' anotomia*) überbracht wurde, gingen die Mönche wie üblich zur Brücke und nahmen die Körper der Verurteilten vom Galgen. Die zur Sektion bestimmten Körper wurden sodann den Gelehrten der Sapienza (*scolari della sapienza*) übergeben, die auch für den Transport zum anatomischen Theater verantwortlich waren. Wahrscheinlich noch am selben Nachmittag wurde Rodolfos Körper dort öffentlich seziert, während die vier Teile der Gevierteilten als Exempel aus Rom weggeschafft wurden.

Bei anatomischen Vorlesungen wurde für gewöhnlich über drei oder vier Tage hinweg dieselbe Leiche seziert. Diese Vorlesungen wurden vom üblichen Publikum besucht: Dozenten der Medizin und Philosophie, Studierenden beider Fakultäten, Ärzten, Chirurgen, Badern, Repräsentanten sowohl der akademischen wie der politischen Obrigkeit, ausgewählten Gästen und Neugierigen. Für all diese Leute, ebenso wie für all jene, die auf direkte oder indirekte Weise an der Organisation der Vorlesungen beteiligt waren, wurde der doppelte Zweck des Ereignisses – die Entweihung der sterblichen Überreste und die entsprechende Glorifizierung der Seele des Verurteilten – im Ritus der Sektion weiter fortgesetzt. Die Anatomievorlesung wurde, in derselben Weise wie die Todesstrafe, als Opfer oder Martyrium gelesen und interpretiert.

Am 15. Februar, etwa einen Monat nach der Hinrichtung, wird in den Akten mit einer ebenso ungewöhnlichen wie makabren Formulierung die Rückgabe der sterblichen Überreste von Rodolfo an die Bruderschaft verzeichnet:

> Der Kaplan versicherte dem *Provveditore*, dass die Doktoren den Körper zurückgeschickt hätten, oder vielmehr die Knochen und das Fleisch des Körpers von Rodolfo Bernabeo, der am 15. Januar des vorigen Monats für eine anatomische Vorlesung zur Verfügung gestellt worden war, und dass sie an der üblichen Stelle bestattet wurden.[18] [Herv. d. Verf.]

---

18 *San Giovanni Decollato* (Anm. 6), Bd. 7.14, fol. 56v: „Il cappellano referse al Provveditore essere stato rimandato da notomisti il corpo o fussero le ossa e carne del corpo [...] che si dette al 15 gennaio passato di Rodolfo Bernabeo per farne notomia e che era stato sepolto nel luogo solito.“

In den Satzungen der medizinischen Fakultät wird dies folgendermaßen erläutert: „Nach Abschluss der Zergliederung sollen Bestattungsriten abgehalten und für die Seele des Verstorbenen wenigstens zwanzig Messen gefeiert werden."[19] Diese Vorgehensweise ruft erneut den Anstand der Prozedur auf, den Diskurs der Vergebung zu unterstreichen, der dem Ritual der anatomischen Vorlesungen zugrunde liegt, und die Seele zu entlohnen, die einst in jenem Körper wohnte.

Der doppelte Diskurs der am Körper verübten öffentlichen Grausamkeit einerseits und der individuellen, der Seele des Verurteilten zugesicherten Vergebung andererseits, manifestierte sich in den Ritualen der öffentlichen Hinrichtung ganz genauso wie in den anatomischen Zergliederungen, die im 16. Jahrhundert in Rom durchgeführt wurden. Darüber hinaus wurden die Sektionen den Ritualen der öffentlichen Hinrichtung rituell eingeschrieben. Die eigentliche Bedeutung dieses Diskurses enthüllt und artikuliert sich meines Erachtens in der Tafel, die den zum Tode Verurteilten von den *confortatori* vor Augen gehalten wurde. In diesem außergewöhnlichen Augenblick nehmen die Abbildungen der Passion Christi und des Martyriums der Heiligen jene spezifische Bedeutung an, die diese Szenen für die Gläubigen insgesamt und insbesondere für die zum Tode Verurteilten hatten: sie werden *exempla*, die den Ritualen des Todes und der öffentlichen Grausamkeit einen anderen Sinn zuweisen, *exempla*, deren Ziel es ist, gesellschaftliche Grausamkeit durch eine individuelle Erlösung in gesellschaftliche Vergebung umzuwandeln. In den Augen der Verurteilten rufen diese Abbilder also zur Selbst-Identifikation auf: Durch sie können sie sich selbst als ‚Sünder' begreifen, die nach Martyrium, Gewalt und körperlichen Strafen wieder vor den Richtstuhl der Gerechten treten. Die Abbilder verdoppeln sich, sie werden zum Spiegel, zur ‚Repräsentation'.[20] Eine ähnliche Logik wird durch die komplexen anatomischen Rituale erzeugt, eine weitere makellose und mächtige ‚Repräsentation', die an ihrem Kulminationspunkt eine Szenerie entfaltet, die mit einer doppelten und nur scheinbar widersprüchlichen Bedeutung versehen ist: ein Theater der Grausamkeit und der Erlösung.

Übersetzung: Jürgen Müller

---

19 *Bulla de Protomedici* (Anm. 4), Kap. 18: „Post finitam anathomiam fiant ei exequiae, et pro anima illius celebrentur ad minus viginti Missae."

20 Diese Abbilder funktionieren als „Repräsentationen" in dem Sinn, wie es von Carlo Ginzburg diskutiert wurde. Vgl. Carlo Ginzburg. „Rappresentazione. La parola, l'idea, la cosa". *Occhiacci di legno. Nove riflessioni sulla distanza.* Milan, 1998, S. 82-89 sowie Hans Belting. *Bild-Anthropologie. Entwürfe für eine Bildwissenschaft.* München, 2001.

LITERATURVERZEICHNIS

Angelo, Bartolomeo d'. *Ricordo del ben morire, doue s'insegna a ben viuere, & ben morire, et il modo d'aiutare a ben morire gl'infermi & di consolare, e confortare gli condennati a morte*. Brescia, 1589.

Archivio di Stato di Roma. *Arciconfraternita di San Givanni Decollato.*

Bellarmino, Roberto. *Le sette parole di Cristo in croce. L'arte di ben morire*. Hg. u. übs. v. Celestino Testore. Turin, 1946.

Belting, Hans. *Bild-Anthropologie. Entwürfe für eine Bildwissenschaft*. München, 2001.

Benedetti, Alessandro. *Historia corporis humani sive Anatomice*. Hg. u. übs. v. Giovanna Ferrari. Florenz, 1998.

Bulla de Protomedici et Collegii Medicorum Urbis iurisdictione et facultatibus (1531). Rom, 1627.

Brockbank, William. „Old anatomical theatres and what took place therein". *Medical History* XII (1968), S. 371-384.

Carlino, Andrea. *Books of the Body. Anatomical Ritual and Renaissance Learning*. Übs. v. John Tedeschi u. Anne C. Tedeschi. Chicago u. London, 1999.

Cartwright, Lisa. „A Cultural Anatomy of the Visible Human Project". *The Visible Woman. Imaging Technologies, Gender, and Science*. Hg. v. Lisa Cartwright, Paula Treichler u. Constance Penley. New York u. London, 1998, S. 21-43.

Corradi, Alfonso. „Dello studio e dell'insegnamento dell'anatomia in Italia nel medioevo e in parte nel Cinquecento". *Rendiconti del Regio Istituto Lombardo* II.XV (1873), S. 632-649.

Edgerton, Samuel Y. „A Little-Known ‚Purpose of Art' in the Italian Renaissance". *Art History* 2 (1979), S. 45-61.

Fabroni, Angelo. *Historiae Academiae Pisanae*. 3 Bde. Pisa, 1791-1795.

Farinacci, Prospero. *Praxis et theoricae criminalis, pars prima. Inquisitionis, accusationis, delictorum, poenarum, carcerum*. Venedig, 1595.

Firpo, Luigi. „Esecuzioni capitali in Roma (1567-1671)". *Eresia e Riforma nell'Italia del Cinquecento*. Florenz, 1974, S. 307-342.

Freedberg, David. *The Power of Images. Studies in the History and Theory of Response*. Chicago u. London, 1989, S. 5-9.

Ginzburg, Carlo. „Rappresentazione. La parola, l'idea, la cosa". *Occhiacci di legno. Nove riflessioni sulla distanza*. Milan, 1998, S. 82-89.

Klestinec, Cynthia. „Civility, Comportment, and the Anatomy Theater. Girolamo Fabrici and His Medical Students in Renaissance Padua". *Renaissance Quarterly* 60 (2007), S. 434-463.

Klestinec, Cynthia. „A History of Anatomy Theaters in Sixteenth-Century Padua" *Journal of the History of Medicine and Allied Sciences* 59.3 (2004), S. 375-412.

Lancellotti, Jacopino de'. *Cronaca modenese*. Parma, 1862-1884.

Medici, Zenobio. *Trattato utilissimo di conforto de condannati a morte per via di giustizia* [...]. Ancona, 1572 [Nachdruck d. Ausgabe Rom, 1565].

Montaigne, Michel de. „Über die Grausamkeit". *Essais*. Übs. v. Hans Stilett. Frankfurt a. M., 1998, S. 210-216.

Montaigne, Michel de. *Tagebuch der Reise nach Italien über die Schweiz und Deutschland von 1580 bis 1581*. Übs., hg. u. Essay v. Hans Stilett. Frankfurt a. M., 2002.

Paglia, Vincenzo. *La morte confortata. Riti della paura e mentalità religiosa a Roma nell'età moderna*. Rom, 1982.

Reformatio Statutorum Almi Gymnasi i Bononiensis Philosophorum at Medicorum (1561).

Statuta almae universitatis dd. philosophorum et medicorum cognomento artistarum patavini gymnasii. Padua, 1607.

Statuti dell'Università e dei Collegi dello Studio Bolognese. Hg. v. Carlo Malagola. Bologna, 1988 [Nachdruck d. Ausgabe Bologna, 1888].

Turner, Victor. *From Ritual to Theatre. The Human Seriousness of Play*. New York, 1982.

Turner, Victor. *Schism and Continuity in an African Society. A Study of Ndembu Village Life*. Manchester, 1957.

Visible Human Project. Quellenstandort online: http://www.nlm.nih.gov/research/visible/visible_human.html (20.03.2009).

Waldby, Catherine. *The Visible Human Project. Informatic Bodies and Post-human Medicine*. London u. New York, 2000.

Weisz, Jean S. (Hg.). *Pittura e Misericordia. The Oratory of San Giovanni Decollato in Rome*. Ann Arbor, 1984.

MICHAEL STOLBERG

Eine anatomische Inszenierung. Felix Platter (1536-1614) und das Skelett der Frau

Die frühneuzeitliche Anatomie hat in der jüngeren Geschichtsschreibung weit über die Grenzen der traditionellen Medizingeschichte große Aufmerksamkeit gefunden. Neben herkömmlichen Fragen nach den führenden Vertretern der „anatomischen Revolution“ und ihren Werken und Entdeckungen[1] sind sozial- und kulturgeschichtlich ausgerichtete Untersuchungen der Wahrnehmung von Leichen, des Umgangs mit ihnen und ihrer Beschaffung für die Anatomie,[2] der Rhetorik und Wirkkraft anatomischer Darstellungen und Texte und der vielfältigen rituellen und performativen Elemente der anatomischen Sektion getreten.[3] Unter dem Einfluss der Wissenssoziologie und der neueren *science studies* haben sozial- und kulturkonstruktivistische Untersuchungen dabei auch für die frühneuzeitliche Anatomie deutlich gemacht, in welchem Maße selbst die damalige, scheinbar wirklichkeitsgetreue, auf ‚Autopsie‘, also auf unmittelbarer persönlicher Beobachtung beruhende Beschreibung und Darstellung vielfältige kulturell geprägte Vorannahmen beispielsweise über die Stellung des Menschen in Gesellschaft und Kosmos oder über das Wesen von Mann, Frau und Kind transportierten.

Der folgende Beitrag verknüpft an einem konkreten Fallbeispiel – der ‚Entdeckung‘ der spezifischen Merkmale des weiblichen Skeletts im Basel des ausgehenden 16. Jahrhunderts – die Frage nach den performa-

1 Einen neueren Überblick bietet Ralf Vollmuth. *Das anatomische Zeitalter. Die Anatomie der Renaissance von Leonardo da Vinci bis Andreas Vesal*. München, 2004.

2 Vgl. Karin Stukenbrock. *„Der zerstückte Cörper“. Zur Sozialgeschichte der anatomischen Sektionen in der frühen Neuzeit (1650-1800)*. Stuttgart, 2001.

3 Stellvertretend für viele andere vgl. Albert Schirrmeister (Hg.). *Zergliederungen. Anatomie und Wahrnehmung in der Frühen Neuzeit* (= Zeitsprünge. Forschungen zur Frühen Neuzeit, Bd. 9, H. 1/2). Frankfurt a. M., 2005; Andrea Carlino. *Books of the Body. Anatomical Ritual and Renaissance Learning*. Chicago, 1999; Jonathan Sawday. *The Body Emblazoned. Dissection and the Human Body in Renaissance Culture*. London u. New York, 1995 sowie im Übrigen die Beiträge zum vorliegenden Band.

tiven, theatralen Aspekten der vormodernen Anatomie mit dem sozial- und kulturkonstruktivistischen Interesse am spezifischen historischen Kontext der Entstehung und Durchsetzung neuer wissenschaftlicher Wahrheiten. In ihrem Mittelpunkt steht mit dem Basler Arzt Felix Platter einer der bekanntesten und einflussreichsten Anatomen seiner Zeit.

Anatomische Selbstinszenierung

Als der frisch promovierte Felix Platter Ende 1557 in seiner Heimatstadt Basel zu praktizieren begann, hatte er es nicht leicht. Wie er in seiner Lebensbeschreibung berichtet, waren in Basel damals 17 Ärzte tätig, und dazu kamen noch die zahlreichen nicht-akademischen *Empirici* der Umgebung, die so mancher Patient den gelehrten Ärzten vorzog. Für den jungen Platter war klar: „Do můst ich künst anwenden, wolt ich mich mit der practic erneeren.“ Mit anderen Worten: Er musste sein medizinisches Können und Wissen in geeigneter Weise in Szene setzen, um sich möglichst rasch einen guten Ruf und eine einträgliche Klientel zu erwerben. Das tat er mit großem Erfolg, gestützt auf zwei nur auf den ersten Blick sehr unterschiedliche Praktiken.[4]

Zum einen übte sich Platter in einem diagnostischen Verfahren, über das führende ärztliche Autoren damals zunehmend die Nase rümpften,[5] das aber in der Bevölkerung bis ins 19. Jahrhundert weithin als die zuverlässigste Möglichkeit anerkannt war, die geheimnisvollen, krankmachenden Vorgänge im Inneren des Körpers zu entschlüsseln: Er betätigte sich als Harnschauer. Er diagnostizierte Krankheiten, nicht nur am Krankenbett, sondern auch, so wie viele Laien es damals erwarteten, allein aus dem von Boten überbrachten Urin. Er unterwarf sich damit einer damals sehr verbreiteten ‚Prüfung‘ seiner ärztlichen Fähigkeiten. Bürger und Adlige stellten junge oder unbekannte Ärzte gerne zunächst einmal auf die Probe, indem sie ihnen den Harn von Angehörigen oder Bekann-

---

4 Felix Platter. *Tagebuch (Lebensbeschreibung) 1536-1567*. Hg. v. Valentin Lötscher. Basel u. Stuttgart, 1976, S. 337. Zu Platters Leben vgl. Rose Hunziker. *Felix Platter als Arzt und Stadtarzt*. Diss. med. Zürich, 1938; Johann Karcher. *Felix Platter. Lebensbild des Basler Stadtarztes*. Basel, 1949. Zu Platters praktischer ärztlicher Tätigkeit vgl. Katharina Huber. *Felix Platters „Observationes“. Studien zum frühneuzeitlichen Gesundheitswesen in Basel*. Basel, 2003.

5 Vgl. Christoph Clauser. *Das die betrachtung des menschenn Harns on anderen bericht unnütz*. o. O., o. J. [ca. 1543]; Euricius Cordus. *Von der kunst auch missbrauch vnd trug des harnsehens*. Magdeburg, 1536; Sigmundt Kolreutter. *Von rechten vnd in der Artzney nützlichen Gebreuchen des Harm oder Wasser besehens und dagegen mancherley Mißbreuchen, die darauß ervolget sein*. Nürnberg, 1574.

ten schickten und wissen wollten, inwieweit der Arzt ohne weitere Informationen über die Symptome und die körperliche Verfassung des betreffenden Patienten dessen Beschwerden ersehen und die richtige Diagnose stellen konnte.[6] Wie er mit unverhohlenem Stolz berichtete, hatte Platter großen Erfolg. Seine Diagnosen beeindruckten und brachten ihm Zulauf an Patienten.[7]

Neben der Harnschau nutzte Platter jedoch noch eine andere „kunst", die entscheidend zu seinem Ansehen beitrug, eine „kunst", die es ihm erlaubte, in einer noch weitaus öffentlichkeitswirksameren Weise seinen privilegierten Zugang zu den Geheimnissen des menschlichen Körpers zu inszenieren, nämlich die Kunst der Leichensektion. Seit der berühmte Anatom Andreas Vesal 1543 in Basel unter großer Anteilnahme der Bevölkerung eine Leiche seziert hatte,[8] waren in Basel keine Leichen mehr öffentlich seziert worden. Platter verfügte über eine solide anatomische Ausbildung. Er hatte während seines Studiums in Montpellier etliche Sektionen gesehen und bei manchen selbst mitgewirkt, und er hatte auch in Basel schon eine private Sektion durchgeführt. Als im April 1559, gerade eineinhalb Jahre nach seiner Promotion an der Basler Universität, ein Dieb hingerichtet werden sollte, ergriff er die Gelegenheit beim Schopf. Er bat beim Bürgermeister um die Erlaubnis, die Leiche des Hingerichteten öffentlich zu sezieren. Der staunte, dass Platter „allein solches underston wolte", versprach jedoch die Sache vor den Rat zu bringen, und dieser entsprach Platters Bitte.[9]

So wurde die Leiche nach der Enthauptung in die Elisabethenkirche nahe der Stadtmauer gebracht. Die Kirche war im frühen 16. Jahrhundert erbaut worden und diente gewöhnlich religiösen Zwecken. Anlässlich der Sektion wurde sie nun vorübergehend zum *Theatrum anatomicum*. Dem Ritual der öffentlichen Hinrichtung folgte so im sakralen Raum einer Kirche das Ritual einer öffentlichen Sektion. Ärzte und Chirurgen wurden geladen und erschienen, wie Platter schrieb, „sampt vil volck, daß zůsach".[10] Drei Tage lang dauerte die öffentliche Anatomie. Und

---

6 Vgl. Michael Stolberg. „The Decline of Uroscopy in Early Modern Learned Medicine, 1500-1650". *Early Science and Medicine* 12 (2007), S. 313-336.

7 Vgl. Platter (Anm. 4), S. 338.

8 Vgl. Werner Kolb. *Geschichte des anatomischen Unterrichtes an der Universität zu Basel 1460-1900*. Basel, 1951, S. 15-18 u. Marco Baggiolini. *Über die Stätten anatomischer Tätigkeit in Basel von der Gründungszeit der Universität bis zur Erstellung des ersten Anatomischen Institutes unter besonderer Berücksichtigung des Theatrum anatomicum von 1589*. Diss. med. Basel, 1962, S. 10f.

9 Platter (Anm. 4), S. 352f

10 Platter (Anm. 4), S. 352f.

diese erste öffentliche Basler Anatomie nach der berühmten von Vesal brachte dem 23-jährigen nach dessen eigenen Worten „großen rům". Platter hatte nicht nur die Anatomie, den Bau des menschlichen Körpers, in Szene gesetzt, sondern auch – und vor allem – sich selbst, als jemand der ein überlegenes Wissen über das Innere des Menschen hatte und außergewöhnliche Fertigkeiten, dieses zutage zu fördern.

Platters Inszenierung eines überlegenen Wissens über das Körperinnere war mit der dreitägigen öffentlichen Sektion noch nicht beendet. Anschließend fertigte er nämlich aus der Leiche ein stehendes Skelett. Das war eine mühselige und unappetitliche Angelegenheit.[11] Man musste die Knochen von verbliebenen Resten des womöglich längst verwesten Fleischs, von Sehnen und Knochenmark befreien und sie anschließend auskochen. Beim Auskochen der Knochen entstand eine stinkende Brühe, auf der Fett und Schaum schwammen, die man immer wieder abschöpfen musste. Die gesäuberten Knochen musste man anschließend mit Drähten, die man durch eigens gebohrte Löcher zog, in mühseliger Kleinarbeit wieder zusammensetzen, und zwar in der anatomisch richtigen Position, was etwa bei den Knochen der Hand- und Fußwurzel alles andere als einfach war.

Doch Platter war es diesen Aufwand wert. Er stellte das Skelett in einem eigens angefertigten Kasten in seiner Stube auf, dort wo er offenbar auch Patienten und Angehörige empfing, soweit er diese nicht in ihren Häusern besuchte. Jedenfalls erzählte Platter, die Mutter des Hingerichteten habe ihn später aufgesucht, weil man ihr erzählt habe, dass „ir sun in beinwerch in meim haus were" und sie es sehen wollte.[12] Wenn das stimmt, dann wären Patienten und Besucher Platters jahrzehntelang auch im Alltag mit diesem Beweis seiner herausragenden Expertise konfrontiert worden.

Vermutlich diente dieses Skelett auch zu Studienzwecken. Aber es war gewiss kein Zufall, dass Platter gerade dieses Skelett aus seiner öffentlichen Sektion ausstellte, und nicht etwa eines, das er aus einer seiner privaten Sektionen im kleinen Kreis gewonnen hatte. Platter betonte damit nochmals seine Rolle als Nachfolger des berühmten Vesal. Auch

---

11 Vgl. Andreas Vesalius. *De humani corporis fabrica libri septem*. Basel, 1543, S. 155-162 („Quo artificio humani corporis ossa et cartilagines inspectioni praeparentur"). Für einen guten späteren Überblick vgl. Gottlieb Metius. „De construendo sceleto (1736)". *Disputationum anatomicarum selectiorum volumen VI*. Hg. v. Albertus von Haller. Göttingen, 1751, S. 47-85.

12 Platter (Anm. 4), S. 353; im Hinausgehen soll die Mutter beklagt haben, dass man ihrem Sohn nicht einmal die Erde gegönnt habe.

das Skelett der Leiche, die dieser 1543 öffentlich seziert hatte, wurde präpariert und in der Universität öffentlich zur Schau gestellt.[13]

Inwieweit es an dieser geschickten öffentlichen Inszenierung seiner anatomischen Fertigkeiten oder beispielsweise an seinen glücklichen uroskopischen Diagnosen lag, wissen wir nicht, aber Platter konnte sich trotz seiner Jugend und trotz der starken ärztlichen Konkurrenz tatsächlich schnell eine sehr umfangreiche und lukrative Praxis aufbauen. Bereits im Blick auf das der Sektion folgende Jahr 1560 schrieb Platter: „Kam ie lenger ie mer in kundtschaft by vil burgeren, die mich bruchten. Dorunder ettlich vom adel“,[14] und 1561 gebrauchten ihn schon „fast alle, so von adel ze Basel woneten“.[15]

Die Inszenierung anatomischer Geschlechterdifferenz

Platter verstand es nicht nur, sich selbst und seine besonderen anatomischen Kenntnisse wirksam in Szene zu setzen. Er war auch eine der Schlüsselfiguren in der Inszenierung einer grundlegenden anatomischen Geschlechterdifferenz. Platter hat nämlich auch das Skelett einer Frau präpariert. Anders als im Falle des Diebes wissen wir nicht, um welche Frau es sich handelte und bei welcher Gelegenheit er dieses weibliche Skelett anfertigte. Schon angesichts des nötigen Aufwands ist jedoch zu vermuten, dass auch dieses weibliche Skelett aus einer der wenigen öffentlichen Anatomien stammte, die Platter in den folgenden Jahren veranstaltete.[16] Während das Skelett des Diebes später verlorenging, ist dieses Skelett einer Frau zu einem großen Teil bis heute erhalten. Platter schenkte es 1573 zusammen mit den Skeletten eines Affen und eines Kindes der Universität, in deren Aula es zusammen mit dem Skelett aus der Vesal'schen Anatomie von 1543 aufgestellt wurde.[17]

---

13 Vgl. ebd., S. 353, Anm.

14 Platter (Anm. 4), S. 356.

15 Ebd., S. 369.

16 In Platters Aufstellung seiner Einnahmen von 1558 bis 1612 (vgl. Platter (Anm. 4), S. 519-533, hier S. 523) werden nur zwei öffentliche Anatomien erwähnt, die er selbst durchführte, und eine weitere, der er vorsaß. In seiner Lebensbeschreibung berichtet er für die Zeit vor 1573 überhaupt nur von zwei öffentlichen Anatomien, der von 1559 (die er ausführlich beschreibt, ohne eine Honorierung zu erwähnen) und von einer zweiten 1563 (ebd., S. 428); die Lebensbeschreibung übergeht jedoch die Zeit ab 1567 fast völlig. Zudem lässt er selbst in der ansonsten recht ausführlich beschriebenen Zeit vor 1567 eine beim Chronisten Chr. Wurmisius vermerkte öffentliche Anatomie (eines Mannes) unerwähnt, die er im Januar 1560 im „Collegium inferius“ abhielt; vgl. Kolb (Anm. 8), S. 23f.

17 Vgl. Platter (Anm. 4), S. 353, Anm.

Wie wir noch sehen werden, war es allem Anschein nach dieses konkrete Skelett einer unbekannten Frau, auf das Platter eine kleine Revolution in der Geschichte der anatomischen Darstellung der Geschlechterdifferenz gründete. Im Jahre 1583, er war mittlerweile in Basel bestens etabliert, veröffentlichte Platter sein erstes großes anatomisches Werk, *De corporis humani structura et usu.*[18] Es war ein umfassendes Kompendium der Anatomie mit zahlreichen Abbildungen, die erklärtermaßen in der Tradition von Vesals epochalem Werk *De humani corporis fabrica libri septem* standen und teilweise aus diesem mehr oder weniger kopiert waren.[19] Das Werk enthielt aber auch neue, originelle Befunde und Abbildungen. Darunter waren Abbildungen der Skelette eines Fötus, eines Kindes und eben auch eines *sceletòs mulieris adultae*, des Skeletts einer erwachsenen Frau (Abb. 1). Ähnlich wie im Falle des foetalen und des kindlichen Skeletts ging es Platter mit seiner Abbildung nicht einfach nur darum, zur Abwechslung einmal das Skelett einer Frau anstatt eines Mannes zu zeigen. Vielmehr verfolgte die Abbildung erklärtermaßen das Ziel, jene Merkmale zu beschreiben und bildlich darzustellen, durch die sich das weibliche Skelett nach Platters Erkenntnissen vom männlichen unterschied, „quibus mulier a viro in ossibus et cartilaginibus discrepat". Diese Unterschiede wurden mit den Buchstaben A bis M gekennzeichnet und auf der gegenüberliegenden Seite kurz erläutert.

A Am Kopf reiche bei manchen Frauen die Schädelnaht über die ganze Stirn bis zur Nasenwurzel hinunter, was man bei Männern nur sehr selten beobachten könne.

B Der weibliche Brustkorb sei vorne durch das Gewicht der Brüste stärker abgeflacht.

C Die weiblichen Schlüsselbeine seien bei der Frau gerader, nicht so gebogen und verdreht wie beim Mann.

D Im unteren Teil des Brustbeins befinde sich bei manchen Frauen ein herzförmiges Loch.

E Die weiblichen Rippen verknöcherten früher, um dem Gewicht der Brüste standhalten zu können; bei Männern geschehe das erst im Greisenalter.

F Die Lordose, also die Wölbung der Lendenwirbelsäule, sei bei der Frau stärker.

G Die Beckenschaufeln seien breiter.

H Die Schambeine seien stärker nach außen gebogen.

I Der Knorpel, der die beiden Schambeinäste in der Mitte verbinde, sei lockerer, weicher.

---

18 Felix Platter. *De corporis humani structura et usu libri III.* Basel, 1583.

19 Vgl. Vesalius (Anm. 11).

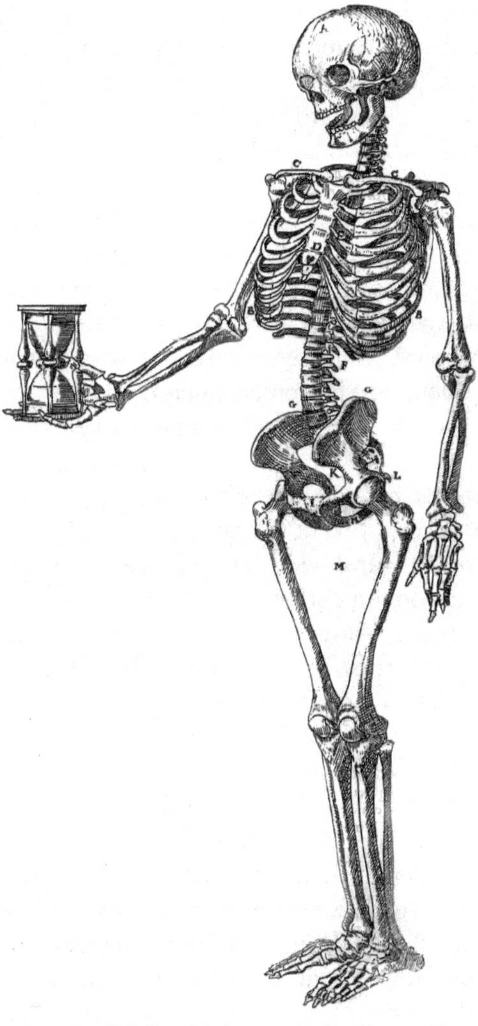

Abb. 1: Weibliches Skelett aus Felix Platter. *De corporis humani structura et usu libri III* (Basel, 1583), Buch 3, Tafel II.

K Der weibliche Beckenausgang sei weiter.

L Das Steißbein sei stärker nach hinten gebogen, damit es den Austritt des Kinds bei der Geburt nicht behindere.

M Die Oberschenkelknochen stünden bei der Frau weiter auseinander.

Die von Platter gefundenen spezifischen Merkmale des weiblichen Skeletts betrafen also in besonderem Maße das Becken, aber auch der Brustkorb, das Brustbein, die Wirbelsäule und der Schädel waren Platter zufolge bei der Frau, oder zumindest bei manchen Frauen, anders gebaut als beim Mann. Einzelne Unterschiede waren schon vorher in der Literatur beschrieben worden, vor allem jene am Becken.[20] Aber Platter stellte die Lehre von der knöchernen Geschlechterdifferenz auf eine wesentlich breitere Basis und fügte eine Reihe von weiteren Unterschieden hinzu.

Er fand Anklang. Eine weitgehend identische und mit fast gleichlautenden Erläuterungen versehene Abbildung veröffentlichte 1605 auch Platters nicht minder berühmter Basler Kollege Caspar Bauhin in seinem *Theatrum anatomicum*.[21] Das Skelett ist hier lediglich spiegelverkehrt wiedergegeben und wirkt etwas in die Länge gezogen, vermutlich eine Folge der Technik, die beim Abzeichnen verwendet wurde. Die gleiche Abbildung findet sich erneut, mit entsprechenden Erläuterungen versehen, in Bauhins *Vivae imagines partium corporis humanis* von 1620 wieder.[22]

Weitere Abbildungen finden wir in der Folgezeit kaum – illustrierte Bücher waren freilich auch teuer und erst recht solche, die neue, originelle Abbildungen verwandten. Zudem waren viele der gefundenen Unterschiede eher gradueller Natur und somit nicht leicht im Bild umzusetzen. Immerhin zeigt eine grobe Kopie der Platter'schen Illustration im *Spiegel der Anatomy* des Ulmer Wundarztes Josef Schmidt, dass Platters Funde selbst in die volkssprachliche medizinische Publizistik Eingang fanden.[23] Und im anatomischen Schrifttum, in der rein sprachlichen Darstellung der menschlichen Anatomie wurde Platters Liste von geschlechtsspezifischen Merkmalen des weiblichen Skeletts bald kanonisch. In einer ganzen Reihe von anatomischen Werken finden wir in der Folgezeit mehr oder weniger ausführliche Erörterungen der Unterschiede zwischen männlichem und weiblichem Skelett. Manche Autoren, darunter berühmte Autoritäten wie Adriaan van den Spieghel und Philip Verheyen, widmeten der Frage sogar ein eigenes Kapitel mit Überschriften wie *De differentia inter ossa virorum et mulierum*.[24] Und immer wieder gaben sie, allenfalls mit geringen Variationen, den Plat-

---

20 Vgl. Alessandro Benedetti. *Historia corporis humani sive Anatomice*. Hg. u. übs. v. Giovanna Ferrari. Florenz, 1998, S. 340-342 sowie Berengario da Carpi. *Isagogae breves, perlucidae ac uberrimae in anatomiam humani corporis*. Straßburg, o. J. [1530], S. 62r.

21 Caspar Bauhin. *Theatrum anatomicum*. Basel, 1605, Tafel 4.

22 Caspar Bauhin. *Vivae imagines partium corporis humanis aeneis formis expressae & ex theatro anatomico Caspari Bauhini desumptae*. Frankfurt, 1620, S. 246f.

23 Joseph Schmidt. *Spiegel der Anatomy*. Augsburg, 1646.

24 Vgl. Adriaan van den Spieghel. *De humani corporis fabrica*. Venedig, 1627, S. 72f. u. Philip Verheyen. *Corporis humani anatomiae liber primus* [1693]. Leipzig, 1718, S. 575f., „De differentia inter ossa virorum et mulierum".

ter'schen Kanon wieder. Noch die *Encyclopédie* folgte 1765 diesem bis ins Detail. Die einzige bemerkenswerte Neuerung war die zusätzliche Behauptung, der Sitzbeinhöcker sei infolge ihrer überwiegend sitzenden Lebensweise bei der Frau flacher – hier kam vermutlich die zeitgenössische ärztliche Kritik an der als widernatürlich und krankmachend verworfenenen, bewegungsarmen Lebensweise der (wohlhabenden) Frauen zum Ausdruck.[25]

Anatomische Inszenierung zwischen Fakten und Fiktionen

Platters Darstellung der anatomischen Geschlechterdifferenz lässt sich in mehrfacher Hinsicht als Inszenierung begreifen. Zunächst einmal können wir mit einiger Wahrscheinlichkeit, ähnlich wie bei seiner ersten großen öffentlichen Sektion 1559, auch im Falle des von ihm präparierten weiblichen Skeletts das Bemühen um Autorität stiftende und sichernde Selbstinszenierung unterstellen. Zwar können wir nicht mehr zuverlässig rekonstruieren, ob dieses Skelett ebenfalls aus einer öffentlichen Sektion stammte, aber die Annahme liegt nahe, dass er die mühevolle Arbeit der Skelettpräparation auch in diesem Fall nicht zuletzt deshalb auf sich nahm, um dauerhaft an eine solche öffentliche Inszenierung seiner besonderen anatomischen Kenntnisse – in diesem Fall des weiblichen Körpers – zu erinnern. Auf jeden Fall brachte Platter seinen privilegierten, auf anatomisches Wissen gegründeten Zugang zum weiblichen Körper dadurch zur Geltung, dass er das Skelett der Frau anschließend aufstellte, so wie er das schon nach seiner ersten großen öffentlichen Basler Anatomie von 1559 gemacht hatte. Später stand es gar gemeinsam mit dem Skelett aus der berühmten Vesal'schen Anatomie in der Aula der Universität.

Damit unterstrich Platter seine Nähe zu Vesal, verbunden mit dem Anspruch auf ganz besondere Kenntnisse über die spezielle körperliche Verfasstheit der Frau. Das war ein Anspruch, der – analog dem Anspruch auf besondere Kenntnisse der kindlichen Anatomie und Pathologie, die Platter durch die Anfertigung eines Kinderskeletts hervorhob – auf dem zeitgenössischen Gesundheitsmarkt gewichtige Vorteile versprach. Der Erfolg der wiederholt gedruckten *Gynaeceia* und, im 17. Jahrhundert, eine steigende Zahl von Veröffentlichungen zu Frauenkrankheiten belegt

---

25 Vgl. Art. „Squelete". *Encyclopédie, ou Dictionnaire raisonné des sciences, des arts et des métiers, par une société de gens de lettre* [...]. 35 Bde. Hg. v. Denis Diderot u. Jean le Rond d'Alembert. Paris, 1751-1780, Bd. 15, S. 482f.

die wachsende Aufmerksamkeit der damaligen Ärzte für die Bedeutung weiblicher Patienten.[26] Und gerade Frauen, weibliche Patienten, das wussten die gelehrten Ärzte nur zu gut, spielten oft eine Schlüsselrolle, wenn sich ein Arzt den Zugang zu den wohlhabenden Häusern eröffnen wollte. In diesem Sinne hätte Platter mit der – vermutlich öffentlichen – Sektion einer Frau, und auf jeden Fall mit der mühevollen Herstellung des weiblichen „sceletons" und dessen Zur-Schau-Stellung sein privilegiertes Wissen nicht nur über den Körper des Menschen im allgemeinen, sondern eben auch über den weiblichen Körper im besonderen in Szene gesetzt.

Als Inszenierung lässt sich Platters Skelett-Präparation und die darauf fußende sprachliche und bildliche Darstellung der besonderen Merkmale des weiblichen Skeletts aber auch in anderer Hinsicht begreifen. Die Rede von einer ‚Inszenierung' verweist ja gemeinhin nicht allein auf eine mehr oder weniger kunstfertige Zur-Schau-Stellung. Sie verortet das Gezeigte zugleich im Spannungsfeld zwischen Fakten und Fiktionen, zwischen einem bloßen Zeigen des ‚objektiv' Vorhandenen und der Schaffung künstlicher Wirklichkeiten.

Eine Grundannahme der neueren Medizin- und Wissenschaftsgeschichte ist, dass diese Grenze ihrerseits fiktiv ist. Es geht heute nicht mehr darum, wie wissenschaftliche Entdeckungen und Innovationen im Licht heutiger Forschungen zu bewerten wären, um so rückblickend ‚Sieger' und ‚Verlierer' in damaligen wissenschaftlichen Auseinandersetzungen zu bestimmen. Man versucht vielmehr das wissenschaftliche – und in unserem Fall konkret das anatomische – Wissen früherer Epochen in erster Linie aus dem Kontext der Zeit heraus zu begreifen und nach deren Maßstäben zu begreifen und zu bewerten, ganz gleich, ob es heute noch Gültigkeit hat oder nicht. Der Vergleich mit den heutigen Auffassungen und Erklärungsmodellen kann aber heuristisch hilfreich sein. Dort wo nämlich das Wissen und die Erklärungsmodelle früherer Zeiten besonders markant von den heute anerkannten abweichen, lässt sich mit einiger Wahrscheinlichkeit vermuten, dass damals oder/und heute besonders starke gesellschaftliche, kulturelle Einflüsse auf die Entstehung und Durchsetzung dieser wissenschaftlichen ‚Tatsachen' einwirkten und diesen ein überdurchschnittliches Maß an historischer Kontingenz verliehen.

---

26 Vgl. *Gynaeciorum sive de mulierum affectibus commentarii.* 4 Bde. Basel, 1586-1588; Israel Spachius. *Gynaeciorum sive de mulierum* [...] *affectibus et morbis libri.* Straßburg, 1597; Roderigo da Castro. *De universa muliebrium morborum medicina.* 4. Aufl. Hamburg, 1662; Johannes Nicolaus Pfizerus. *Zwey sonderbare Bücher von der Weiber Natur, wie auch deren Gebrechen und Kranckheiten.* Nürnberg, 1673.

Betrachten wir das heutige Lehrbuchwissen über den Unterschied zwischen weiblichen und männlichen Skeletten, so zeigt sich, dass die Unterschiede, die Platter anführte und die Generationen von Anatomen von ihm übernahmen, nur sehr begrenzt mit jenen übereinstimmen, die heutige Anatomen, Rechtsmediziner oder Paläoanthropologen anerkennen und nach denen sie in der Praxis suchen, wenn sie Skelettfunde oder Knochenreste als männlich oder weiblich charakterisieren wollen.[27] Gewiss, in einzelnen Punkten herrscht Einigkeit. Das weibliche Becken ist auch nach heutiger Auffassung im Durchschnitt ausladender als das männliche. Aber von der verlängerten Schädelnaht, dem angeblich abgeflachten weiblichen Brustkorb, den geraderen Schlüsselbeinen oder der früheren Verknöcherung der Rippen, einem stärker nach hinten stehenden oder gar nach hinten klappbaren Steißbein oder, bei manchen Frauen, einem herzförmigen Loch im Brustbein der Frau ist heute nirgends mehr die Rede. Mit anderen Worten: Der größte Teil der von Platter und seinen Nachfolgern als typisch beschriebenen Merkmale des weiblichen Skeletts ist im Licht der heutigen Wissenschaft nicht nachvollziehbar.

Damit liegt die Annahme umso näher, dass Platter und Generationen von Anatomen nach ihm nicht einfach das Unübersehbare, Offensichtliche beschrieben. Sie hatten offenbar ein ausgeprägtes Interesse daran, solche Unterschiede zwischen männlichem und weiblichem Skelett zu finden – selbst dort, wo heutige Anatomen ihre Befunde nicht nachvollziehen können.

Auf den ersten Blick mag diese Vermutung eines ausgeprägten Interesses damaliger Ärzte an solchen Differenzen nach gängiger Forschungslage abwegig erscheinen. Sie widerspricht diametral der vielzitierten und weithin anerkannten These Thomas W. Laqueurs, die frühneuzeitliche Medizin habe anatomische Unterschiede zwischen den Geschlechtern sogar dort geleugnet, wo sie heute für unübersehbar gelten, nämlich in der Anatomie der Geschlechtsteile.[28] Laqueur zufolge wurde die Frau in der abendländischen Medizin bis ins ausgehende 18. Jahrhundert und teilweise noch darüber hinaus lediglich als eine minderwertige, defizitäre, nämlich kältere und feuchtere Spielart des Mannes begriffen. Einer viel-

---

27 Vgl. beispielsweise Richard S. Meindl. „Accuracy and Direction of Error in the Sexing of the Skeleton. Implications for Paleodemography". *American Journal of Physical Anthropology* 68 (1985), S. 79-85; Tracy Rogers u. Shelley Saunders. „Accuracy of Sex Determination Using Morphological Traits of the Human Pelvis". *Journal of Forensic Sciences* 39 (1994), S. 1047-1056.

28 Vgl. Thomas Walter Laqueur. *Auf den Leib geschrieben. Die Inszenierung der Geschlechter von der Antike bis Freud.* München, 1996.

zitierten Stelle bei Galen folgend, habe man geglaubt, ihre Geschlechtsteile seien mit denen des Mannes identisch. Die schwächere Wärme der Frau habe nur nicht die Kraft, ihre Geschlechtsteile nach außen zu treiben, wie beim Mann. Uterus und Hodensack, Eierstöcke und Hoden, Scheide und Glied entsprachen einander in diesem Analogiemodell. Sie waren nur eingestülpte bzw. ausgestülpte Versionen voneinander. Nicht einmal eigene Begriffe für die weiblichen Geschlechtsteile, so Laqueur, habe man gehabt. Erst im 18. Jahrhundert, unter dem Einfluss der späten Aufklärung sei an die Stelle dieses „one-sex"-Modells ein „two-sex"-Modell getreten. Angesichts aufgeklärter Gleichheitsgedanken wollte man, so Laqueur, die faktische Ungleichbehandlung der Frau als Folge ihrer grundsätzlichen, natürlich gegebenen Andersartigkeit rechtfertigen. Aus dem gleichen Grund, hier stützt sich Laqueur auf eine Arbeit von Londa Schiebinger,[29] seien damals, also im 18. Jahrhundert, auch die ersten Darstellungen eines weiblichen Skeletts publiziert worden.

Ich habe mich an anderer Stelle ausführlich mit Laqueurs Thesen auseinandergesetzt.[30] Laqueur, so lassen sich die wichtigsten Einwände zusammenfassen,[31] übersieht wirkmächtige alternative Traditionen, die bis in die Antike zurückreichen. Diese Traditionen schrieben der Gebärmutter eine überragende Rolle im weiblichen Körper zu, die ihrem angeblichen männlichen Analogon in keiner Weise zukam. Dementsprechend wurde die Gebärmutter auch bildlich ganz anders dargestellt; Laqueur verabsolutiert dagegen die wenigen frühneuzeitlichen Darstellungen, die tatsächlich ein gewisses Analogiedenken verraten. Der Haupteinwand gegen Laqueurs Thesen ist jedoch methodischer Art. Laqueur versucht die Auffassungen der frühneuzeitlichen gelehrten Ärzte unter fast völligem Verzicht auf die Beschäftigung mit Texten in lateinischer Sprache zu rekonstruieren. Latein war jedoch die Sprache, in der vor dem 18. Jahrhundert die allermeisten medizinischen Werke erschienen. Zwangsläufig übersieht Laqueur daher gleich reihenweise Werke, in denen die damaligen Ärzte ausführlich über den anatomischen Geschlechts-

29 Vgl. Londa Schiebinger. „Skeletons in the Closet. The First Illustrations of the Female Skeleton in Eighteenth-Century Anatomy". *Representations* 14 (1986), S. 42-82.

30 Vgl. Michael Stolberg. „A Woman Down to Her Bones. The Anatomy of Sexual Difference in the Sixteenth and Early Seventeenth Centuries". *Isis* 94 (2003), S. 274-299.

31 Für die frühe Kritik vgl. Katharine Park u. Robert A. Nye. „Destiny is Anatomy". *The New Republic* 204 (18. Februar 1991), S. 53-57; Janet Adelman. „Making Defect Perfection. Shakespeare and the One-Sex Model". *Enacting Gender on the English Renaissance Stage*. Hg. v. Viviana Comensoli u. Anne Russell. Urbana u. Chicago, 1999, S. 23-52.

unterschied schrieben. Obendrein ignoriert er allerdings ähnliche Passagen selbst in volkssprachlichen Werken.

Richtig ist im Grunde nur, dass Frauen als meistens kälter und feuchter und mit einer schwächeren Lebenswärme ausgestattet galten. Damit wurden auch manche typische körperliche und charakterliche Merkmale der Frau erklärlich, etwa die Notwendigkeit der Monatsblutung: Die schwächere Lebenswärme der Frau (und ihre eher sesshafte Lebensweise) verkochten und verbrauchten überschüssige und/oder krankmachende Stoffe aus der Nahrung nicht so vollständig wie beim Mann. Aber die Grenze war nicht absolut – auch manche Männer bedurften beispielsweise anerkanntermaßen einer monatlichen ‚Reinigung', insbesondere über die Hämorrhoiden.[32] Und schon viel früher als Laqueur behauptet, machte sich im ausgehenden 16. Jahrhundert zudem ein grundlegender Wandel bemerkbar. Die natürliche, in der Schöpfung angelegte Geschlechterdifferenz wurde nun primär im anatomischen Bau des Körpers selbst, in den festen Teilen des Körpers verortet und die alte galenische Analogie endgültig für obsolet erklärt. Der Bau der weiblichen Eierstöcke etwa wurde nun ganz anders beschrieben als der der Hoden; und die Gebärmutter, so hieß es, habe auch herzlich wenig mit dem Hodensack gemein – da sei ihr die Blase noch ähnlicher. Der bekannte französische Anatom Andreas Laurentius fasste 1602 die neue Sicht prägnant zusammen. Es gebe „keine Ähnlichkeit zwischen Scheide und Penis, keine zwischen Uterus und Hodensack; auch nicht in Bau, Form und Größe der Gonaden, und auch nicht in der Verteilung und Einmündung der Samengefäße."[33] Die Frau unterscheide sich anatomisch grundlegend vom Mann. Zeitgenössische Werke über die „Krankheiten der Frau" formulierten teilweise noch schärfer. Was, so fragte Jean Varanda beispielsweise, habe die Gebärmutter, jenes vornehme Organ der Fortpflanzung, mit dem armseligen, hängenden Hodensack der Männer gemein.[34]

In diese Entwicklung fügt sich Platters Darstellung der spezifischen Merkmale des weiblichen Skeletts unmittelbar ein. Sie spiegelte sie und trieb sie dank Platters großem Renommee ihrerseits weiter voran. Nicht nur die Geschlechtsteile, so Platters Befund, sondern auch das Skelett

32 Vgl. Michael Stolberg. „Menstruation and Sexual Difference in Early Modern Medicine". *Menstruation. A Cultural History*. Hg. v. Andrew Shail u. Gillian Howie. Basingstoke, 2005, S. 90-101.

33 André Du Laurens. *Historia anatomica humani corporis partes singulas uberrime enodans*. Frankfurt, 1602, S. 567.

34 Vgl. Jean Varanda. „An foemina sit imperfectior mare". *Opera omnia theorica et practica*. Montpellier, 1658, S. 480.

der Frau war anatomisch anders gebaut, und diese Unterschiede – etwa die größeren und dickeren Beckenknochen – ließen sich auch keinesfalls einfach aus der schwächeren weiblichen Wärme herleiten. Die Frau unterschied sich auch in ihren festen Teilen, bis ins Innerste ihres Körpers vom Mann.

Zur Genese und Durchsetzung dieser Vorstellung einer grundlegenden anatomischen Geschlechterdifferenz in der ärztlichen Diskussion um 1600 trug die neue Anatomie mit ihrer Wertschätzung für empirische Beobachtungen an der Leiche aus heutiger Sicht insofern bei, als die immer genauere Beschreibung der Geschlechtsorgane auch deren Unterschiede stärker zutage treten ließ. Dazu kam aber, dass die Anatomie zugleich Motor und Spiegel einer wesentlich umfassenderen Entwicklung in der gelehrten Medizin war, in deren Verlauf die Rolle der Organe, der festen Teile – im Gegensatz zu Säften, Spiritus und Qualitäten – in den Mittelpunkt des Interesses rückte. Je wichtiger die festen Teile im Vergleich zu den beweglichen erschienen, umso näher lag auch die Annahme, die Unterschiede zwischen den Geschlechtern müssten eher in den festen Teilen als in den Säften und deren Qualitäten zu suchen sein.

Weitere Faktoren kamen allem Anschein nach hinzu. Die Behauptung eines tiefgreifenden, anatomisch begründeten Geschlechtsunterschieds versprach den Ärzten nämlich auch gewisse Vorteile auf dem zunehmend engen Gesundheitsmarkt der Zeit. Wenn Frauen sich grundsätzlich von Männern unterschieden, dann erforderte die Behandlung ihrer Krankheiten entsprechendes Spezialwissen, das viele gewöhnliche Ärzte und erst recht die vielen weniger gebildeten Heiler kaum überzeugend für sich beanspruchen konnten. Schwerer zu beurteilen sind Veränderungen in der zeitgenössischen Wahrnehmung von Mann und Frau, die einer solchen Betonung anatomischer Differenz Vorschub geleistet haben könnten. Die Ergebnisse der historischen Erforschung solcher Wandlungsprozesse sind hier bislang widersprüchlich. Unklar bleibt insbesondere, inwieweit man von einer verbesserten Lage der Frauen sprechen kann. Außer Frage steht jedoch, dass vor allem im protestantischen Umfeld die Bedeutung von Ehe und Fortpflanzung aufgewertet wurde, und mit dieser zumindest die veröffentlichte Wertschätzung für die Rolle der Frau als Gattin und Mutter.

Betrachtet man die von Platter und seinen Nachfolgern behaupteten anatomischen Unterschiede zwischen Mann und Frau vor diesem Hintergrund, so zeigt sich: Diese Unterschiede konnten tatsächlich fast alle so gedeutet werden, dass sie eine natürliche Bestimmung der Frau zur Mutterschaft hervorhoben. Im Falle der Geschlechtsorgane war dies offensichtlich. Aber auch die behaupteten und heute großteils gar nicht mehr akzeptierten Unterschiede im Knochenbau wiesen in diese Richtung. Aufgrund dieser Diskrepanz zur heutigen Lehrmeinung legen sie umso mehr nahe, dass diese Befunde zugleich eine ‚Botschaft' transportierten. Nicht nur die breiteren Beckenschaufeln und der weitere Beckenausgang, auch das angeblich bewegliche oder mehr nach hinten gewölbte Steißbein, die stärker gewölbte Lendenwirbelsäule dienten allesamt unmittelbar dem Gelingen von Schwangerschaft und Geburt. Und die meisten übrigen, angeblich besonderen Merkmale des weiblichen Skeletts standen mit Fortpflanzung und Mutterschaft zumindest in einem weiteren Zusammenhang.[35] Die Abflachung und frühe Verknöcherung der Rippen halfen der Frau, die Last jener Brüste zu tragen, die es ihr ermöglichten, das Neugeborene zu ernähren. Und durch das herzförmige Loch im Brustbein zogen, wie Platter erklärte, die Gefäße, die den Brüsten das nährende Blut zuführten. Gerade das weibliche Brustbein mit dem herzförmigen Loch nimmt denn auch in den Darstellungen eine besonders prominente Stellung ein – obwohl es Platter zufolge nicht bei allen Frauen zu finden war. Platter selbst widmete diesem herzförmigen Loch im Brustbein eine eigene, vergrößerte Abbildung. Helkiah Crooke begnügte sich in seiner *Mikrokosmographia* von 1616 sogar überhaupt mit Abbildungen eines weiblichen Brustbeins mit herzförmigem Loch (und eines weiblichen Schlüsselbeins), ohne das Skelett insgesamt zu zeigen (Abb. 2).[36] Tatsächlich ließ sich gerade hier die natürliche anatomische Bestimmung der Frau zur Mutterschaft am anschaulichsten zeigen. Die eher subtilen Differenzen in den Größenverhältnissen der einzelnen Beckenknochen oder die verstärkte Lumballordose der Frau waren für den ungeübten Blick der Laien nur schwer auszumachen. Das herzförmige Loch dagegen konnte auch jeder Laie unschwer erkennen. Die Mutterliebe, so konnte der Betrachter mit eigenen Augen sehen, war der Frau buchstäblich in den Leib geschrieben.

Mit Hilfe einer höchst realitätsgetreu anmutenden, aber – abgesehen von dem Loch im Brustbein – ohne Begleittext wenig aussagekräftigen visuellen Darstellung und gestützt auf seine mittlerweile sehr beachtliche Autorität als Anatom, konnte Platter seinen weitgehend fiktiven Befunden faktische Evidenz verleihen. Eine Tradition war geboren, die immerhin über 200 Jahre das Bild vom weiblichen Skelett beherrschte, bis zu den Arbeiten Samuel Thomas Soemmerings und seiner Schüler.

---

35 Nur die verlängerte Pfeilnaht mancher Frauen lässt sich hier nicht einordnen – sie rückte dafür die Anatomie der Frau näher an die des Kinds, bei dem diese Naht als regelmäßig bis zur Nasenwurzel verlängert beschrieben wurde.

36 Vgl. Helkiah Crooke. *Mikrokosmographia. A description of the body of man. Together with the controversies and figures thereto belonging*. London, 1616, S. 984.

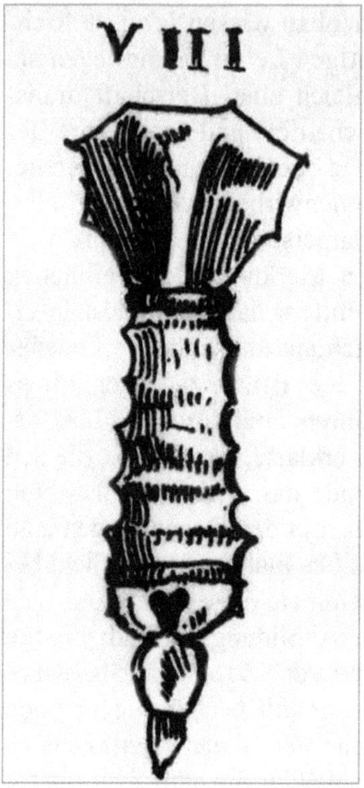

Abb. 2: Weibliches Brustbein mit herzförmigem Loch aus Felix Platter. *De corporis humani structura et usu libri III* (Basel, 1583), Buch 3, Tafel VIII, Fig. VIII.

Serendipität

Eigentlich könnte unsere Darstellung mit diesem Hinweis auf die mutmaßlichen Zusammenhänge zwischen der Inszenierung des anatomischen Befunds und seinem soziokulturellen Kontext schließen. Doch Platters Darstellung knöcherner Geschlechterdifferenz bietet einen ungewöhnlichen Sonderfall. Wie schon erwähnt, können wir nämlich nicht nur auf Platters Text und Illustrationen zurückgreifen, sondern auch auf die maßgebliche materielle Grundlage seiner Befunde, in Form jenes bis heute großteils überlieferten Frauenskeletts nämlich, das Platter zunächst offenbar zu Hause aufstellte und später der Universität übergab. Zwar schreibt Platter an einer Stelle auch von „manchen Frauen“, bei denen die Sagittalnaht verlängert sei. Formulierungen wie „sicuti observavi in sceleto meo“,[37] also „wie ich an meinem Skelett beobachtet

37 Platter (Anm. 18), S. 19.

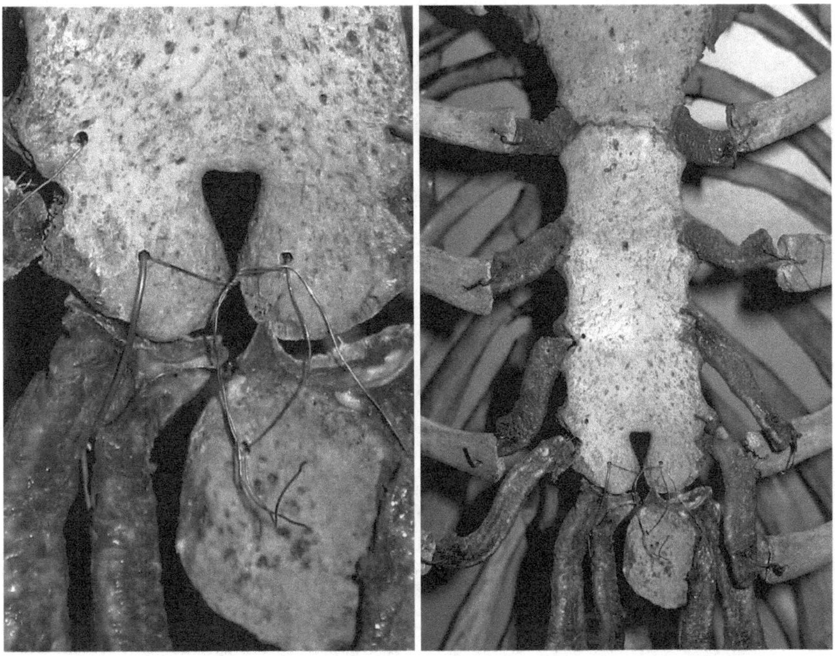

Abb. 3: Unteres Brustbein des von Platter präparierten Skeletts einer Frau (Anatomisches Museum, Basel).

habe", lassen jedoch wenig Zweifel, dass er seine Beobachtungen in erster Linie auf jenes von ihm selbst hergestellte Skelett gründete.

Für die Annahme, dass Platter sich vor allem auf dieses spezifische Skelett stützte, spricht auch Platters merkwürdiger Befund eines herzförmigen Loches im weiblichen Brustbein – und dieses Skelett liefert zugleich die Erklärung dieses Befunds. Löcher im Brustbein können wir nach heutigem Wissensstand nur selten beobachten und extrem selten in Herzform. An dem überlieferten Frauenskelett aber zeigt sich tatsächlich eine Veränderung, die man bei männlichen wie weiblichen Skeletten viel häufiger findet als regelrechte Löcher, nämlich eine Fissur, einen Spalt im unteren Teil des Brustbeins, oberhalb des sich daran anschließenden so genannten Schwertfortsatzes (Abb. 3). In dem von Platter präparierten Skelett weitet sich dieser Spalt zu einem auf der Spitze stehenden Dreieck mit oben etwas abgerundeten Ecken, das sich – mit einiger Phantasie – in etwa als herzförmig beschreiben ließe.

Platters Inszenierung der knöchernen Geschlechterdifferenz bietet damit zugleich ein interessantes Beispiel und einen Sonderfall jenes Phänomens, das seit den Pionierarbeiten des amerikanischen Wissenschaftssoziologen Robert K. Merton unter dem Begriff „Serendipität" wachsende Aufmerksamkeit gefunden hat.[38] Darunter versteht man zufällige, unerwartete und in der Regel empirische Entdeckungen, die – einen entsprechend aufgeschlossenen und kreativen Forschergeist vorausgesetzt – zum Motor wesentlicher Innovationen oder wissenschaftlicher Weiterentwicklungen werden. Die ungewöhnlich geformte Spaltbildung im unteren Brustbein, die Platter an der von ihm sezierten Frau fand, lässt sich in diesem Sinne als Serendipität begreifen. Sie war, rückblickend gesehen, eine unerwartete Anomalie, die jedoch aus guten Gründen Platters besondere Aufmerksamkeit auf sich zog: Sie untermauerte ganz vorzüglich seine Bemühungen, die natürliche, anatomische Differenz zwischen Mann und Frau auch im Knochenbau zu verorten und an diesem zu veranschaulichen. Anschaulicher und symbolträchtiger ließ sich diese Differenz kaum festmachen. Das Konzept der Serendipität, so zeigt dieses Beispiel, lässt sich nicht nur auf Befunde anwenden, die wir auch rückblickend als Motoren für einen Erkenntnisfortschritt betrachten. Serendipität kann auch dort eine wichtige Rolle spielen, wo solche zufälligen, unerwarteten Befunde zeitgenössische Theorien oder implizite kulturell oder ideologisch geprägte Vorannahmen bestätigen und weiterentwickeln halfen, die wir heute nicht mehr anerkennen oder teilen.

Eine solche serendipitäre empirische Grundlage schließt im übrigen keineswegs aus, dass der betreffende Forscher dieser glücklichen Fügung ein wenig nachhilft und seinen Befund möglichst so präsentiert, dass er die von ihm präferierten Auffassungen oder Theorien bestmöglich unterstützt. Platter, das zeigt der Vergleich (Abb. 2 u. Abb. 3), stellte den Spalt im unteren Brustbein der sezierten Frau nicht nur wesentlich größer dar als für heutige Augen auf dem überlieferten Skelett sichtbar, sondern machte ihn einem Herzen noch erheblich ähnlicher, indem er das untere, offene Ende des Spalts verdeckte und die oberen Ecken noch stärker abrundete und die Oberkante des Dreiecks in der Mitte mit einer tieferen Fissur versah. Platters sprachliche und visuelle Darstellung dieses Spalts oder Lochs im weiblichen Brustbein bietet so zugleich ein anschauliches Beispiel für die komplexen Wechselbeziehungen zwischen menschlichem Erkenntnisstreben und dem stofflichen Substrat, für das „mutual tuning“ von menschlicher und materieller „agency“, wie sie die jüngere Wissenschaftssoziologie hervorgehoben hat.[39] Voraussetzung für Platters

38 Robert K. Merton. *Soziologische Theorie und soziale Struktur*. Hg. v. Volker Meja u. Nico Stehr. Berlin u. New York, 1995; ders. u. Elinor Barber. *The Travels and Adventures of Serendipity. A Study in Sociological Semantics and the Sociology of Science*. Princeton u. Oxford, 2004.

39 Vgl. Andrew Pickering. „Practice and Posthumanism. Social Theory and a History of Agency“. *The Practice Turn in Contemporary Theory*. Hg. v. Theodore R.

Behauptung eines herzförmigen Lochs im weiblichen Brustbein war der konkrete, materielle (Zufalls-)Befund an dem von ihm präparierten Skelett. Seine volle Aussagekraft und überzeugende Wirkung gewann dieser Befund jedoch erst dadurch, dass Platter diesen Befund durch eine Veränderung des visuellen Erscheinungsbilds zur Herzform gezielt in Szene setzte.

LITERATURVERZEICHNIS

Adelman, Janet. „Making Defect Perfection. Shakespeare and the One-Sex Model". *Enacting Gender on the English Renaissance Stage*. Hg. v. Viviana Comensoli u. Anne Russell. Urbana u. Chicago, 1999, S. 23-52.

Baggiolini, Marco. *Über die Stätten anatomischer Tätigkeit in Basel von der Gründungszeit der Universität bis zur Erstellung des ersten Anatomischen Institutes unter besonderer Berücksichtigung des Theatrum anatomicum von 1589*. Diss. med. Basel, 1962.

Bauhin, Caspar. *Theatrum anatomicum*. Basel, 1605.

Bauhin, Caspar. *Vivae imagines partium corporis humanis aeneis formis expressae & ex theatro anatomico Caspari Bauhini desumptae*. Frankfurt, 1620.

Benedetti, Alessandro. *Historia corporis humani sive Anatomice*. Hg. u. übs. v. Giovanna Ferrari. Florenz, 1998.

Carlino, Andrea. *Books of the Body. Anatomical Ritual and Renaissance Learning*. Chicago, 1999.

Carpi, Berengario da. *Isagogae breves, perlucidae ac uberrimae in anatomiam humani corporis*. Straßburg, o. J. [1530].

Clauser, Christoph. *Das die betrachtung des menschenn Harns on anderen bericht unnütz*. o. O., o. J. [ca. 1543].

Cordus, Euricius. *Von der kunst auch missbrauch vnd trug des harnsehens*. Magdeburg, 1536.

Crooke, Helkiah. *Mikrokosmographia. A description of the body of man. Together with the controversies and figures thereto belonging*. London, 1616.

da Castro, Roderigo. *De universa muliebrium morborum medicina*. 4. Aufl. Hamburg, 1662.

Diderot, Denis u. Jean le Rond d'Alembert (Hg.). *Encyclopédie, ou Dictionnaire raisonné des sciences, des arts et des métiers, par une société de gens de lettre* [...]. 35 Bde. Paris, 1751-1780.

Du Laurens, André. *Historia anatomica humani corporis partes singulas uberrime enodans*. Frankfurt, 1602.

Gynaeciorum sive de mulierum affectibus commentarii. 4 Bde. Basel, 1586-1588.

Huber, Katharina. *Felix Platters „Observationes". Studien zum frühneuzeitlichen Gesundheitswesen in Basel*. Basel, 2003.

Hunziker, Rose. *Felix Platter als Arzt und Stadtarzt*. Diss. med. Zürich, 1938.

Schatzki, Karin Knorr Cetina u. Eike von Savigny. London u. New York, 2001, S. 163-174 sowie Bruno Latour. *Science in Action. How to Follow Scientists and Engineers Through Society*. Cambridge, Mass., 1987.

Karcher, Johann. *Felix Platter. Lebensbild des Basler Stadtarztes*. Basel, 1949.

Kolb, Werner. *Geschichte des anatomischen Unterrichtes an der Universität zu Basel 1460-1900*. Basel, 1951.

Kolreutter, Sigmundt. *Von rechten vnd in der Artzney nützlichen Gebreuchen des Harm oder Wasser besehens und dagegen mancherley Mißbreuchen, die darauß ervolget sein*. Nürnberg, 1574.

Laqueur, Thomas Walter. *Auf den Leib geschrieben. Die Inszenierung der Geschlechter von der Antike bis Freud*. München, 1996.

Latour, Bruno. *Science in Action. How to Follow Scientists and Engineers Through Society*. Cambridge, Mass., 1987.

Meindl, Richard S. „Accuracy and Direction of Error in the Sexing of the Skeleton. Implications for Paleodemography". *American Journal of Physical Anthropology* 68 (1985), S. 79-85.

Merton, Robert K. *Soziologische Theorie und soziale Struktur*. Hg. v. Volker Meja u. Nico Stehr. Berlin u. New York, 1995.

Merton, Robert K. u. Elinor Barber. *The Travels and Adventures of Serendipity. A Study in Sociological Semantics and the Sociology of Science*. Princeton u. Oxford, 2004.

Metius, Gottlieb. „De construendo sceleto (1736)". *Disputationum anatomicarum selectiorum volumen VI*. Hg. v. Albertus von Haller. Göttingen, 1751, S. 47-85.

Park, Katharine u. Robert A. Nye. „Destiny is Anatomy". *The New Republic* 204 (18. Februar 1991), S. 53-57.

Pfizerus, Johannes Nicolaus. *Zwey sonderbare Bücher von der Weiber Natur, wie auch deren Gebrechen und Kranckheiten*. Nürnberg, 1673.

Pickering, Andrew. „Practice and Posthumanism. Social Theory and a History of Agency". *The Practice Turn in Contemporary Theory*. Hg. v. Theodore R. Schatzki, Karin Knorr Cetina u. Eike von Savigny. London u. New York, 2001, S. 163-174.

Platter, Felix. *De corporis humani structura et usu libri III*. Basel, 1583.

Platter, Felix. *Tagebuch (Lebensbeschreibung) 1536-1567*. Hg. v. Valentin Lötscher. Basel u. Stuttgart, 1976.

Rogers, Tracy u. Shelley Saunders. „Accuracy of Sex Determination Using Morphological Traits of the Human Pelvis". *Journal of Forensic Sciences* 39 (1994), S. 1047-1056.

Sawday, Jonathan. *The Body Emblazoned. Dissection and the Human Body in Renaissance Culture*. London u. New York , 1995.

Schiebinger, Londa. „Skeletons in the Closet. The First Illustrations of the Female Skeleton in Eighteenth-Century Anatomy". *Representations* 14 (1986), S. 42-82.

Schirrmeister, Albert (Hg.). *Zergliederungen. Anatomie und Wahrnehmung in der Frühen Neuzeit* (= Zeitsprünge. Forschungen zur Frühen Neuzeit, Bd. 9, H. 1/2). Frankfurt a. M., 2005.

Schmidt, Joseph. *Spiegel der Anatomy*. Augsburg, 1646.

Spachius, Israel. *Gynaeciorum sive de mulierum* [...] *affectibus et morbis libri*. Straßburg, 1597.

Stolberg, Michael. „A Woman Down to Her Bones. The Anatomy of Sexual Difference in the Sixteenth and Early Seventeenth Centuries". *Isis* 94 (2003), S. 274-299.

Stolberg, Michael. „Menstruation and Sexual Difference in Early Modern Medicine". *Menstruation. A Cultural History*. Hg. v. Andrew Shail u. Gillian Howie. Basingstoke, 2005, S. 90-101.

Stolberg, Michael. „The Decline of Uroscopy in Early Modern Learned Medicine, 1500-1650". *Early Science and Medicine* 12 (2007), S. 313-336.

Stukenbrock, Karin. *„Der zerstückte Cörper“. Zur Sozialgeschichte der anatomischen Sektionen in der frühen Neuzeit (1650 - 1800)*. Stuttgart, 2001.

van den Spieghel, Adriaan. *De humani corporis fabrica*. Venedig, 1627.

Varanda, Jean. „An foemina sit imperfectior mare“. *Opera omnia theorica et practica*. Montpellier, 1658, S. 477-482.

Verheyen, Philip. *Corporis humani anatomiae liber primus*. Leipzig, 1718.

Vesalius, Andreas. *De humani corporis fabrica libri septem*. Basel, 1543.

Vollmuth, Ralf. *Das anatomische Zeitalter. Die Anatomie der Renaissance von Leonardo da Vinci bis Andreas Vesal*. München, 2004.

Simone De Angelis

Demonstratio ocularis und *evidentia*. Darstellungsformen von neuem Wissen in anatomischen Texten der Frühen Neuzeit

I. Einleitung

Eine Epistemologie der Moderne, die von der ‚Konstruktivität', ‚Textualität' und ‚Rhetorizität' des Wissens ausgeht, betrachtet das Auftreten eines neuen Wissensobjekts weniger unter dem Aspekt seines ‚objektiven' Wahrheitsgehalts als vielmehr unter dem seiner ‚Repräsentation'; sie fragt nach den Regeln, nach denen ein Wissen geäußert wird und sich als Rede konstituiert. Dieser Zugang, der sich an eine *poétique du savoir* französischer Provenienz anlehnt,[1] hat den Vorteil, dass verschiedene Typen des Wissens – historisches, literarisches, naturwissenschaftliches – einerseits voneinander abgegrenzt, andererseits im Blick auf deren Repräsentation durch sprachliche Mittel untereinander verglichen werden können. Dies ist denn auch der Ansatzpunkt für eine fruchtbare Analyse des Verhältnisses von Literatur und Wissenschaft, das jüngst ins Zentrum des Interesses gestellt wurde.[2] Was ich allerdings an der ‚modernen' epistemologischen Debatte vermisse, ist der Blick für die historische Dimension der Leitkategorie der ‚Repräsentation'. Mediziner aus dem 16. Jahrhundert zum Beispiel, die ein spezifisches Wissen nicht nur produziert, sondern auch in Textform verarbeitet und präsentiert haben, besaßen nämlich schon früh ein Bewusstsein für die mediale und darstellerische Seite des Wissens. Diese Repräsentation wurde von ihnen bereits hochgradig reflektiert. Ein Grund liegt in dem Umstand, dass medizinisches Wissen – besonders wenn es sich um neue Wissens-

---

1 Vgl. Jacques Rancière. *Les noms de l'histoire. Essai de poétique du savoir*. Paris, 1992, S. 21: „La poétique du savoir s'intéresse aux règles selon lesquelles un savoir s'écrit et se lit, se constitue comme genre de discours spécifique."

2 Vgl. Nicolas Pethes. „Literatur und Wissenschaftsgeschichte. Ein Forschungsbericht". *Internationales Archiv für Sozialgeschichte der deutschen Literatur* 28.1 (2003), S. 207ff.

ansprüche handelt – mitunter nicht so ohne Weiteres auf Konsens stößt, Akzeptanz also nicht von vornherein gesichert ist. Ein neuer Wissensanspruch muss sich etwa gegen autoritatives Wissen erst durchsetzen, ohne dass dies zugleich bedeutet, dass Autoritäten gänzlich in Frage gestellt werden. Vielmehr erhöht die Forderung nach Wissenslegitimierung den Druck auf die Ausdrucksseite des medizinischen Wissens, das auf neue Argumentations- und Repräsentationsformen angewiesen ist. Unweigerlich drängt sich hier die Frage auf, was es denn heißt, wenn man von der Wissensrepräsentation als einer ‚modernen' epistemischen Kategorie spricht, mit der sich heutige Wissenshistoriker jetzt auch die Wissensbestände der Vormoderne aneignen.[3] Die medizinischen Texte bilden deshalb ein interessantes Studienobjekt, zumal sie – auch dank der neuen Drucktechniken der Renaissance (Holzschnitte)[4] – eine große Konjunktur und Verbreitung erfahren. Die medizinischen Texte zeigen, dass die Modelle der ‚modernen' Wissensrepräsentation in der antiken Rhetorik wurzeln und dass die „selbstreflektierte Dynamik" der Frühen Neuzeit, die auf diese Modelle rekurriert und sie weiterentwickelt, „erheblich unterschätzt wird".[5] Das Erklärungspotential dieses Texttypus' für eine Geschichte des Wissens, die sich u. a. als Geschichte von Schreibweisen und Darstellungsformen begreift, ist noch nicht vollends erkannt worden.

Seit der Renaissance und Frühen Neuzeit bilden die Autopsie und die Formen der experimentellen Praxis das Vehikel für die Bildung und Begründung von medizinischem Wissen. Die Mediziner, besonders die Anatomen, sind in der Lage, bestehendes Wissen zu überprüfen, zu modifizieren, zu eliminieren oder auch zu erneuern. Dabei ist die Bildung von Wissensansprüchen und deren Vermittlung an andere immer auch an *Formen der Darstellung* gebunden. Von den möglichen Formen der Darstellung und Vermittlung von medizinischen Wissensansprüchen sind in historischer Perspektive vor allem *textuelle* Formen hervorzuheben. Texte lassen sich hinsichtlich der *sprachlichen* wie auch der *optischen* Darstellungsformen untersuchen. Sie können aber auch im Hinblick auf faktische oder intendierte *Adressaten* sowie auch im Hinblick auf die historischen *Kontexte* ihrer Entstehung und Wirkung erforscht werden.[6] Diese Faktoren bilden eine Art Kommunikationsmodell. Im

---

3 Vgl. Markus Völkel. „‚Lob des Blüthenstaubs' oder ‚musivisches Werk'? Neuerscheinungen auf dem Gebiet der Wissensgeschichte". *Archiv für Kulturgeschichte* 89.1 (2007), S. 192ff.

4 Vgl. David Landau u. Peter Parshall. *The Renaissance Print 1470-1550*. New Haven u. London, 1994.

5 Völkel (Anm. 3), S. 215.

6 Vgl. Lutz Danneberg u. Jürg Niederhauser. „Von Aristoteles' geheimer Lehre zu

Rahmen dieses Modells lässt sich das Thema der Darstellungsformen von neuem Wissen in anatomischen Texten behandeln und auch die darin implizierte Frage erörtern, inwiefern zwischen der Akzeptanz von Wissensansprüchen und den Mitteln der darstellerischen Gestaltung eine Beziehung besteht. Damit sind mit den Darstellungsmitteln zugleich Fragen des Demonstrierens und Überzeugens angesprochen. Um diese Fragen zu beantworten, bedarf es einer Historisierung des kommunikativen Modells. Nur so kann gezeigt werden, wie das kommunikative Programm der Anatomen die spezifische Weise organisiert, in der Wissensansprüche formuliert und vermittelt werden. Dabei wird man rasch feststellen, dass das, was heute als ‚modern' verkauft wird, also die Lenkung der Aufmerksamkeit auf die Wissensrepräsentation, im Grunde genommen ‚alt' ist bzw. schon in früheren Epochen so gehandhabt wurde.

Blickt man etwa auf den historischen Kontext der norditalienischen Universitäten um 1600, so bilden die Praxis der Kommentierung der Texte des Aristoteles (vor allem *De anima*) sowie die Praxis der Menschensektion den intellektuellen, kulturellen und institutionellen Hintergrund, auf dem neues anatomisches Wissen generiert wird. Wichtig ist dabei die Schnittstelle zwischen der Textexegese von *De anima*, die dem antiken griechischen Aristotelesinterpreten Alexander von Aphrodisias (2. Jh. n. Chr.) folgt, und der Praxis der Körpersektion im akademischen Milieu der Universitäten Padua und Bologna. Beide Praktiken führen – auch unabhängig voneinander – zur Produktion von Texten (Kommentar und anatomischer Traktat), denen wir wichtige Informationen über die Entstehung und Vermittlung von neuem anatomischen Wissen entnehmen können.[7]

Doch warum ist der anatomische Text eine Wissensquelle und wie komme ich dazu, ihn als solche zu lesen? Ist diese Wissensquelle denn vertrauenswürdig? Und wie verstand sie der Leser des 16. und 17. Jahrhunderts? Bei diesen Fragen hat sich der Blick auf die Darstellungsmittel des Textes zu richten. Denn eines ist die reale Situation der Autopsie des Körpers in einem öffentlichen oder privaten Raum, in dem der Anatom dem Publikum ein neues Körperteil vorzeigt, etwas anderes ist die Darstellung des neuen Wissensanspruchs in einem Text, den der Anatom nachträglich verfasst und der ihm ebenso wichtig ist wie die Autopsie

---

Sokals Experiment. Zur Einleitung". *Darstellungsformen der Wissenschaften im Kontrast. Aspekte der Methodik, Theorie und Empirie*. Hg. v. dens. Tübingen, 1998, S. 10f.

7 Vgl. Simone De Angelis. „From Text to the Body. Commentaries on *De Anima*, Anatomical Practice and Authority around 1600". *Scholarly Knowledge. Textbooks in Early Modern Europe*. Hg. v. Emidio Campi u. a. Genf, 2008, S. 205-227.

selbst. In beiden Fällen muss Evidenz und Glaubwürdigkeit erzeugt werden. Wenn es darum geht, einem Wissensanspruch Glaubwürdigkeit zu verleihen, rekurriert die Autopsie auf das *Testimonium*, also auf die direkte Augenzeugenschaft, der Text greift auf die Darstellungsmittel zurück. Wichtigstes Mittel ist dabei die *demonstratio*. Diese liegt in der rhetorischen Tradition begründet.

II. *evidentia* und *demonstratio*

Aus historischer Sicht spielt die Beziehung zwischen den Begriffen *demonstratio* und *evidentia in narratione* eine tragende Rolle.[8] Bei der *evidentia in narratione* handelt es sich um Quintilians lateinische Wiedergabe des griechischen Terminus *enargeia*,[9] der das bezeichnet, was eine ‚Präsenz' bzw. Anschaulichkeit vermittelt, und der stets mit der Sphäre der direkten Wahrnehmung assoziiert wird.[10] Quintilian begreift *enargeia* als signifikante Qualität der Rede, wenn es darum geht, etwas Wahres nicht so sehr zu sagen als vielmehr vorzuzeigen.[11] Ein Synonym von *enargeia* ist demnach der Terminus *demonstratio*, der – etwa in der *Rhetorica ad Herennium* – die anschauliche Schilderung eines Gegenstandes mit Worten bedeutet und zwar so, dass der Eindruck entsteht, eine Sache werde wirklich ausgeführt und spiele sich vor unseren Augen ab.[12] *Demonstratio* meint also nicht nur den logischen Beweis, sondern konnotiert auch das semantische Feld von ‚Zeigen', ‚Vorzeigen' und ‚Vor-Augen-Stellen'.[13]

---

8 Vgl. Carlo Ginzburg. „Montrer et citer. La vérité de l'histoire". *Le débat* 56 (1989), S. 45ff.

9 Quintilian. *Institutio Oratoria.* Liber IV, 2,63: „sunt qui adiciant his evidentiam, quae ἐνάργεια Graece vocatur." Vgl. Marcus Fabius Quintilianus. *Ausbildung des Redners. Zwölf Bücher.* 2 Bde. Hg. u. übs. v. Helmut Rahn, Darmstadt, 2006 [Nachdruck der 3. Aufl. 1995], Bd. 1: Erster Teil, Buch I-IV, S. 460f.

10 Vgl. Ginzburg (Anm. 8), S. 46.

11 Quintilian (Anm. 9), Liber IV, 2,63: „evidentia in narratione [...] est quidem magna virtus, cum quid veri non dicendum, sed quadammodo etiam ostendendum est". Vgl. Quintilian (Anm. 9), S. 460f.

12 Anonymus. *Rhetorica ad Herennium.* Liber IV, 68: „Demonstratio est, cum ita verbis res exprimitur, ut geri negotium et res ante oculos esse videatur." Vgl. Theodor Nüßlein (Hg.). *Rhetorica ad Herennium. Lateinisch-Deutsch.* Übs. v. dems. Zürich, 1994, S. 314.

13 Vgl. Ginzburg (Anm. 8), S. 46: „*Demonstratio.* Les équivalents de ce mot latin dans les langues européennes modernes – *demonstration*, démonstration, *dimostrazione*, etc. – dissimulent son noyau rhétorique sous un voile euclidien."

Nach Carlo Ginzburg hat neuerdings auch Rüdiger Campe auf den „kognitiv orientierten *Tropus* der *evidentia* – ‚zeigen statt sagen'" hingewiesen;[14] er erwähnt unter den ästhetischen bzw. phänomenologischen Perspektiven – neben der Ästhetik, der Optik, dem Theaterbau und Theaterspiel und den Techniken der kommunikativen Empathie – auch die Evidenz sprachlicher Darstellungen.[15] Dabei hat Campe aus der Perspektive des dargestellten historischen Materials aus dem 18. Jahrhundert nicht nur die Literatur, also die poetische *evidentia*, im Blick, sondern auch die sprachliche Darstellung der experimentell angeordneten Naturbeobachtung, wie man sie etwa durch die Beobachtungsprotokolle eines Robert Boyle kennt, auf deren *literary technology* Steven Shapin hingewiesen hat.[16] Allerdings hatten die Anatomen des 16. und 17. Jahrhunderts bereits lange vor den Akteuren der *Royal Society* das rhetorische „*Verfahren der Evidenzherstellung*"[17] bzw. des ‚Vor-Augen-Stellens' als Darstellungsmittel in ihren Texten benutzt, in denen sie das, was sie bei der Öffnung des Körpers gesehen hatten, einem Publikum kommunizierten.[18]

In diesem Zusammenhang ist es wichtig, sich das kognitive Modell der antiken griechischen Geschichtsschreibung zu vergegenwärtigen, an dem sich die Anatomen anlehnten, wenn sie nicht selbst, wie etwa Alessandro Benedetti (1452-1512), auch Historiographen waren. Arnaldo Momigliano hat auf die Affinitäten in der Methode hingewiesen, die zwischen der Historiographie und der hippokratischen Medizin seit deren Auftreten im fünften vorchristlichen Jahrhundert bestehen: Gemeinsam waren ihnen der deskriptive Ansatz, die detaillierte Beobachtung

---

14 Rüdiger Campe. „Evidenz als Verfahren. Skizze eines kulturwissenschaftlichen Konzepts." *Vorträge aus dem Warburg-Haus* 8 (2004), S. 123.

15 Vgl. ebd., S. 110-115 sowie Rüdiger Campe. „Vor Augen Stellen. Über den Rahmen rhetorischer Bildgebung". *Poststrukturalismus. Herausforderung an die Literaturwissenschaft*. Hg. v. Gerhard Neumann. Stuttgart u. Weimar, 1997, S. 208-225. Vgl. jetzt auch Jan-Dirk Müller. „Evidentia und Medialität. Zur Ausdifferenzierung von Evidenz in der Frühen Neuzeit". *Evidentia. Reichweiten visueller Wahrnehmung in der Frühen Neuzeit* (= Pluralisierung und Autorität, Bd. 9). Hg. v. Gabriele Wimböck, Karin Leonhard u. Markus Friedrich. Münster u. a., 2007, S. 57-81.

16 Vgl. Campe (Anm. 14), S. 122f. Vgl. Steven Shapin. „Pump and Circumstance. Robert Boyle's Literary Technology". *Social Studies of Sciences* 14 (1989), S. 481-520.

17 Campe (Anm. 14), S. 124.

18 Vgl. Giovanna Ferrari. *L'esperienza del passato. Alessandro Benedetti. Filologo e medico umanista*. Florenz, 1996, bes. Kap. 5.5: „Tecniche retoriche e scienza", S. 327-343 sowie jetzt auch Simone De Angelis. „Sehen mit dem physischen und dem geistigen Auge. Formen des Wissens, Vertrauens und Zeigens in Texten der frühneuzeitlichen Medizin". *Diskurse der Gelehrtenkultur in der Frühen Neuzeit. Ein Handbuch*. Hg. v. Herbert Jaumann. Berlin u. New York, 2010 (im Erscheinen).

von Abläufen und Ereignissen, die Suche nach natürlichen Ursachen.[19] Bei Thukydides etwa, der empirisches ärztliches Wissen beachtet, ging es darum, die so genannten kunstlosen Beweismittel der Rhetorik wie Zeugenaussagen, Gesetze oder Berichte, die ihm vom Peloponnesischen Krieg zukamen, durch ein Beweisverfahren zu ersetzen, das in der Geschichtsdarstellung einen größtmöglichen Grad an Wahrscheinlichkeit anstrebte; gelingt es ihm also, Geschehnisse so darzustellen, dass der Leser sie durchaus für möglich hält, wird sein Bericht glaubwürdig; und dieser beruht auf Eigenerleben (αυτόψία) oder auf möglichst genauen Informationen.[20]

Aufschluss über das kognitive Modell der griechischen Historiographie gibt auch die Semantik der Wörter ἵστωρ, ἱστορία, mit denen sich ein Wissensbegriff verbindet. Das Substantiv ἵστωρ bezeichnet zunächst „der, der gesehen hat“, woraus sich die Bedeutung von ἵστωρ als ‚Zeuge‘ (etwa im Sinn der juristischen Sprache) erklärt;[21] ἵστωρ stellt daher eine Verbindung her zwischen ‚sehen‘ und ‚wissen‘. Aus der Grundbedeutung des Verbs ἱστορέω (‚ich bin Zeuge‘) vermutet Bruno Snell die Herausbildung der späteren Bedeutung „als Augenzeuge erzählen“; bei Herodot wird ἱστορέω auch in der Bedeutung von „sich erkundigen bei jemandem, der (ursprünglich doch wohl: aus eigener Anschauung) Bescheid weiß“ verwendet.[22] Aus der Verbindung des historischen Wissens mit der Sphäre der Wahrnehmung und des Auges ist also das Spezifikum zu erklären, dass historische Forschung bei den Griechen „auf ein Sehen zurückgeführt wird“ bzw. dass „ἱστορία nicht vom Objekt, sondern vom sehenden und begreifenden Subjekt ausgeht“.[23] Die Handlung des antiken Historikers spielte sich demnach auf zweierlei Ebenen ab: der des Sehens und der des Darstellens. Dabei werden empirische Evidenz (historischer Augenzeuge) und rhetorische Evidenz (Text) aufeinander abgestimmt: Der Adressat soll auch ‚sehen‘,

19 Vgl. Arnaldo Momigliano. „La storia tra medicina e retorica“. *Tra storia e storicismo*. Pisa, 1985, S. 11.

20 Vgl. Jürgen Gommel. *Rhetorisches Argumentieren bei Thukydides*. Hildesheim, 1966, S. 5-19 u. 40-44 sowie auch Markus Völkel. *Geschichtsschreibung. Eine Einführung in globaler Perspektive*. Köln, Weimar u. Wien, 2006, S. 36: „Die frühen griechischen Historiker sind alle Reisende oder Exilanten gewesen. Sie haben es festgeschrieben, daß persönliche Erfahrung, Selbstwahrnehmung (αυτόψία) und Selbsterleiden (αυτόπαδια) die Grundlage jedes überzeugenden Berichts abgeben sollen.“

21 Bruno Snell. *Die Ausdrücke für den Begriff des Wissens in der vorplatonischen Philosophie*. Berlin, 1924, S. 59. Zu ἱστορία vgl. S. 59-71.

22 Ebd., S. 61f.

23 Ebd., S. 70.

was der Augenzeuge selbst gesehen hat.[24] Die *enargeia* war dabei das adäquate Mittel, um die *autopsia*, also die ‚direkte Beobachtung', durch die Kraft des Stils zu kommunizieren.[25] Dass die Formen, mit denen in der Antike historisches Wissen erzeugt wurde, am Beginn der Frühen Neuzeit noch wirksam waren, zeigt die Präsenz der griechischen Leittexte in der Kultur der Renaissance.[26] Dem thukydideischen Modell folgt etwa Benedetti in seinen *Diaria de Bello Carolino*, in denen der Autor die Kriegsereignisse des Einfalls Karl V. in Italien, denen er zwischen Mai und November 1495 beiwohnt, als Augenzeuge berichtet.[27]

Diese Ausführungen müssen genügen, um annähernd ein Bild davon zu geben, wie die Anatomen der Renaissance ihrerseits das Sehen bzw. die Autopsie des Körpers verstanden und ihr Wissen in Textform brachten. Von ἵστωρ, ἱστορία bezieht etwa das Textgenre der *Historia anatomica* des 16. und 17. Jahrhunderts seine Grundbedeutung als *descriptio*, also als detaillierte Beschreibung einer anatomischen Struktur; handelt es sich dabei um einen neuen Wissensanspruch, kann *Historia anatomica* auch die sprachliche Darstellung der *Entdeckung* eben dieser neuen anatomischen Struktur bedeuten.[28] Mehr noch: Aus der Verbindung von ‚Sehen' und ‚Wissen' rührt auch der Umstand her, dass die Anatomen des 16. Jahrhunderts die Semantik des Begriffs *demonstratio* in signifikanter Weise erweitert haben: *demonstrare* ist nämlich der Terminus, den die Anatomen benutzen, wenn sie einen neuen Wissensanspruch im Text *visualisieren*, also etwa in Zeichnungen bildlich darstellen, um auch andere von seiner ‚Wahrheit' zu überzeugen. Deutlich wird dies etwa in einem frühen Text der Anatomie des 16. Jahrhunderts: in der Vorrede zu der *Anatomia capitis humani* (1537) des Marburger Arztes und Mathematikers Johannes Dryander. Es sei seine Absicht, so Dryander, annähernd die ganze Anatomie des menschlichen Hauptes auf-

---

24 Vgl. Markus Völkel. „Hugo Grotius' *Grollae obsidio cum annexis* von 1629. Ein frühneuzeitlicher Historiker zwischen rhetorischer (Text) und empirischer Evidenz (Kartographie)". *Evidentia* (Anm. 15), S. 83ff.

25 Vgl. Ginzburg (Anm. 8), S. 47a-b.

26 Vgl. Völkel (Anm. 24), S. 83; Völkel verweist etwa auf Lukians Text *Quomodo historia conscribenda sit*, den der Humanist Giovanni Lascaris 1494 in Florenz in lateinischer Sprache herausgibt.

27 Vgl. Ferrari (Anm. 18), S. 337f.

28 Vgl. Gianna Pomata. „Praxis Historialis. The Uses of Historia in Early Modern Medicine". *Historia. Empiricism and Erudition in Early Modern Europe*. Hg. v. ders. u. Nancy G. Siraisi. Cambridge, Mass., u. London, 2005, S. 105-146. Pomata geht nicht auf die antike griechische historiographische Wortbedeutung von ἱστορία ein, vgl. aber S. 116: „Like many other physicians of his and later times, Benedetti moved easily from being the historian of the body to being the historian of *res gestae*."

grund von zwölf Figuren darzulegen, einige davon habe er neben den dazugehörigen Text gestellt, um der *demonstratio* willen,[29] also um das, was der Text dem Leser mit Worten vor Augen führt, auch noch bildlich darzustellen. Die *demonstratio* bildet also seit der Renaissance auch die rhetorische Vorgabe der Bildproduktion bzw. der *Visualisierung des medizinischen Wissens*, die heute als Thema der Forschung im Trend von kultur- wie naturwissenschaftlichen Disziplinen liegt.[30] Dabei spielte es in der Frühen Neuzeit keine Rolle, ob es sich bei der Visualisierung um literarisches oder medizinisches Wissen handelte; das rhetorische Verfahren der *demonstratio* war für beide Wissensordnungen dasselbe.[31]

Im Folgenden möchte ich auf dem hier skizzierten Hintergrund das Thema der Darstellungsformen des (neuen) medizinischen Wissens anhand eines konkreten Beispiels erläutern. Dabei zeige ich erstens, wie ein neu gebildeter Wissensanspruch in einem Text dargestellt und vermittelt wird, zweitens wie Anatomen, die sich auf Autopsie berufen mit Autoritäten umgehen und welche Argumentationsformen sie dabei be-

---

29 Johannes Dryander. *Anatomiae, hoc est, corporis humani dissectionis pars prior* [...]. Marburg, 1537, Vorrede (o. P.): „Universam ferme capitis anatomiam, duodecim figuris absolvere est animus, cuique figurae, demonstrationis gratia, suas litteras apposuimus." Vgl. auch Andreas Vesalius. *De humani corporis fabrica libri septem*, Basel, 1543, Praefatio, fol. 4r: „Hac siquidem ratione, qui secanti adfuere, demonstratorum habebunt commentarios, caeterisque leviori negotio Anatomen ostendunt." Vgl. hierzu auch Ferrari (Anm. 18), S. 342, Anm. 106. Vgl. zu Dryander jetzt auch Barbara Mahlmann-Bauer. „Anschaulichkeit als humanistisches Ideal. Johannes Dryander, Medicus atque Mathematicus Marpurgensis (1500-1560)". *Acta Academiae Scientiarum* 8 (2003), S. 223-266.

30 In der richtiggehend ausufernden Literatur über die Visualisierung ist dieser zentrale Aspekt im Blick auf die Anatomie (soweit ich sehe) nicht erörtert worden. Vgl. u. a. Sachiko Kusukawa. „The Uses of Pictures in the Formation of Learned Knowledge. The Cases of Leonhard Fuchs and Andreas Vesalius". *Transmitting Knowledge. Words, Images, and Instruments in Early Modern Europe*. Hg. v. ders. u. Ian Maclean. Oxford, 2006, S. 73-96; Sachiko Kusukawa. *From Counterfeit to Canon. Picturing the Human Body, Especially by Andreas Vesalius* (= Max-Planck-Institut für Wissenschaftsgeschichte, Preprint 281). Berlin, 2004, S. 1-40; Pamela H. Smith. „Art, Science, and Visual Culture in Early Modern Europe". *Isis* 97 (2006), S. 83-100; Claus Zittel. „Demonstrationes ad oculos. Typologisierungsvorschläge für Abbildungsfunktionen in wissenschaftlichen Werken der frühen Neuzeit". *Zeitsprünge. Forschungen zur Frühen Neuzeit* 9 (2005), Heft 1/2: Zergliederungen. Anatomie und Wahrnehmung in der Frühen Neuzeit, S. 97-135; Wolfgang Lefèvre, Jürgen Renn u. Urs Schoepflin (Hg.). *The Power of Images in Early Modern Science*. Basel, Boston u. Berlin, 2003.

31 Vgl. Müller (Anm. 15), S. 71-74. Müller zeigt am Beispiel von Sebastian Brandts *Narrenschiff* (1494), dass die Bilder (Holzschnitte), die hier den poetischen Text begleiten, den Topoi der *evidentia* entsprechen, „daß man nämlich im Bild, das ‚vor Augen ist', die ‚Sache selbst', ihr Wesen, hat" (S. 71).

nutzen, und schließlich drittens welche Rolle Visualisierungen bei der Vermittlung von neuen Wissensansprüchen spielen. Es handelt sich hierbei zwar um distinkte, jedoch miteinander verwobene Formen des Umgangs mit anatomischem Wissen, deren Untersuchung helfen kann, das komplexe Verhältnis zwischen Autopsie und Autorität in der Frühen Neuzeit besser zu verstehen.[32]

III. Gehirnautopsien

Im Jahre 1573 veröffentlichte der Anatom Costanzo Varolio aus Bologna (1543-1575) ein Traktat über seine Entdeckung des Ursprungs der optischen Nerven im verlängerten Rückenmark (Abb. 1). Zudem beschrieb Varolio als Erster detailliert den *pons cerebelli* – die Brücke des Kleinhirns. Dies gelang ihm, indem er durch eine innovative Methode das Gehirn vom Schädel trennte und die Gehirnbasis sozusagen ‚von unten' sezierte. In einer modernen Darstellung der Anatomie des Kleinhirns befindet sich Varolios Beschreibung nach derjenigen Galens und Vesals und vor derjenigen von Thomas Willis in *De cerebri anatome* (1664).[33] Der *pons* gehört heute zur anatomischen Fachsprache und wird in einem einschlägigen Anatomiebuch im Kapitel über das Nervensystem ausführlich beschrieben und visuell dargestellt.[34] Für die Zwecke meiner Argumentation ist bereits der Titel von Varolios Traktat aufschlussreich, der auf Deutsch lautet: „Über die optischen Nerven und einige andere Dinge, die im menschlichen Haupt nicht nach der *communis opinio* beobachtet wurden."[35]

---

32 Vgl. hierzu auch Simone De Angelis. „Autopsie und Autorität. Zum komplexen Verhältnis zweier medizinischer Basiskonzepte und ihrer Funktion in der Formation einer ‚Wissenschaft vom Menschen' im 17. und 18. Jahrhundert". *Welche Antike? Konkurrierende Rezeptionen des Altertums im Barock. Akten des 12. Jahrestreffens des Wolfenbütteler Arbeitskreises für Barockforschung, 5.-8. April 2006.* Hg. v. Ulrich Heinen [im Erscheinen].

33 Vgl. Edwin Clarke u. Charles Donald O'Malley (Hg.). *The Human Brain and Spinal Cord. A Historical Study Illustrated by Writings from Antiquity to the Twentieth Century.* 2. Aufl. San Francisco, 1996, S. 634f.

34 Vgl. Lawrence H. Bannister u. a. *Gray's Anatomy. The Anatomical Basis of Medicine and Surgery.* 38. Aufl. Edinburgh u. a., 1995, S. 1021-1027: „Pons. External Features and Relations. The pons lies ventral to the cerebellum, below the midbrain and above the medulla, with which it is continuous." (S. 1021)

35 Costanzo Varolio. *De Nervis Opticis nonnullisque aliis praeter communem opinionem in Humano capite observatis. Ad Hieronymum Mercurialem.* Brüssel, 1969 [Nachdruck d. Ausgabe Padua, 1573].

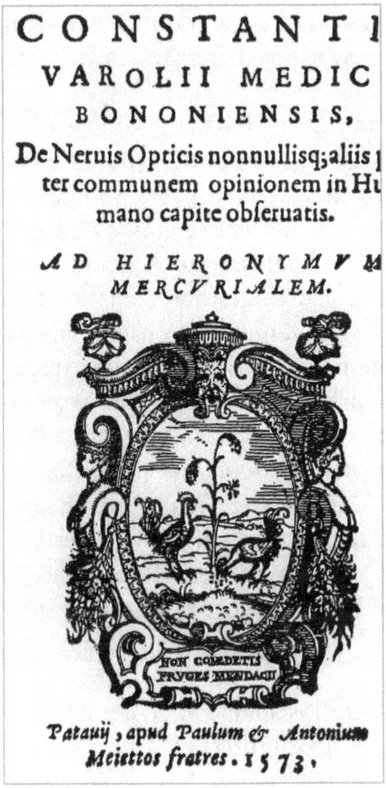
CONSTANTI
VAROLII MEDIC
BONONIENSIS,
De Neruis Opticis nonnullisq;aliis
ter communem opinionem in H
mano capite obseruatis.
AD HIERONYMUM
MERCURIALEM.
NON COMEDETIS FRUGES MENDACII
Patauij, apud Paulum & Antonium
Meiettos fratres. 1573.

Abb. 1: Titelseite von Costanzo Varolio. *De nervis opticis* (Padua, 1573).

Es liegt hier ein *programmatisches* Konzept von Autopsie vor und zwar im Sinne einer *demonstratio ocularis,* eines ‚Vorzeigens‘ oder ‚Beweisens‘, das der Ansicht *(opinio)* der Autoritäten entgegengesetzt wird, mit dem Ziel, diese Ansicht zu eliminieren.[36] Varolio macht auch einen *abgrenzenden* oder *polemischen* Gebrauch des Autopsiekonzepts und zwar so, dass der durch Autopsie legitimierte neue Wissensanspruch offenbar gleichzeitig eine Kritik an den antiken Autoritäten beinhaltet, denen er implizit vorwirft, den ‚richtigen‘ Ursprung der Sehnerven ‚nicht gesehen‘ zu haben.[37] Varolios Beispiel ist besonders interessant, weil sein neuer Wissensanspruch von Kollegen mitunter auch bestritten wur-

36 Zum programmatischen Autopsiekonzept vgl. Lutz Danneberg. *Die Anatomie des Text-Körpers und Natur-Körpers. Das Lesen im liber naturalis und supernaturalis* (= Säkularisierung in den Wissenschaften seit der Frühen Neuzeit, Bd. 3). Berlin u. New York, 2003, S. 121.

37 Zum abgrenzenden bzw. polemischen Autopsiekonzept vgl. Danneberg (Anm. 36), S. 118f.

de. Diese hatten nämlich die Autoritätenkritik abgelehnt, u. a. mit dem Argument, Varolios Beobachtungen seien schon Hippokrates bekannt gewesen.[38]

Varolio spricht über diese Situation in seinem Text und schildert zugleich seine Reaktion darauf, die im Wesentlichen in der Strategie besteht, ‚Beweise' in der Form von Gehirnautopsien und Augenzeugen *in eben diesen Text* hineinzuholen. Dabei beschreibt er Ereignisse und Abläufe bei genauer Angabe raumzeitlicher Verhältnisse und scheinbar unwichtiger Details. In meiner Paraphrase seines Textes hört sich das etwa so an: Nachdem ihm seine Anatomenkollegen vorgeworfen hätten, in seiner privaten Anatomielektion vom Dezember 1570 die Studenten irregeführt zu haben, so habe er deshalb im April 1571, als sich eine *occasio corporum* ergab (als ihm also die Leiche eines zum Tode Verurteilten zur Verfügung gestellt wurde) im *Gymnasio Bononiense* eine öffentliche Sektion durchgeführt. Auch wenn das sezierte Gehirn weich und wegen der Hitze halb verfault gewesen sei, habe er am Schluss der Sitzung den Ursprung der Sehnerven im hinteren Teil des Rückenmarks allen Anwesenden offengelegt und die Übung so oft wiederholt, dass angeblich selbst die Zweifler die Wahrheit (*veritatem*) anerkannt hätten.[39]

In einer anderen Autopsie-Episode Varolios spielte auch der angesehene Aristoteliker Federico Pendasio (ca. 1525-1603) eine prominente Rolle. Pendasio, der im Jahr 1572 als Ordinarius für Philosophie nach Bologna berufen wurde, stützte und förderte den jungen Anatomen durch seine professorale Autorität.[40] Wie dies Varolio schildert, bekamen die

---

38 Vgl. Varolio (Anm. 35), fol. 15r: „Quandoque dixerunt aliqui hoc fuisse cognitum Hippocrati, qui dum hac inventione me ipsum expoliare studebant interim observationem meam Hipp. dignam censebant."

39 Ebd., fol. 13v: „Quum igitur anno a Christi ortu MDLXX. mense (ni fallor) Decembris intra privatos parietes multis scholaribus ostendissem nervos opticos nasci ex posteriori parte spinalis medullae (quod tamen prius observaveram, & quum qui hoc vidissent statim omnibus retulissent, reliqui Anatomici, qui sanè in hac schola plurimum vigent, & florent obiecerunt mihi non esse verum id, quod scholares praedicabant; sed eos fuisse a me deceptos, [...]. Quum tamen multi essent, qui hoc non vidissent, & propterea id esse verum minime credere possent, ideo ubi anno MDLXXI. mense Aprilis data esset corporum occasio, unde publicam administrationem corporis humani in hoc Bononiensi Gymnasio aggredi possem, in fine eius administrationis (capitis fabrica prius declarata) quamvis cerebrum esset flaccidam, & propter caliditatem ambientis semiputridum, illud omnibus iterum adeo patefeci, ut qui prius viderant maxime in hac veritate confirmarentur, qui verò non crediderant & animo quiescerent, & veritatem confiterentur."

40 Vgl. Charles H. Lohr. *Latin Aristotle Commentaries.* 2 Bde. Florenz, 1988, Bd. 2: Renaissance Authors, S. 305.

Studierenden der Artistenfakultät in diesem Jahr noch unterschiedliche Meinungen über den Ursprung der optischen Nerven zu hören. Einige hätten sich erneut gegen seine neuen Forschungsergebnisse gewendet. Deshalb habe er (von Vielen dazu aufgemuntert) einen Kopf für eine Sektion präpariert, um seinen Wissensanspruch nochmals zu demonstrieren (*ostensionis gratia*), und zwar *in dem Raum*, in dem der Philosophieprofessor Pendasio vor versammelter Studentenschaft eine seiner Lektion über Aristoteles hätte abhalten sollen. Damit sah Pendasio dasjenige vordemonstriert, was er in seinem *De anima*-Kommentar nach Alexander von Aphrodisias selbst dozierte, dass nämlich die Erforschung des materiellen Intellekts durch das Studium der Anatomie zu erfolgen habe.[41] Die Sektion wurde somit zum Ereignis, in dem sich Varolio profilierte. Den Anwesenden habe er, Varolio, die Wahrheit vor Augen geführt: *veritatem ipsam oculis omnium subieci.*[42] Das rhetorische Substrat der *demonstratio*, die auf sinnliche Evidenz abzielt, ist hier durch den Ausdruck *sub oculos subiectio*, der wörtlich das ‚Unterlegen' von etwas unter die Augen heißt, explizit ausgesprochen.[43] Mit anderen Worten: Varolio stellt in seinem Text mit sprachlichen Mitteln die Situation des Vorlesungssaals dar und erzeugt für den Leser die Illusion des Bezugs auf eine Realität außerhalb des Textes. Evidenz und vor allem Glaubwürdigkeit werden hier also durch narrative Strategien hergestellt,

---

41 Vgl. Federico Pendasio. *Librum tertium de Anima lectiones dictatae 1577* […]. Biblioteca Universitaria di Padova, Ms 1264, fol. 437: „[E]t ideo praecipiet Alexander (et hoc habetis in principio libri) ut nos versemur circa fabricam corporis humani, circa Anathomen, et debetis vos hoc facere cum praesertim habeatis viros doctissimos circa huiusmodi facultatem, nam ex hoc poteritis ascendere ad naturam huius partis." – „Und deshalb lehrt Alexander (und dies habt ihr zu Beginn des Buches), dass wir uns mit dem Bau [*fabrica*] des menschlichen Körpers zu beschäftigen haben, also mit der Anatomie, und ihr müsst dies tun, hauptsächlich weil ihr es, hochgelehrte Herren, mit einem solchen Vermögen [sc. intellectus materialis] zu tun habt, denn dadurch werdet ihr zur Natur dieses Teils aufsteigen können." [Übs. d. Verf.].

42 Varolio (Anm. 35), fol. 14v: „FEDERICUS PENDASIUS Philosophus celeberrimus ab hoc senatu summo studio vocatus Bononiam se contulisset, eiusque occasione multi bonarum artium studiosi, qui prius non aderant huc accessissent de ortu horum nervorum opticorum diversa a diversis intellexerunt. Quinimo non defuerunt qui iterum adversus Naturam hac nova convitati occasione insurrexerunt, Quamobrem à multis rogatus rursus huius ostensionis gratia caput paravi, & ubi PENDASIUS unam ex suis lectionibus perfecisset praesentibus omnibus Bononiensis scholae studiosis, qui praedictae lectioni interfuerant veritatem ipsam oculis omnium subieci."

43 Weitere lateinische Begriffe für *demonstratio* sind *evidentia* und *repraesentatio*. Vgl. Cicero. *De oratore – Über den Redner*. Hg. u. übs. v. Theodor Nüßlein. Zürich, 2006, Liber III, 202; Quintilian (Anm. 9), Liber VIII, 3,61f. u. Liber XI, 2,40 et passim sowie in der *Rhetorica ad Herennium*: Nüßlein (Anm. 12), S. 404.

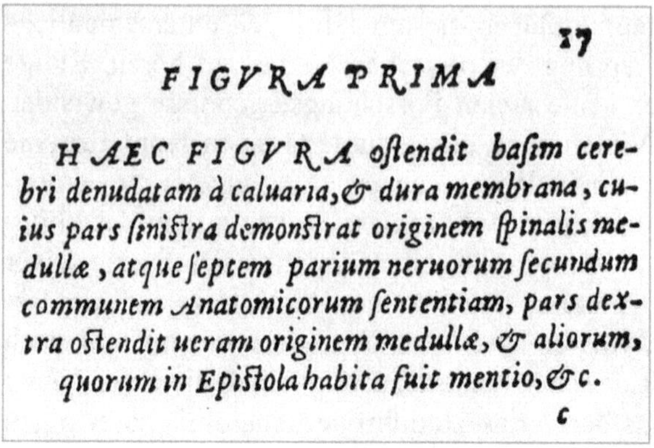

17

FIGVRA PRIMA

HAEC FIGVRA oſtendit baſim cere-
bri denudatam à caluaria, & dura membrana, cu-
ius pars ſiniſtra demonſtrat originem ſpinalis me-
dullæ, atque ſeptem parium neruorum ſecundum
communem Anatomicorum ſententiam, pars dex-
tra oſtendit ueram originem medullæ, & aliorum,
quorum in Epiſtola habita fuit mentio, &c.

C

Abb. 2: Die Wörter *ostendere* und *demonstrare* im Begleittext zur *Figura prima* aus Costanzo Varolio. *De nervis opticis* (Padua, 1573).

so wie es denn auch der Definition von *narratio* in einflussreichen Renaissancerhetoriken entspricht.[44]

Es ist dementsprechend konsequent, wenn Varolio unmittelbar nach der sprachlichen Darstellung der Gehirnautopsien die Visualisierung der neuen Wissensansprüche in seinem Text folgen lässt (Abb. 2). Im Begleittext zum ersten Bild fallen denn auch die Wörter *demonstrare* und *ostendere*, welche auf die Zweiteilung der folgenden visuell dargestellten Gehirnbasis in eine linke und in eine rechte Hälfte verweisen (Abb. 3). Varolios Visualisierung der Gehirnbasis gilt in modernen Darstellungen als gelungenes Beispiel zeitgenössischer Holzschnitttechnik.[45] Das Bild *macht* auf der rechten Seite einige bislang unbekannte Strukturen *sichtbar* wie etwa den Teil der optischen Nerven, der sich zum hinteren Teil des Rückenmarks hinkrümmt (*a.b.*); dann – parallel dazu verlaufend – den Ort, an dem das Rückenmark aus der Gehirnmasse ursprünglich hervorgeht (*e.f.*) und schließlich den *pons cerebelli*, aus dem der Gehörnerv entspringt (*h.i.*) (vgl. die Bildlegende in Abb. 4). Soviel zu den Visualisierungen, auf die später nochmals zurückzukommen ist. Jetzt möchte ich zu meinem zweiten Punkt überleiten: die medizinischen Argumentationsformen.

44 Vgl. Ludovico Carbone. *Tabulae Rhetoricae Cypriani Soarii S. J.* Venedig, 1589, Liber II, Cap. 8 [narratio]. Vgl. die englische Übersetzung der *Tabulae*, die Carbone aufgrund der *De arte rhetoricae* (1562) von Cypriano Soarez angefertigt hat: Jean Dietz Moss u. William A. Wallace. *Rhetoric & Dialectic in the Time of Galileo*. Washington D.C., 2003, S. 111-186: „Narrative is an exposition of information and a sort of basis and foundation for producing belief." (S. 151)

45 Vgl. Robert Herrlinger u. Marielene Putscher. *Geschichte der medizinischen Abbildung*. 2 Bde. München, 1972, Bd. 2: Von 1600 bis zur Gegenwart, S. 17.

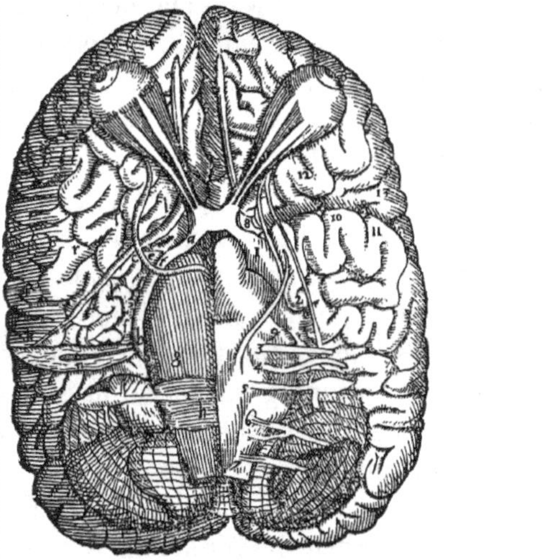

18

¶ PARTIS ſiniſtræ declaratio Numeris tradita in prima ſigura.

1 Origo neruis opticis communiter aſcripta

2 Origo neruorum, qui petunt muſculos oculorum ſecundum communem aliorum ſententiam.

3.4.5.6.7. Nerui omnes, quorum originem inquit Veſalius eē ex principio ſpinalis medullæ

8 Locus, unde inſtrumenta olfactus ducunt ſuū principium iuxta communem opinionem.

9.9 Principium ſpinalis medullæ reliquis Anatomicis cognitum

10.11. Prominentia media cerebri.

12.13. Confinia prominentiæ anterioris, & ſupremæ cerebri cum media, quas prominentias crediderunt alii eſſe ſibimet continuas in angulo formato inter 10. 11. & 12.13. ubi re uera ſunt tantum contiguæ, ut patet in dextra parte figuræ.

¶ PARTIS dextræ declaratio Elementis tradita in prima figura

a.b Tota portio neruorum opticorum cæteris Anatomicis ignota, & ubi b. eſt reflexio prædicti nerui in poſteriori parte ſpinalis medullæ.

c.d Par ſecundi paris neruorum, quam non obſeruarunt alii, & d. primum ortum eiuſdem nerui.

e.f. Primus ſpinalis medullæ ex cerebro ortus.

c 2

Abb. 3: *Figura prima*: Gehirnbasis (von unten) mit Legende aus Costanzo Varolio. *De nervis opticis* (Padua, 1573).

Totum autem id, quod eſt inter e. f, & g.

g. fuit reliquis diſſectoribus ocultum.

h. Proceſſus tranſuerſalis cerebelli, qui dicitur Pons.

i. Origo nerui auditus ex ponte cerebelli.

K.l. Ductus inſtrumenti olfactus latitans inter ſupremam, & mediam cerebri prominentiam, & ubi K. ibi eſt prima eiuſdem inſtrumenti origo.

m. Media cerebri prominentia a reliquo cerebro diſſecta.

n. Principium poſterioris prominentiæ cerebri, unde diſſecta fuit media.

o.p. Cauitas uentriculi, quæ reflectitur ad prominentiam mediam.

q.r.ſ. Pars ſuperioris prominentiæ cerebri, cui media adhæret contigua.

t. Intercuſſatio, quam facit neruus opticus cū neruo muſculos oculi petente.

F I G. I I.

HAEC FIGVRA oſtendit partes cerebri in ſua baſi tum inuicem diſtractas, tum ſimul cōiunctas, oſtenditq; uentriculos, & reliqua omnia in Epiſtola contenta, quæ in prima figura repreſentari non potuerunt. &c.

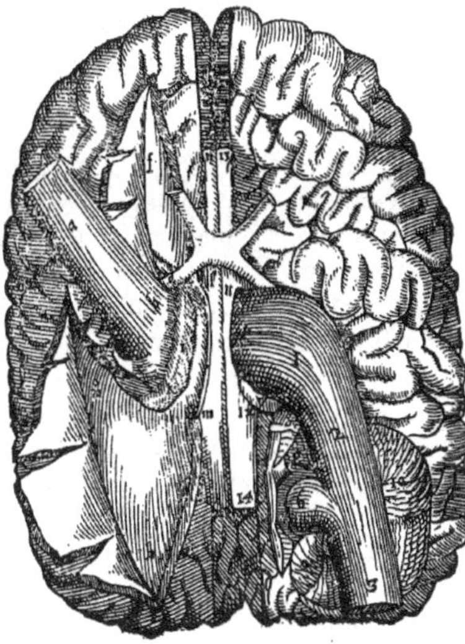

Abb. 4: Begleittext zur *Figura secunda* sowie *Figura secunda*: Strukturen der Gehirnbasis, die in der *Figura prima* nicht gezeigt werden konnten, aus Costanzo Varolio. *De nervis opticis* (Padua, 1573).

IV. Medizinische Argumentationsformen

Anhand von Varolios Text lässt sich ein zentrales Merkmal der *epistemischen Situation* erläutern, mit der wir es hier zu tun haben. Denn obwohl die Anatomen des 16. und 17. Jahrhunderts in der Lage waren, neue Wissensansprüche zu formulieren, hörten sie nicht auf, in den autoritativen Texten des Hippokrates oder Galen zu lesen. Eigenes Sehen und Beobachtung erfolgen immer auch im Abgleich mit dem, was die Autoritäten gesehen hatten. Das zeigen besonders einige Passagen des Traktats, in denen Varolio bei den neueren Anatomen eine Abweichung von Galen feststellt, die er selbst nicht nachvollziehen kann. In *De usu partium* behaupte Galen, dass sämtliche dem Rückenmark zugewiesene Nerven im Kleinhirn ihren Ursprung haben, so dass das Rückenmark vom Kleinhirn abhängt. Dagegen werde behauptet, dass dem Kleinhirn überhaupt kein Nerv entspringt.[46]

Die Aussage, dass die *sententia* Galens unter bestimmten Aspekten wahr sei, gründet Varolio auf einer detaillierten Beschreibung von vier miteinander vernetzten großen Nervenstrukturen, die der vorderen Hirnregion und dem Kleinhirn entspringen und schließlich im Doppelpack im Rückenmark zusammenlaufen und dieses konstituieren.[47] Blickt man nochmals auf die bildliche Darstellung der Hirnbasis (Abb. 3), ist besser zu begreifen, warum Varolio an Galen anknüpfen konnte. Varolio hatte nämlich gesehen, dass die Gehörnerven aus dem *pons cerebelli* entspringen, der seinerseits aus dem Kleinhirn herauswächst.[48] Varolio war somit in der Lage, ein differenziertes Bild von den Ursprungsorten wich-

46 Vgl. Varolio (Anm. 35), fol. 3v: „[...] video Iuniores Anatomicos plurimum a Galeno discrepantes, ipse enim & in viii. de Usu partium cap. 13. & alibi etiam asserit omnes nervos spinali medullae attributos a cerebello pendeat. Increpant autem alii Galenum audacter affirmantes nullum prorsus a cerebello nasci nervum.“

47 Vgl. ebd.: „[...] quandoquidem spinalis medulla est conflata ex quatuor veluti radicibus magnis, quarum duae, quae sunt maiores nascuntur utrinque ex duabus cerebri partibus in regione superius dicta, ex quibus duobus truncis nondum ad cerebellum perventis nascuntur duo prima nervorum paria ad oculos delatorum. Ubi verò isti duo magni trunci perveniunt ad cerebellum, tunc admittunt duos cerebelli magnos, sed breves truncos, qui ex inferiori parte cerebelli utriusque lateris nascentes [...] iunguntur processibus maioribus cerebri. Quare ex quatuor magnis truncis fiunt duo, qui deinde constituunt integram spinalem medullam. Ergo secundum quid verum est omnes nervos spinalis medullae oriri ex cerebello uti Galenus simplici dicebat.“

48 Vgl. ebd., fol. 3v-4r: „Praeterea unum alium observo cerebelli insignem processum, cuius notitiam quemadmodum apud neminem alium adnotavi, ita existimo esse maximo pondere dignam, sicut historia eius patefaciet. [...] Ex hoc cerebelli processu nascuntur nervi auditus, ita, ut nullo modo nascantur à cerebro.“

tiger Nervenstrukturen (Sehnerven, Gehörnerven, Spinalnerven) anzugeben und vor allem die zentrale Funktion des Kleinhirns für den Gehörsinn (*sensus auditus)* genauer zu bestimmen.[49] Aus Varolios Darstellung resultiert somit ein differenzierter Umgang mit den Autoritäten: In dem einen Fall wird ein Wissensanspruch Galens bewahrt und erweitert, im anderen Fall, beim Ursprung der optischen Nerven, grenzt man sich von der Autorität, diesmal Hippokrates, ab. Entscheidend ist nun aber, wie Varolio mit Hippokrates umgeht und wie er dabei argumentiert. Es wird das folgende irreale Szenario imaginiert:

> Wenn ich doch meine Beobachtung mit Hippokrates als Zeugen bestärken könnte, [...] dann wäre es für mich viel leichter auch andere von der Wahrheit zu überzeugen, denn die Meisten geben sich nämlich leichter mit der Autorität des Hippokrates zufrieden als mit dem, was ich wahrgenommen habe.[50]

Es handelt sich bei dieser Argumentationsform um eine so genannte kontrafaktische Imagination vom Typ „wenn Hippokrates, Galen, Aristoteles etc. noch lebte…".[51] Dieses Argumentationsmuster ergibt sich aus der zeitgenössischen Theorie des Umgangs mit den Autoritäten und erfüllt eine präzise kognitive Funktion; Varolio zitiert Hippokrates als seinen Zeugen und suggeriert: Hätte Hippokrates meine Gehirnsektionen mitverfolgen können, besonders die neue Methode der Öffnung des menschlichen Schädels, dann hätte er meine Beobachtungen bestätigt und dasselbe ‚gesehen' wie ich. Dieses Muster von kontrafaktischer Imagination erlaubt es Varolio, zwei Dinge miteinander zu vereinbaren: mit seinem

---

49 Vgl. ebd., fol. 4r: „Quamobrem nervorum quidam nascuntur à cerebro tantum, & non a cerebello, quales sunt optici, Quidam a cerebello tantum, & non à cerebro quales sunt nervi Auditorii, Quidam demum ab utroque simul sicut sunt nervi spinae. Nullus autem nervus nascitur immediate ex aliquo duorum principiorum, sed omnes ex suis nascuntur principiis, vel mediante spinali medulla, vel mediante processu transversali praedicto, ecce."; vgl. weiter: „Num cerebellum habeat in capite nostro usum ita levem, atque obscurum quemadmodum iuniores autumnant, hactenus enim habemus esse primum principium sensus auditus." (ebd.)

50 Ebd., fol. 15r [Übs. d. Verf.]: „Utinam possem Hippoc. testimonio ipsam roborare [...] longè facilius etiam hanc veritatem omnibus persuaderem, [...], plurimi enim facilius auctoritati Hipp. quàm sensui quiescerent."]

51 Vgl. Lutz Danneberg. „Überlegungen zu kontrafaktischen Imaginationen in argumentativen Kontexten und zu Beispielen ihrer Funktion in der Denkgeschichte". *Paragrana. Internationale Zeitschrift für Historische Anthropologie* 2 (2006), S. 73-100, ders. (Anm. 36), S. 129 u. 153ff. sowie ders. „Kontrafaktische Imaginationen in der Hermeneutik und in der Lehre des Testimoniums". *Begriffe, Metaphern und Imaginationen in Philosophie und Wissenschaftsgeschichte* (= Wolfenbütteler Forschungen, Bd. 120). Hg. v. dems., Carlos Spoerhase u. Dirk Werle. Wiesbaden, 2009, S. 287-449.

neuen Wissensanspruch von der Autorität abzuweichen, ohne diese gänzlich aufzugeben.[52]

Es handelt sich hierbei um eine Argumentationsweise, die sich in medizinischen Texten der Frühen Neuzeit großer Beliebtheit erfreut und die zeigt, dass argumentative Strategien nicht nur konzeptuell, sondern auch imaginativ sein können. Imaginationen büßen nichts ein von ihrem argumentativen Charakter, wenn der argumentative Kontext ausdrücklich kontrafaktisch ist: So imaginiert etwa der dänische Anatom Thomas Bartholin (1616-1680) in der Mitte des 17. Jahrhunderts, die Autoritäten könnten aus der mythischen Unterwelt emporsteigen und in ein anatomisches Theater geführt werden:

> Nachdem die Meisten von ihnen [sc. der Autoritäten] Harveys Blutkreislauf, Asellis und Pecquets Milchgefässe, unsere Lymphgefässe, den Wirsung'schen Gang sowie viele der Beobachtungen Riolans gesehen hätten, durch welche die Anatomie an großem Ansehen gewonnen hat, würden sie ihre eigene Anatomie verurteilen und uns einen Band von zu eliminierender Beobachtungen hinterlassen, bevor sie wieder in die Wellen des Styx zurückkehrten.[53]

Doch auch Bartholin vermeidet es, den antiken Autoritäten Rationalität abzusprechen, denn, so wird argumentiert, diese würden ihre Fehler sogar einsehen, wären sie noch am Leben. Kontrafaktische Imaginationen als irreale Gedankenkonstrukte lenken also die Argumentation in den Texten der Anatomen und dienen u. a. als Strategie, neue Wissensansprüche zu stabilisieren.

V. *Anatomische Tafeln Verdeutschet*

Varolios neue Wissensansprüche fanden spätestens um 1600 Akzeptanz und zwar auch im Rahmen der prominenten Paduaner Schule der Anatomie. Damit komme ich zum dritten Teil meiner Ausführungen, in denen ich abschließend auf die *Anatomischen Tafeln* von Giulio Casseri (1552-

52 Vgl. Danneberg (Anm. 51), S. 84f.

53 Thomas Bartholin. „De Lacteis Thoracicis Historia Anatomica. De Lacteis Thoracicis Dubia Anatomica." *Messis Aurea Triennalis, Exhibens; Anatomica: Novissima et Utilissima Experimenta. Ex Editione Siboldi Hemsterhuis, Med. Doct. & Chirurg.* Leiden, 1654, Cap. V (Propter ademptum Hepati sanguificationis munus non esse immutandam Methodum medendi), S. 180 [Übs. d. Verf.]: „Crevit in immensum Anatomes scientia, & si veteres ab Orco revocati Theatris nostris Anatomicis inducerentur, in alium terrararum orbem se crederent delatos, plurimaque, visis Circulatione *Harvei*, Lacteis *Asellii & Pecqueti*, Lymphaticis nostris, ductu *Wirsungiano*, multisque *Riolani* observationibus, quibus rem Anatomicam immortali nominis celebritate auxit, damnarent sua, & abrogatarum observationum Volumen nobis relinquerent, antequam Stygias redirent ad undas."

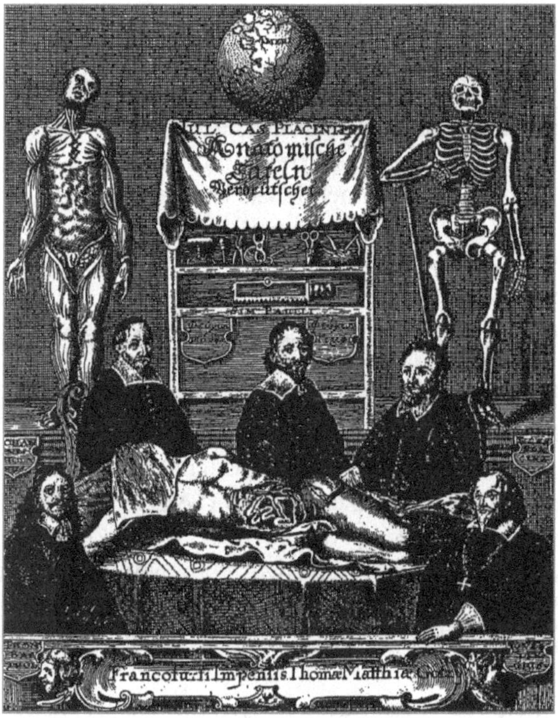

Abb. 5: Titelseite von Giulio Casseri. *Anatomische Tafeln Verdeutschet* (Frankfurt a. M., 1656).

1616) eingehen möchte (Abb. 5).[54] Diese Tafeln wurden erstmals 1627 in Venedig veröffentlicht und wurden später auch in Deutschland berühmt, wo sie – wie es im Titel heißt – 1656 „verdeutschet" wurden.[55]

---

54 Giulio Casseri. *Tabulae Anatomicae LXXVIII Cum supplemento XX Tabularum Danielis Bucretii Vratislaviensis, Phil. & Med. Doct. Qui & omnium Explicationes addidit.* Venedig, 1627. Vgl. dazu Augusto de Ferrari. „Giulio Cesare Casseri". *Dizionario Biografico degli Italiani.* Rom, 1978, Bd. 21, S. 453b-456a. Der Herausgeber von Casseris Tafeln, Daniel (Bucretius) Rindfleisch jr., wurde am 22. Juni 1626 in Padua promoviert. Vgl. zu Fabricis und Casseris anatomische Tafeln auch Alessandro Riva. „Priorità anatomiche nelle tabulae pictae". *Il teatro dei corpi. Le pitture colorate d'anatomia di Girolamo Fabrici d'Acquapendente.* Hg. v. Maurizio Rippa Bonati u. José Pardo-Tomás. Mailand, 2004, S. 147-152.

55 Giulio Casseri. *Anatomische Tafeln/ Mit Denselben Welche DANIEL BUCRETIUS hinzugethan/ und aller beygefügten Erklärung; Zu Nutz und Ehren der Wundärzte/ Insonderheit aber Derer in den Hochlöblichen Königreichen Dännemarck und Norwegen Wohnenden. Auff Anordnung D. SIMONIS PAULLI, Ihr. K. May. zu Dännemarck/ Norwegen/ etc. Hoff-Medici, für diesen ins Deutsche übergesetzet/ nun aber allererst an den Tag gegeben/ Nebenst einer Lateinischen Zugabe/ In sich begreiffend Die Einführung der Anatomen-Kunst/ und derer offentlichen Ubung/ Auff*

Casseri hatte seine Karriere als Chirurg und Anatom in Padua an der Seite von Girolamo Fabrici da Aquapendente (1533-1619) begonnen, an dessen Stelle er 1613 trat.

Es lässt sich die These vertreten, dass es in Casseris Werk vor allem die Bilder sind, welche nun die Funktion des ‚Vor-Augen-Stellens' übernehmen, indem sie Substitut der sprachlichen Darstellung werden bzw. diese in signifikanter Weise ergänzen. Dabei ist wiederum die *demonstratio* das organisierende Darstellungsmittel der Evidenz, die durch das Bild hergestellt wird. Somit kann zumindest für diesen konkreten Fall ansatzweise gezeigt werden, *wie* bzw. *als was* Bilder, wenn es sich um anatomische Darstellungen handelt, *funktionieren*.[56]

Hinweise über die Bildfunktion gibt der kurze Einleitungstext in das zehnte Buch von Casseris Werk, der die beiden Methoden der Hirnsektion – diejenige Galens und diejenige Varolios – behandelt. „In diesen Tafeln", so beginnt der Text, „wird dieses alles vor Augen gestellet/ was in dem Haupte (caput) mag gesehen werden/ aber insonderheit das Gehirne (cerebrum)."[57] Da die Bilder verschiedene Momente der Hirnsektion bzw. den Handlungsablauf nacheinander folgender Zerlegungsschritte demonstrieren, lässt sich durchaus von einer *Bildreihe* oder *Bildsequenz* sprechen.

Dabei werden „alle Theil vor Augen gestellet […] in der Ordnung/ wie sie einem vor die Hand kommen/ in dem daß man sie nach Anatomischer Art zerleget: […]."[58] Jedes Bild stellt also das Produkt des jeweils vollendeten Zerlegungsschrittes dar. Dabei wird mit diesen Bildern der Erkenntnisanspruch erhoben, „daß wenn einer diese Abbildung mit Fleiß beschawet/ er von sich selbst die Zerlegung des Haupts erlernen/ und üben kann/ und alle Züge und Schnitte des Messers ohne Mühe begreiffen."[59] So zeigen etwa die Tafeln I und II die beginnenden Sequenzen der galenischen Methode (Abb. 6 u. 7), die in Tafel VII den Ursprung der optischen Nerven im verlängerten Rückenmark entsprechend von oben darstellt (Abb. 8), während die Tafeln IX und X „die newe und umbgekehrte Art zu zerlegen/ vor Augen stellen"[60] (Abb. 9 u. 10). Das

---

der uhralten und weitberühmten Königlichen Academien Kopenhagen. Frankfurt a. M., 1656.

56 Vgl. Gottfried Boehm. „Zwischen Auge und Hand. Bilder als Instrumente der Erkenntnis". *Mit dem Auge denken. Strategien der Sichtbarmachung in wissenschaftlichen und virtuellen Welten.* Hg. v. Bettina Heintz u. Jörg Huber. Wien u. New York, 2001, S. 44.

57 Casseri (Anm. 55), S. 192.

58 Ebd.

59 Ebd.

60 Ebd., S. 210.

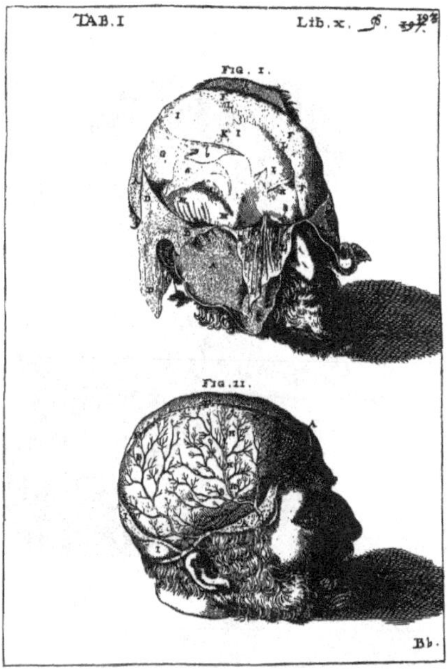

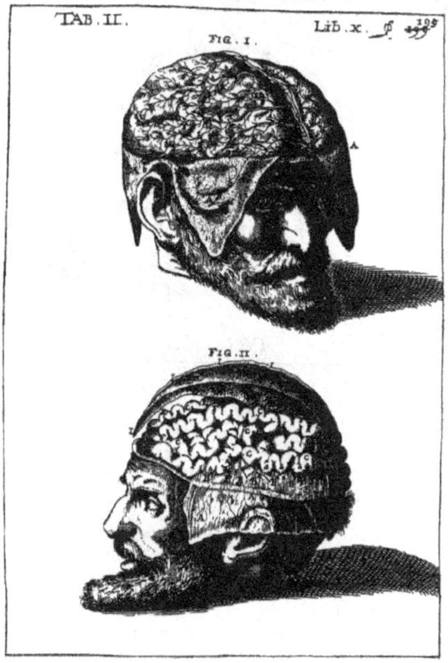

Abb. 6 u. 7: *Tabula I* u. *II*: Die ersten Bildsequenzen der galenischen Seziermethode aus Giulio Casseri. *Anatomische Tafeln Verdeutschet* (Frankfurt a. M., 1656).

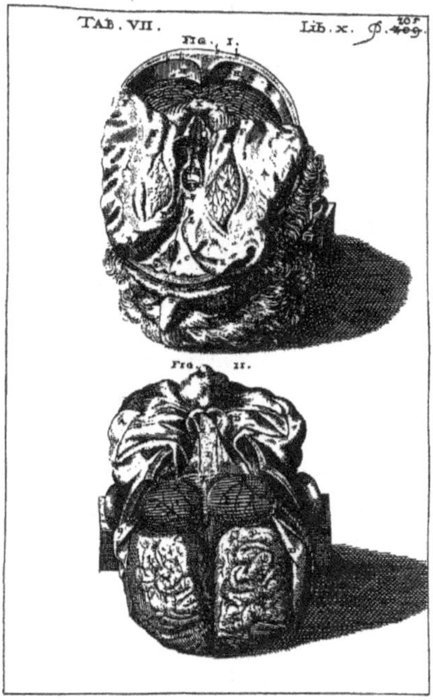

Abb. 8: *Tabula VII*: Der Ursprung der optischen Nerven nach Giulio Casseri. *Anatomische Tafeln Verdeutschet* (Frankfurt a. M., 1656).

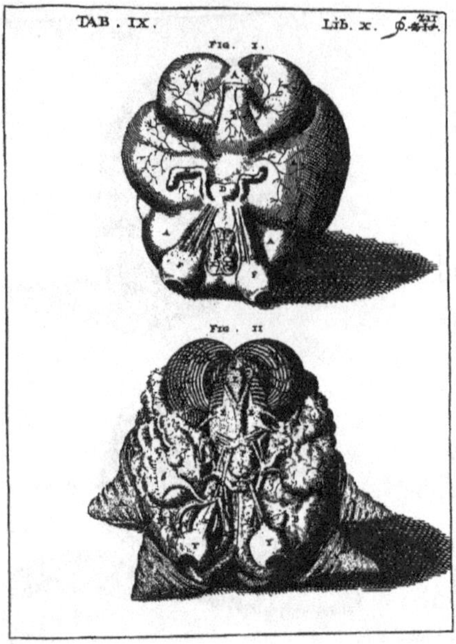

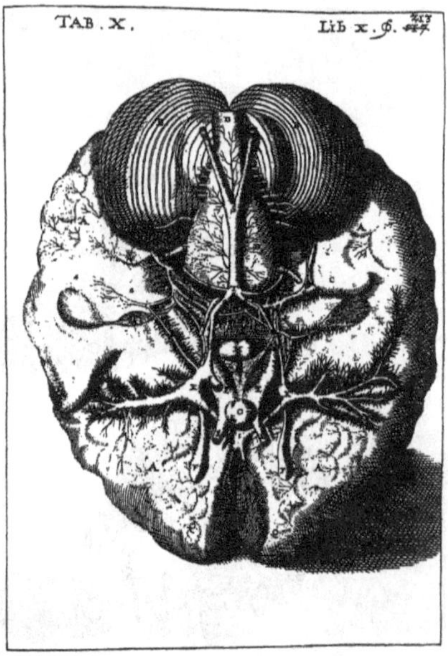

Abb. 9 u. 10: *Tabula IX* u. *X*: C. Varolios „newe und umbgekehrte Art zu zerlegen/ vor Augen stellen" aus Giulio Casseri. *Anatomische Tafeln Verdeutschet* (Frankfurt a.M, 1656).

Wissen von den Sektionsmethoden wird hier also durch die bildliche Darstellung vermittelt, die als autodidaktisches Instrument für angehende Anatomen und Chirurgen begriffen wird. Varolios spezialisiertes anatomisches Wissen ist damit – ganz im Sinne von Ludwik Fleck – in eine Form von Handbuchwissen gebracht worden.[61]

VI. Fazit

Im Blick auf die Formen der Darstellung und Vermittlung von neuem (medizinischem) Wissen haben die anatomischen Texte der Renaissance und Frühen Neuzeit auch für spätere Jahrhunderte eine Vorbildfunktion. Das betrifft einerseits das sprachliche und visuelle Darstellungsmittel der *demonstratio*, andererseits das argumentative Muster der kontrafak-

61 Zu Ludwik Flecks dreistufigem Modell der ‚Entstehung einer wissenschaftlichen Tatsache' (Zeitschriftenaufsatz, Handbuchwissen, Populärwissenschaft) vgl. Uwe Pörksen. „Blickprägung und Tatsache. Veranschaulichungsstufen der Naturwissenschaften. Von der hypothetischen Skizze bis zum öffentlichen Idol". *Darstellungsformen der Wissenschaften im Kontrast. Aspekte der Methodik, Theorie und Empirie*. Hg. v. Lutz Danneberg u. Jürg Niederhauser. Tübingen, 1998, S. 324-326.

tischen Imagination. Die Analyse dieser beiden Formen der Darstellung des medizinischen Wissens trägt viel zum Verständnis bei, wie sich das Wissen bzw. die Wissensordnungen der Frühen Neuzeit insgesamt transformieren.[62] Es kommt daher nicht von ungefähr, dass die Gelehrten des 17. Jahrhunderts in ihrer Erkenntnispraxis die Medizin als Leitdisziplin betrachten und ihr – wie etwa in der Rechtsphilosophie – zahlreiche Formen des Argumentierens entlehnen.[63]

In wissenschaftshistorischer Perspektive spielen die medizinischen Darstellungsformen auch bei der Formation von neuem Wissen eine zentrale Rolle, speziell wenn dieses von vornherein noch als ‚unsicher' angesehen wird, wie zum Beispiel in den sich zwischen der Mitte des 18. und dem Beginn des 19. Jahrhunderts konstituierenden ‚Wissenschaften des Lebens'. So setzt etwa der experimentelle Physiologe und Rivale Albrecht von Hallers, Caspar Friedrich Wolff (1733-1794), Bilder – etwa eines embryologischen Geschehens – als Argumente ein.[64] Mehr noch: Er präsentiert die visuelle Darstellung seiner epigenetischen Theorie der Gefäßbildung in einer Reihe von Bildern als *demonstratio ad oculos*,[65] die den Leser von der ‚Wahrheit' eben dieser Theorie überzeugen sollen, ganz im Sinne der Evidenzerzeugung in den medizinischen Texten des 16. und 17. Jahrhunderts. Eine Erklärung des Wandels der Bildfunktion in der experimentellen Physiologie um 1800 – das Zurücktreten der

62 Vgl. Walter Erhart. „Medizin. Sozialgeschichte. Literatur". *Internationales Archiv für Sozialgeschichte der deutschen Literatur* 29.1 (2004), S. 122.

63 Vgl. hierzu Simone De Angelis. „Pufendorf und der Cartesianismus. Medizin als Leitwissenschaft und die Rolle der Bibelhermeneutik in Pufendorfs Verteidigung des Naturrechts um 1680". *Internationales Archiv für Sozialgeschichte der deutschen Literatur* 29.1 (2004), S. 129-172.

64 Vgl. Janina Wellmann. „Wie das Formlose Formen schafft. Bilder in der Haller-Wolff Debatte und die Anfänge der Embryologie um 1800". *Oberflächen der Theorie* (= Bildwelten des Wissens. Kunsthistorisches Jahrbuch für Bildkritik, Bd. 1.2). Hg. v. Horst Bredekamp u. Gabriele Werner. Berlin, 2003, S. 111ff.

65 In einer zentralen Passage seines Traktats weist Wolff darauf hin, dass er vor Augen führen wird, wann eine organische Struktur zu existieren beginnt und wie diese dabei aussieht. Seine visuelle Darstellung folgt dem embryologischen Geschehen also chronologisch. Caspar Friedrich Wolff. *Theoria Generationis*. Halle, 1759, Pars II: De Generatione Animalium. Vis vegetabilium essentialis [...], §166, S. 72: „Et tandem, quando incipiant vasa existere, & quomodo incipiant, [...] ad oculum demonstrabo." Vgl. Caspar Friedrich Wolff. *Theorie von der Generation in zwei Abhandlungen erklärt und bewiesen. Theoria Generationis*. Eingel. v. Robert Herrlinger. Hildesheim, 1966 [Nachdruck d. Ausgabe Halle, 1759]. Vgl. zum Problem des ‚Neospinozismus' als Idee der Natur, die in der Haller-Wolff-Debatte eine zentrale Rolle spielt, Simone De Angelis. *Von Newton zu Haller. Studien zum Naturbegriff zwischen Empirismus und deduktiver Methode in der Schweizer Frühaufklärung* (= Frühe Neuzeit, Bd. 74). Tübingen, 2003, S. 439-477.

Darstellung der Chronologie des embryogenetischen Geschehens zugunsten der „Darstellung der Beziehung der Bilder *untereinander*“[66] – müsste daher die *demonstratio* als visuelles Darstellungsmittel seit der Renaissance berücksichtigen. Es gibt mithin genügend Grund, um anzunehmen, dass es sich bei der *demonstratio ocularis* um ein fundamentales ‚Beweisverfahren‘ handelt, das als Darstellungsmittel des Zeigens wissenschaftlicher Objekte bis heute reflektiert[67] und in den Formen der *scientific visualization* fortgesetzt wird.[68]

LITERATURVERZEICHNIS

Bannister, Lawrence H. u. a. (Hg.). *Gray's Anatomy. The Anatomical Basis of Medicine and Surgery.* 38. Aufl. Edinburgh u. a., 1995.

Bartholin, Thomas. „De Lacteis Thoracicis Historia Anatomica. De Lacteis Thoracicis Dubia Anatomica“. *Messis Aurea Triennalis, Exhibens; Anatomica: Novissima et Utilissima Experimenta. Ex Editione Siboldi Hemsterhuis, Med. Doct. & Chirurg.* Leiden, 1654.

Boehm, Gottfried. „Zwischen Auge und Hand. Bilder als Instrumente der Erkenntnis“. *Mit dem Auge denken. Strategien der Sichtbarmachung in wissenschaftlichen und virtuellen Welten.* Hg. v. Bettina Heintz u. Jörg Huber. Wien u. New York, 2001, S. 43-54.

Bonneau, Georges-Pierre, Thomas Ertl u. Gregory M. Nielsen (Hg.). *Scientific Visualization. The Visual Extraction of Knowledge from Data.* Berlin u. a., 2006.

Campe, Rüdiger. „Vor Augen Stellen. Über den Rahmen rhetorischer Bildgebung“. *Poststrukturalismus. Herausforderung an die Literaturwissenschaft.* Hg. v. Gerhard Neumann. Stuttgart u. Weimar, 1997, S. 208-225.

Campe, Rüdiger. „Evidenz als Verfahren. Skizze eines kulturwissenschaftlichen Konzepts“. *Vorträge aus dem Warburg-Haus* 8 (2004), S. 105-133.

Carbone, Ludovico. *Tabulae Rhetoricae Cypriani Soarii S. J.* Venedig, 1589.

---

66 Wellmann (Anm. 64), S. 112.

67 Vgl. Boehm (Anm. 56), S. 53: „Wissenschaftliche Bilder sind deiktisch. Sie zeigen.“; ferner Hans-Jörg Rheinberger. „Objekt und Repräsentation“. *Mit dem Auge denken. Strategien der Sichtbarmachung in wissenschaftlichen und virtuellen Welten.* Hg. v. Bettina Heintz u. Jörg Huber. Wien u. New York, 2001, S. 57: „Zu betrachten sind, wenn es um Visualisierungen geht, die unterschiedlichen Formen der Erzeugung von bildlicher Evidenz.“

68 Vgl. Martina Heßler (Hg.). *Konstruierte Sichtbarkeiten. Wissenschafts- und Technikbilder seit der Frühen Neuzeit.* München, 2006 sowie Georges-Pierre Bonneau, Thomas Ertl u. Gregory M. Nielsen (Hg.). *Scientific Visualization. The Visual Extraction of Knowledge from Data.* Berlin u. a., 2006; vgl. auch folgende Beiträge in der Zeitschrift *Isis* 97 (2006) zu „Focus: Science and Visual Culture“: Norton Wise. „Making Visible“ (S. 75-82); Iwan Rhys Morus. „Seeing and Believing Science“ (S. 101-120) u. Hannah Landecker. „Microcinematography and the History of Science and Film“ (S. 121-132).

Casseri, Giulio. *Tabulae Anatomicae LXXVIII Cum supplemento XX Tabularum Danielis Bucretii Vratislaviensis, Phil. & Med. Doct. Qui & omnium Explicationes addidit*. Venedig, 1627.

Casseri, Giulio. *Anatomische Tafeln/ Mit Denselben Welche DANIEL BUCRETIUS hinzugethan/ und aller beygefügten Erklärung; Zu Nutz und Ehren der Wundärzte/ Insonderheit aber Derer in den Hochlöblichen Königreichen Dännemarck und Norwegen Wohnenden. Auff Anordnung D. SIMONIS PAULLI, Ihr. K. May. zu Dännemarck/ Norwegen/ etc. Hoff-Medici, für diesen ins Deutsche übergesetzet/ nun aber allererst an den Tag gegeben/ Nebenst einer Lateinischen Zugabe/ In sich begreiffend Die Einführung der Anatomen-Kunst/ und derer offentlichen Ubung/ Auff der uhralten und weitberühmten Königlichen Academien Kopenhagen*. Frankfurt a. M., 1656.

Cicero. *De oratore – Über den Redner*. Hg. u. übs. v. Theodor Nüßlein. Zürich, 2006.

Clarke, Edwin u. Charles Donald O'Malley (Hg.). *The Human Brain and Spinal Cord. A Historical Study Illustrated by Writings from Antiquity to the Twentieth Century*. 2. Aufl. San Francisco, 1996.

Danneberg, Lutz. *Die Anatomie des Text-Körpers und Natur-Körpers. Das Lesen im liber naturalis und supernaturalis* (= Säkularisierung in den Wissenschaften seit der Frühen Neuzeit, Bd. 3). Berlin u. New York, 2003.

Danneberg, Lutz. „Überlegungen zu kontrafaktischen Imaginationen in argumentativen Kontexten und zu Beispielen ihrer Funktion in der Denkgeschichte". *Paragrana. Internationale Zeitschrift für Historische Anthropologie* 2 (2006), S. 73-100.

Danneberg, Lutz. „Kontrafaktische Imaginationen in der Hermeneutik und in der Lehre des Testimoniums". *Begriffe, Metaphern und Imaginationen in Philosophie und Wissenschaftsgeschichte* (= Wolfenbütteler Forschungen, Bd. 120). Hg. v. dems., Carlos Spoerhase u. Dirk Werle. Wiesbaden, 2009, S. 287-449.

Danneberg, Lutz u. Jürg Niederhauser. „Von Aristoteles' geheimer Lehre zu Sokals Experiment. Zur Einleitung". *Darstellungsformen der Wissenschaften im Kontrast. Aspekte der Methodik, Theorie und Empirie*. Hg. v. dens. Tübingen, 1998, S. 9-20.

De Angelis, Simone. *Von Newton zu Haller. Studien zum Naturbegriff zwischen Empirismus und deduktiver Methode in der Schweizer Frühaufklärung* (= Frühe Neuzeit, Bd. 74). Tübingen, 2003.

De Angelis, Simone. „Pufendorf und der Cartesianismus. Medizin als Leitwissenschaft und die Rolle der Bibelhermeneutik in Pufendorfs Verteidigung des Naturrechts um 1680". *Internationales Archiv für Sozialgeschichte der deutschen Literatur* 29.1 (2004), S. 129-172.

De Angelis, Simone. „From Text to the Body. Commentaries on *De Anima*, Anatomical Practice and Authority around 1600". *Scholarly Knowledge. Textbooks in Early Modern Europe*. Hg. v. Emidio Campi u. a. Genf, 2008, S. 205-227.

De Angelis, Simone. „Autopsie und Autorität. Zum komplexen Verhältnis zweier medizinischer Basiskonzepte und ihrer Funktion in der Formation einer ‚Wissenschaft vom Menschen' im 17. und 18. Jahrhundert". *Welche Antike? Konkurrierende Rezeptionen des Altertums im Barock. Akten des 12. Jahrestreffens des Wolfenbütteler Arbeitskreises für Barockforschung, 5.-8. April 2006.* Hg. v. Ulrich Heinen [im Erscheinen].

De Angelis, Simone. „Sehen mit dem physischen und dem geistigen Auge. Formen des Wissens, Vertrauens und Zeigens in Texten der frühneuzeitlichen Medizin". *Diskurse der Gelehrtenkultur in der Frühen Neuzeit. Ein Handbuch*. Hg. v. Herbert Jaumann. Berlin u. New York, 2010 (im Erscheinen).

Dryander, Johannes. *Anatomiae, hoc est, corporis humani dissectionis pars prior* […]. Marburg, 1537.

Erhart, Walter. „Medizin. Sozialgeschichte. Literatur". *Internationales Archiv für Sozialgeschichte der deutschen Literatur* 29.1 (2004), S. 118-128.

Ferrari, Augusto de. „Giulio Cesare Casseri". *Dizionario Biografico degli Italiani.* Rom, 1978, Bd. 21, S. 453b-456a.

Ferrari, Giovanna. *L'esperienza del passato. Alessandro Benedetti. Filologo e medico umanista.* Florenz, 1996.

Ginzburg, Carlo. „Montrer et citer. La vérité de l'histoire". *Le débat* 56 (1989), S. 43-54.

Gommel, Jürgen. *Rhetorisches Argumentieren bei Thukydides.* Hildesheim, 1966.

Herrlinger, Robert u. Marielene Putscher. *Geschichte der medizinischen Abbildung.* 2 Bde. München, 1972.

Heßler, Martina (Hg.). *Konstruierte Sichtbarkeiten. Wissenschafts- und Technikbilder seit der Frühen Neuzeit.* München, 2006.

Kusukawa, Sachiko. *From Counterfeit to Canon. Picturing the Human Body, Especially by Andreas Vesalius* (= Max-Planck-Institut für Wissenschaftsgeschichte, Preprint 281). Berlin, 2004.

Kusukawa, Sachiko. „The Uses of Pictures in the Formation of Learned Knowledge. The Cases of Leonhard Fuchs and Andreas Vesalius". *Transmitting Knowledge. Words, Images, and Instruments in Early Modern Europe.* Hg. v. dems. u. Ian Maclean. Oxford, 2006, S. 73-96.

Landau, David u. Peter Parshall. *The Renaissance Print 1470-1550.* New Haven u. London, 1994.

Landecker, Hannah. „Microcinematography and the History of Science and Film". *Isis* 97 (2006), S. 121-132.

Lefèvre, Wolfgang, Jürgen Renn u. Urs Schoepflin (Hg.). *The Power of Images in Early Modern Science.* Basel, Boston u. Berlin, 2003.

Lohr, Charles H. *Latin Aristotle Commentaries.* 5 Bde. Florenz, 1988, Bd. 2: Renaissance Authors.

Mahlmann-Bauer, Barbara. „Anschaulichkeit als humanistisches Ideal. Johannes Dryander, Medicus atque Mathematicus Marpurgensis (1500-1560)". *Acta Academiae Scientiarum* 8 (2003), S. 223-266.

Momigliano, Arnaldo. „La storia tra medicina e retorica". *Tra storia e storicismo.* Pisa, 1985, S. 1-24.

Morus, Iwan Rhys. „Seeing and Believing Science". *Isis* 97 (2006), S. 101-120.

Moss, Jean Dietz u. William A. Wallace. *Rhetoric & Dialectic in the Time of Galileo.* Washington D.C., 2003.

Müller, Jan-Dirk. „Evidentia und Medialität. Zur Ausdifferenzierung von Evidenz in der Frühen Neuzeit". *Evidentia. Reichweiten visueller Wahrnehmung in der Frühen Neuzeit* (= Pluralisierung und Autorität, Bd. 9). Hg. v. Gabriele Wimböck, Karin Leonhard u. Markus Friedrich. Münster u. a., 2007, S. 57-81.

Nüßlein, Theodor (Hg.). *Rhetorica ad Herennium. Lateinisch-Deutsch.* Übs. v. dems. Zürich, 1994.

Pendasio, Federico. *Librum tertium de Anima lectiones dictatae 1577* [...]. Biblioteca Universitaria di Padova, Ms 1264.

Pethes, Nicolas. „Literatur und Wissenschaftsgeschichte. Ein Forschungsbericht". *Internationales Archiv für Sozialgeschichte der deutschen Literatur* 28.1 (2003), S. 181-231.

Pörksen, Uwe. „Blickprägung und Tatsache. Veranschaulichungsstufen der Naturwissenschaften. Von der hypothetischen Skizze bis zum öffentlichen Idol". *Darstellungsformen der Wissenschaften im Kontrast. Aspekte der Methodik, Theorie und Empirie.* Hg. v. Lutz Danneberg u. Jürg Niederhauser. Tübingen, 1998, S. 321-347.

Pomata, Gianna. „Praxis Historialis. The Uses of Historia in Early Modern Medicine". *Historia. Empiricism and Erudition in Early Modern Europe*. Hg. v. ders. u. Nancy G. Siraisi. Cambridge, Mass., u. London, 2005, S. 105-146.

Quintilianus, Marcus Fabius. *Ausbildung des Redners. Zwölf Bücher*. 2 Bde. Hg. u. übs. v. Helmut Rahn. Darmstadt, 2006 [Nachdruck der 3. Aufl. 1995].

Rancière, Jacques. *Les noms de l'histoire. Essai de poétique du savoir*. Paris, 1992.

Rheinberger, Hans-Jörg. „Objekt und Repräsentation". *Mit dem Auge denken. Strategien der Sichtbarmachung in wissenschaftlichen und virtuellen Welten*. Hg. v. Bettina Heintz u. Jörg Huber. Wien u. New York, 2001, S. 55-61.

Riva, Alessandro. „Priorità anatomiche nelle tabulae pictae". *Il teatro dei corpi. Le pitture colorate d'anatomia di Girolamo Fabrici d'Acquapendente*. Hg. v. Maurizio Rippa Bonati u. José Pardo-Tomás. Mailand, 2004, S. 147-152.

Shapin, Steven. „Pump and Circumstance. Robert Boyle's Literary Technology". *Social Studies of Sciences* 14 (1984), S. 481-520.

Smith, Pamela H. „Art, Science, and Visual Culture in Early Modern Europe". *Isis* 97 (2006), S. 83-100.

Snell, Bruno. *Die Ausdrücke für den Begriff des Wissens in der vorplatonischen Philosophie*. Berlin, 1924.

Varolio, Costanzo. *De Nervis Opticis nonnullisque aliis praeter communem opinionem in Humano capite observatis. Ad Hieronymum Mercurialem*. Brüssel, 1969 [Nachdruck d. Ausgabe Padua, 1573].

Vesalius, Andreas. *De humani corporis fabrica libri septem*. Basel, 1543.

Völkel, Markus. *Geschichtsschreibung. Eine Einführung in globaler Perspektive*. Köln, Weimar u. Wien, 2006.

Völkel, Markus. „Hugo Grotius' *Grollae obsidio cum annexis* von 1629. Ein frühneuzeitlicher Historiker zwischen rhetorischer (Text) und empirischer Evidenz (Kartographie)". *Evidentia. Reichweiten visueller Wahrnehmung in der Frühen Neuzeit* (= Pluralisierung und Autorität, Bd. 9). Hg. v. Gabriele Wimböck, Karin Leonhard u. Markus Friedrich. Münster u. a., 2007, S. 83-110.

Völkel, Markus. „‚Lob des Blüthenstaubs' oder ‚musivisches Werk'? Neuerscheinungen auf dem Gebiet der Wissensgeschichte". *Archiv für Kulturgeschichte* 89.1 (2007), S. 191-216.

Wellmann, Janina. „Wie das Formlose Formen schafft. Bilder in der Haller-Wolff Debatte und die Anfänge der Embryologie um 1800". *Oberflächen der Theorie* (= Bildwelten des Wissens. Kunsthistorisches Jahrbuch für Bildkritik. Bd. 1.2). Hg. v. Horst Bredekamp u. Gabriele Werner. Berlin, 2003, S. 105-115.

Wise, Norton. „Making Visible". *Isis* 97 (2006), S. 75-82.

Wolff, Caspar Friedrich. *Theorie von der Generation in zwei Abhandlungen erklärt und bewiesen. Theoria Generationis*. Eingel. v. Robert Herrlinger. Hildesheim, 1966 [Nachdruck d. Ausgabe Halle, 1759].

Zittel, Claus. „Demonstrationes ad oculos. Typologisierungsvorschläge für Abbildungsfunktionen in wissenschaftlichen Werken der frühen Neuzeit". *Zeitsprünge. Forschungen zur Frühen Neuzeit* 9 (2005), Heft 1/2: Zergliederungen. Anatomie und Wahrnehmung in der Frühen Neuzeit, S. 97-135.

HANNO EHRLICHER

Anatomischer Blick und allegorische Schrift. Baltasar Graciáns moralische Anatomie auf der Spur Walter Benjamins gelesen

1. Der offene Körper, der Blick des Anatomen und die Doppeldeutigkeit der Allegorie

Beginnen wir mit dem Blick. Denn am Anfang einer spezifisch modernen Anatomie soll nicht das Wort gewesen sein, sondern der Blick, der das Neue schuf. Wenn die Moderne von ihren Gründungsmythen lebt, von den Erzählungen eines heroischen Anfangs, mit dem die menschliche Vernunft ihren Anspruch auf ein eigenes Dasein manifestierte und überhaupt erst Legitimität und Eigenrecht erlangte,[1] so stellt Andreas Vesalius eine ihrer prominenten Heldenfiguren dar.[2] Sein Beitrag zum

---

1 Hans Blumenberg versuchte in seiner Studie zur *Legitimität der Neuzeit* (Frankfurt a. M., 1966) diesen Autonomieanspruch der Moderne gegen das Säkularisierungstheorem als Umschlagsphänomen aus der Verabsolutierung des Glaubens im mittelalterlichen Nominalismus zu erklären. Die Steigerung Gottes zur „potentia absoluta", die der menschlichen Vernunft gar nicht mehr einsehbar ist, habe dazu geführt, dass sich der Mensch praktisch in einer nun unzuverlässigen Welt selbst zu behaupten hatte und entsprechende Techniken dafür entwickelte. Wenn Blumenberg dabei für das geschichtliche „Recht" der Moderne eintritt, das vom Säkularisierungsbegriff in Frage gestellt werde, übergeht er jedoch genau die Paradoxien des Anfangsmomentes selbst, die jede Autorität, und also auch die der Moderne, von innen her bedrohen und auf denen die Dekonstruktion so nachdrücklich insistiert. Vgl. dazu Jacques Derrida. *Gesetzeskraft. Der „mystische Grund der Autorität"*. Frankfurt a. M., 1991.

2 Die heroisierende Stilisierung von Vesalius als ‚Begründer der neuzeitlichen Anatomie' ließe sich als ein nicht abreißender Faden durch die Enzyklopädik der Moderne hindurch verfolgen, von Antoine-Joseph Dézallier d'Argenvilles' langem Eintrag in der *Encyclopédie* bis zu Wikipedia, wo der Anatom zum Pionier erhoben wird, der „gegen die allgemeine Überzeugung die Einstellung [vertrat], allein die menschliche Leiche sei als zuverlässiger Weg zur Erkenntnis des Körperbaus zulässig und als Erster [erkannte], dass Galens Arbeiten zur Anatomie sich auf Tiere bezogen". Quellenstandort online: http://de.wikipedia.org/wiki/Andreas_Vesalius (16.02.2009).

Fortschritt der Wissenschaften wird gerne als Rebellion gegen ein verstaubtes Buchwissen erzählt, gegen das er erfolgreich den unvoreingenommenen eigenen Blick auf die Tatsachen des Lebens durchgesetzt habe. In Vesalius' Konflikt mit Matthaeus Curtius im Rahmen der Vorlesungen, die dieser zur *Anatomia* des Mundinus im Januar 1540 in Bologna hielt, spitzt sich der vermeintliche Paradigmenwechsel von textbasierter und autoritätsorientierter ‚alter' Anatomie zur blickgestützten, auf experimentell kontrollierte eigene empirische Erfahrung vertrauender ‚neuer' Wissenschaft zum Drama zu, ein Drama, von dem wir dank des zeitgenössischen Zeugenberichts des deutschen Studenten Baldasar Heseler wissen.[3] Beschränken wir uns auf den agonalen Kern- und Höhepunkt des Streites, den differierenden Umgang mit der Autorität Galenus' und dem sichtbaren Material des Körpers:

> Now, he said, excellentissime Domine, here we have our bodies. We shall see whether I have made an error. Now we want to look at this and we should in the meantime leave Galen, for I acknowledge that I have said, if it is permissible to say so, that here Galen is in the wrong, because he did not know the position of the vein without pair in the human body, which is the same to-day just as it was in his time: Curtius answered smiling, for Vesalius, choleric as he was, was very excited: No, he said, Domine, we must not leave Galen, because he always well understood everything, and, consequently, we also follow him. [...] Curtius replied: I am no anatomista, but there can be also other veins nourishing the ribs and the muscles besides these. Where, please, Vesalius said, show them to me. Curtius said: Do you want to deny the ducts of Nature? Oh!, Vesalius said, you want to talk about things not visible and concealed. I, again, talk about what is visible. Curtius answered: Indeed, I always deal with what is most obvious [apertissimus]. Domine, you do not well understand Hippocrates and Galen concerning this. Vesalius replied: It is quite true, because I am not so old a man as you are.[4]

Curtius bezieht seinen Evidenzbegriff, das Vertrauen ins Offensichtliche („apertissimus") aus seiner hermeneutischen kognitiven Kompetenz als Leser. Er kennt die Texte der Autoritäten, ihr Sinn steht ihm offen und belegt, für jeden Gelehrten nachvollziehbar, die Richtigkeit seiner Aus-

---

Ein *grand récit* vom Fortschritt der Vernunft, der sich nicht nur in populärwissenschaftlichen Handbüchern fortsetzt, sondern „virtually all historians of anatomy" kennzeichnet, wie Andrew Cunningham moniert hat, der selbst eine differenziertere Perspektive auf die Renaissance der Anatomie zu etablieren versucht. Vgl. Andrew Cunningham. *The Anatomical Renaissance. The Resurrection of the Anatomical Projects of the Ancients*. Aldershot, 1997, S. 4.

3 Ruben Eriksson (Hg.). *Andreas Vesalius' First Public Anatomy in Bologna 1540. An Eyewitness Report*. Upsala u. Stockholm, 1959.

4 Ebd., S. 272. Ich zitiere zur leichteren Verständlichkeit nach der englischen Übersetzung Eriksons, die er dem lateinischen Original beifügt.

führungen über die Zusammensetzung des menschlichen Körpers. Vesalius dagegen denunziert eben diese offensichtliche Textkenntnis als das okkulte Geheimwissen einer professoralen Elite und hält ihm die Materialität des menschlichen Körper als alternativen Text entgegen, dessen Bedeutung er in seiner Dissektion eigenhändig freigelegt zu haben und nun öffentlich in einer performativen *demonstratio ad oculos* beweisen zu können glaubt. Ein Einschnitt in der Geschichte der Anatomie fürwahr, insofern Vesalius hier mit den Regeln des universitären Lehrbetriebs und den sozialen Hierarchien bricht und seine Position als untergeordneter, assistierender Chirurg, der die *ex cathedra* dozierten Wissenselemente nachträglich veranschaulichend zu verifizieren hat, mit einem spektakulärem *coup de theâtre* umwertet und sich selbst zum Hauptakteur der Veranstaltung macht. Der Begeisterung und Unterstützung des studentischen Publikums konnte er sich dabei gewiss sein, denn der Schauwert seines auf die Beteiligung aller Sinne abzielenden anatomischen Theaters war allemal höher als der theoretische Frontalunterricht mit Einsatz illustrierender Elemente. Vesalius mobilisiert ja nicht nur die Schaulust seines Publikums, sondern mit dem Tastsinn auch jenen Sinn, der – damals wie heute – als niederes Seelenvermögen im eher platonischen akademischen Lehrbetrieb sonst weitgehend sublimiert werden muss. Diese Neuheit der ‚ganzheitlich' orientierten Lehrmethode setzt auch das Frontispiz von Vesalius' *De humani corporis fabrica* in Szene (vgl. die Abbildung auf S. 6 in diesem Band), auf dem sich der Gelehrte als ein ungemein populärer Schausteller eines Blicks ins menschliche Körperinnere darstellen lässt,[5] der nicht mehr nur den engen Zirkel eines gelehrten Fachpublikums interessiert, sondern nachgerade zu einem Faszinosum der Massen geworden ist. Der direkte Vergleich mit typischen Darstellungen der tradierten Praxis anatomischer Vorlesungen, wie sie sich aus der Zeit vor Vesalius finden (vgl. Abb. 1),[6] verdeutlicht die polemische Stoßrichtung der Bildinszenierung: Die Dissektion ist keine niedere, vom *Ostensor* ausgeübte Handwerkstätigkeit mehr, sondern tragendes Element einer eigenständigen Wissens-

5 Cunningham, von dessen Ausführungen ich im Folgenden weitgehend profitiere, stellt zu Recht fest: „We have no reason to doubt, and many reasons to trust, that Vesalius had as much control over this page as he did over the others". Cunningham (Anm. 2), S. 124.

6 Zur maßgeblich von Mundinus geprägten anatomischen Praxis vor Vesalius vgl. Cunningham (Anm. 2), S. 42ff. Er weist auch darauf hin, dass die in der Bildinszenierung produzierte Gleichzeitigkeit von *lectio* und *demonstratio* in der Praxis meist zeitlich separiert erfolgten (S. 44). Für eine ausführliche Bildinterpretation vgl. Jerome J. Bylebyl. „Interpreting the Fasciculo Anatomy Scene". *Journal of the History of Medicine* 45 (1990), S. 285-316.

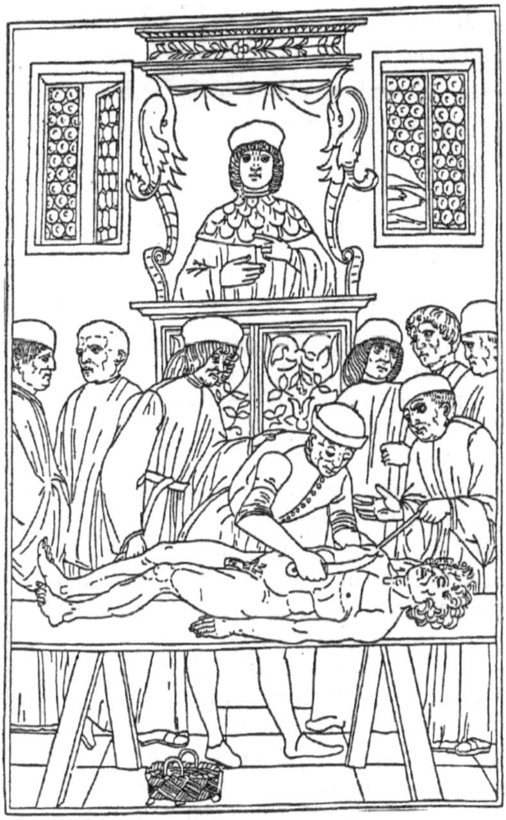

Abb. 1: Anatomische Demonstrationsszene aus Johannes de Ketham. *Fasciculo di Medicina* (Venedig, 1494).

form, die ihre Evidenz performativ produziert, nicht durch referenziellen Verweis auf eine schon vorhandene Aussage, sondern im Zuge eines Handlungsvollzugs, in dem Zeigegestus und Sprechakt zusammenfallen. Vesalius vereint als erläuternder Chirurg in Personalunion die vormalig arbeitsteilig getrennten Funktionen theoretischer Anschauung und praktischer *demonstratio* und nimmt als Lehrer ohne Kanzel keine erhöhte Position mehr ein, sondern hat sich auf Augenhöhe mit dem Publikum begeben, das er zur Partizipation an einem sinnlich erfahrbaren Wissen motiviert. Die *lectio* wird zur Aufführung, wobei nicht nur die trennende Rampe zwischen Bühne und Zuschauerraum überschritten ist,[7] sondern auch die Schwelle zum Objekt des Wissens, das von den

7 Dies in Analogie zur Situation des Karnevals, den Michail Bachtin als ein Schauspiel ohne Rampe charakterisiert hat. Vgl. Michail M. Bachtin. *Literatur und Karneval. Zu Romantheorie und Lachkultur*. Frankfurt a. M., 1990, S. 56. Die Nähe

Zuschauern der vordersten Reihe nicht nur observiert, sondern auch betastet werden kann. Was für moderne Hochschulpädagogen, die in ihren Workshops gerne stärkere affektive und psychomotorische Beteiligung der Lehrenden fordern, zunächst sehr lobenswert aussehen mag, ist ethisch dabei vielleicht nicht ganz unbedenklich, wenn man in den Aufzeichnungen des deutschen Studenten von Vesalius' Vivisektionen am lebenden Tier liest, mit denen sein *theatrum anatomicum*, das auf die Etablierung eines Rituals des gemeinsam geteilten Erfahrungswissens abzielt, zum Theater der Grausamkeit mutiert:

> [F]or surely, Domini, he said, you can learn only little from a mere demonstration, if you yourselves have not handled the objects with your hands, etc. Finally he took a dog [...]. He bound it with ropes to a small beam so that it could not move, similarly he tied his jaws so that it could not bite. Here, Domini, he said, you will see in this living dog the function of the nervi reversivi, and you will hear how the dog will bark as long as these nerves are not injured. Then, I shall cut off one nerve, and half of the voice will disappear, then I shall cut the other nerve, and the voce will no longer be heard. [...] Finally, he said, I shall proceed to the heart, so that you shall see its movement, and feel its warmth, thirdly so that you shall here around the ilium feel the pulse with one hand, and with the other the movement of the heart. And please, tell me, what its movement is, whether the arteries are compressed when the heart is dilated, or whether they in the same time also have the same movement as the heart. I saw how the heart of the dog bounded upwards, and when it no longer moved, the dog instantly died. Those mad Italians pulled the dog at all sides so that nobody could really feel these two movements. But some students asked Vesalius what the true fact about these movements was, what he himself thought, whether the arteries followed the movement of the heart, or whether they had a movement different from that of the heart. Vesalius answered: I do not want to give my opinion, *please do feel yourselves with your own hands and trust them.*[8]

Die Aufforderung an die Studenten, den Herzschlag des Lebens selbst zu fühlen und so nicht theoretisch vermittelt, sondern konkret-unmittelbar zu begreifen, bezeichnet den phantasmatischen Kern des von Vesalius mit durchgesetzten anatomischen Blicks der Frühen Neuzeit: Der Wunsch nach einer totalen Transparenz des Lebenssinns, der nicht zeichenhaft-medialer Natur und damit den Uneindeutigkeiten des Symbolischen ausgesetzt sein soll, sondern manifest, hautnah und sensationell evident. Dass dieser Wunsch auch in der Dissektion des toten Körpers am Werke ist und in der Vivisektion seinen logischen Endpunkt findet, zeigt

---

von Anatomie und Karneval ist auch historisch belegbar, denn öffentliche anatomische Sektionen fanden teilweise direkt im Anschluss an Karnevalsfeierlichkeiten statt.

8 Eriksson (Anm. 3), S. 290-292 [Herv. d. Verf.].

sich auch in der *Fabrica* in der berühmten Zusammenstellung der acht „tabulae musculorum", die in ihrer sequentiellen Reihung eine Anatomie des lebendigen Körpers inszenieren. Ohne die begeisternde Beteiligung der Nahsinne stellt sich am Ende dieser Miniaturanatomie jedoch die Frage, was am Ende der anatomischen Zergliederung tatsächlich bleibt: die Transparenz des Lebenssinns oder doch nur ein melancholisches *memento mori*:

> Has an anatomy or a vivisection been performed? This question is provoked by the way the anatomist seems to threaten life – his painful procedure for revealing truths seems to kill them. Though he tells us that he will expose a tangible truth, the anatomist instead turns up the depths, displaces parts form a coherent whole, and flattens out bodies once full with divine significance. [...] Thus the anatomy has a paradoxical doubleness: it is a method for revealing order, but it also causes its decay.[9]

Den vivisektorischen neuzeitlichen Wunsch der Anatomie, das Leben und seinen Sinn durch dessen experimentelle Durchdringung in den Griff zu bekommen, begleitet wie ein Schatten das melancholische christliche Wissen *sub specie aeternitatis*, dass das menschliche Leben endlich ist und der Tod dem Sinn vorangehen muss, damit sich dieser im Jenseits offenbaren kann. Die Emblematik des *memento mori* umgibt die Inszenierungen des anatomischen Blicks ins Körperinnere daher nicht zufällig schon von Anfang an und überführt die performativ produzierte Evidenz des Materiellen wieder in ein tradiertes zeichenhaftes Vorwissen. Diese mediale Überführung ist allerdings kein bloßes Zugeständnis an die Autorität der Kirche, wie es überhaupt eine fromme Legende der Aufklärung ist, dass die lange, fast 1200 Jahre währende Absenz anatomischer Praktiken in Europa dogmatischen Bedenken oder direkten Verboten der Amtskirche geschuldet sei.[10] Sie war auch nicht erst die

---

9 Devon L. Hodges. *Renaissance Fictions of Anatomy*. Amherst, 1985, S. 6. Dort findet sich auch die erwähnte Serie von Abbildungen zur Muskulatur aus der *Fabrica* (S. 7-14).

10 Die Legende widerlegte bereits Mary N. Alston. „The Attitude of the Church Towards Dissection Before 1500". *Bulletin of the History of Medicine* 3 (1944), S. 221-238. Gegen die These vom kirchlichen Anatomieverbot argumentiert auch Rafael Mandressi. *Le regard de l'anatomiste. Dissections et invention du corps en Occident*. Paris, 2003, S. 19-60. Seine Ausführungen zeigen, dass der Widerstand gegen die Zergliederung von Leichen nicht von Seiten der Amtskirche und ihrer Dogmatik kam, sondern in einer viel atavistischeren religiösen Volksfrömmigkeit wurzelte. Die Tatsache, dass trotz fehlender Beweisdokumente bis heute die „Unterbrechung" der Anatomiepraxis immer wieder einem vermeintlichen „kirchlichen Sektionstabu" angelastet wird, ist symptomatisch dafür, wie sehr der anatomische Blick unserer Moderne zur naturalisierten Selbstverständlichkeit geworden und habitualisiert ist. Pars pro toto verweise ich nur auf einen neueren Aufsatz von Stefanie Stockhorst,

Zutat eines nachreformatorischen Barocks, der das optimistische Selbstvertrauen der humanistischen Wissenschaften der Renaissance im Nachhinein wieder mit dem altem Ballast des theologischen Absolutismus beschwert hätte. Vielmehr haftet das *memento mori* dem vivisektorischen Wunsch der Anatomie nach Erfassung des Lebens von Anfang an als eine Art disphorisches Revers an, das daran erinnert, dass beim Blick in den toten Körper vielleicht doch nicht die Prinzipien des Lebens erkannt werden, sondern nur tautologisch das Vorhandensein des Todes zu konstatieren ist, und – schlimmer noch – dass Vivisektion nicht nur nichts an der Tatsache des Todes ändert, sondern sie sogar noch im konkreten Einzelfall künstlich beschleunigt. Das melancholische Revers zeigt sich sehr deutlich beispielsweise in Luis Lobera de Avilas *Libro de Anatomia*, der 1542 erschien und mit einer allegorischen Traumvision eingeleitet wird, in welcher der menschliche Körper bereits vor Vesalius als Bauwerk metaphorisiert ist, konkret als „torre muy hermosa y muy espaciosa y de maravillosa y sabia fabrica y ordenacion“.[11] Die allegorische Vision Loberas endet mit dem Einsturz des Turmes und genau der moralischen Botschaft des *memento mori*,[12] die auch auf dem ein Jahr später erschienenen Frontispiz der Erstausgabe von Vesalius' Werk zu erkennen ist, sofern man das Skelett als eine Figuration des Todes versteht, das über dem Seziertisch auf der Ballustrade des oberen Zuschauerrangs des hölzernen Theaters thront und damit in etwa an der Stelle positioniert ist, wo in der alten vor-theatralischen Form der Anatomievorlesung der Lehrende gesessen hatte. Als eine solche Todes-Figur hat es jedenfalls der Künstler interpretiert, der für das in Kleinigkeiten, aber doch wesentlich veränderte Frontispiz der zweiten Auflage der *Fabrica* von 1555 verantwortlich war: Er stattet das Skelett der ikonografischen Konvention folgend mit einer Sichel aus und macht es so als eine personifizierende Allegorie des Todes kenntlich, während es in der ersten Version durchaus noch als ‚realistisches‘ Accessoire aufgefasst werden konnte, als visuelles didaktisches Hilfsmittel zur Veranschaulichung, wie es Vesalius zusammen mit anderen Medien in seinen Vorlesungen ja tatsäch-

der dieses Klischee wiederholt: „Unterweisung und Ostentation auf dem anatomischen Theater der Frühen Neuzeit“. *Zeitsprünge* 9 (2005), S. 271.

11 Ich zitiere nach dem Abdruck des Textes, den Luis Alberti López als Appendix seiner Studie präsentiert. *La anatomía y los anatomistas españoles del Renacimiento*. Madrid, 1948, S. 247.

12 „[V]erdaderamente esta vision no es otra cosa sino el hombre: y la vida de este mundo y la vejez y la muerte. Por ende, hermanos mios, yo os ruego que mireys muy bien todo esto: pues es necesario morir: temed a Dios y apartaos de hacer mal y hacer bien“. Ebd., S. 255.

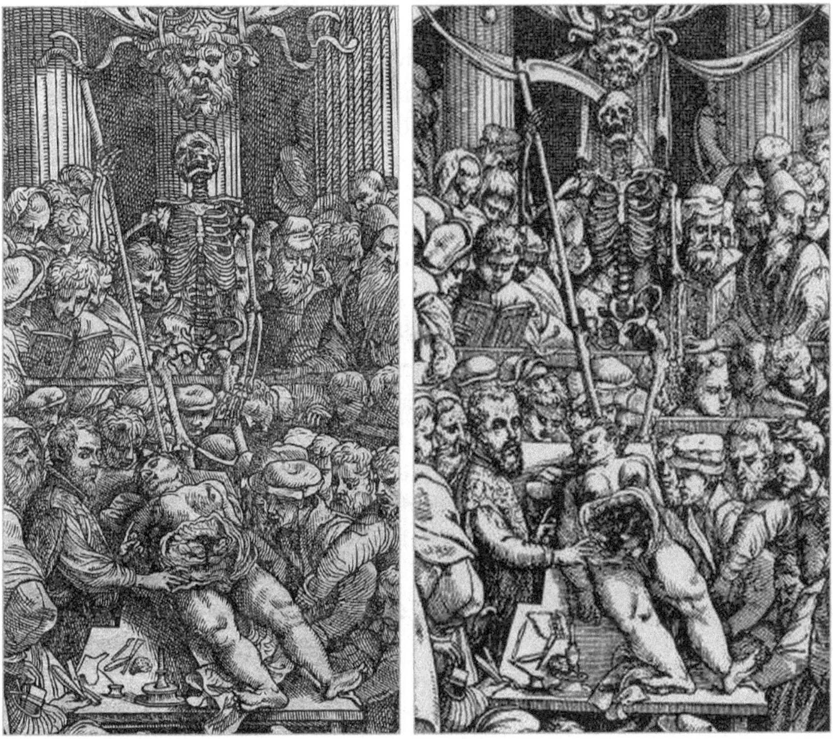

Abb. 2: Skelett auf dem Frontispiz zu Andreas Vesalius. *De humani corporis fabrica*: links die Ausgabe von 1543 und rechts die Ausgabe von 1555.

lich einsetzte (vgl. Abb. 2). Durch die allegorische Ausdeutung des Skeletts auf dem Frontispiz, die allerdings keineswegs eine Fehldeutung der ersten Version darstellt, sondern in dieser bereits als Möglichkeit angelegt ist,[13] erhält der Blick ins Körperinnere der Leiche einen Hintersinn: Während Vesalius mit der rechten Hand an das von ihm anatomisch eröffnete Innere des Körpers rührt und so dem Versprechen nach transparenter Unmittelbarkeit und sinnlicher Evidenz Ausdruck gibt, von dem die Anatomie als wissenschaftliche Performance lebt, weist der nach oben gerichtete Zeigefinger auf etwas hin, das mit dem naheliegend sichtbaren Material zugleich anwesend ist und ihm so einen zweiten und ‚höheren' Sinn verleiht. Dass das Skelett auf einer vorbereitenden Skizze zum Kupferstich zunächst noch ganz fehlte, nimmt der allegorischen Doppeldeutigkeit des Gestus von Vesalius nichts, sondern ver-

13 Diese Ansicht vertrete ich in Abweichung von Cunninghams Deutung des Titelkupfers, der ich aber insgesamt entscheidende Anstöße verdanke. Vgl. Cunningham (Anm. 2), S. 124-128.

deutlicht nur die grundsätzliche Struktur des Allegorischen im Medium des Visuellen: Das auf den ersten Blick Gezeigte ist nicht das eigentlich Gemeinte. An dieser Struktur ändert auch die Frage nichts, ob dieses Eigentliche nun noch einmal als Figur des Todes in Erscheinung tritt oder im Verborgenen bleibt wie Gott, der in diesem anatomischen Theater der Renaissance, das im Inneren einer Kirche aufgebaut sein könnte, nicht eigens manifest werden muss, um verhüllt angedeutet zu sein.[14]

Im Rahmen einer christlichen Anthropologie blieb die anatomische Praxis der Frühen Neuzeit an ein melancholisches Wissen um die Beschränktheit menschlicher Erkenntnisfähigkeit und Unerreichbarkeit des eschatologischen letzten Sinns zurückgebunden, der von Gott gestiftet und ihm vorbehalten ist. Der Allegorisierung der anatomischen Praxis, die sich im Falle Lobera de Avilas oder der Bildinszenierung auf dem Titelblatt von Vesalius' *Fabrica* zeigte, kam damit vor allem eine moralisch korrektive Funktion zu. Die performative Eigendynamik der empirokritischen Experimentalwissenschaften wurde gedrosselt und das von ihr produzierte Wissen immer wieder in das tradierte Menschenbild integriert. Umgekehrt zeigt sich aber die epistemologische Dynamik des Experimentellen in der Tendenz zur Übertragung des anatomischen Blicks auf den Bereich des Moralischen, in der „anatomie morale", die Louis van Delft als ein Parallelphänomen zur „anatomie moralisée" beschrieben hat.[15] Die Anatomie wird dabei nicht nur als ein besonders modischer Terminus für alle möglichen Anwendungsbereiche geltend gemacht, sondern als ein basales epistemologisches Modell des Blicks ins Innere bestätigt, das sich vom Physischen ins Psycho- und Charakterologische wenden lässt. Baltasar Graciáns *Criticón*, genauer die neunte „Krisis" des ersten Teils,[16] ist in diesem Zusammenhang nicht nur des-

14 Cunningham versucht, das Skelett als realistisches Element zu deuten, und meint, aus seinem Fehlen in der Vorbereitungsskizze schließen zu können, dass es nicht als tragendes Sinnelement intendiert gewesen sein könne. Die These, dass das Skelett nicht gedeutet werde, sondern nur auf den Schöpfergott im Himmel verwiesen werden solle, dessen Werk sich im kleinen Mikrokosmos des Menschenkörper spiegele, lässt sich leicht widerlegen, wenn man berücksichtigt, dass es nicht nur durch Vesalius' Finger, sondern gleich mehrfach angezeigt wird: besonders deutlich von einem Zuschauer links auf dem obersten Geländer, etwas diskreter auch von zwei Zuschauern auf der gleichen Ebene rechts. Wichtig für die Struktur des Allegorischen ist aber ohnehin nicht das konkrete Objekt, das immer nur ein uneigentlicher Stellvertreter ist, sondern die Spannung zwischen zwei kopräsenten Bedeutungsebenen.

15 Vgl. die Kapitel zur „anatomie moralisée" und zur „anatomie morale" in Louis van Delft. *Littérature et anthropologie. Nature humaine et caractère à l'âge classique*. Paris, 1993, S. 183-255.

16 Im Folgenden lege ich die von Antonio Prieto besorgte Studienausgabe zugrunde:

halb interessant, weil dort der Begriff der „moralischen Anatomie" explizit eingesetzt wird. An diesem Text lässt sich auch zeigen, dass allegorische Repräsentationstechniken nicht nur dazu eingesetzt werden können, eine vom empirokritischen anatomischen Blick auf die Einzelteile bedrohte Totalität didaktisch wirksam zu reinszenieren, sondern dass dieser Blick das allegorische Schreiben selbst betraf und den ‚Körper' sprachlicher Darstellung affizierte. Bevor ich diese These näher entfalte, soll jedoch zunächst mit Walter Benjamins Allegoriekonzeption in *Ursprung des deutschen Trauerspiels* ein Sprung in die Zeit der Avantgarden vorgenommen werden. Er wird zugegeben etwas unvermittelt ausfallen, aber das hat seinen Grund in der Sache. Denn wenn bei Benjamin die barocke Allegorie als eine Spur der Avantgarde bezeichnet werden darf, dann nicht im Sinne eines Abdrucks der Geschichte, sondern als ein durch experimentelle Arbeit an der Sprache plötzlich auftauchender Präsenzeffekt, mit dessen Hilfe der Glaube an eine geschichtliche Kontinuität und Progression aus seiner teleologischen Angel gehoben wird.

2. Walter Benjamins ‚Spur' der Allegorie: zur Konstellierung von Avantgarde und Barock in *Ursprung des deutschen Trauerspiels*

Benjamin, der sich erst spät und nach Umwegen dafür entschied, seine theoretische Fragestellung aus dem „großen Problemkreis Wort und Begriff (Sprache und Logos)" am Material des deutschen Trauerspiels auszuführen,[17] verstand seine Arbeit selbst durchaus als einen Beitrag zum Verständnis der Avantgarde, wie die Aufzeichnungen von Asja Lacis zeigen, die Benjamin in einer Zeit traf, als dieser gerade intensiv an seinem Text arbeitete. Auf ihre verwunderte Frage, warum er sich ausgerechnet mit „toter Literatur" des 17. Jahrhunderts beschäftige, reagierte Benjamin mit dem Hinweis auf ihren „unmittelbaren Bezug zu sehr aktuellen Problemen der zeitgenössischen Literatur" und dem Zusatz, dass die allegorische Formsprache des Barocks eine „analoge Erscheinung zum Expressionismus" darstelle.[18] Den zeitgenössischen Rezensenten

---

Baltasar Gracián. *El Criticón*. Hg. v. Antonio Prieto. 2. Aufl. Barcelona, 1992. Zur leichteren Verständlichkeit zitiere ich im Haupttext nach der deutschen Übersetzung Baltasar Gracián. *Das Kritikon*. Übs. v. Hartmut Köhler. Frankfurt a. M., 2004.

17 Walter Benjamin. *Briefe*. Hg. v. Gershom Scholem u. Theodor W. Adorno. Frankfurt a. M., 1966, Bd. 1, S. 30.

18 Asja Lacis. *Revolutionär im Beruf. Berichte über proletarisches Theater, über Meyerhold, Brecht, Benjamin und Piscator*. Hg. v. Hildegard Brenner. München, 1971. Zit. n. Rolf Tiedemann u. Hermann Schweppenhäuser. „Anmerkungen der

entging zwar weitgehend die Bedeutung von Benjamins Sprachtheorie und mit ihr auch der implizite Bezug zu den Formen der Gegenwartskunst, jene „Schleich- und Saumpfade", die, wie Rainer Nägele es formulierte, „zur Lektüre Baudelaires und der Moderne führen, in eine Konstellation von Texten und Lesarten, deren Gemeinsamkeit sich zunächst in der Abgrenzung von der klassisch-romantischen Ästhetik und Hermeneutik bestimmen läßt".[19] Immerhin las jedoch schon Georg Lukács den Text zunächst als einen „ins Barockdrama projizierten Avantgardeismus".[20] Und Peter Bürger ging dann noch weiter in diese Richtung und behauptete in seiner *Theorie der Avantgarde* Mitte der 1970er Jahre, Benjamins Allegoriebegriff fände „erst im avantgardistischen Werk seinen adäquaten Gegenstand".[21] Obwohl Bürger diese Behauptung näher begründet, darf man skeptisch sein gegenüber seiner Aussage, es läge „durchaus nichts Gewaltsames in dem Versuch, den Allegoriebegriff Benjamins als eine Theorie des avantgardistischen (nicht-organischen) Kunstwerks zu lesen", wenn schon im Nachsatz eingestanden wird, dass bei diesem Verfahren „diejenigen Momente" ausgeschlossen werden müssten, „die sich aus der Anwendung auf die Literatur des Barock herleiten" und von diesem Ausschluss dann noch behauptet wird, er verstehe sich von selbst.[22] Abgesehen davon, dass behauptete Selbstverständlichkeiten rhetorische Kunstgriffe zu sein pflegen, ignoriert Bürger damit Benjamins Anspruch, den geschichtsphilosophischen Wahrheitsgehalt der behandelten Phänomene durch Versenkung in ihren Sachgehalt zu gewinnen. Vor allem verfehlt seine Inanspruchnahme von Gewaltlosigkeit für die eigene Benjaminrezeption aber gerade dessen Gewaltbegriff. Gewalt durchzieht das Trauerspielbuch ja nicht nur metaphorisch, sondern wird dort von Anfang an als grundlegender Zug des Ideellen ausgewiesen, wenn im erkenntniskritischen Vorwort die Wahrheit der Idee als „das Wesen der Empirie erst prägende Gewalt" definiert wird.[23] Damit schließt Benjamin nicht nur an die sprachphilosophischen Refle-

---

Herausgeber: Ursprung des deutschen Trauerspiels". Walter Benjamin. *Gesammelte Schriften*. 7 Bde. Hg. v. dens. Frankfurt a. M., 1974, Bd. I.3, S. 879.

19 Rainer Nägele. „Das Beben des Barock in der Moderne. Walter Benjamins Monadologie". *Modern Language Notes* 3 (1991), S. 503.

20 Zu dieser Einschätzung Lukács und seiner später modifizierten Haltung vgl. Gerhard Scheit. „Der Totenkopf als Messias? Ursprung und Modernität der Allegorie bei Walter Benjamin und Georg Lukàcs". *Weimarer Beiträge* 12 (1989), S. 1975f.

21 Peter Bürger. *Theorie der Avantgarde*. Frankfurt a. M., 1974, S. 93.

22 Ebd.

23 Walter Benjamin. „Ursprung des deutschen Trauerspiels". *Gesammelte Schriften*. Hg. v. Rolf Tiedemann u. Hermann Schweppenhäuser. Frankfurt a. M., 1974, Bd. I.1, S. 216.

xionen an, die er in seinem Aufsatz *Über Sprache überhaupt und über die Sprache des Menschen* entwickelt hatte,[24] sondern greift auch die Idee einer ‚reinen' Gewalt auf, die ihn an Georges Sorel faszinierte und die er in seiner *Kritik der Gewalt* bis zur messianisch-mystischen Vorstellung einer „göttlichen" und „waltenden" Gewalt steigerte, die sich nicht nur der Sphäre des Rechts, sondern auch der des „bloßen Lebens" entziehe.[25] Anders als der Literaturhistoriker Bürger hatte der Kunstphilosoph Benjamin keine prinzipielle Berührungsangst vor der Gewalt, solange sie als Härte der Auslegung auf die kritische Erhellung des Gegenstandes bezogen war.[26] Extremismus ist ihm eine methodische Haltung und Element des Kritischen und verschafft dem Trauerspielbuch erst seine eigentümliche Form: Während die literaturhistorische Abhandlung, so Benjamin, „die Differenzen und Extreme [...] ineinander überführt und als Werdendes relativiert" seien diese zur philosophischen Begriffsbildung als komplementäre Energien notwendig: „Notwendig werden der Kunstphilosophie die Extreme, virtuell der historische Ablauf".[27] Benjamins Umgang mit den historischen Dramentexten ist dementsprechend alles andere als ein Versuch zur behutsamen Horizontverschmelzung im Dialog zwischen Vergangenheit und Gegenwart. Seiner Bestimmung von Kritik als „Mortifikation der Werke"[28] folgend behandelt er sein historisches Textkorpus – das er selbst im Übrigen als ein

24 Benjamin selbst äußerte in einem Brief an Scholem die Ansicht, die erkenntnistheoretische Einleitung der Arbeit stelle „so eine Art zweites, ich weiß nicht, ob besseres, Stadium der frühen Spracharbeit" dar, „als Ideenlehre frisiert". Benjamin (Anm. 17), Bd.1, S. 372. Winfried Menninghaus konnte ausgehend von dieser Selbsteinschätzung Benjamins den sprachphilosophischen Gehalt von Benjamins Trauerspielbuch in überzeugender Weise profilieren: Vgl. Winfried Menninghaus. *Walter Benjamins Theorie der Sprachmagie*. Frankfurt a. M., 1991, S. 79-134.

25 Walter Benjamin. „Zur Kritik der Gewalt". *Gesammelte Schriften*. Hg. v. Rolf Tiedemann u. Hermann Schweppenhäuser. Frankfurt a. M., 1977, Bd. II.1, S. 202f. Das Aufgreifen Sorels in Benjamins *Kritik der Gewalt* habe ich in Kontrast zu Carl Schmitts Sorel-Rezeption bereits analysiert. Vgl. Hanno Ehrlicher. *Die Kunst der Zerstörung. Gewaltphantasien und Manifestationspraktiken*. Berlin, 2001, S. 52-66.

26 „Ohne Härte geht es bei keiner Auslegung, geschweige denn der theologischen ab. Sie kann die dichterische Fügung sprengen, um so zu mächtigeren Grundgehalten vorzustoßen und doch zugleich dem Text im Wortkern die fruchtbarste Entfaltung angedeihen zu lassen; sie kann theologisch sein, ohne die Philologie darum preiszugeben". Walter Benjamin. „Privilegiertes Denken. Zu Theodor Haeckers ‚Vergil'". *Gesammelte Schriften*. Hg. v. Rolf Tiedemann u. Hermann Schweppenhäuser. Frankfurt a. M., 1972, Bd. III, S. 316 .

27 Benjamin (Anm. 23), S. 218.

28 Ebd., S. 357. Vgl. auch den Brief an Florens Christian Rang vom 9. Dezember 1923. Benjamin (Anm. 17), Bd. 1, S. 323.

„merkwürdig – ja, unheimlich – schmal[es]“ Fundament einschätzte[29] – nicht als organische Ganzheit, die es als solche zu bewahren und zu verstehen gelte, sondern als Gegenstand der Konstruktion, als verfügbares Material, aus dem sich ohne Rücksicht auf den Ausgangskontext Zitate isolieren lassen, die dann als Elemente in die eigene spannungsvolle und erst dadurch erkenntnisbefördernde Werk-Konstellation integriert werden können. Die „Zerstückelung“ des Sinns und der Sprache, die Benjamin als Wirkung des entseelenden melancholischen Blicks des Allegorikers beschreibt, ist nicht nur Analyse eines geschichtlichen Phänomens, das dem analysierenden Subjekt äußerlich wäre, sondern auch und vor allem Selbsterkenntnis dieses Subjekts und Darstellung seiner eigenen epistemologischen Lage:

> Wird der Gegenstand unterm Blick der Melancholie allegorisch, läßt sie das Leben von ihm abfließen, bleibt er als toter, doch in Ewigkeit gesicherter zurück, so liegt er vor dem Allegoriker, auf Gnade und Ungnade ihm überliefert. [...] an Bedeutung kommt ihm das zu, was der Allegoriker ihm verleiht. Er legt's in ihn hinein und langt hinunter: das ist nicht psychologisch sondern ontologisch hier der Sachverhalt. In seiner Hand wird das Ding zu etwas anderem, er redet dadurch von etwas anderem und es wird ihm ein Schlüssel zum Bereiche verborgenen Wissens, als dessen Emblem er es verehrt.[30]

So setzt Benjamin etwa, um nur ein Beispiel allegorischer Zerstückelungspraxis anzuführen, das für unseren Zusammenhang besonders interessant ist, Graciáns Begrifflichkeit der „ponderación misteriosa“ als Titel des fulminanten letzten Abschnitts ein, in dem die Allegorie, die kurz zuvor als das „Schema der Verwandlung“ bestimmt wurde,[31] das gefallene Subjekt im „leeren Abgrund des Bösen“, in den es der Wissenstrieb geführt hat, einholt und seine Fallrichtung umkehrt zum errettenden apotheotischen Aufstieg. Das im Wissen heillos gefallene Subjekt wird dank eines plötzlichen „Eingreifen Gottes ins Kunstwerk“ – so übersetzt Benjamin die „ponderación misteriosa“ – erhoben und zum Teil eines ideellen Sternenbildes in dem Sinne, in dem Benjamin schon in der erkenntnistheoretischen Vorrede davon gesprochen hatte.[32] Graciáns spanische

29 Benjamin (Anm. 17), Bd. 1, S. 327.

30 Benjamin (Anm. 23), S. 359.

31 „Wie Alchimie und Rosenkreuzerei, wie die Beschwörungen in den Trauerspielen es beweisen, war diese Zeit nicht minder als die Renaissance der Magie ergeben. Was immer sie ergreift, verwandelt ihre Midashand in ein Bedeutendes. Verwandlung aller Art, das war ihr Element; und deren Schema war Allegorie.“ Ebd., S. 403.

32 „Die Ideen verhalten sich zu den Dingen wie die Sternbilder zu den Sternen. Das besagt zunächst: sie sind weder deren Begriffe noch deren Gesetze. Sie dienen nicht der Erkenntnis der Phänomene und in keiner Weise können diese Kriterien für den Bestand der Ideen sein. Vielmehr erschöpft sich die Bedeutung der Phänomene für

Wortfügung ist von Benjamin dabei ganz bewusst als Fremd- und Rätselelement eingesetzt, als ein dunkel bleibender Begriff, mit dem sich der geplante „Eingriff" ins Kunstwerk besser bewerkstelligen lässt. Zwar belegt Benjamin in einer Fußnote seine Quelle, die bekannte Abhandlung Karl Borinskis über *Die Antike in Poetik und Kunsttheorie*, lässt damit aber sowohl den Autor des Begriffes ungeklärt als auch den ursprünglichen Kontext der Begriffsprägung, den sechsten *Discurso* der *Agudeza y arte de ingenio*, in dem die „ponderación misteriosa" keineswegs die emphatisch-religiöse und eschatologische Dimension besitzt, die Benjamin ihr zuschreibt, sondern als eine Technik des humanen Ingeniums beschrieben ist, der auf das Fehlen offensichtlichen Sinns mit der Findung hintersinniger erklärender Verbindungen zu reagieren vermag.[33] Gracián-Kenner hat eine solche Ignoranz des Originals ‚enttäuscht' und historisch argumentierenden Philologen dürfte sie sogar ein Ärgernis sein.[34] Ihre Enttäuschung darüber, dass an dieser Stelle nichts den Gebrauch der Worte Graciáns autorisiert als Benjamins Wille zur Konstellation, missversteht aber die avantgardistisch-revolutionäre Pointe der allegorischen Zerstückelung, wie sie hier ins Werk gesetzt ist: dass man nur „Manns genug" sein muss, „das Kontinuum der Geschichte aufzusprengen" und ein messianischer Glaube an den kommenden Gott dabei nicht aus der Geschichte begründet,[35] sondern begrifflich gegen sie eingesetzt werden

---

die Ideen in ihren begrifflichen Elementen. [...] Die Ideen sind ewige Konstellationen und indem die Elemente als Punkte in derartigen Konstellationen erfaßt werden, sind die Phänomene aufgeteilt und gerettet zugleich." Ebd., S. 214f.

33 Baltasar Gracián. *Agudeza y Arte de Ingenio.* 2 Bde. Hg. v. Evaristo Correa Calderón. Madrid, 1987, Bd. I, S. 88-99.

34 So José Muñoz-Millanes, der Graciáns Konzeption der „ponderación misteriosa" erläutert und Benjamin wegen der Fehlerhaftigkeit der herangezogenen Quelle Borinskis in Schutz nimmt. Vgl. José Muñoz-Millanes. „La presencia de Baltasar Gracián en Walter Benjamin". *Al margen de Baltasar Gracián (en su IV Centenario).* Hg. v. Aurora Egido. Madrid, 2001, S. 287-297. Borinski mangelnde Wissenschaftlichkeit anzulasten, um Benjamin zu entlasten, scheint mir an dieser Stelle einigermaßen absurd. Vielmehr ist der souveräne Umgang mit den Quellen hier eine Konsequenz der Benjamin'schen Konzeption von Kritik, die Gewalt an der empirischen Geschichte nicht nur in Kauf nimmt, sondern geradezu fordert.

35 „Auf den Begriff einer Gegenwart, die nicht Übergang ist sondern in der die Zeit einsteht und zum Stillstand gekommen ist, kann der historische Materialist nicht verzichten. Denn dieser Begriff definiert eben die Gegenwart, in der er für seine Person Geschichte schreibt. Der Historismus stellt das ‚ewige' Bild der Vergangenheit, der historische Materialist eine Erfahrung mit ihr, die einzig dasteht. Er überläßt es anderen, bei der Hure ‚Es war einmal' im Bordell des Historismus sich auszugeben. Er bleibt seiner Kräfte Herr: Manns genug, das Kontinuum der Geschichte aufzusprengen." Walter Benjamin. „Über den Begriff der Geschichte". *Gesam-*

muss, um wirksam werden zu können. Auch wenn Benjamin ein solches ‚revolutionäres' messianisches Bewusstsein erst später, in seiner ‚materialistischen' Phase explizit für sich in Anspruch nahm, prägt es – als Idee der über das Empirische ‚waltenden' Gewalt – seine Schriften doch von Anfang an. Die Widerstände der Philologen, auf die das Trauerspielbuch seit seinem Erscheinen traf und die bis heute anhalten,[36] erklären sich nicht zuletzt als Widerstand gegen ein solches Eingreifen in die Geschichte, das sowohl mit der Tradition des humanistischen Umgangs mit den Texten bricht als auch mit der historistischen Tendenz zur Monumentalisierung des Vergangenen. Produktionsästhetisch und ideologisch steht Benjamin so in der Tat in der Nähe des Avantgardisten, wie ihn Bürger schildert, denn er schafft sein Werk nicht mehr als ein organisches Ganzes, sondern montiert es aus Fragmenten.[37]

Das bedeutet aber gerade nicht, dass der von Benjamin entworfene Begriff der Allegorie besonders gut für die Beschreibung konkreter avantgardistischer Kunstwerke geeignet wäre, wie er umgekehrt auch nicht notwendig bei der Analyse historischer allegorischer Werke des Barock weiterhilft. Er ist überhaupt nicht als Beschreibungskategorie gedacht, die für ein spezifisches historisches Phänomen passen könnte, sondern als Mittel zur Konstruktion einer spannungsgeladenen, das geschichtliche Kontinuum sprengenden Monade, als die Benjamin bereits im Trauerspielbuch seine Idee von der „Idee" definierte[38] und an der er auch als historischer Materialist weiter festhielt.[39]

Jeder Versuch, Benjamins Allegoriebegriff zu einer bloß beschreibenden Interpretation nutzen zu wollen, wäre ein philologisches Missverstehen seiner Kunstphilosophie, das ihren Anspruch entschärft. Es kann nicht verwundern, dass er sich weder ganz auf die Vergangenheit des Barock noch ganz auf die Weimarer Erfahrung des politischen und

---

melte Schriften. Hg. v. Rolf Tiedemann u. Hermann Schweppenhäuser. Frankfurt a. M., 1974, Bd. I.2, S. 702.

36 Vgl. dazu Uwe Steiner. „Allegorie und Allergie. Bemerkungen zur Diskussion um Benjamins Trauerspielbuch in der Barockforschung". *Daphnis* 4 (1989), S. 641-670.

37 Bürger (Anm. 21), S. 95.

38 „Die Idee ist Monade – das heißt in Kürze: jede Idee enthält das Bild der Welt. Ihrer Darstellung ist zur Aufgabe nichts Geringeres gesetzt, als dieses Bild der Welt in seiner Verkürzung zu zeichnen." Benjamin (Anm. 23), S. 228.

39 „Der historische Materialist geht an einen geschichtlichen Gegenstand einzig und allein da heran, wo er ihm als Monade entgegentritt. In dieser Struktur erkennt er das Zeichen einer messianischen Stillstellung des Geschehens, anderes gesagt, einer revolutionären Chance im Kampfe für die unterdrücke Vergangenheit." Benjamin (Anm. 35), S. 703. Zu Benjamins Monadologie sei noch einmal auf die Arbeit Nägeles (Anm. 19) verwiesen.

künstlerischen Extremismus übertragen lässt, zwischen denen er ausgespannt ist und deren polare Energien er zur Konstruktion einer eigenen Monade nutzt. So verfehlt eine direkte Anwendung deshalb sein muss, so verfehlt wäre es auch, Benjamins avantgardistische Allegoriekonzeption als idiosynkratische subjektive Wunschprojektion abzutun und sie nicht als eine relevante geschichtliche Form ernst zu nehmen. Wenn im Folgenden Graciáns allegorische Anatomie mit ihr in Verbindung gebracht werden kann, so nur unter der methodischen Benjamin'schen Prämisse, die Extreme nicht zu relativieren, sondern daraus Spannung zu gewinnen.[40]

3. „Moral anatomía del hombre“: Allegorische Zerstückelung in Baltasar Graciáns *Criticón*

Benjamin gewann seinen Begriff der Allegorie aus dem schmalen Material des deutschen Trauerspiels und der Erfahrung eines politischen Extremismus, die eben nicht nur seine persönliche war, sondern eine kollektive. Während die Kenntnis des allegorischen Theaters von Pedro Calderón de la Barca die Arbeit am Material des Trauerspielbuchs dabei formal entscheidend beeinflusste,[41] war der andere von Benjamin überaus geschätzte Autor des spanischen Barock, Gracián, mit seinem *Oraculo manual* eher prägend für ein Ethos der „kalten persona“, das Benjamin mit Bertold Brecht und anderen Intellektuellen der Weimarer Neusachlichkeit verband.[42] Das narrative Haupt- und Spätwerk Graciáns, das

40 Ich situiere mich in meinem eigenen Umgang mit dem Trauerspielbuch damit zwischen der ‚vernichtenden‘ Kritik Benjamins durch Bernd Witte (*Walter Benjamin. Der Intellektuelle als Kritiker*. Stuttgart, 1976) und der ‚rettenden‘ Kritik Winfried Menninghaus'. Gegen Witte wäre mit Menninghaus darauf zu bestehen, dass vor einer Denunziation als Idiosynkrasie zunächst der verallgemeinerbare Erfahrungsgehalt von Benjamins metaphysischer Begrifflichkeit zu erkunden wäre (Menninghaus (Anm. 24), S. 134), gegen Menninghaus, dass die gelehrte Versenkung in die Immanenz des Benjamin'schen Werkes nicht der einzig legitime Umgang damit ist. Eine lediglich fragmentarische Lektüre kann den philosophischen Gehalt des Textes zwar nicht erfassen, ist aber immerhin durch das interpretatorische Vorbild des Autors, dem eine Heiligung des Textganzen selbst ja durchaus fremd war, autorisiert.

41 So entscheidend, dass Benjamin Gershom Scholem gegenüber gar von Calderón als dem „virtuelle(n) Gegenstand“ des Trauerspielbuchs sprach. Vgl. Benjamin (Anm. 17), Bd. 1, S. 366 (Brief vom 22. Dezember 1924).

42 Vgl. Helmut Lethen. *Verhaltenslehren der Kälte. Lebensversuche zwischen den Kriegen*. Frankfurt a. M., 1994, bes. S. 53-70. Lethen hat inzwischen in einem Artikel mit Erdmut Wizisla auch nachweisen können, dass Brecht ein sehr aufmerksamer Leser Graciáns war, dessen *Handorakel* er von Benjamin erhielt: Helmut Lethen u. Erdmut Wizisla. „‚Das Schwierigste beim Gehen ist das Stillestehn‘. Ben-

1651, 1652 und 1657 in drei Teilen erschienene *Criticón*, kannte Benjamin ganz offenbar nicht, was wahrscheinlich schlicht daran lag, dass Arthur Schopenhauer den Text nur in einer einzigen Episode übertragen hatte und er bis 1957 im Deutschen überhaupt nur in der verhältnismäßig schwer zugänglichen alten Übersetzung Caspar Gottschlings vorlag.[43] Der Text hätte ihn aber vermutlich interessiert, verbindet sich doch gerade dort das höfisch-politische *persona*-Ideal mit der barocken Technik allegorisch-emblematischer Darstellung, deren kunst- und geschichtsphilosophischen Gehalt Benjamin im Trauerspielbuch zu bergen versucht hatte.

Graciáns narrative Allegorik kann mit den allegorischen Inszenierungen des Dramas sicher nicht gleichgesetzt werden. Eine erste und wesentliche Affinität zu Benjamins Allegorie-Begriff besitzt sie gerade in ihrem universellen Anspruch und der Tatsache, dass sie sich nicht auf eine spezifische literarische Repräsentationstechnik beschränken lassen oder an eine bestimmte Gattung gebunden sein will. Sie zielt vielmehr über konkrete Realisierungsformen hinaus auf ein allegorisch konstituiertes Subjekt. In der direkten Adressierung des Autors an den Leser offeriert Gracián diesem seine „filosofía cortesana" bzw. „Weltenhofbetrachtung", wie Hartmut Köhler übersetzt, als „curso de tu vida en un discurso", als „Gang deines Lebens *im* Gedankengang".[44] Narrative Sujetbildung soll, nimmt man die Aussage ernst, mit der ethischen Selbstformung des Menschen identisch sein – ein fundamentaler Anspruch, an dem die ebenso zahlreichen wie kontradiktorischen Bemühungen der Forschung, Graciáns *Criticón* einer bestimmten Gattungstradition zuzuordnen,[45] vorbeigehen. Der Text des *Criticón*, der sich schon durch das Steigerungsmorphem des Titels von der Tradition einer konkret objekt-

---

jamin schenkt Brecht Gracián". *Brecht Yearbook/Das Brecht-Jahrbuch* 23 (1998), S. 142-146.

43 Einen kurzen Abriss der Übersetzungsgeschichte liefert Hartmut Köhler (vgl. Gracián, 2004 (Anm. 16), S. 947f.). Zur Übersetzungsgeschichte Graciáns in Deutschland allgemein vgl. auch Sebastian Neumeister. „Gracián en Alemania". *Baltasar Gracián. Selección de estudios, investigación actual y documentación.* Hg. v. J. M. Ayala. Barcelona, 1993, S. 121-125.

44 Gracián 1992 (Anm. 16), S. 5 sowie ders. 2004 (Anm. 16), S. 11. Köhler übersetzt hier als „Gang deines Lebens als Gedankengang" und nimmt damit Graciáns Kurzschluss von Leben und Diskurs die Kühnheit.

45 Einen Überblick zum aktuellen Stand der *Criticón*-Forschung bietet Carlos Vaíllo. „El Criticón". *Baltasar Gracián. Estado de la cuestión y nuevas perspectivas.* Hg. v. Aurora Egido u. María Carmen Marín. Saragossa, 2001, S. 103-116. Zur Diskussion um Gattungszugehörigkeit und mögliche „Modelle" vgl. ebd., S. 105ff. sowie Javier García Gibert. „En torno al género de El Criticón (y unos apuntes sobre la alegoría)". *Baltasar Gracián. El discurso de la vida.* Hg. v. Jorge M. Ayala. Barcelona, 1993, S. 104-115.

gebundenen satirischen Sittenkritik abzuheben versucht,[46] ist deshalb mehr als nur ein Sammelbecken verschiedener Themen und Traditionen und von rein enzyklopädisch-kummulativer Größe wie z. B. die humanistische *Silva de varia lección* (1540) Pedro de Mexías.[47] In ihrer Not zur richtigen Einordnung des Textes, dem eine klare Gattungsdominante (griechischer bzw. ‚byzantinischer' Abenteuerroman, *novela picaresca*, Ritterroman *a lo divino* u. ä.) offenbar fehlt, ist die Forschung schließlich auch auf den Einfall verfallen, den Text als eine „Anatomie" im Sinne Northrop Fryes zu bezeichnen, der diese Kategorie mit Blick auf Burtons *Anatomy of Melancholy* etablierte, um mit ihr alle diejenigen Prosatexte zu bezeichnen, die sich durch ihren analytischen Duktus auszeichneten und ihre Figuren nicht zu Charakteren ausgestalteten, sondern sie als „mouthpieces of the ideas they represent" benutzten,[48] also allegorisch im engeren und landläufigen Sinne von Allegorie als einer konkretisierenden Personifizierung abstrakter Vorstellungen. Statt auf diesem Wege die Anatomie als Metapher zu nutzen, um einem Text, der von seinem Autor ausdrücklich als Proliferation unterschiedlicher Gattungs- und Erzählmuster offeriert wird,[49] doch noch wenigstes termino-

---

46 Dass sich Gracián des Neuerungswertes seiner Wortbildung bewusst ist, zeigt seine Vermutung, der Titel könne Stirnrunzeln (*ceño*) beim Leser verursachen.

47 Pedro Mexía. *Silva de varia lección*. 2 Bde. Hg. v.. Antonio Castro. Madrid, 1989.

48 Northrop Frye. *Anatomy of Criticism*. Princeton, 1957, S. 309. Zur näheren Bestimmung der *anatomy* als einer Kategorie der Prosaerzählung neben *novel, romance* und *confession* vgl. ebd., S. 311ff.

49 Gracián profiliert die Identität seines Textes in der Vorrede an den Leser durch eine Häufung von Modellen, die alle in ihn Eingang gefunden hätten: „Aus allen Autoren mit gutem Genius war ich nachzuahmen bedacht, was immer mir zusagte: aus Homer die Allegorien, aus Äsop die Fabeln, das Lehrreiche aus Seneca, das Scharfsinnige aus Lukian, aus Apuleius die Beschreibungen, aus Plutarch die Moral, aus Heliodor die Verwicklungen, aus Ariost die Unterbrechungen, aus Boccalini die Krisen und aus Barclay die Bissigkeiten." Gracián 2004 (Anm. 16), S. 11f. Statt eines der hier angesprochenen Modelle zu privilegieren und eine dominante Filiationslinie ausmachen zu wollen, scheint es mir angemessener, den Gestus des Überbietens ernst zu nehmen und ihn als Identitäts-Wucher zu begreifen. Dem Wuchern des Autors mit einer Unzahl von geistigen ‚Vätern' entspricht dann konsequenterweise ein Text, der nicht mehr durch eine zentrale ideelle Funktion des Allegorischen gekennzeichnet ist, sondern durch eine Proliferation von polymorphen Gestaltungen des Allegorischen selbst. Miguel Romera-Navarro listete nicht weniger als 73 Allegorien auf. Vgl. Miguel Romera-Navarro. „Las alegorías del Criticón". *Hispanic Review* 1, 1941, S. 151-175. Und Theodore L. Kassier musste feststellen, dass sich die Vielzahl konzeptistischer „ideas" nicht zu einem „coherent whole or what might be considered a consistent philosophical system" zusammenfügen lassen. Vgl. Theodore L. Kassier. *The Truth Disguised. Allegorical Structure and Technique in Graciáns „Criticón"*. London, 1976, S. 133.

logisch eine generische Identität zu verleihen, soll im Folgenden versucht werden, Anatomie als einen spezifischen Blick auf den Körper zu verstehen und die funktionale Reichweite zu untersuchen, die dieser Blick als ein mögliches epistemologisches Modell des Textes besitzt.

Dass der anatomische Blick im *Criticón* nicht nur marginalen Stellenwert besitzt zeigt sich bereits in der Tatsache, dass er nicht auf die *Crisis* beschränkt bleibt, die ausdrücklich der moralischen Anatomie des Menschen gewidmet ist (I.9). Auch über diese Passage hinaus ist die schiere Häufung von Bildern des fragmentierten Körpers über den ganzen Text hinweg bemerkenswert. Der moralischen Anatomie des Menschen im ersten Teil steht so nicht nur die allegorische Geschichte vom Testament des Mutes (*Valor*) im zweiten Teil zur Seite (II.8),[50] sondern auch der Auftritt allegorischer Begleitfiguren, die einen einzigen Körperteil figurieren oder besonders prominent hervorheben wie *Argos moral*, der ‚ganz Auge' ist (II.1) oder der *Sesudo,* der eben nicht nur der „Vernunftete" ist, sondern auch ‚ganz Hirn' (III.6).[51] Und zu diesen allegori-

50 Die einzelnen Organe des Leichnams von *Valor* gehen dabei auf unterschiedliche Nationen über. Die Spanier gehen zwar leer aus, erhalten aber als Vermächtnis des Mutes die Erlaubnis, alle anderen mit Krieg zu überziehen und sie niederzuwerfen, was sie dann mit Erfolg tun und sich so „zur vollen Größe der *Tapferkeit* erheben". Gracián 2004 (Anm. 16), S. 469. Abgesehen von der offensichtlichen ideologischen Funktion der Passage, das Großmachtstreben der spanischen Monarchie zu rechtfertigen, ist bemerkenswert, dass Gracián dabei die antike Tradition politischer Herrschaftslegitimation über eine naturalisierende Organismus-Analogie nicht bruchlos übernimmt, sondern der Legitimation eine spezifisch christliche Wendung gibt. Anders als in der bekannten Fabel vom Bauch und den Gliedern bei Titus Livius wird politische Macht hier nicht durch eine mythische Erinnerung an eine ursprüngliche organische Einheit fundiert, sondern im Gegenteil als ein diskursiv gestifteter Restitutionsauftrag dargestellt, mit dem eine verlorene Einheit retroaktiv wiederhergestellt wird. Die christliche Pointe der Erzählung liegt gerade darin, dass sich die Macht der spanischen Monarchie nicht aus der körperlichen Natur herleiten muss, sondern gegen sie begründet ist. Einer immer schon ‚toten' körperlichen Natur (der an sein biologisches Ende gekommene *Valor*) verleiht erst der somatische Leib einer militanten christlichen Gemeinschaft nachträglich ihren symbolischen Sinn. Zur Tradition der organologischen Gesellschaftsmetaphorik vgl. Susanne Lüdemann. *Metaphern der Gesellschaft. Studien zum soziologischen und politischen Imaginären*. München, 2004, S. 79-100. Zur Kritik der in dieser politischen Fabel waltenden rassistischen und misogyn-körperfeindlichen Ideologie vgl. Paul Julian Smith. *Representing the Other. ‚Race', Text, and Gender in Spanish and Spanish American Narrative*. Oxford, 1992, S. 85ff. („El Criticón, Allegory and Nationality").

51 Gracián 2004 (Anm. 16), S. 748, muss die Semantik von „seso" reduzieren und entscheidet sich dafür, das Seelenvermögen der Vernunft (*sensus*) und nicht das ihm zugeordnete materielle Organ (Hirn) hervorzuheben. Da „seso" im Spanischen beides bedeutet („Seso, llamamos la médula de la cabeza o celebro" hält Covarru-

schen Körper-Teilen lassen sich noch eine Fülle über das Gesamtkorpus verstreuter Bilder vom Körper anführen, die ihn insgesamt als zerstückelten oder in seiner Einheit bedrohten erscheinen lassen, „fragmented, menaced by poison or animals, hollowed out, suspended, and mutated", wie Paul Julian Smith zu Recht konstatierte.[52] Die Frage, die sich anschließen muss, ist die nach der Funktion einer solchen allegorischen Zerstückelung. In Benjamins Trauerspielbuch ließ sie sich grundsätzlich als Instrument einer Idee bestimmen: Die Allegorie leistet dort die erkenntnistheoretisch begründete *Aufteilung und Zerstreuung der Phänomene im Begriff*, die als Voraussetzung für die Möglichkeit zur Konstellation fungiert, in der sich dann die „prägende Gewalt" der Idee realisieren kann. Der Primat des Allegorischen, den Benjamin an Calderóns Dramen beeindruckte,[53] führte im Trauerspielbuch zur Mortifizierung der behandelten dramatischen Werke und der Ausstellung der Leiche als ihrem „obersten emblematischen Requisit" schlechthin,[54] in das sich der Melancholiker immer wieder versenkt. Zerstückelt wird beim „Blick in die Sprachtiefe"[55] zwar die ‚Lebendigkeit' der Sprache, insofern deren Mitteilungsfunktion ganz aufgelöst wird, aber der analytische Blick von Benjamins allegorischem Melancholiker ist nicht wirklich anatomisch zu nennen, da er nie das Material des Körpers anvisiert und dessen Detailreichtum beobachtbar macht. Graciáns Allegorik dagegen basiert auf einem somatischen Fundament und stellt immer wieder die Materialität eines Körpers aus, der nicht auf seine endliche und nichtige Bedeutung als Leiche reduziert bleibt, sondern auch in seiner empirischen Gegenständlichkeit, als Nase, Auge, Kopf oder Hirn sichtbar gemacht wird. Der kontinuierliche Auftritt von Körperteilen im Text des *Criticón* ist umso bemerkenswerter, als er das idealistische platonische Körperbild unterläuft, das die „anatomia moral del hombre" zunächst aufruft und zu affirmieren scheint, wenn sie den Kopf als höchstes Organ des Menschen betont und ihm innerhalb des Körperaufbaus eine Sonderstellung einräumt:

> „Den Kopf", sagte Andrenio, „möchte ich gerne – aber vielleicht irre ich mich – Alkazar der Seele nennen, Hofburg ihrer Kräfte und Fähigkeiten."

---

bias *Tesoro de la Lengua Castellana o española* von 1611 als zweite Wortbedeutung fest), ist der Ausdruck wesentlich plastischer und entspricht dem anatomischen Blick, der Körper-Teile isoliert.

52 Smith (Anm. 50), S. 92.

53 Benjamin (Anm. 23), S. 402.

54 Ebd., S. 392.

55 Ebd., S. 376.

„Du hast Recht“, bestätigte Artemia, „denn gleich wie Gott zwar überall zugegen ist, mit Besonderheit jedoch im Himmel, wo seine Größe sich entfaltet, so stellt sich auch die Seele an diesem erhöhten Ort, dem Abbild der Himmelskugel zur Schau.“[56]

Dass Graciáns moralische Anatomie nicht einfach dem platonische Entwurf vom Menschen als mikrokosmischem Abbild des schönen göttlichen Kosmos folgt, wie er im *Timaois* formuliert und im christlichen Neoplatonismus – in Spanien z. B. von Fray Luis de Granada – wiederholt wurde, lässt schon die Wortwahl vom „Alkazar der Seele“ erahnen. Der platonische Idealismus ist zur umlagerten Festung geworden, das begriffliche Wissen von der wahren Ontologie der Welt vom permanenten Ansturm des wahrnehmbaren, aber unwahren Somatischen bedroht. Angesichts der Tatsache, dass Gracián der Rede Andrenios eine Spiegelszene vorausgehen lässt, darf man das vielleicht auch mit Jacques Lacan als *méconnaissance* des Subjekts bezeichnen, dessen imaginäres *moi ideal* einen konstitutiven Mangel und die Erfahrung körperlicher Unvollkommenheit verdrängt, die im Phantasma des zerstückelten Körpers symbolisch oder symptomatisch wiederkehrt.[57] Der Dialog zwischen Andrenio und Artemia stellt diesen Verdrängungsmechanismus aus, indem er immer wieder den somatisch bedingten Mangel, der in der idealistischen Selbstbespiegelung des Menschen negiert werden soll, zurückkehren lässt.[58] Nachdem Andrenio im narzisstischen Blick auf sich selbst als erstes die aufrechte Haltung des Menschen erkennt und Artemia dies platonisch aus der Orientierung des Menschen am Himmel erklärt, erinnert Critilos Kommentar sofort an die unschöne Wirklichkeit, von dem dieses Idealbild absehen muss:

„So ist es“, sagte Critilo. „Wo immer wir die Haltung gekrümmt finden, da vermuten wir auch die Einstellung verdreht; wo wir Buckel und Buchten am Körper finden, da fürchten wir Falten und Falschheit in der Seele; bei wem ein Auge umwölkt ist, den verblendet gewöhnlich auch die Leidenschaft [...].“[59]

---

56 Gracián 2004 (Anm. 16), S. 159. „– La cabeza – dijo Andrenio – llamo yo, no sé si me engaño, alcázar del alma, corte de sus potencias. – Tienes reazón – confirmó Artemia –, que así como Dios, aunque asiste en todas partes, pero con especialidad en el cielo, donde se permite su grandeza, así el alma se ostenta en este puesto superior, retrato de los celestes orbes“. Gracián 1992 (Anm. 16), S. 99.

57 Jacques Lacan. „Le stade du miroir comme formateur de la fonction du Je“. *Écrits*. Paris, 1999, Bd. 1, S. 92-99.

58 Der Mechanismus imaginärer Selbstverkennung scheint mir hier noch wesentlicher zu sein als der phobische Ausschluss des Anderen, auf den Smith abhebt. Jedenfalls ist die Behauptung, der Diskurs beginne „with a gesture of exlusion“ (Smith (Anm. 50), S. 88), so nicht richtig, denn die imaginäre Spiegelszene geht der Stigmatisierung der Körperbehinderten eindeutig voran.

59 Gracián 2004 (Anm. 16), S. 158f. „–Es así –dijo Critilo–, dondequiera que halla-

Das ist nicht nur ein kruder Physiologismus, sondern eine glatte Inversion des platonischen Realismus, da hier von der wahrnehmbaren Welt der Erscheinungen ausgegangen und dann auf ein verborgenes Sein geschlossen wird und nicht umgekehrt. Diese Tendenz zur konkretistischen Verkörperlichung der platonischen Ideenwelt findet ihre konzeptistische Pointe wenig später, wenn Artemia Andrenios Meinung, die Haare des Menschen seien überflüssiger Ornat, korrigiert: „Sie sind die Wurzeln dieses Menschenbaumes [...]. Mit ihnen ist er im Himmel befestigt, und sie führen ihn, wie man sagt, *an einem Haar*".[60] Die platonische Rede von der himmlischen Verwurzelung des Menschen[61] wird durch die Einführung des Details der Haare nicht verfeinert und sublimer, sondern ingeniös so stark forciert, dass die Pointe die argumentative Grundlage des Systems regelrecht zu durchlöchern droht. Der Körper, den Platon als harmonische organische Einheit vorstellt, wird durch die Fokussierung auf seine Einzel-Teile grotesk, das Ähnlichkeitsverhältnis von Sein und Schein durch die konzeptistische Lust an der Zusammenführung möglichst extremer semantischer Gegensätze überspannt. Und wenn die ingeniöse *agudeza* an dieser Stelle tatsächlich noch im Platonismus ankern sollte, dann nurmehr am seidenen Faden hängend, „por un pelín", um in der Sprache und Bildlichkeit Graciáns zu bleiben. Die Zersetzung des platonischen Idealismus durch die konzeptistische Arbeit am Signifikanten findet jedoch dort ihren Abschluss, wo Graciáns allegorische Menschenanatomie zu dem Organ kommt, das den ingeniösen *gusto* generiert.

Während im *Timaois* der Mund ganz ausschließlich ein Organ der vernünftigen Rede und damit dem Logos unterstellt ist, fällt Andrenio seine Doppelfunktion als Rede- und Kauwerkzeug auf:

---

mos corvada la disposición recelamos también torcida la intención. En descubriendo ensenadas en el cuerpo, tememos haya dobleces en el ánimo; el otro a quien se le anubló alguno de los ojos, también suele cegarse de pasión [...]." Gracián 1992 (Anm. 16), S. 98.

60 Gracián 2004 (Anm. 16), S. 160.

61 „Was die maßgeblichste Form der Seele in uns angeht, müssen wir darüber denken, dass der Gott sie einem jeden als Schutzgeist gegeben hat, nämlich als die Form, von der wir sagen, dass sie im obersten Teil unseres Körpers wohnt und uns zu dem im Himmel, was uns verwandt ist, von der Erde erhebt, da wir kein irdisches, sondern ein himmlisches Geschöpf sind, wie wir mit größtem Recht behaupten können. Denn dort, wo die erste Erschaffung der Seele sich vollzog, gab die Gottheit unserem Kopf und unserer Wurzel einen festen Ort und verlieh so dem ganzen Körper seine aufrechte Haltung." Platon. *Timaios*. Übs. v. Thomas Paulson u. Rudolf Rehn. Stuttgart, 2003, 90a, S. 205f.

> „Eines vermag ich nicht zu verstehen“, sagte Andrenio, „zu welchem Behuf nämlich die weise Natur in ein und derselben Offizin das Essen und das Sprechen verrichten lässt. Was hat das eine Geschäft mit dem anderen zu schaffen? Das eine ist eine niedere Verrichtung, findet sich auch bei den Tieren; das andere etwas Erhabenes, einzig für Personen: Zudem haben hier auch erhebliche Unzuträglichkeiten ihren Ursprung; und zwar zunächst die, dass die Zunge je nach dem Geschmack redet, der ihr bleibt, bald süß, bald bitter oder sauer oder scharf. Der Stoff der Nahrung wirkt auf sie. [...] Stünde sie nicht besser allein für sich, als reines Orakel des Geistes?“[62]

Ein echtes Rätsel, wie auch Critilo ausdrücklich betont („du verschwierigst gut“) und damit genau das, was für Gracián die *ponderación misteriosa* notwendig macht. An dieser Stelle kommt nun die Vorsehung ins Spiel, was ganz außergewöhnlich für diesen Text ist, der sonst frei bleibt von direkten Thematisierungen des Glaubens:

> Wenn ich bedenke, dass die Natur von der höchsten Vorsehung durchherrscht ist, so finde ich den großen Vorteil im Zusammengehen des Geschmack mit dem Sprechen darin, dass der Geschmack die Worte prüfen kann, bevor er sie ausspricht; kauen sollte er sie jedesmal, und kosten, ob sie auch nahrhaft sind; und merkt er, dass sie bitter schmecken, so mag er sie getrost versüßen. [...] Ein wenig Überzuckern kann nicht schaden. Die Zunge soll sich nur immer mit dem Essen befassen, und am besten auch noch mit vielem anderen, damit sie nicht ganz und gar im Reden aufgeht.[63]

Dass ein jesuitischer Autor sich auf das Vorhandensein der Providenz berufen kann, wäre nicht weiter bemerkenswert. Interessant ist aber, dass er dabei der platonischen Meditation der ursprünglich-seienden Idee eine Heiligung des Sprachleibes entgegenstellt, mit der das Heilige praktisch

---

[62] Gracián 2004 (Anm. 16), S. 172. „–Lo que yo no acabo de entender –dijo Andrenio– es a qué propósito juntó en una misma oficina la sabia naturaleza el comer con el hablar. ¿Qué tiene que ver el un ejercicio con el otro? La una es ocupación baja y que se halla en los brutos; la otra es sublime y de solas las personas. A más que de ahí se originan inconvenientes notables; y el primero, que la lengua hable según el sabor que se le pega, ya dulce, ya amargo, agrio o picante; queda muy material de la comida: y se roza, ya tropieza, habla grueso, se equivoca, se vulgariza y se relaja. ¿No estuviera mejor sola ella, hecha oráculo del espíritu?“ Gracián 1992 (Anm. 16), S. 105f.

[63] Gracián 2004 (Anm. 16), S. 172. „–Aguarda –dijo Critilo–, que dificultas bien y casi me haces reparar. Mas con todo eso apelando a la suma providencia que rige la naturaleza, una gran conveniencia hallo yo en que el gusto coincida con el hablar, para que de esa suerte examine las palabras antes que las pronuncie: másquelas tal vez, pruébelas si son sustanciales, y si advierte que pueden amargar, endúlcelas también; sépa a qué sabe un no y qué estómago le hará al otro: confítelos con el buen modo. Ocúpese la lengua en comer, y aun si pudiera, en otros muchos empleos, para que no toda se emplease en el hablar. Siguen a las palabras las obras; […].“ Gracián 1992 (Anm. 16), S. 106.

vollständig von Gott und Christus als dessen fleischgewordenes Wort auf die Materialität der menschlichen Sprache selbst transponiert wird. Wenn Graciáns moralische Anatomie des Menschen letztlich einen Sinn freisetzt, dann liegt er weniger in der theoretischen Beglaubigung einer idealen Ordnung des Organischen, in der sich die Einzel-Teile des Körpers zum selbst-identischen Sein zusammenfügen sollen, sondern im nur auf der literalen Ebene des Allegorischen zu erfahrenden, praktisch differenzierenden Geschmack der Sprache. Für Gracián überbrückt die Sprache nicht als Logos, sondern als Organ zur Kultivierung der Sinne erfolgreich die phänomenale Kluft, die zwischen den Gegenständen herrscht, und schafft jene „ponderación misteriosa“, die Benjamin allein der überphänomenalen „prägenden Gewalt“ des Begriffs zugestand. Am Ende des *Criticóns* steht denn bezeichnenderweise auch keine Apotheose des Menschenpaares Andrenio und Critilo, sondern eine letzte Allegorie, in der sich der Lebens-Diskurs als Schrift selbst zu verewigen sucht: Die zwölfte Krisis schließt mit einer Utopie der Schrift, die als einziges Heilmittel gegen das melancholische Bewusstsein vom Tod angepriesen wird. Die beiden Protagonisten erreichen auf einem Boot voller Embleme und Impresen die Insel der Ewigkeit, die von einem Meer aus Tinte umgeben ist und an sich nichts spezifisch Christliches hat. Der dort befindliche Eingang ins immerwährende Leben des Ruhmes ist noch pragmatischer durch die Schrift reguliert, denn an dieser Stelle werden Geleitbriefe nötig, die dem Verdienstrichter vorgelegt werden müssen, der den Einlass in die Ewigkeit überwacht. Eine allzu prosaische und bürokratische Auffassung von der Nützlichkeit der Schrift als einem Medium zur Verewigung des Subjektes in der kollektiven Erinnerung, als dass diese letzte Allegorie des *Criticón* mit Benjamins Schema der rettenden Verwandlung des Subjekts verwechselt werden könnte. Zwar will auch die Allegorik Graciáns über das endliche empirische Leben hinaus und treibt dabei durch allegorische Zerstückelung vor allem das künstliche ‚Wesen‘ der Sprache, ihren Schriftcharakter, hervor. Aber anders als bei Benjamins sprachmagisch gewendetem Platonismus ist ihm das Wort nicht Idee und prägende Gewalt, die an die Stelle eines abwesenden Gottes tritt, sondern ein sinnlich-physischer Sprachleib, dessen Möglichkeiten zur Sinnbildung mit ingeniösem *gusto* geprüft und ausgekostet werden sollen. Wenn Gracián dem Geschmack diese Sinnbildungsleistung zutraut, ist er von einem doppelten Vertrauen getragen: Der *gusto* steht für ihn immer noch in Kommunion mit dem Transzendenten und ist metaphysisch gesichert; seine Gültigkeit wird zugleich sozial vorausgesetzt und entspricht dem Vertrauen auf gemeinsame Werte, die der Autor mit seiner gelehrten Leserschaft sicher zu teilen glaubt. Deshalb kann er im Vorwort zum dritten und letzten Teil des *Criticón* auch dem Leser die Marginalspalten für Korrekturen und Verbesserungen freihalten, ohne eine Verfälschung seiner Intentionen zu befürchten.[64]

Die Gestaltung des Allegorischen ist bei Gracián also (noch) nicht vom Sündenfall des Subjekts ins leere Wissen ausgehöhlt, den Benjamin aus der Wahrnehmung seiner Moderne heraus bereits im Barock beginnen lässt. Aber die vielen Teil-Allegorien, die in immer neuen Formen den Text des *Criticón* bevölkern und dabei durchaus einer Epistemologie des anatomischen Blicks entsprechen, fügen sich sichtbar nicht mehr zu einem Ganzen – entgegen der programmatischen Überzeugung des Autors, jede Form von Rede und Erfindung müsse sich zu einem einheitlichen Körper vollenden.[65] Ganz materiell ist dem Text in seiner Präsentation monströser Teil-Köper und Körper-Teile der konstitutive Mangel abzulesen, der schon Andrenios imaginäre Selbstbespiegelung bedroht hatte. Das „Zentrum der Unsterblichkeit", das in Analogie zu den ersten beiden Bänden als Inhalt der 13. Krisis des dritten Teils zu erwarten wäre und eine teleologische Schließung des allegorischen *Corpus* leisten müsste, wird nicht mehr repräsentiert, sondern bleibt der eigenen Erfahrung des Lesers vorbehalten, der dafür aber über den Raum der Repräsentation hinausgehen und sein eigenes Leben einsetzen muss: „Was sie dort zu Gesichte bekamen, welche Genüsse sie dort erwarteten, wer das wissen und erfahren möchte, der gehe selbst Richtung Tugend und Vor-

64 „Muchos borrones toparás, si lo quisieres acertar: haz de todos uno. Para su enmienda te dejo las márgenes desembarazadas, que suelo yo decir que se introdujeron para que el sabio letor las vaya llenando de lo que olvidó o no supo el autor; para que corrija él lo que erró este." Gracián 1992 (Anm. 16), S. 372. „Manchen Makel wirst du finden, wenn du es darauf anlegst: So mache besser gleich aus allen einen. Zum Korrigieren lasse ich dir diesmal die Ränder frei, denn diese sind ja eigentlich dazu da, damit der kluge Leser ergänzt, was der Autor vergessen hat oder was ihm entging, mithin verbessert, wo jener nicht genügte." Gracián 2004 (Anm. 16), S. 598.

65 „Sola una cosa quisiera que me estimases, y sea el haber procurado observar en esta obra aquel magistral precepto de Horacio en su inmortal arte de todo discurrir, que dice: Denique sit quod uis, simplex dumtaxat et unum. Cualquier empleo del discurso y de la invención, sea lo que quisieres, o épica o cómica u oratoria, se ha de procurar que sea una, que haga un cuerpo, y no cada cosa de por sí, que vaya unida, haciendo un todo perfecto." Gracián 1992 (Anm. 16), S. 372f. „Nur eines hätte ich gerne, das du mir zugute hieltest, nämlich dass ich mich in diesem Werk bemüht habe, jene Meisterregel des Horaz zu beachten, die er in seiner unvergänglichen *Redekunst* aufstellt: *Denique sit quod vis simplex dumtacat et unum.* Wie immer Rede und Erfindung eingesetzt sein mögen, ob episch, komisch oder rhetorisch, es gilt dafür Sorge zu tragen, dass ein Ganzes entsteht, ein zusammenhängender Körper, dass nicht jedes Stück für sich bleibt, vielmehr alles zu einer Einheit vollendet wird." Gracián 2004 (Anm. 16), S. 598.

trefflichkeit, Richtung Tapferkeit und Heldentum [...]."[66] Die letzte Einsicht der allegorischen Anatomie Graciáns bleibt so die in eine nicht aufzuhebende Nachträglichkeit der Erkenntnis. Zum Ganzen des Lebens fehlt im Leben immer das entscheidende letzte Stück.

LITERATURVERZEICHNIS

Alberti López, Luis. *La anatomía y los anatomistas españoles del Renacimiento*. Madrid, 1948.

Alston, Mary N. „The Attitude of the Church Towards Dissection Before 1500". *Bulletin of the History of Medicine* 3 (1944), S. 221-238.

Bachtin, Michail M. *Literatur und Karneval. Zu Romantheorie und Lachkultur*. Frankfurt a. M., 1990.

Benjamin, Walter. *Briefe*. Hg. v. Gershom Scholem u. Theodor W. Adorno. 2 Bde. Frankfurt a. M., 1966.

Benjamin, Walter. „Ursprung des deutschen Trauerspiels". *Gesammelte Schriften*. 7 Bde. Hg. v. Rolf Tiedemann u. Hermann Schweppenhäuser. Frankfurt a. M., 1974, Bd. I.1, S. 203-430.

Benjamin, Walter. „Über den Begriff der Geschichte". *Gesammelte Schriften*. 7 Bde. Hg. v. Rolf Tiedemann u. Hermann Schweppenhäuser. Frankfurt a. M., 1974, Bd. I.2, S. 691-704.

Benjamin. „Privilegiertes Denken. Zu Theodor Haeckers ‚Vergil'". *Gesammelte Schriften*. Hg. v. Rolf Tiedemann u. Hermann Schweppenhäuser. Frankfurt a. M., 1972, Bd. III, S. 315-322.

Benjamin, Walter. „Zur Kritik der Gewalt". *Gesammelte Schriften*. Hg. v. Rolf Tiedemann u. Hermann Schweppenhäuser. Frankfurt a. M., 1977, Bd. II.1, S. 179-204.

Blumenberg, Hans. *Die Legitimität der Neuzeit*. Frankfurt a. M., 1966.

Bürger, Peter. *Theorie der Avantgarde*. Frankfurt a. M., 1974.

Bylebyl, Jerome J. „Interpreting the Fasciculo Anatomy Scene". *Journal of the History of Medicine* 45 (1990), S. 285-316.

Cunningham, Andrew. *The Anatomical Renaissance. The Resurrection of the Anatomical Projects of the Ancients*. Aldershot, 1997.

Derrida, Jacques. *Gesetzeskraft. Der „mystische Grund der Autorität"*. Frankfurt a. M., 1991.

Ehrlicher, Hanno. *Die Kunst der Zerstörung. Gewaltphantasien und Manifestationspraktiken europäischer Avantgarden*. Berlin, 2001.

Eriksson, Ruben (Hg.). *Andreas Vesalius' First Public Anatomy at Bologna 1540. An Eyewitness Report*. Uppsala u. Stockholm, 1959.

Frye, Northrop. *Anatomy of Criticism*. Princeton, 1957.

García Gibert, Javier. „En torno al género de El Criticón (y unos apuntes sobre la alegoría)". *Baltasar Gracián. El discurso de la vida*. Hg. v. Jorge M. Ayala. Barcelona, 1993, S. 104-115.

---

66 Gracián 2004 (Anm. 16), S. 941. „Lo que allí vieron, lo mucho que lograron, quien quisiere saberlo y experimentarlo, tome el rumbo de la Virtud insigne, del Valor heroico y llegará a parar al teatro de la Fama, al trono de la Estimación y al centro de la Inmortalidad." Gracián 1992 (Anm. 16), S. 576.

Gracián, Baltasar. *Agudeza y Arte de Ingenio.* 2 Bde. Hg. v. Evaristo Correa Calderón. Madrid, 1987.

Gracián, Baltasar. *El Criticón.* Hg. v. Antonio Prieto. 2. Aufl. Barcelona, 1992.

Gracián, Baltasar. *Das Kritikon.* Übs. v. Hartmut Köhler. Frankfurt a. M., 2004.

Hodges, Devon L. *Renaissance Fictions of Anatomy.* Amherst, 1985.

Kassier, Theodore L. *The Truth Disguised. Allegorical Structure and Technique in Graciáns „Criticón".* London, 1976.

Lacan, Jacques. „Le stade du miroir comme formateur de la fonction du Je". *Écrits.* Paris, 1999, Bd. 1, S. 92-99.

Lethen, Helmut. *Verhaltenslehren der Kälte. Lebensversuche zwischen den Kriegen.* Frankfurt a. M., 1994.

Lethen, Helmut u. Erdmut Wizisla. „‚Das Schwierigste beim Gehen ist das Stillestehn'. Benjamin schenkt Brecht Gracián". *Brecht Yearbook/Das Brecht-Jahrbuch* 23 (1998), S. 142-146.

Lüdemann, Susanne. *Metaphern der Gesellschaft. Studien zum soziologischen und politischen Imaginären.* München, 2004.

Mandressi, Rafael. *Le regard de l'anatomiste. Dissections et invention du corps en Occident.* Paris, 2003.

Menninghaus, Winfried. *Walter Benjamins Theorie der Sprachmagie.* Frankfurt a. M., 1991.

Mexía, Pedro. *Silva de varia lección.* 2 Bde. Hg. v. Antonio Castro. Madrid, 1989.

Muñoz-Millanes, José. „La presencia de Baltasar Gracián en Walter Benjamin". *Al margen de Baltasar Gracián (en su IV Centenario).* Hg. v. Aurora Egido. Madrid, 2001, S. 287-297.

Nägele, Rainer. „Das Beben des Barock in der Moderne. Walter Benjamins Monadologie". *Modern Language Notes* 3 (1991), S. 501-527.

Neumeister, Sebastian. „Gracián en Alemania". *Baltasar Gracián. Selección de estudios, investigación actual y documentación.* Hg. v. Jorge M. Ayala. Barcelona, 1993, S. 121-125.

Platon. *Timaios.* Übs. v. Thomas Paulson u. Rudolf Rehn. Stuttgart, 2003.

Romera-Navarro, Miguel. „Las alegorías del Criticón". *Hispanic Review* 1 (1941), S. 151-175.

Scheit, Gerhard. „Der Totenkopf als Messias? Ursprung und Modernität der Allegorie bei Walter Benjamin und Georg Lukàcs". *Weimarer Beiträge* 12 (1989), S. 1961-1979.

Smith, Paul Julian. *Representing the Other. ‚Race', Text, and Gender in Spanish and Spanish American Narrative.* Oxford, 1992.

Steiner, Uwe. „Allegorie und Allergie. Bemerkungen zur Diskussion um Benjamins Trauerspielbuch in der Barockforschung". *Daphnis* 4 (1989), S. 641-670.

Stockhorst, Stefanie. „Unterweisung und Ostentation auf dem anatomischen Theater der Frühen Neuzeit". *Zeitsprünge* 9 (2005), S. 271-290.

Tiedemann, Rolf u. Hermann Schweppenhäuser. „Anmerkungen der Herausgeber: Ursprung des deutschen Trauerspiels". Walter Benjamin. *Gesammelte Schriften.* 7 Bde. Hg. v. dens. Frankfurt a. M., 1974, Bd. I.3, S. 868-981.

Vaíllo, Carlos. „El Criticón". *Baltasar Gracián. Estado de la cuestión y nuevas perspectivas.* Hg. v. Aurora Egido u. María Carmen Marín. Saragossa, 2001, S. 103-116.

van Delft, Louis. *Littérature et anthropologie. Nature humaine et caractère à l'âge classique.* Paris, 1993.

Witte, Bernd. *Walter Benjamin. Der Intellektuelle als Kritiker.* Stuttgart, 1976.

MIRAN BOŽOVIČ

Anatomie, Sektion und Philosophie: Diderot und Bentham

1.

Auf die Begeisterung, die Denis Diderot für die medizinische Wissenschaft, im Besonderen für deren Teilgebiete der Anatomie und Sektion, aufbrachte, ist oft und zu Recht hingewiesen worden. So vermerkt er in seinem letzten Werk *Éléments de physiologie* (in gewisser Hinsicht selbst eine medizinische Abhandlung): „Es gibt keinerlei Bücher, die ich lieber lesen würde als Bücher über Heilkunde, und keinerlei Menschen, deren Gespräch für mich interessanter wäre als das der Ärzte."[1] Er bedauert, in jungen Jahren nicht umfassendere anatomische und physiologische Studien betrieben zu haben und beschließt, einen „kleinen Anatomiekurs" („un petit cours d'anatomie") zu besuchen, der von Marie-Catherine Biheron – einer Nachbarin Diderots in Paris – abgehalten wird. Die renommierte Produzentin anatomischer Modelle bestreitet ihren Unterhalt mit anatomischen Vorführungen und indem sie Zutritt zu ihrem *cabinet anatomique* gewährt. Ein Brief Diderots an Friedrich Melchior Grimm, ein weiterer Teilnehmer des achttägigen Anatomiekurses im Hause Biheron, berichtet von einer abendlichen Einladung Mlle. Biherons, adressiert an Diderots Tochter Angélique „zum Abendessen sowie zu einer Anatomielektion nach dem Abendessen" („à dîner et à une leçon d'anatomie après dîner").[2] Auch Jean le Rond d'Alembert, Mitherausgeber der *Encyclopédie*, soll zu den Teilnehmern des besagten Kurses gehört haben und hat Berichten zufolge dort „in acht Tagen mehr

1 Denis Diderot. „Elemente der Physiologie". *Philosophische Schriften.* 2 Bde. Hg. u. übs. v. Theodor Lücke. Berlin, 1961, Bd. 1, S. 760. „Pas de livres que je lise plus volontiers que les livres de médecine, pas d'hommes dont la conversation soit plus intéressante pour moi que celle des médecins." Denis Diderot. „Éléments de physiologie". *Œuvres.* 5 Bde. Hg. v. Laurent Versini. Paris, 1994-1997, Bd. 1, S. 1314.

2 Denis Diderot an Melchior Grimm [März 1771]. *Œuvres* (Anm. 1), Bd. 5, S. 1062.

über die rechte Anatomie" („plus de véritable anatomie en huit jours")[3] gelernt als im Seminar Antoine Ferreins „in sechs Monaten" („en six mois").[4]

Diderots Werk ist geprägt von der beständigen Wiederkehr des Themenkreises von Anatomie und Sektion. Dies gilt nicht allein für seine wissenschaftlichen und medizinischen Schriften wie etwa die Artikel „Anatomie" und „Cadavre" in der *Encyclopédie* und die *Éléments de physiologie*, sondern ebenso für die literarischen und philosophischen Arbeiten wie *Les Bijoux indiscrets, Le Rêve de d'Alembert, Mélanges philosophiques, historiques, etc., pour Catherine II,* und *Essai sur les règnes de Claude et de Néron*. So lässt uns beispielsweise sein erster Roman *Les Bijoux indiscrets* einem Experiment des Anatomen Orcotomus beiwohnen, bei dem dieser bemüht ist, operativ entfernte weibliche Geschlechtsorgane „sprechen, reden und sogar singen" („raisonner, parler, et même chanter") zu lassen.[5] Grob umrissen berichtet das Werk von einigen afrikanischen Frauen, die begonnen haben, durch ihre Geschlechtsorgane zu sprechen. Das absonderliche Experiment nun (dessen Einzelheiten für eine ausführlichere Wiedergabe zu blutrünstig sind) soll belegen, dass die Ursache des Phänomens „in den Eigenschaften der Materie" („dans les propriétés de la matière") zu finden sei.[6] Diderots philosophisches Meisterwerk *Le Rêve de d'Alembert* konfrontiert uns mit dem Arzt Bordeu, der beanstandet, dass „man nicht genug seziere" („on ne dissèque pas assez"),[7] um sodann eine detaillierte Schilderung etlicher, an grotesk missgestalteten Leichen vorgenommener Sektionen zu geben (die Rede ist von einem „cyclope", sprich von einem „monstre" mit einem einzigen Auge auf der Mitte seiner Stirn, des Weiteren von einem Mann mit vertauschten inneren Organen in Brust und Bauchraum, so dass sich sein Herz rechtsseitig, seine Leber linksseitig befindet etc., auch siamesische Zwillinge finden Erwähnung und vieles andere mehr). Im Verlauf des Dialogs wohnen wir zudem einer fingierten Sektion des noch belebten Gehirns Isaac Newtons durch eine weitere Figur, Mlle de

---

3 Denis Diderot. „Mélanges philosophiques, historiques, etc., pour Catherine II". *Œuvres* (Anm. 1), Bd. 3, S. 258.

4 Ebd.

5 Denis Diderot. *Les Bijoux indiscrets*. Paris, 1968, S. 60. Zum Experiment selbst vgl. ebd. S. 75f. Der hier in der Figur des Orcotomus verhöhnte Anatom ist kein anderer als Antoine Ferrein, Spezialist der Stimm-Mechanik und Dozent des Anatomie-Kurses, den d'Alembert besucht hatte. Seine Einsicht in „l'œconomie animale" und seine Entdeckungen bezüglich der Bildung von Stimme und Klang würdigt Diderot im Anatomie-Artikel der *Encyclopédie*.

6 Ebd., S. 57.

7 Denis Diderot. „Le Rêve de d'Alembert". *Œuvres* (Anm. 1), Bd. 1, S. 644.

Lespinasse, bei: Zunächst imaginiert diese die Entfernung der beiden Gehörnerven, was den Verlust des Hörvermögens bewirkt, dasselbe gilt sodann für die Riechnerven mit der Folge des eingebüßten Geruchsvermögens. Darauf folgend fantasiert sie die Abtrennung der Sehnerven (was den Farbensinn eliminiert) usw. Zuletzt bleibt von „dem ersten Genie der Erde“ („le premier génie de la terre“) lediglich „eine Masse unorganisierten Fleisches“ („une masse de chair inorganisée“), die sich allein „das Leben und die Empfindlichkeit“ („la vie et la sensibilité“) bewahrt hat.[8] Umgehend danach stellt sie sich vor, den Vorgang in umgekehrter Reihenfolge zu wiederholen, also dem verstümmelten Gehirn Newtons die zuvor entfernten Nerven wieder zuzufügen, wodurch sie diese „unförmige Masse“ („masse informe“) in das ursprüngliche „Genie“ („homme de génie“) zurückverwandelt.[9]

In seinen *Encyclopédie*-Artikeln „Anatomie“ und „Cadavre“ (wobei der Artikel zum „Cadavre“ in Zusammenarbeit mit d'Alembert entstand) betont Diderot die Bedeutung der Anatomie für die medizinische Praxis und setzt sich für „die häufige Sektion von Leichen“ („la dissection fréquente des cadavres“) als bestgeeignetste Methode des Studiums menschlicher Anatomie ein.[10] Die auf diese Art erworbene Kenntnis der Humananatomie würde Ärzte dazu befähigen, „sich sicher auf dem Gebiet der Behandlung von Krankheiten zu bewegen, die den Gegenstand der Medizin und der Chirurgie darstellen“.[11] Kurz, die Ausübung dessen, was er als *l'art de disséquer* bezeichnet – die Kunst der Sektion – sei unerlässlich für *l'art de guérir* – die Kunst der Heilung – und „der beste Anatom sei sicherlich der beste Arzt“ („le meilleur anatomiste sera certainement le meilleur médecin“).[12] In diesem Kontext beklagt er auch die anhaltende Unterversorgung mit Leichnamen durch legale Bezugsquellen zum Zwecke der Sektion und der anatomischen Schulung. Lediglich ein Drittel des von der anatomischen Lehranstalt benötigten Sektionsmaterials kann auf diese Weise gedeckt werden.[13] Aus diesem Grund haben Anatomen begonnen, auf den illegalen Leichenhandel mit Grabräubern zurückzugreifen. Die Folge sind nicht selten Sektionen, die an

8 Ebd., S. 665f.

9 Ebd.

10 Denis Diderot u. Jean le Rond d'Alembert (Hg.). *Encyclopédie, ou Dictionnaire raisonné des sciences, des arts et des métiers*. 17 Bde. Paris, 1751-1765, insbes. Artikel „Cadavre“, Bd. 2, S. 511.

11 „[…] se conduire sûrement dans le traitement des maladies, qui sont l'objet de la Medecine & de la Chirurgie.“ Ebd., insbes. Artikel „Anatomie“, Bd. 1, S. 409.

12 Ebd.

13 Vgl. Denis Diderot. „Essai sur les règnes de Claude et de Néron“. *Œuvres* (Anm. 1), Bd. 1, S. 1205.

bereits verfaulenden und infizierten Leichnamen ausgeführt werden, so dass man, wie Marie-Jeanne Boisacq bemerkt, „bis Ende des 18. Jahrhunderts nicht sicher sein konnte, eine Anatomiesitzung zu überleben".[14] „Die Leichen sind die einzigen Bücher, in denen man die Anatomie studieren kann" („[L]es *cadavres* sont les seuls livres où on puisse bien étudier l'Anatomie"), behauptet d'Alembert im „Cadavre"-Artikel und geht so weit, den Richtern anzuempfehlen, Grabraub bis zu einem gewissen Grad zu dulden, da dieser letztlich aus „einem guten Beweggrund" („un bien considérable") resultiere.[15] Für ganz ähnliches plädiert Diderot in seinem Teil desselben Artikels: Er empfiehlt, der Geistliche solle den Körper des Verstorbenen ausschließlich aus den Händen des Anatomen empfangen dürfen, also nach durchgeführter Sektion. Überdies setzt er sich für die Schaffung eines Gesetzes ein, das „die Bestattung eines Leichnams vor seiner Öffnung" („l'inhumation d'un corps avant son ouverture") untersagen soll.[16]

In seinem Artikel zur „Anatomie" setzt sich Diderot mit der gewagten Vorstellung der legalisierten Vivisektion zum Tode verurteilter Verbrecher auseinander.[17] Anstatt ihrer Hinrichtung zugeführt zu werden, könnten diese Körper auf andere Weise nutzbar gemacht werden, indem sie der praktischen Erprobung chirurgischer Eingriffe dienten und dadurch einer zukünftigen Menschheit zahlreiche Leiden ersparen könnten. Damit könnte der Abschreckung potentieller Krimineller, die sich gewöhnlich beim Anblick der exemplarischen Bestrafung von Verurteilten einstellt, ein weiterer Nutzen zur Seite gestellt werden. Anatomische Kenntnisse,

---

14 „Jusque à la fin du XVIIIe siècle on n'était jamais certain de survivre à une séance d'anatomie." Marie-Jeanne Boisacq. „L'anatomie dans l'*Encyclopédie*". *La Matière et l'Homme dans l'Encyclopédie*. Hg. v. Sylviane Albertan Coppola u. Anne-Marie Chouillet. Paris, 1998, S. 83.

15 Diderot u. d'Alembert (Anm. 10), S. 511. Für eine ähnliche Vorstellung von einer obligatorischen „l'ouverture des cadavres" vgl. auch Diderot (Anm. 1), S. 1315f.

16 Diderot u. d'Alembert (Anm. 10), S. 511.

17 Diderot u. d'Alembert (Anm. 11), S. 409f. Mitte des 18. Jahrhunderts war diese Vorstellung dabei nicht so unüblich, wie man vielleicht zunächst annehmen würde. Auch Pierre-Louis Moreau Maupertuis empfiehlt in seinem *Lettre sur le progrès des sciences* von 1752 den Einsatz lebender Verbrecher zur Ausbildung chirurgischer Fähigkeiten. Vgl. Pierre-Louis Moreau Maupertuis. *Vénus physique suivie de la Lettre sur le progrès des sciences*. Paris, 1980, S. 162ff. Die Sektion lebendiger Missetäter gilt zugleich dem afrikanischen Königreich Kongo als anerkannte Strafmaßnahme, wenn man Diderots Darstellung in *Les Bijoux indiscrets* folgt: So soll einer der früheren Herrscher die Sektion am lebendigen Leib bei seinem Wundarzt und seinem ranghöchsten Arzt befohlen haben, da diese ihm zuvor zu einem unpassenden Moment ein Abführmittel verordnet hatten. Vgl. Diderot (Anm. 5), S. 77.

erworben durch „die Sektion eines Bösewichts“ („la dissection d’un méchant“), bedeuten nach Diderot einen nicht minder zu schätzenden Gewinn.[18] Im unwahrscheinlichen Fall des Ablebens des Verbrechers durch die an ihm erprobten chirurgischen Maßnahmen wäre sein Tod – so schreibt Diderot – „der Gesellschaft inmitten eines Amphitheaters ebenso nützlich wie auf dem Schafott und diese Strafe sei mindestens ebenso furchtbar wie jene“.[19]

Aus Diderots Sicht sind profunde Kenntnisse der Anatomie nicht allein Chirurgen und Ärzten förderlich, auch andere Berufsgruppen wie Richter könnten hier profitieren, beispielsweise bei der gerichtlichen Ermittlung von Todesursachen.[20] Gleiches gelte für Maler und Bildhauer. Durch den Einblick in die menschliche Anatomie könnten sie ihre Kunstfertigkeit steigern.[21] Überdies könne die Erforschung von Anordnung, Form und Zusammenspiel einzelner Körperteile den Glauben an ein allmächtiges Wesen nur bestärken, weshalb anatomische Kenntnisse auch „die Grundlage der natürlichen Theologie“ („le fondement de la Théologie naturelle“) ausmachten, so Diderot.[22] Unter Berufung auf Galen, der Philosophen seiner Zeit bezichtigt hatte, fantasievolle Theorien zur Natur und Entstehung der Welt ersonnen zu haben, ohne dabei den wesentlichen Grundlagen und dem Aufbau lebendiger Körper die geringste Beachtung zu schenken, bezeichnet Diderot anatomische Kenntnisse auch als „verpflichtend für den Philosophen“ („requise dans un philosophe“).[23] Diese sind nach Diderot deshalb für einen Philosophen von so entscheidender Bedeutung, da „es sehr schwierig ist, gute Metaphysik und gute Moral zu betreiben, ohne Anatom, Präparator, Physiologe und Arzt zu sein“.[24] Daneben seien nach Diderot entsprechende elementare Fachkenntnisse in verschiedensten Alltagssituationen brauchbar. Die Kenntnis unseres Körpers schenke uns Einsicht, wie Wohlbefinden zu erreichen und unsere Lebenszeit zu verlängern sei, sie befähige uns, einem Arzt Krankheitssymptome zutreffend und genau zu beschreiben und ermögliche es zudem, Quacksalber zu enttarnen und die Angemes-

---

18 Diderot u. d’Alembert (Anm. 11), S. 409f.

19 „[…] bien autant utile à la société au milieu d’un amphithéâtre que sur un échafaud; & ce supplice seroit tout au moins aussi redoutable qu’un autre.“ Ebd.

20 Vgl. ebd., S. 410f.

21 Vgl. ebd., S. 411.

22 Ebd., S. 410.

23 Ebd.

24 „[…] il est bien difficile de faire de la bonne métaphysique et de la bonne morale, sans être anatomiste, naturaliste, physiologiste et médecin.“ Denis Diderot. „Réfutation suivie de l’ouvrage d’Helvétius intitulé L’Homme“. *Œuvres* (Anm. 1), Bd. 1, S. 813.

senheit der Medikation zumindest im Ansatz beurteilen zu können und vieles weitere mehr.[25]

Zuletzt überlässt Diderot, seinem leidenschaftlichen Anliegen, anatomische Kenntnisse zu befördern, folgend – und als würde er der Klage Dr. Bordeus in *Le Rêve de d'Alembert*, dass „man nicht genug seziere" gerecht zu werden suchen – gar den eigenen Leichnam der Sektionstätigkeit der Anatomen,[26] hierdurch seinen Vorstellungen von der Anatomie und Sektion gleichsam konkrete „Gestalt verleihend". Diderots Tochter Angélique erinnert sich in ihren *Mémoires:* „Mein Vater glaubte, es sei weise, Verstorbene zu öffnen; er glaubte, dieses Verfahren sei den Lebenden nützlich und er hat mich mehr als einmal darum gebeten." Hieran schließt eine detaillierte Beschreibung einiger der väterlichen Organe an: des Herzens, der Lungen, der Gallenblase und so fort, getreu den Enthüllungen der vorgenommenen Sektion.[27]

Die übergroße Begeisterung, die die französischen Aufklärer der sezierenden Praxis als Möglichkeit der Vermehrung anatomischer Kenntnisse und des medizinischen Fortschritts entgegenbrachten – das Phänomen, das Morris Wachs treffend als „Sektionswahn" bezeichnet hat –[28] ist wohl im utopischen Roman Louis-Sébastien Merciers *L'An 2440* zu seiner prägnantesten Darstellung gelangt. 1771 erstveröffentlicht und heutzutage beinah gänzlich in Vergessenheit geraten, ist dieser wunderbar intelligente Roman der erfolgreichste Bestseller des vorrevolutionären Frankreichs.[29] Grob skizziert folgt die Handlung dem im Jahre 1768 in den Schlaf versinkenden Erzähler, der sodann in seinem Traum siebenhundertjährig im Jahr 2440 ‚erwacht'. Ein Stadtspaziergang präsentiert ihm ein radikal verändertes Paris der Zukunft – als Erfüllung aufgeklärt-utilitaristischer Traumvorstellungen. Im 25. Jahrhundert haben sich die Anschauungen der französischen Aufklärung, insbesondere die durch die *Encyclopédie* Diderots und d'Alemberts verbreiteten, augenfällig durchgesetzt. Das Frankreich der Zukunft ist zuvorderst durch die Gesellschaftsform eines *unius libri* geprägt; während die Mehrzahl der

---

25 Vgl. Diderot u. d'Alembert (Anm. 11), S. 411.

26 Ebd.

27 „Mon père croyait qu'il était sage d'ouvrir ceux qui n'étaient plus; il croyait cette opération utile aux vivants, il me l'avait plus d'une fois demandé; il l'a donc été". Mme de Vandeul. „Mémoires pour servir à l'histoire de la vie et des ouvrages de Diderot". *Œuvres complètes de Diderot.* 20 Bde. Hg. v. Jules Assézat. Nendeln, 1966 [Nachdruck d. Ausgabe Paris, 1875-77], Bd. 1, S. 58.

28 Morris Wachs. „Mon ami tomba malade, je le traitai, il mourut, je le disséquai". *French Studies* 45 (April 1991), S. 145.

29 Vgl. Robert Darnton. *The Forbidden Best-Sellers of Pre-Revolutionary France.* New York, 1996, S. 115.

Bücher des 17. und 18. Jahrhunderts verbrannt worden sind, ist die *Encyclopédie* Diderots und d'Alemberts – gewissenhaft verwahrt und sorgsam neu herausgegeben – in den Rang einer säkular-utilitaristischen Bibel aufgestiegen: Geschätzt als ein Buch allen erforderlichen Wissens, findet die *Encyclopédie* Anwendung als Fibel im Grundschulunterricht.[30] Die Sorbonne, ursprünglich als theologische Fakultät gegründet, ist nicht länger ein Ort der „Untersuchung unsinniger Thesen"; stattdessen – so stellt der Besucher aus der Vergangenheit erfreut fest – wird ein Fachgebiet, „der Menschheit viel nützlicher" („bien plus utile à l'humanité"), gelehrt: Das gesamte Gebäude ist in einen riesigen Anatomie-Hörsaal umfunktioniert worden, in dem „man alle möglichen Leichname seziert" („on [...] dissèque toutes sortes de cadavres").[31] Als folgten sie den Ausführungen Diderots und d'Alemberts in ihren *Encylopédie*-Artikeln „Anatomie" und „Cadavre",

> suchen die weisen Anatomen in den sterblichen Überresten der Toten Mittel, um schlechte körperliche Verfassungen zu beseitigen. Anstatt dumme Sätze zu analysieren, versucht man, den verborgenen Ursprung unserer grausamen Krankheiten zu entdecken und das Skalpell macht nicht einen Schnitt in diese unempfindsamen Leichen außer zugunsten des Wohls der Nachwelt.[32]

Ganz offensichtlich sieht die französische Aufklärung in der Anatomie eine der führenden Wissenschaften der Zukunft.

Innerhalb Diderots erkenntnistheoretischen Überlegungen nimmt das durch Anatomie und Sektion gewonnene Wissen vom eigenen Körper einen hohen Stellenwert ein. Wie sich unschwer nachvollziehen lässt, sind Anatomie und Sektion für den materialistischen Denker von weit größerer Bedeutung als für den cartesischen Dualisten, wie beispielsweise Nicolas Malebranche, oder den Immaterialisten vom Schlage eines George Berkeley. Während der Materialist nicht von einer seelischen Hälfte im Sinne der cartesischen Dichotomie von Geist und Körper ausgeht und sich selbst (bzw. seine Seele) mit seinem Körper gleichsetzt, begreift der cartesische Dualist sich (bzw. seine Seele) als von seinem Körper unterschieden, und der Immaterialist schließlich, der die materielle Hälfte der Dichotomie nicht anerkennt, versteht den Körper lediglich als ein Konstrukt des Geistes.

30 Vgl. Louis Sébastien Mercier. *L'An 2440. Rêve s'il en fut jamais*. Paris, 1999, S. 71.

31 Ebd.

32 „[...] des anatomistes sages, cherchent dans les dépouilles de la mort des ressources pour diminuer les maux physiques. Au lieu d'analyser de sottes propositions, on essaie de découvrir l'origine cachée de nos cruelles maladies, et le scalpel ne s'ouvre une voie sur ces cadavres insensibles que pour le bien de leur postérité." Ebd., S. 79f.

Im Sinne der Metaphysik Malebranches ist unser Geist – ganz ähnlich wie bei Descartes – völlig eigenständig gegenüber dem durch ihn angetriebenen Körper. Obgleich unsere Körperlichkeit ein bedeutendes Merkmal unserer Existenz darstellt, ist dieses Merkmal doch nur ein vorübergehendes und flüchtiges, da uns die körperliche Erscheinungsform nur für die Dauer unseres weltlichen Daseins gegeben ist. Daraus folgt genau genommen, dass wir, die wir nicht unser Körper sind – „mein Körper ist nicht ich" („mon corps n'est pas moi"), heißt es bei Malebranche –, auch ohne diesen existieren können.[33] Demzufolge hat der Tod meines Körpers keine unmittelbare Auswirkung auf mich; als naturgemäß unsterblicher Geist überdauert meine Existenz die Funktionstüchtigkeit meines Körpers. Zudem ist der uns tatsächlich zugehörige Körper, den wir fühlen und sehen können, nach Malebranche gar nicht „der materielle Körper, den wir beleben" („le corps materiel que nous animons"), sondern Gottes „Idee des Körpers" („l'idée du corps").[34] Malebranche zufolge besitzen wir neben dem materiellen Körper, dessen Bewegung wir steuern, einen weiteren, vollkommenen, intelligiblen und erhabenen Körper, der dem Kreislauf von Zeugung und Verderben entzogen ist.[35] Dieser Körper ist es auch, mit dem wir ganz unmittelbar verbunden sind; es ist dieser vollkommen-intelligible Körper, der auf uns einwirkt und uns Schmerzen bereiten kann, während der materielle, von uns bewegte Körper dazu nicht in der Lage ist und wir ihn infolgedessen weder fühlen noch sehen können. Im Rahmen seiner Beschäftigung mit dem so genannten ‚Phantomschmerz', bei dem der Amputierte beispielsweise Schmerz in einem nicht länger vorhandenen Arm zu verspüren meint, interessiert Malebranche zuvorderst die Eigenart dieses schmerzenden Armes:

> Mit Sicherheit ist die Hand, die sie berührt und die ihnen ein Gefühl des Schmerzes verleiht, nicht diejenige, die man ihnen abgeschnitten hat. Es kann sich folglich nur um die Idee der Hand handeln.[36]

Da der materielle Arm nicht mehr existiert, kann es sich bei dem schmerzenden, dem Menschen tatsächlich zugehörigen Arm nur um den intelligiblen, vollkommenen handeln, um die göttliche Vorstellung desselben. Doch kann nach Malebranche dieser intelligible Arm nicht ausschließlich dem Amputierten Schmerzen bereiten, sondern genauso uns. So ist

---

33 Nicolas Malebranche. „Entretiens sur la mort". *Œuvres complètes*. 20 Bde. Hg. v. André Robinet. Paris, 1958-1984, Bd. 13, S. 412.

34 Ebd.

35 Vgl. ebd., S. 404-410.

36 „Certainement la main qui les touche alors, & qui les affecte d'un sentiment de douleur, n'est pas celle qu'on leur a coupée. Ce ne peut donc être que l'idée de la main." Nicolas Malebranche. *Œuvres complètes* (Anm. 33), Bd. 15, S. 9.

es im Falle eines gebrochenen Armes nicht der materielle, faktisch gebrochene Arm, der den Schmerz verursacht, sondern der intelligibel-vollkommene. Daraus folgt, dass wir in Besitz des unmittelbar uns zugehörigen, vollkommenen Körpers bleiben, selbst wenn sein materielles Gegenstück uns in Gänze genommen wird. Der Tod könne hier keine Trennung bewirken wie auch die Amputation den Amputierten nicht von seinem wahrhaftig ihm eigenen „unvergänglichen“ („incorruptible“) Arm abzulösen vermöge.[37] Auch in Bezug auf amputierte materielle Körperteile sei die Rede vom Verlust kaum treffend, da wir – die wir diese Glieder weder sehen noch fühlen können – sie nie eigentlich besessen hätten, viel eher sei dieser materielle Körper schon vor seinem Tode tot. Malebranches metaphysische Reflexionen gründen demnach auf einem Zwei-Körper-Konzept, wobei von einem schon im Leben toten und einem unzerstörbaren, unsterblichen Körper ausgegangen wird. Anatomische Studien am Objekt des ohnehin toten Körpers dürften uns hiernach kaum tangieren (da dieser materielle Leib von uns nicht wahrgenommen, lediglich – vergleichbar dem Phänomen des Phantomschmerzes – halluziniert werden kann), während die anatomische Untersuchung des ideellen Körpers der Erforschung der göttlichen, unfassbaren Vorstellung vom Körper gleichkäme, einer – in der Terminologie Diderots – „anatomie métaphysique“.[38]

Wenden wir uns nun Berkeley zu, so stellt sich zunächst die Frage, welchen Stellenwert anatomische, durch Sektion erlangte Kenntnisse im Rahmen seiner metaphysischen Theorie einnehmen können. Berkeley zufolge handelt es sich bei Körperteilen und inneren Organen, die durch den Sektionsvorgang freigelegt werden, um bloße Ideen, die nicht als Ursachen wirksam werden können. So sei es auch nicht die Kontraktion

37 Vgl. Malebranche (Anm. 33), S. 405.

38 Denis Diderot. „Lettre sur les sourds et muets“. *Œuvres* (Anm. 1), Bd. 4, S. 15. Es versteht sich hierbei von selbst, dass der Mensch auch bei Malebranche für den ‚eigenen‘ materiellen Körper sorgt. Malebranche erklärt dies dadurch, dass Gott uns in dieser Angelegenheit irreleiten und das Wesen unserer wahren Natur vor uns verbergen würde. Somit verkennen wir unseren (materiellen) Körper, da uns Gott vorsätzlich unwissend erhält. Wir sollen hierdurch veranlasst werden, die Unversehrtheit unseres materiellen Körpers zu bewahren: Wenn wir nämlich Zugang zu dem uns vorenthaltenen Wissen hätten, wenn wir, anders gesprochen, sähen, was wir wirklich sind – reine denkende Substanz –, würden wir fortan nicht mehr danach trachten, den eigenen Körper zu erhalten. Es ist Gottes eifersüchtiges Bestreben, alleinig an der cartesischen Erkenntnis des grundlegenden Unterschieds zwischen Geist und Körper teilzuhaben, es ist seine Bereitschaft, uns zu betrügen, die uns zu der Fehlannahme führt, wir „seien“ unsere Körper und hätten diesen zu bewahren.

des Herzens, die den Fluss des Blutes reguliere. Da aus Berkeleys Sicht die Körperteile und Organe nicht zuständig sind, die Körperfunktionen zu erfüllen, die die Anatomie ihnen zuschreibt, ließe sich fragen, ob nicht jede beliebige äußere Körperhülle hinreichend wäre.[39] Wenn nicht das Herz den Blutfluss durch den Körper leitet – dieses besorge Gott, „the immediate author of all the motions in Nature",[40] – müsste dann nicht gesagt werden, dass dieses (und auch alle anderen Körperteile und Organe) völlig vergebens erschaffen worden sind? Die komplexe Struktur unseres Körperinneren, die die Anatomie sichtbar werden lässt und deren kausale Zusammenhänge uns nicht begreifbar werden, muss so als ein bedeutungsloses Schauspiel erscheinen, als ein von Gott eigens für den Blick des Anatomen veranstaltetes Spektakel. Bei der Öffnung und Sektion eines Leichnams würde sicher auch der Berkeley'sche Anatom auf ein Herz stoßen, doch würde er in ihm sodann den Muskel zu erkennen glauben, der den Blutfluss durch den lebendigen Körper gewährleistet, würde er irren. Aber worin besteht dann die tatsächliche Beziehung zwischen Herzkontraktion und Blutfluss? Berkeley schreibt:

> The connexion of ideas does not imply relation of *cause* and *effect,* but only of a mark or *sign* with the thing *signified.* The fire which I see is not the cause of the pain I suffer upon my approaching it, but the mark that forewarns me of it.[41]

In diesem Sinne ist die Herzkontraktion nicht die Ursache des Blutflusses, sie ist bloßes Zeichen, eine Äußerung Gottes, die uns ein baldiges Geschehen anzeigt, ein Zeichen des bevorstehenden Blutflusses. Wie immer auch genau die Anatomie sich in Berkeleys immaterielle metaphysische Theorie einzufügen hat, welche Erkenntnisse auch immer die Anatomen meinen, durch die Sektionspraxis erlangen zu können, was sie dabei letztlich verstehen lernen, ist die Sprache Gottes, in der er sich an sie wendet. Berkeley zufolge ist der Körper – wie auch die körperliche Welt – ein von Gott eingerichtetes System linguistischer Zeichen; Anatomie ist so – wie alle anderen Naturwissenschaften auch – schlicht das

39 Vgl. den elften Einwand der *Principles:* „[...] it will be demanded to what purpose serves that curious organization of plants, and the admirable mechanism in the parts of animals; might not vegetables grow, and shoot forth leaves and blossoms, and animals perform all their motions, as well without as with all that variety of internal parts so elegantly contrived and put together, which being ideas have nothing powerful or operative in them, nor have any necessary connexion with the effects ascribed to them?" George Berkeley. „A Treatise concerning the Principles of Human Knowledge". *Philosophical Works.* Hg. v. Michael R. Ayers. London, 1992, S. 95.

40 George Berkeley. „Three Dialogues Between Hylas and Philonous". *Philosophical Works* (Anm. 39), S. 187.

41 Berkeley (Anm. 39), S. 97.

Studium göttlicher Äußerungen und der Anatom – wie alle anderen Wissenschaftler – ein Grammatiker göttlicher Sprache.

Der hohe Stellenwert, den Diderot der Anatomie und Sektion innerhalb seiner Erkenntnistheorie zuweist und die Faszination, die das menschliche Innenleben auf ihn ausübt, ist wohl am ehesten vor dem Hintergrund des Materialismus zu verstehen. Für Diderot ist die Anatomie nicht die Untersuchung eines *unwesentlichen* Bestandteil unseres Selbst (ein Teil, den wir uns für die Dauer unseres irdischen Lebens aneignen, auf den wir aber auch verzichten könnten), sondern die Untersuchung eines „sehr wichtigen Teils unserer selbst" („partie de nous-mêmes très-importante"), wie der Körper im „Anatomie"-Artikel der *Encyclopédie* charakterisiert wird.[42] Anders ausgedrückt, die Anatomie ist nicht lediglich die Untersuchung der *kontingenten* Realität unseres verkörperten Seins, sie ist die Untersuchung dessen, was wir ganz *essenziell* sind. Während der cartesische Dualist die Seele als vom Körper, den sie antreibt, unterschieden begreift, ist sie für Diderot mit dem Körper identisch. Aus Diderots Sicht ist die Seele bloß „eine Verwirklichung der Organisation" („un effet de l'organisation"),[43] wie er in einer seiner frühsten Schriften vermerkt oder auch „die Organisation und das Leben" („l'organisation et la vie") des Körpers selbst, wie wir in seinem letzten Werk lesen können.[44] Für Diderot sind Seele und Körper identisch (das heißt, ich selbst bin mit meinem Körper identisch), insofern als wenn ich beispielsweise sage, *je veux,* „ich will", ich eigentlich damit aussage, *je suis tel,* „so bin ich".[45] Mein Wollen kann demnach nicht von meiner physischen Verfassung unterschieden werden; als Modalität meiner Seele ist mein Wollen nur ein Zustand meiner leiblichen Organisation, eine Modalität meines Körpers. Wenn davon ausgegangen wird, dass der Geist Teil des Körpers ist, dass man selbst nichts über den eigenen Körper Hinausgehendes ist oder wie Diderot formuliert, „rien sans le corps", also „nichts ohne den Körper",[46] dann erscheint die Anatomie nicht als Mittel, unsere Kenntnis eines vergänglichen Teils unserer selbst zu vermehren, sondern sie erscheint zuvorderst als Mittel, die Kenntnis unserer selbst, unsere *Selbsterkenntnis* zu fördern. So betrachtet vermag es kaum zu überraschen, wenn Diderot das berühmte antike Gebot des „Erkenne dich selbst" in die Maxime „Erkenne deinen Körper" umkehrt. In seinem

42 Diderot u. d'Alembert (Anm. 11), S. 410.

43 Denis Diderot. „La Promenade du sceptique ou les Allées". *Œuvres* (Anm. 1), Bd. 1, S. 109.

44 Diderot (Anm. 1), S. 1316.

45 Vgl. Denis Diderot. „Observations sur Hemsterhuis". *Œuvres* (Anm.1), Bd. 1, S. 718.

46 Diderot (Anm. 1), S. 1282.

„Anatomie"-Artikel schreibt er: „[D]ie Kenntnis des Selbst setzt die Kenntnis des Körpers voraus."[47] Durch die Anatomie, durch Kenntnis meines Körpers, erlange ich Kenntnis meiner selbst. Sobald wir davon ausgehen, nichts als unser Körper zu sein, gibt es nur eine Philosophie, die für uns von Relevanz sein kann, wie ein anderer materialistischer Denker, La Mettrie, es auf der letzten Seite seines *L'Homme-machine* vermerkt, „die des menschlichen Körpers" („celle du corps humain").[48] Die Anatomie ist nicht bloß „absolut notwendig für den Arzt" („absolument nécessaire au medecin"), „unerlässlich für den Chirurgen" („indispensable au chirurgien") und „keinesfalls unbrauchbar für den Richter" („pas tout-à-fait inutile à un Magistrat"); „das Studium desjenigen Teils der Anatomie, der sich auf die Künste [d. h. die Malerei und Bildhauerei; Anm. d. Verf.] bezieht" („l'étude de la partie de l'*Anatomie* qui est relative à ces arts"), ist nicht allein „notwendig um diese zu meistern" („nécessaire pour y exceller"), „die anatomische Kenntnis" („la connoissance anatomique") ist nicht nur „für den Philosophen erforderlich" („requise dans un philosophe") – im Sinne Diderots „ist die Kenntnis der Anatomie für jeden Menschen von Bedeutung" („la connoissance de l'*Anatomie* importe […] à *tout* homme").[49]

2.

Ein halbes Jahrhundert später wird es der bedeutende britische Utilitarist Jeremy Bentham sein, der für die gleichen Überzeugungen eintreten wird wie vor ihm Diderot.[50] Bentham hinterlässt seinen toten Körper einem Anatomen, der ihn sezieren und verwenden soll

> as the means of illustrating a series of lectures to which scientific & literary men are to be invited. [...] These lectures are to expound the situation structure & functions of the different organs. [...] The object of these lectures being two fold first to communicate curious interesting & highly important knowledge & secondly to show that the primitive horror at dissection originates in ignorance.[51]

47 „[L]a connoissance de soi-même suppose la connoissance de son corps." Diderot u. d'Alembert (Anm. 11), S. 410.

48 Julien Offray de La Mettrie. „L'Homme-machine". *Œuvres philosophiques*. 2 Bde. Hg. v. Francine Markovits. Paris, 1987, Bd. 1, S. 117.

49 Diderot u. d'Alembert (Anm. 11), S. 410f.

50 Die Passagen dieses Abschnitts sind – in leichter Abwandlung – meinem Aufsatz entnommen: „Auto-Iconicity and Its Vicissitudes. Bentham and Plato". *Helios* 31 (2004), S. 223-245.

51 Bentham MSS. Box 155, University College Library; zit. nach C. F. A. Marmoy. „The ‚Auto-Icon' of Jeremy Bentham at University College London". *Medical*

Zusätzlich weist er den Anatomen in seinem Testament an, seinen Leichnam im Anschluss an die öffentliche Sektion zu konservieren und auszustellen. Das Konzept, das diesem außergewöhnlichen Wunsch zugrunde liegt, findet sich in seinem Werk *Auto-Icon; or, Farther Uses of the Dead to the Living* dargelegt.[52] Als eine Abhandlung eines Autors über den eigenen Leichnam ist Benthams *Auto-Icon* eine recht singuläre Erscheinung. Sie begründet gar ein neuartiges Genre, für das Bentham eine neue Bezeichnung ersinnt: Er bezeichnet die Beschreibung des eigenen Todes und das darauf folgende Schicksal des Körpers als „auto-thanatography", ein natürliches Fortsetzungskapitel der eigenen Biografie.[53]

Während die meisten Menschen den bloßen Gedanken an den Tod und den toten Körper als beunruhigend empfinden, ist es für Bentham der tote Körper, der „valuable materials for thought" bereitstellt;[54] während die Menschen es gemeinhin zu vermeiden suchen, über den Tod zu sprechen – vor allem über den eigenen – äußert Bentham zum eigenen Tod und dem unentrinnbaren Schicksal des eigenen toten Körpers, dass „for many a year the subject has been a favourite one at my table".[55] Obgleich kurz vor seinem Tode verfasst, offenbart Benthams *Auto-Icon* keinerlei Todesangst; stattdessen nutzt Bentham die Abhandlung, um den eigenen Tod mit gewohnter Objektivität zu reflektieren und den Vorgang nach seinem möglichen Nutzen zu befragen. In früheren Schriften bedient sich Bentham oft eines eher indifferenten, einförmigen Stils, beim Verfassen seiner Auto-Thanatografie zeigt er sich erstmalig regelrecht beschwingt und macht dabei keinen Versuch, die eigene Begeisterung zu verbergen, die ihn beim Nachsinnen über das postmortale Schicksal seines Körpers ergreift. Als Utilitarist gilt seine Sorge einzig der Art und Weise, wie er seinen Mitmenschen auch noch nach seinem Tod von Nutzen sein könnte, wie noch sein Leichnam zur Glückseligkeit der Lebenden beitragen könnte.

Berkeleys Glaube, die Seele sei „naturally immortal", und seine Überzeugung,[56] „the Resurrection follows the next moment to Death",[57] mö-

---

History 2 (1958), S. 80.

52 Jeremy Bentham. „Auto-Icon; or, Farther Uses of the Dead to the Living. A Fragment". From the unpublished MSS. of Jeremy Bentham. Dieser private, 21 Seiten umfassende Band ist in sehr geringer Auflage erschienen. Das Titelblatt verrät weder das Erscheinungsdatum noch Namen etwaiger Herausgeber oder Verleger. Der Verfasser hat ein Exemplar der Houghton Library, Harvard University, konsultiert.

53 Ebd., S. 2.

54 Ebd., S. 1.

55 Ebd., S. 2.

56 Berkeley (Anm. 39), S. 122.

gen es uns erleichtern, dem Tod entgegenzutreten; genauso vermag Malebranches Vertrauen darin, dass „wir im Tod nichts verlieren" („à la mort nous ne perdons rien"), uns hierbei behilflich sein.[58] Doch eignen wir uns Benthams Unsicherheit bezüglich des ontologischen Stellenwertes der Seele nach dem Tod der Körpers an, die die körperlose Seele nicht einmal als eigenständige Einheit begreifen will, wenn also unser gesamtes postmortales Schicksal das eines „senseless carcass" ist,[59] dann gibt uns dies kaum etwas zu hoffen für das Jenseits. Während Malebranches postmortales Schicksal gänzlich unabhängig ist vom Schicksal des toten materiellen Körpers, ist dasjenige Benthams ganz unabhängig vom Schicksal der Seele. Während Malebranche sein eigenes postmortales Schicksal als das der unsterblichen Seele begreift, die auch nach dem Tod des materiellen Körpers mit dem vollkommenen Körper vereint bleibt, verhandelt Bentham sein postmortales Schicksal in *Auto-Icon* ausschließlich in Hinblick auf seinen toten Körper. Wenngleich dieser Körper auch nach der „resurrection" seelenlos bleiben wird, so ist es doch kein anderer als dieser Körper, den Bentham als „his own self" beansprucht.

Bentham zufolge können Leichname für zwei unterschiedliche Zwecke nutzbar gemacht werden: Einer dieser Zwecke ist ein „vorübergehender", der andere ein „dauerhafter". Der lediglich vorübergehende Zweck ist „anatomical, or dissectional", der dauerhafte „conservative, or statuary".[60] „The mass of matter which death has created" solle nicht einfach entsorgt werden, sondern genutzt „with a view to the felicity of mankind". Sein „greatest-happiness principle" berücksichtigend, spricht sich Bentham dafür aus, „the soft and corruptible parts" „for the purpose of anatomical instructions" zu gebrauchen und „the comparatively incorruptible part" in „an Auto-Icon" umzuwandeln.[61]

Benthams Vorstellung des ‚vorübergehenden', „anatomical, or dissectional" Zwecks von Leichnamen ähnelt derjenigen Diderots in den „Anatomie"- und „Cadavre"-Artikeln der *Encyclopédie* stark, insbesondere wenn Bentham davon spricht, dass Sektion und Studium von Körpern der „insensible dead", den „susceptible living" großes Leid ersparen könne.[62] Genau wie das Frankreich Diderots bringt auch Benthams zeitgenössisches Großbritannien dieser Haltung wenig Verständnis entge-

57 George Berkeley an Samuel Johnson [24. März 1730]. *Philosophical Works* (Anm. 39), S. 354.
58 Malebranche (Anm. 33), S. 410.
59 Bentham (Anm. 52), S. 7.
60 Ebd., S. 2.
61 Ebd.
62 Ebd., S. 1.

gen. Wie Ruth Richardson herausgestellt hat, sind im Großbritannien dieser Epoche ausschließlich die Körper hingerichteter Verbrecher zur medizinischen Sektion zugelassen. Die Sektion – durchgeführt von auch als Chirurgen tätigen Anatomen – gilt als Teil der Strafe, als ausgeweitete Henkersarbeit.[63] Dementsprechend genießen diese Anatomen ein sehr geringes öffentliches Ansehen, die Sektionspraxis selbst wird mit Argwohn betrachtet. Da Leichname dieser Herkunft nicht eben zahlreich vorhanden sind, häufen sich – um den zunehmenden Bedarf anatomischer Lehranstalten decken zu können – Fälle von Leichenraub: Die so genannten *body snatchers* graben die bereits bestatteten Leichen wieder aus, um sie dann an die anatomischen Fakultäten zu vertreiben. Die berüchtigtsten dieser *body snatchers*, etwa William Burke und William Hare – von Bentham in seinem *Auto-Icon* genannt –[64] begnügen sich nicht mit dem Ausgraben von Leichen, sie gehen soweit, Menschen zu ermorden, um sie dann an die Anatomen verkaufen zu können. Derart groß ist die Nachfrage und derart klein das Angebot an Leichen, dass Mord sich auszuzahlen beginnt. In diesem Zusammenhang ist Benthams Schenkung des eigenen Körpers an die Anatomen denn auch als „exemplary bequest" zu verstehen, das andere zur Nachahmung anregen und auf diese Weise das Morden weniger rentabel erscheinen lassen soll.[65]

Die Forderung, sezierte Körper, die ihren ‚vorübergehenden' Zweck erfüllt haben, zu konservieren, sie gleichsam ihrem ‚dauerhaften', „conservative, or statuary" Zweck zuzuführen, begründet Bentham folgendermaßen:

> What resemblance, what painting, what statue of a human being can be so like him, as, in the character of an Auto-Icon, he or she will be to himself or herself. Is not identity preferable to similitude?[66]

Da nichts dem Individuum so sehr gleicht wie das Individuum sich selbst, sollen die Körper der Toten als angemessenste Repräsentation ihrer selbst konserviert werden. Während der Tote gemeinhin durch verschiedenste Symbole repräsentiert wird – etwa durch „resemblances", „paintings" und „statues" – ermöglicht es die Konservierung des Körpers dem Einzelnen, sein eigenes Symbol zu werden, sein „auto-icon". Der Begriff *auto-icon,* von Bentham erschaffen, ist nach Ansicht seines Schöpfers „self-explanatory"; es bedeutet: „a man who is his own im-

---

63 Vgl. Ruth Richardson. *Death, Dissection and the Destitute*. London, 1987, S. 34.

64 Vgl. Bentham (Anm. 52), S. 7.

65 Ruth Richardson u. Brian Hurwitz. „Jeremy Bentham's Self Image. An Exemplary Bequest for Dissection". *British Medical Journal* 295 (1987), S. 195.

66 Bentham (Anm. 52), S. 3.

age".[67] Die Verwandlung in ein solches *auto-icon* ermöglicht es, sich auch nach dem eigenen Ableben selbst repräsentieren zu können, „his own image" zu sein. Da die Auto-Ikonisierung jeden Menschen in „his own statue" verwandeln würde, würde er freilich zugleich „supersede the necessity of sculpture";[68] wäre jeder Mensch „his own monument",[69] „there would no longer be needed monuments of stone or marble".[70] Die Kunst der Auto-Ikonologie brächte, kurz gesagt, „likenesses more perfect than painting or sculpture could furnish" hervor.[71]

Bentham will nicht nur den „vorübergehenden" (das heißt den „anatomical") Zweck durch das eigene Handeln demonstrieren, auch den „dauerhaften" („statuary") Zweck von Leichnamen sucht er unmittelbar deutlich zu machen: Benthams Testament weist den Anatomen an, seine Knochen im Anschluss an die Sektion erneut zu einem Skelett zusammenzufügen, diesem den Kopf aufzusetzen (der zuvor gesondert präpariert werden sollte), um schließlich das Skelett „in one of the suits of black usually worn by me" zu kleiden und es „in a Chair usually occupied by me when living" zu setzen. So gewandet soll das Skelett mit dem Gehstock Benthams ausgestattet werden und in „an appropriate box or case" gesetzt werden.[72] Das Resultat all dessen, die Veranschaulichung des dauerhaften Zwecks von Leichnamen, kann noch heute besichtigt werden; Bentham thront als „his own statue" hinter Glas in einem mahagonihölzernen Gehäuse in einem Korridor des Londoner University College, sich selbst repräsentierend, auch noch eineinhalb Jahrhunderte nach seinem Tod. Auf welche Weise aber sollten die autoikonisierten Toten „contribute to the happiness of the living"? Neben ihren zahlreichen anderen Verwendungsmöglichkeiten – moralischen, genealogischen, architektonischen, phrenologischen etc.[73] – sollten die Lebenden auch von einem „theatrical, or dramatic use" profitieren.[74] Die Auto-Ikonologie soll eine gänzlich neue Art des Theaters ermöglichen, in dem die Auto-Ikonen selbst als Schauspieler zu agieren hätten. Sie selbst sollten sprechen und gestikulieren, angetrieben entweder von innen heraus (durch „a boy stationed within and hidden by the robe") oder aber von außen („by means of strings or wires", betätigt von „persons

67 Ebd.
68 Ebd., S. 4.
69 Ebd.
70 Ebd., S. 3.
71 Ebd., S. 5.
72 Bentham (Anm. 51), S. 80.
73 Vgl. Bentham (Anm. 52), S. 3.
74 Ebd., S. 12.

under the stage“). Spezielle Vorrichtungen sollten den Anschein erwecken als würden die Auto-Ikonen atmen und als würden die Stimmen, lebendigen Schauspielern entliehen, ihren eigenen Mündern entspringen. Die Tatsache, dass ihre Gesichtshaut durch „the process of exsiccation“ „would be rendered of a more or less brownish hue“ würde Bühnen-Make-up notwendig machen.[75] Die Rollen, die die Toten im auto-ikonologischen Theater zu spielen hätten, wären ausschließlich ihre eigenen. Dementsprechend würde Shakespeares Julius Caesar im Sinne Bentham'scher Auto-Ikonologie mit Julius Caesar selbst in der Hauptrolle, genauer mit seiner Auto-Ikone, inszeniert werden. „What actor can play Julius Caesar better than Julius Caesar, in the character of an auto-icon, can play himself?“, würde ganz sicher der erste Satz des Manifestes eines auto-ikonologischen Theaters gelautet haben. In gleicher Art umreißt Bentham auch einige Dialoge zwischen sich und verschiedensten berühmten, bereits verstorbenen Persönlichkeiten, die sich für die Aufführung im auto-ikonologischen Theater eignen würden. Die zugehörige Choreografie der schauspielenden Leichen arbeitet er bis ins Detail aus. Benthams Testament weist seine Schüler an, das Behältnis seiner Auto-Ikone bei jeder ihrer Zusammenkünfte, die sie zum Gedenken an „the Founder of the greatest happiness system of morals and legislation“ abhalten würden, im selben Raum aufzustellen.[76] Während andere Sekten nach dem Tod ihres Gründers die Benennung eines Nachfolgers vorsehen, beabsichtigt Bentham, seiner Gefolgschaft auch nach dem eigenen Tod noch in Gestalt seiner Auto-Ikone „bodily“ vorzusitzen:

> But when Bentham has ceased to live, (in memory will he never cease to live!) whom shall the Bentham Club have for its chairman? Whom but Bentham himself? On him will all eyes be turned, – to him will all speeches be addressed.[77]

Ein zentrales Problem mittelalterlicher Philosophie war das des toten menschlichen Körpers. Begreift man nämlich die vernunftbegabte Seele als einzige beständige Form des menschlichen Körpers, impliziert dies auch, dass nach dem Tode – also nach der Trennung des Körpers von der Seele – beispielsweise der Körper Jesu nicht länger als *der seinige* gelten kann. Wenn jedoch der Leichnam am Kreuz nicht länger als der Körper Jesu aufzufassen ist, dürfte er auch zum Zwecke der Verehrung kaum geeignet erscheinen.[78] Für den Utilitaristen hingegen ergibt sich

---

75 Ebd., S. 13.

76 Für den Wortlaut des Bentham'schen Testaments vgl. Marmoy (Anm. 51), S. 80.

77 Bentham (Anm. 52), S. 5.

78 Für eine Darstellung der Auseinandersetzung vgl. Anthony Kenny. *Aquinas*. Oxford, 1980, S. 47. Für eine geistreiche Auflösung derselben vgl. Master Eckhart

hier keine Schwierigkeit; Bentham würde das Ganze lapidar folgendermaßen auflösen: „A man's Auto-Icon is his own self".[79] Verwandelt in eine Auto-Ikone, ist der „comparatively incorruptible part" des toten Leibes ununterscheidbar von dem lebendigen Körper, womit auch seine Verehrung (oder Verachtung) angemessen erscheint. Was wiederum voraussetzt, dass der Mensch noch zu Lebzeiten die Verurteilung durch seine Mitmenschen, die sein Handeln hervorrufen könnte, bedenkt: „What will be said of my Auto-Icon hereafter?"[80] Dies lässt Bentham auch davon ausgehen, obgleich die utilitaristische Eschatologie kaum mit jenseitigem Leid drohen oder auch mit jenseitigem Vergnügen locken kann – Auto-Ikonen sind bloße *„senseless"* Kadaver –, dass die öffentliche Ausstellung von Auto-Ikonen durchaus „into the field of thought and action [...] motives both moral and political" einführen könne.[81]

Obschon Benthams Vorstellung davon, dass es nicht die vom toten Körper sich loslösende Seele ist, die das menschliche Selbst nach dem Tode ausmacht, sondern einzig der sezierte und konservierte Leichnam, befremden mag, ist diese Vorstellung doch vor dem Hintergrund Bentham'scher Ontologie verständlich und folgerichtig. Denn nach seiner Unterteilung der Entitäten stellt die Seele nach dem Tod des Körpers, also die vom Körper abgelöste Seele, gar keine „real entity" dar, viel eher ließe sich von einer „fictitious entity" sprechen. „Of a human soul, existing in a state of separation from the body", schreibt Bentham, „no man living will, it is believed, be found ready to aver himself to have had perception of any individual example".[82] Allenfalls handele es sich bei der Seele um eine „inferential real entity", eine Entität „not being, in any instance, attested by *perception*, cannot therefore be considered any otherwise than as a matter of *inference*".[83] Allerdings lässt Bentham eine einschränkende Fußnote folgen:

> [S]hould there be any person in whose view the soul of man, considered in a state of separation from the body, should present itself as not capable of being, with propriety, aggregated to the class of real entities, to every such person, the class to which it belongs would naturally be that of fictitious entities.[84]

[Meister Eckhart]. „Did the Forms of the Elements Remain in the Body of Christ While Dying on the Cross?" *Parisian Questions and Prologues*. Hg. u. übs. v. Armand A. Maurer. Toronto, 1974, S. 71-75.

79 Bentham (Anm. 52), S. 10.

80 Ebd., S. 7.

81 Ebd.

82 Jeremy Bentham. „A Fragment on Ontology". *The Panopticon Writings*. Hg. v. Miran Bozovic. London, 1995, S. 119.

83 Ebd., S. 120.

84 Ebd., S. 120f.

Ferner schreibt er:

> Considered as existing and visiting any part of our earth in a state of separation from the body, a human soul would be a *ghost:* and, at this time of day, *custom* scarcely does, *fashion* certainly does not command us to believe in ghosts.[85]

Demzufolge ließe sich die Seele eher als imaginäres Nichtsein denn als fiktive Entität fassen. Der Körper hingegen ist eine wirkliche Entität *par excellence,* eine „perceptible real entity“, folglich eine „entity the existence of which is made known to human beings by the immediate testimony of their senses, without reasoning“.[86]

Seine Ontologie veranlasst Bentham anstatt der eigenen Seele seinen „senseless carcass“ als sein jenseitiges „own self“ auszugeben. Ob als „fictitious entity“ oder als „inferential real entity“ eingestuft: Der ontologische Stellenwert der Seele nach dem Tod bleibt für Bentham unsicherer als der des toten, von der Seele zurückgelassen Körpers. Wird dieser angemessen konserviert, besitzt er auch weiterhin den Status einer „perceptible real entity“.

Schluss

Zusammenfassend sollte festgehalten werden, dass sowohl Diderot als auch Bentham die Sektion menschlicher Leichen in der Absicht des Erwerbs anatomischer Kenntnisse und des medizinischen Fortschritts befürworteten. Sowohl Materialist als auch Utilitarist waren überzeugt, dass Sektion und Studium der Toten zum Wohle der Lebenden geschähen, denen auf diese Weise zahlreiche Leiden erspart blieben. Ferner verliehen beide ihrem Anliegen, anatomische Kenntnisse zu fördern, besonderen Nachdruck, indem sie vorbildhaft demonstrierten, was Bentham den „anatomical, or dissectional“ Zweck menschlicher Leichname genannt hatte: Es war der ausdrückliche Wunsch beider, ihren toten Körper den Anatomen zu überlassen, zum Nutzen der Lebenden. An dieser Stelle allerdings erschöpfen sich die Gemeinsamkeiten zwischen den beiden Denkern.

Während sich nämlich das Verhältnis des Materialisten zum lebendigen Körper als utilitaristischer als das Benthams erweist – Diderot war bestrebt, das Sezieren auch lebendiger Körper zu legalisieren – muss das Verhältnis des Utilitaristen zum toten Körper als materialistischer als Diderots bezeichnet werden: Anders als für Diderot ist es für Ben-

85 Ebd., S. 119.
86 Ebd., S. 118.

tham der sezierte und konservierte Leichnam, die so genannte „Auto-Ikone“, die das menschliche Ich nach dem Tod konstituiert.

Übersetzung: Anna Laqua

LITERATURVERZEICHNIS

Bentham, Jeremy. „Auto-Icon; or, Farther Uses of the Dead to the Living. A Fragment“. From the unpublished MSS. of Jeremy Bentham (Exemplar der Houghton Library, Harvard University).

Bentham, Jeremy. „A Fragment on Ontology“. *The Panopticon Writings*. Hg. v. Miran Bozovic. London, 1995, S. 115-158.

Berkeley, George. „A Treatise concerning the Principles of Human Knowledge“. *Philosophical Works*. Hg. v. Michael R. Ayers. London, 1975, S. 61-127.

Berkeley, George. „Three Dialogues Between Hylas and Philonous“. *Philosophical Works*. Hg. v. Michael R. Ayers. London, 1975, S. 129-207.

Berkeley, George an Samuel Johnson [24. März 1730]. *Philosophical Works*. Hg. v. Michael R. Ayers. London, 1975, S. 353-355.

Boisacq, Marie-Jeanne. „L'anatomie dans l'*Encyclopédie*“. *La Matière et l'Homme dans l'Encyclopédie*. Hg. v. Sylviane Albertan Coppola u. Anne-Marie Chouillet. Paris, 1998, S. 81-89.

Bozovic, Miran. „Auto-Iconicity and Its Vicissitudes. Bentham and Plato“. *Helios* 31 (2004), S. 223-245.

Darnton, Robert. *The Forbidden Best-Sellers of Pre-Revolutionary France*. New York, 1996.

Diderot, Denis u. Jean le Rond d'Alembert (Hg.). „Anatomie“. *Encyclopédie, ou Dictionnaire raisonné des sciences, des arts et des métiers*. 17 Bde. Paris, 1751-1765, Bd. 1, S. 409-437.

Diderot, Denis u. Jean le Rond d'Alembert (Hg.). „Cadavre“. *Encyclopédie, ou Dictionnaire raisonné des sciences, des arts et des métiers*. 17 Bde. Paris, 1751-1765, Bd. 2, S.245f.

Diderot, Denis. „Elemente der Physiologie“. *Philosophische Schriften*. 2 Bde. Hg. u. übs. v. Theodor Lücke. Berlin, 1961, Bd. 1, S. 589-771.

Diderot, Denis. *Les Bijoux indiscrets*. Paris, 1968.

Diderot, Denis. *Œuvres*. 5 Bde. Hg. v. Laurent Versini. Paris, 1994-1997.

Kenny, Anthony. *Aquinas*. Oxford, 1980.

La Mettrie, Julien Offray de. „L'Homme-machine“. *Œuvres philosophiques*. 2 Bde. Hg. v. Francine Markovits. Paris, 1987, Bd. 1, S. 55-122.

Malebranche, Nicolas. *Œuvres complètes*. 20 Bde. Hg. v. André Robinet. Paris, 1958-1984.

Marmoy, C.F.A. „The ‚Auto-Icon‘ of Jeremy Bentham at University College London“. *Medical History* 2 (1958), S. 77-86.

Master Eckhart [Meister Eckhart]. „Did the Forms of the Elements Remain in the Body of Christ While Dying on the Cross?“ *Parisian Questions and Prologues*. Hg. u. übs. v. Armand A. Maurer. Toronto, 1974, S. 71-75.

Maupertuis, Pierre-Louis Moreau. *Vénus physique suivie de la Lettre sur le progrès des sciences*. Paris, 1980.

Mercier, Louis Sébastien. *L'An 2440. Rêve s'il en fut jamais*. Paris, 1999.

Richardson, Ruth. *Death, Dissection and the Destitute*. London, 1987.

Richardson, Ruth u. Brian Hurwitz. „Jeremy Bentham's Self Image. An Exemplary Bequest for Dissection". *British Medical Journal* 295 (1987), S. 195-198.

Vandeul, Mme de. „Mémoires pour servir à l'histoire de la vie et des ouvrages de Diderot". *Œuvres complètes de Diderot*. 20 Bde. Hg. v. Jules Assézat. Nendeln, 1966 [Nachdruck d. Ausgabe Paris, 1875-77], Bd. 1, S. XXV-LXVIII.

Wachs, Morris. „Mon ami tomba malade, je le traitai, il mourut, je le disséquai". *French Studies* 45 (April 1991), S. 143-151.

LUDGER SCHWARTE

Staatsräson und Hirnanatomie. Spuren der politischen Avantgarde in der widerständigen Körpermasse der Frühen Neuzeit

Avantgarde

Lenin entwickelt 1902 in „Was tun?" die Theorie der Partei als politischer Avantgarde gegen die Vorstellung der Ökonomisten, die Revolution gehe automatisch aus dem Zusammenspiel der Kräfte hervor; diese Ökonomisten betrachten jede theoretische Arbeit als Hirngespinst. Sie richtet sich auch gegen den kritischen Sozialismus, der auf einen reformatorischen Opportunismus hinausläuft.[1] Die Avantgarde ist Lenin zufolge dadurch gekennzeichnet, dass sie die in der Tiefenstruktur der Gesellschaft verborgenen Konflikte offen legt und im Wissen um das Notwendige nicht zögert, gewaltsame Einschnitte in diese Struktur vorzunehmen. Als konspirative Kampfgruppe muss sie die vom ganzen Volke ausgehenden Enthüllungen organisieren und die Regierung entlarven; sie muss mit politischer Agitation die spontanen Aufstände der Massen koordinieren, sie muss die Leitung der Kämpfe gegen die Regierung und letztlich diese selbst übernehmen. Ihren Ausgang nimmt avantgardistische Politik folglich in der Sichtbarmachung, Freilegung und Steuerung, in der Anatomie gesellschaftlicher Konflikte. Die Ausbildung einer revolutionären Intelligenz beweist sich in Interventionsformen, die der Erfolg rechtfertigt. Sie will die Störungen, die Konvulsionen und Paralysen, mit denen sich das Volk dem Regiertwerden widersetzt, so organisieren, dass die unbewusst wirkende Masse die Kontrolle gewinnt und sich selbst regiert. „Wo ich war, soll es werden!" – so scheint es auf den ersten Blick: Doch die revolutionäre Gegenintelligenz führt nicht zu einer Befreiung von der Regierung, sondern zu einer Ausdehnung der Regierungsmacht bis in Schichten, die zuvor der Willensbildung entzogen schienen.

---

1 Vgl. Wladimir Iljitsch Lenin. „Was tun?" *Werke*. 40 Bde. Hg. v. Institut f. Marxismus-Leninismus. Berlin, 1959, Bd. 5, S. 357ff. u. 540ff.

Gouvernementalität

Diese Ausdehnung der Regierbarkeit, die vom Willen zur revolutionären Übernahme der Regierungsgewalt vorangetrieben wird, steht im Kontext der Ausbildung von Regierungstechniken und führt diese auf eine neue Stufe. Diese bilden seit dem 16. Jahrhundert eine Form der Macht, die indirekt über das Handeln der Subjekte operiert und sie mittels der Wahrheit führt. Mit dem Begriff der Gouvernementalität bezeichnet Michel Foucault die Verknüpfung von Machttechniken und Wissensformen, auf die sich einerseits die Ausbildung von Regierungsapparaten und andererseits die individuellen Techniken der Selbstführung stützen.[2] Beide Ebenen werden verbunden durch das, was Foucault als „politische Anatomie" bezeichnet hat: Diese Anatomie erreicht die Disziplinierung jedes Einzelnen, verbunden mit der biologischen Regulation der als Körper verstandenen Gesamtbevölkerung.[3]

Der historische Weg von einer „Regierung der Seelen" zur politischen Regierung führt über die Integration der Pastoraltechnologie in den modernen Staat. Die Regierung unterscheidet sich von der Souveränität, die Macht und Recht gewaltsam begründet. Die Regierung als Steuerung der Selbstregulation stützt sich auf die Theorie der Staatsräson.

Staatsräson

Die Staatsräson bringt den Staat überhaupt erst hervor und leitet ihn.[4] Der Schutz des öffentlichen Wohls oder der Republik sind Formeln, die auch in politischen Texten der Antike auftauchen. Kennzeichnend für

---

2 Vgl. Michel Foucault. *Geschichte der Gouvernementalität. Vorlesung am Collège de France 1978-1979*. 2 Bde. Hg. v. Michel Sennelart, übs. v. Claudia Brede-Konersmann u. Jürgen Schröder. Frankfurt a. M., 2004, Bd. 1: Sicherheit, Territorium, Bevölkerung, S. 162f.

3 Zur „politischen Anatomie" vgl. Michel Foucault. *Sexualität und Wahrheit*. 3 Bde. Übs. v. Ulrich Raulff u. Walter Seitter. Frankfurt a. M., 1977, Bd. 1: Der Wille zum Wissen, S. 166. Zur „Bio-Politik der Bevölkerung" vgl. ebd., S. 165f. Angestoßen wurde Foucaults Frage nach der Biopolitik offenbar von François Jacob. *La Logique du Vivant*. Paris, 1970. Jacob seinerseits griff Foucaults *Ordnung der Dinge* auf. Vgl. hierzu Martin Stingelin. „Einleitung". *Biopolitik und Rassismus*. Hg. v. dems. Frankfurt a. M., 2003, S. 13.

4 Er ist daher ein vernunftgeleiteter Körper und noch kein Organismus. Vgl. Jean Starobinski. *L'idee de l'organisme*. Paris, 1956. Das Modell der Republik als Körper, mit dem König als Kopf, dem Rat als Herzen, den Regierungsorganen als Augen, Ohren, Zunge, entwirft Johannes von Salisbury in seinem „Policraticus", [1159], insbes. Buch V.

das neuzeitliche Verständnis der Staatsräson ist, dass der Staat zur Aufrechterhaltung der Rechtsordnung diese außer Kraft setzen und übertreten darf. Dies liegt auch dem Begriff des Gewaltmonopols zugrunde. Im Gegensatz zur Tyrannei wird die Staatsräson zum Wohl nicht einer persönlichen Herrschaft, sondern zum Wohle des Ganzen konzipiert. Die Übertretungsakte zum Zwecke der Erhaltung und der Ausweitung der Staatsmacht werden nicht von den Potentaten selbst ausgeführt, sondern durch die Exekutivorgane des Staates, d. h. von der Bürokratie, auf dem Wege eines Verwaltungsaktes. Die Ausübung der Staatsräson, die Gabriel Naudé mit dem Begriff des „Staatsstreiches" (Coup d'état) belegt, funktioniert in erster Linie über die Unterscheidung öffentlicher und geheimer Aktionen. Seither gibt es die künstlich herbeigeführte Krise und die Arkanpolitik. Die Lehre von der Staatsräson entstammt einer „transpersonalen Staatsidee", der zufolge der Staat unabhängig von persönlicher Herrschaft ist.[5] „Nicht mehr die von Affekten bewegte Einzelperson, der gute oder böse Fürst, steht im Zentrum, sondern die abstrakte und versachlichte Macht und ihre ‚Interessen'."[6] Ohne dieses abstrakte Körpermodell und die damit verbundene Idee einer rationalen Steuerungsinstanz wäre der Begründungsdiskurs staatlicher Macht als eines selbstzweckhaften souveränen Gebildes völlig unplausibel.[7] Einen solchen Körper konstruiert nach Außen hin die Grenzsicherung, die Anlage von Kommunikationswegen im Innern mit einer Schaltzentrale: dem Regierungsgebäude. Nicht mehr Trutzburg oder Demonstration von Macht, sondern Verwaltungssitz. Emblematisch: Die Uffizien. Die Techniken der Regierung – dies will ich im Folgenden zeigen – verzahnen sich mit dem anatomischen Paradigma und hängen von der Vorstellung ab, das Gehirn sei das Organ der Vernunft und steuere den Körper.

Das anatomische Paradigma, das sich in der Frühen Neuzeit durchsetzt, umfasst Verfahren, Dispositive und Akteure, die eine Rückführung des Nutzens auf die Struktur bzw. die Korrelation von *Funktion* und *Form* ermöglichen. Die Struktur der Lebewesen, vom Körperteil bis hin zu ganzen Populationen, wird freigelegt; sie wird als Maßstab rationalen Handelns statuiert. Daran schließen sich zwei Thesen an: (1) Die Techniken des *Öffnens*, der *Fragmentierung* und die exponierende *Montage* des Körpers legen eine Spur von der Anatomie zu Techniken der Inven-

---

5 So auch bei Niccolò Machiavelli. „Discorsi". *Politische Schriften.* Hg. v. Herfried Münkler. Frankfurt a. M. 1990, Buch I, §4, S.138f.; §9, S.151f.; §18, S. 172ff.; §34, S. 183ff. Vgl. Herfried Münkler. *Machiavelli.* München, 1982, S. 369ff.

6 Michael Stolleis. *Staat und Staatsräson in der frühen Neuzeit.* Frankfurt a. M., 1990, S. 68.

7 Vgl. Stolleis (Anm. 6), S. 23.

tarisierung, der Verwaltung und des funktionalistischen Entwurfs, die sich im Begriff der Gouvernementalität verdichten. (2) Das anatomische Paradigma beruht auf einer Methode der Übertretung. Die Anatomie repräsentiert sich zwar, genau wie die Bürokratie, als Bestandsaufnahme und als (Spuren-)Sicherung: Ihre anscheinende Rationalität fußt jedoch auf einer gewaltsamen, einschneidenden Entscheidung, die unsichtbaren Entscheidungsstrukturen sichtbar zu machen. Durch das schneidende Sehen wird die Struktur des Lebendigen als dessen Wahrheit in einer theatralen Ausnahmesituation konstruiert. *Anatomie und Staatsräson müssen die Krise, auf die sie antworten, (notfalls) selbst herbeiführen.*

Schnittpunkt ist daher *der gewaltsame Schauplatz, auf dem die Vernunftherrschaft gründet*: Auch die Räson des Staates verdankt sich einem solchen Wissenstheater. Sie ist das Analyseraster der empirischen Politikwissenschaft. Üblicherweise wird sie inhaltlich auf Machiavelli zurückgeführt, der in den Kapiteln 15 bis 18 des „Principe“ (1532) die humanistische Einheit von Gutem und Nützlichem zerstört und der Politik die Frage der Macht und des Erfolges stellt. Politische Entscheidungen seien nicht aus Wunschbildern, sondern aus der tatsächlichen Gestalt der Dinge abzuleiten. Wenn das Böse aus Notwendigkeit (necessità) getan werden müsse, so solle man es so gründlich tun, dass der Gegner sich später nicht mehr rächen kann.[8]

Die Notwendigkeit zu erkennen und aus den eingeholten Mitteilungen und Ratschlägen den richtigen auszuwählen macht den erhabenen Verstand des Fürsten aus.[9] Auch im Feld des Politischen lässt der Zusammenhang der Wirkungen Machiavelli zufolge Wendepunkte, Notwendigkeiten erkennen. Machiavelli will nicht mehr, wie Platon und Aristoteles, von einem Ideal- oder Sollzustand ausgehen, sondern von den tatsächlichen Ereignissen, von den beobachtbaren Effekten politischen Handelns. Während die Antike unterstellte, dass das Gute nur gute Wirkungen haben könnte, und schlechte Handlungen nur schlechte, so drehte Machiavelli die Beobachtungsrichtung um: Dasjenige, was gute Wirkungen zeitigt, muss gut genannt werden. Aus der alten Unterscheidung zwischen gerechtem, gesetzestreuem König und gewaltsamem, egoistischen Tyrannen wird nun das typisch neuzeitliche Konzept der Staatsräson.[10] Im „Principe“ erklärt Machiavelli: „Es ist also notwendig, daß ein Fürst, der sich behaupten will, auch lernen muß, nicht gut zu handeln, um im Notfall hiervon Gebrauch zu machen.“[11] Die Notwendigkeit ist das Er-

8 Vgl. ebd., S. 40.

9 Vgl. Niccolò Machiavelli. „Il Principe“. *Politische Schriften* (Anm. 5), S. 116.

10 Vgl. Machiavelli (Anm. 5), Buch 1, §4, S. 138f. u. §9, S. 151f.

11 Machiavelli (Anm. 9), §15, S. 91 (Übs. d. Verfassers).

gebnis einer rationalen Analyse, die in jedem Detail die Vorteile und Gefahren untersucht. Die Notwendigkeit ist die effektive Wahrheit (verità effettuale).[12] Diese Analyse ist Teil einer Strategie, die Machiavelli „discorrere" nennt. Der Diskurs beruft sich auf die Vernunft und auf den Willen, das Bessere zu verfolgen, wenn dies auch bedeutet, notfalls schlechte Mittel einzusetzen. Sein Beispiel ist die Medizin, die notfalls auch Gewalt gegen das Innere einsetzt.[13] Die Notwendigkeit tritt in einer Extremsituation ein, die kein Zögern zulässt. Die Zeit der Entscheidung ist extrem verkürzt. Weil die menschlichen Dinge instabil und in Bewegung sind, führt die Notwendigkeit dort ihr Regime, wo die Vernunft versagt.[14] Dieser Begriff der „Notwendigkeit" (necessità) als Ausnahmesituation und die Idee des sich darüber hinwegsetzenden Verstandes leitet nicht nur die empirische Politikwissenschaft, sondern später auch den Rationalismus.[15]

Giovanni Botero definiert schon 1589: „Die Staatsräson umfaßt [...] die Erhaltung des Staates und noch weit mehr seine Ausdehnung [...]." Die Staatsräson „ist etwas [...], das es erlaubt, all den öffentlichen Gesetzen [...] zuwiderzuhandeln".[16] Sie bildet ein „Verständnis der Mittel und Akte zur Gründung, Erhaltung und Vergrößerung eines Staates" aus.[17] Die Staatsgewalt muss daher die Gesetze überschreiten, um jenes Verständnis zu erwerben. Die Struktur und Legitimation staatlichen Handelns basiert geradezu auf der Inszenierung von Sachzwängen und Notwendigkeiten.

Anders als der machiavellistische Ausgangskontext nahe legt, ist das Problem der Regierung nicht der rivalisierende Fürst oder Nachbarstaat, sondern das Volk. Francis Bacon nimmt dieses Problem in den Blick: Volksaufstände entstehen aus Armut und aus Unzufriedenheit, die er nach dem Modell der Humoralmedizin erklärt.[18] Als bestes Mittel gegen

---

12 Ebd.

13 Vgl. Machiavelli (Anm. 5), Buch 3, §1, S. 237.

14 Vgl. Michel Senellart. *Machiavélisme et raison d'état, XIIe-XVIIIe Siècle*. Paris, 1989, S. 39.

15 Conring etwa protestiert daher auch gegen die Verbindung von Experimentalwissenschaft und Politik, die von Machiavelli über Bacon zu Hobbes reicht. Vgl. Hermann Conring. „De civili Prudentia" [Helmstedt, 1650]. *Opera*. 7 Bde. Hg. v. Johann W. Goebel. Braunschweig, 1740, Bd. 3, §105, S. 421 sowie Stolleis (Anm. 6), S. 99f.

16 Vgl. Giovanni Botero. *Della ragion di Stato* [Venedig, 1589]. 10 Bde. Hg. v. Chiara Continisio. Rom, 1997, Bd. 1, S. 7 sowie Ioannis Botero. *Gründlicher Bericht, von Anordnungen guter Policeyen und Regiments* [...]. Straßburg, 1596.

17 „Ragione di Stato si è notizia de' mezi, atti a fondare, conservare a ampliare un dominio." Botero, *Della ragion di Stato* (Anm. 16), Bd. 1, S. 1.

18 „As for discontentments, they are in the politic body like to humours in the natural, which are apt to gather a preternatural heat and to inflame [...]. And let no prince

Aufstände empfiehlt Bacon eine wohl dosierte Meinungsfreiheit und „das politische und künstliche Ernähren und Unterhalten von Hoffnungen“.[19] Das Kalkül der Regierung müsse daher die Ökonomie auf der einen und die Meinung auf der anderen Seite im Griff haben.[20] Es ist Teil der Staatsräson, Meinungskampagnen zu führen. Foucault erinnert daran, dass Richelieu die politische Kampagne mittels Schmähschriften, Pamphleten usw. erfunden hat, dass er geradezu den Beruf der Meinungsmanipulateure erfunden hat, die man zu jener Zeit die ‚publicistes‘ nannte. Die Geburt des Ökonomen und die Geburt der Publizisten fallen nicht zufällig in denselben Zeitraum; beide stärken die Regierungen und verhindern Aufstände der Regierten, da sie sich als scheinbar neutrale Meister der Krise darzustellen wissen.[21] Die Statistik, die Messung, die Schätzung, die Steuerung der Zirkulation der Waren und Gedanken, die Herstellung eines Gewaltmonopols durch Repräsentationen der Krise: Die „Staatsstreiche“, die vom Staatsapparat klug inszenierten Krisen, sind Grundlage der „Polizei“, ihrer Wissenschaft und ihrer Publizistik.[22]

Gabriel Naudé unterscheidet zwischen den öffentlich sichtbaren Maximen des Staates und dem „coup d'état“.[23] Nach Naudé ist „der Staatsstreich die Selbst-Äußerung des Staates selbst. Er ist die Affirmation der Staatsräson.“[24] Diese Affirmation operiert vor allem auf der Ebene der Repräsentation. Die Welt, so Naudé, spielt Theater, der Prinz interveniert als „Deus ex machina“.[25]

---

measure the danger of them by this, whether they be just or unjust, for that were to imagine people to be too reasonable [...].“ Francis Bacon. „Of Seditions and Troubles“. *The Essays*. Hg. v. John Pitcher. London, 1985, S. 103. „For remedies, there may be some general preservatives [...]. As for the just cure, it must answer to the particular disease, and so be left to counsel rather than rule [...]. To give moderate liberty for griefs and discontentments to evaporate [...] is a safe way. For he that turneth the humours back, and maketh the wound bleed inwards, endangereth malign ulcers and pernicious impostumations.“ Ebd., S. 104f.

19 „[...] the politic and artificial nourishing and entertaining of hopes.“ Ebd., S. 106.

20 Vgl. Foucault (Anm. 2), S. 393. Francis Bacon beruft sich positiv auf Machiavelli: vgl. hierzu Francis Bacon. „The Advancement of Learning“. *The Works of Francis Bacon*. 7 Bde. Hg. v. James Spedding, Robert L. Ellis u. Douglas D. Heath. London, 1859, Bd. 3, S. 430 u. Bacon (Anm. 18), S. 102.

21 Vgl. Foucault (Anm. 2), S. 394.

22 So etwa bei Johann Heinrich Gottlob von Justi. *Grundsätze der Policeywissenschaft*. Göttingen, 1756.

23 Zu Naudé vgl. Robert Damien. *Bibliothèque et Etat. Naissance d'une raison politique dans la France du XVIIème siècle*. Paris, 1995.

24 Vgl. Gabriel Naudé. *Considérations politiques sur les coups d'état*. Rom, 1667 u. außerdem Foucault (Anm. 2), S. 379.

25 Naudé (Anm. 24), S. 33; vgl. hierzu auch Julien Freund. „La situation exceptionnelle comme justification de la raison d'État chez Gabriel Naudé“. *Staatsräson,*

Die Erhaltung und der Ausbau der Staatsmacht gelingen vor allem in der theatralen Repräsentation einer Notsituation. Die Praxis des durch den Souverän durchgeführten Staatsstreichs nennt Foucault daher ein politisches Theater, dessen Kehrseite das literarische sei: Das Theater, die Kunst, die gesteuerte Öffentlichkeit richtet sich ein „im Kontext der Aufführung dieser Staatsräson in ihrer dramatischen, intensiven und gewalttätigen Form des Staatsstreichs".[26] Die Nahtstelle des politischen und des literarischen Theaters, so scheint mir, ist das Anatomische: Hier wird das Wissen um die Notwendigkeit produziert. Die Anatomie exemplifiziert den typisch neuzeitlichen Begriff des Handelns.

Die Notwendigkeit ist die Wahrnehmung eines Zwangs und damit die Grundlage des selbstgegebenen Gesetzes.[27] Sie gehört daher bei Des-

---

Studien zur Geschichte eines politischen Begriffs. Hg. v. Roman Schnur. Berlin 1975, S. 164.

26 Foucault (Anm. 2), S. 384.

27 Die Staatsräson wird dann oft als „Rei publicae utilitas" definiert. Vgl. Hermann Conring. „Dissertatio de Ratione Status" [Helmstedt, 1651]. *Opera*. 7 Bde. Hg. v. Johann W. Goebel. Braunschweig, 1740, Bd. 4, S. 552. Johann Wolfgang Textor zufolge ist damit die Förderung des Herrscherwohls gemeint. Eine Berufung der Untertanen auf ihr wahres, von ihnen selbst definiertes Wohl – gegen dasjenige des Herrschers – käme hier einer Rebellion gleich. Vgl. Johann Wolfgang Textor. *Tractatus Juris Publici de vera et varia Ratione Status Germaniae Modernae*. Altdorf, 1667, S. 13 u. Stolleis (Anm. 6), S. 117f. Im Gegensatz dazu steht Johannes Althusius' Theorie der Volkssouveränität „Politica methodice digesta" [Herborn, 1603]. Der Arzt, Politikwissenschaftler und Rechtshistoriker Hermann Conring meint, der Regelzustand von Befehl und willigem Gehorsam sei der Staatsräson gemäß. Wer Gründe für den Zusammenbruch von Herrschaft untersuche, stelle fest, dass, abgesehen von Überfällen von außen, bei denen die reine (Streit-)Macht entscheide, den Staat nur nach innen hin geplante Vorsichtsmaßnahmen erhalten. Den willigen Gehorsam produziert die machtvolle, auch geheimnisvolle Erscheinung. Vor allem gelte es, Parteibildungen und Aufstände zu verhindern. In höchster Gefahr darf die Obrigkeit durch die schiere Drohung mit Gefahr und Untergang die Bürgerschaft einschüchtern, um das Ganze zu retten. Interessant ist, dass Conring hier gut aristotelisch der Monarchie, Aristokratie und Politik eine andere Staatsräson zuschreibt als der Tyrannis, der Oligarchie und der Demokratie. Dass Conring von Naudé beeinflusst ist, weist Stolleis nach (Anm. 6), S. 103. Conrings medizinisches Interesse galt zur selben Zeit, als er sich mit den Mutationen und dem Tod der Republiken und mit den „Habitus corporum Germanicorum" befasste, vor allem solchen Phänomenen wie Konvulsionen, Epilepsie, Paralysen und Schwindel. Vgl. z. B. Hermann Conring u. Samuel Stockhausen. *Disputatio Medica Convulsionum Natura*. Helmstedt, 1638; Hermann Conring u. Andreas Probst. *Disputatio Medica de Apoplexia Natura, Causis et Curatione*. Helmstedt, 1640; Hermann Conring. *De Epilepsia*. Helmstedt, 1642 etc. Während es bei Conring eine forschungsbiografische Parallele gewesen sein mag, greifen Politik und Medizin im Begriff der Notwendigkeit, den Machiavelli entwickelt, systematisch ineinander.

cartes zur Definition des freien Willens.[28] Die Notwendigkeit, die die Anatomie aus dem politischen Körper herausseziert, ist daher eine Bedingung der Erfahrung von Freiheit – und steigert diese. Dieses Modell ist *explizit gegen die traditionell-aristotelische Handlungstheorie gerichtet*: Wer nur das Äußere des Körpers kenne, so kritisiert Descartes, der könne sich nicht vorstellen, dass er sich nur aufgrund der Selbstbewegung der Organe in jeder beobachtbaren Weise verhält.[29] Die Anatomie als Freilegung der Notwendigkeit ist eine inszenierte, Macht etablierende Handlung.

Descartes entwickelt in dem Brief an die Prinzessin Elisabeth von der Pfalz, worin er auf Machiavelli kritisch Bezug nimmt, eine veritable *Regierungs-Kunst*:[30] Ihm sind Machiavellis Ratschläge nicht rational genug, sondern aufgrund ihrer Ineffizienz gefährlich. Dementgegen entwickelt Descartes seine effiziente Regierungskunst durch eine Unterscheidung zwischen Freunden, Alliierten und Feinden. Diese Unterscheidung übernimmt er zwar von Machiavelli, steigert sie aber, um List und Gewalt zu vereinen. Rational ist für Descartes die Notwendigkeit eines schonungslosen Umgangs mit den Feinden: „Denn im Hinblick [auf die Feinde] hat man beinahe die Erlaubnis, alles zu tun, vorausgesetzt daß man irgendeinen Vorteil für sich oder seine Untertanen daraus zieht."[31] Indem sie an den Feinden der Gesellschaft Exempel statuiert, versteht es Descartes Regierungs-Kunst, bei den eigenen Subjekten Gehorsam und die Anerkennung auch für Symbolisches und Habituelles zu erzwingen.[32] Wer regieren will, muss die Ordnung der Phantasma kennen und

---

28 Der freie Wille besteht darin, „daß wir zum Bejahen oder Verneinen, zum Befolgen oder Meiden dessen, was uns der Verstand vorlegt, so veranlaßt werden, daß wir uns von keiner äußeren Gewalt dazu bestimmt fühlen." René Descartes. *Meditationen über die Grundlagen der Philosophie*. Hg. v. Lüder Gäbe u. übs. v. Arthur Buchenau. Hamburg, 1992, S. 105 („[...] quod ad id quod nobis ab intellectu proponitur affirmandum vel negandum, sive prosequendum vel fugiendum, ita feramur, ut a nulla vi externa nos ad id determinari sentiamus." René Descartes. „Meditationes de prima philosophia". *Œuvres de Descartes*. 11 Bde. Hg. v. Charles Adam u. Paul Tannéry. Paris, 1996, Bd. 7, S. 57).

29 Vgl. René Descartes. „La Description du Corps Humain". *Œuvres de Descartes* (Anm. 28), Bd. 11, S. 224.

30 Vgl. René Descartes. „Brief an Elisabeth" [September 1646]. *Briefe*. Hg. v. Max Bense u. übs. v. Fritz Baumgart. Köln u. Krefeld, 1949, S. 347 („Lettre à Elisabeth" [September 1646]. *Œuvres de Descartes* (Anm. 28), Bd. 4, S. 488).

31 Descartes, *Briefe* (Anm. 30), S. 347 („Car, au regard de ces derniers, on a quasi permission de tout faire, pourvu qu'on en tire quelque avantage pour soi ou pour ses sujets." Descartes, „Lettre à Elisabeth" (Anm. 30), S. 488).

32 „[...] daß er [...] in der Öffentlichkeit nur seine ernsthaften Handlungen oder die, die von allen gebilligt werden können, in Erscheinung treten läßt." / „[...] qu'il ne fasse paraître en public que ses plus sérieuses actions, ou celles qui peuvent être approuvées par tous." Descartes, *Briefe* / „Lettre à Elisabeth" (Anm. 30), S. 349 / S. 489f.

die Wahrnehmungen steuern: Er muss „Tugenden zu haben scheinen“ und keine Laster zu erkennen geben. Die Ausübung der Macht hängt von einer Rhetorik der Erscheinungen ab. Das Böse und das Laster sind für Descartes Kategorien der moralischen und also privaten Sphäre. Auf der Bühne des politischen Theaters haben diese Kategorien keine Bedeutung: Hier hat Gott nur die Kraft als Recht eingesetzt.[33]

Descartes behauptet hier den Ausnahmezustand, in dem sich das Politische im Vergleich zu allen anderen Tatsachen sozialer Beziehungen verhält: Souveräne Handlungen setzen die Normen des Rechten und Gerechten mit Gewalt.[34] Die Durchsetzungskraft, nicht die Privatmoral, leitet in seinen Augen die Rationalität einer politischen Handlung. Diese Normen setzende Gewalt beginnt mit dem schneidenden, trennenden, begrenzenden Sehen, das eine Notwendigkeit identifiziert und in einer materiellen Situation Entscheidbarkeit herstellt. Der freie Wille der Regierung hängt dabei ebenso wie derjenige des Individuums an der Identifikation der Eigengesetzlichkeiten des zu beherrschenden Körpers. Im Gegensatz zur Königin Elisabeth glaubt Descartes nicht an eine klare Trennungslinie zwischen Regierung und Regierten. Für ihn verläuft diese Linie durch jeden Menschen. Jedes Individuum müsse abmessen, wie sehr es sich auf soziale Pflichten, auf Solidarität oder auf politische Vorgaben einlasse. Während Descartes also auf der einen Seite, im Traktat über die Leidenschaften, durchaus das individuelle Opfer für das Vaterland anerkennen kann, so bleibt der Mensch doch im Übrigen nie das Opfer seiner Entscheidungen. Das cartesische Individuum entscheidet sich, sich zu engagieren, indem es frei von seiner Urteilskraft und seinem Willen Gebrauch macht. Unter diesem Primat der individuellen Überprüfung und Entscheidung erklärt sich Descartes einverstanden mit dem „Gesetz [...], das uns verpflichtet, soviel an uns liegt, das allgemeine Beste aller Menschen zu befördern“.[35]

Wie regiert man ganze Bevölkerungen? Indem man das Recht in seinen traditionellen Modi beläßt, Strafen und Gnade wohl dosiert, um doch zugleich unbeugsam zu erscheinen. Neben dieser Ökonomie der Gewalt müsse man, so führt der Brief weiter aus, die hassenswerten Aufgaben seinen Ministern überlassen und die unangenehmen Aufgaben der Regierung delegieren. Gleichzeitig muss man jeden möglichen Rat einholen, und doch selbst entscheiden.

33 Vgl. Descartes, *Briefe*/„Lettre à Elisabeth“ (Anm. 30), S. 347/S. 487.

34 Dass das Recht legitim ist, das sich aus der herrschaftlichen Gewalt ableitet, ist eine Logik, die Descartes von Thukydides übernimmt. Jean Bodin hatte bereits in seinen *Six livres de la République* (Paris, 1576) die irdischen Herrscher als Ebenbild Gottes bezeichnet.

35 René Descartes. *Discours de la méthode*. Hg. u. übs. v. Lüder Gäbe. Hamburg, 1997, S. 101 („[...] la loi qui nous oblige à procurer autant qu’il est en nous le bien

Gehirn – Metaphysik

Im Unterschied zu den antiken Harmoniekonzeptionen[36] ist das Besondere dieses neuzeitlichen, nicht zuletzt von Descartes verfochtenen Körpermodells, dass ein Körperteil, ein Organ, eine eingeschlossene Ausnahme bildet – eine *Hauptsache*. Die Hegemonie des Gehirns beruht darauf, dass es einerseits ein Teil des Körper-Automaten ist, der eine Funktion erfüllt, und auf der anderen Seite die Möglichkeit darstellt, mit der Kraft des Willens über die scheinbaren Gesetzmäßigkeiten des Körperlichen hinwegzugehen. Ein aufgeblasener Diskurs versucht auch heute noch, uns von der metaphysischen Sonderstellung dieses Organs zu überzeugen.

Gleich, ob das Gehirn nun als Sitz des Denkens oder gewissermaßen als Inkarnation des Denkens angesehen wird, es wird gleichsam zum doppelten Körper des Königs – Organ unter Organen, und doch Geist, Denken, *Zentralorgan*. Die niedrigen Seelen, die im aristotelischen Modell noch jedes Organ, jede Körperfunktion lenkten, wurden von Descartes aus dem Körper ausgetrieben. Sein Angriff auf den Aristotelismus bestand in erster Linie in dieser Verkürzung der Seele auf das Rationale: Empfindung, Gedächtnis und Bewegung könnten von der Maschinerie des Lebens nach dem Muster eines Uhrwerks hervorge-

---

général de tous les hommes." René Descartes. „Discours de la méthode". *Œuvres de Descartes* (Anm. 28), S. 487). Vgl. Senellart (Anm. 14), insbes. S. 49-55 u. Gérald Sfez. *Les doctrines de la raison d'Etat*. Paris, 2000, insbes. S. 97-110.

36 Auch im Altertum gab es selbstverständlich Positionen, die sich für eine Lokalisierung des Denkens im Gehirn und eine regierungsgleiche Führung des Körpers durch das Gehirn aussprachen. Darunter zählen Texte wie Ciceros „Tusculanae Disputationes". Dort heißt es, die antiken Positionen zusammenfassend: Manchen sei das Herz selbst die Seele. Empedokles glaube, die Seele sei das dem Herzen zufließende Blut, andere seien der Ansicht, ein bestimmter Teil des Gehirns enthalte den regierenden Teil der Seele („aliis pars quaedam cerebri visa est animi principatum tenere"). Wieder andere behaupteten, nicht das Herz oder das Gehirn selbst seien die Seele, sondern lediglich deren Sitz und Ort („sedem et locum"). Für die alten Philosophen und zuletzt Aristoxenos sei die Seele eine Harmonie so wie im Gesang oder bei einem wohltemperierten Saiteninstrument, während Aristoteles Denken, Vorausschauen, die Empfindung von Freude und Angst als fünftes Element und ewige Bewegung („entelechie") begreife. Marcus Tullius Cicero. *Tusculanae Disputationes*. Hg. u. übs. v. Alfred Kirfel. Stuttgart, 1997, I. Buch, Vers 9 u. 18ff., S. 51ff. Lukrez identifiziert den Geist (animus) mit dem Verstand (mens), „in dem unseres Lebens Rat und Regierung ihren Sitz hat" („primum animum dico, mentem quam saepe vocamus, in quo consilium vitae regimentque locatum est."). Geist und Seele seien innig verbunden und bildeten ein einziges Wesen, doch das Haupt und der Herrscher über den Körpers sei das, was wir Geist und Verstand nennten. Sitz des Geistes sei die Mitte der Brust. Lukrez. *Über die Natur*. Hg. u. übs. v. Hermann Diels. München, 1993, Buch III, Vers 135ff., S 203. Zum Weiterleben abgetrennter Körperteile vgl. ebd., Vers 642ff., S. 249.

bracht werden. Nur die rationale Seele, unteilbar und ausdehnungslos, regiert nun vermittels des Gehirns.

Machiavelli hatte noch das aristotelisch-republikanische Modell im Sinn, als er schrieb: Von der Bewaffnung des Volkes als dem Herzen des Staates hinge sein Überleben ab.[37] Und wie viele andere Anatomen hielt auch William Harvey an der Existenz einer vegetativen und sensitiven Seele, an der Zentralität des Herzens und an dem damit verbundenen Herrschaftsmodell fest: „That sensation as well as movement is inherent in the blood is obvious [...]. It is clear that all sensation and movement does not derive from the brain.“[38] Und weiter:

> The heart of animals is the foundation of their lives, the souvereign of everything within them, the sun of their microcosm, that upon which all growth depends, from which all power proceeds. The King in like manner is [...] the heart of the republic, the foundation whence all power, all grace, doth flow.[39]

Doch schon André Du Laurens hatte 1599 diese aristotelische Konzeption scharf kritisiert: Diese stelle das Herz ins Zentrum, obschon es sich von selbst und nicht willentlich bewege. Hektisch schnell schlage es, wenn man Hirnventrikel presse. Nicht das Herz, sondern das Gehirn sei der wichtigste Beweger. Es sei auch das, was fühle („aisthetikon“). Wenn die Peripatektiker dagegen einwendeten, dass nicht das Gehirn, sondern das Herz fühle, so sei dem zu entgegnen, das Gehirn fühle nicht „pathetisch“, „leidend“, sondern energetisch: Es urteile.[40] Für Du Laurens ist der Körper neuplatonisch das Arbeitshaus („ergastulum“) der Seele. Der Körper ist auch das Bild der politischen Hierarchie: Seit Du Laurens kann wechselweise das Gehirn als Herrscher des Körpers gelten, aber auch der Prinz als das Gehirn des Staates bezeichnet werden.[41]

---

37 „Übelstände entstehen“, schreibt er, „wenn die Völker entwaffnet sind [...]. Das Herz und die edlen Teile eines Körpers müssen gewappnet werden, nicht seine Extremitäten; denn ohne diese kann man leben, sind jene verletzt, erfolgt der Tod [...].“ Machiavelli (Anm. 5), Buch 2, §30, S. 233. Bei den Römern sei dieses bewaffnete Herz das Volk von Rom gewesen.

38 William Harvey. *Disputations Touching the Generation of Animals*. Hg. u. übs. v. Gweneth Whitteridge. Oxford, 1981, S. 248 u. 296.

39 William Harvey. *On the Motion of the Heart and Blood in Animals*. Übs. v. Robert Willis. Buffalo, N.Y., 1993, S. 1. Ähnlich erklärt auch Thomas Hobbes, das Herz sei „the fountain of all senses“, wenn auch die Bewegung der Sinne eine Bewegung im Gehirn auslöse. „If the motion be intercepted between the brain and the heart by the defect of the organ by which the action is propagated, there will be no perception of the object.“ Thomas Hobbes. *The Elements of Law, Natural and Politic*. Hg. v. John C. A. Gaskin. Oxford, 1994, S. 216.

40 André Du Laurens. *Historia anatomica humani corporis*. Paris, 1600, S. 33f.

41 Ebd. S. 10f. u. 15.

Descartes verbindet Machiavellis „Notwendigkeit“ mit den anatomischen Forschungen seiner Zeit: Diese demonstrieren die autonome Mechanik eines Systems von vitalen Funktionen wie Blutkreislauf und Verdauung. Nur wenige Bewegungen gehorchen dem Willen. Er artikuliert sich nur durch die Intervention in Ausnahmesituationen. Doch ist damit schon alles über Handlungen gesagt? Die Disposition der Organe mag zwar verantwortlich sein für die *Bewegungsmechanik*, nicht aber für das Phänomenale, für das Zur-Erscheinung-Bringen, wozu eine Wahrnehmungsinstanz zählt. Die hydraulischen und pneumatischen Argumente Descartes erhalten ihre *Evidenz* nur innerhalb der anatomischen Theater, in denen der Wille sich experimentell über die mechanische Tiefenstruktur des Körpers hinwegsetzt. Zur Realisierung einer Handlung gehört daher neben der Ausnahmegewalt die Produktion eines Wahrnehmungs-Regimes. Dies ist nicht nur eine Frage der Diskurse, sondern zunächst eine Frage der Architektur als einer Weise, durch räumliches Arrangement Wirklichkeit zu *inszenieren* und zu *kontrollieren.* Räume bestimmen über soziale und epistemische Dimensionen die Wahrnehmbarkeit, die Beherrschbarkeit und Gültigkeit des Experiments, das sich von der Beherrschung des eigenen Körpers bis zur Beherrschung von Populationen erstreckt.

Descartes’ rationale Seele ist demzufolge nicht nur Zuschauerin im Theater des Gehirns. Ihre Rationalität ist nicht nur eine des Urteilens, sondern auch eine der eingreifenden Handlung. Über die Nerven bewegt sie, von ihrem „Herrschersitz“ („principal siège“) aus, die Muskeln.[42] Das Herz mag die innere Quelle der Bewegung sein. Das Gehirn aber ist der Brunnen, mit dem die „vernünftige Seele“ die Bewegung steuert, und zwar durch „esprits animaux“, welche von den Hirnhöhlen aus die Nerven stimulieren.[43] Nun räumt Descartes zwar ein, dass die Seele, eins und unteilbar, im ganzen Körper sei, ihren „Herrschersitz“ („principal siège“) aber habe sie im Gehirn, genauer, in der Zirbeldrüse. Die Seele organisiert dort und dirigiert, wie ein Organist die Orgel. Der Sitz der Seele im Gehirn ist nicht nur der Ort, wo die Sinnesinformatio-

---

42 René Descartes. *Die Leidenschaften der Seele*. Hg. u. übs. v. Klaus Hammacher. Hamburg, 1996, S. 57 („Les Passions de l’Ame“. *Œuvres de Descartes* (Anm. 28), Bd. 11, S. 354). Nicht nur „horloge“ und „moulin“, auch komplizierte Grotten sind ein Beispiel für äußere Einflüsse auf die Bewegung. Vgl. ders. „L’Homme“. *Œuvres de Descartes* (Anm. 28), Bd. 11, S. 131. In dem Teil des Gehirns, der Sitz des Gemeinsinns sein soll, stellt dieser dem Geist die Zustände, die außerhalb auf verschiedene Weise sein mögen, auf gleiche Weise dar. Vgl. Descartes, *Meditationen*/„Meditationes“ (Anm. 28), S. 155/S. 86.

43 Descartes, „L’Homme“ (Anm. 42), S. 131f.

nen zusammenlaufen und wo gesehen und erkannt wird, von dort gehen auch Impulse, Befehle an alle Teile des Körpers aus.[44]

Was sich dieser Leitung widersetzt, ist der seelen- und vernunftlose Widerstand des Körpers, den Descartes „Leidenschaft“ nennt. Die Pointe seines Traktates über die Leidenschaften läuft nicht auf deren Anerkennung hinaus: Vielmehr unternimmt er eine Anatomie dessen, was den Körper aufrührt und sich der Rationalität widersetzt. Quasi-machiavellistisch schließt Descartes: Wer seine Leidenschaften studiert und zu regulieren versucht, dem wird es, mit Fleiß, gelingen, die Bewegungen seines Gehirns zu ändern, um letztlich eine „absolute Macht über die Leidenschaften“ zu entfalten.[45] Die adäquate Ausbildung des Gehirns und der Nerven sichern die absolute Herrschaft der Vernunft über den Körper.

Was ist für Descartes eine Leidenschaft („passion“)? Nichts anderes als die Agitation, mit der die Nerven Bewegungen transportieren und die Zirbeldrüse inmitten des Gehirns schütteln.[46] Wer mit Vernunft handelt, der ist Souverän und kann auch von den gewalttätigsten inneren Leidenschaften nicht aus der Ruhe gebracht werden.[47] Das Handeln der rationalen Seele geschieht, indem sie durch den schieren Willen die Zirbeldrüse und damit den Körper steuert. Das Wesentliche des menschlichen Körpers ist daher dieser neurotische Regierungsapparat, die Einheit aus Auge, Hirn und Nerven, wie es die berühmten Abbildungen aus seinem Traktat „L'Homme“ (1664) deutlich machen. Nur durch die Disposition dieses Apparates kann die rationale Seele in die Körperabläufe intervenieren und Bewusstsein hervorbringen.[48] Und wenn der Apparat nicht

---

44 Vgl. Descartes, *Leidenschaften der Seele* / „Les Passions de l'Ame“ (Anm. 42), insbes. §31, §32 u. §34 u. ferner Richard S. Carter. *Descartes' Medical Philosophy, The Organic Solution to the Mind-Body Problem.* Baltimore, 1983, S. 108.

45 „[S]elbst diejenigen, die äußerst schwache Seelen haben, [können] absolut volle Herrschaft über alle ihre Leidenschaften erlangen, wenn sie sich genügend mit Geschicklichkeit bemühen, sie zu dressieren und zu leiten.“ / „[C]eux mesme qui ont les plus foibles ames, pourroient acquerir un empire tres-absolu sur toutes leurs passions, si on employoit assez d'industrie à les dresser, & à les conduire.“ Descartes, *Leidenschaften der Seele* / „Les Passions de l'Ame“ (Anm. 42), S. 89 / S. 370.

46 Die erste unter den Passionen ist folgerichtig für Descartes die Verwunderung („admiration“). Vgl. ebd., S. 95 / S. 373.

47 Vgl. ebd., §147.

48 Allerdings wurde schon bald deutlich, dass das Gehirn selbst eingelassen wird in vielfältige Kreisläufe, die, direkt oder indirekt, die Steuerung des Körpers beeinflussen. So zeigt ein Versuch von Nicolaus Stenon (1667), dass das Abbinden der Aorta descendens Lähmungen (an den unteren Extremitäten) auslösen konnte, was bisher, im Falle der Pressung oder Schneidung des Gehirns oder des Rückenmarks als Zeichen für die Steuerungsfunktion dieser Körperteile gewertet wurde. Stenons Ver-

gefügig ist, kann es zu Konflikten kommen: Dann entscheidet, so Descartes, die

> Stärke, mit der die Nervengeister die Zirbeldrüse stoßen, um in der Seele die Begierde nach einer Sache hervorzurufen, und der Stärke, mit der die Seele, durch ihren Willen, dieses zu vermeiden, die Zirbeldrüse in die gegenteilige Richtung drängt.[49]

In der englischen Restaurationszeit, als sich König Charles II. mit dem Parlament zu arrangieren hatte, unterteilt Thomas Willis das Gehirn. Fortan ist nur noch ein Teil für die Willensbildung und für die Reflexion zuständig. Der andere regelt, quasi automatisch, die überlebenswichtigen Kreisläufe. Willis visualisierende Schnitte etablieren ein Regierungssystem, in dem zum ersten Mal die Regierung gegenüber dem Souverän als eigene Macht angesehen werden kann.

Das Denken und Urteilen ordnet Willis dem Cerebrum, die Sensomotorik dem Cerebellum zu. Das Kleinhirn erscheint in seinem Modell als weitgehend autonom funktionierender Apparat, der auch ohne explizite Willensentscheidung Steuerungsvorgänge durchführt und über das Zentralnervensystem mit den Vitalorganen kommuniziert.[50] Mit dieser strukturellen und funktionalen Differenzierung von Großhirn und Kleinhirn lokalisiert Willis eine organische Voraussetzung für den Begriff des unbewussten Denkens.[51] Schlüsselversuch für die Trennung der zwei Systeme war die Verletzung oder Entfernung des Kleinhirns, woraufhin innerhalb kürzester Zeit die Zirkulation und Respiration aussetzte. Dies führte unausweichlich zum Tod.[52]

Für Willis hängt die Denkfähigkeit aller Lebewesen von den Faltungen, Kanälen und Begegnungsplätzen im Hirn ab, wie auch das Hirn aufgrund seiner komplexen Organisation und seiner massiven Geschütztheit als Hauptstadt die Provinzen des Körpers dominiert.[53] In Willis ana-

---

such dokumentierte vor allem die Wichtigkeit der Blutzufuhr für die Nerven. Vgl. Max Neuburger. *Gehirn- und Rückenmarks-Physiologie*. Stuttgart, 1897, S. 113.

49 Descartes, *Leidenschaften der Seele* (Anm. 42), S. 79 (Übs. leicht modifiziert) („entre l'effort dont les esprits poussent la glande pour causer en l'ame le desir de quelque chose, & celuy dont l'ame la repousse par la volonté qu'elle a de fuir la mesme chose." Descartes, „Les Passions de l'Ame" (Anm. 42), S. 365).

50 Vgl. Thomas Willis. „The Anatomy of the Brain". *The remaining Medical Works of that famous and renowned Physician Dr. Thomas Willis; englished by Samuel Pordage*. Bd. 2, Montreal, 1965 [Nachdruck d. Ausgabe London, 1681], S. 101 u. 111.

51 Vgl. Thomas Willis. *Cerebri Anatome*. London, 1664, S. 186.

52 Vgl. Willis (Anm. 50), S. 196ff.

53 So nennt Willis den Schädel ein „Castellum", den Corpus Callosum ein „publicum emporium". Die Medulla oblongata ist die breite Königsstrasse („via lata & quasi regia"), die von der „Metropolis, in plerasque nervosi generis Provincias" führt. Das

tomische Kartografie schreibt sich ein spezifisch frühneuzeitliches Modell des *Body Politick* ein. Nur dieser *Body Politick* macht die Korrelation von Freiheit, Lernen und Steuerungsfähigkeit mit der aufwendigen Konstruktion (Vielfältigkeit, Differenziertheit und Verknüpfung) des menschlichen Gehirns plausibel.

Das gleiche explikative Muster liegt Willis' Aussage zugrunde, derzufolge die Struktur des Cerebellum von Spezies zu Spezies kaum variiert, denn er unterstellt, dass die vitalen Funktionen bei allen Lebewesen gleich sind.[54] Die Strukturidentität des Cerebellum befähigt sie sogar zu großen Kulturleistungen: Auch Tiere können lernen, bewundernswerte Republiken bilden und perfekte Regierungsarten ausführen.[55]

Wie Descartes hält Willis daran fest, dass allen Menschen in gleichem Maße eine rationale Seele gegeben sei. Ihre Operationsfähigkeit hänge lediglich vom Aufbau der sensitiven Seele ab.[56] Dass der Aufbau des Gehirns entscheidend für die Ausübung rationaler Fähigkeiten ist, liest Willis aus physischen Defekten ab.[57] Dennoch ist die rationale Seele immateriell und nur Menschen eigen. Willis zufolge residiert diese Seele im Corpus Callosum, wohin die Sinne ihre Wahrnehmungen projizieren. Genau wie ein König sich nicht mit den bürokratischen Details der Regierungsgeschäfte aufzuhalten brauche, so müsse auch die rationale Seele sich nicht mit den „lower offices" aufhalten: Sie präsidiere, betrachte die Bilder und führe Akte der Vernunft, des Urteils und des Willens aus.[58] Doch die unteren, sensitiven Seelenkräfte sind materiell, an ein Organ gebunden und können erkranken. Krankheiten nennt Willis auch Revolutionen: Die sensitiven Seelenkräfte begehren dann auf gegen die Herrschaft der rationalen Seele. Was folgt, beschreibt Willis als einen Bürgerkrieg („Civil war"): „The lower soul growing weary of the yoke of the other, if occasion serves, frees itself from its bonds."[59] Dann tobt ein Machtkampf im Gehirn. Verliert die sensitive Seele ihren Aufstand, so wird sie von Melancholie überwältigt. Die harmlosen Fälle von Melancholie empfiehlt Willis mit ästhetischen Mitteln zu behandeln wie „pleasant talk, or jesting, Singing, Musick, Pictures, Dancing, Hunting,

---

Cerebellum ist eine unabhängige Stadt mit eigener Rechtsprechung. Willis (Anm. 50), §10.2, S. 122 u. §10.5, S. 129; ebd., S. 154; ebd., S. 184.

54 Vgl. ebd., S. 91f.

55 Vgl. Thomas Willis. „Two Discourses concerning the Soul of Brutes". *Dr. Willis's Practice of Physick*. Hg. v. Samuel Pordage. London, 1684, S. 27.

56 Vgl. ebd., S. 41.

57 Vgl. Willis (Anm. 50), S. 132.

58 Vgl. Willis (Anm. 55), S. 398.

59 Ebd., S. 43.

Fishing, and other pleasant Exercises".[60] Gewaltsame Verrücktheit aber verlangt nach einem anderen Kaliber von Maßnahmen, um die Herrschaft der rationalen Seele sicherzustellen: „Furious Mad-men are sooner, and more certainly cured by punishments and hard usage in a strait room, than by Physick or Medicines."[61] Wir sehen, dass hier die Rezepte der Staatsräson schon in ihrer Geburtsstunde in die Neurologie eingewandert sind.

Dennoch konzediert Willis nicht nur die Eigenmächtigkeit des sensomotorischen Apparats. In „De Motu Musculari" entdeckt Willis die von Gehirn und Nerven unabhängigen Bewegungskräfte der Muskeln.[62] Ein großer Teil dessen, was zuvor noch als willentliche Bewegung angesehen worden war, wird bei Willis zum bloßen Reflex, zu dem auch einzelne Glieder fähig sind. Jede Funktionseinheit hat nun gewissermaßen eine eigene Raison d'être.

Willis' Freund und Ratgeber in frühen Sezierübungen in Oxford, William Petty, verband seine Erkenntnisse der Anatomie mit dem, was er von Hobbes' mechanistischer politischer Philosophie übernommen hatte. In seinem Traktat „The Political Anatomy of Ireland" findet sich eine statistische und ökonomische Ausmessung des „Body Politick".[63] Sie wird Grundlage der Produktivitätssteigerung, wenn es gelingt, genau diesen Eigensinn im Sinne des Ganzen auszunutzen. Von Pettys Überlegungen zum Wert wird später Karl Marx inspiriert.[64]

Doch viel deutlicher noch als bei Hobbes wird die Notwendigkeit einer Verwaltung des Staates durch eine Regierung und die Verquickung mit dem Gehirnmodell bei John Locke, dessen Theorie des Geistes sich auch auf die anatomische Forschung von Thomas Willis stützt.[65]

John Locke wird oft für den liberalen Verteidiger der individuellen Rechte gegen die staatliche Gewalt gehalten: Er verteidigt jedoch nur das individuelle Gewissen in politischen und religiösen Dingen. Das Gewissen erscheint aus dieser Warte als ein individuelles Zucken des Präparats, dessen Relevanz für die Gesamtheit abgeschnitten ist. Locke be-

---

60 Ebd., S. 194.

61 Ebd., S. 204.

62 Vgl. Thomas Willis. „De Motu Musculari". *Opera Omnia*. Lyon, 1681, Bd. 1, S. 674ff.

63 William Petty. *The Political Anatomy of Ireland*. London, 1691. Zit. n. Erich Strauss. *Sir William Petty, Portrait of a Genius*. London, 1954, S. 192. Petty sezierte zusammen mit Hobbes 1646 in Paris.

64 Vgl. Jan Hoff. *Kritik der klassischen politischen Ökonomie, zur Rezeption der werttheoretischen Ansätze ökonomischer Klassiker durch Karl Marx*. Köln, 2004.

65 Vgl. hierzu Robert L. Martensen. *The Brain Takes Shape. An Early History*. Oxford, 2004, S. 184ff.

schreibt die Gesellschaft als einen lebendigen Körper, dessen Einheit von der Legislative (dem Parlament) als seiner Seele hergestellt wird.[66] Der Exekutive jedoch billigt er das Recht zu, die Legislative aufzulösen oder einzuberufen und die Regierung zu etablieren. Dieses Prärogativrecht der Staatsorgane kann nach dem Motto „Salus Populi suprema lex" auch bedeuten, dass „ungesunde Teile abgeschnitten werden müssen".[67] Knotenpunkt der Staatsorgane, ihr Gehirn, ist die Regierung.

Für Locke gibt es keine bewusste Wahrnehmung ohne die Aktivität des Gehirns. Die Aktivität des Gehirns besteht darin, Sinn bzw. Ideen zu produzieren, worin die Wahrnehmung besteht.[68]

Lockes Idee des Gehirns als „empty cabinet" geht wörtlich auf Willis zurück. Dahinter steht die Idee einer Tabula rasa, derzufolge sich die Denkgewohnheiten erst ausprägen.[69] Das Gehirn sichtet in den Wahrnehmungen die Möglichkeit einer Veränderung. Deshalb bezeichnet Locke es als die Quelle der Macht – einer Macht, die durch Entscheidungen und Akte zur Agentin der Freiheit wird. Gleichzeitig steuert das Gehirn auf einer unteren Ebene den Bereich des Lebendigen, der automatisch abläuft und der dem Willen entzogen ist.[70]

---

66 Vgl. John Locke. „The Second Treatise of Government". *Political Writings*. Hg. v. David Wooton. London, 1993, S. 370.

67 „Salus Populi suprema lex", Locke (Anm. 66), S. 341ff. „Executive power establishes the government. Represents what has not been represented." Ebd., S. 343. „For prerogative is nothing but the power of doing public good without a rule." Ebd., S. 347; „cutting of unhealthy parts", ebd., S. 350.

68 Vgl. John Locke. *An Essay concerning Human Understanding*. London, 1997, S. 142.

69 Das normale Funktionieren des Körpers sei weitgehend vom Gehirn abhängig. Aber auch das Denken komme ins Schleudern, wenn das Gehirn überhitzt sei, wie Locke in seiner Attacke auf Enthusiasten deutlich macht. John Locke. *An Essay Concerning Human Understanding*. 2 Bde. Hg. v. John W. Yolton. London, 1965, Bd. 2, Kap. 19, §3, S. 289.

70 Vgl. John Locke (Anm. 68), S. 224. Locke führt gegen die Anatomie ins Feld, dass sie uns nichts über die Gründe von Krankheiten noch über wirksame Heilmittel gegen Schmerzen sagen könne. Man könne noch so gut über die Farbe, Größe, Lage und Gestalt der Organe informiert sein, über ihre Aus- und Eingänge, und wisse doch nichts über ihre Funktion noch über die unsichtbaren Säfte, welche für die Performanz der Aufgaben und die Regierung der Gesundheit verantwortlich seien. Daher seien „those skillful Indians", die nie eine Dissektion vorgenommen hätten, oft fähig, Kranke zu heilen, die von den in der Anatomie ach so sehr bewanderten europäischen Ärzten längst aufgegeben worden seien. John Locke. „Anatomia". Kenneth Dewhurst. *Dr. Thomas Sydenham 1624-1689. His Life and Original Writings*. London, 1966, S. 86, 89 u. 91. Alles, was der Arzt sich von der Anatomie zu erhoffen habe, so Locke, sei Übung seiner Hand und seines Urteils bei der Prognose von Wunden und anderen organischen Krankheiten sowie ihm bei der Beobachtung von Krankheiten und der Wirkung seiner Heilmittel zu helfen.

Dieser Steuerungs-Automatismus wird ergänzt durch die Vorstellung eines Reflexes, eine Art mechanisiertes Bewusstseinsresiduum, das auf Reizungen durch Irritationen oder Zuckungen reagiert. Dass diese individuellen Konvulsionen und Aufstände nicht lähmen oder Überhand nehmen, ist für Locke die Aufgabe rationaler Steuerung. Je komplexer die Hirnstruktur gerade in den Hemisphären des Großhirns, und je ausgeprägter die Asymmetrie zwischen ihnen, desto rationaler das Lebewesen. Diese Überzeugung nimmt hier ihren Anfang, und führt im 19. Jahrhundert, im Gefolge von Paul Broca u. a., zu einer Art Gehirnrassismus.[71]

Das Zucken der Kritik

Foucault hat herausgearbeitet, dass zugleich mit dieser Regierung der Subjekte durch die Wahrheit auch die Kritik entsteht. Die Funktion der Kritik ist, so nennt es Foucault: die *Entunterwerfung*.[72] Kritik entsteht als Reaktion auf die Gouvernementalität.

Vielleicht gibt es auch eine Kritik des Körpers, sobald er der Hegemonie des Gehirns unterstellt worden ist: Alle Formen des Leidens am Gehirn, des Wahnsinns, aber auch Versuche, der Beobachtung, Klassi-

---

Für Lockes Sensualismus ist die Anatomie dennoch ein idealer Ausgangspunkt für das Studium der Medizin. Es gibt einen Brief von Locke an Carey Mordaunt, Countess of Peterborough, aus dem Jahr 1697, worin er ihr empfiehlt, ihren Sohn das Studium der Wissenschaften mit der Anatomie beginnen zu lassen: „[T]hat consists only in seeing the figure texture & situation of the parts & some little matter about their use. For I thinke in all the sciences the easiest should always be begun with which are those yt lye (!) [that lie] nearest the senses & from thence by degrees to proceed to those that are more abstract & lie wholly in thought." John Locke. [Brief an Carey Mordaunt, Countess of Peterborough, aus dem Jahr 1697]. Bodleian Library MS. Locke c. 24, fol. 197v. Locke hat auch bei Willis gehört und seine Vorlesungen mitgeschrieben. Siehe Kenneth Dewhurst. *Willis's Oxford Lectures*. Oxford, 1980, S. 53. Dieser Text basiert auf den Vorlesungsmitschriften von John Locke u. Richard Lower, Bodleian Library, MS Locke, fol. 19; *Boyle's Papers* (Library of the Royal Society). Vol. XIX, fol. 1-35.

71 Vgl. Stanley Finger. *Origins of Neuroscience*. Oxford, 1994, insbes. Kap. „The Emergence of the Concept of Cerebral Dominance", S. 386ff. Sich als historisch erste Rasse ausgebend kämpften die Volksbewegungen der Puritaner und Levellers während der englischen Revolution um 1630 gegen die absolutistische Monarchie von Charles I. Dieser „nichtrassistische Rassediskurs" der vielen Rassen wird zum Begriff der Rasse im Singular von der zentralen Staatsgewalt umfunktioniert. Sie will nun die Norm, das biologische Erbe, unter dieser Kategorie schützen. Vgl. Michel Foucault. *In Verteidigung der Gesellschaft. Vorlesungen am Collège de France (1975-1976)*. Übs. v. Michaela Ott. Frankfurt a. M., 2001, S. 78f. Vgl. Stingelin (Anm. 3), S. 18f.

72 Michel Foucault. *Was ist Kritik?* Übs. v. Walter Seitter. Berlin, 1992, S. 12.

fizierung und Steuerung selbst noch der unbewussten Körpervorgänge zu entgehen, gehören sicher hier hin. In den anatomischen Theatern zeigt der Körper folgende Formen der Kritik: Er zerfällt rapide (besonders das Gehirn), erstarrt, entzieht sich der Rückführung auf die Struktur durch funktionslose Organe, durch Verwachsungen, aber auch durch zuviel Fettgewebe; er zuckt und bewegt sich, obschon per Definition tot, zuweilen kehrt er, mitten im anatomischen Theater, ins Leben zurück.[73]

Fast schon als Form revolutionärer Kritik nehmen sich Versuche aus, bei denen die Bewegungsfähigkeit trotz der Entfernung des Gehirns nicht erlischt: Von einer Landschildkröte behauptete Francesco Redi, dass sie noch ein halbes Jahr umhergetapst sei, nachdem er ihr das Gehirn herausseziert hatte. Volcher Coiter legte in systematischen Forschungen dar, warum die Bewegungsfähigkeit der Vögel nach Abtrennung des Kopfes erhalten blieb. Joseph-Guichard du Verney exstirpierte Tauben das Groß- und Kleinhirn, woraufhin sie nicht nur fortlebten, sondern Nahrung suchten und ihre Sinne gebrauchen konnten. Pierre Chirac ist es in mehreren Experimenten an Hunden gelungen, sie trotz Zerstörung des Gehirns am Leben zu halten, sie umherlaufen und ihre Sinne gebrauchen zu lassen. Robert Boyle wies sogar nach, dass sich Schmetterlinge der Seidenraupe nach Abtragung des Kopfteiles noch begatten können.[74] Unter der Leitung von Claude Perrault befasste sich die Académie Royale des Sciences mit dem Phänomen, dass eine Schlange, der man zunächst den Kopf abgeschlagen und dann das Herz entfernt hatte, weiterlebte: Die Viper sei wie gewöhnlich gekrochen, allerdings über den Hof bis unter einen Steinhaufen im Garten, wo sie sich versteckte. Es sei unmöglich zu übersehen, so schloss Perrault seinen Bericht, dass hier das Gedächtnis eine Rolle gespielt habe, um bloß mithilfe des Fühlens ihr gewöhnliches Versteck wiederzufinden. Das Gedächtnis sei daher weder, wie die Alten behaupteten, eine ins Hirn eingeprägte Spur noch eine Steuerung durch das Rückenmark, denn dieses diene lediglich zur Aufrechterhaltung der Bewegung.[75] Wenngleich diese Versuche die Hypothese nährten, dass die Empfindung, das Fühlen, die Wahrnehmung, zu-

---

73 So geschehen bei Willis im Fall der Anne Green, aber auch in Wien.

74 Volcher Coiter. *Externarum et internarum principalium humani corporis partium tabulae atque anatomicae exercitationes observationesque variae.* Nürnberg, 1572, S. 128f. Zu Du Verney und Chirac vgl. Charles Preston. „An Account of a Child Born Alive Without a Brain, and the Observables in It on Dissection". *Philosophical Transactions* 19.226 (1697), S. 461; Robert Boyle. *The Works of the Honourable Robert Boyle.* 5 Bde. Hg. v. Thomas Birch. London, 1772, Bd. 2, S. 71.

75 Claude Perrault. *Essais de Physique ou Recueil de plusieurs traitez touchant les choses.* Paris, 1680, Bd. 1, S. 276. Auf dieses Experiment bezieht sich auch Maine de Biran. *Influence de l'Habitude sur la faculté de penser* [1803]. Paris, 1954, S. 276.

mindest aber die Reizbarkeit auf den ganzen Körper verteilt sei, so griffen sie doch nicht die cartesische Trennung von Wahrnehmung und Denken an. Der Körper überlebt, fühlt und gewöhnt sich, aber er weiß sich nicht; er denkt nicht und kann daher auch nicht wollen. Genau diese Auffassung kehrt gut ein Jahrhundert später in der Definition des Volkes wieder, die Hegels Staatstheorie zugrunde liegt. Hegel bestimmt das Volk als denjenigen Teil der Mitglieder eines Staates, „der nicht weiß, was er will". Ihm ist der andere Teil der Staatsbeamten entgegengesetzt, „die tiefere und umfassendere Einsicht in die Natur der Einrichtungen und Bedürfnisse des Staats haben".[76]

An die Experimente, durch das Abschneiden der Steuerungsorgane das Unbewusste des Körpers sichtbar zu machen und in eine eigene Rationalitätsform zu überführen, so scheint mir, schließt auch Lenins politische Avantgarde an. Sie begreift die Menschheit als eine biologische Rasse unter anderen, deren Eigenschaften es im biokosmischen Vergleich zu verbessern gilt; die Avantgarde muss die Menschheit regieren und ihre vegetative Lebensform vervollkommnen und erweitern, will man unnötiges Leiden und die Vermehrung des Unterentwickelten verhindern. Konstantin Ciolkovskij schreibt:

> Die Menschheit wird sich gleichsam in ein mächtiges Wesen verwandeln unter Leitung ihres Präsidenten. Dieser ist in physischer und geistiger Hinsicht der beste aller Menschen.

Er ist der „wissenschaftlich Auserwählte".[77] Im Umkehrschluss wurde unterstellt, dass politische Geniestreiche letztlich nur durch ein besonderes Gehirn zu erklären sind. Lenins Hirn wurde deshalb entnommen, konserviert, in über 30 953 Dünnschnittpräparate zerlegt und in einer

---

76 Georg W. F. Hegel. *Grundlinien der Philosophie des Rechts* [1821]. Hamburg 1995, §301, S. 261f.

77 Konstantin Ciolkovskij. „Die kosmische Philosophie". *Die Neue Menschheit. Biopolitische Utopien in Russland zu Beginn des 20. Jahrhunderts*. Hg. v. Boris Groys u. Michael Hagemeister. Mitarb. v. Anne von der Heiden. Frankfurt a. M., 2005, S. 383. „Diese biopolitischen Projekte [...] haben [...] die Entstehung rein wissenschaftlicher und technischer Programme stimuliert [...]. Zu den spektakulärsten und folgenreichsten Programmen dieser Art gehörte zweifellos die Raketenforschung, die von Konstantin Ciolkovskij mit dem Ziel betrieben wurde, die auferstandenen Ahnen auf andere Planeten zu bringen, und die den Ausgangspunkt der späteren sowjetischen Raumfahrt bildete [...]. Die zahlreichen Schriften von Ciolkovskij waren [...] der sozialen Organisation des Universums gewidmet [...]. [Er sieht] im menschlichen Gehirn nur einen materiellen Teil des Universums. So sind alle Prozesse, die im menschlichen Gehirn stattfinden, letztendlich Prozesse, die ihren Ursprung im ganzen Universum haben [...]. Freilich muss die natürliche Auslese darüber entscheiden, wessen Gehirn den Willen des Universums am besten ausdrückt." Boris Groys. „Unsterbliche Körper". *Die Neue Menschheit* (ebd.), S. 16f.

über zehn Jahre dauernden Untersuchung analysiert, bis angeblich der materielle hirnanatomische Nachweis von Lenins Genialität erbracht werden konnte.[78]

Die Metaphysik des Gehirns, derzufolge es nicht einfach ein Organ unter anderen ist, sondern das Regierungs-Organ, das unterhalb des Bewusstseins die lebendige Einheit, die Entwicklung und die Ausrichtung des Körpers überhaupt erst herstellt durch die Herbeiführung von Krisen, aus denen erst klare Wahrnehmung und Selbststeuerung resultieren können, liefert seit der Frühen Neuzeit das Grundmuster – für die Staatsräson, für die Gewalt von Regierungsorganen, für die Legitimation von Avantgarden, für die großen revolutionären, wissenschaftlichen oder künstlerischen Avantgarden wie für die kleinen biopolitischen Agenten, die das Leben der Menschen tagtäglich verwalten und es ihnen zugleich vorenthalten.

LITERATURVERZEICHNIS

Althusius, Johannes. *Politica methodice digesta.* [Herborn, 1603].

Bacon, Francis. „The Advancement of Learning". *The Works of Francis Bacon.* 7 Bde. Hg. v. James Spedding, Robert L. Ellis u. Douglas D. Heath. London, 1859, Bd. 3, S. 253-491.

Bacon, Francis. „Of Seditions and Troubles". *The Essays.* Hg. v. John Pitcher. London, 1985, S. 101-107.

Biran, Maine de. *Influence de l'Habitude sur la faculté de penser* [1803]. Paris, 1954.

Bodin, Jean. *Six livres de la République.* Paris, 1576.

Botero, Giovanni. *Della ragion di Stato* [Venedig, 1589]. 10 Bde. Hg. v. Chiara Continisio. Rom, 1997.

Botero, Ioannis. *Gründlicher Bericht, von Anordnungen guter Policeyen und Regiments* [...]. Straßburg, 1596.

Boyle, Robert. *The Works of the Honourable Robert Boyle.* 5 Bde. Hg. v. Thomas Birch. London, 1772.

Boyle's Papers (Library of the Royal Society). Vol. XIX, fol. 1-35.

Carter, Richard S. *Descartes' Medical Philosophy, The Organic Solution to the Mind-Body Problem.* Baltimore, 1983.

Cicero, Marcus Tullius. *Tusculanae Disputationes.* Hg. u. übs. v. Alfred Kirfel. Stuttgart, 1997.

Ciolkovskij, Konstantin. „Die kosmische Philosophie". *Die Neue Menschheit. Biopolitische Utopien in Russland zu Beginn des 20. Jahrhunderts.* Hg. v. Boris Groys u.

78 Auch die Gehirne von Majakovski, Bogdanov, Ciolkovskij, Gorki und „anderen Mitgliedern der Sowjetelite sowie die Gehirne von ‚Durchschnittsmenschen verschiedener Nationalitäten und Rassen' [wurden] zu Vergleichszwecken präpariert und analysiert […]." Michael Hagemeister. „‚Unser Körper muss unser Werk sein.' Beherrschung der Natur und Überwindung des Todes in russischen Projekten des frühen 20. Jahrhunderts". *Die Neue Menschheit* (Anm. 77), S. 36.

Michael Hagemeister. Mitarb. v. Anne von der Heiden. Frankfurt a. M., 2005, S. 379-390.
Coiter, Volcher. *Externarum et internarum principalium humani corporis partium tabulae atque anatomicae exercitationes observationesque variae*. Nürnberg, 1572.
Conring, Hermann u. Samuel Stockhausen. *Disputatio Medica Convulsionum Natura*. Helmstedt, 1638.
Conring, Hermann u. Andreas Probst. *Disputatio Medica de Apoplexia Natura, Causis et Curatione*. Helmstedt, 1640.
Conring, Hermann. *De Epilepsia*. Helmstedt, 1642.
Conring, Hermann. „De civili Prudentia" [Helmstedt, 1650]. *Opera*. 7 Bde. Hg. v. Johann W. Goebel. Braunschweig, 1740, Bd. 3, S. 280-421.
Conring, Hermann. „Dissertatio de Ratione Status" [Helmstedt, 1651]. *Opera*. 7 Bde. Hg. v. Johann W. Goebel. Braunschweig, 1740, Bd. 4, S. 549-580.
Damien, Robert. *Bibliothèque et Etat. Naissance d'une raison politique dans la France du XVIIème siècle*. Paris, 1995.
Descartes, René. „Brief an Elisabeth" [September 1646]. *Briefe*. Hg. v. Max Bense u. übs. v. Fritz Baumgart. Köln u. Krefeld, 1949, S. 346-351.
Descartes, René. *Meditationen über die Grundlagen der Philosophie*. Hg. v. Lüder Gäbe u. übs. v. Arthur Buchenau. Hamburg, 1992.
Descartes, René. „Lettre à Elisabeth" [September 1646]. *Œuvres de Descartes*. 11 Bde. Hg. v. Charles Adam u. Paul Tannéry. Paris, 1996, Bd. 4, S. 486-494.
Descartes, René. *Die Leidenschaften der Seele*. Hg. u. übs. v. Klaus Hammacher. Hamburg, 1996.
Descartes, René. „Discours de la méthode". *Œuvres de Descartes*. 11 Bde. Hg. v. Charles Adam u. Paul Tannéry. Paris, 1996, Bd. 6, S. 1-78.
Descartes, René. „L'Homme". *Œuvres de Descartes*. 11 Bde. Hg. v. Charles Adam u. Paul Tannéry. Paris, 1996, Bd. 11, S. 119-202.
Descartes, René. „La Description du Corps Humain". *Œuvres de Descartes*. 11 Bde. Hg. v. Charles Adam u. Paul Tannéry. Paris, 1996, Bd. 11, S. 223-286.
Descartes, René. „Les Passions de l'Ame". *Œuvres de Descartes*. 11 Bde. Hg. v. Charles Adam u. Paul Tannéry. Paris, 1996, Bd. 11, S. 327-488.
Descartes, René. „Meditationes de prima philosophia". *Œuvres de Descartes*. 11 Bde. Hg. v. Charles Adam u. Paul Tannéry. Paris, 1996, Bd. 7, S. 1-90.
Descartes, René. *Discours de la méthode*. Hg. u. übs. v. Lüder Gäbe. Hamburg, 1997.
Dewhurst, Kenneth. *Willis's Oxford Lectures*. Oxford, 1980.
Du Laurens, André. *Historia anatomica humani corporis*. Paris, 1600.
Finger, Stanley. *Origins of Neuroscience*. Oxford, 1994.
Foucault, Michel. *Sexualität und Wahrheit*. 3 Bde. Übs. v. Ulrich Raulff u. Walter Seitter. Frankfurt a. M., 1977, Bd. 1: Der Wille zum Wissen.
Foucault, Michel. *Was ist Kritik?* Übs. v. Walter Seitter. Berlin, 1992.
Foucault, Michel. *In Verteidigung der Gesellschaft. Vorlesungen am Collège de France (1975-1976)*. Übs. v. Michaela Ott. Frankfurt a. M., 2001.
Foucault, Michel. *Geschichte der Gouvernementalität. Vorlesung am Collège de France 1978-1979*. 2 Bde. Hg. v. Michel Sennelart, übs. v. Claudia Brede-Konersmann u. Jürgen Schröder. Frankfurt a. M., 2004, Bd. 1: Sicherheit, Territorium, Bevölkerung.
Groys, Boris. „Unsterbliche Körper". *Die Neue Menschheit. Biopolitische Utopien in Russland zu Beginn des 20. Jahrhunderts*. Hg. v. dems. u. Michael Hagemeister. Mitarb. v. Anne von der Heiden. Frankfurt a. M., 2005, S. 8-18.
Hagemeister, Michael. „‚Unser Körper muss unser Werk sein.' Beherrschung der Natur und Überwindung des Todes in russischen Projekten des frühen 20. Jahrhunderts". *Die Neue Menschheit. Biopolitische Utopien in Russland zu Beginn des 20. Jahr-*

hunderts. Hg. v. Boris Groys u. dems. Mitarb. v. Anne von der Heiden. Frankfurt a. M., 2005, S. 19-67.

Harvey, William. *Disputations Touching the Generation of Animals*. Hg. u. übs. v. Gweneth Whitteridge. Oxford, 1981.

Harvey, William. *On the Motion of the Heart and Blood in Animals*. Übs. v. Robert Willis. Buffalo, N.Y., 1993.

Hegel, Georg W. F. *Grundlinien der Philosophie des Rechts* [1821]. Hamburg, 1995.

Hobbes, Thomas. *The Elements of Law, Natural and Politic*. Hg. v. John C. A. Gaskin. Oxford, 1994.

Hoff, Jan. *Kritik der klassischen politischen Ökonomie, zur Rezeption der werttheoretischen Ansätze ökonomischer Klassiker durch Karl Marx*. Köln, 2004.

Freund, Julien. „La situation exceptionnelle comme justification de la raison d'État chez Gabriel Naudé". *Staatsräson, Studien zur Geschichte eines politischen Begriffs*. Hg. v. Roman Schnur. Berlin 1975, S. 141-164.

Jacob, François. *La Logique du Vivant*. Paris, 1970.

Johannes von Salisbury. *Policraticus*. Canterbury, 1159.

Justi, Heinrich Gottlob von. *Grundsätze der Policeywissenschaft*. Göttingen, 1756.

Lenin, Wladimir Iljitsch. „Was tun?" *Werke*. 40 Bde. Hg. v. Institut f. Marxismus-Leninismus. Berlin, 1959, Bd. 5, S. 355-549.

Locke, John. [Brief an Carey Mordaunt, Countess of Peterborough, aus dem Jahr 1697]. Bodleian Library MS. Locke c. 24, fol. 197v.

Locke, John u. Richard Lower. [Vorlesungsmitschrift]. Bodleian Library, MS Locke, fol. 19.

Locke, John. *An Essay concerning Human Understanding*. 2 Bde. Hg. v. John W. Yolton. London, 1965.

Locke, John. „Anatomia". Kenneth Dewhurst. *Dr. Thomas Sydenham 1624-1689. His Life and Original Writings*. London, 1966, S.85-93.

Locke, John. „The Second Treatise of Government". *Political Writings*. Hg. v. David Wooton. London, 1993, S. 261-386.

Locke, John. *An Essay Concerning Human Understanding*. London, 1997.

Lukrez. *Über die Natur*. Hg. u. übs. v. Hermann Diels. München, 1993.

Machiavelli, Niccolò. „Il Principe". *Politische Schriften*. Hg. v. Herfried Münkler. Frankfurt a. M., 1990, S. 49-123.

Machiavelli, Niccolò. „Discorsi". *Politische Schriften*. Hg. v. Herfried Münkler. Frankfurt a. M., 1990, S. 127-269.

Martensen, Robert L. *The Brain Takes Shape. An Early History*. Oxford, 2004.

Münkler, Herfried. *Machiavelli*. München, 1982.

Naudé, Gabriel. *Considérations politiques sur les coups d'état*. Rom, 1667.

Neuburger, Max. *Gehirn- und Rückenmarks-Physiologie*. Stuttgart, 1897.

Perrault, Claude. *Essais de Physique ou Recueil de plusieurs traitez touchant les choses*. Paris, 1680.

Petty, William. *The Political Anatomy of Ireland*. London, 1691.

Preston, Charles. „An Account of a Child Born Alive without a Brain, and the Observables in It on Dissection". *Philosophical Transactions* 19.226 (1697), S. 457-467.

Senellart, Michel. *Machiavélisme et raison d'état, XIIe-XVIIIe Siècle*. Paris, 1989.

Sfez, Gérald. *Les doctrines de la raison d'Etat*. Paris, 2000.

Starobinski, Jean. *L'idee de l'organisme*. Paris, 1956.

Stingelin, Martin. „Einleitung". *Biopolitik und Rassismus*. Hg. v. Martin Stingelin. Frankfurt a. M., 2003, S. 7-26.

Stolleis, Michael. *Staat und Staatsräson in der frühen Neuzeit*. Frankfurt a. M., 1990.

Strauss, Erich. *Sir William Petty, Portrait of a Genius*. London, 1954.
Textor, Johann Wolfgang. *Tractatus Juris Publici de vera et varia Ratione Status Germaniae Modernae*. Altdorf, 1667.
Willis, Thomas. *Cerebri Anatome*. London, 1664.
Willis, Thomas. „De Motu Musculari". *Opera Omnia*. Bd. 1, Lyon, 1681.
Willis, Thomas. „The Anatomy of the Brain". *The remaining Medical Works of that famous and renowned Physician Dr. Thomas Willis* [...] *englished by Samuel Pordage*. Bd. 2. Montreal, 1965 [Nachdruck d. Ausgabe London, 1681], S. 55-136.
Willis, Thomas. „Two Discourses concerning the Soul of Brutes". *Dr. Willis's Practice of Physick*. Hg. v. Samuel Pordage. London, 1684.

ANNA WIECZORKIEWICZ

Wachsmodelle. Modelle des Wissens, Modelle der Erfahrung

Hans-Georg Gadamer prägte einen Begriff des Spiels, um die Ontologie von Kunstgegenständen zu analysieren. Sein Konzept kann auch auf nicht-künstlerische Museumsausstellungen angewandt werden, insofern wir Museen als das Resultat kreativer und interpretativer sozialer Praktiken verstehen. Ich werde im Folgenden auf das erweiterte Konzept des Spiels eingehen, nachdem ich zuvor die Szene desjenigen Spiels beschrieben habe, die das Hauptanliegen dieses Aufsatzes darstellt. Meine Perspektive wird dabei größtenteils die einer Besucherin beim Betrachten einer Ausstellung sein, die für sie einen Sinn ergeben sollte. Dieser Sinn aber ist nicht leicht zu erschließen.

Prolog

Das Museum für Zoologie und Naturgeschichte in Florenz, *La Specola*, befindet sich abseits der Touristenwege.[1] Es wurde 1775 durch den aus dem Hause Habsburg-Lothringen stammenden Großherzog Peter Leopold von Toskana gegründet, einen Liebhaber der Naturwissenschaft, der die Regentschaft über Florenz nach dem Ende der Medici-Dynastie von seinem Vater übernahm. Keimzelle des Museums war die Sammlung der Medici, die Anna Maria Luisa als Letzte der Dynastie der Stadt vererbt hatte. Über die Jahre wurde die Sammlung stark erweitert und umgeordnet. Heute umfasst sie hauptsächlich zoologische Exponate und Wachsmodelle, die zuvor dem Studium der Anatomie gedient hatten.

Die Wachsmodell-Sammlung, die zehn Räume einnimmt, ist sowohl hinsichtlich ihrer Exponate als auch in der Art ihrer Präsentation einzigartig. Realistische Wachsmodelle menschlicher Körper liegen in schwe-

[1] Es verdankt seinen Namen dem astronomischen Observatorium, das 1780 an diesem Ort gegründet wurde.

ren, verzierten Vitrinen auf wunderschön drapierten Seidentüchern und sind neben neueren Beschreibungen mit alten kalligrafischen Schildern versehen. All dies macht es schwer zu entscheiden, wie sie betrachtet werden sollten. Die Wachsmodelle fordern herkömmliche Betrachtungsgewohnheiten, die sich für Ausstellungen in Museen für Naturgeschichte etabliert haben, heraus. Unsere üblichen Rezeptionsstrategien, die wir automatisch einsetzen, scheinen auf einige unerwartete Hindernisse zu treffen. Wir fühlen uns irritiert durch die Glasaugen, die uns direkt ansehen, und durch die menschlichen Figuren, die in stufenweisen Schichten ihrer natürlichen Oberfläche entblößt werden: Haut, Muskeln, innere Organe. Wir sind verblüfft von den anmutigen Gesten der Skelette, dem überraschten Ausdruck der unvollständigen Gesichter, in denen die fehlende Partie der Wange Einblicke auf die Zungenwurzel gewährt. Die aufwendigen Frisuren, die abrupt im Querschnitt des Körpers enden, erscheinen uns als absurd. Der Status dieser körperlich unvollständigen Figuren ist unerklärlich. Die Gesichtsausdrücke, Gesten, die Körper, die wie in der Bewegung eingefroren zu sein scheinen, erinnern an lebendige Menschen. Die systematische Ordnung, in der diese ganze Grässlichkeit dargestellt wird, trägt zu unserer Überraschung bei.

Die Ausstellung kann keineswegs als ausschließlich wissenschaftliche oder historische gelesen werden (z. B. als die Geschichte des Wissens oder die Geschichte der Wachsskulptur betreffend). Sie ruft Bedeutungen hervor, die normalerweise nicht mit wissenschaftlichen Verfahren in Verbindung gebracht werden. Die Modelle sind nicht nur bloße Illustrationen der menschlichen Anatomie. Ihr makabrer Reiz erschließt eine künstlerische Dimension, die häufig mit erotischen Untertönen versehen ist. Sie erfordern demnach heterogene Interpretationen, eine simultane Lektüre mehrerer Codes. Vor allem aber wird unsere Interpretation der Wachsmodelle durch eine doppelte Spaltung erschwert, die uns von ihrem originalen kulturellen Kontext trennt: Eine Entfremdung von der damaligen visuellen Wahrnehmung und dem Verständnis des menschlichen Körpers.

Aus dieser Perspektive betrachtet wird die Wachsmodell-Ausstellung zu einem vielschichtigen kulturellen, historischen und anthropologischen Diskurs, der nicht nur alte Methoden der Erzeugung, Vermittlung und Kontrolle des Wissens über den menschlichen Körper angeht, sondern weiter gefasst auch die Arten, große Bereiche der Realität zu sehen und zu konzeptionalisieren. Andererseits können Wachsmodelle die Betrachter auf der sensorischen und körperlichen Ebene ansprechen und hier eine besondere Art von Erfahrung erzeugen.

Der Diskurs des Museums

Der Museumsdiskurs über den Körper hat gewisse charakteristische Merkmale. Er wird autoritativ erzeugt, nach dem aufklärerischen Modell der öffentlichen Zirkulation des Wissens. Als ein komplexes kulturelles Konstrukt und ein Medium der sozialen, politischen und ideologischen Überzeugung wird das moderne Museum häufig als Verwalter kulturell bedeutsamer Objekte und Wissensbestände angesehen. Seine Räumlichkeiten üben einen speziellen Einfluss auf die Bilder des menschlichen Körpers – zuweilen auch auf die realen Körper, seien sie tot oder lebendig – aus, die das Museum in den Besitz nimmt. Das Kennzeichen des Museums ist seine Mission, Körper in Manifeste zu verwandeln.

Aber während eine Ausstellung die Exponate mit besonderen Bedeutungen ausstattet, werden diese Bedeutungen gleichsam immer an ein spezielles Individuum kommuniziert, das sie im eigenen Interpretationshorizont versteht. Auch wenn von den Betrachtern erwartet wird, dass sie einen bestimmten Code entschlüsseln und die Exponate aus einer spezifischen Distanz betrachten, werden sie diesen Anforderungen nicht immer entsprechen. Ihr betrachtender Blick kann sich auf gewisse Aspekte der Ausstellung fokussieren und sie benutzen, um eine eigene Interpretation der Welt zu leisten. Der Blick wird hierdurch zu einem Dialog zwischen dem Gesehenen und dem Sehenden. Die Anforderungen des Museumsdiskurses reflektieren das Konzept von Bedeutung, das das Museumsszenario durchdringt. Ein Konzept von Bedeutung ist jedoch nicht synonym mit Bedeutung. Bedeutung wird nur da entstehen, wo ein Rezipient, Betrachter oder Teilnehmer auftritt. Um Gadamer zu zitieren: „[D]as Sein des Zuschauers [ist] durch sein ‚Dabeisein' bestimmt. [...] Dabeisein heißt Teilhabe."[2] An dieser Stelle kommt Gadamers Konzept des Spiels ins Spiel.

Das Museumsspiel

Das Gadamer'sche Spiel ist ein semantisches Ganzes, das nur existiert, während es gespielt wird. Das Subjekt des Spiels bildet die Arbeit, die im Akt der Rezeption Bedeutung generiert. Die Existenz des Spiels ist somit untrennbar an die interpretatorischen Tätigkeiten der Spieler gebunden. Zusätzlich müssen wir, um das Kunstwerk ‚als solches' zu ver-

2 Hans-Georg Gadamer. „Wahrheit und Methode. Grundzüge einer philosophischen Hermeneutik" [1960]. *Gesammelte Werke*. 10 Bde. Tübingen, 1990, Bd. 1: Hermeneutik I, S. 129.

stehen, seine Bezüge zum Leben mitberücksichtigen. Die Rezipientin und ihre Welt sind die wichtigsten Spieler des Spiels.

Dem Museum kann man sich aus dem gleichen Blickwinkel nähern. In diesem Fall zieht das Spiel ‚ganze Welten' nach sich, die im Museum erzeugt werden. Aber das Spiel kann nur dann korrekt ausgeführt werden, wenn es eine Kontinuität der Bedeutung zwischen diesen Welten und der äußeren Welt der Spieler gibt.

> Es ist eben niemals nur eine fremde Welt des Zaubers, des Rausches, des Traumes, zu der der Spieler, Bildner oder Beschauer hingerissen ist, sondern es ist immer noch die eigene Welt, der er eigentlicher übereignet wird, indem er sich tiefer in ihr erkennt.[3]

Was wahrgenommen wird, sind (mindestens) zwei Realitäten: die dargestellte Realität und unser „Hier und Jetzt". Darstellungen des Fremden können Beweise enthalten, dass unsere Welt existiert. Die Begleitkommentare der Ausstellungen binden das Unbekannte an das Bekannte zurück. Unsere intellektuelle Beteiligung bewahrt uns davor, in eine unbekannte Realität zu versinken. Aber das wahrnehmende Erkennen impliziert noch ein weiteres Element, nämlich die individuelle Position des Spielers in der Welt. Das Spiel als Prozess funktioniert als Medium: „Der Spielende erfährt das Spiel als eine ihn übertreffende Wirklichkeit."[4] Sobald der Spieler eine Rolle angenommen hat, stellt sich eine wichtige Frage: Was ist der Spielraum der Freiheit für die Suche des Spielers und was seine eigene Konkretisierung der Wahrheit, die durch das Museumsschauspiel repräsentiert wird? Die Ausstellungsstücke verweisen auf etwas jenseits ihrer selbst: Im Museum erfüllt sich ihr Dasein in ihrem verweisenden Charakter. Der Rest hängt davon ab, was in der dialogischen Beziehung zwischen dem Betrachter und dem Objekt entsteht. Ein konstitutives Element des Museumsspiels ist der Prozess der Überwindung von Distanzen, ohne diese dabei zu annullieren. Was präsentiert wird, muss seine Repräsentativität bewahren.

Die Regeln dieses Spiels werden durch die individuelle Verfassung des Menschen zu einem bestimmten Zeitpunkt festgelegt, die den Horizont seines Verstehens definiert. Die Bedeutung von Texten, Kunstwerken und menschlichen Erzeugnissen im Allgemeinen hängt davon ab, wer das Spiel der Interpretation unternimmt und wann und wo es vor sich geht. ‚Spieler' neigen dazu, gewisse Fragen zu fragen, weil sie etwas erklären wollen, das in ihrem ‚Hier und Jetzt' Sinn ergibt. Interpretationen enthüllen Bedeutungen und erzeugen sie zugleich und er-

3 Ebd., S. 138.
4 Ebd., S. 115.

lauben den Betrachtern, ihren Horizont zu überschreiten. Der Horizont ist immer im Prozess des Werdens, er ist „etwas, in das wir hineinwandern und das mit uns mitwandert".[5] Im Laufe des Spiels, wenn wir in den Raum der Bedeutungen eintreten, gewinnen wir ein besseres Verständnis davon, wie wir in der Welt existieren. Auf diese Art können wir in Gadamers Begriffen das Museumsspiel erklären, das stattfindet, wenn wir eine Ausstellung ansehen.

Wenden wir uns nun dem Ausstellungsraum der Wachsmodelle zu. Was die Modelle angeht, scheint sich ihr Bedeutungshorizont gravierend von dem unsrigen zu unterscheiden. Das ganze Spektrum der Differenz kann nur erahnt werden: Die Unterschiede betreffen sowohl die Haltung dem Körper und seinen Zuständen gegenüber (Leben und Tod, Gesundheit und Krankheit), als auch die Erzeugung und Wahrnehmung der Abbildungen menschlicher Wesen.

La Specola: Die Möglichkeit des Spiels

Die Wachsmodelle von *La Specola* legen den menschlichen Körper radikal bloß. Seine Nacktheit ist durchdringbar: Der Blick hat Zugang zu dem, was normalerweise unter der Haut verborgen liegt. Die Nacktheit ist nicht bloß ein unvermeidlicher Effekt der Anstrengung, menschliche Anatomie in akkurater Form zu präsentieren. Die Bilder veranschaulichen gleichsam das Nackte und den Akt. Die Unterscheidung zwischen dem Nackten und dem Akt, wie sie Kenneth Clark vorgenommen hat, ist die Unterscheidung zwischen dem ausgelieferten, schutzlosen Körper, der seiner Kleidung beraubt wurde, und einem Körper, der in Kunst ‚eingekleidet' und auf absichtliche und ausgewogene Weise umgeformt und neu formiert wird. Die Körperlichkeit des Akts ist ein kulturelles Konstrukt und die Kategorie des Akts definiert sich im Gegensatz zu dem unvermittelten, biologischen, physiologischen Körper, der „außerhalb der Repräsentation" existiert. Der Akt ist der Übergang vom Materiellen zum Ideellen, ein Beispiel für Materie, die zur Form wird.[6]

Der Dichotomie Nackt/Akt kann man sich auf verschiedene Weisen auf Grundlage unterschiedlicher Bewertungen der beiden Begriffe annähern. Beispielsweise sieht John Berger das „Nackt-Sein" als „Manselbst-Sein" an, frei von sozialen Zwängen.[7] Die Kategorie des Nackten

5 Ebd., S. 309.

6 Vgl. Kenneth Clark. *Das Nackte in der Kunst*. Köln, 1958.

7 Vgl. John Berger. *Sehen. Das Bild der Welt in der Bilderwelt*. Übs. v. Axel Schenck. Reinbek b. Hamburg, 1974.

ist semiotisch offener als die des Akts und steht im Zusammenhang mit einer Konzeption des Körpers, die weniger stark medial vermittelt ist. Der Akt, der im Einklang mit bestimmten Konventionen der Darstellung konstruiert wird, ist eine Art Kleidung, die die Nacktheit bedeckt. Als Kunsthistoriker und Ästhetiker denkt Clark den Körper in den Kategorien der idealistischen Ästhetik und führt die Dichotomie Nackt/Akt auf die antike Kultur zurück. Berger, ein Fotograf von hoher Sensibilität für die dynamische Textur des Lebens, nimmt die sich verändernden Formen der Realität wahr, wie sie sich dem menschlichen Blick darstellen. Clark und Berger konzentrieren sich auf unterschiedliche Fragen, aber sie greifen beide auf die klassische Dichotomie von Natur und Kultur, Körper und Geist zurück. Diese dualistische Herangehensweise an das Nackte und den Akt wird manchmal mit der Begründung kritisiert, dass sie gewisse Urteile aufdrücke und außerdem impliziere, dass uns so etwas wie der Körper ‚an sich' direkt zugänglich sei, während wir in Wirklichkeit nur Zugang zu kulturellen Überformungen des Körpers haben. Nichtsdestotrotz erweisen sich das Nackte und der Akt noch immer als hilfreiche Interpretationswerkzeuge.

Im Ausstellungsraum mit den Wachsmodellen wird das Spiel in beiden Registern gespielt. Angesichts der Wachsfiguren, die gleichzeitig als Nackte und als Akte anzusehen sind, befinden wir uns in einer Situation, die analog ist zu derjenigen der *Gentlemen Archaeologists*, die im 18. Jahrhundert Kunstgegenstände aus Pompeji entdeckten. Sie wussten weder, wie sie ihre Funde in einer bestimmten diskursiven Ordnung situieren sollten, noch auf welche Art sie ihnen ästhetische und moralische Wertungen zuschreiben sollten. Auch wenn die gleichen Probleme heutzutage in der Wachsmodell-Ausstellung erfahren werden können, stellt die Ausstellung selbst eine Teillösung dieser Schwierigkeit dar. Die Tatsache, dass die Modelle in einem Museum für Naturgeschichte stehen und daher im Rahmen eines naturwissenschaftlichen und historischen Diskurses gezeigt werden, suggeriert die Regeln der Wahrnehmung, denen zu gehorchen ist, sowie die Bedeutungen, die ‚übersehen' werden sollten. Eine weitere Unterscheidung, die im Prozess der Interpretation aktiviert wird, ist diejenige zwischen Kunst und Erotik auf der einen und Obszönität auf der anderen Seite. (Das Erotische ist eine Sexualität, die ästhetisiert und innerhalb der offiziellen, legitimen Kultur erlaubt ist.) Deshalb sollten wir nicht nur in der Lage sein, die naturwissenschaftlichen, medizinischen und anatomischen Elemente von dem künstlerischen Element zu unterscheiden, sondern wir sollten auch wissen, wo die Hochkultur endet und die Obszönität beginnt. Eine soziale Kontrolle dieser Sphären wird als wichtig erachtet. Das belegen die wiederholten Versuche, ihre Zirkulation in der Gesellschaft zu regulieren und die Grenze zwischen Kunst und Pornografie zu bestimmen. Wir werden unaufhörlich darin trainiert, zwischen beiden zu unterscheiden, obschon die Regeln wechselhaft bleiben und immer neu verhandelt werden müssen. Das Auge weiß, dass das Objekt seines Blickes eine Art Schauspiel ist und dass der Körper so arrangiert wurde, dass er zum Zwecke dieses Schauspiels bestimmte Bedeutungen ausdrücken kann.

La Specola unterzieht die Fähigkeiten des Auges einer Prüfung. Der Blick wandert über die Kunstgegenstände, unschlüssig in der Auswahl, der Interpretation und im eigentlichen Akt der ‚Berührung durch den Blick'. Diese besondere Museumserfahrung kann uns zwischen verschiedenen Interpretationsschlüsseln innehalten lassen. Wir fühlen uns provoziert, wenn der ‚fleischliche' Rumpf einer Gebärenden einem verzückten Gesicht gegenübergestellt wird. Auch hier nähert sich die Ästhetik des *ecorché*, der hautlosen Figur, derjenigen Schönheit an, die heutzutage von Bodybuildern repräsentiert wird. (Natürlich geht es an dieser Stelle nicht nur um die Frage der Entblößung des Körpers, sondern auch um die des Durchbrechens seiner Oberflächen.)

Der Ausstellungsraum ist ein Ort, der uns erlaubt, die Regeln des historisch-naturwissenschaftlichen Diskurses zu durchbrechen und sich die komplexen Beziehungen zu vergegenwärtigen, die zwischen dem instrumentellen Körper, der in objektivem Sinn verstanden wird, und dem lebenden Körper, der subjektiv wahrgenommen wird, bestehen. Verschwimmende Grenzen sind verstörend. Als Betrachter würden wir lieber eine klare Unterscheidung zwischen der Kunstausstellung und dem Labor oder der Klinik, zwischen dem Körper und dem Fleisch, aufrechterhalten. Geprägt durch das Konzept des menschlichen Wesens, das aus zwei Teilen besteht – Körper und Seele – akzeptieren wir die Fleischlichkeit des Körpers nur in bestimmten Kontexten. Situationen, die die Klarheit dieser Unterscheidung verwischen und den Blick auf das Fleisch im moralischen Körper eröffnen, beunruhigen uns.

Annäherung an historische Wahrnehmungsweisen

An dieser Stelle können wir beginnen, nach kulturell determinierten Räumen zu suchen, in denen die Kunstgegenstände zu situieren wären. Die Hauptfrage ist: Weshalb wurden diese Modelle hergestellt? Die spezifischen Formen der Wachsmodelle legen Antworten nahe, die von der naheliegendsten Vermutung abweichen, nämlich dass sie zur Ausbildung von Medizinern dienten. Es ist unklar, weshalb Ärzte einen so erotisierten Inhalt und so kunstvoll ausgestaltete Details benötigen sollten, oder weshalb der Modellbauer ein Künstler zu sein hatte. Die ganze Ausstellung muss im Rahmen sich verändernder Wahrnehmungsweisen gesehen werden. Wir müssen auf frühe Anatomiekurse zurückgehen, die das Wissen und die Macht des Chirurgen, sowie die Macht derjenigen Autoritäten, die die Körper kontrollierten, in den Vordergrund rückten.

Mit der Zeit begann die anatomische Demonstration als unangemessen wahrgenommen zu werden. Im späten 18. Jahrhundert fand ein tief greifender Wandel der Perzeptionsgewohnheiten statt. Was bisher ein unerlässlicher Bestandteil des alltäglichen Lebens gewesen war, wurde nun zur Störung. Bestimmte Anblicke und Gerüche wurden unerträglich: Die Ansicht von Dreck und Verfall, der Friedhofsgeruch, wurden mit einem Mal anstößig. Manche Menschen machten sich über diese intensive und sensible Art der Wahrnehmung lustig, aber Wissenschaftler und Ärzte gaben zu, dass die Ängste nicht gänzlich unbegründet waren. Die Luft bestand aus winzigen Partikeln, die andere Substanzen transportierten. Der Gestank, der verwesenden Körpern entströmte, konnte giftig sein; schlecht riechende Luft war erstickend. Die Toten wurden mit mehr und mehr Klarheit von den Lebenden getrennt, und die Lebenden wurden einem kontrollierenden Blick unterworfen. Das Böse und das Verbrechen wurden zu einem Teil der Sozialpolitik im Zuge des angeblichen Triumphs der Vernunft bei der Organisation des sozialen Lebens. Sogar Armut konnte nützlich sein: Es gab Versuche, sie in den Apparat der Produktion zu integrieren und, wenn sich dies als unmöglich erwies, Versuche, die Armengegenden auf eine Weise zu organisieren, dass ihre Belastung für die Gesamtgesellschaft gemindert wurde. Die Körper derjenigen, die in Arbeits- und Krankenhäusern starben, wurden zunehmend für anatomische Forschung genutzt. Was früher als Strafe fungierte, wurde zu einer Folge und einem Kennzeichen von Armut. Auch wenn die Praxis, den Körper der verstorbenen Krankenhauspatienten für die Forschung zu verwenden, nicht neu war, wurde sie im 18. Jahrhundert in einen anderen Kontext gestellt. Die Autopsie selbst verursachte mehr und mehr Ängste. Berühmte Anatomen galten oft als verdächtig.

Anatomische Schausektionen, genau wie öffentliche Hinrichtungen, wurden als makaber und barbarisch wahrgenommen. Ihre Gegner bemerkten die Hässlichkeit des Schauspiels, das Gewalt an toten Körpern verübte und den Körper so in Fleisch verwandelte. Die Änderungen in der Wahrnehmungsweise untergruben den Wert der anatomischen Sektion als Schauspiel, diesem am wenigsten bedeutsamen Aspekt der Prozedur, der noch verblieb, nachdem sein pädagogischer und wissenschaftlicher Wert in Frage gestellt worden war.

Giuseppe Galletti, ein Chirurg des Hospitals Santa Maria Nuova in Florenz, beschrieb sein Entzücken darüber,

> how, under the glorious government of the Great Leopoldo [später Leopold II., Kaiser des Heiligen Römischen Reichs; Anm. d. Verf.], the desire to see, without feeling nausea, and at a close range, the various parts of the body by means of wax figures, reawoke.[8]

Der wächserne Körper verströmte keine unangenehmen Gerüche und verweste nicht. Was als Gewalt gegen den Körper wahrgenommen werden konnte, war jetzt verborgen – beispielsweise die Tatsache, dass die Herstellung eines Wachsmodells das Studium vieler toter Körper voraussetze. Manche von den vorherigen Bedeutungen der Autopsie konnten jetzt den Wachsmodellen zugeschrieben werden und machten diese Art des Wissens noch faszinierender.

Das Auge, das spricht

Das Wachsmodell vermittelte die Realitätswahrnehmung des Betrachters und trennte ihn zugleich von der Realität. Die Person, die lernte, wie der Körper eines anderen zu behandeln sei, hatte keinen Zugang zu dem Körper selbst, sondern nur zu seinem Modell. Der Patient als unvorhersagbares, sich verwandelndes Individuum, verschwand aus dem Gesichtsfeld. Der Student, das sehende Subjekt, betrachtete das Modell, ein in Wachs festgehaltenes Bild. Wie Foucault in seiner Diskussion des Prinzips der Klinik herausgestellt hat, hatte der Blick des Studenten auf eine spezifische Weise rein zu sein. Foucault zufolge privilegierte die Klinik einen Beobachtungsmodus, der sich dem Objekt so nah wie möglich näherte und die Realität getreulich nachverfolgte. Diese Art des Blickes begrenzt die Fantasie, welche dazu neigt, den Lauf der Dinge vorwegzunehmen. Er sammelt die Daten ohne Modifikation der Realität und bringt einen bestimmten logischen Apparat zum Einsatz, um Fehler, die im Laufe empirischer Operationen auftreten, von vornherein auszuschließen.[9] Die Wachsmodelle scheinen wie für diesen Blick gemacht zu sein, der empfindlich genau im Detail ist, aber widerwillig, in den bestehenden *status quo* einzugreifen. Sie liefern uns das Bild des menschlichen Körpers: seine Gesundheit, Krankheit, Geburt und seinen Tod. Auf

---

8 Giovanna Ferrari. „Public Anatomy Lesson and the Carnival. The Anatomy Theatre of Bologna". *Past and Present* 117 (1987), S. 106.

9 Vgl. Michel Foucault. *Die Geburt der Klinik. Eine Archäologie des ärztlichen Blicks*. Übs. v. Walter Seitter. Frankfurt a. M., 1991, insbes. Kap. „Sehen, Wissen".

der anderen Seite illustrieren sie die Trennung des Studiums der Körper (d. h. der Entwicklung des Wissens) von der Lehre (d. h. der Vermittlung des Wissens). Ersteres wird von geschulten Praktikern und Bewahrern des Wissens kontrolliert. Ihr Wissen offenbart sich, wenn der Doktor dem Patient gegenübersteht. Diese Situation, sagt Foucault, wurde als der Erstkontakt konstruiert, der dem Diskurs voranging und von der Sprache unbelastet war. In der „klinischen Situation“ kam es auf „den Empirismus der Klinik [an], auf ihre bescheidene Aufmerksamkeit und auf die Sorgfalt, mit der sie die Dinge lautlos in den Blick kommen läßt, ohne sie durch einen Diskurs zu stören“.[10] Sie wurde als Möglichkeit der Eröffnung neuer Wege und für die Transgression der Begrenztheiten alter Klassifikationen verstanden. Der Patient wurde eingehender Betrachtung, Überwachung und Überprüfung unterworfen. Die nicht reduzierbare Subjektivität des Arztes spielte dabei eine sehr wichtige Rolle. Seine Autorität beruhte auf seinem Wissen darüber, was zu betrachten sei, auf seiner Kontrolle über die Arten, den Blick zu diskursivieren, und auf seiner Fähigkeit, das richtige Urteil zu formulieren. Seine Geschicklichkeit mit dem Skalpell ermöglichte es dem Arzt, das Innere der menschlichen Körper zu erforschen, von denen jeder einzigartig und unvorhersehbar war und ein Geheimnis darstellte. Der Student hatte Zugang zu einem repräsentativen Modell. Das Modell ist per Definition nicht geheimnisvoll; im Gegenteil, es zeigt alles her und löst Geheimnisse auf, indem diese in ein spezifisches Modell von Bedeutung eingeschrieben werden. Modelle illustrieren Ansichten darüber, auf welche Art der menschliche Körper konzeptionalisiert werden kann, wie Wissen über den Körper zu produzieren ist und wie die Regeln dieses Wissens anzuwenden sind.

In *La Specola* kommt die Ordnung des Wissens in dem systematischen Arrangement der Kommentare zum Ausdruck. Es war relativ einfach, zwischen der Zeichnung und der geschriebenen Erklärung hin und her zu wechseln und die ganze Zeit über das Wachsmodell im Blick zu behalten. Wissen wurde systematisiert und kontrolliert, während das meisterhaft ausgearbeitete, gründlich beschriebene Modell verbarg, was ihm vorausging, nämlich den Eingriff der Wissenschaft in die Materie des menschlichen Körpers. Beim Studium am Modell hatten die Studenten die Ordnung des Wissens zu beachten und mussten annehmen, dass ihre Situation die gleiche war, wie die eines Arztes, der einen lebenden

10 Ebd., S. 17. „[...] son empirisme, la modestie de son attention et le soin avec lequel elle laisse venir silencieusement les choses sous le regard, sans les troubler d'aucun discours.“ Michel Foucault. *Naissance de la Clinique*. Paris, 1963, S. 15.

Körper betrachtete. Die Sammlung der Wachsmodelle artikulierte eine umfassende Sicht des Menschen und deutete Möglichkeiten an, die Geheimnisse des menschlichen Körpers zu lösen. Sie stand in Bezug zu anderen zeitgenössischen Formierungen des Wissens, da sie an dem Prozess der Formulierung des kognitiven Konzepts des menschlichen Wesens und des menschlichen Körpers teilnahm oder allgemeiner – bezogen auf den Rahmen von Foucaults *Naissance de la Clinique* – an Versuchen, das Netzwerk der Verhältnisse von Blick und Sprache zu bestimmen. Das Theater der Wachsmodelle schien sich auf das Foucault'sche „Auge, das spricht“ hin zu entwickeln. Der Körper konnte in seinem Normalzustand und in einer Vielzahl pathologischer Zustände gesehen werden – als Ganzes oder in Fragmenten. Die Ausstellung ermöglichte zahlreiche Vergleiche, Nebeneinanderstellungen und Klassifikationen der Formen und Entwicklungsstadien und erläuterte gründlich die Prinzipien der Körperfunktionen.

Natürlich war das Wachsmodell nur eine von vielen Methoden, das medizinische Wissen zu entwickeln und zu vermitteln (sowie die Manifestation einer bestimmten intellektuellen Richtung). In der Tat war der Medizinstudent nicht gänzlich vom realen menschlichen Körper getrennt. Medizinisches Wissen, das durch direktes Studium am Objekt der Anatomie gewonnen wurde, hatte hohes Ansehen.

In diesem Aufsatz interessieren wir uns nicht so sehr für die medizinischen Konsequenzen solcher Entscheidungen, sondern für die Natur der Wachsmodelle und die feinen Spannungen zwischen den Modellen und ihren Betrachtern. Dabei ist der ontologische Status des Objekts, das Gegenstand der Erkenntnis ist, von höchster Wichtigkeit. Das lebende menschliche Wesen und der tote Körper sind unterschiedliche Wissensobjekte. Der Körper eines lebenden Patienten ist der Schauplatz vitaler Prozesse, die von der Krankheit unterbrochen werden. Letztere hält das späte 18. Jahrhundert viel eher für eine dem Organismus innewohnende Potenz, als für eine Entität, die ihn von außen angreift. Der Tod ist das Ende der vitalen Funktionen, aber er kann auch zu dem Punkt werden, von dem aus Leben im Nachhinein erklärt wird. Das Modell ist das Endergebnis gedanklicher Arbeit und ein mehrdeutiges, verdinglichtes Dokument der Beziehung zwischen Leben und Tod, Gesundheit und Krankheit. Der Tod eines Patienten ist einzigartig, da er einen konkreten Einzelfall betrifft. Ein Modell transformiert diesen einzigartigen Fall in eine dauerhafte, repräsentative Form, einen Abdruck der organischen Stadien des wirklichen Lebens.

Das Wachsmodell kann zudem als Bild für die Reduktion diagnostischer Sensibilität verstanden werden. Wissen wurde um der Studenten

Willen gereinigt und geordnet. Das Theater der anatomischen Modelle privilegiert das Auge. Auch wenn die anderen Sinne am Studium des Körpers teilnahmen, der Zweck der Modelle war nicht die Produktion von Wissen, sondern seine Präsentation. Es hat jedoch den Anschein, als wäre in ihnen noch eine weitere implizite Botschaft enthalten: Die Entstehung der Wachsmodelle war auf eine Art von erweiterter Sensibilität ausgerichtet, die weit über den Bereich hinausging, der dem forschenden Auge zugänglich war. Diese Sensibilität umfasste nicht nur das, was heute als erotischer Aspekt der Modelle wahrgenommen wird, sondern auch eine Reihe von Arten, die sinnliche Natur des Körpers zu evozieren: das aufwendige Modellieren der Gewebe, die angedeutete Weichheit der Gesten, die Glätte der Hand, die aus den Falten eines seidenen Ärmelaufschlags hervorkommt, die exquisite Borte, die einen halbierten Kopf mit gekonnter Frisur umrahmt – alle diese Elemente sprechen von einer intensiven taktilen Sensibilität. Das Schauspiel der Wachsmodelle ist überreich an diesen Mehrdeutigkeiten.

Die Sprachen des anatomischen Wissens

Das anatomische Studium des menschlichen Körpers erfordert eine Sprache, die nicht nur den Körper akkurat beschreiben und ihn damit der Macht der Vernunft unterwerfen, sondern die zugleich auch medizinische Kontrolle über einen bestimmten Korpus des Wissens demonstrieren kann. Diese Sprache ist nicht auf Worte beschränkt. Vielmehr umfasst sie eine weiter gefasste symbolische Repräsentation der Realität. Das florentinische Theater der Wachsmodelle spielt bei ihrer Erschaffung eine Hauptrolle. Nähert man sich den Wachsmodellen vom Standpunkt der gegenwärtigen Kultur, ist Missinterpretation unvermeidlich. Die sich überschneidenden semantischen Felder, die durch die Modelle aktiviert werden, sind anders strukturiert als die heutigen. Die Unterschiede betreffen Dichotomien wie Kunst/Wissenschaft, Kunst/Obszönität, das Heilige/das Profane. Natürlich kann ich nur auf ausgewählte Motive eingehen, die für die Hermeneutik der Museumserfahrung von Belang sind. Beispielsweise erlaubt der Umfang dieses Aufsatzes es mir nicht, der Frage nach Gender und Repräsentation vollständig nachzugehen. Es muss jedoch festgehalten werden, dass männliche und weibliche Figuren unterschiedlich dargestellt werden. Die liegenden männlichen Körper scheinen im Moment des Erwachens festgehalten zu sein, in Posen, die Adam in der Sixtinischen Kapelle vergleichbar sind, der im Moment seiner Erschaffung gemalt wurde. Die stehenden Figuren sind in stolzen, theatralen Posen festgehalten, mit erhobenem Kinn, einer erhobenen Hand, einen Fuß im Kontrapost vorgesetzt. Frauen sind selten in stehender Körperhaltung dargestellt. Die liegenden Figuren wirken passiv. Ihre Gesichter können Gefühle wie Schmerz oder Verzückung ausdrücken. Die wenigen weiblichen Modelle in stehender Haltung zeigen die Struktur des Nervensystems.[11] Nur männliche Figuren kommen zur Illustration des Systems der Muskulatur zum Einsatz. Insofern ist, wie Ludmilla Jordanova feststellt, das Nervensystem verweiblicht, während das System der Muskulatur vermännlicht ist. Die Aufteilung folgt der zeitgenössischen medizinischen Vorstellung, dass das Nervensystem der Frauen sensibler sei als das der Männer.[12] Die Konventionen, denen die Modellbauer folgten, erlaubten ihnen, diese Unterschiede auszudrücken.

Frühere Repräsentationen des Körpers wie die anatomischen Modelle oder Illustrationen in medizinischen Abhandlungen sollten nicht nur als Quellen wissenschaftlichen Wissens und als Dokumente artistischer Sensibilität behandelt werden, sondern auch als Ausdruck der zeitgenössischen Weltsicht. Auf der einen Seite lehren sie den Betrachter, wie bestimmte Objekte der Norm zugeordnet und wie die typischen Elemente der Realität aufgefunden werden können. Auf der anderen Seite dienen sie als Teil einer Sprache, in der über diejenigen Aspekte der Ordnung spekuliert werden kann, die über die materielle Dimension spezieller Realitätselemente und über das System, innerhalb dessen sie funktionieren, hinausgeht. Wir müssen fragen, was unserem Blick entgeht, wenn wir die Repräsentationen früheren Wissens betrachten. Was wurde vor den Nutzern verborgen, was sollten sie sehen? Gibt es andere, subtilere Bedeutungen unterhalb der offensichtlichen Anblicke? Welche Sprachen wurden verwendet, um sie zu erzeugen?

Verlassen wir für kurze Zeit *La Specola* und untersuchen wir die Darstellung einer schwangeren Frau als Eva in Adrianus Spigelius' *De formato foetu* aus dem Jahre 1627 (Abb. 1). Sie ist ein bemerkenswertes Beispiel dafür, wie anatomisches Wissen die verbale und die visuelle Sprache nutzt, um Wissen über bestimmte körperliche Zustände und vitale Prozesse zu vermitteln und zu erzeugen.

Die Hautschichten an dem Torso der Frau, die aufgetrennt sind, um den Fötus im Inneren offenzulegen, erinnern an sich öffnende Blätter. Eva steht, während ihre Knie gegen den Stumpf eines gefällten Baums

---

11 Vgl. Benedetto Lanza u. a. (Hg.). *Le Cere Anatomiche della Specola*. Florenz, 1979, S. 209.

12 Vgl. Ludmilla Jordanova. *Sexual Visions. Images of Gender in Science and Medicine between the Eighteenth and Twentieth Centuries*. Hemel Hempstead, 1989.

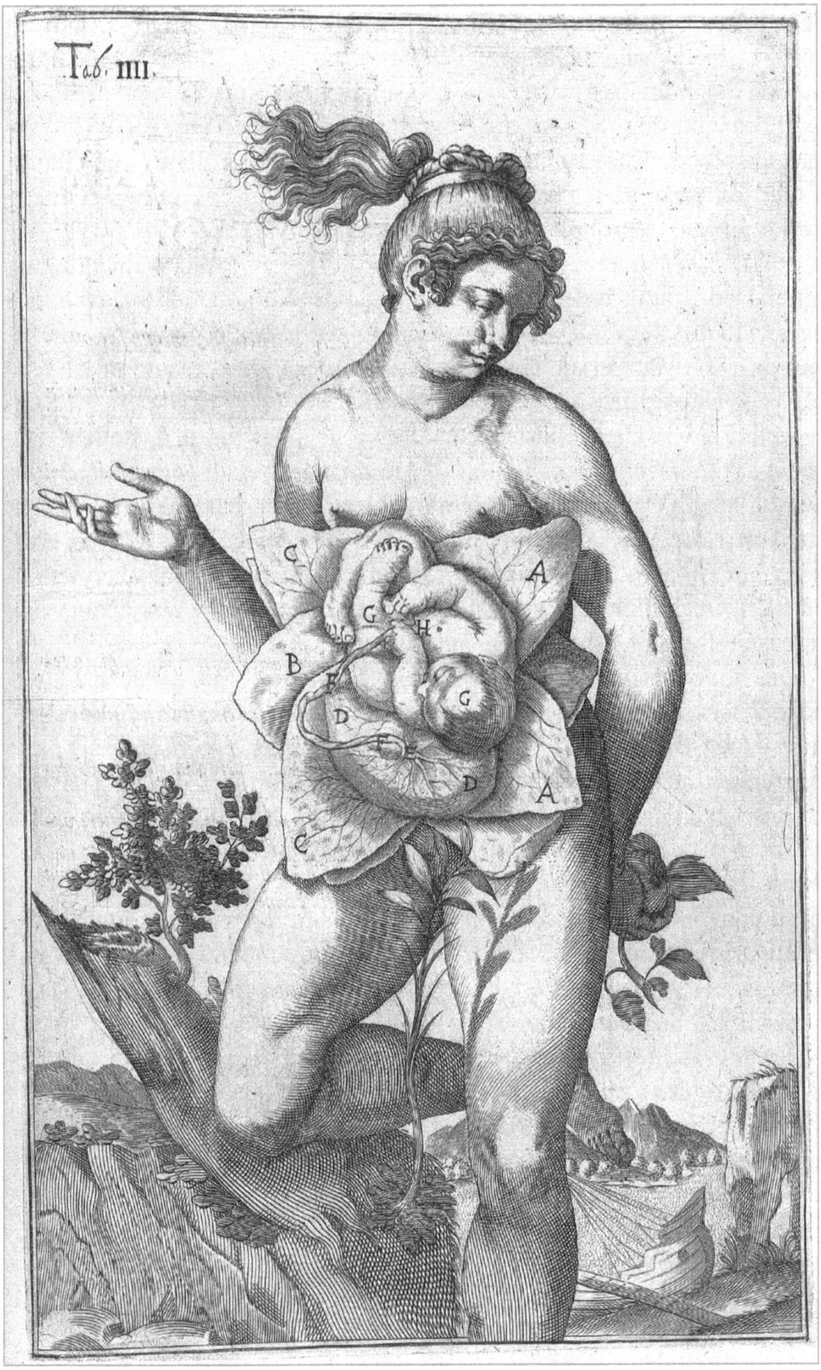

Abb. 1: Adrianus Spigelius. *De formato foetu liber singularis* (Padua, 1626), Tab. 4.

lehnen. Einer der neuen Sprösslinge, die unterhalb des Stumpfes hervorwachsen, reckt seinen schlanken Stamm, um seine Blätter an den Genitalien der Frau zu öffnen. Eine stammähnliche Nabelschnur verbindet den Fötus mit dem Körper der Frau und weist Venen auf, die wie Wurzeln aussehen. Das wachsende Kind, zusammengerollt in der Gebärmutter der Frau, gleicht einer Knospe. Wie alles andere entwickelt sich der Fötus dank der vitalen Kräfte der Natur.

Das Wissen über den menschlichen Körper und die Konventionen seiner Darstellung bedienten sich seit der Antike botanischer Terminologie.[13] In der Renaissance entdeckten die Ärzte den Hirnstamm und sahen, dass die Wurzel ein Charakteristikum der Zähne, Haare und Nägel war, genau wie der Aorta, der Lungen und der Rückenmarksnerven. Nervenäste, wie sie in Illustrationen hervorgehoben wurden, stellten eine weitere botanische Metapher dar. Anatomische Werke enthielten Bilder menschlicher Organe mit ausgeprägten Adern, die ganz oder aufgetrennt aus dem Körper herausgelöst waren. Die Blutgefäße und Nerven erinnerten an Blumen, Keimlinge und Bäume, denen in botanischen Atlanten nicht unähnlich, die Ärzten von ihrem Studium der medizinischen Eigenschaften der Pflanzen bekannt waren.

Die anatomischen Bilder des menschlichen Körpers wecken komplexe Assoziationen, da sie auf mehreren Metaphernsystemen beruhen. Im zweiten Buch von Vesalius' *De humani corporis fabrica* sind die meisten *ecorchés* in Landschaften situiert, die für alle, die im Zentrum Italiens lebten, leicht wiedererkennbar waren. Der Vordergrund zeigt mit äußerster Genauigkeit dargestellte Pflanzen. Die Gebäude im Hintergrund sind der Architektur von Padua und seinen Nachbarregionen nachempfunden. Die Vegetation und Architektur fungieren nicht nur als dekorative Elemente, die eine schöne Darstellung medizinischen Wissens ermöglichen, sondern zudem als Metaphernsystem zur Lenkung der Aufmerksamkeit des Betrachters.[14]

Architektonische und pflanzliche Metaphern betonen bestimmte Bedeutungen des Körperlichen. Bezüge zu Bildern von Gebäuden stellen den Körper als ein System dar, das in einer einfallsreichen und absichtsvollen Art strukturiert ist. Dies ist mehr als eine kunstvolle Präsentation des Wissens, es ist auch eine Art, den Körper zu verstehen.

13 Vgl. David Garrison. „Metaphor and Analogy in Vesalian Anatomy". *On the Fabric of the Human Body. An annotated Translation of the 1543 and 1555 Editions of Andreas Vesalius' De Humani Corporis Fabrica.* Hg. v. Daniel Garrison u. Malcolm Hast. Eingel. v. Vivian Nutton. Evanston, Ill., 2003. Die Übersetzung ist verfügbar am Quellenstandort online: http://www.vesalius.northwestern.edu (01.04.2009).

14 Vgl. ebd.

Die verlorene Sprache

Verlassen wir nun die alten Sprachen der Anatomie und kommen wir auf neuere Interpretationen zu sprechen. Skelette in bedeutungsvollen Posituren, Modelle, die ihre offenen Torsi zuvorkommend präsentieren, haben in den Augen zeitgenössischer Betrachter einen höchst eigenen Reiz. Als eine unmögliche Verkörperung des Lebens aus dem, was dem Tod angehört, gewinnen sie einen gewissen psychologischen Status. Auf diese Weise verstand Roger Caillois historische anatomische Darstellungen. Sein Buch *Au cœur du fantastique* kann ein eindeutiges Beispiel für diese Art Lektüre sein, die nicht den im vorliegenden Aufsatz vorgestellten hermeneutischen Wegen folgt. Natürlich entwertet das seine Interpretation nicht, die von seinen anfänglichen Annahmen über das Fantastische ihren Ausgang nehmen. Caillois weist diejenige Art des Fantastischen zurück, die absichtlich erzeugt wird, um den Betrachter zu überraschen. Er lehnt zudem die institutionalisierte Fantastik ab, bei der das Unheimliche auf Bräuche und Glauben bezogen ist. Stattdessen sucht er nach einer latenten Fantastik, die als fremdes oder fehlplaziertes Element im Kern der geplanten, erzwungenen Fantastik auftritt und die er in anatomischen Werken vorfindet.[15]

Seiner Sichtweise zufolge eröffnen die Darstellungen von Skeletten und gehäuteten Figuren, die in zwanglosen Aktivitäten befangen sind, die Tür zur Fantastik und leiten uns in eine Welt, die von unausdenklichen Gesetzen regiert wird. Die Fantasie geht in eine bestimmte Richtung und folgt unserer Überraschung angesichts von Skeletten, die tun, was sie nicht tun können, und Zeichen des Lebens zeigen, obwohl sie den Tod symbolisieren:

> Unterdessen sinnen die Skelette nach und die gehäuteten Präparate gehen spazieren. Mit fester Entschlossenheit halten sie das unmögliche Unterfangen durch, ihrem Zustand, der es ihnen gerade verbietet, so zu agieren, wie sie es tun, keine Beachtung zu schenken. Diese Entschlossenheit jedoch vermag niemanden zu täuschen. Jeder ist sich bewusst, dass die einen, fast vollständig zu Staub geworden, durch nichts als ein unbewegliches, verrenktes Gerüst fortexistieren und das die anderen, die nichts verloren haben als ihre Umhüllung, nichts als herausschreien könnten. Wen wollen sie hinters Licht führen, die ersteren, indem sie vorgeben, sich einer geistigen Aktivität hinzugeben, die zweiteren, indem sie

[15] Vgl. Roger Caillois. „Au cœur du fantastique". *Cohérences aventureuses*. Paris, 1976, S. 77: „On le voit: de préférence à un fantastique déclaré, je recherche décidément un fantastique insidieux, qu'il arrive de rencontrer au cœur même du fantastique de principe ou d'obligation comme un élément étranger ou déplacé : un fantastique second, pour ainsi dire un fantastique par rapport au fantastique."

> so skandalöse Frechheit zur Schau stellen? In jedem Fall bemühen sie sich, die *Nichtigkeit des Todes* vor Augen zu führen.[16]

Dies kann ein Moment der hermeneutischen Öffnung sein. „Die Nichtigkeit des Todes" wird zu einer Verbindung der zwei Denkweisen: derjenigen, die diese Veranschaulichungen erdachte und derjenigen, die die Interpretation des heutigen Betrachters bestimmt. Jedes Mal wird die Idee auf eine andere Art von der Repräsentationsordnung abgeleitet und jeweils bleiben sie getrennt. Eine hermeneutische Öffnung geschieht, wenn wir uns den alten Illustrationen mit dem Versuch annähern, ihre Sprache zu lernen und sie im Kontext früherer sozialer Praktiken zu situieren, aber uns unseres eigenen Hintergrunds bewusst bleiben, unseres Eingelassenseins in die Diskurse des Körpers und unseres sensorischen Verständnisses.

Fazit

Geht man durch die Ausstellung von *La Specola*, so mögen wir uns nach den Partikeln verstreuten Wissens fragen, die wir nicht imstande sind, tatsächlich zu erfassen. Wir können ein hermeneutisches Spiel beginnen und uns der Begegnung mit verschiedenen Bedeutungen, die durch die Figuren von *La Specola* vermittelt werden, gegenüber öffnen. Was als Fragmente der wissenschaftlichen, historischen, künstlerischen oder anthropologischen Diskurse angesehen werden könnte, kann als die Museumserfahrung zusammengefasst werden. Um für die Sprache der Wachsmodelle wahrnehmungsfähig zu werden, müssen wir einige unserer intellektuellen Gewohnheiten aussetzen. Zunächst müssen wir zugänglich werden für die Vielzahl an diskursiven Feldern, derer sich diese Figuren bedienen, und wir müssen uns darauf einlassen, mehr als einen interpretatorischen Schlüssel zu verwenden. Nur dann werden die Wachsmodelle beides offenbaren: die für ihren kulturellen Kontext spezifischen Bedeutungen ebenso wie diejenigen, die unserer Zeit angehören. Sie bringen beide gegeneinander ins Spiel und vermitteln sie für uns.

---

16 Ebd., S. 167 [Herv. d. Verf.]: „Cependant, les squelettes méditent, les écorchés se promènent. Leur décision arrêtée, dont ils tiennent si bien la gageure, de ne pas prêter attention à un état qui leur interdit justement d'agir comme ils font, ne saurait abuser personne. Chacun sait que, des uns, rendus presque entiers à la première argile, ne subsiste plus qu'un inerte échafaudage disloqué; et que les autres, qui n'ont perdu que leur enveloppe, ne devraient que hurler. A qui prétendent-ils donner le change, les premiers en affectant de se livrer à quelque activité intelligente, les seconds en affichant si scandaleuse désinvolture? En tout cas, ils s'appliquent à démontrer *l'inanité de la mort*."

Unzweifelhaft sind die Wachsmodelle ein Dokument der Vorstellungen über das Öffnen und Untersuchen von Körpern: methodisch, Lage um Lage, mit gebührender Rücksicht auf Morphologie und die Funktion bestimmter Organe. Den Anatomen des 18. Jahrhunderts zufolge sollten beide, medizinische Untersuchung und wissenschaftliche Einsicht in den Körper, darauf beruhen, was wirklich im Körper sichtbar war. Dieser Annahme folgend, war das Schauspiel der anatomischen Figuren so organisiert, dass es zu einem Objekt des Glaubens werden konnte: Glauben an die Kraft der Wissenschaft im Allgemeinen und an die Legitimität einer gegebenen Konzeption des anatomischen Wissens. Es wies gewisse Annahmen zurück, etwa die Sinnhaftigkeit des anatomischen Schauspiels. Heute wird diese Ablehnung unsichtbar und die Botschaft ändert sich, wo das Schauspiel der fragmentierten Körper scheinbar belebt wirkt. Die Exponate, die in *La Specola* gesammelt wurden, werden an Museen aus aller Welt entliehen und in Ausstellungen über den menschlichen Körper gezeigt: in solchen, die sich auf die epistemischen und künstlerischen Fragen beim Studium und in der Darstellung des menschlichen Körpers konzentrieren, und in solchen, die hauptsächlich seine Funktionen erklären. Wann immer sie ausgestellt werden, bringen die Modelle ein Element des Unheimlichen oder des Fantastischen in Caillois' Sinn mit sich. Ältere Geschichten vom Körper wurden noch nicht ganz aus dem Bereich der Sichtbarkeit entfernt: Sie sind in dem, was heute mit ‚künstlerischem Wert' bezeichnet wird, aufgehoben. Sie werden evoziert durch das verzückte Gesicht von St. Theresa, die adamitische Geste eines Mannes, der zum Leben erwacht und den kurvigen Körper der florentinischen Venus. Das Schauspiel von *La Specola* spricht zu uns in Bildern, die unserem ästhetischen Sinn gefallen. Aber wir sind niemals sicher, was es verbirgt und was es enthüllt. Dies ist Essenz seiner Perversion. Wir können von allem, was jenseits der rhetorischen Aufspaltung in der Annäherung an den Körper liegt, fehlgeleitet werden. Die Konvention der Körperlichkeit kann einen Schauder des Ekels verursachen, anstatt uns zu beruhigen, einem Symbol kann mit Unverständnis begegnet werden, und was üblich zu sein schien, kann uns mit Charme anziehen und uns überzeugen, das Spiel fortzusetzen. In dieser Art erfahren, erzählt uns die Ausstellung von der Natur unseres Blickes und den Kategorien, die wir verwenden, wenn wir versuchen, der Welt einen Sinn zu verleihen. Sie beeinflusst unsere Körper ebenso wie unsere Auffassung der eigenen Körperlichkeit. Sie garantiert jedoch eine sichere Distanz, denn der Wachskörper ist nicht der Körper einer realen Person, sondern nur ein Konterfei, ein Abdruck in Materie, die sich dem Willen des Modellbauers fügt. Dies kann individuelle ‚gelebte Anthropologien' entstehen lassen. Sie werden in einem System von Spannungen erlebt, das sich zwischen der kulturellen Disposition, die Sicht des Körpers in einer bestimmten Art zu konzeptionalisieren, und dem persönlichen Bedürfnis auftut, den Körper zu verstehen – zwischen versuchtem Verständnis also und versuchter sinnlicher Wahrnehmung.

Übersetzung: Anna Echterhölter

LITERATURVERZEICHNIS

Berger, John. *Sehen. Das Bild der Welt in der Bilderwelt*. Übs. v. Axel Schenck. Reinbek b. Hamburg, 1974.

Caillois, Roger. „Au cœur du fantastique". *Cohérences aventureuses*. Paris, 1976, S. 69-192.

Clark, Kenneth. *Das Nackte in der Kunst*. Köln, 1958.

Ferrari, Giovanna. „Public Anatomy Lesson and the Carnival. The Anatomy Theatre of Bologna". *Past and Present* 117 (1987), S. 50-106.

Foucault, Michel. *Die Geburt der Klinik. Eine Archäologie des ärztlichen Blicks*. Übs. v. Walter Seitter. Frankfurt a. M., 1991.

Foucault, Michel. *Naissance de la Clinique*. Paris, 1963.

Gadamer, Hans-Georg. „Wahrheit und Methode. Grundzüge einer philosophischen Hermeneutik" [1960]. *Gesammelte Werke*. 10 Bde. Tübingen, 1990, Bd. 1: Hermeneutik I.

Garrison, David. „Metaphor and Analogy in Vesalian Anatomy". *On the Fabric of the Human Body. An annotated Translation of the 1543 and 1555 Editions of Andreas Vesalius' De Humani Corporis Fabrica*. Hg. v. Daniel Garrison u. Malcolm Hast. Eingel. v. Vivian Nutton. Evanston, Ill., 2003. Quellenstandort online der Übersetzung: http://www.vesalius.northwestern.edu (01.04.2009).

Jordanova, Ludmilla. *Sexual Visions. Images of Gender in Science and Medicine between the Eighteenth and Twentieth Centuries*. Hemel Hempstead, 1989.

Lanza, Benedetto u. a. (Hg.). *Le Cere Anatomiche della Specola*. Florenz, 1979.

ANNA BERGMANN

Der zerlegte Körper im Spannungsfeld von Säkularisierung und Magie. Animistische Vorstellungswelten in der Kulturgeschichte der Transplantationsmedizin[1]

> Eines ist jedenfalls sicher: Der menschliche Körper ist der Hauptakteur aller Utopien.
> *Michel Foucault*

1714 meldete die *Berliner geschriebene Zeitung* den Tod von Christian Maximilian Spener (1678-1714), der 1713 die ersten öffentlichen Leichenzergliederungen im Anatomischen Theater Berlins durchgeführt hatte. Der Anatomieprofessor sei am Sterbebett von seinen Zergliederungsopfern heimgesucht und entsetzlich gepeinigt worden, so berichtete die Zeitung. Spener habe kurz vor seinem Tode mit den Körpern, die er seziert hatte, „gesprochen“ und „gefochten“. Sie hätten seine Krankheit zum „anlaß genommen“, ihn zu quälen, weil viele der armen sünder“, die „bisher gehäncket […] worden [waren], vor ihrem Ende dawieder protestiret [hatten], daß man ihren Cörper dem Dr. Spener nicht zur Anatomie geben sollte“. Schließlich hätten sie ihm gedroht,

1 In diesen Artikel fließen Forschungsergebnisse ein, die ich in meiner Studie über Bestattungsbräuche und Tabuverletzungen in der Transplantationsmedizin im Jahre 2006 am *Institut für die Wissenschaften vom Menschen* (Wien) durchgeführt habe. Ich danke dem IWM für die exquisiten Forschungsbedingungen sowie den Gesprächspartnerinnen und -partnern, die bereit waren, über ihre Erfahrungen mit einer Organspende bzw. einer Transplantation im Kreis ihrer Familie zu berichten. Ebenso bin ich den Bestattern der Unternehmen *Ahorn-Grieneisen* (Berlin) und „Bestattung Wien“ zu Dank verpflichtet, die mir über ihre Arbeit und Erfahrungen Auskunft erteilten. Außerdem gehen Resultate der von Ulrike Baureithel und mir durchgeführten Interviewstudie ein, die wir 1998 in österreichischen und deutschen Kliniken anhand von insgesamt 22 Gesprächen mit Ärztinnen und Ärzten, Transplantationskoordinatoren, Pflegern, Operationsschwestern, Psychotherapeuten und Angehörigen von OrganspenderInnen erstellt und in dem Buch publiziert haben: *Herzloser Tod. Das Dilemma der Organspende*. Stuttgart, 1999.

dass sie ihm „wiedrigenfals keine ruhe laßen, sondern ihn bis in den todt quälen wollten“.[2]

Diese Schilderung von Speners Agonie folgt der animistischen Logik, wonach die Toten über die Macht verfügten, Rache an den Lebenden nehmen zu können. Nicht zuletzt die Beseelungsvorstellung, die von einer Weiterexistenz und Wirkmacht der Toten ausgeht, erklärt die enge Verbindung der anatomischen Wissenschaft mit der Hinrichtungsinstanz: Galten doch Verstorbene als weiterhin aktionsfähige Wesen, die bei nicht behutsamer Pflege des Ahnenkults und der Totenrechte den Lebenden gefährlich werden konnten. Der über mehrere Jahrhunderte gängigen Praxis, bevorzugt die Körper von Hingerichteten für Leichensektionen zu verwenden, lag eben genau jene magisch-animistisch zugeschriebene Macht der Toten zugrunde. So führte man eine Sektion bis ins 18. Jahrhundert hinein möglichst nur an jenen durch, die zuvor im Exekutionsprozedere entweder im Rahmen einer rituellen Verwandlung vom ‚Malefikanten‘ zum ‚armen Sünder‘ mit der irdischen Welt befriedet worden waren. Oder aber den Hinzurichtenden sollte ein Weg zurück ins Diesseits durch die Totalvernichtung ihres Körpers verunmöglicht werden, um die ihnen im Tode zugesprochene Gefährlichkeit zu neutralisieren.

Der anatomische Erkenntnisstil der modernen Medizin war somit abhängig und beherrscht von dem Sittenkodex, den das magische Denken hinsichtlich des Umgangs mit Toten und der Berührung von Körpern der Hinrichtungsopfer vorgab. Vor diesem Hintergrund gab es immer wieder Kollisionen zwischen Anatomen und den Familien der Zergliederungsopfer: Sie versuchten, die Sektion ihrer Angehörigen zu verhindern, und beharrten auf gewissen Umgangsformen mit den Leichen, die an den Gesetzen des animistisch organisierten Totenkults orientiert waren.[3]

Die Vorstellung von irgendeinem Weiterleben und der Beseelung der Toten wurde im Laufe des Säkularisierungsprozesses nicht gänzlich aufgegeben, denn sie ist auch heutzutage in der Bestattungspraxis handlungsanleitend. Sie koexistiert mit dem Konzept des „absoluten Todes“ – eine Todesvorstellung, auf der sich seit den sechziger Jahren des 20. Jahrhunderts die Praxis der so genannten Leichenspende und die damit verbundene Zerlegung des Spenderkörpers in der Transplantationsmedizin errichtet hat.

---

2 Ernst Friedlaender (Hg.). *Berliner geschriebene Zeitungen aus den Jahren 1713 bis 1717 und 1735. Ein Beitrag zur Preußischen Geschichte unter König Friedrich Wilhelm I.* Berlin, 1902, S. 124.

3 Vgl. dazu genauer Anna Bergmann. *Der entseelte Patient. Die moderne Medizin und der Tod.* Berlin, 2004, S. 117ff.

Im Folgenden skizziere ich den magischen Bedeutungsinhalt der anatomischen Vorgehensweise im Rahmen der Hinrichtungsrituale zwischen dem 16. und 19. Jahrhundert und die auf der animistischen Vorstellungswelt begründete therapeutische Verwertung von exekutierten Körpern in ihrer Beziehung zum Totenkult – eine Praxis, die auch als „Transplantation" bezeichnet wurde. Anschließend setze ich das im genauen Gegensatz dazu stehende Konzept der kartesianischen Körpermaschine sowie die aus ihr logisch hervorgegangene transplantationsmedizinische Zerlegung von hirntoten Patienten zwecks ihrer medizinischen Nutzung in diesen Deutungszusammenhang. Schließlich gehe ich auf die magischen Ängste von Organempfängern vor den Seelenkräften der Spender ein. In ihrem Leib – so meine These – ist jene durch Bestattungsbräuche symbolisch aufgebaute Grenze zwischen der ‚Welt der Toten' und der ‚Welt der Lebenden' aufgebrochen, so dass Rationalität und Magie auf eine eigenartige Weise sich zu mischen scheinen.

Totenkult und Hinrichtungsritual

Bestattungsbräuche sind interkulturell weitgehend von der magischen Vorstellung bestimmt, die Seelen der Verstorbenen existierten weiter und könnten aus einer vitalen Welt heraus positiv wie negativ auf die Lebenden wirken. Diese Todesauffassung und die sich daran knüpfenden Ängste vor den Toten bestimmen bis heute nicht nur die kulturelle Organisation einer Bestattung. Vielmehr beherrschten sie in der Frühen Neuzeit auch die rituelle Gestaltung einer Hinrichtung und erklären die enge Verwandtschaft des Totenkults mit der Inszenierung der Exekutionsrituale. Denn die Furcht vor der Rache der Hingerichteten nach ihrem Tode wurde durch den Tötungsakt aufs Äußerste gesteigert. Das Hinrichtungsprozedere war daher entweder von den aus Bestattungsbräuchen übernommenen Versöhnungsgesten zur Erzeugung eines „guten Toten" geprägt oder aber im Falle der Höchststrafe, die mit einer Totalvernichtung des Körpers verbunden war, sollte der Seele des Hingerichteten eine Rückkehr in die diesseitige Welt ein für alle Mal versperrt werden.[4]

---

4 Vgl. grundlegend für das Folgende: Hans von Hentig. *Die Strafe. Frühformen und kulturgeschichtliche Zusammenhänge*. Berlin, Göttingen u. Heidelberg, 1954; Helmut Schuhmann. *Der Scharfrichter. Seine Gestalt – seine Funktion.* Kempten i. Allgäu, 1964; Wolfgang Schild. *Alte Gerichtsbarkeit. Vom Gottesurteil bis zum Beginn der modernen Rechtsprechung*. 2. umgearb. Aufl. München, 1985; Richard van Dülmen. *Theater des Schreckens. Gerichtspraxis und Strafrituale in der frühen Neuzeit.*

So fasste auch die Strafjustiz eine Hinrichtung nicht als endgültige Tötung auf: Je höher die verhängte Strafe war, desto häufiger wurde der bereits getötete Leib mehreren Exekutionen unterworfen.[5] Die Zerstückelung der Malefikanten hatte zum Ziel, die leibliche Integrität für immer und restlos aufzulösen, indem der Körper zunächst in einzelne Organe zerschnitten (z. B. Köpfen, Herzentnahme, Entdärmung), anschließend an verschiedene Orte verteilt, dort dem Vogelfraß überlassen und in alle Winde verstreut wurde. Die Strafe der Vierteilung, also auch die gänzliche Auslöschung des Körpers, repräsentierte in den frühneuzeitlichen Hinrichtungsritualen eine der radikalsten Zerstörungszeremonien. Entsprechend der totalvernichtenden Bedeutung der Exekution bezeichnete im deutschen Sprachraum die Justiz die Hinrichtung ausdrücklich als *Entleibung* oder noch bis ins späte 18. Jahrhundert hinein als *Entseelung*.[6]

Die Entleibung bzw. Entseelung glich teilweise frappierend einer anatomischen Zergliederung. Nicht zuletzt gehen Henkersbezeichnungen wie etwa „Fleischer", „Fleischhacker" oder „Fleischhauer"[7] auf die Praktiken des Zergliederns zurück. Das Prozedere orientierte sich an symbolischen Zuschreibungen der einzelnen Körperteile und Organe: Als Sitz der Seele spielte das Herz eine zentrale Rolle und wurde beim Exekutionsritual zum besonderen Angriffsziel. Teilweise erfuhr es eine eigene Bestrafung, denn der Scharfrichter nahm es nicht nur heraus, sondern durchstach es zusätzlich. Eine noch andere, in Hexenprozessen regelmäßig angewendete Entleibungsform bestand darin, die verbliebenen Reste des Körpers zu verbrennen und die Asche in fließendes Wasser zu werfen.

Auf dieser Vernichtungslogik beruhte auch noch die 1946/47 in Deutschland gegenüber den zum Tode verurteilten Naziverbrechern praktizierte Hinrichtungs- und Bestattungsweise: Nachdem die zehn Delinquenten[8] in Nürnberg erhängt und anschließend auf dem Münche-

---

4. durchges. Aufl. Frankfurt a. M., 1995; Richard J. Evans. *Rituale der Vergeltung. Die Todesstrafe in der deutschen Geschichte 1532-1987*. Berlin, 2001 sowie Jürgen Martschukat. *Inszeniertes Töten. Eine Geschichte der Todesstrafe vom 17. bis zum 19. Jahrhundert*. Köln, Weimar u. Wien, 2000.

5 Vgl. Evans (Anm. 4), S. 121f.; Hentig (Anm. 4), S. 19ff. u. 338ff.; Schuhmann (Anm. 4), S. 85f.; van Dülmen (Anm. 4), S. 110f. u. 144 sowie Schild (Anm. 4), S. 197ff.

6 Vgl. Martschukat (Anm. 4), S. 27, 115 sowie 257, Anm. 44.

7 Vgl. Else Angstmann. *Der Henker in der Volksmeinung. Seine Namen und sein Vorkommen in der mündlichen Volksüberlieferung*. Halle a. d. Saale, 1928, S. 17f.

8 Es handelte sich um Hermann Wilhelm Göring, Joachim von Ribbentrop, Wilhelm Keitel, Ernst Kaltenbrunner, Alfred Rosenberg, Hans Frank, Julius Streicher, Fritz

ner Ostfriedhof kremiert worden waren, verfrachtete man die Urnen mit ihrer Asche in Zylindern an den Strand des Conwentzbaches bei Solln im Isartal, wo jeder einzelne Behälter mit Äxten und Fußtritten aufgeschlagen und dann in den Fluss geschleudert wurde.[9]

Die Praxis der ‚mehrfachen Tötung' durch Zergliederung und Zerstreuung des Körpers beruhte auf einer Todes- und Leibkonzeption, die in England zur Konsequenz hatte, die Leichensektion durch Anatomen als Strafakt direkt in die Hinrichtung einzubinden. Das ‚Zerstücken' auf dem Sektionstisch galt hier als Zusatzstrafe und wurde explizit verhängt. Der Anatom avancierte nun zum Henker, denn er nahm die Zergliederungshandlung im Sinne der Totalvernichtung selbst in die Hand.

Die Verbindung zwischen Hinrichtung und Anatomie bestand bis weit ins 20. Jahrhundert – so z. B. in dem großen und berühmten Gefängnis des Staates New York *Sing Sing*, wo in den zwanziger Jahren bundesweit die meisten Exekutionen vollzogen wurden.[10] Sein damaliger Direktor Lewis E. Lawes berichtete 1929 über die amerikanische Verordnung, wonach im unmittelbaren Anschluss jeder elektrischen Hinrichtung eine anatomische Zergliederung zu erfolgen hatte. Lawes erklärte den Sinn dieser Praxis: „um jede Möglichkeit auszuschließen, dass das Subjekt jemals zum Leben zurückkehrt".[11] Diese Hinrichtungslogik blieb von der kartesianischen Körpervorstellung, die einen Leib-Seele Dualismus behauptet, vollends unberührt.

Sauckel, Alfred Jodl, Arthur Seyß-Inquart. Sie waren am 1. Oktober 1946 zum Tod durch den Strang verurteilt und – außer Göring, der sich in der Nacht vor dem Hinrichtungstermin vergiftet hatte – am 16. Oktober 1946 durch den amerikanischen Scharfrichter Master-Sergeant John C. Woodes in der Sporthalle des Nürnberger Gefängnisses erhängt worden. Vgl. zu den Todesurteilen und den Nürnberger Prozessen: Israel Gutmann (Hg.). *Enzyklopädie des Holocaust*. 4 Bde. München u. Zürich, 1995, Bd. 2, S. 1019ff. u. 1022f. sowie Evans (Anm. 4), S. 911f.

9 „One by one the cylinders were chopped with axes, smashed open with boot heels." Zit. n. Hentig (Anm. 4), S. 23. Vgl. dazu Joe Heydecker u. Johannes Leeb. *Der Nürnberger Prozeß. Neue Dokumente, Erkenntnisse und Analysen*. Köln, 1985, S. 501. Eine ähnliche Version der Zweittötung erfolgte 1945 in Deutschland durch die britische Besatzung an einer Gruppe von 13 ehemaligen Aufsehern und Aufseherinnen des Konzentrationslagers Bergen-Belsen. Nachdem diese 1945 in Hameln erhängt worden waren, wurde eine medizinische Nachtötung mit einer tödlichen Giftinjektion durchgeführt. Vgl. Evans (Anm. 4), S. 913.

10 Vgl. Jürgen Martschukat. *Die Geschichte der Todesstrafe in Nordamerika. Von der Kolonialzeit bis zur Gegenwart*. München, 2002, S. 109.

11 Vgl. Lewis E. Lawes. *Life & Death in Sing Sing*. London, 1929, S. 203. Vgl. ebd., S. 179. Unmittelbar neben der Hinrichtungsstätte dieses Gefängnisses befand sich der Sektionsraum. *Sing Sing* diente gleichermaßen als Lehranstalt für Chirurgen. Vgl. Lewis E. Lawes. *Twenty Thousand Years in Sing Sing*. New York, 1933, S. 9, 208 u. 382.

Transplantationskuren und magische Heilkräfte hingerichteter Körper

1899 monierte der Berliner Professor der Unfall- und Kriegschirurgie Albert Koehler (1850-1936) rückblickend die magischen Praktiken der Feldchirurgen. Er beklagte, dass selbst von ihm hoch geschätzte und renommierte Autoren noch bis ins 18. Jahrhundert hinein Chirurgiebücher verfasst hätten, in denen Anleitungen und Rezepturen zur Anwendung von Waffensalben sowie „Transplantationskuren" anzutreffen seien,[12] die „allerhand Spuk und Hokuspokus" verbreiteten. Unter den Substanzen und Arzneimitteln der Kriegschirurgen befanden sich unter anderem „ein Compositum, in dem z. B. Moos vom Schädel eines Hingerichteten, [...] nicht fehlen durfte. [...] Menschenschmalz, Menschenblut, [...] u. a. m. gehörten auch dazu".[13]

Tatsächlich beruhte dieses Arsenal auf Rezepturen, die nur aus Körpern hingerichteter Menschen oder zu Tode gekommener Soldaten gewonnen sein konnten. Eine solche medizinische Nutzung von Menschenfleisch war keine Randerscheinung, vielmehr wurde sie europaweit seit dem 16. Jahrhundert geläufig, also zeitgleich zu der Intensivierung der Hinrichtungen, die im Europa des 17. Jahrhunderts ihren Höhepunkt hatten. Die so genannte kannibalistische Medizin war ein zeitspezifisches europäisches Phänomen des 16., 17. und 18. Jahrhunderts.[14]

---

12 In so genannten Transplantationskuren wurde der sympathetische Grundsatz mit der seit Mitte des 16. Jahrhunderts zunehmenden alchimistischen Medizin vermischt. Koehler kritisierte, dass noch in Lehrbüchern des 18. Jahrhunderts diese Transplantationsmethoden zu finden waren, und selbst Friedrich Wilhelm I. sei im Jahre 1737 eine solche Kur empfohlen worden. Vgl. Albert Koehler. *Die Kriegschirurgen und Feldärzte Preussens und anderer deutscher Staaten in Zeit- und Lebensbildern. I. Theil: Kriegschirurgen und Feldärzte des 17. und 18. Jahrhunderts*. Berlin, 1899, S. 45. Vgl. außerdem Lynn Thorndike. *A History of Magic and Experimental Science*. New York, 1958, Bd. 8, S. 226, 413ff. u. 433ff.

13 Koehler (Anm. 12), S. 44. Vgl. auch Jacob Döpler. *Theatrum Poenarum, suppliciorum et executionum criminalium. Oder Schauplatz derer Leibes- und Lebens-Strafen, welche nicht allein von alters bey allerhand Nationen und Völckern in Gebrauch gewesen, sondern auch noch heut zu Tage in allen vier Welt-Theilen üblich sind.* Sondershausen u. Leipzig, 1697, Bd. 2, S. 577. Horst Mattias. *Die Entwicklung des Medizinalwesens im Lande Lippe unter besonderer Berücksichtigung des Scharfrichterwesens und seiner Stellung in der Heilbehandlung*. Diss. med., Münster, 1947, S. 16 sowie Detlef Rüster. *Der Chirurg. Ein Beruf zwischen Ruhm und Vergessen*. Leipzig, 1993, S. 134.

14 Karen Gordon-Grube zählt zur Ära der kannibalistischen Medizin allerdings nicht mehr das 19. Jahrhundert, obwohl die Nutzung des Blutes Hingerichteter auch hier noch gängig war. Vgl. Karen Gordon-Grube. „Anthropophagy in Post-Renaissance Europe. The Tradition of Medicinal Cannibalism". *American Anthropologist* 2 (1988), S. 406f.

Für Therapien, die auf der Vorstellung von einer im Leichnam weiterhin wirksamen Lebenskraft gründeten, wurde der Begriff ‚mumia' (pers.-arab. *mûm*: Wachs)[15] üblich. Als Alchimist führte Paracelsus (1493-1541) in diesem Zusammenhang den Begriff der Transplantation in die deutsche medizinische Fachsprache ein.[16] Auch hinterließ er mehrere Traktate über die therapeutische Nutzung von Exekutionsleichen. In der „kunst necromantia" sei nicht der Leib von Menschen, die eines natürlichen Todes gestorben waren, sondern ausschließlich „schelmen mumia" als die „kreftigest mumia"[17] zu verwenden (Abb. 1). Paracelsus pries die besondere Heilkraft der ‚mumia', wenn sie aus Toten gewonnen werde, die durch die Elemente der Luft (Galgen, Rädern), des Wassers (Ertränken) oder des Feuers (Verbrennen – Asche) hingerichtet worden waren: „Mit disen dreien mumien ist vil wunderbarlich ding [...] erlangt worden, und fürnemlich von denen, die dise mumien selbs gemacht haben. Das sein nun die nachrichter".[18] Und auch der Renaissance-Anatom Andreas Vesal (1514/15-1564) – der Begründer der neuzeitlichen Medizin – berichtete 1543 in seinem Lehrbuch *De humani corporis fabrica libri septem*, dass er beim Auskochen des menschlichen Leichnams das

---

15 „Mumia" hat die Wortbedeutung von „einbalsamierte Leiche" und bezieht sich darüber hinaus auf aus Leichen gewonnene Bestandteile für die Herstellung von Arzneimitteln. Der Begriff ist gleichbedeutend mit dem Griechischen ásphaltos: „unzerstörbar" – im Persischen „mumia" genannt. Er bezeichnet ein paraffinhaltiges Öl („Erdpech", Asphalt), das als Baumaterial und in Ägypten um 1500 der vorchristlichen Zeit auch zum Einbalsamieren von Leichen verwendet wurde. Seit etwa 1000 n. Chr. kam der Glaube über die medizinische Wirkung des in der ägyptischen Mumie enthaltenen „Totenpechs" auf. Vgl. Wolfgang Pfeifer (Hg.). *Etymologisches Wörterbuch des Deutschen*. München, 2000, S. 897; Johann Heinrich Zedler (Hg). *Grosses vollständiges Universal-Lexicon aller Wissenschaften und Künste*. 64 Bde. u. 4 Ergänzungsbde. Halle u. Leipzig, 1739, Bd. 22, S. 735-746; Heinrich Vorwahl. „Deutsche Volksmedizin in Vergangenheit und Gegenwart". *Volksmedizin. Probleme und Forschungsgeschichte*. Hg. v. Elfriede Grabner. Darmstadt, 1967, S. 257f. sowie Markwart Herzog. „Scharfrichterliche Medizin. Zu den Beziehungen zwischen Henker und Arzt, Schafott und Medizin". *Medizinhistorisches Journal* 4 (1994), S. 330.

16 Vgl. Gerhard Fichtner. *Transplantatio. Zur Geschichte eines Begriffs und einer Vorstellung in der Medizin*. Diss. med., Tübingen, 1968, S. 22.

17 Paracelsus. „Philosophia tractus quinque, tract. 3: Von dem fleisch und mumia". *Sämtliche Werke*. Hg. v. Karl Sudhoff. 1. Abtlg: Medizinische naturwissenschaftliche und philosophische Schriften. München u. Berlin, 1931, Bd. 13, S. 346. Vgl. auch ders. „De mumiae arcanis". Ebd., Bd. 14, S. 305-308. Aber auch aus einem lebendigen Körper gewinnbare Stoffe und Flüssigkeiten (z. B. Haare, Blut oder Urin) verstand Paracelsus als mumia, wobei er aber vor der Verwendung des Menstrualblutes warnte, da es giftig sei. Vgl. Fichtner (Anm. 16), S. 44.

18 Paracelsus. „Philosophia tractus quinque" (Anm. 17), S. 346. Vgl. außerdem zur paracelsischen Mumienmedizin Fichtner (Anm. 16), S. 42ff.; Gordon-Grube (Anm. 14), S. 406f. sowie Herzog (Anm. 15), S. 330, Anm. 85.

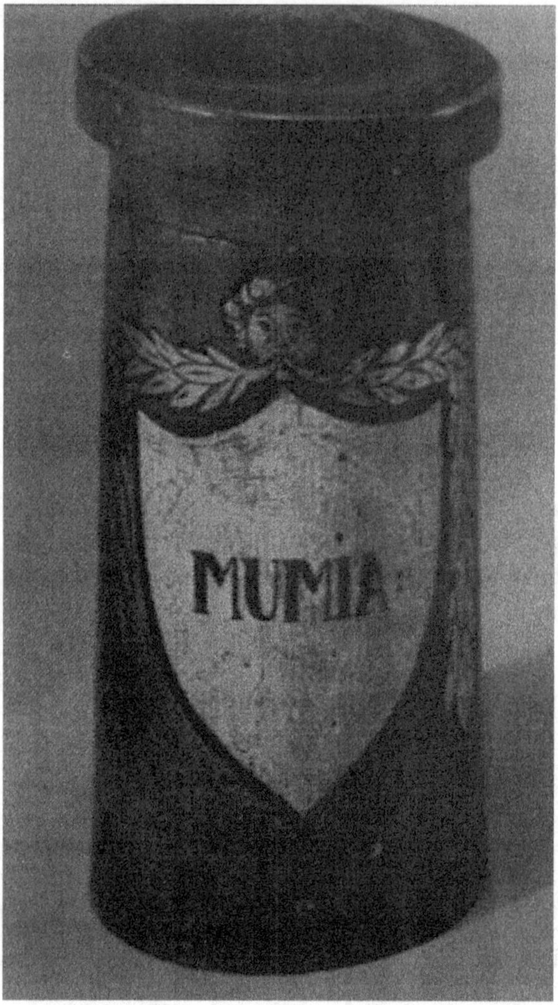

Abb. 1: Gefäß mit Mumia (Pharmazeutisches Museum Basel, Schweiz).

Fett abschöpfe, es „in ein gewöhnliches Gefäß geb[e], besonders mit Rücksicht auf das gemeine Volk", da Menschenfett „bei der Wundheilung […] sehr genutzt" habe.[19]

Entsprechend ihrer hohen Verbreitung machten sich in den folgenden Jahrhunderten auch akademische Mediziner die ‚kunst necromantia'

---

19 Andreas Vesalius. *De humani corporis fabrica libri septem* [1543]. 3. Aufl. Basel, 1568, S. 115f. (Übs. d. Verf.). Vgl. auch Valentin Groebner. „Körper auf dem Markt. Söldner, Organhandel und die Geschichte der Körpergeschichte". *Mittelweg* 36 (2005), S. 79.

zu eigen. In England beispielsweise empfahl der Mitbegründer der *Royal Society* Robert Boyle (1627-1691) zum Kurieren bestimmter Leiden Menschenblut, Schädelmoos oder auch das Auflegen einer toten Menschenhand.[20] Ebenso befanden sich zu Beginn des 17. Jahrhunderts im amtlichen Arzneibuch des Londoner Medizinischen Instituts (1618) unter den aufgelisteten Arzneimitteln die beiden anthropophagischen Mittel ‚mumia' und menschliches Blut. In der über hundert Jahre später erschienenen Ausgabe von 1747 war sie mit weiteren zahlreichen menschlichen Körperteilen und diversen Anleitungen zum inneren wie äußeren Gebrauch angereichert, unter anderem wurde nun selbst der bittere Geschmack von Mumienpulver beschrieben.[21] Auch hatte der Franzose Nicolas Lémery (1645-1715) – seit 1699 Mitglied der *Académie Royale des Sciences* – ein in viele Sprachen übersetztes Standardwerk der europäischen Medizin des 18. Jahrhunderts verfasst, worin kaum ein menschlicher Körperteil fehlte, der nicht als Mittel für die medizinische Nutzung genannt war.[22] Auch Zedlers *Universal-Lexikon* von 1739 – eine der ersten deutschsprachigen Enzyklopädien – nannte Menschenblut und -fett als Arzneimittel und gab Herstellungsanleitungen.[23]

Mit dem Reliquienkult vergleichbar, in dem Teilen des menschlichen Körpers eine besondere Heilkraft zugesprochen wird, beruhte die Henkersmedizin auf dem Toten- und Opferkult: auf der Vorstellung, die Seelen- und Lebenskräfte der Toten seien weiterhin aktiv, übertragbar und durch ihre Einverleibung als sakrales Opferfleisch positiv wirksam.[24]

---

20 Vgl. Thorndike (Anm. 12), S. 197. Nach dem analogischen Prinzip soll die Warze wie die Leiche im Grab vergehen. Vgl. Vorwahl (Anm. 15), S. 254. Neben Boyle waren berühmte Ärzte des 17. und 18. Jahrhunderts von Paracelsus beeinflusst wie z. B. Johan Baptista van Helmont (1579-1644), Thomas Willis (1621-1675), Ernst Stahl (1660-1734) oder Herman Boerhaave (1668-1738). Vgl. Heinrich Schipperges. „Paracelsus (1493-1541)". *Klassiker der Medizin.* 2 Bde. Hg. v. Dietrich von Engelhardt u. Fritz Hartmann. München, 1991, Bd. 1, S. 112.

21 Vgl. Gordon-Grube (Anm. 14), S. 406. Vgl. außerdem zur Verwendung von menschlichen Körperteilen in der Medizin des 17., 18. u. 19. Jahrhunderts Thorndike (Anm. 12), S. 89, 97, 333, 391, 413ff. u. 523f.; Max Baldinger. „Aberglaube und Volksmedizin in der Zahnheilkunde". *Volksmedizin* (Anm. 15), S. 157; Vorwahl (Anm. 15), S. 257ff.; Hanns O. Münsterer. „Grundlagen, Gültigkeit und Grenzen der volksmedizinischen Heilverfahren". *Volksmedizin* (Anm. 15), S. 307f.

22 Vgl. Gordon-Grube (Anm. 14), S. 406. Zu Lémery vgl. Thorndike (Anm. 12), S. 146ff. sowie zur Verwendung von menschlichem Schädel und Gehirn ebd., S. 147, Anm. 214.

23 Vgl. Zedler (Anm. 15), 1739, Bd. 20, S. 748-751. Unter dem Stichwort „Menschen-Fett" wird sogar eine Anleitung zur pharmazeutischen Verarbeitung gegeben. Vgl. ebd., S. 749. Vgl. auch Herzog (Anm. 15), S. 313 u. 319f.

24 Vgl. dazu grundlegend Markwart Herzog. „Hingerichtete Verbrecher als Gegenstand

Die Niere, das Herz, aber auch das Blut galten im magischen Denken als Sitz der Lebenskraft. Bevorzugt menschliches sowie tierisches Herz- und Nierenfett wurden daher seit dem 16. Jahrhundert zur Heilung von Rheuma, Gicht, Koliken oder Zahnschmerzen verwendet.[25]

Weit verbreitet war das öffentliche Trinken von ‚Armsünderblut' – seine Einverleibung wurde regelrecht zum Bestandteil des Hinrichtungsspektakels: Seit dem 17. Jahrhundert bis weit ins 19. Jahrhundert hinein registriert Richard Evans Schilderungen von öffentlichen Enthauptungen: Zuschauer brachten Schalen mit, um darin das aus dem Hals schießende Blut der Enthaupteten aufzufangen und im noch warmen Zustand zu trinken.[26] Hingerichtete avancierten nun zu „helfenden Toten".[27] Die rituelle Verwandlung vom Verbrecher zum sakralen Opfer bot die Voraussetzung für die Entstehung dieses medizinischen Reliquienkultes.

Parallel zu solch animistischen Praktiken der Frühen Neuzeit und eingebettet in das Ritual des Anatomischen Theaters konstituierte die wissenschaftliche Anatomie eine genau entgegengesetzte Konzeption vom menschlichen Körper.

Anatomische Anthropologie und die Praxis der naturwissenschaftlichen Transplantationsmedizin

Unter dem Postulat der Sichtbarkeit erfolgte im 16. Jahrhundert die Begründung der modernen Medizin durch die Einführung der Leichensektion. Die Anatomie beinhaltete nicht nur eine neue Methode der Naturerkenntnis, vielmehr ging mit ihrer Durchsetzung auch eine Verabschiedung des dem magischen Denken zugrunde liegenden Naturverhältnisses – die Vorstellung von einer untrennbaren kosmologischen Eingebundenheit des Menschen – einher. Das magische Denken beruht vor allem auf den Prinzipien der Beseelung und des Verbundenseins, auf einem sympathetischen Beziehungssystem, das sich in der magischen Praxis in ihrem Versuch, Kontakt mit unsichtbaren Kräften auf-

---

der Heiligenverehrung". *Geist und Leben* 65 (1992), S. 367-386 sowie ders. (Anm. 15), S. 309-332.

25 Vgl. Eduard Hoffmann-Krayer u. Hanns Bächtold-Stäubli (Hg.). *Handwörterbuch des deutschen Aberglaubens*. Berlin u. Leipzig, 1929/30, Bd. 2, S. 1373-1385.

26 Vgl. Evans (Anm. 4), S. 125f.; Vorwahl (Anm. 15), S. 259f.; Mattias (Anm. 13), S. 16; Georg Fischer. *Chirurgie vor 100 Jahren. Historische Studie über das 18. Jahrhundert aus dem Jahre 1876*. Berlin, Heidelberg u. New York, 1978, S. 62 sowie van Dülmen (Anm. 4), S. 163.

27 Herzog (Anm. 15), S. 312.

zunehmen und diese auch zu manipulieren, vor allem durch Analogiebildungen herstellt. So wurde der menschliche Leib als Mikrokosmos angesehen, der sich analog zum Makrokosmos aus den die ganze Welt konstituierenden vier Elementen – Wasser, Erde, Feuer, Luft – zusammensetzt. Prinzipien der Verbundenheit und Belebtheit von der sichtbaren wie der unsichtbaren Welt gelten als die herausragenden Merkmale des animistisch-magischen Denkens, das gleichermaßen ein dualistisches und in Hierarchien (z. B. gut-böse oder tot-lebendig) aufgebautes Weltbild ausschließt.[28]

Dagegen beinhaltete die Vorstellung vom menschlichen Leib als ein in einzelne Organe fragmentierbares Gebilde ein fundamental anderes Welt- und Menschenbild. Die Anatomie konstituierte einen auseinandernehmbaren, nach mechanistischen Gesetzen wieder zusammensetzbaren, von der Umwelt und vom Kosmos abgeschnittenen autonomen Körper. Aus der Zerlegung des toten Körpers entstand das Modell des Lebendigen: Der Tod wurde zum „Spiegel, in dem das Wissen das Leben betrachtet",[29] wie Michel Foucault diesen Erkenntnisstil charakterisierte. Die Anatomie als die Lehre vom „Körper-Menschen"[30] beinhaltete gleichsam eine neue Anthropologie.[31] Dieses Konzept erfuhr seit dem 17. Jahrhundert durch die dualistische Aufspaltung des Menschen in einen im Gehirn lokalisierten Geist auf der einen Seite und einen nach mechanistischen Prinzipien funktionierenden Körper auf der anderen

28 Vgl. Marcel Mauss. *Soziologie und Anthropologie 1. Theorie der Magie. Soziale Anthropologie*. Frankfurt a. M., 1989, S. 43ff.; Thomas Macho. „Bemerkungen zu einer philosophischen Theorie der Magie". *Der Wissenschaftler und das Irrationale*. 4 Bde. Hg. v. Hans Peter Duerr. Frankfurt a. M., 1981, Bd. 2, S. 330-350; Hans G. Kippenberg u. Brigitte Luchesi (Hg.). *Magie. Die sozialwissenschaftliche Kontroverse über das Verstehen fremden Denkens*. Frankfurt a. M., 1978.

29 Michel Foucault. *Die Geburt der Klinik. Eine Archäologie des ärztlichen Blicks*. Übs. v. Walter Seitter. Berlin, 1976, S. 160.

30 Michel Foucault. *In Verteidigung der Gesellschaft. Vorlesungen am Collège de France (1975-76)*. Übs. v. Michaela Ott. Frankfurt a. M., 2001, S. 286. Foucault benutzt diesen Begriff zwar nicht im Kontext der Anatomie, sondern führt ihn vielmehr ein, um den Zugriff der sich seit dem 17. Jahrhundert durch Disziplinaranstalten (Militär, Schule, Spital, Werkstätten) etablierenden Macht auf den Körper zu analysieren. Er grenzt diese Herrschaftsform ab von der seit dem 18. Jahrhundert sich herausbildenden Bio-Macht. Diese bezieht sich nicht auf den „Körper-Menschen", sondern auf den „Gattungs-Menschen" (ebd., S. 286). Dennoch stellt bei Foucault der anatomisch „durchschaubare Körper" ein Standbein in der „Erfindung" der „neuen politischen Anatomie" des 17. Jahrhunderts dar. Vgl. Michel Foucault. *Überwachen und Strafen. Die Geburt des Gefängnisses*. Übs. v. Walter Seitter. Frankfurt a. M., 1976, S. 174ff.

31 Marielene Putscher. „Andreas Vesalius (1514-1564)". *Klassiker der Medizin* (Anm. 20) , Bd. 1, S. 117.

Seite in der kartesianischen Körpermaschine seine konsequente Zuspitzung – ein bis heute dominantes Erklärungsmodell.

Den methodologischen Schlüssel für die Erforschung des Lebendigen und damit verbunden für die Genese dieser anatomischen Anthropologie stellt das Zerlegen und das Neuzusammensetzen dar. Selbst humangenetische Verfahren, wie z. B. die Präimplantationsdiagnostik, aber auch das Klonen, die Reproduktions- oder Transplantationsmedizin basieren auf diesen chirurgischen Techniken. Vesal setzte den Grundstein für die Begründung der modernen Medizin, denn er war der erste Gelehrte, der im 16. Jahrhundert das Seziermesser selbst in die Hand nahm, menschliche Leichen sowie Tiere bei lebendigem Leibe zergliederte, dabei forschte und seine Beobachtungen in seiner *Fabrica* systematisch zusammenfasste.

Ein Jahrhundert später war es René Descartes (1596-1650), der einen geschlossenen Entwurf der mechanistischen Naturauffassung vorlegte. Auch er war ein passionierter Anatom. Mit Ausnahme des Menschen erklärte er alle Lebewesen zu seelenlosen Automaten und formulierte einen radikalen Leib-Seele-Dualismus. Dem im menschlichen Gehirn verorteten Geist setzte er hierarchisch einen entseelten Körper entgegen. Vorbedingung für diesen Dualismus war die anatomische Darstellung des Leibes als Leichnam. Einzig aus seiner Dekomposition entstand das aus dem Tod geborene Modell des Lebens. Die Anatomie näherte sich somit dem Homo sapiens als Lebewesen nur noch in seiner materialen Dimension als willfährige Leiche.

Einen Höhepunkt der vom Tode gezeichneten anatomisch-mechanistischen Anthropologie bildet die vom Hirntodkonzept abhängige Praxis der Transplantationsmedizin seit den sechziger Jahren des 20. Jahrhunderts. Auch auf der Methode der Körperzergliederung beruhend, setzt diese Therapieform die Logik der kartesianischen Körpermaschine hinsichtlich des Sterbeprozesses weiter fort. Denn als Sitz der Person und daraus folgernd auch ihres Todes trennt das Hirntodkonzept *per definitionem* das Gehirn ab vom Sterben des so verstandenen „noch überlebenden übrigen Körpers“,[32] der in dieser Teilung als weiterhin le-

---

32 Johann Friedrich Spittler. „Der Hirntod – Tod des Menschen. Grundlagen und medizinische Gesichtspunkte“. *Ethik in der Medizin* 7 (1995), S. 130. Als Kritiker dieses Konzepts wandte sich der Würzburger Professor für Neurochirurgie Joachim Gerlach gegen die Gleichsetzung des Hirntodes mit dem personalen Tod eines Menschen, da sie „in naturwissenschaftlich unzulänglicher Weise das Gehirn zum ‚Sitz der Seele‘ macht“ und die personale Individualität ein Begriff sei, „der im naturwissenschaftlichen Bereich nicht zuständig ist“. Joachim Gerlach. „Gehirntod und totaler Tod“. *Münchener medizinische Wochenschrift* 13 (1969), S. 734.

bendig gilt. Mitunter kennzeichnen Transplantationsmediziner einen hirntoten Patienten ontologisch auch als „human vegetable“,[33] „Restkörper“ oder „Herz-Lungen-Paket“.[34] Der Todeseintritt wird somit auf einen einzigen Zeitpunkt und ein einziges Organ fixiert, wodurch nicht nur der prozessuale Charakter des Sterbens im biologischen Sinne, sondern der Sterbende an sich und das Sterben als ein soziales Ereignis einer grundlegenden Negation unterworfen sind.

Auf dem anatomischen Erkenntnisstil beruhend, wurde im Zuge der „Chirurgisierung“[35] der Medizin seit der Mitte des 19. Jahrhunderts die Organverpflanzung zu einer Heilmethode entwickelt. Hinsichtlich ihrer Methodologie stellt sie eine Zergliederung des Lebendigen dar. Sie schneidet Teile aus dem Körper des als Leichnam definierten Patienten heraus und fügt diese in den Leib anderer todkranker Menschen wieder ein. Da selbst das Sterben in der Hirntoddefinition zerlegt wird, hat der Tote die ihm bisher zugeschriebenen Wesensmerkmale verloren: So sind Stillstand von Atmung und Herzschlag, Leichenblässe, Verwesung, Totenstarre und -flecke seit der Einführung der Hirntodkriterien im Jahre 1968 keine zwingenden Todeszeichen mehr. Das Herz von Hirntoten schlägt, ihre Lungen atmen mit technischer Hilfe, sie verdauen, scheiden aus, und sie werden bis zum Ende der Organentnahme weiterhin medizinisch betreut. Von ihrer Erscheinung her sind sie von anderen sich im Koma befindenden lebendigen Patienten nicht zu unterscheiden.[36] Erst

---

33 Vgl. Hans Jonas. *Technik, Medizin und Ethik. Zur Praxis des Prinzips Verantwortung*. Frankfurt a. M., 1987, S. 228.

34 Zit. n. Baureithel u. Bergmann (Anm. 1), S. 65.

35 Thomas Schlich. *Die Erfindung der Organtransplantation. Erfolg und Scheitern des chirurgischen Organersatzes (1880-1930)*. Frankfurt a. M. u. New York, 1998, S. 222.

36 Ausgangspunkt für die Entwicklung der Hirntoddefinition war die Einführung der Herz-Lungen-Maschine in die Intensivmedizin während der fünfziger Jahre des 20. Jahrhunderts. Hier stellte sich das Problem, ob und wenn ja, ab welchem Zeitpunkt bei bestimmten Komapatienten therapeutische Bemühungen zu beenden und die künstliche Beatmung abzubrechen seien. Diese Überlegung war weit von der ethisch höchst prekären Frage entfernt, ob hirnsterbende Komapatienten als medizinisch definierte Tote für die Therapie anderer Patienten verwendet werden dürfen. Pierre Mollaret und Maurice Goulon vom Claude-Bernard-Hôpital in Paris wurden für den Beginn dieser Diskussion maßgebend. Sie teilten Komapatienten in vier Kategorien ein, beschrieben das tiefste Komastadium als *Coma dépassé* und betonten die Prozesshaftigkeit des Hirnsterbens allein durch die Wahl der Begrifflichkeit: *Coma dépassé* hat die Bedeutung von einem ‚Zustand dazwischen, nachdem das Koma vorbei ist; überschrittenes Koma‘. Von einem „Hirntod“ ist in dieser Schrift keine Rede. Mollaret und Goulon lehnten es auch ausdrücklich ab, die medizinische Behandlung bei *Coma dépassé*-Patienten zu beenden. Vgl. Pierre Mollaret u. Maurice Goulon. „Le Coma dépassé“. *Revue Neurologique* 101 (1959), S. 14.

durch ein aufwändiges hirntoddiagnostisches Verfahren versucht man, den Tod bei einer bestimmten Gruppe von Komapatienten unter Beweis zu stellen, wobei der Totenstatus für Ärzte, das Pflegepersonal und Angehörige bis zum späteren Eintritt des Herztodes weiterhin abstrakt bleibt.

Im Gegensatz zu der erst nach dem Eintritt des Todes möglichen Herztodfeststellung erfolgt die Hirntoddiagnostik unter der Annahme, sie sei mit dem Todeseintritt zeitlich identisch. Der Tote gibt sich als Leiche allerdings nicht zu erkennen. Und doch schreibt die Hirntoddiagnose einen abrupten Deutungsumbruch der Zeichen des Lebens und des Todes vor. Zeichen, die sonst als eigenständiger Ausdruck des lebendigen Selbst gewertet werden – etwa Bewegungen, Rötungen der Haut, Schwitzen, Ansteigen von Blutdruck und Herzfrequenz – sind von einem subjektiven Ausdruck des Patientenkörpers zu einem bloßen Ereignis am Körper umgewandelt, wie Gesa Lindemann analysiert. Dieser Transformation von einem lebenden Patienten zu einer Leiche, so Lindemann, geht die Setzung des Körpers als ein „ou-topisches Gegenüber" voraus, das dem wahrnehmenden und wissenden Zugriff entzogen bleibt:

> Die experimentelle naturwissenschaftliche Forschung und die naturwissenschaftlich orientierte Medizin nehmen den Organismus als ein ou-topisches Gegenüber in Anspruch. Die Differenz des Ou-topos zur physisch feststellbaren Gestalt wird zur Bedingung der wissenschaftlichen bzw. medizinischen Praxis. Die zentrale Bedingung der wissenschaftlichen Forschung zum Hirntod ist der Patient als eine ou-topische Ordnungseinheit. Der Patient wird vielgestaltig zerlegt [...]. Nur unter Bezug auf den Patienten als ou-topisches Gegenüber können die Tests zu einer schlüssigen gestalthaften Ganzheit, dem Hirntodsyndrom, konstelliert werden.[37]

Wie flexibel die Hirntodvereinbarung selbst ist, verdeutlicht ihre Geschichte: So legte 1968 anlässlich der Herztransplantation 1967 in Südafrika durch den Chirurgen Christiaan Barnard (1922-2002) eine Kommission der Harvard University (USA) die Kriterien des Hirntods fest. Das Ausbleiben aller Reflexe war hier ein zentrales Todeskriterium, denn man zählte das Rückenmark morphologisch zum Gehirn. Noch im selben Jahr wurde die Areflexie als eine Voraussetzung des Hirntodes aufgegeben und der personale Tod eines Menschen nunmehr auf das Innere der Schädelkapsel eingegrenzt. Seither dürfen Hirntote in ihrem Leichenstatus bis zu 17 Reflexe aufweisen: z. B. Spreizen der

---

Vgl. dazu grundlegend Gesa Lindemann. *Beunruhigende Sicherheiten. Zur Genese des Hirntodkonzepts*. Konstanz, 2003, S. 75ff.

37 Lindemann (Anm. 36), S. 157.

Finger, Wälzen des Oberkörpers, Bauchreflexe, Hochziehen der Arme und Schultern.[38]

Trotz der juristischen Festschreibung eines Hirntoten als Leichnam beherrscht nach wie vor Unsicherheit den sozialen Umgang mit der Patientengruppe von Hirntoten. Schließlich reagiert der so genannte ‚überlebende Körper' auf dem Operationstisch teilweise noch auf die Eröffnung des Körpers mit Zuckungen, Hautrötungen, Schwitzen, ansteigendem Blutdruck und Puls.[39] Ein Großteil der Explantationen findet daher unter Narkose statt.[40] In jedem Fall jedoch werden muskelentspannende Medikamente verabreicht.[41]

Die sonst üblichen sozialen Umgangsformen – betrachtet man Hirntote nun als Patienten, als Sterbende oder als Leichen – sind außer Kraft gesetzt. Als Toten gilt ihnen nicht die von Alexander Mitscherlich so bezeichnete „heilige Scheu",[42] die schon in der medizinischen Leichensektion eine Barriere darstellt und daher nur ritualisiert überwindbar zu sein scheint. Denn Ekel, Ohnmacht, Erbrechen – also extreme körperliche Reaktionen – werden durch die Zergliederungshandlung des Leichnams ausgelöst,[43] was auf die Macht des Todestabus und auf die hohe kulturelle Bedeutung des Totenkults verweist.[44]

Vergegenwärtigen wir uns das Prozedere einer Explantation, so bedarf es einiger Rationalisierungsschritte, um nicht vom Grauen gepackt zu werden: Denn der ‚noch überlebende Körper' des zur Regel gewordenen ‚Multiorganspenders' wird in mehrere Organe (Herz, Lungen, Nieren, Leber, Bauchspeicheldrüse) zerlegt. Verschiedene drei- bis fünfköpfige Entnahmeteams aus diversen Orten und Ländern betreten nach einem genau festgelegten Zeitplan den Operationssaal und verlassen ihn

38 Vgl. auch für das Folgende Baureithel u. Bergmann (Anm. 1), S. 69ff.; Thomas Schlich u. Claudia Wiesemann (Hg.). *Hirntod. Zur Kulturgeschichte der Todesfeststellung*. Frankfurt a. M., 2001; Lindemann (Anm. 36) sowie Bergmann (Anm. 3), S. 284ff.

39 Hans-Peter Schlake u. Klaus Roosen. *Der Hirntod als der Tod des Menschen*. Neu-Isenburg, o. J., S. 52. Vgl. auch Gerhard Schwarz. *Dissoziierter Hirntod. Computergestützte Verfahren in Diagnostik und Dokumentation*. Berlin u. a., 1990, S. 45.

40 Schlake u. Roosen (Anm. 39), S. 52.

41 Vgl. Schwarz (Anm. 39), S. 45, 54; Schlake u. Roosen (Anm. 39), S. 52.

42 Alexander Mitscherlich. *Auf dem Weg zur vaterlosen Gesellschaft. Ideen zur Sozialpsychologie*. München, 1968, S. 260.

43 Vgl. ebd. u. außerdem Christine Linkert. *75 Träume von Medizinstudenten während des Präparierkurses. Eine psychoanalytisch orientierte empirische, qualitative Untersuchung*. Diss. med., Frankfurt a. M., 1989.

44 Bestattungsbräuche sind seit dem Paläolithikum nachgewiesen. Vgl. Thomas Macho. „Tod". *Vom Menschen. Handbuch Historische Anthropologie*. Hg. v. Christoph Wulf. Weinheim u. Basel, 1997, S. 939.

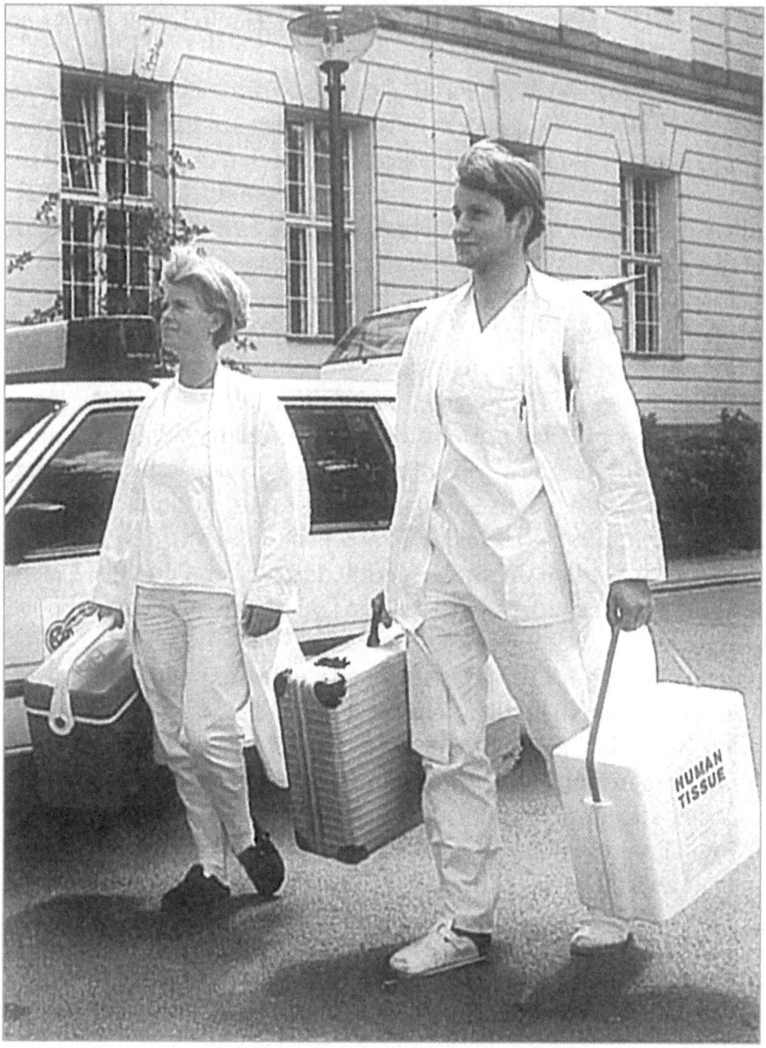

Abb. 2: Abbildung aus der Broschüre *Wie ein zweites Leben. Organspende schenkt Leben* der Bundeszentrale für gesundheitliche Aufklärung (2002).

mit eingetüteten Organen in einer Kühlbox. Vor dieser großen Operation eröffnet man den Körper des Spenders: Der Schnitt beginnt kurz unter dem Brustbein, macht einen Bogen um den Nabel und endet am Schambein. Der Hirntote erleidet nun durch systematisches medizinisches Handeln jenen Tod, der uns durch seine Zeichen bekannt ist: den Herztod.[45]

45 Vgl. dazu genauer Baureithel u. Bergmann (Anm. 1), S. 173f. u. 158ff. Wenn das Herz des hirntoten Organspenders vor seiner Entnahme zu kollabieren droht, wer-

Nach dem Herztod können noch andere Organe und Gewebe entnommen werden – etwa Hirnhaut, Gehörknöchelchen, Adern, Augen, Dünndarm, Luftröhre oder Knochen. Wie eine Anästhesieschwester aus einem deutschen Transplantationszentrum berichtet, darf eine Organspende selbst die Häutung des Patienten beinhalten: „Mit dem Dermatologen wird die ganze Haut sorgfältig abgezogen. Und wenn sie vorne weg ist, wird er umgedreht, und dann wird die Haut von hinten abgezogen. [...] Das ist vom Anblick her sehr unangenehm."[46]

Das Abziehen der Haut ist uns im Marsyas-Mythos und in der Bartholomäus-Legende als Straf- und Opferhandlung überliefert. Ebenso lag den Hinrichtungsritualen der Frühen Neuzeit die Idee der Totalauslöschung der Seele im Sinne einer Höchststrafe zugrunde. Und auch aus der Geschichte des Krieges ist der Ritus bekannt, dass der tote Gegner Opfer einer Zerstückelungszeremonie werden kann – ein Habitus, der einen Entehrungs- und Vernichtungsakt beabsichtigt.[47] Zwar weit entfernt von Mythen, Straf- und Vernichtungszeremonien beruht jedoch das methodische Vorgehen der Transplantationsmedizin auf der Zerlegung des menschlichen Körpers und auf der Abhängigkeit vom Tod bestimmter Patienten, um Teile ihres Körpers für die Heilung schwerkranker anderer Menschen verwenden zu können. Bestimmte Umgangsformen mit den Sterbenden sowie die sich daran anknüpfenden Bestattungssitten müssen nun zugunsten eines zweckrationalen Zugriffs auf den so genannten Leichenspender annulliert werden.

---

den Reanimationsmaßnahmen ergriffen. Für den Fall, dass diese erfolglos bleiben und hirntote Patienten trotz ‚Spenderkonditionierung' vor der Organentnahme auf dem Operationstisch an einem Herz-Kreislauf-Versagen versterben, hat man für die besondere Kostenabrechnung dieser Behandlung die Kategorie der ‚frustranen Organspende' eingeführt. So erklärte auf der öffentlichen Bundesanhörung *Postmortale Organspende in Deutschland* im März 2005 Renate Höchstetter von der Deutschen Krankenhausgesellschaft e. V. diesen Begriff, nachdem er von anwesenden Politikern nicht verstanden worden war, und erläuterte die Frage der Kostenübernahme: „Seit 2004 gibt es bei frustranen Organspenden eine Aufwandserstattung in einem Modulsystem für die Spenderkrankenhäuser, d. h. also für die Krankenhäuser, in denen der potenzielle Organspender betreut wird. Organspenden werden dann als frustran definiert, wenn Organspendeversuche nicht zu einer tatsächlichen Transplantation führen. *Ein Beispiel: Vor der Organentnahme im Operationssaal ist der Spender an einem irreversiblen Herz-Kreislauf-Tod gestorben.*" Deutscher Bundestag, 15. Wahlperiode, Enquête-Kommission „Ethik und Recht der modernen Medizin". *Öffentliche Anhörung zum Thema „Postmortale Organspende in Deutschland"*. 33. Sitzung vom 14. März 2005, Protokoll 15/33, S. 65 [Herv. d. Verf.].

46 Zit. n. Baureithel u. Bergmann (Anm. 1), S. 178.

47 Vgl. Bergmann (Anm. 3), S. 116.

Zwar blieb in der Moderne die kulturelle Beziehung zum Tod von gesellschaftlichen Technisierungs- und Rationalisierungsprozessen keineswegs unberührt. Insbesondere die moderne Medizin war in der Durchsetzung der kulturellen Wahrnehmung des Todes im Sinne eines physiologisch beschreibbaren Faktums federführend – so z. B. durch die obligat werdende ärztliche Todesfeststellung seit dem 18. Jahrhundert und die Hygienisierung des Bestattungswesens seit dem 19. Jahrhundert.[48] Und doch prägen in unserer säkularen Kultur auch weiterhin magische und religiöse Praktiken den Umgang mit den Toten, die nicht an der Vorstellung von einem ‚absoluten Tod' orientiert sind und die einen sozialen Kontakt zu den Verstorbenen nahe legen.

Bestattungssitten erfüllen nicht zuletzt die Funktion, sich mit den Toten gut zu stellen und sie zu besänftigen. Auch intendieren sie eine klare Grenzziehung zwischen der ‚Welt der Toten' und der Welt der Lebenden. Die Totenwache zum Beispiel versichert den Beistand der Lebenden und soll gleichsam eine Rückkehr der Toten in die diesseitige Sphäre verhindern. Thomas Macho verdeutlicht:

> Die Toten sind Anarchisten. Sie sehen niemand an, ihr Blick zeugt von merkwürdiger und strenger Distanz, ein ‚böser Blick', der gefürchtet wird, weil er sein Gegenüber ‚durchschaut' als wäre es gar nicht anwesend. Der Tote spricht nicht, und seine Miene bleibt verschlossen. Er bewegt keinen Muskel, zuckt nicht mit den Wimpern, rührt keinen Arm und kein Bein. Dennoch haben die Toten Augen, Münder und Zungen, Gesichter, Muskeln, Arme und Beine. Der Tote ist unzweifelhaft ein Mensch. Er ist menschlich und unmenschlich zugleich, äußerst vertraut und äußerst fremd.[49]

Drei Grundzüge des Totenglaubens stellt Karl Meuli heraus, die teilweise heute bewahrt geblieben und für die Gestaltung der Bestattungssitten vieler Kulturen maßgebend sind: „Der Tote lebt weiter"; „der Tote ist mächtig"; „der Tote ist gut und böse zugleich".[50] Aus dieser ambivalenten Zuschreibung folgt das Bestreben, widersprüchliche Bräuche miteinander zu verknüpfen, sich einerseits den Toten gegenüber fürsorgepflichtig zu verhalten und andererseits eine symbolische und physische Abgrenzung von den Toten herzustellen. Der auch heutzutage im Krankenhaus und Hospiz übliche Brauch, das Fenster nach Eintritt des

---

48 Vgl. Ivan Illich. *Medical Nemesis. The Expropriation of Health.* London, 1975; David Sudnow. *Organisiertes Sterben – eine soziologische Untersuchung.* Frankfurt a. M., 1973 sowie Jean Ziegler. „Die Herren des Todes". *Der Tod in den Weltkulturen und Weltreligionen.* Hg. v. Constantin von Barloewen. München, 1996, S. 433-496.

49 Macho (Anm. 44), S. 940.

50 Karl Meuli. *Gesammelte Schriften.* 2 Bde. Hg. v. Thomas Gelzer. Basel u. Stuttgart, 1975, Bd. 1, S. 305.

Todes zu öffnen, hat die doppeldeutige Funktion, der Seele einen Weg für ihre Reise in eine andere Welt zu ebnen und damit gleichzeitig zu verhindern, dass die Totenseele durch das Haus geistert.

Wie viele seiner Kunden, geht auch der in Berlin bei dem Bestattungsunternehmen *Ahorn-Grieneisen* tätige Bestatter Thomas von Hehl davon aus, dass Verstorbene eine Zeitlang noch über die sinnliche Fähigkeit des Hörens verfügen: Selbst „bei Trauerfeiern spielt das eine Rolle. Das merkt man auch an der Art und Weise, wie sich Menschen dort bewegen und verhalten – z. B. man redet nicht schlecht über einen Toten. Das ist schon so, dass diese Sachen noch eine Rolle spielen." Die Regeln des animistischen Totenkults sind für den Bestatter verpflichtend. So glaubt er fest daran,

> dass die Seele des Verstorbenen nicht in dem Moment weg ist, wenn der klinische Tod festgestellt werden kann. Das ist etwas, was ich ganz persönlich glaube und für mich als Bestatter auch im Umgang mit Toten bei Einbettungen wichtig ist. Von mir glaube ich daher, ein gutes Gewissen haben zu können und ich weiß, ich mache alles so, als wenn mir jemand zuschauen würde. Das ist eine Einstellung zu meiner Arbeit, die andere Kollegen auch haben, die man auch haben muss, um den Beruf lange auszuüben. Das ist etwas ganz Entscheidendes. […] ich glaube, dass die Seele des Verstorbenen nicht sofort weg ist. Das heißt, man verhält sich mit einer gewissen Ruhe und Pietät.[51]

Selbst wenn im Laufe des 20. Jahrhunderts der Umgang mit Toten und das Sterben durch seine zunehmende Verlagerung aus dem häuslich-familiären Bereich in das Krankenhaus eine Medikalisierung erfahren hat und traditionelle Sterbezeremonien in den Hintergrund getreten sind, wurde auch in der Kultur der Moderne die metaphysische Beziehung zum Tod nicht wirklich aufgegeben.[52] Denn der weiterhin praktizierte religiöse sowie der nach magischen Regeln ritualisierte Umgang mit der Leiche beruht auf der Vorstellung von irgendeinem Weiterleben der Toten bzw. ihrer Seelen. Diese Beziehung zu den Toten manifestiert sich nicht zuletzt im gegenwärtigen Aufblühen von Sterberitualen und neuen Formen des Totenkults – so in der Hospizbewegung oder der Tendenz zu Spiritualisierungsformen im Bestattungswesen, die jenseits der christlichen Religion dem magischen Denken über die kosmologische Eingebundenheit und Zyklizität von Tod und Wiedergeburt entlehnt sind.[53]

---

51 Archiv Anna Bergmann (AAB). Interview Thomas von Hehl (Ahorn-Grieneisen), August 2006, S. 11 u. 14.

52 Vgl. Thomas Macho. *Todesmetaphern. Zur Logik der Grenzerfahrung*. Frankfurt a. M., 1987. Vgl. auch Norbert Fischer. *Geschichte des Todes in der Neuzeit*. Erfurt, 2001. Momentan versterben in Deutschland und in Österreich etwa zwei Drittel aller Menschen in einem Krankenhaus oder einer Institution.

53 So greift die Gartenarchitektur des neu eingerichteten *Parks der Ruhe und Kraft*

Die Transplantationsmedizin zwischen Zweckrationalität und magischen Vorstellungen

Im transplantationsmedizinischen Kontext hingegen darf der zur Regel gewordene ‚Multiorganspender' in seiner körperlichen Integrität zum Zwecke der Nutzung seines Körpers zerstört werden. Ambivalente Gefühle scheinen durch bloße Rationalität neutralisiert und die Angst vor den Toten gebannt. Mit der Durchsetzung dieser Therapieform wurde seitens der High-Tech-Medizin damit begonnen, nicht nur eine uralte Todesvorstellung, sondern auch Sterberituale und die dem magischen Denken verpflichteten Bräuche des Totenkults aufzukündigen. Schließlich erfolgt der Herztod von Hirntoten durch seine systematische Herbeiführung seitens der Organentnehmer auf dem Operationstisch, so dass ein Hirntoter, wenn er diesen ‚zweiten Tod' stirbt und sich erst dann die bisher gültigen Todeszeichen einstellen, vom Familien- und Freundeskreis nicht begleitet werden kann.[54]

Die Transplantationsmedizin bringt einerseits die Sterbenden und Toten zum Verschwinden, andererseits macht sie die Verstorbenen im Seelenleben vieler Organempfänger allgegenwärtig: Die magische Besetzung des einverleibten Organs, also die Vorstellung von dessen Beseelung, bis zur Konsequenz, dass der Spender im Empfänger weiterlebt, ist eine gängige Begleiterscheinung dieser neuen Heilmethode, auf deren Behandlung sich die so genannte Transplantationspsychiatrie spezialisiert hat.

Susanne Krahe, eine Nierenempfängerin, hat ihre Konflikte mit der Einverleibung des Organs eines hirntoten Spenders publiziert:

> Er spricht mir aus der Seele. Er schaut mir aus den Augen. Er steckt mir im Kopf. Er liegt mir im Blut, im Magen, in den Haaren. Er bleibt mir auf den Fersen, wie ein Überbein. Er atmet mich frei, aber er würgt mir auch im Halse. […] Aus meiner vollen Kehle hat er gelacht. Mein Schweiß sein Schweiß. Sein Knabengeruch, wenn er aus meinen Poren wächst. […] Plötzlich blähte sich der Fremde unter meiner Bauchdecke auf wie ein Ballon, biß in meine Nervenstränge, zerrte an meiner Leiste, meinen Oberschenkeln, zog reißend ins Knie herunter und verhärtete meine Waden. Gewalt. Wie eine rachsüchtige Erinnerung an den Trennungsschmerz, den er bei seiner Entnahme erlitten hatte. Ich bestand nur noch aus seinem Zittern, seinem Fieber, wälzte mich wie ein Tier

---

(Architekt Christof Riccabona) auf dem Wiener Zentralfriedhof das magische Symbolsystem (Spirale, Doppelaxt, Labyrinth, Quadrat, Kreis und Dreieck) auf. Auch die Baumbepflanzung nimmt Bezug auf animistische Pflanzenvorstellungen und die keltische Mythologie.

54 Vgl. Vera Kalitzkus. *Leben durch den Tod. Die zwei Seiten der Organtransplantation. Eine medizinethnologische Studie*. Frankfurt a. M., 2003, S. 104ff.

auf meiner Matratze herum. Da war er wieder: der Feind. Da war sein Hohnlachen, das sich in irgendeine ferne Ecke unseres Zimmers gehängt hatte und jeden meiner Kämpfe kommentierte.[55]

Claire Sylvia wurden das Herz und die Lungen eines Mannes eingepflanzt. Sie träumte eine Liebesbeziehung zwischen sich und ihrem Spender: „Wir küssen uns – und während wir dies tun, atme ich ihn tief in mich ein. Es fühlt sich an wie der tiefste Atemzug, den ich jemals getan habe. Und ich weiß im selben Moment, dass wir beide, Tim und ich, für immer vereint sein werden."[56]

Sylvia fühlte sich zunehmend in ihrer Sexualität von ihrem Spender dominiert, ihr „männliches Herz" schien sich, „tatsächlich auf meine Persönlichkeit auszuwirken."[57] Auch überlegte sie, ob Veränderungen ihrer geschmacklichen Vorlieben hinsichtlich des Essens und Trinkens auf ihren Spender zurückgingen.[58]

Ekel- und Besessenheitsgefühle, Vorstellungen von Organraub, die Furcht vor Wesensveränderungen und Depressionen gehören zu den spezifischen Problemen von Organempfängern.[59] Angst und die so genannten Doppelgängerphantasien treten, wie der Psychologe Oliver Decker seine Forschungen resümiert, „in mehr oder weniger starker Ausprägung bei einem Großteil der Patienten auf, und das bereits vor der eigentlichen Transplantation, soviel kann nach den bisherigen Forschungsergebnissen als gesichert gelten".[60] Eine amerikanische Studie über seeli-

---

55 Susanne Krahe. *Adoptiert. Das fremde Organ. Transplantation als Grenzerfahrung*. Gütersloh, 1999, S. 41 u. 64.

56 Claire Sylvia. *Herzensfremd. Wie ein Spenderherz mein Selbst veränderte*. Hamburg, 1998, S. 17.

57 Ebd., S. 135.

58 Vgl. ebd., S. 116.

59 Vgl. z. B. die ethnologischen Studien von Vera Kalitzkus (Anm. 54) und Olivia Wiebel-Fanderl. *Herztransplantation als erzählte Erfahrung. Der Mensch zwischen kulturellen Traditionen und medizinisch-technischem Fortschritt*. Münster, Hamburg u. London, 2003. Vgl. auch die psychologischen Studien von Oliver Decker. *Der Prothesengott. Subjektivität und Transplantationsmedizin*. Gießen, 2004; Uwe Koch u. Jürgen Neuser (Hg.). *Transplantationsmedizin aus psychologischer Perspektive*. Göttingen u. a., 1997; Elisabeth Wellendorf. „Seelische Aspekte der Organverpflanzung". *Die Seele verpflanzen? Organtransplantation als psychische und ethische Herausforderung*. Hg. v. Uwe Herrmann. Gütersloh, 1996, S. 56-68 sowie andere Selbstzeugnisse von Organempfängern in Peter Cornelius Claussen. *Herzwechsel. Ein Erfahrungsbericht*. München u. Wien, 1996 sowie Jean-Luc Nancy. *Der Eindringling. Das fremde Herz*. Berlin, 2000.

60 Decker (Anm. 59), S. 116f. Neben seelischen Konflikten gibt es ein breites Spektrum körperlicher Komplikationen, mit denen jeder Organempfänger ein Leben lang rechnen muss. So entwickeln z. B. in den ersten drei Monaten nach einer Herztransplantation etwa 90 Prozent aller Patienten eine akute Abstoßungsreaktion – bei

sche Probleme von herztransplantierten Patienten spricht von dem aus der Geschichte von Kriegen und des Holocaust bekannten Phänomen der Überlebensschuld.[61]

Häufiger stellen auch betreuende Ehefrauen von Organempfängern eine Kausalbeziehung zwischen Wesensveränderungen ihrer Ehemänner und einer im Körper der Empfänger schlummernden fremden Seele her: Durch ihre berufliche Tätigkeit als Managerin in der Pharmaindustrie ist der heute 53-jährigen Katharina Beck das naturwissenschaftliche Denken vertraut. Ihrem Ehemann wurde im Jahre 2001 aufgrund einer Krebsdiagnose eine Leber transplantiert. Sie berichtet:

> In der Nacht der Organübertragung bin ich in das Gartenhaus gegangen und habe dort ein Ritual gemacht, in dem ich die Leber meines Mannes verabschiedet und die neue willkommen geheißen habe. Es war ein Ritual mit Erde und Steinen, aber auch mit Knochen. Diese Knochen hatte ich von einem Freund, der sie aus Südamerika mitgebracht hatte – ich weiß nicht, ob es Tier- oder Menschenknochen waren. […] Ich habe damit ein Beerdigungsritual

---

20 bis 40 Prozent dieser Patientengruppe tritt innerhalb von fünf Jahren eine Koronarsklerose (chronische Abstoßung) auf; von hundert Herztransplantierten versterben 20 Patienten noch während des ersten Jahres der Verpflanzung. Da die Organabstoßung eine normale Reaktion des menschlichen Körpers ist, müssen im Fall einer Transplantation lebenslang immununterdrückende Medikamente verabreicht werden, die dazu führen, dass Organempfänger über wenig eigene Abwehrkräfte verfügen. Joachim Rötsch und Barbara Bachmann vergleichen den für die Therapie notwendig erzeugten Immundefekt mit dem Krankheitsbild von AIDS. Vgl. Joachim Rötsch u. Barbara Bachmann. „Scheintot oder hirntot?" *Raum & Zeit* 69 (1994), S. 5-20. Die häufigsten Todesursachen infolge einer Verpflanzung sind schwere Nierenschädigungen, Stoffwechsel- und tödliche Krebserkrankungen. So hat kürzlich eine Untersuchung über die Krebsanfälligkeit von Organempfängern ergeben, dass sich das Risiko, an einem spinozellulären Karzinom zu erkranken, bei Transplantatempfängern „im Vergleich zur übrigen Bevölkerung um das 65fache erhöht und [es] steigt mit der Dauer der immunsuppressiven Therapie an". Werner Kempf. „Hautveränderungen bei Transplantatempfängern". *Deutsches Ärzteblatt* 34/35 (2006), S. A2245. Die Notwendigkeit einer erneuten Transplantation, Bluthochdruck, der zu dem parkinsonähnlichen Beschwerdebild des Zitterns führen kann, gravierende Leberschädigungen sowie Osteoporose mit Wirbelkörperfrakturen und -brüchen sind gängige Nebenwirkungen der Cyclosporin-Therapie. Außerdem bewirken die nach der Transplantation verabreichten Immunsuppressiva verstärkten Haarwuchs und Gewichtzunahme jeweils auch im Gesicht (‚Vollmondgesicht'), Taubheitsgefühle in den Händen oder Kribbeln in den Extremitäten. Vgl. Decker (Anm. 59), S. 109f.; Wiebel-Fanderl (Anm. 59), S. 47ff.; Günter Feuerstein. *Das Transplantationssystem. Dynamik, Konflikte und ethisch-moralische Grenzgänge*. Weinheim u. München, 1995, S. 81. Vgl. auch die so genannten Jahres-Funktionsraten (Überlebens- und Mortalitätsraten) ebd., S. 77ff. sowie Kurd Stapenhorst. *Unliebsame Betrachtungen zur Transplantationsmedizin*. Göttingen, 1999, S. 15f.

61 Vgl. Arthur M. Freeman u. a. „Cardiac Transplantation. Clinical Correlates of Psychiatric Outcome". *Psychosomatics* 29 (1988), S. 47.

> durchgeführt. [...] Dabei hatte ich das Bild der alten Leber vor mir, die ich in die Erde tat. Die neue Leber habe ich willkommen geheißen – der Spender war dabei distanziert gegenwärtig. [...] Er war ungefähr 40 bis 45 Jahre alt, groß und hager. Er war am Kopf verletzt und hatte eine eigenartige Glatze – eine ausgeschnittene Glatze. [...] Er hat mir keine Angst gemacht, sondern signalisiert: ‚sei vorsichtig'.[62]

Nach der Transplantation litt Konrad Beck unter Depressionen und Angstzuständen. Katharina Beck schildert:

> Ich räumte gerade die Spülmaschine aus und hatte ein Messer in der Hand. Daraufhin beschuldigte er mich, ich würde ihn attackieren. ‚Was willst Du mit mir tun? Gib das Messer weg. Gib sofort das Messer weg!' Er ist auch von Alpträumen geplagt worden, in denen er von seinem Wesen, das wie ein riesiger Menschenaffe aussah, verfolgt und angegriffen wurde.[63]

Die Wesensveränderungen ihres Mannes interpretiert Beck in der Logik des animistisch-magischen Codes:

> Eigentlich kann der Spender nicht weggehen aus dieser Welt, er muss ja weiterleben. [...] Vom Organ her gedacht, habe ich die Vorstellung, dass es beseelt ist. [...] Nach dem Tod meines Mannes [...] habe ich die Knochen wieder angesprochen und habe den Geist von dem Organspender wieder empfunden – und jetzt war der Geist sehr negativ.[64]

---

62 AAB (Anm. 51), Interview Katharina Beck (Pseudonym), Juni 2006, S. 6f.

63 Ebd., S. 10.

64 Ebd., S. 13f. Umgekehrt kann sich auch bei Organspenderfamilien die Vorstellung von einer Verpflanzung der Seele durch eine Transplantation verfestigen. Ein spektakuläres Beispiel ging im September 1998 durch die internationale Presse: Vor dem Hintergrund, dass in den USA die Anonymität der Spender und Spenderinnen nicht streng gewahrt bleibt, wurden im Mai 1997 in der Fernsehtalkshow Oprah Winfrey Show (Titel „The Amazing Heart Transplant Story") die Familie eines Organspenders mit der einer Empfängerin zusammengeführt. Der zwölfjährigen Stephanie Breeding aus Seattle war 1993 das Herz von dem im Alter von dreizehn Jahren ertrunkenen B. J. Overturf transplantiert worden. Die beiden Familien lernten sich in der Talkshow kennen. Vier Monate später, am 13. September 1997, ertrank Stephanie Breeding selbst bei einem Autounfall und auch sie wurde zur Organspenderin. Als die Mutter von B. J. Overturf die Todesnachricht erhielt, soll sie beklagt haben: „Oh, no, this is so hard. It's like losing my son twice." Christine Clarridge u. Warren King. „‚It's like losing my son twice' – Heart donor's mother grieves after recipient dies". *Seattle Times* (17. September 1998). In dem Artikel heißt es: „Organ-donation officials say it is common for a donor family to grieve when a recipient dies." Diese Aussage deckt sich nicht mit den Antworten der Angehörigen von Organspendern, mit denen ich Gespräche geführt habe. Martin Schlögel, Richter von Beruf, der 1991 einer Nierenentnahme seines Sohnes zugestimmt hatte, antwortet auf die Frage nach seiner Vorstellung über eine mögliche Weiterexistenz seines Sohnes in dem Körper der Empfänger: „Meines Erachtens ist die Seele beim Lebenden in jedem Körperteil und in jeder Zelle. [...] Deshalb ist

Wenn auch ungewollt, so belebt die transplantationsmedizinische Praxis Phantasien des Besessenseins – ein Thema der Gruselliteratur und neuerdings auch Sujet des Organthrillers. Wie Macho betont, gehört die Besessenheit zu den „unheimlichsten Vorstellungen, die jemals entwickelt worden sind". Sie stellen „kein neues, sondern ein uraltes Schrecknis"[65] dar. Dieses auch in der Transplantationsmedizin auftauchende Phänomen ist das Resultat einer Verschmelzung von verpflanzungstechnischer Zweckrationalität mit dem im gleichen Zuge Wiederaufleben magischer Vorstellungen. Kollektive Bedürfnisse nach Überwindung der menschlichen Sterblichkeit werden von der modernen Medizin aufgefangen und in der medial stilisierten Figur des Organempfängers als dem Davongekommenen phantastisch gestillt.

Folgen wir Foucault, so sind sämtliche Utopien – beziehen sie sich nun auf ein Land der körperlosen Feen, Geister und Kobolde oder auf das „Land des Todes" – letztlich gegen den Körper geschaffen worden, „um ihn zum Verschwinden zu bringen".[66] „Doch die wohl hartnäckigste und mächtigste unter diesen Utopien, mit denen wir die traurige Topologie des Körpers auszulöschen versuchen," resümiert Foucault, „ist der große Mythos der Seele, aus dem sie seit den Anfängen der abendländischen Geschichte schöpfen. Die Seele funktioniert in meinem Körper auf wundersame Weise. Sie wohnt zwar darin, kann ihm aber auch entfliehen."[67] Bezieht sich das Transplantationssystem auf den kartesianischen Körper-Geist-Dualismus und rechtfertigt den anatomischen Zugriff auf den ‚noch lebenden übrigen Körper' mit der Verlassenheit des Spenderhirns von seiner Seele – mit Lindemann gesprochen, ist mit dieser Todesdiagnostik ein ou-topisches Gegenüber naturwissenschaftlich konstelliert worden –, so nimmt die Verpflanzungsmedizin den Fluchtweg direkt in den Körper zurück. Sie ist in dem aporetischen Verwirkli-

---

die Vorstellung, dass sich ein Organ meines Sohnes in einem fremden Körper befindet, inzwischen für mich höchst unangenehm, um nicht zu sagen widerwärtig." AAB (Anm. 51), Interview Martin Schlögel (Pseudonym), Juli 2006, S. 7. Seine in der Krankenpflege tätige Ehefrau erklärt: „Ich habe vermieden, daran zu denken, dass die Nieren meines Sohnes in einem anderen Menschen leben. Wenn ich es nicht vermeiden konnte, bekam ich große Probleme bis hin zu körperlichen Symptomen […]. Ich stellte mir vor, dass es mir eines Tages nach Jahren in meiner Trauer leichter fallen würde, wenn die Nieren versagt hätten. Es tut mir gut, nach 15 Jahren davon ausgehen zu können, dass niemand mit den Nieren meines Sohnes herum läuft." AAB (Anm. 51), Interview Christina Schlögel (Pseudonym), Juli 2006, S. 4.

65 Macho (Anm. 44), S. 952.

66 Michel Foucault. *Die Heterotopien. Der utopische Körper. Zwei Radiovorträge.* Übs. v. Michael Bischoff. Frankfurt a. M., 2005, S. 26.

67 Ebd., S. 27.

chungsversuch ihrer Utopie auf den Körper geradezu versessen. Nicht mehr nur imaginär, sondern als materiales Objekt in den Dienst genommen, glaubt die Transplantationsmedizin, die Körper mit dem Besteck der Rationalität in eine real existierende, kartesianische Körpermaschinenwelt ummünzen zu können. Jene Flucht aus dem Körper fasst jedoch in nichts anderem als in einem verwundbaren und sterblichen Leib wieder Fuß.

LITERATURVERZEICHNIS

Angstmann, Else. *Der Henker in der Volksmeinung. Seine Namen und sein Vorkommen in der mündlichen Volksüberlieferung*. Halle a. d. Saale, 1928.

Baldinger, Max. „Aberglaube und Volksmedizin in der Zahnheilkunde". *Volksmedizin. Probleme und Forschungsgeschichte*. Hg. v. Elfriede Grabner. Darmstadt, 1967, S. 116-199.

Baureithel, Ulrike u. Anna Bergmann. *Herzloser Tod. Das Dilemma der Organspende*. Stuttgart, 1999.

Bergmann, Anna. *Der entseelte Patient. Die moderne Medizin und der Tod*. Berlin, 2004.

Clarridge, Christine u. Warren King. „‚It's like losing my son twice' – Heart donor's mother grieves after recipient dies". *Seattle Times* (17. September 1998).

Claussen, Peter Cornelius. *Herzwechsel. Ein Erfahrungsbericht*. München u. Wien, 1996.

Decker, Oliver. *Der Prothesengott. Subjektivität und Transplantationsmedizin*. Gießen, 2004.

Deutscher Bundestag. 15. Wahlperiode, Enquete-Kommission „Ethik und Recht der modernen Medizin". *Öffentliche Anhörung zum Thema „Postmortale Organspende in Deutschland"*. 33. Sitzung vom 14. März 2005, Protokoll 15/33.

Döpler, Jacob. *Theatrum Poenarum, suppliciorum et executionum criminalium. Oder Schauplatz derer Leibes- und Lebens-Strafen, welche nicht allein von alters bey allerhand Nationen und Völckern in Gebrauch gewesen, sondern auch noch heut zu Tage in allen vier Welt-Theilen üblich sind*. 2 Bde. Sondershausen u. Leipzig, 1693-1697.

Evans, Richard J. *Rituale der Vergeltung. Die Todesstrafe in der deutschen Geschichte 1532-1987*. Berlin, 2001.

Feuerstein, Günter. *Das Transplantationssystem. Dynamik, Konflikte und ethisch-moralische Grenzgänge*. Weinheim u. München, 1995.

Fichtner, Gerhard. *Transplantatio. Zur Geschichte eines Begriffs und einer Vorstellung in der Medizin*. Diss. med., Tübingen, 1968.

Fischer, Georg. *Chirurgie vor 100 Jahren. Historische Studie über das 18. Jahrhundert aus dem Jahre 1876*. Berlin, Heidelberg u. New York, 1978.

Fischer, Norbert. *Geschichte des Todes in der Neuzeit*. Erfurt, 2001.

Foucault, Michel. *Die Geburt der Klinik. Eine Archäologie des ärztlichen Blicks*. Übs. v. Walter Seitter. Berlin, 1976.

Foucault, Michel. *Überwachen und Strafen. Die Geburt des Gefängnisses*. Übs. v. Walter Seitter. Frankfurt a. M., 1976.

Foucault, Michel. *In Verteidigung der Gesellschaft. Vorlesungen am Collège de France (1975-76)*. Übs. v. Michaela Ott. Frankfurt a. M., 2001.

Foucault, Michel. *Die Heterotopien. Der utopische Körper. Zwei Radiovorträge*. Übs. v. Michael Bischoff. Frankfurt a. M., 2005.

Freeman, Arthur M. u. a. „Cardiac Transplantation. Clinical Correlates of Psychiatric Outcome". *Psychosomatics* 29 (1988), S. 47-54.

Friedlaender, Ernst (Hg.). *Berliner geschriebene Zeitungen aus den Jahren 1713 bis 1717 und 1735. Ein Beitrag zur Preußischen Geschichte unter König Friedrich Wilhelm I.* Berlin, 1902.

Gerlach, Joachim. „Gehirntod und totaler Tod". *Münchener medizinische Wochenschrift* 13 (1969), S. 732-736.

Gordon-Grube, Karen. „Anthropophagy in Post-Renaissance Europe. The Tradition of Medicinal Cannibalism". *American Anthropologist* 2 (1988), S. 405-409.

Groebner, Valentin. „Körper auf dem Markt. Söldner, Organhandel und die Geschichte der Körpergeschichte". *Mittelweg* 36 (2005), S. 69-84.

Gutmann, Israel (Hg.). *Enzyklopädie des Holocaust*. 4 Bde. München u. Zürich, 1995.

Hoffmann-Krayer, Eduard u. Hanns Bächtold-Stäubli (Hg.). *Handwörterbuch des deutschen Aberglaubens*. 10 Bde. Berlin, Leipzig, 1927-1942.

Hentig, Hans von. *Die Strafe. Frühformen und kulturgeschichtliche Zusammenhänge*. Berlin, Göttingen u. Heidelberg, 1954.

Herzog, Markwart. „Hingerichtete Verbrecher als Gegenstand der Heiligenverehrung". *Geist und Leben* 65 (1992), S. 367-386.

Herzog, Markwart. „Scharfrichterliche Medizin. Zu den Beziehungen zwischen Henker und Arzt, Schafott und Medizin". *Medizinhistorisches Journal* 4 (1994), S. 309-332.

Heydecker, Joe u. Johannes Leeb. *Der Nürnberger Prozeß. Neue Dokumente, Erkenntnisse und Analysen*. Köln, 1985.

Illich, Ivan. *Medical Nemesis. The Expropriation of Health*. London, 1975.

Jonas, Hans. *Technik, Medizin und Ethik. Zur Praxis des Prinzips Verantwortung*. Frankfurt a. M., 1987.

Kalitzkus, Vera. *Leben durch den Tod. Die zwei Seiten der Organtransplantation. Eine medizinethnologische Studie*. Frankfurt a. M., 2003.

Kempf, Werner. „Hautveränderungen bei Transplantatempfängern". *Deutsches Ärzteblatt* 34/35 (2006), S. A2245-A2249.

Kippenberg, Hans G. u. Brigitte Luchesi (Hg.). *Magie. Die sozialwissenschaftliche Kontroverse über das Verstehen fremden Denkens*. Frankfurt a. M., 1978.

Koch, Uwe u. Jürgen Neuser (Hg.). *Transplantationsmedizin aus psychologischer Perspektive*. Göttingen u. a., 1997.

Koehler, Albert. *Die Kriegschirurgen und Feldärzte Preussens und anderer deutscher Staaten in Zeit- und Lebensbildern. I. Theil: Kriegschirurgen und Feldärzte des 17. und 18. Jahrhunderts*. Berlin, 1899.

Krahe, Susanne. *Adoptiert. Das fremde Organ. Transplantation als Grenzerfahrung*. Gütersloh, 1999.

Lawes, Lewis E. *Life & Death in Sing Sing*. London, 1929.

Lawes, Lewis E. *Twenty Thousand Years in Sing Sing*. New York, 1933.

Lindemann, Gesa. *Beunruhigende Sicherheiten. Zur Genese des Hirntodkonzepts*. Konstanz, 2003.

Linkert, Christine. *75 Träume von Medizinstudenten während des Präparierkurses. Eine psychoanalytisch orientierte empirische, qualitative Untersuchung*. Diss. med., Frankfurt a. M., 1989.

Macho, Thomas. „Bemerkungen zu einer philosophischen Theorie der Magie". *Der Wissenschaftler und das Irrationale*. 4 Bde. Hg. v. Hans Peter Duerr. Frankfurt a. M., 1981, Bd. 2, S. 330-350.

Macho, Thomas. *Todesmetaphern. Zur Logik der Grenzerfahrung*. Frankfurt a. M., 1987.

Macho, Thomas. „Tod“. *Vom Menschen. Handbuch Historische Anthropologie*. Hg. v. Christoph Wulf. Weinheim u. Basel, 1997, S. 939-954.

Martschukat, Jürgen. *Inszeniertes Töten. Eine Geschichte der Todesstrafe vom 17. bis zum 19. Jahrhundert*. Köln, Weimar u. Wien, 2000.

Martschukat, Jürgen. *Die Geschichte der Todesstrafe in Nordamerika. Von der Kolonialzeit bis zur Gegenwart*. München, 2002.

Mattias, Horst. *Die Entwicklung des Medizinalwesens im Lande Lippe unter besonderer Berücksichtigung des Scharfrichterwesens und seiner Stellung in der Heilbehandlung*. Diss. med., Münster, 1947.

Mauss, Marcel. *Soziologie und Anthropologie 1. Theorie der Magie. Soziale Anthropologie*. Frankfurt a. M., 1989.

Meuli, Karl. *Gesammelte Schriften*. 2 Bde. Hg. v. Thomas Gelzer. Basel u. Stuttgart, 1975.

Mitscherlich, Alexander. *Auf dem Weg zur vaterlosen Gesellschaft. Ideen zur Sozialpsychologie*. München, 1968.

Mollaret, Pierre u. Maurice Goulon. „Le Coma dépassé“. *Revue Neurologique* 101 (1959), S. 3-15.

Münsterer, Hanns O. „Grundlagen, Gültigkeit und Grenzen der volksmedizinischen Heilverfahren“. *Volksmedizin. Probleme und Forschungsgeschichte*. Hg. v. Elfriede Grabner. Darmstadt, 1967, S. 289-314.

Nancy, Jean-Luc. *Der Eindringling. Das fremde Herz*. Berlin, 2000.

Paracelsus. „Philosophia tractus quinque, tract. 3: Von dem fleisch und mumia“. *Sämtliche Werke*. Hg. v. Karl Sudhoff. 1. Abtlg: Medizinische naturwissenschaftliche und philosophische Schriften. München u. Berlin, 1931, Bd. 13, S. 343-349.

Paracelsus. „De mumiae arcanis“. *Sämtliche Werke*. Hg. v. Karl Sudhoff. 1. Abtlg: Medizinische naturwissenschaftliche und philosophische Schriften. München u. Berlin, 1933, Bd. 14, S. 305-308.

Pfeifer, Wolfgang (Hg.). *Etymologisches Wörterbuch des Deutschen*. München, 2000.

Putscher, Marielene. „Andreas Vesalius (1514-1564)“. *Klassiker der Medizin*. 2 Bde. Hg. v. Dietrich von Engelhardt u. Fritz Hartmann. München, 1991, Bd. 1, S. 113-129.

Rötsch, Joachim u. Barbara Bachmann. „Scheintot oder hirntot?“ *Raum & Zeit* 69 (1994), S. 5-20.

Rüster, Detlef. *Der Chirurg. Ein Beruf zwischen Ruhm und Vergessen*. Leipzig, 1993.

Schild, Wolfgang. *Alte Gerichtsbarkeit. Vom Gottesurteil bis zum Beginn der modernen Rechtsprechung*. 2. umgearb. Aufl. München, 1985.

Schipperges, Heinrich. „Paracelsus (1493-1541)“. *Klassiker der Medizin*. 2 Bde. Hg. v. Dietrich von Engelhardt u. Fritz Hartmann. München, 1991, Bd. 1, S. 95-112.

Schlake, Hans-Peter u. Klaus Roosen. *Der Hirntod als der Tod des Menschen*. Neu-Isenburg. o. J.

Schlich, Thomas. *Die Erfindung der Organtransplantation. Erfolg und Scheitern des chirurgischen Organersatzes (1880-1930)*. Frankfurt a. M. u. New York, 1998.

Schlich, Thomas u. Claudia Wiesemann (Hg.). *Hirntod. Zur Kulturgeschichte der Todesfeststellung*. Frankfurt a. M., 2001.

Schuhmann, Helmut. *Der Scharfrichter. Seine Gestalt – seine Funktion*. Kempten i. Allgäu, 1964.

Schwarz, Gerhard. *Dissoziierter Hirntod. Computergestützte Verfahren in Diagnostik und Dokumentation*. Berlin u. a., 1990.

Spittler, Johann Friedrich. „Der Hirntod – Tod des Menschen. Grundlagen und medizinische Gesichtspunkte“. *Ethik in der Medizin* 7 (1995), S. 128-145.

Stapenhorst, Kurd. *Unliebsame Betrachtungen zur Transplantationsmedizin*. Göttingen, 1999.

Sudnow, David. *Organisiertes Sterben – eine soziologische Untersuchung*. Frankfurt a. M., 1973.

Sylvia, Claire. *Herzensfremd. Wie ein Spenderherz mein Selbst veränderte*. Hamburg, 1998.

Thorndike, Lynn. *A History of Magic and Experimental Science*. 8 Bde. New York, 1923-1958.

van Dülmen, Richard. *Theater des Schreckens. Gerichtspraxis und Strafrituale in der frühen Neuzeit*. 4. durchges. Aufl. Frankfurt a. M., 1995.

Vesalius, Andreas. *De humani corporis fabrica libri septem* [1543]. 3. Aufl. Basel, 1568.

Vorwahl, Heinrich. „Deutsche Volksmedizin in Vergangenheit und Gegenwart". *Volksmedizin. Probleme und Forschungsgeschichte*. Hg. v. Elfriede Grabner. Darmstadt, 1967, S. 223-277.

Wellendorf, Elisabeth. „Seelische Aspekte der Organverpflanzung". *Die Seele verpflanzen? Organtransplantation als psychische und ethische Herausforderung*. Hg. v. Uwe Herrmann. Gütersloh, 1996, S. 56-68.

Wiebel-Fanderl, Olivia. *Herztransplantation als erzählte Erfahrung. Der Mensch zwischen kulturellen Traditionen und medizinisch-technischem Fortschritt*. Münster, Hamburg u. London, 2003.

Zedler, Johann Heinrich (Hg.). *Grosses vollständiges Universal-Lexicon aller Wissenschaften und Künste*. 64 Bde. u. 4 Ergänzungsbde. Leipzig u. Halle, 1732-1754.

Ziegler, Jean. „Die Herren des Todes". *Der Tod in den Weltkulturen und Weltreligionen*. Hg. v. Constantin von Barloewen. München, 1996, S. 433-496.

Bette Talvacchia

Körperfragmente. Ein gebrochener Blick auf die Kunst der Renaissance und darüber hinaus

Die visuelle Kraft des Fragments fordert Aufmerksamkeit. Die Abtrennung eines Einzelteils aus seiner gewohnten Matrix zwingt dem Betrachter einen bestimmten Blickpunkt auf. Zugleich zwingt der Bruch einer erwarteten Einheit den Verstand zu einem Ringen um mögliche Bedeutungen. Dies ist insbesondere dann der Fall, wenn Taktiken der Zerteilung auf Repräsentationen des Körpers angewandt werden, ein Vorgang, der die Grundbedingung menschlicher Existenz verletzt. Der Anblick einer abgetrennten menschlichen Form verursacht Unbehagen und veranlasst die Suche nach einer Erklärung für die Schändung. Fragmentierung ist daher ein ausgezeichnetes Mittel, um symbolische Bedeutung und tiefer gehende Botschaften zu vermitteln. In den bildenden Künsten verschiedener Epochen und Länder fehlt es nicht an einschlägigen Beispielen. Unter den Vertretern der westlichen Moderne hat die Strategie der Fragmentierung erneut Auftrieb gefunden. Beispiele für Fragmentierung als einem bevorzugten konzeptuellen Konstrukt sind innerhalb der Konventionen, die die Kunst der Renaissance in Europa prägten, jedoch auffallend umfangreich. Zwei bemerkenswerte Darstellungen, ein Relief aus der Kathedrale Saint-Lazare in Autun und ein Fresko aus San Marco in Florenz, illustrieren auf prägnante Weise, inwiefern Künstler extrem unterschiedlicher Kunstrichtungen über höchst wirksame Strategien verfügten, um mithilfe von Körperfragmenten eine komplexe Botschaft zu übermitteln.

In einer in Stein gefassten Szene aus dem Jüngsten Gericht im Tympanon von Saint-Lazare umschließen die gewaltigen Hände Gottes – in anthropomorpher Darstellung, aber ohne Verbindung zu einem sichtbaren Körper – den Kopf einer winzigen, erschrocken blickenden Figur eines Sterblichen. Die bevorstehende Handlung, die durch den furchtbaren Haltegriff eingeleitet wird, erfüllt die Szene mit Spannung: Mit der nächsten Bewegung wird der Sterbliche entweder zum Lohn für seine Frömmigkeit in den Himmel erhoben oder als Sünder in die Tiefen der

Hölle geschleudert. In Anbetracht der qualvollen Grimasse auf dem vollständig umschlossenen Gesicht kann über das schreckliche Schicksal seines Trägers keinerlei Zweifel bestehen. Zudem ist augenscheinlich, dass die Macht und die Befehlsgewalt beim Aufeinandertreffen dieser riesigen körperlosen Hände und der winzigen menschlichen Figur nicht bei der vollständigen menschlichen Figur liegen, sondern bei ihrer fragmentarischen Repräsentation. Die ganze Kraft des göttlichen Wesens ist konzentriert im und wird symbolisiert durch den überdimensionierten Griff des Allmächtigen.

Im zweiten Beispiel, einem Fresko von Fra Angelico im Kloster San Marco, ist die Symbolik zwar eher meditativ als viszeral, aber dennoch ziemlich eindrücklich. In einer Szene, in der die Qualen der Leidensgeschichte Christi dargestellt sind, symbolisieren die abgetrennten Körperteile keine Idee oder Entität, sondern einen narrativen Vorgang. Der Maler umringt Christus mit den ausführenden Organen seines Martyriums. Die Geißelung, das Anspucken und die Dornenkrönung werden durch die Körperteile dargestellt, die diese Gräuel verüben. Wie im Traum eines Surrealisten schweben sie um die Christusfigur herum. In diesen ungleichartigen Beispielen – einem in Stein gemeißelten Fries aus dem 12. Jahrhundert und einem Fresko um 1400 – werden komplexe christliche Überzeugungen über das Jüngste Gericht oder die Heilsgeschichte mithilfe abgeschnittener, fragmentierter Darstellungen versinnbildlicht, die den Betrachter zum Nachdenken über facettenreiche Narrative veranlassen.

In den bildenden Künsten können vielschichtige Bedeutungen in einem strategisch ausgewählten Element konzentriert sein, wie zum Beispiel in der Hand Gottes, die für seine Handlungen steht, einem allwissenden Auge, das all jene schützt, die unter seiner Obhut stehen, oder einem sexuellen Körperteil, das an Potenz und Fruchtbarkeit denken lässt. Diese Praxis entspricht natürlich der rhetorischen Figur der Synekdoche, bei der ein Teil angeführt wird, um das Ganze anzuzeigen. Im nächsten Abschnitt dieses Essays möchte ich jedoch einer Praxis nachgehen, die dem symbolischen Gebrauch der fragmentierten Gestalt zwar verpflichtet, aber davon unabhängig ist. Die Verfahrensweise, die ich untersuchen möchte, wurde im Verlauf des 15. und 16. Jahrhunderts von den damals in Italien tätigen bildenden Künstlern entwickelt, die, obgleich sie mit dem symbolischen Potential verschiedener Teile des Körpers vertraut waren, mit einer zusätzlichen Verwendungsweise der Fragmentierung experimentierten, und zwar sowohl in der Praxis wie in der Theorie. Das Herausgreifen einzelner Körperteile konnte abgesehen von seinem Potential zur Vermittlung symbolischer Bedeutung auch ein

Weg zur Erweiterung des Wissens und ein Katalysator für die schöpferische Tätigkeit sein.

Bei dieser Entwicklung spielte das gesteigerte Interesse an und die Vertrautheit mit den fragmentarischen Überresten der antiken Kunst eine sehr bedeutende Rolle. Als sich die Künstler auf die Spuren der Humanisten begaben, denen es um die Rückgewinnung und Analyse der klassischen Texte ging, begannen sie auch damit, eine eigene Sammlung von *exempla* zusammenzustellen, die man sich vielleicht als ein Kompendium visueller Texte vorstellen kann, als Dokumente der antiken Kunst, die sie mit den Mitteln ihrer eigenen Disziplin studiert und editiert hatten. Die wichtigsten Mittel der Künstler lagen in der Beobachtung und im Zeichnen, in Methoden, mit deren Hilfe sie die antiken Paradigmen zuerst einer gründlichen Analyse unterzogen und sie sich dann durch kreative Imitation einverleibten. Der für diese Künstler wichtigste ‚Text' war natürlich die Darstellung des Menschen in der griechischen und römischen Bildhauerei. Der antike Kanon gestaltete Körper mit sorgfältig ausgearbeiteten Proportionen und idealisiertem Aussehen, die die Natur perfektionierten, indem sie ihre Formen nachbildeten. Insbesondere jene Künstler, die während des 15. und 16. Jahrhunderts in Italien arbeiteten, entwickelten verstärkt eigene Reaktionen auf das, was sie für die enorme Errungenschaft des Altertums hielten. Die Frage war nicht nur, wie man mit den Werken der Alten am ehesten gleichziehen konnte, sondern mit welchen Mitteln sie womöglich zu übertreffen waren.

Einige Künstler beantworteten diese Frage damit, dass sie die Bedeutung von Leichenzergliederungen als den unmittelbarsten Weg zu einer eingehenden Kenntnis des menschlichen Körper postulierten, der zu einer naturalistischen, dabei jedoch bezwingend perfektionierten Darstellung der menschlichen Gestalt führen würde. Genaues Wissen über den Körper erreichte man nicht dadurch, dass man den Körper als monolithische Einheit betrachtete, sondern durch das Studium von Körperfragmenten, sei es, dass man sich auf einzelne Komponenten konzentrierte, oder auf komplexe Systeme, die man der Gesamtheit entnommen hatte. Für jene Künstler bildete die Strategie der Zerteilung die versteckte Grundlage für die Schaffung eines integeren Körpers. Die wissenschaftlichen Studien einer Handvoll außergewöhnlicher Pioniere wie Piero del Pollaiuolo, Leonardo da Vinci und Michelangelo Buonarroti wurden zum Leuchtfeuer für andere, die sich den Resultaten, wenn auch nicht dem mühsamen Prozess selbst, anschlossen. Ohne dass in der Zeit der Renaissance ein vollständig expliziter theoretischer Rahmen dafür vorhanden gewesen wäre, entwickelte sich die Fragmentierung durch fortgesetzte Praxis allmählich zu einer eigenständigen Form des Ausdrucks und zu einer systematischen Methode des Wissenserwerbs und der Expertise in den bildenden Künsten Italiens, insbesondere durch die Entwicklungen im Verlauf des 16. Jahrhunderts.

Durch seine Spezifität trug das Studium der Anatomie mit dazu bei, den Prozess der *Selektion* ins Zentrum zu stellen, der eine Funktion des Intellekts war. Natürlich mussten die Künstler bei ihren tatsächlichen Nachbildungen lebendige Figuren nachzeichnen, um die Muskelbewegungen unter der Oberfläche des belebten Körpers nachverfolgen zu können, dessen Lebendigkeit durch bestimmte Dehnungen und Anspannungen in den bevorzugten Posen noch verstärkt wurde. Die empirische Praxis der Zergliederung verwandelte sich demnach in theoretisches Wissen, sobald sie auf die Erschaffung von Kunstwerken angewandt wurde. Sie war ein Wissensfundus, der über das hinausging, was für eine überzeugende Darstellung im strikten Sinn notwendig gewesen wäre, jedoch in jedem Fall dem angestrebten Endprodukt diente: einer Gestalt, die auf der Wirklichkeit basierte, sie aber im Hinblick auf die Konsistenz ihres ästhetischen Erscheinungsbilds übertraf. Die anatomischen Prinzipien, die man sich durch Zergliederungen erworben hatte, führten nicht zu einer bloßen Wirklichkeitsnähe, sondern wurden zu Mitteln der Idealisierung. In seiner Anwendung bei der Erschaffung von Kunstwerken war das anatomische Wissen nicht dem Realismus verpflichtet, sondern folgte einer Ideologie der Perfektion.

Zwar gab es, wie bereits erwähnt, keine systematische Abhandlung, in der diese Bestrebungen in eine Theorie überführt worden wären, aber einige vereinzelte Schriftstücke lassen darauf schließen, dass der Praxis der Fragmentierung benennbare gemeinsame Konzepte zugrunde lagen und dass sich eine ganze Reihe von Künstlern um eine Ausarbeitung der aufkeimenden Ideen bemühte.

Die Autoren betonen die Bedeutung des geistigen Prozesses in Verbindung mit dem Wahrnehmungsvorgang im Sinne eines selektiven Zugriffs auf ihre Modelle sowie der Korrektur des Beobachtbaren auf der Grundlage vorgefertigter Wertvorstellungen. Für diese Künstler war das Verstehen und Darstellen des Körpers nicht streng empirisch. Im Gegenteil. Leonardos methodologische Ratschläge sind explizit und praxisbezogen. Er ruft die Künstler dazu auf, anatomische Studien zu betreiben, um ihre tatsächlichen Beobachtungen an real vorgegebenen Körpern mit ihrem Wissen über seine grundlegenden Strukturen in eine Balance zu bringen:

> If you are drawing from life, perhaps the person you have selected lacks fine muscles in that action which you wish him to adopt. But you do not always have access to good nudes, nor is it always possible to portray them. It is better

> and more useful for you to be practiced in such variety and to have committed it [die genaue Muskulatur] to memory.[1]

Mit anderen Worten: Man richtet sich nach dem, was man vor sich hat, sollte aber die Mängel des besonderen Falls auf der Grundlage dessen korrigieren, was man durch theoretische Studien als korrekt erkannt hat. Gerade durch den Prozess der Zerteilung belehrt die anatomische Zergliederung über die Prinzipien der Körperfunktionen und das Zusammenspiel seiner einzelnen Teile. Nach der Sektion ist der Leichnam unwiederbringlich zerrissen, reduziert auf unverbundene Teile. Damit sich der Künstler das Erlernte zunutze machen kann, muss er es mithilfe seiner Einbildungskraft auf die nächste Stufe heben und im Geiste erneut zusammensetzen. Die Tätigkeit des Intellekts ist der Schlüssel zu einem System, bei dem vom Ganzen auf das Einzelne und von dort wieder zurück auf das Ganze geschlossen wird. Im Zuge dieses Gedankengangs können wir festhalten, dass die anatomische Zergliederung ein Mittel zum Wissenserwerb ist und dass dieses Wissen seinerseits letztlich einer Reintegration dient, die vom Künstler gezielt hergestellt wird, eine übergestülpte Einheit, die zuletzt auf die Erschaffung einer perfektionierten Gestalt in einem dafür ausgewählten Medium hinausläuft.

Damit hat der Künstler eine Art Arbeitstheorie an der Hand, an der er seine praktische Arbeit im Atelier ausrichten kann. Denn die Modelle aus der alltäglichen Praxis sind, darauf weist Leonardo hin, zumeist weit von einem perfekten Exemplar entfernt. Dieser Umstand macht es erforderlich, dass die Anwendung dessen, was der Künstler von der Natur lernt, Einschränkungen unterliegen sollte, die der Künstler während des schöpferischen Prozesses aufstellt. Es ist genau diese Disjunktion zwischen dem Verstehen der anatomischen Prinzipien und der Wahrnehmung der Unvollkommenheiten im menschlichen Erscheinungsbild, die einen theoretischen Kniff erforderlich macht – einen Kniff, den ich mithilfe der Idee der Fragmentierung charakterisieren möchte. Sie erlaubt ein Festhalten an den Gesetzen der Natur und mithilfe einer klugen Auswahl und eines umsichtigen Arrangements perfekter Einzelteile zugleich eine Darstellung von Perfektion.

Unter den talentiertesten Künstlern wurde der Auswahlprozess zu einer Art ‚Anatomisierung durch den Blick'. Diese Formulierung hat sich in der literaturwissenschaftlichen Diskussion über Wappenschilde als nützlich erwiesen, aber auch bei Gedichten, in denen die einzelnen Körperteile einer Geliebten angepriesen werden und die demnach ebenfalls

---

1 Leonardo zit. n. einer Auswahl von Martin Kemp (Hg.). *Leonardo on Painting*. New Haven, CT, 1989, S. 130.

eine Dialektik von Fragmentierung und Einheit betreiben, die derjenigen ähnelt, der ich im Fall der bildenden Künste nachgehen möchte. Ich bin nicht die einzige, die diese Beobachtung gemacht hat. In Wahrheit bin ich sogar etwas spät dran, da diese Idee durch Renaissanceautoren von Wappenschilden in Umlauf gebracht wurde. Sie nannten sich selbst ‚Anatomen' und wurden auch von ihrer Leserschaft als solche bezeichnet. Aber auch wenn beide – Künstler wie Schriftsteller – in der Lage sind, ihren Darstellungsgegenstand durch ihren Blick zu anatomisieren, hat diese Operation in den bildenden Künsten meines Erachtens ein einzigartiges Resultat. Es führt hier nicht zu einer grausigen und zutiefst gendergeprägten Zerteilung (wofür eine Reihe von Literaturwissenschaftlern bereits eloquent argumentiert haben), sondern zu einer Ästhetik des Einzelteils.[2] Beim künstlerischen Schaffensprozess ging es eher um die Wahl eines Fokus und nicht um die Darstellung einer Abtrennung. Die operative Strategie war die einer Auswahl, eine Prozedur, die sich zu einer theoretischen Position über die Natur des Schönen entwickelte.

Die antike Quelle – ein entscheidender Faktor in der am weitesten fortgeschrittenen Renaissancekultur –, die den Künstlern eine Plattform bot, auf der sie über die Rolle der umsichtigen Auswahl bei der Erschaffung einer perfekten Gestalt nachdenken konnten, war die Legende von Zeuxis und den Jungfrauen von Kroton, deren berühmteste Überlieferung sich bei Plinius findet. Die Legende erzählt davon, wie der berühmte griechische Maler die jeweils schönsten anatomischen Eigenschaften von fünf schönen jungen Frauen auswählte, die bereits dafür ausgesucht und für wert befunden wurden, für die Darstellung einer makellosen weiblichen Schönheit Modell stehen zu können. Der in dieser Geschichte beschriebene Prozess betont die wiederholte Entscheidung und Auswahl als das Mittel, mit dessen Hilfe Zeuxis sein Ziel erreichte. Die Legende bot den Künstlern also auf eine autoritative Weise einen Schlüssel zur Nachbildung der Körper, die in der Natur anzutreffen waren, erlaubte es ihnen jedoch, durch deren Zergliederung und erneutes Zusammenfügen eine perfekte Einheit zu konstruieren, die außerhalb ihrer Kunst nicht existierte.

Inmitten einer seiner rhetorischen Verwendungen dieser Legende liefert Cicero eine bemerkenswert prägnante und amüsant legalistische Formulierung für die entscheidende Handlung, die auch für unsere Zwecke

---

2 David Hillman und Carla Mazzio haben vor einiger Zeit eine Sammlung von Essays herausgegeben, in denen dieses literaturwissenschaftliche Thema aus einer Vielzahl erhellender Blickwinkel untersucht wird. Vgl. David Hillman u. Carla Mazzio (Hg.). *The Body in Parts. Fantasies of Corporeality in Early Modern Europe*. London, 1997.

erhellend ist: „Darauf führten die Einwohner von Kroton auf öffentlichen Beschluß hin die Mädchen an einem Ort zusammen und erteilten dem Maler *die Vollmacht*, die *auszuwählen*, welche er wolle.“[3] Cicero führt die Geschichte weiter aus:

> Jener aber wählte fünf [...]. Er glaubte nämlich nicht, alles, was er an Liebreiz suche, an einem einzigen Körper finden zu können, deswegen weil die Natur nicht etwas in allen Teilen Vollkommenes an einer einzelnen Person ausgebildet hat. Als ob sie für die übrigen nichts mehr hätte, was sie schenken könnte, wenn sie einer Person alles verliehen habe, schenkt sie der einen diesen, der anderen jenen Vorzug, wobei sie irgendeinen Nachteil hinzufügt.[4]

Die Auszeichnung des Entscheidenkönnens, das in Form eines Privilegs übertragen wird, deutet darauf hin, dass es sich um eine allein dem Künstler zustehende *giudizio* handelt, die er aufgrund seiner künstlerischen Fertigkeiten entwickelt hat. Eine Reihe weiterer entscheidender Details der Geschichte beschreibt Dionysios von Halikarnassos in *De oratoribus veteribus*:

> Zeuxis was a painter held in high esteem by the citizens of Croton. As he was painting Helen in the nude, they provided him with girls from their midst to study as nude models [...]. And thus by selecting from many examples, his artistry constructed a work of perfect beauty.[5]

Leon Battista Alberti nimmt diese Fingerzeige auf und spinnt sie in großartiger Weise fort:

> Den unerfahrenen Talenten entgeht jene Idee der Schönheit, welche [selbst] die in höchstem Maße Geübtesten kaum deutlich zu unterscheiden zu vermögen. Zeuxis, der hervorragendste und geübteste unter allen Malern, wollte einst eine Tafel malen, die er öffentlich im Tempel der Lucina zu Croton aufzustellen gedachte. Dabei vertraute er nicht wie ein törichter Maler auf sein eigenes Talent, wie es heute jeder Maler tut. Da er glaubte, nie alle Schönheiten, die er suchte, in einem einzigen Körper finden zu können, weil die Natur sie nicht nur einem einzigen verliehen hatte, wählte er aus der gesamten Jugend jenes Landes die fünf schönsten Mädchen aus, um von ihnen jede Schönheit, die an einer Frau gelobt wird, zu übernehmen.[6]

Mit anderen Worten: Alberti gibt den Künstlern zu verstehen, dass sie die Geschöpfe der Natur sezieren und die besten Teile auf scharfsichtige

---

3 Marcus Tullius Cicero. *De inventione. De optimo genere oratorum.* Hg. u. übs. v. Theodor Nüßlein. Darmstadt, 1998, S. 167 (Herv. d. Verf.).

4 Ebd.

5 Dionysios von Halikarnassos zit. n. Franciscus Junius. *The Literature of Classical Art.* 2 Bde. Hg. u. übs. v. Philipp Fehl u. a. Berkeley, Los Angeles u. Oxford, 1991, Bd. 2: A Lexikon of Artists and their Works, S. 419.

6 Leon Battista Alberti. *Della Pittura. Über die Malkunst.* Hg. u. übs. v. Oskar Bätschmann u. Sandra Gianfreda. Darmstadt, 2002, Buch 3, S. 157f.

Weise neu zusammensetzen sollen, um so die Natur mit ihren eigenen Schöpfungen zu übertreffen. Auch wenn es sich dabei um künstlerische Hybris handeln sollte, Blasphemie ist es nicht. Den Künstlern der Renaissance war nur allzu bewusst, dass Gott das Universum und alles, was darin enthalten ist, aus dem Nichts geschaffen hatte, während sie selbst, in blasser Nachahmung, bei ihren eigenen Schöpfungen auf Stoffe zurückgriffen, die in der Natur bereits existierten, und deren Formen sie nur durch wiederholte Anstrengungen meistern konnten. Aber sogar diese geringere, menschliche Spielart der Schöpfungskraft wurde als veredelnde Tätigkeit angesehen, und die Künstler waren stolz auf die Annahme dieses Widerscheins göttlicher Macht.

Raffael, einer der Künstler, der von seinen Zeitgenossen als göttlich gepriesen wurde, bezog sich auf die Zeuxis-Legende, um seine Ansicht über die sich durch den weiblichen Körper ausdrückende Schönheit und die Art und Weise, wie sich deren Darstellung in seiner Kunst erreichen ließ, in Worte zu fassen. Raffael bedankt sich bei einem Freund – es handelt sich höchstwahrscheinlich um Baldassare Castiglione – für ein Kompliment für das Fresko der Galatea (eine Auftragsarbeit für Agostino Chigis Villa am Tiber) und erklärt:

> Um eine schöne Frau zu zeichnen, muss ich mir sehr viele schöne Frauen anschauen und die beste unter ihnen auswählen. Da aber sowohl gutes Urteilsvermögen als auch schöne Frauen rar sind, verfolge ich [beim Malen] eine *gewisse Idee* [*certa idea*], die mir in den Sinn kommt. Ob diese *gewisse Idee* selbst über einen hohen künstlerischen Wert verfügt, vermag ich nicht zu sagen. Aber ich arbeite hart, um die Idee überhaupt zu bekommen.[7]

In dieser einen kurzen Passage verpackt Raffael eine Fülle von Gedanken, die allesamt eine gründliche Erörterung verdient hätten. Ich möchte jedoch nur die Art und Weise herausgreifen, in der Raffael seine *certa idea*, die wir als seine Idee von vollkommener Schönheit auffassen können, beschreibt. Sie ist ein Konstrukt der Einbildungskraft, obgleich sie, wie schon bei Zeuxis, auf seinen Beobachtungen der Schönheit basiert, die in der Natur anzutreffen ist – speziell im Fall der schönsten Eigenschaften der schönsten Frauen. Raffael orientiert sich an der in seiner Kultur herrschenden Vorliebe für den auf Zeuxis zurückgehenden, auf Fragmentierung beruhenden Zugang zur Konstruktion des perfektesten

---

7 „[P]er dipingere una bella, mi bisogneria veder più belle […] a far scelta del meglio. Ma essendo carestia, e de' buoni giudicii, e di belle donne, io mi servo di certa Idea che mi viene nella mente. Se questa ha in se alcuna eccellenza d'arte, io non so; ben m'affatico di haverla." John Shearman (Hg.). *Raphael in Early Modern Sources*. 2 Bde. New Haven, CT, u. London, 2003, Bd. 1, S. 735. Vgl. hierzu auch meine Einleitung in Bette Talvacchia. *Raphael*. London, 2007, insbes. S. 12ff.

Körpers, um seine eigene Methode zur Erschaffung von Figuren zu klären. Der Künstler betont, er sei zunächst bestrebt, eine apriorische Idee der Schönheit auszubilden und wende sich erst dann – in Form von Modellen – der Erforschung der Natur zu, die ihm die Hand führen kann, um dem Gestalt zu geben, was bereits in seinem Geist existiert. Man sollte hier auch den Hinweis nicht unerwähnt lassen, dass Raffael ein extrem aufmerksamer Schüler Albertis war. Raffaels *certa idea* ist ein Echo auf Albertis „idea delle bellezze" aus dessen Abhandlung über die Malerei, übrigens die einzige Stelle, an der das Wort *idea* verwendet wird. In jedem Fall geht aus Raffaels Formulierung hervor, dass die *certa idea* seine Auswahl bestimmt; die Selektion ist eine Kritik an der Natur und daher auch eine Kontrolle über sie, welche es ihm wiederum ermöglicht, der *certa idea*, auf der seine Kunst letztlich basiert, Gestalt zu verleihen.

Der Künstler stellt aus den von ihm ausgewählten disparaten Teilen eine neue Einheit her; er zergliedert die Natur, um die vollkommene Gestalt zu erschaffen. Diese besteht aus einzelnen Teilen, die vollkommener sind als der für sich bestehende Körper, zu dem sie wirklich gehören. Vollkommenheit findet sich in Fragmenten. Die Arbeit und der Ruhm des Künstlers gründen darin, die Schönheit in den Teilen zu entdecken (und ihr dann Gestalt zu geben). Er soll aus den Teilstücken eine makellose Einheit erschaffen. Um es noch einmal zu wiederholen: Diese Ästhetik ergibt sich meines Erachtens aus einer Kombination von Praktiken, die im Hinblick auf das Verständnis des Ganzen dem Studium antiker Fragmente als Paradigmen der Vollkommenheit in Verbindung mit dem Studium der Anatomie als Zergliederung einen Vorrang einräumten. Im Zuge dieser Entwicklung erlangte das vom Körper abgetrennte Einzelteil irgendwann eine eigenständige Eloquenz.

Der Ort, an dem sich dies abspielte, war einer der anderen Hauptwege der Erkenntnis, die den Künstlern der Renaissance zur Verfügung standen: die Praxis des Zeichnens. Mehr als in irgendeiner anderen Tradition war das Zeichnen zugleich Erkundung und Bestandsaufnahme, ein technisches Können, in dem Beobachtung und die Tätigkeit des Intellekts konvergierten. Zeichnungen, die sowohl analytische Werkzeuge als auch elegante Kompositionen mit dem Wert eigenständiger Kunstwerke sind, weisen ironischerweise auch dann eine befriedigende Ganzheit auf, wenn sie aus Körperfragmenten bestehen. Die exartikulierten Teile werden durch die intensive Prüfung und die gekonnten Kreide-, Pinsel- oder Graphitstriche des Künstlers auf unwahrscheinliche Weise zum Leben erweckt. Um diesem Gedanken weiter zu folgen, bietet es sich an dieser Stelle an, die Komposition und Wirkung einiger repräsentativer Zeichnungen genauer zu untersuchen.

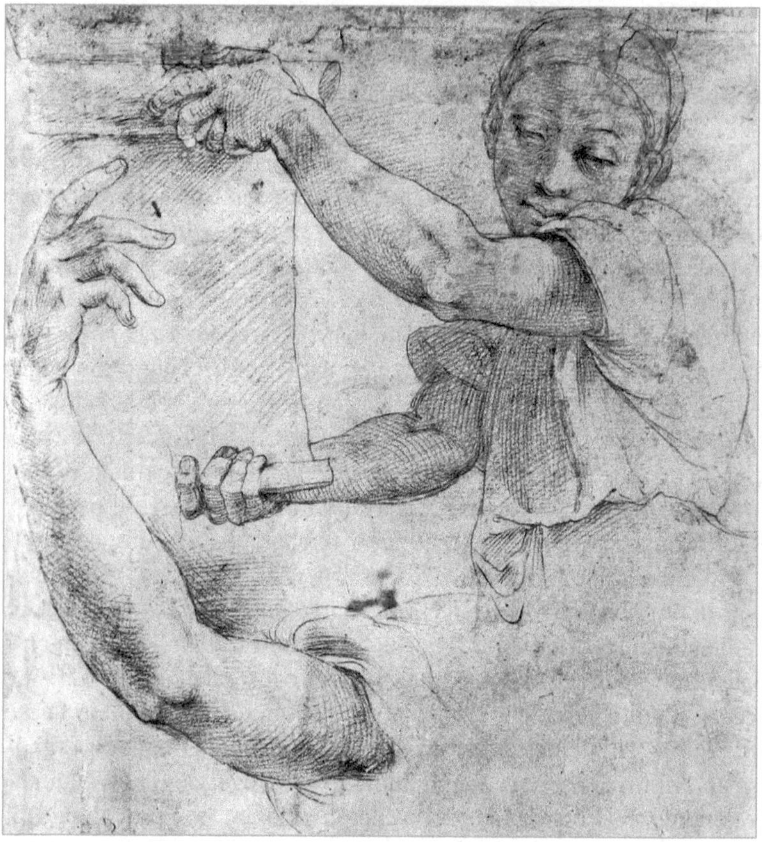

Abb. 1: Raffael. Studie für Engel. Rötel, um 1511.

Raffael fertigte zur Vorbereitung seines Sibyllen-Freskos in der Kirche Santa Maria della Pace in Rom eine überaus nuancierte Zeichnung in roter Kreide von einer Teilfigur und einem Köperfragment an (Abb. 1). Die aus dem Leben gegriffene Studie konzentriert sich auf Kopf und Torso sowie Arme und Hände eines jungen Verkäufers in einer Pose, in der er eine geöffnete Schriftrolle zeigt. Die Körperhälfte des Jungen befindet sich auf der rechten Hälfte des Papiers und verschwindet unterhalb seiner Hüfte (die durch die Gewebestruktur seines Oberhemds angedeutet wird, das in das obere Ende seiner Hose gesteckt ist). Die vagen, aber lesbaren Linien, die seine Kleidung anzeigen, gehen in eine Andeutung eines anderen Kleidungsstücks über, einen Ärmel, aus dem ein sorgfältig modellierter Arm bis zur Hand des Jungen an der Oberseite der Schriftrolle reicht. Das Blatt ist eine Teilstudie von zwei verschiedenen Figuren in der geplanten Komposition des Freskos, die schließlich ihren

Platz ganz am linken Rand des Gemäldes finden werden. In diesem endgültigen Arrangement wird jedoch gerade die senkrechte Körperhaltung des Jungen in die eines grazileren Engels umgewandelt, der mit an den Knien angewinkelten Beinen und Füßen über einer gewellten Draperie schwebt. Der Arm der Sybille richtet sich genauer nach der Zeichnung, insofern er ebenfalls aus einem zurück gekrempelten Ärmel nach oben gerichtet ist, büßt jedoch etwas von der Eleganz der mit Kreide gezeichneten, vergrößerten Figuren ein. Zudem befindet sich die Hand auf dem Gemälde in einer weniger wirkungsvollen Position, da sie, anstatt die Schriftrolle an der Seite zu fassen, sie weder wirklich berührt noch genau auf deren Botschaft zeigt.

Entgegen den Erwartungen wird das Zusammenspiel der beiden Figuren in der zeichnerischen Komposition – in der keine der beiden Figuren vollständig ausgearbeitet ist und eine davon sogar nur durch einen Arm angedeutet wird – auf wirkungsvollere Weise dargestellt und das Arrangement der Einzelstücke erscheint zwingender. Durch den Bogen des herabstürzenden, abgetrennten Arms wird die Neigung des Kopfes und die Krümmung des Rückens und der Schulter des Modell stehenden Jungen in eine schöne Balance gebracht, während die dargestellten drei Hände durch ihre Platzierung auf dem Blatt und die Ausdruckskraft ihrer Gesten gefallen. Diese Komposition ist unter ästhetischen Gesichtspunkten in hohem Maße vollendet, obgleich sie hinsichtlich der Ausführung der Figuren ‚unvollendet' erscheint. Dass diese Zeichnung ein Erfolg war und als eine Ganzheit anerkannt wurde, lässt sich daraus entnehmen, dass sie von einem versierten Künstler aus dem Kreis des Meisters kopiert wurde.

Aus den Überlegungen zu dieser speziellen Zeichnung möchte ich einen Gedanken ableiten, der generell auf die Mehrzahl der Zeichnungen aus der Renaissance zutrifft, die für das Studium der menschlichen Gestalt von der Fragmentierung Gebrauch machten. Körperteile und Gliedmaßen werden für eine bestimmte Studie und Schwerpunktsetzung aus einer Gesamtfigur herausgeschält, erhalten auf dem Zeichenpapier aber immer eine Stellung und einen Rhythmus der Anordnung, die das Bedürfnis nach einer Verbindung mit den fehlenden Teilen verdrängen, um eine kongruente und umfassende Existenz herzustellen. Die aus dem körperlichen Zusammenhang herausgeschnittenen Teile werden in eine eigene, zufriedenstellende Harmonie gebracht, eine Harmonie, deren Ästhetik nicht von der Vervollständigung abhängt. Dies wird durch eine Durchgestaltung des gesamten Zeichenblatts erreicht; die Anordnungen sind kein Zufallsprodukt, sondern eine Synchronisation schöner Formen, durch die aus den Fragmenten eine neue Einheit geschaffen wird.

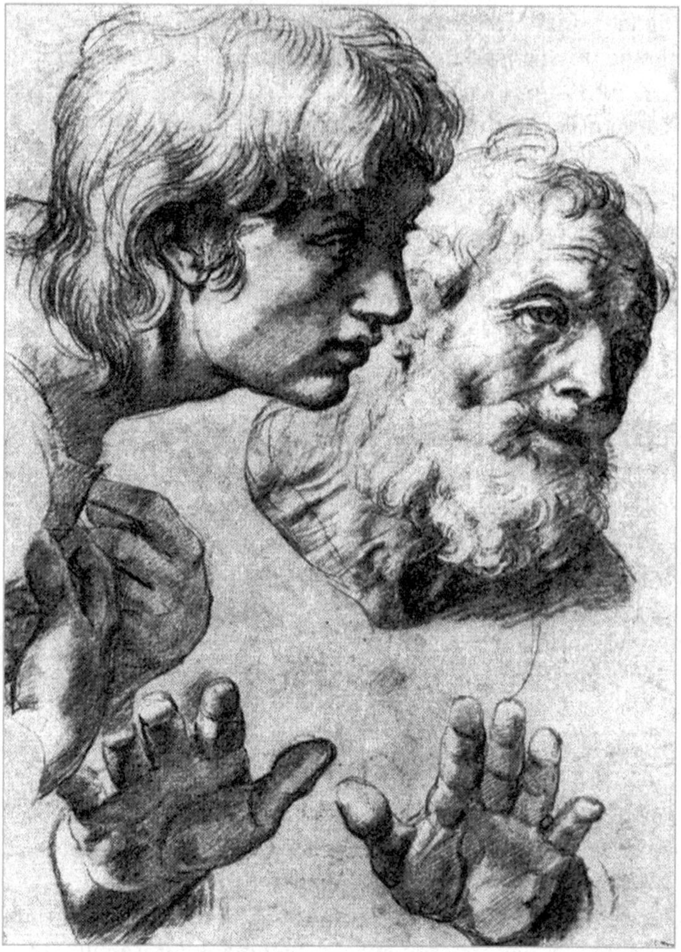

Abb. 2: Raffael. Studie der Köpfe und Hände von Aposteln für *Verklärung Christi*. Schwarze Kreide, um 1518.

Dies gelingt Raffael sogar noch eindrucksvoller in einer in hohem Maße vollendeten Studie von Köpfen und Händen für das Altarbild der *Verklärung Christi* (Abb. 2). In dieser Zeichnung greift Raffael zwei der Apostel, die in der unteren Hälfte des gewaltigen Tafelbilds abgebildet sind, für eine konzentrierte Studie heraus. Dargestellt wird die sowohl durch Nachdenklichkeit als auch durch ungeheure Überraschung geprägte Reaktion der Apostel auf die von ihnen beobachtete Szene. Um die erforderliche Intensität einzufangen, werden die am stärksten belebten Charakteristika dieser beiden Apostel, ihre Gesichter und Hände, in der Zeichnung voneinander getrennt dargestellt. Der Betrachter nimmt diese

Fragmente jedoch als in sich abgeschlossene Einheiten wahr, die in ihrer Darstellung besonders kunstvoll, dabei jedoch nicht in einen zusammenhängenden Körper, sondern vielmehr in eine Theorie der Schönheit, eingebettet sind. Der Eindruck ist in Wahrheit derart lebhaft, dass man erneut dafür argumentieren könnte, dass der in der Detailzeichnung erreichte Grad an eloquenter Intensität im fertigen Gemälde nicht realisiert wurde. In diesen unzusammenhängenden Fragmenten sind die wesentlichen Züge des Ganzen enthalten. Auf diese Weise, ähnlich wie Zeuxis, der die besten Einzelteile der Jungfrauen auswählte, arbeitete Raffael an der Verwirklichung seiner Idee von Vollkommenheit, indem er speziell ausgewählte Teile herausgriff und individuell formte, die sich schließlich zu einer vollständigen Einzelfigur verbanden.

Nachdem wir uns eine Weile auf Raffael konzentriert haben, müssen wir Michelangelo nun ebenso viel Zeit einräumen, einem Künstler, der ein äußerst versierter Anatom war, so versiert sogar, dass er über die Fachkenntnisse verfügte, die Abfassung einer anatomischen Abhandlung ins Auge zu fassen. Es ist ein Verlust für alle Künstler, dass dieses Vorhaben nie realisiert wurde. Die Legende von Zeuxis wird auch bei Michelangelo erneut aufgegriffen, allerdings nicht von ihm selbst, sondern durch Michelangelos Sprachrohr und Biografen Ascanio Condivi:

> Und dass in ihm keine hässlichen Gedanken auftauchten, kann man auch daraus erkennen, dass er nicht allein die menschliche Schönheit geliebt hat, sondern überhaupt jedes schöne Ding, ein schönes Pferd, einen schönen Hund, eine schöne Gegend, eine schöne Pflanze, einen schönen Berg, einen schönen Wald und jegliches Ding, das in seiner Art schön und ausgezeichnet war, was er dann mit wunderbarer Erregung bewunderte, wobei er das Schöne der Natur gleichermassen auswählte, wie die Bienen die Süssigkeit einsammeln, um sich ihrer dann zu ihrem Werke zu bedienen, was auch stets alle Jene gethan haben, die in der Malerei einigen Ruf gehabt. Jener alte Meister, als er eine Venus machen wollte, begnügte er sich nicht damit, eine einzige Jungfrau zu sehen, sondern wollte viele derselben betrachten, und sie zu seiner Venus benützen, indem er von jeder den schönsten und vollendetsten Theil nahm. Und in der That, wer da glaubt, er könne ausserhalb dieses Weges (auf dem man allein zu der wahren Theorie gelangen kann) in dieser Kunst es zu irgend etwas bringen, der irrt sich gar sehr.[8]

Condivis Bezugnahme auf die Zeuxis-Legende ist sehr knapp gehalten und Helena wird durch Venus ersetzt. Der Autor konnte jedoch sicher sein, dass seine Leser mit dem Paradigma sowie der Moral vertraut waren. Ein großer Meister war Michelangelo deshalb, weil er die Kunst des

8 Ascanio Condivi. *Das Leben des Michelangelo Buonarroti*. Hg. v. R. Eitelberger v. Edelberg. Übs. v. Rudolph Valdek. Wien, 1874, S. 89f.

Zusammentragens und Neuarrangierens sichtbarer Fragmente der Schönheit hervorragend beherrschte. Kontemplation, Selektion und Neuschöpfung durch Einbildungskraft sind die Bestandteile seiner Kunst. David Summers hat die Funktion der Zeuxis-Legende in scharfsinniger Weise zusammengefasst: Die Legende

> was told with such frequency because it was at once a prescription for imitation and a fairly precise description of the activity of imagination according to commonly held psychological assumptions.[9]

Aber wir sollten Michelangelo selbst zu Wort kommen lassen, besonders, da schriftstellerisches Können ein weiteres seiner im Überfluss vorhandenen Talente war. Es überrascht nicht, dass er in einem seiner Verse eine Liebeserklärung mithilfe einer Symbolik entwirft, in der die zuvor herausgearbeiteten Aspekte ineinander greifen: Schöpfung, Selektion und schöne Teilstücke:

> Er, der das All erschuf, schuf auch die Theile
> Und machte dann den schönsten sich zu eigen,
> Den Menschen das Erhabenste zu zeigen,
> Was er erschuf als Gott durch Künstlerfeile.[10]

In diesem vierzeiligen Lobpreis auf seine Geliebte, möglicherweise der Beginn eines geplanten Sonetts, preist der Dichter die Vorgehensweise des Schöpfergottes. Die einzelnen Schritte werden dann vom Künstler kraft seines menschlichen Vermögens zur Neuschöpfung nachgeahmt. Der Schaffensprozess des Künstlers vollzieht sich im Prozess des Zeichnens, des technischen Mittels zur Erkundung der Form. Zeichnen wird zur Artikulation der menschlichen Form, einem System der Selektion und Verdeutlichung von Einzelteilen, das zur Bedeutung des Ganzen führt. In diesem Zusammenhang lohnt sich ein genauerer Blick darauf, wie sich dies auf Michelangelos Werk auswirkt. Zu diesem Zweck möchte ich die Aufmerksamkeit auf eine in hohem Maße vollendete Studie eines Körperfragments richten. Michelangelos Studien für das Gemälde *Leda mit dem Schwan* sind hier besonders aufschlussreich. Das Werk selbst ist nicht erhalten, aber seine begeisterten Kopisten sind ein Beleg für die Wertschätzung, die ihm unter den Zeitgenossen zuteil wurde.

---

9 David Summers. *Michelangelo and the Language of Art*. Princeton, NJ, 1981, S. 187. Meine Überlegungen zum Verhältnis zwischen der Zeuxis-Legende und Michelangelo stützen sich auf Summers erhellende Untersuchung.

10 Georg Thouret (Hg.). *Die Gedichte des Michelangelo Buonarroti*. Übs. v. Walter Robert-Tornow. Berlin, 1896, S. 289. – „Colui che ‚l tutto fe‘, fece ogni parte/ e poi del tutto la più bella scelse / per monstrar quivi le suo cose eccelse / com'ha fatto or colla sua divin'arte." Matteo Residori (Hg.). *Michelangelo. Rime*. Milan, 1998, S. 17.

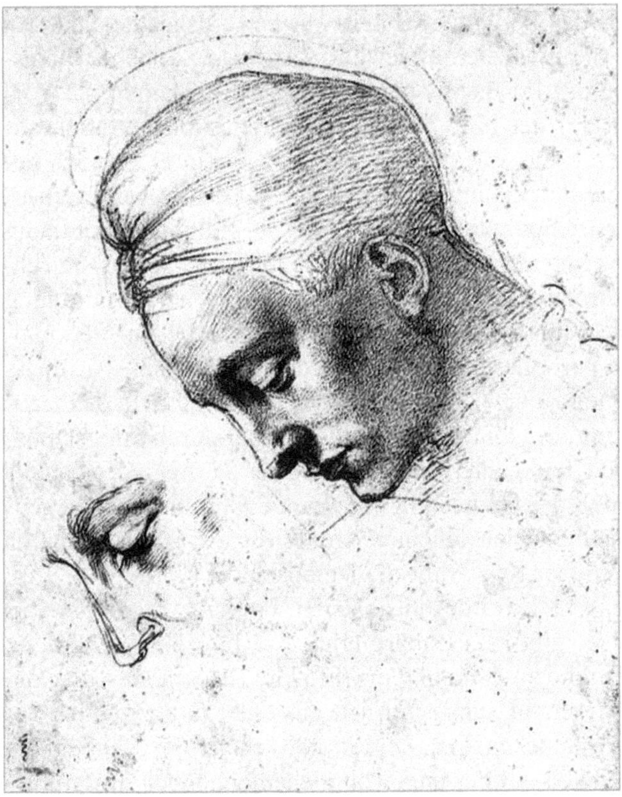

Abb. 3: Michelangelo. Kopfstudie zu *Leda mit dem Schwan*. Rötel, um 1530.

Ein Experte auf diesem Gebiet pries diese Kopfstudie zu *Leda* als Beweis für „a refinement of technique perhaps never equaled in the history of life drawing" (Abb. 3).[11] Tatsächlich handelt es sich um eine Studie eines lebendigen Modells, eines *garzone* (ein junger Ateliergehilfe), dessen Kopf in ein für die Werkstatt typisches, eng anliegendes Kopftuch gewickelt und dessen Jackenkragen nur leicht angedeutet ist. Wir dürfen getrost annehmen, dass es sich um eine idealisierte Darstellung handelt, da wir sonst davon auszugehen hätten, dass die in der *bottega* arbeitenden jungen Männer einen Schönheitstest bestehen mussten, um vom Meister angestellt zu werden. Der Umstand, dass ein junger Mann für eine im Endeffekt weibliche Figur Modell stand, unterstreicht das Übergewicht der Einbildungskraft als eines Hauptbestandteils der

11 Meine Überlegungen zu dieser Zeichnung basieren auf der feinsinnigen Analyse von Michael Hirst. *Michelangelo and his Drawings*. New Haven, CT, u. London, 1988.

Figurengestaltung – das konkrete Modell war der Ausgangspunkt, ein Kern, um den sich die Idealisierung spann. Als ob der Zeichner die ästhetische Bedeutung des Fragments hervorheben wollte, beruht die Wirkung hauptsächlich auf der hinreißend detaillierten Konzentration auf das Gesicht, die durch die Wiederholung des Auges in einer noch genaueren Nahsicht, die sich in unmittelbarer Nähe auf demselben Zeichenblatt befindet, unterstrichen wird. Aufgrund der sorgfältigen Anordnung der Fragmente – im Hintergrund kann man eine sehr schwache Vorzeichnung ausmachen, die einen ersten Hinweis auf Größe und Anordnung der Fragmente gibt – und ihrer ansprechenden räumlichen Verknüpfung, vermag diese partielle Repräsentation des menschlichen Körpers ästhetisch vollkommen zu befriedigen. Darüber hinaus besticht die handwerkliche Ausführung: die feinfühlige Modellierung durch unterschiedlichen Druck auf die Kreide unter Einbeziehung der Körnung des Papiers an bestimmten Stellen des Blattes (an der Wange und über den Augenbrauen); die Verwendung von feuchter Kreide für die großflächigeren Bereiche und angespitzter Kreide für die Details des Auges.

Als ob die ästhetische Kraft des idealisierten Fragments unter Beweis gestellt werden sollte, gibt es sichtbare Hinweise für eine Verbindung zwischen der Kopfstudie zu *Leda* und einem Kopf (dessen Geschlechtszuordnung in der Forschung umstritten ist) aus einer Gruppe, die unter dem Namen *teste divine* bekannt ist. Dieser ‚göttliche Kopf', bei dem die gesamte Aufmerksamkeit auf der ungewöhnlichen Schönheit des grüblerischen Gesichts und seiner Hinwendung zum Betrachter ruht, war offenbar ein Geschenk Michelangelos an den geliebten Tommaso Cavalieri. Die formale Ausführung und die persönlich bedeutsame Widmung sind ein sprechender Beleg für die Bürde der Eloquenz, die Michelangelo der fragmentarischen Darstellung auferlegte.

Ich habe einige der kulturellen Faktoren und Konzepte dargelegt, die einen neuen Zugang für den expressiven Gebrauch der Fragmentierung in der italienischen Renaissancekunst ermöglichten. Die Wahl einzelner Teile aus der Natur und deren neue Zusammenfügung entlang vorgefertigter Konzepte der Schönheit erlaubte es dem Künstler, unterstützt durch antike Schriften und Überreste, seine Figuren in der Wahrnehmung zu verankern, aber für deren Realisierung ein auf geistiger Tätigkeit beruhendes Verfahren zu etablieren. Die Kreativität des Künstlers konnte demzufolge auf seine Einheit schaffende Vorstellungskraft zurückgeführt werden, wenn auch notwendigerweise vermittelt durch die aus der Natur entnommen Materialien. Barbara Dudens Untersuchungen in einem eng verwandten Forschungsgebiet lassen auf ein analoges Konzept schließen, demzufolge der Körper in der Medizingeschichte der Frühen Neuzeit eine „durch die Vorstellungskraft hergestellte Realität" war.[12] Mit Sicherheit gilt dies für die italienischen Künstler der Renaissance, die den Körper so gekonnt zu modellieren wussten, indem sie durch die Betrachtung sezierter Leichname und erhalten gebliebener Fragmente des klassischen Kanons lernten, wie sich mithilfe der Techniken ihrer Kunst und unter Zuhilfenahme der Einbildungskraft idealisierte und vollkommene Körper neu zusammenfügen ließen.

Im Kontrast dazu möchte ich im abschließenden Teil meiner Überlegungen den ‚Spuren' nachgehen, die die Praxis der anatomischen Fragmentierung aus der Zeit der Renaissance in der Avantgarde-Kunst des 20. Jahrhunderts in verdeckter oder offener Form hinterlassen hat. Mithilfe einiger Beispiele möchte ich kurz darlegen, wie stark sich der Gebrauch von Körperfragmenten in der modernen Kunst von dem der Renaissance unterscheidet – oft im feinsinnigen Bewusstsein dieser Tradition, aber genauso oft in absichtlicher Invertierung oder Subversion. Dies gilt insbesondere für künstlerische Bewegungen, die sich ausdrücklich in den Mantel der Avantgarde hüllen und bevorzugt mit Brüchen, Schockeffekten und Desorientierungen arbeiten. Viele Künstler setzten sich mit den Formen antiker Fragmente und der zuvor skizzierten Tradition der Fragmentierung aus der Zeit der Renaissance auseinander. Die Resultate der Verwendung von Fragmenten im 20. Jahrhundert unterscheiden sich von ihren Vorläufern jedoch insofern radikal, als die ausgewählten Segmente nicht länger in eine Theorie der Perfektion und Schönheit eingebunden sind. Die ausschlaggebenden ästhetischen und künstlerischen Ziele, die in letzter Konsequenz im Dienste der von den Künstlern der Renaissance so sehr geschätzten Einheit der disparaten Teile standen, ließen die bekennenden Protagonisten der Avantgarde-Kunst bewusst hinter sich. Die emphatische Disjunktion, zielgerichtet eingesetzt und ausgenutzt, wurde zur vorherrschenden Kompositions-Strategie.

Ein verfrühtes Emblem dieser veränderten Haltung ist Johann Heinrich Füsslis großartige Zeichnung *Der Künstler verzweifelt vor antiker Größe* (Abb. 4). Die Riesenhaftigkeit der Fragmente vermittelt den nachkommenden Kulturen, dass die Alten nicht als Rivalen zu betrachten sind, sondern als Sieger. Die Fragmente werden nicht als ein System der Schönheit aufgenommen, sondern als Omen für die Schwäche des modernen Künstlers angesichts der monumentalen Natur vergangener Errungenschaften, wie sie von Füssli in der Zeichnung dargestellt werden. Hinter

12 Zit. n. Wendy Perkins. *Midwifery and Medicine in Early Modern France. Louise Bourgeois*. Exeter, 1996, S. 11. Vgl. Barbara Duden. *Geschichte unter der Haut. Ein Eisenacher Arzt und seine Patientinnen um 1730*. Stuttgart, 1987.

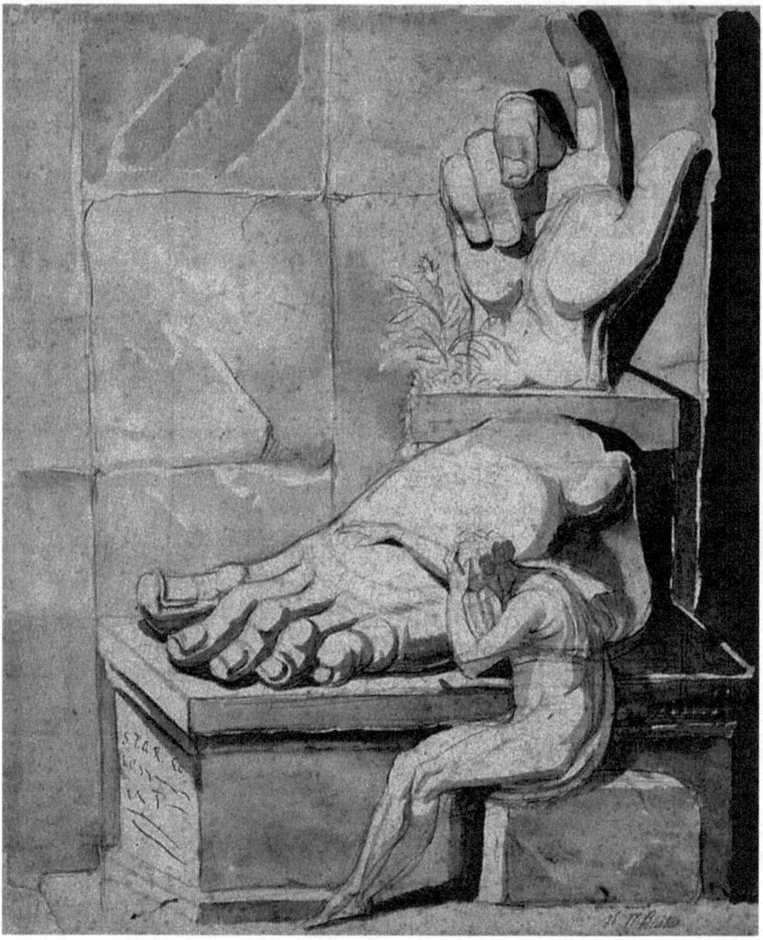

Abb. 4: Johann Heinrich Füssli. *Der Künstler verzweifelt vor antiker Größe*. Rötel und Sepia, 1779.

Füsslis bildlichem Lamento steckt auch ein sehr persönliches Statement: Das ‚Füssli' (der kleine Fuß) des Schweizer Künstlers ist im Vergleich zum erhalten gebliebenen großen Fuß des Konstantin-Koloss, über den sich das Alter Ego des Künstlers in der Zeichnung beugt, völlig machtlos.[13]

In einigen Fällen kann man beobachten, dass die Künstler des 20. Jahrhunderts direkt über das klassische Erbe reflektieren – insbesondere die frakturierte klassische Vergangenheit. So etwa in den schlichten und um-

13 Vgl. Suzanne G. Lindsay. „Emblematic Aspects of Fuseli's *Artist in Despair*". *The Art Bulletin* 68 (1986), S. 483f.

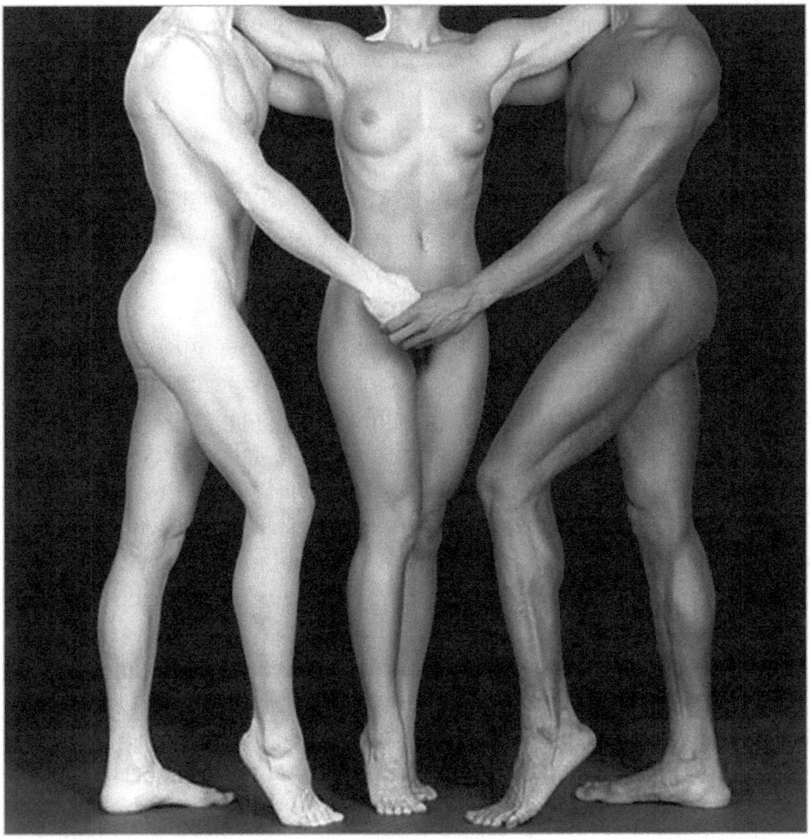

Abb. 5: Robert Mapplethorpe. *Ken, Lydia, Tyler*. Fotografie, 1985.

werfenden Fotografien Robert Mapplethorpes, denen Fragmente der klassischen Bildhauerkunst als Sujet dienen.[14] Mapplethorpes Fotografien sind eigenständige, intensive Studien, deren Formgebung sowohl Stärke wie Verletzlichkeit ausstrahlen und in denen die kraftvollen Suggestionen des prononcierten Hell-Dunkel-Kontrasts erforscht werden. Eine Fotografie wie beispielsweise das Spotlight auf einem klassischen Torso erweist sich jedoch besonders dann als aufschlussreiches Dokument, wenn man sie im Zusammenhang mit anderen Fotografien lebendiger Modelle betrachtet, insbesondere mit *Ken, Lydia and Tyler* aus dem Jahr 1985 (Abb. 5). Das Bild zeigt eine vom Hals abwärts fotografierte Dreiergruppe, die als *Drei Grazien* aufgestellt ist. Die durch den Bild-

14 Vgl. Germano Celant u.a. (Hg.). *Robert Mapplethorpe and the Classical Tradition. Photographs and Mannerist Prints* [Ausst.kat.]. New York, 2004.

fokus bewirkte Enthauptung hat eine Entstellung eines Sujets zur Folge, von dem vollständigere Exemplare erhalten geblieben sind. Außerdem setzt sich die Fotografie von ihrer Vorlage dadurch ab, dass die Teilfiguren der Gruppe unterschiedlichen Geschlechts und verschiedener Herkunft sind. In anderen Fällen benutzte der Künstler die konzentrierte Abstraktion des Fragmentarischen als Anstoß, um in gleichermaßen mysteriösen wie suggestiven fotografischen Studien seine eigenen, sehr provokativen Teilfiguren zu kreieren. In seinen Nahaufnahmen einzelner anatomischer Formen zerschneidet Mapplethorpe die Körperteile in unzusammenhängende Einheiten, die dadurch zu sehr mehrdeutigen Bedeutungsträgern werden. Die absichtlich hergestellte Verwirrung gelingt zuweilen auf derart schockierende Weise, dass es beinah auf eine Provokation hinauslaufen kann, die Fotografie mit dem lebendigen Modell zu identifizieren, wie gelegentlich im Fall von Lisa Lyon oder Ken Moody. Die wirkungsvoll eingesetzte Nahsicht, die drastische Ausleuchtung und ungewöhnliche Positionierung machten Mapplethorpe zum Meister von Körperdarstellungen als beinah unlesbare Stücke oder vielmehr Gliedmaßen, die für völlig neue Deutungen offen waren, besonders für sexuelle.

Eine Künstlerin, die in ihren eindrucksvollen Skulpturen ebenfalls von dieser Strategie Gebrauch macht, ist Louise Bourgeois. Der von ihr als ‚Selbstportrait' bezeichnete Torso war in seiner Gesamtheit als Teilfigur konzipiert. Als zerschnittene Form ist der Torso vollständig und zugleich komplex. In ihn sind Formen integriert, die sowohl männliche wie weibliche Sexualität evozieren.[15] Die Skulptur wurde als betont ‚unheimlich' charakterisiert, mit unwiderstehlich suggestiven Bezügen:

> With two round balls for breasts at the top (or are they eyes?), two buttock-like bumps at the bottom (or are they breasts?), and strange, possibly nasal, protuberances. In the middle (or is it a clitoris sheathed in labial folds?), the whole surface of the curious, scarab-like shape is covered with what look like giant teeth. In fact they are the same forms Bourgeois had used nine years earlier to represent children in *Blind Leading the Blind.* Nothing in the artist's vocabulary ever has a fixed meaning, and nothing is ever set aside for good.[16]

Die expressive Kraft des Partiellen beruht darauf, dass es letztlich ungreifbar zu bleiben vermag. Es ermuntert denjenigen, der seine Bedeutung ergründen will, viele Schichten möglicher Bedeutungen durchzuspielen. Lesbare Segmente der menschlichen Gestalt behalten einerseits

---

15 *Torso (Selbst-Portrait)*, weiß angestrichenes und mit Bronze überzogenes Mauerstück, 1963-64. Vgl. Robert Storr, Paulo Herkenhoff u. Allan Schwartzman (Hg.). *Louise Bourgeois*. London, 2003, S. 62.

16 Ebd., S. 63.

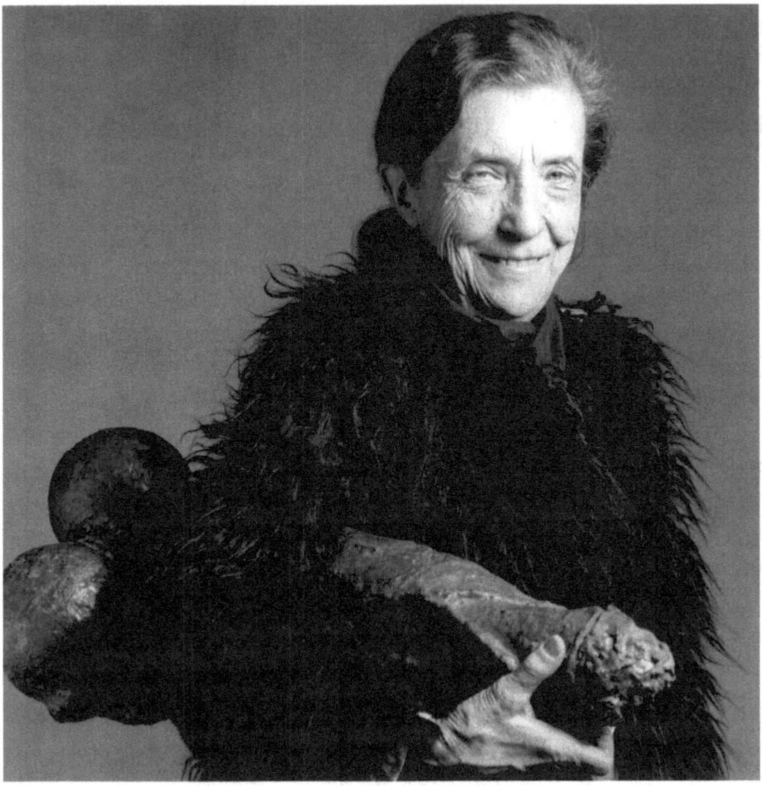

Abb. 6: Robert Mapplethorpe. *Louise Bourgeois*. Fotografie, 1982.

ihre ursprüngliche Identität, wenn man sie aus der zusammenhängenden Gestalt herausgelöst und neu kombiniert. Andererseits werden sie jedoch aufgrund der neuen Konstellation zugleich verwandelt. Bourgeois beherrschte diese reichhaltigen Valenzen meisterhaft. Sie ist auch eine Künstlerin, die nicht davor zurückschreckt, mit einer grenzüberschreitenden Darstellung falscher Geschlechtsteile zu prunken, wie beispielsweise auf einer Fotografie aus einer Fotosession mit Robert Mapplethorpe (Abb. 6). Zu dieser gewagten und geschichtsträchtigen Zusammenarbeit hatte Bourgeois ihre Skulptur *Fillette* aus dem Jahr 1968 mitgebracht (einen bezaubernd sperrigen Phallus aus latexüberzogenem Gips). Die unter dem Arm geklemmte Skulptur fungiert als listiges Amulett, das einen Schutz vor dem Eindringen der Linse des Fotografen bietet. Bourgeois ergreift Besitz von einem Symbol der Potenz, indem sie es wie ein fügsam gemachtes Haustier eng in ihren Arm schließt. Diese Schutzvorrichtung erlaubt ihr ein breites Grinsen in Mapplethorpes Kamera: triumphierend, schelmisch und subversiv im jugendlichen Alter von 71

Jahren.[17] Indem Bourgeois und Mapplethorpe von diesem Requisit Gebrauch machen, schreiben sie – wissentlich oder nicht – einen Symbolismus fort, der aus der römischen Antike stammt. Dort wurden körperlose Phalli an der Außenseite von Häusern angebracht, um die Aufmerksamkeit von den Bewohnern abzulenken und dadurch den unheilvollen, allzeit drohenden bösen Blick abzuwehren.

Bourgeois' Interpretationen der segmentierten Form sind voller unheimlicher Effekte. Das wird besonders deutlich in einer Serie von Köpfen aus Tapisserien und Petit-Point-Stickereien aus dem Jahr 2001. Eine der unbetitelten Arbeiten hat einen besonders verstörenden Effekt.[18] Die Oberfläche des sorgfältig modellierten Kopfes besteht aus zusammengenähten, verblassten Teppichflicken. Aus den rosa und hellbraunen Flicken ergibt sich eine Mixtur ungesunder, fleischfarbener Töne, die auf Krankheit und Zerfall deuten, während die sichtbaren Nähte zwischen den ausgefransten und verschlissenen Flicken einen Frankenstein-Effekt hervorrufen. Zudem umgibt den frei stehenden Kopf, dessen Hals auf einer Edelstahlplatte ruht, der gruselige Verdacht einer Amputation.

Am gegenüberliegenden Ende des emotionalen Spektrums bedienen sich Künstler in ihren Arbeiten einer Strategie tiefgründiger Ästhetisierung, auch wenn diese Arbeiten im Endeffekt ein Agens der Angst sind. Den atemberaubenden Fotografien von Mapplethorpe und Man Ray liegt oft diese Strategie zugrunde. Obwohl die einzelnen Köpfe einer Komposition immer extrem schön anzuschauen sind, werden sie in unerbittlicher Isoliertheit dargestellt, wodurch Trennung anstelle von Kontinuität bewusst unterstrichen wird. In letzter Konsequenz fördern diese Bilder keine beruhigenden Wahrheiten zutage, sondern schwierige Fragen, besonders jene, die die Funktionsweise vermeintlich rassischer Identitäten in modernen Kulturen berühren. Auf Man Rays berühmter Fotografie *Blanche et Noire* sieht man den schräg auf einer Tischplatte liegenden, gleichmäßig ausgeleuchteten Kopf des bekannten Modells Kiki, deren glänzendes schwarzes Haar aus dem blassen Gesicht zurückgekämmt ist.[19] In unmittelbarer Nähe befindet sich außerdem eine aus Ebenholz gefertigte afrikanische Maske. In Kikis geschlossenen Augen und ihren dünnen, keilförmig zugespitzten Augenbrauen wiederholen sich die stilisierten Formen der Maske (oder vice versa). Durch die Nebeneinanderstellung entsteht eine perfekte visuelle Analogie zwischen den länglichen

---

17 Die Fotografie aus dem Jahr 1982 ist abgebildet in Storr (Anm. 15), S. 131.

18 Vgl. ebd., S. 90.

19 Man Ray. *Black and White (Blanche et Noire)* (1928). Vgl. Rosalind Kraus u. Jane Livingston. *L'Amour Fou. Surrealism and Photography* [Ausst.kat.]. Washington, DC, 1985, S. 138.

Ovalen der beiden getrennten Gesichter, die sich nur – aber auf bedeutsame Weise – durch ihre unterschiedliche Farbe und den Gegensatz zwischen belebter und unbelebter Existenz unterscheiden.

Die alabasterartige Haut von Schulter und Hand des Modells fungieren als Hintergrund für die ebenhölzerne Maske und unterstreichen so den Hell-Dunkel-Kontrast. Durch die fesselnden Verknüpfungen sorgsam ausgewählter und arrangierter Einzelteile entsteht ein Ensemble perfekt harmonierender Formen: Schwarz und weiß, Modell und Skulptur, Kunst und Leben befinden sich in einer flüchtigen Balance, die nur für den im Bild fixierten Augenblick bestehen kann. Das Arrangement des modischen europäischen Kopfes, der vom lebendigen Körper getrennt ist, und die stilisierte afrikanische Maske, die durch einen gleichfalls unverbundenen Arm in ihrer Stellung gehalten wird, lassen jedoch den Verdacht aufkommen, dass in dieser symbolischen Konfrontation zweier Kulturen auch ein Impuls zur Gewalt enthalten ist.

Die Bedrohung durch Aggression, die aus scheinbar lustvollen Komponenten hervorgehen kann, liegt vielen Schöpfungen der Avantgarde zugrunde, in denen einzelne Körperteile durch Fragmentierung und Abstraktion verfremdet werden. Die Surrealisten waren die Meister dieser Strategie und ihre einflussreichen Beispiele übertrugen sich unmittelbar auf den Kampfplatz der so genannten Popkultur. Ein glänzendes Beispiel für diese erfolgreiche Piraterie findet sich in Busby Berkeleys Musical *Goldgräber* von 1933 in Form einer ‚Produktionsnummer'. Diese umwerfende Sequenz enthält tänzerische wie narrative Elemente und wird mit einem Song unterlegt, der den Zeitgeist einer Epoche anstimmt, dem *Schlaflied vom Broadway*. Dieser meisterhafte ‚Clip' innerhalb des Musicals beginnt mit einem Echo und endet mit einer ziemlich genauen Rekonstruktion eines von Man Ray 1923 fotografierten Kopfes. Auf dem Foto sieht man den verkehrt herum positionierten, den Bildrahmen ausfüllenden Kopf einer Frau mit einer brennenden Zigarette im Mund. Aus diesem Blickwinkel starrt sie den Betrachter mit offenen Augen an, wobei ihr schimmerndes schwarzes Haar den Vordergrund des Bildes ausfüllt. Nase, Zigarette und Kinn befinden sich in einer aufeinander abgestimmten Aufwärtsrichtung, wobei die brennende Spitze der Zigarette am oberen Ecke der Fotografie leicht abgeschnitten ist. Die rechte Bildhälfte ist stark ausgeleuchtet, sodass die linke Hälfte des Gesichts im Dunklen liegt und ohne Verankerung aus dem gleichmäßigen Grau des Hintergrunds zu fließen scheint.[20]

20 Man Ray. *Head, New York* (1923). Die Fotografie ist abgedruckt in der Sammlung des J. Paul Getty Museums, CA. Vgl. Krauss (Anm. 19), S. 58.

Berkeley zollt Man Rays Arbeit seinen Tribut, indem er einen visuell hypnotisierenden Kunstgriff einsetzt, der zwar den Rahmen für eine Tanzeinlage bietet und auch in den Handlungsverlauf des Films eingeschlossen ist, aber davon unabhängig eine für sich bestehende Einheit darstellt. Die Handlung verharrt buchstäblich in einem verlängerten Blackout, aus dem allmählich ein Lichtpunkt hervortritt. Der anfangs dünne Lichtstrahl dehnt sich aus, bis schließlich ein Gesicht zum Vorschein kommt. Die Kamera bewegt sich langsam, wie in einem Traum, auf das strahlende, vereinzelte Gesicht zu, das scheinbar sich selbst genügend von totaler Finsternis umgeben ist. Während die Kamera beim Close-up verharrt, singt der Mund auf dem Gesicht den Song, der zur Ikone einer Ära wurde. Aber der Betrachter sollte sich in Acht nehmen! Die sich aus der Melodie entspinnende Story ist alles andere als einschläfernd.

Die komplexe Erzählung, die ohne gesprochene Dialoge gespielt, gesungen und getanzt wird, handelt vom Leben und Tod einer Frau, deren Existenz sich im zwielichtigen Nachtleben des Broadway abspielt, das beim Eintreten der Dunkelheit da beginnt, wo für andere der Tag endet. Im Anschluss an den beschwingten Text des Liedes sieht man in einem ersten Teil der Geschichte, wie die Heldin gerade beim Zubettgehen ist, als der Milchmann seine morgendlichen Zustellungen ausliefert. Die Filmsequenz wird zusehends seltsamer: Eine Armee von Tänzern tritt auf, deren rhythmisches Aufstampfen an aggressive Schreie erinnert und deren scharfe, synkopierte Gesten an einer Stelle den Hitlergruß imitieren. Alle Tänzer sind dunkel gekleidet. Die Frauen tragen ein zweiteiliges Kostüm aus seidig glänzendem, eng anliegendem Stoff, sodass der Eindruck einer Gruppe tretender, herumwirbelnder Dominas entsteht. Mit der Zeit geht der Song in ein *Call and Response* zwischen den Tänzern und der Protagonistin über, die auf die Aufforderung „Komm und tanz!“ erwidert: „Warum kommt ihr nicht und holt mich?“ Die so herbeigelockte und bedrängte Frau rennt schließlich die Treppe zu einem Balkon hinauf, von dem sie unter dem wilden Andrang der sie verfolgenden Tänzer in den Tod stürzt.

Dieser Ausgang kommt vollkommen unerwartet und ist mehr als beunruhigend. Der Betrachter muss diese schockierende Wendung der Ereignisse erst einmal verdauen und sich anschließend davon erholen, besonders da er bei einer gewöhnlichen Tanzeinlage, die allgemein als das frivolste und am weitesten von der Realität entfernte Genre gilt, nicht auf einen solchen Schachzug vorbereitet ist. Die dargebotene Erzählung setzt sich unerbittlich fort, indem die nunmehr aussichtslosen Szenen aus dem alltäglichen Leben der Frau in umgekehrter Reihenfolge nacherzählt werden, wodurch die Abwesenheit der verblichenen Protagonistin unterstrichen wird. Zu gegebener Zeit wendet sich die Kamera in Schwindel erregender Weise vom Geschehen ab und konzentriert sich erneut auf den rücklings liegenden körperlosen Kopf, in dessen Mund sich nun eine Zigarette befindet. Besonders in dieser Kameraeinstellung ist die Ähnlichkeit zu Man Rays Foto unverkennbar. Das statische Bild wird über mehrere Sekunden beibehalten, wie um dem Betrachter Zeit zu geben, dieses albtraumhafte Bild dem geheimen Reich der Vorstellungen zu überantworten, das durch den beunruhigend unverbundenen Kopf und das unlesbare, fesselnde Gesicht symbolisiert wird mit dem die Sequenz endet.

Die staunenswerte ‚Zusammenarbeit' von Busby Berkeley und Man Ray ist ein virtuoses und extrem beunruhigendes Beispiel für die Wirkungsmacht des fragmentierten Körperteils in einem überraschenden Kontext. Der singende Kopf, der auf derart unnatürliche und bedrohliche Weise ins Blickfeld gerückt wird, ist ein Vorbote der unheilvollen Ereignisse der markerschütternden Handlung des Musicals und er beendet die Sequenz mit der Rückkehr zum Close-up auf das enorme, die Leinwand ausfüllende Gesicht mit der Zigarette im Mund und seiner verblüffenden Sorglosigkeit. In diesem umwerfenden Filmausschnitt vermischen sich Errungenschaften und Bildstrategien aus Fotografie und Film, beides Medien, die im 20. Jahrhundert weiterentwickelt wurden.

Wir haben uns weit von der Praxis der Renaissance entfernt, wo einzelne Köperteile ausgewählt wurden, um durch die Schöpfung des Ideals eine vollkommene Harmonie herzustellen. Obgleich sich die Ziele und die Funktionsweise einer Ästhetik des Fragments in den letzten 500 Jahren tief greifend verändert haben, sind die formalen Neuerungen aus der Zeit der Renaissance – die auf ein tief greifendes Verständnis der Ausdruckskraft jedes einzelnen Körperteils abzielten – von Künstlern der Avantgarde auf eindrucksvolle Weise angewandt worden. Die Verbindungslinien und der Strom der Inspiration bleiben erhalten, auch wenn das Fragment in der Moderne anstatt eines Werkzeugs oft eine Waffe ist, die eben nicht die Vormachtstellung der Schönheit bekräftigen, sondern die Herrschaft von Gewissheiten erschüttern soll.

Übersetzung: Jürgen Müller

LITERATURVERZEICHNIS

Alberti, Leon Battista. *Della Pittura. Über die Malkunst*. Hg. u. übs. v. Oskar Bätschmann u. Sandra Gianfreda. Darmstadt, 2002.

Celant, Germano u. a. (Hg.). *Robert Mapplethorpe and the Classical Tradition. Photographs and Mannerist Prints* [Ausst.kat.]. New York, 2004.

Cicero, Marcus Tullius. *De inventione. De optimo genere oratorum*. Hg. u. übs. v. Theodor Nüßlein. Darmstadt, 1998.

Condivi, Ascanio. *Das Leben des Michelangelo Buonarroti*. Hg. v. R. Eitelberger v. Edelberg. Übs. v. Rudolph Valdek. Wien, 1874.

Duden, Barbara. *Geschichte unter der Haut. Ein Eisenacher Arzt und seine Patientinnen um 1730*. Stuttgart, 1987.

Hillman, David u. Carla Mazzio (Hg.). *The Body in Parts. Fantasies of Corporeality in Early Modern Europe*. London, 1997.

Hirst, Michael. *Michelangelo and his Drawings*. New Haven, CT, u. London, 1988.

Junius, Franciscus. *The Literature of Classical Art*. 2 Bde. Hg. u. übs. v. Philipp Fehl u. a. Berkeley, Los Angeles u. Oxford, 1991, Bd. 2: A Lexikon of Artists and their Works.

Kemp, Martin (Hg.). *Leonardo on Painting*. New Haven, CT, 1989.

Kraus, Rosalind u. Jane Livingston. *L'Amour Fou. Surrealism and Photography* [Ausst.kat.]. Washington, DC, 1985.

Lindsay, Suzanne Glover. „Emblematic Aspects of Fuseli's *Artist in Despair*". *The Art Bulletin* 68 (1986), S. 483-484.

Perkins, Wendy. *Midwifery and Medicine in Early Modern France. Louise Bourgeois*. Exeter, 1996.

Residori, Matteo (Hg.). *Michelangelo. Rime*. Milan, 1998.

Shearman, John (Hg.). *Raphael in Early Modern Sources*. 2 Bde. New Haven, CT, u. London, 2003.

Storr, Robert, Paulo Herkenhoff u. Allan Schwartzman (Hg.). *Louise Bourgeois*. London, 2003.

Summers, David. *Michelangelo and the Language of Art*. Princeton, NJ, 1981.

Talvacchia, Bette. *Raphael*. London, 2007.

Thouret, Georg (Hg.). *Die Gedichte des Michelangelo Buonarroti*. Übs. v. Walter Robert-Tornow. Berlin, 1896.

ZAKIYA HANAFI

Anatomische Hybride als Figuren des Surrealen. Der Fall des „weiblichen Monstrums" bei Bronzino

> An der sozusagen zufälligen Annäherung der beiden Ausdrücke hat sich ein besonderes Licht entzündet, ein Licht des Bildes, [...]. Der Wert des Bildes hängt ganz von der Schönheit des erzielten Funkens ab; ist also folglich die Funktion des Spannungsunterschieds zwischen den beiden Leitern.
>
> Das Wunderbare ist immer schön, gleich, welches Wunderbare schön ist, es ist sogar nur das Wunderbare schön.
>
> André Breton *Manifest des Surrealismus* (1924)

Einleitung

Konfrontiert man zwei zufällig gewählte Ausdrücke, so kann sich aus der Nebeneinandersetzung ein Bild intensiver Schönheit ergeben. Für den Wortführer des Surrealismus André Breton zeichnete dieses Verfahren die Avantgardebewegung in ihren Anfangstagen aus – es war die Quelle, aus der die surrealistische Kunst ihre Kraft bezog. Die Intensität dieser Schönheit, die Wirksamkeit des elektrisierenden Schocks, der durch dieses Nebeneinandersetzen erzeugt wird, stehe in einem direkten Verhältnis zur Unvereinbarkeit und Unterschiedlichkeit der beiden Ausdrücke. Wenn die Differenz nur leicht ausfalle, wie etwa in einem Vergleich, fehle der Funke, schreibt Breton. Je entlegener, desto wunderbarer; und je wunderbarer, desto schöner.

Es ist unmöglich, die klassischen Wurzeln dieser Poetik zu übersehen. Platon wie Aristoteles waren der Auffassung, dass das Staunen oder das Wundern die Geburtshelferin allen Wissens sei. Aristoteles' *Rhetorik* lehrte, dass die Nebeneinanderstellungen entgegengesetzter Ausdrücke (die Antithese) Ausgangspunkt des Staunens sei. Zudem bewirkten raffinierte Paradoxa, dass sich „das Lernen durch das Entgegengesetzt-Sein eher" und besser ins Gedächtnis einschreibe. Der maßgebliche Grund, die „gebräuchliche Sprache fremdartig [zu] machen“, sei, den Hörer aufzurütteln; „[m]an ist nämlich Bewunderer der entlegenen Dinge, das Bewundernswerte aber ist angenehm.“[1]

Der Einsatz von Metaphern, um mehr oder weniger weit voneinander entfernt liegende Ausdrücke auf mehr oder weniger einfallsreiche Art zu verbinden – von den Römern wurde dies als *contrapositum* ins Lateinische übertragen und dem Bereich der *elocutio* (der Kunst der Ausschmückung) zugeordnet –, wurde immer in ethischer Hinsicht problematisiert. Aufgrund der Macht ungewöhnlicher Gegenüberstellungen, das Vermögen der Rationalität zu lähmen, konzentrierte sich die Diskussion um die Angemessenheit, die Ethik der Überredung – von Aristoteles' Zeiten bis zu den erbitterten und zuweilen blutigen Konflikten des italienischen *seicento* – auf die Frage, wie verschieden diese zwei Ausdrücke genau zu sein hätten. War das *contrapposto* für didaktische Zwecke und zur Belebung der Bildlichkeit eingesetzt, wurde es niemals in Frage gestellt; aber schockierende Gegenüberstellungen, der Gebrauch überspannter Paradoxa nur um der verblüffenden Wirkung auf den Hörer willen, wurden als ethisch zweifelhafte Praxis angesehen. Weit hergeholte Vergleiche liefen dem Prinzip des Maßhaltens zuwider: Nicht nur verletzte ihre Unmäßigkeit die Harmonie richtiger Proportionen, sondern das Groteske an ihnen beleidigte den guten Geschmack.

Die Groteske meint eigentlich die kapriziöse Kombination nicht zusammengehöriger Elemente zu poetisch-überraschenden Einheiten. Es waren insbesondere monströse Hybride wie der Zentaur (ein menschlicher Kopf an einem Pferdekörper) und die Sirene (ein ansehnlicher weiblicher Oberkörper in Verbindung mit einem abstoßenden Fischschwanz), die in den Anfangszeilen von Horaz' *Ars Poetica* für das traditionelle Recht der Poeten und Maler auf künstlerische Freiheit stehen, gemeinsam mit der Warnung, dass Künstler, die es mit diesen fantastischen Verbindungen übertrieben, Bilder „so nichtig wie die Träume eines Kranken“ produzieren und sich in die Gebiete des Lächerlichen oder Bedeutungslosen verirren könnten.[2]

Kreativ kombinierte Wesen stehen in der rhetorischen Tradition deshalb für die Souveränität des Künstlers. Dieser Topos wurde an die Renaissance-Humanisten zur Gänze vererbt und in der manieristischen Kunst bewusst ausgenutzt. Gleichfalls widersprachen einflussreiche Kri-

---

1 Aristoteles. „Rhetorik“. *Aristoteles Werke in deutscher Übersetzung.* 19 Bde. Hg. v. Ernst Grumach u. Hellmut Flashar. Übs. v. Christof Rapp. Berlin, 2002, Bd. 4.1, S. 148 (1412b, 24), S. 131 (1404b,11), S. 131 (1404b, 12).

2 Vgl. Horaz. *Ars poetica.* Hg. u. übs v. Eckart Schäfer. Stuttgart, 1984, S. 5.

tiker wie Leon Battista Alberti (1404-1472) solchen extremen Ausdrücken der künstlerischen Freiheit aufgrund der Tatsache, dass die Figuren, die sie produzierten, erstens widernatürlich seien, zweitens unschicklich und drittens auf zu aufdringliche Weise künstlich oder stilisiert. Letzteres ziehe die Aufmerksamkeit auf das allzu „glühende und rasende" *ingegno* des Künstlers, der hierdurch implizit die Kräfte des natürlichen Talents verherrliche und den strengen Regeln der Kunst gegenüber erhöhe.[3] David Summers stellt fest:

> In a period of youthful confidence and vigorous creative activity such as the Florentine quattrocento, Alberti's insistence upon *ars* as opposed to *ingenium* may well have had an immediate polemical purpose, of a piece with his rejection of extreme *contrapposto*, aimed at artists who, buoyed by a sense of freedom and aware of participation in momentous change, looked to no other authority than their own native force of imagination and talent.[4]

Weniger gut bekannt ist es vielleicht, dass diese Auffassung der pervertierten poetischen Morphologie als Inbegriff künstlerischer Freiheit eine exakte Parallele in der Geschichte der ‚realen' Monstren hat. So weist Augustinus die abergläubische Angst vor monströsen Geburten und ihre Interpretation als Vorzeichen zurück und rät den Christen, die Kunstfertigkeit von Gottes Erfindungsreichtum anzuerkennen, die in den Naturwundern ihren Ausdruck finde. Für Anhänger des Augustinus sind Monstren keine unnatürlichen Abscheulichkeiten wie für abergläubische Wahrsager, noch sind sie fehlerhafte Ausfälle im zweckgerichteten Lauf der Natur wie für aristotelische Denker. Sie sind vielmehr besonders reizvolle rhetorische Ausschmückungen eines Gottes, der als Grammatiker in der durch den Kontrast der Gegensätze verschönerten Welt agiert: „[S]o bewirkt die göttliche Redekunst, die statt der Worte sich der Dinge bedient, durch dieselbe Gegenüberstellung von Gegensätzen die Schönheit des Weltalls", erklärt er in *Vom Gottesstaat*, einem Werk, das in der Frühen Neuzeit überaus einflussreich war.[5]

---

3 Vgl. Leon Battista Alberti. *Della pittura*. Zit. n. David Summers. „Contrapposto. Style and Meaning in Renaissance Art". *Art Bulletin* 59.3 (1977), S. 339f. Das Buch zirkulierte bis zum ersten Druck von 1540 als Manuskript.

4 Summers (Anm. 3), S. 342. Summers Bewertung könnte ebenfalls auf die Avantgarde-Künstler angewandt werden, die an der ersten berauschenden Phase des Surrealismus zwischen 1919 und 1925 vor dem Ausbruch des Kriegs gegen Marokko beteiligt waren.

5 Augustinus. *Vom Gottesstaat*. 2 Bde. Hg. v. Carl Andresen. Übs. v. Wilhelm Thimme. München, 1985, Bd. 2, S. 30.

Der diskrete Charme von Bronzinos weiblichem Monstrum

Ausgangspunkt dieses Aufsatzes sind die auffälligen Parallelen im Umgang mit Hybriden, also der abnormen und einfallsreichen Kombination heterogener Elemente. Sie lassen sich in der rhetorischen, poetischen, malerischen und anatomischen Tradition benennen, und ich werde untersuchen, wie sich diese Diskurse überschnitten und wie sie Neues erzeugt haben; wobei eine historische Situation Gegenstand der Analyse ist, in der eine interdisziplinäre Herangehensweise an die pathologische Anatomie durch Künstler, Gelehrte und Ärzte nahe liegt. Die Art und Weise, in der das *contrapposto* von dem Dichter und offiziellen Portraitmaler des Medici-Hofes Agnolo Bronzino (1503-1576) genutzt wurde, um die enigmatische Figur des weiblichen Monstrums in seiner *Allegorie der Liebe* zu erschaffen (Abb. 1),[6] ist meiner Ansicht nach der von den Surrealisten theoretisierten Technik vergleichbar, durch die Überlagerung von bewussten und unterbewussten Realitäten neue Bilder von beunruhigender Schönheit zu erzeugen.[7] Bronzinos „conception of allegorical personification" als „synthetic, allusive, unstable rather than concrete, and static, as it would be a generation later in Ripa's *Iconologia*" macht es möglich, dass das Bild zwischen mehreren Realitätsebenen der Darstellung in der Schwebe bleibt und sich jeder unzweideutigen Entschlüsselung bis auf den heutigen Tag entzieht.[8] Bronzino war in der Lage, die dichterische Sensibilität für Metaphern mit dem ikonografischen Wissen des Malers zu verbinden. Er kombinierte dies mit einer Auffassung der körperlichen Abnormalität als Einzigartigkeit, die als spezifische Objektivation im wissenschaftlichen Sinn wahrgenommen wurde. So konnte Bronzino ein gänzlich innovatives, ‚surreales' Bild erschaffen.

Seine Darstellung des Löwenmädchens mit dem Reptilienschwanz, das zwischen Venus und dem verspielten Putto hervorspäht, um die Augen des Betrachters direkt in Anspruch zu nehmen, das in der einen verkehrten Hand eine Honigwabe und in der anderen einen giftigen Stachel hält, wurde als Personifikation der Täuschung, des Vergnügens, der Syphilis und der Unwissenheit gedeutet und ikonografisch bis zur Lamie,

---

6 Auch bekannt als *Venus, Cupido, Torheit und Zeit* oder als die *Die Enthüllung der Üppigkeit*.

7 Genau genommen sind surreale Bilder nicht einfach die unvermutete Verheiratung zweier entlegener Ausdrücke. Sie sind vielmehr die spontanen Funken, die bei der zufälligen Gegenübersetzung zweier Realitäten entstehen, der bewussten und der unbewussten.

8 Iris Cheney zit. nach Robert William Gaston. „Love's Sweet Poison. A New Reading of Bronzino's London Allegory". *I Tatti studies* 4 (1991), S. 256.

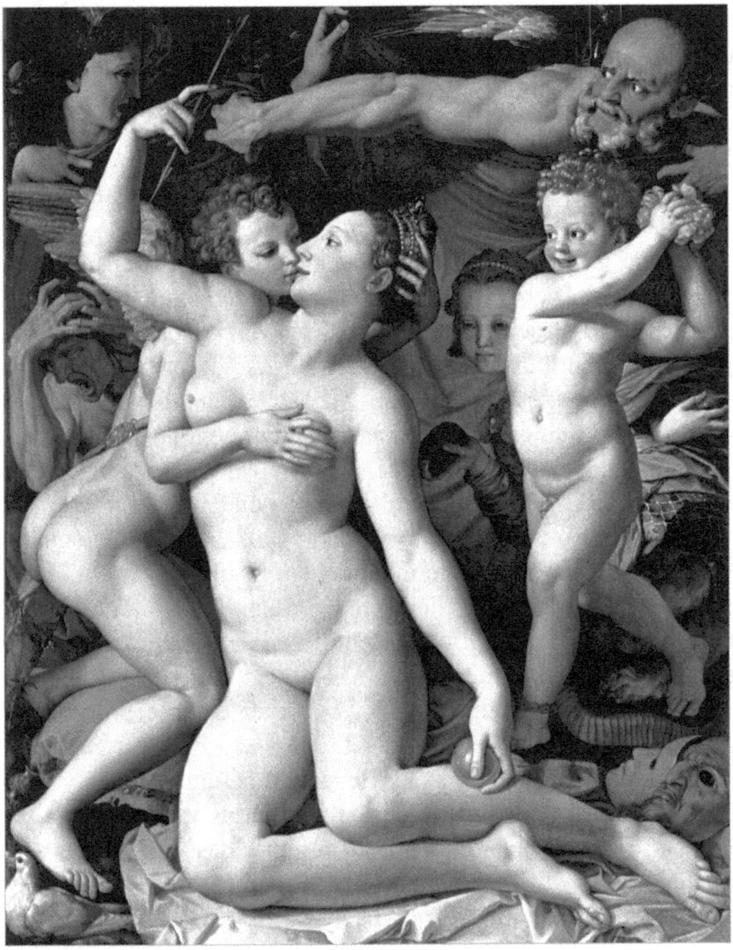

Abb. 1: Agnolo Bronzino. *Allegorie der Liebe*. Öl auf Holz, ca. 1545.

der Sphinx, Dantes Geryon, dem Betrug und dem Skorpion zurück verfolgt.[9] Es schlägt wegen der Überblendung naturalistischer und fantasti-

9 Gaston (Anm. 8) bietet einen Überblick über die Bibliographie zur *Allegorie* beginnend mit Panofsky (1939). Für die vielfältigen Interpretationen des weiblichen Monstrums vgl. Paul Barolsky. „The Pleasurable Deceits of Bronzino's so-called London Allegory". *Source* 10.3 (1991), S. 32-36; Lynette M.F. Bosch. „Bronzino's London Allegory. Love versus Time". *Source* 9.2 (1990), S. 30-35; Simona Cohen. „The Ambivalent Scorpio in Bronzino's London Allegory". *Gazette des Beaux-arts* 135 (2000), S. 171-188; John F. Conway. „Syphilis and Bronzino's London Allegory". *Journal of the Warburg and Courtauld Institute* 49 (1986), S. 250-255; Margaret Healy. „Bronzino's London Allegory and the Art of Syphilis". *Oxford Art Journal* 20.1 (1997), S. 3-11; Michael Levey. „Sacred and Profane Signi-

scher Elemente die Aufmerksamkeit in seinen Bann und widersetzt sich gerade aufgrund seiner unmöglichen, heterogenen Natur dauerhaft jedem analytischen Versuch, seine Bedeutung eindeutig festzuschreiben. Die Heterogenität besteht nicht nur in dem anatomischen *contrapposto*, sondern zudem in der darstellerischen Vielschichtigkeit, die die Diskurse der Dichtung, der allegorischen Darstellungsweise, der Portraitmalerei und der wissenschaftlichen Illustration umfasst.

Diese Leistung ist zum Teil Bronzinos gleichrangiger Meisterschaft in den Techniken des Dichtens und Malens zu verdanken und zum Teil dem außerordentlich befruchtenden Miteinander von historischen, rhetorischen, medizinischen und bildenden Künsten im Florenz der Renaissance, das durch die engen Sozial- und Arbeitsbeziehungen der Ärzte, Künstler und Intellektuellen am Hofe der Medici noch unterstützt wurde.[10] Diejenigen von Bronzinos Portraits, die nicht Mitglieder der Medici-Familie wiedergeben, stellen mehrheitlich Personen dar, denen er durch die enge Freundschaft mit Benedetto Varchi (1502/3-1565) begegnete. Zumindest bis 1539 stand Bronzino in täglichem Kontakt mit dem Dichter, Historiker und Meister der italienischen Sprache, ein Ehrentitel, den dieser sich mit seinem Freund Pietro Bembo teilte. Der Maler tauschte die Mehrheit seiner Sonette mit Varchi aus – beide trafen sich in ihrer Vorliebe für die großen toskanischen Poeten. In einem Brief, der seine Übersetzung des XIII. Buchs der Ovid'schen *Metamorphosen* begleitet, führt Varchi aus, dass Bronzinos große Begeisterung und sein Verständnis für die Dichtkunst nicht nur durch die eigenen Kompositionen bezeugt würden, sondern auch durch die Tatsache, dass der Maler das

---

ficance in Two Paintings by Bronzino". *Studies in Renaissance and Baroque Art. Presented to Anthony Blunt on his Sixtiest Birthday*. London, 1967, S. 21-24; Leatrice Mendelsohn. „L'Allegoria di Londra del Bronzino e la retorica di carnevale". *Kunst des Cinquecento in der Toskana*. Hg. v. Monika Cämmerer. München, 1992, S. 154-166; Stefano Pierguidi. „Sull'iconografia della Fraude dell'Allegoria di Bronzino alla National Gallery di Londra". *Bulletin – Association des historiens de l'art italien* 7 (2001), S. 17-21 u. Thomas Tyler. „Bronzino's Allegory in the National Gallery". *Academy* 14 (1978), S. 569. Zur ikonografischen Tradition vgl. John F. Moffitt. „A Hidden Sphinx by Agnolo Bronzino ‚ex tabula Cebetis Thebani'". *Renaissance Quarterly* 46.2 (1993), S. 277-307 u. ders. „An Exemplary Humanist Hybrid. Vasari's ‚Fraude' with Reference to Bronzino's ‚Sphinx'". *Renaissance Quarterly* 49.2 (1996), S. 303-333.

10 „Bronzino's poems were circulated and published during his lifetime; Tuscan artists and *letterati* were familiar with his literary activities; the painter's poetry was notable for its capricious qualities; and, although Bronzino wrote both sonnets and burlesque rhymes, it was the ingenuity of the latter works which contemporaries most admired." Deborah Parker. „Towards a Reading of Bronzino's Burlesque Poetry". *Renaissance Quarterly* 50.4 (1997), S. 1012.

gesamte Werk Dantes und einen Großteil der Schriften Petrarcas auswendig könne.[11]

Während die Resonanzen auf Bronzinos poetische, soziale und malerische Hintergründe in der Diskussion um diese Figur fortlaufend von Literatur- und Kunsthistorikern erörtert werden, bin ich der Ansicht, dass es produktiv wäre, den anatomischen Kontext und die zeitgenössischen Darstellungen realer Monstren – Babys, die mit anatomischen Defekten geboren wurden – zu berücksichtigen. Bronzinos Interesse an der Darstellung abnormer Anatomie als eines wunderbaren poetischen Einfalls ist bezeugt durch seine Aktgemälde von Morgante, einem Zwerg, der Favorit am Hofe Cosimos I. (Abb. 2 u. 3) war. Vasari schreibt:

> Herzog Cosimo ließ seinen Zwerg Morgante nackt in ganzer Figur auf zweierlei Weise von Bronzino malen: einmal von vorne und einmal von hinten, mit den mißgestalteten Gliedern wie jener Zwerg sie hat, ein in seiner Art bewundernswürdiges Bild.[12]

Bonzinos Vertrautheit mit ‚echten' Monstren ist auch durch seine Teilnahme an der anatomischen Sektion siamesischer Zwillinge belegt, die durch eine Gruppe von „höchst exzellenten" Ärzten, Chirurgen, Künstlern und Philosophen im Jahre 1536 durchgeführt wurde und zu der er auch Illustrationen anfertigte – „fu ritratto egregiamente" sagt Varchi – die allerdings verschollen sind. Wir verdanken unsere Kenntnis dieses beispiellosen Vorgangs einer zwölf Jahre später stattfindenden öffentlichen Vorlesung Varchis an der Florentiner Akademie „Über die Erzeugung von Monstren & ob sie Absichten der Natur sind oder nicht".[13] Varchis Interesse ist in erster Linie ein philosophisches, nämlich zu zeigen, dass das Argument zufälliger Fehler der Natur unzulässig ist, aber seine Beschreibung des „Monstrums mit dem Doppelkörper" enthält

---

11 Vgl. Alessandro Cecchi. „Il Bronzino, Benedetto Varchi e l'Academia Fiorentina. Ritratti di poeti, letterati e personaggi illustri della corte medicea". *Antichità viva* 30.1-2 (1991), S. 17.

12 „Ritrasse poi Bronzino, al duca Cosimo, Morgante nano, ignudo, tutto intero, et in due modi, cioè da un lato del quadro il dinanzi e dall'altro il didietro, con quella stravaganza di membra mostruose che ha quel nano: la qual pittura in quel genere è bella e maravigliosa." Giorgio Vasari. *Le vite de' più eccellenti pittori, scultori e architettori.* 6 Bde. Florenz, 1550, Bd. VI, S. 235. Der Text ist verfügbar am Quellenstandort http://biblio.signum.sus.it/vasari (15.8.2009). Deutsche Übersetzung nach Giorgio Vasari. *Leben der ausgezeichnetsten Maler, Bildhauer und Baumeister, von Cimabue bis zum Jahre 1567.* Hg. v. Ernst Förster. 6 Bde. Stuttgart u. Tübingen, 1849, Bd. 6, S. 190.

13 Benedetto Varchi. „Sopra la generazione de'Mostri, & e sono intesi dalla Natura, ò nò". *La prima parte delle lezzioni di M. Benedetto Varchi nella quale si tratta della generazione del corpo humano et de' mostri.* Florenz, 1560, S. 85-132.

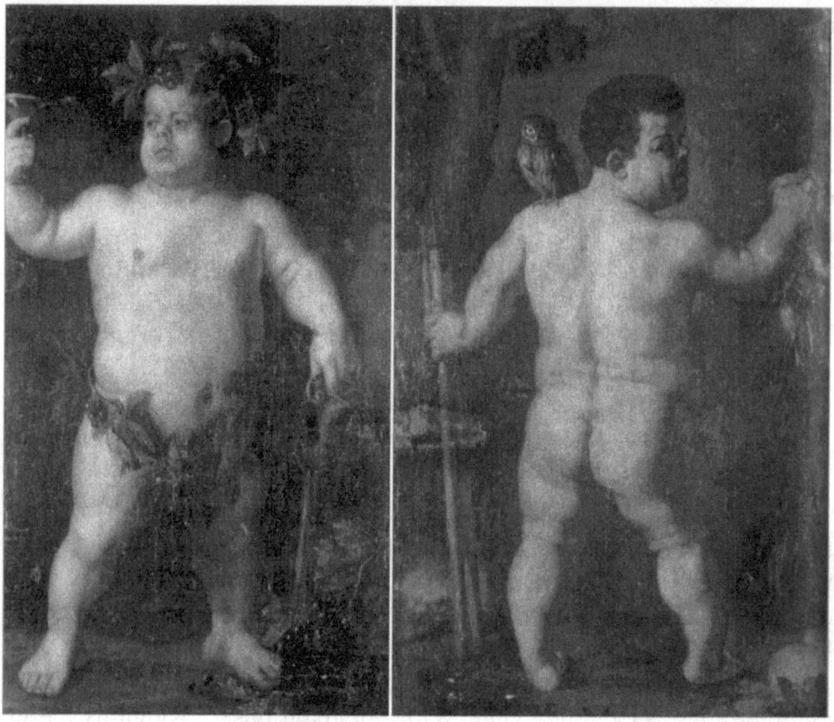

Abb. 2 u. 3: Agnolo Bronzino. *Der Zwerg Morgante als Bacchus* (Vorder- und Rückenansicht). Öl auf Leinwand, ca. 1552.

auch einige visuelle Elemente, die, meiner Ansicht nach, bei Bronzinos ein Jahrzehnt später gemaltem weiblichen Monstrum wieder in Erscheinung treten.

Die Tatsache, dass das an der Porta al Prato geborene „Monstrum mit dem Doppelkörper" zum Garten der Familie Rucellai gebracht wurde, um von Chirurgen seziert zu werden, verfolgt von den Blicken der Dichter, Maler, Ärzte, Philosophen und Geistlichen, bis ins anatomische Detail registriert von einem Historiker und festgehalten von einem Maler von Bronzinos Rang, ist recht außergewöhnlich. Es entspricht weder den üblichen Reaktionsweisen auf monströse Geburten im Florenz dieser Zeit, noch entspricht es den typischen Formen anatomischer Leichenzergliederungen. Um zu einer Einschätzung zu gelangen, welche Neuheit diese Reaktion auf die siamesischen Zwillinge zu dieser Zeit darstellte, folgt ein kurzer Überblick darüber, wie anatomisch deformierte Geburten damals verstanden wurden und welche anatomischen Praktiken in Florenz in der ersten Hälfte des 16. Jahrhunderts existierten. Hieran schließt sich eine Diskussion der Sektionsbeschreibung Varchis an.

Rezeption monströser Geburten im Florenz des frühen 16. Jahrhunderts

Die Umgangsweise mit monströsen Geburten im Florenz der ersten Hälfte des 16. Jahrhunderts unterschied sich nicht vom restlichen Europa. Sie galten als Zeichen göttlichen Zorns in Reaktion auf menschliche Sünden, als prophetische Botschaften, die es zu entschlüsseln und Körperteil für Körperteil für religiöse und politische Propaganda auszudeuten galt, als Launen der Natur, die auf die grenzenlose Kreativität des Schöpfers verwiesen, und sie wurden gegen Geld ausgestellt oder in fürstliche Wunderkammern integriert. In Italien gab es jedoch zwei bemerkenswerte Ausnahmen, nämlich den lebhaften Einfluss der apokalyptischen und reformistischen Lehren Savonarolas und die außergewöhnliche Vertrautheit mit klassischen divinatorischen Texten seitens der florentinischen Humanisten. Ottavia Niccoli hat drei parallele hermeneutische Traditionen identifiziert, die stellenweise interagierten und sich überschnitten: eine divinatorische, die auf dem Studium der Klassiker basierte, vor allem Ciceros *De divinatione* und Livius' *Ab urbe condita*; eine prophetische, die auf biblischen Zitaten und patristischen Schriften beruhte und durch wandernde Mönche und professionelle Balladensänger auf öffentlichen Plätzen verbreitet wurde, zudem von der Kanzel herab durch offizielle Prediger; und eine Volkskultur, bekannt als *divinatio vulgaris*, die man sich als orale Tradition vorzustellen hat, die – wie beispielsweise in den Bauernkalendern – immer eng an die praktische Erfahrung rückgebunden wurde. Das textliche Resultat des Ineinandergreifens dieser semiotischen Systeme war ein Ausstoß an gedruckten Flugblättern, die prophetische Verse und illustrierte Berichte von Monstren enthielten und zwischen 1400 und 1530 den europäischen Buchmarkt überschwemmten. Diese Proliferation durch Druckerzeugnisse wurde ergänzt durch Anekdoten und handgezeichnete Skizzen von Monstren, die in Tagebüchern auftauchten – beispielsweise in dem des venezianischen Chronisten Marino Sanudo (1466-1536), dem des Chronisten aus Modena, Tommaso Lancellotti, und dem des florentinischen Apothekers Luca Landucci (ca. 1450-1516).

Was alle diese interpretatorischen Traditionen aufnahmen, was sie absorbierten und gleichermaßen durch die Medien der Hoch- und der Volkskultur ausarbeiteten, war ein System von Zeichen, das Ereignisse, die dem gewöhnlichen Lauf der Natur entgegenstanden oder die sehr selten vorkamen, mit der Vorhersage oder nachträglichen Einordnung drohender oder kürzlich vorgefallener Katastrophen in der sozialen wie der natürlichen Sphäre assoziierten: Kriege, Überschwemmungen, Hungersnöte, Massaker, Seuchen und dergleichen mehr. Neben dem, was

Ottavia Niccoli als „generic prophetic function“ dieser Missgeburten bezeichnet hat,[14] also die Vorhersage einer globalen Katastrophe, gab es noch eine zweite, analytischere Herangehensweise, die als eine Art politischer Wissenschaft zu sehen ist. Sie war an den spezifischen historischen Moment gebunden und beruhte auf der Ausdeutung jedes einzelnen Zuges des monströsen Körpers in Verbindung mit individuellen Akteuren und lokalen Vorkommnissen.

Dies ist der Fall bei dem berüchtigten Monstrum von Ravenna (1512), das zunächst als bildliche Darstellung der Unsterblichkeit der römischen Kurie interpretiert wurde, später als ein Zeichen der Ermutigung der päpstlichen Streitkräfte, die gegen die Franzosen antraten, und nach der Plünderung Ravennas im April 1512 retrospektiv als ein Unheil verkündendes Vorzeichen für die vernichtende Niederlage im Kampf gegen die Franzosen. Über die Ikonografie dieses Monstrums wissen wir dank Niccolis detaillierten Studien, dass sie auf handgezeichnete Skizzen des Florentiner Monstrums von 1506 zurück geht. Die Darstellung des Monstrums nahm in der Folge zudem Züge der „Frau Welt“ an, einer visuellen Summe der sieben Todsünden. Daston und Park haben angesichts derselben Quellen über die Monstren von Florenz/Ravenna die ikonografische Vergleichbarkeit mit den additiven Bildern der *ars memorandi* stark gemacht, z. B. mit denen, die zum Auswendiglernen des Johannes-Evangeliums dienten.[15] Siamesische Zwillinge, wie die 1626 in der Nähe von Padua geborenen, wurden zumeist im Zusammenhang mit den Kriegen im damaligen Italien als Hinweis auf Spannungen im politischen Körper verstanden, und wenn sie zweiköpfig waren, wie das Monstrum von Bologna aus dem Jahr 1514, sah man in ihnen ein Schisma angekündigt: die Teilung Italiens oder der Kirche.[16]

Monstren boten auf diese Weise reichen Nährstoff für propagandistische Zwecke. Wie aber wurde mit ihnen im sozialen Bereich umgegangen? Wenn sich in Florenz eine monströse Geburt ereignete, konnten die Eltern von der Signoria angewiesen werden, dem Kind die Nahrung zu verweigern, so dass es verhungerte.[17] Wenn das Kind überlebte und nicht länger als Bote göttlicher Vorsehung betrachtet wurde, war es

---

14 Ottavia Niccoli. *Prophecy and People in Renaissance Italy*. Chicago, 1990, S. 34.

15 Vgl. Lorraine Daston u. Katherine Park. *Wonders and the Order of Nature, 1150-1750*. Cambridge, Mass., 2001, S. 179.

16 Vgl. Ottavia Niccoli. *Profeti e popolo nell'Italia del Rinascimento*. Rom, 1987 für Illustrationen und Diskussionen: Monstrum von Ravenna, S. 52-77; Monstrum von Bologna, S. 78-86; Siamesischer Zwilling, S. 171.

17 So z. B. die 1506 in Florenz und 1513 in Venedig Geborenen, von denen Sanuto berichtet. Vgl. Niccoli (Anm. 14), S. 50.

wahrscheinlich, dass es zum Geldverdienen auf Rundreise geschickt und als eine Laune der Natur ausgestellt wurde.[18] Eine dritte Möglichkeit bestand darin, das tote Baby einzubalsamieren, in eine Kiste zu legen und es an wechselnden Orten gegen Entgelt vorzuzeigen.[19]

Eine typische Reaktion auf die Geburt deformierter Wesen zur damaligen Zeit war also, ihren Tod zu beschleunigen, um das Zeugnis der Transgression zu tilgen, das ihre Geburt darstellte. Oder man nutzte ihren Status als Naturwunder aus, indem man sie tot oder lebendig zur Schau stellte. Varchi selbst erinnert sich an den zeitgenössischen Fall einer Frau, die ein an einen Hund erinnerndes Kind gebar, und an sein schreckliches Ende: „It was brought from Avignon to Marseilles to the Most Christian King Frances, who on the last day of July [1543; Anm. d. Verf.] had the woman & the dog burned together."[20] In beiden Varianten wurde die anatomische Außergewöhnlichkeit in einem hermeneutischen System interpretiert, das ihnen den Wert zuschrieb, von dem man annahm, dass er ihre körperliche Deformation als Ganzes bedeutete: ein böses Omen oder ein Wunder.

Anatomische Sektionen im Florenz des frühen 16. Jahrhunderts

Dies bedeutet nicht, dass Monstren nicht auch Objekte medizinischen Interesses waren, besonders wenn es um die Frage ihrer Herkunft und ihrer materiellen Ursachen ging – Sachverhalte, die Varchi hochgradig interessierten. In der Folge der galenischen, aristotelischen und thomistischen Schriften wurde diese Ursache in Unregelmäßigkeiten des Samens während der Empfängnis, Prellungen oder Verengungen der Gebärmutter, im negativen Einfluss der Sterne oder der Einbildungskraft der Mut-

18 Siamesische Zwillinge, die um des Profits Willen im damaligen Florenz ausgestellt wurden, sind dokumentiert: Im Fall der männlichen Zwillinge, die von „einer Frau namens Alessandra, aus dem Umland von Mailand" vorgeführt wurden und im Fall eines 13-jährigen Jungen mit einem parasitischen Zwilling, der von einem Spanier 1513 in Shows ausgestellt wurde, die 1531 offiziell genehmigt wurden. Vgl. Daston u. Park (Anm. 15), S. 180 u. 190. Vgl. für andere Städte auch Niccoli (Anm. 15), S. 50.

19 Vgl. Daston u. Park (Anm. 15), S. 19. 1550 verzeichnete eine Nonne in Modena in ihrem Tagebuch, dass ein Fremder im Kloster Halt gemacht hätte: „[and] showed us an embalmed dead male baby in a box, who appeared to have two child's faces, and for the rest a single body, very beautiful to see and of good complexion – a wonderful thing."

20 Varchi (Anm. 13), S. 99f. Vgl. Zakiya Hanafi. *The Monster in the Machine. Magic, Medicine, and the Marvelous in the Time of the Scientific Revolution.* London u. Durham, 2000 für weiterführende Diskussionen von Varchis Behandlung des Themas.

ter gesehen. Zusätzlich erwog man den Eingriff von Dämonen. Aber ein spezialisierter medizinischer Diskurs über Monstren entstand erst in der Mitte des 16. Jahrhunderts.[21] Zwar existiert ein Beleg für den Versuch, im Jahr 945 in Byzanz siamesische Zwillinge zu trennen, und es gibt einen Holzschnitt von Hans Burgkmair dem Älteren aus dem Jahr 1516, der ein kleines Mädchen mit einem parasitischen Bein an seiner Brust zeigt. Höchstwahrscheinlich beruht der Holzschnitt aber eher auf einer Skizze als auf einem direkt vor Ort entstandenen Portrait.[22] Insgesamt gesehen gibt es meines Wissens keine Dokumente aus welcher historischen Periode der europäischen Geschichte auch immer, die eine physische Untersuchung und Sektion menschlicher siamesischer Zwillinge bezeugen würden, bis zu Realdo Colombos *De re anatomica* von 1559, die noch keine anatomischen Illustrationen enthält, wie Bronzino sie angeblich angefertigt haben soll.[23] Die Sektion von 1536 ist also einzigartig, nicht nur durch die fehlende Verbreitung der Geburt durch Flugblätter oder die Erwähnung in Tagebüchern oder Chroniken, sondern zudem durch den Mangel an Vorbildern für die medizinische Untersuchung.

Weshalb aber wurde die monströse Geburt von 1536 weit eher als Gegenstand pathologischer Anatomie denn als divinatorisches Zeichen oder prophetisches Wunder aufgefasst? Die Antwort ist meiner Ansicht nach in drei miteinander zusammenhängenden Faktoren zu sehen: der Stärke der aristotelischen Naturphilosophie, die die Ursache von Geburtsfehlern in entgleisten Naturprozessen sah; der blühenden florentinischen Ärztegemeinschaft, die sich der empirischen Medizin widmete und die zu dieser Zeit bereits einen höheren sozialen Status erlangt hatte sowie vor allem der hochentwickelten Kultur der Anatomie in Florenz.[24]

---

21 Vgl. Daston u. Park (Anm. 15), S. 412.

22 Für den byzantinischen Fall vgl. G.E. Pentogalos u. J.G. Lascaratos. „A Surgical Operation Performed on Siamese Twins During the Tenth Century in Byzantium". *Bulletin of the History of Medicine* 58.1 (1984), S. 99-102; für die Burgkmair-Illustration vgl. Daston u. Park (Anm. 15), S. 186.

23 Realdo Colombo beschreibt einen Jungen, dem der Kopf eines anderen Jungen auf der Brust hervorstand. „Fasziniert von der Neuigkeit" beschreibt der Experte für pathologische Anatomie (dem Thema des letzten Buches in seinem Werk) den sechs Monate alten Fötus aus Padua, den er „bereitwillig sezierte" – in erster Linie, um die philosophische Diskussion darüber zu entscheiden, von wie vielen Seelen man bei dem Monstrum auszugehen hätte. Interessanterweise war der Philosoph, der den Disput angezettelt hatte, Marcantonio dei Passeri, wie Varchi selbst Aristoteliker. Vgl. Realdo Colombo. *De re anatomica.* Venedig, 1559, S. 26. Die Passage kann auf Englisch bei Moes und O'Malley eingesehen werden: Robert J. Moes u. C.D. O'Malley. „De re anatomica". *Bulletin of the History of Medicine* 34 (1960), S. 524. Meinen Dank an Andrea Carlino für den Hinweis auf diesen Fall.

24 Zu Varchis deutlich aristotelischem Hintergrund vgl. Guido Manacorda. *Benedetto*

Menschliche Anatomie wurde zu dieser Zeit nicht nur von Ärzten wie Antonio Benivieni (1442-1502), dem ersten Pathologen der Moderne, eingehend studiert, sondern auch von Künstlern wie Leonardo da Vinci, seinem Zeitgenossen, der während seines Lebens gemeinsam mit dem Anatomen Marcantonio della Torre 30 Leichensektionen vornahm. Michelangelo verfolgte im Kloster Santo Spirito laufend die Human- und die Vergleichende Anatomie seiner Zeit. Vasari zufolge wurden ihm von den Mönchen Räume überlassen, um die Leichen zu sezieren, die oft aus den zugehörigen Krankenhäusern stammten.[25] Michelangelo trug sich zudem mit Plänen, gemeinsam mit seinem Freund, dem Paduaner Anatomen Realdo Colombo (1516-1559), ein Buch über Anatomie für Künstler zu publizieren – ein Projekt, das der Tod des Letzteren vereitelte.[26] Weitere wichtige Florentiner Künstler, die anatomische Studien aufgrund von Leichenzergliederungen betrieben, sind fast zu zahlreich, um sie anzuführen. Zu ihnen gehörten Luca Signorelli (1442-1524), Raffael (1483-1520), Rosso de' Rossi (1496-1541), Benvenuto Cellini (1500-1571), Bartolomeo Bandinelli (1493-1560) und unbedingt Bronzino selbst. Bronzinos Portrait des gehäuteten Heiligen Bartholomäus, so Vasari, „[erscheint] fürwahr gleich einem geschundenen Menschen [...]; so treu und fleißig ist eine wirkliche Anatomie dabei nachgeahmt".[27]

Aber die Sektion der siamesischen Zwillinge im Garten der Rucellai wurde nicht als Naturstudium von Künstlern durchgeführt. Es handelte sich auch nicht um eine öffentliche Unterrichtsstunde im anatomischen Theater einer Universität, einer medizinischen Schule oder um eine private Vorführung für Schüler im Hause eines Arztes. Ihr Zweck fiel weder mit dem einer forensischen Autopsie zusammen (eine Todesursache feststellen), noch war sie eine medizinische Autopsie zum besseren Verständnis einer Krankheit, die das öffentliche Wohl anging wie etwa die Pest, wegen der es seit der Wende zum 14. Jahrhundert eine wohlbekannte anatomische Tradition in Florenz gab. Auch kann diese Sektion

Varchi, L'uomo, il poeta, il critico. Pisa, 1903; Umberto Pirotti. *Aristotelian Philosophy and the Popularization of Learning. Benedetto Varchi and Renaissance Aristotelianism*. London u. New York, 1970 sowie ders. *Benedetto Varchi e la cultura del suo tempo*. Florenz, 1971. Über die empirische Kultur der florentinischen Ärzte vgl. Katherine Park. *Doctors and Medicine in Early Renaissance Florence*. Princeton, N. J., 1985.

25 Vgl. Vasari (Anm. 12), S. 11f.

26 Vgl. Garabed Eknoyan. „Michelangelo. Art, Anatomy, and the Kidney". *Kidney International* 57.3 (2000), S. 1190-1201.

27 Förster (Anm. 12), S. 190. „[…] che pare una vera notomia et un uomo scorticato da dovero, così è naturale et imitato da una notomia con diligenza." Vasari (Anm. 12), S. 235.

keineswegs als eine private Autopsie verstanden werden, die ein Arzt an einem verstorbenen Patienten durchführte, um Informationen über erbliche Belange für die überlebenden Verwandten zu liefern oder um Beweise für die Richtigkeit seiner Diagnose und Therapie zu erbringen und sich selbst gegen den Vorwurf der Fehlbehandlung zu verwahren. Keiner dieser Kontexte und keine dieser Absichten, die die Praxis anatomischer Sektionen im Florenz des frühen 16. Jahrhunderts ausmachten, entspricht diesem Ereignis.[28]

Eine kurze Liste der bekannten Teilnehmer an der Sektion von 1536 führt zudem zu der Feststellung, dass die Mischung von Kompetenzen und Gelehrsamkeit, die die Besucher einbrachten, die gesamte Skala der wissenschaftlichen oder freien Künste umfasste: Geschichte, Philosophie (Naturphilosophie wie Scholastik), Dichtung, Literaturkritik, Chirurgie, empirische Medizin, religiöse Lehre und Theologie, politische Wissenschaften (theoretisch und praktisch) und natürlich Malerei. Varchi selbst war offizieller Historiker Cosimos I. und später Konsul der Florentiner Akademie (gewählt 1545). Der hoch angesehene Arzt Francesco da Montevarchi wird in Benvenuto Cellinis Autobiografie lebendig erinnert als „trefflicher Mann [und] Meister“, der den Künstler von einer Vergiftung heilte.[29] Palla Rucellai war der illegitime Sohn Lorenzos des Älteren, eines Stadtrats und ‚Freiheitskämpfers‘ gegen die Tyrannei der Medici, der als lebhafter Charakter in Varchis Geschichte der Stadt Florenz vorkommt. Ihre Teilnahme bezeugt zweierlei: sowohl die Ernsthaftigkeit, mit der das Projekt unternommen wurde, als auch ein Bewusstsein davon, was für eine seltene Gelegenheit dieses ungewöhnliche anatomische Exemplar bot, den Horizont des Wissens zu erweitern.

Die versammelten Kompetenzen und Diskurse wurden vervollständigt durch die Portraitkunst im Stile Bronzinos, mit dem Bestreben, die innere und äußere ‚Wahrheit‘ bei der Darstellung eines Gegenstands in Einklang zu bringen. Wie Elizabeth Cropper im Zusammenhang mit Bronzinos Portraits der 1530er Jahre festgestellt hat,

---

28 Für einen Überblick dieser Kontexte vgl. die Artikel von Katherine Park. „The Criminal and the Saintly Body. Autopsy and Dissection in Renaissance Italy“. *Renaissance Quarterly* 47.1 (1994), S. 1-33 u. dies. „The Life of the Corpse. Division and Dissection in Late Medieval Europe“. *Journal of the History of Medicine and Allied Sciences* 50.1 (1995), S. 111-132.

29 Francesco da Montevarchi tritt im 4. Buch (10. Kapitel) einer Erzählung über eine Vergiftung auf: „So blieb ich wieder mißvergnügt im Bette, und ließ mich von dem trefflichen Mann, Meister Franziskus da Monte Varchi, curieren [...].“ Hans-Georg Dewitz u. Wolfgang Proß (Hg.). *J. W. Goethe. Sämtliche Werke*. 40 Bde. Frankfurt a. M., 1998, Bd. 1.11: Leben des Benvenuto Cellini, florentinischen Goldschmieds und Bildhauers, S. 448.

> [it] sought to answer the challenges of poetry concerning painting's ability to express not only outer beauty but also inner virtue, and, in the process, accomplished the same kind of definition of a Florentine style, the expressive power of which relied exclusively neither on the canons of antiquity nor on straightforward naturalism, that Bembo had provided for literature.[30]

Bedenkt man das außergewöhnliche Format der Persönlichkeiten, die an der Sektion der siamesischen Zwillinge teilnahmen, so erinnert das Treffen eher an die Versammlung einer experimentellen Akademie. Sogar in dieser Lesart jedoch ist das Ereignis seiner Zeit voraus: Die Accademia degli Umidi, die später Varchi, Bronzino, Michelangelo und ein wahres „Who's Who" all derjenigen großen Künstler, Gelehrten und Philosophen vereinen sollte, die unter dem Mäzenat Cosimos I. tätig waren, wurde erst sechs Jahre später, 1540, gegründet. Selbst dann umfasste diese aber keine experimentellen Wissenschaften, durch die sich erst die Accademia del Cimento auszeichnen sollte, die über ein Jahrhundert später (1657) eingerichtet wurde.[31] All dies macht den Sektionsbericht Benedetto Varchis in meinen Augen noch bemerkenswerter.

Die Beschreibung

> Es handelte sich um zwei solcherart fest miteinander verbundene Mädchen, dass die Hälfte der Brust der einen zusammen mit der der anderen eine einzige Brust bildeten und obgleich es so zwei zusammentreffende Brustteile gab, teilten sie ihre Rücken nicht miteinander, jede besaß ihren eigenen. Der Kopf war geradewegs der jeweiligen Brust zugewandt und auf der anderen Seite befanden sich anstatt des Gesichtes zwei eng miteinander verbundene Ohren. Das Gesicht war außergewöhnlich hübsch: himmelblaue Augen, strahlend weiße Zahnreihen, weicher als Knochen und härter als Knorpel. Die eine – mannsgroß – war ansehnlich proportioniert, die andere vom mittleren Rücken abwärts verkrüppelt, was vor allem die Beine betraf, die bedeutend kürzer als die des anderen Mädchens waren. Ihre Haut in der Region des Rückens und der Geschlechtsteile war von einer gewissen hochroten Farbe. Arme und Hände waren ausgesprochen hübsch und wohlgeformt und entsprachen – wie alle anderen Glieder auch – einem Alter von zehn oder zwölf Jahren, obgleich das Monstrum sehr jung war. Man trennte die Mädchen in der Nabelgegend, wo ihre einzige Möglichkeit der Ernährung lokalisiert war [...]; man fand zwei Herzen, zwei Lebern und zwei Lungen und zuletzt wurde man gewahr, dass alles in zweifacher Ausführung vorhanden war, allein die Luftröhren, die bei den Herzen begannen, vereinten sich etwa im Rachenbereich und wurden so zu einer einzigen. Im Inneren des Körpers gab es keinerlei Abteilungen, allerdings waren die Rippen

---

30 Elizabeth Cropper zit. n. Gaston (Anm. 8), S. 286f.

31 Vgl. Cecchi (Anm. 11); Parker (Anm. 10).

der einen mit denen der anderen bis hinunter zur Magengrube verbunden und dienten ihnen dort als unterer Rücken.[32]

Durch den Verlust der Illustrationen Bronzinos von den siamesischen Zwillingen können wir nicht mehr mit Sicherheit sagen, ob ihr Bild, bewusst oder unbewusst, in die neun Jahre später gemalte Figur des weiblichen Monstrums eingegangen ist. Die anatomische Beschreibung, die Varchi bietet, ist auffallend frei von allen Arten allegorischer Anspielung, die üblicherweise in die Darstellungen von Monstren zu dieser Zeit eingestreut wurde. Sie ist stattdessen reich an Details sowohl der äußeren Erscheinung ihrer Körper als auch der inneren Konfiguration der Organe, die gleichwohl kulturelle Bezüge aufweisen.[33]

Wie bei der gemalten Figur ist das Gesicht des kleinen Mädchens „ausgesprochen schön", was sich in den petrarkistischen Kanon der Schönheit einreiht, der am Hof Cosimos I. befolgt wurde: Beide Monstren haben blaue Augen und milchig weiße Hände. Wie die Arme und Hände der monströsen Zwillinge sind die des weiblichen Monstrums wohlproportioniert und gehören von ihrem Aussehen her zu einem Mädchen von zehn oder zwölf Jahren. Mit anderen Worten: Das Groteske an beiden Wesen ist der ungeordneten Anatomie anzulasten und nicht ihren missgestalteten Körperteilen. Die besondere spiegelbildliche Verkehrung der Arme zeigt Bronzinos Virtuosität als Meister des *contrapposto*: Er hat die Hände am Handgelenk figurativ amputiert und sie an den je anderen

32 „Erano due femmine congiunte & appiccate insieme l'una verso l'altra di maniera, che mezzo il petto dell'una insieme con quello dell'altra, facevano un petto solo, & cosi formavano due petti, l'uno rincontro l'altro, le schene non erano comuni, ma ciascuna haveva le sue di per se: haveva la testa volta al diritto dell'uno de' duoi petti, & dell'altro lato in luogo di volto haveva due orecchii, che si congiugnevano l'uno contra l'altro, & si toccavano: il viso era assai bello: gli occhi azzurricci: haveva i denti di sopra, & di sotto bianchissimi piu teneri, che l'osso, & piu duri, che il tenerume, grandi come d'huomo una delle quali era molto bene proporzionata, l'altra dal mezzo della schiena in giu era stroppiata, & specialmente le gambe, le quali erano molto corte a comparazione dell'altra haveva una certa pelle pagonazziccia, che la copriva di dietro, & le veniva dinanzi infino alla natura, appiccandosi al pettignone; le braccia, & le mani d'entrambe erano bellissime, & ben proporzionate, & mostravano, come tutte l'altre membra di dieci, ò di dodici anni, ancora, che'l Mostro fusse piccolo. La separazione di dette fanciulle era nel bellico, il quale solo serviva al comune nutrimento d'amendue [...] trovaronvisi due cuori, due fegati, & due polmoni, & finalmente ogni cosa doppia, come per due corpi, ma le canne, che si partivano da' cuori si congiugnevano circa alla fontanella della gola, & diventa[v]ano una: Dentro il corpo non era divisione alcuna ma le costole dell'uno s'appiccavano alle costole dell'altro infino alla forcella del petto, & da indi in giu servivano ciascuna alle sue schiene." Varchi (Anm. 13), S. 98.

33 Zu stilistischen Überlegungen zu dieser Passage vgl. Hanafi (Anm. 20) .

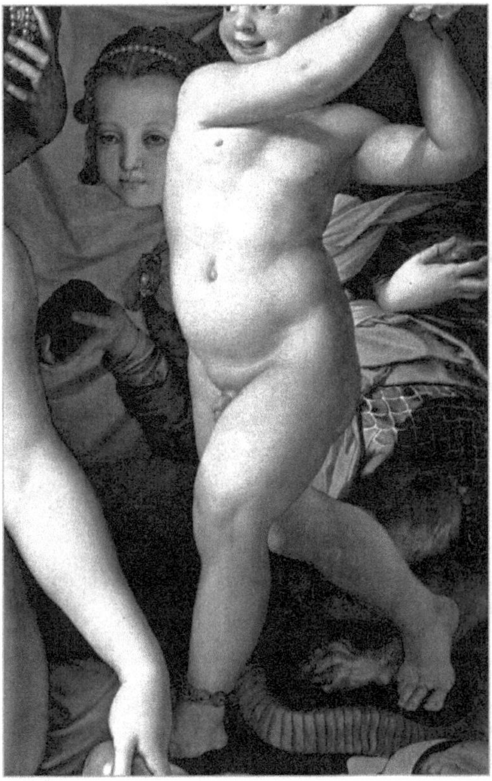

Abb. 4: Agnolo Bronzino. *Allegorie der Liebe*. Öl auf Holz, ca. 1545 (Detail).

Arm angefügt; ein anatomischer Einfall, der sehr wohl noch von der Beobachtung und Zeichnung der vier Arme der siamesischen Zwillinge herrühren mag, die in entgegengesetzte Richtungen hervorstanden (Abb. 4).

Das weibliche Monstrum hat den Kopf zur Seite gedreht wie die monströsen Zwillinge, während die linke Schulter unnatürlich vorsteht, versteckt unter einem durchscheinenden lila Umhang, der daran erinnert, dass „lilafarbige Haut, [das Monstrum] von hinten bedeckte". Wie einer der Zwillinge, deren Torso insbesondere vom mittleren Rücken abwärts verdreht war, ist der Torso von Bronzinos weiblichem Monstrum von der Mitte abwärts unnatürlich gewunden. Eine Schulter weicht zur hinteren Ebene zu zurück, während der untere Teil ihres Tierkörpers in einer gedrehten Bewegung in Richtung Betrachter hervorspringt. Während der untere Körper von einem der monströsen Zwillinge angeblich in zwei verdrehte kleine Beine auslief, wickelt das weibliche Monstrum buchstäblich ihre Löwenschenkel und ihren schlangenartigen Schwanz um das ausgestreckte Bein des Puttos.

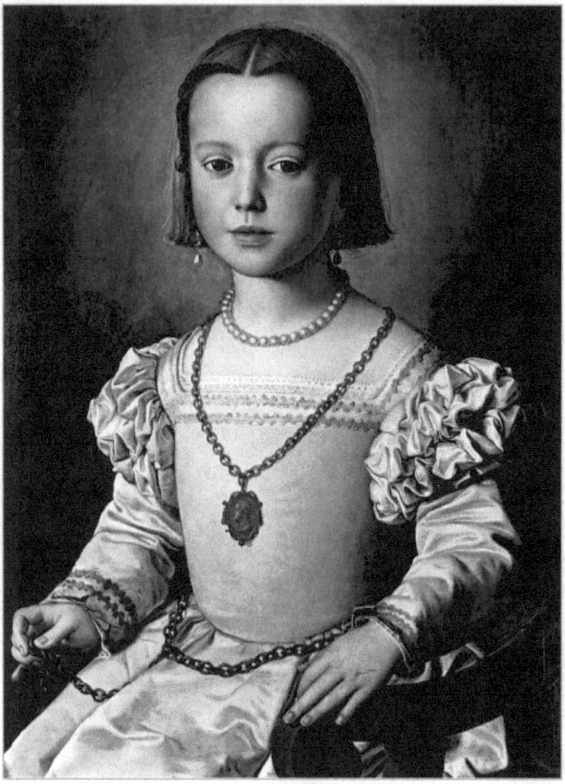

Abb. 5: Agnolo Bronzino. *Bildnis der Bia de Medici*. Öl auf Holz, ca. 1542.

Bronzinos Teilnahme an dieser beispiellosen Sektion der siamesischen Zwillinge belegt seine direkte Beteiligung am Studium pathologischer Anatomie. Sie war von der Zielsetzung her womöglich Leonardos Suche nach missgebildeten Subjekten vergleichbar, die in seinen *grotteschi* erscheinen sollten, oder Michelangelos anatomischen Deformationen, die für manieristische Effekte entwickelt wurden, wie all seine Arbeiten jedoch auf der Zeichnung nach der Natur beruhten. Es erscheint mir sehr wahrscheinlich, dass Bronzinos Portraitzeichnung der siamesischen Zwillinge bei dem Entwurf des weiblichen Monstrums als Referenz diente.

Aber es gibt eine weitere visuelle Quelle, die er allem Anschein nach genutzt hat: Die Gesichtszüge des weiblichen Monstrums sind denen seines Portraits der Bia erstaunlich ähnlich, die eine leibliche Tochter Cosimos I. war (Abb. 5). Gemalt hat Bronzino sie kurz bevor sie 1542 fünfjährig starb – also lediglich drei Jahre vor der *Allegorie der Liebe*. Die Frisur und der Farbton von Bias Haar, ihre offenen Brauen, rosigen Lippen und Wangen sowie ihr milchweißer Teint scheinen fast identisch mit denen des weiblichen Monstrums zu sein. Die Farbe der Augen und Hände dagegen differiert: Bias Augen sind eindeutig dunkel, wohingegen das weibliche Monstrum helle Augen hat. Die Finger des Monstrums sind länger, weniger dicklich, als gehörten sie zu einem älteren Mädchen, beides Merkmale, die dem Monstrum mit dem Doppelkörper entsprechen.

Wird die Beschreibung der siamesischen Zwillinge neben dem Portrait der Bia berücksichtigt, so wirken die zusammengesetzten Züge des weiblichen Monstrums nahezu wie eine Collage aus beiden. Ist es möglich, dass sich Bronzinos Arbeit aus zwei Quellen zeichnerischer Beobachtung speiste, nämlich den Studien zur Tochter Cosimos I., die in Vorbereitung des Portraits entstanden, und denjenigen zu den siamesischen Zwillingen, die neun Jahre zuvor angefertigt wurden? Trifft dies zu, so ist es dem Künstler gelungen, die Diskurse der Portraitmalerei und der wissenschaftlichen Illustration (insbesondere in den Details der Torsoschuppen und des Schlangenschwanzes) gemeinsam mit poetischem Einfallsreichtum und anatomischer Deformation zu verschmelzen und eine virtuose Darstellung des *contrapposto* zu erzielen, die ihresgleichen sucht und selten überboten wurde – zumindest nicht bis zum Auftreten surrealistischer Künstler wie Max Ernst und Salvador Dalí.

Schlussbemerkung

In Erinnerung der Umstände, die zu seiner Entdeckung der „écriture automatique" führten, beschreibt André Breton wie er eines Nachts hungrig einschlief und in eine Art „übernatürlichen Traum-Zustand" verfiel. In dieser Trance kam es zu der akustischen Halluzination eines seltsamen Satzes: „Da ist ein Mann, der vom Fenster entzweigeschnitten wird", begleitet durch ein blasses visuelles Bild.[34] Er bemerkte sofort, dass dies „ein Bild ziemlich seltener Art" war und dass er „keinen anderen Gedanken [hatte], als es seinen poetischen Baumaterialien einzuverleiben". Begeistert von dieser Tür, die aus dem Realistischen heraus und in das Wunderbare hinein führte, begann Breton mit der Technik zu experimentieren, indem er sich selbst in einen Zustand zwischen Wachen und Schlafen versetzte und seine Aufmerksamkeit dann bewusst auf die hörbaren und sichtbaren Erscheinungen richtete: „Und als ich meine Augen öffnete", schreibt er, „hatte ich einen sehr starken Eindruck von etwas ‚nie zuvor Gesehenem'."[35]

---

34 André Breton. „Erstes Manifest des Surrealimus (1924)". *Die Manifeste des Surrealismus*. Übs. v. Ruth Henry. Reinbek b. Hamburg, 2004, S. 23.

35 Ebd., S. 24.

Bronzinos weibliches Monstrum ist genau so ein Bild, eines, das kein Ikonologe seines Jahrhunderts beschreiben konnte. Völlig verschiedene Vorlagen lassen sich benennen: die klassische Mythologie (Lamien), die mittelalterliche Dichtung (Dantes Geryon) und zeitgenössische misogyne Verse, welche Frauen mit „the Hydra, the Basilisk, the Scorpion, and the horned viper“ identifizieren.[36] Vielleicht spielten auch seine Studien der pathologischen Anatomie eine Rolle, wie ich sie in diesem Artikel dargestellt habe.

Mit Sicherheit werden wir niemals zu einer endgültigen Lektüre seiner rätselhaften Figur gelangen, genau deshalb, weil sie so einfallsreich ist. Aber ich denke, es liegt auch daran, dass dieses Symbol der künstlerischen Freiheit durch eine Technik entstand, die in jeder Art derjenigen vergleichbar ist, wie sie von André Breton beschrieben wurde. In einem skurrilen Dialog mit seiner Katze offenbart Bronzino, der Dichter, seine Abendgewohnheiten:

> Du weißt, Corimbo, manchmal lese ich auf diese Weise im Bett um einzuschlafen oder ich sitze mit dir wie jetzt am Feuer; du hast mich auf einige Papiere kritzeln und irgendeine Kleinigkeit verfassen sehen, um mir die Zeit zu vertreiben und um meinen Kopf zu erholen.[37]

In Wahrheit war Bronzinos Dichtung für ihn eher ein Zwang als ein Zeitvertreib, einer, der ihn von Anfang an von Essen, Schlafen oder Ausruhen abgehalten hat, bis einige Verse geschrieben waren. „Was kann ich daran ändern“, fragt er, „wenn ich die meiste Zeit der Nacht wach bleibe und wenig schlafe und ausschließlich diese Zeiten für meine Reime wähle?“[38] Es hat den Anschein, dass für Bronzino wie für Breton die Tür zum Reich des Wunderbaren, wo poetische Einfälle die größte Entfaltungsfreiheit genießen, idealerweise im dämmerigen Zustand zwischen Wachen und Schlafen zu erreichen ist, dort wo der Stoff der Träume und die Dinge der Realität frei sind, sich ungezwungen zu vermischen.

Übersetzung: Anna Echterhölter

---

36 Gaston (Anm. 8), S. 278. Er bezieht sich hier auf Matteo Biondos *Doglia.*

37 Zit. n. Parker (Anm. 10), S. 1011: „Tu sai Corimbo, che tal volta io leggo/ così nel letto, per adormentarmi,/ o quando, com'or teco al fuoco seggo;/ e hai veduto anche scombiccherarmi/ qualche foglio e compor qualche cosetta/ per passar tempo e 'l cervel ricrearmi.“

38 Zit. n. Gaston (Anm. 8), S. 260: „Ond'io d'allora in qua non ho potuto/ né mangiar, né dormir, né riposarmi,/ fin ch'io non sono a scrivere venuto; Sta ben, tutto confesso, ma s'io veglio/ gran parte della notte e poco dormo/ e sol quel tempo alle mie rime sceglio,/ che debb'io fare allor?“

LITERATURVERZEICHNIS

Aristoteles. „Rhetorik“. *Aristoteles Werke in deutscher Übersetzung*. 19 Bde. Hg. v. Ernst Grumach u. Hellmut Flashar. Übs. v. Christof Rapp. Berlin, 2002, Bd. 4.1, S. 15-165.

Augustinus. *Vom Gottesstaat*. 2 Bde. Hg. v. Carl Andresen. Übs. v. Wilhelm Thimme. München, 1985.

Barolsky, Paul. „The Pleasurable Deceits of Bronzino's so-called London Allegory“. *Source* 10.3 (1991), S. 32-36.

Bosch, Lynette M.F. „Bronzino's London Allegory. Love versus Time“. *Source* 9.2 (1990), S. 30-35.

Breton, André. „Erstes Manifest des Surrealimus (1924)“. *Die Manifeste des Surrealismus*. Übs. v. Ruth Henry. Reinbek b. Hamburg, 2004, S. 9-43.

Cecchi, Alessandro. „Il Bronzino, Benedetto Varchi e l'Academia Fiorentina. Ritratti di poeti, letterati e personaggi illustri della corte medicea“. *Antichità viva* 30.1-2 (1991), S. 17-28.

Cohen, Simona. „The Ambivalent Scorpio in Bronzino's London Allegory“. *Gazette des Beaux-arts* 135 (2000), S. 171-188.

Colombo, Realdo. *De re anatomica Libri XV*. Venedig, 1559.

Conway, John F. „Syphilis and Bronzino's London Allegory“. *Journal of the Warburg and Courtauld Institute* 49 (1986), S. 250-255.

Daston, Lorraine u. Katherine Park. *Wonders and the Order of Nature, 1150-1750*. Cambridge, Mass., 2001.

Dewitz, Hans-Georg u. Wolfgang Proß (Hg.). *J. W. Goethe. Sämtliche Werke*. 40 Bde. Frankfurt a. M., 1998, Bd. 1.11: Leben des Benvenuto Cellini, florentinischen Goldschmieds und Bildhauers.

Eknoyan, Garabed. „Michelangelo. Art, Anatomy, and the Kidney“. *Kidney International* 57.3 (2000), S. 1190-1201.

Gaston, Robert William. „Love's Sweet Poison. A New Reading of Bronzino's London Allegory“. *I Tatti studies* 4 (1991), S. 249-288.

Hanafi, Zakiya. *The Monster in the Machine. Magic, Medicine, and the Marvelous in the Time of the Scientific Revolution*. London u. Durham, 2000.

Healy, Margaret. „Bronzino's London Allegory and the Art of Syphilis“. *Oxford Art Journal* 20.1 (1997), S. 3-11.

Horaz. *Ars poetica*. Hg. u. übs v. Eckart Schäfer. Stuttgart, 1984.

Levey, Michael. „Sacred and Profane Significance in Two Paintings by Bronzino“. *Studies in Renaissance and Baroque Art. Presented to Anthony Blunt on his Sixtiest Birthday*. London, 1967, S. 21-24.

Manacorda, Guido. *Benedetto Varchi, L'uomo, il poeta, il critico*. Pisa, 1903.

Mendelsohn, Leatrice. „L'Allegoria di Londra del Bronzino e la retorica di carnevale“. *Kunst des Cinquecento in der Toskana*. Hg. v. Monika Cämmerer. München, 1992, S. 154-166.

Moes, Robert J. u. C.D. O'Malley. „De re anatomica“. *Bulletin of the History of Medicine* 34 (1960), S. 508-528.

Moffitt, John F. „A Hidden Sphinx by Agnolo Bronzino ‚ex tabula Cebetis Thebani‘“. *Renaissance Quarterly* 46.2 (1993), S. 277-307.

Moffitt, John F. „An Exemplary Humanist Hybrid. Vasari's ‚Fraude‘ with Reference to Bronzino's ‚Sphinx‘“. *Renaissance Quarterly* 49.2 (1996), S. 303-333.

Niccoli, Ottavia. *Prophecy and People in Renaissance Italy*. Chicago, 1990.

Panofsky, Erwin. *Studies in Iconology. Humanistic Themes in the Arts of the Renaissance*. New York, 1939.

Park, Katherine. *Doctors and Medicine in Early Renaissance Florence*. Princeton, N. J., 1985.

Park, Katherine. „The Criminal and the Saintly Body. Autopsy and Dissection in Renaissance Italy“. *Renaissance Quarterly* 47.1 (1994), S. 1-33.

Park, Katherine. „The Life of the Corpse. Division and Dissection in Late Medieval Europe“. *Journal of the History of Medicine and Allied Sciences* 50.1 (1995), S. 111-132.

Parker, Deborah. „Towards a Reading of Bronzino's Burlesque Poetry“. *Renaissance Quarterly* 50.4 (1997), S. 1011-1044.

Pentogalos, G.E. u. J.G. Lascaratos. „A Surgical Operation Performed on Siamese Twins During the Tenth Century in Byzantium“. *Bulletin of the History of Medicine* 58.1 (1984), S. 99-102.

Pierguidi, Stefano. „Sull'iconografia della Fraude dell'Allegoria di Bronzino alla National Gallery di Londra“. *Bulletin – Association des historiens de l'art italien* 7 (2001), S. 17-21.

Pirotti, Umberto. *Aristotelian Philosophy and the Popularization of Learning. Benedetto Varchi and Renaissance Aristotelianism*. London u. New York, 1970.

Pirotti, Umberto. *Benedetto Varchi e la cultura del suo tempo*. Florenz, 1971.

Summers, David. „Contrapposto. Style and Meaning in Renaissance Art“. *Art Bulletin* 59.3 (1977), S. 336-361.

Tyler, Thomas. „Bronzino's Allegory in the National Gallery“. *Academy* 14 (1978), S. 569.

Varchi, Benedetto. *La prima parte delle lezzioni di M. Benedetto Varchi nella quale si tratta della generazione del corpo humano et de' mostri*. Florenz, 1560.

Vasari, Giorgio. *Le vite de' più eccellenti pittori, scultori e architettori*. 6 Bde. Florenz, 1550. Quellenstandort online: http://biblio.signum.sus.it/vasari (15.8.2009).

Vasari, Giorgio. *Leben der ausgezeichnetsten Maler, Bildhauer und Baumeister, von Cimabue bis zum Jahre 1567*. Hg. v. Ernst Förster. 6 Bde. Stuttgart u. Tübingen, 1849.

CLAUS VOLKENANDT

Malen als Operation. Chirurgisches und mathematisches Kalkül bei Theo van Doesburg

Der folgende Beitrag folgt einigen Spuren des *Theatrum anatomicum* in der Avantgarde, genauer bei Theo van Doesburg (1883-1931). Im Kunstgedächtnis des 20. Jahrhunderts ist van Doesburg vor allem als der Begründer und Motor der niederländischen Künstlergruppe und Zeitschrift *De Stijl* bekannt. Zugleich arbeitet und wirkt er aber auch als Maler und Architekt, dabei als Entwerfer und Gestalter eines neuen Lebens. Zudem ist van Doesburg zentraler Kommunikator und eminenter Propagandist zunächst der abstrakten, dann der konkreten Kunst.[1]

Deutliche Spuren des *Theatrum anatomicum* finden sich bei van Doesburg in einem späten Text, der 1930 datiert ist. Dieser Text erscheint 1932 posthum in der letzten, van Doesburg gewidmeten Ausgabe der Zeitschrift *De Stijl*. Gegen Ende des kurzen Textes heißt es:

> Das beste Handwerk ist das, das nichts vom Handwerk verrät. Der Zustand der Lauterkeit ist von unserer Umgebung abhängig: eine absolute Reinheit, ein gleichmäßiges Licht, eine klare Atmosphäre usw. Diese Eigenschaften unserer Umgebung werden zu Qualitäten im Werk. Dein Atelier muß wie eine gläserne Glocke oder wie ein hohler Kristall sein. Du selbst mußt weiß sein, die Palette muß aus Glas sein, dein Pinsel scharf, viereckig und hart, immer staubfrei und sauber wie ein Operationsinstrument. Es läßt sich bestimmt mehr von medizinischen Laboratorien lernen als von Malerateliers. Diese sind Käfige, in denen es nach kranken Affen stinkt.
>
> In deinem Atelier muß jene kalte Atmosphäre herrschen wie in den Bergen in 3000 Metern Höhe; ewiger Schnee muß dort liegen. Kälte tötet die Mikroben.
>
> Paris, 13. Juli 1930[2]

---

1 Vgl. dazu Evert van Straaten. *Theo van Doesburg. Constructor of the New Life.* Otterlo, 1994 sowie Jo-Anne Birnie Danzker (Hg.). *Theo van Doesburg. Maler – Architekt.* München, London u. New York, 2000.

2 Theo van Doesburg. „elementarisme"/„élémentarisme (les éléments de la nouvelle peinture)". *De Stijl* dernier numero (1932), S. 15-16 /17-19. Zit. n. Hans L.C. Jaffé. *Mondrian und De Stijl.* Köln, 1967, S. 242.

Das künstlerische Selbstverständnis, das van Doesburg hier entwirft, spricht in unseren Ohren eine eigentümliche Sprache. Es bedient sich eines Vergleichs- und Metaphernfeldes, das seit der Ausdifferenzierung von Kunst und Naturwissenschaften in eigene Wertsphären die Künstler gerade aus dem Bereich der Wissenschaften verdrängt hatte. Das alte Band zwischen Kunst und Medizin war, wenn nicht schon zerrissen, so doch zu einem seidenen Faden geworden.[3] Umso mehr mag es verwundern, dass sich van Doesburg nicht nur auf die alte Allianz von Kunst und Medizin bezieht, sondern sie im Gewande ihrer zeitgenössischen, modernen Entwicklung als Referenzpunkt seines Selbstverständnisses wählt. Mit anderen Worten: Das altehrwürdige *Theatrum anatomicum* kehrt im künstlerischen Selbstverständnis des späten van Doesburg als moderner Operationssaal zurück. Vielleicht lebt es auch als dieser modernisiert fort.

So eigentümlich uns die Referenzwahl zur Charakterisierung seines Selbstverständnisses anmuten mag, so gewinnt sie im Blick auf die gegen Ende des 19. Jahrhunderts in Europa einsetzende Dynamik im chirurgischen Operationswesen ein gewisses Maß an Plausibilität. Die absolute Reinheit, von der van Doesburg spricht, das Weißsein des Künstlers, die Palette aus Glas spricht auf der Ebene einer chirurgiegeschichtlichen Referenz deutlich die Sprache des Asepsis-Diskurses, wie er verstärkt seit der zweiten Hälfte des 19. Jahrhunderts geführt wurde.[4] Der Übergang von der Antisepsis als der Keimabwehr zur Asepsis als der (zu erreichenden) Keimfreiheit führte im chirurgischen Operationswesen zu massiven Reinheitsforderungen, die sowohl baulich als auch hygienisch realisiert wurden. Das Ziel der Keimfreiheit im Operationssaal führte in hygienischer Hinsicht beispielsweise zum Verbot, in Straßenkleidung den Operationssaal zu betreten. An ihrer Stelle waren zunächst weiße Leinenmäntel anzuziehen, die in der Form des weißen Kittels das berufliche Erscheinungsbild der Ärzte bis heute bestimmen. Ebenso, um hier nur auf van Doesburgs Referenzen einzugehen, wurden die Operationssäle mit Glasschränken ausgestattet, um chirurgisches Material und die entsprechenden Instrumente weitestgehend staubfrei zu lagern. Aus hygienischen Gründen verwendete man ebenfalls Instrumententische mit Glasplatten, um ihre leichtere Reinigung und Desinfizierbarkeit zu sichern.

---

3 Vgl. Lorraine Daston u. Peter Galison. „Das Bild der Objektivität“. *Ordnungen der Sichtbarkeit. Fotografie in Wissenschaft, Kunst und Technologie*. Hg. v. Peter Geimer. Frankfurt a. M., 2002, S. 29-99.

4 Vgl. hierzu sowie zum Folgenden Christoph Mörgeli. *Die Werkstatt des Chirurgen. Zur Geschichte des Operationssaals*. Basel, 1999, S. 203-250.

In baulicher Hinsicht wurde der Operationssaal mit der Asepsis zu einer eigenen Bauaufgabe. Ihre Anforderungen führten zu einer funktionalen Architektur und einer ebensolchen Ausstattung der Operationssäle.[5] Beispielsweise verfügte das 1899 eröffnete Allgemeine Krankenhaus in Hamburg-Eppendorf, das bis 1903 auf insgesamt vier Operationssäle erweitert wurde, über ein eigenes zweigeschossiges Operationsgebäude.[6] In seiner pavillonartigen Anlage erinnert es ungemein an van Doesburgs Vorstellung vom Atelier als einer gläsernen Glocke bzw. einem hohlen Kristall. So hatten die Operationsräume in Hamburg-Eppendorf, wie Christoph Mörgeli sie in Architektur und Ausstattung beschreibt,

> einen sechseckigen Grundriss; zum Rechteck des Raumes kamen ein trapezförmiger Vorbau sowie eine Eisen- und Glaskonstruktion, die Ober- und Seitenlicht aus mehreren Richtungen zuließ, hinzu. Die Glasbedachung konnte mit Wasser berieselt werden, um einen erwärmenden ‚Treibhauseffekt' zu vermeiden. Anstelle von Glaslampen wurden die Räume des Hamburger Operationshauses als erste im deutschsprachigen Raum mit elektrischem Licht ausgestattet, so dass auch nächtliche Eingriffe einigermaßen zufriedenstellend verliefen. Man setzte dazu Wandleuchter und große Deckenreflektoren über den teilweise heizbaren Operationstischen ein. Die hängenden Lampen wurden als ‚Staubfänger' in Kauf genommen, doch verlegte man wenig später andernorts die Lampen hinter Glasdecken, was obendrein ein erwünschtes diffuses Licht ergab. Auch elektrische Handlichter kamen während der Operation zum Einsatz. Ansonsten verblieb die Inneneinrichtung in Hamburg spartanisch und beschränkte sich auf einige Flaschen- und Irrigationsständer, auf die Tischchen für Instrumente und Verbandszeug, einige Waschtische und in der Wand eingelassene Instrumentenschränke, die Staub und Bakterien möglichst wenig Angriffsfläche bieten sollten.[7]

Pointiert chirurgisch orientiert ist auch die Beschreibung des Pinsels bei van Doesburg als scharf, viereckig, hart, staubfrei und sauber. Bei allen aufkommenden Assoziationen mit einem Skalpell ist hier jedoch von van Doesburg vermutlich weniger ein bestimmtes chirurgisches Instrument gemeint, als vielmehr die Grundhaltung, aus der die Handhabung des Pinsels geschehen soll. Aus dem Utensil ist ein Instrument geworden und entsprechend ist für van Doesburg nicht mehr das Maleratelier der Referenzpunkt für seine künstlerische Arbeit, sondern, wie er sagt, das medizinische Laboratorium. Damit orientiert er die künstlerische Tätigkeit an einer sich naturwissenschaftlich verstehenden und in diesem Sinne exakten Medizin.[8] In der Referenz auf die Asepsispostulate

---

5 Vgl. ebd., S. 233-244.

6 Vgl. ebd., S. 235-237.

7 Ebd., S. 236.

8 Vgl. Heinz Goerke. *Medizin und Technik. 3000 Jahre ärztliche Hilfsmittel für Diagnostik und Therapie*. München, 1988, S. 25-51 sowie Roy Porter. *Die Kunst des*

der Chirurgie, ihre Architektur und Instrumentenausstattung erscheint das Künstleratelier bei van Doesburg als moderner Operationssaal, das Malen als ein präzises Vorgehen auf der Basis einer naturwissenschaftlichen Rationalität, kurz: als Operation.

Damit gewinnt bei van Doesburg eine Kunst- und Künstlerauffassung Kontur, die in ihrer Rationalität, so zumindest die These der folgenden Überlegungen, in der Linie, vielleicht 1930 auch schon in der Tradition, des Ideals einer mechanischen Objektivität stehen, wie es Lorraine Daston und Peter Galison als Leitoption der wissenschaftlichen Verbildlichungsstrategien seit der zweiten Hälfte des 19. Jahrhunderts herausgearbeitet haben.[9] Das heißt, van Doesburg formuliert ein künstlerisches Selbstverständnis, dem eine Wissenschaftsauffassung zugrunde liegt, die sich aus der methodischen Sicherung und wissenschaftlichen Begründung nicht nur der medizinischen Erkenntnis speist. In dieser Hinsicht zielt van Doesburg zum einen nun auf eine Verwissenschaftlichung der Kunst. Er entwirft sie in der Ausschaltung aller Formen von Subjektivität in besonderer Nähe zur mechanischen Objektivität, wie es seine manifesthafte *Grundlage der konkreten Malerei* und die *Kommentare zur Grundlage der konkreten Malerei* deutlich machen.[10] Zum anderen setzt er sich mit seiner Referenz auf ein modernes *Theatrum anatomicum* von einer älteren Wissenschaftsauffassung ab, wie sie beispielsweise in Rembrandts *Anatomie des Dr. Tulp* von 1632 bildlich zur Geltung kommt (Abb. 1). Rembrandts Bild zeigt in der Perspektive van Doesburgs eine vormethodische Wissenschaftsauffassung, von der er sich in den anatomisch-chirurgischen Referenzfeldern seiner Selbstverständnisformulierung gerade distanziert.

Im Folgenden möchte ich diese vormethodische Wissenschaftsauffassung, wie sie die *Anatomie des Dr. Tulp* zeigt, von einer anschaulichen Basis aus plausibel machen (I. Autorität und Augenschein), dann mit dem Ideal der mechanischen Objektivität einen Blick in die künstlerische Moderne werfen (II. Mechanische Objektivität und künstlerische Moderne) und schließlich wieder zu van Doesburg zurückkommen (III. Malen als Operation).

Heilens. Eine medizinische Geschichte der Menschheit von der Antike bis heute. Heidelberg, Berlin u. Darmstadt, 2000, S. 527-561.

9 Vgl. Daston u. Galison (Anm. 3), S. 57-99.

10 Theo van Doesburg. „Die Grundlage der konkreten Malerei". *Konkrete Kunst. Manifeste und Künstlertexte.* Hg. v. Margit Weinberg Staber. Zürich, 2001, S. 25 sowie ders. „Kommentare zur Grundlage der konkreten Malerei". Ebd., S. 26-28.

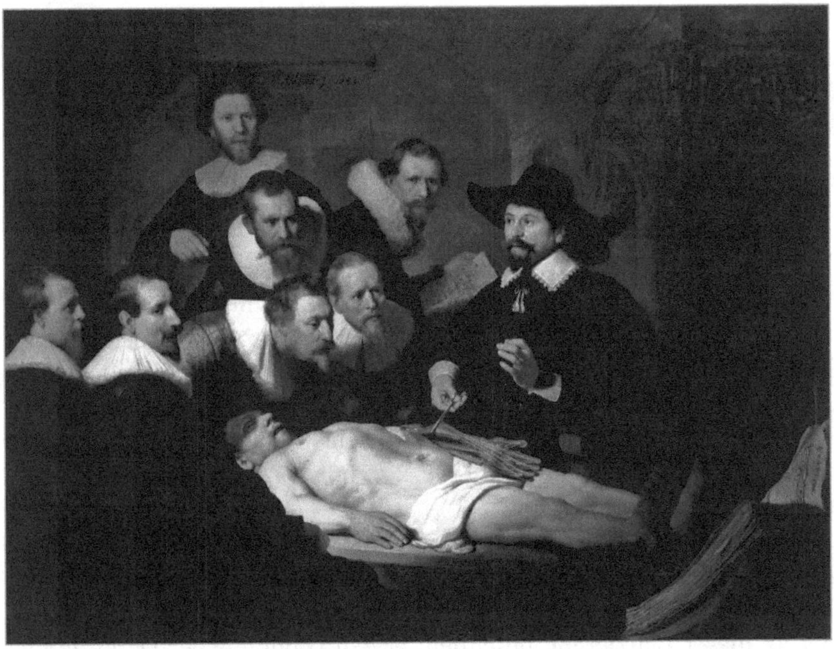

Abb. 1: Rembrandt van Rijn. *Die Anatomie des Dr. Tulp*, 1632. Öl auf Leinwand, 169,5 x 216 cm.

Die methodischen Optionen, mit denen ich hier selbst kunsthistorisch arbeite, seien hier wenigstens angedeutet. Sie versuchen, die Alternative von historischem oder ästhetischem Bildumgang, die die Kunstgeschichte in ihrer Fachgeschichte entwickelt hat, aufzulösen. Gegen diese Alternative möchte ich fragen, ob und wie aus den ästhetisch gewonnenen Einsichten, die, hier für das Rembrandt'sche Bild gesprochen, die *Anatomie des Dr. Tulp* ermöglicht, ein Brückenschlag zu einer historischen Erfahrung gelingen kann. Mit diesem Brückenschlag ist die Rembrandt'sche *Anatomie* kein Spiegel ihrer Zeit mehr, sondern eröffnet Perspektiven auf Geschichte, wie sie allein von ihr als einem Bild aus zugänglich werden. Im Blick auf die *Anatomie des Dr. Tulp* heißt dieses, und darum wird es zentral gehen, dass mit ihr das Verhältnis von Autorität und Augenschein thematisch wird, und zwar in einer doppelten Weise: einerseits als ein korrelatives Verhältnis, andererseits als eine historiographische Leitkategorie, die es ermöglicht, die Veränderungen dieses Verhältnisses im 16. und 17. Jahrhundert ausdrücklich zu machen.[11] Ich

11 Basis der folgenden Überlegungen ist ein starker Werkbegriff, genauer gesagt: ein starker Begriff von bildlicher Darstellung. Darstellung meint ein bildliches Ge-

beginne meine anschauliche Beschäftigung mit der Rembrandt'schen *Anatomie des Dr. Tulp* mit einer Bildbeschreibung, deren Fokus zunächst Rembrandts szenische Inszenierung des Porträts ist.

I. Autorität und Augenschein

Rembrandts *Anatomie des Dr. Tulp* zeigt sich anschaulich als ein Mehrfigurenbild. Eine Anzahl von Personen ist um eine auf einem Anatomietisch liegende Leiche gruppiert. Einer der Dargestellten, rechts im Bild, führt eine Demonstration am linken Arm der vor ihm liegenden Leiche durch, während die übrigen Dargestellten, die in der linken Bildhälfte versammelt sind, diesem Geschehen in unterschiedlicher Weise folgen. Sie bilden eine dicht gestaffelte Gruppe um Kopf und Oberkörper der Leiche.

In der schrägen Stellung des Anatomietisches sitzen sich zwei Dargestellte gegenüber: hinter der Leiche der demonstrierende Anatom, links vorne ein Teilnehmer der Anatomie, der sich zum Betrachter wendet. In dieser Platzierung beschließt er den Halbkreis der Dargestellten um Kopf und Oberkörper der Leiche. Die schräg hinter ihm stehende Person fügt sich nicht in diese Anordnung und bleibt darin zum Geschehen in Distanz. Zu Füßen der Leiche, am rechten Ende des Anatomietisches, befindet sich aufgeschlagen ein mächtiger Foliant. Er ist dort so platziert, dass er von den Teilnehmern der Anatomie eingesehen werden kann.

Zu besonderer bildlicher Aufmerksamkeit gelangt der durch Platzierung, Kleidung und Gestik hervorgehobene Anatom, Dr. Tulp. Er sitzt direkt am Anatomietisch. Im Bereich seiner Stuhllehnen liegt der sezierte Arm der ansonsten unsezierten Leiche. In seiner rechten Hand hält Tulp eine Kornzange. Mit dieser hebt er ein Bündel von Muskeln und Sehnen aus dem sezierten Unterarm an. Seine linke Hand hat er erhoben und im Handgelenk nach oben abgeknickt. Ebenso sind alle Finger im mittleren Fingergelenk gebeugt. Wird nun dem Verlauf der von

schehen, in dem etwas zur Darstellung kommt. Bildliche Darstellung ist also ein Prozess, in dem sich Autonomie als Eigenständigkeit des Bildes und Referenz als sein Weltbezug miteinander vermitteln. In dieser hermeneutischen Bildtradition ist die Darstellung ein Seinsvorgang, in dem sich etwas zeigt, das es ohne dieses bildliche Darstellungsgeschehen nicht geben würde. Kunstwerke sind in diesem Verständnis von Darstellung weniger Dokument, sondern sie haben die Möglichkeit eines eigenen Zugangs zur Geschichte. Vgl. Claus Volkenandt. *Rembrandt. Anatomie eines Bildes*. München, 2004, S. 235-271.

Tulp angehobenen Muskeln und Sehnen gefolgt, so stellt sich ein Bezug zwischen den beiden Händen Tulps her: Jene Muskeln und Sehnen laufen aus dem Bündel jeweils in die Mitte der einzelnen Finger, wo sie stimmgabelförmig enden. Sie haben also anatomisch die Funktion der Beugung der Finger im mittleren Gelenk. Geht jetzt der Blick zurück zur linken Hand Tulps, so fällt auf, dass die Finger von Tulp in eben jenem mittleren Gelenk gebeugt sind. Ebenso fällt auf, dass über diesen Gelenkkamm eine Licht-Schatten-Grenze verläuft. Sie betont die Beugung der Finger in besonderer Weise. Tulp scheint so mit seiner linken Hand sinnfällig vor Augen zu führen, was die Funktion des Bündels von Muskeln und Sehnen ist, die er in seiner Kornzange angehoben hat.

Rembrandts *Anatomie des Dr. Tulp* gehört ihrer Gattung nach zum Gruppenporträt. Mit ihm verbindet sich die Aufgabe, das Bildnis einer Gruppe und die Bildnisse der sie bildenden Einzelnen zugleich zu zeigen.[12] Rembrandt gestaltet diese Doppelaufgabe durch eine Verzeitlichung des Porträts. Die Dargestellten werden bildlich präsent in einer Geschehensinvolvierung, in der sie sich individuell verhalten. Dieses gelingt, indem sie sich selbstvergessen einer Sache zuwenden: So zeigt sich Tulp ganz auf die Demonstration der Fingerbeugung konzentriert. Er stellt sie vor Augen, indem er die Funktionsweise der Muskeln und Sehnen, die er mit der Kornzange angehoben hat, in der eigenen Fingerbeugung seiner linken Hand vorführt. Damit bringt er sie zu szenischer Gegenwart. In der zeitlichen Zugespitztheit des gesamten bildlichen Geschehens sind die anatomische Tätigkeit der rechten Hand Tulps und die fingerbeugende Haltung seiner linken Hand szenisch gleichzeitig. Die Fingerbeugung der linken Hand steht damit in einem direkten Mitvollzug zur anatomischen Tätigkeit der rechten Hand. Tulps Gesichtsausdruck macht dabei in seiner konzentrierten Wendung auf gedankliche Vorgänge diesen Mitvollzug als eine Form der Gleichzeitigkeit von Handeln und Erkennen anschaulich.

Die übrigen Anatomieteilnehmer, es sind Chirurgen, scheinen dagegen auf den Tulp'schen Mitvollzug im spontanen Nachvollzug zu reagieren, und zwar in unterschiedlichen Graden und in verschiedenen Weisen. So zeigen die drei Chirurgen, die direkt am Anatomietisch stehen, Reaktionen, die von einer ersten skeptischen Abschätzung, über ein neugieriges Schauen bis zu einer reflexartigen Fingerbeugung in einer er-

12 Vgl. Alois Riegl. *Das Holländische Gruppenporträt*. Hg. v. Karl Maria Swoboda. Wien, 1931 sowie Max Imdahl. „Sprechen und Hören als szenische Einheit. Bemerkungen im Hinblick auf Rembrandts ‚Anatomie des Dr. Tulp'". *Zur Kunst der Tradition* (= Gesammelte Schriften, Bd. 2). Hg. v. Gundolf Winter. Frankfurt a. M., 1996, S. 457-474.

staunten Anteilnahme reichen. Der erhöht neben Tulp platzierte Chirurg zeigt dagegen eine erste Reflexion des Gesehenen in einer Art von innerem Staunen. Der höchst platzierte Chirurg schließlich scheint in einer gedanklichen Aneignung begriffen zu sein. Sie deutet sich in der beginnenden Beugung der Finger an. Nur die beiden Chirurgen ganz links zeigen keine besondere Reaktion: Sie haben das Geschehen noch nicht realisiert. Gerade aber an ihnen kommt damit die Prozesshaftigkeit des Nachvollzuges zu bildlicher Präsenz.

Rembrandt gelingt hier die Porträtierung von Gruppe und Einzelnen, indem er die Chirurgen auf Tulp bezieht. In ihrer spontanen Reaktion auf die Tulp'sche Demonstration sind sie bereit, seinem Mitvollzug im eigenen Nachvollzug zu folgen. In dieser Bereitschaft verbinden sich die Chirurgen zu einer Gruppe. Ihr Interesse an der Sache ist ihnen als Gruppe gemeinsam. Zugleich erlauben die jeweils anderen, aus eigenem Antrieb erfolgten Reaktionen, wie sie die Chirurgen zeigen, die einzelnen Gruppenmitglieder als Individuen zu porträtieren. In ihren verschiedenen Haltungen und ihren unterschiedlichen Blicken zeigen die Chirurgen ein individuell bestimmtes Verhältnis der Sache gegenüber.

Tulp wird bildlich präsent in einem szenischen Geschehen, das ihn aus der Gleichzeitigkeit von Handeln und Erkennen in einem Erkenntnisvollzug zeigt. In diesem ist er am sezierten Arm der Leiche orientiert, nicht aber an dem zu ihren Füßen aufgeschlagenen Folianten. So hat es den Anschein, dass Tulp sich nicht nur nicht auf das Buch bezieht, sondern sich von ihm distanziert: Während er in seiner Platzierung direkt am Anatomietisch und seiner durch die Demonstration am sezierten Arm bestimmten Körperhaltung keinen Bezug auf den Folianten nimmt, wenden sich Kopf und Blick von ihm ab und eigenen gedanklichen Vorgängen zu. Dieses Abwenden vom Folianten im Moment eigener Erkenntnis gibt ihm eine besondere Bedeutung: Sie lässt den Folianten in seinem allgemeinen Buchcharakter hervortreten. In seiner nahezu personalen Präsenz, wie er sie in seiner isolierten Stellung im rechten Vordergrund hat, wird der Foliant darin zu einem Repräsentanten schriftlicher Autorität.

Für Tulp aktualisiert sich in der Demonstration am sezierten Arm der Leiche eine Erkenntnis, die aus einer eigenhändigen Tätigkeit entspringt. Indem er in der Erkenntnisaktualität seines Mitvollzuges porträtiert ist, ist er ganz auf seine eigene Erfahrung bezogen. Damit aber findet ein Erkennen im eigenen Handeln statt. Ohne Vermittlung und Berufung auf die Autorität der Bücher erweist sich der Tulp'sche Mitvollzug als ein Geschehen, das sich direkt zwischen einer Sache – den in der Kornzange angehobenen Muskeln und Sehnen des sezierten Armes –

und einer Person – Tulp selbst – ereignet. Person und Sache sind so im Geschehenscharakter der Erkenntnis durch die Erfahrung miteinander verbunden. Sie ist Ausgangspunkt und Grundlage der Erkenntnis.

Die Art des Mitvollzuges, wie Tulp ihn zeigt, seine Gleichzeitigkeit von Handeln und Erkennen in einer eigenhändigen Tätigkeit, verschiebt den Autoritätsbezug. Nicht mehr das Buch, d. h. eine Form personaler Autorität, ist das Maß der Erkenntnis und somit des Wissens über den menschlichen Körper, sondern der menschliche Körper selbst. Die Tulp'sche Demonstration, die aus ihrem Gelingen entspringende Evidenz anatomischer Zusammenhänge, vollzieht sich direkt am sezierten Arm der vor ihm liegenden Leiche, d. h. unmittelbar am menschlichen Körper selbst. In dieser eigenhändigen Durchführung gewinnt sie den Charakter einer Autopsie. Die Demonstration Tulps zeigt sich in diesem Sinne als eine Form der eigenen Inaugenscheinnahme des menschlichen Körpers. Diese realisiert sich im Tulp'schen Mitvollzug als funktionale Evidenz anatomischer Zusammenhänge. Tulp steht auf diese Weise nicht nur in Distanz zur Autorität, sondern er setzt dieser in seiner Demonstration am sezierten Arm der vor ihm liegenden Leiche die eigene Inaugenscheinnahme entgegen.

In dieser szenischen Konstellation gewinnt ein Fragenkomplex Kontur, der wissenschaftsgeschichtlich bis anhin kaum erschlossen ist. So eröffnet die Rembrandt'sche *Anatomie des Dr. Tulp* den Blick auf die Geschichte der Autoritätsverschiebung, wie sie sich im 16. und 17. Jahrhundert, und zwar im Hinblick auf das Verhältnis von Autorität und Augenschein, vollzieht. Dieses Verhältnis wird vom Rembrandt'schen Bild aus in der Diskussion seiner Darstellungsleistung thematisch. Die bildliche Leistung liegt also darin, mit dem Verhältnis von Autorität und Augenschein diejenigen historiographischen Kriterien zu geben, die es erlauben, diese Verschiebung des Autoritätsbezuges ausdrücklich zu machen. Zugleich kann die Rembrandt'sche *Anatomie* Hinweise darauf geben, dass die Geschichte dieser Verschiebung keine Ablösung der Autorität durch den Augenschein ist, sondern sich in der Neurelationierung des Verhältnisses von Autorität und Augenschein vollzieht. Zur Geschichte dieser Verschiebung können hier allerdings nur wenige Hinweise gegeben werden.[13]

Sie haben ihren Ansatzpunkt im medizinischen Humanismus des 16. Jahrhunderts, der sich in seiner vornehmlich philologischen Orientierung zu den antiken Quellen zurückwendet. Glänzendes Ergebnis dieser Be-

13 Vgl. hierzu ausführlicher und mit den entsprechenden Nachweisen Volkenandt (Anm. 11), S. 340-354.

mühungen ist die Editio princeps der Werke Galens, die 1525 in griechischer Sprache erscheint.[14] Damit war humanistisch-philologisch und medizinisch-philosophisch eine Verbindlichkeit geschaffen, die beeindruckend das antike medizinische Wissen präsent machte. Ebenso bot sie ein physiologisch-ätiologisches System, das in seinen Erklärungsmöglichkeiten aus einer iatrischen Rationalität eine hohe Phänomendeckung besaß. Die tradierte personale Autorität Galens hatte in ihr Buchform angenommen. Auf diese Weise war zugleich ein medizinphilosophischer, insbesondere aber physiologischer Rahmen geschaffen, der den Augenschein determinierte.

Eine bedeutende historische Figur, die das Galen'sche System erneuert und breit entfaltet, ist der Arzt und Astronom Jean Fernel (1497-1558).[15] In seinem Anspruch, die Galen'sche Medizin zu einem umfassenden physiologisch-ätiologischen System auszubauen, bestimmt sie den Horizont des Fernel'schen Augenscheins: Er ist auf die Autorität Galens bezogen. Dieses schließt keineswegs Kritik an Galen und der medizinischen Tradition aus, insofern Fernel seinem Anliegen nach auf eine Optimierung der Galen'schen Physiologie zu einem in sich geschlossenen System zielt. Mit diesem Anspruch einer Kanonisierung der humoralen Physiologie hat bei Fernel die Autorität ihren Ort gleichsam im Augenschein.

Zeitlich parallel beschäftigt sich auch Andreas Vesal (1514-1564) mit Galen.[16] Für eine neue lateinische Ausgabe der Galen'schen Schriften wird Vesal mit der philologischen Bearbeitung und Übersetzung der Texte Galens zur Anatomie betraut. Das Resultat seiner Arbeit ist ein Schock: Philologisch gesehen ist die Textüberlieferung korrekt, anatomisch gesehen, so die Ergebnisse der eigenen Inaugenscheinnahme im sezierenden Nachvollzug, hat Galen keine menschliche Anatomie beschrieben, sondern die von Affen. Er behauptet aber auch gar nicht, Humananatomie betrieben zu haben, die Tradition hatte dieses nur angenommen. Für die menschliche Anatomie verweist Galen auf die Anatomie der älteren alexandrinischen Schule, die im dritten Jahrhundert v. Chr. in ihren Autopsien Humananatomie betrieben und beschrieben

---

14 Vgl. Nikolaus Mani. „Die griechische Editio princeps des Galenos (1525), ihre Entstehung und ihre Wirkung". *Gesnerus* 13 (1956), S. 29-52.

15 Vgl. Charles Sherrington. *The Endeavour of Jean Fernel*. Folkestone u. London, 1974, bes. S. 60-97.

16 Vgl. Richard Toellner. „‚Renata dissectionis ars'. Vesals Stellung zu Galen in ihren wissenschaftsgeschichtlichen Voraussetzungen und Folgen". *Die Rezeption der Antike. Zum Problem der Kontinuität zwischen Mittelalter und Renaissance*. Hg. v. August Buck. Hamburg, 1981, S. 85-95.

hatten. Galen weist so vor sich selbst zurück. Was hier wie ein Konflikt zwischen Autorität und Augenschein aussieht, verbindet sich jedoch zu einem humanistischen Paradox: Der historisch-kritisch wiederhergestellte Galen, so der Medizinhistoriker Richard Toellner, „steigert als der wahre Galen die Autorität des in der Tradition kanonisierten Galen".[17] Zugleich aber, so Toellner weiter, „destruiert die durch den historischen Galen legitimierte und autorisierte Autopsie die autoritativen Lehrmeinungen des tradierten Galen und damit seine Autorität".[18] Autorität und Augenschein treten hier nebeneinander. In ihrer Verbindung erschüttert und bestätigt der Augenschein in einem die Autorität.

Zum offenen Konflikt zwischen Autorität und Augenschein kommt es in der Medizin erst im 17. Jahrhundert. Er trägt jedoch keineswegs die Züge einer *Querelle des Anciens et des Modernes*, die Konfliktlinien verlaufen anders. So liest William Harvey (1578-1657) das Buch der Natur aristotelisch.[19] Seine methodologisch orientierte Lektüre erweist sich als dezidiert antigalileisch: Nicht nur ist das Buch der Natur für Harvey offen und ohne Schwierigkeiten zugänglich, sondern die Astronomie, Galileo Galileis Gegenstand, besitzt für ihn keine Verbindlichkeit des Verfahrens, da in ihr aus bloßen Erscheinungen, d. h. in sinnlicher Distanz zu den Dingen, argumentiert werden muss.[20]

Harvey dagegen orientiert die Medizin am Augenschein. Gegen die Distanz der himmlischen Erscheinungen betont er die unmittelbare physische Präsenz der medizinischen Gegenstände. Sie gehören zum sinnlichen Wahrnehmungsbereich, und auf diese Weise sind sie auch zugänglich. Im Primat der eigenen Inaugenscheinnahme sind dabei die mathematischen Optionen Galileo Galileis in eine sekundäre Stellung gesetzt.[21]

---

17 Ebd., S. 90.

18 Ebd.

19 Vgl. Walter Pagel. *William Harvey's Biological Ideas. Selected Aspects and Historical Background.* Basel u. New York, 1967, S. 28-47.

20 Vgl. Thomas Fuchs. *Die Mechanisierung des Herzens. Harvey und Descartes – Der vitale und der mechanische Aspekt des Kreislaufs.* Frankfurt a. M., 1992, S. 49-50 sowie zum Buch der Natur bei Galileo Galilei und seiner Lesbarkeit Hans Blumenberg. *Die Lesbarkeit der Welt.* Frankfurt a. M., 1989, S. 71-78.

21 Vgl. Fuchs (Anm. 20), S. 50f. Diese Abgrenzung Harveys gegen Galilei markiert genau jene zeitgenössische Scheidelinie zwischen Aristotelikern und Platonikern, wie sie Alexandre Koyré beschreibt: „Forderte man für die Mathematik einen höheren Rang, schrieb man ihr sogar einen realen Wert, eine führende Stellung in der Physik zu, war man Platoniker. Sah man hingegen in der Mathematik eine abstrakte Wissenschaft und schätzte sie aus diesem Grunde geringer ein als die Physik und Metaphysik, welche vom wirklichen Sein handeln, behauptete man insbesondere, die Physik bedürfe zu ihrer Grundlegung ausschließlich der Erfahrung und müsse sich ganz auf die Wahrnehmung verlassen, die Mathematik aber sich mit der Rolle

Zugleich verschiebt sich für Harvey vom Augenschein aus auch der Autoritätsbezug. In der Auseinandersetzung um den Blutkreislauf, den Harvey beschreibt, wirft ihm sein Gegenspieler Jean Riolan d. J. (1580-1657) vor, dass seine Entdeckung der Autorität der Alten widerspreche. Harvey antwortet Riolan mit dem Hinweis auf die Autorität der Natur. Die Buchautorität ist hier durch die Sachautorität abgelöst. Dieses gelingt dadurch, dass im sinnlichen Charakter der medizinischen Gegenstände und der Wahrheitsfähigkeit der Sinne dem Augenschein eine Erkenntnisqualität zugesprochen ist. Was der Augenschein wahrnehmen kann, und darin gründet sich die Autorität der Sache, sind die eigentümlichen Prinzipien der jeweiligen Naturdinge.[22]

Harvey vollzieht damit eine doppelte methodologische Abgrenzung der Medizin. Einerseits wendet er sich gegen die Autorität der Alten und ihre Formen sanktionierten Buchwissens, andererseits tritt er in Distanz zur galileischen Mathematisierung der Natur und ihrer geometrischen Sprache. In seiner Orientierung der Medizin am Augenschein gelingt ihm mit der Beschreibung des menschlichen Blutkreislaufs eine die tradierte Physiologie umstürzende Entdeckung. Seine aristotelische Option für den Augenschein lässt Harvey anderes am menschlichen Körper sehen als seine Vorgänger und Zeitgenossen. In seinem Anspruch, sich der Autorität der Natur zu unterstellen, sieht Harvey aber auch anders: Es ist kein Sehen in geometrischen Chiffren, deren Entzifferung Galilei treibt, oder ein Sehen nach Büchern, wie es Riolan von Harvey im Rückgang auf die Autorität der Alten einfordert. Es ist vielmehr ein Sehen in Evidenzen. Die eigentümlichen Prinzipien der jeweiligen Naturdinge zeigen sich dem Augenschein. Natur und Augenschein sind bei Harvey über die Autorität des jeweiligen Naturdings aufeinander bezogen. Die Natur spricht sich im Augenschein substantiell aus. Ihre Autorität ist in den Augenschein gelegt.

Ermöglichte der Rückgang auf Aristoteles Harvey den Brückenschlag zwischen Augenschein und Sacherkenntnis, so stellt sich mit dem Geltungsverlust, den die aristotelische Wissenschaftslehre im 17. Jahrhundert erfährt,[23] in besonderer Weise das Problem des Sachumgangs.

---

einer sekundären, einer Hilfswissenschaft begnügen, so war man Aristoteliker." Alexandre Koyré. „Galilei und Platon". *Leonardo, Galilei, Pascal. Die Anfänge der neuzeitlichen Naturwissenschaft*. Frankfurt a. M., 1998, S. 106-107,

22 Vgl. Richard Toellner. „Medizin, III. Frühe Neuzeit". *Historisches Wörterbuch der Philosophie*. Hg. v. Joachim Ritter u. Karlfried Gründer. Basel u. Stuttgart, 1980, Bd. 5, S. 986-990 sowie Fuchs (Anm. 20), S. 44-53.

23 Vgl. Wilhelm Schmidt-Biggemann. „Aristoteles im Barock. Über den Wandel der Wissenschaften". *Res Publica litteraria. Die Institutionen der Gelehrsamkeit in*

Philosophisch forciert und reflektiert wird dieses von Francis Bacon (1561-1626) und René Descartes (1596-1650). Hatte Harvey in der Autoritätsverschiebung die Naturdinge gleichsam freigesetzt und sich dabei ihrer Autorität unterstellt, so sichern Bacon und Descartes, bei je unterschiedlichen Anliegen und Orientierungen, diesen Sachumgang methodisch. Experimentelle Reihen und mathematische Vernunft werden für sie zum Maßstab des Naturumganges.[24] Der Augenschein wird damit einem strengen Reglement unterworfen. In der Medizin des 17. Jahrhunderts wird dieses in der Herausbildung einer empirischen und einer rationalistischen Richtung wirksam, für die hier stellvertretend die Namen von Thomas Sydenham (1624-1689) und Herman Boerhaave (1668-1738) genannt seien. Die Autorität der Sache weicht bei ihnen der Autorität des Methodischen.[25]

Wenigstens kurz möchte ich noch von der Rembrandt'schen *Anatomie* aus die Stellung Tulps in dieser Autoritätsverschiebung andeuten: Tulp steht zwischen Vesal und Harvey, mit Bezügen zu beiden und einer überraschenden Nähe zu Harvey. Tulp hat dabei aber nicht die innovative Kraft und die medizinhistorische Bedeutung, wie sie Harvey mit seiner Beschreibung des menschlichen Blutkreislaufes eigen ist und zukommt. Dieses zu behaupten, wäre ein falsches, ein verfehltes Lob für Tulp. Was aber Tulp mit Harvey verbindet, ist die Befragung der tradierten Autorität in ihrer Geltung. Mit der Berufung Harveys auf die Autorität der Natur legitimiert er eine Sachautorität, die ihr Zentrum in einer Orientierung an den Dingen selbst hat. Der Tulp'sche Mitvollzug erweist sich in diesem Sinne als eine solche Sachorientierung.

Die anatomische Evidenz seiner gelingenden Demonstration zeigt in der Funktion, die die Muskeln und Sehnen für die Beugung der Finger im mittleren Fingergelenk haben, das ihnen eigentümliche Prinzip. Er folgt in seiner Demonstration der menschlichen Physis, was jetzt meint: Er demonstriert nicht nur *am* menschlichen Körper, sondern es ist eine Demonstration *des* menschlichen Körpers. Dieser steht für Tulp in einer Verbindlichkeit, und in diesem Sinne gibt es für Tulp eine Autorität der Natur. Wie in der Auffassung Harveys ist in der Demonstration Tulps der menschliche Körper sinnlich zugänglich. Dieses zeigt das Gelingen der Tulp'schen Demonstration. In ihr wird von der Autopsie aus im Mit-

---

der frühen Neuzeit. Hg. v. Sebastian Neumeister u. Conrad Wiedemann. Wiesbaden, 1987, S. 281-298.

24 Vgl. Allen George Debus. *Man and Nature in the Renaissance*. Cambridge, 1978, S. 101-109.

25 Vgl. Richard Toellner. „Medizin in der Mitte des 18. Jahrhunderts". *Wissenschaften im Zeitalter der Aufklärung*. Hg. v. Rudolf Vierhaus. Göttingen, 1985, S. 194-217.

vollzug Tulps die dem menschlichen Körper eigentümliche Anatomie sichtbar.

Dass dieses gerade die menschliche Hand in ihrer Möglichkeit und Fähigkeit der Fingerbeugung ist, stellt einen Bezug zu Vesal und seiner Auffassung der Anatomie her. Im Rückgang auf die Anatomie Galens hatte sich Vesal dem Programm verschrieben, in der Wiederherstellung der Zergliederungskunst der Alten den Erkenntnischarakter der Anatomie zu erneuern. Das Werk der Hände hatte für Vesal seine eigene, alte Würde, daher seine Arbeit an Galen, daher auch bei ihm das humanistische Paradox der Erschütterung und der Bestätigung der Autorität. Für Tulp hat dieses Anliegen seinen programmatischen Charakter verloren. In der Wirkung Vesals ist es bei ihm in die anatomische Praxis eingegangen. Tulp realisiert es in seinem Mitvollzug als der Gleichzeitigkeit von Handeln und Erkennen. Darin gelingt ihm eine Teilhabe am menschlichen Körper. Dieses meint im Blick auf die Rembrandt'sche *Anatomie* ein Zusammensehen dessen, was sich zeigt.

II. Mechanische Objektivität und künstlerische Moderne

Dem Tulp'schen Zusammensehen, wie es das Rembrandt'sche Bild zeigt, ist in der Spannung zwischen Person, Sache und Erfahrung, in der es subjektgebunden geschieht, ein unmethodisierbares Moment eigen. In diesem subjektiven Moment weist es die Medizin und ihre Erkenntnis als eine Kunst aus.[26] In der langen Geschichte der Verwissenschaftlichung der Medizin, wie sie im 17. Jahrhundert in der Leitvorstellung ihrer methodischen Erkenntnissicherung einsetzt, erfährt genau dieses subjektive Moment in der medizinischen Erkenntnis eine radikale Kritik. Diese Kritik steigert sich, wie Daston und Galison ausführlich und grundlegend beschrieben haben, zu einer Moralisierung von Objektivitätsansprüchen im Zeichen der mechanischen Reproduktion von wissenschaftlichen Bildern.[27] Ist es das Anliegen von Daston und Galison, die Moralisierung der Objektivität im späten 19. und frühen 20. Jahrhundert zu skizzieren, und zwar „wie sie sich in der wissenschaftlichen Bildproduktion spiegelt",[28] so beschreiben sie darin zugleich auch eine Verwissenschaftlichung der Bilder, genauer: eine Verwissenschaftlichung der wissenschaftlichen Bilder, die gegen Ende des 19. Jahrhunderts durch

26 Vgl. Volkenandt (Anm. 11), S. 347-354.
27 Daston u. Galison (Anm. 3), S. 88-99.
28 Ebd., S. 30.

die Moralisierung der Objektivität eine besondere Dynamik bekommt. Im Sinne von Daston und Galison lässt sich die durchaus paradigmatische Veränderung in den Objektivitätsanforderungen an das wissenschaftliche Bild als der Übergang von der Mimesis zur Mechanik, vom bildermachenden Künstler zum bilderzeugenden Apparat beschreiben.

Neben und parallel zu den wissenschaftlichen Bildern lässt sich ebenso für die künstlerischen Bilder in der zweiten Hälfte des 19. Jahrhunderts eine Dynamik feststellen, die im Zusammenhang mit Fragen und Themen der Wissenschaften steht. Zumindest beschäftigen sich beide, Wissenschaften und Künste, mit den gleichen Gegenständen: mit der Farbe und dem Sehen.[29] Dabei lassen sich die künstlerische und die wissenschaftliche Befragung von Farbe und Sehen zeitlich parallelisieren und in einen Zusammenhang setzen. Fraglich ist allerdings dabei, ob die Künste allein die Veränderungen in den Wissenschaften spiegeln oder ob sie auf diese nicht in einer eigenen Logik reagieren, sie aufnehmen, transformieren und vielleicht auch befruchten und stimulieren. Beiden gemeinsam ist die Befragung der Wirkungsbedingungen im Licht einer physiologischen (und darin vielleicht weniger anatomischen) und ästhetischen Zerlegung.

Künstlerisch wird dieses im Impressionismus als Frage nach den bildlichen Grundbedingungen wirksam, in deren Folge es zu einer Neukonstitution des künstlerischen Bildes kommt.[30] Diese Befragung der bildlichen Grundbedingungen vollzieht sich dabei im Modus einer Zerlegung des Bildes in kleinste bzw. elementare Einheiten, von denen aus das Bild im Blick, also sehend, aufgebaut wird. Probeweise lassen sich für den Impressionismus und seine künstlerischen Wirkungen zwei Weisen der Aufnahme und Auseinandersetzung mit der zeitgenössischen Naturwissenschaft unterscheiden: Auf der einen Seite eine ästhetisch-systematische Diskussion von Fragen um die Farbe, wie sie Claude Monet (1840-1926) beispielsweise in seinen Kathedral- oder Heuhaufenbildern unternimmt. Sie erscheinen als experimentelle Reihen zum Verhältnis von Licht, Bild und Farbe.[31] Auf der anderen Seite lässt sich eine

---

29 Vgl. Max Imdahl. *Farbe. Kunsttheoretische Reflexionen in Frankreich.* München, 1988; Jonathan Crary. *Aufmerksamkeit. Wahrnehmung und moderne Kultur.* Frankfurt a. M., 2002 sowie Beatrice Foulon (Hg.). *Aux origines de l'abstraction, 1800-1914* [Ausst.kat.]. Paris, 2003.

30 Vgl. Gottfried Boehm. „Strom ohne Ufer. Anmerkungen zu Claude Monets Seerosen". *Claude Monet. Nympheas. Impression – Vision* [Ausst.kat.]. Basel u. Zürich, 1986, S. 117-127.

31 Vgl. Gottfried Boehm. „Werk und Serie. Probleme des modernen Bildbegriffs seit Monet". *Claude Monet und die Moderne* [Ausst.kat.]. Hg. v. Karin Sagner-Düchting. München, London u. New York, 2001 S. 155-163.

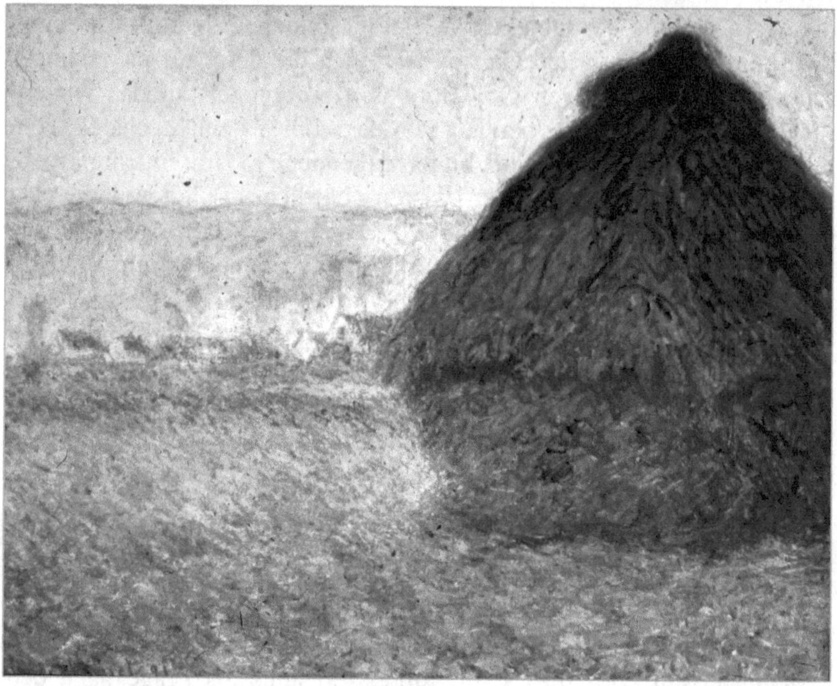

Abb. 2: Claude Monet. *Heuhaufen im Sonnenuntergang bei Giverny*, 1891. Öl auf Leinwand, 73,3 x 92,7 cm.

ästhetisch-methodische Diskussion um Fragen der Farbe, wie sie Georges Seurat (1859-1891) im Programm einer wissenschaftlichen Fundierung der Farbwirkung seiner Bilder erprobt, konturieren.[32]

In einem schlaglichtartigen Blick auf den Bildbau von Monets *Heuhaufen bei Sonnenuntergang*, der 1891 entstanden ist (Abb. 2), und auf Seurats *Grande Jatte* von 1884 (Abb. 3) kann diese Unterscheidung verdeutlicht werden. Beide Bilder fragen auf je unterschiedliche Weise nach der bildlichen Bedeutungskonstitution: In der Spannung von bedeutungslosen kleinsten Einheiten und dem Aufbau von bildlicher Bedeutung aus einem Anordnungsgeschehen dieser kleinsten Einheiten etabliert sich hier die bildliche Darstellung. Das heißt: Ihre Zerlegungsarbeit findet im Horizont eines Ganzen statt. Sie folgen dem anatomischen Paradigma, ohne dass es dabei zu einer Entkörperlichung kommt. Vielmehr konstituiert gerade die Zerlegung, paradox gesprochen, das Ganze.

32 Vgl. Martin Kemp. *The Science of Art. Optical Themes in Western Art from Brunelleschi to Seurat*. New Haven, 1990, S. 305-322.

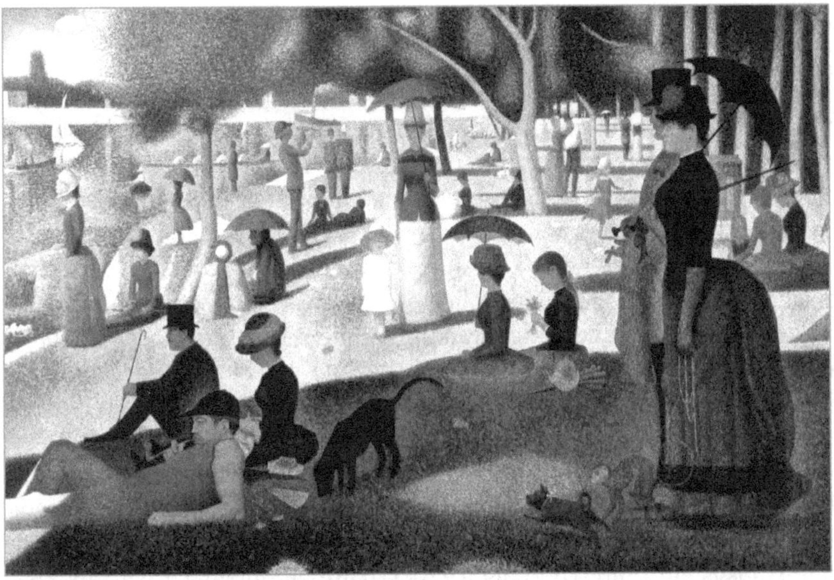

Abb. 3: Georges Seurat. *Ein Sonntagnachmittag auf der Grande Jatte*, 1884. Öl auf Leinwand, 225 x 340 cm.

Der entscheidende Unterschied zwischen Monet und Seurat liegt nun in der Idee einer Verwissenschaftlichung der Malerei bei Seurat. Dazu greift Seurat auf zeitgenössische Farb- und Sehtheorien zurück, um zu einer Methodisierung der Bildwirkung aus Farbe zu kommen. Davon kann bei Monet nicht gesprochen werden. Was Monet leitet, ist eine methodisch nicht kontrollierbare Sehtätigkeit, die sich im Akt des Malens situativ zwischen Motiv und Leinwand entscheidet. In der Arbeit in Serien erprobt Monet seine künstlerischen Fragen ohne Zweifel systematisch, nicht aber wie Seurat mit einem methodischen Impetus. Leitlinie für Monet bleibt die Erfahrung der Natur, der er in einer besonderen Gesehenheit folgt. Davon kann bei Seurat in dieser Form nicht gesprochen werden. Will man sein künstlerisches Anliegen, vielleicht in allzu scharfer Opposition zu Monet, charakterisieren, so geht es ihm um eine Bildwirkung in physiologischer Absicht. Seine Bildarbeit zielt auf eine malerische Motivkonstitution, die nach den Regeln des Farbsehens, wie sie von der zeitgenössischen Wissenschaft für das menschliche Auge analysiert worden waren, funktioniert. Darin folgt Seurat, um es hier zu pointieren, nicht wie Monet der Erfahrung der Natur, sondern Naturgesetzen, die die Leitlinie seiner künstlerischen Arbeit abgeben.

III. Malen als Operation

Mit der naturwissenschaftlichen Ausrichtung seiner Malerei kommt bei Seurat eine Operationalität seines Malverfahrens zur Geltung, in dessen später Linie, neben seinem Interesse an der Farbe, auch van Doesburg liegt. Van Doesburgs Farbinteressen sind allerdings nicht mehr an einer impressionistischen bzw. neoimpressionistischen Zerlegung in amorphe bzw. kleinste Punkte orientiert, sondern favorisieren geometrisierte Farbflächen als Grundbausteine. Wirksam in dieser Verschiebung ist um 1918 zunächst vor allem die Gründungszeit von *De Stijl* in der persönlichen und künstlerischen Auseinandersetzung mit Piet Mondrian (1872-1944), Bart van der Leck (1876-1958) und Vilmos Huszár (1884-1960),[33] dann Anfang der 1920er Jahre die Ausbildung einer geometrisierten Abstraktion in künstlerischer Nähe zu Mondrian, die sich in einer strengen horizontal-vertikal Ausrichtung organisiert.[34] Van Doesburgs Einführung von diagonalen Linien in das für Mondrian streng orthogonal ausgerichtete Bildsystem führt Mitte der 1920er Jahre zu einem Zerwürfnis zwischen beiden. Van Doesburg gibt dabei seinem Bilddenken – gegen Mondrians Neoplastizismus – den Namen des Elementarismus.[35]

Das künstlerische Selbstverständnis, das sich mit dem Elementarismus verbindet – um hier den Bogen auch wieder zum Beginn der Überlegungen zu schlagen – ist das einer radikalen Entsubjektivierung der Kunst im Zeichen des Universalen. Dieses betrifft die Ebene des Werkes wie den Künstler selbst. Unter der Leitfrage „Was ist dem Maler das Höchste?",[36] wie sie dem hier bereits zitierten Text von 1930 als Überschrift vorangestellt ist, schreibt van Doesburg:

> Komposition ist nicht das Höchste. Das Höchste ist der Übergang zu einer universalen Gestaltungsform. Zur Größe im Schaffen bringen es nur diejenigen, die nicht zögern, ihren Sinneswahrnehmungen zu mißtrauen, und zur Zerstörung imstande sind. Ein vollkommenes Werk entsteht erst, wenn wir auch noch un-

---

33 Vgl. Carel Blotkamp (Hg.). *De Stijl. The Formative Years, 1917-1922*. Cambridge, Mass., u. London, 1986.

34 Vgl. Els Hoek. „Piet Mondrian". *De vervolgjaren van De Stijl, 1922-1932*. Hg. v. Carel Blotkamp. Amsterdam u. Antwerpen, 1996, S. 115-152.

35 Theo van Doesburg. „Schilderkunst. Van kompositie tot contra-kompositie". *De Stijl* 7 (1926/1927), Nr. 73/74, S. 17-28; ders. „Schilderkunst en Plastiek. Over contra-kompositie en contra-plastiek. Elementarisme (Manifest-fragment)". *De Stijl* 7 (1926/1927), Nr. 75/76, S. 34-43 sowie ders. „Schilderunst en Plastiek. Elementarisme (Manifest-fragment)". *De Stijl* 7 (1926/1927), Nr. 78, S. 82-87. Vgl. ferner Evert van Straaten. „Theo van Doesburg. Konstrukteur eines neuen Lebens". *Theo van Doesburg* (Anm. 1), S. 76-94.

36 Van Doesburg (Anm. 2), S. 241.

> sere ‚Persönlichkeit' preisgeben. Das Universale liegt hinter unserer Persönlichkeit, der bloße Impuls hat noch nie ein Werk von bleibender Bedeutung und bleibendem Wert hervorgebracht. Das Verfahren der universalen Form beruht auf der Berechnung von Maß, Richtung und Zahl. Der Pyramide lag dasselbe Verfahren zugrunde. Bis hin zur Komposition mag die Persönlichkeit noch einigen Sinn haben, über die Komposition hinaus wird die Persönlichkeit eine einzige Lächerlichkeit, ein Hindernis.[37]

Mit der Vorstellung, der eigenen Sinneswahrnehmung zu misstrauen und die eigene Persönlichkeit preiszugeben, um auf diesem Wege zu einer universalen Gestaltungsform zu gelangen, nimmt van Doesburg hier Argumentationsfiguren auf, wie sie Daston und Galison für das Ideal der mechanischen Objektivität aufgezeigt haben. Es ist der Ausschluss, oder stärker formuliert: die Verbannung der Subjektivität aus der wissenschaftlichen Repräsentation, die dieses Ideal charakterisiert. Die Person, sei es der Wissenschaftler oder der zeichnende Künstler, wird durch den Apparat bzw. die Maschine und deren Möglichkeiten einer mechanischen, sprich: objektiven Reproduktion ersetzt. Das mechanisch hergestellte wissenschaftliche Bild wurde, wie es Daston und Galison formulieren, zum „Bannerträger von Objektivität", das untrennbar „mit einer unaufhörlichen Suche nach einem Ersatz individueller Überzeugungen und persönlichen Ermessens durch unveränderliche Abläufe mechanischer Reproduktion bei der Darstellung" verbunden war.[38] Mit anderen Worten: Das, was die Objektivität be- oder gar verhinderte, waren alle Spuren des Wissenschaftlers (oder des zeichnenden Künstlers) in den Bildern. Um also Objektivität in den Bildern zu erreichen, musste sich der Wissenschaftler selbst ganz zurücknehmen. Und genau darin sehen Daston und Galison das zentrale Kennzeichen und den Erfolg des Ideals der mechanischen Objektivität. Für sie ist das, was die Herausbildung des bildlichen Objektivismus im 19. Jahrhundert charakterisiert,

> die *Selbst*überwachung, eine zugleich moralische und naturphilosophische Form der Selbstkontrolle. Deshalb begannen die wissenschaftlichen Autoren dieser Periode, die mechanische Aufzeichnung als ein Mittel zur Hemmung ihrer *eigenen* Versuchung anzusehen, Systeme, ästhetische Normen, Hypothesen, Sprache und sogar anthropomorphe Elemente in die bildliche Darstellung einfließen zu lassen. Was als Überwachung von anderen begann, erweiterte sich nun zu einem moralischen Gebot für die Wissenschaftler, sowohl bezogen auf andere *als auch* auf sich selbst.[39]

Van Doesburg nimmt dieses Ideal für sein Künstlerselbstverständnis auf, indem er es von der wissenschaftlichen Form der Selbstkontrolle in

37 Ebd.

38 Daston u. Galison (Anm. 3), S. 58.

39 Ebd., S. 65 [Herv. i. Orig.].

die ästhetische Form eines Selbstverzichts transformiert. Genauer gesprochen, ist es ein Individualitäts- wie ein Werkverzicht. Van Doesburg bricht hier mit der Idee der Künstlerindividualität und des komponierten Werkes, wie es sich europäisch seit der Renaissance ausgebildet hatte.[40] Der persönlichen Gestaltungsform, die van Doesburg im Begriff des Barocks sammelt,[41] setzt er die universale Gestaltungsform entgegen. Ihre Bildform ist nicht an eine Künstlerindividualität gebunden, die intuitiv Kompositionen schafft, sondern hat ihre Basis in einer mathematischen Konstruktion. Sie berechnet sich aus Maß, Richtung und Zahl, also vor allem aus vektoriellen Kräften. Alles Individuelle ist hier aus der Kunst verbannt. An seine Stelle ist eine operationale Logik getreten.

Dieser Selbstentwurf van Doesburgs entspricht, was die operationale Logik angeht, im Übrigen seiner künstlerischen Praxis. In Farb- und Formexperimenten Ende der 1920er Jahre arbeitet van Doesburg an einer strikten Mathematisierung seiner Bilder. Diese Mathematisierung lässt sich für die *Arithmetische Komposition* von 1929/30 (Abb. 4) wie folgt beschreiben: In ihr wird

> ein schwarzes Quadrat, das ein Viertel der gesamten Bildfläche ausmacht, über die rechte untere Ecke in einem Winkel von 45 Grad gedreht, so daß in der rechten unteren Ecke ein gleichschenkliges Dreieck entsteht. Die Fläche des schwarzen Quadrats verkleinert sich in einer Abfolge von weiteren drei Quadraten jeweils im Verhältnis von 1:4. Die so regelmäßig sich verkleinernden Quadrate verhalten sich zu einem Rahmenquadrat jeweils wie das schwarze Ausgangsquadrat zur gesamten Bildfläche.[42]

Mit anderen Worten: Mathematische Regeln bestimmen den Aufbau des Bildes, das darin auf eine intellektuelle Anschauung zielt. Nimmt man in diesem Zusammenhang die zuvor versuchte Unterscheidung zwischen ästhetisch-systematischer und ästhetisch-methodischer Erprobung neuer bildsprachlicher Möglichkeiten in der Moderne noch einmal pointiert auf, so trifft man damit auch den entscheidenden Differenzpunkt zwischen Mondrian und van Doesburg. Es ist, wie bei Monet und Seurat, die Differenz zwischen einem begründenden Rückgriff der Kunst auf die Wissenschaft und einer nicht methodisierbaren Arbeit des Zusammensehens. Im Sinne dieses Zusammensehens zielt Mondrians Bildarbeit an der *Komposition mit vier gelben Linien* (Abb. 5) nicht darauf, Regeln

---

40 Vgl. Thomas Puttfarken. *The Discovery of Pictorial Composition. Theories of Visual Order in Painting, 1400-1800*. New Haven, 2000.

41 Theo van Doesburg. „Klassiek-barok-modern". *De nieuwe beweging in de schilderkunst*. Amsterdam, 1983, S.111-126.

42 Clara Weyergraf. *Piet Mondrian und Theo van Doesburg. Deutung von Werk und Theorie*. München, 1979, S. 57.

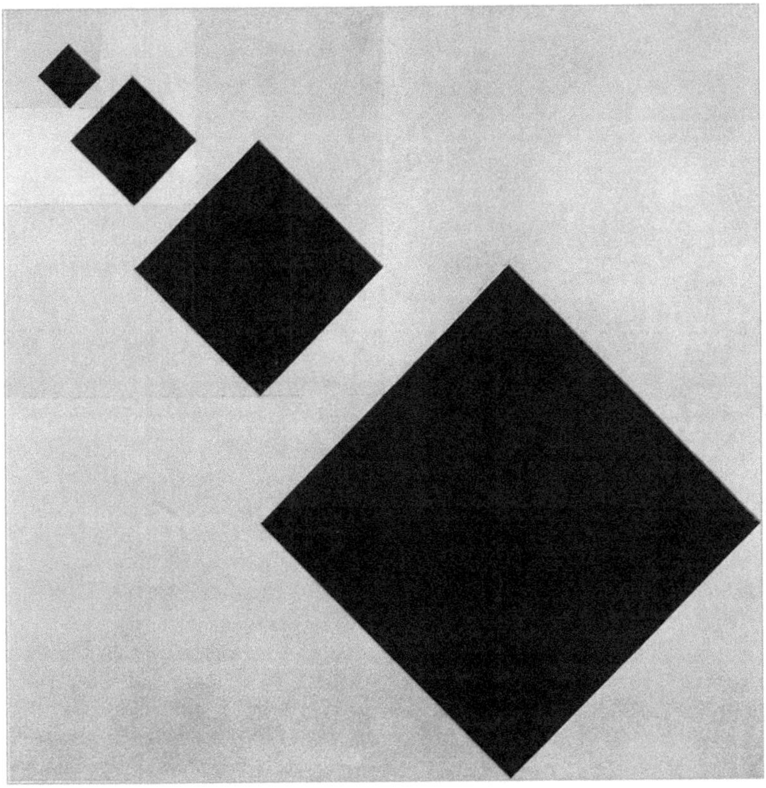

Abb. 4: Theo van Doesburg. *Arithmetische Komposition*, 1929/30. Öl auf Leinwand, 101 x 101 cm.

anzuwenden oder zu finden, sondern auf die Erarbeitung einer individuellen Bildlösung. Der Prozess der Bildfindung ist ein Ausprobieren und Ausponderieren visueller Gewichtungen in einem anschaulich bestimmten Zusammenhang von gestalterischer Aktion und bildlicher Reaktion. Darin stellt sich, ganz im Gegensatz zur intendierten intellektuellen Anschauung des Bildes von van Doesburg, eine somatische Wirkung ein: Positioniert man sich vor Mondrians Bild, und zwar anschaulich durch es geleitet, so steht man, bei aller Bildgeometrie aus der klaren Rautenform, aus der Mittelachse verschoben vor ihm. Darin ist Mondrians Bild körperlich wirksam, zielt es auf eine somatisch rückgebundene Anschauung. Bei aller scheinbaren Regelhaftigkeit der Bilder Mondrians leben sie vom Vorrang der ästhetischen Erfahrung gegenüber aller Methode.

Kommt man im Blick auf die *Arithmetische Komposition* abschließend noch einmal auf die Beschreibung des Pinsels bei van Doesburg als scharf, viereckig, hart, staubfrei und sauber zurück, so sind damit genau

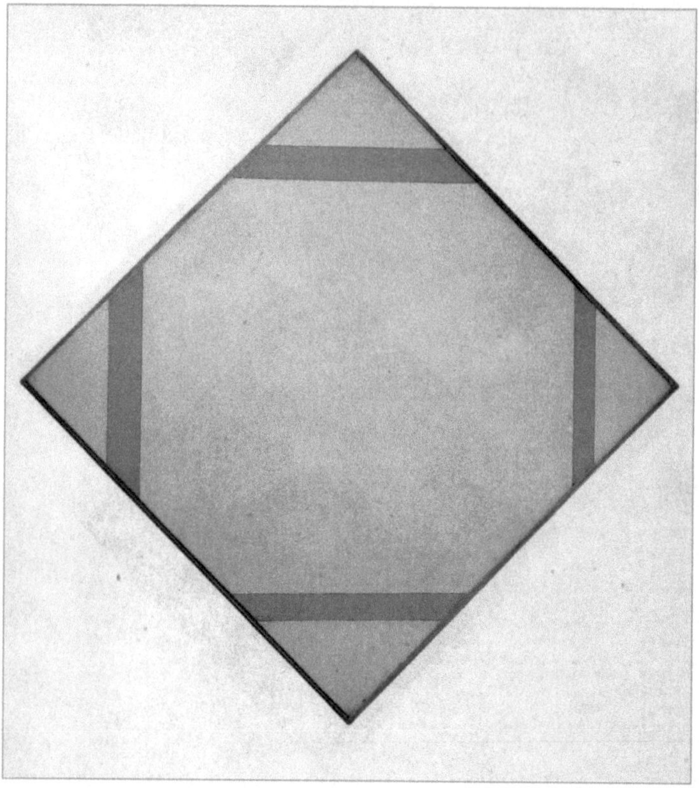

Abb. 5: Piet Mondrian. *Komposition mit vier gelben Linien*, 1933. Öl auf Leinwand, 80 x 80 cm.

jene Faktureigenschaften getroffen, die die malerische Gestaltung der *Arithmetischen Komposition* charakterisiert. Viereckig ist das schwarze Quadrat, dessen modulare Grundeinheit sich im viereckigen Pinsel findet; mit scharfer Kontur sind die Quadrate begrenzt; staubfrei und sauber (wie ein Operationsinstrument) muss der Pinsel sein, um eine glatte Oberfläche zu erreichen, auf die van Doesburg in der *Arithmetischen Komposition* zielt.[43]

---

[43] Vgl. den Brief von Theo van Doesburg an Antony Kok vom 23. Januar 1930, in dem er über die *Arthmetische Komposition* spricht. Hier zit. n. Els Hoek (Hg.). *Theo van Doesburg. Oeuvre catalogus*. Utrecht u. Otterlo, 2000, S. 533: „Mijn laatste doek, waaraan ik reeds heel lang werk is in zwart, wit en grijs; een controleerbare structuur, een *v a s t e* oppervlakte zonder toeval of individueele grilligheid, fantasieloos? ja. gevoelloos? Ja. Maar niet geest-loos, niet universeel-loos en evenmin, denk ik leeg, daar het *a l l e s* is wat in het innerlijk rythme past: het is zoowel de pyramide als de vallende steen, zoowel de keilsteen over het water als Echo, het is

Rechnerische Modularität und gestalterische Asepsis verbinden sich bei van Doesburg zu einem künstlerischen Selbstverständnis, in dem mathematische und chirurgische Momente im Zeichen des Operationsbegriffes zusammenkommen. Was für van Doesburg beide verbindet, ist ein präzises Vorgehen unter festgelegten Voraussetzungen auf der Basis wissenschaftlicher Rationalität. Auf dem Weg zum Universalen als der künstlerischen Form der subjektlosen Objektivität arbeitet van Doesburg an einer Verwissenschaftlichung der Kunst, und zwar aus der Verzahnung zweier Rationalitätsformen. Einerseits aus der Rationalität ihres gestalterischen Vorgehens: Dazu dient ihm die mathematische Logik; andererseits aus der Rationalität ihres handwerklichen Vorgehens: Dazu dienen ihm Ausstattung und Hygieneanforderungen des modernen Operationssaals. Van Doesburg bezieht sich darin auf eine Wissenschaftsauffassung, in der die Logik des mathematischen und chirurgischen Kalküls ein Zusammensehen Tulp'scher Provenienz abgelöst hat. Das *Theatrum anatomicum* hat sich im Zeichen des Methodischen modernisiert, für van Doesburg die Kunst auch.

Literaturverzeichnis

Birnie Danzker, Jo-Anne (Hg.). *Theo van Doesburg. Maler – Achitekt.* München, London u. New York, 2000.

Blotkamp, Carel (Hg.). *De Stijl. The Formative Years, 1917-1922.* Cambridge, Mass., u. London, 1986.

Blumenberg, Hans. *Die Lesbarkeit der Welt.* Frankfurt a. M., 1989.

Boehm, Gottfried. „Strom ohne Ufer. Anmerkungen zu Claude Monets Seerosen". *Claude Monet. Nympheas. Impression – Vision* [Ausst.kat.]. Basel u. Zürich, 1986, S.117-127.

Boehm, Gottfried. „Werk und Serie. Probleme des modernen Bildbegriffs seit Monet". *Claude Monet und die Moderne* [Ausst.kat.]. Hg. v. Karin Sagner-Düchting. München, London u. New York, 2001 S. 155-163.

Crary, Jonathan. *Aufmerksamkeit. Wahrnehmung und moderne Kultur.* Frankfurt a. M., 2002.

Daston, Lorraine u. Peter Galison. „Das Bild der Objektivität". *Ordnungen der Sichtbarkeit. Fotografie in Wissenschaft, Kunst und Technologie.* Hg. v. Peter Geimer. Frankfurt a. M., 2002, S. 29-99.

Debus, Allen George. *Man and Nature in the Renaissance.* Cambridge, 1978.

---

zoo wel de tijd als de Ruimte, het oneindig groote als het oneindig kleine. Rijk dus en niet arm. Ik heb ook in de f a c t u u r dit alles tot uitdrukking willen brengen en kan de geheele beelding in cijfers uitdrukken. Tegenover het intense, matte wit het glanzende, spiegelgladde zwart. Dit schilderij is nog steeds in wording en ik hoop het binnenkort te voltooien." [Herv. i. Orig.].

Foulon, Beatrice (Hg.). *Aux origines de l'abstraction, 1800-1914* [Ausst.kat.]. Paris, 2003.

Fuchs, Thomas. *Die Mechanisierung des Herzens. Harvey und Descartes – Der vitale und der mechanische Aspekt des Kreislaufs*. Frankfurt a. M., 1992.

Goerke, Heinz. *Medizin und Technik. 3000 Jahre ärztliche Hilfsmittel für Diagnostik und Therapie*. München, 1988.

Hoek, Els. „Piet Mondrian". *De vervolgjaren van De Stijl, 1922-1932*. Hg. v. Carel Blotkamp. Amsterdam u. Antwerpen, 1996, S. 115-152.

Hoek, Els (Hg.). *Theo van Doesburg. Oeuvre catalogus*. Utrecht u. Otterlo, 2000.

Imdahl, Max. „Sprechen und Hören als szenische Einheit. Bemerkungen im Hinblick auf Rembrandts ‚Anatomie des Dr. Tulp'" (1984). *Zur Kunst der Tradition* (= Gesammelte Schriften, Bd. 2). Hg. v. Gundolf Winter. Frankfurt a. M., 1996, S. 457-474.

Imdahl, Max. *Farbe. Kunsttheoretische Reflexionen in Frankreich*. München, 1988.

Jaffé, Hans L.C. *Mondrian und De Stijl*. Köln, 1967.

Kemp, Martin. *The Science of Art. Optical Themes in Western Art from Brunelleschi to Seurat*. New Haven, 1990.

Koyré, Alexandre. „Galilei und Platon". *Leonardo, Galilei, Pascal. Die Anfänge der neuzeitlichen Naturwissenschaft*. Frankfurt a. M., 1998, S. 88-122.

Mani, Nikolaus. „Die griechische Editio princeps des Galenos (1525), ihre Entstehung und ihre Wirkung". *Gesnerus* 13 (1956), S. 29-52.

Mörgeli, Christoph. *Die Werkstatt des Chirurgen. Zur Geschichte des Operationssaals*. Basel, 1999.

Pagel, Walter. *William Harvey's Biological Ideas. Selected Aspects and Historical Background*. Basel u. New York, 1967.

Porter, Roy. *Die Kunst des Heilens. Eine medizinische Geschichte der Menschheit von der Antike bis heute*. Heidelberg, Berlin u. Darmstadt, 2000.

Puttfarken, Thomas. *The Discovery of Pictorial Composition. Theories of Visual Order in Painting, 1400-1800*. New Haven, 2000.

Riegl, Alois. *Das Holländische Gruppenporträt*. Hg. v. Karl Maria Swoboda. Wien, 1931.

Schmidt-Biggemann, Wilhelm. „Aristoteles im Barock. Über den Wandel der Wissenschaften". *Res Publica litteraria. Die Institutionen der Gelehrsamkeit in der frühen Neuzeit*. Hg. v. Sebastian Neumeister u. Conrad Wiedemann. Wiesbaden, 1987, S. 281-298.

Sherrington, Charles. *The Endeavour of Jean Fernel*. Folkestone u. London, 1974.

Toellner, Richard. „Medizin, III. Frühe Neuzeit". *Historisches Wörterbuch der Philosophie*, Hg. v. Joachim Ritter u. Karlfried Gründer. Basel u. Stuttgart, 1980, Bd. 5, S. 984-992.

Toellner, Richard. „‚Renata dissectionis ars'. Vesals Stellung zu Galen in ihren wissenschaftsgeschichtlichen Voraussetzungen und Folgen". *Die Rezeption der Antike. Zum Problem der Kontinuität zwischen Mittelalter und Renaissance*. Hg. v. August Buck. Hamburg, 1981, S. 85-95.

Toellner, Richard. „Medizin in der Mitte des 18. Jahrhunderts". *Wissenschaften im Zeitalter der Aufklärung*. Hg. v. Rudolf Vierhaus. Göttingen, 1985, S. 194-217.

van Doesburg, Theo. „Schilderkunst. Van kompositie tot contra-kompositie". *De Stijl* 7 (1926/1927), Nr. 73/74, S. 17-28.

van Doesburg, Theo. „Schilderkunst en Plastiek. Over contra-kompositie en contraplastiek. Elementarisme (Manifest-fragment)". *De Stijl* 7 (1926/1927), Nr. 75/76, S. 34-43.

van Doesburg, Theo. „Schilderunst en Plastiek. Elementarisme (Manifest-fragment)". *De Stijl* 7 (1926/1927), Nr. 78, S. 82-87.

van Doesburg, Theo. „Klassiek-barok-modern“. *De nieuwe beweging in de schilderkunst*. Amsterdam, 1983, S.111-126.

van Doesburg, Theo. „Die Grundlage der konkreten Malerei“. *Konkrete Kunst. Manifeste und Künstlertexte*. Hg. v. Margit Weinberg Staber. Zürich, 2001, S. 25.

van Doesburg, Theo. „Kommentare zur Grundlage der konkreten Malerei“. *Konkrete Kunst. Manifeste und Künstlertexte*. Hg. v. Margit Weinberg Staber. Zürich, 2001, S. 26-28.

van Straaten, Evert. *Theo van Doesburg. Constructor of the New Life*. Otterlo, 1994.

van Straaten, Evert. „Theo van Doesburg. Konstrukteur eines neuen Lebens“. *Theo van Doesburg. Maler – Achitekt*. Hg. v. Jo-Anne Birnie Danzker. München, London u. New York, 2000, S. 43-119.

Volkenandt, Claus. *Rembrandt. Anatomie eines Bildes*. München, 2004.

Weyergraf, Clara. *Piet Mondrian und Theo van Doesburg. Deutung von Werk und Theorie*. München, 1979.

NICOLA SUTHOR

Demontierte Anatomien. Pablo Picassos *Une Anatomie* (1933) und Giovanni Battista Braccellis *Bizzarie di Varie Figure* (1624)

Im Februar des Jahres 1933 zeichnet Pablo Picasso eine Serie von fantastischen Gestalten, die zwei Monate später im ersten Band der am Surrealismus orientierten Zeitschrift „Minotaure" unter dem Titel *Une Anatomie. Dessins de PICASSO* publiziert werden (Abb. 1-3). Die 30 fantastische Ausgeburten umfassende Serie hat damit einen konvenablen Rahmen gefunden. Ihre Gruppierung ist schlicht. Vor einer Horizontlinie stehen jeweils drei Figuren nebeneinander aufgereiht. Eine gleichförmige Helldunkelmodellierung schafft eine Plastizität, der durch die Schatten, die ihre Beine werfen, Nachdruck gegeben wird. Diese konventionellen Darstellungsmittel sind auf Figuren angewandt, die trotz ihrer Abwegigkeit auf fantastische Weise menschliche Anatomien vorzustellen vermögen. Den oberen kreisförmigen Abschluss markiert eine Dreierpunktierung als Gesicht, wobei die eine oder andere Vierermarkierung diese Regel spielerisch bricht. Ein einzelner kleiner Kreis im Zentrum großer Volumen kennzeichnet den Bauchnabel. Die Idee einer Platte als tragendes Element tritt in den verschiedensten Spielarten auf: mal rund, mal eckig, mal schmal, mal breit, je nach funktionalem Kontext. Mal alludiert sie auf den Brustkorb, auf dem zwei längliche konische Formen als Brüste aufmontiert sind. Mal stützt die Platte den gesamten Oberkörper und liegt direkt auf dem Beingestell auf. Die vertikale Achse, bestehend aus einem Stab oder Pfosten, die meist in einer Verdickung auslaufen, in die sich das Kürzel des Gesichts einschreibt, markiert die Wirbelsäule. Die weichteiligen flachen Polster, die auf dem starren Gefüge aufliegen und von der vertikalen Achse durchstoßen sind, scheinen entfernt auf die Eingeweidemuskulatur anzuspielen, die neben dem Knochengerüst den Stützapparat der menschlichen Anatomie ausmacht. Während manche Gebilde sich leichter mit dem menschlichen Körper assoziieren lassen – die Einteilung in Beine, Bauch, Ober-

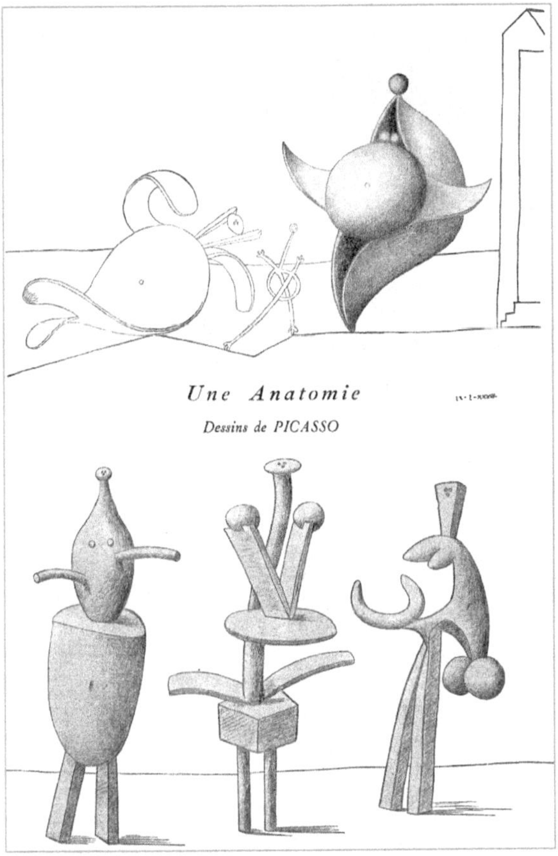

Abb. 1: *Une Anatomie. Dessins de PICASSO* (Blatt 1 von 5, 1933).

körper, Arme ist nahe liegend – geben andere Gebilde Rätsel auf. Wie haben wir die ovalen Formen auf dem V zu verstehen, dessen Spitze auf einem scheinbar frei schwebenden runden Tablett aufliegt (Abb. 1, unten, mittig)? Sind es Hände, Brüste? Die Schenkel des Vs: Arme? Aber wenn ja, was sind dann die von der vermeintlichen Hüfte abschwingenden Gliedmaßen? Das V-förmige Element wiederholt sich in mehreren Anatomien. In der Größe reduziert und in die untere Zone verschoben, markiert es hier – wie der kleine Trichter bei weiteren Figuren – die Körperöffnung der Vagina. In den späteren Dreiergruppen spitzt sich der Eindruck einer burlesken Bricolage aus Ersatzteilen zu (Abb. 4). Das Amorphe verschwindet; das Gestell tritt hervor. Stühle, Platten, Bälle, Reifen, Stangen treten an die Stelle von Kissen, Würsten und Kartoffeln als assoziative Bezüge. Das Stecksystem, das die Glieder verkeilt, funktioniert jedoch nur augenscheinlich. Bei näherer Betrach-

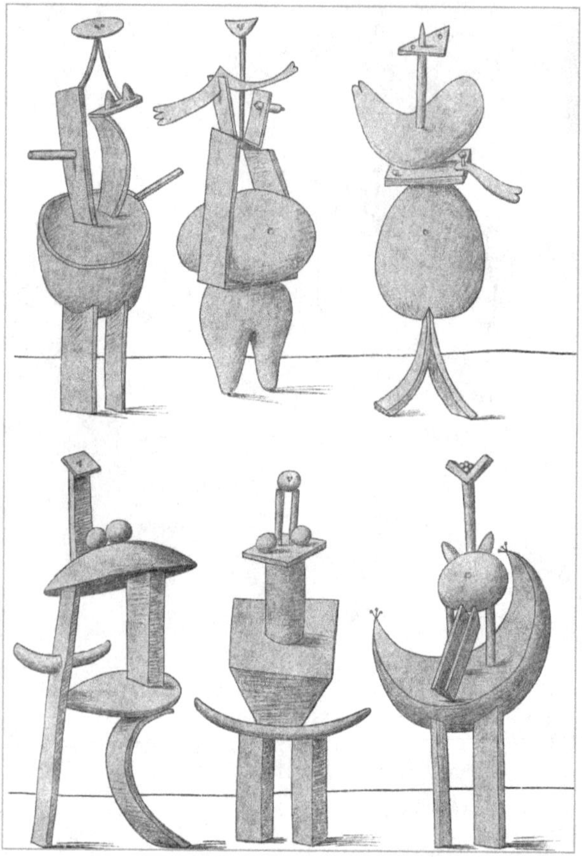

Abb.2: *Une Anatomie. Dessins de PICASSO* (Blatt 2 von 5, 1933).

tung irritieren frei schwebende Teile, die keine tragende Verbindung zum Rest aufweisen.

Picassos freies Improvisieren mit körperfernen Gliedmaßen, die aus dem Atelier des Schmieds oder Tischlers zu entstammen scheinen, um absurde Anatomien zusammenzusetzen, korrespondiert mit einer nicht minder fantastischen grafischen Folge: Giovanni Battista Braccellis *Bizzarie di Varie Figure* von 1624, ein unkommentiertes Bilderbuch, das 50 radierte Blätter fasst, seinerzeit kaum Verbreitung fand, aber Mitte des 20. Jahrhunderts wiederentdeckt wurde, um schließlich als eine Präfiguration des Surrealismus in die Kunstgeschichte Eingang zu finden.[1]

1 Gustav René Hockes *Die Welt als Labyrinth. Manier und Manie in der europäischen Kunst. Beiträge zur Ikonographie und Formgeschichte der europäischen Kunst von 1520 bis 1650 und der Gegenwart* von 1957 ist in erster Linie zu nen-

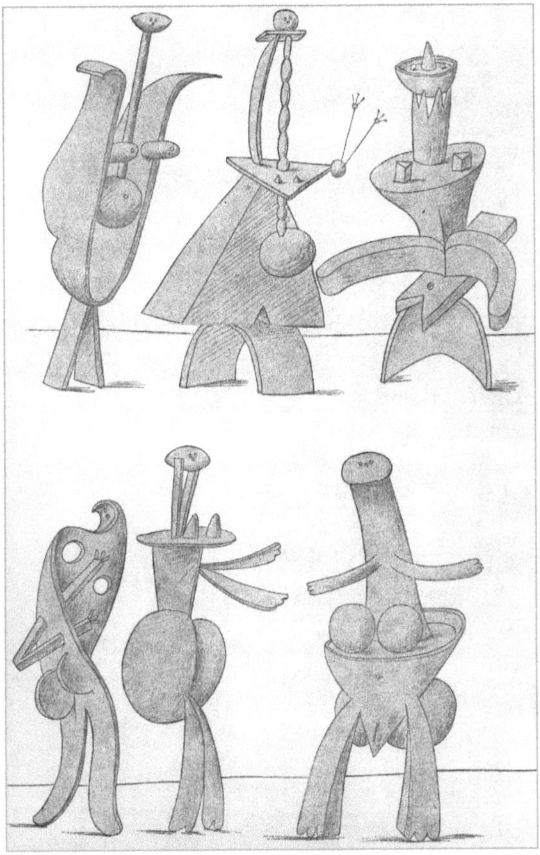

Abb. 3: *Une Anatomie. Dessins de PICASSO* (Blatt 3 von 5, 1933).

---

nen. Kaum etwas wissen wir über den Künstler. Weder sein Geburts- noch sein Todesdatum ist bekannt. Gewiss ist allein, dass Braccelli zwischen 1616 und 1650 in Florenz und Livorno in der Werkstatt des Florentiner Malers Jacopo da Empoli tätig war, in dessen Vita sich auch die erste Erwähnung der Bizzarien findet. Filippo Baldinucci schreibt Ende des 17. Jahrhunderts in der Vita da Empolis: „Dieser [Giovanni Battista Brazzè; Anm. d. Verf.] war der Erfinder gewisser Capriccios, Menschen zu malen, indem er einige aus verschiedenen Früchten, andere aus Instrumenten der Küche und des Maurerhandwerks und Ähnlichem zusammensetzte." Filippo Baldinucci. *Notizie dei Professori del Disegno* [...]. Hg. v. Ferdinando Ranalli. 5 Bde. Florenz, 1845-1847, Bd. 3, 1846, S. 17. Vgl. auch den Eintrag zu Giovanni Battista Braccelli in Giuliana Guidi u. Daniela Marucci (Hg.). *Il Seicento Fiorentino, Arte a Firenze da Ferdinando I a Cosimo III* [Ausst.kat.]. Florenz, 1986, S. 43. Die Kurzbeschreibung, die stark an Arcimboldo denken lässt, hat die Fährte für die Lektüre der Figurinen als Berufspersonifikationen gelegt. So liest Roland Kanz aus der Zusammenstellung der Instrumente beispielsweise einen Gärtner und einen Schneider heraus. Vgl. Roland Kanz. *Die Kunst des Capriccio. Kreativer Eigensinn in Renaissance und Barock*. München, 2003, S. 266.

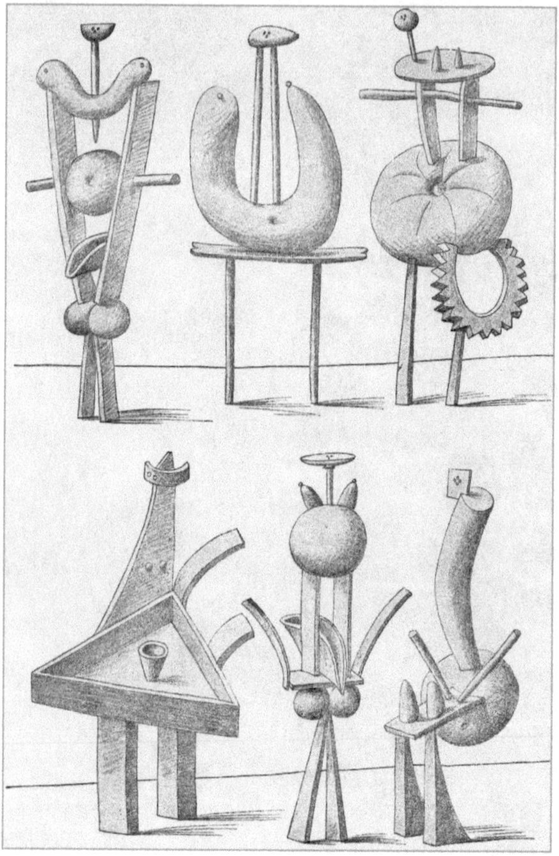

Abb. 4: *Une Anatomie. Dessins de PICASSO* (Blatt 4 von 5, 1933).

Die Zusammenschau beider Künstler hat Geschichte: Als Alain Brieux, der 1963 den Reprint seiner eigenen Originalausgabe des Werkes veranlassen wird, den Buchhändler nach dem Preis seiner Trouvaille fragen wollte, trat ein Liebhaber moderner Bücher ein, der im Begriff war, einen Buffon von Picasso zu kaufen. Brieux berichtet, wie er es mit der Angst zu tun bekam: „Wenn er mein Buch sieht, bin ich verloren; sein Geschmack an Picasso wird ihn darauf stoßen!“[2]

Im Vorwort der Publikation Brieuxs wird der frühere Dadaist und spätere Surrealist Tristan Tzara Formulierungen finden, die ebenso auf Picassos *Une Anatomie* zutreffen, nicht zuletzt wegen der Annektierung des Werkes Braccellis als eines des Surrealismus.

2 Alain Brieux. „L’aventure d’un livre“. *Braccelli. Bizzarie*. Hg. v. dems. Paris, 1963 [Nachdruck d. Ausgabe Florenz, 1624], S. 23.

Tzara verortet den speziellen Humor des Werks einerseits in der Anspielung der Gliederpuppen auf menschliche Verhaltensweisen, andererseits – und dies korrespondiert mit Picassos *Une Anatomie* – in der Labilität der Figuren selbst, die den Gesetzen der Schwerkraft enthoben zu sein scheinen und sich auf paradoxe Weise im Raum aufrecht zu halten vermögen.[3] Die Missachtung der Naturgesetze entfesselt die Einbildungskraft, die mit den Gliedern frei jongliert.[4] Tzaras Aussage „Braccelli möchte ein Leben kreieren, wenn schon kein organisches, so doch ein kohärentes",[5] versieht das Bild des Florentiner Spätmanieristen mit einer modernen Perspektive, wie sie am pointiertesten in dem Tagebucheintrag Paul Klees formuliert ist:

> Wie der Mensch, so hat auch das Bild Skelett, Muskeln und Haut. Man kann von einer besonderen Anatomie des Bildes sprechen. Ein Bild mit dem Gegenstand: *Nackter Mensch* ist nicht menschlich-anatomisch, sondern bild-anatomisch zu gestalten.[6]

Tzaras Formulierung des Wunsches Braccellis, Leben zu kreieren, trifft sich mit Jean Cocteaus bemerkenswerter Vorstellung von der Lebendigkeit des Bildes in seinem Text zu Picasso, den er Erik Satie widmete. Cocteau schreibt:

> Der Zeichner macht das Werk lebendig, nicht indem er an das Leben des Ganzen, um das sich die Linien organisieren, denkt, sondern vielmehr wenn er seine Linie auf einmal in Todesgefahr wähnt. – Die Gefahr des Akrobaten. – Einzig zu diesem Preis lebt das Ganze sein eigenes Leben und konstituiert einen Organismus, statt die tote Repräsentation einer lebendigen Form zu sein. Aus jeder anderen Meisterschaft entspringt allein Nachäfferei. Das Leben eines Bildes ist unabhängig von dem, was es imitiert.[7]

---

3 „Une forme d'humeur [...] émane des scènes imaginées par Braccelli, surtout lorsqu'elles sont calquées sur des actions humaines. [...] les personnages construits par Braccelli, échapant aux lois de l'attraction terrestre, prétendent pouvoir se maintenir dans l'espace." Tristan Tzara. „Propos sur Braccelli". *Braccelli. Bizzarie* (Anm. 4), S. 6 u. S. 14.

4 „Les performances qu'il enregistre sous l'angle de ce prétendu concours dont les spectateurs font figure d'abitres présumés, sont dû principalement à l'étendue de son imagination, mais aussi, aux jongleries, mentales celles-là, qu'il exécute en defiant les lois de la nature." Ebd., S. 17.

5 „Braccelli veut créer une vie, sinon organique, du moins cohérente, réduite au pur mouvement du corps humain." Ebd., S. 13.

6 Paul Klee. *Tagebücher 1898-1918 und Texte*. Köln, 1995, S. 241.

7 „Ce n'est pas en pensant à la vie de l'ensemble vers quoi s'organisent les lignes que le dessinateur fera œuvre vivant, mais en sentant sa ligne en danger de mort d'un bout à l'autre du parcours. Un danger d'acrobate. À ce seul prix, l'ensemble vivra d'une vie propre et constituera un organisme au lieu d'être la représentation morte d'une forme vivante. De toute autre maîtrise ne résultera qu'une singerie. La vie d'un

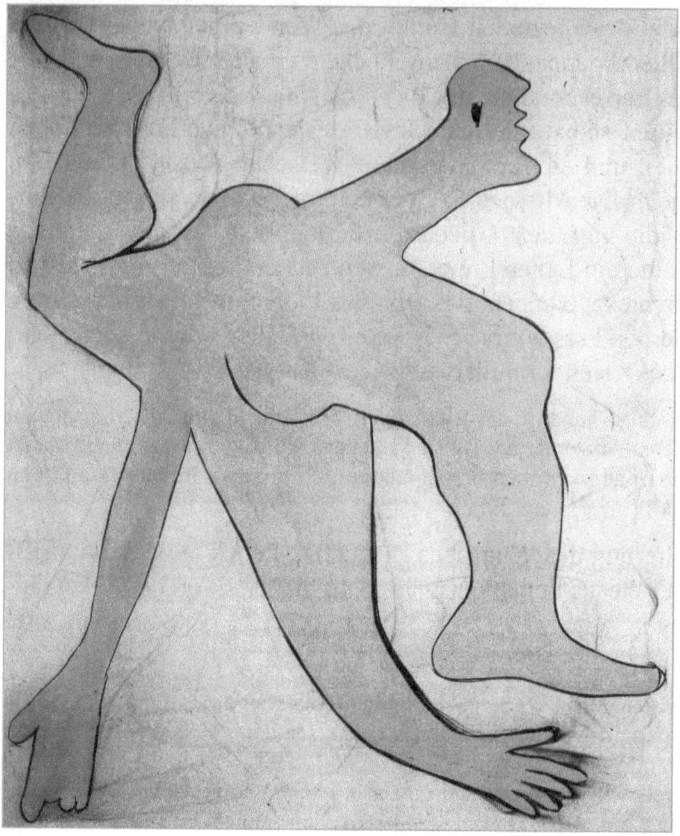

Abb. 5: Pablo Picasso. *Der blaue Akrobat* (Paris, November 1929).

Der die eigenen Grenzen sprengende Körper des Akrobaten beschäftigte Picasso wenige Jahre vor der Veröffentlichung der Serie *Une Anatomie. L'Acrobat Bleu* (Abb. 5) besteht aus sich überschlagenden Gliedern. Arme und Beine tauschen sich aus. Als fünftes Glied streckt sich ein geradezu phallisch anmutender Hals heraus, dessen Kopf mit der gegenüberliegenden Hand korrespondiert. Allein eine schwarze Markierung ruft die Vorstellung eines Auges und damit das Bild eines Profilkopfes hervor und drängt die sich aufzwingende Vorstellung einer geballten Faust zurück. Das Nach-Oben-Stemmen der Beine als stärkstes Motiv für das Heben des Gewichts, das schließlich die Schwere des Körpers außer Kraft setzt, ist durch das unterschiedliche Volumen visualisiert: Während das eine Bein schwer nach unten lastet, ist das andere nach

tableau est indépendante de celle qu'il imite." Jean Cocteau. *Picasso.* Paris, 1996, S. 22.

oben gebeugte wesentlich kleiner; seine Wade zeigt deutlich Anspannung. Der durchgestreckte Arm bildet eine Achse – die Faust legt Anker in der unteren linken Bildecke – die im Begriff ist, aus dem Lot zu geraten. Ein Radschlag ist indiziert, den der rechts anschließende weit massigere Arm aufzufangen sich anschickt: Seine Hand breitet sich aus, um ‚Fuß zu fassen'. Ein eigenständiger bewegter Organismus, gewonnen aus der Konturlinie, die die Glieder umreißt, stellt sich her. Die Wölbungen, die eine Schulter oder vielleicht ein Gesäß beschreiben, umschließen gleichermaßen Muskelmasse und Knochenstruktur in der Fläche. Das Himmelblau als Binnenfarbe verleiht dem schwebenden Moment in der Aufhebung der Schwerkraft des Körpers Nachdruck. In der Fläche ist hier ein komplexer Bewegungsapparat entworfen, der dem Aufbau des menschlichen Organismus zuwiderläuft, auf den Kopf stellt, aber durch die Bezogenheit der Glieder eine in der Fläche plausible Bewegung zu vollführen scheint.

Die im Prozess der Bildentstehung zu beschwörende Todesgefahr als springender Moment für die Lebendigkeit des Bildes ist in Braccellis und Picassos Anatomien der freie Fall der Elemente, der quasi in der Luft hängt. Bereits vor der Serie *Une Anatomie* hatte Picasso im Sommer 1928 in einem Skizzenbuch abenteuerliche Anatomien entworfen, die sich aus Knochen, Brocken, Kieseln zusammensetzen (Abb. 6). Mal stabilisiert ein Unterkiefer, mal ein Kotelett, mal eine Gabel die labile Formation. Ähnlichkeitsbezüge zum menschlichen Körper lassen sich hier schwerlich aufmachen. Allein die Punktierungen des Abschlusssteins rufen ein Gesicht auf und gliedern die darunter liegenden Teile zum Körper. Während die fantastischen Körper aus *Une Anatomie* zusammenmontiert sind – die Glieder scheinen meist ineinander verschweißt zu sein – sind die Elemente im *Cahier de Dinard* bloß aneinander gelehnt, und die Labilität des riskanten Balanceakts beschwört die Gefahr des Zusammensturzes herauf.

Die vitalisierende Abspaltung des Bildes von der Repräsentation, wie sie Jean Cocteau für Picasso konstatiert, wird kraft der Lautréamont'schen Formel erwirkt, die die poetische Zündung im Zusammentreffen zweier unvereinbarer Realitäten provoziert. Das anatomische Glied konterkariert seine Bestimmung, indem es sich der Darstellung einer anderen Wirklichkeit verschreibt. Das Stilllebenhafte forciert den provozierten Umschlag von der ‚nature morte' zum ‚tableau vivant'. In Picassos *Une Anatomie* werden schließlich Stuhlbeine zu figürlichen Untergestellen, Stuhllehnen zu Rücken, Stäbe oder Pfosten zu Wirbelsäulen, ausgestanzte Dreiecke und Trichter zur Vagina, Kugeln oder Tassen zu Brüsten, Kissen zu Bäuchen, ein Kelch, eine Schale zum Kopf.

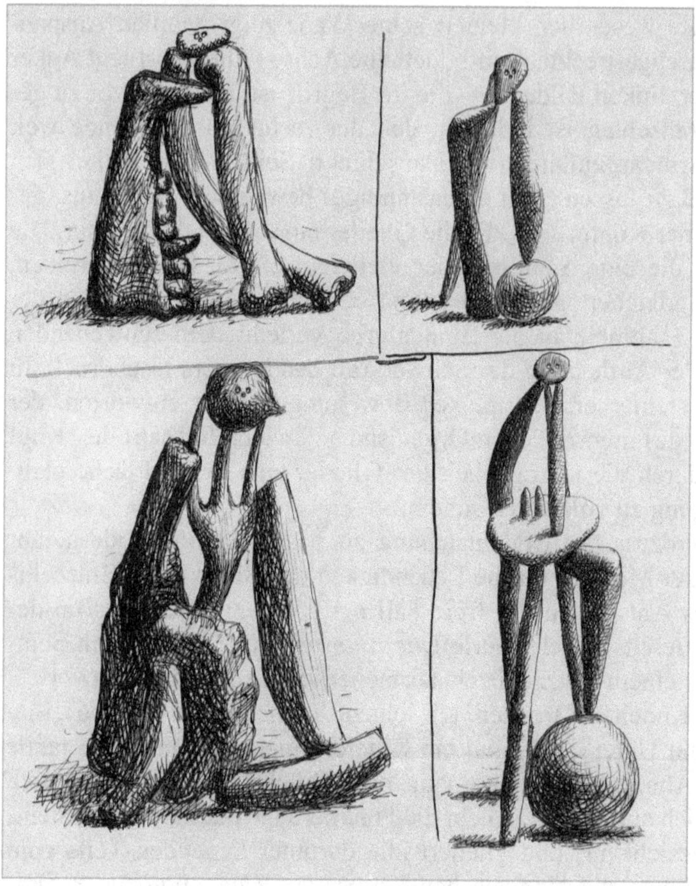

Abb. 6: Pablo Picasso. Skizzen aus dem *Cahier de Dinard 9* (1928).

Doch auch Braccelli schon schöpfte aus der poetischen Zündung zwischen einer Nähmaschine und einem Regenschirm auf einem Seziertisch *avant la formule*, wenn er im Sinne André Bretons die Grenze zwischen der Ordnung der Dinge und der der Sprache aufhebt.[8] Wenn Braccelli ein Waschbrett mit einem Kessel verknüpft, um einen Torso zu gestalten, wenn er einen Blasebalg zum Brustkorb nimmt, und wenn

8 1940 nahm André Breton Teile der „Gesänge" Lautréamonts in seine *Anthologie des schwarzen Humors* auf und schrieb in der Einleitung: „Die Grenzen sind gefallen, in denen Worte in Beziehung zu Worten, Dinge in Beziehung zu Dingen treten können. Ein Prinzip ständiger Verwandlung hat sich der Dinge wie der Ideen bemächtigt und zielt auf ihre totale Befreiung ab, die die des Menschen impliziert." André Breton. *Anthologie des schwarzen Humors*. München, 1972, S. 216f.

langstielige Kochlöffel Arme ausbilden, dann betreibt er ein spielerisches Metaphorisieren der Körperglieder, innerhalb dessen, wie Tzara beschreibt, das Wortspiel in ein Bildspiel verwandelt wird. Diese Transformation leistet die Regelhaftigkeit, die sich im Freiraum, den die Fantasie eröffnet, Bahn bricht und in der Kohärenz der Anatomie stabilisiert. Tzara schreibt:

> Es ist bemerkenswert, dass auf der Linie Arcimboldos und seiner Schule [und hier reiht er Braccelli ein; Anm. d. Verf.] die Entwicklung und Proliferationen der Formen und Bilder auf eine systematischen Weise, d. h. auf einem eingeschlagenen Weg geschieht. Die sichtbar gemachte Heterogenität der Elemente ist selbst einer Uniformisierung des Gedankengangs unterworfen.[9]

Und es ist die rigorose Systematisierung in der Imagination, die das Werk Braccellis laut Tzara mit dem Surrealismus verbindet. – Und es sei eingeschoben, dass diese Systematisierung bei Picasso auch schon durch den Titel *Une Anatomie* (‚EINE Anatomie') angezeigt ist. – Durch dieses quasi wissenschaftliche Denken, das die Fantasie ausübt, erhält das Werk, das eine in sich geschlossene Welt konstruiert, Tzara zufolge eine axiomatische Bedeutung.[10]

Tristan Tzaras kunsttheoretische Betrachtungen zu Braccellis Bizzarien führen das spätmanieristische Werk nicht allein auf den Surrealismus – als ihm vorlaufend – hin, sie resonieren nicht nur mit Picassos – nach eigener Aussage – einzigem surrealistischen Werk, sondern berühren auch einen Schwerpunkt der vormodernen Kunstlehre: den der Systematisierung der Zeichenpraxis, um die Fantasie zu bahnen.

Das imaginative Vermögen, unabhängig vom lebenden Modell menschliche Gestalten entwerfen zu können, ist eines der Hauptargumente für die Forderung, die bildende Kunst in den Rang einer ‚artes liberales' zu heben. Damit die menschliche Gestalt jedoch als solche nicht nur zu erkennen sei, sondern auch für wahr genommen werden könne, galt es, den menschlichen Körper vorab genau studiert zu haben. Das eingehende Naturstudium erst schafft den zu memorierenden Fundus, auf den das Vorstellungsvermögen im Entwurf eigener Anatomien

---

9 „Il est à remarquer que, dans la lignée d'Arcimboldo et de son école, le developpement ou la prolifération des formes et des images a lieu d'une facon systématique, c'est-à-dire, dans une direction donnée, l'hétérogenité des éléments mis en présence étant elle-même soumise à une uniformisation de la conduite de la pensée." Tzara (Anm. 3), S. 4.

10 „En tout état de cause c'est précisément parce que l'imagination de Braccelli est systematisée, chaque planche étant l'expression d'un monde fermé et les termes de la metaphore mis sur un même plan, que son art prend un aspect axiomatique. [...] C'est sous l'angle de la pensée scientifique que s'exerce la fantasie de Braccelli." Ebd., S. 4 u. S. 12.

zurückgreifen kann. Neben dem Aktstudium als einer der Säulen des Kunstunterrichts war das Sezieren von Leichen Pflichtprogramm der sich ab Mitte des 16. Jahrhunderts bildenden Kunstakademien – von keinem geringeren als Michelangelo Buonarroti vorgelebt –, um künstlerische Meisterschaft zu erlangen.

Das anatomische Zeichnen, das sich wie das Aktzeichnen an der Wirklichkeitserfassung abarbeitet, ist ohne den das Sichtbare ordnenden und dabei zwangsläufig überarbeitenden Einsatz der Imagination kaum zu denken.

Das von Medizinern angeleitete Zerlegen des Körpers, um die Bausteine für die menschliche Anatomie in der Breite ihrer Möglichkeiten zu gewinnen, ist nur der *eine* Aspekt der Verwissenschaftlichung der bildnerischen Praxis, auf welche sich der Kunstbegriff der Frühen Neuzeit im Wesentlichen stützt. Der andere ist die nicht minder proklamierte Unterweisung in Geometrie, die den Körper räumlich strukturiert. Beide Forschungsfelder arbeiten an der Visualisierung der dem bloßen Auge verborgenen Ordnung des menschlichen Organismus, die einer deskriptiven Mimesis entgeht.

Die geometrische Linie, die sich scharf akzentuiert von der weicheren Linienführung der mimetischen Darstellung des Gesichts oder Körpers absetzt, ist Maßnahme, um eine planimetrische bzw. plastische Form zu sondieren. Die linearen Einschnitte für sich genommen bilden das Gerüst für den Aufbau frei imaginierter Köpfe und Körper. Das feste Liniengefüge, das die Körper parzelliert, gerät dabei zunehmend in Bewegung. Sektion auch hier und Integration – Zerlegung also in Bausteine und Verknüpfung dieser in der dritten Dimension des fingierten Bildraums – sind die Lektionen, die sich im Laufe der Frühen Neuzeit zunehmend auch in Form von Bücherwissen konsolidieren. Die Überformung der menschlichen Anatomie durch geometrische Richtlinien schafft in erster Linie eine Systematik in der Zeichenpraxis, die den Anspruch auf Wissenschaftlichkeit erhebt. Das Liniennetz, in welchem die eingespannten Körper wie Marionetten gedreht und gewendet werden können, garantiert – als Matrix einer Wissenschaft von der Perspektive – die Beherrschung der schwierigsten Aufgabe der Malerei: die Illusion eines dreidimensionalen Körpers auf der Fläche des Bildträgers. Doch neben die Aufgabe, die Verkürzung eines konkreten Körpers in seiner räumlichen Verschiebung korrekt zu bemessen, tritt das Ziel, in der Imagination frei zu erfindende Anatomie überzeugend zu entwerfen. Albrecht Dürer bildete mit *Vier Bücher von menschlicher Proportion* (1528) den Auftakt. Die Komplexität dieses Standardwerks veranlasste in der Folge hierauf aufbauende, jedoch stark vereinfachte, anwendungsbezo-

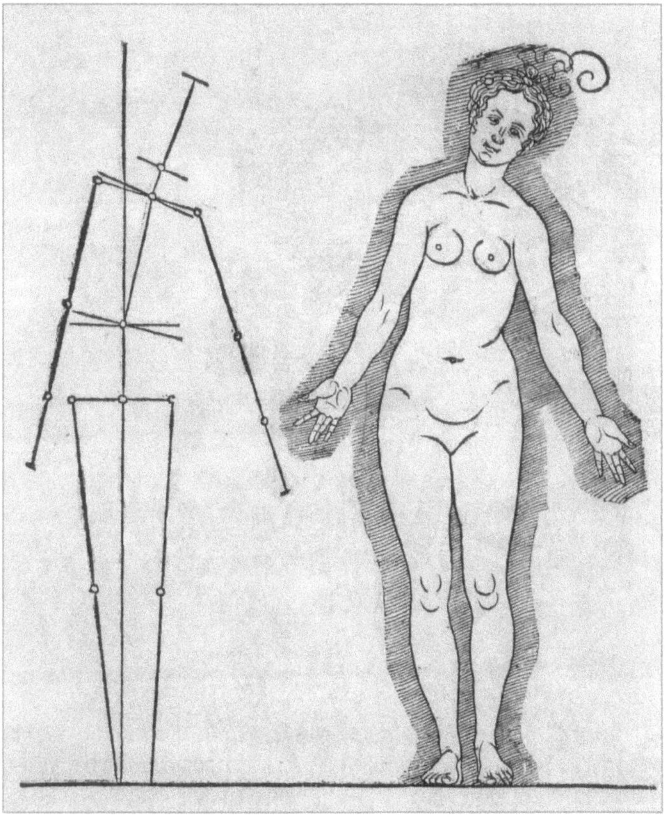

Abb. 7: Proportionsstudie aus Heinrich Lautensack. *Des Zirkels und Richtscheids* (Frankfurt a. M., 1564).

gene Proportionslehren. Neben Erhard Schöns *Unterweisung der Proportion und Stellung der Posen* (1542) veranschaulicht Heinrich Lautensacks *Des Zirkels und Richtscheids, auch der Perspectiva und Proportion des Menschen und Rosse* (1564) auf pädagogisch eingängige Weise die logische Nähe zwischen Anatomie und Geometrie.

Der menschliche Körper ist in die Mitte genommen zwischen ein Skelett und einer Dürers Lehre entnommenen planimetrischen Gliederfigur. Horizontale, durch die Gelenke geführte Linien binden die drei Körper in ein Schema ein. Eine Gleichung wird hier aufgemacht, deutlich an der leicht divergierenden Körperhaltung, während die folgenden Illustrationen die Übertragung des einen in das andere Bild veranschaulichen. Nicht allein die Einfassung von Schädel, Brustkorb, Lende und Hüfte durch scharf umrissene, eckige Kompartimente, deren Überschneidungen das Zusammenstauchen bzw. Auseinanderziehen der Anatomie

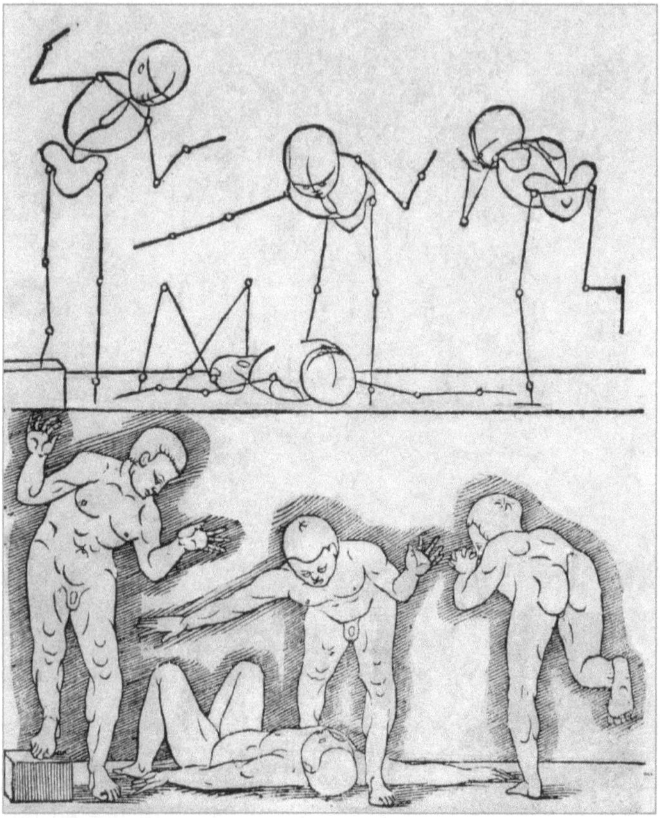

Abb. 8: Proportionsstudie aus Heinrich Lautensack. *Des Zirkels und Richtscheids* (Frankfurt a. M., 1564).

visualisieren sollen, zeigt die Verschränkung von Anatomie und Geometrie an. Stärker noch ist diese Hybridisierung fassbar in der Ersetzung der Extremitäten durch Geraden, wobei die Gelenke durch kleine Kreise markiert sind (Abb. 7). Die zunehmende Reduktion der Anatomie auf eine diagrammatische Funktion hin bestätigt sich im letzten Teil, der die Darstellung räumlich komplex agierender Figuren behandelt (Abb. 8). Nicht nur die stereotypen Eierköpfe anstelle eines Schädels, sondern auch die Vereinfachung des Thorax eröffnet uns eine Kurzschrift, die das Auftauchen des Todes – so werden tatsächlich im Text die agilen Strichmännchen genannt – in der anatomischen Zerlegung des Körpers derealisiert. Diese fidelen Strichmännchen erscheinen wie Skelette, die ihre Naturseite – Haut, Fleisch und Knochen – abgestreift haben. Der Text jedoch legt nahe, dass das Vorgängige das Diagramm ist, dem Fleisch und Haut im zweiten Schritt zugefügt werden. Die anatomische

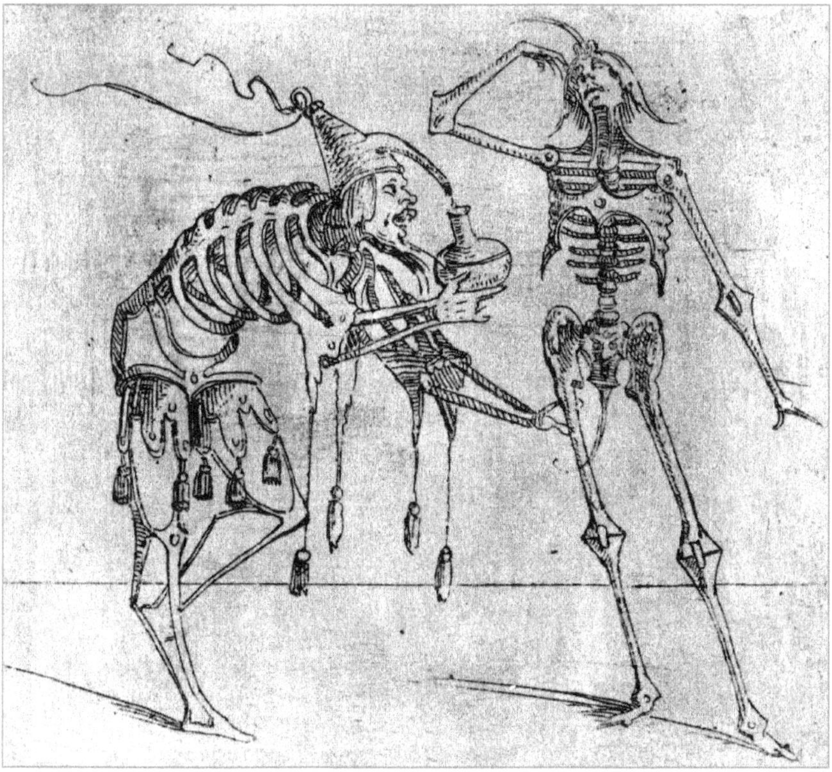

Abb. 9: Studie aus Giovanni Battista Braccelli. *Bizzarie di Varie Figure* (Livorno, 1564).

Übung kehrt sich um, lässt das blutige Geschäft der Sektion hinter sich. Ihre Einschnitte sind allein mit dem Lineal gezogen. Auch in Braccellis Figurenkabinett taucht ein Hybride aus Gliederpuppe und Knochenmann auf und mahnt als Unikum an das Skelett als das Urgerüst, das allen anderen Anatomien zugrunde liegt (Abb. 9). Die gesteigerte Lebendigkeit dieser tänzelnden Abbreviatur der menschlichen Anatomie verdankt sich der Entfesselung der Einbildungskraft, die das Spiel mit der Gliederpuppe freisetzt. Dass sich die Technik der Perspektive kraft der Ablösung von der unmittelbaren Vorbildlichkeit der Natur verselbstständigt und Kapriolen schlägt, führen die Bizzarien Braccellis auf geradezu gymnastische Weise vor (Abb. 10). Braccelli lässt zwei Gliederpuppen situativ aufeinanderstoßen, deren Gelenke sich zu dreidimensionalen Rauten bzw. Kuben verdichtet haben. Die Siegreiche ist im Begriff, mit einem Bündel – bezeichnenderweise – loser Linien die bereits vor ihr Niedergestreckte zu züchtigen, welche mit ihrem erhobenen Fuß den Angriff abzuwehren versucht. Die Komik dieses Bildes

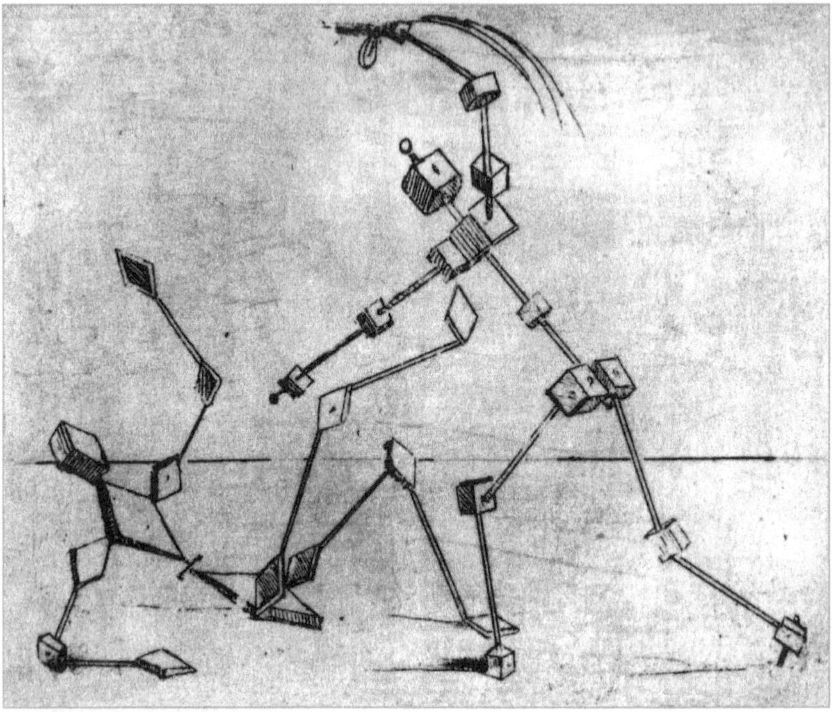

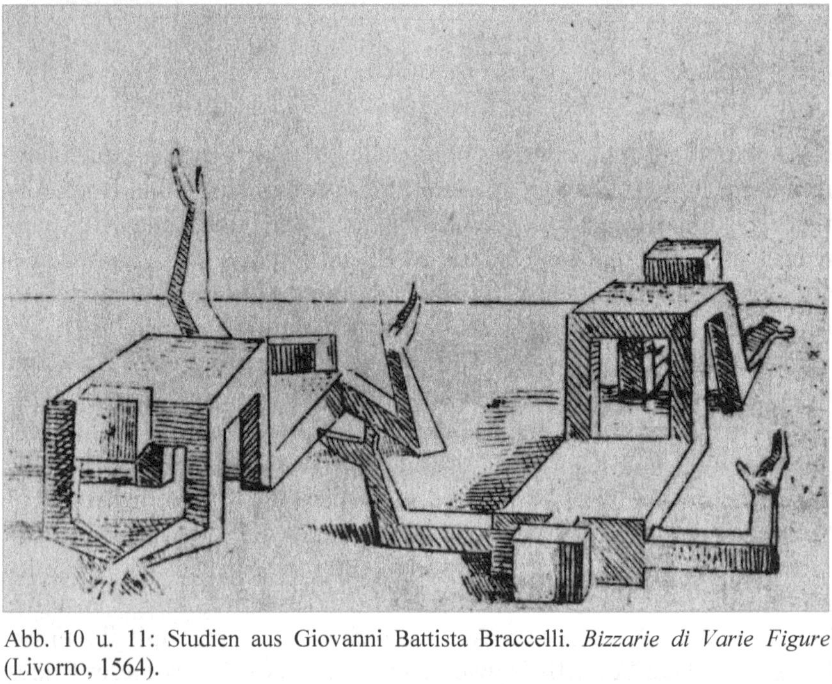

Abb. 10 u. 11: Studien aus Giovanni Battista Braccelli. *Bizzarie di Varie Figure* (Livorno, 1564).

liegt in der Weltlichkeit, die diese Schemata durch die situative Einbettung einerseits und die Konkretion der Glieder andererseits erhalten, vergleichbar mit Picasso, der seine Anatomien ebenfalls dinghaft vor einen Horizont stellt.

Wie vielfältig Braccelli mit den perspektivischen Methoden humorvoll jongliert, um darin souveräne Meisterschaft zu demonstrieren, zeigt ein weiteres Blatt, auf welchem die Körper aus einfachen Kuben entworfen sind (Abb. 11). Wenn nun Braccelli ein groteskes, jeweils aus zwei ineinander verschachtelten Körpern bestehendes Figurenpaar erfindet, scheint er die Methode der geometrischen Segmentierung des Körpers ins Absurde zu wenden. Die ins Äußerste rationalisierte Zeichenpraxis gebiert in letzter Instanz Ungeheuer – hier: Verwachsene Zwillinge, deren eine Hälfte auf Knie und Ellbogen kauert, während die andere Hälfte gegenläufig auf dem Rücken liegt und einen Unterarm nach oben streckt, wobei die Unterschenkel mit dem Rücken der Hockenden verschmolzen sind. Die Oberschenkel werden geteilt. Das räumliche Hintereinander der Körper, das Teile verdeckt und das, was sichtbar ist, fragmentiert, wird hier aberwitzig parodiert. Die Verschachtelung der stereometrischen Körper kreiert ein Monstrum, das beide Körper zu Boden streckt und in sich verschlingt.

Diese Aberrationen sind jedoch Ausnahmen, die die Regel zu bestätigen scheinen, welche die anderen Blätter variationsreich aufstellen. Der Umriss der Kuben, die die räumliche Ausdehnung der Körper strukturell umreißen, verdichtet sich zu Kanten und Stegen. Die Körperschemata lösen sich in vergegenständlichte Gerüste und Gerippe auf, die sich teils tief nach vorne beugen, um Einsichten in die Architektur ihres Baus zu liefern. Mal werden die Figurinen zu Vierbeinern, mal hängt ihr Oberkörper senkrecht in der Luft (Abb. 12). In all diesen Fällen jedoch wird das aufragende Hinterteil, das aufgeklappt tief blicken lässt, zum krönenden Abschluss, der Ober- und Unterkörper unter sich zusammenfasst. In Kontrast zu den steifen kastigen Körpern treten weitaus beweglichere, da flache Körpergerippe aus ineinander verketteten Rhomben oder Ringen.[11] Doch auch hier gibt es Verfestigungen: Die Rhomben schließen sich zu einer Oberfläche, die durch Schattierung das Relief der Muskulatur assoziieren,[12] die Ringe legen sich in die Horizontale und verdicken sich zu Reifen und Rohren.[13] Die Übersetzung

---

11 Vgl. Wolfgang Max Faust (Hg.). *Giovanni Battista Bracelli. Bizzarie di Varie Figure*. Nördlingen, 1981 [Nachdruck d. Ausgabe Florenz, 1624], z. B. S. 23 u. S. 50.

12 Ebd., S. 14 u. S. 35.

13 Ebd., S. 31 u. S. 26.

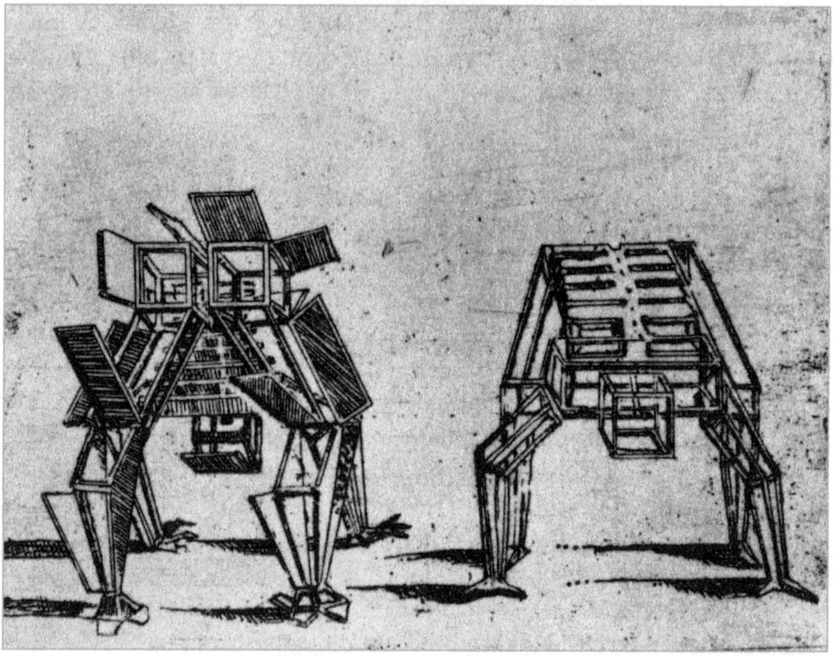

Abb. 12: Studie aus Giovanni Battista Braccelli. *Bizzarie di Varie Figure* (Livorno, 1564).

in geometrische Körper zur Visualisierung räumlicher Ausdehnung wird verdinglicht und die verschiedenen Entwurfsmethoden zur Konstruktion der menschlichen Anatomie kreieren Automaten, die die dargestellte Motorik selbst tätigen. Elemente der Visualisierung werden faktisch zum Körpergerüst, bilden Glieder und Gelenke aus.[14] Wobei das illusionisti-

14 Die bis ins Absurde gesteigerte Konkretisierung des Abstrakten über seine theatrale Darbietung findet sich auch in Lehrbüchern zum Bau geometrischer Körper, z. B. in Augustin Hirschvogels *Eigentliche und gründliche Anweisung in die Geometrie* von 1549, oder in Lorenzo Sirigattis *La Pratica di Prospettiva* von 1596. Man könnte selbst für diese Körper feststellen, was James Elkins in *The Poetics of Perspective* für die Konstruktion des Tiefenraumes anmerkte: „Perspektive ist selten gute Mathematik; meist ist sie etwas anderes, eine Art des Experimentierens in den Ruinen der Mathematik." James Elkins. *The Poetics of Perspective*. Ithaca, NY, 1994, S. 116. Wie Fleur Richter in ihrer Studie zur Ästhetik geometrischer Körper in der Renaissance feststellte, hatte Hirschvogel „unabhängig von der zentralperspektivischen Konstruktion" die Körper allein aus einer „virtuosen Arbeitstechnik, die sich von dem komplexen Gedankengerüst einer durch Geometrie geleiteten Optiklehre gelöst hat", konstruiert. Die Feier der eigenen Virtuosität in der Konstruktion der Polyeder zeigt sich im überbordenden bühnenartigen Aufbau, der den Körpern eine quasi lebensweltliche Wirklichkeit verleiht. Vgl. Fleur Richter. *Die Ästhetik geometrischer Körper in der Renaissance*. Stuttgart, 1995, S. 64.

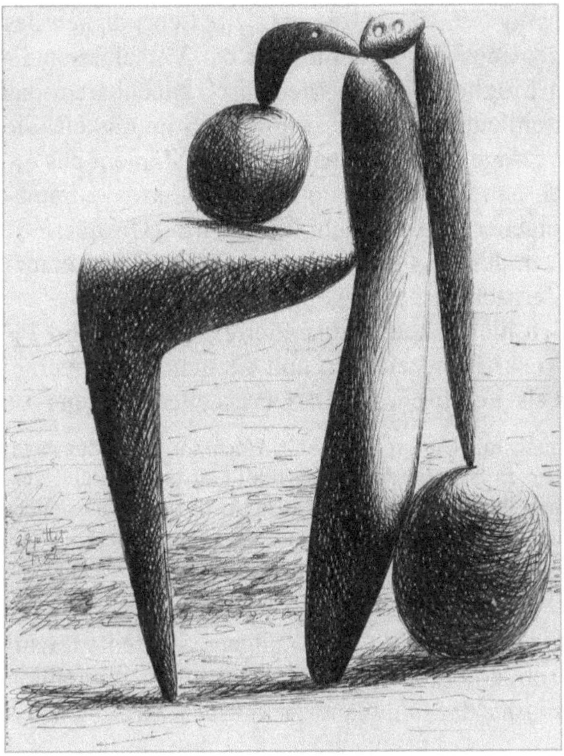

Abb. 13: Pablo Picasso. Skizze aus dem *Cahier de Dinard 1* (1928).

sche Beiwerk (das Schwert, der Vogel, die Schleuder, die Peitsche, das Gesicht, die Haare) an die Realität der dargestellten Szene glauben macht und zugleich die Komik dieser Bilderwelt vor Augen stellt.

Es sollte nun nicht verwundern, dass auch Picasso mit diesem Zusammenwürfeln zweier Anatomien umfangreich experimentierte (Abb. 13). In dem bereits erwähnten *Cahier de Dinard* geht er an die Grenze des anatomisch Nachvollziehbaren, um hier, an diesem Limit, das Anthropomorphe – also das, was mit der menschlichen Gestalthaftigkeit noch zu assoziieren ist – auszuloten. Die Glieder bleiben vereinzelt, stehen für sich selbst (sind also nicht zu lesen als Arm, Bein etc.) sie ordnen sich nicht unter, sondern halten vielmehr zusammen, um eine fragile Masse zu stiften, die sich nur noch sehr entfernt mit einem Körper verbinden lässt.

Picasso geht wie Braccelli in den bildnerischen Möglichkeiten seiner Zeit ans Äußerste. Die Anthropomorphisierung der unbelebten Gerätschaft, des Abstrakten der Geometrie wie der Knochen- und Steinfunde im *Cahier de Dinard*, um aus ihrer Montage belebte Anatomien zu bauen, geht Hand in Hand mit der Mechanisierung des menschlichen Körpers.

Die groteske Gestalthaftigkeit, welche die spezielle Lebendigkeit des Bildes ganz im Sinne Cocteaus stiftet, beruht auf der Verselbstständigung der entgrenzenden Möglichkeiten des technisch Machbaren, das letztlich an das Unmenschliche rührt. Die originelle Stimmigkeit, die Picassos fantastische Bricolage zusammenhält und das Moment des organisch Plausiblen stiftet, ist nicht als harmonische sondern als dramatische entworfen. Nach eigener Angabe sucht Picasso das „Umstürzlerische“, „den Augenblick, in dem das Universum aus sich selbst heraustritt und seiner eigenen Zertrümmerung begegnet “.[15]

Dieser Gewaltakt blieb nicht ohne Kritik. Pierre Cabanne wird Picassos Kreaturen als „monstres“ bezeichnen und Germain Bazin verurteilte das Werk Picassos als „teuflisches Werk par excellence“, denn

> Picasso möchte letztendlich mit Gott spielen, sein Hochmut treibt ihn dazu, den Schöpfer nachzuäffen. Er trachtet danach ex nihilo zu kreieren und vergisst dabei die Bedingtheit des Menschen als Geschöpf, dessen Werke allein Zeichen sein können, die aus den Dingen herauszuziehen sind; Picassos Werk ist heroisch, da es im höchsten Maße Zeugenschaft abgibt für den Hochmut des Menschen, mit der Materie zu kämpfen.[16]

Diese moralische Fundamentalkritik, die viele Zeitgenossen teilten, wird Apollinaire – sie dabei subvertierend – aufgreifen, wenn er schließlich in seinem *Les peintres cubistes* das Inhumane als künstlerisches Ziel ausruft.

> In erster Linie sind die Künstler Menschen, die unmenschlich werden wollen. Sie suchen gewissenhaft die Spuren des Inhumanen, Spuren, denen man nirgendwo in der Natur begegnet.

---

15 „Das Problem ist, wie ich diesen ersten Entwurf aufrütteln kann. Wie kann ich mit ihm, ohne ihn ganz zu verstören, etwas Umstürzlerisches machen? Etwas Einzigartiges – das nicht einfach neu, sondern losgelöst und auseinandergerissen ist? Du siehst, für mich ist Malen ein dramatisches Geschehen, in dem die Realität auseinandergenommen wird. Für mich hat dieses dramatische Geschehen den Vorrang vor allen anderen Erwägungen. Der rein bildnerische Vorgang ist für mich nur sekundär. Einzig allein das Drama in diesem bildnerischen Vorgang zählt, der Augenblick, in dem das Universum aus sich selbst heraustritt und seiner eigenen Zertrümmerung begegnet.“ Françoise Gilot. *Leben mit Picasso*. Paris, 1981, S. 51.

16 „L'œuvre d'art de Picasso est ‚l'œuvre luciférienne par excellence; il veut jouer au plus fin avec Dieu, son orgueil le pousse à singer le Créateur: il ambitionne de créer *ex nihilo*, oubliant la condition de l'homme créature, dont les œuvres ne peuvent jamais être que des signes tirés des choses; son œuvre est héroïque car elle est un suprême témoignage d'orgueil de l'homme luttant contre la matière [...].“ Pierre Cabanne. *Le siècle de Picasso*. 4 Bde. Paris, 1992, Bd. 2: L'Epoque des métaphores (1912-1937), S. 737.

„Die völlig neue plastische Kunst“, die Apollinaire vorschwebt, begründet sich auf der Mathematik als Weg der Abstraktion. Darauf folgt der viel zitierte Satz: „Ein Picasso studiert ein Objekt wie ein Chirurg einen Leichnam seziert.“[17]

Diese sehr schlagende Formulierung deckt sich mit Picassos Eigenaussage „Die Wirklichkeit muss in jedem Sinne zerlegt werden“ nur teilweise. Die Kälte des Kalküls, die viel eher Apollinaires eigenem Kunstbegriff zuzurechnen ist, widerspricht Picassos Definition des Malens als „dramatische[m] Geschehen, in dem die Realität auseinandergenommen wird“. Picasso erklärt weiter:

> Für mich hat dieses dramatische Geschehen den Vorrang vor allen anderen Erwägungen. Der rein bildnerische Vorgang ist für mich nur sekundär. Einzig allein das Drama in diesem bildnerischen Vorgang zählt, der Augenblick, in dem das Universum aus sich selbst heraustritt und seiner eigenen Zertrümmerung begegnet.[18]

Das Provozierende an Picassos künstlerischem Vorgehen ist also der forcierte Zusammenbruch einer außerbildlichen Realität (hier der Körper der Menschen), welcher im Bild *allein* zum dramatischen Geschehen des *bildnerischen Vorgangs* wird. Cocteau, dessen Eloge auf die Lebendigkeit des Bildes, die sich gegen eine außerbildliche Realität abgrenzt, wir bereits zitiert haben, malt sich diese Lebendigkeit wie folgt aus:

> Tatsächlich besteht die Tragödie nicht mehr darin, einen Tiger zu malen, der ein Pferd verschlingt, sondern darin, plastische Verhältnisse zwischen einem Glas und der Zierleiste eines Sessels aufzubauen, die mich zu berühren vermögen, ohne dass etwas Anekdotisches dazwischentritt.[19]

Diesen Konnex zwischen dem Leblosen und dem Tragischen in der Kunst Picassos zieht auch André Breton, wenn er Picasso als „Schöpfer von tragischen Spielzeugen für Erwachsene“ bezeichnet.[20] Die Verbin-

---

17 „Les jeunes artistes-peintres des écoles extrêmes ont pour but secret de faire de la peinture pure. C’est un art plastique entièrement nouveau. Il n’en est qu’à son commencement et n’est pas encore aussi abstrait qu’il voudrait l’être. La plupart des nouveaux peintres font bien de la mathématique sans le savoir ou la savoir, mais ils n’ont pas encore abandonné la nature qu’ils interrogent patiemment à cette fin qu’elle leur enseigne la route de la vie. – Un Picasso étudie un objet comme un chirurgien dissèque un cadavre.“ Guillaume Apollinaire. *Les Peintres Cubistes*. Paris, 1980, S. 60.

18 Gilot (Anm. 15), S. 51.

19 „En effet, la tragédie ne consiste plus à peindre un tigre qui mange un cheval, mais à établir entre un verre et une moulure de fauteuil des rapports plastiques capables de m’émouvoir sans l’intervention d’aucine anecdote.“ Cocteau (Anm. 7), S. 32.

20 „[...] Picasso créateur de jouets tragiques à l’intention des adultes [...]“ Cabanne (Anm. 16), S. 625.

dung des Spielerischen, Komischen mit dem Tragischen, Existentiellen findet sich in einer Aussage Picassos bestätigt, der in einem Gespräch mit seinem Galeristen Kahnweiler festgestellt haben soll:

> Malen ist Freiheit. Wenn man springt, landet man vielleicht auf der falschen Seite des Seils. Doch was nutzt es, wenn man das Risiko, das Genick zu brechen, scheut? Man springt überhaupt nicht. Man muss die Menschen aufwecken – ihre Art, Dinge zu sehen, revolutionieren.[21]

Die immer wieder in Picassos künstlerischem Werk und Selbstaussagen gezogene metaphorische Verknüpfung des eigenen Tuns mit der Artistik ist programmatisch – ich erinnere an Cocteaus eingangs zitierte „Gefahr des Akrobaten". Das Spiel mit dem prekären Gleichgewicht, das aus dem Lot gebracht wird, um kunstvoll ausbalanciert zu werden, schafft einen Aktionsraum, innerhalb dessen neue Formationen möglich werden.

Die Geschicklichkeit und Körperbeherrschung, die den Akrobaten per definitionem auszeichnet, könnte man sagen, ist auch höchstes Ziel der Zeichenbücher, die die jungen Künstler dahin trainieren, das Gewicht der Materie spielerisch außer Kraft zu setzen, um in Kunststücken zu brillieren. Die Linie als das schlechthin Unnatürliche – sie ist reine Abstraktion – ist ein Einschnitt, der die Anatomie vom leiblichen Körper trennt. Sie erhält eine Lebendigkeit, die sich einem vertieften Einblick in den Körper verdankt, welcher jedoch im strukturierenden Netz der perspektivischen Ordnung zurücktritt, verflacht. Der letzte Schritt ist die creatio ex nihilo, die des konkreten Modells, wie es das Aktstudium oder die Anatomie bietet, nicht mehr bedarf, da die standardisierte Technik eine Elementargrammatik liefert, die es erlaubt, ins Blaue zu zeichnen, Bizzarien zu erfinden. Die Entfesselung der Fantasie ist zweifelsohne eine originelle Weise, um der Entleerung, wie sie zwangsläufig aus der Routine der Technik erwächst, zu begegnen. Mit ihr kreativ umzugehen, sie prominent ins Zentrum der Bildfindung zu stellen, scheint Picasso zu unternehmen, folgen wir Pierre Reverdy, der in einem Text über Picasso die Leere des Genies preist, denn

> das Genie ist vielleicht das Drama der größten Leere – des klarsten Bewusstseins von der Leere – der Leere des Bewusstseins – begabt mit den aktivsten intellektuellen und sensuellen Fähigkeiten.[22]

---

21 „La peinture, c'est la liberté [...]. A force de sauter, on peut retomber du mauvais côté de la corde. Mais si on ne risque pas de se casser la gueule, comment faire?, on ne saute pas du tout." André Malraux. *La Tête d'Obsidienne*. Paris, 1974, S. 101.

22 „[...] car le génie est peut-être le drame du plus grand vide – de la plus nette et plus lucide conscience du vide – du vide de la conscience – accouplé aux facultés

Die Freiheit, die Picasso mit der Gefahr des Genickbrechens assoziiert, ist allein kraft der Leere zu erringen, die aus der Zerlegung der Wirklichkeit als Spielraum abfällt.

LITERATURVERZEICHNIS

Apollinaire, Guillaume. *Les Peintres Cubistes*. Paris, 1980.

Baldinucci, Filippo. *Notizie dei Professori del Disegno* [...]. Hg. v. Ferdinando Ranalli. 5 Bde. Florenz, 1845-1847, Bd. 3, 1846.

Breton, André. *Anthologie des schwarzen Humors*. München, 1972.

Brieux, Alain. „L'aventure d'un livre". *Braccelli. Bizzarie*. Hg. v. dems. Paris, 1963 [Nachdruck d. Ausgabe Florenz, 1624], S. 21-36.

Cabanne, Pierre. *Le siècle de Picasso*. 4 Bde. Paris, 1992, Bd. 2: L'Epoque des métaphores (1912-1937).

Cocteau, Jean. *Picasso*. Paris, 1996.

Dürer, Albrecht. *Vier Bücher von menschlicher Proportion*. Nürnberg, 1528.

Elkins, James. *The Poetics of Perspective*. Ithaca, NY, 1994.

Faust, Wolfgang Max (Hg.). *Giovanni Battista Bracelli. Bizzarie di Varie Figure*. Nördlingen, 1981 [Nachdruck d. Ausgabe Florenz, 1624].

Gilot, Françoise. *Leben mit Picasso*. Paris, 1981.

Guidi, Giuliana u. Daniela Marucci (Hg.). *Il Seicento Fiorentino, Arte a Firenze da Ferdinando I a Cosimo III* [Ausst.kat.]. Florenz, 1986.

Hirschvogel, Augustin. *Eigentliche und gründliche Anweisung in die Geometrie*. Nürnberg, 1549.

Hocke, Gustav René. *Die Welt als Labyrinth. Manier und Manie in der europäischen Kunst. Beiträge zur Ikonographie und Formgeschichte der europäischen Kunst von 1520 bis 1650 und der Gegenwart*. Hamburg, 1957.

Kanz, Roland. *Die Kunst des Capriccio. Kreativer Eigensinn in Renaissance und Barock*. München, 2003.

Klee, Paul. *Tagebücher 1898-1918 und Texte*. Köln, 1995.

Lautensack, Heinrich. *Des Zirkels und Richtscheids, auch der Perspectiva und Proportion des Menschen und Rosse*. Frankfurt a. M., 1564.

Malraux, André. *La Tête d'Obsidienne*. Paris, 1974.

Reverdy, Pierre. „Pablo Picasso. Un œil de lumière et de nuit". *Œuvres complètes*. 14 Bde. Paris, 1992, Bd. 14: Note éternelle du présent. Ecrits sur l'art (1923-1960), S. 205-217.

Richter, Fleur. *Die Ästhetik geometrischer Körper in der Renaissance*. Stuttgart, 1995.

Schön, Erhard. *Unterweisung der Proportion und Stellung der Posen*. Nürnberg, 1542.

Sirigatti, Lorenzo. *La Pratica di Prospettiva*. Florenz, 1596.

Tzara, Tristan. „Propos sur Braccelli". *Braccelli. Bizzarie*. Hg. v. Alain Brieux. Paris, 1963 [Nachdruck d. Ausgabe Florenz, 1624], S. 1-20.

---

intellectuelles et sensibles les plus actives, les plus vives et les plus avides [...]." Pierre Reverdy. „Pablo Picasso. Un œil de lumière et de nuit". *Œuvres complètes. Note éternelle du présent. Ecrits sur l'art (1923-1960)*. 14 Bde. Paris, 1992, Bd. 14: Note éternelle du présent. Ecrits sur l'art (1923-1960), S. 213.

GEORG WITTE

Montage als Mortifikation. Zur Figur des Präparierens in der russischen Avantgarde

Die radikalsten künstlerischen und wissenschaftlichen Utopien der Avantgarde implizierten die Idee eines säkularen Demiurgentums. Die menschliche Usurpation der Schaffensallmacht wendete sich dabei zurück auf den Menschen selbst. Der Mensch wurde zum Konstrukteur des Menschen. Was man heute als Anthropotechnik bezeichnet, findet man in den biopolitischen, medizinischen, eugenischen, psychophysiologischen, arbeits- und militärpädagogischen Diskursen des frühen 20. Jahrhunderts vorgeprägt. Was als ideologisches Schlagwort durch die Epoche der Avantgarden geistert, und dies nicht nur in Russland, nämlich die Schaffung eines die alten körperlichen und psychischen Beschränktheiten hinter sich lassenden „neuen Menschen", ist ein Produkt des Wissens vom Menschen und der technischen Gewinnung und Verwendung dieses Wissens. Der Mensch wird sich selbst zum Objekt der technischen Vervollkommnung, einer durch Apparaturen der sensorischen und motorischen Optimierung wie mit Prothesen ausgerüsteten Leibmaschine. Sigmund Freud brachte 1930 in seinem Essay „Das Unbehagen in der Kultur" die paradoxen Konsequenzen dieses Denkens im berühmten Wort vom „Prothesengott" auf den Punkt.

Der sowjetische kulturrevolutionäre Diskurs der 1920er Jahre gibt dem Phantasma des „neuen Menschen" eine besondere Färbung. Postuliert wird eine allseitige – pädagogische, politische, psychologische und körperliche – „Reorganisation" des Menschen. In der 1927 gegründeten Zeitschrift *Revoljucija i kul'tura* wird die Hervorbringung des „neuen Menschen" als das eigentliche Ziel aller kulturrevolutionären Arbeit formuliert.[1] Der „neue Mensch" ist also das Ergebnis einer langfristigen Arbeit der Umwandlung, er wird nicht schlagartig geschaffen. Anderer-

---

1 P. Keržencev. „Čelovek novoj epochi". *Revoljucija i kul'tura* 3/4 (1927), S. 17-20, zit. n. Stefan Plaggenborg. *Revolutionskultur. Menschenbilder und kulturelle Praxis in Sowjetrussland zwischen Oktoberrevolution und Stalinismus*. Köln, Weimar u. Wien, 1996, S. 45.

seits aber ist seine Entstehung angewiesen auf den Moment einer Epochenschwelle: Der neue Mensch ist der „Mensch der neuen Epoche". Die Revolution markiert einen „chirurgischen Schnitt" zwischen alt und neu.[2] Die biopolitischen Utopien einer solchen Schwellenzeit implizieren die wissenschaftliche Ermöglichung von Unsterblichkeit, Verjüngungstechnologien und einen „biokosmischen" Universalismus des Lebens.[3]

„Neuer Mensch" als Doppelprodukt aus Wissen und Fiktion

Die Anthropologie des neuen Menschen erstreckt sich zwischen zwei Polen. Auf der einen Seite manifestiert sie sich in Formen der fiktionalen und ikonischen Repräsentation, z. B. in der normativen körperlichen und psychologischen Darstellung von Romanhelden mit weiten Handlungsradien oder in athletischen Idealbildern in Malerei und Fotografie. Auf der anderen, weniger sichtbaren, weniger in anthropomorphen Ikonografien repräsentierbaren Seite entwickeln sich die epistemischen Konzepte und Praktiken einer wissenschaftlichen Partikularisierung des Menschen als Funktionsorganismus. Dessen segmentierte und sequentialisierte zweckspezifischen Aktivierungen, objektiviert als neurophysiologische Prozesse, werden optimiert.[4] Reflexologische Konditionierung und rhythmusbasiertes Training von Bewegungsroutinen werden zu Grundmethoden in Sporterziehung, militärischer und arbeitsergonomischer Ausbildung. Dieses Konditionierungsparadigma schlägt auch in den psychologischen und künstlerischen Diskurs durch, wenn etwa der apparative Begriff der „Einstellung" (*ustanovka*) auf die Zurichtung von Perspektive angewandt wird.

Die Anthropologie der Moderne bewegt sich zwischen zwei Polen – zwischen bildlicher Repräsentation und subrepräsentativen Konditionierungstechniken, zwischen heroischem Maximalismus und Mikropolitiken der Bewegungs- und Verhaltensoptimierung, zwischen epischem Handlungradius und kybernetischen Steuerungen mikrostrukturell ausgemessener Reiz-/Reaktionssequenzen, zwischen Willenssouveränität modellhafter fiktionaler Protagonisten und psychotechnischem Aufmerksam-

2 V. Asmus. „Marksizm i kul'turnaja tradicija". *Revoljucija i kul'tura* 3/4 (1927), S. 13, zit. nach Plaggenborg (Anm. 1), S. 31.

3 Boris Groys u. Michael Hagmeister (Hg.). *Die Neue Menschheit. Biopolitische Utopien in Russland zu Beginn des 20. Jahrhunderts*. Frankfurt a. M., 2005, S. 393ff.

4 Vgl. grundlegend zu diesem Optimierungsdiskurs der Zeit, Bezug nehmend v. a. auf die Psychotechnik in Deutschland Stefan Rieger. *Die Individualität der Medien. Eine Geschichte der Wissenschaften vom Menschen*. Frankfurt a. M., 2001.

keitstraining. Diese Doppelpoligkeit zu übersehen, ist der Fehler vieler Darstellungen der sowjetischen Revolutionskultur. Erst wenn man sie berücksichtigt, wird man einige signifikante Verschiebungen in der kulturellen Morphologie zwischen den 1920er und 1930er Jahren erklären können. Weil in den 1920er Jahren die beiden Aspekte noch in ihrer wechselseitigen Korrespondenz gesehen werden konnten, konnte sich eine maschinale und technomorphe anthropologische Kodierung durchsetzen. Der Mensch als höchstgesteigertes komplexes Aggregat konnte auch fiktional und ikonografisch in Analogie zur Maschine treten, seine Individualität konnte als Selbststeuerungseffekt konzeptualisiert werden. Das zeigt sich etwa in Pavel Filonovs „analytischen" Bildern eines transparenten und aggregierten Körpers oder in konstruktivistischen Aggregat-Figuren wie El Lisickijs *Neuer*.[5] Auch das „biomechanische" Theater Vsevolod Mejerchol'ds und die frühen Filme Sergej Ejzenštejns verdanken sich dem Versuch, Kodierungen des Imaginären im zeitgenössischen Konditionierungswissen zu begründen. Sobald hingegen diese Sphären auseinanderfielen, sich die Prozesse der subrepräsentativen Komplexitätssteigerungen der künstlerischen Repräsentation verschlossen, driftete die Sphäre der Repräsentation in eine kompensatorische und antikisierend-athletische Stilistik und Motivik ab.

Aufschlussreich in diesem Zusammenhang ist die zu Beginn der 1920er Jahre von Aleksej Gastev etablierte „wissenschaftliche Arbeitsorganisation" (*Naučnaja organizacija truda*). Gastev selbst verkörpert als Person das Nebeneinander der beiden Aspekte. Einerseits schreibt er als Proletkult-Dichter mit am visionären Entwurf des neuen Maschinenmenschen, besingt die neuen „Hirn-Maschinen", „Kino-Augen", „Elektro-Nerven" und „Arterien-Pumpen".[6] Andererseits ist er Agent des ergonomischen Diskurses. Er ist sowohl futuristischer Hymniker als auch Verfasser grauer Texte aus dem Archiv der Konditionierung. Als Propagandist des Taylorismus in der UdSSR organisiert er in seinem „Zentralen Arbeitsinstitut" (*Central'nyj institut truda*) die Optimierung der mikrosequentiellen Dynamik von Arbeitsbewegungen, die motorische Feinanpassung des Arbeiters an die kinetischen Bedingungen der Maschine,

5 Aus der Figurinenmappe für die Oper *Sieg über die Sonne* (*Pobeda nad solncem*). John Bowlt pointiert den Zusammenhang dieser Ikonographie mit dem Konditionierungsparadigma („a taylorized tango that will shortably turn into the measured steps of a mass gymnastics parade"). John E. Bowlt. „Body Beautiful. The Artistic Search for the Perfect Physique". *Laboratories of Dreams. The Russian Avant-Garde and Cultural Experiment*. Hg. v. dems. u. Olga Matich. Stanford, 1996, S. 57.

6 Vgl. Aleksej K. Gastev. „Ein Packen von Ordern". *Kunst und Produktion*. Hg. v. Boris Arvatov. München, 1972, S. 104-106.

die rhythmische Optimierung der Abläufe durch Taktierungssysteme. Aufschlussreich ist sein Schlüsselbegriff der „Einstellung" (*ustanovka*). Er bezieht sich sowohl auf psychologische Faktoren – gespannte Aufmerksamkeit, Situationsadaptivität, Willenskraft, Arbeitsdisziplin (*režim*) – als auch auf die technische Einstellung des *stanok*, der Werkbank, und die diesen Vorgaben sich anpassende Haltung des die Maschine bedienenden Arbeiters.[7] Gerade in den Begriffen der „Einstellung" und des „Verfahrens" (*priem*) – nicht zufällig sind dies auch zwei Schlüsselbegriffe der avantgardistischen Literaturtheorie – wird diese Annäherung von Mensch und Maschine, ihre Verschaltung zu einem kybernctischen System, deutlich.

Gastev bezieht sich auf ein breites Spektrum der Wissensdiskurse seiner Zeit: auf die deutsche Psychotechnik, auf moderne Tierdressurmethoden, militärische Ausbildungstechniken und mit besonderem Nachdruck auf Pavlovs Reflexologie. Ein eigener Akzent wird auf die Methoden des Behindertentrainings gelegt:

> Die Arbeit der Behinderten ist deshalb von Interesse, weil bei ihnen die motorische Seite der Arbeitsprozesse mit besonderer Deutlichkeit ausgedrückt ist. Das ist sehr gut bemerkbar im Falle der Taubstummen. Deren Bewegungen sind auf eine besondere Wirkung hin angelegt, auf eine besondere Ausdrucksstärke, und deshalb eröffnet uns die Extremform ihrer Bewegungen die wirkliche Natur der Bewegungen Normaler. Und nur mittels des Vergleichs der Arbeit Behinderter mit der Arbeit Normaler können wir alle Strukturen und Besonderheiten der Bewegungen verstehen.[8]

Ähnlich heißt es über „pathologische" Bewegungen:

> Nur dann, wenn wir uns mit diesen patholgischen Bewegungen vertraut machen, zeichnet sich in aller Klarheit das gesamte ‚Biogramm', die gesamte Summe der Eigenschaften ab, die unverzichtbar ist für eine vollständig normale Bewegung.[9]

Man könnte also durchaus die These riskieren, dass der „neue Mensch" weniger oder zumindest nicht nur im Sinne eines idealisierenden Modells

---

7 Vgl. Aleksej K. Gastev. *Trudovye ustanovki*. Moskau, 1973.

8 „Работа дефективных представляет интерес в том отношении, что двигательная сторона трудовых процессов выражена у них с особой резкостью. Это очень заметно у глухонемых. Движения их расчитаны на особое воздействие, на особую выразительность, и поэтому утрированная форма движений раскрывает нам действительную природу движений нормальных. И только путем сравнения работы дефективных и работы нормальных мы поймем все построения и особенности движений." Ebd., S.117f.

9 „Только тогда, когда мы познакомимся с этими патологическими движениями, ясно вырисовывается вся та ‚биограмма', вся та сумма качеств, которая необходима для совершенно нормального движения." Ebd., S. 118.

zu verstehen ist, dessen Bezugspunkt der vorgefundene anthropomorphe Komplex wäre. Offensichtlich ist er auch ein phantasmatisches Gegenstück des Kranken, des Defekten. Sven Spieker hat diesen Aspekt in seinem Aufsatz über den Prothesendiskurs der Filmavantgarde deutlich herausgestellt.[10]

Auch die Montage-Ästhetik – und ihr Schicksal in den 1930er Jahren – verdankt ihre Brisanz dieser Spannung. Die künstlerische, filmische, literarische und theatralische Montage war der Versuch, beide Aspekte, das *Bild* des Menschen einerseits, die Technologien seiner *Produktion* andererseits, in Korrespondenz zu bringen. Die Montage war in den 1920er Jahren die Quintessenz einer Kompatibilität des sozialen Imaginären mit einem aggregatorisch-funktionalistischen epistemischen Konzept des Menschen. In ihrer radikalsten Version schloss sie die zeitweilige Suspendierung des realen Menschen als kinematografisches Aufzeichnungsobjekt aus, da das „Kino-Auge" qua seiner eigenen maschinalen Qualität zunächst die neuen Standards maschinell generierter Bewegungen als habitualisierungsfähige Bildangebote für ein sensorisch und motorisch defizientes Publikum zu entwickeln hatte. In diesem Sinne spricht Dziga Vertov in seinem programmatischen Text „Wir: Variante eines Manifests" (*My. Variant manifesta*, 1922) davon, dass das „Psychologische" den Menschen störe, so genau wie eine Stoppuhr zu sein, dass die Unfähigkeit des Menschen zur Selbstorganisation im Vergleich zu den Maschinen beschämend sei, dass die tanzenden Sägen einer Sägemaschine dem Kameraauge vertrauter seien als die menschlichen Tanzbewegungen.[11]

Der „Schnitt" der Montage-Ästhetik ist ein Schnitt durch den Körper. So wie die Arbeitswissenschaft Gastevs motorische Routinen in Teilsequenzen zerlegt, so zerlegt das „Kino-Auge" Dziga Vertovs in Bewegung befindliche Körper, und so zerlegt die „Stücke-Komposition" (*kuskovaja kompozicija*) des Erzählers und Erzähltheoretikers Viktor Šklovsklij narrative Entwicklungsbögen. Dziga Vertov synonymisiert

---

10 „Die orthopädischen Apparaturen der russischen Konstruktivisten markieren den Schnittpunkt zwischen dem vollständigen und dem defizitären, unvollständigen Körper, der als kastrierter oder potentiell kastrierter immer wieder der symbolischen Vervollständigung bedarf." Sven Spieker. „Orthopädie und Avantgarde. Dziga Vertovs ‚Filmauge' aus prothetischer Sicht". *Apparatur und Rhapsodie. Zu den Filmen des Dziga Vertov.* Hg. v. Natascha Drubek-Meyer u. Jurij Murašov. Frankfurt a. M. u. a., 2000, S. 150. Schon der scheinbar ‚heile' Körper des Menschen sei für Vertov wie auch für Tatlin eigentlich „unvollständig, bewegungsunfähig und im Grunde monströs". Ebd., S. 151.

11 Dziga Vertov. „Wir. Variante eines Manifests". *Schriften zum Film.* Hg. v. Wolfgang Beilenhoff. München, 1973, S. 8.

Filmmontage und anatomisch-chirurgischen Eingriff. Als neuer, „vollkommener Adam“ soll sein „Kino-Auge“ verschiedene Körperfragmente verschiedener Menschen zu einem „neuen, vollkommenen Menschen“ zusammensetzen.[12]

Wie schmal dabei, in der Selbstreflexion avantgardistischer Ästhetik, der Grat zwischen kreativer Zerstörung einerseits und einer *Antagonisierung* von Schaffen und Zerstören andererseits ist, soll im Folgenden anhand zweier Beispiele aus der russischen Erzählliteratur der 1920er und 1930er Jahre aufgezeigt werden. Es handelt sich um fiktionale Allegorisierungen eines Furors des Herstellens. Beide Erzählungen – Michail Bulgakovs *Hundeherz* (*Sobač'e serdce*, 1925) und Jurij Tynjanovs *Wachsperson* (*Voskovaja persona*, 1932) – thematisieren auf je unterschiedliche Weise die Zurichtung des Körpers zum Artefakt. In beiden Texten findet eine anthropotechnische Utopie, wie sie sich in den Topoi der Prothese und der Züchtung manifestiert, ihren gebrochenen Widerschein.

Chirurgische Metamorphose als Gegenstand von Satire

Bulgakovs *Hundeherz* erzählt davon, wie ein Straßenhund durch einen Chirurgen einem medizinischen Experiment ausgesetzt wird. Der Mediziner – Professor Filipp Filippovič Preobraženskij – beschäftigt sich mit Verjüngungsoperationen mittels Transplantationen von tierischen Organen (Samendrüsen und Hirnanhangsdrüsen). Die Operation des Hundes ist eine in ihrer situativen Evidenz bemerkenswerte Stelle des Texts. Hier kommt es zu einer ungewöhnlich bildprägnanten, szenisch-fiktionalen Verdichtung der epistemischen Utopie des Blicks in die *black box* des Gehirns. Die Szene handelt vom Faszinosum der chirurgischen Öffnung:

> Bormental reichte ihm das blitzende Instrument. Filipp Filippowitsch setzte es an und bohrte im Abstand von je einem Zentimeter kleine Löcher in Moppels Schädel, so dass sie einen Kreis bildeten. Für ein Loch brauchte er nicht länger als fünf Sekunden. Dann steckte er das Ende einer seltsam geformten Säge in das erste Loch und begann zu sägen, wie man ein handgemachtes Toilettenkästchen aussägt. Der Schädel krachte leise und bebte. Nach etwa drei Minuten wurde die Schädeldecke abgenommen. Die Kuppel des Gehirns kam zum Vorschein, grau, mit bläulichen Adern und rötlichen Flecken. Filipp Filippowitsch trennte die Hirnhaut mit einer Schere auf. Ein Blutstrahl schoss hoch, traf den Professor beinahe ins Auge und spritzte auf seine Mütze. Bormental stürzte wie ein Tiger mit einer Pinzette hinzu und drückte die Wunde zusammen. Der Schweiß floss ihm über die Stirn, sein Gesicht war geschwollen und fleckig, sein Blick irrte zwischen den Händen des Professors und den Instrumenten auf

---

12 Dziga Vertov. „Kinoki-Umsturz [1923]“. *Schriften zum Film* (Anm. 11), S. 19.

dem Tisch hin und her. Filipp Filippowitsch sah wirklich zum Fürchten aus. Er schnaufte laut und fletschte die Zähne. Mit einem Ruck riss er die Hirnhaut weg und hob die Halbkugeln des Gehirns aus der offenen Hirnschale.[13]

Der Text referiert mit einer Reihe von Diskurszitaten auf die zeitgenössische medizinische Wissensproduktion. Ein eigenes, im Stil der Montage-Ästhetik eingebautes Kapitel bildet das protokollarische Beobachtungstagebuch des Assistenten Bormental.

Das Ziel der Operation ist die Transplantation einer menschlichen Hypophyse in das Gehirn des Hundes. Bulgakov kombiniert eine moderne Variation des Zauberlehrling-Sujets mit dem Frankenstein-Sujet. Der Hund überlebt wider Erwarten die Operation, und mehr noch: Er mutiert zum Menschen. Er wird zum neuen Menschen, der aus den genetischen Anlagen eines „Proletariers" gewonnen wurde. Dieses Sujet unterliegt einem doppelten Spiel der Satire. Einerseits richtet sich die Satire gegen die „Proletarisierung" der sowjetischen Alltagskultur, indem sich der proletarische Organspender als ein verkommenes und triebausgeliefertes Wesen entpuppt und eben diese Eigenschaften dem vermenschlichten Hund überträgt. Dieser „neue Mensch" wird zum verachtenswerten Vertreter der „kleinen Verwaltung" (*melkaja administracija*). Als Hausmeister und Funktionär der Wohnungsbehörde dient er zugleich als Spitzel für die Überwachungsorgane und verfasst ein Denunziationsschreiben gegen seinen eigenen Schöpfer. Andererseits adressiert die Satire eine anthropotechnische Hybris am Beispiel der Verjüngungswissenschaft Professor Preobaženskijs (ein sprechender Name, gebildet vom Verb ‚preobražat' = ‚umwandeln'). Mit dem Motiv des sprechen-

13 Michail Bulgakow. *Hundeherz*. Übs. v. Gisela Drohla. Darmstadt u. Neuwied, 1970, S. 68. „Борменталь подал ему блестящий коловорот. Кусая губу, Филипп Филиппович начал втыкать коловорот и высверливать в черепе Шарика маленькие дырочки в сантиметр расстояния друг от друга, так что они шли кругом всего черепа. На каждую он тратил не более пяти секунд. Потом пилой невиданного фасона, всунув ее хвостик в первую дырочку, начал пилить, как выпиливают дамский рукодельный ящик. Череп тихо визжал и трясся. Минуты через три крышку черепа с Шарика сняли. Тогда обнажился купол Шарикового мозга – серый с синеватыми прожилками и красноватыми пятнами. Филипп Филиппович въелся ножницами в оболочки и их выкроил. Один раз ударил тонкий фонтан крови, чуть не попал в глаза профессору и окропил его колпак. Борменталь с торзионным пинцетом, как тигр, бросился зажимать и зажал. Пот с Борменталя полз потеками, и лицо его стало мясистым и разноцветным. Глаза его метались от рук Филиппа Филипповича к тарелке на столе. Филипп же Филиппович стал положительно страшен. Сипение вырывалось из его носа, зубы открылись до десен. Он ободрал оболочки с мозга и пошел куда-то вглубь, выдвигая из вскрытой чаши полушария мозга." Michail Bulgakov. *Sobranie sočinenij*. Moskau, 2005. Bd. 3, S. 240.

den Hundes wird die anthropotechnische Version des Metamorphosenmythos zudem in eine als ‚wahnsinnig' konnotierte romantische Motivtradition – E.T.A. Hoffmanns *Nachricht von den neuesten Schicksalen des Hundes Berganza*, Gogols *Aufzeichungen eines Wahnsinnigen* (*Zapiski sumasšedšego*) – zurückprojiziert. Eine Reihe von übertrieben komischen Nebensituationen verstärkt diese satirische Stoßrichtung des Texts gegen den prothetischen Charakter des neuen Menschen: wenn etwa Patienten des Professors als leibhaftige Resultate der Verjüngungs-Eugenik in der Praxis erscheinen, zusammengestückelt aus grasgrünen Haaren, altersrunzligen Gesichtern, deren Hautfarbe gleichwohl die von Säuglingen ist, aus einem stocksteifen und einem anderen marionettenhaft zuckenden Bein.

Preobraženskij ist eine ambivalente Figur. Einerseits entspricht sie dem in der kulturrevolutionären sowjetischen Propaganda etablierten Hassbild des so genannten „bürgerlichen Spezialisten", andererseits aber ist seine eigene Polemik gegen die Primitivismen der neuen „proletarischen Kultur" so scharf und pointiert, dass sie zur dominierenden Wertungsperspektive des Texts wird.

Der hinter dieser Alltagssatire liegende Gegenstand einer negativen Faszination aber ist die einleitend skizzierte Utopie einer anthropologischen Revolution. Die psychophysische Konditionierung des Substrats dieser Revolution und ein deterministisches Denken, das solchen Vorstellungen zugrunde liegt, sind das eigentliche Thema der literarischen Reflexion. Das gesamte metamorphotische Sujet gewinnt durch seinen intertextuellen Bedeutungshof (Monsterliteratur, Frankenstein-Motiv) eine semantische ‚Färbung' des Unheimlichen. Der medizinisch traktierte Hund – und das ist im zeitgenössischen Rezeptionshorizont unabdingbar der Pavlov'sche Hund – erscheint als reflexgesteuertes Wesen. Sein Speichel fließt beim Anblick von Speisen in den Vitrinenauslagen von Lebensmittelgeschäften, sogar schon beim bloßen „Lesen" der Aushängeschilder. Bulgakov führt hier gleichsam die Progredienz von der Pavlov'schen ‚niederen' zur ‚höheren' Reflextätigkeit des Nervensystems als Trivialkomödie auf. Auch das „Lesen" ist eine Frage der richtigen Reflexkonditionierung. Hunde „lesen" *kolbasa* („Wurst") und *glavryba* („Hauptabteilung Fisch"), die Menschen „lesen" Propagandatransparente über die Verjüngung des Menschen. Und der „vermenschlichte" Hund schließlich liest – Kautsky und Engels. Der zweite Teil der Novelle desavouiert die „Erziehung" dieses Wesens als Psychotechnik der Reflexkonditionierung. Am Schluss der Erzählung operieren die beiden desillusionierten Ärzte, Preobraženskij und sein Assistent Bormental, den unkontrollierbaren „Proletarier" in einen Hund zurück.

Präparieren oder Herstellen?

Jurij Tynjanovs historische Novelle *Die Wachsperson* erscheint 1932, d. h. zu einer Zeit, als die künstlerischen und wissenschaftlichen Avantgarden unter massiven Druck geraten. Der Zwang zur ideologischen Konformität und die Etablierung einer normativen, an organizistischen Formidealen und mimetischem Realismus ausgerichteten Ästhetik verdrängen das technomorphe Montage-Konzept. Davon betroffen ist auch der russische Formalismus, jene Gruppe aus Petersburger und Moskauer Literaturtheoretikern, die seit Mitte der 1910er Jahre eine radikal antipsychologische und antiideologische Kunstkonzeption verfocht und das Ideal eines sich in ihren Verfremdungsverfahren selbst „ausstellenden" Kunstwerks postulierte. Schlüsselkonzept dieser fabrizistischen, die „Gemachtheit" des Werks als eines Artefakts betonenden Ästhetik ist die „Konstruktion" heterogenen „Materials". Auch die eigene literarische Produktion einiger Mitglieder der „formalen Schule", namentlich Viktor Škovskijs und Jurij Tynjanovs, ist eine Form der Forschung. Sie wird von ihren Autoren als ein Probehandeln, ein testendes Ausprobieren der eigenen theoretischen Konzepte verstanden. Der Formalismus ist seit seinen Anfängen ein theoretisch-fiktionaler Mischdiskurs. Tynjanovs historische Novellen und Romane lassen sich als Experimente einer auf Montage gründenden Erzählweise verstehen. Sie sind gekennzeichnet von radikalen Perspektivwechseln und einer Kompositionsweise, die zwischen Fiktion und Faktographie mittels des Einbaus fingierter oder realer historischer Dokumente oszilliert.

Die späten 1920er und frühen 1930er Jahre sind eine Entscheidungszeit zwischen skeptizistischem Bilanzieren avantgardistischer Utopien einerseits und dem Einwilligen in das totalitaristisch gewendete Projekt des „neuen Menschen" andererseits. Die fabrizistische Logik des Formalismus wird in Texten aus dieser Zeit einer experimentellen Überprüfung unterzogen. Dabei referiert man auf Topoi, die den Bruch zwischen den beiden Optionen des Herstellens und Zerstörens, des Konstruierens und des Abtrennens, des Montierens und des Isolierens irreparabel machen. Ein solcher Topos, der zudem in einer bemerkenswerten Spannung zu dem der Prothese steht, ist das *Präparat*.

Die historischen Romane und Erzählungen Jurij Tynjanovs sind dabei von speziellem Interesse, weil sie die Perspektive einer avantgardistischen Selbstbilanz in die größere Dimension einer Revision von Modernisierungsgeschichte stellen. In *Die Wachsperson* führt Tynjanov ein hochkomplexes historisches Narrativ des Herrschers (Zar Peter der Große) und des Künstlers (Rastrelli, der barocke Bildner der berühmten Wachsfigur des verstorbenen Zaren) als Konkurrenten um das Privileg des Herstellens und Ausstellens auf. Das Setting dieses Texts ist die berühmte Kunstkammer Peters des Großen, die auch zum Bestimmungsort der Wachsfigur des toten Imperators selbst werden sollte. Im ganz direkten Sinn dieses Begriffs haben wir einen Chronotop des Präparats, einen Zeit-Raum des historischen (und avantgardehistorischen) Narrativs des Präparierens. Hier einige der Beschreibungen anatomischer Präparate in der Kunstkammer:

> Fettgolden und zitronengelb ruderten Babys mit ihren Ärmchen durch Spiritus und stießen sich mit den Füßchen ab wie Frösche im Teich. Köpfchen von Ein- und Zweijährigen schwammen mit offenen Äuglein in Gläsern. Die dunklen kornblumenblauen Kinderaugen blickten lebendig, es waren menschliche Augen. Wo die Köpfe abgetrennt worden waren, sah es so aus, als könnte jeden Augenblick Blut hervorquellen. So frisch hatte der Kornbranntwein sie erhalten.[14]

> Bräunliches Gesicht, schräge Brauen und unzufrieden schielende Augen. Kurze Nase, breite Stirn und spitzes Kinn. Er war erhaben, der gelbe Kinderkopf, als sei er ein mongolischer Fürstenspross. Ruhe ging von ihm aus, und die schweren Lippen waren ohne Lächeln. [...] Unzufrieden schaute der unter den schweren Lidern hervor, erhaben wie ein mongolischer Prinz, als blinzele er wegen der Sonne. Im großen Raum stand die Sonne lange. Der Regen vor den Fenstern war nicht schlimm. Es war warm.[15]

Bei der letzten Beschreibung handelt es sich um „Pueriscaput Nr. 70", den präparierten Kopf des Kindes der Geliebten des Sohns Peters des Großen, Aleksej Petrovič, also des Enkelkindes Peters. Die Mutter hatte es nach ihrer Einkerkerung in der Peter-Pauls-Festung geboren. Das Leben ist in diesen Präparaten gleichsam nur für einen Moment unterbrochen. Zugleich aber ist dieser Moment perpetuiert und zum Standbild

---

14 Juri Tynjanow. „Die Wachsperson [1932]". *Aufzeichnungen auf Manschetten. Sonderbare Geschichten von Bulgakow bis Schukschin*. Hg. v. Antje Leetz. Leipzig, 1987, S. 285. „Золотые от жира младенцы, лимонные, плавали ручками в спирту, а ножками отталкивались, как лягвы в воде. А рядом – головки, тоже в склянках. И глаза у них были открыты. Все годовалые, или двулетние. И детские головы смотрели живыми глазами: голубыми, цвета василька, темными; человеческие глаза. И где отрезана была голова – можно было подумать, что сейчас брызнет кровь, – так все сохранялось в хлебном вине." Jurij Tynjanov. „Voskovaja persona". *Sočinenija*. Moskau, 1994. Bd. 1, S. 385f.

15 Tynjanow, „Die Wachsperson" (Anm. 14), S. 285f. „Смугловата. Глаза как бы с неудовольствием скошены, – и брови раскосые. Нос краток, лоб широк, подбородок востер. И желтая цветом, важная, эта голова – и малого ребенка и как будто монгольского князька. На ней спокойствие и губы без улыбки, отяжелели. [...] Тяжелыми веками смотрит голова на все, недовольно, важно, как монгольский князек, – как будто жмурится от солнца. Палата была большая, солнце в ней долго стояло. Дождь за окнами был не страшен. Было тепло. И по разным местам был разбросан." Tynjanov, „Voskovaja persona" (Anm. 14), S. 386.

erstarrt. Die physiognomische Beschreibung wiederum scheint im fortdauernden Leben des Blicks der Person diese konservierte Unterbrechung zu überwinden.

Die *Kunstkamera* ist ein Schauplatz diskursiver Konkurrenzen. Einerseits evozieren ihre Präparate mimetische Wiedererkennenslust und eine physiognomische Feier des Gesichts. So heißt es etwa über den ausgestellten Kopf des 1724 hingerichteten, ehemaligen Günstlings Peters, Vilim Ivanovič Mons, er lasse, obwohl er einen Monat lang auf einen Pfahl gespießt dem Winterwetter ausgesetzt war, „immer noch den schönen stolzen Mund und die traurigen Augenbrauen erkennen".[16] Andererseits ist dieses Kabinett der Monstrositäten eine Stätte der grotesken Verzerrungen und Verformungen, der toten und der lebenden Missgeburten. Aufgrund eines entsprechenden Erlasses des Imperators wurde die *Kunstkamera* mit solchen Missgeburten aus dem gesamten Reich beliefert. Drei solcher Missgeburten, deren Wohnort die *Kunstkamera* ist, nämlich der sechsfingrige Jakov und die zweifingrigen bzw. zweizehigen Foma und Stepan, gehören zum Figureninventar der Novelle.

Man ist versucht, den Text Tynjanovs als das fiktional verkleidete Manifest einer Ästhetik der Deformation zu lesen. Als Radikalisierung und Probe der formalistischen Theorie aufs literarisch-praktische Experiment scheint der Text prädestiniert für den Anschluss dieser Theorie an dekonstruktivistische Paradigmen der Gegenwart.[17] Das barocke Setting, der Chronotop der *Kunstkamera*, das Monströse, das Museum als Ort der Dekontextualisierung, der Bildhauer Rastrelli als Meister der Allegorisierung von Geschichte, also der semantischen Deformation, und als Meister der Anamorphose, also der optischen Deformation – das alles scheint in der Tat dafür zu sprechen, die Erzählung als eine fiktionale historische Projektion des antimimetischen Kunstkonzepts zu verstehen. *Entstellung* ist der Kern dieses Faszinosums – Entstellung des Gesichts, abbildliche Repräsentation als Alteration, memoriale Repräsentation als Aus-Stellung (im Assoziationsgeflecht von Herstellung, Wegstellung und Abstellung).

---

16 Tynjanov, „Voskvaja persona" (Anm. 14), S. 390.

17 Vgl. Michail Jampol'skij. „Maska i metamorfozy zrenija. Zametki na poljach ‚Voskovoj persony'". *Tynjanovskij sbornik. Pjatye tynjanovskie čtenija.* Riga u. Moskau, 1994, S. 40-99; Dragan Kujundžić. *The Returns of History. Russian Nietzscheans After Modernity.* Albany, N.Y., 1997 sowie Barbara Wurm. „‚Wachs/Persona'. Abdruck und Pseudo-Organismus. Material-Anthropologie in Jurij Tynjanovs ‚Voskovaja Persona'". *Schriften – Dinge – Phantasmen. Literatur und Kultur der russischen Moderne I.* Hg. v. Mirjam Goller u. Susanne Strätling. München u. Wien, 2002, S. 313-358.

Ich möchte eine etwas andere Lektüre des Texts vorschlagen, indem ich ihn als skeptischer, um nicht zu sagen *pessimistischer* in Bezug auf die von ihm entblößten Phänomene verstehe. Freilich ist dies ein hoch allegorischer Text, gleichsam ein allegorischer Text über das Prinzip der Allegorie selbst. Tynjanov allegorisiert in Rastrelli die Allegorie. Er allegorisiert in der Wachsfigur des Zaren die mortifizierte Geschichte (und die mortifizierte Fiktion). Er allegorisiert im „Automaten" die leer gewordene Zeit. Der anthropomorphe „Automat", dem die Wachsmaske des Zarengesichts aufgesetzt wird, ist ein Antriebsmechanismus, der, so heißt es, wie ein Uhrwerk ohne Zifferblatt läuft. Aber Tynjanov inszeniert das alles nicht als Fest der Deformation, er bedient sich des historischen Materials nicht als einer Veranschaulichungsmatrize deformativer Ästhetik. Dem widerspricht zweierlei: Erstens zeigt Tynjanov die Verdinglichung von Geschichte als eine Konsequenz aus der Geschichte selbst – einer mortifizierenden Geschichte, die sich personifiziert im *präparierenden Souverän*. Der Herrscher als Präparator, als Souverän des Abtrennens, des chemischen Fixierens und des Exponierens von historischer wie naturkundlicher Materie – dies scheint mir der Bezugspunkt des Kunstkammermotivs zu sein. Eines der ausgestellten Kopfpräparate ist von niemand anderem als Peter dem Großen selbst produziert worden, von demjenigen also, dessen eigene Präparierung den Sujetkern der Novelle bildet. Nach der Enthauptung der Marja Danilovna Chamentova durch Peter den Großen hatte sich deren abgeschlagener Kopf, mittlerweile unter den anderen in Kornbranntwein konservierten Präparaten in der *Kunstkamera* ausgestellt, noch auf dem Schafott zum Exponat verwandelt:

> Der zweite Kopf gehörte der Dame Hamilton – ihr russischer Name war Marja Danilowna Chamentowa. Der Verlauf der Adern war an ihm so deutlich zu sehen, dass der Herrscher ihn auf dem Schafott geküsst und dann den Umstehenden erklärt hatte, wie viele Adern vom Kopf in den Hals und von dort zurückführten. Dann hatte er den Kopf in die Kunstkammer bringen und in Branntwein legen lassen.[18]

Zweitens verweist Tynjanov mit der Verdinglichung von Geschichte auf die Verdinglichung von Fiktion. Das Sujet seines Texts, selbst Beispiel

18 Tynjanow, „Die Wachsperson" (Anm. 14), S. 290f. „А вторая голова была Гамильтон – Марья Даниловна Хаментова. Та голова, на которой было столь ясно строение жилок, где какая жилка проходит, - что сам хозяин на помосте сперва эту голову поцеловал, потом объяснил тут же стоящим, как много жил проходит от головы к шее и обратно. И велел голову в хлебное вино и в кунштсамору. А раньше с Марьей леживал. И она имела много нарядов, соболей, каталась в аглицкой карете." Tynjanov, „Voskovaja persona" (Anm. 14), S. 390.

einer „Komposition in Stücken", ist mehr als eine formalistische Entblößung der eigenen Montageverfahren. Es ist eine Rückprojektion dieser Verfahren auf eine *Geschichte in Stücken*, zum Zweck der Revision dieser Verfahren in ihrer prekären Determiniertheit. Die Partikularisierung von Sequenzen ist nicht Lösung aus der Geschichte, sondern Kettung an sie. Die Kontingenz von Ereignissen ist trauriger Tribut an eine Geschichtsmaschinerie. Die „Fortuna" des Automaten[19] ist die potenzierte Allegorie für diesen Sachverhalt: sowohl geschichtspessimistische Allegorie im innerdiegetischen Raum barocker Emblematik als auch Meta-Allegorie für eine Maschinisierung fiktionaler Phantasie. Ich lese die Erzählung also als einen avantgardeskeptischen Text, als desillusionierten Rückblick auf die Verquickung ästhetischer und anthropotechnischer Montage, und zugleich als Antizipation des Kommenden. Im Jahr 1932 spiegelt dieser Text das bedrohliche Szenario einer totalitaristischen Radikalisierung der Präparationsgeschichte zurück ins Schreckbild des chirurgischen Imperators.

Das Motiv des Zaren als Herrn der *Kunstkamera* ist die Folie, vor der die Erzählung um Rastrelli, den Künstler als Präparator, ihre spezifische Färbung bekommt. Mit Rastrelli und Peter stehen zwei Präparatoren neben- und gegeneinander: der Herrscher und der Künstler. Ihre besondere Brisanz erhält diese Konstellation dadurch, dass der Künstler-Präparator den Herrscher-Präparator selbst zu seinem Gegenstand hat. Ein differenzierter Vergleich wird ergeben, dass von einem „Präparieren" im engeren Sinne des Worts, d. h. im Sinne eines *mortifizierenden* Akts, nur hinsichtlich des Herrschers gesprochen werden kann.

Die Bildhauerfigur Rastrellis evoziert, obgleich oder gerade weil sie mit der Produktion einer Totenmaske beschäftigt ist, die Option einer Überwindung der Mortifikation in der Kunst. In der Tat ist Rastrelli eine Figur, die – *in potentia, optativ* – die Kunst als Alternative zum mortifizierenden Präparat allegorisiert. Aufschlussreich ist diesbezüglich die Produktionsszene der Totenmaske, man darf sie wohl als die zentrale Szene in diesem kunstprogrammatischen Aspekt der Novelle betrachten. Es ist, wie die Szene der Enthauptung der Lady Hamilton, eine *face-to-face*-Begegnung, die ebenfalls in einem Kuss des toten Gesichts kulminiert:

> In beide Hände nahm er den Kopf, strich sanft darüber hin. Lejendre beobachtete ihn und lernte. Doch er sah weniger auf das wächserne Gesicht als auf das seines Meisters. Ihm fiel ein Gesicht ein, das dem des Meisters sehr ähnlich war: das Gesicht des Silens an der Fontäne, eine Arbeit Rastrellis.

19 Tynjanov, „Voskovaja persona" (Anm. 14), S. 367.

> Das bronzene Silengesicht war voll Ruhe und Gleichmut. Aus dem geöffneten Mund floss ständig ein Wasserstrahl. Dieser Silen war die Verkörperung höchster Sinnenlust.
>
> Der Mund des Meisters stand jetzt offen wie der des Silens. Speichel troff aus den Winkeln, und die Augen blickten gleichgültig und stolz. Er hob den Wachskopf empor und betrachtete ihn. Plötzlich zitterte seine Unterlippe, er küsste die noch bleichen wächsernen Lippen und weinte.[20]

Ein Vergleich dieser Szene mit der Lady-Hamilton-Szene lässt sich unterschiedlich bewerten.

Kujundžić konstruiert eine oppositive Korrelation dieser beiden Szenen. Tynjanov stelle hier zwei „Meta-Erzähler" von Geschichte gegenüber: den „unbedingten" und performativen, vertreten in Peter, und den diskursiv und allegorisch vermittelten, vertreten durch Rastrelli: „While Rastrelli represents history by means of mediation and allegory, working in wax, Peter works immediately on the body (of Russia, of people, of history)."[21] Und es ist deutlich, dass in einer solchen Perspektive nur Rastrellis Strategie dem Formalismus und dem Dekonstruktivismus entspricht, als eine Strategie, die „Allegorien, Simulation, Medialisierung, Maskerade, Travestie, Parodie" produziert und eben dadurch die Strategie Peters als eine von „Realismus", „Identität" (*sameness*) und „Authentizität" in ihrer Ideologizität entlarve.[22] Hier wird die eingangs angesprochene Rezeption des Texts als eines fiktional verkleideten Formalismusmanifests sehr deutlich.

Man kann diesen Vergleich aber auch anders fassen: Tynjanov präsentiert mit Peter dem Großen einen *präparierenden*, d. h. existierendes Leben lediglich abtrennenden und abstellenden, mit Rastrelli aber einen *herstellenden* Produzenten von Dingen. Das Präparat im engeren Sinne ist Ergebnis einer Sektion. ‚Lebensechtheit' gewinnt dieses Simulakrum nur unter der paradoxen Bedingung der vorhergehenden Abtrennung vom lebenden Körper. (So hieß es auch in der oben bereits zitierten Be-

---

20 Tynjanow, „Die Wachsperson" (Anm. 14), S. 322. „И, взяв ту голову в обе руки, редко поглаживал ее. Лежандр смотрел на мастера и учился. Но он более смотрел на мастерово лицо, чем на восковое. И он вспомнил то лицо, на которое стало походить лицо мастера: то лицо было Силеново, на фонтанах, работы Растреллия же. Это лицо из бронзы было спкойное, равнодушное, и сквозь открытый рот лилась беспрестанно вода, – так изобразил граф Растреллий крайнее сладострастие Силена. И теперь точно так же рот мастера был открыт, слюна текла по углам губ, и глаза его застлало крайним равнодушием и как бы непомерной гордостью. И он поднял восковую голову, посмотрел на нее. И вдруг нижняя губа у него шлепнула, он поцеловал ту голову в бледные еще губы и заплакал." Tynjanov, „Voskovaja persona" (Anm. 14), S. 419.

21 Kujundžić (Anm. 17), S. 144.

22 Ebd., S. 163.

schreibung der beiden Kinderköpfe, dass man an der Stelle, „wo die Köpfe abgetrennt waren“, jeden Moment vermute, das Blut hervorsprudeln zu sehen.) Das Präparat ist zweitens eine Fixation, ein hyperrealistisches Standbild des Lebens, eine *Unterbrechung für immer.* Es ist weder Intervall, d. h. die Dynamik des Anschlusses antizipierende Pause, noch Abschluss, d. h. eine Entwicklung sinnvoll zu einem Ganzen synthetisierendes Ende. Der Bildhauer hingegen *formt* eine Figur, sie *bildet* sich erst unter seiner Hand aus der amorphen Masse des Materials.

Aus dieser Perspektive gestaltet sich der Vergleich wesentlich komplexer. Er betrifft eine qualitative Dichotomie der in den beiden Akten entstehenden Dinge: des Dings als mortifiziertes Leibfragment einerseits, des Dings als Artefakt, als Produkt von *ars, techne* andererseits. Die Differenz wird also in den Status der Dinge selbst hineingetrieben. Das hat den Charakter einer ästhetiktheoretischen These: Das durch den Herrscher im Akt der Tötung weniger ‚hergestellte‘ als ‚abgetrennte‘ Präparat ist kein Artefakt, das Privileg des Artefaktischen, als des Hergestellten, kommt dem Künstler zu. Vor dieser, eben als Behauptung zu fassenden, im weiteren Verlauf des erzählerischen Experiments gleichsam erst durchzusetzenden Unterscheidung aber wird dann die Position Rastrellis prekär. Sie wird nun daran gemessen werden müssen, ob und wie sie dieses Postulat eines idealen, in der Differenz zum ‚toten‘ Ding (sei es Reliquie oder Präparat) profilierten Artefakts verwirklicht. Rastrelli wird also, bevor er überhaupt zum Repräsentanten einer deformationistischen Kunst wird, in das fundamentalere Paradigma einer kreationistischen Ästhetik gespannt. An *deren* Nutzen oder Schaden wird seine Formungskunst als Verformungskunst erst zu beurteilen sein. Tynjanov personifiziert in dieser Figur eine doppelte Option der künstlerischen Herstellung: einerseits eines säkularisierten Auftrags zur Schöpfung, andererseits eines immer drohenden Scheiterns an dieser Aufgabe durch ein Abstürzen in das Andere der Schöpfung – das Präparieren des Toten. Das ließe sich in einer dichten Lektüre dieser gesamten Produktionssequenz ausführen, ich muss mich hier auf einige Splitter beschränken.

Die spätere Phase der Formung der Wachsmaske ist prinzipiell unterschieden von der Phase des Abdrucks:

> Nach einer halben Stunde betrat er den Saal und brachte auf einem Tablett die Totenmaske. Sie war eben erst fertig geworden, und der Meister hob mahnend den kleinen dicken Finger, dass keiner sie berühre, keiner sie küsse! Niemand tat es.
>
> Der Gipsabguss sah alle mit eigroß quellenden Augen an. Die Stirn war von zwei Falten durchzogen, der Mund nach links verzerrt, und die Backenknochen traten gewaltig hervor.

> Da sah Rastrelli einen kleinen dunklen Mann sich zwischen den Herren vom Senat und der Garde hindurchdrängen und stecken bleiben. Man ließ ihn nicht durch. Der Meister blies wichtigtuerisch und schadenfroh die Backen auf. Sein Gesicht wurde dem eines Frosches ähnlich. Der Mann war Herr Louis Caravaque, der flinke Künstler hatte sich verspätet.[23]

Der Zustand der Maske ist hier noch der defizitäre von „membra disjecta“[24] – das eben ist der Ausgangspunkt, die zu überwindende Stufe, die defizitäre Stufe des Präparats, von der Rastrellis Formungsakt sich entfernen wird.

Die Phase der Formung hingegen ist *Füllung*, dreifache Füllung. Erstens betrifft das den Akt der Semiose als Füllung des ausdrucksneutralen Abdrucks mit den physiognomischen und pathognomischen Ausdrucksformen der Zeit. Schon der erste Meißelstrich durch die erhitzte Wachsmaske ist ein Strich, der einer „menschlichen Linie“ (*čelovečeskaja linija*) ähnlich ist.[25]

> Die warmen Finger glitten über die Oberfläche, löschten die Linien aus, die den Mund verzogen, und der Mund wurde stolz, wie er zu Lebzeiten gewesen war, und verlieh dem Gesicht Gedankentiefe und Weisheit, die Lippen schienen dem Geistigen Lob zu sprechen. Er strich über die gewölbte Stirn, streichelte den Schläfenmuskel, wie man es tut, um Kopfschmerzen zu lindern. Glättete die dicke Zornesader. Doch die Stirn zeigte keine Liebe, nur Starrsinn und Unnachgiebigkeit. Die kurze breite Nase arbeitete er stärker heraus, und sie wirkte empfindsam, als habe sie ein Gespür für das Schöne. Die knotigen Ohren machte Rastrelli schärfer, sie lagen eng am Schädel an und verrieten Willensstärke und Bedeutsamkeit.[26]

---

23 Tynjanow, „Die Wachsperson“ (Anm. 14), S. 303f. „И через полчаса он вышел в залу и вынес на блюде подобие. Оно только что застыло, и мастер поднял ввысь малый толстый палец, предупреждая: чтобы не касались, не лезли целоваться. Но никто не лез. Гипсовый портрет смотрел на всех яйцами надутых глаз, две морщины были на лбу, и губа была дернута влево, а скулы набрякали материею и гневом. Тогда художник увидал: в зале среди господ сената и господ гвардии толкался и застревал малый чернявый человек, он стремился, а его не пускали. И мастер надул губы от важности и довольства, и лицо его стало как у лягушки, потому что тот чернявый был господин Луи де Каравакк, и этот вострый художник запоздал.“ Tynjanov, „Voskovaja persona“ (Anm. 14), S. 402.

24 Tynjanov, „Voskovaja persona“ (Anm. 14), S. 402.

25 Ebd., S. 415.

26 Tynjanow, „Die Wachsperson“ (Anm. 14), S. 321. „И он прошелся теплым пальцем у крайнего рубезка и стер губодергу, рот стал, как при жизни, гордый – рот, который означает в лице мысль и ученье, и губы, означающие духовную хвалу. Он потер окатистый лоб, погладил височную мышцу, как гладят у живого человека, унимая головную боль, и немного сгладил толстую жилу, которая стала от гнева. Но лоб не выражал любви, а только упорство и стояние на своем. И широкий краткий нос он выгнул еще более, и нос стал чуткий, чующий

Zweitens betrifft das den materialen Aspekt der Herstellung als Voluminierung des Artefakts durch eingefülltes Wachs, genauer: durch eine zweite, neue Wachsmasse, die in den ersten, hohlen Wachsabdruck gefüllt wird. Drittens wird Füllung zur kreationistischen Metapher: „Und der Kopf wurde schwer, als habe man nicht erhitztes Wachs, sondern Gedanken in ihn gegossen.“[27]

Noch markanter wird dieser Aspekt des Vergleichs mit dem Präparator, wenn Rastrelli selbst *spricht* über den in seinen Händen sich formenden und dann in seinen Händen ruhenden Kopf, unmittelbar nach Abschluss der Skulpturierungsarbeit und vor dem Kuss: „‚Keine Spur von Zorn‘, sagte der Meister, ‚keine Freude, kein Lächeln. Als ob sein Blut ihn von innen drücke, und als ob er ihm lausche.‘“[28] Dieser Satz ist in unmittelbarem Vergleich mit der Rede Peters aus der Enthauptungsszene zu sehen: Peter hatte dort die aufgeschnittenen Adern der Lady Hamilton physiologisch erläutert. Mit diesem Moment der Abtrennung wird der Blutausfluss aus diesen Halsadern ein ewig unterbrochener sein. In der Rastrelli-Szene aber manifestiert sich eine Option, eine Hoffnung, eine Ahnung: auf ein somatisch-psychisches Gefüge, auf ein Kontinuum des Lebens.

Zugleich aber sind all diese Momente grundiert von einer Aura der Vergeblichkeit, des Versagens dieses Künstlers an der selbstgestellten Aufgabe. Dieser gesamte *Anspruch* auf Schöpfung, auf säkularisiertes Demiurgentum, ist eben nicht mehr als dies: ein Anspruch, eine *Behauptung.* Die Szene des sprechenden, des über dem Haupt, dem Fragment einer ja ebenfalls ‚enthaupteten‘ Leiche sprechenden Rastrelli macht das deutlich. Dass der Künstler das Leben des von ihm geschaffenen Artefakts hört und sieht, ist das imaginierte Resultat einer Beschwörung.

постиженье добра. Узловатые уши он поострил, и уши, прилегающие плотно к височной кости, стали выражать хотение и тяжесть.“ Tynjanov, „Voskovaja persona“ (Anm. 14), S. 418.

27 „[…] и голова стала тяжелая, как будто влили не топленый воск, а мысли.“ Tynjanov, „Voskovaja persona“ (Anm. 14), S. 418.

28 „Никакаого гнева, – сказал мастер, – ни радости, ни улыбки. Как будто изнутри его давит кровь, и он прислушивается.“ Ebd., S. 419.

LITERATURVERZEICHNIS

Asmus, V. „Marksizm i kul'turnaja tradicija". *Revoljucija i kul'tura* 3/4 (1927), S. 10-16.

Bowlt, John E. „Body Beautiful. The Artistic Search for the Perfect Physique". *Laboratories of Dreams. The Russian Avant-Garde and Cultural Experiment*. Hg. v. dems. u. Olga Matich. Stanford, 1996, S. 37-58.

Bulgakow, Michail. *Hundeherz*. Übs. v. Gisela Drohla. Darmstadt u. Neuwied, 1970.

Bulgakov, Michail. *Sobranie sočinenij*. Moskau, 2005, Bd. 3.

Gastev, Aleksej K. „Ein Packen von Ordern". *Kunst und Produktion*. Hg. v. Boris Arvatov. München, 1972, S. 104-106.

Gastev, Aleksej K. *Trudovye ustanovki*. Moskau, 1973.

Groys, Boris u. Michael Hagmeister (Hg.). *Die Neue Menschheit. Biopolitische Utopien in Russland zu Beginn des 20. Jahrhunderts*. Frankfurt a. M., 2005.

Jampol'skij, Michail. „Maska i metamorfozy zrenija. Zametki na poljach ‚Voskovoj persony'". *Tynjanovskij sbornik. Pjatye tynjanovskie čtenija*. Riga u. Moskau, 1994, S. 40-99.

Keržencev, P. „Čelovek novoj epochi". *Revoljucija i kul'tura* 3/4 (1927), S. 17-20.

Kujundžić, Dragan. *The Returns of History. Russian Nietzscheans After Modernity*. Albany, N.Y., 1997.

Plaggenborg, Stefan. *Revolutionskultur. Menschenbilder und kulturelle Praxis in Sowjetrussland zwischen Oktoberrevolution und Stalinismus*. Köln, Weimar u. Wien, 1996.

Rieger, Stefan. *Die Individualität der Medien. Eine Geschichte der Wissenschaften vom Menschen*. Frankfurt a. M., 2001.

Spieker, Sven. „Orthopädie und Avantgarde. Dziga Vertovs ‚Filmauge' aus prothetischer Sicht". *Apparatur und Rhapsodie. Zu den Filmen des Dziga Vertov*. Hg. v. Natascha Drubek-Meyer u. Jurij Murašov. Frankfurt a. M. u. a., 2000, S. 147-170.

Tynjanow, Juri. „Die Wachsperson [1932]". *Aufzeichnungen auf Manschetten. Sonderbare Geschichten von Bulgakow bis Schukschin*. Hg. v. Antje Leetz. Leipzig, 1987, S. 257-372.

Tynjanov, Jurij. „Voskovaja persona". *Sočinenija*. Moskau, 1994. Bd. 1, S. 357-464.

Vertov, Dziga. „Wir. Variante eines Manifests". *Schriften zum Film*. Hg. v. Wolfgang Beilenhoff. München, 1973, S. 7-10.

Vertov, Dziga. „Kinoki-Umsturz [1923]". *Schriften zum Film*. Hg. v. Wolfgang Beilenhoff. München, 1973, S. 11-24.

Wurm, Barbara. „‚Wachs/Persona'. Abdruck und Pseudo-Organismus. Material-Anthropologie in Jurij Tynjanovs ‚Voskovaja Persona'". *Schriften – Dinge – Phantasmen. Literatur und Kultur der russischen Moderne I*. Hg. v. Mirjam Goller u. Susanne Strätling. München u. Wien, 2002, S. 313-358.

PETER BEXTE

Mit den Augen hören/mit den Ohren sehen. Raoul Hausmanns optophonetische Schnittmengen[1]

„[…] en me promenant sur le rivage de la mer et entendant le grand bruit […].“
Gottfried Wilhelm Leibniz, *Vernunftprinzipien der Natur und Gnade.*

Vom 25. April bis 31. Mai 1931 war in Berlin die Sammelausstellung *Fotomontage* zu sehen. Raoul Hausmann nahm daran teil; er gestaltete auch das Plakat mit dem Bild einer schneidenden Schere und hielt die Eröffnungsrede.[2] Zur selben Zeit schrieb er an einem Text, der wenige Wochen später, im Juni 1931, in der Berliner Zeitschrift *Gegner* erschien und mit folgenden Worten endete: „Meine Herren Musiker, meine Herren Maler: ihr werdet durch die Ohren sehen und mit den Augen hören und ihr werdet den Verstand dabei verlieren!“[3] Wie es den Damen Musikern und den Damen Malern ergehen würde, erfährt man nicht. Die Herren jedenfalls sollten den Verstand verlieren, und zwar durch synästhetische Ereignisse, welche Hausmann auszulösen gedachte.

Beide Ereignisse, die Ausstellung wie der Aufsatz, fassten Errungenschaften des Berliner Dadaismus zusammen. Das Gestalten mit der Schere in Fotomontagen war um 1920 wesentlich von Hannah Höch und Hausmann entwickelt worden. Auch das zitierte Diktum zu Augen und Ohren stand am Ende einer längeren Debatte, in der Hausmann die Relation Bild/Ton zu erproben suchte. Ab 1918 hatte Hausmann mit For-

---

1 Mein Dank gilt den Mitarbeitern des Raoul-Hausmann-Archivs der Berlinischen Galerie, namentlich Herrn Erler und Herrn Burmeister.

2 Für eine Abbildung des Plakates vgl. Raoul Hausmann. *Der deutsche Spießer ärgert sich. Raoul Hausmann 1886-1971* [Ausst.kat.]. Berlin, 1994, S. 237, Nr. 317. Für den Text der Eröffnungsrede vgl. Raoul Hausmann. „Fotomontage“. *Sieg, Triumph, Tabak mit Bohnen* (= Texte bis 1933, Bd. 2). Hg. v. Michael Erlhoff. München, 1982, S. 130-132.

3 Raoul Hausmann. „Die überzüchteten Künste. Die neuen Elemente der Malerei und Musik (1931)“. *Sieg, Triumph, Tabak mit Bohnen* (Anm. 2), S. 144.

men der direkten Umsetzung von Optischem in Akustisches, von Typografie in Lautbildung experimentiert. „fmsbw“ (1918) und „OFFEAH“ (1918) sind bekannte Beispiele dieser optisch-phonetischen, kurz: optophonetischen Plakatgedichte. Er hat dies sukzessive fortgesetzt: 1922 schrieb er den Text „Optophonetik“, in dem die maschinelle Ineinssetzung von Visuellem und Akustischem propagiert wurde. Die Entwicklung des Lichttons für den Kinofilm durch Hans Vogt, Joseph Massolle und Joseph Engl 1923 sollte ihn des Weiteren beflügeln. Das Thema „Optophonetik“ in seiner maschinellen Gestalt hat Hausmann die gesamten 20er Jahre hindurch nicht losgelassen. Dabei sind auch eigene, bislang wenig erforschte Patentanträge entstanden (s. u.). Die Ausgangsvermutung der folgenden Überlegungen lautet, dass nicht nur die Fotomontage, sondern auch die Optophonie mit dem Schneiden zu tun hat.

Die Beschäftigung mit diesen Dingen führt auf ein durchwachsenes Terrain, in dem sich Altes und Neues seltsam mischen. 1931 gedachte Hausmann, das synästhetische Ereignis zur Vernichtung des Verstandes durch ein Gerät namens *Spektrofon* herbeizuführen. Dessen Grundform war 50 Jahre zuvor von Alexander Graham Bell erfunden worden: „als ein Spektroskop, dessen Okular durch ein Hörrohr ersetzt ist“.[4] Wenn aber die Ersetzung eines Okulars durch ein Hörrohr noch 50 Jahre später Künstlerhirne den Verlust des Verstandes propagieren lässt, so ist zu fragen, was dahinter stecken mag. Wie bei aller Synästhesie geht es um die Wahrnehmung von Wahrnehmung.

Sinne zusammenschneiden

Sehen sehen, Wahrnehmen wahrnehmen – so lautet das historisch je verschiedene Programm. In der Anatomie des 17. Jahrhunderts ist es anders bearbeitet worden als in der Physiologie des 19. Jahrhunderts oder im Maschinenbau des 20. Jahrhunderts. In der selbstbezüglichen Verdoppelung der Formulierung aber kündigt sich ein durchgängiges Problem an. Jeder Blick auf den Blick ist wiederum einer, darum gibt es keine Geschichte der Sinne, sondern nur eine Geschichte der Wahrnehmung von Wahrnehmung.[5] Die Zerlegung der Sinnesorgane bildet den Parcours je verschiedener Diskurse.

---

4 Art. „Radiophonie“. *Meyers Konversationslexikon.* Leipzig u. a., 1889, Bd. 13, S. 543.

5 Trotz des gegenteiligen Titels meint dies auch Robert Jütte. *Geschichte der Sinne. Von der Antike bis zum Cyberspace.* München, 2000. Die Formulierung „Wahrnehmung von Wahrnehmung“ nach Heinz von Foerster. „Wahrnehmen wahrnehmen“.

In den Akademien der Wissenschaften des 17. und des 18. Jahrhunderts hatte man den Schnitt durch das Organ selbst geführt.[6] In den physiologischen Labors des 19. Jahrhunderts dagegen hat man an anderer Stelle geschnitten und andere Diskurse geführt. Dabei gilt durchaus eine von Michel Serres entworfene Topologie des Diskurses und spielt der Ort des Schnittes eine wegweisende Rolle für die Wege der Forschung.[7]

Über die technische Konstituierung des physiologischen Objektes ist in den vergangenen Jahren viel geforscht und publiziert worden.[8] Demgegenüber sei hier lediglich auf eine Verschiebung im Ort des Schnittes aufmerksam gemacht: Er wird im 19. Jahrhundert nicht mehr allein durch das Organ geführt, sondern auch durch das, was hinter dem Organ ist, beziehungsweise zwischen ihm und dem Hirn. Der Schnitt geht durch die Nerven. Damit ändert sich einiges.

Emil Du Bois-Reymond hat dies am 14. August 1872 in seinem Vortrag „Über die Grenzen des Naturerkennens" ausgesprochen. Der Autor entwickelt folgendes Gedankenexperiment: Die verschiedenen Nerven lassen sich offenbar nicht qualitativ unterscheiden, sondern nur der Intensität nach. Wenn aber diese Intensitäten erst durch „Sinnsubstanzen" im Hirn zu spezifischen Eindrücken umgesetzt werden, dann müssten die Nerven als bloße Zuleitungen vertauschbar sein:

> Der Idee nach müßte ein Stück Sehnerv mit einem Stück eines elektrischen Nerven, bei gehöriger Rücksicht auf ihre physiologische Wirkungsrichtung, Faser für Faser ohne Störung vertauscht werden können; […]. Vollends zwei Sinnesnerven würden einander ersetzen. Bei über's Kreuz verheilten Seh- und

---

Philosophien der neuen Technologie. Hg. v. d. Ars Electronica. Berlin, 1998, S. 27-40. Vgl. auch Peter Bexte. *Blinde Seher. Wahrnehmung von Wahrnehmung in der Kunst des 17. Jahrhunderts. Mit einem Anhang zur Entdeckung des Blinden Flecks im Jahre 1668*. Dresden, 1999.

6 Vgl. Ilse Jahn (Hg.). *Geschichte der Biologie*. Jena u. a., 1998, S. 203. In der französischen Akademie zerlegte Edmé Mariotte Menschenaugen; Jean Pecquet schnitt Augen von Löwen, Kamelen, Bären, Rindern, Hirschen, Schafen, Hunden, Katzen, Pferden und von vielen anderen Tieren. Vgl. Edmé Mariotte. „Nouvelle Decouverte Touchant la Vuë, contenue en plusieurs lettres écrites par Messrs. Mariotte, Pecquet & Perrault; de l'Académie Royale des Sciences. Nouvelle Edition, revûe & corrigée". *Oeuvres*. Leiden, 1717, Bd. 2, S. 499. Vgl. Peter Bexte. „Licht und Fleisch im 17. Jahrhundert. Die Entdeckung des blinden Flecks". *Lichtgefüge des 17. Jahrhunderts. Rembrandt und Vermeer – Spinoza und Leibniz*. Hg. v. Carolin Bohlmann, Thomas Fink u. Philipp Weiss. München, 2008, S. 79-90.

7 Michel Serres. „Diskurs und Parcours". *Hermes IV. Verteilung*. Übs. v. Michael Bischoff. Hg. v. Günther Rösch. Berlin, 1993, S. 206-221.

8 Beispielhaft die Forschungen am Max-Planck-Institut für Wissenschaftsgeschichte. Vgl. etwa den Band Henning Schmidgen, Peter Geimer u. Sven Dierig (Hg.). *Kultur im Experiment*. Berlin, 2004.

> Hörnerven hörten wir, wäre der Versuch möglich, mit dem Auge den Blitz als Knall, und sähen mit dem Ohr den Donner als Reihe von Lichteindrücken.[9]

Die Vorstellung eines Hörens mit den Augen und eines Sehens mit den Ohren sollte noch sechzig Jahre später Hausmann beschäftigen. An Du Bois-Reymonds Sätzen seien einige weitere Momente hervorgehoben: Da ist erstens der Übergang vom Zergliedern zum Vertauschen. Auf diesen Gedanken wäre im 17. Jahrhundert niemand gekommen. Gottfried Wilhelm Leibniz sprach wohl davon, die Sinne auszuweiten und zu entfalten („deplier")[10]; der Gedanke einer wechselseitigen Überkreuzung aber findet sich nicht bei ihm. Im 19. Jahrhundert dagegen kommt es zum Vertauschen, und zwar über eine Grundfigur, die in jeder geöffneten Schere aufscheint: die Figur der Kreuzung (– „über's Kreuz", wie Du Bois-Reymond sagte). In der Tat ließe sich für die Vertauschung der Nerven ein Kreuzdiagramm zeichnen.[11]

Dabei hat sich der Sinn des Wortes „schneiden" gewandelt. Indem es seinen Ort veränderte, verschob sich auch sein Sinn. Solange die Sinnesorgane als solche zerschnitten wurden, war stets das analytische Zergliedern gemeint. Sobald jedoch nicht mehr das Organ, sondern seine Zuleitungsnerven geschnitten werden, ändert sich der Möglichkeitsraum für anschließende Diskurse. Nun werden Ketten metonymischer Vertauschung möglich, die in verschiedener Gestalt auftreten werden. Der neue Ort des Schnitts markiert einen anderen Parcours für einen veränderten Discours. Das Trennen wird zur Vorstufe des Verbindens – es wird

---

9 Emil Du Bois-Reymond. „Über die Grenzen des Naturerkennens". *Zwei Vorträge*. Leipzig, 1916, S. 21.

10 „On pourroit connoître la beauté de l'univers dans chaque âme, si l'on pouvoit deplier tous ses replis. […] Chaque âme connoît l'infini, connoît tout, mais confusement; comme en me promenant sur le rivage de la mer et entendant le grand bruit […]." Gottfried Wilhelm Leibniz. *Vernunftprinzipien der Natur und Gnade. Monadologie*. Hg. v. Herbert Herring. Hamburg, 1982, S. 18. Die Stelle gibt ein Stück neuerer Philosophiegeschichte *in nuce*: Gilles Deleuze hat den Begriff der Falte ausgelegt und Michel Serres das herrliche Wort vom „grand bruit de la mer".

11 Zur Bedeutung von Kreuzdiagrammen in Topologie und Strukturalismus vgl. Mai Wegener. „An der Straßenkreuzung. Der Mathematiker Georges Théodule Guilbaud. Kybernetik und Strukturalismus". *Archiv für Mediengeschichte – 1950*. Hg. v. Lorenz Engell, Bernhard Siegert u. Joseph Vogl. Weimar, 2004, S. 167-174, bes. S. 172. Strukturalistische Kreuzdiagramme z. B. in Michel Serres. *Le système de Leibniz et ses modèles mathématiques*. Paris, 1968, S. 531. Zur vorausgesetzten Tradition des logischen Quadrates vgl. Steffen Bogen u. Felix Thürlemann. „Jenseits der Opposition von Text und Bild. Überlegungen zu einer Theorie des Diagramms und des Diagrammatischen". *Die Bildwelt der Diagramme Joachims von Fiore. Zur Medialität religiös-politischer Programme im Mittelalter*. Hg. v. Alexander Patschovsky. Stuttgart, 2003, S. 1-22, bes. S. 20f. u. 220, Abb. 10.

„Zusammenschneiden", wie der paradoxe Ausdruck später für Film, Collage und Fotomontage heißen wird. Bezogen auf die Sinnenlehre bedeutet dies: Aisthesis wird Synaisthesis, sie wird Synästhesie.

Du Bois-Reymond hatte in die zitierte Passage ein warnendes „wäre der Versuch möglich" eingefügt. Er hat sie damit als Gedankenexperiment zu kennzeichnen gesucht. Trotz dieser abwehrenden Verschiebung in den Konjunktiv fügt sich die geäußerte Vorstellung allzu gut in die synästhetischen Versuche seiner Zeit.[12] Das Programm einer Vertauschung der Sinne sollte bis weit ins zwanzigste Jahrhundert hinein zu einem regen Grenzverkehr zwischen Wissenschaften und Künsten führen.[13]

Eine technische Entdeckung kam hinzu, und zwar die des fotoelektrischen Effektes. Dieser zweite Strang hat die synästhetischen Versuche ebenso nachhaltig beeinflusst wie die Auskünfte aus dem physiologischen Labor. Um 1880 untersuchte Bell Metalle, die auf Licht reagieren. Er bemerkte, dass Silicon seine Leitfähigkeit in Abhängigkeit vom Licht verändert; man nennt dies den inneren fotoelektrischen Effekt. Dabei entstehen Stromschwankungen, und diese können telefontechnisch in akustische Ereignisse umgesetzt werden: Das Telefon wird „Photophon". Bell schrieb: „I was much struck by the idea of in this way producing sound by the action of light."[14]

Die Erzeugung von Klang durch Licht ist im Rückblick als Parallelereignis zu Du Bois-Reymonds Gedankenexperiment verstanden worden, und zwar nicht nur von Hausmann. Nachdem Wilhelm Hallwachs 1888 noch den äußeren fotoelektrischen Effekt bemerkt hatte, konnte die Induzierung von Strom durch Licht im Baustein „Fotozelle" technisch perfektioniert werden. Die Verschaltung von Fotozelle und Verstärkerröhre beförderte das synästhetische Phantasma.[15] War nicht auch hier eine Kreuzung des Optischen und des Akustischen ermöglicht? Sollte diese Technik nicht ihrerseits erlauben, Augen und Ohren zu verschränken? Was damit nahegelegt zu sein schien, ist die bis heute typische Über-

12 Eugen Bleuler u. Karl Lehmann. *Zwangsmäßige Lichtempfindungen durch Schall und verwandte Erscheinungen auf dem Gebiete der anderen Sinnesempfindungen.* Leipzig, 1881.

13 Heinz Paetzold. „Synästhesie". *Ästhetische Grundbegriffe. Historisches Wörterbuch in sieben Bänden.* Hg. v. Karlheinz Barck. Stuttgart u. Weimar, 2003, Bd. 5, S. 840-868.

14 Alexander Graham Bell. „On the Production and Reproduction of Sound by Light". *American Journal of Science* 20 (1880), S. 311.

15 Vgl. Stephan Rieger. „Licht und Mensch. Eine Geschichte der Wandlungen". *Archiv für Mediengeschichte – Licht und Leitung.* Hg. v. Lorenz Engell, Bernhard Siegert u. Joseph Vogl. Weimar, 2002, S. 61-71.

lagerung von Physiologie und metaphorisch überfrachtetem Maschinenbau. Man begegnet ihr allenthalben in der Robotik. Phantasien dieser Art haben sich ab 1900 an der Fotozelle festgemacht. Sie steht im Zentrum der Maschinenbaupläne von Hausmann. Physiologische Kenntnisse hat er sich an anderer Stelle verschafft.

Sinne und Sinn

Jeder Synästhetiker braucht einen physiologischen Gewährsmann. So hatte Marshall McLuhan seinen Otto Lowenstein und bediente Hausmann sich der Schriften von Friedrich Wilhelm Fröhlich. In einem Brief vom 11.8.1922 bat Hausmann seine Frau um die Beschaffung folgenden Buches von Fröhlich: *Gründzüge einer Lehre vom Licht- und Farbensinn. Ein Beitrag zur allgemeinen Physiologie der Sinne*, Jena: Gustav Fischer 1921.[16] Dieses Buch hat er in den folgenden Jahren intensiv genutzt. Fröhlich berichtet u. a. von Schnitten durch Nervenleitungen. Er selbst hatte die Netzhautströme abgetrennter Augäpfel der Cephalopoden mit dem Saitengalvanometer erforscht, auch machte er Versuche zur Lichtempfindung durch Sehnervendurchschneidung.[17] Ferner liest man über den so genannten Rückenmarkshund:

> Sherrington hat insbesondere für das Nervensystem des Rückenmarkshundes, dessen Rückenmark zwischen Halsmark und Brustmark durchtrennt ist, eine Reihe von Reflextypen beschrieben, den Kratzreflex, den Beinanziehreflex, den Beinstreckreflex, den Wedelreflex usw.[18]

Fröhlichs Darstellung rekurriert mehrfach auf Versuche, in denen Nervenbahnen durchschnitten werden. Er berichtet ferner über „die Reaktion auf Licht auch nach Abtragung der Großhirnes".[19] Abtragungen und Durchschneidungen kennzeichnen diesen physiologischen Diskurs. Es ist nicht ohne Reiz, sich diesen Text auf Hausmanns Tisch vorzustellen, während jener selbst mit der Schere in Zeitungen etc. operierte und vielleicht Lettern zu Lautgedichten machte, etwa für die Montage „ABCD" (1923/24). Darin erscheinen die vier titelgebenden Buchstaben zwischen den Zähnen eines Sprechers. Die Montage signalisiert den

16 Raoul Hausmann. *Scharfrichter der bürgerlichen Seele. Raoul Hausmann in Berlin 1900-1933. Unveröffentliche Briefe, Texte, Dokumente aus den Künstlerarchiven der Berlinischen Galerie*. Hg. v. Eva Züchner. Stuttgart, 1998, S. 157f., Nr. 22/18.

17 Friedrich Wilhelm Fröhlich. *Gründzüge einer Lehre vom Licht- und Farbensinn. Ein Beitrag zur allgemeinen Physiologie der Sinne*. Jena, 1921, S. 13 u. 24.

18 Ebd., S. 30.

19 Ebd., S. 81.

Kurzschluss von Schriftbild und Lautung (– computertechnisch gesprochen ist es so, als ob man eine Bilddatei direkt an die Soundkarte schicken würde). Dabei wird ein semantikfreier Raum durchmessen. Es ist der Raum der Optophonie – am Leibe wie in der Maschine namens Optophon. Hausmanns Ankündigung, man werde den Verstand dabei verlieren, lässt nun deutlicher erkennen, um welchen Verlust es hier geht: Es geht um den Verlust der Semantik. Oder um es mit Hausmann zu sagen: „Dada ist die völlige Abwesenheit dessen, was man Geist nennt."[20]

Hausmann war zu jener Zeit nicht der Einzige, der sich in semantikfreien, geistlosen Artikulationen übte. Dies taten auch Radiosprecher und Hugo Ball in Zürich. Letzterer geriet über die Lautgedichte ans heilige Lallen und die doppelte Anrufung des Autors der mystischen Theologie, des Dionysios Areopagita: „D.A. – D.A.".[21] Balls Schreiben endete konsequenterweise mit einem Buch zum byzantinischen Christentum. Es wird sich zeigen, in welche Geisterwelten Hausmanns Semantikfreiheit umschlug.

Mäuse als Optophone

Für die eingangs zitierten Sätze vom Verlust der Sinne und des Sinns gibt es diverse Varianten. Eine lautet: „Das Hören und Sehen wird euch vergehen und ihr werdet die Mäuse im Himmel pfeifen sehen."[22] Mäusepfiffe im Himmel zu sehen, dieses synästhetische Ereignis bildet offensichtlich eine Parallele zum Verlieren des Verstandes. Zum Gestus dieser Sätze gehört, dass sie aus dem Labor des Künstlers stammen, genauer gesagt: des Anti-Künstlers. Dada hat das Experimentieren als Form in die Künste gebracht und eben dies als Anti-Kunst bezeichnet. Mögen die Ingredienzien auch zum Teil veraltet, zum Teil nur halb verdaut gewesen sein – die Erfindung der Anti-Kunst zählt zweifellos zu den folgenreichsten Erfindungen für die Kunstgeschichte des 20. Jahrhunderts. Die blendende Rhetorik des Endgültigen gehört dazu. Dabei entstehen Sätze, deren Status oszillierend ist; häufig folgen sie der Logik einer Umwertung.

Dies lässt sich an dem Ausdruck „Optophon" beobachten, den Hausmann keineswegs erfand. 1920 war er auf einem Cover des *Scientific*

---

20 Raoul Hausmann. „Dada in Europa". *Der DADA* 3 (1920), S. 437 l-642 kg [sic!].

21 Am 18.6.1921 notierte Hugo Ball: „Als mir das Wort ‚Dada' begegnete, wurde ich zweimal angerufen von Dionysius. D.A. – D.A. (über diese mystische Geburt schrieb H…k; auch ich selbst in früheren Notizen. Damals trieb ich Buchstaben- und Wort-Alchimie)". Hugo Ball. *Die Flucht aus der Zeit*. Zürich, 1992, S. 296.

22 Hausmann (Anm. 3), S. 143.

American zu lesen; zuerst hatte ihn Edmund Edward Fournier d'Albe um 1912 als Name eines Textreaders für Blinde benutzt.[23] Am Anfang der Optophonie steht der Ausfall eines Sinns. Hausmanns oben zitierte Ankündigung, es werde einem Hören und Sehen vergehen, wirkt wie eine Lektüre gegen den Strich: Aus dem Optophon für Blinde wird bei Hausmann ein Gerät zur Blendung. Stets eignet seiner Rede von Maschinen ein rhetorischer Überschuss, den nicht vergessen sollte, wer ins Hausmann-Archiv geht.

Das „als" im Maschinenpark

Im Raoul-Hausmann-Archiv der Berlinischen Galerie (= BG-RHA) finden sich nicht nur künstlerische Materialien, sondern auch eine Reihe von Patentschriften. Ferner liegt dort eine rege Korrespondenz aus den 20er Jahren zwischen Hausmann und den Patentanwälten Fritz Warschauer sowie Fritz Kunze. Unter der Nummer BG-RHA 1117 findet sich ein Schreiben von Fritz Kunze mit der Kopie einer Patentanmeldung: „Vorrichtung zur Beobachtung von Körperröhren, Körperhöhlen und dgl." Ferner findet sich die Kopie einer älteren Patentschrift (BG-RHA 1772): „Patentschrift Nr. 221771, Dr. Walter Gérard in Berlin. Verfahren zur fotografischen Aufnahme von Schallschwingungen. Patentiert im deutschen Reiche vom 6. Juni 1909 ab." Es handelt sich um drei Blätter, davon zwei Seiten Text und eine Seite mit einer Zeichnung. Der erste Satz lautet:

> Die Erfindung betrifft ein Verfahren zur photographischen Aufnahme von Schallschwingungen mit Hilfe der Drehung der Polarisationsebene des Lichtes durch eine Quarzplatte verschiedener Dicke oder einen anderen, denselben Effekt hervorbringenden Körper.

Gérards Patent ist eines von vielen aus dieser Zeit, die durch Bells „Photophon" von 1880 angeregt wurden. Dass der beschriebene Aufbau für Hausmann weitergehende Bedeutung hatte, geht aus einem bislang unveröffentlichten Typoskript von ca. 1922 hervor. Darin heißt es auf Blatt 19:

> Wenn schon die alten Geheimwissenschaften davon sprechen, dass Licht und Schall zusammengehören, so könnte uns die moderne Technik den Beweis da-

---

23 Vgl. Cornelius Borck. „Sound Work and Visionary Prosthetics. Artistic Experiments in Raoul Hausmann". *Papers of Surrealism* 4 (2005), bes. S. 18ff. Quellenstandort online: http://www.surrealismcentre.ac.uk/publications/papers/journal4/acrobat%20 files/Borckpdf.pdf (20.02.2009).

> für liefern in der photographierten Musik, in der sprechenden Bogenlampe, im Lampen- und Röhrensender und in einigen Untersuchungen, die den Raumsinn der Lebewesen betreffen.[24]

Damit sind wir im Hausmann'schen Maschinenpark angekommen. Seine ersten, hier genannten Exponate seien kurz besichtigt. Zuerst wird das Patent von Gérard erwähnt. Sodann nennt Hausmann die sprechende Bogenlampe, welche Hermann Th. Simon 1897 in Erlangen entdeckte. Überlagert man den Gleichstrom einer Bogenlampe mit Wechselströmen, so gerät der Lichtbogen in Schwingungen, die sich durch die glühenden Gase der Umgebung als Töne mitteilen. Licht bringt Klang hervor – dieses Phänomen hat Hausmann fasziniert. Ferner erwähnt er Radiotechnik („Lampen- und Röhrensender"). Die abschließend erwähnten „Untersuchungen, die den Raumsinn der Lebewesen betreffen" könnten sich auf den Physiologen Elias von Cyon (1842-1912) beziehen, der das so genannte Raumorgan im Innenohr erforschte.

Die Verschränkung von Physiologie und Maschinenbau ist aufschlussreich, doch nicht entscheidend. Entscheidend ist vielmehr, dass Hausmann diesen Sätzen weitreichende Prämissen vorgeschaltet hat. Die technischen Apparate erscheinen nicht als solche, sondern dienen als Beweisstücke einer ‚alten Geheimwissenschaft', die ihrerseits schon Licht und Schall zusammengedacht und also Optophonetik getrieben habe.[25] In dieser Hinsicht hat ihn die Patentschrift Gérards zur Fotografie von Tönen interessiert.

Hausmanns Perspektivierung ist folgenreich. Durchgängig setzt er die Maschinen in die logische Struktur „A als B", „etwas als etwas": „photographierte Musik" als Beweis für „die alten Geheimwissenschaften".[26]

---

24 Raoul-Hausmann-Archiv Nr. 1277 (Textfassung 2; 1922?) (Durchschlagpapier einer anderen Abschrift mit anderem Zeilenfall und anderen Schreibungen: u. a. „Bewußtsein" statt „Bewusstsein"), 30 Blatt, Typoskript.

25 In der Tat finden sich in Texten der christlich-mystischen Tradition Beschreibungen der Entgrenzung von Auge und Ohr. So etwa bei Gregor von Nyssa: „Da sprach er zu sich selbst: Ich will hingehen und diese große Erscheinung ansehen. Als er so gesprochen hatte, nahm er die Erscheinung des Lichts nicht mehr nur mit den Augen auf, sondern, was geradezu unglaublich ist, auch seine Ohren wurden von den Lichtstrahlen erleuchtet. Denn die Schönheit des Lichtes verteilte sich auf beide Sinne: die Augen erfüllte sie mit dem Glanz der Strahlen, die Ohren erleuchtete sie mit lauteren Lehren." Gregor von Nyssa. *Der Aufstieg des Moses* (= Sophia. Quellen östlicher Theologie, Bd. 4). Übs. v. Manfred Blum. Freiburg i. Br., 1963, S. 33. Ob Hausmann dies gekannt hat, sei dahingestellt.

26 Zur Bedeutung dieser Wittgenstein'schen Denkfigur vgl. Thorsten Jantschek. „Bemerkungen zum Begriff des Sehen-als". *Kritik des Sehens*. Hg. v. Ralf Konersmann. Leipzig, 1997, S. 299-319.

Mit dem „als" wird eine Medialität des Maschinellen angedeutet, so dass es müßig wird zu fragen, wie viel Hausmann von dem Technischen verstanden habe. Entscheidend ist, dass er die Medialität von Technik verstanden hatte, mittels derer diverse Diskurse zur Erscheinung gebracht werden können.[27] Dabei hat er eine enorm folgenreiche Entdeckung gemacht: Er bemerkte das ikonische Potential technischer Gerätschaften.[28] Es sei darum an dieser Stelle nicht nach Hausmanns kritischen Intentionen gefragt – ob er das Maschinenzeitalter kritisieren wollte usw. –, vielmehr sei allein die Tatsache betont, dass er mittels des ikonischen und medialen Potentials von Maschinenbildern einen neuen Parcours für mögliche Anschlussdiskurse geschaffen hat.

Die Dadaisten haben gern Maschinen als Parcours eines Diskurses genutzt. (Erneut beachte man das „als"! Eine Medienwissenschaft, die dieses Zwischenglied überspringen und direkt bei den Maschinen ankommen wollte, würde völlig in die Irre gehen.) Auf einem bekannten Foto von der Dada-Messe 1920 sieht man zwei Männer eine Schrifttafel halten. Darauf steht in zirkusplakathafter Typographie: „Die Kunst ist tot / Es lebe die neue Maschinenkunst / TATLINS". Das Foto wurde 1920 im Dada-Almanach veröffentlicht, und zwar mit der Bildunterschrift: „George Grosz (links) und John Heartfield (rechts) demonstrieren gegen die Kunst zugunsten ihrer tatlinistischen Theorien".[29] Diese Demonstration gegen die Kunst war ein außerordentlich erfolgreicher künstlerischer Bluff. Denn zu jener Zeit hatte keiner der Berliner Dadaisten auch nur ein einziges Werk von Tatlin gesehen. Alles, was sie von ihm wussten, war einem unbebilderten Artikel entnommen, der im Januar 1920 im 4. Heft der Zeitschrift *Arrarat* erschienen war, und zwar unter dem Titel: „Neue Kunstrichtungen in Russland. Konstantin Umanski (aus Moskau). Der Tatlinismus oder die Maschinenkunst." Dem Titel waren bereits die Stichworte „Tatlinismus" und „Maschinenkunst" zu entnehmen. Wenig darunter folgt die für das Foto entscheidende Passage: „Die Kunst ist tot – es lebe die Kunst, die Kunst der Maschine mit ihrer Kon-

---

27 Problematisch erscheinen mir Auslegungen dadaistischer Maschinenkunst von der folgenden Art: „[T]he Dada ‚Machine Art' may be regarded as a kind of latter-day alchemy, an attempt to encounter the mysteries of the transaction between spirit and matter." Timothy Benson. „Mysticism, Materialism, and the Machine in Berlin Dada". *Art Journal* 1 (1987), S. 47. In solchen Lektüren wird die Ebene des Zeichens, des Sprachlichen und des Medialen, kurz: des „als" übersprungen.

28 Die Entdeckung des ikonischen und medialen Potenzials von Technik funktioniert bis heute, etwa in den künstlerischen Arbeiten von Jean Tinguely, Wim Delvoye oder Rebecca Horn.

29 Richard Huelsenbeck (Hg.). *Dada-Almanach*. Hamburg, 1987 [Nachdruck d. Ausgabe Berlin, 1920], S. 41.

struktion und Logik, ihrem Rhythmus, ihren Bestandteilen, ihrem Material, ihrem metaphysischen Geist – die Kunst des Kontrereliefs.“[30]

In einer zweifellos geistreichen Redaktion wurde aus dem Satz über Kontrereliefs der Text des in dem genannten Foto vorgehaltenen Plakats. Es ist ein gutes Beispiel dadaistischer Textverarbeitung, weitere Beispiele werden folgen. Mit diesem Bluff von 1920 ist ein Dauermissverständnis über den Status der Maschinen im Dadaismus geschaffen worden.

Das damit angesprochene Problem wird deutlicher, wenn man betrachtet, wie Hausmann die Maschinenpropaganda fortgeschrieben hat, nämlich durch eine blühende Diskursvermehrung. In der nach-dadaistischen Phase ab 1923 lassen sich folgende Diskurse aufzählen, welche Hausmann dank der Medialität von Technik zu verkoppeln suchte: Alfred Adlers Überlegungen zur „Kompensation der Minderwertigkeit von Organen“ von 1907; Hans Hörbigers „Welteislehre“, welche später durch die Nazis zu verdächtigem Ruhm kam; Ernst Marcus' „Theorie der exzentrischen Empfindung“ von 1918; ferner Bienenforschung, Maschinenbau sowie Physiologie nach Fröhlich.

Das Berliner Raoul-Hausmann-Archiv bewahrt ein Notizheft auf, das im Juli 1922 in Prerow begonnen und im Dezember 1922 in Berlin abgeschlossen wurde. Unter dem Titel „Optophonetische Weltanschauung“ werden die oben genannten Theorien eifrig gemixt.[31] Die dabei entstehende seltsame Mischung aus Optophonie, Welteislehre, Physiologie, Psychologie, Maschinenbau und Bienenkunde hat Hausmann in einem Buch darlegen wollen. Es sollte folgenden Titel tragen: „Das Prinzip der universalen Funktionalität und die Welteislehre“.[32] Es waren die Jahre, in denen Hausmann als offizieller Vertreter der Welteislehre Vorträge hielt. Wer sich durch diese Texte hindurcharbeitet, wird sich des Eindrucks kaum erwehren können, dass hier etwas vorliegt, was man eine Theorieverklumpung nennen könnte. Die „optophonetische Weltanschauung“ gleicht in ihrem semantischen Überschuss durchaus dem byzantinischen Christentum Balls. Von einer Semantikfreiheit wird man in beiden Fällen kaum noch sprechen können.

---

30 *Der Arrarat* 4 (1920), S. 12. Quellenstandort online: http://sdrc.lib.uiowa.edu/dada/Ararat/4/index.htm (20.02.2009).

31 Raoul-Hausmann-Archiv Nr. 1757 (schwarzes Notizheft, handpaginiert, bis S. 9 jede Doppelseite nur rechts beschrieben, anschließend gesonderte Texte links, 2 lose Blätter eingelegt, Heft von hinten erneut begonnen). [Handschriftliche Vorlage zu BG-RHA 1276 / 1277 / 1278: „R. Hausmann 1922, Das Universale Funktionalitätsprinzip in der Optik“].

32 Hausmann (Anm. 16), Nr. 24/7, S. 216-218.

An gewissen Stellen lässt sich jedoch beobachten, dass pure Textverarbeitung gewaltet hat. Das schon genannte Notizheft Nr. 1757 bildete die handschriftliche Vorlage zu den Typoskripten Nr. 1276, 1277, 1278. Diese Typoskripte weichen nach Länge und Schreibweise voneinander ab, sie stammen von verschiedenen Händen, vermutlich von verschiedenen weiblichen Händen. Nr. 1277 gibt auf den Seiten 25/26 einen längeren Exkurs über Farbensinn, dessen Detailkenntnisse verblüffen könnten – es sei denn, man schaute in das zu Grunde liegende Notizheft Nr. 1757. Dort findet sich auf S. 30 ein Zeitungsausschnitt, dessen Inhalt Hausmann komplett übernommen hat, ohne die Passage als Zitat zu kennzeichnen.

Damit wären wir erneut beim Schneiden, beim Zusammenschneiden, hier als Form von Textverarbeitung. Der Zeitungsausschnitt macht auf ein Verfahren aufmerksam, das Hausmann und Höch erfunden hatten und das sie noch im Mai 1931 in der genannten Ausstellung „Fotomontage“ zusammenbrachte. Man darf vermuten, dass viele von Hausmanns Texten zur „optophonetischen Weltanschauung“ mit der Schere verfasst wurden. Durch Beobachtungen dieser Art würde ein Wissenschaftler entlarvt – Hausmann aber entpuppt sich, und zwar als Dadaist.

Amtliche Maschinen

Wie aber steht es nun mit den Patentanträgen? Dies ist bekanntlich eine Textsorte, die man nicht nur mit der Schere generieren kann; dazu braucht man tatsächlich Kenntnisse. Und immerhin sind von 1922 bis 1935 diverse Patentanträge unter Hausmanns Namen entstanden, von denen der letzte 1935 sogar vom Britischen Patentamt akzeptiert wurde. Hier kommt Daniel Broïdo ins Spiel, der Bruder von Hausmanns langjähriger Lebensgefährtin Vera Broïdo; sie war von 1928 bis 1934 mit Hausmann liiert. Ihr Bruder war Ingenieur, er brachte all die Kenntnisse mit, die Hausmann für seine Maschinenpropaganda fehlten. 1927 hatte Hausmann einen gescheiterten Patentantrag für ein Farbenklavier gestellt. Er hat es rückblickend im Jahre 1931 beschrieben: Im Zentrum stand „eine Fotozelle, die mittels Relais und Verstärkerröhre einen Lautsprecher bedient“.[33] Die Idee, Fotozelle und Verstärker zu verschalten, ist 1927 wahrlich nicht mehr neu gewesen. Ob aber dieser Gesichtspunkt für den ablehnenden Bescheid des Reichspatentamtes eine Rolle gespielt hat, ist durch den Verlust des amtlichen Schreibens unbekannt.

33 Hausmann (Anm. 3), S. 143f.

Hausmann zitierte lediglich die Formulierung, „daß dabei keinerlei im üblichen Sinne angenehmer Effekt herauskäme".[34] Dieses Kompliment hat er gern vor sich hergetragen.

Weniger gern hätte er gewiss die Äußerung gehört, die Vera Broïdo 1993 in einem rückblickenden Interview tat:

> Ich glaube nicht, daß Hausmann irgendeine Art Wissenschaftler war – er war ein intuitiver Künstler und ein hervorragender Photograph, aber er hatte keine Spezialkenntnisse über irgend etwas sonst. [...] Und Hausmann wäre natürlich ohne die Hilfe meines Bruders mit dem Optophon nicht weit gekommen.[35]

In der Tat erscheint in dem Duo Raoul Hausmann/Daniel Broïdo das janusköpfige Gespann Künstler/Ingenieur, welches in den 20er Jahren aufkam. Dieses Duo zeigte sich besonders häufig in der elektroakustischen Musikbewegung, die ab 1929 in der Darmstädter „Studiengesellschaft für elektro-akustische Musik e. V." institutionalisiert wurde. Hausmann hat sich mehrfach auf deren Begründer Jörg Mager bezogen. Musizierende Ingenieure gab es um 1930 z. B. am „Heinrich-Hertz-Institut für Schwingungsforschung" Berlin, ferner an der „Rundfunkversuchsstelle" der Staatlich-akademischen Hochschule für Musik (der heutigen Universität der Künste, Berlin).[36]

Für die bildenden Künste waren Ingenieure durch den Film relevant geworden. Mehr noch als die Fotografie hat der Film und die mit ihm verbundene Technik das künstlerische Ingenium mit der Gestalt des Ingenieurs verquickt. In diesem Zusammenhang ist es bemerkenswert, dass Hausmann ein exzellenter Fotograf war, jedoch nicht filmte.

Dass aber mit dem Duo Hausmann/Broïdo eine brüchige Allianz geschaffen war, zeigt ihr Briefwechsel, in dem Hausmann bei Gelegenheit deutlich die Machtfrage stellte, wer von beiden eigentlich der Erfinder sei. Nicht von ungefähr hatte er sich 1929, also schon zur Zeit der Partnerschaft mit Broïdo, vor der Kamera von August Sander doppelt präsentiert: als Tänzer wie als Erfinder. Erst vor dem Hintergrund der Patentstreite wird ersichtlich, welche Konkurrenz ihn zu diesem Doppelauftritt beflügelte.

Im Berliner Hausmann-Archiv liegt eine ingenieurgemäße Bauzeichnung von Daniel Broïdo. Sie findet sich als Anlage eines Briefes aus dem Jahre 1930 mit folgendem Kopf: „Dr. Fritz Warschauer. Patentanwalt.

---

34 Ebd.

35 Interview mit Vera Broïdo-Cohn in Hausmann, 1994 (Anm. 2), S. 109.

36 Vgl. Wolfgang Kühnelt. „Elektroakustische Musikinstrumente". *Für Augen und Ohren. Von der Spieluhr zum akustischen Environment* [Ausst.kat.]. Berlin, 1980, S. 47-73; Peter Donhauser. *Elektrische Klangmaschinen. Die Pionierzeit in Deutschland und Österreich*. Köln, Weimar u. Wien, 2007.

Verfahren und Vorrichtung zur Kombination mehrerer Faktoren und zur Übertragung des Ergebnisses auf ein mechanisches Resultatwerk." Bei der Zeichnung handelt es sich um zwei gedruckte Blätter mit den Figuren 1,3,4 sowie den Figuren 2,5,6. Unter der Hand des Ingenieurs wurde aus dem Optophon zur Vernichtung des Verstandes eine optische Rechenmaschine „zur Kombination mehrerer Faktoren und zur Übertragung des Ergebnisses auf ein mechanisches Resultatwerk". Von Hausmanns anfänglichen Ideen ist einzig das Bauteil „Fotozelle" geblieben. Dies ist das Bleibende im Wechsel, sozusagen das Monokel der Maschine.

Die Hand des Ingenieurs ist schließlich auch in dem 1935 durch das Royal Patent Office, London erteilten Patent Nr. 446.338 zu bemerken. Es trägt den Titel: „Improvements in and relating to Calculating Apparatus". Der Text beginnt mit einer Benennung der Urheber: „We, Daniel Broïdo, Engineer, 74 Belzise Park Gardens, London, N.W. 3, Nationality: Russian, and Raoul Hausmann, Ibiza Spain, Nationality: Czechoslovakian, do hereby declare [...]."

Im Unterschied zu dem „Engineer" Broïdo hat Hausmann keinen Beruf, sondern nur eine vage Adresse sowie eine unter den Bedingungen der Flucht vor Nazideutschland angenommene Nationalität. Die scheinbar nüchternen Zeilen sind nicht ohne eine gewisse Tragik. Die Maschine, um die es dabei ging, hat Hausmann dreißig Jahre später wie folgt charakterisiert:

> Da das Berliner Patentamt mir für das Optophon kein Patent bewilligen wollte, zwar es für „technisch realisierbar" hielt, nicht aber „die Nützlichkeit sehen konnte", transformierte ich das Optophon in eine auf photoelektrischer Basis arbeitende Kalkuliermaschine. Dies war der erste kybernetische Roboter, für den ich 1935 das englische Patent Nr. 445338 erhielt. „Device to combine numbers on photo-electric basis". Jedoch musste ich es verkaufen, um 1938 den Verfolgungen der Nazis zu entkommen.[37]

Es ist ein eigenartiger Text: weder Titel noch Nummer des Patentes werden korrekt genannt. Dass er das photoelektrische Element erinnert, entspricht seiner ursprünglichen Intuition. Ein Roboter aber ist es mitnichten gewesen. Ferner findet Daniel Broïdo keinerlei Erwähnung, vielmehr schreibt Hausmann sich selbst die Transformierung des Optophons in eine Kalkuliermaschine zu. Die technischen Zeichnungen sprechen eine andere Sprache, sie lassen die Hand des Ingenieurs erkennen.

Die Mäuse im Himmel pfeifen zu sehen und den Verstand zu verlieren, das heißt 1935: kalkulieren. Dass dies keine schlechte Beschreibung

---

37 Raoul Hausmann. „An Paul de Vree (1966)". *Sieg, Triumph, Tabak mit Bohnen* (= Texte bis 1933, Bd. 2). Hg. v. Michael Erlhoff. München, 1982, S. 214.

einer gleichzeitig entstandenen Schrift „On computable numbers" (von Alan Turing nämlich) wäre, steht auf einem anderen Blatt. Für Hausmann aber war das Ende der optophonetischen Maschinenkünste erreicht. Dagegen hat er die optophonetischen Gedichte bis zu seinem Lebensende 1971 verfolgt.

Schneiden schneiden

Das wiederholende Schneiden gibt eine Formel für Hausmanns Neo-Dadaismus der Nachkriegszeit. Nun liegen keine physiologischen Traktate über Rückenmarkshunde mehr auf seinem Tisch und auch keine Baupläne für optophonetische Maschinen, sondern die eigenen Blätter aus der dadaistischen Jugendzeit. Es wird erneut geschnitten, was schon einmal geschnitten worden war. Das Schneiden wird selbstreflexiv.

Die eingangs geäußerte Vermutung, dass Optophonie und Fotomontage beide mit dem Schneiden zu tun haben, wird dabei auf neue Weise bestätigt. Dies lässt sich an einem Motiv verfolgen. Es findet sich bereits im Jahre 1918 auf dem Blatt: „synthetisches Cino der Malerei".[38] Dort wurde die optophonische Message durch eine Verschränkung von Auge und Mund angedeutet: Das Auge rutscht an die Lippen, die Lippen werden beäugt.

Die Engführung Auge/Mund von 1918 ist nach dem Zweiten Weltkrieg von Hausmann wieder aufgegriffen worden und hat zu einer Serie geführt. 1951 nahm er das Blatt von 1918 und schnitt den Schriftzug „Cino" sowie das Auge und den Mund heraus. So entstand die Collage „Raoul Dada". Auge und Mund von 1918 erscheinen ferner im Jahre 1965 in einem vokalischen Lautgedicht „OAOA". Hausmann hat sich von Marthe Prévot mit diesem Blatt fotografieren lassen: als Sprecher von Lauten, genauer: von Lautzeichen. Sein fotografierter Mund ist so weit geöffnet, als wolle er einen untergründigen Zusammenhang mit jener oben genannten Patentschrift herstellen: „Vorrichtung zur Beobachtung von Körperröhren, Körperhöhlen und dgl.".

Die Frage aber, was „dergleichen" sei, führt erneut auf das Gleichungssystem, das der Künstler Hausmann zwischen Augen und Ohren, zwischen Rückenmarkshunden und Kalkuliermaschinen aufgebaut hatte. An den Kreuzungspunkten dieser Bahnungen findet sich sprachlich das „als" und instrumentell die Schere.

---

38 Ein Foto des verschollenen Blattes in: Hausmann, 1994 (Anm. 1), S. 57. Die im Folgenden genannten drei Abbildungen ebd., S. 256 / Nr. 123, S. 257 / Nr. 125, S. 67.

LITERATURVERZEICHNIS

Art. „Radiophonie". *Meyers Konversationslexikon.* Leipzig u. a., 1889, Bd. 13, S. 543.
Ball, Hugo. *Die Flucht aus der Zeit.* Zürich, 1992.
Bell, Alexander Graham. „On the Production and Reproduction of Sound by Light". *American Journal of Science* 20 (1880), S. 305-324.
Benson, Timothy. „Mysticism, Materialism, and the Machine in Berlin Dada". *Art Journal* 1 (1987), S. 46-55.
Bexte, Peter. *Blinde Seher. Wahrnehmung von Wahrnehmung in der Kunst des 17. Jahrhunderts. Mit einem Anhang zur Entdeckung des Blinden Flecks im Jahre 1668.* Dresden, 1999.
Bexte, Peter. „Licht und Fleisch im 17. Jahrhundert. Die Entdeckung des blinden Flecks". *Lichtgefüge des 17. Jahrhunderts. Rembrandt und Vermeer – Spinoza und Leibniz.* Hg. v. Carolin Bohlmann, Thomas Fink u. Philipp Weiss. München, 2008, S. 79-90.
Bleuler, Eugen u. Karl Lehmann. *Zwangsmäßige Lichtempfindungen durch Schall und verwandte Erscheinungen auf dem Gebiete der anderen Sinnesempfindungen.* Leipzig, 1881.
Bogen, Steffen u. Felix Thürlemann. „Jenseits der Opposition von Text und Bild. Überlegungen zu einer Theorie des Diagramms und des Diagrammatischen". *Die Bildwelt der Diagramme Joachims von Fiore. Zur Medialität religiös-politischer Programme im Mittelalter.* Hg. v. Alexander Patschovsky. Stuttgart, 2003, S. 1-22.
Borck, Cornelius. „Sound Work and Visionary Prosthetics. Artistic Experiments in Raoul Hausmann". *Papers of Surrealism* 4 (2005). Quellenstandort online: http://www.surrealismcentre.ac.uk/papersofsurrealism/journal4/acrobat%20files/Borckpdf.pdf (20.02.2009).
Der Ararat. 4 (1920). Quellenstandort online: http://sdrc.lib.uiowa.edu/dada/Ararat/4/index.htm (20.02.2009).
Donhauser, Peter. *Elektrische Klangmaschinen. Die Pionierzeit in Deutschland und Österreich.* Köln, Weimar u. Wien, 2007.
Du Bois-Reymond, Emil. „Über die Grenzen des Naturerkennens". *Zwei Vorträge.* Leipzig, 1916, S. 13-66.
Foerster, Heinz von. „Wahrnehmen wahrnehmen". *Philosophien der neuen Technologie.* Hg. v. d. Ars Electronica. Berlin, 1998, S. 27-40.
Fröhlich, Friedrich Wilhelm. *Gründzüge einer Lehre vom Licht- und Farbensinn. Ein Beitrag zur allgemeinen Physiologie der Sinne.* Jena, 1921.
Gregor von Nyssa. *Der Aufstieg des Moses* (= Sophia. Quellen östlicher Theologie, Bd. 4). Übs. v. Manfred Blum. Freiburg i. Br., 1963.
Hausmann, Raoul. *Sieg, Triumph, Tabak mit Bohnen* (= Texte bis 1933, Bd. 2). Hg. v. Michael Erlhoff. München, 1982.
Hausmann, Raoul. „Dada in Europa". *Der DADA* 3 (1920), S. 437 l-642 kg [sic!].
Hausmann, Raoul. *Der deutsche Spießer ärgert sich. Raoul Hausmann 1886-1971* [Ausst.kat.]. Berlin, 1994.
Hausmann, Raoul. *Scharfrichter der bürgerlichen Seele. Raoul Hausmann in Berlin 1900-1933. Unveröffentlichte Briefe, Texte, Dokumente aus den Künstlerarchiven der Berlinischen Galerie.* Hg. v. Eva Züchner. Stuttgart, 1998.
Huelsenbeck, Richard (Hg.). *Dada-Almanach.* Hamburg, 1987 [Nachdruck d. Ausg. Berlin, 1920].
Jahn, Ilse (Hg.). *Geschichte der Biologie.* Jena u. a., 1998.
Jantschek, Thorsten. „Bemerkungen zum Begriff des Sehen-als". *Kritik des Sehens.* Hg. v. Ralf Konersmann. Leipzig, 1997, S. 299-319.

Jütte, Robert. *Geschichte der Sinne. Von der Antike bis zum Cyberspace*. München, 2000.

Kühnelt, Wolfgang. „Elektroakustische Musikinstrumente". *Für Augen und Ohren. Von der Spieluhr zum akustischen Environment* [Ausst.kat.]. Berlin, 1980, S. 47-73.

Leibniz, Gottfried Wilhelm. *Vernunftprinzipien der Natur und Gnade. Monadologie*. Hg. v. Herbert Herring. Hamburg, 1982.

Mariotte, Edmé. „Nouvelle Decouverte Touchant la Vuë, contenue en plusieurs lettres écrites par Messrs. Mariotte, Pecquet & Perrault; de l'Académie Royale des Sciences. Nouvelle Edition, revûe & corrigée". *Oeuvres*. Leiden, 1717, Bd. 2, S. 495-534.

Paetzold, Heinz. „Synästhesie". *Ästhetische Grundbegriffe. Historisches Wörterbuch in sieben Bänden.* Hg. v. Karlheinz Barck. Stuttgart u. Weimar 2003, Bd. 5, S. 840-868.

Rieger, Stephan. „Licht und Mensch. Eine Geschichte der Wandlungen". *Archiv für Mediengeschichte – Licht und Leitung*. Hg. v. Lorenz Engell, Bernhard Siegert u. Joseph Vogl. Weimar, 2002, S. 61-71.

Schmidgen, Henning, Peter Geimer u. Sven Dierig (Hg.). *Kultur im Experiment*. Berlin, 2004.

Serres, Michel. *Le système de Leibniz et ses modèles mathématiques*. Paris, 1968.

Serres, Michel. „Diskurs und Parcours". *Hermes IV. Verteilung*. Übs. v. Michael Bischoff. Hg. v. Günther Rösch. Berlin, 1993, S. 206-221.

Wegener, Mai. „An der Straßenkreuzung. Der Mathematiker Georges Théodule Guilbaud. Kybernetik und Strukturalismus". *Archiv für Mediengeschichte – 1950*. Hg. v. Lorenz Engell, Bernhard Siegert u. Joseph Vogl. Weimar, 2004, S. 167-174.

PHILIPP SARASIN

„Zäsuren biologischen Typs". Der Kampf ums Überleben bei Wilhelm Bölsche, H.G. Wells und Steven Spielberg

Die Biologie als „Lebenswissenschaft" ist seit dem frühen 19. Jahrhunderts eine Wissenschaft vom Tod. Als Georges Cuvier, der Begründer der Paläontologie, anhand fossiler Überreste erklärte, dass in Gottes Schöpfung ganze Arten schon vor Urzeiten ausgestorben sind, war dies selbst für das Pariser Publikum, das die Schrecken der Französischen Revolution erlebt hatte, ein Schock. Offenbar hatten die Arten keinen stabilen und für sie reservierten Platz in der Ordnung der Natur. Die Biologen in der Nachfolge Cuviers konnten dies – nach einigem Zögern – schließlich nur bestätigen. Und mit Charles Darwin wurde dann nicht nur die Tatsache des Aussterbens von Arten und Gattungen im Lauf der Evolution zu einer unabweisbaren Gewissheit der Biologie; Darwin hat den Tod von Individuen überhaupt als konstitutiv für die Ordnung des Lebens bezeichnet. Schon neben der ersten rudimentären Stammbaum-Skizze, die er im Sommer 1837 in sein berühmtes *Notebook B* strichelte, notierte er, die Ausdifferenzierung von Gattungen und Arten „VERLANGT [...] Aussterben":[1] Damit sich überhaupt Arten und Gattung bilden – wie sie die auseinanderstrebenden Äste des Stammbaums repräsentieren –, muss der Tod Lücken ins evolutionäre Kontinuum reißen. Weitere zwanzig Jahre später heißt es im *Origin of Species* in unzähligen Varianten, dass „die natürliche Zuchtwahl mit Leben und Tod arbeitet, indem sie nämlich die passendsten Individuen am Leben erhält und die weniger gut angepassten unterdrückt".[2] Deren Tod ist ebenso unausweichlich und für das Leben konstitutiv wie im Einzelfall kontingent: „Ein Körnchen in

1 Julia Voss. *Darwins Bilder. Ansichten der Evolutionstheorie 1837-1874*. Frankfurt a. M., 2007, S. 96.

2 Charles Darwin. *Über die Entstehung der Arten durch natürliche Zuchtwahl oder die Erhaltung der begünstigten Rassen im Kampfe ums Dasein* [1859]. Übs. v. J. Victor Carus. Stuttgart, 1899, S. 210.

der Waagschale kann den Ausschlag geben, welches Individuum fortleben und welches zu Grunde gehen, welche Varietät oder Art sich vermehren und welche abnehmen und abnehmen und endlich erlöschen soll."[3] Wer stirbt und wer überlebt, hängt ab von kleinen Vorteilen oder Nachteilen in der Anpassung an die physische Umwelt – mehr nicht. Diese vollkommen diesseitige Idee des Todes war auch noch Jahrzehnte nach Cuvier, an den Darwin anknüpfte, schockierend; Darwins Text macht deutlich, wie sehr sie ihm selbst unheimlich war. Im Anschluss an eine Passage über die „starken vernichtenden Einflüsse", denen jedes Lebewesen immer wieder ausgesetzt sei, sieht er allerdings das Sinnlose des Todes doppelt gemildert:

> Wenn wir über diesen Kampf um's Dasein nachdenken, so mögen wir uns mit dem festen Glauben trösten, dass der Krieg der Natur nicht ununterbrochen ist, dass keine Furcht gefühlt wird, dass der Tod im Allgemeinen schnell ist, und dass der Kräftige, der Gesunde und Glückliche überlebt und sich vermehrt.[4]

Der unausweichliche Kampf dauert kurz, kein Tier fürchtet ihn, und der Tod kommt rasch: Der Tod verliert hier nicht einen guten Teil seines „Stachels", wie es in der Bibel heißt, sondern erscheint als – und dies ist der zweite, entscheidende Punkt – nützlich, ja notwendig, und daher sinnvoll im Blick auf das Fortleben der „Gesunden". Damit aber, so Darwin, verdanken die „höheren Tiere" (und auch wir selbst) ihm die Existenz: „So geht aus diesem Kampf der Natur, aus Hunger und Tod", so Darwin ganz am Schluss des *Origin of Species*, „unmittelbar die Lösung des höchsten Problems hervor, das wir zu fassen vermögen, die Erzeugung immer höherer und vollkommener Tiere".[5]

Die Frage, wie weit diese moderne und vollständig ‚kalte' Sichtweise des Todes auch für den Menschen gelten soll, bildet den Hintergrund, auf den mein Essay zu Wilhelm Bölsche, H.G. Wells und Steven Spielberg bezogen bleibt. Es ist, mit anderen Worten, die Frage, „welche Individuen weiterleben und welche sterben sollen", wie Darwin sagte – oder, um eine Formulierung von Michel Foucault aufzunehmen, die Unterscheidung „zwischen dem, was leben, und dem, was sterben muss".[6] Doch Foucault bezog sich damit nicht auf die Biologie, sondern auf menschliche Gesellschaften. 1976 hat er, um kurz daran zu erinnern, in seinen Vorlesungen am Collège de France mit dem Titel *In Verteidi-*

3 Ebd., S. 542.
4 Ebd., S. 97.
5 Ebd., S. 565.
6 Michel Foucault. *In Verteidigung der Gesellschaft. Vorlesungen am Collège de France (1975-1976)*. Übs. v. Michaela Ott. Frankfurt a. M., 1999, S. 295.

gung der Gesellschaft und gleichzeitig auch in *La Volonté de Savoir* diese Formel gewissermaßen in zwei historische Phasen unterteilt: Erstens in eine vormoderne Periode, in welcher der Herrscher seine Macht im „Sterben-machen" manifestiert, d. h. indem er in blutigen Hinrichtungsritualen ein Verbrechen als Verletzung seiner Souveränität sühnte. Die „exzessive" Inszenierung des Todes des Verurteilten war allerdings, so Foucault,[7] für die Macht weit wichtiger als das Leben lassen der Übrigen.[8] Erst in der zweiten, modernen Form der Macht ging und geht es bis heute darum, das Verbrechen durch eine Strafe zu sühnen, welche auf die Besserung, die Erziehung und schließlich auf das Produktiv-Machen des Delinquenten zielt. Denn die moderne „Bio-Macht" ist, so Foucaults bekannte These, darauf aus, „das Leben zu steigern", während der Tod des Einzelnen nicht mehr inszeniert, sondern im Gegenteil zum „privatesten Teil der Existenz" wird.[9] Das bedeutet allerdings nicht, dass er unwichtig wird: Foucault betont vielmehr, wie sehr dem „Sterben-lassen" in der Moderne und nicht zuletzt im Stil einer sozialdarwinistischen Lektüre des *Origin of Species* der Sinn zugeschrieben wurde, gerade durch den Tod der „Anderen" – der mutmaßlich „Nicht-Gesunden" oder der „Schwachen" – das eigene Leben zu verbessern, zu „steigern". Denn „der Tod des Anderen", so Foucault, bedeutet im Sozialdarwinismus „nicht einfach mein Überleben in der Weise, daß er meine persönliche Sicherheit erhöht; der Tod des Anderen, der Tod der bösen Rasse, der niederen (oder degenerierten oder anormalen) Rasse wird das Leben im allgemeinen gesünder machen; gesünder und reiner".[10] Foucault hat diesen Tod und dieses in der Moderne so häufige Sterben-lassen von Schwächeren und von Unterlegenen „Zäsuren biologischen Typs" genannt. Diese Tode dienen dazu, so Foucaults prägnante Formel, „eine Zäsur einzuführen", eben „die Zäsur zwischen dem, was leben, und dem, was sterben muss".[11] Diese Zäsur stellt gemäß Foucault den inneren Kern dessen dar, was in der Moderne als Rassismus erscheint.

Foucault hat zwar seine Auseinandersetzung mit dem, was er, stilbildend bis heute, „Bio-Politik" und „Bio-Macht" genannt hat, kurz nach seiner Vorlesung von 1976 und kurz nach der Veröffentlichung von *Der Wille zum Wissen* wieder aufgegeben. Zwei Jahre später und ausgerech-

---

7 Michel Foucault. *Die Anormalen. Vorlesungen am Collège de France (1974-1975).* Übs. v. Michaela Ott. Frankfurt a. M., 2003, S. 111.

8 Vgl. Michel Foucault. *Sexualität und Wahrheit I. Der Wille zum Wissen.* Übs. v. Ulrich Raulff u. Walter Seitter. Frankfurt a. M., 1977, S. 161.

9 Foucault (Anm. 8), S. 164.

10 Foucault (Anm. 6), S. 296.

11 Foucault (Anm. 6), S. 295.

net in seiner Vorlesung *Die Geburt der Biopolitik* bekannte er mehr oder weniger deutlich, dass er mit dem Konzept „Biopolitik" nicht mehr weiterarbeiten konnte – jedenfalls hat er es nicht mehr verwendet, und sich der Analyse der „liberalen Gouvernementalität" zugewandt.[12] Darauf werde ich am Schluss kurz zurückkommen. Dennoch lohnt es sich, die analytische Figur des Rassismus als „Zäsur" zu verwenden: Im Denken vieler Darwinisten um 1900 – und damit auch von Bölsche oder Wells – spielt die Vorstellung der „Zäsur" eine prägende Rolle, und anhand von Spielberg, der im Jahr 2005 einen Roman von Wells verfilmte, lässt sich zeigen, wie sehr es bis heute nicht an Virulenz verloren hat.

Wilhelm Bölsche

Der 1861 in Köln geborene Schriftsteller, Darwinist und Wissenschaftspopularisator Wilhelm Bölsche war eine der schillerndsten und zugleich das kulturelle Leben Deutschlands prägendsten Figuren der Jahrzehnte vor dem Ersten Weltkrieg. Als ausgebildeter Kunsthistoriker ohne Studienabschluss gründete er zusammen mit dem Literaten und Philosophen Bruno Wille den Friedrichshagener Dichterkreis, einen lebensreformerischen Wohn- und Arbeitszusammenhang von Intellektuellen (u. a. Gerhart Hauptmann) und Künstlern wie Fidus (Hugo Höppener) im heutigen Berlin-Friedrichshagen.[13] Er begann seine schriftstellerische Karriere 1885 – also mit 24 Jahren – mit einem zweibändigen Roman über den Apostel Paulus,[14] begeisterte sich aber bald für die Naturwissenschaften (ohne sie je studiert zu haben). 1887 publizierte er zuerst eine *Prolegomena einer realistischen Ästhetik*,[15] und nun erschienen in dichter Folge nicht nur Werkausgaben von Heinrich Heine, Johann Wolfgang von Goethe oder Alexander von Humboldt sowie weitere Romane, sondern vor allem populärwissenschaftliche Bücher und Broschüren, meist in der Reihe „Kosmos" des Vereins der Naturfreunde oder im Eugen Diederichs

12 Michel Foucault. *Geschichte der Gouvernementalität. Vorlesung am Collège de France 1978-1979*. 2 Bde. Hg. v. Michel Sennelart, übs. v. Claudia Brede-Konersmann u. Jürgen Schröder. Frankfurt a. M., 2004, Bd. 2: Die Geburt der Biopolitik, S. 260.

13 Vgl. Rolf Lang. *Auf dem „Mussweg der Liebhaberei". Wilhelm Bölsche und Friedrichshagen*. Frankfurt a. d. Oder, 1992.

14 Zu den literarischen Arbeiten Bölsches vgl. Wolfram Hamacher. *Wissenschaft, Literatur und Sinnfindung im 19. Jahrhundert. Studien zu Wilhelm Bölsche*. Würzburg, 1993.

15 Wilhelm Bölsche. *Die naturwissenschaftlichen Grundlagen der Poesie. Prolegomena einer realistischen Aesthetik*. Leipzig, 1887.

Verlag.[16] Von 1890 bis 1893 leitete Bölsche die Redaktion der „Freien Bühne“ (später die „Neue Rundschau“), der von S. Fischer verlegten Programmzeitschrift der literarischen Moderne in Deutschland. Gleichzeitig wurde er zu einem Schüler und Freund des führenden deutschen Darwinisten Ernst Haeckel,[17] legte 1894 eine zweibändige *Entwicklungsgeschichte der Natur* vor und war seither einer der wichtigsten Sprachrohre des Darwinismus im deutschen Sprachraum.[18] Bölsche war von einer schier unerschöpflichen Produktivität – am Ende seines Lebens 1939 hatte er rund hundert Bücher und Broschüren publiziert. Sprechend dafür sind – *pars pro toto* – die Buch-Veröffentlichungen im Laufe des Jahres 1900: *Ernst Haeckel. Ein Lebensbild*, *Tiere der Urwelt*, *Die Entwicklungslehre (Darwinismus)*, *Vom Bazillus zum Affenmenschen* und 1901, nach einem Vortrag von 1900, *Goethe im zwanzigsten Jahrhundert.*[19] Zudem erschienen zwischen 1898 und 1903 die drei Bände des nachmaligen Klassikers *Liebesleben in der Natur.*[20]

Bölsche war als Darwinist von Anfang an Mitglied der deutschen Gesellschaft für Rassenhygiene und des von Haeckel gegründeten Monistenbundes, aber er war auch, zumindest in der Zeit vor dem Ersten Weltkrieg, eine Art Sozialist. Seine Bücher wurden gerade im Kreis der Linken, in der Arbeiterbewegung und in den künstlerischen Avantgarden gelesen, so dass der *Simplicissimus* über das „Bölschewistenparadies“ in Friedrichshagen spotten konnte. Dennoch veröffentlichte Bölsche, der ehemalige Freidenker und linker Darwinist, 1934 als letzten Text den Vortrag *Was muß der neue deutsche Mensch von Naturwissenschaft und*

---

16 Vgl. zur Kultur der Populärwissenschaft im Kaiserreich und in der Weimarer Republik u. a. Andreas Daum. *Wissenschaftspopularisierung im 19. Jahrhundert: bürgerliche Kultur, naturwissenschaftliche Bildung und die deutsche Öffentlichkeit, 1848-1914*. München, 1998 sowie Nick Hopwood. „Producing a Socialist Popular Science in the Weimar Republic“. *History Workshop Journal* 41 (1996), S. 117-153.

17 Vgl. Rosemarie Nöthlich (Hg.). *Ernst Haeckel – Wilhelm Bölsche. Briefwechsel 1887-1919*. 2 Bde. Berlin, 2002-2006.

18 Vgl. Wilhelm Bölsche. *Entwicklungsgeschichte der Natur in zwei Bänden*. 2 Bde. Berlin, 1894.

19 Vgl. Wilhelm Bölsche. *Ernst Haeckel. Ein Lebensbild*. Dresden, 1900; ders. u. Heinrich Harder. *Tiere der Urwelt. Rekonstruktionen nach verschiedenen wissenschaftlichen Vorlagen*. Hg. v. d. Kakao-Compagnie Theodor Reichardt GmbH. Wandsbek, o. J. [ca. 1900] (30 lose Blätter in Mappe; Text v. Wilhelm Bölsche. Zeichn. v. Heinrich Harder); Wilhelm Bölsche. *Die Entwicklungslehre (Darwinismus)*. Berlin-Charlottenburg, 1900; ders. *Vom Bazillus zum Affenmenschen. Naturwissenschaftliche Plaudereien*. 3. Aufl. Jena, 1904 u. ders. *Goethe im zwanzigsten Jahrhundert. Ein Vortrag*. Berlin u. Bern, 1901.

20 Wilhelm Bölsche. *Das Liebesleben in der Natur. Eine Entwickelungsgeschichte der Liebe*. Jena, 1927.

Religion fordern?,[21] um hier vor dem „Genius" Hitlers in die Knie zu gehen.[22]

Im Folgenden möchte ich nur einen Text kurz vorstellen: die „Bazillengedanken" aus Bölsches schon erwähntem Buch *Vom Bazillus zum Affenmenschen* von 1900, mit dem hübschen Untertitel *Naturwissenschaftliche Plaudereien*. Denn tatsächlich wirft Bölsche als guter Darwinist hier, gleichsam im Plauderton, die Frage der „Zäsur" auf. Es geht dabei darum, dass der Mensch es geschafft habe, sich gegen das Reich der Tiere zu behaupten und sich das Reich der Pflanzen nicht nur untertan gemacht habe, sondern die Pflanzen soweit an seine Bedürfnisse anpasse, dass man hier kaum noch von „Natur" sprechen könne. Jetzt aber habe er es mit einem bedrohlichen „dritten Reich" zu tun: dem „Reich der Bazillen".[23] Bölsche schreibt:

> Die höchste und die niedrigste Form des organischen Lebens sind in offenen Kampf miteinander geraten. [...] Der Bazillenkampf [...] ist ein nackter Behauptungskampf der zoologischen Spezies ‚Mensch'. Er ist ein letzter Entscheidungskampf noch einmal zwischen der Spitze aller Lebensentwicklung und dem Ältesten, Einfachsten, Simpelsten, was das Leben hervorgebracht hat, mit dem das Leben vor Jahrmillionen zuerst eingesetzt hat, was das Leben in all diesen Millionen als einen groben, von aller Entwicklung nicht verdauten Ur-Rest mitgeschleppt hat neben jener Höhen-Entwicklung, auf deren Gipfel der Mensch steht.[24]

Das ist gleichsam der Handlungsrahmen, den ich als solchen hier aber nicht verfolgen will, weil es mir nicht um die Bakteriologie geht. Ich will nur untersuchen, wie Bölsche über die Kämpfe um Leben und Tod spricht. Er fragt rhetorisch, wieso überhaupt so niedrige Lebensformen wie Bakterien bestehen bleiben konnten, während sich die Natur weiterentwickelte bis hin zum Menschen. Seine korrekte darwinistische Antwort lautet natürlich – muss lauten –, dass dort, wo kein Anpassungsdruck existiert, Organismen sich nicht verändern und auch keinen Grund haben, zu verschwinden – und viele Organismen leben tatsächlich in einer Umgebung, in der dieser Druck gering genug ist. Daher, so Bölsche, die parallelen unterschiedlichen Entwicklungsstufen. Interessant ist allerdings weniger diese korrekte Antwort, als Bölsches Rhetorik, die Bilder und Beispiele in diesem populärwissenschaftlichen Text:

---

21 Wilhelm Bölsche. *Was muss der neue deutsche Mensch von Naturwissenschaft und Religion fordern?* Berlin, 1934.

22 Vgl. dazu Philipp Sarasin u. Michael Hagner. „Wilhelm Bölsche und der ‚Geist'. Populärer Darwinismus in Deutschland 1887-1934". *Nach Feierabend. Zürcher Jahrbuch für Wissensgeschichte* 4 (2008), S. 47-68.

23 Bölsche, *Vom Bazillus zum Affenmenschen* (Anm. 19), S. 24.

24 Ebd., S. 4.

> Warum stieß der Kulturspanier von 1492 in Mittelamerika auf den nackten Wilden? Warum lebt der Bakairiindianer Zentralbrasiliens heute noch in der Steinzeit, wie es unsere Vorfahren jenseits aller Geschichtsüberlieferung am Gletscherrande der Eiszeit getan haben? Warum existiert immer noch in Australien das Schnabeltier, dessen Vorfahren in urgrauen Tagen schon den Übergang vom eierlegenden Amphibium oder Reptil zum Säugetier vermittelt haben?[25]

Die Antwort ist klar: weil sie keinen Konkurrenten um knappe Ressourcen ausgesetzt waren. Das aber habe sich in der jüngsten Vergangenheit radikal zu ändern begonnen. Weil das anpassungsfähigste aller lebenden Wesen in allen Klimaten existieren könne, sich über den ganzen Globus ausbreite und heute „selber Herr der Naturkräfte wird, unter deren blindem Druck bisher das Leben sich änderte“,[26] – nun, aus all diesen Gründen seien die lokalen Nischen bedroht und die lokalen Arten und Varietäten dem Untergang geweiht. Dieses Wesen ist natürlich „der Kulturmensch in seiner Blüte“,[27] und Bölsche lässt keinen Zweifel an den ungezählten Massakern, die den Entwicklungspfad der „Kulturmenschheit“ säumen.[28] Das Schnabeltier in Australien sei ebenso vom Aussterben bedroht wie das Känguru, das „in kurzem […] abgeschossen sein wird“;[29] seit der Erfindung des Gewehrs habe aber auch der afrikanischen Tierwelt „die Stunde ideell geschlagen“.[30] Afrika „verödet von Jahr zu Jahr mehr“, die „Hauptprachtstücke“ des Kontinents verschwinden, aber auch die Orang-Utans auf Borneo, die Riesenschildkröten, der „Hirscheber auf Celebes“ und so weiter: Die „Kultur“, so schreibt Bölsche in Anführungszeichen, „erscheint auch hier wie eine selbsttätige Macht, die einfach ein geschichtliches Verhängnis vollstreckt“; dieser ganzen zoologischen „Nachzüglerwelt“ werde „der Mensch noch spät, aber unerbittlich zum Henker – höchstens, dass er ihr einen ehrenvollen Platz in seinen Museen einräumen wird“.[31] Bölsche schließt daraus: „Für diesen Menschen kommt nicht mehr in Betracht, was neben ihm an anderen, älteren Lebensanpassungen bestehen *kann*, sondern nur: was er davon bestehen lassen *will*.“[32] Mit anderen Worten: Der Kulturmensch hat die Macht, leben zu machen oder sterben zu lassen.

Bevor ich Bölsche für einen Moment verlasse, möchte ich noch einmal an seine rhetorische Frage nach den Gründen für das Überleben

---

25 Ebd., S. 9.
26 Ebd., S. 12.
27 Ebd.
28 Ebd., S. 15.
29 Ebd., S. 13.
30 Ebd., S. 15.
31 Alle Zitate ebd., S. 15f.
32 Ebd., S. 12.

von weniger weit entwickelten Lebensformen erinnern. Zwar ging es um Bakterien, aber Bölsche fragte: „Warum stieß der Kulturspanier von 1492 in Mittelamerika auf den nackten Wilden? Warum lebt der Bakairiindianer Zentralbrasiliens heute noch in der Steinzeit…?“ Er kommt nicht auf das Beispiel zurück, aber sein Text zeigt überdeutlich, dass die Indianer Grund hatten, um ihr Leben zu fürchten. Was die Massaker an den Tieren betrifft, ist die Ambivalenz dieses Textes unübersehbar, auch wenn er wenig Zweifel daran lässt, dass sich das Darwin'sche Gesetz des Überlebens des Tüchtigsten, des Angepasstesten unerbittlich vollzieht. Daher werden – das muss Bölsche gar nicht aussprechen – auch die Indianer „verschwinden“.

Steven Spielberg verfilmt H.G. Wells[33]

Im Sommer 2005 brachte Steven Spielberg den Science-Fiction-Thriller *War of the Worlds* in die Kinos (mit einem hölzernen Drehbuch und Tom Cruise als Hauptdarsteller ziemlich von der Rolle), ein Film, der sich sehr nahe an seine literarische Vorlage, den gleichnamigen SF-Klassiker von Wells aus dem Jahr 1898, anlehnt.[34] Der Plot ist bekannt: Marsmenschen landen auf der Erde und machen in ihren riesigen, dreibeinigen Kriegsmaschinen Jagd auf die hiesigen Menschen – und zwar schlicht, um sie auszurotten und die Erde zu kolonisieren. Dass Spielberg auf diesen Stoff zurückgreift, hatte in den Zeiten des so genannten *War on Terror* (der irgendwann in den letzten zwei Jahren der Präsidentschaft von George W. Bush allerdings deutlich an rhetorischem Schwung und Medienpräsenz verloren hat) seinen präzisen politischen Sinn: Spielberg inszenierte einen Krieg der „Welten“ als einen finalen Showdown zwischen Gut und Böse, in dem es um das Überleben der Zivilisation geht.[35] Dabei hielt er sich sehr weitgehend an die Vorlage (abgesehen davon, dass der Film nicht wie die Novelle in London, sondern in amerikanischen Städten spielt); zumindest ein Detail jedoch verrät die Nähe von Spielbergs filmischer Adaption zur politischen Gegenwart. Die sig-

33 Dieser Abschnitt folgt Teilen von Philipp Sarasin. „‚War of the Worlds‘. Der Terrorismus und das Pocken-Modell. Anmerkungen über Liberalität nach Foucault“. *„immer wieder weiter“* (= Lab. Jahrbuch 2005/2006 für Künste und Apparate). Hg. v. Hans-Ulrich Reck u. a. Köln, 2006, S. 151-163.

34 Herbert G. Wells. *The War of the Worlds*. New York, 2003. Für Informationen zur Spielberg-Verfilmung vgl. Quellenstandort online: http://www.waroftheworlds.com (02.03.2009).

35 Vgl. dazu Philipp Sarasin. *Anthrax. Bioterror as Fact and Fantasy*, Cambridge, Mass., 2006, Kap. 5.

nifikante Aktualisierung des Stoffs besteht darin, dass die Film-Aliens zwar nicht vollständig, aber immerhin in Gestalt ihrer riesigen, dreibeinigen metallenen Hüllen ‚schon da sind': Wenn sie mit ihren monströsen Kriegsmaschinen eines schönen Tages zu Beginn des 21. Jahrhunderts wie losgelassene Furien aus dem aufbrechenden Asphalt fahren, dann realisieren wir im dunklen Kino, dass sie schon seit sehr langer Zeit in der Erde verborgen waren. Auch wenn – so die Filmfiktion – die zerbrechlichen Körper bzw. vor allem die ‚Gehirne' der Marsmenschen erst kurz vor der Attacke mittels riesiger Blitze in die in der Erde verborgenen Maschinen transportiert wurden, haben diese tödlichen Maschinen doch seit langem auf ihren Einsatz gewartet: verborgen, heimlich – und buchstäblich unter uns. Der Alien in der Zeit nach 9/11 ist nicht nur furchterregend, ein tödliches Monstrum, eine Mischung zwischen Lebewesen und Maschine, so wie es die Flugzeuge sind, die zu selbstmörderischen Tötungsmaschinen wurden : Der Alien von heute ist vor allem ein Schläfer. Er braucht nur noch den Impuls von außen, um loszuschlagen. Das ist gleichsam die politische Innovation dieses ultimativen Bedrohungsszenarios, wie Wells es vor mehr als einem Jahrhundert schon entworfen hatte.

Sonst aber folgt Spielberg wie gesagt der Vorlage von Wells, insbesondere in einem ebenso auffallenden und wichtigen Punkt: Gegen Ende des Films wird offensichtlich, dass die Aliens Probleme haben, dass sie plötzlich nicht mehr unverwundbar sind. In den letzten Einstellungen sterben sie reihenweise, und die riesigen Maschinenhüllen gehen mit ihnen zugrunde. Warum? Wells beschreibt im Roman die toten Marsmenschen und ihre bewegungslosen Maschinen, die er im zerstörten London sieht:

> Und überall zerstreut, einige in den umgestürzten Kriegsmaschinen, einige in den jetzt ruhigen Greifmaschinen, und ein Dutzend steif und still, in einer Reihe hingestreckt, lagen die Marsleute – *tot!* – erwürgt von fäulnis- und krankheitserregenden Bakterien, gegen die ihre körperliche Beschaffenheit widerstandslos war; […] erwürgt, nachdem alle Verteidigungsmaßnahmen der Menschen fehlgeschlagen waren, von den niedrigsten Wesen, die Gott in seiner Weisheit ins Leben gerufen hat.[36]

Im Film kommt diese Erklärung schon aus dem *Off* – nach der eigentlichen Handlung – zu Bildern eines Tautropfens auf einer Knospe, die nach all den Untergangsszenarien wieder Gesundheit und blühendes Leben evozieren, und danach – mit einer Kamerafahrt in den Tautropfen

36 Herbert G. Wells. *Krieg der Welten*. Übs. v. G.A. Crüwell u. Claudia Schmölders. Zürich, 2005, S. 313.

hinein – zu Bildern von Mikroorganismen und am Schluss gar von deren DNA-Fäden; Bilder übrigens, wie sie der Zuschauer schon in der allerersten Einstellung des Films gesehen hat: Die Aliens waren also nicht immun gegen die Bakterien auf unserem Planeten. Wells kommentierte diesen Umstand mit Worten, die ich so ungefähr vom Filmende ebenfalls noch im Ohr habe:

> Diese Krankheitskeime haben seit Anbeginn der Dinge ihren Zoll von der Menschheit gefordert – schon von unseren vormenschlichen Ahnen, seitdem Leben auf unserem Planeten bestand. Aber durch die natürliche Auslese unserer Gattung haben wir die Widerstandskraft gegen sie entwickelt; wir unterliegen keinem dieser Keime ohne Kampf, und gegen viele – zum Beispiel jene, welche in toten Körpern Fäulnis hervorrufen – sind unsere Körper überhaupt gefeit.[37]

Sowohl im Buch wie auch im Film wirkt dieses Ende reichlich thesenhaft und dramaturgisch wenig überzeugend, aber das ist nicht entscheidend. Die Bakterien jedenfalls erwiesen sich als „unsere mikroskopischen Verbündeten“, die den Marsbewohnern den Garaus machten. Wells fährt fort:

> Durch das Opfer Millionen Toter hat der Mensch sich sein Erstgeburtsrecht auf der Erde erkauft, und trotz aller fremder Eindringlinge ist sie sein; sie ist sein, und wären die Marsleute auch zehnmal so mächtig, als sie sind. Denn weder leben die Menschen noch sterben sie vergeblich.[38]

Leben und Überleben, der Sieg über die Marsmenschen, das Erstgeburtsrecht auf der Erde gegenüber allen anderen, einheimischen und fremden Organismen: Das alles nur dank dem „toll of a billion deaths“[39] – einer Milliarde Toter also, und nicht bloß Millionen, wie es in der deutschen Übersetzung heißt. Sie alle starben nicht vergeblich, ihr Tod war notwendig auf dem Weg zur Anpassung des Menschen an die Mikroorganismen, mit denen er den Planeten teilt, auf dem Weg zur „Kulturmenschheit“, wie es bei Bölsche heißt.

Wells bezog sich nicht ohne zeittypischen Optimismus auf die scheinbar harmlose Tatsache, dass die menschliche Spezies in einem langen, opferreichen, aber schon weitgehend hinter uns liegenden Kampf mit den Bakterien ums Überleben sich schließlich durch Selektion und Anpassung ihre Lebensmöglichkeiten gesichert habe. Dennoch ist der Kampf, von dem hier die Rede ist, auf all den verschiedenen Skalen, wie sie in den Geschichten von Wells und Spielberg vorkommen – Mikroben, „Welten“ –, alles andere als harmlos. In einer sein Buch einleitenden,

37 Ebd., S. 313.
38 Ebd., S. 314.
39 Wells (Anm. 34), S. 181.

die Dynamik der Geschichte erst *erklärenden* Passage schreibt Wells, dass die Marsbewohner seit langem unter der Abkühlung ihres Planeten litten und sich nach einem neuen Lebensraum umgesehen hätten: „Auf ihrem Stern ist die Abkühlung schon weit fortgeschritten. Diese Welt ist noch voller Leben, aber in ihren Augen ist es nur minderwertiges, tierisches. Den Krieg sonnenwärts tragen“ – also auf die Erde – „ist wirklich ihre einzige Rettung vor der Vernichtung, die von Geschlecht zu Geschlecht immer näher an sie heranschleicht“.[40] Seit langem schon hatten sie daher mit neidischen, gierigen und kalten Augen die Erde beobachtet und die Invasion vorbereitet. Nun folgt die entscheidende Passage: „Und bevor wir sie“ – also die Marsmenschen –

> zu hart beurteilen, müssen wir uns erinnern, mit welcher schonungslosen und grausamen Vernichtung unsere eigene Gattung nicht nur gegen Tiere wie den verschwundenen Bison und den Dodo, sondern gegen unsere eigenen inferioren Rassen gewütet hat. Die Tasmanier wurden trotz ihrer Menschenähnlichkeit in einem von europäischen Einwanderern geführten Vernichtungskrieg binnen fünfzig Jahren völlig ausgerottet. Sind wir solche Apostel der Gnade, dass wir uns beklagen dürfen, wenn die Marsleute uns in demselben Geiste bekriegen?[41]

Es keine Überraschung, wenn man feststellt, dass diese Passage bei Spielberg nicht vorkommt: Das wäre wohl ein klein wenig zu explizit gewesen. Denn genau *davon* handelt *War of the Worlds*, oder sagen wir: *Das* ist der Rahmen, der diese Geschichte ermöglicht, und zwar unabhängig davon, ob sich der Sozialist Wells nun kritisch oder affirmativ darauf bezog. Dass die tasmanischen Ureinwohner schlicht ausgerottet wurden, kann er bloß andeuten, weil das allgemein bekannt war. Und tatsächlich hat sich die Geschichte auch einigermaßen so zugetragen, wie Wells sie evoziert. Der Autor Nicholas Shakespeare zitiert in einer buchlangen Reportage über Tasmanien einen Kolonisten, der im Jahr 1829 angesichts der vielen Angriffe der Aborigines auf die weißen Siedler feststellte: „Es ist deutlich geworden, dass, wenn es nicht gelingt, die grausame Natur dieser Schufte“ – man sprach auch von Orang-Utans – nun, „die grausame Natur dieser Schufte zu bändigen, sie in einem geeigneten Teil des Landes […] zu Gefangenen zu machen oder andernfalls die gesamte Rasse auszulöschen, man dieses Land aufgeben muss“.[42] Die Gruppe der Ureinwohner auf Tasmanien war nicht groß – man schätzt eine Zahl von rund 5000 Menschen zu Beginn des 19. Jahrhun-

---

40 Wells (Anm. 36), S. 12.

41 Ebd., S. 13.

42 Nicholas Shakespeare. *In Tasmanien*. Übs. v. Hans M. Herzog. Hamburg, 2005, S. 211. Vgl. Lloyd Robson. *A History of Tasmania*. 2 Bde. Melbourne, 1983-1991, Bd. 1, S. 210-253.

derts – und es ist auch nicht ganz geklärt, ob ihr Untergang tatsächlich so etwas wie ein bewusst geplanter Genozid war. Viele der Ureinwohner starben an Seuchen, das heißt an den Bakterien, die die Europäer ins Land gebracht haben und gegen die sie ebenso machtlos waren wie die Marsmenschen bei Wells. Einige verendeten in den Fallen, die die Kolonisten ihnen gestellt hatten, oder bei den Treibjagden, die die Armee durchführte, andere wurden wie Kängurus gejagt. Viele dieser Vorgänge sind bis heute nicht geklärt – entscheidend in unserem Zusammenhang ist jedoch, dass ihre Unausweichlichkeit für die Zeitgenossen gegeben war und die entsprechenden Berichte plausibel erschienen. Für Wells war die Ausrottung der „inferior races" wie der Tasmanier zwar grausam und schonungslos, aber sie war ebenso unvermeidlich wie als Argument zitierbar: „Der intellektuelle Teil der Menschheit gibt bereits zu, dass das Leben ein unaufhörlicher Kampf ums Dasein ist; und es scheint, dass dieser Glaube auch von den Marsbewohnern geteilt wird."[43]

Dass Wells in seiner phantastischen, dabei aber vollständig metaphorischen Darstellung dieses Kampfes die realen Verhältnisse auf den Kopf stellte, wenn er die *Eindringlinge* an Infektionskrankheiten sterben ließ und nicht, wie mit allen kolonisierten oder auch ausgerotteten Völkern geschehen, die Opfer der Invasion, ist allerdings auffällig. Sie macht deutlich, dass Bakteriologie eine Wissenschaft der Sieger ist – sie ist das Wissen jener, die den Anpassungskampf überlebt haben und die mit überlegener Immunität im Kampf ums Dasein die Fremden, die „rassisch minderwertigen" Aliens, mit dem Tod durch Infektion bedrohen. In diesem Sinn hat auch die Geschichte von Wells und Spielberg einen sozialdarwinistischen und biopolitischen Rahmen: Der Kampf der „Welten" ums Überleben steht dabei am Anfang, während die bakterielle Infektion die Geschichte abschließt und ihr ihren spezifisch „menschlichen" Sinn gibt, nämlich: „Wir" haben über andre Organismen gesiegt, und daher werden „wir" auch unsere Feinde besiegen, die, wie alle Lebewesen, den Kampf ums Dasein „sonnenwärts", zu den letzten Energieressourcen tragen, denn „wir" haben das „Erstgeburtsrecht".

Bölsches populärer Wissenschaftsglaube

Bölsche präsentierte um 1900 das Verhältnis Mensch-Bakterie wesentlich dramatischer als Wells. Wells behandelte, wie gezeigt, die Bakterien als Verbündete der so genannten „Kulturmenschheit" im Kampf gegen

43 Wells (Anm. 36), S. 12.

Marsmenschen und unter der Hand auch gegen Ureinwohner. Bölsche hingegen bietet sein ganzes literarisches Talent auf, um vor dem geistigen Auge seiner Leser die unermessliche Masse von winzigsten Wesen erscheinen zu lassen, die sich in atemberaubender Geschwindigkeit fortpflanzen und – wenn sie nicht an verschiedene natürliche Grenzen stießen – den Menschen durch ihr schieres Gesamtgewicht erdrücken würden. Soweit kommt es in Wirklichkeit nicht, aber die Bedrohung ist groß genug, ja sie ist, auch bei Bölsche, ein „Entscheidungskampf“ – ein Krieg der Welten also.[44] Und auch Bölsche fantasiert sich – Zufall oder nicht (die erste Übersetzung von Wells' *Krieg der Welten* erschien erst 1901) – einen externen Beobachterstandpunkt: „Man müsste eigentlich auf einem fremden Planeten sitzen, um [diesen Kampf] gleichsam ästhetisch als ungeheures, in seiner Furchtbarkeit doch erhabenes Schauspiel genießen zu können. Denken wir uns also eine Mars-Perspektive [...].“[45] Wie funktioniert dieser Krieg? Bölsche schreibt:

> Man muss sich auch hier auf den Boden der Zellenlehre stellen, um einen großen und freien Anblick der Dinge zu gewinnen. Das Problem ist gegeben: ein kolossaler Zellenstaat, der Mensch – als Menschheit 1500 Millionen solcher Zellenstaaten auf Erden – wehrt sich gegen die Invasion von Myriaden individualistischer Zellen, die in seinen Staat eindringen, mitessen wollen und zum Lohn Gift produzieren.[46]

Während dem Menschen als wohlorganisiertem Zellenstaat gleichsam ein natürlicher Hang zum Sozialismus innewohnt, erscheinen die pathogenen Bakterien als individualistisch-anarchistische Zerstörer dieses Staates: „Der vielzellige Leib hat fremde Zellen tief im Verband, die nicht fürs Gemeinwohl mitfressen und mitverdauen“ – wie die dem Menschen nützlichen Bakteriensorten, die Bölsche durchaus auch vorstellt –, Zellen also, die nicht fürs Gemeinwohl des Körpers sorgen,

> sondern die eine unbekümmerte Privatwirtschaft treiben. Und diese Privatwirtschaft produziert Dynamit und haut gleichzeitig mit dem Hammer darauf: kein Wunder, wenn der ganze Zellenverband in die Luft fliegt, – ein auf alle Fälle ungemütlicher Zustand, den wir Cholera, Lungenschwindsucht, Pest usw. nennen und der in nur zu vielen Fällen mit einem Knalleffekt, dem Tode, endet.[47]

Die Geschichte, die Bölsche erzählt, ähnelt jener von Wells in auffallender Weise. Denn der Körper des Menschen kann der Invasion der Aliens nur trotzen, weil er den Kampf mit ihnen schon bestanden hat: In der Darwin'schen „Auslese der Passenden“, so Bölsche, habe schon immer

---

44 Bölsche, *Vom Bazillus zum Affenmenschen* (Anm. 19), S. 4.
45 Ebd., S. 3.
46 Ebd., S. 37.
47 Ebd., S. 36.

nur das „relativ ‚Bazillenfeste'" überlebt, und zwar von Anfang an: „[D]er Mensch selbst muss bereits das Produkt solcher Auslese gewesen sein von dem Tage an, da er sich überhaupt auf der Erde behauptete".[48]

Und doch tobt nun, um 1900, eine „Entscheidungsschlacht"? Bölsche erzählt interessanterweise eine Geschichte, in der diese Darwin'sche Auslese der „Gesündesten", die den Überlebenskampf mit den Bazillen gewonnen haben, nicht ausreicht. Die anarchistischen Einzeller bedrohen die Menschheit nach wie vor, doch nun scheint Rettung in Sicht. Dabei ist Bölsches inhaltliche Aussage wenig aufregend; sie lautet knapp und bündig: Dank der neuen Wissenschaft der Bakteriologie sind wir jetzt – 1900 – in der Lage, die pathogenen Krankheitskeime auszurotten und damit das „dritte Reich" niederzuringen. Dieser Glaube war weit verbreitet und insofern konventionell.[49] Auffallend hingegen ist Bölsches Rhetorik; insbesondere seine Beschreibung der Tatsache, dass die Ursachen der Infektionskrankheiten lange Zeit unbekannt waren, seit den 1870er Jahren aber erforscht würden, liest man nicht ohne Vergnügen:

> Ganze riesige Ressorts des Zellenleibes kämpften bei Tausenden von Menschen in den Tagen des Perikles und Boccacio, teils sieghaft, teils erliegend, gegen die Pestbazillen. Aber die Gehirnzellen dieser gleichen Menschengeneration ahnten nichts davon. Ein gewisser Typus der Gewebezellen stand Mann gegen Mann im Handgemenge mit dem Bazillus. Die Gehirnzellen aber veranstalteten Wallfahrten, opferten Kerzen oder Weihgeschenke, um den Zorn der Götter zu versöhnen, spintisierten, ob ein Komet die Welt vergifte, schlugen Juden tot wegen angeblicher Brunnenvergiftung oder ergaben sich in blindem Fatalismus der Erwartung des Weltuntergangs, küssten schöne Mädchen und betranken sich oder beteten, kasteiten sich und erfanden neue Religionen.[50]

Der religiösen Finsternis und Geistesverwirrung das Licht der Wissenschaft gegenüber zu stellen, ist ein alter Topos der Aufklärung – zu alt im Grunde angesichts der neuen Biologie: Denn jetzt hätten, kann Bölsche schreiben,

> die Gehirnzellen eine „Wissenschaft" produziert. [...] Die Gehirnzellen etablieren sich als die berufenen Helfer der längst im Kampfe stehenden anderen Zellen. Mit ihrer ganzen Riesenmacht. Mit ihrem Gedächtnis [...]. Mit ihrem Netz neuer sozialer, gemeinsam wirkender Beziehungen von Mensch zu Mensch. Das ist die neue Situation. [...] Die Bedeutung, die in diesem Umschwung liegt, ist so ungeheuer, dass man allerdings nach aller menschlichen Wahrscheinlichkeit sagen muss: *ja, jetzt werden wir siegen.*[51]

---

48 Ebd., S. 30.

49 Vgl. als Auszug aus der Forschung Philipp Sarasin u. a. (Hg.). *Bakteriologie und Moderne. Studien zur Biopolitik des Unsichtbaren 1870-1920.* Frankfurt a. M., 2007.

50 Bölsche, *Vom Bazillus zum Affenmenschen* (Anm. 19), S. 38.

51 Ebd., S. 38f.

Diese Populärwissenschaft von 1900 rekurrierte nicht mehr auf den Geist (etwa den ‚Forschergeist'), und sei er noch so erleuchtet, sondern fasst das Denken konsequent als Aktivität des Gehirns – als Aktivität des komplexesten Organs, das, so Bölsches darwinistische Überzeugung, die Evolution mit ihren Milliarden von Toten, mit ihrer Zäsur zwischen dem, was leben soll und dem, was sterben muss, erst hervorgebracht hat.

Schluss

In derselben Weise, wie sich in Tasmanien ein Methodistenpfarrer für die Aborigines eingesetzt hat und sich keineswegs alle Siedler an den Mordaktionen beteiligt haben, wird auch bei Bölsche deutlich, wie sehr ihm vor einer Menschheit graut, die die Tierwelt systematisch ausrottet und die Indianer bedroht. Es wäre daher die Frage aufzuwerfen, ob sich die Geschichte, wie ich sie hier präsentiert habe, nochmals gegen den Strich lesen lässt: Welche Ambivalenzen und Gegenläufigkeiten finden sich gerade auch bei jenen Vertretern der Moderne, die ihre Vorstellung der Welt auf dem Hintergrund des Darwinismus entfalten? Man kann gut begründet argumentieren, dass die Kultur des Darwinismus das Phantasma des exterminatorischen Rassismus miterzeugte; darüber herrscht auch in der Forschung kaum Dissens (auch wenn Darwins eigene Haltung hier nicht mit dem späteren ‚Darwinismus' verwechselt werden sollte).[52] Aber es scheint mir eine durchaus offene Frage bzw. Aufgabe zu sein, nun als Kulturwissenschaftler nicht wie das Kaninchen vor der Schlange auf die „Zäsur" zu starren und zu glauben, die ganze europäische Geschichte der letzten 150 Jahre ließe sich über diese eine Leiste schlagen. Das wäre ein Irrtum – und daher ist es wohl auch kein Zufall, dass Foucault das Konzept „Biopolitik" genau in dem Moment aufgab, als er sich mit der liberalen Gouvernementalität auseinandersetzte. Denn diese ließ sich eben nicht auf jenen „Staatsrassismus" reduzieren, ja nicht einmal so direkt mit diesem in Verbindung bringen, den er zwei Jahre zuvor noch dem modernen Staat als eine innere Notwendigkeit eingeschrieben hatte.[53] Mit anderen Worten und einfacher gefragt: Wie müsste man das schwarze Bild von der übermächtigen Präsenz der „Zäsur"

52 Vgl. Christian Geulen. *Wahlverwandte. Rassendiskurs und Nationalismus im späten 19. Jahrhundert*. Hamburg, 2004; Peter Weingart, Jürgen Kroll u. Kurt Bayertz. *Rasse, Blut und Gene. Geschichte der Eugenik und Rassenhygiene in Deutschland*. Frankfurt a. M., 1992 sowie Peter Emil Becker. *Wege ins Dritte Reich*. 2 Bde. Stuttgart, 1988-1990.

53 Vgl. Foucault (Anm. 6), S. 294-299.

zumindest durch ein zweites Element ausbalancieren? Die mögliche Antwort würde uns zweifellos in die Richtung einer Rekonstruktion der liberalen Gouvernementalität führen, wie Foucault sie begonnen hat, das heißt in die Richtung der Anerkennung der liberalen Freiheitskonzeption und Machtkritik.[54] Foucault hat im Zuge dieser Neubewertung des Liberalismus allerdings die koloniale und rassistische Rückseite des Liberalismus, die für die darwinistische Populärwissenschaft und die Populärkultur um 1900 ein selbstverständlicher Referenzrahmen darstellte, außer Betracht gelassen – gerade so, als wollte er seine neue Lesart der liberalen Regierungsart gleichsam einen Moment lang vor seinen eigenen, älteren Interpretationsroutinen schützen. Wie also wären diese beiden widersprüchlichen Perspektiven zusammenzudenken? Man hat den Eindruck, hier erst am Anfang einer Debatte zu stehen.

LITERATURVERZEICHNIS

Becker, Peter Emil. *Wege ins Dritte Reich.* 2 Bde. Stuttgart, 1988-1990.

Bölsche, Wilhelm. *Die naturwissenschaftlichen Grundlagen der Poesie. Prolegomena einer realistischen Aesthetik.* Leipzig, 1887.

Bölsche, Wilhelm. *Entwicklungsgeschichte der Natur in zwei Bänden.* 2 Bde. Berlin, 1894.

Bölsche, Wilhelm. *Ernst Haeckel. Ein Lebensbild.* Dresden, 1900.

Bölsche, Wilhelm. *Die Entwicklungslehre (Darwinismus).* Berlin-Charlottenburg, 1900.

Bölsche, Wilhelm u. Heinrich Harder. *Tiere der Urwelt. Rekonstruktionen nach verschiedenen wissenschaftlichen Vorlagen.* Hg. v. d. Kakao-Compagnie Theodor Reichardt GmbH. Wandsbek, o. J. [ca. 1900].

Bölsche, Wilhelm. *Goethe im zwanzigsten Jahrhundert. Ein Vortrag.* Berlin u. Bern, 1901.

Bölsche, Wilhelm. *Vom Bazillus zum Affenmenschen. Naturwissenschaftliche Plaudereien.* 3. Aufl. Jena, 1904.

Bölsche, Wilhelm. *Das Liebesleben in der Natur. Eine Entwickelungsgeschichte der Liebe.* Jena, 1927.

Bölsche, Wilhelm. *Was muss der neue deutsche Mensch von Naturwissenschaft und Religion fordern?* Berlin, 1934.

Darwin, Charles. *Über die Entstehung der Arten durch natürliche Zuchtwahl oder die Erhaltung der begünstigten Rassen im Kampfe ums Dasein* [1859]. Übs. v. J. Victor Carus. Stuttgart, 1899.

Daum, Andreas. *Wissenschaftspopularisierung im 19. Jahrhundert. Bürgerliche Kultur, naturwissenschaftliche Bildung und die deutsche Öffentlichkeit, 1848-1914.* München, 1998.

---

54 Vgl. dazu kurz Philipp Sarasin. „Unternehmer seiner Selbst. Über Michel Foucault: ‚Geschichte der Gouvernementalität', Bd. 1 und 2". *Deutsche Zeitschrift für Philosophie* 3 (2007), S. 473-479.

Foucault, Michel. *Sexualität und Wahrheit I. Der Wille zum Wissen*. Übs. v. Ulrich Raulff u. Walter Seitter. Frankfurt a. M., 1977.

Foucault, Michel. *In Verteidigung der Gesellschaft. Vorlesungen am Collège de France (1975-1976)*. Übs. v. Michaela Ott. Frankfurt a. M., 1999.

Foucault, Michel. *Die Anormalen. Vorlesungen am Collège de France (1974-1975)*. Übs. v. Michaela Ott. Frankfurt a. M., 2003.

Foucault, Michel. *Geschichte der Gouvernementalität. Vorlesung am Collège de France 1978-1979*. 2 Bde. Hg. v. Michel Sennelart, übs. v. Claudia Brede-Konersmann u. Jürgen Schröder. Frankfurt a. M., 2004, Bd. 2: Die Geburt der Biopolitik.

Geulen, Christian. *Wahlverwandte. Rassendiskurs und Nationalismus im späten 19. Jahrhundert*. Hamburg, 2004.

Hamacher, Wolfram. *Wissenschaft, Literatur und Sinnfindung im 19. Jahrhundert. Studien zu Wilhelm Bölsche*. Würzburg, 1993.

Hopwood, Nick. „Producing a Socialist Popular Science in the Weimar Republic". *History Workshop Journal* 41 (1996), S. 117-153.

Lang, Rolf. *Auf dem „Mussweg der Liebhaberei". Wilhelm Bölsche und Friedrichshagen*. Frankfurt a. d. Oder, 1992.

Nöthlich, Rosemarie (Hg.). *Ernst Haeckel – Wilhelm Bölsche. Briefwechsel 1887-1919*. 2 Bde. Berlin, 2002-2006.

Robson, Lloyd. *A History of Tasmania*. 2 Bde. Melbourne, 1983-1991.

Sarasin, Philipp. *Anthrax. Bioterror as Fact and Fantasy*, Cambridge, Mass., 2006.

Sarasin, Philipp. „‚War of the Worlds'. Der Terrorismus und das Pocken-Modell. Anmerkungen über Liberalität nach Foucault". *„immer wieder weiter"* (= Lab. Jahrbuch 2005/2006 für Künste und Apparate). Hg. v. Hans-Ulrich Reck u. a. Köln, 2006, S. 151-163.

Sarasin, Philipp u. a. (Hg.). *Bakteriologie und Moderne. Studien zur Biopolitik des Unsichtbaren 1870-1920*. Frankfurt a. M., 2007.

Sarasin, Philipp. „Unternehmer seiner Selbst. Über Michel Foucault: ‚Geschichte der Gouvernementalität', Bd. 1 und 2". *Deutsche Zeitschrift für Philosophie* 3 (2007), S. 473-479.

Sarasin, Philipp u. Michael Hagner. „Wilhelm Bölsche und der ‚Geist'. Populärer Darwinismus in Deutschland 1887-1934". *Nach Feierabend. Zürcher Jahrbuch für Wissensgeschichte* 4 (2008), S. 47-68.

Shakespeare, Nicholas. *In Tasmanien*. Übs. v. Hans M. Herzog. Hamburg, 2005.

Voss, Julia. *Darwins Bilder. Ansichten der Evolutionstheorie 1837-1874*. Frankfurt a. M., 2007.

Weingart, Peter, Jürgen Kroll u. Kurt Bayertz. *Rasse, Blut und Gene. Geschichte der Eugenik und Rassenhygiene in Deutschland*. Frankfurt a. M., 1992.

Wells, Herbert G. *The War of the Worlds*. New York, 2003.

Wells, Herbert G. *Krieg der Welten*. Übs. v. G.A. Crüwell u. Claudia Schmölders. Zürich, 2005.

NICOLAS PETHES

Visualisierung der Seele. Zur Wiederkehr des anatomischen Theaters im psychologischen Menschenversuch am Beispiel von Stanley Kubricks *A Clockwork Orange*

Die Frage nach einem Zusammenhang zwischen dem Wissensdispositiv des anatomischen Theaters und ästhetischen Strategien der Avantgarde mutet auf den ersten Blick anachronistisch an. Selbstredend war der Schritt zur zuvor jahrhundertelang verpönten Sektion einer Leiche in der Renaissance mit Blick auf die weitere Geschichte der Wissenschaften vom Menschen ein avantgardistischer – aber wie jede andere Avantgarde davor und danach wurde auch dieser Schritt bald von einem Mainstream eingeholt, der die empirische Physiologie seit dem 18. Jahrhundert aus den Theatern in die privaten Labore verlagerte. Hinzu kommt, dass für die künstlerischen Avantgarden – während der *Querelle* am Ende des 17. oder der Frühromantik am Ende des 18. Jahrhunderts – die Anatomie des Menschen eine eher geringe Rolle gespielt hat. Erst für diejenige ästhetische Aufbruchbewegung, die sich an der Wende zum 20. Jahrhundert bildet, ist jene „Resonanz eskalierender physischer und symbolischer Gewalt" zu registrieren, die dem Exposé der Herausgeber des vorliegenden Sammelbands zufolge die invasiven Techniken der Anatomie mit der „Matrix der kreativen Zerstörung" in der modernen Kunst verbindet.

Die These, die im Folgenden zu entwickeln sein wird, lautet, dass die damit angesprochene Verbindung zwischen medizinischer Anatomie und künstlerischer Avantgarde zu Beginn des 20. Jahrhunderts auf einem Medienwechsel beruht. Neu und modern war vor hundert Jahren nicht mehr das Theater (auch wenn es nach wie vor inmitten der Reformprojekte der Avantgarden steht), neu und modern war in den ersten Jahrzehnten des 20. Jahrhunderts das Kino. Dieses neue Medium steht von Beginn an in Beziehung zu Anatomie und Physiologie: Die Entwicklung des Kinematografen am Ende des 19. Jahrhunderts war nicht nur eine Errungenschaft *der* Wissenschaft, sie war vor allem auch eine Errungenschaft *für* die Wissenschaften der Zeit, deren Methode der empirischen Beobachtung der Film technisch umsetzte und apparativ perfektionierte. Insbesondere für die Vermessung und Beobachtung des Menschen in der Phrenologie, der Kriminalanthropologie und der Psychiatrie ermöglichte die ‚Realaufzeichnung' bewegter Bilder die Erstellung eines optischen Archivs des Menschen.

Das neue Medium der Menschenbeobachtung scheint damit auf der einen Seite nicht nur die Methode des, mit Michel Foucault gesprochen, „klinischen Blicks",[1] sondern – in Gestalt von Schnitt und Montage – sogar die anatomische Praxis von Sezieren und Zerlegen in die mediale Technik selbst zu implementieren. Auf der anderen Seite vollzieht der Film recht bald einen, mit Friedrich Kittler, „elegante[n] Sprung aus Experimentalanordnungen in Unterhaltungsindustrie".[2] Film macht Karriere als Kino und wird in dieser populären Form zur Referenz für die literarische Avantgarde, etwa in Form von Alfred Döblins „Kinostil".[3]

Dieser Kinostil der Avantgarden scheint nun allerdings eine geradezu programmatische Abwendung vom ‚alten' Medium Theater zu implizieren. Zugleich weicht in der Theorie von Film und Kino auch das Interesse an der physiologischen Anatomie immer mehr psychologischen Fragestellungen, etwa in Hugo Münsterbergs *The Photoplay* von 1916. So wie das Theater hier dem Kino Platz macht, weicht die Physiologie diffizilen Expeditionen ins Reich der Wahrnehmungs- und Verhaltensforschung und also Versuchen der Visualisierung psychischer Prozesse, für die das Skalpell kaum noch das geeignete Instrument darstellt.

Weder Theater noch Anatomie also, wird man bei Betrachtung der filmischen Avantgarde des 20. Jahrhunderts mithin zu sagen geneigt sein – und doch bleibt die Kinogeschichte, wie hier exemplarisch zu zeigen sein wird, von ihrer experimentalwissenschaftlichen Vorgeschichte geprägt,[4] wenn es die Theatralität der Anatomie im neuen Medium und in der neuen Ausrichtung auf psychologische Forschung noch einmal inszeniert.

Das Beispiel, anhand dessen dieser Zusammenhang zu entfalten sein wird, ist Stanley Kubricks *A Clockwork Orange* (1971), die Verfilmung

---

1 Michel Foucault. *Die Geburt der Klinik. Eine Archäologie des ärztlichen Blicks*. Frankfurt a. M., 1988.

2 Friedrich Kittler. *Grammophon – Film – Typewriter*. Berlin, 1986, S. 220.

3 Alfred Döblin. „An Romanautoren und Ihre Kritiker. Berliner Programm". *Schriften zur Ästhetik, Poetik und Literatur*. Hg. v. Erich Kleinschmidt. Olten, 1989, S. 121.

4 Vgl. hierzu Marcus Krause u. Nicolas Pethes (Hg.). *Mr. Münsterberg und Dr. Hyde. Die Filmgeschichte des Menschenversuchs*. Bielefeld, 2007.

des gleichnamigen Romans von Anthony Burgess. Dieser wegen seiner experimentellen Modernität gleichermaßen geschmähte wie gefeierte Klassiker des avantgardistischen Kinos zitiert inmitten des Szenarios eines psychologischen Menschenversuchs das anatomische Theater, und zwar auf eine Weise, die nicht nur die epistemologische Anachronizität, sondern auch die mediale Konkurrenz des Renaissancemodells reflektiert: *A Clockwork Orange* inszeniert einen behavioristischen Menschenversuch, der zugleich vor der Leinwand des Kinematografen wie auf den Brettern, die die Wissenschaft bedeuten, spielt. Die mangelnde Visualisierbarkeit der menschlichen Psyche, der das anatomische Interesse am Menschen im 20. Jahrhundert gilt, wird hier durch performative Strategien kompensiert.

Diese Wiederkehr des anatomischen Theaters im Film sowie der Beitrag, den diese Wiederkehr zur Frage nach dem Zusammenhang zwischen Wissenstechniken und medialer Inszenierung leistet, werden im Folgenden herzuleiten und zu entfalten sein. Die Herleitung basiert auf der Beobachtung, dass das anatomische Theater seit dem 18. Jahrhundert mehrfach aus den Wissenschaften vom Menschen verabschiedet wurde, allerdings nur, um anschließend durch immer neue Hintertüren wieder in das Feld der Repräsentation des Wissens einzutreten. Diese Doppelbewegung von Verabschiedung und Wiederkehr lässt sich anhand von drei Etappen rekonstruieren: der Ablösung der Anatomie durch die Vivisektion, der Ablösung der Physiologie durch die Psychologie sowie der Ablösung des Theaters durch das Kino. Dieser genealogische Zusammenhang kann anschließend unmittelbar auf eine Analyse von *A Clockwork Orange* übertragen werden. Dabei wird sich zum einen zeigen, dass Kubricks Film auf allen drei genannten epistemologischen Übergängen beruht. Vor allem aber reflektiert das Szenario eines behavioristischen Experiments im Film die Wiederkehr des anatomischen Theaters in der Wissenschafts- und Medienkultur des 20. Jahrhunderts. Zwar zeigt das anatomische Theater nun nicht mehr die physische Sektion eines toten Menschen. Indem es die psychische Konditionierung einer lebenden Person durch den Kinematografen präsentiert, erlaubt sein Wiederaufgreifen durch Kubrick aber eine Beschreibung des Status von Performativität im Schnittfeld von Wissenschafts- und Kunstgeschichte des 20. Jahrhunderts.

Vivisektion, Psychologie, Kino: Die dreifache Wiederkehr des Theatrum anatomicum

Dass das anatomische Theater im 18. und 19. Jahrhundert nicht mehr in seiner herkömmlichen Form zum Einsatz kommt,[5] hat zunächst weniger mit der in medizinischen Hörsälen bis heute bewahrten theatralen Anlage zu tun, als mit dem Wechsel des Untersuchungsgegenstands: Die Physiologie des 18. Jahrhunderts orientiert sich immer weniger an der Sektion des toten Körpers und immer mehr an Experimenten an lebenden Organismen. In der medizinischen Grundlagenforschung weicht die Anatomie der Vivisektion, also der Beobachtung des bewegten anstelle des unbewegten Körpers – zunächst an Tieren, wie z. B. bei Albrecht von Haller, der seine Schrift von 1752 aber nichtsdestotrotz mit *Über die empfindlichen und reizbaren Teile des menschlichen Körpers* überschreibt.

Entsprechende Versuche an lebenden Menschen stehen zu Beginn des 19. Jahrhunderts dann durchaus noch im theatralen Kontext: Die Vorführung zuckender Menschenleiber ist ein Spektakel, das sich – wie Barbara M. Stafford gezeigt hat – großer öffentlicher Beliebtheit erfreut und eine Schnittmenge zwischen Wissenschaft und Populärkultur eröffnet.[6] Spätestens ab der zweiten Hälfte des 19. Jahrhunderts lässt sich aber eine Rückzugsbewegung dieser Versuchspraxis in die Labore der physiologischen Institute beobachten. Mediziner wie Rudolf Virchow vermessen den menschlichen Organismus in einer Vielzahl von Detailuntersuchungen, die kaum noch spektakulären Anschauungswert haben. Der Menschenversuch wird zur klinischen Routine, wie sie Claude Bernard 1865 unter Bezug auf einen streng naturwissenschaftlichen Determinismus unter strikt isolierten Laborbedingungen definiert.[7]

Öffentliche Wirkung hatten Menschenversuche nun nur noch im Fall von Skandalen, die der Auslöser für die Vivisektionsdebatte am Ende des 19. und erster rechtlicher Regelungen zu Beginn des 20. Jahrhunderts waren.[8] Der Abschied vom *Theatrum anatomicum* in der Medizin des

5 Vgl. Gottfried Richter. *Das anatomische Theater*. Berlin, 1936; Luke Wilson. „William Harvey's Prelectiones. The Performance of the Body in the Renaissance Theatre of Anatomy". *Representations* 17 (1987), S. 62-95; Jan C.C. Rupp. „Matters of Life and Death. The Social and Cultural Conditions of the Rise of Anatomical Theaters". *History of Science* 28 (1990), S. 263-287.

6 Barbara M. Stafford. *Kunstvolle Wissenschaft. Aufklärung, Unterhaltung und der Niedergang der visuellen Bildung*. Übs. v. Anne Vonderstein. Dresden, 1998.

7 Claude Bernard. *Einführung in das Studium der experimentellen Medizin*. Leipzig, 1961.

8 Vgl. Barbara Elkeles. *Der moralische Diskurs über das medizinische Menschenexperiment im 19. Jahrhundert*. Stuttgart, Jena u. New York, 1996.

19. Jahrhunderts scheint daher epistemologische Gründe zu haben: Die experimentelle Physiologie zieht sich in abgeschlossene Laborräume zurück, einerseits weil ihre Beobachtungen immer kleinteiliger werden, andererseits aber auch, um den ethischen Einwänden gegen die Versuchspraktiken kein öffentliches Anschauungsmaterial zu liefern.[9]

Und doch erlebt das anatomische Theater zur gleichen Zeit seine erste Wiederkehr: Wie Sven Dierig und Henning Schmidgen gezeigt haben, bediente sich das Prinzip des „Anschauungsunterrichts", wie es von den Berliner Physiologen Rudolf Czermak und Emil Du Bois-Reymond entwickelt wurde, einer theatralen Inszenierung ihrer Forschungsergebnisse. Du Bois-Reymond richtet eine „Schaubühne für Naturphänomene"[10] ein und Czermak umgibt sein Privatlaboratorium mit aufsteigenden Zuschauerrängen, vor denen er seine Ergebnisse öffentlich vorführt. Schmidgen hält fest: „Within their research laboratories, physiologists might have been autonomous experimentalists, but on stage, they had great difficulties distancing themselves from their anatomical heritage."[11]

Das anatomische Theater ist mithin nicht vollständig verabschiedet, wenngleich es auch nicht unverändert wiederkehrt: Die Bühne des anatomischen Theaters wird nicht mehr von der Leiche bespielt, sondern von lebenden Organen; und bei diesen Organen handelt es sich um tierische, nicht um menschliche.

Während sich das anatomische Theater im Leipziger Universitätsbetrieb auf die angedeutete Weise reetabliert, erwächst ihm an gleicher Stelle und zur gleichen Zeit eine neuerliche Bedrohung. Dieses Mal ist die Bedrohung weniger auf einen epistemologischen Wechsel innerhalb der Physiologie zurückzuführen, als auf eine gänzlich neue akademische Disziplin, die die Experimentalpraxis der Medizin zwar für ihre Zwecke übernimmt, dabei aber nicht in gleicher Weise auf Anschaulichkeit zu setzen vermag. Die Rede ist von der experimentellen Psychologie, die seit Mitte des 19. Jahrhunderts in den Laboren Wilhelm Wundts entwickelt wurde und sich rasch als empirisches Forschungsin-

---

9 Vgl. zur Ausbildung der modernen Laborwissenschaft und der ihr inhärenten Dialektik des experimentalwissenschaftlichen Konzepts der Kontrolle zwischen Isolation und Öffentlichkeit Steven Shapin u. Simon Shaffer. *Leviathan and the Air Pump. Hobbes, Boyle, and the Experimental Life*. Princeton, N. J., 1985.

10 Emil Du Bois-Reymond. „Der physiologische Unterricht sonst und jetzt". *Reden von Emil Du Bois-Reymond in zwei Bänden*. Leipzig, 1912, Bd. 1, S. 637. Vgl. Sven Dierig. *Wissenschaft in der Maschinenstadt. Emil Du Bois-Reymond und seine Laboratorien in Berlin*. Göttingen, 2006.

11 Henning Schmidgen. „Pictures, Preparations, and Living Processes. The Production of Immediate Visual Perception (Anschauung) in late-19th-Century Physiology". *Journal of the History of Biology* 3 (2004), S. 481.

strument der Seelenkunde etabliert. Wundt und seine Nachfolger messen Reaktionszeiten, Gedächtnisleistungen und affektive Zustände des Menschen.[12] Insofern es dabei aber nicht mehr um sichtbare Körper geht, sondern um unsichtbare Prozesse – der zeitgenössische Fachterminus lautet ‚Introspektion' –, scheint eine theatrale Präsentation derartiger Versuche ganz ausgeschlossen. An die Stelle spektakulärer Demonstrationen treten Tabellen, die die protokollierten Reaktionen der Probanden verzeichnen und statistisch auswerten.[13]

Und doch gibt die Wissenschaftsgeschichte der frühen Experimentalpsychologie eine ganze Reihe von Anhaltspunkten, dass auch im Fall der Psychologie die Laborisolation nur einen Aspekt der Wissenschaftspraxis ausmacht: Erstens stützten sich Wundts erste Versuchsanordnungen noch sehr stark auf die sensorische Physiologie. Zweitens ließen sich die methodischen Probleme, die mit dem Anspruch der psychischen Introspektion verbunden waren, nur dadurch kompensieren, dass man die physischen Reaktionen der Probanden sowie ihre Interaktion mit den Versuchsleitern als sichtbaren Ausdruck der unsichtbaren Abläufe begriff. Und drittens etablierte sich neben der theoretischen bald auch eine angewandte Experimentalpsychologie, die – etwa im Bereich von Intelligenztests oder Arbeitspsychologie – Kriterien von Funktion und Leistung anwenden und damit, wie Kurt Danziger gezeigt hat, auf *performance* beruhen.[14]

Psychologische Experimente sind also aufgrund ihrer Referenz auf Physiologie, soziale Interaktion und Praxis nicht gänzlich ungeeignet für theatrale Veranschaulichungen, wie nicht zuletzt Jean-Martin Charcots Vorführungen seiner Patientinnen in der Salpetrière zeigen: Insofern Charcot die Hysterie auf körperliche Manifestationen wie etwa den ‚hysterischen Bogen' zurückführte,[15] vermochte er psychische Anormalitäten als ‚Anschauungsunterricht' vor Augen zu führen. Zur theatralen Anordnung von Bühne und Zuschauerraum traten außerdem die kleinen Dialoge hinzu, die Charcot mit seinen Patientinnen inszenierte.[16]

---

12 Vgl. Stefan Rieger. *Die Individualität der Medien. Eine Geschichte der Wissenschaften vom Menschen.* Frankfurt a. M., 2001.

13 Vgl. allgemein Sigrid Braunfels, Karl Herzog u. Friedrich Hiller. *Der „vermessene Mensch". Anthropometrie in Kunst und Wissenschaft.* München, 1973.

14 Vgl. Kurt Danziger. *Constructing the Subject. Historical Origins of Psychological Research.* Cambridge, 1990, S. 27f. u. 107.

15 Aus diesem Grund wird bei Charcot bereits die Innovation durch optische Medien, hier die Fotografie, relevant. Vgl. Georges Didi-Hubermann. *Die Erfindung der Hysterie. Die photographische Klinik von Jean-Martin Charcot.* München, 1997.

16 Vgl. Jean-Martin Charcot. *Neue Vorlesungen über die Krankheiten des Nervensystems, insbesondere über Hysterie.* Übs. v. Sigmund Freud. Leipzig u. Wien, 1886.

Dieser Bezug psychologischer Experimente auf praktische Vorführung und soziale Interaktion wird dann zu Beginn des 20. Jahrhunderts noch deutlicher sichtbar: zum einen in Gestalt der Arbeitspsychologie bzw. Psychotechnik, auf deren Hauptvertreter in Deutschland, Hugo Münsterberg, zurückzukommen sein wird. Zum anderen in der Verhaltens- und Sozialpsychologie, die seit den 1930er Jahren auf der Basis von Konditionierungsexperimenten entwickelt wurde, denen nicht selten spektakuläre Züge eigneten: Ivan Pavlovs konditionierte Hunde oder die Bilderserie über das neun Monate alte ‚Infant Albert', dem John B. Watson Angst vor Ratten anerzog, sind nicht zuletzt deshalb zu Ikonen der behavioristischen Psychologie geworden, weil sie die Versuchsabläufe in kleinen dramaturgischen Szenarien visualisieren.[17]

Gleichzeitig ist dem anatomischen Theater aber bereits eine dritte Bedrohung erwachsen, die nicht wie im Fall von Vivisektion und Psychologie den Wissensgegenstand betrifft, sondern die mediale Präsentationsform selbst. Die Rede ist vom Film, dessen erste Theorie nicht zufällig aus der Feder des bereits erwähnten Arbeitspsychologen Münsterberg stammt.

Wenn man mit Jonathan Crary und Christoph Hoffmann davon ausgeht, dass die Formen wissenschaftlichen Beobachtens mit der Medienevolution einhergehen,[18] dann stellt der Film keine epistemologische oder fachliche, sondern eine mediale Ablösung des theatralen Prinzips der Anatomie vor. Auch wenn Schmidgen zeigt, dass in der „Experimentalarena" Czermaks die Tradition des anatomischen Theaters noch mit der Frühgeschichte des Films einhergeht,[19] wird das neue Medium im 20. Jahrhundert in Abgrenzung zum ‚alten' Medium Theater begriffen. Die Kinematografie kommt dabei auf allen bislang besprochenen Versuchsfeldern zum Einsatz und umfasst sie auf diese Weise: in der Medizin, insbesondere in der Chirurgie,[20] in der Psychiatrie, insbesondere in Ge-

---

17 Vgl. Marcus Krause. „Ultraparadox. Zur Schwerkraft des Menschenexperiments bei Pavlov, Watson und Pynchon". *Spektakel der Normalisierung*. Hg. v. Christina Bartz u. dems. München, 2007, 211-242 sowie Marcus Krause. „‚Going Beyond the Facts'. John B. Watson, der kleine Albert und die Propaganda des Behaviorismus". *Medizinische Schreibweisen. Ausdifferenzierung und Transfer zwischen Medizin und Literatur (1600-1900)*. Hg. v. Nicolas Pethes u. Sandra Pott. Tübingen, 2008, S. 301-320.

18 Jonathan Crary. *Techniken des Beobachters. Über Sehen und Beobachten im 19. Jahrhundert*. Übs. v. Anne Vonderstein. Dresden, 1995 sowie Christoph Hoffmann. *Unter Beobachtung. Naturforschung in der Zeit der Sinnesapparate*. Göttingen, 2006.

19 Vgl. Schmidgen (Anm. 11), S. 5.

20 Vgl. Lisa Cartwright. *Screening the Body. Tracing Medicine's Visual Culture*. Minnesota, 1995.

stalt von Aufnahmen, mittels derer Kriegsneurotiker *en detail* studiert werden konnten,[21] und in der Psychologie, deren neue verhaltenstheoretische Ausrichtung durch Lehrfilme einer breiteren Öffentlichkeit zugänglich gemacht wird.[22]

Allerdings geht die Leistung des Films über einen bloßen Dokumentationscharakter hinaus. Wie Margarete Vöhringer gezeigt hat, kopiert ein Film wie Vesovlod Pudovkins *Die Mechanik des Gehirns*, der die Versuchsserien aus Pavlovs Laboratorien dokumentiert, die Logik von Stimulus und Response in die Abfolge seiner Bildmontagen hinein: zum einen, insofern die Schnitte zwischen der Abbildung von Reizen und Reaktionen in genau der Weise zusammengefügt werden, in der sie auch in der behavioristischen Theorie aufeinander folgen, ohne dass die sie verknüpfenden mentalen Prozesse selbst sichtbar würden; zum anderen, insofern Pudovkin im Kontext der didaktischen Absichten seines Films auch die Wirkung seiner Filmbilder auf die Zuschauer kalkuliert – und den Film damit selbst als Stimulus für einen Response während der Rezeption versteht.

Auf diese Weise wird die Mechanik des Gehirns durch die Mechanik der Kamera simuliert und allererst sichtbar gemacht. Pudovkins Film über Pavlovs Experimente ist ein filmisches Experiment, in dem die Kamera als Instrument der wissenschaftlichen Forschung zum Einsatz kommt und in dem anhand der Frage nach der Übertragbarkeit der Hundeexperimente auf die Kindererziehung die Frage nach der Relevanz der Konditionierung für die Wissenschaften vom Menschen aufgeworfen wird. Diese Gesichtspunkte der filmischen Dokumentation verhaltenspsychologischer Experimente können für den vorliegenden Problemzusammenhang verallgemeinert werden, insofern die Analogie zwischen den kognitiven Vorgängen des Gehirns und der Filmtechnik der Kern der erwähnten Kinotheorie von Münsterberg ist. Münsterberg versteht den Film noch gar nicht als Kunstform, sondern beschreibt vor allem seinen wissenschaftlichen Nutzen. Unter der Überschrift „Die Psychologie des Lichtspiels" analysiert er, wie Dimensionen der menschlichen Wahrnehmung – Raumvorstellungen, Bewegungseindrücke, Vergangenheitsbilder – durch Kameraeinstellungen und Montagetechniken konstruiert

---

21 Vgl. Julia B. Köhne. „Das abgedrehte Symptom. Psychiatrisch-kinematographische Repräsentationen von Kriegshysterikern 1917/18". *Mr. Münsterberg und Dr. Hyde* (Anm. 4), S. 57-75.

22 Vgl. Margarete Vöhringer. „Experimente zum Verhalten von Tier und Mensch. Ivan Pavlovs Reflexe im Kino". *Kulturgeschichte des Menschenversuchs im 20. Jahrhundert*. Hg. v. Birgit Griesecke u. a. Frankfurt a. M., 2009, S. 110-128.

werden und schließt von diesen technischen Konstruktionen auf vergleichbare Prozesse im menschlichen Bewusstseinsapparat.[23]

Auf diese Weise ist der Film ein unmittelbares psychologisches Forschungsinstrument:

> Unter den Naturwissenschaftlern wird der Psychologe ein besonderes Interesse an diesem neuesten Unternehmen der Filmwelt haben. Die Leinwand sollte eine einmalige Gelegenheit bieten, weite Kreise an psychologischen Experimenten und an psychologischen Tests zu interessieren und auf diese Weise das Wissen um ihre Wichtigkeit für die Berufsberatung und für praktische Lebensfragen zu verbreiten.[24]

Diesen Wissenschaftsanspruch formuliert Münsterberg aber, indem er das neue Medium explizit vom Theater abgrenzt. Kino sei keine bloße Simulation des Theaters, sondern eine eigenständige, weit über das Vorläufermedium hinausgehende Kunstform. Und diese Überlegenheit sei in den Möglichkeiten der technischen Montage begründet: „Mit dem raschen Hintergrundwechsel erreicht der Lichtspielkünstler aber auch ein Bewegungstempo, das die *tatsächlichen Menschen* hinter sich läßt."[25]

Das heißt aber, dass das Kino sich vor allem insofern vom Theater unterscheidet, als es nicht lediglich als Bühne für den Menschen fungiert. Während im Theater der Schnitt des Anatomen noch eine zusätzliche Requisite zur Beobachtungsanordnung ist, ist er im Fall des Films Teil der Struktur dieser Anordnung selbst. Die Kamera und die Montage ihrer Bilder ‚durchschneiden' keine vorher ‚ganzheitlichen' Phänomene, sondern erweisen das Erkenntnisobjekt, den menschlichen Wahrnehmungsvorgang, als selbst von Schnitten konstituierten Prozess.

Auch die zweite Implikation von Pudovkins Film, die Frage nach der Beeinflussbarkeit, wenn nicht gar Erziehbarkeit, des Zuschauers, ist bei Münsterberg angelegt. Sie reagiert auf die nahezu zeitgleich mit der Etablierung des Kinos aufkommende Kritik, Filmvorführungen seien gefährlich, weil ihre suggestiven Bilder die Grenzen zwischen Realität und Illusion verschwimmen ließen und ihre Zuschauer auf nahezu hypnotische Weise beeinflussten und zu Gewaltverbrechen animieren könnten.[26] Dieser Form der Medienkritik gibt Münsterberg eine positive Wen-

---

23 Hugo Münsterberg. *Das Lichtspiel. Eine psychologische Studie und andere Schriften zum Kino.* Hg. v. Jörg Schweinitz. Wien, 1996, S. 41-70.

24 Ebd., S. 37.

25 Ebd., S. 39.

26 Vgl. die einschlägigen Beiträge von Robert Gaupp. „Der Kinematograph vom medizinischen und psychologischen Standpunkt" (1912) und Albert Hellwig „Über die schädliche Suggestivkraft kinematographischer Vorführungen" (1914), die in *Medientheorie 1888-1933.* Hg. v. Albert Kümmel u. Petra Löffler. Frankfurt a. M., 2002 wiederabgedruckt sind (S. 100-114 u. S. 115-128), sowie Stefan Andriopoulos.

dung, die allerdings die Grundunterstellung, dass Film suggestiv auf sein Publikum wirke, unangetastet lässt:

> Aber während sich diese Gefahrenquellen nicht übersehen lassen, sollten die Sozialreformer ihr Interesse doch verstärkt den ungeheuer positiven Einflüssen, die vom Film ausgehen können, zuwenden. Der Umstand, daß täglich Millionen im Bann der Vorführungen auf der Leinwand stehen, ist unbestreitbar. Der hohe Grad ihrer Suggestibilität während der Stunden im dunklen Haus kann ebenfalls als erwiesen angesehen werden.[27]

Die frühe Kinotheorie versteht das neue Medium als vollwertige Alternative zu den bisherigen Methoden der Wissenschaften vom Menschen. Das anatomische Theater sieht sich auf diese Weise mit einem Verfahren konfrontiert, das nicht nur physiologische Prozesse detailliert und beliebig wiederholbar aufzeichnet, sondern darüber hinaus auch psychische Prozesse zu simulieren sowie die Rezeptionsweise der entsprechenden Bilder zu beschreiben vermag. Der Film ist ein umfassendes Instrument zur Beobachtung des Menschen in seiner körperlichen, seelischen und sozialen Dimension und scheint das anatomische Theater auf diese Weise vollkommen obsolet zu machen.

Theatrum psychologicum: Konditionierung und Inszenierung bei Stanley Kubrick

Wie im Fall von Vivisektion und Psychologie, die das anatomische Theater nur vermeintlich ablösen konnten, erlebt dieses anatomische Theater auch auf der medialen Ebene, auf der es vom Kino ersetzt schien, seine Wiederkehr. Kubricks Film *A Clockwork Orange*, der hier als Beispiel für diese Wiederkehr dienen soll, fügt sich dabei auf allen Ebenen in das bisher entfaltete Panorama von Versuchsanordnungen, Techniken und Diskursen: Der Film erzählt die Geschichte des Jugendbandenführers Alex, der nach mehreren Gewaltverbrechen und sexuellen Übergriffen zunächst ins Gefängnis kommt, dann aber einem Alternativprogramm zum bloß repressiven Strafvollzug unterzogen wird. Ein Psychologe nutzt ihn als Versuchsperson für ein Umerziehungsexperiment, das darin besteht, Alex' Körper dergestalt zu konditionieren, dass er mit Übelkeit auf Gewalt und Sexualität reagiert – und auf diese Weise sein sozial unverträgliches Verhalten zu unterlassen lernt.[28]

Besessene Körper. Hypnose, Körperschaft und die Erfindung des Kinos. München, 2000.

27 Münsterberg (Anm. 23), S. 100.

28 *A Clockwork Orange* (USA 1971). Für einen Überblick siehe Randy Rasmussen. *Stanley Kubrick. Seven Films Analyzed*. Jefferson, 2001, S. 111-172.

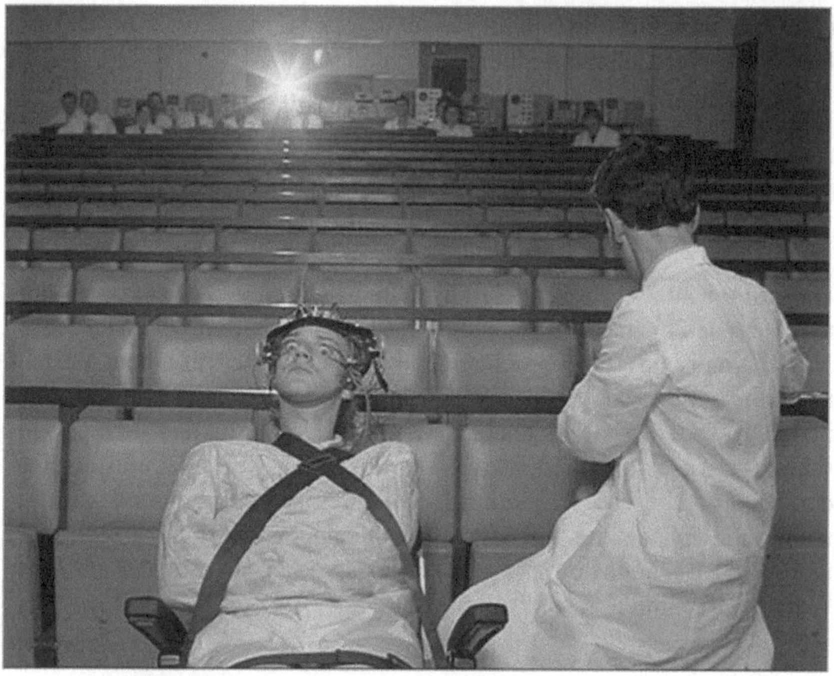

Abb. 1: Alex' Konditionierung in einem Filmvorführraum.

Kubricks Film ist ein unmittelbarer Kommentar zu der Weiterführung von Pavlov und Watson durch Burrhus F. Skinner, der in den 1960er Jahren offensiv für behavioristische Umerziehungsprogramme von Kriminellen eintrat.[29] Hinzu kommt aber die auffällige Technik, mittels derer *A Clockwork Orange* das fragliche Umerziehungsprogramm inszeniert: Die gewalttätige Filmfigur Alex wird ihrerseits mit Filmen über Gewalttaten konfrontiert, nachdem ihm ein Übelkeit auslösendes Serum verabreicht wurde, so dass sein Körper den Reflex der Übelkeit mit dem Stimulus der Gewaltdarstellung zu verbinden lernt (Abb. 1).

Die Szene von Alex' Konditionierung ist in mehrfacher Weise auf das Dispositiv des anatomischen Theaters bezogen: Das Experiment findet nicht in einem Laborraum, sondern im Vorführsaal eines Kinos statt, dessen aufsteigende Sitzreihen analog zu denen eines Theaters sind. Der Versuchsperson Alex kommt innerhalb dieser Konstellation eine doppelte Funktion zu: Er ist einerseits Zuschauer, insofern er in der ersten Reihe des Zuschauerraums sitzt und die gezeigten Filme nicht nur sieht, sondern aufgrund der Anschnallgurte und der Klammervorrichtungen

---

29 Vgl. Peter Schrag. *Mind Control*. New York, 1978.

an seinen Augen geradezu zu sehen gezwungen ist. Er ist andererseits aber auch selbst Gegenstand der Beobachtung. Das machen nicht nur die auf den oberen Sitzreihen versammelten Wissenschaftler deutlich, die Alex' Reaktionen minutiös protokollieren und kommentieren. Schon die Nahaufnahme seines Gesichts zu Versuchsbeginn und am Ende der Filmprojektion verdeutlicht seine Position als Beobachtungsobjekt für den Zuschauer des Films *A Clockwork Orange*. Indem dieser Zuschauer zwischen den beiden *close ups* von Alex' Gesicht aber genau dasselbe Filmmaterial zu sehen bekommt wie der Protagonist selbst, rückt er zudem selbst an Alex' Position und wird als Zuschauer des Films zum Zuschauer im Film.

Auf diese Weise zeigt *A Clockwork Orange* weniger ein behavioristisches Experiment, als dass dessen mediale Bedingungen reflektiert werden: Das Szenario zitiert einerseits ein anatomisches Theater, insofern die Wissenschaftler den Versuch an Alex von den Zuschauerrängen aus direkt beobachten können. Er reflektiert aber zugleich die Funktion des neuen Mediums Film in diesem Zusammenhang. Diese Funktion ist im Falle der Verfilmung von Burgess' Roman eine doppelte, und zwar auf eine Weise, die auf die Überlegungen zur suggestiven Wirkungsweise von Filmen auf ihre Zuschauer bei Münsterberg und Pudovkin zurückweist: Dass Alex im Film Gewaltfilme sieht und dass diesen Gewaltfilmen ein wissenschaftlich kalkulierbarer Effekt auf ihn als Zuschauer zugesprochen wird, ist für das Verständnis des Films *A Clockwork Orange* insofern von Interesse, als Kubricks Film selbst unmittelbar nach seinem Erscheinen für die exzessiven Gewaltdarstellungen im ersten Teil von Alex' Bandengeschichte kritisiert wurde.

Diese Kritik bediente sich dabei der gleichen Argumente, die oben mit Blick auf die Rezeption des Kinos angedeutet wurden: Gewaltfilme seien insofern schädlich, als sie ihr Publikum auf suggestive Weise zu Nachahmungstaten animierten. So schreibt beispielsweise der amerikanische Publizist Joseph Morgenstern:

> Hinter dem fahlen Licht des Fernsehgeräts tobt die Gewalt in den Straßen und ist in Mode bei den Kinofilmen. Innerhalb der letzten paar Monate hat sich ein auffallend neuer Konsensus über die Kinofilm-Gewalt gebildet, und zwar über die Ultragewalt, um einen Ausdruck des modischen Sadisten aus Kubricks „A Clockwork Orange" zu gebrauchen.[30]

Diese Einschätzung ist nicht nur in die gängige Kulturkritik einzuordnen. Sie basiert auch auf der nahezu unüberschaubaren empirischen For-

30 Joseph Morgenstern. „TV-Brutalität schädigt auch normale Kinder". *epd/Kirche und Fernsehen* 8 (1972), Nr. 8, S. 1.

schung zur Auswirkung von Mediengewalt auf das Verhalten ihrer Nutzer. Diese Forschung basiert auf sozialpsychologischen Experimenten, in denen Probanden mit Gewaltfilmen konfrontiert und ihre Reaktionen und anschließendes Verhalten protokolliert werden[31] – also eben die Versuchsanordnung, die in *A Clockwork Orange* gezeigt wird.

Gerade weil der Film damit diejenige Versuchsanordnung zeigt, mittels derer er als Film selbst beurteilt werden wird, weisen Einschätzungen wie diejenige von Morgenstern einen blinden Fleck auf. Erstens, weil bereits die Gewaltszenen im ersten Teil von Kubricks Film hochgradig stilisiert und in einem Fall sogar deutlich theatralisiert sind: Die Prügelei zwischen zwei verfeindeten Jugendbanden vollzieht sich gemäß der Partitur und Choreografie eines Balletts. Zweitens, insofern *A Clockwork Orange* Gewalt nicht allein in Form der Malträtierung und Vergewaltigung der Opfer von Alex' Bande zeigt. Zu den Gewaltdarstellungen des Films gehören auch die Bilder des Protagonisten, wie er an einen Stuhl gefesselt, die Augen mit Klemmvorrichtungen gewaltsam offen gehalten, seiner Umkonditionierung unterzogen wird. Und drittens aufgrund der subtilen Wendung, die der Film vornimmt, wenn sein Publikum Alex zusieht, wie er gewaltverherrlichende Filme sieht: Im Rahmen von Alex' Umkonditionierung dienen die Filme ja gerade der Vermeidung der ansonsten medienkritisch stets unterstellten Nachahmungstaten.

Damit erscheint die Sichtweise von *A Clockwork Orange* als jugendgefährdendem Gewaltfilm verkürzt, weil der Film nicht nur selbst Gewalt zeigt, sondern stets auch die Funktion der filmischen Präsentation von Gewalt. Indem der Film im Film seine eigene Rezeption vorführt und diese Rezeption im Rahmen der theatralen Inszenierung eines Menschenversuchs abbildet, reflektiert er sowohl die ihm unterstellten Auswirkungen als auch den Medienbezug der zeitgenössischen Psychologie.

Aus dieser Perspektive führt *A Clockwork Orange* vor, wie im Rahmen behavioristischer Menschenversuche das anatomische Theater auf mehreren Ebenen durch das Kino ersetzt wird. Und doch kehrt das anatomische Theater auch bei Kubrick nur wenige Szenen später auf die Leinwand, die es zu verdrängen schien, zurück. Denn nachdem Alex' Umkonditionierung erfolgreich abgeschlossen ist, wird das Ergebnis der interessierten Öffentlichkeit nicht etwa in Gestalt eines schriftlichen Berichts vorgelegt, sondern in Form einer theatralen Inszenierung in zwei Akten vorgeführt: Alex wird zunächst gewalttätig provoziert und anschließend sexuell erregt, und die Zuschauer können in beiden Fällen

---

31 Vgl. Nicolas Pethes. *Spektakuläre Experimente. Allianzen zwischen Massenmedien und Sozialpsychologie im 20. Jahrhundert*. Weimar, 2004, Kap. 2.

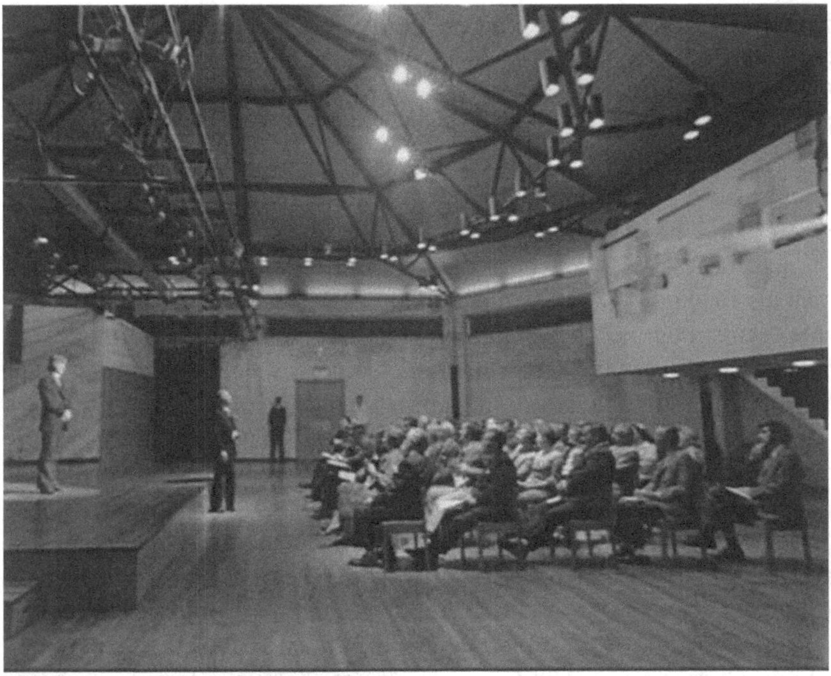

Abb. 2: Der nunmehr ‚gesellschaftsfähige' Alex wird der Öffentlichkeit präsentiert.

mitverfolgen, wie der Protagonist, anstatt handgreiflich zu werden, von Übelkeit übermannt wird (Abb. 2).

Dass das Theater hier seine zuvor an das Kino verloren geglaubte Funktion zur unmittelbaren und suggestiven Präsentation von Menschenversuchen wiedergewinnt, führt Kubricks Inszenierung fast überdeutlich vor Augen: eine Bühne, Scheinwerferspots, tänzelnde und sich verbeugende Akteure sowie ein gediegenes Publikum mit Programmheft. Zudem zitieren die beiden kurzen Szenen die klassische Struktur der Tragödie, insofern die Katastrophe unausweichlich ist – allerdings nicht länger aufgrund der Notwendigkeit des Schicksals, sondern wegen der deterministischen Kausalität naturwissenschaftlich erforschter Zusammenhänge.

Die Beobachtung von Alex' Umkonditionierung durch Filme – also ein an einem lebenden Menschen vollzogener, psychologischer sowie mit den Mitteln des neuen Mediums durchgeführter Versuch – erfolgt in Gestalt einer Theateraufführung. Die Wiederkehr des anatomischen Theaters am Ende eines filmischen Konditionierungsversuchs ist aber nicht nur eine Wiederkehr, sondern geradezu ein Überbieten des Renaissancemodells. Und das nicht nur, weil es die drei im ersten Teil dieses Beitrags beschriebenen Elemente aufgreift, die zur Verabschiedung des anatomischen Theaters führten – lebende Versuchspersonen, psychologische Experimente und der Einsatz des Films. Theatral ist in dieser Szene nicht nur das Dispositiv der Anordnung von Zuschauerraum und Bühne, sondern auch der Einsatz von Schauspielern, ihr Handeln nach einem genauen Skript, ja selbst noch Alex' Bemühen, trotz gegenläufiger Impulse stets freundlich und bis zum Stiefellecken unterwürfig zu seinen Aggressoren bzw. Verführerinnen zu sein. Noch deutlicher als der Film macht Burgess' Roman, dass dieses sozialverträgliche Verhalten, das man als Erfolg von Alex' Umerziehung begreifen könnte, bloße Schauspielerei ist und nicht etwa auf besserer – womöglich gar moralischer – Überzeugung beruht. Alex' Freundlichkeit ist nichts anderes als eine Vermeidungsstrategie gegen die aufkommende Übelkeit.[32]

Nicht nur die filmische Vermittlung eines behavioristischen Experiments, sondern bereits die Versuchsanordnung selbst ist auf mehreren Ebenen auf Theatralisierung angewiesen. Kubricks *A Clockwork Orange* belegt damit anschaulich, dass sich die Geschichte der Wiederkehr des anatomischen Theaters noch in derjenigen Wissenschafts- und Medienkultur fortsetzt, die sich weitestmöglich von ihm entfernt zu haben scheint. Trotz dieser Überbietung des theatralen Dispositivs der Anatomie durch dramaturgische Elemente ist aber deutlich, dass die Wiederkehr des anatomischen Theaters im psychologischen Menschenversuch den Film nicht etwa verdrängt. Vielmehr zeigt *A Clockwork Orange* insbesondere im zweiten ‚Akt' der theatralen Ergebnisvorführung die Vorgänge aus der Perspektive einer subjektiven Kamera und damit also nicht mehr wie noch im ersten ‚Akt' den Blick des Zuschauers auf die Bühne, sondern Alex' eigene Wahrnehmung. Die aus dieser Perspektive grotesk verzerrte und überdimensional vergrößerte Gestalt der jungen Frau, die die Bühne betritt, um vorzuführen, wie Alex' Körper auf sexuelle Erregung reagiert, manifestiert visuell das Resultat von Alex' psychischer Konditionierung: die Unerreichbarkeit seiner vormaligen Vorlieben.

Damit zeigt *A Clockwork Orange* nicht nur, wie die ästhetische Avantgarde des 20. Jahrhunderts tatsächlich von der gewaltsamen Tradition einer Wissenschaftskultur zehrt, die ihr Wissen in Form von öffentlichen Sektionen inszenierte. Kubricks Film führt umgekehrt auch vor, wie dieselbe Wissenschaftskultur auf die theatrale Inszenierung ihrer Experimente angewiesen bleibt. Denn Alex' Konditionierung erscheint ja nur so lange erfolgreich, wie sie nach dem präzise geplanten Skript des kleinen Theaterstücks verläuft. Nachdem der neue Alex die Bühne verlässt,

32 Vgl. Anthony Burgess. *A Clockwork Orange*. Hg. v. Claus Melchior. Stuttgart, 1992, S. 165.

geht er in der ‚wirklichen' Welt rettungslos unter. *A Clockwork Orange* bindet damit nicht nur die Darstellung, sondern vor allem auch den Erfolg des psychologischen Menschenversuchs an eine theatrale Inszenierung.

Diese Beobachtung ist geeignet, die hier versuchte Übertragung wissenschaftshistorischer Dispositive auf die Interpretation eines Films zurückzuwenden, das heißt: aus der Interpretation von Kubricks Film wieder auf die weitere Wissenschaftsgeschichte zu schließen. Ein Blick auf die sozialpsychologischen Experimente, die im unmittelbaren historischen Umfeld von Kubricks Film durchgeführt wurden, belegt, dass die Theatralität psychologischer Menschenversuche nicht etwa die anachronistische Idee eines Films, sondern vielmehr experimentalwissenschaftliche Realität ist: Stanley Milgrams Gehorsamsstudie, in der er in einem vorgeblichen Lernexperiment die als ‚Lehrer' fungierenden Versuchspersonen dazu brachte, ihren ‚Schülern' vermeintliche Elektroschocks zu verabreichen, oder Philip Zimbardos Gefängnisexperiment, in dem er Studenten in Wärter und Gefangene aufteilte und ihre Interaktion bis hin zu gewaltsamen Übergriffen auf der einen, Depressionen auf der anderen Seite beobachtete, sind hochgradig artifizielle theatrale Inszenierungen.[33] Die Liste der Beispiele ließe sich beliebig verlängern, und man könnte die Sozialpsychologie des 20. Jahrhunderts insofern als Fortsetzung und Überbietung des anatomischen Theaters bezeichnen, als ihre Labore immer deutlicher zur Bühne und die Versuchsanordnungen immer mehr zu dramaturgischen Szenen werden.[34]

Auf dieser Grundlage ist es nur konsequent, dass die sozialpsychologische Versuchspraxis an der Wende zum 21. Jahrhundert in Medieninszenierungen mündet: Von der Frühphase der *Versteckten Kamera* bis *Big Brother* wurden Formate des *Reality TV* von Psychologen als wissenschaftliche Experimente betrachtet und wissenschaftliche Versuche als Vorlagen für Reality TV-Serien gewählt.[35] Gerade weil die Seele unsichtbar ist, sind psychologische Experimente auf die Visualisierung ihrer Operationen, die performative Inszenierung dieser Visualisierung sowie die mediale Distribution dieser Inszenierung angewiesen und werden dabei immer mehr zu demjenigen Theater, das sie abgelöst zu haben schienen.

---

33 Vgl. die Dokumentation dieser Experimente in Nicolas Pethes u. a. (Hg.). *Menschenversuche. Eine Anthologie 1750-2000*. Frankfurt a. M., 2008.

34 Vgl. Ramon Reichert. *Im Kino der Humanwissenschaften. Studien zur Medialisierung wissenschaftlichen Wissens*. Bielefeld, 2007.

35 Vgl. Stanley Milgram u. John Sabini. „Candid Camera". *Society* 6 (1979), S. 72-75 sowie Steve Reicher u. Alex Halsam. „Social Psychology, Science and Surveillance. Understanding ‚The Experiment'". *Social Psychological Review* 1 (2003), S. 7-17.

LITERATURVERZEICHNIS

Andriopoulos, Stefan. *Besessene Körper. Hypnose, Körperschaft und die Erfindung des Kinos*. München, 2000.

Bernard, Claude. *Einführung in das Studium der experimentellen Medizin*. Leipzig, 1961.

Braunfels, Sigrid, Karl Herzog u. Friedrich Hiller. *Der „vermessene Mensch". Anthropometrie in Kunst und Wissenschaft*. München, 1973.

Burgess, Anthony. *A Clockwork Orange*. Hg. v. Claus Melchior. Stuttgart, 1992.

Cartwright, Lisa. *Screening the Body. Tracing Medicine's Visual Culture*. Minnesota, 1995.

Charcot, Jean-Martin. *Neue Vorlesungen über die Krankheiten des Nervensystems, insbesondere über Hysterie*. Übs. v. Sigmund Freud. Leipzig u. Wien, 1886.

Crary, Jonathan. *Techniken des Beobachters. Über Sehen und Beobachten im 19. Jahrhundert*. Übs. v. Anne Vonderstein. Dresden, 1995.

Danziger, Kurt. *Constructing the Subject. Historical Origins of Psychological Research*. Cambridge, 1990.

Didi-Hubermann, Georges. *Die Erfindung der Hysterie. Die photographische Klinik von Jean-Martin Charcot*. München, 1997.

Dierig, Sven. *Wissenschaft in der Maschinenstadt. Emil Du Bois-Reymond und seine Laboratorien in Berlin*. Göttingen, 2006.

Döblin, Alfred. „An Romanautoren und Ihre Kritiker. Berliner Programm". *Schriften zur Ästhetik, Poetik und Literatur*. Hg. v. Erich Kleinschmidt. Olten, 1989, S. 119-123.

Du Bois-Reymond, Emil. „Der physiologische Unterricht sonst und jetzt". *Reden von Emil Du Bois-Reymond in zwei Bänden*. Leipzig, 1912, Bd. 1, S. 620-653.

Elkeles, Barbara. *Der moralische Diskurs über das medizinische Menschenexperiment im 19. Jahrhundert*. Stuttgart, Jena u. New York, 1996.

Foucault, Michel. *Die Geburt der Klinik. Eine Archäologie des ärztlichen Blicks*. Übs. v. Walter Seitter. Frankfurt a. M., 1988.

Hoffmann, Christoph. *Unter Beobachtung. Naturforschung in der Zeit der Sinnesapparate*. Göttingen, 2006.

Kittler, Friedrich. *Grammophon – Film – Typewriter*. Berlin, 1986.

Köhne, Julia B. „Das abgedrehte Symptom. Psychiatrisch-kinematographische Repräsentationen von Kriegshysterikern 1917/18". *Mr. Münsterberg und Dr. Hyde. Filmgeschichte des Menschenversuchs*. Hg. v. Marcus Krause u. Nicolas Pethes, Bielefeld, 2007, S. 57-75.

Krause, Marcus u. Nicolas Pethes (Hg.). *Mr. Münsterberg und Dr. Hyde. Die Filmgeschichte des Menschenversuchs*. Bielefeld, 2007.

Krause, Marcus. „Ultraparadox. Zur Schwerkraft des Menschenexperiments bei Pavlov, Watson und Pynchon". *Spektakel der Normalisierung*. Hg. v. Christina Bartz u. dems. München, 2007, S. 211-242.

Krause, Marcus. „‚Going Beyond the Facts'. John B. Watson, der kleine Albert und die Propaganda des Behaviorismus". *Medizinische Schreibweisen. Ausdifferenzierung und Transfer zwischen Medizin und Literatur (1600-1900)*. Hg. v. Nicolas Pethes u. Sandra Pott. Tübingen, 2008, S. 301-320.

Kümmel, Albert u. Petra Löffler (Hg.). *Medientheorie 1888-1933*. Frankfurt a. M., 2002.

Milgram, Stanley u. John Sabini. „Candid Camera". *Society* 6 (1979), S. 72-75.

Morgenstern, Joseph. „TV-Brutalität schädigt auch normale Kinder". *epd/Kirche und Fernsehen* 8 (1972), S. 1-3.

Münsterberg, Hugo. *Das Lichtspiel. Eine psychologische Studie und andere Schriften zum Kino*. Hg. v. Jörg Schweinitz. Wien, 1996.

Pethes, Nicolas. *Spektakuläre Experimente. Allianzen zwischen Massenmedien und Sozialpsychologie im 20. Jahrhundert*. Weimar, 2004.
Pethes, Nicolas u. a. (Hg.). *Menschenversuche. Eine Anthologie 1750-2000*. Frankfurt a. M., 2007.
Rasmussen, Randy. *Stanley Kubrick. Seven Films Analyzed*. Jefferson, 2001.
Reicher, Steve u. Alex Halsam. „Social Psychology, Science and Surveillance. Understanding ‚The Experiment'". *Social Psychological Review* 1 (2003), S. 7-17.
Reichert, Ramon. *Im Kino der Humanwissenschaften. Studien zur Medialisierung wissenschaftlichen Wissens*. Bielefeld, 2007.
Richter, Gottfried. *Das anatomische Theater*. Berlin, 1936.
Rieger, Stefan. *Die Individualität der Medien. Eine Geschichte der Wissenschaften vom Menschen*. Frankfurt a. M., 2001.
Rupp, Jan C. C. „Matters of Life and Death. The Social and Cultural Conditions of the Rise of Anatomical Theaters". *History of Science* 28 (1990), S. 263-287.
Schmidgen, Henning. „Pictures, Preparations, and Living Processes. The Production of Immediate Visual Perception (Anschauung) in late-19th-Century Physiology". *Journal of the History of Biology* 3 (2004), S. 477-513.
Schrag, Peter. *Mind Control*. New York, 1978.
Shapin, Steven u. Simon Shaffer. *Leviathan and the Air Pump. Hobbes, Boyle, and the Experimental Life*. Princeton, N. J., 1985.
Stafford, Barbara M. *Kunstvolle Wissenschaft. Aufklärung, Unterhaltung und der Niedergang der visuellen Bildung*. Übs. v. Anne Vonderstein. Dresden, 1998.
Vöhringer, Margarete. „Experimente zum Verhalten von Tier und Mensch. Ivan Pavlovs Reflexe im Kino". *Kulturgeschichte des Menschenversuchs im 20. Jahrhundert*. Hg. v. Birgit Griesecke u. a. Frankfurt a. M., 2009, S. 110-128.
Wilson, Luke. „William Harvey's Prelectiones. The Performance of the Body in the Renaissance Theatre of Anatomy". *Representations* 17 (1987), S. 62-95.

ERIKA FISCHER-LICHTE

Ein Museum für Avantgardekunst als *Theatrum anatomicum*. Marina Abramović' *Seven Easy Pieces* im New Yorker Guggenheim

Aus Anlass der ersten Performance Art Biennale *Performa 05,* die im New Yorker Guggenheim Museum vom 6.-21. November 2005 stattfand, führte Marina Abramović *Seven Easy Pieces* auf. Bei diesen Performances, die an sieben aufeinander folgenden Tagen, vom 9.-15. November, jeweils sieben Stunden lang von 17.00 Uhr bis Mitternacht gezeigt wurden, handelte es sich um Re-Inszenierungen bzw. Wiederaufführungen von sechs Aktionen und Performances der ausgehenden 1960er und frühen 1970er Jahre – von Bruce Naumans *Body Pressure* (4. Februar-6. März 1974 in der Galerie Konrad Fischer, Düsseldorf), Vito Acconcis *Seedbed* (15.-29. Januar 1972, zweimal die Woche für jeweils sechs Stunden in der Sonnabend Gallery, New York), VALIE EXPORTs *Aktionshose Genitalpanik* (22. April 1969 in den Augusta Lichtspielen München, mit einer Dauer von ungefähr 10 Minuten), Gina Panes *The Conditioning, first action of self-portrait(s)* (1973, in der Galerie Stadler, Paris, mit einer Dauer von 30 Minuten), Joseph Beuys' Aktion *Wie man dem toten Hasen die Bilder erklärt* (26. November-31. Dezember 1965, am Eröffnungsabend für drei Stunden in der Galerie Schmela, Düsseldorf) sowie Abramović' eigener Performance *Lips of Thomas* (14. November 1975 in der Galerie Krinzinger, Innsbruck, mit einer Dauer von zwei Stunden). Am siebten Abend führte die Künstlerin eine neue eigene Performance mit dem Titel *Entering the Other Side* auf.

Die zehn Jahre zwischen 1965 und 1975, denen die sechs Aktionen und Performances entstammten, können in gewisser Weise als Gründungszeit von Aktions- und Performance-Kunst gelten. Mit ‚Vorläufern' wie John Cage bereits in den 1950er Jahren oder den Wiener Aktionisten, die seit den ausgehenden fünfziger, frühen sechziger Jahren ihre Aktionen durchführten, fällt in das von Beuys' Aktion *Wie man dem toten Hasen die Bilder erklärt* und Abramović' *Lips of Thomas* markierte

Jahrzehnt die Entstehung und Durchsetzung der neuen Kunstformen, die ganz dezidiert aus Protest gegen den zeitgenössischen Kunstmarkt ebenso wie gegen das zeitgenössische Theater proklamiert und erprobt wurden. Anstelle von Werken, die als käufliche Waren auf dem Kunstmarkt zirkulieren, schufen die Künstler ephemere Aufführungen, die ihr Ende nicht überdauerten. Einige in dieser Hinsicht besonders radikale Künstler/innen wie Abramović ließen nicht einmal Fotografieren und Filmen während der Performance zu und vernichteten nach ihrem Ende die in ihr verwendeten Gegenstände. Andere, wie zum Beispiel Beuys, arbeiteten mit Fotografen und Filmemachern zusammen, um eine Dokumentation der Aktion zu sichern, verwendeten manche Gegenstände – wie den Eurasienstab – in verschiedenen Aktionen und überließen sie später einem Museum. Ein großer Teil der zwischen 1965 und 1975 entstandenen Aktionen und Performances sind jedoch nur schlecht dokumentiert.

Ihre Wendung gegen das Theater begründeten die Aktions- und Performance-Künstler mit dem Vorwurf, dass dort eine fiktionale Welt aufgebaut werde; die Schauspieler also nur Rollen spielten, Erschöpfungen und Verletzungen nur vorgetäuscht seien. Der Fiktionalität des Theaters, die sie als ,fake' bezeichneten, setzten sie mit ihren Aktionen und Performances die ,Wirklichkeit' entgegen – alles, was in ihrem Verlauf geschah, ereignete sich tatsächlich im realen Raum und in der realen Zeit. Ganz gleich, ob lediglich eine ,banale' Tätigkeit durchgeführt wurde wie das Umgießen von Wasser aus einem Eimer in einen anderen (wie in Thomas Schmits *Zyklus für Wassereimer*, 1962) oder die Künstler sich tatsächlich Verletzungen zufügten oder zufügen ließen wie Acconci, Chris Burden, Pane und Abramović, es zählte nur, dass es ,wirkliche' Handlungen, Verletzungen o. ä. waren und nicht nur ,gespielte'. Und während im Theater die Inszenierungen sorgfältig in langen Probenprozessen vorbereitet werden und dieselbe Inszenierung viele Male wiederholt wird, bestanden die meisten Aktions- und Performance-Künstler des fraglichen Zeitraums auf der Einmaligkeit und Unwiederholbarkeit ihrer Aktionen, die ohne jede Probe durchgeführt wurden.

Angesichts dieser Situation kann es durchaus verwundern, dass Abramović bei der *Performa 05* ausgerechnet Aktionen und Performances aus dem Jahrzehnt zwischen 1965 und 1975 wieder aufführen wollte. Zwar hatte sie in ihrer Performance *Biography,* die seit 1992 in immer neuen Varianten zur Aufführung kommt, Elemente aus eigenen früheren Performances verwendet, diese jedoch klar als Zitate ausgewiesen, die neu kontextualisiert wurden. Bei *Seven Easy Pieces* dagegen wurde ausdrücklich von einer Wiederaufführung, einer „re-performance" gesprochen. Wie ist dieser Anspruch zu verstehen?

Zweifellos kam dem Aufführungsort der *Seven Easy Pieces* eine wichtige Bedeutung zu, dem Solomon R. Guggenheim Museum in New York, einem der berühmtesten Museen für die Geschichte der modernen Kunst. Hier handelt es sich um einen Ort, der nicht nur ausdrücklich der Kunst geweiht ist, sondern auch einen repräsentativen Überblick über die Geschichte der modernen Kunst verspricht. Das Museum erfüllt seine Mission, indem es Werke der Avantgarde ausstellt, die es den Besuchern in einer Weise und spezifischen Regeln folgend präsentiert, welche eine bestimmte Perspektive auf die bzw. Version der Geschichte der modernen Kunst suggerieren. Die Besucher erzählen sie nach und lernen sie zu verstehen, indem sie der vorgegebenen Route folgen. Wenn an diesem Ort im Rahmen der ersten Performance Art Biennale Abramović' *Seven Easy Pieces* als Wiederaufführungen von Aktionen und Performances aus den Jahren zwischen 1965 und 1975 angekündigt wurden, dann lassen sie sich als ein Phänomen bewerten, das einerseits einen Beitrag zur Biennale darstellte – also als zeitgenössische Kunst zu verstehen ist –, andererseits aber damit *zugleich* die Geschichte der Performance-Kunst aus den Jahren 1965-1975 auf eine ganz besondere Weise erzählte und so ein spezifisches Wissen über sie generierte.

Erste Hinweise darauf, wie dies zu verstehen sei, finden sich im Titel *Seven Easy Pieces,* einer Anspielung auf die „Leichten Stücke"/„Easy Pieces" von Ludwig van Beethoven, Béla Bartók, Igor Stravinsky oder Lloyd Cole – vielleicht auch auf Bob Rafelsons Film *Five Easy Pieces* oder Richard Feynmans Roman *Six Easy Pieces.* Ganz im Einklang damit wurde in der Pressemeldung des Museums über *Seven Easy Pieces* behauptet, dass Abramović die 30 bis 40 Jahre zurückliegenden Performances ihrer Kollegen sowie ihre eigene „interpretieren" werde „as one would a musical score". Dies Verständnis geht offensichtlich auf die Künstlerin selbst zurück. In dem von ihr herausgegebenen Band über die *Seven Easy Pieces* schreibt sie über ihr Verhältnis zu den Performances der Vergangenheit: „I interpreted them as one would a musical score."[1]

Es erscheint mir allerdings fraglich, ob der Vergleich mit einer Musikpartitur hier angebracht ist. Denn in einer Partitur werden durch die Noten (oder andere Verfahren wie bei Cage) bestimmte – mehr oder weniger präzise – Anweisungen gegeben, wie ein Stück zu spielen sei. Dass beim Musizieren auf der Grundlage einer derartigen Partitur auch viel Freiraum besteht – zum Beispiel zum Improvisieren – und sich unzählige Möglichkeiten ihrer ‚Interpretation' ergeben, versteht sich heute von selbst. Handlungsanweisungen lassen sich in der Regel auf sehr unter-

1 Marina Abramović. *Seven Easy Pieces* [Ausst.kat.]. Mailand, 2007, S. 11.

schiedliche Weise befolgen. Ich zweifle allerdings, dass es sich bei dem Material, das Abramović als Spuren der Performances oder auch als ihre Dokumentation vorlag, überhaupt um Handlungsanweisungen im Sinne einer Partitur handelte – mit Ausnahme des Materials zu Naumans *Body Pressure*. Es bestand in der Tat aus einer Kopie des Zettels mit den acht Handlungsanweisungen und der abschließenden Bewertung durch den Künstler, wie er ursprünglich in der Galerie Konrad Fischer in Düsseldorf ausgestellt war. Das Material, das der Künstlerin in den anderen Fällen zur Verfügung stand, war – nicht zuletzt wegen der eingangs skizzierten Auffassung der Aktions- und Performance-Künstler über die Einzigartigkeit und Nicht-Wiederholbarkeit ihres Tuns – meist spärlich. Es bestand aus Fotografien, einem unbearbeiteten Filmmitschnitt (im Falle Beuys) und Berichten von Zeitgenossen. Einem derartigen Material lässt sich wohl kaum der Status einer Partitur zusprechen. Es mag im Betrachter/Leser Erinnerungen, Imaginationen, unterschiedliche Assoziationen, Vorstellungen und Ideen erwecken, kann jedoch kaum als Handlungsanweisung im Sinne einer Partitur verstanden und verwendet werden.

Dieser Auffassung widerspricht auch die Eigenart von Aufführungen. Sie gehen aus der leiblichen Ko-Präsenz von Performern und Zuschauern hervor. Eine Aufführung entsteht in und aus der Begegnung zwischen Performern und Zuschauern, aus ihrer Konfrontation und ihren Interaktionen. Dies wurde gerade von Performances zwischen 1965 und 1975, in denen die Künstler/innen sich selbst Verletzungen zufügten, bedenklichen Risiken und zum Teil sogar echter Lebensgefahr aussetzten (wie Abramović und Burden) immer wieder betont und bewusst gemacht. Denn damit versetzten sie die Zuschauer in eine Situation zwischen ästhetischen und ethischen Werten und in diesem Sinne in eine Schwellen- oder liminale Situation, die diese teilweise zum Eingreifen veranlasste. Was immer in einer Aufführung geschieht, ist unablöslich an die Körper der Teilnehmer gebunden. Dies gilt in besonderem Maße mit Blick auf die Körper der Performer. Der Leib des Performers stellt in gewisser Weise den existentiellen Grund der Performance dar, in dem sie wurzelt. Sogar wenn zwei Performer die gleichen Gesten, Bewegungen, Handlungen ausführen würden, hätten wir es nicht mit der gleichen Performance zu tun. Durch die Aufführung schaffen die Performer daher auch nicht ein ‚Werk' im Sinne eines Artefaktes, das die Aufführung überdauern würde, sondern ausschließlich das ephemere Ereignis der Aufführung selbst.

Auch wenn die Performer ihren Leib einsetzen, können sie ihn nicht in derselben Weise als Material verwenden wie andere Dinge. Denn beim menschlichen Leib handelt es sich um einen lebendigen Organismus, der sich andauernd im Werden befindet, im Prozess einer ununterbrochenen Transformation. Der Leib ‚ist' nicht, er ‚wird'; er ist nicht statisch, sondern dynamisch. Jedes Blinzeln des Auges, jeder Atemzug, jede Bewegung bringt ihn neu hervor; er wird ein anderer, verkörpert sich erneut. Das leibliche In-der-Welt-Sein, das nicht ist, sondern wird, kann nur zu einem ‚Werk' im Sinne eines Artefaktes in seiner Mortifikation werden, als toter Körper, als Leichnam. In diesem Zustand kann er in der Tat als Material für rituelle Zwecke verwendet und zugerichtet werden – sogar für künstlerische Zwecke, wie Gunter von Hagens umstrittene Ausstellung *Körperwelten* zeigt. Als lebendiger Körper dagegen widersetzt der Leib sich hartnäckig jedem Versuch, ihn zu einem Kunstwerk zu machen oder ihn als ein solches zu (v)erklären.

Helmuth Plessner hat die *Conditio humana* definiert als durch eine „exzentrische Position" bestimmt: Menschen konfrontieren sich anderen, um ein Bild von sich selbst zu entwerfen, das sie in den Augen eines anderen reflektiert sehen. Sie finden sich selbst auf dem Umweg über einen anderen. Diese exzentrische Position ist in der Doppelheit des menschlichen Leibes begründet. Wir sind unser Leib, sind Leib-Subjekte und zugleich haben wir einen Körper, den wir wie andere Objekte als ein Werkzeug oder ein Zeichen verwenden können. Es ist das gleichzeitige Leib-Sein und Körper-Haben, das den Menschen bestimmt.

Mit dieser Definition der *Conditio humana* suchte Plessner eine Denktradition außer Kraft zu setzen, die in den westlichen Kulturen tief verwurzelt ist. Diese Tradition besteht auf einer fundamentalen Entgegensetzung von Körper und Geist. Sie versteht Kultur als eine Art Schlachtfeld, auf dem beide miteinander kämpfen. Ziel dieses Kampfes ist der endgültige Sieg des Geistes über den Körper, nicht nur die Kolonisierung und Versklavung des Körpers durch den Geist, sondern seine Reifizierung, so dass der Körper in der Tat nur noch ein Instrument „in den Händen des Geistes" wäre, den dieser als ein beliebig formbares und kontrollierbares Material verwenden könnte.

Nicht nur Plessners Bestimmung der *Conditio humana* widersetzt sich der Annahme einer solchen Kluft zwischen Körper und Geist. Es waren vor allem die neuen Kunstformen der Aktions- und Performance-Kunst in den sechziger und siebziger Jahren, die dies vollbracht haben. Dass eine solche Kluft in der Tat nicht besteht, wurde in den anscheinend so geheimnisvollen Augenblicken offenbar, die wir *Präsenz* nennen – Augenblicken, die in den Performances von Beuys, Abramović und Pane wiederholt auftraten. Sie ereigneten sich immer dann, wenn es den Performern gelang, ihren Leib als einen energetischen hervorzubringen, der Energie freisetzt und im Raum zirkulieren lässt, so dass auch die Zuschauer sich energetisiert fühlen und als Folge den/die Performer/in ebenso wie sich selbst nicht nur als intensiv gegenwärtig, sondern als „embodied mind" empfinden.

Die Freisetzung von Energie, welche die Performerin leistet, um Präsenz zu erzeugen, ist weder ein rein körperlicher noch ein rein geistiger Prozess – sie ist beides zugleich. Wenn die Zuschauer leiblich die Energie spüren, die von der Performerin ausgeht und im Raum zwischen allen Anwesenden zirkuliert, dann spüren sie sie als eine geistige und zugleich körperliche Kraft. Sie spüren sie als eine transformative und in diesem Sinne als eine Lebenskraft – als die Lebenskraft der Performerin ebenso wie ihre eigene Lebenskraft. In der Präsenz der Performerin erfahren die Zuschauer sie ebenso wie sich selbst als „embodied mind", verkörperten Geist, der mit dem fortlaufenden Prozess des Werdens beschäftigt ist, als einen lebendigen, mit Bewusstsein begabten Organismus.

Es waren eben die Aktionen und Performances der ausgehenden sechziger, frühen siebziger Jahre, die ununterbrochen an dem Projekt gearbeitet haben, diese besondere Eigenart des menschlichen Leibes in das Zentrum der Aufmerksamkeit zu bringen, sie in Erscheinung treten und sich selbst offenbaren zu lassen – nicht so sehr von den Augen der Zuschauer wahrzunehmen als von ihrem ganzen Leib zu spüren.[2]

Wenn man auf der einen Seite die Art des Materials bedenkt, das Abramović über die wiederaufzuführenden Aktionen und Performances zur Verfügung stand, und auf der anderen die besondere Eigenart des menschlichen Leibes, leuchtet unmittelbar ein, dass Abramović' „re-performances" sich kaum angemessen als deren Interpretation begreifen und beschreiben lassen – „as one would a musical score". Die Geschichte der Performance-Kunst aus der Zeit von 1965-1975, wie sie die *Seven Easy Pieces* erzählten, und das spezifische Wissen, das sie über sie generierten, lässt sich daher kaum sinnvoll mit der Musikgeschichte eines spezifischen Zeitraums vergleichen, wie sie das Spielen/Interpretieren ausgewählter Musikstücke nach deren Partitur vermittelt, bei dem in der Regel auch die dort festgeschriebenen Instrumente Verwendung finden.

Um herauszufinden, was für ein Wissen mit *Seven Easy Pieces* über die Aktions- und Performance-Kunst der Zeit zwischen 1965 und 1975 und speziell über die ihnen zugrundeliegenden sechs Performances generiert wurde, muss zunächst ihr Rahmen berücksichtigt werden, d. h.

2 Vgl. hierzu Erika Fischer-Lichte. *Ästhetik des Performativen.* Frankfurt a. M., 2004, bes. S. 160-175.

Zeit und Raum der Aufführungen, ehe auf die Aufführungen selbst genauer eingegangen werden kann.

Die Aufführungen fanden an sieben aufeinanderfolgenden Tagen statt und dauerten jeweils sieben Stunden. Abramović performte in der Mitte der Rotunde des Guggenheim auf einer hölzernen Rundbühne von ca. vier bis fünf Metern Durchmesser und einer Höhe von ca. einem Meter. Rund um die Bühne wandt sich die berühmte Spirale der Rotunde hoch, die den Zuschauern die Möglichkeit bot, die Aufführungen von allen Seiten und verschiedenen Ebenen zu verfolgen: am Boden kauernd und zur Bühne hochblickend, ungefähr auf derselben Höhe wie die Künstlerin sowie von weiteren jeweils höher gelegenen Ebenen auf sie hinunterschauend.

Sowohl die Zeit als auch der Ort legten spezifische Assoziationen nahe. Die sieben Tage erschienen wie eine ironische Anspielung auf die Schöpfungsgeschichte, wie sie in der Bibel erzählt wird (1. Mos. 1,1-31 und 2,1-4). So wie Gott die Welt in sechs Tagen schuf und am siebten ruhte, wobei er sein Werk betrachtete und sah, dass es gut war, schuf Abramović an sechs Tagen Performances der Vergangenheit neu, um dann allerdings am siebten eine ganz neue Performance zu schaffen – *Entering the Other Side*: Aus einem riesigen blauen Festtagskleid, das nicht nur ihren Körper bedeckte, sondern die ganze Bühne – die Welt, auf der sie die letzten Tage agiert und gelitten hatte –, erhob sich die Künstlerin, nun sorgfältig frisiert und geschminkt, hoch über die Bühne und betrachtete von da freundlich lächelnd die Rotunde und die Zuschauer, sich leicht hin und her bewegend und ihnen mit zwischenzeitlich wie zum Segen ausgebreiteten Armen zugewandt, um so mit ihnen gemeinsam die Vollendung ihres Werkes zu feiern.

Seit der Renaissance, vor allem aber seit dem Geniekult in Sturm und Drang und Romantik gilt der Künstler als „Schöpfer" von Werken. Seine Werkproduktion wurde immer wieder mit einer ähnlichen Begrifflichkeit beschrieben wie die Erschaffung der Welt durch Gott in der Genesis. So wie ER die Welt als ein vollkommenes und in sich abgeschlossenes Werk geschaffen hat, so bringt auch der Künstler sein Werk hervor. Und so wie in Gottes Werk die ewige göttliche Wahrheit verborgen liegt, die sich dem offenbart, der im Buch der Welt zu lesen weiß, birgt auch das Werk des Künstlers Wahrheit in sich. Wer sich in es versenkt und es geduldig zu entziffern sucht, dem wird als Lohn für seine Mühe Erkenntnis zuteil. Spätestens seit dem Geniekult des ausgehenden 18. Jahrhunderts erscheint der Künstler als ein autonomes Subjekt, das ein autonomes Werk schafft, in dem Wahrheit verschlossen liegt. Es waren vor allem die Aktions- und Performance-Künstler der

1960er und 1970er Jahre, die sich weigerten, Werke zu schaffen, und statt dessen flüchtige, vergängliche Aufführungen hervorbrachten. Damit stellten sie zugleich die überlieferten Vorstellungen vom Werk und vom Künstler radikal in Frage.

Indem die Künstlerin die Geschichte der Genesis zitierte und auf spezifische Art transformierte, schien sie die Vorstellung vom – männlichen – Künstler als einem Gott gleichen Schöpfer zu ironisieren. Hier handelte es sich nicht um Werke, die als solche fixier- und tradierbar sind und eine ewige Wahrheit enthalten, sondern um flüchtige, vergängliche Aufführungen, die an den Leib der Künstlerin gebunden waren und unfähig, ihr Ende zu überdauern – auch wenn sie andere vergängliche Aufführungen wieder ins Leben zurückzurufen suchten. Die sieben Tage dieser Schöpfung, die sieben Stunden, die jede dauerte, markierten so die Zeitspanne ihrer vorübergehenden Existenz. Wenn wir davon ausgehen, dass in *Seven Easy Pieces* eine spezifische Geschichte der Performance-Kunst erzählt wurde, gilt es daher zu bedenken, dass ihre ‚Geschichtsschreibung' ebenso flüchtig war wie die Aufführungen, auf die sie sich bezog; und dass sie eingestandenermaßen aus einer subjektiven Perspektive und unter ganz subjektiven Bedingungen vollzogen wurde – darunter den Bedingungen, die durch Abramović' leibliches In-der-Welt-Sein gesetzt sind.

Der Aufführungsort, die Rotunde mit ihrer Spirale, ließ die Assoziation eines Theatrum anatomicum aufkommen. Die Zuschauer konnten von verschiedenen Ebenen aus auf das Geschehen in der Mitte hinunter- oder zu ihm hinaufschauen, ohne dass für sie hier die Möglichkeit einzugreifen bestanden hätte. Wann immer ein Zuschauer sich der Bühne näherte, wurde er von einem Museumswächter an weiteren Schritten gehindert. Wo im Theatrum anatomicum der Seziertisch stand, an dem der Anatom wirkte, befand sich hier die Rundbühne, auf der Abramović agierte. Und während der Anatom mit dem Messer bisher unbekannte Schichten und Teile des toten Körpers freilegte und damit neues Wissen über den menschlichen Körper generierte, ‚sezierte' Abramović Aufführungen der Vergangenheit, um ein spezifisches Wissen über sie zu generieren und *zugleich* sie im Hier und Jetzt wieder zum Leben zu erwecken. Sie wirkte also nicht nur wie ein Anatom, sondern auch wie eine Schamanin, die, mit besonderen Kräften begabt, vergangenes Leben in ihrem und durch ihren Leib wieder heraufzubeschwören vermag.

Wie geschah nun die ‚Sektion', durch die zugleich eine ‚Auferstehung' sich ereignen sollte?

Die Sektion wurde einerseits von den beiden Bedingungen bestimmt, die bereits genannt sind – vom Material über die vergangenen Performances, das Abramović zur Verfügung stand, sowie vom besonderen leiblichen In-der-Welt-Sein der Künstlerin. Zum anderen war für sie die zeitliche Dauer der Performances entscheidend. Da keine der Aktionen und Performances sieben Stunden gedauert hatte, sondern zehn oder dreißig Minuten, zwei, drei oder sechs Stunden, mussten bei einer Wiederaufführung Schnitte, Fragmentierungen, Umstellungen, Wiederholungen vorgenommen werden. Die messbare Zeit von sieben Stunden, deren Dauer von den Zuschauern in jeder einzelnen Aufführung anders gefühlt wurde,[3] erwies sich hier als der große Anatom, der Schnitte verlangte.

Welche Schnitte Abramović tatsächlich jeweils durchführte, richtete sich nach dem Material, das ihr zur Verfügung stand und auf dessen Grundlage sie ihre künstlerischen Entscheidungen traf. Bereits die Dramaturgie der Abfolge ging auf die Eigenheit der überlieferten Materialien zurück und folgte *nicht* ihrer Chronologie.

Die erste Aufführung war die einzige, bei der die Künstlerin so vorging, als würde sie eine Partitur interpretieren – wobei es sich hier um eine „Partitur“ handelte, die dem/der Ausführenden große Freiheit ließ. So lauteten einige der Anweisungen:

> Form an image of yourself
> (suppose you had just stepped forward)
> on the opposite side of the wall pressing back against the wall very hard.
>
> [...]
>
> Press your front surface and back surface toward each other
> and begin to ignore or block the thickness of the wall
> (remove the wall).
>
> Think how various parts of your body press
> against the wall;
> which parts touch and which do not.
>
> Consider the parts of your back which press
> against the wall;
> press hard and feel
> how the front and back of your body press together.
>
> [...]
>
> This may become a very erotic exercise.[4]

In der Düsseldorfer Galerie war seinerzeit lediglich der Zettel ausgestellt; keineswegs hatte Nauman seine Handlungsanweisungen selbst be-

---

3 Vgl. dazu die Aufzeichnungen von Unterhaltungen der Zuschauer, die in Abramović (Anm. 1) abgedruckt sind.

4 Abramović (Anm. 1), S. 59.

folgt. Es gab in diesem Sinne keine „Original"-Aufführung. Indem Abramović sie vor einem Publikum mit ihrem eigenen Leib und nach ihrem eigenen Verständnis realisierte, kreierte sie eine aktuelle Performance. Während die Anweisungen selbst auf den historischen Kontext der frühen 1970er Jahre zurückwiesen, gelang es der Künstlerin aufgrund ihres besonderen leiblichen In-der-Welt-Seins, sie mit ihrer Ausführung in die Gegenwart zu ‚übersetzen' und so zu transformieren. In diesem Fall lässt sich in der Tat von der Interpretation einer Partitur sprechen, durch die eine neue Performance entstand.

Vom zweiten Abend an folgte die Dramaturgie dem Wissen der Künstlerin über die betreffende Aktion/Performance auf der Grundlage des verfügbaren Materials. Sie begann mit der Performance, über die nahezu kein Material existiert, und endete mit ihrer eigenen, die sie vor dreißig Jahren aufgeführt hatte. Mit dem jeweiligen Wissen waren jeweils andere Bedingungen für die „re-performance" gesetzt.

Von Acconcis *Seedbed* existiert lediglich ein kurzer Filmclip, der undeutlich den Künstler unter einer Rampe liegend zeigt, über die sich ein(e) Besucher(in) bewegt, sowie seine eigene Aussage, dass er, vor den Blicken der Galeriebesucher verborgen, unter der Rampe soviel Samen wie möglich produzieren wollte und dabei seine Phantasie durch die Anwesenheit der Besucher, die sich hörbar über ihm auf der Rampe bewegten, anregen ließ. Eine Aufzeichnung seiner Worte und Reden, seiner Arbeit mit der Stimme, existiert nicht.

Es gab also lediglich die allgemeine Charakteristik einer Situation – ein Mann, der unter einer Rampe unsichtbar aber hörbar masturbiert. Aber gerade diese Situation musste sich grundlegend ändern, wenn anstelle eines Mannes eine Frau masturbierte. Alles, was Abramović unsichtbar unter der Rundbühne liegend, äußerte,[5] wies unmissverständlich darauf hin, dass hier nicht eine Frau einen Mann spielte, der masturbierte, sondern dass es sich hier tatsächlich um eine Frau handelte, die sich „von Orgasmus zu Orgasmus voranarbeitete" und dabei die Situation selbst immer wieder ironisierte wie zum Beispiel mit dem Ausspruch „We're going for Guiness Book tonight."[6] Kein Zweifel, die Zuschauer waren hier nicht in eine „re-performance" von Acconcis *Seedbed* involviert, sondern in eine völlig andere Performance, die lediglich die Ausgangsidee mit Acconcis Performance teilte und so unmissverständ-

---

5 Ein Teil ihrer Äußerungen ist abgedruckt in Abramović (Anm. 1), S. 73-91.

6 Sandra Umathum. „Beyond Documentation, or, The Adventure of Shared Time and Place. Experiences of a Viewer". Marina Abramović. *Seven Easy Pieces* [Ausst.kat.]. Mailand, 2007, S. 49. Ich zitiere hier wie im Folgenden nach dem deutschen Manuskript.

lich auf das leibliche In-der-Welt-Sein des Performers bzw. der Performerin als die *conditio qua non* einer jeden Aufführung hinwies.[7]

Am dritten Abend führte Abramović EXPORTs *Aktionshose Genitalpanik* auf. Von der Aktion selbst gibt es keine Aufzeichnung. Abramović lag lediglich die Beschreibung vor, die VALIE EXPORT 2005 der Kuratorin Nancy Spector gegenüber lieferte, sowie ein Foto, das vor oder nach der Aktion geschossen wurde. Beides ist in Abramović' Band abgedruckt. Die Aktion, die ca. 10 Minuten dauerte, bestand darin, dass die Künstlerin vor der Vorführung ihrer Filme im Münchner Augusta Kino erschien, mit einer Jacke und einer Hose bekleidet, die im Schritt ausgeschnitten war, so dass ihre Scham deutlich zu sehen war. In dieser Aufmachung ging EXPORT langsam an den Reihen vorbei, nachdem sie die Zuschauer darauf aufmerksam gemacht hatte, dass das, was sie gleich sehen würden, real sei und nicht auf der Leinwand und dass jeder die Zuschauer sehen würde, während sie dies betrachteten. Die meisten Zuschauer standen schweigend auf und verließen das Kino.

Das Foto zeigt die Künstlerin in derselben Aufmachung breitbeinig auf einem Stuhl sitzend, den linken Fuß auf einen zweiten etwas entfernter platzierten gestützt und mit beiden Händen rechts senkrecht nach oben ein Gewehr haltend – ein Foto, das seinerzeit durch alle Zeitungen ging, das „Skandalöse" der Aktion, bei der es gar nicht aufgenommen war, für ein Millionenpublikum illustrierend.

Interessanterweise ließ Abramović die Beschreibung gänzlich unberücksichtigt. Ihre Performance bestand im Wesentlichen darin, dass sie das Foto nachstellte. In eine schwarze Lederjacke und schwarze Jeans gekleidet, die im Schritt ausgeschnitten waren, saß sie in derselben Pose wie EXPORT auf dem Foto auf einem Stuhl, den linken Fuß auf einen anderen Stuhl gestützt, das Gewehr – hier deutlich eine Kalaschnikow – allerdings mit beiden Händen waagerecht auf den Knien haltend, den Finger der rechten Hand unübersehbar am Abzug, als wolle sie rundherum in die Menge feuern. Erst nach ca. zwei Stunden erhob sie sich – jedoch nicht, um durch die sitzenden und stehenden Zuschauer hindurch zu gehen. Vielmehr blieb sie auf der Bühne breitbeinig stehen, ließ ihren Blick durch die Rotunde schweifen und fixierte ihn dann – ob auf einen Punkt im Raum oder einen bestimmten Zuschauer, ließ sich nicht erkennen. Nach ca. einer Stunde nahm sie wieder ihre Ausgangsposition auf dem Stuhl ein. Auch die zweite Pose rief die Erinnerung an

7 Zu diesen und den folgenden Performances vgl. die Beschreibungen bei Umathum (Anm. 6), die auch die unterschiedlichen Atmosphären der einzelnen Abende treffend wiedergeben.

ein Foto wach. Es zeigt EXPORT in derselben Aufmachung wie auf dem ersten barfüßig vor einer Hütte stehend.

Es war also weniger EXPORTs Aktion, die hier wieder aufgeführt wurde; vielmehr handelte es sich um einen Versuch, jenes Foto in einer Art lang andauerndem *tableau vivant* zu vergegenwärtigen, das zur Skandalisierung der Aktion ebenso beigetragen hat wie zu ihrem Eingang ins kollektive Gedächtnis. In ihm ist die Aktion als konstitutiver Bestandteil der Geschichte von Aktions- und Performance-Kunst, ja geradezu als geschichtsträchtig und Geschichte schreibend bis heute aufbewahrt. Die so genannte „re-performance" entpuppt sich in diesem Fall also als eine Reflexion über die Bedingungen der Geschichtsschreibung und damit auf die Rolle von Mediatisierungen wie in diesem Falle Fotografien: Sie bedarf spezifischer dauerhafter Dokumente, um ihren Platz im kollektiven Gedächtnis er- und behalten zu können.

Von Panes Aktion *The Conditioning, first action of Self-portrait(s)*, gibt es ein Foto, das die Künstlerin, mit einer Bluse, langen Hose und Schuhen bekleidet, auf einem Grillrost ähnlichen Eisenbett liegend zeigt, unter dem sechs Reihen von je drei 25 cm langen brennenden Kerzen stehen. Die Flammen züngeln nur wenige Zentimeter von dem Körper der Künstlerin entfernt. Sie konnte die Hitze dreißig Minuten ertragen – dann verließ sie das Bettgestell.

Abramović lag auf einem Eisengestell, das demjenigen auf dem Bild glich. Auch hier waren die 25 cm langen Kerzen in sechs Reihen von je drei angeordnet. Da Abramović sich der Hitze der Kerzen sieben Stunden lang aussetzen wollte, trug sie einen feuerfesten grauen Overall. Immer wenn die Kerzen fast heruntergebrannt waren, rollte sich die Künstlerin vom Eisengestell, holte neue Kerzen aus einem neben dem Bett plazierten Kasten, trank einen Schluck Wasser und machte sich daran, die Reste der Kerzen mit einem Messer zu entfernen, neue anzuzünden und einzusetzen. Für diese Arbeit band sie ihr Haar mit einem Gummi zu einem Pferdeschwanz zusammen, das sie wieder entfernte, ehe sie sich erneut aufs Gestell legte, das Haar vom Gestell bis auf den Boden hängend. Dieser Vorgang wiederholte sich alle 40 bis 50 Minuten. Die dreißigminütige Performance von Pane wurde hier zu einer vierzig- bis fünfzigminütigen Performance gedehnt und diese gedehnte Performance im Laufe des Abends in ständigen Wiederholungen wieder aufgeführt.

Es waren diese Wiederholungen, mit denen auf das Problem der Wiederholbarkeit von Performances reflektiert wurde. Denn keineswegs handelte es sich hier um Wiederholungen des immer Gleichen. Schon nach zwei Stunden machten sich die ersten Veränderungen bemerkbar, die anfangs nur mininal waren, im weiteren Verlauf des Abends jedoch immer deutlicher hervortraten. Abramović' Gesicht wurde immer bleicher, die Bewegungen, mit denen sie sich vom Bett rollte und die Vorbereitung für die nächste Runde traf, immer kraftloser und langsamer. Die Wiederholungen erschienen nicht mehr als genaue Kopie des Vorhergehenden, sondern als seine Veränderung, die von Mal zu Mal signifikanter wurde. Der Abfolge der Wiederholungen wuchs so eine ganz neue Qualität zu. Dies zeigte sich auch in den Zuschauerreaktionen. Als sich Abramović nach fast fünf Stunden wieder vom Bett rollte, erhoben sich alle Zuschauer wie auf ein geheimes Zeichen. Sie ließen sich erst wieder nieder, nachdem die Künstlerin auf dem Bett lag. Wie Sandra Umathum es beschreibt, verwandelte sich die Atmosphäre im Verrinnen der Zeit in eine feierliche und sakrale, die das Gefühl vermittelte, eine Totenwache zu halten, „bei der die Tote wieder zum Leben erwacht, sobald die Kerzen auszugehen drohen, und bei der es der Respekt verbietet, ihr in der kurzen Zeit ihrer Lebendigkeit nicht sitzend, sondern stehend zu begegnen".[8]

Es war eine völlig neue, ganz eigenartige Performance entstanden. Sie lässt sich in gewisser Weise als Allegorie des Tuns der Künstlerin an diesen sechs Tagen verstehen – als Allegorie des ‚Todes' jeder einzelnen Performance mit ihrem Ende und einer ‚Auferstehung' in veränderter und verändernder Gestalt bei jeder Wiederaufführung. Auch diese Allegorie reflektierte auf die Bedingungen der Möglichkeit nicht nur von Wiederaufführungen von Performances, sondern auch ihrer Geschichtsschreibung.

Im Hinblick auf Beuys' Aktion *Wie man dem toten Hasen die Bilder erklärt*, die am nächsten Abend wieder aufgeführt wurde, war die Materiallage völlig anders. Abramović stand ein 45minütiger ungeschnittener Film der Aktion zur Verfügung, Fotografien, Beschreibungen und Beuys' eigene Deutung seiner Aktion. Auf der Grundlage dieses Materials realisierte die Künstlerin eine ganz andere Art der Wiederaufführung.

Auf der Bühne waren eine Reihe von Objekten aufgebaut, die sofort die Erinnerung an Beuys wachriefen: Staffeleien, Schiefertafeln, auf einem Podest ein Hocker, dessen rechtes hinteres Bein mit einer Filzrolle umwickelt war und vor dem ein quadratisches Stück Filz lag, ein Spazierstock – der Eurasienstab – u. a. Auf dem Hocker saß Abramović in der für Beuys typischen Aufmachung – beige Stoffhose, beige Weste, weißes Hemd, feste Schuhe. Unter ihrem rechten Schuh war eine ca.

8 Umathum (Anm. 6), S. 52.

einen halben Meter lange Eisenschiene montiert, ihr linker ruhte auf dem Filz. Wie bei Beuys waren Gesicht und Haare mit Goldplättchen beklebt. Abramović hielt den toten Hasen im linken Arm, während ihr rechter Arm angewinkelt war und der Zeigefinger der rechten Hand nach oben zeigte. Unschwer war diese Eingangspose als Nachstellen eines berühmten Fotos von Beuys aus dieser Aktion zu erkennen, das auch in Abramović' eigenem Dokumentationsband abgedruckt ist. Die Handlungen, die sie im weiteren Verlauf der Performance vollzog, gingen größtenteils auf die Handlungen von Beuys zurück, die im Film festgehalten sind, wurden allerdings in Details und im Rhythmus abgewandelt und durch weitere ergänzt.

In Kostüm und Maske von Beuys, seine Handlungen ausführend – wenn auch in deutlich abgewandelter Form –, erschien Abramović an diesem Abend fast wie eine Schauspielerin, die Beuys in seiner Aktion *Wie man dem toten Hasen die Bilder erklärt* spielte. Eine Schauspielerin allerdings, die durch die Art ihrer Handlungen darauf hinwies, dass sie lediglich spielte, ohne jedoch vorzugeben, Beuys zu sein. Gleichwohl wirkten ihre Aktionen an diesem Abend wie ein Rollenspiel und in diesem Sinne ‚theatral'. Die Materiallage eröffnete ihr die Möglichkeit, die Zuschauer mit einer Performance zu konfrontieren, die den Anspruch erhob, eine recht genaue „re-performance" zu sein, und ihnen damit die Vorstellung suggerierte, was sie sahen, sei eben das, was Zuschauer fast genau vor 40 Jahren in der Galerie Schmela in Düsseldorf wahrnehmen konnten. Indem sie ihr eigenes Rollenspiel als solches auswies, reflektierte ihre Performance jedoch zugleich die Problematik einer Geschichtsschreibung, die zwar behauptet, aufgrund der Materiallage wiedergeben zu können, wie etwas tatsächlich, ‚eigentlich' gewesen sei, damit allerdings nur bestimmte, keineswegs immer adäquate Vorstellungen hervorruft. Die Fülle des Materials allein stellt kaum eine Garantie für eine ‚wirkliche' Annäherung an das damalige Ereignis dar.

Am sechsten Abend war die Künstlerin in einer völlig anderen Situation. Hier ging es um die Wiederaufführung ihrer eigenen Performance, die sie vor dreißig Jahren durchgeführt bzw. durchlitten hatte. So brauchte sie sich um Fragen des Copyright nicht zu kümmern, hatte den Vorwurf einer ‚Verfälschung' nicht zu scheuen. Sie entschied sich in diesem Falle für eine deutliche Neufassung, für eine Aktualisierung, die auf die heute veränderte Situation vor allem im einstigen Jugoslawien, aber auch in ihrer eigenen Biografie Bezug nahm.

Der Bühnenbau war an diesem Abend leicht verändert. Bei ungefähr einem Drittel der Bühne erhob sich am Bühnenrand eine Wand. Rechts vor der Wand war der mit einem weißen Tischtuch und Weinflasche,

Kristallglas, Honigglas, Silberlöffel, Peitsche, einer Packung Rasierklingen und einem Metronom gedeckte Tisch plaziert, rechts das Kreuz aus Eisblöcken, über dem ein Heizstrahler hing – soweit das Arrangement wie vor dreißig Jahren, allerdings seitenverkehrt. Außerdem fehlte der fünfzackige Stern mit der Fotografie eines der Künstlerin ähnlichen Mannes an der Wand. Neu hinzugekommen waren einige am Bühnenrand aufgereihte Gegenstände wie ein gefaltetes weißes Tuch, die Wanderstiefel und der Stab, die aus Abramović'/Ulays Performance *The Lovers – The Great Wall Walk* (1988) stammten, mit der beide ihre Trennung besiegelt hatten, und eine Militärkappe, die, wie sich später zeigte, einen roten Stern trug.

Mit Ausnahme der Handlung, mit der sie seinerzeit nach dem Leeren des Kristallglases es in ihrer Hand zerdrückt hatte, so dass diese zu bluten anfing, vollzog Abramović auch hier alle Handlungen, die sie 1975 ausgeführt hatte, allerdings verkürzt und in veränderter und ständig wechselnder Reihenfolge. Außerdem hatte sie das Repertoire um einige Handlungen erweitert. So schnitt sie sich nicht jedes Mal den fünfzackigen Stern in die Haut ihrer Bauchdecke, sondern nur eine einzige seiner Linien und legte die Rasierklinge am Bühnenrand ab – um Mitternacht waren es elf. Anschließend schlüpfte sie in die Wanderstiefel, drückte sich die Militärkappe aufs Haar, ergriff das Tuch, entfaltete es und betupfte mit ihm die Wunde, so dass es sich rot färbte, und band es an den Stab. Als anschließend vom Band das Lied *Slavianskie Dušy* (Slavische Seelen) ertönte, erhob sie mit beiden Händen den Stab mit dem Tuch wie eine Fahne oder auch eine Monstranz hoch über ihren Kopf und fing zu weinen an. Jedes Mal, wenn das Lied erklang, weinte sie.

Aus all diesen Veränderungen entstand eine völlig neue Komposition, die sich kaum mehr als eine Wiederaufführung bezeichnen lässt. Denn sie reflektierte ganz ausdrücklich auf die Veränderungen, die sich seit der Aufführung 1975 im Leben der Künstlerin ebenso wie in ihrer Heimat, dem ehemaligen Jugoslawien, ereignet hatten. Machtvoll und eindringlich führte sie vor Augen, dass der Zugang zu einer Performance der Vergangenheit immer nur vom heutigen Standpunkt, aus der heutigen Perspektive erfolgen kann und dass er in diesem Falle – wie auch in vielen anderen Fällen – mit Emotionen verbunden ist. Während die Künstlerin in dieser Performance ebensowenig wie in der aus dem Jahre 1975 irgendwelche Zeichen für körperliche Schmerzen zeigte, die ihr das Einritzen des Sterns, das Auspeitschen ihres Rückens, das Liegen auf den Eisblöcken zufügten, verwiesen die Tränen auf ihre starke emotionale Beteiligung. Auch – oder besser: gerade – die selbst vollzogene, erlebte und erlittene Performance lässt sich nach dreißig Jahren nicht so wiederaufführen, wie sie damals abgelaufen ist. Eine Wiederaufführung muss dem Wandel Rechnung tragen, der sich seitdem ereignet hat, und wird deswegen notgedrungen anders ausfallen. Eine ‚Auferstehung' von Performances der Vergangenheit ist nur um diesen Preis zu haben. In ihrer ursprünglichen Gestalt bleiben sie den Nachgeborenen unzugänglich.

Mit ihren *Seven Easy Pieces* reflektierte Abramović auf unterschiedliche Möglichkeiten, die Geschichte von Aktions- und Performance-Kunst mit den Mitteln der Performance-Kunst zu ‚schreiben'. Im ersten Fall schien in der Tat eine Interpretation möglich, da es keine ‚ursprüngliche' Aufführung durch den Künstler, kein ‚Original' gab, sondern lediglich Handlungsanweisungen vorlagen, die jeder auf seine Art realisieren kann. Bei der zweiten Aufführung stellte eine spezifische Situation den Ausgangspunkt dar, die sich allein aufgrund der Voraussetzung, dass hier eine Frau performte und nicht ein Mann, grundlegend änderte. Damit wurde nachdrücklich auf spezifische Grenzen und Möglichkeiten reflektiert, die durch das jeweilige leibliche In-der-Welt-Sein des/der betreffenden Künstlers/in gesetzt sind. Die dritte so genannte „re-performance" bezog sich nicht auf die Aktion selbst, sondern ihre Mediatisierungen, durch die sie ins kollektive Gedächtnis eingegangen ist, und reflektierte damit auf die Bedeutung derartiger Mediatisierungen für Überlieferung und Geschichtsschreibung. Am vierten Abend wurde der Frage nach Status und Leistung von Wiederholungen nachgegangen. Wie die Aufführung demonstrierte, ist in der Tat die Wiederholung einer Performance nicht möglich. Jeder Versuch einer Wiederholung führt letztlich zur Kreation einer neuen Performance. Am Beispiel von Beuys' Aktion wurde der Nachweis geführt, dass ein Nachspielen auch auf der Grundlage relativ verlässlichen Materials nicht imstande ist, die ursprüngliche Aktion wieder ins Leben zurückzurufen. Es täuscht etwas vor, das sich so eben gerade nicht ereignet hat. Der sechste Abend testete die Möglichkeit der Aktualisierung, der bewussten Veränderung der ursprünglichen Performance unter Berücksichtigung der aktuellen historisch-sozialen und biografischen Situation.

Ganz gleich, welches konkrete Wissen über Performances der Vergangenheit auf diese Weise erzeugt wurde, es unterschied sich in jedem Fall von dem Wissen, das ein Teilnehmer an der jeweiligen Performance der Vergangenheit durch seine Teilnahme erworben hatte.

Als faszinierend an dieser Art der Geschichtsschreibung erwies sich, dass sie sich als Akt der ‚Schöpfung', der Hervorbringung neuer Performances, ja letztlich eines ganz neuen Genres von Performance vollzog. Die *Seven Easy Pieces* stellten einen originellen und innovativen Beitrag zur ersten Performance Art Biennale dar – einen Beitrag, der als aktuelles Kunstereignis *zugleich* auf die Geschichte der Gattung und die Möglichkeiten, sie zu schreiben, reflektierte. Um dies zu realisieren, erschien es unabdingbar, eine ganze Sequenz von Performances durchzuführen, an denen sich jeweils eine andere Art und Möglichkeit der Geschichtsschreibung realisieren und demonstrieren ließ. Entsprechend wurden die Aufführungen an den verschiedenen Abenden von denjenigen, die an allen teilnehmen konnten, auch nicht als einzelne Performances verstanden und erfahren, sondern zunehmend als einzelne ‚Akte' eines großen sieben Tage umfassenden Experiments,[9] bei dem die Zeit selbst eine prominente Rolle spielte. Sie forderte nicht nur wichtige Eingriffe in die wieder aufzuführenden Performances, sondern übte auch eine spezifische Wirkung auf die Zuschauer aus.

Beim ‚Design' des Experiments hatte die Künstlerin offensichtlich dafür Sorge getragen, dass die Zuschauer mit seiner in sich widersprüchlichen, wenn nicht gar paradoxen Struktur auf eine Weise umgehen konnten, die scheinbar Widersprüchliches zu vereinen vermochte. Zum einen waren sie als Zuschauer bei einer Art wissenschaftlichen Experiments adressiert. Dies geschah vor allem durch das räumliche Arrangement, das an ein Theatrum anatomicum gemahnte. Es wurde weiter verstärkt, indem jeder Versuch, in den Ablauf der Performance einzugreifen, sofort unterbunden wurde. Als ein Zuschauer bei der Wiederaufführung von *Seedbed* wiederholt mit der Faust auf den Bühnenboden schlug, um eine Reaktion von Abramović zu provozieren, forderte ein Museumswächter ihn auf, sofort damit aufzuhören. Und als zwei Abende später eine Zuschauerin an die Bühne herantrat und die Künstlerin, die auf dem Eisenbett lag, berühren wollte, wurde sie umgehend von einen Wächter ermahnt, Abstand zu halten. Bei der Wiederaufführung von *Lips of Thomas*, das zum Teil wegen des Eingreifens von Zuschauern Berühmtheit erlangt hatte – sie setzten der Performance ein Ende, indem sie die Künstlerin in einen Mantel hüllten und von den Eisblöcken herunterholten –, war unübersehbar rund um die Bühne auf dem Boden ein Kreis gezogen, der jeden davon abhalten sollte, hier Ähnliches zu versuchen. Die Zuschauer sollten das sorgfältig ausgeklügelte Experiment lediglich beobachten, ohne es durch ihre Interventionen zu verändern und zu ‚verfälschen'. Ihnen wurde damit eine Art wissenschaftliches Interesse abverlangt.

---

9 Vgl. Umathum (Anm. 6).

Andererseits aber führte die Künstlerin die Performances auf eine Weise durch, die den Zuschauern eine ästhetische Erfahrung ermöglichte, ja, sie vollkommen in ihren Bann schlug. Dies zeigte sich zum Beispiel an den bereits geschilderten Zuschauerreaktionen bei der Wiederaufführung von Panes *The Conditioning* oder auch an der Zuschauerreaktion bei *Lips of Thomas*. Je länger die Performance dauerte, umso stiller wurde es im Raum. Als Abramović die sechste Rasierklinge aus der Packung nahm, war nur das Metronom auf dem Tisch zu hören.

> Jede Linie des fünfzackigen Sterns wurde bereits einmal eingeritzt, und kurz bevor sie ansetzt, um zum zweiten Mal in eine der schon vorhandenen Wunden zu ritzen, schreit eine Besucherin aus dem ersten Stockwerk herunter: „Please stop! You don't have to do it!" Abramović lässt sich nicht beirren und scheint die einzige im Raum zu sein, die sich von dem Schrei nicht affizieren lässt.[10]

Kein Zweifel, es waren auch hier die Zuschauer, welche die Performance mitkonstituierten. Nach dem Ende jeder Aufführung wurden sie regelmäßig von einem Museumswächter aufgefordert, unverzüglich das Museum zu verlassen, da die Künsterin auf der Bühne blieb, bis der letzte gegangen war. An diesem Abend war auch dies anders. Die Zuschauer brachten der Künstlerin *standing ovations*. Kein Zweifel, sie erlebten die Wiederaufführungen weniger als eine kunsthistorische Demonstration denn als eine Aufführung, die sich hier und heute ereignete und sie zu involvieren und zu affizieren vermochte. Sie löste in ihnen physiologische, affektive, energetische und motorische Reaktionen aus und setzte zugleich Prozesse der Reflexion in Gang.

Wenn es im Faltblatt zur Information über die letzte Aufführung, die neue Performance *Entering the Other Side*, hieß, „The artist is present, here and now", so kann das nur als Ironie oder als Verschleierungsstrategie begriffen werden. Denn der Zuschauer reagierte auf die so genannten Wiederaufführungen nur deswegen in der oben geschilderten Weise, weil „die Künstlerin anwesend war, hier und jetzt", und mit ihren Performances auf sie einwirkte. Alle so genannten Wiederaufführungen ereigneten sich als Aufführungen hier und jetzt, in die die Zuschauer auf unterschiedliche Weise involviert waren, auch und gerade, wenn sie sie dazu veranlassten, über den Status von Aufführungen, ihre Einmaligkeit oder Wiederholbarheit und damit über die Möglichkeit von Wiederaufführungen als einen spezifischen Modus der Geschichtsschreibung nachzudenken.

Die Generierung von Wissen geschah durch Teilnahme an einem Ereignis, dessen rituelle Züge nicht zu übersehen sind. Nachdem die

---

10 Umathum (Anm. 6), S. 54.

Künstlerin sechs Tage lang nicht nur sich selbst, sondern auch die Zuschauer den unterschiedlichsten Situationen ausgesetzt hatte, die irritierende, zum Teil sogar verstörende Erfahrungen auszulösen vermochten, und in diesem Sinne alle Beteiligten sechs Tage sieben Stunden lang auf der Schwelle, in einem liminalen Zustand festgehalten hatte, erschien der siebente Tag mit seiner gelösten Festtagsstimmung wie eine Art Inkorporationsritus, der die Zugehörigkeit aller, die sich sieben Tage lang diesen Erfahrungen ausgesetzt hatten, zu einer neuen, durch diese Erfahrungen entstandenen Gemeinschaft bestätigte und feierte –, die sie zugleich in Frage stellte. Denn diese festliche Bestätigung geschah zugleich als ihre endgültige Auflösung und wies sie so als eine lediglich „ästhetische Gemeinschaft“ (Gianni Vattimo) aus. Während Geschichtsschreibung häufig dazu dient, Gemeinschaften zu bestätigen oder „imagined communities“ (Benedict Anderson) überhaupt erst zu etablieren, gelang es dieser Geschichtsschreibung, die im ästhetischen Modus von Wiederaufführungen vollzogen wurde, zwar auch, eine Gemeinschaft hervorzubringen; sie erklärte sie jedoch selbst zu einer ästhetischen Gemeinschaft, die *per definitionem* immer nur temporär ist, weil sie die Zeit der ästhetischen Erfahrung – also der Aufführung – nicht zu überdauern vermag.

LITERATURVERZEICHNIS

Abramović, Marina. *Seven Easy Pieces*. Mailand, 2007.

Fischer-Lichte, Erika. *Ästhetik des Performativen*. Frankfurt a. M., 2004.

Umathum, Sandra. „Beyond Documentation, or, The Adventure of Shared Time and Place. Experiences of a Viewer“. Marina Abramović. *Seven Easy Pieces* [Ausst.kat.]. Mailand, 2007, S. 47-55.

ALLEN S. WEISS

Über Transzendenz in der Musik. Eine kurze Geschichte des Glissando*

Henry Cowells Komposition *The Banshee* aus dem Jahr 1925, eines der ersten Musikstücke, die vollständig auf Glissandi basieren, scheint unmittelbar aus dem Jenseits zu stammen. Es ist vielleicht eines der schrecklichsten Musikstücke, die man sich überhaupt vorstellen kann. Cowell selbst weist auf die beunruhigenden Effekte dieses selten verwendeten kleinen musikalischen Kunstgriffs hin, wenn er zur Erklärung anfügt, Banshee – ein Geist aus dem gälischen Volksglauben – sei

> a woman of the Inner World [...] who is charged with the duty of taking your soul into the Inner World when you die [...]. She has to come to the outer plane for this purpose, and she finds the outer plane very uncomfortable and unpleasant, so you will hear her wailing at the time of a death in your family.[1]

Dieses geisterhafte Wehgeschrei entsteht dadurch, dass ein Musiker mit einem Fingernagel oder der Fingerkuppe über die Saiten des Klaviers streicht, um so die Glissandi zu erzeugen, während ein zweiter Musiker über das ganze Stück hinweg das Dämpfungspedal gedrückt hält. Durch ihre fliehende Tonhöhe und ihren ungreifbaren Verlauf weisen diese Glissandi den Weg ins Unbekannte der Unterwelt.

Bereits zuvor, im Stück *Æolian Harp* (1923), hatte Cowell mit Glissandi experimentiert, die direkt auf den Saiten eines Klaviers gespielt werden. Cowell beschreibt den Effekt des Stücks folgendermaßen:

> Natural sounds, such as the wind playing through trees or grasses, or whistling in the chimney, or the sound of the sea, or thunder, all make use of sliding tones. It is not impossible that such tones may be made the foundation of an art of composition by some composer who would reverse the programmatic concept, such as expounded by Richard Strauss. Instead of trying to imitate the sounds of

---

* Dieser Essay ist ein Auszug aus Allen S. Weiss. *Varieties of Audio Mimesis. Musical Evocations of Landscape*. Los Angeles u. Kopenhagen, 2007 und erscheint in dieser Übersetzung mit freundlicher Genehmigung des Herausgebers Brandon LaBelle.

1 Henry Cowell zit. n. Mark Evan Bonds. *A History of Music in Western Culture*. Upper Saddle River, NJ, 2006, S. 441.

> nature by using musical scales, which are based on steady pitches hardly to be found in nature, such a composer would build perhaps abstract music out of sounds of the same category as natural sound.[2]

Derlei Effekte wurden, lange bevor sie Eingang in die Musik fanden, bereits in der modernen Umwelt wahrgenommen, wie Henry David Thoreau am 23. Januar 1852 in seinem Tagebuch notiert:

> No music from the telegraph harp on the causeway, where the wind is strong, but in the Cut this cold day I hear memorable strains. What must the birds and beasts think where it passes through the woods, who heard only the squeaking of the trees before! I should think that these strains would get into their music at last. Will not the mockingbird be heard one day inserting this strain in his medley? It intoxicates me. Orpheus is still alive. All poetry and mythology revive. The spirits of all bards sweep the strings. I hear the clearest silver, lyre-like tones, Tyrtæan tones. I think of Menander and the rest. It is the most glorious music I ever heard. All those bards revive and flourish again in that five minutes in the Deep Cut. The breeze came through an oak still wearing its dry leaves. The very fine clear tones seemed to come from the very core and pith of this telegraph-pole. I know not but it is my own chords that tremble so divinely. There are barytones and high sharp tones, etc. Some come sweepingly seemingly from further along the wire. The latent music of the earth had found here a vent. Music Æolian. There were two strings, in fact, one each side. I do not know but this will make me read the Greek poets. Thus, as ever, the finest uses of things are accidental. Mr. Morse did not invent this music.[3]

In dieser modernen Version jener klassischen Trope vom Wind in den Bäumen (oder, wie es in der japanischen Kultur heißt, dem Wind im Bambus) formuliert Thoreau – ungefähr zeitgleich mit Baudelaires Theorie der Korrespondenzen – eine Art audiophonischer Mimesis, die womöglich der erste Vorgriff auf eine synästhetische Poetik und synthetisierende Musik war. Die Spottdrossel, diese große Imitationskünstlerin, und die Äolische Harfe, jene große Neuerung: Der Unterschied zwischen diesen beiden Formen der Klangschöpfung könnte der folgenden Untersuchung durchaus als Emblem dienen.

Beinah ein halbes Jahrhundert später stellte Ferruccio Busoni die zentrale Rolle heraus, die gleitenden Klängen in der Natur zukommt, sowie die Tatsache, dass diese gerade durch das europäische Musiksystem effektiv unterdrückt wurden. Obwohl er behauptet, dass „all arts, resources and forms ever aim at one end, namely, the imitation of nature

---

2 Henry Cowell. *New Musical Resources*. New York, 1969 [Nachdruck d. Ausgabe New York u. London, 1930], S. 20.

3 Henry David Thoreau. „Journal III: September 16, 1851 – April 30, 1852“. *The Journal of Henry D. Thoreau*. 14 Bde. Hg. v. Bradford Torrey. Boston u. New York, 1906, Bd. 3, S. 219f.

and the interpretation of human feelings", beklagt er zugleich, dass die Unterteilung der Tasteninstrumente in zwölf gleichweit entfernte Stufen

> has so thoroughly schooled our ears that we are no longer capable of hearing anything else – incapable of hearing except through this impure medium. Yet Nature created an *infinite gradation – infinite!* Who still knows it nowadays?[4]

Diese Unendlichkeit, dieser Aspekt der Transzendenz in der Musik, ist der Wirbel, welcher der vorliegenden Untersuchung die Richtung vorgeben soll. 1917 schrieb Edgar Varèse in Francis Picabias Zeitschrift *391*:

> I dream of instruments that will obey thought, and which, with thc contribution of a blossoming of unsuspected timbres, lend themselves to whatever combinations I may wish to impose upon them, and yield to the exigencies of my interior rhythm.[5]

Auf diese Idee kam Varèse zuerst, als er in New York an *Amériques* (1918-1921) arbeitete, einem Stück, zu dessen großer Besetzung auch Peitsche und Sirene zählen. Angeregt wurde das Stück durch die Klänge von Nebelhörnern – „the whole wonderful river symphony" – welche die schönen Parabeln und Hyperbeln des Sirenenklangs in Erinnerung rufen, die ihm den klanglichen Reichtum jenseits der tonalen Beschränkungen der Tasteninstrumente offenbarten. Louise Varèse berichtet, dass bei Edgar Varèses Einzug in ihr Appartement in der 14. Straße in Manhattan

> all the river noises entered his room and he discovered the music in the foghorns [...] he listened to the ‚parabolas and hyperbolas' of the fire-engine sirens with the haunting music which he had, thanks to Helmholtz, discovered so long ago. Under the sirens' spell, he transposed their tracings to a number of glissandi [...].[6]

---

4 Ferruccio Busoni. *Sketch of a New Esthetic of Music*. Übs. v. Theodore Baker. New York, 1911, S. 3 u. S. 24.

5 „Je rêve les instruments obéissant à la pensée et qui, avec l'apport d'une floraison de timbres insoupçonnés, se prêtent aux combinaisons qu'il me plaira de leur imposer et se plient à l'exigence de mon rhythme intérieur." Edgar Varèse zit. n. Odile Vivier. *Varèse*. Paris, 1973, S. 91. Vgl. hierzu auch Francis Bayer. *De Schönberg à Cage. Essai sur la notion d'espace sonore dans la musique contemporaine*. Paris, 1981, insbes. S. 130-133.

6 Louise Varèse. *Varèse. A Looking Glass Diary*. New York, 1972, S. 101. Ein weiteres großartiges New-York-City-Glissando erscheint in einem völlig anderen Kontext: Michael Snows Film *Wavelength* (1966-1967) ist ein erstklassiges Beispiel für die Bedeutung von Glissandi in der Artikulation der urbanen Klangwelt. Während der Film die Metapher der „Wellenlänge" abwechselnd als Klangwelle, Lichtwelle und Meereswelle illustriert, enthält er auch Visualisierungen des Glissando: „The film is a continuous zoom which takes 45 minutes to go from its widest field to its smallest and final field. It was shot with a fixed camera from one end of an 80 foot loft, shooting the other end, a row of windows and the street. This, the setting, and

Um 1930 gelang Varèse zu der Einsicht, dass die temperierte Skaleneinteilung überholt sei. Neue elektrische und elektronische Instrumente seien nötig, um die unbegrenzte Schöpfung neuer Klangfarben, enormer Energiesteigerungen und hoher räumlicher Komplexität realisieren zu können. Diese Effekte kündigten sich bereits in der Komposition *Ionisation* (1931) – einem Stück für dreizehn Musiker, 37 Schlaginstrumente und zwei Sirenen (hoch und tief) – an, eine annährende Verwirklichung gelang ihm allerdings erst mit seinem *Poème électronique*, das ein Vierteljahrhundert später entstand.

Über die Lockerung des tonalen Systems durch seine radikale Chromatisierung sowie durch atonale Experimente, die schließlich zur Dodekaphonie führten, hinaus geriet das Standardsystem der Tonalität in der europäischen Musik des frühen 20. Jahrhunderts von vielerlei Seiten unter Druck: durch die Faszination für volksmusikalische und fremdländische Skalen und harmonische Systeme, durch die aufgrund von Transformationen der Mechanisierung gesteigerte rhythmische Komplexität und durch das zunehmende Interesse an ‚nicht-musikalischen' Geräuschen, das zum verstärkten Einsatz von Schlaginstrumenten zugunsten einer Erweiterung orchestraler Klangfarben führte. Die Diskussion des Geräuschs orientierte sich seit langem an Hermann von Helmholtz' akustischen Untersuchungen, die Geräusche als nicht-periodische Schwingungen von Schallwellen definierten. Die zeitgenössische Musikwissenschaft ist dieser Aufwertung reiner periodischer Schwingungen sowohl deshalb nicht gefolgt, weil sogar die traditionellsten Musikinstrumente aufgrund ihrer Obertonstruktur komplexe Töne erzeugen, als auch, weil für den musikalischen Genuss ein gewisser Anteil von ‚Geräuschen', irregulären Schwingungen, unabdingbar ist. Vollkommen periodi-

---

the action which takes place there are cosmically equivalent. The room (and the zoom) are interrupted by 4 human events including a death. The sound on these occasions is sync sound, music and speech, occurring simultaneously with an electronic sound, a sine wave, which goes from its lowest (50 cycles per second) note to its highest (12000 c.p.s.) in 40 minutes. It is a total glissando while the film is a crescendo and a dispersed spectrum which attempts to utilize the gifts of both prophecy and memory which only film and music have to offer." Michael Snow. „Wavelength (1967)". *Film-Makers' Cooperative Catalogue* 6 (1975), S. 232. Es scheint, als ob eine revisionistische Lesart der Geschichte des Avantgarde-Films aus der Sicht der verschiedenen Klangkünste erforderlich wäre, um die Wechselwirkungen, Anregungen und Ableitungen ans Licht zu bringen, die in der komplexen Kunstszene der 1960er und 1970er Jahre am Werke waren, insbesondere in New York. Es wäre nicht weiter überraschend, wenn sich dabei herausstellen sollte, dass sich Filmregisseure und Musiker am selben Ort und zur selben Zeit ganz ähnlicher Aufzeichnungsmethoden bedienten: Mikromontage, Phasing, leere Bänder und Geräusche, langsame und schnelle Bewegungen, extreme Dynamik etc.

sche Schwingungen, reine Töne wie sie etwa elektronisch erzeugt werden können, werden sehr schnell langweilig. Offensichtlich spielt die ‚geräuschhafte' Mikrostruktur des musikalischen Klangs für den musikalischen Genuss also eine wesentliche Rolle. Lange Zeit war es üblich, Geräusche und Klänge von Schlaginstrumenten als Geräusche mit „unbestimmter Tonhöhe" zu beschreiben. In Wirklichkeit gibt es so etwas gar nicht. Es handelt sich vielmehr um komplexe Teilschwingungen, wie Jean-Charles François überzeugend erklärt:

> [M]an kann nicht von unbestimmten Tonhöhen als solchen sprechen, wie es gewisse Abhandlungen vorschlagen, denn wie wir gesehen haben kommt diesem Ausdruck keine reale Existenz zu. Vielmehr scheint er aus einer spezifischen Hörhaltung zu resultieren. Unbestimmte Tonhöhen sind das, was die Komponisten selbst hinterlassen, weil sie sich für die tatsächlichen Tonhöhen der Instrumente als wesentlich konstitutive Elemente in der Entwicklung ihrer Arbeit nicht interessieren.[7]

Varèses *Ionisation*, das ausschließlich für gemischtes Schlagwerk und Sirenen komponiert wurde, ist für diese Situation emblematisch, insofern Schlaginstrumente und Geräusche (Klänge von unbestimmter Tonhöhe) seit langem in direktem Zusammenhang miteinander gesehen wurden und Sirenen sinusförmige Glissandi erzeugen. Da in ihren Glissandi unendlich viele Zwischentöne enthalten sind, fallen diese Klänge aus dem Rahmen der zwölf fixierten Töne der chromatischen Skala heraus, nach der die meisten westlichen Orchesterinstrumente gestimmt und für deren Erzeugung die meisten Musiker ausgebildet sind.[8] Das Nachdenken über Schlaginstrumente und Elektronik (potentiell unendliche Quellen neuer musikalischer Klangfarben) führte zur radikalen Transformation der Konzeption von Musik selbst: Einige waren der Ansicht, Musik müsse über die Grenzen einer unendlichen Permutation des gegebenen (Zwölfton-) Systems hinauswachsen und dabei für jede Komposition ein neues akustisches System entwickeln. Das musikalische System existiere nicht als eine Funktion der Organisation der zwölf Töne der chromatischen Skala

---

7 „On ne peut plus parler de hauteurs indéfinies, en soi, comme le prétendent les traités, puisque nous avons vu que cette notion n'avait pas d'existence réelle, mais provenait plutôt d'une attitude d'écoute particulière, les hauteurs indéterminées sont celles qui sont laissées comme telles par les compositeurs eux-mêmes, simplement parce que les hauteurs réelles des instruments ne les intéressent pas comme éléments essentiels du déroulement de leur œuvre." Jean-Charles François. *Percussion et musique contemporaine*. Paris, 1991, S. 95. Vgl. dazu insbes. auch François' brillante Analyse von *Ionisation*, ebd., S. 109-139.

8 Zur Rolle des Glissando in der modernen Klangkunst vgl. Douglas Kahn. *Noise, Water, Meat. A History of Sound in the Arts*. Cambridge, Mass., 1999, insbes. den Abschnitt „The Gloss of the Gliss", S. 83-91.

(auch unabhängig davon, ob sie harmonisch oder seriell arrangiert sind), sondern *innerhalb*, *zwischen* und *jenseits* dieser zwölf Noten. In diesem Sinn ist das Schlaginstrument „eminently a subjunctive (of the imperfect tense) in the first person plural“.[9] Bayer erklärt dies folgendermaßen:

> Das *Glissando* entzieht jede Möglichkeit der Differenzierung von Tonhöhen. Dementsprechend konstituiert es eine gewisse Ungewissheit innerhalb des Klanglichen, ganz im Gegensatz zu der bis zu einem gewissen Grad künstlichen Präzision sprachlicher Systeme: Man kann soweit gehen zu behaupten, dass wir es beim *Glissando* nicht länger mit eindeutigen Tönen zu tun haben, sondern mit der Bewegung eines klanglichen Gebildes, das auf räumlicher Ebene lediglich in Bezug auf seine Richtung zu bestimmen ist.[10]

Dabei verhindert diese Ungewissheit (‚incertitude‘) jedoch nicht die potentiell mimetischen oder referentiellen Eigenschaften dieser Musik. Obgleich auch in der klassischen Musik gelegentlich Lautmalereien wie die Darstellung von Vogelgesang, Autohupen, Amboss oder Kuhglocken (ganz zu schweigen vom Gesang der Engel und dem Geschrei der Teufel) vorkommen, wies der Modernismus dem Anekdotischen (wenn nicht gar dem Programmatischen) als einem Modus der Referentialität eine neue theoretische und praktische Dimension zu, indem er die vermeintliche Abstraktheit und Selbstreferentialität des musikalischen Systems verstärkt strapazierte. Wie Jean-Charles François betont, behält jedes neue Instrument (besonders das exotische) bei seinem Eintritt in das westliche System seine referentielle Färbung bei und bereichert dadurch das musikalische System.[11] Die Idee der *Klangfarbenmelodie* [im Original dt.]

---

9 „[…] est éminemment, un subjonctif (imparfait!) à la première personne du pluriel.“ François (Anm. 7), S. 283. Vgl. außerdem Daniel Charles. *Musiques nomades*. Paris, 1998; Allen S. Weiss. „Le désœuvrement de la musique“. *Critique* 639-640 (2000) (= Sonderheft *Musique(s). Pour une généalogie du contemporain*), S. 743-751.

10 „Le *glissando* supprime tante différenciation possible entre les hauteurs des sons; de ce fait, il instaure au sein de la matière sonore une certaine relation d'incertitude qui s'oppose à la précision quelque peu artificielle des systèmes articulés: on peut même affirmer que dans le *glissando* nous n'avons plus affaire à de sons précis mais à un mouvement sonore d'ensemble sont seule la direction générale, sur le plan spatial, est réellement déterminable.“ Bayer (Anm. 5), S. 124.

11 Vgl. François (Anm. 7), S. 40. Andere, wie z. B. Boulez, betrachteten solche referentiellen oder anekdotischen Übergriffe als eine Art Kontamination. Vgl. Pierre Boulez. *Penser la musique aujourd'hui*. Paris, 1963, S. 19. Für eine brillante Neubewertung des Verhältnisses zwischen dem Visuellen und Klanglichen vgl. Serge Lemoine u. Pascal Rousseau (Hg.). *Aux origines de l'abstraction: 1800-1914* [Ausst.kat.]. Paris, 2003, insbes. Marcella Lista. „Le rêve de Prométhée: art total et environnements synesthésiques aux origins de l'abstraction“. Ebd, S. 214-229 u. Pascal Rousseau. „‚Arabesques‘: le formalisme musicale dans les débuts de l'abstration“. Ebd. S. 215-245. Diese Ausstellung im Musée d'Orsay stellte so etwas

gewinnt dadurch einen unendlichen Entfaltungsspielraum, der schließlich zur Musique concrète führen wird. In seiner Untersuchung *De Schönberg à Cage* beschrieb Francis Bayer die Techniken, die bei diesem erweiterten Gebrauch der *Klangfarbenmelodie* eine Rolle spielten:

> Fortwährende innere Wandlung der Klangfülle, ein stets differenziertes Gemisch von Tönen, Tonführungen und Klangfarben, ein anhaltendes gegenseitiges Durchdringen und Durchmischen klanglicher Bewegungen – dies sind die wesentlichen Kennzeichen dieser Art mikrostruktureller Ordnungen, für die Ligeti die Bezeichnung ‚bewegliche Strukturen' vorschlug.[12]

Diese Entwicklungen veränderten nicht nur die musikalische Komposition, sie boten auch neue Herausforderungen für das Hören von Musik. Im Zusammenhang mit seiner Verwendung von Mikrorhythmen und Mikroharmonien forderte György Ligeti zum Beispiel, diese Musik müsse unter einem „auditorischen Mikroskop" untersucht werden, um dadurch den Akt des Hörens selbst zu schärfen und zu verwandeln.[13]

Iannis Xenakis' elektroakustisches Stück *La Légende d'Eer* ist eine musikalische Reise durch die Hölle, die auf unterschiedliche Art und Weise von Platon (Er-Mythos *Staat*, Zehntes Buch), Hermes Trismegistos (*Poemandres*), Blaise Pascal (*Pensées*), Jean-Paul (*Siebenkäs*) und Robert P. Kirshner (*Supernovas in Other Galaxies*) inspiriert wurde. Das Stück konstituiert den musikalischen Aspekt der multimedialen *Diatope*-Installation und ist deshalb insbesondere in Hinblick auf die phantasmatischen Beziehungen zwischen wirklichem Raum, Klang und poetischer Imagination von besonderer Bedeutung für die Geschichte der Verbindung zwischen Klang und Architektur.[14] Der Klang von *La Lé-*

---

wie eine allgemeine Feldtheorie der Ästhetik auf, die auf der Überzeugung gründete, dass die Wellentheorie des Klangs und der Farben im Rahmen einer synästhetischen Wahrnehmung konvergieren und zu Theorien über reine Musik und abstrakte Malerei führen würden. Die visuelle Morphologie von Schallwellen (Farbharmonien und arabeske Rhythmen) wurde also mit den Ursprüngen der abstrakten Malerei verknüpft. Dieser Katalog sollte zusammen mit dem Katalog zur Ausstellung *The Spiritual in Art. Abstract painting 1890-1985* gelesen werden. Vgl. Maurice Tuchman u. Judi Freeman (Hg.). *The Spiritual in Art. Abstract painting 1890-1985* [Ausst.kat.]. Los Angeles u. New York, 1986. Während der Orsay-Katalog die naturwissenschaftlichen Ursprünge der Abstraktion hervorhebt, richtet das LACMA die Aufmerksamkeit auf spirituelle und insbesondere theosophische Einflüsse.

12 „Transformation interne perpétuelle de la sonorité, mélanges de sons, de lignes et de timbres toujours différenciés, interpénétrations et entremêlements constants des mouvements sonores, telles sont quelques unes des microstructurelle pour lesquels Ligeti propose le terme de ‚structures mouvantes'." Bayer (Anm. 5), S. 139.

13 György Ligeti zit. n. Bayer (Anm. 5), S. 137.

14 Es wäre sicherlich reizvoll, zum Vergleich das vom *Bayerischen Rundfunk* produzierte radiophonische Werk von Andreas Ammer, *Radio Inferno* (1993), heranzuzie-

gende d'Eer stammt aus drei musikalischen Familien: Instrumentalklängen (afrikanische Maultrommel und japanische Tsuzumi), Geräuschen (wie z. B. von gegeneinander geschlagenen Steinen oder geriebenem Karton) und mathematisch geordneten elektronischen Klängen.[15] Die musikalische Reise durch die Hölle beginnt mit einem beinah unmerklichen Klang, der – angesichts der verschiedenen Kontexte, die durch die literarischen Inspirationsquellen des Stücks angedeutet werden – auf unterschiedliche Weise imaginiert werden kann: als Klang der Instrumente, als Grillen, Morsezeichen oder interplanetarische Signale. Das Stück als Ganzes scheint programmatisch und symbolisch überbestimmt und muss daher auf mindestens fünf Interpretationsebenen rezipiert werden: als Musik, als natürlicher Klang, als kodierte Mitteilung, als metaphysische Anspielung und als mystische Beschwörung. Die das Stück einleitenden *étoiles filantes* [Sternschnuppen], wie Xenakis sie nennt, hängen musikalisch unmittelbar mit seinen stochastischen Arbeiten wie beispielsweise *Concret P.H.* zusammen – ebenso wie die *Diatope* untrennbar mit seiner Arbeit für den Philips-Pavillon verbunden ist. Beide sind kommunikative Zeichen im Sinne eines Morsecodes, die anzeigen, dass eine Geschichte erzählt wird. Sie beschwören eine friedliche, natürliche Atmosphäre herauf (Grillen), die nur allzu bald in Stücke geschlagen wird.[16] Das sind nicht die alten Sphärenklänge, sondern die Musik eines sich ins Unendliche ausdehnenden Universums. Das Stück gewinnt zunehmend an Komplexität und Intensität. Es bewegt sich von den zu Beginn im infinitesimalen Pianissimo erklingenden einfachen Klängen zu einem extremen Fortissimo, in dem sich tiefe Schichten überlagern und die elektronischen Effekte, die zum großen Teil aus überlappenden Glissandi bestehen, sich zu einem entsetzlichen Crescendo höllischer Glissandi aufbauen. Aufgrund der explizit programmatischen Überbestimmtheit des Werkes (die noch verstärkt wird durch eine zusätzliche

---

hen, das eine zeitgenössische Version von Dantes Meisterwerk darstellt. Zu den gleichermaßen höllischen, wenngleich historisch inspirierten, Klangreisen wären u. a. Krzysztof Pendereckis *Threnody for the Victims of Hiroshima* (1959-61), Luciano Berios *Visage* (1961), Luigi Nonos elektroakustische Komposition *Ricorda cosa ti hanno fatto in Auschwitz* (1965), Sylvano Bussottis *La passion selon Sade* (1979) und György Ligetis *Le Grand macabre* (1974-77) zu zählen. Nur nebenbei sei erwähnt, dass die Annalen der Art Brut zahlreiche Beispiele für jenseitige und interplanetarische Kommunikation beinhalten. Am möglicherweise überzeugendsten erweist sich in diesem Zusammenhang die Arbeit von Jeanne Tripier, die vielfach diskutiert worden ist. Vgl. hierzu z. B. Allen S. Weiss. „Psychopompomania". *The Aesthetics of Excess*. Albany, NY, 1989, S. 112-134.

15 Iannis Xenakis. *Le Diatope*. Paris, 1978, o. S.

16 Zum Vergleich eignet sich hier vielleicht John Hudak. *Pond* (CD; Japan, 1998).

autobiografische Dimension: Xenakis engagierte sich während des Kriegs in einer griechischen Widerstandsgruppe und wurde schwer verwundet) erscheinen diese Glissandi zugleich als Gesang der Sirenen, Luftschutzsirenen, Pfeifen der Artillerie, Explosionen, Dröhnen von Flugzeugen, Wehgeschrei der Harpyien, Todesschreie und Totenklage.[17] Danach wird das Stück in einem Decrescendo verminderter Intensität und reduzierter Überlagerungen allmählich ruhiger bis die *étoiles filantes* vom Beginn zurückkehren und schließlich verklingen. Diese Wiederholung von morsecodeähnlichen Klängen ist ein Anzeichen dafür, dass die ‚Mitteilungen', mit denen die Geschichte begann, sich dem Ende nähern. Dadurch wird nahe gelegt, dass der Erzähler aus der Hölle zurückkehrt und nun – in einem Augenblick musikalischer Zirkularität und aus der Perspektive der Toten – die Geschichte erzählen kann.

Es bedarf allerdings einiger Vorstellungskraft, um Maultrommeln und elektronische Glissandi mit einer Reise durch die Hölle in Verbindung zu bringen! Eine detaillierte Analyse des Glissando als einer Schlüsselfigur in der modernen Musik würde hier zur Klärung beitragen. Das Glissando ist neben dem Tritonus gewiss ein weiterer, möglicherweise sogar noch mächtigerer *Diabolus in Musica.* Mithilfe einer literarischen Fiktion, die durch Schönbergs serielle Zwölftonmusik inspiriert und von Adorno musikwissenschaftlich bekräftigt wurde, lässt sich etwas Licht in diese Teufelei bringen. Sie stammt aus Thomas Manns *Doktor Faustus*:

> Wir wissen alle, dass es das erste Anliegen, die früheste Errungenschaft der Tonkunst war, den Klang zu denaturieren, den Gesang, der ursprünglich-urmenschlich ein Heulen über mehrere Tonstufen hinweg gewesen sein muss, auf einer einzigen festzuhalten und dem Chaos das Tonsystem abzugewinnen. Gewiss und selbstverständlich: eine normierende Maß-Ordnung der Klänge war Voraussetzung und erste Selbstbekundung dessen, was wir unter Musik verstehen. In ihr stehengeblieben, sozusagen als ein naturalistischer Atavismus, als ein barbarisches Rudiment aus vormusikalischen Tagen, ist der Gleitklang, das Glissando, – ein aus tief kulturellen Gründen mit größter Vorsicht zu behandelndes Mittel, dem ich immer eine anti-kulturelle, ja anti-humane Dämonie abzuhören geneigt war.[18]

---

17 Dies ist ein seltenes Beispiel für ein musikalisches Werk, das aus der Sicht der Toten erzählt wird. Zu den poetischen und epistemologischen Aspekten dieser Thematik und über seine Existenz als kurioses literarisches Subgenre vgl. Allen S. Weiss. *Breathless. Sound Recording, Disembodiment, and the Transformation of Lyrical Nostalgia.* Middletown, CT, 2002. In *Die Kunst der Geräusche* analysiert Luigi Russolo die akustischen Eigenschaften des Pfeifens von Granaten. Vgl. Luigi Russolo. *Die Kunst der Geräusche* [1916]. Hg. u. Nachw. v. Johannes Ullmaier. Übs. v. Owig DasGupta. Mainz, 2000, insbes. S. 38-42.

18 Thomas Mann. *Doktor Faustus*. Frankfurt a. M., 1999, S. 496f.

Diese Beobachtungen über die beunruhigende Natur des Glissando werden durch zeitgenössische musikwissenschaftliche Untersuchungen bestätigt. Francis Bayer erklärt, dass

> in diesem Einsatz der *Glissandi*, Cluster und Klangwolken ein gewisser Wille bemerkbar ist, ein wildes und primitives klangliches Erlebnis wiederzubeleben, das notwendig über- oder unterhalb jeglicher Versuche der Systematisierung angesiedelt ist. Klanglicher Materie eine gegliederte und ordnende Struktur zu geben, kann nur um den Preis einer mehr oder weniger entstellenden Vernichtung ihrer ursprünglichen wahrnehmbaren Eigenschaften und ihres wahren ästhetischen Wertes geschehen. Folglich ist es notwendig, diese grundlegende und unmittelbare musikalische Realität, die allen diskursiven Arten der Gestaltung vorausgeht, so unbeschädigt wie möglich wieder aufzufinden und all ihre Ausdruckskraft wiederherzustellen, die für gewöhnlich durch die Regeln künstlicher Ordnung kulturellen Ursprungs neutralisiert und unterdrückt wird.[19]

Im Vergleich zum Tritonus (der übermäßigen Quart), der seit langem als *Diabolus in Musica* galt und im Mittelalter verboten war („mi contra fa diabolus est in musica"), stellt das Glissando eine weitaus größere Bedrohung für die Stabilität des harmonischen Systems und die Integrität des melodischen Verlaufs dar. Der Tritonus, wie lästig auch immer er sein mag, ist im Rahmen der Harmonielehre wenigstens noch berechenbar. Im Gegensatz dazu machen die Glissandi, Cluster und Tonwolken der modernen Musik – zusammen mit weiteren ‚Geräuschfeldern', die durch Schlagzeug und Tonband ermöglicht werden – jede bestimmte Berechenbarkeit zunichte und ziehen die Musik ins Reich des Unbestimmten (wenn nicht sogar, streng genommen, ins Aleatorische). Der Erzähler in *Doktor Faustus* fährt fort:

> Was ich im Sinn habe, ist die Leverkühn'sche – man kann natürlich nicht sagen: Bevorzugung, aber doch ausnehmend häufige Verwendung des Gleitklanges, wenigstens in diesem Werk, der *Apokalypse*, deren Schreckensbilder aller-

---

19 „[…] dans cette mise en jeu de *glissandi*, des clusters et des nuages de sons, comme une sorte de volonté de retrouver une expérience sonore primitive, sauvage, qui se situe toujours en deçà, ou au-delà, de toute tentative de systématisation. Doter la matière sonore d'une structure articulée et régulatrice ne peut se faire qu'au prix d'une oblitération plus ou moins mutilante de ses qualités sensibles originelles et de sa valeur proprement esthétique. Il s'agit donc de redécouvrir, aussi intacte que possible, cette réalité musicale première et immédiate antérieure à toute mise en forme de type discursif, et de lui restituer tout son pouvoir expressif, généralement neutralisé et emprisonné par les règles d'une organisation artificielle d'origine culturelle." Bayer (Anm. 5), S. 129f. Der Musiker und Musikwissenschaftler Michael Gallope hat mich darauf aufmerksam gemacht, dass der Aufruhr um Bob Dylans frühen Gesang zum Teil eine Folge seiner vokalen Dehnungen war – letztlich Glissandi – bei der die Stimme auf eine Art und Weise gebogen und gestreckt wurde, die in der traditionellen Folkmusik bis dahin als inakzeptabel galt.

> dings den verführerischsten und zugleich legitimsten Anlass zum Gebrauch des wilden Mittels bilden. Wie entsetzlich wirken an der Stelle, wo die vier Stimmen des Altars das Loslassen der vier Würgengel verordnen, welche Ross und Reiter, Kaiser und Papst und ein Drittel der Menschheit mähen, die Posaunen-Glissandi, die hier das Thema vertreten, – dieses zerstörerische Durchfahren der sieben Zugordnungen oder Lagen des Instruments! Das Geheul als Thema – welches Entsetzen! Und welch akustische Panik geht aus von den wiederholt vorgeschriebenen Pauken-Glissandi, einer Ton- oder Schallwirkung, ermöglicht durch die – hier während des Wirbels manipulierte – Verstellbarkeit der Maschinenpauke auf verschiedene Tonstufen. Die Wirkung ist äußerst unheimlich.[20]

Es überrascht nicht, dass die potentiell unbegrenzte und daher unendliche Ausdehnbarkeit des Glissando im Gegensatz zu einzelnen Noten mit fixierter Tonhöhe derlei metaphysische – sowohl himmlische wie höllische – Implikationen aufweist. Daraus resultiert der Einsatz beunruhigender Tonhöhenwechsel und extremer Glissandi in einem von der *Apokalypse* inspirierten Werk. Mann scheint sich hier speziell auf Leonardo da Vincis Experimente mit Reibtrommeln zu beziehen, die nach Leonardo ein Geräusch erzeugen, das zu den zwölf Teufeln an den Toren der Hölle passen würde. Im Gegensatz zu akustisch erzeugten Glissandi, die nur potentiell unendlich sind (aufgrund der Aufführungstechnik und instrumentellen Struktur sind sie in Wirklichkeit begrenzt), sind elektronische Glissandi tatsächlich unendlich. Interessanterweise wollte Leonardo auch einen „unendlichen Bogen“ entwickeln in der Art eines Reibrads oder Reibriemens. Dies war offenbar eine der Anregungen für die speziellen *Intonarumori*, die Luigi Russolo „Heuler“ genannt hat; sie sind nach Klang und Funktion mit dem Schwirrholz der australischen Aborigines verwandt und erzeugen ein unheimliches menschliches Geheul. In *Luigo Russolo and the Occult* hat Luciano Chessa auf den Zusammenhang zwischen diesen Geräuscherzeugern und der Suche nach einem Gespräch mit den Toten hingewiesen: Intonarumori dienen als orakelhafte Apparate, die Geräusche erzeugen

> transfigured with a transference of vital energy, recreation of spiritual life which to the living anticipated the beyond and to the dead recalled/promised life. Not only this: the recreation of spiritual life carried out by the intonarumori was the path which conducted the dead toward reincarnation as the final consequence of the materialization of thought forms.[21]

Ein solches Orchester verursacht eine Geräuschexplosion – eine panische Harmonie der Natur – deren Energie-Entladung Friedhöfe in einem

20 Mann (Anm. 18), S. 497.

21 Luciano Chessa. *Luigo Russolo and the Occult*. Ann Arbor, MI, 2004, S. 260.

wahrhaften Totentanz zum Leben erwecken würde.[22] Leverkühns *Apokalypse* ist ein phantasmatischer Prototyp von Xenakis' *Légende d'Eer*. Tatsächlich stammt die erste moderne Stellungnahme zum Glissando aus *The Art of Noises*, wo Russolo behauptet, dass

> all the sounds and noises that are produced in nature, if they are susceptible to variation of pitch (that is, if they are sounds and noises of a certain duration) change pitch *by enharmonic gradations and never by leaps in pitch*. For example, the howling of the wind produces complete scales in rising and falling. These scales are neither diatonic nor chromatic, they are *enharmonic*. Likewise, if we move from natural noises into the infinitely richer world of machine noises, we find here also that all noises produced by rotary motion are constantly enharmonic in the rising and falling of their pitch.[23]

Diese Überlegungen standen hinter der Entwicklung seiner *Intonarumori*, den Geräuscherzeugern, die sowohl den Beginn der Polemik über das Verhältnis zwischen Geräuschen und musikalischen Tönen signalisierten als auch die Schöpfung eines neuen musikalischen Symbolismus – eine Art akustische Transzendenz – die auf der potentiell unendlichen Fortsetzung des Glissando beruht.

Man vergleiche damit eine neuere elektroakustische Komposition von Georgia Spiropoulos. *Klama* (2005-06), ein Stück für gemischten Chor, Live-Elektronik und Tonband wurde durch die *Myrologia* (Trauer und Totengesänge) der maniotischen Kultur im Süden der griechischen Halbinsel Peleponnes inspiriert. Das Wort ‚Klama' bezieht sich sowohl auf das Weinen (*pleurs*) als auch auf die traditionelle Totenklage:

> It characterizes a ‚polyphony' integrating improvised monodies (*mirolóya*), epodes, weeping, cries and monologues, accompanied by ritual gestures. Rather than a chant, the lamentation, by its acoustic violence, may be considered as an alteration of vocality: an alteration that, due to the emotional shock, equally affects tonality, timbre and language. Practiced by women, usually in the home before the body of the defunct, this ‚polyphony' is a sort of accompaniment and appropriation of the dead, a reorganization of social structures. This ritual is followed by the byzantine monody of an orthodox mass celebrated at church. The two forms reunite in a simultaneously complementary and opposed manner, in a sort of chaotic acoustic dissemination and scattering.[24]

---

22 Ebd., S. 244.

23 Luigo Russolo. *The Art of Noises* [1916]. Übs. v. Barclay Brown. New York, 1986, S. 63.

24 Georgia Spiropoulos. Anmerkung im Programmheft zur Aufführung von *Klama* im Rahmen des Konzerts *Théâtre de la Voix* beim Festival Agora. Paris (Centre Georges Pompidou), 10. Juni 2006, S. 4f. Spiropoulos' Werke sind sehr stark von denen ihres Landsmanns Xenakis beeinflusst, jedoch fällt bei ihr insgesamt auf, dass sie sich mit Fragen des weiblichen Ausdrucks beschäftigt, ein scharfes Auge für

Diese herzzerreißende Musik ist verstörend, verwirrend und beunruhigend; sie versucht nicht wie ein Großteil der erhabenen Musik der großen religiösen Traditionen, uns mit unserer Sterblichkeit zu versöhnen. Dies ist eine Musik über Trauma und Qual, über Furcht und Schrecken vor dem Tod. Interessant ist in diesem Zusammenhang eine sonderbare und ergreifende Nebenbemerkung, die sich in einer von Walter Benjamins Analysen über die Sprache findet:

> Es ist eine metaphysische Wahrheit, daß alle Natur zu klagen begönne, wenn Sprache ihr verliehen würde. [...] Die Klage ist aber der undifferenzierteste, ohnmächtige Ausdruck der Sprache, sie enthält fast nur den sinnlichen Hauch; und wo auch Pflanzen nur rauschen, klingt immer eine Klage mit. Weil sie stumm ist, trauert die Natur.[25]

Es ist gerade diese schreckliche Unfähigkeit, die aus der Klage eine Art Trauer macht, und diese Undifferenziertheit, die nach einer musikalischen Bearbeitung verlangt. Spiropolous spricht von einer „radical alteration of vocality", die diesen beinah unerträglichen Klagegesängen innewohnt, und fügt erklärend hinzu, dass „the voice is completely deformed, the tonality constantly deviates".[26] Dieser musikalische Schock ist der Beweggrund für den Versuch, den Tod auszudrücken und zu beklagen. Und es ist vollkommen passend, dass diese Aufgabe der menschlichen Stimme zufällt, diesem – wie Thomas Mann hervorhebt – unvergleichlich komplexen und subtilen Instrument, das aus unserem eigenen fragilen und sterblichen Leib entströmt:

> Aber das Markerschütterndste ist die Anwendung des ‚Glissando' auf die menschliche Stimme, die doch das erste Objekt der Tonordnung und der Befreiung aus dem Urstande des durch die Stufen gezogenen Heulens war, – die Rückkehr also

die Möglichkeiten neuer Technologien besitzt (wie zuvor Xenakis) und besonders auf außermusikalische Bedeutungen achtet.

25 Walter Benjamin. „Über die Sprache überhaupt und über die Sprache des Menschen". *Gesammelte Schriften.* 8 Bde. Hg. v. Rolf Tiedemann u. Hermann Schweppenhäuser. Frankfurt a. M., 1977, Bd. II.1, S. 155.

26 Georgia Spiropoulos. Email-Korrespondenz vom 29. Dezember 2005. Zum Vergleich böte sich hier Xenakis' *Oresteïa* an, insbesondere in der Interpretation des außergewöhnlichen Baritons Spiros Sakkas. Angesichts der a fortiori desublimierenden Natur des Glissando scheint es passend, dass Annette Michelsons Untersuchung über Glossolalie, skatologische Desublimation und Abstraktion mit der Behauptung schließt, dass „work upon the signifier is the principle of the modern artistic text. The poetics of anal glossolalia may be seen as the hyperbolic instance of the sliding of signifier over signified in the choreographic movement of a glissade". Annette Michelson. „De Stijl, Its Other Face. Abstraction and Cacaphony, or What Was the Matter with Hegel?" *October* 22 (1982), S. 25; zu Glossolalien und Desublimation vgl. Allen S. Weiss. „From Schizophrenia to Schizophonia". *Phantasmic Radio.* Durham, NC, 1995, S. 9-34.

> in diesen Urstand, wie der Chor der *Apokalypse* sie bei Lösung des siebenten Siegels, dem Schwarzwerden der Sonne, dem Verbluten des Mondes, dem Kentern der Schiffe in der Rolle schreiender Menschen grausig vollzieht.[27]

Der dadurch erzeugte Effekt hat einen ästhetischen, psychologischen und physiologischen Aspekt: extreme Schallamplituden sind schmerzhaft (und können sogar zu einer irreparablen Schädigung des Gehörs führen, wenn ein bestimmter Dezibelwert überschritten wird) und „the too simplistic organization of sounds must be placed at the border of pain: a sinusoïdal sound is difficult to tolerate".[28] Wird überdies die Hölle oder die Apokalypse als letzter Bezugspunkt angefügt, dann wird dieser Schmerz absolut unerträglich und die Musik berührt das Erhabene; die Bewegung von der Trauer eines einzelnen Menschen zur Trauer über eine für immer verlorene Humanität ist atemberaubend und erschreckend zugleich. Das Glissando ist demzufolge eine zentrale Trope in der modernen Musik, besonders insofern es den Blick auf die transzendenten, metaphysischen und wahrhaft erhabenen Aspekte der Klangwelt freilegt.

Ich möchte hier mit einer Anekdote abschließen. Vor einigen Jahren besuchte ich ein wunderbares Konzert im PS 122 in New York, bei dem Margaret Leng Tan Cages *4'33"* auf einem Kinderklavier aufführte. In der ersten Hälfte des zweiten Satzes dieses ‚lautlosen' Stücks heulte die Sirene eines Polizeiwagens durch die Nacht. Der Partitur zufolge – wonach der Aufführende still bleiben soll und die Musik aus allen Umgebungsgeräuschen besteht, die während der drei Sätze zu hören sind – zählte das laute, durchdringende Glissando der Sirene mit zur Aufführung. In Anbetracht von Cages Wertschätzung für Varèse – „Anstatt Klänge als Klänge zu behandeln, behandelt er sie wie Varèse" – ist dies wunderbar ironisch, genauso wie der Umstand, dass es sich bei den bei der Uraufführung von *Ionisation* in New York (März 1933) im Orchester verwendeten Sirenen um Leihgaben der New Yorker Feuerwehr handelte!

Übersetzung: Jürgen Müller

---

27 Mann (Anm. 18), S. 497. Man sollte insbesondere im Kontext von Ligetis *Grand Macabre* daran denken, dass Ligeti *Doktor Faustus* als eine seiner wesentlichen Inspirationsquellen bezeichnet hat.

28 „C'est à la frontier de la douleur qu'il faut placer l'organisation trop simpliste des sons: un son sinusoïdale est difficilement tolerable." François (Anm. 7), S. 31.

LITERATURVERZEICHNIS

Bayer, Francis. *De Schönberg à Cage. Essai sur la notion d'espace sonore dans la musique contemporaine*. Paris, 1981.

Benjamin, Walter. „Über die Sprache überhaupt und über die Sprache des Menschen". *Gesammelte Schriften.* 8 Bde. Hg. v. Rolf Tiedemann u. Hermann Schweppenhäuser. Frankfurt a. M., 1977, Bd. II.1, S. 140-157.

Bonds, Mark Evan. *A History of Music in Western Culture*. Upper Saddle River, NJ, 2006.

Boulez, Pierre. *Penser la musique aujourd'hui*. Paris, 1963.

Busoni, Ferruccio. *Sketch of a New Esthetic of Music*. Übs. v. Theodore Baker. New York, 1911.

Charles, Daniel. *Musiques nomades*. Paris, 1998.

Chessa, Luciano. *Luigo Russolo and the Occult*. Ann Arbor, MI, 2004.

Cowell, Henry. *New Musical Resources*. New York, 1969 [Nachdruck d. Ausgabe New York u. London, 1930].

François, Jean-Charles. *Percussion et musique contemporaine*. Paris, 1991.

Hudak, John. *Pond* (CD; Japan, 1998).

Kahn, Douglas. *Noise, Water, Meat. A History of Sound in the Arts*. Cambridge, Mass., 1999.

Lemoine, Serge u. Pascal Rousseau (Hg.). *Aux origines de l'abstraction: 1800-1914* [Ausst.kat.]. Paris, 2003.

Mann, Thomas. *Doktor Faustus*. Frankfurt a. M., 1999.

Michelson, Annette. „De Stijl, Its Other Face. Abstraction and Cacaphony, or What Was the Matter with Hegel?" *October* 22 (1982), S. 3-26.

Russolo, Luigi. *Die Kunst der Geräusche* [1916]. Hg. u. Nachw. v. Johannes Ullmaier. Übs. v. Owig DasGupta. Mainz, 2000.

Russolo, Luigo. *The Art of Noises* [1916]. Übs. v. Barclay Brown. New York, 1986.

Snow, Michael. „Wavelength (1967)". *Film-Makers' Cooperative Catalogue* 6 (1975), S. 232.

Spiropoulos, Georgia. Anmerkung im Programmheft zur Aufführung von *Klama* im Rahmen des Konzerts *Théâtre de la Voix* beim Festival Agora. Paris (Centre Georges Pompidou), 10. Juni 2006.

Thoreau, Henry David. „Journal III: September 16, 1851 – April 30, 1852". *The Journal of Henry D. Thoreau.* 14 Bde. Hg. v. Bradford Torrey. Boston u. New York, 1906, Bd. 3.

Tuchman, Maurice u. Judi Freeman (Hg.). *The Spiritual in Art. Abstract painting 1890-1985* [Ausst.kat.]. Los Angeles u. New York, 1986.

Varèse, Louise. *Varèse. A Looking Glass Diary*. New York, 1972.

Vivier, Odile. *Varèse*. Paris, 1973.

Weiss, Allen S. „Psychopompomania". *The Aesthetics of Excess*. Albany, NY, 1989, S. 112-134.

Weiss, Allen S. „From Schizophrenia to Schizophonia". *Phantasmic Radio*. Durham, NC, 1995, S. 9-34.

Weiss, Allen S. „Le désœuvrement de la musique". *Critique* 639-640 (2000) (= Sonderheft *Musique(s). Pour une généalogie du contemporain*), S. 743-751.

Weiss, Allen S. *Breathless. Sound Recording, Disembodiment, and the Transformation of Lyrical Nostalgia*. Middletown, CT, 2002.

Xenakis, Iannis. *Le Diatope*. Paris, 1978.

Philippe Sers

Das Problem der Komposition in der künstlerischen Moderne

Räumt man ein, dass das Prinzip der Unterscheidung modernes Wissen charakterisiert, wie kann dann die Kunst das System der Ähnlichkeiten hinter sich lassen und gleichzeitig das Ziel einer organischen Ganzheit beibehalten, die Sinn macht? Wenn der Künstler die Ähnlichkeit aufgibt, auf der die Wirklichkeit nachahmende künstlerische Geste gründet, dann gibt er zugleich die Sicherheit auf, eine Logik überzeugender Komposition zu finden. Eine Untersuchung der künstlerischen Moderne hilft uns, diese Frage in folgenden Punkten zu formulieren: Wie kommt man von einer Theorie der Elemente (Malerei, Dichtung, Musik) zur Umsetzung einer Synthese der Künste (perspektivische Darstellung, Architektur), ohne die Strenge der Unterscheidung zu verlieren? Was ist das Prinzip der Anordnung der Elemente im Kunstwerk und was ist das Ziel der Komposition? Der vorliegende Beitrag sammelt Erkenntnisse zu dieser Frage, die aus der künstlerischen Moderne hervorgegangen sind (‚radikale' Avantgarde), um sich den Grundbedingungen des zeitgenössischen Schaffens in ihrem Verhältnis zum Wert anzunähern.

Die Unterscheidung zeigt sich als Gedanke der Differenz. Angewandt auf das Feld des künstlerischen Schaffens impliziert sie beinahe notwendig eine Hypothese über die Verkettungen, um die *Kom-Position* der Elemente zu autorisieren. Alles läuft ab, als ob man am Faden der Logik der Kreation ziehen würde (ursprüngliche Dynamik).

Der Künstler muss das Ende des Fadens finden (was man den ‚Ausgangspunkt' nennen kann) und die Instrumente der qualitativen Unterscheidung (‚Orientierungspunkte') bestimmen. Paul Cézanne stellt sich die Frage nach der „Wahrheit in der Malerei" („la verité en peinture"). Eine Frage, die verwandt ist mit derjenigen, die sich Wassily Kandinsky mit dem „Spirituellen" in der Kunst stellt, oder dem Bereich des Geistes (der Wahrheit). Was sucht Cézanne in seinem endlosen Treffen mit dem Berg Sainte-Victoire, wenn nicht die geo-logische Wahrheit, das heißt eine Logik, welche die Erde mit dem Schöpfer-Logos verbindet? So möchte er die Natur ausgehend vom Zylinder, vom Kegel und vom Kreis malen. Was er sich dabei erhofft, was er glaubt bestätigen zu können, ist die Verwandtschaft zwischen dem Seinsgrund der Dinge und der Logik des menschlichen Geistes: das „Spirituelle in der Kunst".

Im Geist des Künstlers richtet sich die Aufmerksamkeit zuallererst auf die Elemente (Unterscheidung) und im Anschluss daran auf die Suche nach dem Faden, der sie untereinander verbindet (Ordnung). Wenn wir dieser Metapher folgen, bleibt nur, deren beide Enden zu unterscheiden: Die Offenkundigkeit des Ausgangspunkts sei versinnbildlicht im sichtbaren Anfang des Fadens, der von der Spule absteht und die Näherin entdecken lässt, dass es einen Faden gibt und sie an ihm ziehen kann, wenn sie nähen will. Am anderen Ende befindet sich das Ende des Fadens, das von dem Augenblick abhängt, in dem die Näherin aufgehört hat zu nähen und sich entscheidet, die Schere zu nehmen. In der Kunst ist das Ende des Fadens das Beenden der Aufreihung der Elemente, welche die Vervollständigung des Verlaufs und das Zum-Vorschein-Kommen des Sinns – als jenen Teil der Wirklichkeit, der sich verbirgt – ermöglicht.

Die Problematik der Komposition kann ausgehend von der Erfahrung der künstlerischen Moderne noch einmal neu betrachtet werden. Nach der Revolution der Abstraktion in der Malerei haben sich viele Dinge verändert. Wenn ich die Realität nachahme, wird meine Komposition von der äußeren Kohärenz geleitet, derjenigen der Weltbühne. In der Abstraktion führt die Realität nicht mehr die Hand des ‚komponierenden' Malers. Die Künstler, die diese Form der Kunst initiiert haben, wie Wassily Kandinsky, Piet Mondrian und Kasimir S. Malewitsch, verzichten ebenso auf gewisse akademische Konventionen, die ihre Geste leiten könnten, wie auf die Kohärenz von Metapher und Allegorie. Die Malerei ist nicht mehr die einfache Illustration von dem, was durch den Diskurs übermittelt werden kann. Die Komposition ist an sich aufgefordert, ein originelles Instrument der Annäherung an eine tiefe Realität zu werden, und erlangt so zunehmend ihre Unabhängigkeit im Verhältnis zum Diskurs.

Der Künstler kann in Versuchung geraten, diese Angst vor einer Komposition, die nicht mehr von genauen Orientierungspunkten – wie der äußeren Realität – geleitet ist, und ihn mit der Darstellung des *Numen* konfrontiert, zu vermeiden. Manche Künstler wenden sich daher an eine ‚Hilfskohärenz', die an die Willkür einer vorher getroffenen Entscheidung gebunden ist. Beispiele für dieses Vorgehen sind zahlreich. Das Modell ist das einer Axiomatik. Die Entscheidung für einen Ausgangspunkt und die Kohärenz der inneren Entfaltung aller seiner Konsequenzen genügen, um eine Theorie zu rechtfertigen, die von jeder Erfahrungsrealität abgetrennt werden kann (zumindest am Anfang), wie es auch bei nichteuklidischen Geometrien der Fall ist.

Aber hier geht es nur um die Konstruktion. Um die Komposition zu definieren, muss man sie zuerst von der Konstruktion unterscheiden. Die Konstruktion stellt sich als Architektur des Werks dar, seine „innere Basis", sagt Kandinsky. Die Komposition ihrerseits zeigt sich als Dynamik, die das Werk durchzieht. Kandinsky nennt sie dessen „innere Spannung". Die Komposition überschreitet also die Aufgaben der Konstruktion. Sie ist der Weg des Sinns im Kunstwerk. Die Herausforderung der Komposition ist es, eine dem Sinn entsprechende Anordnung der Elemente zu sein. Dafür bringt die Komposition drei Register, drei Formen der Gegenwart eines Absoluten ins Spiel, das im Kunstwerk eine Rolle spielt: das Register der Elemente, das Register der Anordnung und das Register des Ereignisses. Es gibt in der Tat ein Ereignis am Ursprung des Kunstwerks. Jedes große Werk ist Zeugnis eines Bedürfnisses nach und des Zusammentreffens mit einem Absoluten der Wahrheit, Schönheit oder Gerechtigkeit.

Die Herausforderung der Moderne ist es, unter Aufrechterhaltung dieses Anspruchs auf Zeugenschaft, die künstlerischen Elemente unabhängig zu betrachten, was auch die Vorstellung des Werks als organische Ganzheit impliziert. Tatsächlich ist die Moderne in ihren Anfängen durch einen trennenden Blick charakterisiert. Die Moderne verkörpert den Gedanken der Unterscheidung. Als René Descartes seine Methode definierte, bestand er auf dieser Trennung. Sie ist ebenso die Aufgabe der Maler. Das immer wieder neu und von Mal zu Mal sich vertiefende Reflektieren (eigentlich: „wiederkäuen") der Elemente der Welt oder der Elemente der Kunst begleitet die Revolutionen in der Malerei. Die Maler suchen eine Evidenz des Blicks, was erfordert, jedes Element der Welt in seiner Spezifität zu erkennen – und es dann in Verbindung zu anderen zu setzen, sei es auf unterschiedliche Art oder auf ähnliche Art. Das gilt für die Objekte der Welt, ob sie nun natürlich oder kulturell sind.

Vom Impressionismus bis zur abstrakten Kunst verwirklichen die Arbeiten der westlichen Malerei, mehr oder weniger in Einklang mit den Theorien von Eugène Chevreul, diese *separatistische* Methode, welche die nachahmende Übereinstimmung auflöst, um alle Komponenten des Schauspiels der Natur aufzudecken. Das gipfelt im „Divisionismus" von Seurat und der Neo-Impressionisten, der von der Evidenz der Streuung des natürlichen Lichts ausgeht, um die Idee einer Sprache der Farben und der reinen Formen zu erreichen, eine Idee, die im berühmten Brief von Georges Seurat an Maurice Beaubourg entworfen wird.

Die abstrakte Kunst verfolgt und systematisiert diese Reflexion über die Evidenz der Elemente der Kunst. Dieses Bemühen zeigt sich zunächst in der Suche nach einem verlässlichen Ausgangspunkt, um eine interne Logik der Elemente zu bestimmen. Kandinsky definiert den Ausgangspunkt seiner Farbanalyse in ähnlichen Formulierungen wie Seurat. Er geht zunächst von den Begriffen Wärme und Kälte aus, des Weiteren von Helle und Dunkelheit. Von da aus stellt er fest, dass die Elemente von Kräften durchzogen sind, die den Übergang von einer Farbe zur anderen durch Begegnungen oder Kontraste bestimmen. So kann sich das Blau, eine kalte Farbe, die einen Anklang von Konzentration und Entfernung hat, welche an das *Übersinnliche*[1] denken lässt, mit dem Gelb mischen, eine Farbe, deren zentrifugale Dynamik dazu neigt, sich dem Betrachter zu nähern. Ihre Mischung ergibt Grün, eine Farbe, in der sich die Dynamiken der beiden Farben aufheben, aus denen sie gebildet ist. Die Resonanz der Passivität des Grüns bestätigt das für Kandinsky recht gut. Der Kontrast zwischen Grün und Rot ermöglicht es, die Natur der Resonanz des Rots zu erfassen, die Aktivität ist, Kraft in sich selbst, etc.

Die Frage der Form wird bei Kandinsky auf dieselbe Weise behandelt. Der „Anfang des Fadens" der Formen-Theorie ist der Punkt, der durch irgendein Instrument (Bleistift, Stichel oder Pinsel) auf eine Trägersubstanz aufgebracht wird. Der Punkt wird so als der Nullpunkt der Materie charakterisiert und als der Anfang des grafischen Abenteuers, ein Abenteuer, das von den Energien beherrscht wird, welche den Punkt aus sich selbst herauskommen lassen (Linien und Flächen).

Man weiß, dass bei Mondrian die künstlerische Form auf die gleiche Weise ihre neue Kohärenz annimmt: aus einer Opposition der Dynamiken der Vertikale und der Horizontale als Kontrapunkt. Mondrian nennt das „Neoplastizismus", ein Terminus, dessen deutsches Wort – *Neue Gestaltung*[2] – leichter verständlich ist. Die vertikale Linie hat für ihn eine positive, warme Resonanz, während die horizontale Linie durch eine negative, kalte Resonanz charakterisiert wird. Die von ihm verwendeten Farben sind auf drei reduziert: Blau, Rot und Gelb, die den Nicht-Farben gegenübergesetzt sind: Schwarz, Grau und Weiß. Auf der einen Seite wieder das Positive, auf der anderen das Negative. Positiv und negativ befinden sich übrigens in einem Verhältnis der Komplementarität, ein wenig wie Yin und Yang in der östlichen Tradition.

Dieses Modell der Trennung der Elemente findet sich auch bei Malewitsch wieder, aber in anderer Absicht, da bei ihm das Element in seiner

1 Im Original dt. [Anm. d. Übs.].
2 Im Original dt. [Anm. d. Übs.].

Fähigkeit zur Erfindung eines neuen Universums aufgefasst wird. Dieses neue Register wird eröffnet durch ein wahres Zerklüften der Elemente, z. B. den Zerfall des Quadrats in seine zwei Hälften, wodurch es sich in ein Kreuz verwandelt, oder auch durch seine Drehung, die einen Kreis ergibt.

Der unterscheidende Blick auf das Element in der Moderne ist auch unmittelbar mit der Frage der Verkettung verbunden, d. h. dass die Elemente eher nicht isoliert sind, und zwar insofern, als dass sich der Künstler fragt, was sie miteinander verbindet. Damit beschäftigt sich auch Kurt Schwitters in der *Ursonate*:[3] Sobald er die Ausgangspunkte – einfache Buchstaben, die von der Rede abgelöst sind – isoliert hat, ist er bestrebt, sie auf verschiedene Arten klingen zu lassen, um alle möglichen Resonanzen daraus zu erspüren, sei es durch Veränderungen der Aussprache, der Lautstärke oder des Rhythmus, sei es, indem er sie ohne jedes Bestreben nach einer möglichen Bedeutung aufeinandertreffen lässt.

Eine solche Intuition für die Evidenz (Klarheit, Deutlichkeit) der Elemente der Kunst führt Künstler wie Malewitsch dazu, die Anwendungsmöglichkeiten ihrer Entdeckungen bei der Organisation der Welt ins Auge zu fassen. Mehr als um einfache Anwendung handelt es sich dabei in Wirklichkeit fast um einen Prozess der Verifizierung. Die Idee, dass das Atelier der Ort einer Ordnung ist, von der man ausgeht, um die Kohärenz der bewohnten Welt herzustellen (durch die Architektur und die Urbanisierung), scheint sich schnell aufzudrängen. Sie wird explizit von Mondrian formuliert. Alles geschieht, als ob die künstlerische Handlung eine Art beispielhafte Strenge menschlichen Handelns abbilden würde.

Die Kunst bekleidet also eine ganz besondere Funktion im Leben der Gesellschaft. Sie spielt die Rolle einer *Mathesis*. Das ist vergleichbar mit der Verbindung von Mathematik und Naturwissenschaften sowie der Verbindung der freien Künste (Malerei, Dichtung, Musik) mit der Lebenserfahrung. Die Kunst ist der Ort einer Evidenz, die das Unbegreifliche im Fluss der Existenz erhellt, und diese Evidenz mündet durch die Komposition in die Ordnung der Dinge. In der Tat ist die künstlerische Aktivität von einer Dynamik der Öffnung durchzogen, die sich einerseits in einer synthetischen Vereinigung der verschiedenen Künste erfüllt, wofür die perspektivische Darstellung das vollkommene Beispiel ist. Andererseits findet die künstlerische Aktivität ihren Ausdruck in den praktischen Anwendungen, in einer Anteilnahme an der Welt, zu der sie sich ausweitet und für welche die Architektur ein Modell darstellt.

---

3 Im Original dt. [Anm. d. Übs.].

Die Strenge der Schöpfung entfaltet sich also zuerst in der Kohärenz der Elemente. Es geht darum, das Element in seiner Kraft und seiner Wahrheit wahrzunehmen. In dieser Phase sinnt der Künstler über die Dinge nach, um ihre spirituelle Tiefe zu erfassen, ihre Verbindung mit dem Ursprung. Dieses Nachsinnen ist eine echte Reifung des Elements. Der Blick des Künstlers ist da, um das Element bis zu seiner letzten transfigurativen Wahrheit zu führen. Die Kunst selbst wird zu einer spirituellen Erhellung des Materiellen. Aber die künstlerische Aktivität kann nicht auf dieser Stufe stehen bleiben. Denn das würde bedeuten, sich der Gefahr auszusetzen, die Darstellung in ein einfaches Stadium des Genießens einzuschließen. Für die Künstler der Moderne, die auf der Suche nach dem Sinn der beobachteten Wirklichkeit sind, kann der Genuss jedoch nicht das Ziel sein. Das Ziel der Komposition ist die dem Sinn entsprechende Ordnung der Elemente. Eine Komposition ist Zeugnis ablegen über den Sinn. Sie bemüht sich herauszufinden, was ihn ausmacht. So erreicht der Künstler dann das Register der *Anordnung* (ordonnancement). Die Komposition lädt zu einem anderen Weg der Kenntnis der Welt durch die gegenseitige Wechselwirkung der Elemente ein. Sie vollendet das Kunstwerk in der Strenge seiner Anordnung: ein Minimum an Form für ein Maximum an Gehalt, angeordnet in einer organischen Ganzheit. Hier manifestiert sich ein Prinzip der Vollständigkeit, das Hans Richter den „Rhythmus" nannte, der die Kontinuität, die Kohärenz der Komposition sei.

In diesem Übergang zur Komposition bei den Modernen gibt es keinen Bruch mit der vorangegangenen Phase, mit dem, was Theo van Doesburg die „elementare" Phase nannte. Tatsächlich sind die Elemente, wie van Doesburg es selbst formulierte, gleichzeitig die grundlegenden Prinzipien des Schöpferischen. Das Element enthält eine Intuition für den Sinn, für die Ordnung der Dinge. So kann es nur Folge eines Missverständnisses sein, dass man annehmen konnte (z. B. in den Diskussionen zu Beginn des russischen Konstruktivismus), es gebe einen Gegensatz zwischen Konstruktion und Komposition. Tatsächlich können wir sagen, dass die konstruktiven Prinzipien kompositionelle Prinzipien sind. Dieser Punkt wird zweifellos deutlich, wenn wir die verschiedenen Modi betrachten, in denen die Modernen das Ziel der Werkkomposition erreichen, die aus der künstlerischen Schöpfung hervorgegangen ist. Man kann diese Modi in sechs Grundhaltungen gruppieren, die in der Moderne besonders gut illustriert werden.

(1) Die erste Grundhaltung besteht darin, den Akt der Komposition auf die Ökonomie des Materials zu gründen. Dabei darf man nicht vergessen, dass die Verwendung des Begriffs *Ökonomie* – sogar bei den

russischen Konstruktivisten – eine theologische Bedeutung impliziert. In der Natur des Materials ruht eine Präsenz des Sinns. Ein Beispiel dieser Präsenz findet sich in der Verwendung von Materialien in Vladimir Tatlins *Monument der Dritten Internationale*. Für diese Architektur der Bewegung, die Tatlin als Pyramide moderner Zeiten betrachtete, verwendete er Eisen und Glas; ein Bauwerk zu einer Geschichte, die sich beschleunigt, so wie die Spirale, die es umschlingt, und die Drehbewegungen der drei Etagen der riesigen Konstruktion sich beschleunigen. Eisen und Glas sind nicht zufällig gewählt. Tatsächlich handelt es sich um zwei Materialien, die aus Feuer hervorgehen. Denn das Feuer, das von der Industrie verwendet wird, ist ein *furtum manifestum,* der erwiesene Diebstahl eines göttlichen Privilegs, der zugunsten des Menschen vom Titan Prometheus begangen wurde. Die Verwendung dieser Materialien ist also eine Hommage an den modernen Menschen, der seine Autonomie unter den Augen der alten Götter der Mythologie erobert hat. Das Material des Schöpferischen ist also sehr wohl ein Mittel der Komposition, weil es Sinn offenbart. In einem Vortrag in Madrid von 1930, in dem Theo van Doesburg die grundlegenden Prinzipien der künstlerischen und architektonischen Schöpfung benannte, schließt er „Sinn" in die Liste der Elemente ein, wie z. B. Rhythmus, Zeit, Raum und Licht, während er betonte, dass die Materialien gleichzeitig schöpferische Prinzipien seien.

(2) Ein anderer Leitfaden der Komposition besteht in einer Konfrontation elementarer Resonanzen. Formen, Farben, Töne oder Melodien werden einander gegenübergestellt entsprechend ihrer je eigenen Resonanz. Die Logik der Komposition kombiniert die Resonanzen, die ihren Sinn in einem Ensemble erhalten. So entsteht die Komposition aus vereinigten Resonanzen, doppelten Resonanzen, Akkorden oder Kontrasten, die der Komposition ermöglichen, lyrischen oder dramatischen Charakter und vor allem die Dimension eines zeitlichen Ablaufs in der Malerei und eines räumlichen in der Musik durch das Aufeinanderprallen der Resonanzen anzunehmen. Dies wurde von Wassily Kandinsky oder Arnold Schönberg in klarer Weise in Theorie überführt.

(3) Die Komposition kann sich auch für eine Konfrontation der Inhalte interessieren. Zum Beispiel im dadaistischen Kino, wo der Film von der Poesie der Objekte und ihrem jeweiligen Zusammentreffen aus seinen Lauf nimmt. Hans Richter erzählte, dass Sergei Michailowitsch Eisenstein ihm trotz seiner Beteuerungen nicht glauben wollte, dass sein Film *Vormittagsspuk* ohne eine vorgefasste Idee realisiert worden war. Richter fragte dann Eisenstein, wie er denn den *Panzerkreuzer Potemkin* aufgebaut habe. Und schließlich wurde Eisenstein bewusst, dass er bei

seinem Film genauso vorgegangen war: die ansteigende Treppe einerseits, das Meer und die Schiffe andererseits, die Stadt Odessa, die Kanonen des Panzerkreuzers. Hier werden die Elemente kontrapunktisch zusammengezogen, und Eisensteins Film ist die Geschichte dieses Schocks. Ein anderes Beispiel ist der *Merzbau* von Kurt Schwitters, das große Bauwerk, welches das Atelier des Künstlers völlig ausfüllte und sich außerhalb weiterentwickelte. Es war ein Kampfinstrument gegen den Totalitarismus der Nazis. Schwitters beabsichtigte, das Böse zu identifizieren, ungeachtet seiner verschiedenen Masken: „Aber würde die Kunst sich selbst konsequent neben die üblen Dinge der Welt stellen, so würde doch vielleicht ein günstiger Einfluss auf die Kultur von ihr ausgehen können."[4] So bildete sich in seinem Atelier ein Netz von Grotten, die miteinander verbunden waren, um das fortlaufende Auftauchen von Sinn zu evozieren, der auf dem Gegensatz von negativen Kräften und positiven Erwartungen der Menschheit beruhe. Diese Logik des Gegensatzes oder der Beziehung untereinander kann sich ebenso in eine Logik der Komplementarität verwandeln, die den dialektischen Gegensätzen nahe ist (das Innere und das Äußere, die Masse und der Raum, etc.). So entwickeln sich aus der Unterscheidung der Elemente ihre kreativen Dynamiken.

(4) Ein anderes Kompositionsverfahren, das in der künstlerischen Moderne oft angetroffen werden kann, ist in den stochastischen Alterationen des kreativen Prozesses begründet. Alles geschieht hier in der Annahme, dass der Zufall als methodisches Verfahren im kreativen Prozess eine Garantie gegen den technisch-wissenschaftlichen Rausch darstellt; ein Rausch, der sich des Künstlers bemächtigen kann, wenn er mit neuen Techniken konfrontiert wird. Das wird in der dadaistischen Fotografie – z. B. bei Man Ray – besonders klar. Das sind *Lapsi* oder technische Ausrutscher, die akzeptiert oder bewusst hervorgerufen und in Bezug auf den normalen Ablauf der Verwendung des Instruments bewertet werden: z. B. die Doppelbelichtung, die Solarisation, das Rayogramm (oder das Photogramm bei László Moholy-Nagy), die Positiv/Negativ-Umkehrung oder ganz einfach die Unschärfe. So machte Man Ray, der sein Objektiv vergessen hat, bei Henri Matisse eine Fotografie vom Maler und seinem Modell mit Hilfe seiner Brillengläser. Das Ergebnis ist ein Verschmelzen der Elemente, das die Atmosphäre zwischen den beiden Personen zu Bewusstsein bringt. Die spätere Arbeit in den Archiven von Man Ray hat gezeigt, dass der Zufall nicht der einzige Grund

---

4 Kurt Schwitters. „Krieg ist die größte Schande" (1923). *Das literarische Werk*. 5 Bde. Hg. v. Friedhelm Lach. Köln, 1981, Bd. 5, S. 146.

dieser Störungen war. So lässt sich anhand einer Untersuchung der Negative belegen, dass die berühmte Doppelbelichtung, die zum Porträt der Marquise Casati mit den zwei Augenpaaren geführt hat, keine Panne war, wie Man Ray gegenüber seiner Kundin behauptete, sondern das Resultat eines bewussten Vorgehens.

(5) Wir können auch eine Vorgangsweise beobachten, die das abstrakte Kino in seinen Anfängen aufdeckte, als Viking Eggeling und Hans Richter von Rollenbildern zum Film übergingen, um den *Generalbaß der Malerei* zu verwirklichen,[5] von dem Eggeling sprach. Das ist eine Kompositionsarbeit, die sich auf formelle Verkettungen konzentriert. Die morphogenetische Logik, d. h. die Art und Weise in der die Formen auftauchen und sich verändern, wird ein spezifisches Instrument der Komposition. Um das zu zeigen, genügt es, die „Diagonale Symphonie" von Eggeling oder den „Rhythmus 21, 23" von Hans Richter anzusehen, zwei Beispiele unter zahlreichen anderen.

(6) Schließlich findet sich in der Moderne ein Kompositionsprozess, den man als Rekurs auf *Kairos* begreifen könnte. Er gründet auf der Selbstentwicklung des Werks. Es geht hier darum, das Werk sich entwickeln zu lassen, ausgehend von Pannen, Gelegenheiten oder dem Zufall. Das ist eine Logik des schrittweisen Zusammentreffens des Inhalts ausgehend von den Zufällen des Lebens, ein wenig wie im Parcours von Marcel Duchamp, wo sich der Weg zur Wahrheit ausgehend von privilegierten Augenblicken des Lebens vollzieht; Augenblicke, in denen – wie in der bekannten Episode des Pissoirs – die Lüge des sozialen Konsens entlarvt wird. Sicher bildet sich in diesem Fall das Werk nicht unabhängig vom Künstler. Im Gegenteil, seine Rolle ist sehr wichtig. Es liegt an ihm zu erfassen, was Sinn macht, in allem, was aus *Kairos* hervorgeht. Der Zufall, so Søren Kierkegaard, ist dieses Nichts, aus dem alles hervorgehen kann. Aber er ist auch dieses Nichts, aus dem nichts hervorgehen kann. In einem solchen Sinne bedeutet diese Kompositionsweise in der Kunst – wie auch alle vorigen – die gänzliche Rückkehr der persönlichen Einflussnahme in den Verlauf eines sorgfältig beschützten Umherirrens.

In all diesen sechs Fällen stellt sich die Komposition wie eine ihrem Sinn entsprechende dynamische Anordnung dar. Sie nimmt eine Verschiedenartigkeit im Ursprung der Elemente an, und sie verwirklicht ihre Vereinigung in einer organischen Ganzheit, die das Werk durch seine verschiedenen Herangehensweisen darstellt. Im Werk als Ganzheit macht die Gesamtheit der Elemente Sinn.

---

5 Im Original dt. [Anm. d. Übs.].

Dies bedeutet zuerst, dass durch das Kunstwerk die Welt lesbar gemacht wird in ihrem Sinn und ihrer Ordnung. Das ist die Herausforderung des *Merzbau* von Schwitters. Aber das bedeutet auch, dass sich dank des Kunstwerks ein transformatorisches Projekt in Hinblick auf die Schöpfung bildet. Um ein amüsantes Beispiel zu nehmen: Max Ernst mokierte sich einmal über seinen Vater. Von einer Inspiration erfasst, entfernte der Vater nämlich den Zweig eines Baumes, der ihm nicht in die Komposition zu passen schien, auf dem soeben gemalten Bild seines Gartens. Gleich darauf geht er zum Baum im Garten und schneidet auch dort den Zweig ab. Sonderbarerweise erkennt Ernst darin eine Fälschung. Doch es handelt sich dabei keineswegs um Fälschung. Das Bild hat für Ernsts Vater die Funktion eines Evidenztransfers erfüllt. Die Lesbarkeit des Gartens hat den Fehler aufgedeckt, den der Zweig bedeutete; sie führt zu einem organisatorischen Projekt. Man könnte sagen, dass das Kunstwerk eine Lesbarkeit der Welt mit sich bringt, welche die Ausübung einer utopischen Funktion ermöglicht. Das Kunstwerk öffnet sich so zu einem größeren Projekt – der Welt und dem Menschen gegenüber, es erfasst nicht nur dessen ästhetische Dimension, sondern die Gesamtheit seines Wesens, seiner Ängste und seiner Hoffnungen.

Was ist nun also das Wesen der Komposition? Wir haben gesagt, dass sie eine Anordnung der Elemente hinsichtlich des Sinns ist. Aber was ist die Präsenz des Sinns im Kunstwerk? Im Französischen schließt der Terminus Re-präsentation das Wort Präsenz ein. Die Repräsentation ist eine ‚Re-präsentifikation'. Sie ist ein Ruf nach Präsenz. Diese Präsenz, die das Kunstwerk mit all seinen Kräften ruft, kann man so sehen, dass sie auf drei Sinnebenen abläuft: Zuerst impliziert der Sinn die Idee eines Inhalts, d. h. einer Botschaft: etwa der Sinn einer Geste. Dann ist der Sinn eine Orientierung, eine Richtung; z. B. die Richtung eines Weges oder einer Strecke. Schließlich kann der Sinn auf die Idee einer wahrheitssuchenden Entschleierung verweisen. In diesem letzten Fall ist das Kunstwerk der Träger einer neuen Evidenz, die nur durch sich selbst erscheint.

Das ist zweifellos der Grund, warum die größten Gedanken der künstlerischen Moderne Gedanken der Schwelle sind. Mit Kandinsky wird die Grenze der Darstellung mit der göttlichen Transzendenz (der Liebe Gottes) identifiziert. Sein Werk markiert den schrittweisen Übergang des Welttheaters zur Apophase der jüdisch-christlichen Offenbarung. Was Duchamp betrifft, so stellt er dem sozialen Konsens angesichts des Problems der visuellen Darstellung des sexuellen Aktes eine Falle. Er definiert so die vitale Grenze der Repräsentation: die Grenze der Repräsentation, die durch vitale Erfahrung (Nächstenliebe) identifiziert wird. Bei Malewitsch ist das *Schwarze Quadrat* eine Schwelle vom Übergang der Repräsentation in die organisatorische Schöpfung des Universums der Menschen.[6] Das ist die Hoffnung des Suprematismus, der Übergang der Repräsentation zur reinen mathematischen Schöpfung der Zukunft.

Die Erneuerung der Moderne ist also vor allem eine Erneuerung der Repräsentation. Das wesentliche Instrument der Repräsentation ist die Komposition. Wenn man aber die Logik der Imitation oder der Analogie für eine Methode verlässt, die sich durch Unterscheidung entfaltet, impliziert die Komposition den Ruf nach einer Ordnung, welche die Frage der Veränderung stellt und sogar die der absoluten Veränderung: die Transzendenz des absoluten Werts.

Übersetzung: Anna Wassermeyer

LITERATURVERZEICHNIS

Schwitters, Kurt. „Krieg ist die größte Schande" (1923). *Das literarische Werk.* 5 Bde. Hg. v. Friedhelm Lach. Köln, 1981.

6 Die ursprüngliche Bezeichnung des Bildes bedeutet „Viereck". Damit ist aber nicht gesagt, dass es sich zwangsläufig auch um ein Quadrat handelt.

Zu den Autorinnen und Autoren

PETER BEXTE
Professor für Ästhetik an der Kunsthochschule für Medien Köln [kmh]. Kurator in der Berliner Millenniumsausstellung „Sieben Hügel. Bilder und Zeichen des 21. Jahrhunderts“ (1996-2000); 1997 Promotion im Fach Kunstwissenschaft mit einer Arbeit zum Motiv der Blindheit in Kunst und Wahrnehmungstheorie. Zahlreiche Aufsätze zu Themen der Kunst und Wahrnehmung. Publikationen u. a.: *Blinde Seher. Wahrnehmung von Wahrnehmung in der Kunst des 17. Jahrhunderts. Mit einem Anhang zur Entdeckung des Blinden Flecks im Jahre 1668* (1999); *Denis Diderot. Schriften zur Kunst* (Hg., 2005); „Magnetische Diagramme. William Gilberts Einübung ins indirekte Sehen“. *Evidentia. Reichweiten visueller Wahrnehmung in der Frühen Neuzeit*. Hg. v. Markus Friedrich, Karin Leonhard u. Gabriele Wimböck (2007); „Die weggeschnittenen Augenlider des Regulus. Zur verdeckten Antikenrezeption in einem Wort Heinrich von Kleists“. *Kleist-Jahrbuch* 2008/ 2009, S. 254-266; „Sicht und Einsicht. Zum Topos des blinden Mathematikers“. *Mathesis & Graphé. Leonard Euler und die Entfaltung der Wissenssysteme*. Hg. v. Horst Bredekamp u. Wladimir Velminski. Berlin, 2009, S. 67-83.

ANNA BERGMANN
Apl. Professorin für Kulturgeschichte an der Kulturwissenschaftlichen Fakultät der Europa-Universität Viadrina Frankfurt (Oder). Studium der Politik- und Sozialwissenschaften in Berlin. Gastprofessuren in Innsbruck, Graz, Klagenfurt und Braunschweig. Arbeitsschwerpunkte: Wahrnehmungsgeschichte des Körpers und des Todes; Kulturgeschichte der Anatomie, des medizinischen Menschenexperiments und der Transplantationsmedizin. Publikationen u. a.: *Die verhütete Sexualität. Die Anfänge der modernen Geburtenkontrolle* (1992); *Herzloser Tod. Das Dilemma der Organspende* (mit Ulrike Baureithel, 1999); *Die verhütete Sexualität. Die medizinische Bemächtigung des Lebens* (1998); *Der entseelte Patient. Die moderne Medizin und der Tod* (2004). *Klimakatastrophen, Pest und Massensterben in Europa. Christliche Angstbewältigung zwischen Rationalität und Opferkult in der Moderne* (in Vorbereitung).

HARTMUT BÖHME
Professor für Kulturtheorie und Mentalitätsgeschichte am Institut für Kulturwissenschaft der Humboldt Universität zu Berlin. Studium der Germanistik, Philosophie, Theologie und Pädagogik in Bonn und Hamburg. Gastprofessuren in den USA und Japan; Sprecher des SFB 644 „Transformationen der Antike“; Fellow am IKKM *Internationales Kolleg für Kulturtechnikforschung und Medienphilosophie der Bauhaus-Universität*. Arbeitsschwerpunkte: Kulturgeschichte seit der Antike; Kulturtheorie; Literaturgeschichte des 18. – 20. Jahrhunderts, Ethnopoesie und Autobiographik, Natur- und Technikgeschichte in den Überschneidungsfeldern von Philosophie, Kunst und Literatur, Historische Anthropologie. Publikationen u. a.: *Feuer Wasser Erde Luft. Kulturge-*

schichte der Naturwahrnehmung in den Elementen (gemeinsam mit Gernot Böhme, 1996); *Orientierung Kultuwissenschaft. Was sie kann, was sie will* (gemeinsam mit Peter Matussek u. Lothar Müller, 2000); *Fetischismus und Kultur. Eine andere Theorie der Moderne* (2006); *Übersetzung und Transformation* (Transformationen der Antike, Bd. 1) (Mhg., 2007); *Walter Benjamin: Aura und Reflexion. Schriften zur Kunsttheorie und Ästhetik* (Mhg., 2007).

MIRAN BOŽOVIČ
Professor für frühneuzeitliche Philosophie an der Universität von Ljubljana, Slowenien. Publikationen u. a.: *An Utterly Dark Spot. Gaze and Body in Early Modern Philosophy* (2000); Jeremy Bentham. *The Panopticon Writings* (Hg., 1995); „Of ,farther uses of the dead to the living': Hitchcock and Bentham". *Hitchcock. Past and Future.* Hg. v. Richard Allen u. Sam Ishii-Gonzales (2004); *Was Du nicht siehst. Blick und Körper 1700/1800* (2006); „The Omniscient Body". *Lacan. The Silent Partners*. Hg. v. Slavoj Žižek (2006).

ANDREA CARLINO
Professor für Medizingeschichte an der Universität Genf. Arbeitsschwerpunkte: Medizin und humanistische Kultur in Italien und Frankreich im 16. Jahrhundert; Medizin und Theater der Neuzeit. Publikationen u. a.: *La Fabbrica del corpo. Libri e dissezione nel Rinascimento* (1994); *Corps à vif. Art et anatomie* (Mhg., 1998); *Books of the Body. Anatomical Ritual and Renaissance Learning* (1999); *Paper Bodies. A Catalogue of Anatomical Fugitive Sheets in the Age of Printing and Dissecting* (1999); *Littérature et médecine. Approches et perspectives (XVIe-XIXe siècles)* (Mhg., 2007); *Vulgariser la médecine. A la recherche d'un style médical en France et en Italie (XVI et XVII siècles)* (Mhg., 2008).

SIMONE DE ANGELIS
PD Dr. phil.; Dozent am Institut für Germanistik der Universität Bern. 2000-2003 Stipendiat des Schweizerischen Nationalfonds; Aufenthalte in Padua, London, Herzog August Bibliothek Wolfenbüttel. Arbeitsschwerpunkte: Literatur und Wissen, Komparatistik, Darstellungsformen des Wissens, Medizin- und Wissenschaftsgeschichte. Publikationen u. a.: *Scholarly Knowledge. Textbooks in early modern Europe* (= Travaux d'Humanisme et Renaissance, N° CDXLVII) (Mhg. 2008); *Anthropologien. Genese und Konfiguration einer ,Wissenschaft vom Menschen' in der Frühen Neuzeit* (= Historia Hermeneutica Series Studia, Bd. 6, hg. v. Lutz Danneberg) (2010).

HANNO EHRLICHER
PD Dr. phil.; Dozent für romanische Literaturwissenschaft an der Universität Heidelberg. Publikationen u. a.: *Gewalt und Geschlecht. Bilder, Literatur und Diskurse im 20. Jahrhundert* (Mhg., 2002); *Die Kunst der Zerstörung. Gewaltfantasien und Manifestationspraktiken europäischer Avantgarden* (2001); *Cervantes' ,Novelas ejemplares' im Streitfeld der Interpretationen. Exemplarische Einführungen in die spanische Literatur der Frühen Neuzeit* (Mhg., 2006); *Zwischen Karneval und Konversion. Pilger und Pícaros in der spanischen Literatur der Frühen Neuzeit* (2010).

ERIKA FISCHER-LICHTE
Professorin am Institut für Theaterwissenschaft der Freien Universität Berlin und Direktorin des Internationalen Forschungskollegs *Verflechtungen von Theaterkulturen / Inter-*

weaving Performance Cultures. Mitglied der Academia Europaea, der Akademie der Wissenschaften zu Göttingen und der Berlin-Brandenburgischen Akademie der Wissenschaften. Gastprofessuren an der University of Indiana (Bloomington), der University of Washington (Seattle), der Theaterakademie St. Petersburg, beim Seminar des Japanischen Germanistikverbandes in Tateshina (Japan), der University of Washington (St. Louis), der University of California (Los Angeles), der Central Academy of Drama Beijing und der Duke University (North Carolina). Publikationen u. a.: *The Show and the Gaze of Theatre. A European Perspective* (1997); *Die Entdeckung des Zuschauers. Paradigmenwechsel auf dem Theater des 20. Jahrhunderts* (1997); *Das eigene und das fremde Theater* (1999); *Theater im Prozeß der Zivilisation. Zur Geschichte von Körper-Inszenierungen* (2000); *Ästhetische Erfahrung. Das Semiotische und das Performative* (2001); *Ästhetik des Performativen* (2004); *Theatre, Sacrifice, Ritual. Exploring Forms of Political Theatre* (2005); *Theaterwissenschaft. Eine Einführung in die Grundlagen des Fachs* (2010).

ZAKIYA HANAFI
Freie Autorin, Übersetzerin und Dometscherin. Arbeitsschwerpunkte u. a.: Maschinenliteratur der Renaissance und Frühen Neuzeit, politische Philosophie. 1991 Dissertation im Fachbereich Romanistik (Italienisch) an der Stanford University; 1991-1996 Assistenzprofessur für Französisch und Italienisch an der Universität Washington (Seattle); 2003-2009 Professorin an der Ca' Foscari Universität Venedig, Italien. 1994-1996 auch öffentliche Auftritte als Schriftstellerin und Musikerin in Seattle, WA. Publikationen u. a: *The Monster and the Machine. Magic, Medicine, and the Marvelous in the Time of the Scientific Revolution* (2000).

CYNTHIA KLESTINEC
Dr. phil.; Assistent Professor am Department of English der Miami University, Ohio. Promotion in Allgemeiner und Vergleichender Literaturwissenschaft (Komparatistik) an der University of Chicago 2001; 2001-2003 Forschungsstipendiatin des Max-Planck-Instituts für Wissenschaftsgeschichte Berlin und Lehrauftrag an der Harvard University; Assistenzprofessur für Literatur-, Kommunikations- und Kulturwissenschaft am Georgia Institute of Technology. Arbeitsschwerpunkte: Literatur und Kunst der Renaissance; Wissenschaftsgeschichte der Frühen Neuzeit; Darstellung von Krankheit und Schmerz. Publikationen u. a.: *Theaters of Anatomy. Pedagogy and Civility in the Post-Vesalian Era* (in Vorbereitung) sowie zahlreiche Artikel zu Kunst, Literatur und Anatomie der Renaissance.

RAFAEL MANDRESSI
Professor für Medizingeschichte am Centre Alexandre-Koyré/CRHST (CNRS-EHESS, Paris). Arbeitsschwerpunkte: Geschichte der Anatomie von der Renaissance bis zum 18. Jahrhundert; Ausformung und Anwendungen von Wissen über das Gehirn und seine Funktionen; Verhältnis von Medizin und Politik im Frankreich des 17. und 18. Jahrhunderts, „transatlantische Medizin“ in der Moderne. Publikationen u.a: *Le Regard de l'anatomiste. Dissections et invention du corps en Occident* (2003); zahlreiche Beiträge zur Medizingeschichte in internationalen Fachzeitschriften; Leitung von *Figures de la preuve* (2009); Beiträger in zahlreichen Anthologien wie *Histoire du corps* (2005) u.

Les lieux de savoir (2007); derzeit Arbeit an *La demeure des Intelligences. Une histoire du cerveau* (2010).

NICOLAS PETHES
Professor für Neugermanistik an der Ruhr-Universität Bochum. Studium in Köln und Hamburg; 1998 Promotion in Köln; danach Postdoc-Stipendiat und Mitarbeiter an den Universitäten Siegen, Köln und Stanford; 2003-2007 Leiter der Emmy Noether-Forschungsgruppe „Kulturgeschichte des Menschenversuchs" an der Universität Bonn; 2005-2009 Professor für Europäische Literatur und Mediengeschichte an der FernUniversität in Hagen. Arbeitsschwerpunkte: Literaturtheorie, literarische Anthropologie, literature and science-studies. Publikationen u. a.: *Gedächtnis und Erinnerung. Ein interdisziplinäres Lexikon* (Mhg., 2001); *Grenzgänge zwischen Wahn und Wissen. Zur Koevolution von Experiment und Paranoia 1850-1910* (Mhg., 2002); *Zöglinge der Natur. Der literarische Menschenversuch des 18. Jahrhunderts* (2007); *Das Beispiel. Epistemologie des Exemplarischen* (Mhg., 2007); *Kulturwissenschaftliche Gedächtnistheorien – Zur Einführung* (2008); *Kulturgeschichte des Menschenversuchs im 20. Jahrhundert* (Mhg., 2009).

HOLE RÖSSLER
Dr. des.; Assistent im Forschungsprojekt „Von der Präsentation zum Wissen. Athanasius Kircher und die Sichtbarmachung der Welt" am Historischen Seminar der Universität Luzern. Arbeitschwerpunkt: Theatralität in Kunst und Wissenschaft der Frühen Neuzeit. Publikationen u. a.: „‚Lachkabinett' und ‚großes Fest' der Physiker. Walter Grotrians ‚physikalischer Einakter' zu Max Plancks 80. Geburtstag". *Berichte zur Wissenschaftsgeschichte* 1 (2010) (gemeinsam mit Dieter Hoffmann u. Gerald Reuther); „Fürhang, Schirm und Sündendeck. Der Zusammenhang von Emblematik und Erkenntnistheorie in Georg Philipp Harsdörffers Figur des Schleiers". *Harsdörffers ‚Kunstverständige Discurse'*. Hg. v. Michael Thimann u. Claus Zittel (2009); *Urbs incensa. Ästhetische Transformationen der brennenden Stadt in der Frühen Neuzeit*. (Mhg. gemeinsam mit Vera Koppenleitner u. Michael Thimann 2010); *Licht und Evidenz. Zur Ästhetik des Wissens im 17. Jahrhundert* (in Vorbereitung).

PHILIPP SARASIN
Professor am Historischen Seminar der Universität in Zürich. Arbeitsschwerpunkte: Geschichte der Hygiene vom 18.-20. Jahrhundert; Geschichte der Bakteriologie; Wissenschaftsgeschichte; Theorie der Kulturgeschichte; Sozialgeschichte der Schweiz im 19. und 20. Jahrhundert. Publikationen u. a.: *Stadt der Bürger* (1998); *Reizbare Maschinen* (2001); *Geschichtswissenschaft und Diskursanalyse* (2003); *„Anthrax". Bioterror als Phantasma* (2004); *Michel Foucault zur Einführung* (2005); *Bakteriologie und Moderne. Studien zur Biopolitik des Unsichtbaren 1870-1920* (2007); *Darwin und Foucault. Genealogie und Geschichte im Zeitalter der Biologie* (2009).

THOMAS SCHNALKE
Prof. Dr. med.; Studium der Medizin in Würzburg und Marburg; 1987 Promotion zum Dr. med.; 1993 Habilitation für Geschichte der Medizin; 2000 Berufung auf die Professur für Geschichte der Medizin und Medizinische Museologie an der Medizinischen Fakultät Charité der Humboldt-Universität zu Berlin, verbunden mit der Leitung des

Berliner Medizinhistorischen Museums der Charité. Publikationen u. a.: *Diseases in Wax. The History of the Medical Moulage* (1995); *Medizin im Brief. Der städtische Arzt des 18. Jahrhunderts im Spiegel seiner Korrespondenz* (1997); „Der expandierte Mensch. Zur Konstitution von Körperbildern in anatomischen Sammlungen des 18. Jahrhunderts". *Medizin, Geschichte und Geschlecht. Körperhistorische Rekonstruktionen von Identitäten und Differenzen.* Hg. v. Frank Stahnisch u. Florian Steger (2005).

HELMAR SCHRAMM
Professor am Institut für Theaterwissenschaft der Freien Universität Berlin und Leiter des Teilprojekts „Theatrum Scientiarum" am Sonderforschungsbereich 447 „Kulturen des Performativen" der Freien Universität Berlin. Arbeitsschwerpunkt: theatrale Kultur im Spannungsfeld von Medien- und Wissenschaftsgeschichte. Publikationen u. a.: *Karneval des Denkens. Theatralität im Spiegel philosophischer Texte des 16. und 17. Jahrhunderts* (1996*); Cachaça. Fragmente zur Geschichte von Poesie und Imagination* (Mhg., 1996); *Bühnen des Wissens. Interferenzen zwischen Wissenschaft und Kunst* (Mhg., 2002); *Kunstkammer, Laboratorium, Bühne. Schauplätze des Wissens im 17. Jahrhundert* (Mhg., 2003); *Instrumente in Kunst und Wissenschaft. Zur Architektonik kultureller Grenzen im 17. Jahrhundert* (Mhg., 2005); *Spektakuläre Experimente. Praktiken der Evidenzproduktion im 17. Jahrhundert* (Mhg., 2005), *Spuren der Avantgarde: Theatrum machinarum. Frühe Neuzeit und Moderne im Kulturvergleich* (Mhg., 2008).

LUDGER SCHWARTE
Professor für Philosophie an der Kunstakademie Düsseldorf. Forschungsaufenthalte und Dozenturen an den Universität Paris 8 und am GACVS (Washington). Gastprofessuren an der Maison des Sciences de l'Homme (Paris), an der Columbia University (New York) und an der EHESS (Paris); 2006-2009 Assistenzprofessor an der Universität Basel. Mitherausgeber der Buchreihe *Theatrum-Scientiarum*. Publikationen u. a.: *Die Regeln der Intuition. Kunstphilosophie nach Adorno, Heidegger und Wittgenstein* (2000); *Kunst als Strafe. Zur Ästhetik der Disziplinierung* (Mhg., 2003); *Körper und Recht. Anthropologische Dimensionen der Rechtsphilosophie* (Mhg., 2003); *Tiere. Eine andere Anthropologie* (Mhg., 2004); *Philosophie der Architektur* (2009).

PHILIPPE SERS
Dr. phil.; Dozent für Philosophie an der École Nationale Supérieure d'Architecture de Paris-La-Vilette sowie Lehrtätigkeit am Collège international de philosophie (Paris), der Universidad Central de Chile, der Universidad Nacional de La Plata (Argentinien) und der Université Saint-Esprit de Kaslik (Libanon). Herausgeber des Gesamtwerks Wassily Kandinskys sowie zahlreicher Kunst- und Architekturbücher mit Schwerpunkt auf Werken der west- und osteuropäischen Avantgarde. 1987 Auszeichnung mit dem *Grand Prix national pour l'édition d'art et d'architecture*; Publikationen u. a.: *Kandinsky. Philosophie de l'art abstrait, peinture, poésie, scénographie* (1995); *Sur Dada. Essai sur l'expérience dadaïste de l'image. Entretiens avec Hans Richter* (1997); *Totalitarisme et avant-gardes.Falsification et vérité en art* (2001); *Icônes et saintes images. La représentation de la transcendance*(2002); *Résonance intérieure. Dialogue avec Yolaine Escande sur l'expérience artistique et surl'expérience spirituelle en Chine et en Occi-*

dent (2003); *L'Avant-garde radicale. Le renouvellementdes valeurs dans l'art du XXe* (2004), *Duchamp confiscqué, Marcel retrouvé* (2009).

MICHAEL STOLBERG
Prof. Dr. med. Dr. phil.; 1985-87 ärztliche Tätigkeit; 1986 Promotion in Medizin; 1987-89 DFG-Stipendiat in Italien; 1989-1995 Assistent am medizinhistorischen Institut der TU München; 1992 medizingeschichtliche Habilitation; 1994 Zweitpromotion in Neuerer Geschichte; 1995/96 Stipendiat am Centro tedesco di studi veneziani; 1996-2001 Heisenbergstipendiat der DFG in Cambridge (England) und München; 2001-2003 Mitarbeiter am Münchener Sonderforschungsbereich 573 „Pluralisierung und Autorität in der Frühen Neuzeit". Seit 2004 Vorstand des Instituts für Geschichte der Medizin der Universität Würzburg. Publikationen u. a.: „Der gesunde Leib. Zur Geschichtlichkeit frühneuzeitlicher Körpererfahrung". *„Erfahrung" als Kategorie der Frühneuzeitgeschichte*. Hg. v. Paul Münch (2001); „A Woman Down to her Bones: The Anatomy of Sexual Difference in Early Modern Europe". *Isis* 94 (2003); *Homo patiens. Krankheits- und Körpererfahrung in der Frühen Neuzeit* (2003); *Die Harnschau. Eine Kultur- und Alltagsgeschichte* (2009).

NICOLA SUTHOR
PD Dr. phil.; Vertretungsprofessur am Institut für Europäische Kunstgeschichte an der Universität Heidelberg; 2001-2003 Postdoktorandin am Graduiertenkolleg „Körper-Inszenierungen" der Freien Universität Berlin; 2004-2006 Aufenthalt als Postdoktorandin am Kunsthistorischen Institut in Florenz (Max-Planck-Institut); 2006 Gastdozentin am Institut für Kunst und Kunstgeschichte der Stanford University, 2008 Habilitation. Publikationen u. a.: *Ars et scriptura* (Mhg., 2001); *Augenlust bei Tizian. Zur Konzeption sensueller Malerei in der Frühen Neuzeit* (2004); *Ansteckung. Zur Körperlichkeit eines ästhetischen Prinzips* (Mhg., 2005); *Verklärte Körper. Ästhetische Strategien der Transfiguration* (Mhg., 2006); *Im Agon der Künste* (Mhg., 2007); *Bravura. Ein Concetto für Theorie und Praxis der Malerei vom 16.-18. Jahrhundert* (in Vorbereitung).

BETTE TALVACCHIA
Professorin am Institut für Kunstgeschichte der University of Conneticut. Promotion in Kunstgeschichte an der Stanford University; Stipendiatin am Metropolitan Museum of Art (New York), am Center for Advanced Study for the Visual Arts (National Gallery Washington, D.C.), am Institute for Advanced Study (Princeton), am Fulbright Programm, an der Villa I Tatti und am Harvard University Center for Research in Italian Renaissance Studies; 2002-2003 Gastprofessorin an der Harvard University. Arbeitsschwerpunkte: Italienische Renaissance (insbesondere Hofkunst) und Gender Studies. Publikationen u. a.: *Taking Positions. On the Erotic in Renaissance Culture* (1999); *Raphael* (2007).

CLAUS VOLKENANDT
PD Dr. phil.; Dozent am Kunsthistorischen Seminar der Universität Basel und am Soziologischen Seminar der Universität Luzern. Arbeitsschwerpunkte: Niederländische Kunst des 17. Jahrhunderts, Klassische Moderne und Gegenwartskunst; bildgeschichtliche Fragestellungen, interkulturelle Kunstgeschichte. Publikationen u. a.: *Rembrandt.*

Anatomie eines Bildes (2004); *Kunstgeschichte und Weltgegenwartskunst. Konzepte – Methoden – Perspektiven* (Hg., 2004); *Logik der Bilder. Präsenz – Repräsentation – Erkenntnis* (Mhg., 2005); *Between Indigenous Australia and Europe: John Mawurndjul. Art Histories in Context (Mhg., 2009); Übersetzte Wirklichkeit. Studien zum Bildverständnis Piet Mondrians zwischen 1908 bis 1919* (in Vorbereitung).

ALLEN S. WEISS
Außerordentlicher Professor für Performance Studies und Filmwissenschaft an der Tisch School of the Arts an der New York University (NYU). Arbeitsschwerpunkte: experimenteller Film, experimentelles Radio und Theater, experimentelle Klangkunst, poststrukturale Narratologie und Literaturtheorie. Publikationen u. a.: *Mirrors of Infinity. The French Formal Garden and 17th-Century Metaphysics* (1996); *Experimental Sound and Radio* (2000); *Feast and Folly. Cuisine, Intoxication, and the Poetics of the Sublime* (2002); *Breathless. Sound Recording, Disembodiment, and the Transformation of Lyrical Nostalgia* (2002); *The Wind and the Source. In the Shadow of Mont Ventoux* (2006).

ANNA WIECZORKIEWICZ
Professorin am Institut für Philosophie und Soziologie an der Polnischen Akademie der Wissenschaften, am Institut für Ethnologie und Kulturanthropologie der Universität Warschau und an der Postgraduate School of Social Research. Studium der Polnischen Philologie und Ethnologie in Warschau; Promotion und Habilitation an der Polnischen Akademie der Wissenschaften. Forschungsaufenthalte u. a. an der New School University (New York), San Diego State University, Amsterdam School of Social Science Research sowie an Universitäten in Milan und Florenz. Arbeitsschwerpunkte: kulturelle Repräsentation, Anthropologie des Körpers, Anthropologie des Tourismus und Museologie. Publikationen u. a.: *Wędrowcy fikcyjnych światów. Rycerz, pielgrzym i włóczęga* (1997); *Muzeum ludzkich ciał. Anatomia spojrzenia* (2000); *Apetyt Turysty*, (2008); *Monstruarium* (2009).

GEORG WITTE
Professor am Peter-Szondi-Institut für Allgemeine und Vergleichende Literaturwissenschaft sowie am Osteuropa-Institut der Freien Universität Berlin. Studium der Germanistik und Slavistik in München, Köln und Bochum. Arbeitsschwerpunkte: Geschichte der inoffiziellen russischen Literatur und Kunst in der spätsowjetischen Periode; Literatur und technische Medien in der Stalinära; Diskurse des Autors in der russischen Literatur seit dem 18. Jahrhundert. Publikationen u. a.: Dmitrij A. Prigov. *Milicaner i drugie* (Mhg. u. Übersetzer, 1996); *Die Musen der Macht. Medien in der sowjetischen Kultur der 20er und 30er Jahre* (Mhg., 2003); Lev Rubinštejn. *Programm der gemeinsamen Erlebnisse* (Mhg. u. Übersetzer, 2003); *Die Sichtbarkeit der Schrift* (Mhg., 2006); *Der dementierte Gegenstand. Artefaktskepsis der russischen Avantgarde zwischen Abstraktion und Dinglichkeit* (Mhg., 2008); *Die Verletzlichkeit der Dinge. Ikonoklasmen in der russischen Avantgarde und Postavantgarde* (in Vorbereitung).

Bildnachweise/Bildrechte

Schnalke: (Abb. 1) Staatsbibliothek zu Berlin, Preußischer Kulturbesitz, Kartenabteilung (Sign. 44.698); (Abb. 2) Andreas Vesal. *De humani corporis fabrica libri septem*. Basel, 1543. Berliner Medizinhistorisches Museum der Charité (o. Sign.); (Abb. 3) Rijksmuseum Amsterdam (Sign. R-P-T-OB-9827); (Abb. 4) Johann G. Puschner. *Amoenitates Altdorfinae oder Eigentliche nach dem Leben gezeichnete Prospecten der Löblichen Nürnbergischen Universitaet Altdorf* [...]. Nürnberg, um 1720, o. S. Tafel 12. Universitätsbibliothek Erlangen (Sign. 2° Trew C 348); (Abb. 5) Caspar F. Neickel. *Museographia* [...]. Leipzig u. Breslau, 1727. Staatsbibliothek zu Berlin, Preußischer Kulturbesitz, Rara (Sign. HA 6 Cc 100). **Böhme**: (Abb. 1) Öffentliche Kunstsammlung Basel, Kunstmuseum (Fotografie: Martin Bühler); (Abb. 2) Kunstsammlungen zu Weimar (Albrecht Dürer, Selbstbildnis als Akt. KK106); (Abb. 3 u. 4) K.B. Roberts u. J.D.W. Tomlinson. *The Fabric of the Body. European Traditions of Anatomical Illustrations*. New York, 1992; (Abb. 5) Mauritshuis, Den Haag; (Abb. 6) Amsterdam Historisch Museum. **Mandressi**: (Abb. 1): Realdo Colombo. *De re anatomica*. Venedig, 1559. **Rößler**: (Abb. 1): Martin Zeiller u. Matthäus Merian. *Topographia und Eigentliche Beschreibung Der Vornembsten Stäte, Schlösser auch anderer Plätze und Örter in denen Hertzogthümern Braunschweig und Lüneburg* [...]. Franckfurt, 1654, o. P. [vor S. 31]. Universitätsbibliothek Basel (Sign: EUU I 32); (Abb. 2): Gottfried Wilhelm Leibniz. *Protogaea sive de prima facie telluris et antiquissimae historiae vestigiis in ipsis naturae monumentis dissertatio*. Göttingen, 1749, o. P. [Tab. 1]. Universitätsbibliothek Basel (Sign: hu I 6); (Abb. 3): Jürgen Müller (Hg.). *Die Masken der Schönheit. Hendrick Goltzius und das Kunstideal um 1600* [Ausst.kat.]. Hamburg, 2002, S. 167; (Abb. 4): N.N. *Anatomisches Theater der Universität Altdorf bei Nürnberg*. Kupferstich, 1650/1660. Germanisches Nationalmuseum Nürnberg (Inv.Nr. HB25432, Kapsel 1198). **Carlino**: (Abb. 1-2): David Freedberg. *The Power of Images*. Chicago u. London, 1989, S. 7. **Stolberg**: (Abb. 1-2): Felix Platter. *De corporis humani structura et usu libri III*. Basel, 1583, Buch 3, Tafel II u. Tafel VIII (Fig. VIII); (Abb. 3) Fotografie: Michael Stolberg. **De Angelis**: (Abb. 1-4): Costanzo Varolio. *De nervis opticis*. Brüssel, 1969 [Nachdruck d. Ausgabe Padua, 1573]; (Abb. 5-10): Giulio Casseri. *Anatomische Tafeln Verdeutschet*. Frankfurt a. M., 1656. Mit freundlicher Genehmigung der Universitätsbibliothek Bern. **Ehrlicher**: (Abb. 1) Johannes de Ketham. *Fasciculo di Medicina*. Venedig, 1494; (Abb. 2) Andreas Vesalius. *De humani corporis fabrica libri septem*. Basel, 1543 u. 1555. **Wieczorkiewicz**: (Abb. 1): Adrianus Spigelius. *De formato foetu liber singularis*. Padua, 1626, Tab. 4. Quellenstandort online: http://www.nlm.nih.gov/exhibition/dreamanatomy/da_g_I-D-4-01.html. **Bergmann**: (Abb. 1): Karl E. Rothschuh. *Konzepte der Medizin in Vergangenheit und Gegenwart*. Stuttgart, 1978, S. 143; (Abb. 2): *Wie ein zweites Leben. Organspende schenkt Leben*. Hg. v. Bundeszentrale für gesundheitliche Aufklärung. Köln 2002, S. 35. **Talvacchia**: (Abb. 1): Albertina (Wien); (Abb. 2): The Ashmolean – Museum of Art and Archaeology (Oxford); (Abb. 3): Casa Buonarroti

(Florenz); (Abb. 4): Kunsthaus (Zürich); (Abb. 5-6): Robert Mapplethorpe Foundation. **Hanafi:** (Abb. 1 u. 4): National Gallery (London); (Abb. 2 u. 3): Galleria palatina (Florenz); (Abb. 5): Tribuna degli Uffizi (Florenz). **Volkenandt:** (Abb. 1-5): Mediathek des Kunsthistorischen Seminars der Universität Basel. **Suthor:** (Abb. 1-4): *Minotaure* Bd. 1 (1933), Bl. 1-4; (Abb. 5): Musée Picasso (Paris); (Abb. 6 u. 13): Werner Spies. *Pablo Picasso: Wege zur Skulptur; die Carnets Paris und Dinard von 1928* [Ausst.kat.]. München u. New York 1995, Cahier 9 u. 1; (Abb. 7 u. 8): Heinrich Lautensack. *Des Zirkels und Richtscheids*. Frankfurt a. M., 1564, o. S.; (Abb. 9-12): Giovanni Battista Braccelli. *Bizzarie di Varie Figure*. Hg. v. Max Faust. Nördlingen, 1981, S. 18, 43, 32 u. 47. **Pethes:** (Abb. 1 u. 2): *A Clockwork Orange*, © Warner Bros. and Polaris Production Inc. 1971.

Gesamtliteraturverzeichnis

Abramović, Marina. *Seven Easy Pieces*. Mailand, 2007.

Abriano, F. *Annali di padova*. MS. BP 149. Library of the Civic Museum, Padua.

Acta nationis germanicae artistarum. Hg. v. Antonio Favaro. Venedig, 1911-1912 [Tipografia emiliana].

Adelman, Janet. „Making Defect Perfection. Shakespeare and the One-Sex Model". *Enacting Gender on the English Renaissance Stage*. Hg. v. Viviana Comensoli u. Anne Russell. Urbana u. Chicago, 1999, S. 23-52.

Agricola, Georg. *Zwölf Bücher vom Berg- und Hüttenwesen*. Übs. v. Carl Schiffner. München, 1994.

Alberti, Leon Battista. *Della Pittura. Über die Malkunst*. Hg. u. übs. v. Oskar Bätschmann u. Sandra Gianfreda. Darmstadt, 2002.

Alberti Lopez, Luis. *La anatomía y los anatomistas españoles del Renacimiento*. Madrid, 1948.

Alston, Mary N. „The Attitude of the Church Towards Dissection Before 1500". *Bulletin of the History of Medicine* 3 (1944), S. 221-238.

Althusius, Johannes. *Politica methodice digesta*. [Herborn, 1603].

Andrews, Richard. *Scripts and Scenarios. The Performance of Comedy in Renaissance Italy*. Cambridge, Mass., 1993.

Andriopoulos, Stefan. *Besessene Körper. Hypnose, Körperschaft und die Erfindung des Kinos*. München, 2000.

Angelo, Bartolomeo d'. *Ricordo del ben morire, doue s'insegna a ben viuere, & ben morire, et il modo d'aiutare a ben morire gl'infermi & di consolare, e confortare gli condennati a morte*. Brescia, 1589.

Angenendt, Arnold. *Heilige und Reliquien. Die Geschichte ihres Kultes vom frühen Christentum bis zur Gegenwart*. München, 1994.

Angstmann, Else. *Der Henker in der Volksmeinung. Seine Namen und sein Vorkommen in der mündlichen Volksüberlieferung*. Halle a. d. Saale, 1928.

Apollinaire, Guillaume. *Les Peintres Cubistes*. Paris, 1980.

Archivio di Stato di Roma. *Arciconfraternita di San Givanni Decollato*.

Aristoteles. „Rhetorik". *Aristoteles Werke in deutscher Übersetzung*. 19 Bde. Hg. v. Ernst Grumach u. Hellmut Flashar. Übs. v. Christof Rapp. Berlin, 2002, Bd. 4.1, S. 15-165.

Art. „Radiophonie". *Meyers Konversationslexikon*. Leipzig u. a., 1889, Bd. 13, S. 543.

Artelt, Walter. „Die anatomisch-pathologischen Sammlungen Berlins im 18. Jahrhundert". *Klinische Wochenschrift* 15 (1936), S. 96-99.

Asmus, V. „Marksizm i kul'turnaja tradicija". *Revoljucija i kul'tura* 3/4 (1927), S. 10-16.

Augustinus. *Vom Gottesstaat*. 2 Bde. Hg. v. Carl Andresen. Übs. v. Wilhelm Thimme. München, 1985.

Azzaroli Puccetti, Maria Luisa. „La Spècola. The Zoological Museum of the University of Florence". *Curator* 15 (1972), S. 93-112.

Bachtin, Michail M. *Literatur und Karneval. Zu Romantheorie und Lachkultur*. Frankfurt a. M., 1990.

Bacon, Francis. „The Advancement of Learning“. *The Works of Francis Bacon.* 7 Bde. Hg. v. James Spedding, Robert L. Ellis u. Douglas D. Heath. London, 1859, Bd. 3, S. 253-491.

Bacon, Francis. „Of Seditions and Troubles“. *The Essays*. Hg. v. John Pitcher. London, 1985, S. 101-107.

Baggiolini, Marco. *Über die Stätten anatomischer Tätigkeit in Basel von der Gründungszeit der Universität bis zur Erstellung des ersten Anatomischen Institutes unter besonderer Berücksichtigung des Theatrum anatomicum von 1589.* Diss. med. Basel, 1962.

Baier, Johann Jacob. *Wahrhaffte und Gründliche Beschreibung Der Nürnbergischen Universität-Stadt Altdorff* [...]. Altdorf, 1714.

Baldinger, Max. „Aberglaube und Volksmedizin in der Zahnheilkunde“. *Volksmedizin. Probleme und Forschungsgeschichte.* Hg. v. Elfriede Grabner. Darmstadt, 1967, S. 116-199.

Baldinucci, Filippo. *Notizie dei Professori del Disegno* [...]. Hg. v. Ferdinando Ranalli. 5 Bde. Florenz, 1845-1847, Bd. 3, 1846.

Ball, Hugo. *Die Flucht aus der Zeit*. Zürich, 1992.

Baltrušaitis, Jurgis. *Imaginäre Realitäten. Fiktion und Illusion als produktive Kraft*. Übs. v. Henning Ritter. Köln, 1984.

Bannister, Lawrence H. u. a. (Hg.). *Gray's Anatomy. The Anatomical Basis of Medicine and Surgery.* 38. Aufl. Edinburgh u. a., 1995.

Barolsky, Paul. „The Pleasurable Deceits of Bronzino's so-called London Allegory“. *Source* 10.3 (1991), S. 32-36.

Bartholin, Kaspar. *Institutions anatomiques*. Paris, 1647.

Bartholin, Thomas. „De Lacteis Thoracicis Historia Anatomica. De Lacteis Thoracicis Dubia Anatomica“. *Messis Aurea Triennalis, Exhibens; Anatomica: Novissima et Utilissima Experimenta. Ex Editione Siboldi Hemsterhuis, Med. Doct. & Chirurg.* Leiden, 1654.

Bauhin, Caspar. *Theatrum anatomicum*. Basel, 1605.

Bauhin, Caspar. *Vivae imagines partium corporis humanis aeneis formis expressae & ex theatro anatomico Caspari Bauhini desumptae*. Frankfurt, 1620.

Baureithel, Ulrike u. Anna Bergmann. *Herzloser Tod. Das Dilemma der Organspende*. Stuttgart, 1999.

Bayer, Francis. *De Schönberg à Cage. Essai sur la notion d'espace sonore dans la musique contemporaine*. Paris, 1981.

Becker, Peter Emil. *Wege ins Dritte Reich.* 2 Bde. Stuttgart, 1988-1990.

Behrens, Georg Henning. *Hercynia curiosa i.e. Curiöser Hartz-Wald* [...]. 3. Aufl. Nürnberg u. Altdorf, 1720.

Beissel, Stephan. *Die Verehrung der Heiligen und ihrer Reliquien in Deutschland im Mittelalter*. Darmstadt, 1991.

Bell, Alexander Graham. „On the Production and Reproduction of Sound by Light“. *American Journal of Science* 20 (1880), S. 305-324.

Bellarmino, Roberto. *Le sette parole di Cristo in croce. L'arte di ben morire*. Hg. u. übs. v. Celestino Testore. Turin, 1946.

Belting, Hans. „Aus dem Schatten des Todes. Bild und Körper in den Anfängen“. *Der Tod in den Weltkulturen und Weltreligionen.* Hg. v. Constantin von Barloewen. Düsseldorf u. Köln, 1996, S. 92-136.

Belting, Hans. *Bild-Anthropologie. Entwürfe für eine Bildwissenschaft*. München, 2001.

Benedetti, Alessandro. *Anatomice sive historia corporis humani*. Paris, 1514.

Benedetti, Alessandro. *Historia corporis humani sive Anatomice*. Hg. u. übs. v. Giovanna Ferrari. Florenz, 1998.

Benjamin, Walter. *Briefe*. Hg. v. Gershom Scholem u. Theodor W. Adorno. 2 Bde. Frankfurt a. M., 1966.

Benjamin. „Privilegiertes Denken. Zu Theodor Haeckers ‚Vergil'". *Gesammelte Schriften*. Hg. v. Rolf Tiedemann u. Hermann Schweppenhäuser. Frankfurt a. M., 1972, Bd. III, S. 315-322.

Benjamin, Walter. „Über den Begriff der Geschichte". *Gesammelte Schriften*. 7 Bde. Hg. v. Rolf Tiedemann u. Hermann Schweppenhäuser. Frankfurt a. M., 1974, Bd. I.2, S. 691-704.

Benjamin, Walter. „Ursprung des deutschen Trauerspiels". *Gesammelte Schriften*. 7 Bde. Hg. v. Rolf Tiedemann u. Hermann Schweppenhäuser. Frankfurt a. M., 1974, Bd. I.1, S. 203-430.

Benjamin, Walter. „Über die Sprache überhaupt und über die Sprache des Menschen". *Gesammelte Schriften*. 8 Bde. Hg. v. Rolf Tiedemann u. Hermann Schweppenhäuser. Frankfurt a. M., 1977, Bd. II.1, S. 140-157.

Benjamin, Walter. „Zur Kritik der Gewalt". *Gesammelte Schriften*. Hg. v. Rolf Tiedemann u. Hermann Schweppenhäuser. Frankfurt a. M., 1977, Bd. II.1, S. 179-204.

Benson, Timothy. „Mysticism, Materialism, and the Machine in Berlin Dada". *Art Journal* 1 (1987), S. 46-55.

Bentham, Jeremy. „Auto-Icon; or, Farther Uses of the Dead to the Living. A Fragment". From the unpublished MSS. of Jeremy Bentham (Exemplar der Houghton Library, Harvard University).

Bentham, Jeremy. „A Fragment on Ontology". *The Panopticon Writings*. Hg. v. Miran Bozovic. London, 1995, S. 115-158.

Berengario da Carpi, Jacopo. *Commentaria, cum amplissimis Additionibus super Anatomia Mundini, una cum textu ejusdem in pristinum et verum nitorem redacto*. Bologna, 1521.

Berger, John. *Sehen. Das Bild der Welt in der Bilderwelt*. Übs. v. Axel Schenck. Reinbek b. Hamburg, 1974.

Bergmann, Anna. „Töten, Opfern, Zergliedern und Reinigen in der Konstitutionsgeschichte des modernen Körpermodells". *Metis* 6.11 (1997), S. 45-64.

Bergmann, Anna. „Chimärenzeugungen. Prinzipien des Zerstückelns und Neuzusammensetzens in der Transplantationsmedizin". *Optimierung und Zerstörung. Intertheoretische Analysen zum menschlich Lebendigen*. Hg. v. Maria Wolf. Innsbruck, 2000, S. 135-157.

Bergmann, Anna. *Der entseelte Patient. Die moderne Medizin und der Tod*. Berlin, 2004.

Berkeley, George an Samuel Johnson [24. März 1730]. *Philosophical Works*. Hg. v. Michael R. Ayers. London, 1975, S. 353-355.

Berkeley, George. „A Treatise concerning the Principles of Human Knowledge". *Philosophical Works*. Hg. v. Michael R. Ayers. London, 1975, S. 61-127.

Berkeley, George. „Three Dialogues Between Hylas and Philonous". *Philosophical Works*. Hg. v. Michael R. Ayers. London, 1975, S. 129-207.

Bernard, Claude. *Einführung in das Studium der experimentellen Medizin*. Leipzig, 1961.

Berra, Giacomo. „Immagini casuali, figure nascoste e natura antropomorfa nell'immaginario artistico rinascimentale". *Mitteilungen des Kunsthistorischen Instituts in Florenz* 2.3 (1999), S. 358-419.

Bexte, Peter. *Blinde Seher. Wahrnehmung von Wahrnehmung in der Kunst des 17. Jahrhunderts. Mit einem Anhang zur Entdeckung des Blinden Flecks im Jahre 1668*. Dresden, 1999.

Bexte, Peter. „Licht und Fleisch im 17. Jahrhundert. Die Entdeckung des blinden Flecks". *Lichtgefüge des 17. Jahrhunderts. Rembrandt und Vermeer – Spinoza und Leibniz*. Hg. v. Carolin Bohlmann, Thomas Fink u. Philipp Weiss. München, 2008, S. 79-90.

Biran, Maine de. *Influence de l'Habitude sur la faculté de penser* [1803]. Paris, 1954.

Birnie Danzker, Jo-Anne (Hg.). *Theo van Doesburg. Maler – Achitekt*. München, London u. New York, 2000.

Bleker, Johanna u. Volker Hess (Hg.). *Die Charité. Geschichte(n) eines Krankenhauses*. Berlin, 2010

Bleuler, Eugen u. Karl Lehmann. *Zwangsmäßige Lichtempfindungen durch Schall und verwandte Erscheinungen auf dem Gebiete der anderen Sinnesempfindungen*. Leipzig, 1881.

Bloch, Ernst. „Technik und Geistererscheinungen (1935)". *Verfremdungen I*. Frankfurt a. M., 1963, S. 177-185.

Blotkamp, Carel (Hg.). *De Stijl. The Formative Years, 1917-1922*. Cambridge, Mass., u. London, 1986.

Blumenberg, Hans. *Die Legitimität der Neuzeit*. Frankfurt a. M., 1966.

Blumenberg, Hans. *Der Prozeß der theoretischen Neugierde*. Frankfurt a. M., 1973.

Blumenberg, Hans. *Die Lesbarkeit der Welt*. Frankfurt a. M., 1989.

Blumenberg, Hans. *Höhlenausgänge*. Frankfurt a. M., 1996.

Bodin, Jean. *Six livres de la République*. Paris, 1576.

Boehm, Gottfried. *Bildnis und Individuum. Über den Ursprung der Porträtmalerei in der italienischen Renaissance*. München, 1985.

Boehm, Gottfried. „Strom ohne Ufer. Anmerkungen zu Claude Monets Seerosen". *Claude Monet. Nympheas. Impression – Vision* [Ausst.kat.]. Basel u. Zürich, 1986, S.117-127.

Boehm, Gottfried. „Werk und Serie. Probleme des modernen Bildbegriffs seit Monet". *Claude Monet und die Moderne* [Ausst.kat.]. Hg. v. Karin Sagner-Düchting. München, London u. New York, 2001 S. 155-163.

Boehm, Gottfried. „Zwischen Auge und Hand. Bilder als Instrumente der Erkenntnis". *Mit dem Auge denken. Strategien der Sichtbarmachung in wissenschaftlichen und virtuellen Welten*. Hg. v. Bettina Heintz u. Jörg Huber. Wien u. New York, 2001, S. 43-54.

Boerlin, Paul H. (Hg.). *Das Amerbach-Kabinett*. Basel, 1991, Bd. 1: Die Gemälde.

Bogen, Steffen u. Felix Thürlemann. „Jenseits der Opposition von Text und Bild. Überlegungen zu einer Theorie des Diagramms und des Diagrammatischen". *Die Bildwelt der Diagramme Joachims von Fiore. Zur Medialität religiös-politischer Programme im Mittelalter*. Hg. v. Alexander Patschovsky. Stuttgart, 2003, S. 1-22.

Böhme, Hartmut. „Der Wettstreit der Medien im Andenken der Toten". *Der zweite Blick. Bildgeschichte und Bildreflexion*. Hg. v. Hans Belting u. Dietmar Kamper. München, 2000, S. 23-43.

Böhme, Hartmut. „Himmel und Hölle als Gefühlsräume". *Emotionalität. Zur Geschichte der Gefühle*. Hg. v. Claudia Benthien, Anne Fleig u. Ingrid Kasten. Köln, 2000, S. 60-81.

Böhme, Hartmut. *Fetischismus und Kultur. Eine andere Theorie der Moderne*. Reinbek b. Hamburg, 2006

Boisacq, Marie-Jeanne. „L'anatomie dans l'*Encyclopédie*". *La Matière et l'Homme dans l'Encyclopédie*. Hg. v. Sylviane Albertan Coppola u. Anne-Marie Chouillet. Paris, 1998, S. 81-89.

Bölsche, Wilhelm. *Die naturwissenschaftlichen Grundlagen der Poesie. Prolegomena einer realistischen Aesthetik*. Leipzig, 1887.

Bölsche, Wilhelm. *Entwicklungsgeschichte der Natur in zwei Bänden*. 2 Bde. Berlin, 1894.

Bölsche, Wilhelm. *Die Entwicklungslehre (Darwinismus)*. Berlin-Charlottenburg, 1900.

Bölsche, Wilhelm. *Ernst Haeckel. Ein Lebensbild*. Dresden, 1900.

Bölsche, Wilhelm. *Goethe im zwanzigsten Jahrhundert. Ein Vortrag*. Berlin u. Bern, 1901.

Bölsche, Wilhelm. *Vom Bazillus zum Affenmenschen. Naturwissenschaftliche Plaudereien*. 3. Aufl. Jena, 1904.

Bölsche, Wilhelm. *Das Liebesleben in der Natur. Eine Entwickelungsgeschichte der Liebe*. Jena, 1927.

Bölsche, Wilhelm. *Was muss der neue deutsche Mensch von Naturwissenschaft und Religion fordern?* Berlin, 1934.

Bölsche, Wilhelm u. Heinrich Harder. *Tiere der Urwelt. Rekonstruktionen nach verschiedenen wissenschaftlichen Vorlagen*. Hg. v. d. Kakao-Compagnie Theodor Reichardt GmbH. Wandsbek, o. J. [ca. 1900].

Bonaventura [Ernst August Friedrich Klingemann]. *Nachtwachen*. Hg. v. Wolfgang Paulsen. Stuttgart, 1990.

Bonds, Mark Evan. *A History of Music in Western Culture*. Upper Saddle River, NJ, 2006.

Bonneau, Georges-Pierre, Thomas Ertl u. Gregory M. Nielsen (Hg.). *Scientific Visualization. The Visual Extraction of Knowledge from Data*. Berlin u. a., 2006.

Borck, Cornelius. „Sound Work and Visionary Prosthetics. Artistic Experiments in Raoul Hausmann". *Papers of Surrealism* 4 (2005). Quellenstandort online: http://www.surrealismcentre.ac.uk/papersofsurrealism/journal4/acrobat%20files/Borckpdf.pdf (20.02.2009).

Bosch, Lynette M.F. „Bronzino's London Allegory. Love versus Time". *Source* 9.2 (1990), S. 30-35.

Botero, Ioannis. *Gründlicher Bericht, von Anordnungen guter Policeyen und Regiments* [...]. Straßburg, 1596.

Botero, Giovanni. *Della ragion di Stato* [Venedig, 1589]. 10 Bde. Hg. v. Chiara Continisio. Rom, 1997.

Boulez, Pierre. *Penser la musique aujourd'hui*. Paris, 1963.

Bowlt, John E. „Body Beautiful. The Artistic Search for the Perfect Physique". *Laboratories of Dreams. The Russian Avant-Garde and Cultural Experiment*. Hg. v. dems. u. Olga Matich. Stanford, 1996, S. 37-58.

Boyle's Papers (Library of the Royal Society). Vol. XIX, fol. 1-35.

Boyle, Robert. *The Works of the Honourable Robert Boyle*. 5 Bde. Hg. v. Thomas Birch. London, 1772.

Bozovic, Miran. „Auto-Iconicity and Its Vicissitudes. Bentham and Plato". *Helios* 31 (2004), S. 223-245.

Braunfels, Sigrid, Karl Herzog u. Friedrich Hiller. *Der „vermessene Mensch". Anthropometrie in Kunst und Wissenschaft*. München, 1973.

Bredekamp, Horst u. a. (Hg.). *Theater der Natur und Kunst. Wunderkammern des Wissens*. 2 Bde. [Essays, Katalog]. Berlin, 2000.

Bredekamp, Horst. *Antikensehnsucht und Maschinenglauben. Die Geschichte der Kunstkammer und die Zukunft der Kunstgeschichte*. Berlin, 1993.

Brednich, Rolf Wilhelm (Hg.). *Enzyklopädie des Märchens. Handwörterbuch zur historischen und vergleichenden Erzählforschung*. 12 Bde. Berlin, 1977ff.

Bresc-Bautier, Geneviève. „Reliquiare. Das Fragment des heiligen Körpers". *Das Fragment. Der Körper in Stücken* [Ausst.kat.]. Frankfurt a. M., 1990, S. 47-50.

Breton, André. *Anthologie des schwarzen Humors*. München, 1972.

Breton, André. „Erstes Manifest des Surrealimus (1924)". *Die Manifeste des Surrealismus*. Übs. v. Ruth Henry. Reinbek b. Hamburg, 2004, S. 9-43.

Brieux, Alain. „L'aventure d'un livre". *Braccelli. Bizzarie*. Hg. v. dems. Paris, 1963 [Nachdruck d. Ausgabe Florenz, 1624], S. 21-36.

Brockbank, William. „Old anatomical theatres and what took place therein". *Medical History* XII (1968), S. 371-384.

Brown, Peter. *Die Heiligenverehrung*. Leipzig, 1991.

Brückner, Wolfgang. *Bildnis und Brauch. Studien zur Bildfunktion der Effigies*. Berlin, 1966.

Brunelli, Bruno. „Francesco Portenari e le Cantate delgi Accademici padovani". *Atti del Reale Istituto Veneto di Scienze, Lettere ed Arti* 79.2 (1919-20), S. 595-607.

Brunelli, Bruno. „Due accademie padovane del cinquecento". *Atti e Memorie della R. Accademia di scienza, lettere ed arti in Padova* 36.I (1920), S. 43-57.

Bulgakow, Michail. *Hundeherz*. Übs. v. Gisela Drohla. Darmstadt u. Neuwied, 1970.

Bulgakov, Michail. *Sobranie sočinenij*. Moskau, 2005, Bd. 3.

Bulla de Protomedici et Collegii Medicorum Urbis iurisdictione et facultatibus (1531). Rom, 1627.

Bürger, Karl. „Die Baumannshöhle. Geschichte eines Harzer Naturdenkmals". *Zeitschrift des Harz-Vereins für Geschichte und Altertumskunde* 63 (1930), S. 82-106, S. 161-183 u. 64 (1931), S. 150-175.

Bürger, Peter. *Theorie der Avantgarde*. Frankfurt a. M., 1974.

Burgess, Anthony. *A Clockwork Orange*. Hg. v. Claus Melchior. Stuttgart, 1992.

Busoni, Ferruccio. *Sketch of a New Esthetic of Music*. Übs. v. Theodore Baker. New York, 1911.

Bylebyl, Jerome. „Medicine, Philosophy, and Humanism in Renaissance Italy". *Science and the Arts in the Renaissance*. Hg. v. John W. Shirley u. F. David Hoeniger. Washington, D.C., 1985, S. 27-49.

Bylebyl, Jerome J. „Interpreting the Fasciculo Anatomy Scene". *Journal of the History of Medicine* 45 (1990), S. 285-316.

Bylebyl, Jerome. „The School of Padua. Humanistic Medicine in the Sixteenth Century". *Health, Medicine and Mortality in the Sixteenth Century*. Hg. v. Charles Webster. Cambridge, Mass., 1979, S. 335-370.

Cabanne, Pierre. *Le siècle de Picasso*. 4 Bde. Paris, 1992, Bd. 2: L'Epoque des métaphores (1912-1937).

Cabanne, Pierre. *Entretiens avec Marcel Duchamp*. Paris, 1967.

Cagnoni, Giovanni. *I Teatri anatomici dell'Università di Padova*. Dipl.-Arb. Università IUAV di Venezia, 1988.

Caillois, Roger. „Au cœur du fantastique". *Cohérences aventureuses*. Paris, 1976, S. 69-192.

Campe, Rüdiger. „Vor Augen Stellen. Über den Rahmen rhetorischer Bildgebung". *Poststrukturalismus. Herausforderung an die Literaturwissenschaft*. Hg. v. Gerhard Neumann. Stuttgart u. Weimar, 1997, S. 208-225.

Campe, Rüdiger. „Evidenz als Verfahren. Skizze eines kulturwissenschaftlichen Konzepts". *Vorträge aus dem Warburg-Haus* 8 (2004), S. 105-133.

Camporesi, Piero. *The Incorruptible Flesh. Bodily Mutation and Mortification in Religion and Folklore*. Cambridge u. a., 1988.

Carbone, Ludovico. *Tabulae Rhetoricae Cypriani Soarii S. J.* Venedig, 1589.

Carlino, Andrea. *Books of the Body. Anatomical Ritual and Renaissance Learning*. Übs. v. John Tedeschi u. Anne C. Tedeschi. Chicago u. London, 1999.

Carpi, Berengario da. *Isagogae breves, perlucidae ac uberrimae in anatomiam humani corporis*. Straßburg, o. J. [1530].

Carter, Richard S. *Descartes' Medical Philosophy, The Organic Solution to the Mind-Body Problem*. Baltimore, 1983.

Cartwright, Lisa. *Screening the Body. Tracing Medicine's Visual Culture*. Minnesota, 1995.

Cartwright, Lisa. „A Cultural Anatomy of the Visible Human Project“. *The Visible Woman. Imaging Technologies, Gender, and Science*. Hg. v. Lisa Cartwright, Paula Treichler u. Constance Penley. New York u. London, 1998, S. 21-43.

Casseri, Giulio. *Anatomische Tafeln/ Mit Denselben Welche DANIEL BUCRETIUS hinzugethan/ und aller beygefügten Erklärung; Zu Nutz und Ehren der Wundärzte/ Insonderheit aber Derer in den Hochlöblichen Königreichen Dännemarck und Norwegen Wohnenden. Auff Anordnung D. SIMONIS PAULLI, Ihr. K. May. zu Dännemarck/ Norwegen/ etc. Hoff-Medici, für diesen ins Deutsche übergesetzet/ nun aber allererst an den Tag gegeben/ Nebenst einer Lateinischen Zugabe/ In sich begreiffend Die Einführung der Anatomen-Kunst/ und derer offentlichen Ubung/ Auff der uhralten und weitberühmten Königlichen Academien Kopenhagen.* Frankfurt a. M., 1656.

Casseri, Giulio. *Tabulae Anatomicae LXXVIII Cum supplemento XX Tabularum Danielis Bucretii Vratislaviensis, Phil. & Med. Doct. Qui & omnium Explicationes addidit*. Venedig, 1627.

Cecchi, Alessandro. „Il Bronzino, Benedetto Varchi e l'Academia Fiorentina. Ritratti di poeti, letterati e personaggi illustri della corte medicea“. *Antichità viva* 30.1-2 (1991), S. 17-28.

Celant, Germano u. a. (Hg.). *Robert Mapplethorpe and the Classical Tradition. Photographs and Mannerist Prints* [Ausst.kat.]. New York, 2004.

Cervantes Saavedra, Miguel de. *Der sinnreiche Junker Don Quijote von der Mancha*. Übs. v. Ludwig Braunfels. München, 1979.

Charcot, Jean-Martin. *Neue Vorlesungen über die Krankheiten des Nervensystems, insbesondere über Hysterie*. Übs. v. Sigmund Freud. Leipzig u. Wien, 1886.

Charles, Daniel. *Musiques nomades*. Paris, 1998.

Chessa, Luciano. *Luigo Russolo and the Occult*. Ann Arbor, MI, 2004.

Choulant, Ludwig. *History and Bibliography of Anatomic Illustration. In its relation to Anatomic Science and the Graphic Arts*. Hg. u. übs. v. Mortimer Frank. New York, 1945.

Cicero, Marcus Tullius. *Tusculanae Disputationes*. Hg. u. übs. v. Alfred Kirfel. Stuttgart, 1997.

Cicero, Marcus Tullius. *De inventione. De optimo genere oratorum*. Hg. u. übs. v. Theodor Nüßlein. Darmstadt, 1998.

Cicero. *De oratore – Über den Redner*. Hg. u. übs. v. Theodor Nüßlein. Zürich, 2006.

Ciolkovskij, Konstantin. „Die kosmische Philosophie“. *Die Neue Menschheit. Biopolitische Utopien in Russland zu Beginn des 20. Jahrhunderts*. Hg. v. Boris Groys u. Michael Hagemeister. Mitarb. v. Anne von der Heiden. Frankfurt a. M., 2005, S. 379-390.

Clark, Kenneth. *The Nude. A Study of Ideal Art*. London, 1956.

Clark, Kenneth. *Das Nackte in der Kunst*. Köln, 1958.

Clarke, Edwin u. Charles Donald O'Malley (Hg.). *The Human Brain and Spinal Cord. A Historical Study Illustrated by Writings from Antiquity to the Twentieth Century*. 2. Aufl. San Francisco, 1996.

Clarridge, Christine u. Warren King. „‚It's like losing my son twice' – Heart donor's mother grieves after recipient dies“. *Seattle Times* (17. September 1998).

Clauser, Christoph. *Das die betrachtung des menschenn Harns on anderen bericht unnütz*. o. O., o. J. [ca. 1543].

Claussen, Peter Cornelius. *Herzwechsel. Ein Erfahrungsbericht*. München u. Wien, 1996.

Cocteau, Jean. *Picasso*. Paris, 1996.

Cohen, Simona. „The Ambivalent Scorpio in Bronzino's London Allegory“. *Gazette des Beaux-arts* 135 (2000), S. 171-188.

Coiter, Volcher. *Externarum et internarum principalium humani corporis partium tabulae atque anatomicae exercitationes observationesque variae*. Nürnberg, 1572.

Colombo, Realdo. *De re anatomica Libri XV*. Venedig, 1559.

Condivi, Ascanio. *Das Leben des Michelangelo Buonarroti*. Hg. v. R. Eitelberger v. Edelberg. Übs. v. Rudolph Valdek. Wien, 1874.

Conring, Hermann u. Samuel Stockhausen. *Disputatio Medica Convulsionum Natura*. Helmstedt, 1638.

Conring, Hermann u. Andreas Probst. *Disputatio Medica de Apoplexia Natura, Causis et Curatione*. Helmstedt, 1640.

Conring, Hermann. „De civili Prudentia" [Helmstedt, 1650]. *Opera*. 7 Bde. Hg. v. Johann W. Goebel. Braunschweig, 1740, Bd. 3, S. 280-421.

Conring, Hermann. „Dissertatio de Ratione Status" [Helmstedt, 1651]. *Opera*. 7 Bde. Hg. v. Johann W. Goebel. Braunschweig, 1740, Bd. 4, S. 549-580.

Conring, Hermann. *De Epilepsia*. Helmstedt, 1642.

Conway, John F. „Syphilis and Bronzino's London Allegory". *Journal of the Warburg and Courtauld Institute* 49 (1986), S. 250-255.

Cordus, Euricius. *Von der kunst auch missbrauch vnd trug des harnsehens*. Magdeburg, 1536.

Corradi, Alfonso. „Dello studio e dell'insegnamento dell'anatomia in Italia nel medioevo e in parte nel Cinquecento". *Rendiconti del Regio Istituto Lombardo* II.XV (1873), S. 632-649.

Cowell, Henry. *New Musical Resources*. New York, 1969 [Nachdruck d. Ausgabe New York u. London, 1930].

Crary, Jonathan. *Techniken des Beobachters. Über Sehen und Beobachten im 19. Jahrhundert*. Übs. v. Anne Vonderstein. Dresden, 1995.

Crary, Jonathan. *Aufmerksamkeit. Wahrnehmung und moderne Kultur*. Frankfurt a. M., 2002.

Crooke, Helkiah. *Mikrokosmographia. A description of the body of man. Together with the controversies and figures thereto belonging*. London, 1616.

Cunningham, Andrew. „Fabricius and the ‚Aristotle Project' in Anatomical Teaching and Research at Padua". *The Medical Renaissance of the Sixteenth Century*. Cambridge, Mass., 1985, S. 195-222.

Cunningham, Andrew. *The Anatomical Renaissance. The Resurrection of the Anatomical Projects of the Ancients*. Brookfield, 1997.

da Castro, Roderigo. *De universa muliebrium morborum medicina*. 4. Aufl. Hamburg, 1662.

Dal Piaz, Vittorio. „L'orto botanico e il teatro anatomico di Padova, indagini e contributi". *Quaderni per la storia dell'Università di Padova* 31 (1998), S. 63-73.

Damaschun, Ferdinand. „Die Bedeutung der Dimension". *Theater der Natur und Kunst. Wunderkammern des Wissens*. 2 Bde. [Essays, Katalog]. Hg. v. Horst Bredekamp u. a. Berlin, 2000, Katalogband, S. 281-292.

Damaschun, Ferdinand, Gottfried Böhme u. Hannelore Landsberg. „Naturkundliche Museen der Berliner Universität – Museum für Naturkunde. 190 Jahre Sammeln und Forschen". *Theater der Natur und Kunst. Wunderkammern des Wissens*. 2 Bde. [Essays, Katalog]. Hg. v. Horst Bredekamp u. a. Berlin, 2000, Essayband, S. 86-106.

Damien, Robert. *Bibliothèque et Etat. Naissance d'une raison politique dans la France du XVIIème siècle*. Paris, 1995.

Danneberg, Lutz. *Die Anatomie des Text-Körpers und Natur-Körpers. Das Lesen im liber naturalis und supernaturalis* (= Säkularisierung in den Wissenschaften seit der Frühen Neuzeit, Bd. 3). Berlin u. New York, 2003.

Danneberg, Lutz. „Überlegungen zu kontrafaktischen Imaginationen in argumentativen Kontexten und zu Beispielen ihrer Funktion in der Denkgeschichte“. *Paragrana. Internationale Zeitschrift für Historische Anthropologie* 2 (2006), S. 73-100.

Danneberg, Lutz. „Kontrafaktische Imaginationen in der Hermeneutik und in der Lehre des Testimoniums“. *Begriffe, Metaphern und Imaginationen in Philosophie und Wissenschaftsgeschichte* (= Wolfenbütteler Forschungen, Bd. 120). Hg. v. dems., Carlos Spoerhase u. Dirk Werle. Wiesbaden, 2009, S. 287-449.

Danneberg, Lutz u. Jürg Niederhauser. „Von Aristoteles’ geheimer Lehre zu Sokals Experiment. Zur Einleitung“. *Darstellungsformen der Wissenschaften im Kontrast. Aspekte der Methodik, Theorie und Empirie*. Hg. v. dens. Tübingen, 1998, S. 9-20.

Danziger, Kurt. *Constructing the Subject. Historical Origins of Psychological Research.* Cambridge, 1990.

Därmann, Iris. *Tod und Bild. Eine phänomenologische Mediengeschichte.* München, 1995.

Darnton, Robert. *The Forbidden Best-Sellers of Pre-Revolutionary France*. New York, 1996.

Darwin, Charles. *Über die Entstehung der Arten durch natürliche Zuchtwahl oder die Erhaltung der begünstigten Rassen im Kampfe ums Dasein* [1859]. Übs. v. J. Victor Carus. Stuttgart, 1899.

Daston, Lorraine. „Baconian Facts, Academic Civility, and the Prehistory of Objectivity“. *Rethinking Objectivity*. Hg. v. Allan Megill. Durham, NC, 1994, S. 37-63.

Daston, Lorraine J. „Neugierde als Empfindung und Epistemologie in der frühmodernen Wissenschaft“. *Macrocosmos in Microcosmo. Die Welt in der Stube. Zur Geschichte des Sammelns 1450-1800*. Hg. v. Andreas Grote. Opladen, 1994, S. 35-59.

Daston, Lorraine J. *Wunder, Beweise und Tatsachen. Zur Geschichte der Rationalität.* Frankfurt a. M., 2001.

Daston, Lorraine u. Katharine Park. *Wonders and the Order of Nature, 1150-1750.* New York, 1998.

Daston, Lorraine u. Katharine Park. *Wunder und die Ordnung der Natur 1150-1750.* Übs. v. Sebastian Wohlfeil u. Christa Krüger. Frankfurt a. M., 2002.

Daston, Lorraine u. Peter Galison. „Das Bild der Objektivität“. *Ordnungen der Sichtbarkeit. Fotografie in Wissenschaft, Kunst und Technologie*. Hg. v. Peter Geimer. Frankfurt a. M., 2002, S. 29-99.

Daum, Andreas. *Wissenschaftspopularisierung im 19. Jahrhundert. Bürgerliche Kultur, naturwissenschaftliche Bildung und die deutsche Öffentlichkeit, 1848-1914*. München, 1998.

De Angelis, Simone. *Von Newton zu Haller. Studien zum Naturbegriff zwischen Empirismus und deduktiver Methode in der Schweizer Frühaufklärung* (= Frühe Neuzeit, Bd. 74). Tübingen, 2003.

De Angelis, Simone. „Pufendorf und der Cartesianismus. Medizin als Leitwissenschaft und die Rolle der Bibelhermeneutik in Pufendorfs Verteidigung des Naturrechts um 1680“. *Internationales Archiv für Sozialgeschichte der deutschen Literatur* 29.1 (2004), S. 129-172.

De Angelis, Simone. „From Text to the Body. Commentaries on *De Anima*, Anatomical Practice and Authority around 1600“. *Scholarly Knowledge. Textbooks in Early Modern Europe*. Hg. v. Emidio Campi u. a. Genf, 2008, S. 205-227.

De Angelis, Simone. „Autopsie und Autorität. Zum komplexen Verhältnis zweier medizinischer Basiskonzepte und ihrer Funktion in der Formation einer ‚Wissenschaft vom Menschen‘ im 17. und 18. Jahrhundert“. *Welche Antike? Konkurrierende Rezeptionen des Altertums im Barock. Akten des 12. Jahrestreffens des Wolfenbüt-*

teler Arbeitskreises für Barockforschung, 5.-8. April 2006. Hg. v. Ulrich Heinen [im Erscheinen].

De Angelis, Simone. „Sehen mit dem physischen und dem geistigen Auge. Formen des Wissens, Vertrauens und Zeigens in Texten der frühneuzeitlichen Medizin“. *Diskurse der Gelehrtenkultur in der Frühen Neuzeit. Ein Handbuch.* Hg. v. Herbert Jaumann. Berlin u. New York, 2010 (im Erscheinen).

Debus, Allen George. *Man and Nature in the Renaissance*. Cambridge, 1978.

Decker, Oliver. *Der Prothesengott. Subjektivität und Transplantationsmedizin.* Gießen, 2004.

Deleuze, Gilles. *Foucault*. Übs. v. Hermann Kocyba. Frankfurt a. M., 1992.

Der Ararat. 4 (1920). Quellenstandort online: http://sdrc.lib.uiowa.edu/dada/Ararat/4/index.htm (20.02.2009).

Derrida, Jacques. *Gesetzeskraft. Der „mystische Grund der Autorität“*. Frankfurt a. M., 1991.

Descartes, René. „Brief an Elisabeth“ [September 1646]. *Briefe*. Hg. v. Max Bense u. übs. v. Fritz Baumgart. Köln u. Krefeld, 1949, S. 346-351.

Descartes, René. *Meditationen über die Grundlagen der Philosophie*. Hg. v. Lüder Gäbe u. übs. v. Arthur Buchenau. Hamburg, 1992.

Descartes, René. „Discours de la méthode“. *Œuvres de Descartes.* 11 Bde. Hg. v. Charles Adam u. Paul Tannéry. Paris, 1996, Bd. 6, S. 1-78.

Descartes, René. „L'Homme“. *Œuvres de Descartes.* 11 Bde. Hg. v. Charles Adam u. Paul Tannéry. Paris, 1996, Bd. 11, S. 119-202.

Descartes, René. „La Description du Corps Humain“. *Œuvres de Descartes.* 11 Bde. Hg. v. Charles Adam u. Paul Tannéry. Paris, 1996, Bd. 11, S. 223-286.

Descartes, René. „Les Passions de l'Ame”. *Œuvres de Descartes.* 11 Bde. Hg. v. Charles Adam u. Paul Tannéry. Paris, 1996, Bd. 11, S. 327-488.

Descartes, René. „Lettre à Elisabeth“ [September 1646]. *Œuvres de Descartes.* 11 Bde. Hg. v. Charles Adam u. Paul Tannéry. Paris, 1996, Bd. 4, S. 486-494.

Descartes, René. „Meditationes de prima philosophia“. *Œuvres de Descartes.* 11 Bde. Hg. v. Charles Adam u. Paul Tannéry. Paris, 1996, Bd. 7, S. 1-90.

Descartes, René. *Die Leidenschaften der Seele*. Hg. u. übs. v. Klaus Hammacher. Hamburg, 1996.

Descartes, René. *Discours de la méthode*. Hg. u. übs. v. Lüder Gäbe. Hamburg, 1997.

Deutscher Bundestag. 15. Wahlperiode, Enquete-Kommission „Ethik und Recht der modernen Medizin“. *Öffentliche Anhörung zum Thema „Postmortale Organspende in Deutschland“*. 33. Sitzung vom 14. März 2005, Protokoll 15/33.

Devereux, Georges. *Angst und Methode in den Verhaltenswissenschaften* [1967]. Übs. v. Caroline Neubaur u. Karin Kersten. Frankfurt a. M., 1984.

Dewhurst, Kenneth. *Willis's Oxford Lectures*. Oxford, 1980.

Dewitz, Hans-Georg u. Wolfgang Proß (Hg.). *J. W. Goethe. Sämtliche Werke*. 40 Bde. Frankfurt a. M., 1998, Bd. 1.11: Leben des Benvenuto Cellini, florentinischen Goldschmieds und Bildhauers.

Diderot, Denis u. Jean le Rond d'Alembert (Hg.). „Anatomie“. *Encyclopédie, ou Dictionnaire raisonné des sciences, des arts et des métiers.* 35 Bde. Paris, 1751-1765, Bd. 1, S. 409-437.

Diderot, Denis u. Jean le Rond d'Alembert (Hg.). „Cadavre“. *Encyclopédie, ou Dictionnaire raisonné des sciences, des arts et des métiers.* 35 Bde. Paris, 1751-1765, Bd. 2, S.245f.

Diderot, Denis u. Jean le Rond d'Alembert (Hg.). *Encyclopédie, ou Dictionnaire raisonné des sciences, des arts et des métiers, par une société de gens de lettre*. 35 Bde. Paris, 1751-1780.

Diderot, Denis. „Elemente der Physiologie". *Philosophische Schriften.* 2 Bde. Hg. u. übs. v. Theodor Lücke. Berlin, 1961, Bd. 1, S. 589-771.

Diderot, Denis. *Les Bijoux indiscrets.* Paris, 1968.

Diderot, Denis. *Œuvres.* 5 Bde. Hg. v. Laurent Versini. Paris, 1994-1997.

Didi-Hubermann, Georges. *Die Erfindung der Hysterie. Die photographische Klinik von Jean-Martin Charcot.* München, 1997.

Didi-Huberman, Georges. *Ähnlichkeit und Berührung. Archäologie, Anachronismus und die Modernität des Abdrucks.* Köln, 1999.

Diedrichs, Christoph. *Vom Glauben zum Sehen. Die Sichtbarkeit der Reliquie im Reliquiar. Ein Beitrag zur Geschichte des Sehens.* Diss. phil., Berlin, 2000.

Dierig, Sven. *Wissenschaft in der Maschinenstadt. Emil Du Bois-Reymond und seine Laboratorien in Berlin.* Göttingen, 2006.

Dinzelbacher, Peter u. Dieter R. Bauer (Hg.). *Heiligenverehrung in Geschichte und Gegenwart.* Ostfildern, 1990.

Döblin, Alfred. „An Romanautoren und Ihre Kritiker. Berliner Programm". *Schriften zur Ästhetik, Poetik und Literatur.* Hg. v. Erich Kleinschmidt. Olten, 1989, S. 119-123.

Donhauser, Peter. *Elektrische Klangmaschinen. Die Pionierzeit in Deutschland und Österreich.* Köln, Weimar u. Wien, 2007.

Döpler, Jacob. *Theatrum Poenarum, suppliciorum et executionum criminalium. Oder Schauplatz derer Leibes- und Lebens-Strafen, welche nicht allein von alters bey allerhand Nationen und Völckern in Gebrauch gewesen, sondern auch noch heut zu Tage in allen vier Welt-Theilen üblich sind.* 2 Bde. Sondershausen u. Leipzig, 1693-1697.

Dryander, Johannes. *Anatomiae, hoc est, corporis humani dissectionis pars prior* [...]. Marburg, 1537.

Du Bois-Reymond, Emil. „Der physiologische Unterricht sonst und jetzt". *Reden von Emil Du Bois-Reymond in zwei Bänden.* Leipzig, 1912, Bd. 1, S. 620-653.

Du Bois-Reymond, Emil. „Über die Grenzen des Naturerkennens". *Zwei Vorträge.* Leipzig, 1916, S. 13-66.

Du Laurens, André. *Historia anatomica humani corporis partes singulas uberrime enodans.* Frankfurt, 1602.

Du Laurens, André. *L'Histoire anatomique en laquelle toutes les parties du corps humain sont amplement declarees: enrichie de controverses et observations nouvelles* [...]. Übs. v. F. Sizé. Paris, 1610.

Dubois, Jacques (Jacobus Sylvius). *Introduction sur l'anatomique partie de la phisiologie d'Hippocras & Galien.* Paris, 1555.

Duden, Barbara. *Geschichte unter der Haut. Ein Eisenacher Arzt und seine Patientinnen um 1730.* Stuttgart, 1987.

Dühring, Monika u. a. (Hg.). *Encyclopaedia Anatomica. Vollständige Sammlung anatomischer Wachse (Museo La Specola).* Köln, 1999.

Dürbeck, Gabriele, Jutta Schickore u. Gerhard Wiesenfeldt (Hg.). *Wahrnehmung der Natur – Natur der Wahrnehmung. Studien zur Geschichte visueller Kultur um 1800.* Dresden, 2001.

Dürer, Albrecht. *Vier Bücher von menschlicher Proportion.* Nürnberg, 1528.

Edgerton, Samuel Y. „A Little-Known ‚Purpose of Art' in the Italian Renaissance". *Art History* 2 (1979), S. 45-61.

Ehrlicher, Hanno. *Die Kunst der Zerstörung. Gewaltphantasien und Manifestationspraktiken europäischer Avantgarden.* Berlin, 2001.

Eknoyan, Garabed. „Michelangelo. Art, Anatomy, and the Kidney". *Kidney International* 57.3 (2000), S. 1190-1201.

Elkeles, Barbara. *Der moralische Diskurs über das medizinische Menschenexperiment im 19. Jahrhundert*. Stuttgart, Jena u. New York, 1996.

Elkins, James. *The Poetics of Perspective*. Ithaca, NY, 1994.

Éluard, Paul. „Die poetische Evidenz". *Als die Surrealisten noch recht hatten. Texte und Dokumente*. Hg. v. Günter Metken. Stuttgart, 1976, S. 253-259.

Engelhardt, Dietrich von. „Verwesung und Transzendenz oder von der Provokation des stinkenden Leichnams des heiligen Sossima (Dostojewski)". *Körper ohne Leben*. Hg. v. Norbert Stefenelli. Wien, Köln u. Weimar, 1998, S. 721-723.

Erhart, Walter. „Medizin. Sozialgeschichte. Literatur". *Internationales Archiv für Sozialgeschichte der deutschen Literatur* 29.1 (2004), S. 118-128.

Eriksson, Ruben (Hg.). *Andreas Vesalius' First Public Anatomy at Bologna 1540. An Eyewitness Report*. Uppsala u. Stockholm, 1959.

Estienne, Charles. *La dissection des parties du corps humain*. Paris, 1546.

Evans, Richard J. *Rituale der Vergeltung. Die Todesstrafe in der deutschen Geschichte 1532-1987*. Berlin, 2001.

Evelyn, John. *Diary*. Hg. v. E.S. de Beer. 6 Bde. Oxford, 1955.

Fabrizio, Girolamo. *De motu locali*. Padua, 1618.

Fabrizio, Girolamo. *De venarum ostiolis 1603 of Hieronymus Fabricius of Aquapendente (1533?-1619)*. Hg. v. K.J. Franklin. Illinois, 1933.

Fabrizio, Girolamo. „De formatione ovi et pulli" [1621]. *The Embryological Treatises of Hieronymus Fabricius of Aquapendente*. Hg. u. übs. v. Howard Adelmann. Ithaca, NY, 1942.

Fabroni, Angelo. *Historiae Academiae Pisanae*. 3 Bde. Pisa, 1791-1795.

Faller, Adolf. *Die Entwicklung der makroskopisch-anatomischen Präparierkunst von Galen bis zur Neuzeit*. Basel, 1948.

Falloppio, Gabriele. *Observationes anatomicae*. Hg. v. Gabriella Righi Riva u. Pericle Di Pietro. Modena, 1964 [Nachdruck d. Ausgabe v. 1561].

Farinacci, Prospero. *Praxis et theoricae criminalis, pars prima. Inquisitionis, accusationis, delictorum, poenarum, carcerum*. Venedig, 1595.

Faust, Wolfgang Max (Hg.). *Giovanni Battista Bracelli. Bizzarie di Varie Figure*. Nördlingen, 1981 [Nachdruck d. Ausgabe Florenz, 1624].

Favaro, Giuseppe. „L'insegnamento anatomico di Girolamo Fabrici d'Acquapendente". *Monografie storiche sullo studio di padova, contributo del R. Instituto veneto di scienze, lettere ed arti alla celebrazione del VII centenario della università*. Venedig, 1922, S. 107-136.

Federhofer, Marie-Theres (Hg.). *Naturspiele. Beiträge zu einem naturhistorischen Konzept der Frühen Neuzeit* (= Cardanus. Jahrbuch für Wissenschaftsgeschichte, Bd. 6). Heidelberg, 2006.

Fernel, Jean. *Les VII Livres de la physiologie* [...]. Übs. v. Charles de Saint-Germain. Paris, 1655.

Ferrari, Augusto de. „Giulio Cesare Casseri". *Dizionario Biografico degli Italiani*. Rom, 1978, Bd. 21, S. 453b-456a.

Ferrari, Giovanna. „Public Anatomy Lessons and the Carnival: The Anatomy Theatre of Bologna". *Past and Present* 36.117 (1987), S. 50-106.

Ferrari, Giovanna. *L'esperienza del passato. Alessandro Benedetti. Filologo e medico umanista*. Florenz, 1996.

Feuerstein, Günter. *Das Transplantationssystem. Dynamik, Konflikte und ethisch-moralische Grenzgänge*. Weinheim u. München, 1995.

Fichtner, Gerhard. *Transplantatio. Zur Geschichte eines Begriffs und einer Vorstellung in der Medizin*. Diss. med., Tübingen, 1968.

Findlen, Paula. „Jokes of Nature and Jokes of Knowledge. The Playfulness of Scientific Discourse in Early Modern Europe“. *Renaissance Quarterly* 2 (1990), S. 292-331.
Findlen, Paula. *Possessing Nature. Museums, Collecting, and Scientific Culture in Early Modern Italy*. Berkeley u. Los Angeles, 1994.
Finger, Stanley. *Origins of Neuroscience*. Oxford, 1994.
Firpo, Luigi. „Esecuzioni capitali in Roma (1567-1671)“. *Eresia e Riforma nell'Italia del Cinquecento*. Florenz, 1974, S. 307-342.
Fischer, Georg. *Chirurgie vor 100 Jahren. Historische Studie über das 18. Jahrhundert aus dem Jahre 1876*. Berlin, Heidelberg u. New York, 1978.
Fischer, Norbert. *Geschichte des Todes in der Neuzeit*. Erfurt, 2001.
Fischer-Lichte, Erika. *Ästhetik des Performativen*. Frankfurt a. M., 2004.
Foerster, Heinz von. „Wahrnehmen wahrnehmen“. *Philosophien der neuen Technologie*. Hg. v. d. Ars Electronica. Berlin, 1998, S. 27-40.
Fontenelle, Bernard le Bouyer de. „Éloge de M. Ruysch“. *Histoire de l'Académie Royale des Sciences. Année MDCCXXXI. Avec les Mémoires de Mathématique & de Physique, pour la même Année, Tirés des Registres de cette Académie*. Paris, 1764.
Foucault, Michel. *Naissance de la Clinique*. Paris, 1963.
Foucault, Michel. *Die Geburt der Klinik. Eine Archäologie des ärztlichen Blicks*. Übs. v. Walter Seitter. Franfurt a. M., 1976.
Foucault, Michel. *Überwachen und Strafen. Die Geburt des Gefängnisses*. Übs. v. Walter Seitter. Frankfurt a. M., 1976.
Foucault, Michel. *Sexualität und Wahrheit*. 3 Bde. Übs. v. Ulrich Raulff u. Walter Seitter. Frankfurt a. M., 1977, Bd. 1: Der Wille zum Wissen.
Foucault, Michel. *Was ist Kritik?* Übs. v. Walter Seitter. Berlin, 1992.
Foucault, Michel. *Die Ordnung der Dinge. Eine Archäologie der Humanwissenschaften*. Übs. v. Ulrich Köppen. Frankfurt a. M., 1999.
Foucault, Michel. *In Verteidigung der Gesellschaft. Vorlesungen am Collège de France (1975-1976)*. Übs. v. Michaela Ott. Frankfurt a. M., 1999.
Foucault, Michel. *Die Anormalen. Vorlesungen am Collège de France (1974-1975)*. Übs. v. Michaela Ott. Frankfurt a. M., 2003.
Foucault, Michel. *Geschichte der Gouvernementalität. Vorlesung am Collège de France 1978-1979*. 2 Bde. Hg. v. Michel Sennelart, übs. v. Claudia Brede-Konersmann u. Jürgen Schröder. Frankfurt a. M., 2004, Bd. 1: Sicherheit, Territorium, Bevölkerung.
Foucault, Michel. *Geschichte der Gouvernementalität. Vorlesung am Collège de France 1978-1979*. 2 Bde. Hg. v. Michel Sennelart, übs. v. Claudia Brede-Konersmann u. Jürgen Schröder. Frankfurt a. M., 2004, Bd. 2: Die Geburt der Biopolitik.
Foucault, Michel. *Die Heterotopien. Der utopische Körper. Zwei Radiovorträge*. Übs. v. Michael Bischoff. Frankfurt a. M., 2005.
Foulon, Beatrice (Hg.). *Aux origines de l'abstraction, 1800-1914* [Ausst.kat.]. Paris, 2003.
François, Jean-Charles. *Percussion et musique contemporaine*. Paris, 1991.
Freedberg, David. *The Power of Images. Studies in the History and Theory of Response*. Chicago u. London, 1989, S. 5-9.
Freeman, Arthur M. u. a. „Cardiac Transplantation. Clinical Correlates of Psychiatric Outcome“. *Psychosomatics* 29 (1988), S. 47-54.
French, Roger K. *Dissection and Vivisection in the European Renaissance*. Aldershot, 1999.
Freund, Julien. „La situation exceptionnelle comme justification de la raison d'État chez Gabriel Naudé“. *Staatsräson, Studien zur Geschichte eines politischen Begriffs*. Hg. v. Roman Schnur. Berlin 1975, S. 141-164.

Friedlaender, Ernst (Hg.). *Berliner geschriebene Zeitungen aus den Jahren 1713 bis 1717 und 1735. Ein Beitrag zur Preußischen Geschichte unter König Friedrich Wilhelm I.* Berlin, 1902.

Fröhlich, Friedrich Wilhelm. *Gründzüge einer Lehre vom Licht- und Farbensinn. Ein Beitrag zur allgemeinen Physiologie der Sinne.* Jena, 1921.

Frye, Northrop. *Anatomy of Criticism.* Princeton, 1957.

Fuchs, Thomas. *Die Mechanisierung des Herzens. Harvey und Descartes – Der vitale und der mechanische Aspekt des Kreislaufs.* Frankfurt a. M., 1992.

Gadamer, Hans-Georg. „Wahrheit und Methode. Grundzüge einer philosophischen Hermeneutik" [1960]. *Gesammelte Werke.* 10 Bde. Tübingen, 1990, Bd. 1: Hermeneutik I.

Gantner, Joseph. *Leonardos Visionen von der Sintflut und vom Untergang der Welt. Geschichte einer künstlerischen Idee.* Bern, 1958.

García Gibert, Javier. „En torno al género de El Criticón (y unos apuntes sobre la alegoría)". *Baltasar Gracián. El discurso de la vida.* Hg. v. Jorge M. Ayala. Barcelona, 1993, S. 104-115.

Garrison, David. „Metaphor and Analogy in Vesalian Anatomy". *On the Fabric of the Human Body. An annotated Translation of the 1543 and 1555 Editions of Andreas Vesalius' De Humani Corporis Fabrica.* Hg. v. Daniel Garrison u. Malcolm Hast. Eingel. v. Vivian Nutton. Evanston, Ill., 2003. Quellenstandort online der Übersetzung: http://www.vesalius.northwestern.edu (01.04.2009).

Gastev, Aleksej K. „Ein Packen von Ordern". *Kunst und Produktion.* Hg. v. Boris Arvatov. München, 1972, S. 104-106.

Gastev, Aleksej K. *Trudovye ustanovki.* Moskau, 1973.

Gaston, Robert William. „Love's Sweet Poison. A New Reading of Bronzino's London Allegory". *I Tatti studies* 4 (1991), S. 249-288.

Gerlach, Joachim. „Gehirntod und totaler Tod". *Münchener medizinische Wochenschrift* 13 (1969), S. 732-736.

Geulen, Christian. *Wahlverwandte. Rassendiskurs und Nationalismus im späten 19. Jahrhundert.* Hamburg, 2004.

Geyer-Kordesch, Johanna. „Medizinische Fallbeschreibungen und ihre Bedeutung in der Wissensreform des 17. und 18. Jahrhunderts". *Medizin, Gesellschaft und Geschichte* 9 (1990), S. 7-19.

Geyer-Kordesch, Johanna. „Whose Enlightenment? Medicine, Witchcraft, Melancholia and Pathology". *Medicine in the Enlightenment.* Hg. v. Roy Porter. Amsterdam u. Atlanta, 1995, S. 113-127.

Gilot, Françoise. *Leben mit Picasso.* Paris, 1981.

Ginzburg, Carlo. „Spurensicherung". *Spurensicherungen. Über verborgene Geschichte, Kunst und soziales Gedächtnis.* Übs. v. Karl Friedrich Hauber. München, 1988, S. 78-125.

Ginzburg, Carlo. „Montrer et citer. La vérité de l'histoire". *Le débat* 56 (1989), S. 43-54.

Ginzburg, Carlo. „Rappresentazione. La parola, l'idea, la cosa". *Occhiacci di legno. Nove riflessioni sulla distanza.* Milan, 1998, S. 82-89.

Gisel, Alfred. „Amphitheater, Theatrum anatomicum, Auditorium, Domus anatomica". *Körper ohne Leben. Begegnung und Umgang mit Toten.* Hg. v. Norbert Stefenelli. Wien, Köln u. Weimar, 1998, S. 643-648.

Goerke, Heinz. *Medizin und Technik. 3000 Jahre ärztliche Hilfsmittel für Diagnostik und Therapie.* München, 1988.

Goethe, Johann Wolfgang von. „Campagne in Frankreich". *Autobiographische Schriften II* (= Hamburger Ausgabe, Bd. 10). München, 1998, S. 189-363.

Goethe, Johann Wolfgang von. „Italienische Reise“. *Autobiographische Schriften III* (= Hamburger Ausgabe, Bd. 11). München, 1998.
Goldbeck, Johann Friedrich. *Litterarische Nachrichten von Preußen*. 2 Bde. Berlin, 1781-1783.
Gommel, Jürgen. *Rhetorisches Argumentieren bei Thukydides*. Hildesheim, 1966.
Gordon-Grube, Karen. „Anthropophagy in Post-Renaissance Europe. The Tradition of Medicinal Cannibalism“. *American Anthropologist* 2 (1988), S. 405-409.
Görgen, Annabelle. *Exposition Internationale du Surréalisme Paris 1938. Bluff und Täuschung – Die Ausstellung als Werk. Einflüsse aus dem 19. Jahrhundert unter dem Aspekt der Kohärenz*. München, 2008.
Gracián, Baltasar. *Agudeza y Arte de Ingenio*. 2 Bde. Hg. v. Evaristo Correa Calderón. Madrid, 1987.
Gracián, Baltasar. *El Criticón*. Hg. v. Antonio Prieto. 2. Aufl. Barcelona, 1992.
Gracián, Baltasar. *Das Kritikon*. Übs. v. Hartmut Köhler. Frankfurt a. M., 2004.
Gregor von Nyssa. *Der Aufstieg des Moses* (= Sophia. Quellen östlicher Theologie, Bd. 4). Übs. v. Manfred Blum. Freiburg i. Br., 1963.
Grimm, Claus. *Stilleben. Die niederländischen und deutschen Meister*. Stuttgart, 1993.
Groebner, Valentin. „Körper auf dem Markt. Söldner, Organhandel und die Geschichte der Körpergeschichte“. *Mittelweg* 36 (2005), S. 69-84.
Grote, Andreas (Hg.). *Macrocosmos in Microcosmo. Die Welt in der Stube. Zur Geschichte des Sammelns 1450 bis 1800*. Opladen, 1994.
Groys, Boris. „Unsterbliche Körper“. *Die Neue Menschheit. Biopolitische Utopien in Russland zu Beginn des 20. Jahrhunderts*. Hg. v. dems. u. Michael Hagemeister. Mitarb. v. Anne von der Heiden. Frankfurt a. M., 2005, S. 8-18.
Groys, Boris u. Michael Hagmeister (Hg.). *Die Neue Menschheit. Biopolitische Utopien in Russland zu Beginn des 20. Jahrhunderts*. Frankfurt a. M., 2005.
Guidi, Giuliana u. Daniela Marucci (Hg.). *Il Seicento Fiorentino, Arte a Firenze da Ferdinando I a Cosimo III* [Ausst.kat.]. Florenz, 1986.
Gutmann, Israel (Hg.). *Enzyklopädie des Holocaust*. 4 Bde. München u. Zürich, 1995.
Gynaeciorum sive de mulierum affectibus commentarii. 4 Bde. Basel, 1586-1588.
Hagemeister, Michael. „‚Unser Körper muss unser Werk sein.‘ Beherrschung der Natur und Überwindung des Todes in russischen Projekten des frühen 20. Jahrhunderts“. *Die Neue Menschheit. Biopolitische Utopien in Russland zu Beginn des 20. Jahrhunderts*. Hg. v. Boris Groys u. dems. Mitarb. v. Anne von der Heiden. Frankfurt a. M., 2005, S. 19-67.
Hall, Bert S. „The Didactic and the Elegant. Some Thoughts on Scientific and Technological Illustrations in the Middle Ages and Renaissance“. *Picturing Knowledge. Historical and Philosophical Problems Concerning the Use of Art in Science*. Hg. v. Brian S. Baigrie. Toronto, 1996, S. 3-39.
Hamacher, Wolfram. *Wissenschaft, Literatur und Sinnfindung im 19. Jahrhundert. Studien zu Wilhelm Bölsche*. Würzburg, 1993.
Hamberger, Georg C. u. Johann G. Meusel. *Das gelehrte Teutschland oder Lexikon der jetzt lebenden teutschen Schriftsteller*. 23 Bde. Lemgo, 1796-1834.
Hanafi, Zakiya. *The Monster in the Machine. Magic, Medicine, and the Marvelous in the Time of the Scientific Revolution*. London u. Durham, 2000.
Hansen, Julie V. „Resurrecting Death. Anatomical Art in the Cabinet of Dr. Fredrik Ruysch“. *The Art Bulletin* 78 (1996), S. 663-679.
Happel, Eberhard Werner. *Gröste Denkwürdigkeiten der Welt Oder so genannte Relationes Curiosae*. 5 Bde. Hamburg, 1683-1691.
Hardt, Hermann von der. „Descriptio speluncae ad sylvam Hercyniam in agro Brunsvicensi sita, vulgo Baumanniae dicta“. *Acta eruditorum* Juli (1702), S. 305-308.

Harig, Georg (Hg.). *Chirurgische Ausbildung im 18. Jahrhundert*. Husum, 1990.

Hartnoll, Phyllis (Hg.). *The Oxford Companion to the Theater*. Oxford, 1951.

Harvey, William. *Disputations Touching the Generation of Animals*. Hg. u. übs. v. Gweneth Whitteridge. Oxford, 1981.

Harvey, William. *On the Motion of the Heart and Blood in Animals*. Übs. v. Robert Willis. Buffalo, N.Y., 1993.

Hausmann, Raoul. „Dada in Europa". *Der DADA* 3 (1920), S. 437 l-642 kg [sic!].

Hausmann, Raoul. *Sieg, Triumph, Tabak mit Bohnen* (= Texte bis 1933, Bd. 2). Hg. v. Michael Erlhoff. München, 1982.

Hausmann, Raoul. *Der deutsche Spießer ärgert sich. Raoul Hausmann 1886-1971* [Ausst.kat.]. Berlin, 1994.

Hausmann, Raoul. *Scharfrichter der bürgerlichen Seele. Raoul Hausmann in Berlin 1900-1933. Unveröffentlichte Briefe, Texte, Dokumente aus den Künstlerarchiven der Berlinischen Galerie*. Hg. v. Eva Züchner. Stuttgart, 1998.

Healy, Margaret. „Bronzino's London Allegory and the Art of Syphilis". *Oxford Art Journal* 20.1 (1997), S. 3-11.

Heckscher, William S. *Rembrandt's Anatomy of Dr. Nicholaas Tulp. An Iconological Study*. New York, 1958.

Hegel, Georg W. F. *Grundlinien der Philosophie des Rechts* [1821]. Hamburg, 1995.

Heister, Lorenz. *Medicinische Chirurgische und Anatomische Wahrnehmungen*. Rostock, 1753.

Hellwig, Christoph von. *Anmuthige Berg-Historien/ Worinnen Die Eigenschafften und Nutz der Metallen, Mineralen, Erden/ Edel- und andern Steinen beschrieben* [...]. Leipzig, 1702.

Helm, Jürgen u. Karin Stukenbrock (Hg.). *Anatomie. Sektionen einer medizinischen Wissenschaft im 18. Jahrhundert*. Stuttgart, 2003.

Helms, Roland. *Anatomische Lehrmittel im 18. Jahrhundert. Das Musaeum anatomicum Ryschianum*. Mag. Arb., Berlin, o. J.

Hentig, Hans von. *Die Strafe. Frühformen und kulturgeschichtliche Zusammenhänge*. Berlin, Göttingen u. Heidelberg, 1954.

Hermann, Alfred. „Zergliedern und Zusammenfügen. Religionsgeschichtliches zur Mumifizierung". *Numen. International Review for the History of Religions* 3 (1956), S. 81-96.

Herrlinger, Robert u. Marielene Putscher. *Geschichte der medizinischen Abbildung*. 2 Bde. München, 1972.

Herzog, Markwart. „Hingerichtete Verbrecher als Gegenstand der Heiligenverehrung". *Geist und Leben* 65 (1992), S. 367-386.

Herzog, Markwart. „Scharfrichterliche Medizin. Zu den Beziehungen zwischen Henker und Arzt, Schafott und Medizin". *Medizinhistorisches Journal* 4 (1994), S. 309-332.

Heseler, Baldasar. *Andreas Vesalius' First Public Anatomy at Bologna, 1540. An Eyewitness Report by Baldasar Heseler Medicinae Scolaris, together with his Notes on Matthaeus Curtius' Lectures on Anatomia Mundini*. Hg. v. Ruben Eriksson. Uppsala u. a., 1959.

Heßler, Martina (Hg.). *Konstruierte Sichtbarkeiten. Wissenschafts- und Technikbilder seit der Frühen Neuzeit*. München, 2006.

Heydecker, Joe u. Johannes Leeb. *Der Nürnberger Prozeß. Neue Dokumente, Erkenntnisse und Analysen*. Köln, 1985.

Hillman, David u. Carla Mazzio (Hg.). *The Body in Parts. Fantasies of Corporeality in Early Modern Europe*. London, 1997.

Hinz, Berthold. „Knidia oder Des Aktes erster Akt". *Der Nackte Mensch*. Hg. v. Detlef Hoffmann. Marburg, 1989, S. 51-79.

Hirschvogel, Augustin. *Eigentliche und gründliche Anweisung in die Geometrie*. Nürnberg, 1549.
Hirst, Michael. *Michelangelo and his Drawings*. New Haven, CT, u. London, 1988.
Hitzig, Julius Eduard (Hg.). *Gelehrtes Berlin im Jahre 1825*. Berlin, 1826.
Hobbes, Thomas. *The Elements of Law, Natural and Politic*. Hg. v. John C. A. Gaskin. Oxford, 1994.
Hocke, Gustav René. *Die Welt als Labyrinth. Manier und Manie in der europäischen Kunst. Beiträge zur Ikonographie und Formgeschichte der europäischen Kunst von 1520 bis 1650 und der Gegenwart*. Hamburg, 1957.
Hodges, Devon L. *Renaissance Fictions of Anatomy*. Amherst, 1985.
Hoek, Els. „Piet Mondrian". *De vervolgjaren van De Stijl, 1922-1932*. Hg. v. Carel Blotkamp. Amsterdam u. Antwerpen, 1996, S. 115-152.
Hoek, Els (Hg.). *Theo van Doesburg. Oeuvre catalogus*. Utrecht u. Otterlo, 2000.
Hoff, Jan. *Kritik der klassischen politischen Ökonomie, zur Rezeption der werttheoretischen Ansätze ökonomischer Klassiker durch Karl Marx*. Köln, 2004.
Hoffmann, Christoph. *Unter Beobachtung. Naturforschung in der Zeit der Sinnesapparate*. Göttingen, 2006.
Hoffmann, Friedrich. *Medicina consultatoria* [...]. 1.-12. Theil. Halle, 1721-1739.
Hoffmann-Krayer, Eduard u. Hanns Bächtold-Stäubli (Hg.). *Handwörterbuch des deutschen Aberglaubens*. 10 Bde. Berlin, Leipzig, 1927-1942.
Hopwood, Nick. „Producing a Socialist Popular Science in the Weimar Republic". *History Workshop Journal* 41 (1996), S. 117-153.
Horaz. *Ars poetica*. Hg. u. übs v. Eckart Schäfer. Stuttgart, 1984.
Huber, Katharina. *Felix Platters „Observationes". Studien zum frühneuzeitlichen Gesundheitswesen in Basel*. Basel, 2003.
Hudak, John. *Pond* (CD; Japan, 1998).
Huelsenbeck, Richard (Hg.). *Dada-Almanach*. Hamburg, 1987 [Nachdruck d. Ausg. Berlin, 1920].
Hunziker, Rose. *Felix Platter als Arzt und Stadtarzt*. Diss. med. Zürich, 1938.
Huppertz, Annelie. *Die Vertreter der Anatomie und des anatomischen Unterrichts in Gießen von 1702-1748*. Gießen, 1982.
Illich, Ivan. *Medical Nemesis. The Expropriation of Health*. London, 1975.
Imdahl, Max. *Farbe. Kunsttheoretische Reflexionen in Frankreich*. München, 1988.
Imdahl, Max. „Sprechen und Hören als szenische Einheit. Bemerkungen im Hinblick auf Rembrandts ‚Anatomie des Dr. Tulp'" (1984). *Zur Kunst der Tradition* (= Gesammelte Schriften, Bd. 2). Hg. v. Gundolf Winter. Frankfurt a. M., 1996, S. 457-474.
Impey, Oliver R. u. Arthur MacGregor (Hg.). *The Origins of Museums. The Cabinets of Curiosities in Sixteenth and Seventeenth-century Europe*. Oxford, 1985.
Isenflamm, Heinrich Friedrich u. Johann Christian Rosenmüller (Hg.). *Beiträge für die Zergliederungskunst*. 2 Bde. Leipzig, 1800 u. 1803.
Jacob, François. *La Logique du Vivant*. Paris, 1970.
Jaffé, Hans L.C. *Mondrian und De Stijl*. Köln, 1967.
Jahn, Ilse (Hg.). *Geschichte der Biologie*. Jena u. a., 1998.
Jampol'skij, Michail. „Maska i metamorfozy zrenija. Zametki na poljach ‚Voskovoj persony'". *Tynjanovskij sbornik. Pjatye tynjanovskie čtenija*. Riga u. Moskau, 1994, S. 40-99.
Janson, Horst Waldemar. „The ‚Image Made by Chance' in Renaissance Thought". *16 Studies*. Hg. v. Patricia Egan. New York, 1974, S. 54-69.
Jantschek, Thorsten. „Bemerkungen zum Begriff des Sehen-als". *Kritik des Sehens*. Hg. v. Ralf Konersmann. Leipzig, 1997, S. 299-319.

Jay, Martin. „Die skopischen Ordnungen der Moderne“. *Leviathan* 2 (1992), S. 178-195.

Jezler, Peter. „Jenseitsmodelle und Jenseitsvorsorge. Eine Einführung“. *Himmel, Hölle, Fegefeuer. Das Jenseits im Mittelalter* [Ausst.kat.]. München, 1995, S. 13-26.

Johannes von Salisbury. *Policraticus*. Canterbury, 1159.

John, Barbara. *Stilleben in Italien. Die Anfänge der Bildgattung im 14. und 15. Jahrhundert*. Frankfurt a. M. u. a., 1991.

Jonas, Hans. *Technik, Medizin und Ethik. Zur Praxis des Prinzips Verantwortung*. Frankfurt a. M., 1987.

Jordanova, Ludmilla. *Sexual Visions. Images of Gender in Science and Medicine between the Eighteenth and Twentieth Centuries*. Hemel Hempstead, 1989.

Junius, Franciscus. *The Literature of Classical Art*. 2 Bde. Hg. u. übs. v. Philipp Fehl u. a. Berkeley, Los Angeles u. Oxford, 1991, Bd. 2: A Lexikon of Artists and their Works.

Justi, Heinrich Gottlob von. *Grundsätze der Policeywissenschaft*. Göttingen, 1756.

Jütte, Robert. *Geschichte der Sinne. Von der Antike bis zum Cyberspace*. München, 2000.

Kahn, Douglas. *Noise, Water, Meat. A History of Sound in the Arts*. Cambridge, Mass., 1999.

Kaiser, David (Hg.). *Pedagogy and the Practice of Science. Historical and Contemporary Perspectives*. Cambridge, Mass., 2005.

Kalitzkus, Vera. *Leben durch den Tod. Die zwei Seiten der Organtransplantation. Eine medizinethnologische Studie*. Frankfurt a. M., 2003.

Kanz, Roland. *Die Kunst des Capriccio. Kreativer Eigensinn in Renaissance und Barock*. München, 2003.

Karcher, Johann. *Felix Platter. Lebensbild des Basler Stadtarztes*. Basel, 1949.

Karsten, Dietrich L. G. *Mineralogische Tabellen mit Rücksicht auf die neuesten Entdekkungen* […]. Berlin, 1808.

Kassier, Theodore L. *The Truth Disguised. Allegorical Structure and Technique in Graciáns „Criticón“*. London, 1976.

Kemp, Martin. *Leonardo da Vinci. The Marvellous Works of Nature and Man*. London, 1981.

Kemp, Martin (Hg.). *Leonardo on Painting*. New Haven, CT, 1989.

Kemp, Martin. *The Science of Art. Optical Themes in Western Art from Brunelleschi to Seurat*. New Haven, 1990.

Kemp, Martin. „The Mark of Truth. Looking and Learning in Some Anatomical Illustrations from the Renaissance and Eighteenth Century“. *Medicine and the Five Senses*. Hg. v. William F. Bynum u. Roy Porter. Cambridge, Mass., 1993, S. 85-121.

Kemp, Martin. „Temples of the Body and Temples of the Cosmos. Vision and Visualization in the Vesalian and Copernican Revolutions“. *Picturing Knowledge. Historical and Philosophical Problems Concerning the Use of Art in Science*. Hg. v. Brian S. Baigrie. Toronto, 1996, S. 40-85.

Kempe, Stephan u. Fritz Reinboth. „Die beiden Merian-Texte von 1650 und 1654 zur Baumannshöhle und die dazugehörigen Abbildungen“. *Die Höhle. Zeitschrift für Karst- und Höhlenkunde* 2 (2001), S. 33-45.

Kempe, Stephan u. a. „Die Baumannshöhle bei Rübeland/Harz im Spiegel der wissenschaftlichen Literatur vom 16. bis zum 18. Jahrhundert. Lateinische Quellentexte“. *Braunschweiger Naturkundliche Schriften* 1 (2004), S. 171-215.

Kempf, Werner. „Hautveränderungen bei Transplantatempfängern“. *Deutsches Ärzteblatt* 34/35 (2006), S. A2245-A2249.

Kenny, Anthony. *Aquinas*. Oxford, 1980.

Keržencev, P. „Čelovek novoj epochi". *Revoljucija i kul'tura* 3/4 (1927), S. 17-20.

Kippenberg, Hans G. u. Brigitte Luchesi (Hg.). *Magie. Die sozialwissenschaftliche Kontroverse über das Verstehen fremden Denkens*. Frankfurt a. M., 1978.

Kircher, Athanasius. *Musurgia universalis* [...]. 2 Bde. Rom, 1650.

Kircher, Athanasius. *Mundus subterraneus* [...]. 2 Bde. Amsterdam, 1678.

Kittler, Friedrich. *Grammophon – Film – Typewriter*. Berlin, 1986.

Klee, Paul. *Tagebücher 1898-1918 und Texte*. Köln, 1995.

Klestinec, Cynthia. „A History of Anatomy Theaters in Sixteenth-Century Padua" *Journal of the History of Medicine and Allied Sciences* 59.3 (2004), S. 375-412.

Klestinec, Cynthia. „Civility, Comportment, and the Anatomy Theater. Girolamo Fabrici and His Medical Students in Renaissance Padua". *Renaissance Quarterly* 60 (2007), S. 434-463.

Klier, Andrea. *Fixierte Natur. Herrschaft und Begehren in Effigies und Naturabguß des 16. Jahrhunderts*. Diss. phil., Berlin, 1997.

Koch, Uwe u. Jürgen Neuser (Hg.). *Transplantationsmedizin aus psychologischer Perspektive*. Göttingen u. a., 1997.

Koehler, Albert. *Die Kriegschirurgen und Feldärzte Preussens und anderer deutscher Staaten in Zeit- und Lebensbildern. I. Theil: Kriegschirurgen und Feldärzte des 17. und 18. Jahrhunderts*. Berlin, 1899.

Köhne, Julia B. „Das abgedrehte Symptom. Psychiatrisch-kinematographische Repräsentationen von Kriegshysterikern 1917/18". *Mr. Münsterberg und Dr. Hyde. Filmgeschichte des Menschenversuchs*. Hg. v. Marcus Krause u. Nicolas Pethes, Bielefeld, 2007, S. 57-75.

Kolb, Werner. *Geschichte des anatomischen Unterrichtes an der Universität zu Basel 1460-1900*. Basel, 1951.

Kolreutter, Sigmundt. *Von rechten vnd in der Artzney nützlichen Gebreuchen des Harm oder Wasser besehens und dagegen mancherley Mißbreuchen, die darauß ervolget sein*. Nürnberg, 1574.

König, Eberhard u. Christiane Schön (Hg.). *Stilleben*. Berlin, 1996.

Kornmann, Heinrich. *Mons Veneris, Fraw Veneris Berg* [...]. Frankfurt a. M., 1614.

Koyré, Alexandre. „Galilei und Platon". *Leonardo, Galilei, Pascal. Die Anfänge der neuzeitlichen Naturwissenschaft*. Frankfurt a. M., 1998, S. 88-122.

Krahe, Susanne. *Adoptiert. Das fremde Organ. Transplantation als Grenzerfahrung*. Gütersloh, 1999.

Kraus, Rosalind u. Jane Livingston. *L'Amour Fou. Surrealism and Photography* [Ausst.kat.]. Washington, DC, 1985.

Krause, Marcus. „Ultraparadox. Zur Schwerkraft des Menschenexperiments bei Pavlov, Watson und Pynchon". *Spektakel der Normalisierung*. Hg. v. Christina Bartz u. dems. München, 2007, S. 211-242.

Krause, Marcus. „‚Going Beyond the Facts'. John B. Watson, der kleine Albert und die Propaganda des Behaviorismus". *Medizinische Schreibweisen. Ausdifferenzierung und Transfer zwischen Medizin und Literatur (1600-1900)*. Hg. v. Nicolas Pethes u. Sandra Pott. Tübingen, 2008, S. 301-320.

Krause, Marcus u. Nicolas Pethes (Hg.). *Mr. Münsterberg und Dr. Hyde. Die Filmgeschichte des Menschenversuchs*. Bielefeld, 2007.

Krietsch, Peter u. Manfred Dietel. *Pathologisch-Anatomisches Cabinet. Vom Virchow-Museum zum Berliner Medizinhistorischen Museum in der Charité*. Berlin u. Wien, 1996.

Kris, Ernst. „Der Stil ‚rustique'. Die Verwendung des Naturabgusses bei Wenzel Jamnitzer und Bernard Palissy". *Jahrbuch der Kunsthistorischen Sammlungen in Wien* 1 (1926), S. 137-208.

Kühnelt, Wolfgang. „Elektroakustische Musikinstrumente“. *Für Augen und Ohren. Von der Spieluhr zum akustischen Environment* [Ausst.kat.]. Berlin, 1980, S. 47-73.

Kujundžić, Dragan. *The Returns of History. Russian Nietzscheans After Modernity*. Albany, N.Y., 1997.

Kümmel, Albert u. Petra Löffler (Hg.). *Medientheorie 1888-1933*. Frankfurt a. M., 2002.

Kusukawa, Sachiko. „The Uses of Pictures in the Formation of Learned Knowledge. The Cases of Leonhard Fuchs and Andreas Vesalius“. *Transmitting Knowledge. Words, Images, and Instruments in Early Modern Europe*. Hg. v. dems. u. Ian Maclean. Oxford, 2006, S. 73-96.

Kusukawa, Sachiko. *From Counterfeit to Canon. Picturing the Human Body, Especially by Andreas Vesalius* (= Max-Planck-Institut für Wissenschaftsgeschichte, Preprint 281). Berlin, 2004.

La Mettrie, Julien Offray de. „L'Homme-machine“. *Œuvres philosophiques*. 2 Bde. Hg. v. Francine Markovits. Paris, 1987, Bd. 1, S. 55-122.

Lacan, Jacques. „Le stade du miroir comme formateur de la fonction du Je“. *Écrits*. Paris, 1999, Bd. 1, S. 92-99.

Lammel, Hans-Uwe. „Die Stellung der Pensionärschirurgen an der Berliner Charité“. *Chirurgische Ausbildung im 18. Jahrhundert*. Hg. v. Georg Harig. Husum, 1990, S. 59-68.

Lancellotti, Jacopino de'. *Cronaca modenese*. Parma, 1862-1884.

Landau, David u. Peter Parshall. *The Renaissance Print 1470-1550*. New Haven u. London, 1994.

Landecker, Hannah. „Microcinematography and the History of Science and Film“. *Isis* 97 (2006), S. 121-132.

Lang, Rolf. *Auf dem „Mussweg der Liebhaberei“. Wilhelm Bölsche und Friedrichshagen*. Frankfurt a. d. Oder, 1992.

Langmeyer, Gerhard u. Hans-Albert Peters (Hg.). *Stilleben in Europa* [Ausst.kat.]. Münster, 1979.

Lanza, Benedetto u. a. (Hg.). *Le Cere Anatomiche della Specola*. Florenz, 1979.

Laqueur, Thomas Walter. *Auf den Leib geschrieben. Die Inszenierung der Geschlechter von der Antike bis Freud*. München, 1996.

Latour, Bruno. *Science in Action. How to Follow Scientists and Engineers Through Society*. Cambridge, Mass., 1987.

Lautensack, Heinrich. *Des Zirkels und Richtscheids, auch der Perspectiva und Proportion des Menschen und Rosse*. Frankfurt a. M., 1564.

Lawes, Lewis E. *Life & Death in Sing Sing*. London, 1929.

Lawes, Lewis E. *Twenty Thousand Years in Sing Sing*. New York, 1933.

Lefèvre, Wolfgang, Jürgen Renn u. Urs Schoepflin (Hg.). *The Power of Images in Early Modern Science*. Basel, Boston u. Berlin, 2003.

Legner, Anton. *Reliquien in Kunst und Kult*. Darmstadt, 1995.

Lehmann, Hans-Thies. *Postdramatisches Theater*. Frankfurt a. M., 2005.

Leibniz, Gottfried Wilhelm. *Protogaea* (= Werke, Bd. 1). Übs. v. Wolf von Engelhardt. Stuttgart, 1949.

Leibniz, Gottfried Wilhelm. *Protogaea sive de prima facie telluris et antiquissimae historiae vestigiis in ipsis naturae monumentis dissertatio*. Göttingen, 1749.

Leibniz, Gottfried Wilhelm. *Vernunftprinzipien der Natur und Gnade. Monadologie*. Hg. v. Herbert Herring. Hamburg, 1982.

Lemire, Michel. *Artistes et mortels*. Paris, 1990.

Lemoine, Serge u. Pascal Rousseau (Hg.). *Aux origines de l'abstraction: 1800-1914* [Ausst.kat.]. Paris, 2003.

Lenin, Wladimir Iljitsch. „Was tun?“ *Werke*. 40 Bde. Hg. v. Institut f. Marxismus-Leninismus. Berlin, 1959, Bd. 5, S. 355-549.

Leroi-Gourhan, André. *Hand und Wort. Die Evolution von Technik, Sprache und Kunst*. Frankfurt a. M., 1980.

Lesser, Friedrich Christian. *Lithotheologie, Das ist: Natürliche Historie und geistliche Betrachtung der Steine* [...]. Hamburg, 1735.

Lesser, Friedrich Christian. *Anmerckungen von der Baumanns-Höhle* [...]. 4. erw. Aufl. Nordhausen, 1745.

Lethen, Helmut u. Erdmut Wizisla. „‚Das Schwierigste beim Gehen ist das Stillestehn‘. Benjamin schenkt Brecht Gracián“. *Brecht Yearbook/Das Brecht-Jahrbuch* 23 (1998), S. 142-146.

Lethen, Helmut. *Verhaltenslehren der Kälte. Lebensversuche zwischen den Kriegen*. Frankfurt a. M., 1994.

Levey, Michael. „Sacred and Profane Significance in Two Paintings by Bronzino“. *Studies in Renaissance and Baroque Art. Presented to Anthony Blunt on his Sixtiest Birthday*. London, 1967, S. 21-24.

Lieutaud, Joseph. *Anatomie historique et pratique*. 2 Bde. Paris, 1776-1777.

Lindemann, Gesa. *Beunruhigende Sicherheiten. Zur Genese des Hirntodkonzepts*. Konstanz, 2003.

Lindsay, Suzanne Glover. „Emblematic Aspects of Fuseli's *Artist in Despair*“. *The Art Bulletin* 68 (1986), S. 483-484.

Linkert, Christine. *75 Träume von Medizinstudenten während des Präparierkurses. Eine psychoanalytisch orientierte empirische, qualitative Untersuchung*. Diss. med., Frankfurt a. M., 1989.

Linné, Carl von. *Genera plantarum* [...]. Leiden, 1737.

Lipp, Annemarie u. Georg Gruber. *Die Kerze als Symbol des Arzttums* (= Nova Acta Leopoldina, Nr. 140) Leipzig, 1959.

Liuzzi, Mondino de'. „Anothomia“ [Nachdruck d. Ausgabe Pavia, 1478]. *Anatomies de Mondino dei Luzzi et de Guido de Vigevano*. Hg. v. Ernest Wickersheimer. Ginebra, 1977.

Locke, John. [Brief an Carey Mordaunt, Countess of Peterborough, aus dem Jahr 1697]. Bodleian Library MS. Locke c. 24, fol. 197v.

Locke, John. *An Essay concerning Human Understanding*. 2 Bde. Hg. v. John W. Yolton. London, 1965.

Locke, John. „Anatomia“. Kenneth Dewhurst. *Dr. Thomas Sydenham 1624-1689. His Life and Original Writings*. London, 1966, S.85-93.

Locke, John. „The Second Treatise of Government“. *Political Writings*. Hg. v. David Wooton. London, 1993, S. 261-386.

Locke, John. *An Essay Concerning Human Understanding*. London, 1997.

Locke, John u. Richard Lower. [Vorlesungsmitschrift]. Bodleian Library, MS Locke, fol. 19.

Lohr, Charles H. *Latin Aristotle Commentaries*. 5 Bde. Florenz, 1988, Bd. 2: Renaissance Authors.

Lüdemann, Susanne. *Metaphern der Gesellschaft. Studien zum soziologischen und politischen Imaginären*. München, 2004.

Lukrez. *Über die Natur*. Hg. u. übs. v. Hermann Diels. München, 1993.

Luyendijk-Elshout, Antonie M. „‚An der Klaue erkennt man den Löwen‘. Aus den Sammlungen des Frederick Ruysch (1683-1731)“. *Macrocosmos in Microcosmo. Die Welt in der Stube. Zur Geschichte des Sammelns 1450 bis 1800*. Hg. v. Andreas Grote. Opladen, 1994, S. 643-660.

Lyser, Michael. *Culter Anatomicus*. Kopenhagen, 1665.
Machiavelli, Niccolò. „Discorsi". *Politische Schriften*. Hg. v. Herfried Münkler. Frankfurt a. M., 1990, S. 127-269.
Machiavelli, Niccolò. „Il Principe". *Politische Schriften*. Hg. v. Herfried Münkler. Frankfurt a. M., 1990, S. 49-123.
Macho, Thomas. „Bemerkungen zu einer philosophischen Theorie der Magie". *Der Wissenschaftler und das Irrationale*. 4 Bde. Hg. v. Hans Peter Duerr. Frankfurt a. M., 1981, Bd. 2, S. 330-350.
Macho, Thomas. *Todesmetaphern. Zur Logik der Grenzerfahrung*. Frankfurt a. M., 1987.
Macho, Thomas. „Tod". *Vom Menschen. Handbuch Historische Anthropologie*. Hg. v. Christoph Wulf. Weinheim u. Basel, 1997, S. 939-954.
Mahlmann-Bauer, Barbara. „Anschaulichkeit als humanistisches Ideal. Johannes Dryander, Medicus atque Mathematicus Marpurgensis (1500-1560)". *Acta Academiae Scientiarum* 8 (2003), S. 223-266.
Major, Johann Daniel. *Historia Anatomes Kiloniensis Primae* […]. Kiel, 1666.
Major, Johann Daniel. *Collegium Medico-Curiosum Hebdomadatim intra aedes privatas habendum intimat aequis Aestimatoribus studii experimentalis*. Kiel, o. J. [1670].
Major, Johann Daniel. *See-Farth nach der Neuen Welt/ ohne Schiff und Segel*. Hamburg, 1683.
Malebranche, Nicolas. *Œuvres complètes*. 20 Bde. Hg. v. André Robinet. Paris, 1958-1984.
Malfatti, Cesare. *Descrizione particolare della città di padova et del territorio padoano*. MS. Library of the Civic Museum, Padua [1606?].
Malraux, André. *La Tête d'Obsidienne*. Paris, 1974.
Manacorda, Guido. *Benedetto Varchi, L'uomo, il poeta, il critico*. Pisa, 1903.
Mandressi, Rafael. *Le regard de l'anatomiste. Dissections et invention du corps en Occident*. Paris, 2003.
Mani, Nikolaus. „Die griechische Editio princeps des Galenos (1525), ihre Entstehung und ihre Wirkung". *Gesnerus* 13 (1956), S. 29-52.
Mani, Nikolaus. „Vesals erste Anatomie in Bologna 1540. Ruben Erikssons Veröffentlichung eines Augenzeugenberichts". *Gesnerus* 17 (1959), S. 42-52.
Mann, Thomas. *Doktor Faustus*. Frankfurt a. M., 1999.
Mariotte, Edmé. „Nouvelle Decouverte Touchant la Vuë, contenue en plusieurs lettres écrites par Messrs. Mariotte, Pecquet & Perrault; de l'Académie Royale des Sciences. Nouvelle Edition, revûe & corrigée". *Oeuvres*. Leiden, 1717, Bd. 2, S. 495-534.
Marmoy, C.F.A. „The ‚Auto-Icon' of Jeremy Bentham at University College London". *Medical History* 2 (1958), S. 77-86.
Martensen, Robert L. *The Brain Takes Shape. An Early History*. Oxford, 2004.
Martschukat, Jürgen. *Inszeniertes Töten. Eine Geschichte der Todesstrafe vom 17. bis zum 19. Jahrhundert*. Köln, Weimar u. Wien, 2000.
Martschukat, Jürgen. *Die Geschichte der Todesstrafe in Nordamerika. Von der Kolonialzeit bis zur Gegenwart*. München, 2002.
Marx, Harald. *Stilleben als Augentäuschung. Trompe-l'œil*. Leipzig, 1985.
Master Eckhart [Meister Eckhart]. „Did the Forms of the Elements Remain in the Body of Christ While Dying on the Cross?" *Parisian Questions and Prologues*. Hg. u. übs. v. Armand A. Maurer. Toronto, 1974, S. 71-75.
Mattias, Horst. *Die Entwicklung des Medizinalwesens im Lande Lippe unter besonderer Berücksichtigung des Scharfrichterwesens und seiner Stellung in der Heilbehandlung*. Diss. med., Münster, 1947.

Matyssek, Angela. *Rudolf Virchow. Das Pathologische Museum. Geschichte einer wissenschaftlichen Sammlung*. Darmstadt, 2002.

Maupertuis, Pierre-Louis Moreau. *Vénus physique suivie de la Lettre sur le progrès des sciences*. Paris, 1980.

Mauss, Marcel. *Soziologie und Anthropologie 1. Theorie der Magie. Soziale Anthropologie*. Frankfurt a. M., 1989.

Medici, Zenobio. *Trattato utilissimo di conforto de condannati a morte per via di giustizia* [...]. Ancona, 1572 [Nachdruck d. Ausgabe Rom, 1565].

Meindl, Richard S. „Accuracy and Direction of Error in the Sexing of the Skeleton. Implications for Paleodemography“. *American Journal of Physical Anthropology* 68 (1985), S. 79-85.

Mendelsohn, Leatrice. „L'Allegoria di Londra del Bronzino e la retorica di carnevale“. *Kunst des Cinquecento in der Toskana*. Hg. v. Monika Cämmerer. München, 1992, S. 154-166.

Menninghaus, Winfried. *Walter Benjamins Theorie der Sprachmagie*. Frankfurt a. M., 1991.

Mercier, Louis Sébastien. *L'An 2440. Rêve s'il en fut jamais*. Paris, 1999.

Merton, Robert K. *Soziologische Theorie und soziale Struktur*. Hg. v. Volker Meja u. Nico Stehr. Berlin u. New York, 1995.

Merton, Robert K. u. Elinor Barber. *The Travels and Adventures of Serendipity. A Study in Sociological Semantics and the Sociology of Science*. Princeton u. Oxford, 2004.

Metius, Gottlieb. „De construendo sceleto (1736)“. *Disputationum anatomicarum selectiorum volumen VI*. Hg. v. Albertus von Haller. Göttingen, 1751, S. 47-85.

Meuli, Karl. *Gesammelte Schriften*. 2 Bde. Hg. v. Thomas Gelzer. Basel u. Stuttgart, 1975.

Mexía, Pedro. *Silva de varia lección*. 2 Bde. Hg. v. Antonio Castro. Madrid, 1989.

Meyer, Johann Heinrich. „Vortheile der Fackelbeleuchtung“. Johann Wolfgang von Goethe. „Zweiter Römischer Aufenthalt“. *Autobiographische Schriften* III (= Hamburger Ausgabe, Bd. 11). München, 1998, S. 439-441.

Michelson, Annette. „De Stijl, Its Other Face. Abstraction and Cacaphony, or What Was the Matter with Hegel?“ *October* 22 (1982), S. 3-26.

Milgram, Stanley u. John Sabini. „Candid Camera“. *Society* 6 (1979), S. 72-75.

Mitscherlich, Alexander. *Auf dem Weg zur vaterlosen Gesellschaft. Ideen zur Sozialpsychologie*. München, 1968.

Moes, Robert J. u. C.D. O'Malley. „De re anatomica“. *Bulletin of the History of Medicine* 34 (1960), S. 508-528.

Moffitt, John F. „A Hidden Sphinx by Agnolo Bronzino ‚ex tabula Cebetis Thebani‘“. *Renaissance Quarterly* 46.2 (1993), S. 277-307.

Moffitt, John F. „An Exemplary Humanist Hybrid. Vasari's ‚Fraude‘ with Reference to Bronzino's ‚Sphinx‘“. *Renaissance Quarterly* 49.2 (1996), S. 303-333.

Mollaret, Pierre u. Maurice Goulon. „Le Coma dépassé“. *Revue Neurologique* 101 (1959), S. 3-15.

Mollenhauer, Klaus. „Der Körper im Augenschein. Rembrandts Anatomie-Bilder und einige Folgeprobleme“. *Der Schein des Schönen*. Hg. v. Dietmar Kamper u. Christoph Wulf. Göttingen, 1989, S. 177-203.

Momigliano, Arnaldo. „La storia tra medicina e retorica“. *Tra storia e storicismo*. Pisa, 1985, S. 1-24.

Montaigne, Michel de. „Über die Grausamkeit“. *Essais*. Übs. v. Hans Stilett. Frankfurt a. M., 1998, S. 210-216.

Montaigne, Michel de. *Tagebuch der Reise nach Italien über die Schweiz und Deutschland von 1580 bis 1581*. Übs., hg. u. Essay v. Hans Stilett. Frankfurt a. M., 2002.

Mörgeli, Christoph. *Die Werkstatt des Chirurgen. Zur Geschichte des Operationssaals*. Basel, 1999.

Morgenstern, Joseph. „TV-Brutalität schädigt auch normale Kinder". *epd/Kirche und Fernsehen* 8 (1972), S. 1-3.

Morus, Iwan Rhys. „Seeing and Believing Science". *Isis* 97 (2006), S. 101-120.

Moss, Jean Dietz u. William A. Wallace. *Rhetoric & Dialectic in the Time of Galileo*. Washington D.C., 2003.

Muir, Edward. *Civic Ritual in Renaissance Venice*. Princeton, 1981.

Müller, Christian (Hg.). *Das Amerbach-Kabinett*. Basel, 1991, Bd. 2: Zeichnungen alter Meister.

Müller, Ingo W. *Iatromechanische Theorie und ärztliche Praxis im Vergleich zur galenistischen Medizin*. Stuttgart, 1991.

Müller, Jan-Dirk. „Evidentia und Medialität. Zur Ausdifferenzierung von Evidenz in der Frühen Neuzeit". *Evidentia. Reichweiten visueller Wahrnehmung in der Frühen Neuzeit* (= Pluralisierung und Autorität, Bd. 9). Hg. v. Gabriele Wimböck, Karin Leonhard u. Markus Friedrich. Münster u. a., 2007, S. 57-81.

Müller-Dietz, Heinz E. „Anatomische Präparate in der Petersburger ‚Kunstkammer'". *Zentralblatt für allgemeine Pathologie und pathologische Anatomie* 135 (1989), S. 757-767.

Münkler, Herfried. *Machiavelli*. München, 1982.

Muñoz-Millanes, José. „La presencia de Baltasar Gracián en Walter Benjamin". *Al margen de Baltasar Gracián (en su IV Centenario)*. Hg. v. Aurora Egido. Madrid, 2001, S. 287-297.

Münsterberg, Hugo. *Das Lichtspiel. Eine psychologische Studie und andere Schriften zum Kino*. Hg. v. Jörg Schweinitz. Wien, 1996.

Münsterer, Hanns O. „Grundlagen, Gültigkeit und Grenzen der volksmedizinischen Heilverfahren". *Volksmedizin. Probleme und Forschungsgeschichte*. Hg. v. Elfriede Grabner. Darmstadt, 1967, S. 289-314.

Nägele, Rainer. „Das Beben des Barock in der Moderne. Walter Benjamins Monadologie". *Modern Language Notes* 3 (1991), S. 501-527.

Nancy, Jean-Luc. *Der Eindringling. Das fremde Herz*. Berlin, 2000.

Naudé, Gabriel. *Considérations politiques sur les coups d'état*. Rom, 1667.

Neickel, Caspar Friedrich. *Museographia* […]. Leipzig u. Breslau, 1727.

Neill, Michael. *Issues of Death. Mortality and Identity in English Renaissance Tragedy*. Oxford, 1997.

Neuburger, Max. *Gehirn- und Rückenmarks-Physiologie*. Stuttgart, 1897.

Neumeister, Sebastian. „Gracián en Alemania". *Baltasar Gracián. Selección de estudios, investigación actual y documentación*. Hg. v. Jorge M. Ayala. Barcelona, 1993, S. 121-125.

Niccoli, Ottavia. *Prophecy and People in Renaissance Italy*. Chicago, 1990.

Nöthlich, Rosemarie (Hg.). *Ernst Haeckel – Wilhelm Bölsche. Briefwechsel 1887-1919*. 2 Bde. Berlin, 2002-2006.

Nüßlein, Theodor (Hg.). *Rhetorica ad Herennium. Lateinisch-Deutsch*. Übs. v. dems. Zürich, 1994.

Nutton, Vivian. „Representation and Memory in Renaissance Anatomical Illustration". *Imagini per conoscere. Dal Rinascimento alla Rivoluzione scientifica*. Hg. v. Fabrizio Meroi u. Claudia Pogliano. Florenz, 2001, S. 61-80.

O'Malley, Charles. *Andreas Vesalius of Brussels (1514-1564)*. Berkeley, 1965.

Oldroyd, David R. *Die Biographie der Erde. Zur Wissenschaftsgeschichte der Geologie*. Übs. v. Michael Bischoff. Frankfurt a. M., 2007.

Otto, Eberhard. *Das Ägyptische Mundöffnungsritual* (= Ägyptologische Abhandlungen, Bd. 3). Wiesbaden, 1960.

Paetzold, Heinz. „Synästhesie". *Ästhetische Grundbegriffe. Historisches Wörterbuch in sieben Bänden.* Hg. v. Karlheinz Barck. Stuttgart u. Weimar 2003, Bd. 5, S. 840-868.

Pagel, Julius. „Walter, Johann Gottlieb". *Allgemeine deutsche Biographie*. Hg. durch d. Historische Commission bei der königlichen Akademie der Wissenschaften. 56 Bde. Berlin, 1875-1912, Bd. 41, S. 26.

Pagel, Walter. *William Harvey's Biological Ideas. Selected Aspects and Historical Background.* Basel u. New York, 1967.

Paglia, Vincenzo. *La morte confortata. Riti della paura e mentalità religiosa a Roma nell'età moderna*. Rom, 1982.

Panofsky, Erwin. *Studies in Iconology. Humanistic Themes in the Arts of the Renaissance*. New York, 1939.

Paracelsus. „Philosophia tractus quinque, tract. 3: Von dem fleisch und mumia". *Sämtliche Werke.* Hg. v. Karl Sudhoff. 1. Abtlg: Medizinische naturwissenschaftliche und philosophische Schriften. München u. Berlin, 1931, Bd. 13, S. 343-349.

Paracelsus. „De mumiae arcanis". *Sämtliche Werke.* Hg. v. Karl Sudhoff. 1. Abtlg: Medizinische naturwissenschaftliche und philosophische Schriften. München u. Berlin, 1933, Bd. 14, S. 305-308.

Park, Katherine. *Doctors and Medicine in Early Renaissance Florence*. Princeton, N. J., 1985.

Park, Katharine. „The Organic Soul". *Cambridge History of Renaissance Philosophy.* Cambridge u. New York, 1988, S. 464-484.

Park, Katherine. „The Criminal and the Saintly Body. Autopsy and Dissection in Renaissance Italy". *Renaissance Quarterly* 47.1 (1994), S. 1-33.

Park, Katherine. „The Life of the Corpse. Division and Dissection in Late Medieval Europe". *Journal of the History of Medicine and Allied Sciences* 50.1 (1995), S. 111-132.

Park, Katharine. *Secrets of Women. Gender, Generation, and the Origins of Dissection.* New York, 2006.

Park, Katharine u. Robert A. Nye. „Destiny is Anatomy". *The New Republic* 204 (18. Februar 1991), S. 53-57.

Parker, Deborah. „Towards a Reading of Bronzino's Burlesque Poetry". *Renaissance Quarterly* 50.4 (1997), S. 1011-1044.

Parmentier, Michael. „Die Anatomie des Dr. Tulp". *Bild und Bildung. Ikonologische Interpretation vormoderner Dokumente von Erziehung und Bildung* (= Wolfenbütteler Forschungen, Bd. 49). Hg. v. Christian Rittelmeyer u. Erhard Wiersing. Wiesbaden, 1991, S. 237-265.

Payne, L.M. „Tabulae Harvenianae. A 17th-century Teaching Aid". *British Medical Journal* 2 (1966), S. 38-39.

Pendasio, Federico. *Librum tertium de Anima lectiones dictatae 1577* [...]. Biblioteca Universitaria di Padova.

Pentogalos, G.E. u. J.G. Lascaratos. „A Surgical Operation Performed on Siamese Twins During the Tenth Century in Byzantium". *Bulletin of the History of Medicine* 58.1 (1984), S. 99-102.

Perkins, Wendy. *Midwifery and Medicine in Early Modern France. Louise Bourgeois.* Exeter, 1996.

Perrault, Claude. *Essais de Physique ou Recueil de plusieurs traitez touchant les choses.* Paris, 1680.

Persaud, Trevedi Vidha Nandan. *The History of Anatomy. The Post-Vesalian Years.* Springfield, Ill., 1997.

Persaud, Vidhya. *A History of Anatomy. The Post-Vesalian Era.* Springfield, Ill., 1997.

Petherbridge, Deanna u. Ludmilla Jordanova. *The Quick and the Dead. Artists and Anatomy.* Berkeley, Los Angeles u. London, 1997.

Pethes, Nicolas. „Literatur und Wissenschaftsgeschichte. Ein Forschungsbericht". *Internationales Archiv für Sozialgeschichte der deutschen Literatur* 28.1 (2003), S. 181-231.

Pethes, Nicolas. *Spektakuläre Experimente. Allianzen zwischen Massenmedien und Sozialpsychologie im 20. Jahrhundert.* Weimar, 2004.

Pethes, Nicolas u. a. (Hg.). *Menschenversuche. Eine Anthologie 1750-2000.* Frankfurt a. M., 2007.

Petty, William. *The Political Anatomy of Ireland.* London, 1691.

Pfeifer, Wolfgang (Hg.). *Etymologisches Wörterbuch des Deutschen.* München, 2000.

Pfizerus, Johannes Nicolaus. *Zwey sonderbare Bücher von der Weiber Natur, wie auch deren Gebrechen und Kranckheiten.* Nürnberg, 1673.

Pickering, Andrew. „Practice and Posthumanism. Social Theory and a History of Agency". *The Practice Turn in Contemporary Theory.* Hg. v. Theodore R. Schatzki, Karin Knorr Cetina u. Eike von Savigny. London u. New York, 2001, S. 163-174.

Pierguidi, Stefano. „Sull'iconografia della Fraude dell'Allegoria di Bronzino alla National Gallery di Londra". *Bulletin – Association des historiens de l'art italien* 7 (2001), S. 17-21.

Pirotti, Umberto. *Aristotelian Philosophy and the Popularization of Learning. Benedetto Varchi and Renaissance Aristotelianism.* London u. New York, 1970.

Pirotti, Umberto. *Benedetto Varchi e la cultura del suo tempo.* Florenz, 1971.

Plaggenborg, Stefan. *Revolutionskultur. Menschenbilder und kulturelle Praxis in Sowjetrussland zwischen Oktoberrevolution und Stalinismus.* Köln, Weimar u. Wien, 1996.

Platon. *Politeia* (= Werke in acht Bänden, Bd. 4). Hg. v. Gunther Eigler. Übs. v. Friedrich Schleiermacher. Darmstadt, 1973.

Platon. *Timaios.* Übs. v. Thomas Paulson u. Rudolf Rehn. Stuttgart, 2003.

Platter, Felix. *De corporis humani structura et usu libri III.* Basel, 1583.

Platter, Felix. *Tagebuch (Lebensbeschreibung) 1536-1567.* Hg. v. Valentin Lötscher. Basel u. Stuttgart, 1976.

Platter, Felix u. Thomas. *À Montpellier 1552-1559, 1595-1599. Notes de voyage de deux étudiants bâlois.* Paris, 1995 [Nachdruck d. Ausgabe Montpellier, 1892].

Pomata, Gianna. „Praxis Historialis. The Uses of Historia in Early Modern Medicine". *Historia. Empiricism and Erudition in Early Modern Europe.* Hg. v. ders. u. Nancy G. Siraisi. Cambridge, Mass., u. London, 2005, S. 105-146.

Porezag, Karsten. *Des Bergmanns offenes Geleucht. Unschlichtlampen, Öllampen, Kerzenlampen.* 2. erw. Aufl. Essen, 1982.

Pörksen, Uwe. „Blickprägung und Tatsache. Veranschaulichungsstufen der Naturwissenschaften. Von der hypothetischen Skizze bis zum öffentlichen Idol". *Darstellungsformen der Wissenschaften im Kontrast. Aspekte der Methodik, Theorie und Empirie.* Hg. v. Lutz Danneberg u. Jürg Niederhauser. Tübingen, 1998, S. 321-347.

Porter, Roy. *Die Kunst des Heilens. Eine medizinische Geschichte der Menschheit von der Antike bis heute.* Heidelberg, Berlin u. Darmstadt, 2000.

Preston, Charles. „An Account of a Child Born Alive without a Brain, and the Observables in It on Dissection". *Philosophical Transactions* 19.226 (1697), S. 457-467.

Puschner, Johann Georg. *Amoenitates Altdorfinae oder Eigentliche nach dem Leben gezeichnete Prospecten der Löblichen Nürnbergischen Universitaet Altdorf* […]. Nürnberg, o. J. [um 1720].

Putscher, Marielene. „Andreas Vesalius (1514-1564)“. *Klassiker der Medizin.* 2 Bde. Hg. v. Dietrich von Engelhardt u. Fritz Hartmann. München, 1991, Bd. 1, S. 113-129.
Puttfarken, Thomas. *The Discovery of Pictorial Composition. Theories of Visual Order in Painting, 1400-1800.* New Haven, 2000.
Quintilianus, Marcus Fabius. *Ausbildung des Redners. Zwölf Bücher.* 2 Bde. Hg. u. übs. v. Helmut Rahn. Darmstadt, 2006 [Nachdruck der 3. Aufl. 1995].
Raccolta Minato. Bd. 20, cart. 52. Archivio antico, Universität Padua [AAUP].
Ráček, Milan. *Mumia viva. Kulturgeschichte der Human- und Animalpräparation.* Graz, 1990.
Rancière, Jacques. *Les noms de l'histoire. Essai de poétique du savoir.* Paris, 1992.
Rasmussen, Randy. *Stanley Kubrick. Seven Films Analyzed.* Jefferson, 2001.
Reformatio Statutorum Almi Gymnasi i Bononiensis Philosophorum at Medicorum (1561).
Reicher, Steve u. Alex Halsam. „Social Psychology, Science and Surveillance. Understanding ‚The Experiment‘“. *Social Psychological Review* 1 (2003), S. 7-17.
Reichert, Ramon. *Im Kino der Humanwissenschaften. Studien zur Medialisierung wissenschaftlichen Wissens.* Bielefeld, 2007.
Residori, Matteo (Hg.). *Michelangelo. Rime.* Milan, 1998.
Reverdy, Pierre. „Pablo Picasso. Un œil de lumière et de nuit“. *Œuvres complètes.* 14 Bde. Paris, 1992, Bd. 14: Note éternelle du présent. Ecrits sur l'art (1923-1960), S. 205-217.
Rheinberger, Hans-Jörg. „Objekt und Repräsentation“. *Mit dem Auge denken. Strategien der Sichtbarmachung in wissenschaftlichen und virtuellen Welten.* Hg. v. Bettina Heintz u. Jörg Huber. Wien u. New York, 2001, S. 55-61.
Richardson, Ruth u. Brian Hurwitz. „Jeremy Bentham's Self Image. An Exemplary Bequest for Dissection“. *British Medical Journal* 295 (1987), S. 195-198.
Richardson, Ruth. *Death, Dissection and the Destitute.* London, 1987.
Richter, Fleur. *Die Ästhetik geometrischer Körper in der Renaissance.* Stuttgart, 1995.
Richter, Gottfried. *Das anatomische Theater.* Berlin, 1936.
Richter, Gottfried. *Das Anatomische Theater.* Nendeln, 1977 [Nachdruck d. Ausgabe Berlin, 1936].
Rieger, Stefan. *Die Individualität der Medien. Eine Geschichte der Wissenschaften vom Menschen.* Frankfurt a. M., 2001.
Rieger, Stephan. „Licht und Mensch. Eine Geschichte der Wandlungen“. *Archiv für Mediengeschichte – Licht und Leitung.* Hg. v. Lorenz Engell, Bernhard Siegert u. Joseph Vogl. Weimar, 2002, S. 61-71.
Riegl, Alois. *Das Holländische Gruppenporträt.* Hg. v. Karl Maria Swoboda. Wien, 1931.
Riolan, Jean (d. J.). *Manuel anatomique et pathologique, ou Abrégé de toute l'anatomie, et des usages que l'on en peut tirer pour la connoissance, et pour la guérison des maladies* [...]. Paris, 1661.
Rippa Bonati, Maurizio. „Le tradizioni relative al teatro anatomico dell'Universita di Padova con particolare riguardo al progetto attribuito a fra' Paolo Sarpi“. *Acta Medicae Historiae Patavina* 35/36 (1988-90), S. 145-168.
Rippa Bonati, Maurizio. „L'anatomia ‚teatrale‘ nelle descrizioni e nell'iconografia“. *Il teatro anatomico. Storia e restauri.* Hg. v. Camillo Semenzato. Padua, 1994, S. 74-76.
Rippa Bonati, Maurizio u. José Pardo-Tomás (Hg.). *Il teatro dei corpi. Le pitture colorate d'anatomia di girolamo fabrici d'acquapendente* [Ausst.kat.]. Mailand, 2005.
Riva, Alessandro. „Priorità anatomiche nelle tabulae pictae“. *Il teatro dei corpi. Le pitture colorate d'anatomia di Girolamo Fabrici d'Acquapendente.* Hg. v. Maurizio Rippa Bonati u. José Pardo-Tomás. Mailand, 2004, S. 147-152.
Roberts, Kenneth B. u. John D. W. Tomlinson. *The Fabric of the Body. European Traditions of Anatomical Illustration.* Oxford, 1992.

Robson, Lloyd. *A History of Tasmania.* 2 Bde. Melbourne, 1983-1991.

Rogers, Tracy u. Shelley Saunders. „Accuracy of Sex Determination Using Morphological Traits of the Human Pelvis". *Journal of Forensic Sciences* 39 (1994), S. 1047-1056.

Rohr, Julius Bernhard von. *Merckwürdigkeiten des Vor- oder Unter-Hartzes* […]. Frankfurt u. Leipzig, 1736.

Romera-Navarro, Miguel. „Las alegorías del Criticón". *Hispanic Review* 1 (1941), S. 151-175.

Rötsch, Joachim u. Barbara Bachmann. „Scheintot oder hirntot?" *Raum & Zeit* 69 (1994), S. 5-20.

Rupp, Jan C.C. „Matters of Life and Death. The Social and Cultural Conditions of the Rise of Anatomical Theatres. With Special Reference to Seventeenth Century Holland". *History of Science* 28 (1990), S. 263-287.

Rusnock, Andrea. „The Weight of Evidence and the Burden of Authority. Case Histories, Medical Statistics and Smallpox Inoculation". *Medicine in the Enlightenment.* Hg. v. Roy Porter. Amsterdam u. Atlanta, 1995, S. 289-315.

Russolo, Luigo. *The Art of Noises* [1916]. Übs. v. Barclay Brown. New York, 1986.

Russolo, Luigi. *Die Kunst der Geräusche* [1916]. Hg. u. Nachw. v. Johannes Ullmaier. Übs. v. Owig DasGupta. Mainz, 2000.

Rüster, Detlef. *Der Chirurg. Ein Beruf zwischen Ruhm und Vergessen.* Leipzig, 1993.

Sarasin, Philipp. *Anthrax. Bioterror as Fact and Fantasy*, Cambridge, Mass., 2006.

Sarasin, Philipp. „‚War of the Worlds'. Der Terrorismus und das Pocken-Modell. Anmerkungen über Liberalität nach Foucault". *„immer wieder weiter"* (= Lab. Jahrbuch 2005/2006 für Künste und Apparate). Hg. v. Hans-Ulrich Reck u. a. Köln, 2006, S. 151-163.

Sarasin, Philipp. „Unternehmer seiner Selbst. Über Michel Foucault: ‚Geschichte der Gouvernementalität', Bd. 1 und 2". *Deutsche Zeitschrift für Philosophie* 3 (2007), S. 473-479.

Sarasin, Philipp u. a. (Hg.). *Bakteriologie und Moderne. Studien zur Biopolitik des Unsichtbaren 1870-1920.* Frankfurt a. M., 2007.

Sarasin, Philipp u. Michael Hagner. „Wilhelm Bölsche und der ‚Geist'. Populärer Darwinismus in Deutschland 1887-1934". *Nach Feierabend. Zürcher Jahrbuch für Wissensgeschichte* 4 (2008), S. 47-68.

Sawday, Jonathan. *The Body Emblazoned. Dissection and the Human Body in Renaissance Culture.* London u. New York, 1995.

Scheit, Gerhard. „Der Totenkopf als Messias? Ursprung und Modernität der Allegorie bei Walter Benjamin und Georg Lukàcs". *Weimarer Beiträge* 12 (1989), S. 1961-1979.

Scheurleer, Theodoor H. Lunsingh. „Un amphithéâtre d'anatomie moralisée". *Leiden University in Seventeenth Century.* Hg. v. dems. Leiden, 1975, S. 216-277.

Schiebinger, Londa. „Skeletons in the Closet. The First Illustrations of the Female Skeleton in Eighteenth-Century Anatomy". *Representations* 14 (1986), S. 42-82.

Schild, Wolfgang. *Alte Gerichtsbarkeit. Vom Gottesurteil bis zum Beginn der modernen Rechtsprechung.* 2. umgearb. Aufl. München, 1985.

Schipperges, Heinrich. „Paracelsus (1493-1541)". *Klassiker der Medizin.* 2 Bde. Hg. v. Dietrich von Engelhardt u. Fritz Hartmann. München, 1991, Bd. 1, S. 95-112.

Schirrmeister, Albert (Hg.). *Zergliederungen. Anatomie und Wahrnehmung in der Frühen Neuzeit* (= Zeitsprünge. Forschungen zur Frühen Neuzeit, Bd. 9, H. 1/2). Frankfurt a. M., 2005.

Schlake, Hans-Peter u. Klaus Roosen. *Der Hirntod als der Tod des Menschen.* Neu-Isenburg. o. J.

Schlich, Thomas. *Die Erfindung der Organtransplantation. Erfolg und Scheitern des chirurgischen Organersatzes (1880-1930).* Frankfurt a. M. u. New York, 1998.

Schlich, Thomas u. Claudia Wiesemann (Hg.). *Hirntod. Zur Kulturgeschichte der Todesfeststellung.* Frankfurt a. M., 2001.

Schlosser, Julius von. *Tote Blicke. Geschichte der Porträtbildnerei in Wachs. Ein Versuch.* Hg. v. Thomas Medicus. Berlin, 1993.

Schmidgen, Henning, Peter Geimer u. Sven Dierig (Hg.). *Kultur im Experiment.* Berlin, 2004.

Schmidgen, Henning. „Pictures, Preparations, and Living Processes. The Production of Immediate Visual Perception (Anschauung) in late-19th-Century Physiology". *Journal of the History of Biology* 3 (2004), S. 477-513.

Schmidt, Joseph. *Spiegel der Anatomy.* Augsburg, 1646.

Schmidt, Valentin H. u. Daniel G. Mehring. *Neuestes gelehrtes Berlin.* 2 Bde. Berlin, 1795.

Schmidt-Biggemann, Wilhelm. „Aristoteles im Barock. Über den Wandel der Wissenschaften". *Res Publica litteraria. Die Institutionen der Gelehrsamkeit in der frühen Neuzeit.* Hg. v. Sebastian Neumeister u. Conrad Wiedemann. Wiesbaden, 1987, S. 281-298.

Schmitt, Charles. *The Aristotelian Tradition and Renaissance Universities.* London, 1984.

Schnalke, Thomas (Hg.). *Natur im Bild. Anatomie und Botanik in der Sammlung des Nürnberger Arztes Christoph Jacob Trew.* Erlangen, 1995.

Schnalke, Thomas. „Anatomie für alle! Trew und sein Projekt eines anatomischen Tafelwerks". *Natur im Bild. Anatomie und Botanik in der Sammlung des Nürnberger Arztes Christoph Jacob Trew.* Hg. v. dems. Erlangen, 1995, S. 53-72.

Schnalke, Thomas. *Medizin im Brief. Der städtische Arzt des 18. Jahrhunderts im Spiegel seiner Korrespondenz.* Stuttgart, 1997.

Schnalke, Thomas. „Der expandierte Mensch. Zur Konstitution von Körperbildern in anatomischen Sammlungen des 18. Jahrhunderts". *Medizin, Geschichte und Geschlecht. Körperhistorische Rekonstruktion von Identitäten und Differenzen.* Hg. v. Frank Stahnisch u. Florian Steger. Stuttgart, 2005, S. 63-82.

Schnalke, Thomas. „Von erdigen Konkrementen und kranken Knochen. Systematisierende Bestrebungen für die Pathologie im Walterschen Anatomischen Museum zu Berlin". *Anatomie und Anatomische Sammlungen im 18. Jahrhundert anlässlich der 250. Wiederkehr des Geburtstages von Philipp Friedrich Theodor Meckel (1755-1803).* Hg. v. Rüdiger Schultka u. Josef N. Neumann. Münster, 2007, S. 295-316.

Schneede, Uwe M. *Die Kunst des Surrealismus. Malerei, Skulptur, Dichtung, Fotografie, Film.* München, 2006.

Schön, Erhard. *Unterweisung der Proportion und Stellung der Posen.* Nürnberg, 1542.

Schott, Franciscus. *Itinerarii Italiae rerumque Romanorum libri tres.* Antwerpen, 1625.

Schrag, Peter. *Mind Control.* New York, 1978.

Schuhmann, Helmut. *Der Scharfrichter. Seine Gestalt – seine Funktion.* Kempten i. Allgäu, 1964.

Schultka, Rüdiger u. Luminita Göbbel. „Präparationstechniken und Präparate im 18. und frühen 19. Jahrhundert, dargestellt an Beispielen aus den anatomischen Sammlungen zu Halle (Saale)". *Anatomie. Sektionen einer medizinischen Wissenschaft im 18. Jahrhundert.* Hg. v. Jürgen Helm u. Karin Stukenbrock. Stuttgart, 2003, S. 49-81.

Schulze Altcappenberg, Hein-Theodor u. Michael Thimann (Hg.). *Disegno. Der Zeichner im Bild der Frühen Neuzeit* [Ausst.kat.]. Berlin, 2007.

Schwarz, Gerhard. *Dissoziierter Hirntod. Computergestützte Verfahren in Diagnostik und Dokumentation.* Berlin u. a., 1990.

Schweska, Mark. *Simulatio und Dissimulatio. Problematisierung von Macht und Moral von der Renaissance bis zur Aufklärung*. Mag.-Arbeit, Berlin, 2000.

Schwitters, Kurt. „Krieg ist die größte Schande" (1923). *Das literarische Werk*. 5 Bde. Hg. v. Friedhelm Lach. Köln, 1981.

Scilla, Agostino. *La vana speculazione disingannata dal senso*. Neapel, 1670.

Segelken, Barbara. „Sammlungsgeschichte zwischen Leibniz und Humboldt. Die königlichen Sammlungen im Kontext der akademischen Institutionen." *Theater der Natur und Kunst. Wunderkammern des Wissens*. 2 Bde. [Essays, Katalog]. Hg. v. Horst Bredekamp u. a. Berlin, 2000, Essayband, S. 44-51.

Semenzato, Camillo (Hg.). *The Anatomy Theatre. History and Restoration*. Padua, 1995.

Senellart, Michel. *Machiavélisme et raison d'état, XIIe-XVIIIe Siècle*. Paris, 1989.

Serres, Michel. „Diskurs und Parcours". *Hermes IV. Verteilung*. Übs. v. Michael Bischoff. Hg. v. Günther Rösch. Berlin, 1993, S. 206-221.

Serres, Michel. *Le système de Leibniz et ses modèles mathématiques*. Paris, 1968.

Sfez, Gérald. *Les doctrines de la raison d'Etat*. Paris, 2000.

Shakespeare, Nicholas. *In Tasmanien*. Übs. v. Hans M. Herzog. Hamburg, 2005.

Shapin, Steven. „Pump and Circumstance. Robert Boyle's Literary Technology". *Social Studies of Sciences* 14 (1984), S. 481-520.

Shapin, Steven u. Simon Shaffer. *Leviathan and the Air Pump. Hobbes, Boyle, and the Experimental Life*. Princeton, N. J., 1985.

Shapin, Steven. „The House of Experiment in Seventeenth-Century England". *ISIS* 79 (1988), S. 373-404.

Shearman, John (Hg.). *Raphael in Early Modern Sources*. 2 Bde. New Haven, CT, u. London, 2003.

Sherrington, Charles. *The Endeavour of Jean Fernel*. Folkestone u. London, 1974.

Siraisi, Nancy. *Medieval and Early Renaissance Medicine. An Introduction to Knowledge and Practice*. Chicago, 1999.

Siraisi, Nancy. *Medicine and the Italian Universities, 1250-1600*. Leiden u. Boston, 2001.

Sirigatti, Lorenzo. *La Pratica di Prospettiva*. Florenz, 1596.

Smith, Pamela H. „Art, Science, and Visual Culture in Early Modern Europe". *Isis* 97 (2006), S. 83-100.

Smith, Paul Julian. *Representing the Other. ‚Race', Text, and Gender in Spanish and Spanish American Narrative*. Oxford, 1992.

Snell, Bruno. *Die Ausdrücke für den Begriff des Wissens in der vorplatonischen Philosophie*. Berlin, 1924.

Snow, Michael. „Wavelength (1967)". *Film-Makers' Cooperative Catalogue* 6 (1975), S. 232.

Spachius, Israel. *Gynaeciorum sive de mulierum* [...] *affectibus et morbis libri*. Straßburg, 1597.

Spieker, Sven. „Orthopädie und Avantgarde. Dziga Vertovs ‚Filmauge' aus prothetischer Sicht". *Apparatur und Rhapsodie. Zu den Filmen des Dziga Vertov*. Hg. v. Natascha Drubek-Meyer u. Jurij Murašov. Frankfurt a. M. u. a., 2000, S. 147-170.

Spiropoulos, Georgia. Anmerkung im Programmheft zur Aufführung von *Klama* im Rahmen des Konzerts *Théâtre de la Voix* beim Festival Agora. Paris (Centre Georges Pompidou), 10. Juni 2006.

Spittler, Johann Friedrich. „Der Hirntod – Tod des Menschen. Grundlagen und medizinische Gesichtspunkte". *Ethik in der Medizin* 7 (1995), S. 128-145.

Stafford, Barbara M. *Kunstvolle Wissenschaft. Aufklärung, Unterhaltung und der Niedergang der visuellen Bildung*. Übs. v. Anne Vonderstein. Dresden, 1998.

Stahl, Georg Ernst. *Collegium casuale magnum* [...]. Leipzig, 1733.

Stapenhorst, Kurd. *Unliebsame Betrachtungen zur Transplantationsmedizin.* Göttingen, 1999.

Starobinski, Jean. *L'idee de l'organisme*. Paris, 1956.

Statuta almae universitatis d. artistarum et medicorum patavini gymnasii. Padua, 1545.

Statuta almae universitatis dd. philosophorum et medicorum cognomento artistarum patavini gymnasii. Padua, 1607.

Statuti dell'Università e dei Collegi dello Studio Bolognese. Hg. v. Carlo Malagola. Bologna, 1988 [Nachdruck d. Ausgabe Bologna, 1888].

Steiner, Uwe. „Allegorie und Allergie. Bemerkungen zur Diskussion um Benjamins Trauerspielbuch in der Barockforschung". *Daphnis* 4 (1989), S. 641-670.

Stensen, Niels. *De solido intra solidum naturaliter contento dissertationis prodromus.* Florenz, 1669.

Stensen, Niels. *Discours de Monsieur Stenon, sur l'anatomie du cerveaux* [...]. Paris, 1669.

Stensen, Niels. „Prooemium demonstrationum anatomicarum in theatro Hafniensi Anni 1673". *Steno. Life, Science, Philosophy.* Hg. v. Kardel Troels. Kopenhagen, 1994, S. 112-127.

Sterzi, Giuseppe. „Guilio Casserio, anatomico e chirurgo (c. 1552-1616)". *Nuovo archivio veneto* 18/19 (1909-1910), S. 207-278 u. S. 25-111.

Stingelin, Martin. „Einleitung". *Biopolitik und Rassismus.* Hg. v. Martin Stingelin. Frankfurt a. M., 2003, S. 7-26.

Stockhorst, Stefanie. „Unterweisung und Ostentation auf dem anatomischen Theater der Frühen Neuzeit". *Zeitsprünge* 9 (2005), S. 271-290.

Stolberg, Michael. „A Woman Down to Her Bones. The Anatomy of Sexual Difference in the Sixteenth and Early Seventeenth Centuries". *Isis* 94 (2003), S. 274-299.

Stolberg, Michael. „Menstruation and Sexual Difference in Early Modern Medicine". *Menstruation. A Cultural History.* Hg. v. Andrew Shail u. Gillian Howie. Basingstoke, 2005, S. 90-101.

Stolberg, Michael. „The Decline of Uroscopy in Early Modern Learned Medicine, 1500-1650". *Early Science and Medicine* 12 (2007), S. 313-336.

Stolleis, Michael. *Staat und Staatsräson in der frühen Neuzeit.* Frankfurt a. M., 1990.

Storr, Robert, Paulo Herkenhoff u. Allan Schwartzman (Hg.). *Louise Bourgeois.* London, 2003.

Strauss, Erich. *Sir William Petty, Portrait of a Genius.* London, 1954.

Stuckenbrock, Karin. *„Der zerstückte Cörper". Zur Sozialgeschichte der anatomischen Sektion in der frühen Neuzeit (1650-1800).* Stuttgart, 2001.

Stürzbecher, Manfred. „Beitrag zur Geschichte der Berliner Anatomie". *Berliner Medizin* 9 (1958), S. 236-239.

Stürzbecher, Manfred. „Aus der Frühgeschichte der Berliner Anatomie". *Deutsches Medizinisches Journal* 14 (1963), S. 803-819.

Sudnow, David. *Organisiertes Sterben – eine soziologische Untersuchung.* Frankfurt a. M., 1973.

Sugg, Richard. *Murder After Death. Literature and Anatomy in Early Modern England.* Ithaca, NY, 2007.

Summers, David. „Contrapposto. Style and Meaning in Renaissance Art". *Art Bulletin* 59.3 (1977), S. 336-361.

Summers, David. *Michelangelo and the Language of Art.* Princeton, NJ, 1981.

Sylvia, Claire. *Herzensfremd. Wie ein Spenderherz mein Selbst veränderte.* Hamburg, 1998.

Talvacchia, Bette. *Raphael.* London, 2007.

Tasche, Wilhelm. *Die Anatomischen Theater und Institute der deutschsprachigen Unterrichtsstätten (1500-1914)*. Köln, 1989.

te Heesen, Anke. „Geordnete Leidenschaft. Das Naturalienkabinett und sein Behältnis im 18. Jahrhundert". *Die Sammlungen der Universität Erlangen-Nürnberg*. Hg. v. Udo Andraschke u. Marion Maria Ruisinger. Nürnberg, 2007, S. 24-31.

Textor, Johann Wolfgang. *Tractatus Juris Publici de vera et varia Ratione Status Germaniae Modernae*. Altdorf, 1667.

Thompson, Stith. *Motif-Index of Folk Literature. A Classification of Narrative Elements in Folktales, Ballads, Myths, Fables, Mediaeval Romances, Exempla, Fabliaux, Jest-Books and Local Legends*. 6 Bde. Kopenhagen, 1955-1958.

Thoreau, Henry David. „Journal III: September 16, 1851 – April 30, 1852". *The Journal of Henry D. Thoreau.* 14 Bde. Hg. v. Bradford Torrey. Boston u. New York, 1906, Bd. 3.

Thorndike, Lynn. *A History of Magic and Experimental Science*. 8 Bde. New York, 1923-1958.

Thouret, Georg (Hg.). *Die Gedichte des Michelangelo Buonarroti*. Übs. v. Walter Robert-Tornow. Berlin, 1896.

Tiedemann, Rolf u. Hermann Schweppenhäuser. „Anmerkungen der Herausgeber: Ursprung des deutschen Trauerspiels". Walter Benjamin. *Gesammelte Schriften*. 7 Bde. Hg. v. dens. Frankfurt a. M., 1974, Bd. I.3, S. 868-981.

Toellner, Richard. „Medizin, III. Frühe Neuzeit". *Historisches Wörterbuch der Philosophie*, Hg. v. Joachim Ritter u. Karlfried Gründer. Basel u. Stuttgart, 1980, Bd. 5, S. 984-992.

Toellner, Richard. „‚Renata dissectionis ars'. Vesals Stellung zu Galen in ihren wissenschaftsgeschichtlichen Voraussetzungen und Folgen". *Die Rezeption der Antike. Zum Problem der Kontinuität zwischen Mittelalter und Renaissance*. Hg. v. August Buck. Hamburg, 1981, S. 85-95.

Toellner, Richard. „Medizin in der Mitte des 18. Jahrhunderts". *Wissenschaften im Zeitalter der Aufklärung*. Hg. v. Rudolf Vierhaus. Göttingen, 1985, S. 194-217.

Tomasini, Jacopo. *Gymnasium patavinum*. Utini, 1654.

Tomasini, Jacobus Philippus. *Gymnasium Patavinum, libris V comprehensum*. Udine, 1654.

Tomasini, Jacopo Filippo. *Gymnasium Patavinum* […]. Udine, 1654.

Traub, Valerie. „Mapping the Global Body". *Early Modern Visual Culture. Representation, Race, and Empire in Renaissane England*. Hg. v. Peter Erickson u. Clark Hulse. Philadelphia, 2000, S. 44-97.

Tuchman, Maurice u. Judi Freeman (Hg.). *The Spiritual in Art. Abstract painting 1890-1985* [Ausst.kat.]. Los Angeles u. New York, 1986.

Turner, Victor. *Schism and Continuity in an African Society. A Study of Ndembu Village Life*. Manchester, 1957.

Turner, Victor. *From Ritual to Theatre. The Human Seriousness of Play*. New York, 1982.

Tyler, Thomas. „Bronzino's Allegory in the National Gallery". *Academy* 14 (1978), S. 569.

Tynjanov, Jurij. „Voskovaja persona". *Sočinenija*. Moskau, 1994. Bd. 1, S. 357-464.

Tynjanow, Juri. „Die Wachsperson [1932]". *Aufzeichnungen auf Manschetten. Sonderbare Geschichten von Bulgakow bis Schukschin*. Hg. v. Antje Leetz. Leipzig, 1987, S. 257-372.

Tzara, Tristan. „Propos sur Braccelli". *Braccelli. Bizzarie*. Hg. v. Alain Brieux. Paris, 1963 [Nachdruck d. Ausgabe Florenz, 1624], S. 1-20.

Uffenbach, Zacharias Conrad von. *Merckwürdige Reisen durch Niedersachsen Holland und Engelland. Erster Theil.* Ulm u. Memmingen, 1753.

Uhsemann, Ernst. *Die Rechtfertigung der Anatomie im 17. Jahrhundert (unter besonderer Berücksichtigung der Praefationes zeitgenössischer anatomischer Lehrbücher).* Kiel, 1969.

Umathum, Sandra. „Beyond Documentation, or, The Adventure of Shared Time and Place. Experiences of a Viewer". Marina Abramović. *Seven Easy Pieces* [Ausst.kat.]. Mailand, 2007, S. 47-55.

Vaíllo, Carlos. „El Criticón". *Baltasar Gracián. Estado de la cuestión y nuevas perspectivas.* Hg. v. Aurora Egido u. María Carmen Marín. Saragossa, 2001, S. 103-116.

van Delft, Louis. *Littérature et anthropologie. Nature humaine et caractère à l'âge classique.* Paris, 1993.

van den Spieghel, Adriaan. *De humani corporis fabrica.* Venedig, 1627.

van der Leeuw, Gerardus. *Vom Heiligen in der Kunst.* Gütersloh, 1957.

van Doesburg, Theo. „Schilderkunst en Plastiek. Over contra-kompositie en contraplastiek. Elementarisme (Manifest-fragment)". *De Stijl* 7 (1926/1927), Nr. 75/76, S. 34-43.

van Doesburg, Theo. „Schilderkunst. Van kompositie tot contra-kompositie". *De Stijl* 7 (1926/1927), Nr. 73/74, S. 17-28.

van Doesburg, Theo. „Schilderunst en Plastiek. Elementarisme (Manifest-fragment)". *De Stijl* 7 (1926/1927), Nr. 78, S. 82-87.

van Doesburg, Theo. „Klassiek-barok-modern". *De nieuwe beweging in de schilderkunst.* Amsterdam, 1983, S.111-126.

van Doesburg, Theo. „Die Grundlage der konkreten Malerei". *Konkrete Kunst. Manifeste und Künstlertexte.* Hg. v. Margit Weinberg Staber. Zürich, 2001, S. 25.

van Doesburg, Theo. „Kommentare zur Grundlage der konkreten Malerei". *Konkrete Kunst. Manifeste und Künstlertexte.* Hg. v. Margit Weinberg Staber. Zürich, 2001, S. 26-28.

van Dülmen, Richard. *Theater des Schreckens. Gerichtspraxis und Strafrituale in der frühen Neuzeit.* 4. durchges. Aufl. Frankfurt a. M., 1995.

van Mander, Karel. *Das Lehrgedicht.* Übs. v. R. Hoecker. Den Haag, 1916.

van Straaten, Evert. „Theo van Doesburg. Konstrukteur eines neuen Lebens". *Theo van Doesburg. Maler – Achitekt.* Hg. v. Jo-Anne Birnie Danzker. München, London u. New York, 2000, S. 43-119.

van Straaten, Evert. *Theo van Doesburg. Constructor of the New Life.* Otterlo, 1994.

Vandeul, Mme de. „Mémoires pour servir à l'histoire de la vie et des ouvrages de Diderot". *Œuvres complètes de Diderot.* 20 Bde. Hg. v. Jules Assézat. Nendeln, 1966 [Nachdruck d. Ausgabe Paris, 1875-77], Bd. 1, S. XXV-LXVIII.

Varanda, Jean. „An foemina sit imperfectior mare". *Opera omnia theorica et practica.* Montpellier, 1658, S. 477-482.

Varchi, Benedetto. *La prima parte delle lezzioni di M. Benedetto Varchi nella quale si tratta della generazione del corpo humano et de' mostri.* Florenz, 1560.

Varèse, Louise. *Varèse. A Looking Glass Diary.* New York, 1972.

Varolio, Costanzo. *De Nervis Opticis nonnullisque aliis praeter communem opinionem in Humano capite observatis. Ad Hieronymum Mercurialem.* Brüssel, 1969 [Nachdruck d. Ausgabe Padua, 1573].

Vasari, Giorgio. *Le vite de' più eccellenti pittori, scultori e architettori.* 6 Bde. Florenz, 1550. Quellenstandort online: http://biblio.signum.sus.it/vasari (15.8.2009).

Vasari, Giorgio. *Leben der ausgezeichnetsten Maler, Bildhauer und Baumeister, von Cimabue bis zum Jahre 1567.* Hg. v. Ernst Förster. 6 Bde. Stuttgart u. Tübingen, 1849.

Verheyen, Philip. *Corporis humani anatomiae liber primus*. Leipzig, 1718.
Vertov, Dziga. „Kinoki-Umsturz [1923]". *Schriften zum Film*. Hg. v. Wolfgang Beilenhoff. München, 1973, S. 11-24.
Vertov, Dziga. „Wir. Variante eines Manifests". *Schriften zum Film*. Hg. v. Wolfgang Beilenhoff. München, 1973, S. 7-10.
Vesalius, Andreas. *De humani corporis fabrica libri septem*. Basel, 1543.
Vesling, Johann. *Syntagma anatomicum*. Padua, 1647.
Virchow, Rudolf. *Die Eröffnung des Pathologischen Museums der Königl[ichen] Friedrich-Wilhelms-Universität zu Berlin* [...]. Berlin, 1899.
Virchow, Rudolf. *Das neue Pathologische Museum der Universität zu Berlin*. Berlin 1901.
Visible Human Project. Quellenstandort online: http://www.nlm.nih.gov/research/visible/visible_human.html (20.03.2009).
Vivier, Odile. *Varèse*. Paris, 1973.
Vöhringer, Margarete. „Experimente zum Verhalten von Tier und Mensch. Ivan Pavlovs Reflexe im Kino". *Kulturgeschichte des Menschenversuchs im 20. Jahrhundert*. Hg. v. Birgit Griesecke u. a. Frankfurt a. M., 2009, S. 110-128.
Völkel, Markus. *Geschichtsschreibung. Eine Einführung in globaler Perspektive*. Köln, Weimar u. Wien, 2006.
Völkel, Markus. „Hugo Grotius' *Grollae obsidio cum annexis* von 1629. Ein frühneuzeitlicher Historiker zwischen rhetorischer (Text) und empirischer Evidenz (Kartographie)". *Evidentia. Reichweiten visueller Wahrnehmung in der Frühen Neuzeit* (= Pluralisierung und Autorität, Bd. 9). Hg. v. Gabriele Wimböck, Karin Leonhard u. Markus Friedrich. Münster u. a., 2007, S. 83-110.
Völkel, Markus. „‚Lob des Blüthenstaubs' oder ‚musivisches Werk'? Neuerscheinungen auf dem Gebiet der Wissensgeschichte". *Archiv für Kulturgeschichte* 89.1 (2007), S. 191-216.
Volkenandt, Claus. *Rembrandt. Anatomie eines Bildes*. München, 2004.
Vollmuth, Ralf. *Das anatomische Zeitalter. Die Anatomie der Renaissance von Leonardo da Vinci bis Andreas Vesal*. München, 2004.
Vorwahl, Heinrich. „Deutsche Volksmedizin in Vergangenheit und Gegenwart". *Volksmedizin. Probleme und Forschungsgeschichte*. Hg. v. Elfriede Grabner. Darmstadt, 1967, S. 223-277.
Voss, Julia. *Darwins Bilder. Ansichten der Evolutionstheorie 1837-1874*. Frankfurt a. M., 2007.
Wachs, Morris. „Mon ami tomba malade, je le traitai, il mourut, je le disséquai". *French Studies* 45 (April 1991), S. 143-151.
Waldby, Catherine. *The Visible Human Project. Informatic Bodies and Post-human Medicine*. London u. New York, 2000.
Walter, Friedrich August. *Anatomisches Museum*. Berlin, 1796.
Walter, Johann Gottlieb. *Anatomische Beobachtungen* [...]. Berlin u. Stralsund, 1782.
Walter, Johann Gottlieb. *Observationes anatomicae* [...]. Berlin, 1775.
Walter, Johann Gottlieb. *Museum Anatomicum* [...]. Berlin, 1805.
Warburg, Aby M. „Bildniskunst und florentinisches Bürgertum". *Ausgewählte Schriften und Würdigungen*. Hg. v. Dieter Wuttke. Baden-Baden, 1992, S. 65-102.
Wegener, Mai. „An der Straßenkreuzung. Der Mathematiker Georges Théodule Guilbaud. Kybernetik und Strukturalismus". *Archiv für Mediengeschichte – 1950*. Hg. v. Lorenz Engell, Bernhard Siegert u. Joseph Vogl. Weimar, 2004, S. 167-174.
Weingart, Peter, Jürgen Kroll u. Kurt Bayertz. *Rasse, Blut und Gene. Geschichte der Eugenik und Rassenhygiene in Deutschland*. Frankfurt a. M., 1992.

Weinhart, Ferdinand Carolus. *Medicus officiosus, praxi rationali methodico-aphoristica, cum selectis remediorum formulis, instructus*. Nürnberg, 1715.

Weiss, Allen S. „Psychopompomania". *The Aesthetics of Excess*. Albany, NY, 1989, S. 112-134.

Weiss, Allen S. „From Schizophrenia to Schizophonia". *Phantasmic Radio*. Durham, NC, 1995, S. 9-34.

Weiss, Allen S. „Le désœuvrement de la musique". *Critique* 639-640 (2000) (= Sonderheft *Musique(s). Pour une généalogie du contemporain*), S. 743-751.

Weiss, Allen S. *Breathless. Sound Recording, Disembodiment, and the Transformation of Lyrical Nostalgia*. Middletown, CT, 2002.

Weisz, Jean S. (Hg.). *Pittura e Misericordia. The Oratory of San Giovanni Decollato in Rome*. Ann Arbor, 1984.

Wellendorf, Elisabeth. „Seelische Aspekte der Organverpflanzung". *Die Seele verpflanzen? Organtransplantation als psychische und ethische Herausforderung*. Hg. v. Uwe Herrmann. Gütersloh, 1996, S. 56-68.

Wellmann, Janina. „Wie das Formlose Formen schafft. Bilder in der Haller-Wolff Debatte und die Anfänge der Embryologie um 1800". *Oberflächen der Theorie* (= Bildwelten des Wissens. Kunsthistorisches Jahrbuch für Bildkritik. Bd. 1.2). Hg. v. Horst Bredekamp u. Gabriele Werner. Berlin, 2003, S. 105-115.

Wells, Herbert G. *The War of the Worlds*. New York, 2003.

Wells, Herbert G. *Krieg der Welten*. Übs. v. G.A. Crüwell u. Claudia Schmölders. Zürich, 2005.

Weyergraf, Clara. *Piet Mondrian und Theo van Doesburg. Deutung von Werk und Theorie*. München, 1979.

Wichelhausen, Engelbert. *Ideen über die beste Anwendung der Wachsbildnerei, nebst Nachrichten von den anatomischen Wachspräparaten in Florenz* [...]. Frankfurt a. M., 1798.

Wiebel-Fanderl, Olivia. *Herztransplantation als erzählte Erfahrung. Der Mensch zwischen kulturellen Traditionen und medizinisch-technischem Fortschritt*. Münster, Hamburg u. London, 2003.

Will, Georg Andreas. *Geschichte und Beschreibung der Nürnbergischen Universität Altdorf*. Altdorf, 1795.

Willis, Thomas. *Cerebri Anatome*. London, 1664.

Willis, Thomas. „De Motu Musculari". *Opera Omnia*. Bd. 1, Lyon, 1681.

Willis, Thomas. „Two Discourses concerning the Soul of Brutes". *Dr. Willis's Practice of Physick*. Hg. v. Samuel Pordage. London, 1684.

Willis, Thomas. „The Anatomy of the Brain". *The remaining Medical Works of that famous and renowned Physician Dr. Thomas Willis* [...] *englished by Samuel Pordage*. Bd. 2. Montreal, 1965 [Nachdruck d. Ausgabe London, 1681], S. 55-136.

Wilson, Luke. „William Harvey's Prelectiones. The Performance of the Body in the Renaissance Theatre of Anatomy". *Representations* 17 (1987), S. 62-95.

Winau, Rolf. *Medizin in Berlin*. Berlin, 1987.

Winslow, Jacques-Bénigne. *Exposition anatomique de la structure du corps humain*. Paris, 1732.

Wise, Norton. „Making Visible". *Isis* 97 (2006), S. 75-82.

Witte, Bernd. *Walter Benjamin. Der Intellektuelle als Kritiker*. Stuttgart, 1976.

Wittern, Renate. „Die Anfänge der Anatomie im Abendland". *Natur im Bild. Anatomie und Botanik in der Sammlung des Nürnberger Arztes Christoph Jacob Trew*. Hg. v. Thomas Schnalke. Erlangen, 1995, S. 21-51.

Wolff, Caspar Friedrich. *Theorie von der Generation in zwei Abhandlungen erklärt und bewiesen. Theoria Generationis*. Eingel. v. Robert Herrlinger. Hildesheim, 1966 [Nachdruck d. Ausgabe Halle, 1759].

Wolf-Heidegger, Gerhard u. Anna Maria Cetto. *Die anatomische Sektion in bildlicher Darstellung*. Basel u. New York, 1967.

Wurm, Barbara. „‚Wachs/Persona'. Abdruck und Pseudo-Organismus. Material-Anthropologie in Jurij Tynjanovs ‚Voskovaja Persona'". *Schriften – Dinge – Phantasmen. Literatur und Kultur der russischen Moderne I.* Hg. v. Mirjam Goller u. Susanne Strätling. München u. Wien, 2002, S. 313-358.

Xenakis, Iannis. *Le Diatope*. Paris, 1978.

Zedler, Johann Heinrich (Hg.). *Grosses vollständiges Universal-Lexicon aller Wissenschaften und Künste*. 64 Bde. u. 4 Ergänzungsbde. Leipzig u. Halle, 1732-1754.

Zeiller, Martin u. Matthäus Merian. *Topographia und Eigentliche Beschreibung Der Vornembsten Stäte, Schlösser auch anderer Plätze und Örter in denen Hertzogthümern Braunschweig und Lüneburg* [...]. Franckfurt, 1654.

Ziegler, Jean. „Die Herren des Todes". *Der Tod in den Weltkulturen und Weltreligionen*. Hg. v. Constantin von Barloewen. München, 1996, S. 433-496.

Zittel, Claus. „Demonstrationes ad oculos. Typologisierungsvorschläge für Abbildungsfunktionen in wissenschaftlichen Werken der frühen Neuzeit". *Zeitsprünge. Forschungen zur Frühen Neuzeit* 9 (2005), Heft 1/2: Zergliederungen. Anatomie und Wahrnehmung in der Frühen Neuzeit, S. 97-135.

Personenregister

Sachregister

Kolibri 360 GmbH
Ferdinand-Jühlke-Straße 7
99095 Erfurt, Deutschland
produktsicherheit@kolibri360.de